U0325775

青海祁连山地区生态环境与小流域综合生态治理

主　编　彭　敏

副主编　曹广民　叶润蓉　卢学峰　周玉碧
　　　　孙　菁　李春喜　李润杰

本书得到国家科技支撑项目“干旱沟壑型小流域生态综合治理技术集成与示范”课题（编号：2012BAC08B06）资助

中国林业出版社

图书在版编目（CIP）数据

青海祁连山地区生态环境与小流域综合生态治理／彭敏等著. —北京：中国林业出版社，2017. 12

ISBN 978-7-5038-9386-5

Ⅰ. ①青…　Ⅱ. ①彭…　Ⅲ. ①祁连山-生态环境-研究②小流域-水环境-综合治理-青海　Ⅳ. ①X321. 244　②X143

中国版本图书馆 CIP 数据核字（2017）第 297501 号

出　版：中国林业出版社（100009　北京西城区德内大街刘海胡同 7 号）

E-mail：fwlp@ 163. com　　**电话**：（010）83227317

发　行：新华书店北京发行所

印　刷：三河市祥达印刷包装有限公司

版　次：2017 年 12 月第 1 版

印　次：2017 年 12 月第 1 次

开　本：787mm×1092mm　1/16

印　张：36. 75

彩　插：24

字　数：900 千字

定　价：190. 00 元

《青海祁连山地区生态环境与小流域综合生态治理》

编辑委员会

前言

伴随全球范围内人类社会文明程度的不断进步以及人们环境保护意识的不断增强，积极保护与改善自身的生存环境正在逐步成为全球人类高度认同并普遍接受的社会共识。祁连山水源涵养区作为我国西部地区黑河、大通河、湟水河、疏勒河等众多重要河流的发源地，不仅是青海省、甘肃省、内蒙古自治区以及黄河中下游流域广大区域范围内的重要水源供给地，而且在维护青海东部地区、甘肃河西走廊地区以及柴达木盆地北部地区的生存发展方面发挥着不可替代的作用，对于国家的整体生态安全也有着重要作用，因而具有十分重要的生态战略地位，已被《全国主体功能区规划》和《青海省主体功能区规划》列为重要的水源涵养区之一。如何保护与改善祁连山水源涵养区的生态环境质量，增强整体区域的实际水源涵养能力，已成为国家和相关地方政府的重大战略需求，既是一个属于需要深入探索的重大科学问题，也是一项长期而艰巨的任务。因此，积极开展该区域生态环境的综合治理，势必成为需要受到高度关注的必然选择。

就目前现实而言，鉴于祁连山地区幅员辽阔、地形多变、自然环境复杂多样，在祁连山水源涵养区的广阔区域范围内，高质量全面实现生态环境综合治理的理想目标是极为困难的，也根本无法保证能够在较短时间内获得巨大的财力、物力和人力投入。相对于整体大范围布点、全方位布局的区域性生态环境保护与建设模式而言，选择以局部小流域为治理单元，有针对性地保护与构建高品质优化生态系统和小区域优良生态环境，通过逐步实现局部小流域生态环境的有效保护与综合治理，并通过有序外延方式，最终达到有效改善更大范围乃至祁连山地区整体生态环境质量的远景目标，应该是更为切实有效可行的主要途径之一。

长期以来，小流域综合治理工作受到国内外相关方面的普遍关注，已被列为改善区域生态环境的最有效途径之一。奥地利、法国、意大利、瑞士、德国等众多国家在19世纪就开始实施小流域的综合治理工作，许多国家20世纪后随之跟进，小流域综合治理现已成为国际社会普遍关注并积极布局实施的热点之一。我国自1949年以来，对小流域综合治理也给予了逐步的关注和重视，已通过各种方式治理的重点小流域累计达到数千个。所谓小流域综合治理，就是以局部相对封闭的天然水文地形单元（一般为支流的小范围自然集水区）作为独立实施单元，在全面整体规划的基础上，通过生态、生物、农业、水利等多方面相应技术及工程措施的综合实施，在有效保护与改善小流域生态环境质量的同时，实现同步获得较为显著的生态、经济、社会效益的战略目标。因此，小流域综合治理是一项复杂的系统工程，不仅仅是涉及相关的简单技术问题，更重要的是如何组织协调流域系统中各个组成单元的相互关系及和谐发展。根据可持续发展及构建和谐社会的观点，小流域生态环境的综合治理，不仅需要取得保护与改善生态环境、增强水源涵养、减缓水土流失等方面的实际效果，也应当把生态建设与提高流域大多数居民群众的经济收入以及改善群众的实际生活水平有机地结合起来，同时兼顾生态效益、经济效益和社会效益，最终达到改善生态环境并促进区域社会经济发展的远大战略目标。纵观以往的相关实践经验，较为成功的小流域综合治理实践，多侧重于以工程措施为主并结合生物措施及农业技术措施的多途径组合治理方式，往往需要较大的投入。与全方位投入的小流域综合治理模式相比较，如果采用仅仅以生态措施为主体的小流域综合生态治理方式，虽然可能存在见效周期偏长、短期内直观效果不甚明显等方面的潜在问题，但也具备可明显降低实际投资强度、治理成效持续稳定等方面的优势，也许属于节约型、高效型、持续型的理想选择之一。

在国家科技支撑计划项目《祁连山地区生态治理技术研究与示范》中，《干旱沟壑型小流域综合生态治理技术集成与示范》课题（课题编号：2012BAC08B06）被列为组成课题之一。在科技部科技项目的资助和支持下，由中国科学院西北高原生物研究所主持，并与青海高原生态科技服务有限公司、祁连县康绿牲畜养殖专业合作社等单位合作承担，在青海省科技厅的帮助与指导下，在祁连县科技局、林业环保局等众多单位的支持与配合下，于2012~2014年间共同进行了课题实施，并取得一定成效。

本课题依据生态学的基本原理，在侧重保护与改善小流域生态环境、增强区域水源涵养能力的前提下，同时兼顾提升小流域范围内区域经济社会可持续发展能力和促进小流域生态旅游事业健康发展，选择青海省祁连县扎麻什乡的局部小流域作为课题实施地域，通过构建优化组合生态系统、构建形成闭合型农牧耦合优化生产体系、增强山地旱坡集雨功能等方面相关技术的综合集成与示范，进行局部小流域生态综合治理的积极尝试，使实验区的生态环境质量得到明显改善的同时，对小流域范围内的农牧业生产和生态旅游也起到一定的促进作用。预期在改良实验区域生态环境、增强水源涵养功能、促进小流域社会经济发展的基础上，建立起有望在祁连山水源涵养区普遍推广应用的综合生态治理模式，为祁连山水源涵养区的生态环境保护与综合治理提供重要的科学依据与示范样板。

《干旱沟壑型小流域综合生态治理技术集成与示范》课题实施完成后，在整理总结该课题相关实施情况的基础上，完成此书的编撰工作。希望本书的出版面世，能起到抛砖引玉的作用，为更多从事区域生态环境（特别是小流域生态环境）保护与建设领域工作的读者提供有益的参考。

为提升本书的参考和利用价值，在总结完成该课题研究报告的基础上，外延补充了青海省境内祁连山地区的生态环境状况，将专著内容划分为“区域生态环境介绍”和“课题实施情况总结”两个部分。第一部分（上篇）将依据作者多年的实地调查与科研积累，结合相关文献资料，从地理概况、气候、水文、土壤、野生动植物、天然植被等不同方面，对青海省境内北部祁连山地区的生态环境状况进行较为全面、系统介绍与阐述，特别是对青海祁连山地区的水资源状况进行了较为详细地介绍和论述，预期能使更多读者对青海省境内祁连山地区的总体生态环境（特别是青海祁连山地区的水资源状况）有较为全面地了解，也为该区域的相关研究提供基础资料。第二部分（下篇）定位于科技部国家科技支撑计划项目中承担该课题主要工作的整理与总结，力求对成功经验与不足之处均做出尽可能科学、客观的介绍与分析，为青海祁连山地区以及整个祁连山地区后续生态环境保护工作的进一步开展提供参考和借鉴。

鉴于作者水平有限，不妥之处在所难免，恳请有识之士批评指正。

编著者

2017. 10. 18

目录

前言

上 篇 区域生态环境

下篇 小流域生态治理

附 件

上　篇
区域生态环境

1

自然地理概况

在漫长的历史演变进程中，祁连山系经历了复杂多变的地质构造运动，加之水蚀、风蚀等外力因素影响，形成了祁连山地区具有明显自身特点的区域地质地貌特征。鉴于祁连山的独特地理区位和重要生态战略地位，许多地学方面的国内外科技工作者曾分别对整个祁连山系或祁连山局部地区的自然地理、地质演变、地质地貌等方面进行过较为全面的深入研究。在此，主要结合相关文献资料，对祁连山地区的地质、地貌以及青海省祁连山地区的区域范围等主要自然地理特征进行简要叙述。

1.1 区域范围

祁连山系是位于青藏高原东北部的一条巨大边缘山系，属于中国境内西部地区的主要山脉之一，也是中国境内具有重要生态战略地位的重点山脉之一。祁连山系横亘于青海省与甘肃省的边界交汇区域，由多条西北—东南走向的平行山脉和宽谷组成，西界至当金山口与阿尔金山脉相接，东至乌鞘岭与秦岭、六盘山相连，北靠甘肃河西走廊，南临青海省柴达木盆地和黄河谷地的北缘，东西向全长大于 1000km，南北最宽处大于 300km，行政区划隶属青海省和甘肃省。

鉴于本书仅侧重于论述和分析青海省境内祁连山地区生态环境特点的立足点和编撰定位，因此将讨论范围限定于青海省行政区域范围内的祁连山地区（图 1-1，详见后附彩图）。根据这一选择划定的范围，青海省祁连山地区位于柴达木盆地北缘、茶卡—沙珠玉盆地、黄河干流一线之北，北部边界为青海省的省界，西起当金山口，东至青海省界。大致范围约为92°53′~103°1′E，36°4′~39°21′N，东西长约 1124.6km，南北宽约 364.9km，区域周长约为 2448.3km，总面积约为 12.71×10^4 km^2。涉及行政区域包括青海省的海西蒙古族藏族自治州 1 县（天峻县）、海北藏族自治州 4 县（刚察县、海晏县、祁连县和门源回族自治县）、西宁市及其辖区 3 县（大通回族土族自治县、湟源县和湟中县）、海东市及其辖区 3 县（互助土族自治县、平安县和乐都县）的全部行政区域，以及海西蒙古族藏族自治州 1 市 1 县 1 行署（德令哈市、乌兰县、大柴旦行署）、海东市 1 县（民和回族土族自治县）的部分区域。

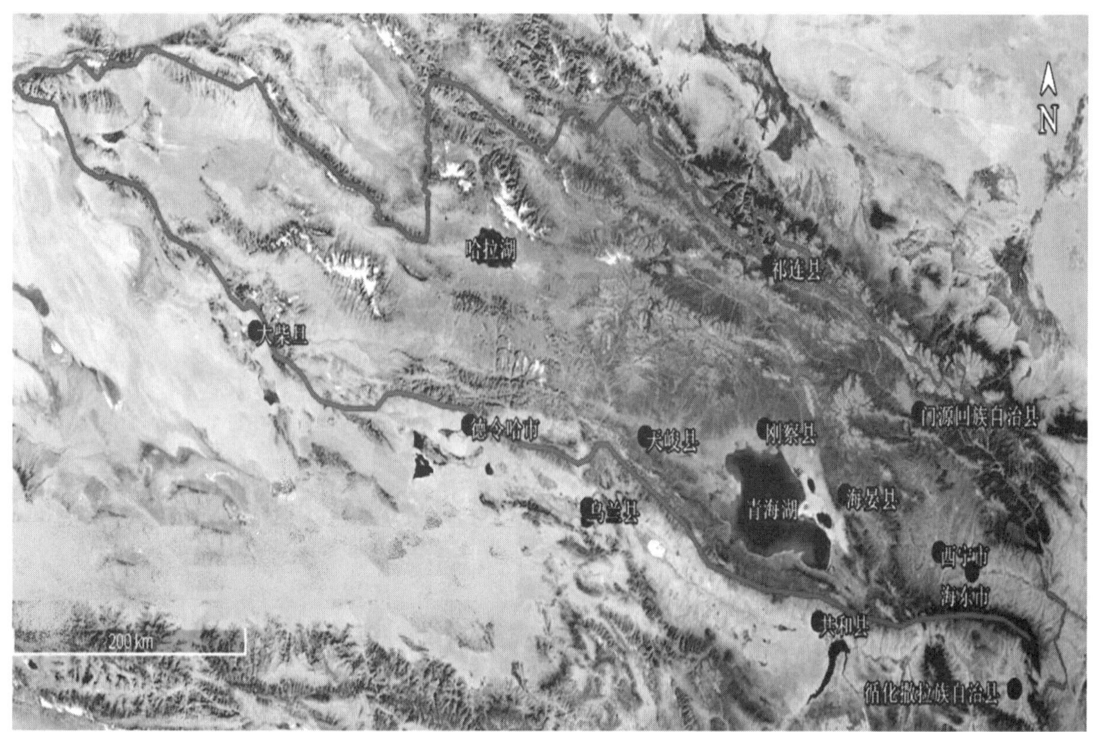

图 1-1 青海省祁连山地区范围示意图（后附彩图）

1.2 地质概况

在长期的地质演变过程中，祁连山区曾经历了吕梁运动、铜湾运动、古浪运动、祁连运动、准甫运动、天山运动、印支运动、燕山运动、喜马拉雅运动等构造运动，并伴随着具有自身特点的沉积建造与喷发建造过程；多次构造运动产生的各种构造体系都各具特点，互相复合构成复杂的构造景观，共同显现着祁连山区地质构造的总体特征（魏春海等，1978）。祁连山区自震旦亚代以来，相继发育形成的古河西系、祁吕系、康藏系、陇西系及河西系等构造体系，各自代表顺时针直线扭动和各种旋扭等不同的应力场，同时也反映着统一的顺时针扭动的运动方式（魏春海等，1978）。

志留纪末期的祁连造山运动，导致祁连山地区古生界的槽型沉积隆起，逐渐隆起成陆，并产生了一系列北西西向的紧密线型褶皱和大规模的逆冲及推覆构造，形成山地与山间盆地镶嵌的地貌格局。与此同时，还伴有强烈的岩浆活动与不同程度的变质作用。在中、晚泥盆世出现了 6 个近似平行排列的山间坳陷，在龙首山、榆木山和拉脊山还有 3 个小盆地（金松桥等，1985）。在随后的演变过程中，祁连山地区曾长期处于剥蚀夷平之中，由于断块之间的差异升降运动显著，从而形成了规模不一、高差不同的高原和谷地。伴随晚第三纪以来的青藏高原急速抬升，地处高原北缘的祁连山地区也出现大幅度抬升，在地质构造和地貌方面也发生了显著变化。

根据文献报道（王荃等，1976），祁连山地区的地质简史表明，该地区古板块的活动具有多期递进的特点；加里东运动的4个幕在祁连山地区均有表现，而且各次运动的性质、影响范围和意义又存在明显差异。构造运动首先在岛弧的外缘开始，沿中祁连古岛弧北缘一带，萨丁幕首次发生震旦纪大洋板块向南俯冲；塔康运动寒武和奥陶纪洋壳沿北祁连再次向南俯冲；经伊利运动下古生界洋壳分别沿南祁连北缘和北祁连北缘第三次向南俯冲，同时沿这两条海沟形成志留系复理石沉积，随着各期洋壳的多次俯冲或消亡，古海洋盆地逐渐收敛以至完全封闭，加里东晚期的阿克殿幕终于导致阿拉善地块和欧龙布鲁克隆起区及其前缘山系的碰撞（王荃等，1976）。根据对深大断裂和古洋壳裸露的研究结果表明，祁连山是划分我国西部地区古板块单元的地缝合线（王荃等，1976）。

根据向鼎璞（1982）对祁连山地质构造特征的研究结果，祁连山为昆仑秦岭地槽褶皱系中的一个典型加里东地槽，褶皱迴返于陆相泥盆系类磨拉石建造之前；按地质发育特征可将祁连山地槽褶皱系分为5个构造单位，具有多阶段、多旋迴地槽发展的特征。就青海省祁连山地区而言，包括北祁连山优地槽皱褶带、中祁连山隆起带、拉脊山断陷地槽、南祁连山冒地槽皱褶带、柴达木构造带等构造体系，分别经历了不同的发展演变进程（向鼎璞，1982）。

祁连山地区复杂的地质构造及晚第三纪以来的急剧抬升，使该区域呈现出以大幅度螺旋式抬升为主的构造变化格局，同时伴随着新地层的褶皱、断裂、掀斜和老断裂的重新复活以及较为活跃的地震活动。祁连山地震带是青藏高原东北缘地区一个相对独立的构造单元，属于活动地块的边界，地震活动出现的强度大，而且出现频次也比较高，自2000年以来祁连山地震带连续发生了4次5级以上地震（青海省境内1978~1993年间发生5级以上地震7次），处在一个新的丛集活跃时段（刘小凤等，2005）。根据观测研究，祁连山地震带中强地震具有成组活动特征，震前地震活动图像表现为地震空区、前兆地震、区域地震活动增强等特点（刘小凤等，2005）。

根据文献报道（张忠孝，2004），祁连山的主要大地构造单元包括北祁连山加里东褶裙带、中祁连山前寒武纪褶皱带和南祁连山加里东褶皱带。北祁连山加里东褶裙带的主要地层为前震旦纪变质岩系，云母石英片岩、角闪片岩、花岗片麻岩、石英岩构成其主轴；该褶裙带经历多次构造运动，其中志留纪末期的构造运动在祁连山的发育历史进程中占有极为重要的地位，奠定了古祁连山的雏形。中祁连山前寒武纪褶皱带西段下部组成地层以浅变质的绢云母片岩为主，上部以硅质灰岩为主；东段下部组成地层以变质较深的片麻岩系为主，上部由较薄的硅质灰岩组成；该褶皱带自震旦纪以来一直保持上升态势。南祁连山加里东褶皱带的北部基底岩层为前寒武纪变质岩系，南部基底岩层为地槽下古生代浅变质岩系，基底岩层上堆积了石灰系、二叠系、三叠系等地质时期的浅海相砾岩、砂岩、页岩和石灰岩；该带的地层褶皱较为平缓，表现出地台型盖层沉积的特征。此外，祁连山发育有数条活动的深大断裂，其构造断裂多为走向断裂，具有形成时代早、活动频繁、规模深大等方面的特点，相当一部分在新构造运动时期仍有活动，不仅影响着古生代的地层沉积，而且控制着新生代的沉积和地貌。

1.3 地质地貌

在漫长的地质历史演变进程中，祁连山系表现出整体逐步抬升的总体变化特征。但在长期的逐步抬升过程中，具有明显的节奏性和间歇性，在相对较为急促的整体抬升过程中仍然伴随有间歇性的升降作用，表现为普遍发育的多级阶梯状地形和“谷中谷”、“扇中扇”等现象，导致形成祁连山区由若干北西西向平行排列的线形山脉及其间的内陆山间盆地组成的总体地貌格局。

由于构造活动的不均衡性，导致祁连山分水岭南北两侧呈现出明显的不对称性，北侧陡峻而南侧较为平缓，也造成了祁连山南北山前平原的不对称性。青海省境内的祁连山地区地域辽阔，地形十分复杂，发育形成主要包括以下山地、谷地和盆地等地貌单元镶嵌分布的整体地貌格局（张忠孝，2004；董旭等，2007；陈桂琛等，2008；周国英等，2012）。

1.3.1 主要山地

党河南山：别名乌兰达坂。山体西起当金山口，东接哈拉湖西南，长约300km，宽约20~30km，山地西段为青海、甘肃两省界山，东段均在青海省境内，也是青海省祁连山地区西段的北部界山。党河南山的山峰海拔多在4000m以上，东段山峰的海拔相对较高，达5000m左右，主峰（古尔班保热达拢）海拔5620m。山地构造属于南祁连山褶皱带，东段海拔5000m以上山地顶部发育有现代冰川。山地的冰雪融水汇入党河和哈尔腾河。

吐尔根达坂山：位于柴达木盆地北缘的北西向山地，属于祁连山系西段的南支山脉。山体长约200km，宽约10~20km。山体地势呈现东高西低的整体变化格局，西段山峰海拔4850m左右，东段山峰海拔5150m左右，主峰（果青合通夏哈尔格峰）海拔5249m。山体西段以石炭纪砂岩、页岩和石灰岩为主，东段主要为早古生代花岗岩和花岗斑岩。海拔5000m以上的山地顶部发育有大面积现代冰川，是祁连山系中的现代冰川作用中心之一。山地的冰雪融水分别汇入马海河、塔塔棱河和哈尔腾河。

宗务隆山：坐落于柴达木盆地北缘、德令哈盆地北侧的近似东西走向的山脉，长约220km，由科克西里山（海拔4747m）、宗务隆山（海拔4965m）等几个不同山体组成，山地平均海拔4500~5000m，主峰（巴音山）海拔5020m。山体主要由中侏罗纪砂岩、砾岩和灰岩组成，海拔4500m以上地段一般为常年积雪地带，冰雪融水、山体泉水成为巴音郭勒河、巴勒根郭勒河等河流的主要补给水源。

走廊南山：别名李希霍芬山。属于祁连山系最北面的界山，因位居甘肃河西走廊而得此名。山体呈西北—东南走向，西起镜铁山与托勒山相连，东至俄博河源与冷龙岭相接，走廊南山在青海省境内长约160km，海拔4500~5000m，主峰（素珠链峰，又名祁连峰）海拔5647m。山体构造属于北祁连加里东褶皱带的主要组成部分，以寒武纪结晶灰岩及片岩构成山脉的主体，山地上部有大量古冰川遗迹，海拔4300m以上的山体上部发育有现代冰川，为黑河上游及八宝河上游的主要水源补给地之一。

托勒山：别名托莱山、木雷山等。该山西起昌马盆地东缘的火神庙山，东至门源盆地西端的大梁，山体呈西北—东南走向，长约280km，宽约20km，平均海拔约4500m，最高峰海拔5159m。托勒山构造上属于北祁连加里东褶皱带的南翼，以前寒武纪结晶岩系和加里东期岩浆岩为主构成山体主脊，以下古生代变质砂岩、板岩、结晶灰岩为主构成山体主要部分，北西西向的大断裂控制着主体山脉的走向。海拔4800m以上的山地上部有现代冰川发育。山地南坡冰川较少，南部山前发育形成洪积扇或冲积平原为主的地貌类型，属于青海祁连山地区重要牧业区之一。

托勒南山：别名托莱南山，地处托勒山南面而得名。山体位于托勒河上游之南，西与大雪山相接，东接纳卡尔当，山体呈西北—东南走向，长约250km，山地海拔4500~5000m，主峰（吾德勒钦）海拔5294m。山体地质构造属中祁连山地轴隆起带，以前震旦纪和震旦系的结晶岩系为主，主要断层反映出托勒南山在新构造时期的活动性。区域现代冰川主要发育于山地北坡和北东坡，冰川规模相对较小，冰雪融水为托勒河、疏勒河、大通河等河流的主要水源之一。

疏勒南山：地处中祁连隆起带的南缘，山体呈东南—西北走向，东西两端分别与大雪山和沙果林那穆吉木岭雪山相连，长约240km。山体平均海拔4500~5000m，为祁连山中海拔最高的山脉，主峰（岗则吾结峰）海拔5827m。该山构造地层主要为前震旦纪结晶片岩、震旦纪结晶灰岩以及早古生代花岗岩和花岗斑岩，山体发育的活动性深大断裂对南北坡地势影响较大，呈现南坡较为陡峻、北坡较为平缓的地貌格局。该山体为祁连山系中现代冰川最发育的山脉，南坡冰川规模大于北坡，丰富的冰雪融水是其成为托勒河、大通河、疏勒河的重要水源补给地之一。

哈尔科山：别名哈拉湖南山，地处哈拉湖南面而得名。山地西连党河南山的东延部分，东至阳康曲的艾热盖分水岭，山体长约80km，山地海拔5000~5100m，主峰（哈尔科）海拔5161m，整体地貌呈向西倾斜的夷平面地貌格局。山体构造岩层主要为下古生界砂岩、板岩、结晶灰岩和二叠纪海相石灰岩。山地顶部发育具有平顶冰川性质的现代冰川，冰雪融水分别成为哈拉湖（山地北侧）和阿浪郭勒河（山地南侧）的补给水源之一。

青海南山：位于青海湖南侧，属于青海省祁连山地区中部的南缘边界山地，也是青海湖盆地与共和盆地的天然界山，西北起自布哈河南岸，东南至拉脊山分界处，长约350km，主峰（哈尔科山）海拔5139m。山体构造岩层主要由下古生界砂岩、板岩、结晶灰岩、变质岩和花岗岩组成。南北坡地貌明显不对称，南坡具有阶梯状地貌结构，发育绵延数千米宽的山麓洪积倾斜平原，北坡较短而且较为和缓。山地水源为青海湖的补给水源之一。

冷龙岭：位于青海祁连山系的东北部，西邻走廊南山，东接乌鞘岭，为青海和甘肃两省的界山之一。山体呈西北—东南走向，在青海省境内长约280km，平均海拔约为4500m，主峰海拔5254m。地质构造属北祁连加里东槽背斜的一部分，主要由下古生界火山岩、千枚岩、板岩、砾岩、砂岩、粉砂岩构成山地主体，山地主脊南侧有东西向的活动断裂带，古冰川遗迹明显。青海省境内的冷龙岭南坡，降水较为丰沛，受差异性外营力影响而在地貌形态上分层明显，下部形成红色低山丘陵、黄土丘陵和冲积倾斜平原。山体的冰川融水等水源是大通河的主要补给水源之一。

大通山：为青海湖内陆水系与大通河外流水系的分水岭，西起察汗鄂博图岭，东连达坂山，山体整体呈西北—东南走向，长约300km，主峰（桑斯扎峰）海拔4755m。山地构造属北西西向到北西向延伸的背斜褶皱带，山体主要由古老震亘亚界海相砂质碎屑岩和碳酸岩组成，地貌垂直分层明显，山地顶部间有冰川分布。青海湖流域内的吉尔孟河、沙柳河、哈尔盖河等均发源于此山，成为青海湖重要的水源补给山地之一。

达坂山：是大通河与湟水河之间的一条山脉，西北起自卡当山，东南至省界与冷龙岭交汇，山地呈西北—东南走向，长约200km，主峰（仙米达坂）海拔4353m。山体岩层主要由下古生代基性岩以及中酸性火山碎屑岩、砾岩、砂岩、千枚岩、板岩和灰岩构成。达板山区气候湿润，流水作用明显，地面切割强烈，山体地貌沟壑纵横，山地顶部（海拔4000m以上）以冰缘作用形成的地貌形态为主。山地为大通河与湟水河的水源补给地之一。

拉脊山：别名拉鸡山、积石山、唐述山等。位于湟水河与黄河干流之间，西起日月山，东至青海省界，山体呈西北—东南走向，长约170km，最高峰（马场山）海拔4484m。山体岩层主要由寒武系碎屑岩与结晶灰岩组成，山脊和山峰岩层主要由花岗岩组成。山势整体较为平缓，但两侧明显不对称，北坡切割较浅而地势相对平缓，南坡切割相对强烈则地势陡峻。可见古冰川遗迹。山地河网较密，呈现出枝状分布的水系格局。

日月山：别名尼玛达哇（藏语）、纳喇萨喇（蒙古语），山地位于青海湖东侧，西连大通山、东接拉脊山，山体呈西北—东南走向，长约90km，主峰（阿勒大湾山）海拔4877m。构造地层主要为前震旦纪和震旦纪结晶岩系，间歇性上升的构造运动导致山地夷平面的广泛发育。从地理学的角度来看，日月山属于我国境内重要的自然地理分界线之一，传统意义上常被看作青海省内农业区和牧业区的分界线。同时，日月山也属于旅游文化名山，享有盛誉。

1.3.2 主要盆地

哈拉湖盆地：为祁连山系内完整的独立小盆地之一，属于祁连山地区海拔最高的内陆盆地，被认为属于新生代时期形成的构造盆地。盆地整体地势开阔平坦，盆地底部海拔约为4100~4300m。盆地底部发育形成哈拉湖，湖面海拔约4077m，湖体东、西两侧海拔约为4100~4200m，湖体北侧有古冰碛丘陵。

青海湖盆地：为祁连山系中面积最大的山间盆地，盆地周边被青海南山、日月山、大通山等群山环绕而成为封闭内陆流域盆地。盆地底部发育形成著名的青海湖，湖面海拔约为3200m。青海湖盆地属于典型的构造断陷盆地，经过数次构造运动导致的差异性升降，形成了现有的多层次阶地型地貌格局。盆地地层以第三纪地层堆积为主，主要岩性为砂岩、沙质泥尘与黏土质泥岩。整体地势相对较为平缓，但呈现出西北高而东南低的地貌格局。在青海湖盆地内，阶地发育较为明显，滨湖平原、冲积平原、河谷平原等地貌单元广泛分布。在青海湖体的东西两侧，发育有一定面积的风沙地貌。

托勒河谷地与木里江仓盆地：在托勒山与托勒南山之间，发育着一条自西向东，由托勒河谷地—大通河上游的木里、江仓盆地组成的北西西向构造盆地地貌，属于祁连山中一个比较大的构造盆地。盆地海拔4000m左右，与周围山地高差约为600~700m。盆地内整体地势平缓，但呈现出西北高、东南低的总体格局。盆地广泛发育着现代冰缘地貌。盆地内沼泽泥炭较为发育，热融湖塘到处可见，属于青海省祁连山地区湿地分布较广的区域之一。盆地内分布的木里和江仓煤田属于青海省的主要煤田之一。

门源盆地：是位于青海祁连山地东段腹地的山间盆地，西起大梁，东至克图，为新生代断陷弧形谷地，整体呈北西—东南走向，大通河流贯穿于盆地之中。该盆地虽然属于大通河流域的组成部分，但经历了自身独特的构造运动阶段与过程。盆地南北边缘均为断裂控制，发育古近系白杨河组、第四纪冰碛和冰水堆积物，盆地充填有干旱气候条件下的河湖相沉积“红层”。盆地内大通河两岸地势平缓且面积相对较大，整体地势平坦，土壤肥沃，已成为青海省最重要的油菜生产基地和著名的旅游景区之一。

1.3.3 主要谷地

黑河谷地：为黑河发育后形成的谷地。黑河发源于青海省东北部，分东西两支，东支八宝河流经祁连县西面的黄藏寺，向北大拐弯，切穿走廊南山，流经河西走廊，向北改称弱水，在青海境内为一地堑式箱状谷地。西支（上游）谷宽达 30km，距黄藏寺 48km 处开始强烈下切，形成峡谷阶地，谷坡比高约 40m。

疏勒河上游谷地：为疏勒河（发源于沙果林那穆吉木岭）上游形成的谷地地貌，为一典型构造谷地。谷地东宽西窄，两岸山峰高峻，属于典型的箱状谷地。河谷为 U 形谷，河谷中堆积有冰碛物和冲积物，河道分散、曲折，变化不定。疏勒河上游河谷海拔 3800～4000m，河谷呈现较为明显的不对称性，北岸有保留较为完整的侵蚀—堆积阶地；南岸的阶地则保留较少，阶地面较窄。

大通河谷地：位于冷龙岭与大通山—达坂山之间，西起大梁，东至民和县享堂与湟水河的交汇处，全长近 500km，大通河由西北向东南贯穿其间。由于局部区域构造地层与构造运动的不同，导致整条河谷东、西两段的地貌形态存在较为明显的差异。河谷西段（克图以西）整体地势较为平缓，大部分地段河谷较宽，四周群山对峙，气候较为湿润，是祁连山地区重要的农牧业区之一。河谷东段（克图以东）则呈典型的峡谷地貌，两侧山地陡峻，河谷底部明显较窄，不仅林木繁茂，而且适宜水电资源的开发利用。

湟水河谷地：位于达坂山和拉脊山之间，为中新生代山间断陷谷地，受黄河重要支流——湟水河外营力作用明显，长约 170km。河谷整体地势西高东低，海拔变幅约为 2600m（西侧）～1600m（东侧）。由于谷地发育着抗侵蚀能力存在差异的不同岩性和地质构造区，在东西方向上出现盆峡相间的串珠状的地貌形态格局。阶地普遍发育也是湟水河谷地的地貌特征之一，两岸可见多级阶地，为青海省的主要农耕区之一。

2 气　候

受独特地理区位及高亢地势等方面因素的影响，青海省祁连山地区形成了具有鲜明自身特点的气候特点，具有明显的大陆性气候以及高原气候特征。主要表现为冬季寒冷、漫长、降水稀少，夏季湿润、短暂、降水集中，西北部水汽渐少，多风，太阳辐射强烈，光照充足等方面的特征。冰雹、春旱、风沙、雪灾等气候灾害比较频繁。

2.1 气候概况

祁连山是我国西北荒漠区和青藏高原高寒区的过渡区，远离海洋，具有典型的大陆性气候和高原气候的特征。以行星风系而言，祁连山全部处于中纬度西风带的影响范围。青藏高原的隆起，使西风环流被分为南北两支，其中的北支相对较强，使得西风急流沿着祁连山的北缘向东流，对祁连山地区的直接影响明显较大。特别是在冬季主要受西风环流控制的情况下，西风形成动力高压脊，导致区域范围内的天气干燥而寒冷。夏季大气环流形势比较复杂，由于西风带北移，因而印度洋的西南季风和太平洋的东南季风也对本区产生一定的影响。但由于本区位于我国大陆腹地，四周山岭高耸，南部与东部的暖湿气流到达本区已成强弩之末，因而产生的降雨相对有限。

祁连山地区的降水主要受高原季风的影响。冬季受蒙古高压的控制，导致区域气候寒冷干燥，多为晴朗低温天气，降水稀少，11 月至次年 2 月期间降水量仅占年降水量的 5%。夏季 5~8 月，孟加拉湾和青藏高原上空为热源区，由于感热加热作用，大陆热低压发展，蒙古高压衰退，使祁连山地区气候主要受大陆热低压控制，西南气流可以把印度洋和孟加拉湾水汽输送到河西走廊，太平洋副热带高压的西伸，使东南气流向西输送受到一定的影响。季风最远可影响到黑河水系，其以西地区主要受西风带的影响。

祁连山区气候具有青藏高原环流形象的烙印。冬季仅受内蒙古高压的控制，晴冷少雨，夏季受青藏高原热低压的影响，因环流形势改变，形成若干气压系统。

2.1.1 区域范围内的气象观测

自 20 世纪 50 年代中后期开始，青海祁连山地区就陆续建立起一些常规气象观测站点，为该地区气象资料的监测发挥了重要作用。进入 21 世纪以来，气象自动监测技术发展迅猛，在青海祁连山地区的气象观测站点布局也获得长足进步。到 2014 年底，青海祁连山地区的区域范围内分布有 123 个自动气象站，均为近 10 年所建。区域范围内这些自动气象观测站的后续运行，将为青海祁连山地区不同区域的局地性气象监测提供更为精细、准确的观测数据。

根据本书对青海省祁连山地区的范围划分（参见图 1-1），区域范围内建有 14 个国家级的常规气象站（表 2-1），建站均在 20 世纪 50 年代中后期。为更好地揭示青海省祁连山地区的主要气候特征，本书将利用这 14 个观测资料序列较长的国家级常规气象站的观测资料，作为描述分析青海祁连山地区气候特征及气候变化分析的资料依据。

表 2-1　青海祁连山地区国家级常规气象台站基本信息

序号	站名	站类	建站时间（年.月.日）	现址开始工作时间（年.月.日）	纬度（N）	经度（E）	海拔（m）
1	托勒	基本站	1956. 11. 1	1985. 1. 1	38°48′	98°25′	3367
2	野牛沟	基本站	1959. 2. 1	1991. 1. 1	38°27′	99°32′	3320
3	祁连	基本站	1956. 5. 1	1956. 5. 1	38°10′	100°14′	2787. 4
4	大柴旦	基本站	1956. 5. 1	1974. 10. 1	37°51′	95°21′	3173. 2
5	德令哈	基本站	1955. 8. 1	1955. 8. 1	37°22′	97°22′	2981. 5
6	天峻	观测站	1957. 12. 1	1967. 1. 1	37°17′	99°01′	3417. 1
7	刚察	基准站	1957. 7. 1	1957. 7. 1	37°19′	100°08′	3301. 5
8	门源	基本站	1956. 10. 5	1976. 7. 1	37°22′	101°36′	2850
9	海晏	观测站	1955. 1. 1	1976. 1. 1	36°54′	100°59′	3010
10	大通	观测站	1956. 11. 1	1993. 1. 1	36°56′	101°40′	2450
11	互助	观测站	1955. 10. 1	1974. 1. 1	36°49′	101°56′	2480
12	西宁	基本站	1954. 1. 1	1995. 1. 1	36°43′	101°45′	2295. 2
13	乐都	观测站	1956. 10. 1	1959. 10. 14	36°28′	102°23′	1980. 9
14	民和	基准站	1956. 10. 1	1956. 10. 1	36°19′	102°50′	1813. 9

从表 2-1 中可以看出，青海祁连山地区的气象观测站点之间存在较大的环境差异。就气象站点的地理位置而言，南北横跨约 2. 5 个纬度，东西跨越超过 8 个经度。就气象站点的分布海拔而言，海拔最低的是区域东端的民和站（站点海拔为 1814m），海拔最高的为西部的天峻站（站点海拔为 3417m），两站的海拔高差超过 1600m。因此，也必然形成不同局部区域气候特征存在明显差异的特点。

2. 1. 2　气候要素的平均特征

毫无疑问，反映某一特定区域气候特征的要素众多。在此，仅依据能够反映青海祁连山地区主要气候特征的相关参数，对该地区的主要气候特征进行简要的介绍。根据前述 14 个国家级气象站观测数据的统计分析结果表明，青海祁连山地区受山地和高原的双重影响，区域内主要气候特征局地性强，时空差异显著，主要表现为以下基本特征。

2.1.2.1 主要气候要素的平均观测值

毋庸置疑，建立在长序列连续观测数据基础上的综合分析，才能更好地揭示相应区域的整体气候特征。本书以最新的气候标准值（1981~2010年版）作为评价标准，分析归纳总结出青海祁连山地区的气候总体概况和基本特征。

蒸发观测由于存在一年中不同阶段监测仪器的差别，参考该地区祁栋林等（2016）提供的祁连山区蒸发订正方法，将雨季大型蒸发观测到的数据统一订正为小型蒸发数据，以便累加求和与比较。另外，由于从2015年开始气候站停止观测蒸发，故而本书用于分析青海祁连山地区蒸发情况的资料序列为1961~2014年。在后续的区域气候变化特征阐述分析过程中，由于海晏气象资料从1976年开始，与其他13个气象站资料长度不同，因此降水、气温和日照时数气候变化趋势分析采用的是除海晏站以外的13个气象站1961~2015年的长序列观测资料。

根据青海省祁连山地区国家级气象观测站30年（1981~2010年）的观测数据，统计出不同气象观测站的主要气候参数值（表2-2）。

表2-2 祁连山区气候标准值（1981~2010年）

站名	平均气温（℃）	平均最高气温（℃）	平均最低气温（℃）	降水量（mm）	平均风速（m/s）	最大风速（m/s）	日照时数（h）
西宁	6.6	14.4	0.9	391.4	1.4	16.2	2560.6
大通	4.2	12.2	−2.2	521.8	1.4	19.3	2548.2
民和	8.3	15.4	3	337.8	1.4	20.2	2358.5
乐都	7.9	15.5	1.9	329.4	1.6	17	2615.9
互助	4.1	12.5	−2.5	505.5	1.1	35.6	2619.5
德令哈	4.4	11.6	−1.3	203.1	1.8	17.7	3046.4
大柴旦	2.5	10.1	−4.8	92.7	2	24.3	3217.5
天峻	−0.7	7.7	−7.9	363.6	3.2	24	2976.7
海晏	0.9	9.5	−6.1	403.8	2.8	23.3	2908
托勒	−2.2	7	−9.7	309.7	2.3	27.7	2994.3
野牛沟	−2.6	6.8	−9.8	426.4	2.6	27	2697.5
祁连	1.4	10.4	−5.4	415.1	1.9	19	2828.6
刚察	0.1	7.3	−5.7	388.4	3.4	26.7	2978.2
门源	1.2	9.9	−5.4	531.5	1.5	22	2517.1
区域平均	2.7	10.8	−3.8	360.8	2.1	22.5	2791.1

由于蒸发量不在气候标准值（1981~2010年）的统计之列，但又是十分重要的复合因子。经过订正计算，列出青海祁连山地区主要气象观测区域的平均年蒸发量数据（表2-3）。

表 2-3 青海祁连山地区平均年蒸发量（1961~2014 年）

地区	年均蒸发量（mm）	地区	年均蒸发量（mm）	地区	年均蒸发量（mm）
西宁	1599.9	德令哈	2072.7	野牛沟	1265.6
大通	1233.9	大柴旦	2148.7	祁连	1465.9
民和	1647.9	天峻	1617.5	刚察	1478.2
乐都	1704.1	海晏	1449.1	门源	1148.3
互助	1231.2	托勒	1463.3	全区平均	1538.1

2.1.2.2 气温的基本特征

据统计（参见表 2-2），青海祁连山地区的年平均气温约为 2.7℃，不同局部区域的平均气温变化幅度在-2.6~8.3℃之间，不同局部地段的年平均气温差异显著，大致呈现出东高西低的分布格局。比较而言（图 2-1），海拔最高的野牛沟平均气温最低，海拔最低的民和则平均气温最高，显示出海拔高度是该地区气温最重要的影响因素。

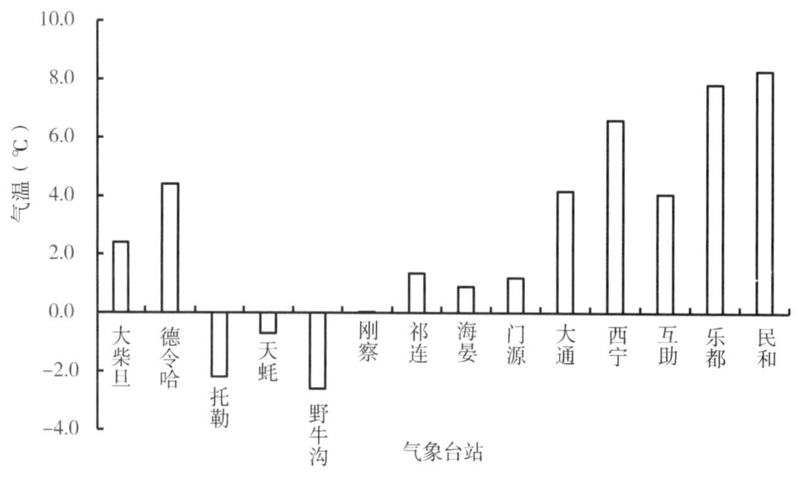

图 2-1 青海祁连山地区年平均气温空间分布

据分析，青海祁连山地区年平均气温随着海拔高度的递减率为 0.68℃/100m。山顶的温度一般低于0℃，常年都有积雪。最冷的 1 月平均气温低于-11℃，最热的 7 月平均气温低于 15℃。12 月至次年 3 月，青海祁连山大部分地区的气温都在 0℃以下，4~10 月最高气温在 4~15℃之间。总体而言，青海祁连山地区平均气温的空间分布形势比较稳定，年际变化很小，气温最低中心常年位于西段海拔较高的托勒山附近，气温的等值线走向与地形廓线基本一致。说明影响祁连山附近气温分布的主要因素是海拔高度，地理纬度的影响次之。

2.1.2.3 降水的基本特征

据统计（参见表 2-2），青海祁连山地区的年平均降水量约为 360.8mm，不同区域的变幅为 92.7~531.5mm，局部区域降水最高值约为最低值的 5.73 倍，降水空间差异极大。比较而言（图 2-2），该地区最西端的大柴旦，地处柴达木盆地腹地荒漠戈壁，是青海祁连山地区最西端的地区，年平均降水量最少；地处青海祁连山地区东部的门源，位于祁连山河谷地带，雨量较为丰沛，年平均降水量最多。

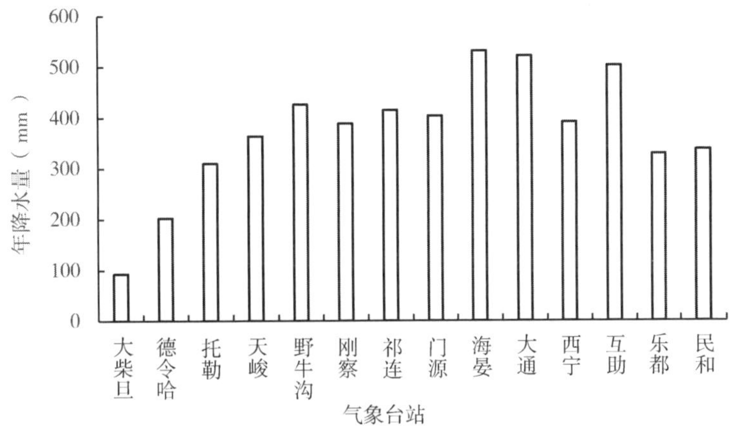

图 2-2 青海祁连山地区年降水量空间分布

青海祁连山地区的降水特征与气温不同，不但受海拔高度的影响，而且受所处地段的纬度、经度，以及地形的坡向和坡度的影响。降水的季节、年际变化都比较大，这主要是由于降水的影响因素较为复杂造成的。就区域降水的季节变化来看，降水主要集中在 5~9 月，该时段的降水量约占年总量的 89.7%。一般而言，随着海拔升高，降雨日增加，降水量也增多。但随着海拔升高，亦出现了蒸发量减少，相对湿度增加，绝对湿度下降的趋势。据分析，青海祁连山地区的降水递增率明显受到海拔高度的影响。海拔在 3000m 以下时，降水递增率呈高峰型；海拔 3000~3400m 时，降水递增缓慢；海拔 3400~3600m 时，递增又呈高峰型。当海拔超过 3600m 时，由于接近山顶，风速加大，降水量多为固态，降水量出现下降趋势。

2.1.2.4 蒸发的基本特征

据统计（参见表 2-3），青海祁连山地区的多年平均蒸发量为 1538.1mm，不同区域的变幅为 1148.3~2148.7mm，年均蒸发量的空间差异明显小于年均降水和年均气温的空间差异。在青海祁连山地区，年均蒸发量的总体分布格局表现为西高东低，与降水呈现出明显的反位相分布格局。比较而言（图 2-3），年降水最多的是门源地区，其蒸发量为全区最少，仅为 1148.3mm，年降水最少的大柴旦地区蒸发量为全区最大，达到 2148.7mm。

祁连山位于青藏、黄土两大高原和蒙新荒漠的交汇处，受青藏高原气候和荒漠气候影响，气温高，冷热剧变，相对湿度低，所以蒸发强烈。据分析，青海祁连山地区多年平均蒸发量的年内分配很不均匀，蒸发主要集中在 4~9 月，该时段的蒸发量约占年总蒸发量的 72.7%，最大月蒸发量大多数出现在 5 月，西部的少数站出现在 6 月，约占年蒸发量的 13.6%，最小月蒸发量出现在 1 月或 12 月，约占年蒸发量的 2.7%。

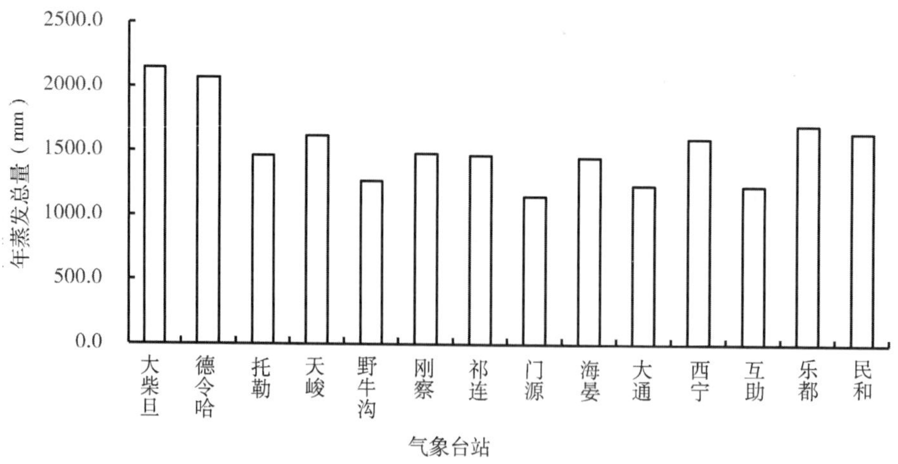

图 2-3　青海祁连山地区年蒸发量空间分布

2.1.2.5　日照时数的基本特征

据统计（参见表 2-2），青海祁连山地区的年日照时数平均约为 2791. 1h，在 2358. 5~3217. 5 小时之间变化，年平均日照时数的空间差异也相对较小。在青海祁连山地区，年平均日照时数的空间分布格局与年均蒸发量相似，也呈现出西高东低的分布态势。比较而言（图 2-4），年日照时数最少的区域是青海祁连山地区东端的民和县，最多的则是最西端的大柴旦。

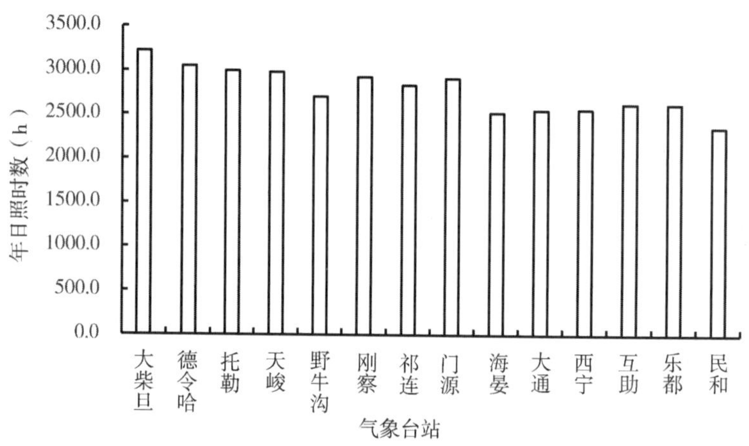

图 2-4　青海祁连山地区年日照时数空间分布

根据青海祁连山地区年日照时数的年内季节变化特点分析，7 月的日照时数最长，历年平均值为 265. 9 小时；9 月最短，历年平均值为 176. 2 小时；四季之中，春季最大（737. 8 小时）、夏秋季次之、冬季最小（637. 3 小时）。据分析，日照时数除受可照时间影响外，还与天气状况有很大的关系。这主要是由于夏季云量增多，降水较多，抵消了地球绕太阳公转的影响，致使 4~8 月的日照时数无明显差异，甚至出现 4 月比 6 月还长的现象；进入冬季以后，虽然可照时间相对缩短，但由于气候严寒干燥，多为晴朗低温天气，因而冬季日照时数与夏季日照时数相比变化幅度小。因此，其年内变化又表现出与可照时间变化的不一致性。

2.1.2.6 风速的基本特征

据统计（参见表 2-2），青海祁连山地区年平均风速约为 2.1m/s，变幅为 1.1～3.4m/s；极端最大风速平均为 22.5m/s，变幅为 16.2～35.6m/s；也表现出相对较大的空间差异。比较而言（图 2-5），平均风速最小的地区为青海祁连山地区中东部的互助县，地处中西部青海湖北面的刚察县则为全区年平均风速最大的地区；最大极端风速也出现在互助县，但最小的极端最大风速出现在西宁。

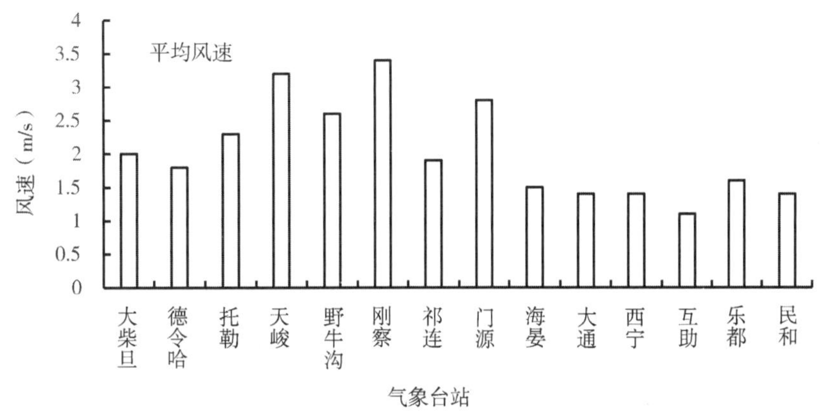

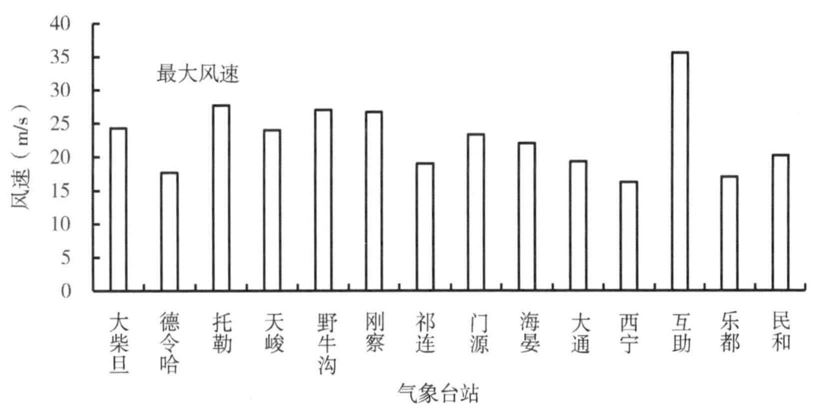

图 2-5 青海祁连山地区年均风速及最大风速的空间分布

2.2 气候变化特征

依据气象观测数据平均值的统计结果，虽然也能够在一定程度上反映研究区域的气候状况，但这也仅仅属于通过信息凝练后的静态描述，必然会忽略或掩盖许多能够进一步揭示研究区域气候特征的相关信息。为更好地揭示青海祁连山地区气候的内在特点，本节将结合气温和降水的相关数据，分析讨论青海祁连山地区的气候变化特征。

对于分析得到的青海祁连山区气候变化趋势，采用统计 t 检验来检验其显著性，对于突变采用常用的 Mann-Kendall 突变检验。

2.2.1 讨论过程中的分区划分

由于青海祁连地区东西横跨近 8 个经度，将近 810km，南北最宽达到了 320km，区域内大气环流复杂，气候类型多样，导致青海祁连山地区范围内东西和南北气候变化的差异性很大。为更好地分析揭示青海祁连山地区的气候变化特征，有必要在对整个青海祁连山地区进行分区划分的基础上，进一步展开相关的研究和讨论。汤懋苍（1984）通过研究认为，要讨论祁连山地区的降水变化，至少要把祁连山地区分为东西两部分比较合理，若要使得同一区域里的降水的年际变化趋势基本一致，至少应该将本区分为东南（包括湟水和黄河谷地）、柴达木、走廊西部、走廊东部、山区东部以及山区西部。

鉴于本书将研究区域的范围限定于青海省境内的青海祁连山地区，不涉及祁连山北坡及周边的甘肃部分，仅涉及祁连山脉主体及南坡周边区域，为此，本书将以东经 99°和东经 101°为分界线把青海祁连山地区东部、中部和西部 3 个分区（敬请读者在阅读后续部分时给予充分关注）。具体划定范围大致为东部分区 95°～99°E 之间、中部分区 99°～101°E 之间、西部分区 101°～103°E 之间。东部分区包括 6 个气象站，分别是门源县气象站、大通县气象站、西宁气象站、互助县气象站、乐都县气象站和民和县气象站；中部分区包括 5 个气象观测站，分别为天峻县气象站、刚察县气象站、海晏县气象站、野牛沟气象站和祁连县气象站；西部分区包含 3 个气象观测站，分别是大柴旦气象站、托勒气象站和德令哈气象站。

2.2.2 区域气温变化特征

为保持基础数据的准确性和完整性，本书将采用前述 14 个气象观测站 1961～2015 年间（共 55 年）的气温观测数据为依据，从不同角度对青海祁连山地区的气温变化情况进行相应的分析和讨论。

2.2.2.1 气温年际变化

根据前述 14 个气象观测站 1961～2015 年间气温观测数据的统计结果，青海祁连山地区 55 年间的平均气温为 2.4℃，平均最高气温为 10.5℃、平均最低气温为-4.2℃。

就整个青海祁连山地区气温的年际动态变化而言，表现出在波动中显著上升的变化趋势（图 2-6）。在 55 年的变化过程中，青海祁连山地区的平均气温、最高气温、最低气温都呈现出一致的上升趋势。通过回归计算可得，3 项气温指标的气候倾向率分别为 0.40℃/10a、0.37℃/10a、0.52℃/10a，均达到了 0.01 的显著水平。就升温的幅度而言，由高到低依次表现为最低气温>平均气温>最高气温的变化格局。

统计整理表明，青海祁连山地区平均气温的最高值（3.82℃）出现在 2013 年，最低值（0.89℃）出现在 1967 年；最高气温的高值（12.18℃）出现在 2013 年，低值（8.70℃）出现在 1967 年；最低气温的高值（-2.47℃）出现在 2014 年，低值（-6.05℃）出现在 1962 年。

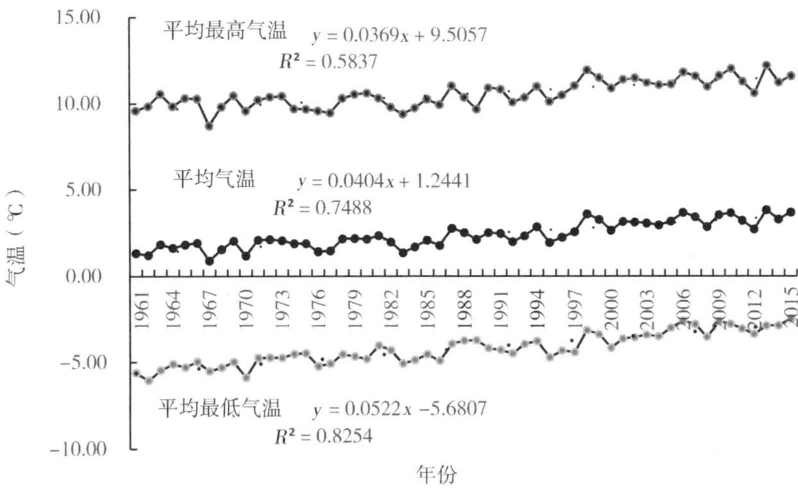

图 2-6 青海祁连山地区年平均气温、最高气温、最低气温变化趋势

据青海祁连山地区相关气温的距平变化曲线可以看出（图 2-7），该地区的平均气温、最高气温和最低气温在 1987 年以前基本为缓慢上升的趋势，1987 年以后气温明显上升，90 年代以后的升温趋势出现加速，升温趋势明显。平均气温、最高气温、最低气温的距平值从 20 世纪 80 年代后期至 90 年代初期开始大于 0，气温开始显著增加。

据各气象站点气温变化趋势值的计算结果（表 2-4），青海祁连山地区所有气象站的气温都呈上升趋势。除西宁站之外，其他站点的变化都通过了 0.01 和 0.001 的显著性水平检验。所选用 13 个气象站点中，升温幅度最大的是互助站，气温倾向率为 0.70℃/10a；其次为大通站，线性倾向率为 0.68℃/10a；升温幅度最小的是西宁站，幅度为 0.06℃/10a，没有通过显著性检验。

表 2-4 青海祁连山地区各气象站点气温的变化趋势值

气象站	气候倾向率（℃/10a）	显著性 t 检验（α=0.05）	显著性 t 检验（α=0.01）
民和	0.27	显著	显著
乐都	0.40	显著	显著
互助	0.70	显著	显著
大通	0.68	显著	显著
门源	0.39	显著	显著
刚察	0.32	显著	显著
祁连	0.32	显著	显著
天峻	0.42	显著	显著
德令哈	0.47	显著	显著
大柴旦	0.52	显著	显著
西宁	0.06	不显著	不显著
托勒	0.38	显著	显著
野牛沟	0.32	显著	显著

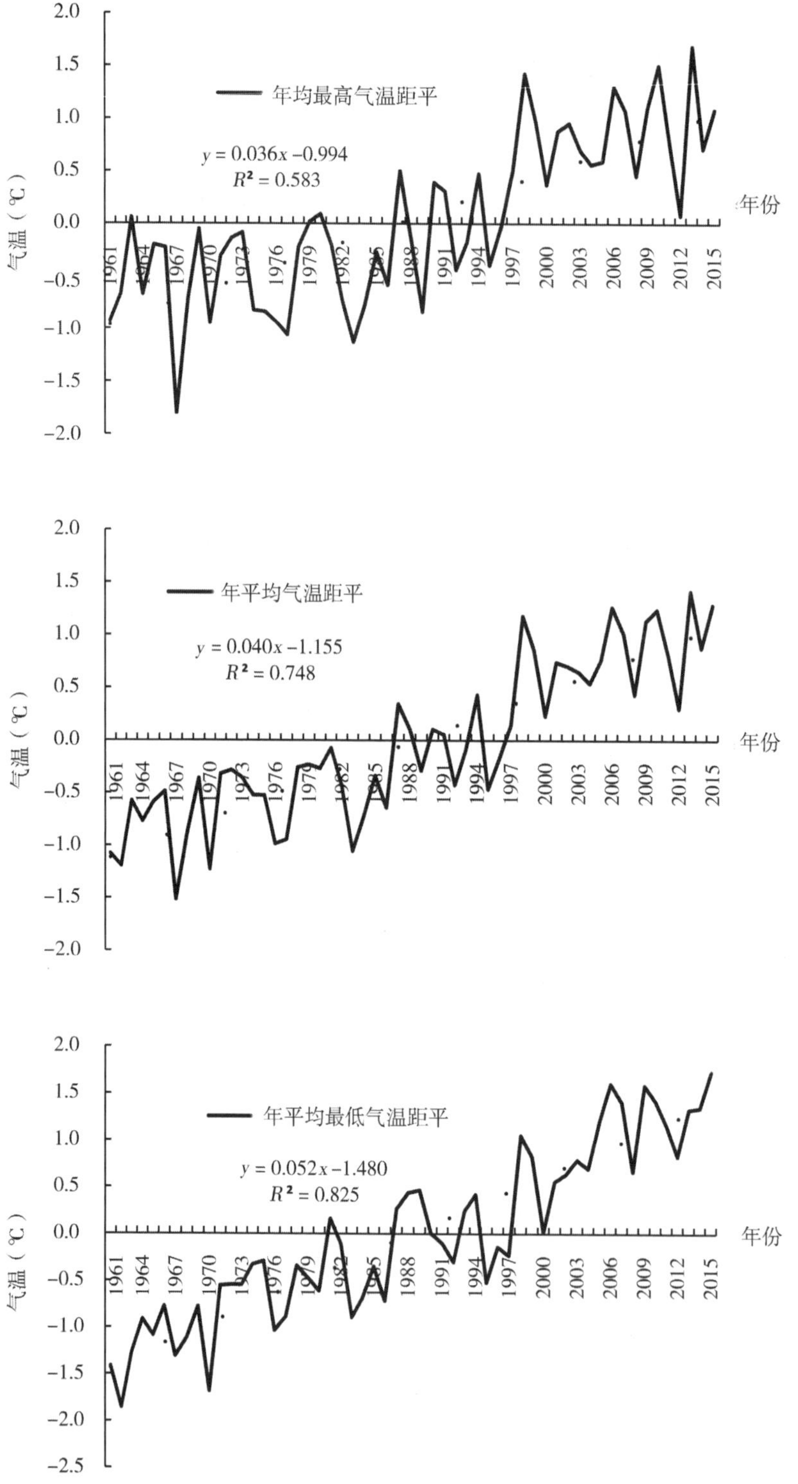

图 2-7 青海祁连山地区年平均气温、平均最高气温、平均最低气温的距平变化

2.2.2.2 气温的年代际变化

为更清楚地了解并揭示青海祁连山地区气温的阶段性变化规律，分别按照10年的年代周期，对该区域的气温进行了统计处理（表2-5）。

表2-5 青海祁连山地区地区气温的年代际变化

<table>
<tr><th colspan="2">年代</th><th>1960's</th><th>1970's</th><th>1980's</th><th>1990's</th><th>2000's</th><th>2010年以来</th></tr>
<tr><td colspan="2">平均气温距平（℃）</td><td>-0.8</td><td>-0.6</td><td>-0.3</td><td>0.2</td><td>0.7</td><td>0.9</td></tr>
<tr><td colspan="2">最高气温距平（℃）</td><td>-0.6</td><td>-0.5</td><td>-0.4</td><td>0.3</td><td>0.8</td><td>0.9</td></tr>
<tr><td colspan="2">最低气温距平（℃）</td><td>-1.2</td><td>-0.7</td><td>-0.2</td><td>0.1</td><td>0.9</td><td>1.2</td></tr>
<tr><td rowspan="3">分区平均气温距平（℃）</td><td>西部分区</td><td>-1.0</td><td>-0.5</td><td>-0.3</td><td>0.3</td><td>1.0</td><td>1.0</td></tr>
<tr><td>中部分区</td><td>-0.6</td><td>-0.4</td><td>-0.3</td><td>0.1</td><td>0.8</td><td>1.0</td></tr>
<tr><td>东部分区</td><td>-0.8</td><td>-0.5</td><td>-0.3</td><td>0.2</td><td>0.8</td><td>1.0</td></tr>
</table>

从青海祁连山地区不同年代平均气温、最高气温和最低气温的变化情况来看，自20世纪60年代以来，均表现出稳定的年代际上升趋势（表2-5）。在20世纪60~80年代，气温变化基本为负距平。进入20世纪90年代以后，气温变化都为正距平值，90年代到21世纪前10年（2000~2009年. 余同）是年代际增温幅度最大的年代，平均气温、最高气温、最低气温增温幅度均超过0.5℃，最低气温的增温最大达到了0.8℃，平均气温和最低气温也达到0.5℃。就青海祁连山地区不同分区平均气温的年代际变化而言，东部分区、中部分区和西部分区均表现出与整个青海祁连山地区基本一致的年代际变化趋势（表2-5）。

从表2-5可以看出，21世纪前10年是青海祁连山地区半个多世纪以来最暖的年代，20世纪60年代则是最冷的10年。2000年以后的气温超过了以前的任何一个年代，气温距平都超过0.7℃。就最大气温距平而言，青海祁连山地区的最大距平为最低气温，其次是2010年以来的各个分区的平均气温。根据青海祁连山地区气温的年代际变化趋势推断，该地区气温在近半个世纪以来大致经历了偏低—偏低—偏低—偏高—偏高的阶段。

通过青海祁连山地区相关气温参数的对比分析可知，就最高气温而言，20世纪70年代比60年代升高了0.1℃，90年代相对60年代升高了0.9℃，21世纪前10年比20世纪60年代显著升高了1.40℃，2010年以来比20世纪60年代升高了1.5℃。就最低气温而言，20世纪90年代比60年代升高了1.30℃，2010年以来比上世纪60年代升高了2.40℃。与平均气温、最高气温相比，最低气温升温幅度是最大的。就局部分区而言，西部地区气温20世纪的升温幅度大于东部分区和中部分区。

2.2.2.3 不同季节的气温变化

在某种意义上讲，不同季节的温度变化也许对于自然生态系统而言具有更为重要的意义。根据对青海祁连山地区不同季节平均气温距平值的计算统计（表 2-6），该地区近 50 多年来春、夏、秋、冬的气温均表现出上升趋势，春、夏、秋、冬的气温升温率分别为 0.313℃/10a、0.331℃/10a、0.392℃/10a、0.373℃/10a，均通过了 0.01 和 0.001 的显著性水平信度检验。从表 2-6 可以看出，20 世纪 60 年代冬季气温偏冷 2.0℃，春季气温偏冷 0.5℃。

表 2-6 青海祁连山地区气温季节的年代际变化

年代	气温距平（℃）				
	春	夏	秋	冬	年
20 世纪 60 年代	-0.5	-0.8	-1.1	-2.0	-1.1
20 世纪 70 年代	-0.6	-0.6	-0.9	-1.3	-0.9
20 世纪 80 年代	-0.7	-0.6	-0.4	-0.7	-0.6
20 世纪 90 年代	0.0	-0.1	-0.1	-0.2	-0.1
21 世纪前 10 年	0.5	0.5	0.4	0.4	0.4
2010 年以来	0.7	0.8	0.7	0.6	0.7

根据表 2-6 中不同季节气温距平的比较可知，20 世纪 70 年代和 60 年代相比较，春季气温略降，夏季、秋季、冬季和年平均气温上升；90 年代春季气温距平开始大于 0；2010 年以后气温与 20 世纪 60 年代相比较，春、夏、秋、冬和年气温分别增加了 1.20℃、1.60℃、1.80℃、2.60℃和 1.8℃。据分析推断，青海祁连山地区不同季节的年代际升温幅度存在一定差异，升温幅度由高到低依次冬季>秋季>夏季>春季，冬季的升温幅度最大。这和青海祁连山地区最低气温升温最快的特点有很好的一致性。

根据不同季节年平均气温距平的年际变化来看（图 2-8），青海祁连山地区四季年平均气温均呈明显的上升趋势，春、夏、秋 3 个季节气温的气温距平从 20 世纪 90 年代开始大于 0℃，冬季气温的气温距平从 80 年代就开始大于 0℃。其结果表明，冬季气温变化趋势是各个季节中增暖速度最大的。从图 2-8 也可以看出，20 世纪 90 年代以后的气温变暖趋势非常剧烈，早期增温趋势不甚明显的夏季在 90 年代以后表现出强烈的增温趋势。

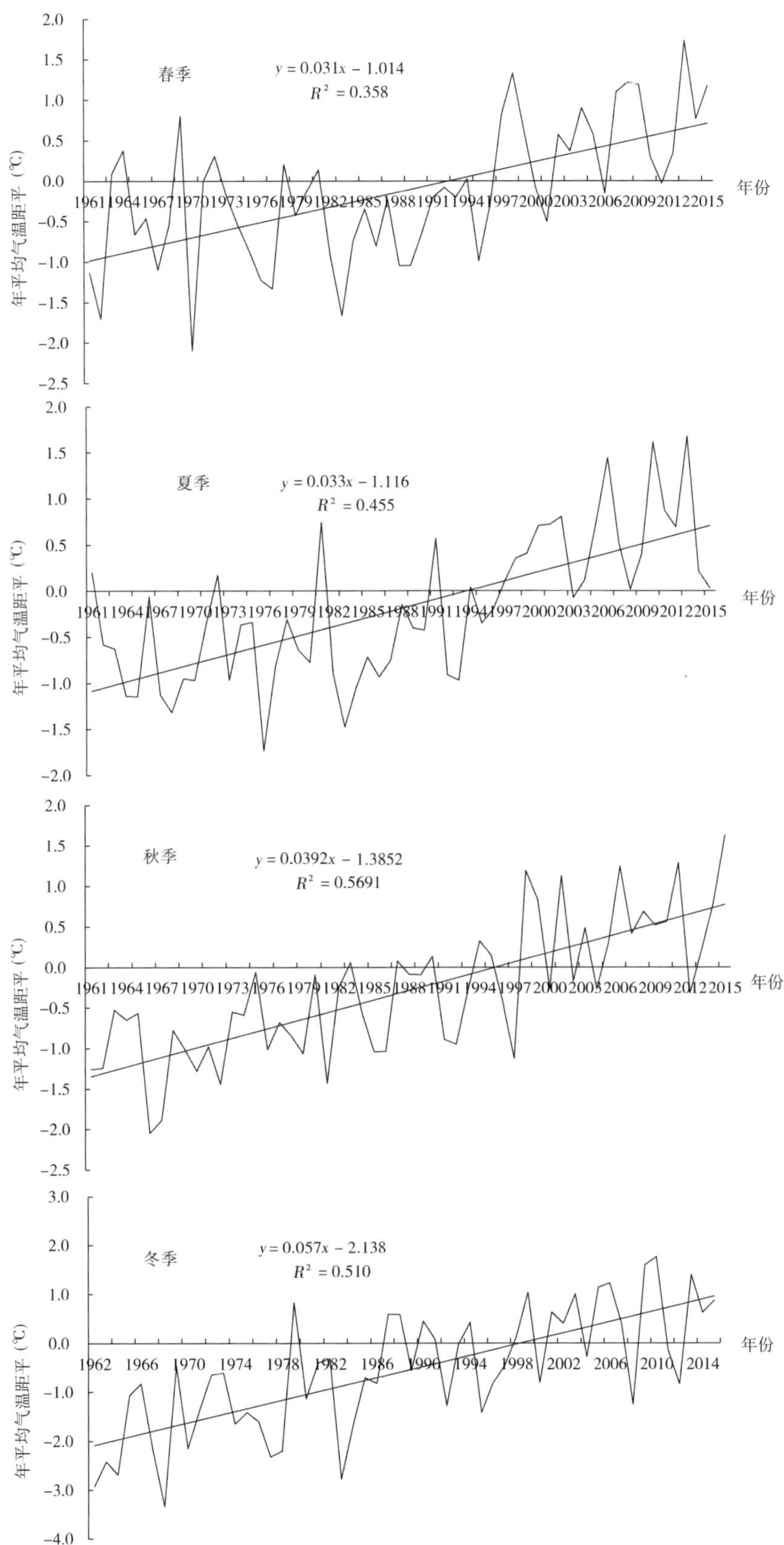

图 2-8 青海祁连山地区气温变化的距平年际变化

2. 2. 2. 4 气温空间变化

据统计分析（表 2-7），青海祁连山地区各分区四季平均温度变化趋势比较一致，而且全部通过 0. 01 的显著性水平检验。比较而言，一年四季平均温度的增温幅度表现出春夏弱、秋冬强的特点，冬季增温幅度最大；东部分区的增温幅度强于中部分区和西部分区。

表 2-7 青海祁连山四季分区年平均气温气候倾向率比较

	东部分区	中部分区	西部分区
春	0. 369	0. 306	0. 3
夏	0. 379	0. 31	0. 326
秋	0. 469	0. 405	0. 469
冬	0. 739	0. 574	0. 532

据统计分析（表 2-8），青海祁连山地区不同分区四季平均最高温度的变化趋势也比较一致，但冬季东部分区的增温趋势未通过显著性检验。比较而言，中部分区平均最高温度的增温幅度最强。

表 2-8 青海祁连山四季分区年平均最高气温气候倾向率比较

	东部分区	中部分区	西部分区
春	0. 432	0. 531	0. 181
夏	0. 451	0. 907	0. 226
秋	0. 521	0. 663	0. 363
冬	0. 06	0. 321	0. 494

注：冬季东部分区年平均最高气温气候趋势未通过显著性检验。

据统计分析（表 2-9），青海祁连山地区不同分区四季平均最低温度的变化趋势出现差异。东部和西部四季平均最低温度的变化趋势一致且通过 0. 01 的显著性水平检验，中部分区夏季和秋季平均最低温度的变化趋势尽管显著性水平不同，但仍通过显著性检验，而冬季和春季平均最低温度的变化趋势没有通过显著性检验。

表 2-9 青海祁连山四季分区年平均最低气温气候倾向率比较

	东部分区	中部分区	西部分区
春	0. 362	0. 142	0. 446
夏	0. 488	0. 595	0. 569
秋	0. 388	0. 221	0. 606
冬	0. 695	-0. 226	0. 92

注：冬、春季中部分区年平均最低气温气候趋势未通过显著性检验。

比较各站的情况，气温变化幅度较大的区域都在大通、互助以及德令哈、大柴旦附近，增温幅度较小的区域位于民和、西宁一带。

一年四季中，冬季气温升幅最大，区域夏、秋季的气温变化不但受西风带系统的影响，而且要受高原系统和东南季风的影响，气温的变化要比冬、春季复杂。根据比较，夏季青海祁连山地区气温的东西差异较大。东部分区的气温不仅受东南季风的影响，而且受西南季风的影响。西部分区的气温最高，接近 20℃，气温比较低的区域在海拔较高的山区，夏季气温增温趋势较弱。

2.2.2.5 青海祁连山地区气温变化的突变分析

为揭示青海祁连山地区气温变化的突变情况，对各分区平均气温以及全区平均气温、最高气温和最低气温序列进行 M-K 突变分析，同时对气温序列进行滑动 t 检验（表 2-10）。最终分析结果表明，最低气温、平均气温、最高气温分别在 1987 年、1991 年、1995 年发生突变，最低气温最早发生突变。青海祁连山地区西部地区气温突变的时间最晚，突变时间为 1994 年，东部地区的突变相对较早，发生于 1989 年。

表 2-10 青海祁连山区气温序列突变检验

	东部	中部	西部	最低气温	平均气温	最高气温
突变年份	1987 年	1989 年	1994 年	1987 年	1991 年	1995 年
滑动 t 检验	通过（0.01）	通过（0.01）	通过（0.01）	通过（0.01）	通过（0.01）	通过（0.01）

2.2.3 区域降水变化特征

2.2.3.1 降水年际变化

根据近 50 多年来的气象观测数据统计，青海祁连山地区的多年平均降水为 370.3mm。由于祁连山地区处于内陆腹地，不但受到东南季风输送来的暖湿气流影响，而且在盛夏期间一定程度上还受到翻越青藏高原的印度洋暖湿气流的影响，水汽来源比较复杂，加上山区夏季对流性降水的影响，使得近几十年来青海祁连山地区的降水变化幅度较大，降水在波动中呈微弱增加的趋势。

根据区域年降水距平的变化趋势来看（图 2-9），青海祁连山地区 1961~2015 年间的年降水变化起伏较大，整个祁连山地区年均降水的气候倾向率为 6.50mm/10a，虽然呈现出略微上升的发展趋势，但没有通过信度 0.05 的显著性水平检验。从区域年降水的距平图也可以看出（图 2-9），青海祁连山地区的降水量从 20 世纪 80 年代中期开始出现明显增加趋势。

通过不同气象观测站点降水变化趋势的统计和显著性检验，各气象观测台站气候倾向率的值表明，青海祁连山地区范围内 50 多年来存在不同地域降水变化的复杂性（表 2-11）。根据统计结果的分析，青海祁连山地区东端民和县、乐都县和互助县的年降水量是呈微弱减少的趋势，其中互助县年降水量减弱的趋势还通过了信度 0.05 的显著性检验；其余地区的年降水量则呈微弱增加的变化趋势。在这些年降水量呈微弱增加变化趋势的气象观测站点中，德令哈的气候倾向率最大达到了 21.0mm/10a，t 值通过了信度 0.01 的显著性水平检验；野牛沟和托勒气象站气候倾向率的 t 值也通过了信度 0.01 的显著性水平检验；西宁站、天峻站和祁连站的增加趋势虽然没有通过信度 0.01 的显著性水平检验，但

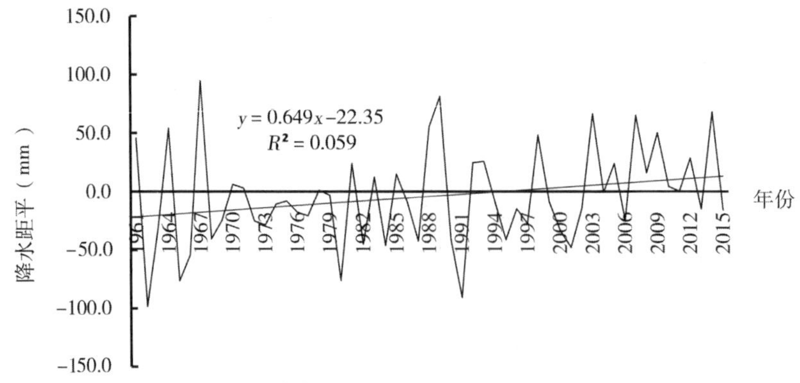

图 2-9　青海祁连山地区年降水距平变化图

通过了 0.05 的显著性水平检验；其余地区虽有微弱增加趋势，但都没有通过显著性水平检验。

表 2-11　青海祁连山地区降水变化的趋势统计值

气象站	气候倾向率（mm/10a）	显著性 t 检验（α=0.05）	显著性 t 检验（α=0.01）
民和	−6.6	不显著	不显著
乐都	−3.2	不显著	不显著
互助	−17.1	显著	不显著
大通	8.3	不显著	不显著
门源	1.3	不显著	不显著
刚察	8.5	不显著	不显著
祁连	10.3	显著	不显著
天峻	13.2	显著	不显著
德令哈	21	显著	显著
大柴旦	3.6	不显著	不显著
西宁	13.3	显著	不显著
托勒	15.3	显著	显著
野牛沟	16.6	显著	显著

2.2.3.2　降水年代际变化

总体而言，青海祁连山地区降水的年代际变化情况比较复杂，但总体仍然呈增加趋势。根据不同年代降水距平百分距的统计结果（表 2-12），青海祁连山地区 20 世纪 60 年代、70 年代和 90 年代的降水都呈偏少情况；在 60 年代，西部分区偏少最为显著，偏少达到 18.8%，其次是中部分区偏少 4.4%，东部分区则表现为略为偏多。在 70 年代，降水也都表现为减少的趋势，仍以西部偏少最多，但整体较 60 年代偏少幅度减弱，西部降水减少最为明显，偏少 6.9%。在 80 年代，降水表现为微弱增加的趋势。在 90 年代，降水偏少及幅度与 70 年代极为相似。进入 2000 年以后，区域降水基本表现为增加趋势，而且以西部分区增加较为显著，东部分区 2010 年以来出现微弱减少的情况。

表 2-12 青海祁连山地区降水的年代际变化

年代		降水距平百分距（%）					
		1960's	1970's	1980's	1990's	2000's	2010 年以来
全区年降水		-3.9	-3.3	1.3	-2.8	4.0	4.6
分区	西部	-18.8	-6.9	6.4	-6.6	18.1	20.1
	中部	-4.4	-3.8	5.2	-2.3	5.1	10.9
	东部	1.6	-0.3	0.0	-0.3	2.4	-0.4

根据降水的年代际变化可以看出，整个青海祁连山地区的降水在近 50 年间经历了偏少—偏少—偏多—偏少—偏多—偏多的变化阶段。但是，对于青海祁连山地区内部的各个分区而言，区域降水的年际变化很大，形成各自特点。从分区的降水变化情况来看，虽然西部分区、中部分区和东部分区降水的变化趋势与整个区域年降水的年代际变化呈现出基本一致的变化格局，但变化幅度明显加大，尤其是西部分区的降水变幅最大。唯一的例外变化，就是 2010 年以来东部分区出现微弱减少的情形。

2.2.3.3 不同季节的降水变化

对青海祁连山地区不同季节降水趋势的统计分析结果表明，该地区春、夏、秋、冬四季降水的气候倾向率分别为 1.22mm/10a、2.05mm/10a、1.20mm/10a、4.49mm/10a（见图 2-9）。根据对不同季节降水气候倾向率的显著性检验，仅夏季通过了信度 0.1 的显著性水平检验，其余均未通过显著性水平检验。据分析（图 2-10），春季和秋季降水增加不明显，春、夏、秋、冬降水波动较大，1985 年以后夏季降水的正距平增多，春季和秋季降水距平在 0 值附近波动。

表 2-13 青海祁连山地区降水距平百分率

年代	降水距平百分率（%）			
	春	夏	秋	冬
20 世纪 60 年代	5.4	-7.4	2.8	-32.9
20 世纪 70 年代	-27.9	-1.8	7.3	3.6
20 世纪 80 年代	2.6	0.8	-4.3	-1.0
20 世纪 90 年代	-9.1	1.5	-13.3	-1.5
21 世纪前 10 年	6.7	-1.9	18.5	5.0
2010 年以来	-9.9	7.7	6.1	-15.2

根据不同季节和不同年代区域降水距平百分率的计算结果（表 2-13），青海祁连山地区四季降水的年代际变化各不相同。由表 2-9 可见，春季降水在 20 世纪 60 年代、80 年代和 21 世纪前 10 年微弱偏多，分别偏多 5.4%、2.7%和 6.4%；20 世纪 70 年代、90 年代和 2010 年以来偏少，分别偏少 27.9%、9.1%和 9.9%；夏季降水在 20 世纪 60 年代、70 年代和 21 世纪前 10 年偏少，其他年代微弱偏多，变化起伏较小；秋季降水在 20 世纪 80 年

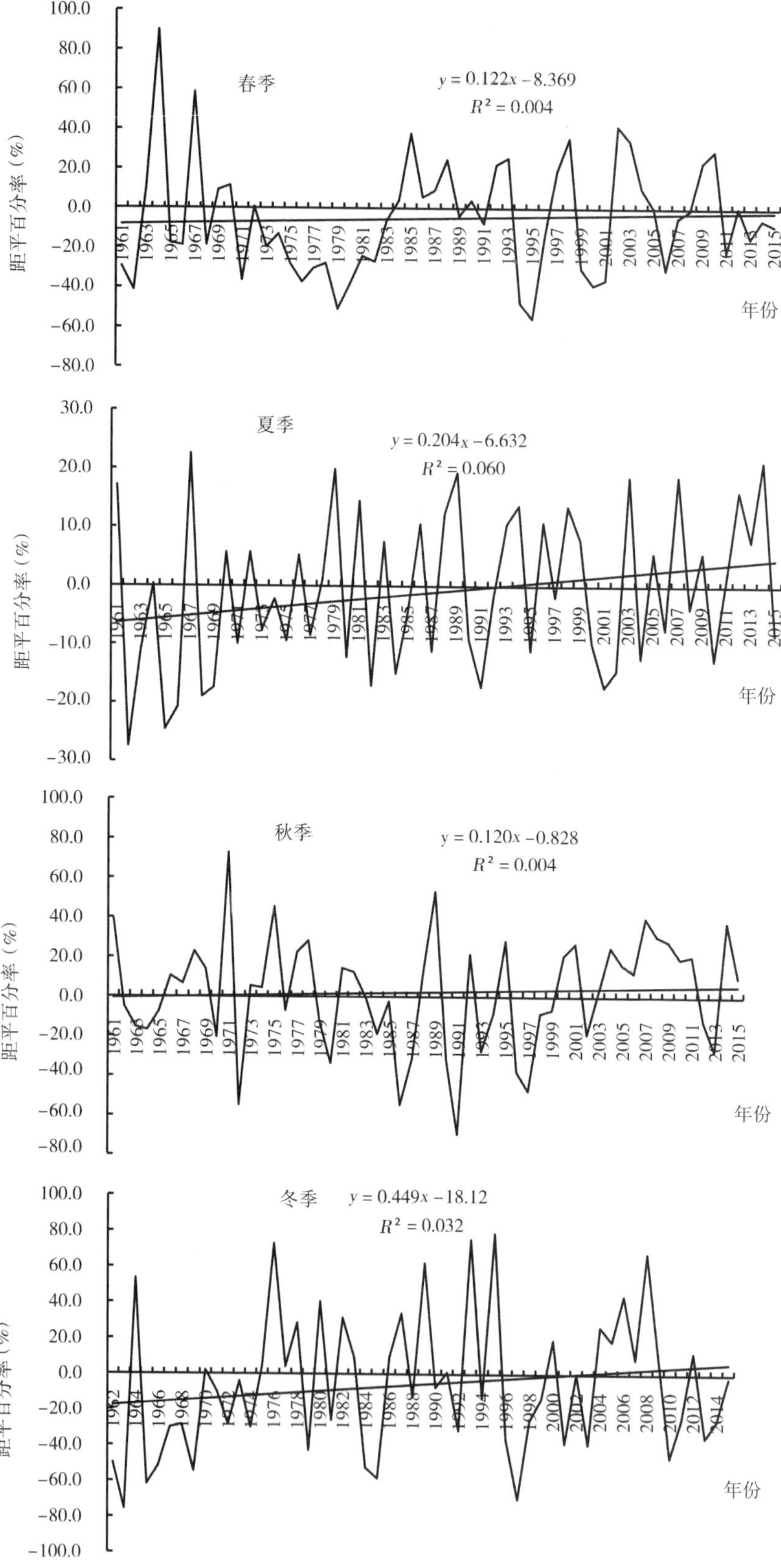

图 2-10　青海祁连山地区降水的季节变化

代、90 年代偏少，在其他年代偏多，21 世纪前 10 年偏多 18.5%；冬季降水除 20 世纪 70 年代和 21 世纪前 10 年微弱偏多外，其余年代偏少，20 世纪 60 年代偏少约 32.9%，2010 年以来偏少约 15.2%。

据分析计算，在青海祁连山地区，春、夏、秋、冬四季降水变化的贡献率分别为：18.63%、60.01%、19.89%、1.45%。由此可见，青海祁连山地区夏季降水的增加最为明显，冬季降水没有明显的增加。

2.2.3.4 降水的空间变化

从多年平均降水的分布格局来看，青海祁连山地区的区域降水分布格局大体和青海省境内祁连山的地形分布格局相一致，总体呈现降水由东南向西北减少的变化格局。一般而言，东部分区门源县、大通县与互助县多年平均降水在 500mm 以上，西部分区多年的平均降水不足 200mm。

据统计，青海祁连山地区东部分区、中部分区和西部分区的年平均降水分别为 436.8mm、391.9mm、190.6mm。对降水气候倾向率的显著性进行检验（表 2-14），西部分区和中部分区的降水气候倾向率分别达到 13.3mm/10a 和 12.1mm/10a，并且通过了信度 0.01 的显著性水平检验；东部分区的降水气候倾向率为-0.67mm/10a，但该气候倾向率没有通过信度 0.05 的显著性水平检验。

表 2-14 青海祁连山区分区四季气候倾向率检验

	东部分区	中部分区	西部分区
春	1.23	1.02	2.66
夏	-0.59	3.38	3.85
秋	1.15	3.34	8.19
冬	1.75	7.36	9.07

注：夏季中、西部分区和冬季中部分区年降水量气候趋势通过显著性检验。

对青海祁连山地区各分区四季降水倾向率进行检验（表 2-14），仅夏季中部分区和西部分区、冬季中部分区通过统计检验，说明其降水增加趋势是显著的，其余分区季节降水增加趋势都没有通过显著性水平检验。就各站而言，中部分区降水在夏季和冬季增加最为明显，德令哈超过 20mm，托勒和野牛沟降水增加也很显著，气候倾向率超过了 15mm；西部分区降水增加趋势明显，平均超过 13mm/10a。春季和秋季的增加趋势微弱，没有通过显著性水平检验。东部分区则出现降水微弱减少的趋势，互助县减弱的趋势还通过了信度 0.05 的显著性检验，但民和与乐都没有通过显著性水平检验。

2.2.3.5 降水的突变分析

通过对不同分区降水序列进行 M-K 突变检验的结果表明（表 2-15），青海祁连山地区降水的突变时间要比气温突变的时间早。从局部区域而言，青海祁连山地区的东部分区降水没有发生突变，中部分区在 1976 年发生突变、西部分区降水在 20 世纪 60 年代初就发生了突变。

表 2-15 青海祁连山区不同分区降水突变检验

	东部	中部	西部
突变年份	无明显突变年份	1976 年	1963 年
滑动 t 检验（0.01）	未通过	通过	通过

2.2.4 青海祁连山地区气候变化的初步结论

综合前述各节的相关分析和讨论，归纳总结出青海祁连山地区近 50 多年来气候变化的主要特征，并简要介绍如下。

2.2.4.1 气温变化的主要特征

（1）近 55 年间，青海祁连山地区的气温呈显著上升趋势。平均气温、最高气温、最低气温的气温倾向率分别为 0.40 ℃/10a、0.37 ℃/10a、0.52 ℃/10a，不同气温参数的升温幅度由高到低依次为最低气温>平均气温>最高气温。气温在 20 世纪 90 年代以前为负距平，从 20 世纪 90 年代开始气温显著上升，为 20 世纪以来最暖的年代，最低气温的升幅最大，气温升高了 2 ℃以上。青海祁连山地区气温的年代际变化大致经历了下降—下降—升高—升高—升高的过程。分区而论，西部升温幅度大于东部和中部。

（2）青海祁连山地区春、夏、秋、冬气温升温率分别为 0.313 ℃/10a、0.331 ℃/10a、0.392 ℃/10a、0.373 ℃/10a，均通过了 0.01 和 0.001 的显著性水平信度检验。冬季气温变化趋势是各个季节中增暖速度最大。大致可以得出这样一个结论：冬季气温升高以及最低气温的升高，是祁连山地区气温上升的主要原因。

（3）通过对气温突变分析的结果表明，青海祁连山地区的平均气温、最高气温、最低气温分别在 1991 年、1995 年和 1987 年发生突变。西部地区气温突变的时间最晚，为 1994 年。东部地区的突变相对较早，发生于 1989 年。

2.2.4.2 降水变化的主要特征

（1）近 55 年来，青海祁连山地区多年平均降水为 370.3mm，年均降水的气候倾向率为 6.50mm/10a，没有通过信度 0.05 的显著性水平检验。青海祁连山地区降水年代际变化大致经历了偏少—偏少—偏多—偏少—偏多—偏多的阶段。春、夏、秋、冬四季降水的气候倾向率分别为 1.22mm/10a、2.05mm/10a、1.20mm/10a、4.49mm/10a，仅夏季通过了信度 0.1 的显著性水平水平检验，其余均未通过显著性水平检验。春季和秋季降水增加不明显。春、夏、秋、冬四季的降水波动较大，1985 年以后夏季降水正距平增多，春季和秋季降水距平在 0 值附近波动。统计表明，春、夏、秋、冬四季降水变化的贡献率分别为 18.63%、60.01%、19.89%、1.45%。

（2）青海祁连山地区降水由东南向西北减少，东段冷龙岭多年的平均降水在 500mm 以上，西部地区多年的平均降水不足 200mm。在青海祁连地区范围内，东部分区、中部分区和西部分区的平均年降水分别为 436.8mm、391.9mm、190.6mm。青海祁连山地区西部分区和中部分区的降水气候倾向率分别达到 13.3mm/10a 和 12.1mm/10a，并且通过了信度 0.01 的显著性水平检验。东部分区的降水气候倾向率为-0.67mm/10a，但该气候倾向率没有通过信度0.05的显著性水平检验。

（3）通过对区域降水突变分析的结果表明，青海祁连山地区降水的突变时间比气温要早，东部分区没有检测出突变。年平均降水在20世纪70年代初发生突变，中部分区在1976年发生突变、西部分区的降水在60年代初就发生了突变。

总体而言，50多年来，青海祁连山地区气温显著升高是一个事实。导致气温升高的直接原因，则是冬季气温升高以及最低气温的升高使得青海祁连山地区的整体气温呈上升趋势。青海祁连山地区的平均气温、最高气温、最低气温分别在1991年、1995年和1987年发生突变。区域降水在波动中呈增加趋势，夏季降水增加最为显著。

3 水 文

无色无味之水属于自然生态系统中极为重要的组成要素之一，具有重要的生态功能、资源功能和环境功能。水不仅是一切生物赖以生存的生命之源，而且具有为人类生产经营活动提供重要资源、维护生态系统平衡等多方面的重要功能和作用。祁连山地区作为国家重要的水源涵养生态功能区之一，其水资源的生态战略地位和重要性不言而喻。对区域水资源状况的充分了解，将有助于促进青海祁连山地区的生态环境保护建设以及区域可持续发展。

作为我国重要的水源涵养生态功能区之一，对区域水文特征及水资源情况的深入了解，将有助于促进区域水资源的科学保护及合理利用。本章将在青海省水资源普查相关结果的基础上，整理、归纳和总结青海祁连山地区的水文特征及水资源状况，进行较为全面的介绍。

3.1 青海祁连山地区的主要河流与湖泊

祁连山作为我国重要的水源涵养生态功能区，发育形成了数量众多的河流及湖泊。根据本书研究范围所限，在此仅就青海省祁连山地区的主要河流与湖泊进行简要介绍。

3.1.1 青海祁连山地区的水系

整体而言，青海祁连山地区属于青海省乃至中国水资源较为丰富的地区之一，区域范围内分布有众多河流，形成了较为织密的水系网络（图 3-1，详见后附彩图）。

据统计，在青海祁连山地区的河流中，仅流域面积 100km^2 以上的河流就有 300 条（表 3-1），流域面积大于 5000km^2 的河流有 11 条。其中，黄河流域内流域面积大于 5000km^2 的 2 条河流是湟水及其支流大通河。西北诸河中流域面积大于 5000km^2 的 9 条河流是黑河、拖勒河、疏勒河、党河、鱼卡河、大哈尔腾河、塔塔棱河、巴音河、布哈河。

表 3-1 青海祁连山水源涵养区河流统计表

流域	不同流域面积对应的河流数量（条）						
	≥100km^2	≥200km^2	≥300km^2	≥500km^2	≥1000km^2	≥3000km^2	≥5000km^2
黄河流域	88	39	21	11	4	3	2
西北诸河	212	107	66	39	28	11	9
合计	300	146	87	50	32	14	11

注：流域面积指整条河的流域面积，包括研究区外或省外面积。

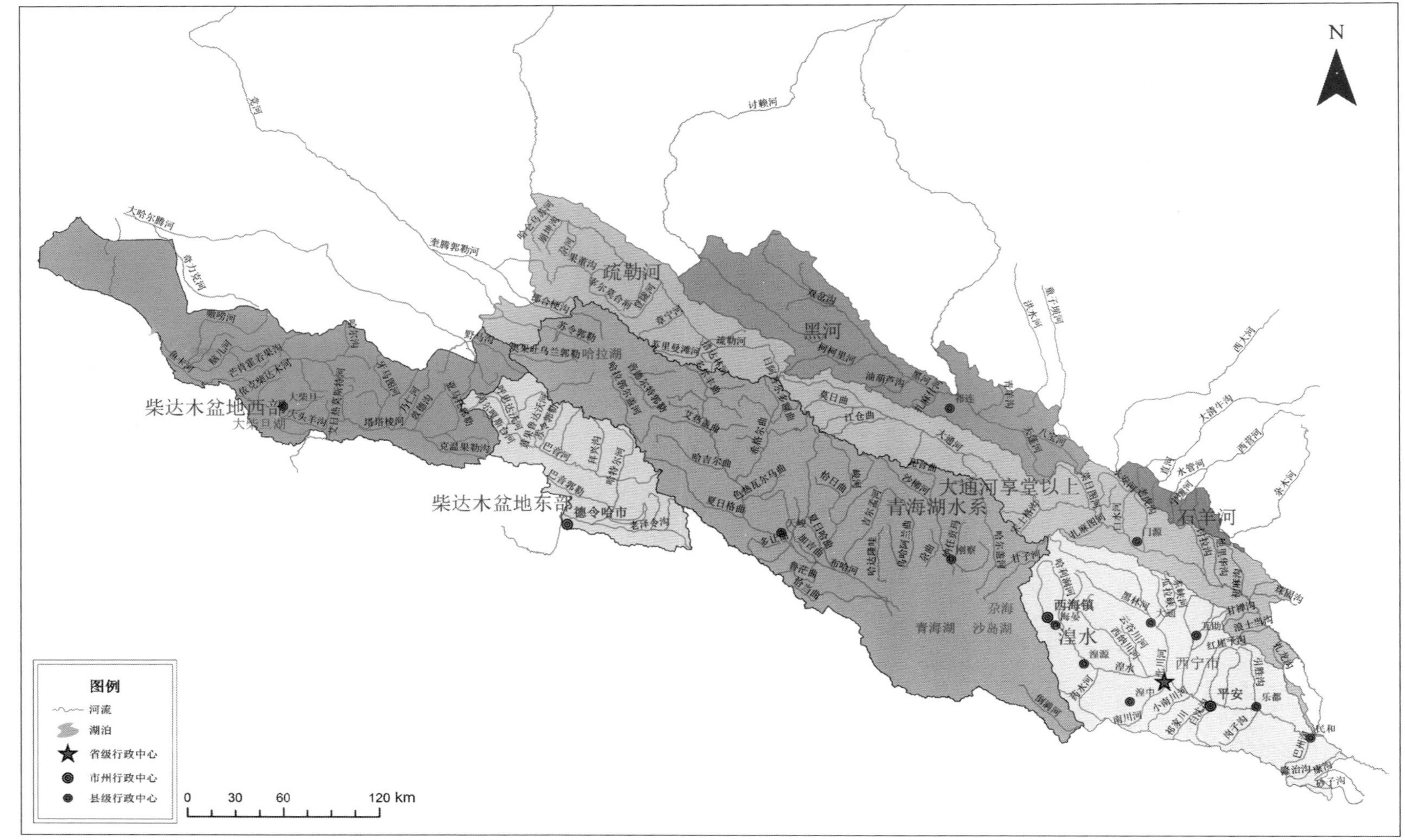

图 3-1 祁连山水源涵养区水资源分区及水系示意图（后附彩图）

3.1.2 主要河流

按河川径流的循环形式，青海祁连山地区的河流分外流水系和内陆水系。外流水系地处青海祁连山地区的中东部，是湟水和大通河的源头和上游段，区域范围内降水相对较多，水系发育，河网密集。青海祁连山地区西北部为内陆水系，即西北诸河，区域范围内气候干旱少雨，河流小而分散，流程短。鉴于青海祁连山地区的内陆河流域自成体系，故又可分为青海湖水系、河西内陆河、柴达木盆地 3 个水系。为更好地反映青海祁连山地区不同区段的主要河流状况，在此依据不同水系流域对区域范围内的主要河流进行简要介绍。

3.1.2.1 黄河流域主要河流

属于青海祁连山地区的外流水系，包括黄河流域青海北部主要支流湟水和大通河的源头和上游段所形成的河流网。流域内的主要河流有以下几条。

（1）湟水

属黄河水系的一级支流。发源于青海省海晏县境内包忽图河北部的洪呼日哈尼南面，河源海拔 4395m，河水自河源由北向南流，至海晏县三角城转向东南流淌，途中流经青海省的湟源、湟中、西宁、互助、平安、乐都、民和等县（市），最终于甘肃省永靖县境内注入黄河。现今河源至三角城称麻皮寺河，于三角城北纳入哈利涧河，河流通过巴燕峡至湟源称巴燕河，湟源至西宁市称西川河。其间于湟源县城南纳入药水河，在湟中县先后北纳入西纳川、云谷川。至西宁市，北川河由北注入干流，南川河从南注入干流。西宁以下始称湟水，东流至韵家口，北纳入沙塘川，出小峡南纳入小南川，至平安镇北纳入红崖子沟，南纳入白沈家沟，至乐都县城以下，引胜沟由北注入，岗子沟、松树沟、米拉沟由南注入，至民和回族土族自治县城，最大支流大通河由西北方向从享堂注入湟水。流域水系发育，呈羽状和树枝状，西宁以上为扇状水系，干流偏于流域右部，共有大小支流 100 余条，其中流域面积 500km^2 以上的河流 11 条。湟水流域总面积 32 863km^2，在青海省境内的流域面积 29 063km^2；湟水干流河长 374km，流域面积（不含大通河）17 730km^2，青海省境内河长 336km，流域面积 16 120km^2，多年平均径流量 $21.61\times10^8m^3$。

（2）哈利涧河

为湟水上游左岸支流，位于青海省海晏县境内。发源于县境北部肯特达坂山南麓的也俄日阿尼哈，源头海拔 4380m。干流自河源东南流至吉仁河入口，名也俄日阿；又南流至乌哈阿兰河汇口，名鞭马河；鞭马河以下流至海晏县城附近汇入湟水干流巴燕河，名哈利涧河。河长 47. 6km，流域面积 679km^2。河口海拔 2991. 3m，河道落差 1388. 7m，河床平均比降 29‰。流域内水系发育，呈树枝状分布，干流常年流水。河流上游周边多为高山，海拔均在 4000m 以上，支流吉仁河源头海拔 4434m，是流域的最高点。流域内植被较好，大部分是草山，间有灌丛分布。河流出山口后，进入海晏盆地，地势平缓开阔，是良好的牧场。河床为冲沉积砂砾石，部分河水渗入地下，变为潜流，近下游又溢出地表，形成大片沼泽和泉群，与河流组成稠密水网。径流补给以降水为主，年均径流量 $0.79\times10^8m^3$。

(3) 药水河

属湟水右岸支流，位于湟源县境内，因流经药水峡而得名。发源于县境南部的青阳山，河源海拔4302m。干流由东南流向西北，至哈城转向北偏西，至日月山又转向北偏东，于湟源县城由南向北注入湟水，山溪性河流，常年流水。干流自河源至日月乡，名南响河，以下至河口名药水河。干流河长52.2km，流域面积636km^2，河口海拔2621m，落差1681m，河道平均比降32‰。河床为砂砾石组成，河宽10~20m。主要支流有大茶石浪、小茶石浪、高陵河和白水河等。径流以降水补给为主，年均径流量0.84×10^{8}m^3。

(4) 西纳川

属湟水左岸支流，位于青海省海晏县和湟中县境内。源出海晏县东部红山掌西北2km出口处，河源海拔4039m。干流自西北流向东南，水峡出口以上名水峡河，出口以下称西纳川，于湟中县高塄坎注入湟水。河长83km，流域面积1014km^2，河口海拔2353m，落差1686m，河道平均比降21‰。径流主要以降水补给，年平均径流量1.63×10^{8}m^3。

(5) 北川河

属湟水左岸支流，也是湟水的第二大支流。源出大通县境内西北，达坂山南麓的开甫托脑中山，河源海拔4487m。源流段宝库河由西北向东南流，至下旧庄附近，黑林河从右侧汇入，以下干流称北川河，流至大通县城桥头镇，东峡河自左岸注入，又东南转南流至上孙家寨进入西宁市，于人民公园北侧注入湟水。河长153km，流域面积3290km^2，河口海拔2232m，落差2255m，河道平均比降14.6‰。有大小支流100多条，其中流域面积500km^{2}以上河流2条，为黑林河、东峡河。径流以降水补给为主，地下水补给为辅。年径流量6.81×10^{8}m^3。

(6) 黑林河

属北川河右岸支流，位于青海省大通县境内。源出达坂山南麓哈尔金大垭豁以东2km处，河源海拔4240m。干流自西北流向东南，上游两山相夹，中系平野，植被较好，河水清澈，有20多条支流汇入。河长57.5km，流域面积673km^2。河口海拔2512m，河道落差1728m，河道平均比降30‰。径流以降水补给为主，年均径流量0.79×10^{8}m^3。

(7) 南川河

属湟水右岸支流，位于青海省东部湟中县和西宁市境内。源出湟中县南部的拉脊山口西北1km处的高地，河源海拔3991m。干流自西南流向东北，经总寨乡至逯家寨东北进入西宁市，于市区长江路湟水大桥以上注入湟水。河口海拔2225m。干流自河源至湟中县上新庄名马鸡沟，以下称南川河。河长49km，流域面积409km^2。河道落差1766m，河道平均比降36‰。主要支流有硖门峡沟、平坝沟、红崖沟等。上游多峡谷。年径流量0.43×10^{8}m^3。

(8) 沙塘川

属湟水左岸支流，位于青海省互助县和西宁市境内。源出互助县北部达坂山南麓尕俄博山东北侧，河源海拔3960m。干流自北向南，经南门峡水库偏东南流至威远镇后又转由北向南流，从三其以下1km处进入西宁市，在韵家口注入湟水。威远镇以上干流称南门峡河，威远镇以下至河口称沙塘川河。河长71.8km，流域面积1092km^2，河口海拔2175m，河道落差 1785m，河道平均比降 24.9‰。上游支流发育，威远镇以上为扇状水系，多石山峡谷，中下游支流稀少。较大支流有林川河，从威远镇汇入南门峡河；东和河又称柏木峡河，从威远镇以南的董家寨汇入沙塘川。沙塘川属山溪性河流，常年有水，径流以降水补给为主，年均径流量为 $1.52\times10^8m^3$。

（9）引胜沟

属湟水左岸支流，发源于乐都县和互助县交界处的扎科岭，河源海拔 4136m。干流上段大西沟，干流自西北流向东南，上游森林覆盖，植被良好，支流发育，扇状水系。小西沟、直沟在仓家峡汇入，以下称引胜沟。干流在碾伯镇水磨营注入湟水，干流长 51.9km，流域面积 $459km^2$，河道落差 2174m，河道平均比降 41.9‰，砂砾石河床。径流以降水补给为主，年均径流量 $0.92\times10^8m^3$。

（10）大通河

属湟水左岸支流，也是湟水的最大支流。发源于天峻县托莱南山的目里山泉（山泉约 108 处）。干流自河源至措喀莫日河汇口称加巴尕尔当曲，以下称唐莫日曲，进入祁连县与刚察县交界的界河称默勒河，以下始称大通河。流向由西北向东南，流经青海省的刚察、祁连、海晏、门源、互助、乐都等县和甘肃省的天祝、永登县，最后在青海省民和县的享堂注入湟水。河流长 560.7km，其中青海省境内河长 454km。青、甘共界河长 48km。河口海拔 1727m，落差 3085m，河道平均比降 5.5‰，河床由砂砾石组成。流域面积 $15130km^2$，其中青海省境内流域面积 $12943km^2$。流域呈狭长状，上游水系发育，呈树枝状，中下游呈羽状，主要支流有莫日曲、多索曲、江仓曲、莱日图河、永安河、白水河、老虎沟、讨拉沟、他里华沟、初麻沟、珠固沟等。径流以大气降水和冰川消融为主要补给，多年平均径流量 $28.95\times10^8m^3$。

3.1.2.2 河西内陆河水系主要河流

属于青海祁连山地区外流型的内陆水系，多数河流的末端最终进入甘肃省的河西走廊地区，区域范围内的此类河流主要有以下几条。

（1）黑河

发源于祁连县野牛沟乡祁连山脉分水岭东北处，流经野牛沟乡的沙龙滩、大泉、野马嘴、油葫芦及高大板峡和扎麻什乡于狼舌头与八宝河汇合。同时干流转向北流，进入莺落峡成为青海和甘肃两省的界河。河水补给主要是大气降水和冰川消融。青海省境内主要支流有双岔沟、油葫芦河、柯柯里河、八宝河、讨赖河、扎麻什沟。黑河全长 883km，在祁连山地区境内干流长 233.7km，集水面积 11 075km^2，多年平均径流量 $16.79\times10^8m^3$。

（2）讨赖河（托勒河）

系黑河一级支流，发源于祁连县托勒山南麓的纳尕尔当。该河在青海省境内河长 110.8km，集水面积 $2691km^2$。多年平均径流量 $3.37\times10^8m^3$。该河主要支流有大南沟、热水沟、洒塘沟、黑刺沟、瓦户丝沟、五个山河。是祁连山地区托勒牧场牧业用水的主要水源。

（3）八宝河

系黑河一级支流，发源于祁连山南麓景阳岭南侧拿子海山。自东而西流经峨堡、草大阪、八宝祁连 3 个乡，到黄藏寺附近汇入黑河。河长 104.1km，集水面积 2504km^2，多年平均径流量 5.65×10^{8}m^3。河水主要来源为大气降水和冰川消融。有大小支沟 50 余条，发源于南山，主要支沟有东草河、青羊沟、天盆河、黑沟河、峨堡河等。

（4）疏勒河

属内陆流域祁连山地水系，流域跨青海、甘肃两个省份。位于青海省北部，海西州天峻县西北及甘肃省西部，发源于祁连山脉西段之疏勒南山的日阿哇日西南冰川地区的屑来日阿吾尔峰，河源海拔 4400m。河水沿疏勒南山河托莱南山之间谷地，由东南流向西北，至硫磺山以下约 20km 处转向正北方向后出省流入甘肃省，流经甘肃省的肃北县、玉门市、瓜州县、敦煌市。河全长 861km^2，流域面积 7.78×10^{4}km^2，其中青海省境内流域面积 9314.7km^2。境内主要支流有党河、宰尔莫合河、章宁河、苏里曼滩河、登陇河。径流补给以降水和冰雪融水为主，年均径流量 7.12×10^{8}m^3。

（5）石羊河

自西向东由西大河、东大河、西营河、金塔河组成，各河流均发源于祁连县的祁连山脉，自南向北流出山后，流入甘肃省境内。祁连山地区境内石羊河流域面积 608km^2，多年平均径流量 1.52×10^{8}m^3。

3.1.2.3 青海湖水系主要河流

属于青海祁连山地区非外流型的内陆水系，所有河流均发源于青海湖流域，并最终汇入青海湖，区域范围内的主要河流有以下几条。

（1）布哈河

是青海湖水系第一大河，大部分河段流经天峻县境内，下游河口段左右岸分属刚察县和共和县管辖。它发源于疏勒南山，源头海拔 4513m。源流段自西北流向东南，称亚合陇贡玛，至多尔吉曲汇口偏转南流，继转东南接纳右岸支流亚合隆许玛，再纳右岸支流艾热盖后称阳康曲；继续向东南流，纳左岸支流希格尔曲后始称布哈河。与纳让沟汇后，河道偏转向南，过夏尔格曲汇口复东南流，到上唤仓水文站。以上河段长 148km，集水面积 7840km^2，年径流量 6.68×10^{8}m^3。过上唤仓水文站约 10km 后，河流出山谷，河槽逐渐展宽，比降变缓，水流分散，至天峻县江河乡南部有最大支流江河自左岸汇入，江河下唤仓水文站以上河段长 109km，集水面积 3048km^2，年径流量 2.88×10^{8}m^3。又往下纳左岸支流吉尔孟河，吉尔孟站以上河段长 75km，集水面积 926km^2，年径流量 0.491×10^{8}m^3。向东流经布哈河口水文站，最后注入青海湖，河口高程 3195m，河长 286.2km，集水面积 14 384km^2，河道平均比降 2.76‰，布哈河口水文站多年平均径流量 7.83×10^{8}m^3。

（2）吉尔孟河

属布哈河下游左岸一级支流，发源于刚察县扎尕日登东北部。河源海拔 4308m，流域面积 1092km^2，上中游形似柳叶。河道走向从东北向西南，河长 112km，河口海拔 3201m。流域内绝大部分地区为牧草覆盖，河源区有沼泽分布。河流至海西山西南侧汇入布哈河，多年平均径流量 0.53×10^{8}m^3。

（3）乌哈阿兰河

别称泉吉河。位于青海湖北岸刚察县境内，发源于尔德公贡，源头海拔 4308m。河源地区地势较平坦，分布有大面积沼泽地，支流密布，水系呈树枝状，植被发育良好。干流自北向南，流经中游的峡谷地带，砂卵石河床，水流集中，河宽约 25m，水深约 0.8m。下游为广阔的湖滨滩地，水流缓慢，河床渗漏严重，大部分河水潜入地下。河流最后经泉吉乡，过沙陀寺水文站，河道分成两股注入青海湖。沙陀寺水文站断面以上河长 63km，集水面积 567km^2，河道平均比降 12.1‰，多年平均径流量 0.22×10^{8}m^3。河流流域面积 741km^2，多年平均径流量 0.26×10^{8}m^3。

（4）伊克乌兰河

又称沙柳河。位于青海湖北岸刚察县境内，发源于大通山的克克赛尼哈，河源海拔 4700m。源流段自西北流向东南，穿行于峡谷之中，河宽 13m 左右，河床为砂卵石组成；至瓦音曲汇入后，由北向南略偏东流，河谷渐宽，两岸为砂卵石台地，河道分流串沟，形成众多长满沙柳的河滩沙洲；其间左岸支流鄂乃曲、夏拉等河汇入，干流水量倍增，主流河宽 30m。出山口后，流向东南，经刚察水文站，入青海湖湖滨平原。到河口段河水漫流穿过湖滨沼泽区，最后汇入青海湖。流域内牧草茂盛，沟谷坡地灌丛密集，植被发育良好，河水清澈。河口高程 3195m，至刚察水文站的沙柳河长 85km，集水面积 1442km^2，河道平均比降 8.16‰，多年平均径流量 2.51×10^{8}m^3。整条河流的流域面积 1536km^2，多年平均径流量 2.53×10^{8}m^3。

（5）哈尔盖河

位于青海湖北岸，流经刚察县和海晏县。源头位于大通山脉赞宝化久山西南台布希山西北，河源海拔 4271m。源流段自西北向东南，漫流于高山沼泽之中，泉流源源不断汇集河流，并有多处温泉涌出。两岸支沟较多，呈羽状分布，至海德尔曲汇口，河流偏向南流，经热水煤矿，河流逐渐进入宽谷带，至支流青达玛汇口。以上河段为上游区，长 52km，河道稳定，水流集中，河宽 15m 左右；河谷两岸为阶地，宽约 700m，最宽可达 2km 之多。自青达玛汇口到最大支流察那河汇口为中游段，河道走向从北向南，河道宽 20m，水深 0.5m 左右，砂卵石河床，水流平缓而分散，有渗漏现象。查那河汇口以下到河口为下游段，经哈尔盖水文站后，干流分成多股水流蜿蜒穿行于冲洪积扇及湖滨平原之中，砂砾石河床，汛期冲淤变化大，主槽摆动；河水渗漏严重，枯水季节，部分河段全部下潜，至湖滨复出地表，形成大片沼泽区，汇集成涓涓细流注入青海湖，河口高程 3195m。至哈尔盖水文站河长 86km，集水面积约 1425km^2，河道平均比降 5.64‰，多年平均径流量 1.31×10^{8}m^3。整条河流的流域面积 1482km^2，多年平均径流量 1.32×10^{8}m^3。

（6）甘子河

位于青海湖东北岸海晏县境内，发源于肯特达坂山支脉阿尼窝若，源头海拔 4340m。河流自东北流向西南，流经上游山区，称折合玛日曲，两岸坡面为牧草和灌丛覆盖；中游流过查那塘大草滩和雪柔风积沙丘带，河名哈登曲，水流分散；下游始称甘子河，穿湖滨沼泽区，水流分散，汇入青海湖，河口高程 3210m。甘子河长 47.4km，河道平均比降 24‰，河流流域面积 369km^2，多年平均径流量约 0.21×10^{8}m^3。

（7）倒淌河

位于青海省海南藏族自治州共和县东北部倒淌河乡境内，在青海湖东南隅，以东南—

西北流向而得名。源出上游野牛山西，河源海拔 4782m，干流长约 60km，河口高程约 3199m，河道平均比降约 26‰，流域面积 743km^2，年径流量 0.52×10^8m^3。倒淌河不直接流入青海湖，而是流入湖边的一个果错（耳海）小湖中。

3.1.2.4 柴达木盆地内陆水系主要河流

属于青海祁连山地区外流型的内陆水系，分布河流均发源于青海祁连山地，但最终均汇入青海柴达木盆地，区域范围内的此类河流主要有 2 条。

（1）巴音河

属克鲁克湖水系的内陆河，位于柴达木盆地东北部，青海省海西州德令哈市境内，又称巴音郭勒，系蒙古语音译，意为“富饶的河”。源出市境北部的巴拉哈牙麻托西北海拔 4821m 高地，最后流入克鲁克湖。干流长 308km，河源至德令哈市河长 208km，流域面积 7462km^2。河口海拔（入湖口）2817m，落差 2004m，比降 6.5‰。河宽 30~50m，河床为砂砾石。干流偏于流域右侧，右岸支流较短，左岸地势较平坦，支流较长，形成了典型的平形状水系，其中流域面积 400km^2 以上的支流有拜兴沟、巴音郭勒、老泽令沟、呼都格河。

（2）鱼卡河

属德宗马海湖水系的内陆河，位于青海省海西州大柴旦境内，柴达木盆地的北部。“鱼卡”系蒙古语音译，意为“冬眠”，因其冰期长而得名。源出大柴旦北部的喀克吐蒙克冰川，河源海拔 5363m。干流流向由东向西再转向西南，河源至依克奇策尔根汇口名吉哈布奇勒；以下至马海渠进水口名鱼卡河；进水口至德宗马海湖入口名马海河。流域面积 2382km^2，干流长 175.4km，河口海拔 2741m，落差 2622m，河道平均比降 14.9‰。河宽 30m 左右，河床砂砾石质。流域上游有大片冰川分布，两翼亦有少量冰川。河流上游水系发育，呈树枝状，主要支流有阿格热莫索特、依克奇策尔根、巴格拜勒且尔、依克拜勒且尔和哈马吉尔陶等。径流与气温关系密切，以冰雪融水补给为主，下游河水大部分潜入地下，形成潜流。

3.1.3 主要湖泊

根据青海省第一次全国水利普查的相关数据，祁连山水源涵养区常年水面面积在 1km^2 以上的湖泊有 11 个（表 3-2）。

在这些湖泊中，水面面积最大的为青海湖，面积为 4344km^2；其次为哈拉湖，面积为 604km^2。在此仅对这两个湖泊进行简要介绍。

（1）青海湖

青海湖流域是一个封闭的内陆流域，南傍青海南山，东靠日月山，西临阿木尼尼库山，北依大通山。从流域边界上看，北面是大通河流域，东面是湟水谷地，南面是共和盆地，西面是柴达木盆地。整个流域近似织梭形，周围地形西北高，东南低，呈北西西—南东东走向，全流域地势由西北向东南倾斜，四周山岭大部分在海拔 4000m 以上，北部大通山西段岗格尔肖合力海拔 5291m，是流域的最高点。东西长约 106km，南北宽约 63km，周长约 360km，面积 4233km^2。湖东面由北而南分别是尕海、沙岛湖和果错 3 个子湖。

表 3-2 祁连山水源涵养区重要湖泊

序号	流域	湖泊名称	常年水面面积（km^2）	县级行政
1	黄河流域	日莫喀错	2.62	天峻县
2	西北诸河	尕海	44.5	海晏县
3		瑙滚诺尔	3.59	德令哈市
4		哈拉湖	604	天峻县，德令哈市
5		小湾湖	1.64	天峻县，德令哈市
6		措纳日阿玛	3.17	天峻县
7		敖伦诺尔	1.13	德令哈市
8		青海湖	4344	共和县，刚察县，海晏县
9		沙岛湖	10.4	海晏县
10		果错	7.67	共和县
11		卡隆错	2.69	天峻县

注：数据来源于青海省第一次全国水利普查报告。

青海湖是我国最大的内陆咸水湖和重要湿地，20 世纪末至 21 世纪初曾受自然与人为因素的影响而出现较为明显的水位下降趋势，但近年来水面面积持续增大。青海湖水补给来源是河水，其次是湖底的泉水和降水。湖周大小河流有 70 余条，呈明显的不对称分布。湖北岸、西北岸和西南岸河流多，流域面积大，支流多；湖东南岸和南岸河流少，流域面积小。径流补给主要是布哈河、伊克乌兰河、乌哈阿兰河和哈尔盖河 4 条大河。

（2）哈拉湖

哈拉湖又称黑海。位于青海省北部，海西蒙古族藏族自治州东北隅，在天峻县和德令哈市之间，为咸水湖，湖水面海拔 4077m，常年水面面积约 640km^2。哈拉湖水系属内陆流域，四面环山，北面疏勒南山的岗则吾结雪山峰海拔 5808m，为流域内最高点，南北两面诸峰海拔在 4500m 以上，多雪山冰川。流域面积 4767.5km^2，气候干寒，湖滨植被为高寒荒漠和高寒荒漠化草原。流域内河流短小，时令性河流较多，主要河流有 16 条，呈辐合状注入哈拉湖。最大河流为奥古吐尔乌兰郭勒，流域面积近 300km^2 的河流还有哈拉古尔盖、哈日赞希力、哲合隆恰如及宰力木克郭勒。河流水源以冰雪水和降水补给。河水清澈，无色无味，pH 值在 7~8.9 之间，为中性水或弱碱水；矿化度在 0.16~0.56g/L 之间，系淡水，为微硬水。

3.2 青海祁连山地区水功能区

根据《青海省水功能区划（2015~2020 年）》报告，青海祁连山地区共划分有 27 个水功能一级区（不包括开发利用区），其中保护区 14 个、保留区 10 个、缓冲区 3 个（表 3-3；图 3-2，详见后附彩图）。在 54 个开发利用区（二级水功能区）中，包括饮用水水源区 15 个、农业用水区 25、工业用水区 8 个、景观娱乐用水区 3 个、过渡区 2 个、排污控制区 1 个（表3-4；图 3-3，详见后附彩图）。

表 3-3 祁连山水源涵养区一级水功能区统计（不包含开发利用区）

序号	一级水功能区名称	所在		水资源三级区	地级行政区	河流、湖库	范围		水质控制断面	长度（km）	水质目标
		流域	水系				起始断面	终止断面			
1	大通河吴松塔拉源头水保护区	黄河	大通河	大通河享堂以上	海西州、海北州	大通河	源头	吴松塔拉	吴松塔拉	185.8	Ⅱ
2	大通河门源保留区	黄河	大通河	大通河享堂以上	海北州	大通河	吴松塔拉	石头峡水电站	石头峡水电站	98.8	Ⅱ
3	大通河青甘缓冲区	黄河	大通河	大通河享堂以上	海东市	大通河	甘禅沟入口	金沙沟入口	甘禅口	43.4	Ⅲ
4	大通河甘青缓冲区	黄河	大通河	大通河享堂以上	海东市	大通河	大砂村	入湟口	享堂	14.6	Ⅲ
5	永安河门源保留区	黄河	大通河	大通河享堂以上	海北州	永安河	源头	入大通河口	永安河	54.2	Ⅲ
6	湟水海晏源头水保护区	黄河	湟水	湟水	海北州	湟水	源头	海晏县桥	麻皮寺	75.9	Ⅱ
7	湟水青甘缓冲区	黄河	湟水	湟水	海东市	湟水	民和水文站	入黄口	马场垣	74.3	Ⅳ
8	拉拉河湟源源头水保护区	黄河	湟水	湟水	西宁市	拉拉河	源头	黄茂	黄茂	14.7	Ⅱ
9	北川大通源头水保护区	黄河	湟水	湟水	西宁市	北川	源头	俄博图	纳拉大桥	66.2	Ⅱ
10	黑林河大通源头水保护区	黄河	湟水	湟水	西宁市	黑林河	源头	黑林水文站	黑林水文站	34.1	Ⅱ
11	引胜沟乐都源头水保护区	黄河	湟水	湟水	海东市	引胜沟	源头	上北山林场	上北山林场	28.9	Ⅱ
12	黑河祁连源头水保护区	西北诸河	黑河	黑河	海北州	黑河	源头	野牛沟	野牛沟	134.5	Ⅱ
13	黑河青海保留区	西北诸河	黑河	黑河	海北州	黑河	野牛沟	札马什克水文站	札马什克水文站	67.0	Ⅱ
14	八宝河祁连保留区	西北诸河	黑河	黑河	海北州	八宝河	源头	手爬崖水源地	手爬崖水源地	89.1	Ⅱ
15	党河肃北源头水保护区	西北诸河	疏勒河	疏勒河	海北州	党河	源头	别盖	别盖	248.0	Ⅱ
16	疏勒河玉门源头水保护区	西北诸河	疏勒河	疏勒河	海西州	疏勒河	源头	昌马水文站	昌马水文站	328.0	Ⅱ
17	布哈河天峻源头水保护区	西北诸河	青海湖	青海湖水系	海西州	布哈河	源头	天峻大桥	天峻大桥	182.5	Ⅱ
18	布哈河天峻保留区	西北诸河	青海湖	青海湖水系	海西州	布哈河	天峻大桥	莫河农场	莫河场	54.0	Ⅱ

（续）

序号	一级水功能区名称	所在		水资源三级区	地级行政区	河流、湖库	范围		水质控制断面	长度（km）	水质目标
		流域	水系				起始断面	终止断面			
19	布哈河刚察共和水产保护区	西北诸河	青海湖	青海湖水系	海北州、海南州	布哈河	莫河农场	入湖口	布哈河口	41.5	Ⅱ
20	沙柳河刚察源头水保护区	西北诸河	青海湖	青海湖水系	海北州	沙柳河	源头	折玛曲汇口	折玛曲汇口	79.0	Ⅱ
21	沙柳河刚察保留区	西北诸河	青海湖	青海湖水系	海北州	沙柳河	青海湖农场	入湖口	布哈河口	11.0	Ⅱ
22	哈尔盖河刚察保留区	西北诸河	青海湖	青海湖水系	海北州	哈尔盖河	源头	十五道班	十五道班	59.3	Ⅱ
23	青海湖自然保护区	西北诸河	青海湖	青海湖水系	海北州、海南州	青海湖	青海湖	青海湖	下社、沙陀寺		现状
24	泉吉河刚察保留区	西北诸河	青海湖	青海湖水系	海北州	泉吉河	源头	入湖口	泉吉河公路桥	65.0	Ⅱ
25	倒淌河共和保留区	西北诸河	青海湖	青海湖水系	海南州	倒淌河	源头	入湖口	倒淌河公路桥	58.0	Ⅱ
26	塔塔棱河大柴旦保留区	西北诸河	小柴旦湖	柴达木盆地东部	海西州	塔塔棱河	源头	小柴旦湖	波门河工区	214.8	Ⅱ
27	巴音河德令哈源头水保护区	西北诸河	克鲁克湖	柴达木盆地东部	海西州	巴音河	源头	察汗哈达	察汗哈达	142.0	Ⅱ

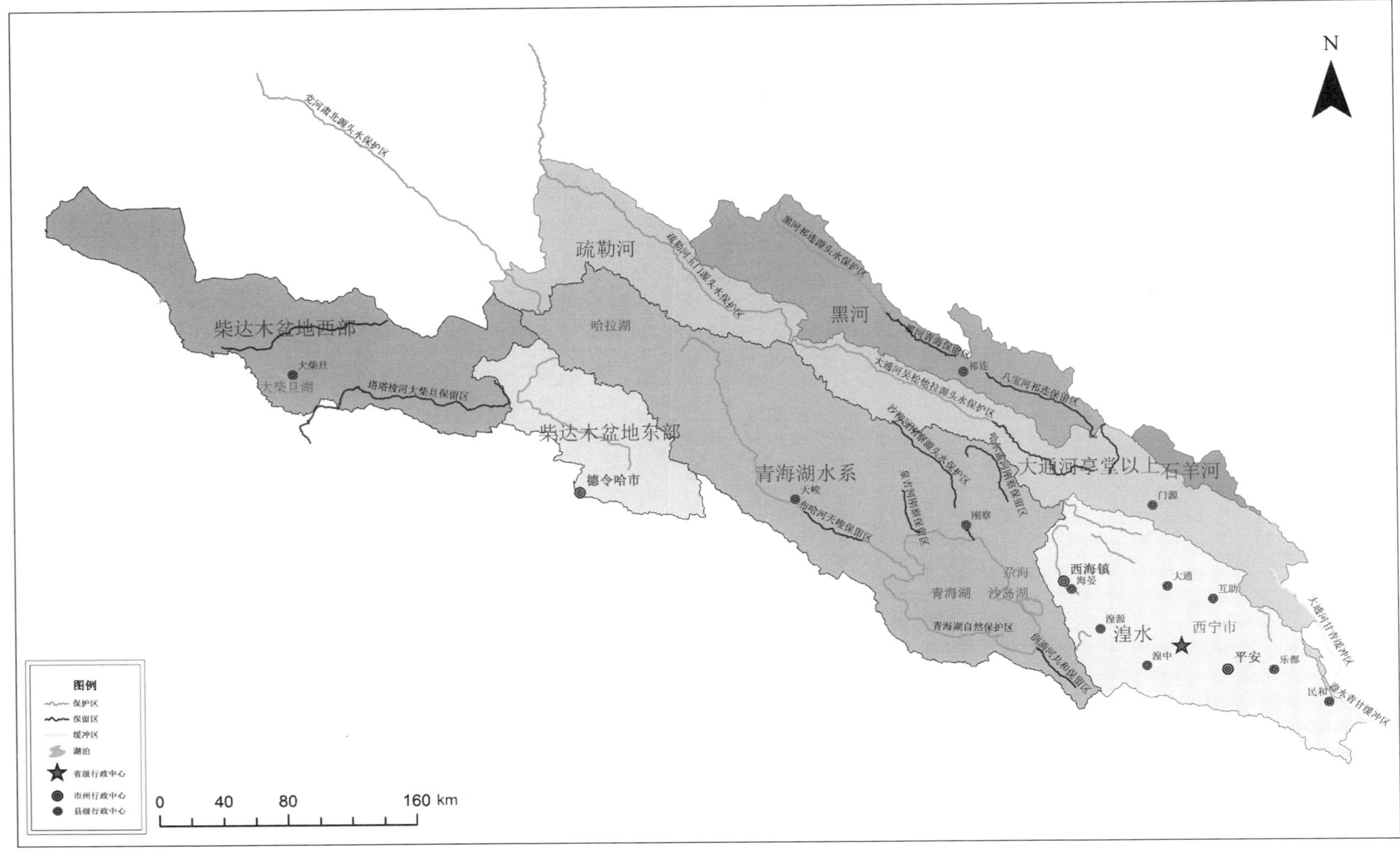

图3-2 祁连山水源涵养区一级水功能区示意图（不含开发利用区）（后附彩图）

表 3-4　祁连山水源涵养区二级水功能区统计

序号	二级水功能区名称	所在一级水功能区	流域	水系	所在地级行政区	河流、湖库	范围		水质控制断面	长度（km）	水质目标
							起始断面	终止断面			
1	大通河门源农业用水区	大通河门源开发利用区	黄河	大通河	海北州	大通河	石头峡	甘禅沟入口	青石嘴	160.9	Ⅲ
2	老虎沟门源饮用水水源区	老虎沟门源开发利用区	黄河	大通河	海北州	老虎沟	源头	入大通河口	老虎沟	41.5	Ⅱ
3	湟水海晏农业用水区	湟水西宁开发利用区	黄河	湟水	海北州	湟水	海晏县桥	湟源县	海晏	43.3	Ⅱ
4	湟水湟源过渡区		黄河	湟水	西宁市		湟源县	扎麻隆	石崖庄	21.2	Ⅲ
5	湟水西宁饮用水源区		黄河	湟水	西宁市		扎麻隆	黑嘴	扎麻隆	10.3	Ⅲ
6	湟水西宁城西工业用水区		黄河	湟水	西宁市		黑嘴	新宁桥	新宁桥	20.3	Ⅳ
7	湟水西宁景观娱乐用水区		黄河	湟水	西宁市		新宁桥	建国路桥	西宁	4.8	Ⅳ
8	湟水西宁城东工业用水区		黄河	湟水	西宁市		建国路桥	团结桥	团结桥	6.0	Ⅳ
9	湟水西宁排污控制区		黄河	湟水	西宁市		团结桥	小峡桥	小峡桥	10.2	—
10	湟水平安过渡区		黄河	湟水	海东市		小峡桥	平安县	平安桥	22.0	Ⅳ
11	湟水乐都农业用水区		黄河	湟水	海东市		平安县	乐都水文站	乐都站	32.3	Ⅳ
12	湟水民和农业用水区		黄河	湟水	海东市		乐都水文站	民和水文站	民和站	53.9	Ⅳ
13	哈利涧河海晏农业用水区	哈利涧河海晏开发利用区	黄河	湟水	海北州	哈利涧河	源头	入湟口	哈利涧	51.9	Ⅳ
14	拉拉河湟源饮用水源区	拉拉河湟源开发利用区	黄河	湟水	西宁市	拉拉河	黄茂	入湟口	大华镇	20.3	Ⅱ
15	药水河湟源农业用水区	药水河湟源开发利用区	黄河	湟水	西宁市	药水河	源头	入湟口	董家庄水文站	55.9	Ⅲ
16	盘道河湟中农业用水区	盘道河湟中开发利用区	黄河	湟水	西宁市	盘道河	源头	入湟口	盘道村	34.3	Ⅱ
17	西纳川湟中饮用水源区	西纳川湟中开发利用区	黄河	湟水	西宁市	西纳川	源头	入湟口	西纳川水文站	88.3	Ⅱ
18	甘河沟湟中饮用水源区	甘河沟湟中开发利用区	黄河	湟水	西宁市	甘河沟	源头	青石坡	青石坡	15.0	Ⅱ
19	甘河沟湟中工业用水区		黄河	湟水	西宁市		青石坡	入湟口	大石门水库（出口）	30.8	Ⅲ
20	云谷川湟中农业用水区	云谷川湟中开发利用区	黄河	湟水	西宁市	云谷川	源头	入湟口	鲍家庄	44.7	Ⅲ

（续）

序号	二级水功能区名称	所在一级水功能区	流域	水系	所在地级行政区	河流、湖库	范围		水质控制断面	长度（km）	水质目标
							起始断面	终止断面			
21	北川大通饮用水源区	北川大通开发利用区	黄河	湟水	西宁市	北川	俄博图	桥头水文站	黑泉水库	48.4	Ⅲ
22	北川大通工业用水区		黄河	湟水	西宁市		桥头水文站	天峻桥	长宁桥	39.0	Ⅳ
23	北川西宁景观娱乐用水区		黄河	湟水	西宁市		天峻桥	入湟口	朝阳桥	3.1	Ⅳ
24	黑林河大通农业用水区	黑林河大通开发利用区	黄河	湟水	西宁市	黑林河	黑林水文站	入北川口	城关镇	23.4	Ⅱ
25	东峡河大通饮用水源区	东峡河大通开发利用区	黄河	湟水	西宁市	东峡河	源头	永丰	永丰	38.5	Ⅱ
26	东峡河大通农业用水区		黄河	湟水	西宁市		永丰	入北川口	桥头镇	10.4	Ⅲ
27	南川湟中农业用水区	南川湟中开发利用区	黄河	湟水	西宁市	南川	源头	总寨	总寨	36.4	Ⅲ
28	南川西宁工业用水区		黄河	湟水	西宁市		总寨	六一桥	六一桥	12.9	Ⅲ
29	南川西宁景观娱乐用水区		黄河	湟水	西宁市		六一桥	入湟口	南川河口	2.8	Ⅳ
30	沙塘川互助饮用水源区	沙塘川互助开发利用区	黄河	湟水	海东市	沙塘川	源头	南门峡水库	南门峡水库	24.0	Ⅱ
31	沙塘川互助农业用水区		黄河	湟水	海东市		南门峡水库（出口）	互助桥	互助八一桥	17.8	Ⅲ
32	沙塘川互助工业用水区		黄河	湟水	海东市、西宁市		互助桥	入湟口	沙塘川	34.2	Ⅳ
33	小南川湟中农业用水区	小南川湟中开发利用区	黄河	湟水	西宁市、海东市	小南川	源头	入湟口	王家庄水文站	45.4	Ⅲ
34	哈拉直沟互助农业用水区	哈拉直沟互助开发利用区	黄河	湟水	海东市	哈拉直沟	丹麻镇	入湟口	哈拉直沟乡	56.0	Ⅲ
35	祁家川平安饮用水源区	祁家川平安开发利用区	黄河	湟水	海东市	祁家川	源头	三合镇	三合镇	20.6	Ⅱ
36	祁家川平安农业用水区		黄河	湟水	海东市		三合镇	入湟口	古城崖	18.5	Ⅲ
37	白沈沟平安农业用水区	白沈沟平安开发利用区	黄河	湟水	海东市	白沈家沟	源头	入湟口	白沈家桥	41.7	Ⅲ
38	红崖子沟互助农业用水区	红崖子沟互助开发利用区	黄河	湟水	海东市	红崖子沟	源头	五十镇	五十镇	24.4	Ⅱ
39	红崖子沟互助工业用水区		黄河	湟水	海东市		五十镇	入湟口	白马寺	26.4	Ⅲ
40	上水磨沟乐都饮用水源区	上水磨沟乐都开发利用区	黄河	湟水	海东市	上水磨沟	源头	入湟口	红庄	46.5	Ⅱ

（续）

序号	二级水功能区名称	所在一级水功能区	流域	水系	所在地级行政区	河流、湖库	范围		水质控制断面	长度（km）	水质目标
							起始断面	终止断面			
41	引胜沟乐都饮用水源区	引胜沟乐都开发利用区	黄河	湟水	海东市	引胜沟	上北山林场	杨家岗	杨家岗	10.7	Ⅱ
42	引胜沟乐都农业用水区		黄河	湟水	海东市	引胜沟	杨家岗	入湟口	八里桥水文站	12.3	Ⅲ
43	松树沟民和饮用水源区	松树沟民和开发利用区	黄河	湟水	海东市	松树沟	源头	峡门水库（出口）	峡门水库（出口）	8.3	Ⅱ
44	松树沟民和农业用水区		黄河	湟水	海东市		峡门水库（出口）	入湟口	松树乡	31.9	Ⅲ
45	巴州沟民和饮用水源区	巴州沟民和开发利用区	黄河	湟水	海东市	巴州沟	源头	巴州镇	巴州镇	19.9	Ⅱ
46	巴州沟民和农业用水区		黄河	湟水	海东市		巴州镇	入湟口	川口镇	19.0	Ⅲ
47	隆治沟民和农业用水区	隆治沟民和开发利用区	黄河	湟水		隆治沟	源头	入湟口	下川口	48.2	Ⅲ
48	黑河青甘农业用水区	黑河青甘开发利用区	西北诸河	黑河	海北州	黑河	札马什克水文站	莺落峡	黄藏寺	111.5	Ⅲ
49	八宝河祁连饮用水源区	八宝河祁连开发利用区	西北诸河	黑河	海北州	八宝河	手爬崖水源地	入河口	入黑河口	19.9	Ⅱ
50	沙柳河刚察农业用水区	沙柳河刚察开发利用区	西北诸河	青海湖	海北州	沙柳河	折玛曲汇口	入湖口	刚察	17.0	Ⅱ
51	哈尔盖刚察农业用水区	哈尔盖刚察开发利用区	西北诸河	青海湖	海北州	哈尔盖	十五道班	入湖口	十五道班	50.7	Ⅱ
52	鱼卡河大柴旦工业用水区	鱼卡河大柴旦开发利用区	西北诸河	德宗马海湖	海西州	鱼卡河	源头	德宗马海湖	215 公路桥	125.4	Ⅲ
53	巴音河德令哈饮用水源区	巴音河德令哈开发利用区	西北诸河	克鲁克湖	海西州	巴音河	察汗哈达	德令哈站	德令哈站	82.0	Ⅱ
54	巴音河德令哈农业用水区		西北诸河	克鲁克湖	海西州	巴音河	德令哈站	桃哈	桃哈	33.0	Ⅲ

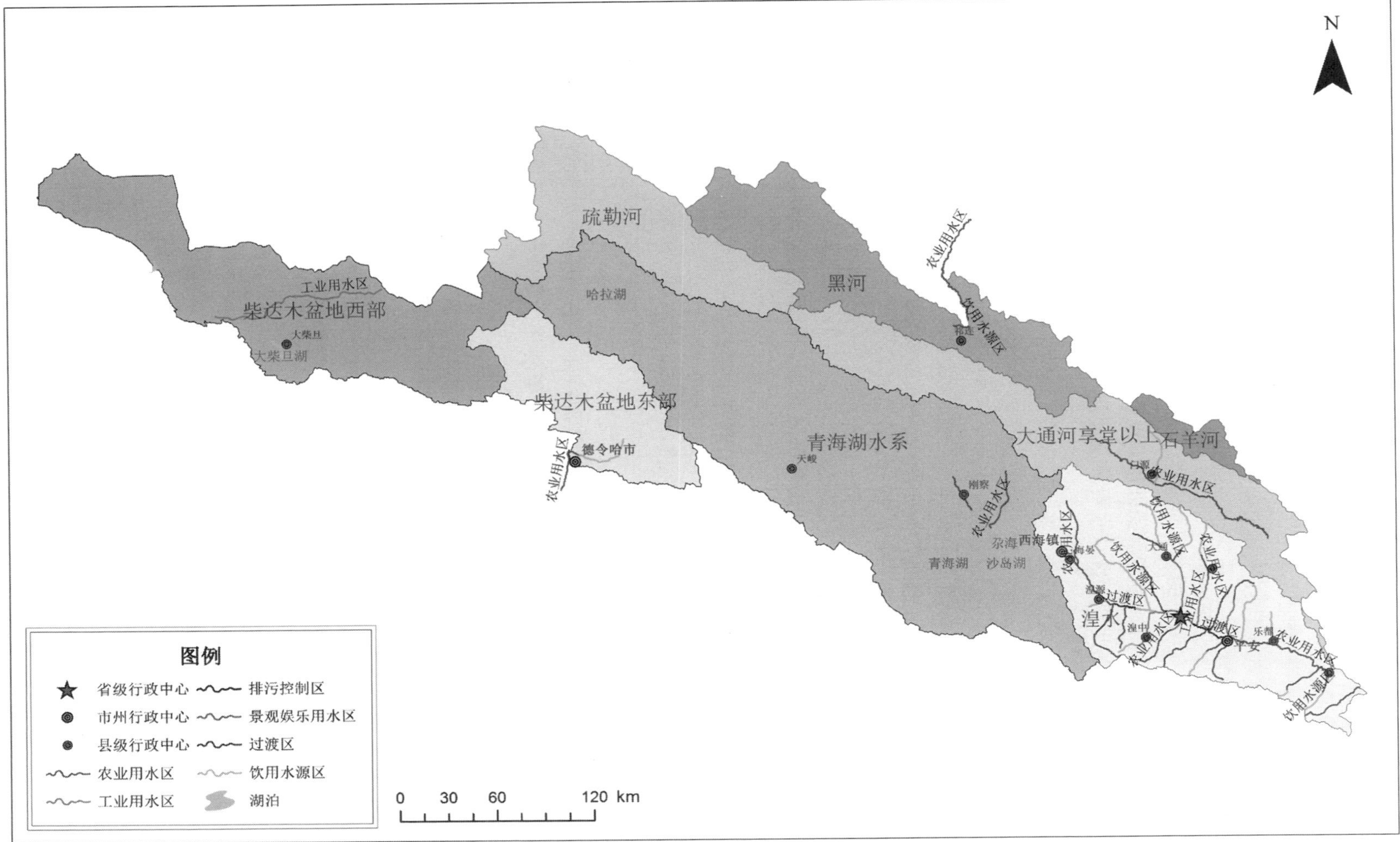

图 3-3 祁连山水源涵养区二级水功能区示意图（后附彩图）

3.3 青海祁连山地区水资源分区

水资源的开发利用与相应区域范围内的各种自然、社会、经济条件，工业与农牧业的发展和布局，水资源的特性以及水利工程措施等许多方面关系密切。对于不同的自然地理区域，其水文地质条件的差异，影响水资源开发利用的外部条件与环境，虽然会有一定的相似之处，但也必然存在明显的差异性。为了因地制宜地指导相应区域范围内的水利建设，合理地开发利用水资源，首先需要进行既反映各地差异、又能表达同类地区开发前景的水资源区域划分，并据此开展区域水资源及其开发利用的研究。

3.3.1 水资源分区划分

水资源分区是水资源评价的基本单元，根据水资源的自然、经济、社会属性，按照水资源保护利用的相应要求，科学划定水资源分区，将有助于水资源科学合理地开发利用区域水资源，促进区域自然资源与经济发展之间的协调互补。进行水资源分区时，应遵循以下原则。

第一，基本能反映水资源及其开发利用条件的地区差异，同一区内的自然地理条件、水资源开发利用条件、水利化的特点和发展方向基本相同，而相邻两区有较大差异。

第二，尽可能保持分区范围内河流水系的完整性，但对自然条件有显著差异的大支流，则按第一原则分段划区。

第三，将自然条件相同的小河流合并，有利于进行地表水资源的估算和水资源供需平衡分析。

第四，适当保持行政区划的完整，照顾干、支流上已建、正建的大型水利枢纽和重要水文站的控制作用。

为更好地讨论并揭示青海祁连山地区的水资源特征，在全国第二次水资源综合规划分区的基础上，结合本书所涉及区域的特点，对青海省祁连山水源涵养区进行水资源分区，可划分出 2 个一级区、3 个二级区和 30 个县套水资源三级区（表 3-5）。

表 3-5 青海省祁连山水源涵养区水资源分区

水资源一级区	水资源二级区	水资源三级区	县级行政区	计算面积（km^2）
黄河流域	龙羊峡到兰州	大通河享堂以上	天峻县	1599
			刚察县	1852
			祁连县	2835
			门源县	5172
			海晏县	299
			互助县	1102
			乐都县	112
			民和县	25
			小计	12 996

（续）

水资源一级区	水资源二级区	水资源三级区	县级行政区	计算面积（km^2）
黄河流域	龙羊峡到兰州	湟水	海晏县	2163
			湟源县	1492
			湟中县	2361
			大通县	3055
			西宁市辖区	344
			平安县	742
			互助县	2322
			乐都县	2394
			民和县	1278
			小计	16 151
		合计		29 147
西北诸河	河西内陆河	石羊河	门源县	608
		黑河	祁连县	10161
		疏勒河	天峻县	7550
			德令哈	295
		小计		18 614
	青海湖水系	青海湖水系	天峻县	15451
			刚察县	7561
			海晏县	2202
			德令哈	3094
			共和县	6220
		小计		34 528
	柴达木盆地	柴达木盆地西区	冷湖	2113
			大柴旦	8736
			德令哈	5850
		柴达木盆地东区	德令哈	6992
		小计		23 691
	合计			76 833
祁连山水源涵养区	总计			105 980

3.3.2 水资源评价单元划分

水资源分区的主要目的，就是能够对不同分区的水资源状况以及开发利用进行更为科学合理的评价与规划。根据青海祁连山地区划分范围内山地、河流的分布特点，为更好地揭示、分析和评价青海祁连山地区的水文水资源特征，在前述水资源分区的基础上，结合水系状态，划分出 2 个相对独立的评价单元：湟水区和东北部山区（表 3-6），并作为后续相关讨论的基础。为便于展开讨论并进一步揭示青海祁连山地区主要影响因素在局部区域间的内在差异，将湟水区的讨论范围进行了适度外延。

表 3-6 青海祁连山地区水资源评价分区单元划分

水资源分区评价单元	县级行政区	评价分析面积（km^2）
湟水区	海晏县	4670
	湟源县	1492
	湟中县	2440
	大通县	344
	西宁市辖区	3055
	平安县	3424
	互助县	742
	乐都县	2506
	民和县	1891
	小计	20 654
东北部山区	门源县	5780
	祁连县	12 996
	刚察县	9413
	天峻县	24 600
	小计	52 789
合计		73 443

根据本书采用的水资源分区，湟水区为湟水流经的相关区域，包括海晏县、湟源县、湟中县、大通县、西宁市辖区、互助县、平安县、乐都县、民和县等完整的 9 个县（市）；东北部山区则包括天峻县（不包括县境内在柴达木盆地的 915km^2）、刚察县、祁连县、门源县等地区。此外，尚有部分地域分布在柴达木盆地，属于相对独立的内陆水系区域，但与前述两个评价单元相比，此区域水资源明显相对较少，在青海祁连山地区整体水资源中所占比例及其生态地位十分有限，书中将不作专门分析。

3.4 区域水资源主要影响因素分析

众所周知，区域水资源状况受到诸多因素的影响，并且通常形成相关因素的综合影响。本书仅就降水、蒸发等主要影响因素的基本特征进行简要的介绍和讨论，以增进人们对青海祁连山地区水资源情况及其特点的了解和掌握。

3.4.1 东北部山区降水特征

大气降水是地表水和地下水资源的主要补给来源，在一定程度上反映了地区的水资源状况。一个地区降水量的多少与引起降水的水气输入量、天气系统活动情况及水汽来源有密切关系。

以下根据前述青海祁连山地区水资源分区划分的结果，从不同方面对东北部山区的降水特征进行较为系统的分析和讨论。

3.4.1.1 水汽来源

东北部山区深居内陆，远离海洋，地势较高，由于受西南暖湿气流及高原季风的影响，加上东亚季风的影响，各路气流沿途水汽补充较多，又由于山势多北西—南东走向，有利于西南暖湿气流深入，降水量较青海省其他内陆地区丰沛。

总体而言，东北部山区水汽来源主要为西南气流即孟加拉湾和印度洋热带西南季风暖湿气流。夏季孟加拉湾暖湿气流沿澜沧江、金沙江河谷进入青海省，越深入青海腹地，水汽越弱，但由于遇到祁连山系较高地势的阻隔，形成较为充沛的降水。其次是冬季西风带中的偏北气流和新疆来的西北气流，带来了大量水汽，形成降水。冬、春季以西边的水汽输入为主，夏、秋季以南边的水汽输入为主。东南气流包括西太平洋副热带高压和东南沿海台风输送来的暖湿气流，由于沿途有秦岭等山脉的阻挡，到达青海祁连的东北部山区时已影响不大。

3.4.1.2 降水观测站点选择

为总结分析东北部山区的整体降水特征，选择了评价区域范围内的部分气象站和水文站的监测数据，本书选用代表站点的观测年数及分布情况见表 3-7。

3.4.1.3 平均年降水量特征

根据东北部山区境内及周边主要长系列雨量站多年观测数据的统计（表 3-8），年平均降水量为 350~524mm，不同频率年降水量存在一定差异。年降水量变差系数 Cv 有明显的空间变化规律，即由东南向西北递增，变差系数 Cv 在 0. 12~0. 24 之间，西部最高为 0. 24，东部最低为 0. 12，与年降水量由西北向东南呈递增分布规律相反，也就是说年降水量越大，变差系数越小，反之，年降水量越小，则其变差系数越大。

表 3-8 东北部山区境内及周边观测站点年降水量统计参数统计

名称	站名	统计年份	年数	均值（mm）	Cv	Cs/Cv	不同频率年降水量（mm）			
							20%	50%	75%	95%
东北部山区	刚察气象站	1956~2012	57	381. 8	0. 15	3. 5	426. 2	376. 0	340. 7	297. 2
	布哈河口水文站	1956~2012	57	384. 4	0. 20	3. 5	445. 7	375. 3	328. 3	274. 1
	祁连气象站	1956~2012	57	404. 0	0. 13	3. 5	445. 9	400. 2	367. 6	326. 4
	天峻气象站	1956~2012	57	347. 1	0. 24	3. 5	411. 7	335. 6	286. 5	232. 6
	青石嘴水文站	1956~2012	57	510. 9	0. 13	3. 5	565. 7	505. 5	462. 6	408. 7
	门源气象站	1956~2012	57	524. 4	0. 12	3. 5	577. 3	519. 7	478. 4	426. 0

表 3-7 北部山区降水量站点基本情况统计

县级行政区	水资源一级区	水资源二级区	水资源三级区	站名	站别	东经	北纬	高程（m）	实测年份	实测年数（年）	实测均值（mm）	插补年限	插补年数（年）	插补均值（1956~2012 年）（mm）
刚察县	西北内陆河	青海湖水系	青海湖盆地	刚察	气象站	100°13′	37°33′	3302	1958~2012	55	382. 9	1956~1957	2	380. 8
				布哈河口	水文站	99°44′	37°02′	3199	1959~1960 1962 1964~2012	52	387. 4	1956~1957 1962~1963	5	384. 4
祁连县	西北内陆河	西北内陆河	黑河	祁连	气象站	100°25′	38°18′	2787	1957~2012	56	404. 8	1956	1	404
门源县	黄河	龙羊峡以上	大通河享堂以上	青石嘴	水文站	101°25′	37°28′	2963	1956~2012	57	510. 7			
				门源	气象站	101°62′	37°38′	2850	1957~2012	56	524. 8	1956	1	524. 4
天峻县	西北内陆河	青海湖水系	青海湖水系	天峻	气象站	99°2′	37°18′	3400	1958~2012	55	349. 3	1956~1957	2	347. 1

3.4.1.4 降水量的平面分布

据统计，青海省祁连山地区东北部山区 1956~2012 年的多年平均降水量为 387.2mm。根据东北部山区 1956~2012 年多年平均降水量等值线图（图 3-4，详见后附彩图），年降水量在该评价区范围内的地区分布上存在极不均匀的现象，表现为东南多雨、西北相对减少，年降水量由东南部向西北部递减的变化格局。

东北部山区降水量一般随地域海拔的升高而升高，大部分地区降水量具有明显的垂直分布规律。一般情况下，山区降水量较大，平原、河谷水面降水量较小。如青海湖湖滨平原、大通河河谷一带为低值区，平均海拔都在 3000m 左右，降水量都在 400mm 左右，降水量随大坂山、祁连山海拔增高逐渐升高。

3.4.1.5 内部分区降水量

根据东北部山区 1956~2012 年多年平均降水量等值线量算各水资源分区和行政分区 1956~2012 年的多年平均降水量，计算后，东北部山区流域分区年降水量特征值成果见表 3-9，东北部山区行政分区年降水量特征值成果见表 3-10。

表 3-9 东北部山区流域分区降水量汇总

水资源一级区	水资源二级区	水资源三级区	县级行政区	集水面积（km^2）	量测降水量（$\times 10^8 m^3$）	降水深（mm）
黄河流域	龙羊峡至兰州	大通河享堂以上	门源县	5172	27.9286	540.0
			祁连县	2835	14.4647	510.2
			天峻县	1599	7.1597	447.8
			刚察县	1852	8.9470	483.1
	合计			11 458	58.5000	510.6
西北诸河	河西内陆河	石羊河	门源县	608	2.9932	492.3
		黑河	祁连县	10 161	41.6703	410.1
		疏勒河	天峻县	7550	22.8265	302.3
		小计		18 319	67.4900	368.4
	青海湖水系	青海湖盆地	天峻县	15 451	50.2772	325.4
			刚察县	7561	28.1217	371.9
		小计		23 012	78.3989	340.7
	合计			41 331	145.8889	353.0
东北部山区	合计			52 789	204.3889	387.2

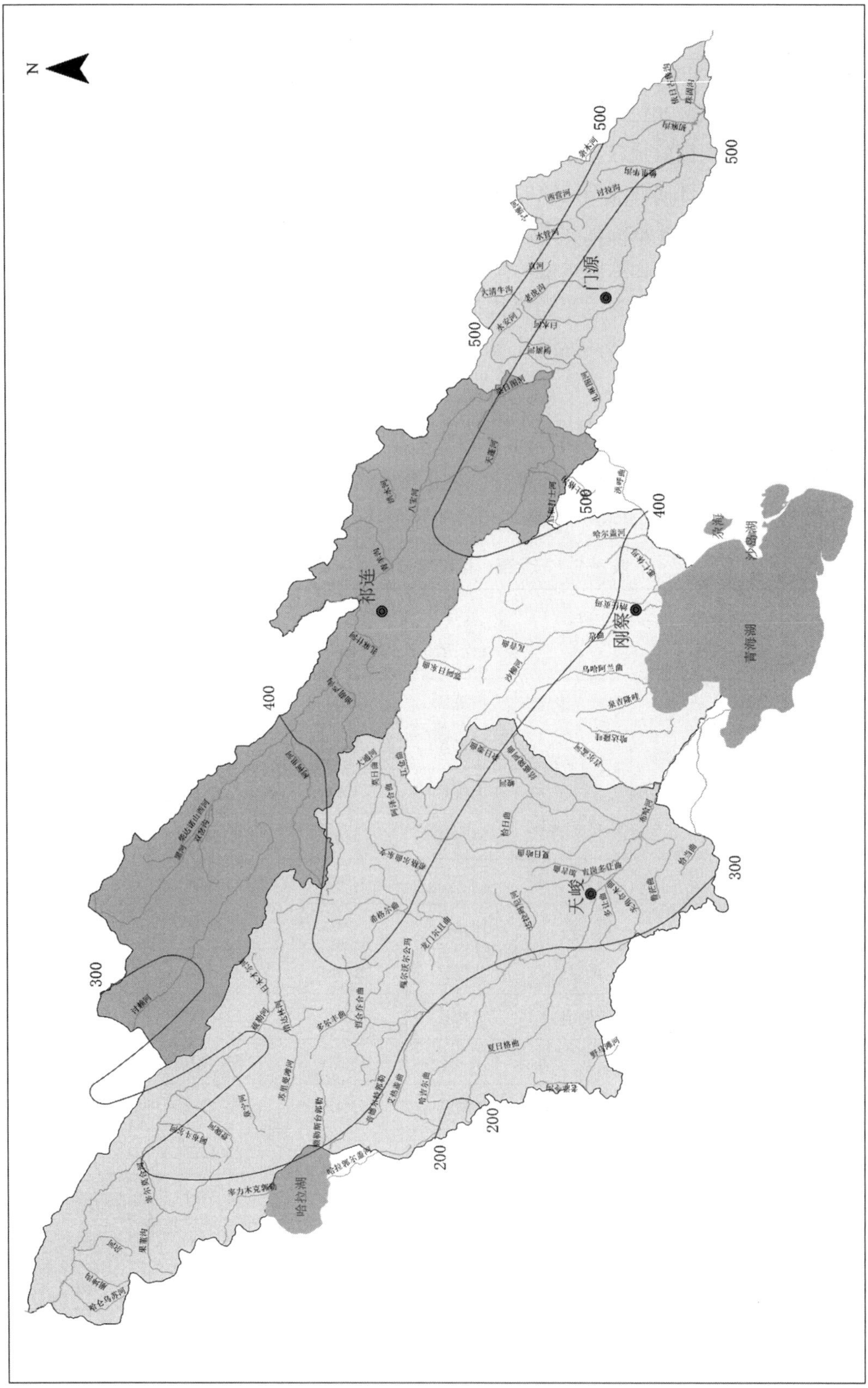

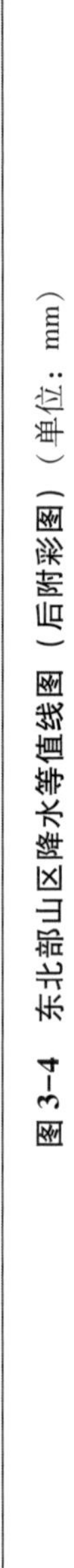

图 3-4　东北部山区降水等值线图（后附彩图）（单位：mm）

表 3-10 东北部山区行政分区降水量汇总

县级行政区	集水面积（km^2）	量测降水量（$\times10^8m^3$）	降水深（mm）
门源县	5780	30.9218	535.0
祁连县	12 996	56.1350	431.9
刚察县	9413	37.0687	393.8
天峻县	24 600	80.2634	326.3
东北部山区	52 789	204.3889	387.2

经计算，东北部山区 1956~2012 年多年平均降水量 387.2mm，折合水量 $204.3889\times10^8m^3$。按流域分区，水资源一级区降水量黄河流域 $58.5000\times10^8m^3$，西北诸河 $145.8889\times10^8m^3$，其中河西内陆河 $67.4900\times10^8m^3$，青海湖水系 $78.3989\times10^8m^3$。

按行政分区划分，门源县多年平均降水量 535.0mm，折合水量 $30.9218\times10^8m^3$；祁连县多年平均降水量 431.9mm，折合水量 $56.1350\times10^8m^3$；刚察县多年平均降水量 393.8mm，折合水量 $37.0687\times10^8m^3$；天峻县多年平均降水量 326.3mm，折合水量 $80.2634\times10^8m^3$。

3.4.1.6 内部分区不同保证率降水量

根据降水观测站的统计参数，确定各分区 Cv 和 Cs/Cv 倍比值，计算各分区不同频率的降水量。经计算（表 3-11）东北部山区不同频率的降水量：丰水年（P=20%）为 $231.2814\times10^8m^3$、平水年（P=50%）为 $202.6474\times10^8m^3$、偏枯年（P=75%）为 $181.4857\times10^8m^3$、枯水年（P=95%）为 $153.7330\times10^8m^3$。

表 3-11 东北部山区降水量及不同频率年降水量成果（单位：$\times10^8m^3$）

评价区	水资源三级区	集水面积（km^2）	统计参数			设计年降水量			
			均值	Cv	Cs/Cv	P=20%	P=50%	P=75%	P=95%
东北部山区	大通河享堂以上	11 458	58.5000	0.14	2	65.2580	58.1182	52.7876	45.711
	石羊河	608	2.9932	0.14	2	3.3392	2.9737	2.7014	2.3390
	黑河	10 161	41.6703	0.13	2	46.1485	41.4404	37.9028	33.178
	疏勒河	7550	22.8265	0.19	2	26.3738	22.5524	19.7712	16.190
	青海湖盆地	23 012	78.3989	0.19	2	90.5824	77.4575	67.9052	55.608
	合计	52 789	204.388	0.16	2	231.281	202.647	181.485	153.73

3.4.1.7 降水的年内分配

受水汽条件和地理位置的影响，东北部山区降水量年内分配不均。降水量主要集中在 6~9 月，占全年降水量的 70%以上，10 月至翌年 3 月降水量仅占全年降水量的 30%以下，4~5 月降水量仅占全年降水量的 20%左右，形成干湿季分明的特点。尤其在农业灌溉季节的 4~5 月降水量少，对农业生产用水极为不利。年内降水量最多的月份出现在 8 月，最大月降水量占年降水量的 23%以上。12 月降水量最少，降水量仅占全年降水量的 0.2%左右。

表 3-12 东北部山区代表站降水量 1956~2012 年多年平均年内分配统计

站名	项目名称	1月	2月	3月	4月	5月	6月	7月	8月	9月	10月	11月	12月	年降水量（mm）	连续最大4个月		
															降水量（mm）	占年降水量（%）	出现月份
刚察气象站	降水量（mm）	1.2	1.9	5.1	12.4	39.6	71.4	88.8	89.6	53.3	14.2	2.5	0.8	380.8	303.1	79.6	6~9
	百分比（%）	0.3	0.5	1.3	3.2	10.4	18.7	23.3	23.5	14.0	3.7	0.7	0.2				
布哈河口水文站	降水量（mm）	1.08	1.65	4.87	11.80	45.89	68.64	81.65	81.73	59.99	22.93	2.99	1.17	384.4	292.0	76.0	6~9
	百分比（%）	0.3	0.4	1.3	3.1	11.9	17.9	21.2	21.3	15.6	6.0	0.8	0.3				
祁连气象站	降水量（mm）	1.0	1.6	6.6	14.4	46.0	70.6	99.0	87.3	60.8	13.9	2.2	0.6	404.0	317.7	78.6	6~9
	百分比（%）	0.3	0.4	1.6	3.6	11.4	17.5	24.5	21.6	15.1	3.4	0.5	0.1				
青石嘴水文站	降水量（mm）	2.12	3.69	14.17	30.24	63.75	84.80	103.9	105.3	73.82	23.20	4.67	0.97	510.7	367.9	72.0	6~9
	百分比（%）	0.4	0.7	2.8	5.9	12.5	16.6	20.3	20.6	14.5	4.5	0.9	0.2				
门源气象站	降水量（mm）	1.93	3.98	15.85	31.75	65.57	82.71	101.9	107.1	80.19	27.25	4.65	1.42	524.4	372.0	70.9	6~9
	百分比（%）	0.4	0.8	3.0	6.1	12.5	15.8	19.4	20.4	15.3	5.2	0.9	0.3				
天峻气象站	降水量（mm）	1.0	1.7	5.2	13.5	43.8	74.1	81.9	73.3	40.4	10.4	1.3	0.5	347.1	273.0	78.7	5~8
	百分比（%）	0.3	0.5	1.5	3.9	12.6	21.3	23.6	21.1	11.6	3.0	0.4	0.2				

连续最大4个月降水量所占年降水量的比例受地形、气流的影响。一般降水量大的站所占比例小，降水量小的站所占比例大。如：刚察气象站的年降水量380.8mm，6~9月降水量占全年降水量的79.6%。连续最大4个月降水量所占年降水量的比例呈现与降水量的分布相反的趋势。即一般降水量大的地区，降水量年内分配相对均匀，降水量小的地区，降水量过于集中。东北部山区代表站降水量1956~2012年多年平均年内分配统计量见表3-12，年内分配变化趋势见图3-5。

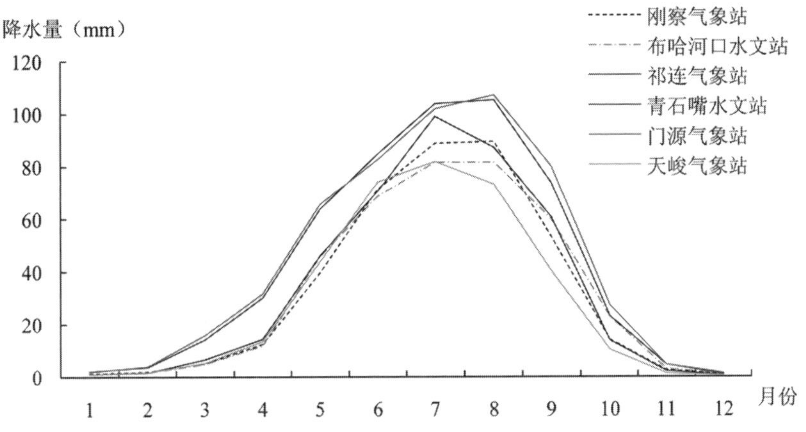

图3-5 东北部山区代表站降水量1956~2012年多年平均年内分配图

3.4.1.8 降水量的年际变化

（1）年降水量极值比与Cv值统计分析

年降水量极值比是表征年降水量多年变化的指标之一。经分析，东北部山区年降水量年际变化不是很大，年降水量极值比在1.85~2.67之间，变差系数Cv值在0.12~0.24之间，年降水量Cv值由东南部向西北部递增（表3-13）。

表3-13 东北部山区代表站年降水量极值比统计

站名	实测年数	统计参数		最大年		最小年		极值比（最大/最小）
		均值（mm）	Cv	年降水量（mm）	年份	年降水量（mm）	年份	
刚察气象站	55	381.8	0.15	490.5	1988	260.1	1900	1.89
布哈河口水文站	52	384.4	0.20	586.5	1967	244.7	1962	2.40
祁连气象站	56	404.0	0.13	573.1	1998	309.1	1970	1.85
天峻气象站	55	349.3	0.24	563.6	1989	211.1	1978	2.67
青石嘴水文站	57	510.9	0.13	687.8	1989	367.2	1979	1.87
门源气象站	56	524.4	0.12	730.7	1989	380.8	1962	1.92

（2）年降水量的连丰期和连枯期分析

年降水量系列一般应包括最长连丰期和连枯期。降水系列连丰或连枯的程度对水资源多年调节具有重要意义。以丰水年相应频率 P<37.5%，枯水年相应频率 P>62.5%，判别年降水量系列中的丰水年和枯水年，然后挑选出持续时间最长且均值最大的连丰期和持续时间最长且均值最小的连枯期，并计算连丰期和连枯期的平均年降水量及其与多年平均年降水量的比值 $K_{丰}$ 和 $K_{枯}$。东北部山区年降水量的连丰期在 4～13 年之间，比值 $K_{丰}$ 在1.06～1.25 之间；年降水量的连枯期在 3～9 年之间，比值 $K_{枯}$ 在 0.80～0.93 之间（表3-14）。

表 3-14 东北部山区代表站年降水量连丰期和连枯期统计

站名	最长连丰期				最长连枯期			
	起讫年份	年数（a）	平均降水量（mm）	$K_{丰}$	起讫年份	年数（a）	平均降水量（mm）	$K_{枯}$
刚察气象站	2001～2012	12	403.1	1.06	1976～1980	5	338.3	0.89
布哈河口水文站	2000～2012	13	418.1	1.09	1959～1965	7	308.4	0.80
祁连气象站	2003～2009	6	437.6	1.08	1970～1978	9	375.9	0.93
天峻气象站	2009～2012	4	432.7	1.25	1978～1980	3	252.1	0.73
青石嘴水文站	2003～2011	9	542.3	1.06	1976～1980	5	442.6	0.87
门源气象站	2003～2007	5	570.6	1.09	1994～1999	5	487.7	0.93

（3）年降水量不同年代变化分析

以年代为时段单元，将 1956～2012 年系列划分为 6 个不同时段，分析计算东北部山区代表站不同年代平均年降水量与 1956～2012 年多年平均降水量的相对增减幅度（表 3-15）。

表 3-15 东北部山区代表站年降水量不同年代均值及距平统计

站名	项目名称	1960～1969 年	1970～1979 年	1980～1989 年	1990～1999 年	2000～2009 年	1956～2012 年
刚察气象站	降水量（mm）	372.4	369.8	406.3	354.6	406.5	380.8
	距平（%）	-2.2	-2.9	6.7	-6.9	6.7	
布哈河口水文站	降水量（mm）	352.3	366.2	410	373.2	406.2	384.4
	距平（%）	-8.4	-4.7	6.7	-2.9	5.7	
祁连气象站	降水量（mm）	401.3	381.5	417.1	417.1	414.4	404
	距平（%）	-0.7	-5.6	3.2	3.2	2.6	

（续）

站名	项目名称	1960~1969 年	1970~1979 年	1980~1989 年	1990~1999 年	2000~2009 年	1956~2012 年
天峻气象站	降水量（mm）	330.6	325.7	360.0	350.4	362.2	347.1
	距平（%）	-4.8	-6.2	3.7	1.0	4.4	
青石嘴水文站	降水量（mm）	505.5	479.2	539.7	506.7	528.8	510.7
	距平（%）	-1.0	-6.2	5.7	-0.8	3.5	
门源气象站	降水量（mm）	516.1	517.4	550.9	503.7	527.6	524.4
	距平（%）	-1.6	-1.3	5.1	-3.9	0.6	

从表 3-15 可以看出，20 世纪 60 年代和 70 年代的平均年降水量与 1956~2012 年多年平均降水量相比降水量偏少；20 世纪 80 年代、21 世纪前 10 年的平均年降水量与 1956~2012 年多年平均降水量相比降水量偏多；20 世纪 90 年代的平均年降水量与1956~2012 年多年平均降水量相比基本持平。

1956~2012 年间，东北部山区不同年代降水量主要经历了枯—枯—丰—平—丰的变化过程。

（4）降水丰枯年组

根据相关数据资料，绘制出东北部山区代表站 1956~2012 年降水量模比系数差积曲线图（图 3-6），并据此分析年降水量的丰枯变化周期。

图 3-6　东北部山区降水量代表站模比系数差积曲线图

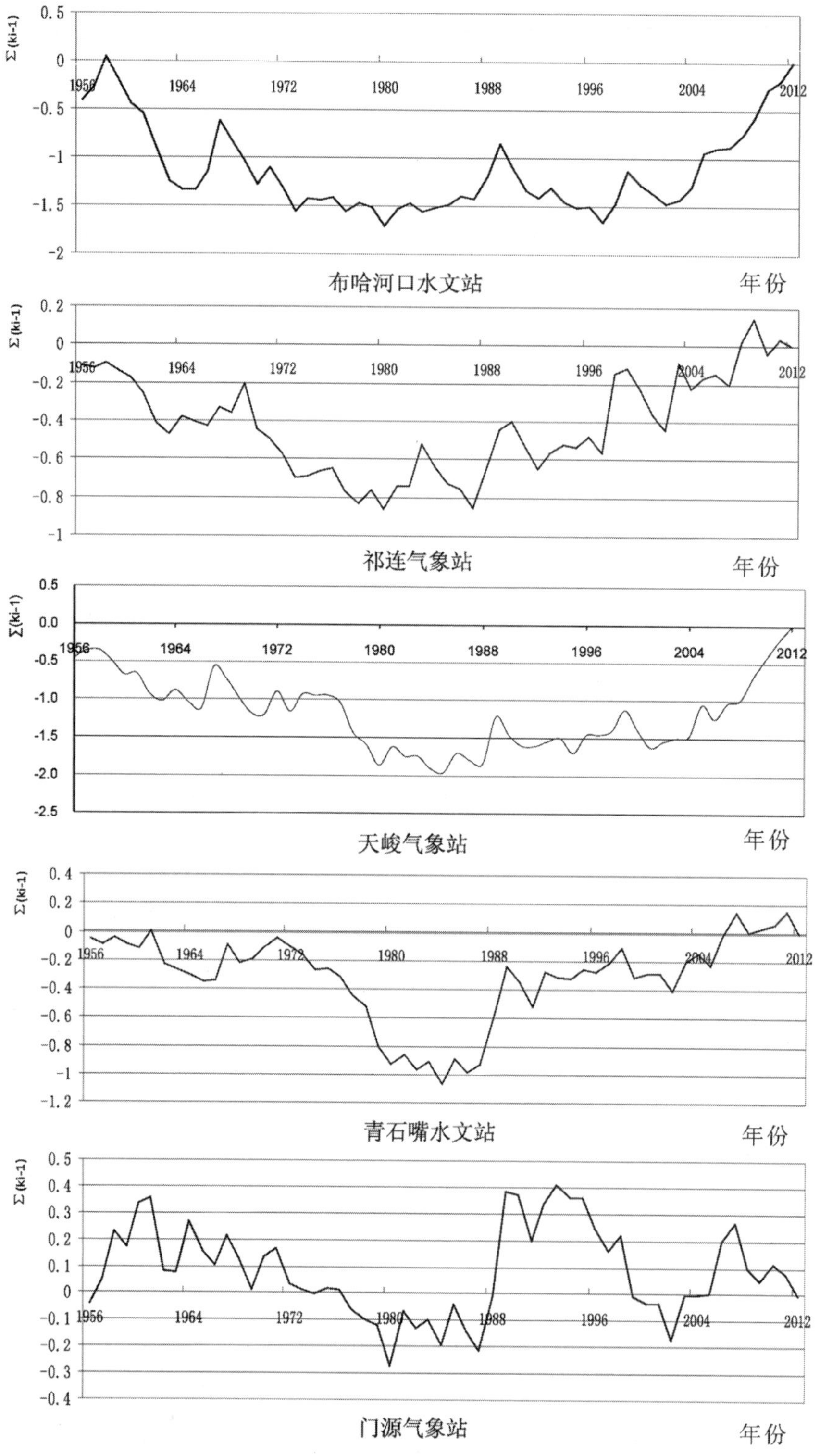

图 3-6 东北部山区降水量代表站模比系数差积曲线图（续）

刚察气象站有 3 个周期，第一周期为 1957~1966 年为枯水段，1967~1974 年为丰水段；第二周期为 1974~1984 年为枯水段，1984~1989 年为丰水段；第三周期为 1989~2003 年为枯水段，2004~2012 年为丰水段。

布哈河口水文站有 3 个周期，第一周期为 1956~1965 年为枯水段，1966~1967 年为丰水段；第二周期为 1968~1980 年为枯水段，1980~1989 年为丰水段；第三周期为1990~2003 年为枯水段，2004~2012 年为丰水段。

祁连气象站有 2 个周期，第一周期为 1956~1980 年为枯水段，1981~1983 年为丰水段；第二周期为 1984~1990 年为枯水段，1992~2012 年为丰水段。

天峻气象站只有一个丰枯水循环周期。枯水段为 1956~1985 年，丰水段 1986~2012 年。

青石嘴水文站有 3 个周期，第一周期为 1962~1966 年为枯水段，1967~1971 年为丰水段；第二周期为 1972~1984 年为枯水段，1985~1998 年为丰水段；第三周期为 1999~2002 年为枯水段，2003~2012 年为丰水段。

门源气象站有 3 个周期，第一周期为 1956~1961 年为丰水段，1962~1979 年为枯水段；第二周期为 1980~1994 年为丰水段，1995~2002 年为枯水段；第三周期为 2003~2007 年为丰水段，2008~2012 年为枯水段。

通过分析，得出东北部山区降水量年内分配比较集中，年际变化不是很大；其年内分配的集中程度和年际变化的幅度随降水量的增加而减少。

3.4.2 湟水区降水特征

在此，将根据前述青海祁连山地区水资源分区划分的结果，从不同方面对湟水区的降水特征进行较为系统的分析和讨论。

3.4.2.1 水汽来源

湟水区水汽主要来自印度洋孟加拉湾上空的暖湿气流和太平洋副热带高压与东南沿海台风输送的暖湿气候，因水汽入境途中高山阻隔、水汽抵达后含量减少，降水相对东南其他地区少，属于半湿润、半干旱地区。

3.4.2.2 降水观测站点选择

为总结分析湟水区的整体降水特征，选择了评价区域范围内的部分气象站和水文站的监测数据，本书选用代表站点的观测年数及分布情况参见表 3-16。

3.4.2.3 平均年降水量特征

由于地理位置的差异，降水分布极不均匀，其总的变化规律表现为随海拔的升高而降水量逐渐增加，山区大于河谷。根据湟水区各雨量监测站的多年平均降水量，绘制多年平均降水量等值线图（图 3-7，详见后附彩图），绘制时选取代表性较好、系列较长的雨量站，系列较短的选取参证站进行插补延长，使资料系列同步。

表 3-16 湟水区降水站点基本情况统计

县级行政区	站名	站别	东经	北纬	高程（m）	实测年	实测年数（年）	实测均值（mm）	插补年限	插补年数（年）	插补均值（1956~2000 年）（mm）
海晏县	海晏	水文站	101°01′	36°54′	2995	1960 1963~2000	39	386.5	1956~1959， 1961~1962	6	383.4
湟源县	湟源	水文站	101°16′	36°41′	2619	1964~2000	37	516.4	1956~1963	8	526.4
湟中县	湟中	气象站	101°35′	36°30′	2668	1959~2000	42	534.1	1956~1958	3	523.0
	西纳川	水文站	101°29′	36°46′	2478	1958~2000	43	522.1	1956~1957	2	520.4
西宁市	西宁	水文站	101°47′	36°38′	2225	1956~2000	45	352.5			
大通县	桥头	水文站	101°41′	36°56′	2438	1956~2000	45	521.8			
互助县	互助	气象站	101°57′	36°49′	2480	1956~2000	45	531.4			
乐都县	乐都	气象站	102°24′	36°29′	1981	1957~2000	44	335.1	1956	1	329.9
民和县	民和	水文站	102°48′	36°20′	1779	1956~2000	45	350.5			

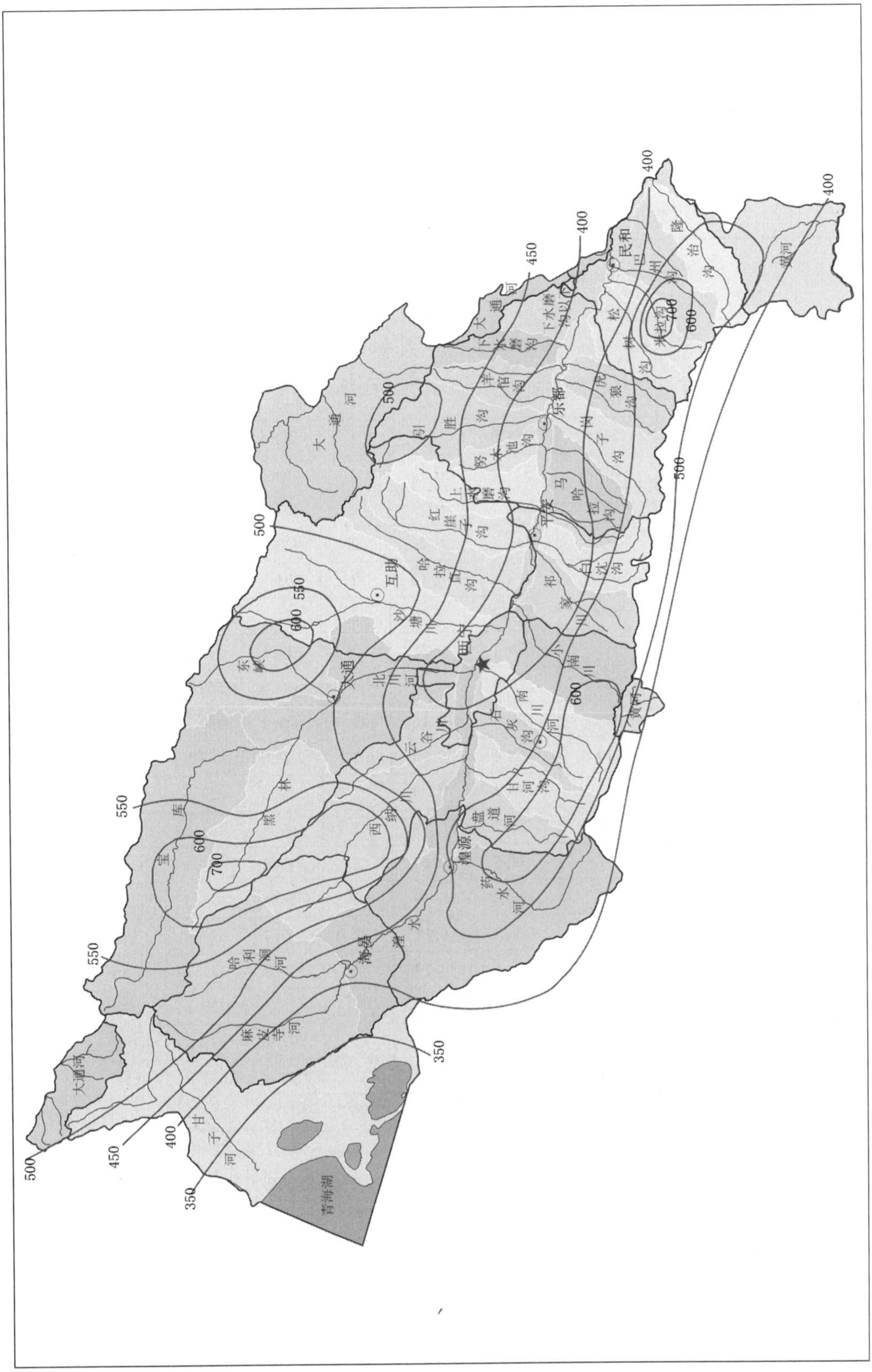

图 3-7 湟水区各县（市）多年平均降水量等值线图（后附彩图）（单位：mm）

根据评价区的多年平均降水量等值线图，计算出各水资源分区多年平均降水量，湟水区 9 个县（市）多年平均降水 483.8mm，折合降水总量 $99.49\times10^8m^3$。根据多年平均降水量均值和采用矩法计算出的 Cv、Cs/Cv 值，从 P-Ⅲ型曲线 Kp 值表上查得系数，计算出不同频率 P = 20%、50%、75%、95%时，降水量分别为 547.4mm、479.7mm、429.6mm、363.9mm。湟水区 9 个县（市）水资源分区降水量成果见表 3-17。

表 3-17　湟水区各县（市）水资源分区降水量成果

分区	名称	计算面积（km^2）	统计参数			不同频率降水量（mm）			
			降水深（mm）	Cv	Cs/Cv	20%	50%	75%	95%
湟水干流	海晏以上	1394	448.4	0.18	2	514.6	443.6	391.7	324.5
	海晏至石崖庄	1675	463.9	0.21	2	543.3	457.1	395.1	316.1
	石崖庄至西宁	222	418.9	0.21	2	490.6	412.7	356.7	285.5
	西宁至乐都	318	345.9	0.23	2	410.5	339.9	289.5	226.3
	乐都至民和	119	336.1	0.25	2	404.0	329.1	276.3	210.8
	民和以下	92	347.8	0.26	2	420.8	340.0	283.3	213.6
	合计	3820	439.0	0.18	2	503.8	434.3	383.5	317.7
湟水北岸	西纳川	1014	571.0	0.20	2	664.2	563.5	490.4	397.0
	云谷川	311	524.1	0.21	2	613.8	516.4	446.3	357.1
	北川河	3290	573.9	0.16	2	649.4	569.0	509.6	431.7
	沙塘川	1092	534.8	0.16	2	605.2	530.3	474.9	402.3
	哈拉直沟	410	463.4	0.20	2	539.0	457.3	398.0	322.2
	红崖子沟	337	439.2	0.20	2	510.9	433.4	377.2	305.4
	上水磨沟	332	436.7	0.19	2	504.6	431.5	378.2	309.8
	努木池沟	141	432.6	0.19	2	499.8	427.4	374.6	306.8
	引胜沟	459	490.2	0.19	2	566.4	484.3	424.5	347.7
	羊倌沟	207	434.8	0.19	2	502.4	429.6	376.6	308.4
	下水磨沟	224	446.4	0.19	2	515.8	441.1	386.6	316.7
	下水磨沟以下	216	444.4	0.19	2	513.5	439.1	384.9	315.2
	合计	8033	531.4	0.15	2	597.1	527.5	475.7	407.5
湟水南岸	盘道河	273	539.9	0.20	2	628.0	532.8	463.7	375.3
	甘河沟	249	518.7	0.20	2	601.7	513.5	446.1	363.1
	石灰沟	185	478.2	0.20	2	556.2	471.9	410.7	332.4
	南川河	409	530.6	0.20	2	617.2	523.6	455.7	368.9
	小南川	433	475.8	0.20	2	553.5	469.5	408.6	330.8
	祁家川	320	471.9	0.21	2	552.7	465.0	401.8	321.6
	白沈家沟	340	464.7	0.21	2	544.2	457.9	395.7	316.7
	马哈来沟	312	451.9	0.25	2	543.2	442.5	371.5	283.4

（续）

分区	名称	计算面积（km^2）	统计参数			不同频率降水量（mm）			
			降水深（mm）	Cv	Cs/Cv	20%	50%	75%	95%
湟水南岸	岗子沟	315	377.8	0.25	2	454.1	369.9	310.5	237.0
	虎狼沟	291	450.2	0.24	2	537.8	441.6	373.4	288.4
	松树沟	284	457.7	0.20	2	532.4	451.7	393.1	318.2
	米拉沟	177	553.7	0.25	2	665.6	542.2	455.2	347.3
	巴州沟	373	504.0	0.25	2	605.8	493.6	414.3	316.2
	隆治沟	306	506.5	0.23	2	601.0	497.7	423.9	331.3
	合计	4267	482.5	0.20	2	561.3	476.2	414.4	335.5
湟水合计		16120	496.6	0.16	2	561.9	492.4	441.0	373.5
青海湖流域		2208	421.9	0.18	2	485.2	417.7	371.3	303.8
大通河流域		1569	462.6	0.20	2	538.1	456.5	397.3	321.6
黄河流域		667	429.4	0.26	2	519.4	419.8	349.8	263.7
行政分区	海晏县	4670	441.9	0.18	2	508.2	437.5	388.9	318.2
	湟源县	1492	496.3	0.20	2	580.0	495.0	430.0	350.0
	湟中县	2440	528.7	0.21	2	619.2	520.9	450.2	360.3
	大通县	3055	579.8	0.16	2	656.1	574.9	514.9	436.1
	西宁市区	344	375.6	0.22	2	442.8	369.6	317.1	250.7
	互助县	3424	482.4	0.13	2	534.2	479.7	438.8	384.1
	平安县	742	456.7	0.22	2	538.4	449.4	385.6	304.9
	乐都县	2506	433.6	0.24	2	517.9	425.3	359.6	277.7
	民和县	1891	464.0	0.24	2	554.2	455.1	384.8	297.2
9个县（市）合计		20564	483.8	0.16	2	547.4	479.7	429.6	363.9

3.4.2.4 降水量年内分配

湟水区各县（市）降水的年内分配很不均匀，多年平均年降水量最大值出现在8月，最少是12月。1~2月、11~12月降水量占全年的3%左右，汛期降水量占全年降水总量的60%~80%，形成干湿季分明的特点。根据区域内水文站及气象站多年实测降水资料，对比分析降水的年内分配情况，结果见表3-18。

表 3-18 湟水区各县（市）雨量代表站典型年降水量月分配（单位：mm）

名称	频率	年份	1月	2月	3月	4月	5月	6月	7月	8月	9月	10月	11月	12月	全年	汛期	
																月份	降水量
海晏水文站	偏丰年 p=20%	1983	1.9	0	1.1	7.4	49.4	83.1	82.6	140.1	67.1	14.9	0.4	0.5	448.5	6~9	372.9
	平水年 p=50%	1996	0.8	0.6	4.8	21.1	58.3	64.6	70.9	119.5	26.2	9.7	1.5	0	378.0	6~9	281.2
	偏枯年 p=75%	1980	2.6	4.6	3.4	8.2	25.6	30.2	89.4	114.1	49.5	3.6	0.1	0.2	331.5	6~9	283.2
	枯水年 p=95%	1991	1.5	1.3	2.3	8.9	55.5	41.8	81.0	42.6	30.3	2.5	0.1	6.7	274.5	6~9	195.7
	多年平均		0.7	1.3	4.4	13	45.1	62.6	84.6	90.5	58.2	18.3	3.5	1.2	383.4	6~9	295.9
湟源水文站	偏丰年 p=20%	1988	0.2	11.6	28.1	7.4	83	88.7	84.9	116.3	100.3	72.7	2.2	0	595.4	6~9	390.2
	平水年 p=50%	1971	3.5	2.9	6.4	13.7	55.6	34.3	82.5	105.6	151.8	46.9	9.9	0.3	513.4	6~9	374.2
	偏枯年 p=75%	1982	0.6	11.2	22.5	31.5	46.4	65.7	49.6	88.4	75.3	46.3	14.2	1.8	453.5	6~9	279.0
	枯水年 p=95%	2000	0.6	9.7	7.6	12	17.7	67.8	51.7	66.0	98.2	28.8	19.9	4.7	384.7	6~9	283.7
	多年平均		2.1	4.6	15.3	34.8	69.7	78.7	99.1	101.1	74.7	35.8	8.4	2.0	526.4	6~9	353.6
湟中气象站	偏丰年 p=20%	1992	0.3	1.7	14.1	23.7	85.2	106.5	116.7	137.1	135.9	44.8	8.6	2.8	677.4	6~9	496.2
	平水年 p=50%	1979	2.2	1.1	3.1	19.2	45.4	59.4	184.8	120.1	80.8	4.9	1.4	0.6	523.0	7~9	385.7
	偏枯年 p=75%	1990	3.4	5.6	33.7	62.6	62.5	34.1	87.1	62.3	56.3	43.5	7.3	1.1	459.5	5~9	302.3
	枯水年 p=95%	1991	0.0	4.2	0.1	19.6	60.7	26.6	49.8	69.0	73.6	35.9	7.6	3.7	350.8	5~9	279.7
	多年平均		1.9	3.2	13.5	33.9	66.6	76.1	108.9	108.0	72.8	29.6	5.6	1.7	523.0	6~9	365.8
西纳川水文站	偏丰年 p=20%	1985	1.3	0	5.7	32.3	133.9	93.2	114.6	114.3	70.8	49.1	6.7	5.2	627.1	5~8	265.1
	平水年 p=50%	1968	4.2	1.6	23.4	24.7	42.7	69.6	80.3	117.8	72.4	64.6	15.3	0.1	516.7	6~9	340.1
	偏枯年 p=75%	1990	2.9	3.6	38.7	67.5	58.1	64.3	101.2	71.2	47.9	20.0	1.4	2.6	479.4	6~9	284.6
	枯水年 p=95%	1980	2.7	11.3	9.3	16.1	35.9	39.7	90.2	67.9	59.1	5.8	0.4	0.6	339.0	6~9	256.9
	多年平均		2.5	4.8	15.1	30.2	64.9	73.8	104.3	106.5	74.2	33.3	0.6	2.1	520.4	6~9	358.8
西宁水文站	偏丰年 p=20%	1971	1.6	0.8	6.2	2.1	35.0	52.1	125.9	50.6	113.7	18.6	0.8	0	407.4	6~9	342.3
	平水年 p=50%	1966	0.9	1.1	3.8	19.7	33.7	60.6	89.6	90.6	36.8	7.8	1.1	0	345.7	6~9	277.6
	偏枯年 p=75%	1986	0.1	0.7	4.9	8.2	61.9	78.5	59.0	61.2	17.6	7.1	0.9	6	306.1	6~9	216.3
	枯水年 p=95%	1982	0.1	4.7	15.3	8.5	18.8	42.4	29.6	45.2	56.5	15.2	4.4	1.4	242.1	6~9	173.7
	多年平均		0.9	1.4	5.0	19.0	45.7	52.5	80.3	73.1	50.5	20.6	2.6	0.9	352.5	6~9	256.4
桥头水文站	偏丰年 p=20%	1992	0.1	0.5	21.5	45.1	121.1	77.3	89.1	89.6	118.1	30.3	8.0	2.8	603.5	6~9	374.1
	平水年 p=50%	1997	0.4	0.8	32.4	69.2	82.7	54.2	110.6	86.8	55.5	10.6	10.2	0.5	513.9	6~9	307.1
	偏枯年 p=75%	1987	0	1.0	15.9	20.7	72.7	123.8	92.4	61.3	56.4	5.2	1.8	0.2	451.4	6~9	333.9
	枯水年 p=95%	1991	4.4	1.4	12.5	21.4	81.8	63.6	98.2	44.8	23.9	7.3	0	3.6	362.9	6~9	230.5
	多年平均		1.9	3.2	13.5	33.9	66.6	76.1	108.9	108.0	72.8	29.6	5.6	1.7	521.8	6~9	365.8

（续）

名称	频率	年份	1月	2月	3月	4月	5月	6月	7月	8月	9月	10月	11月	12月	全年	汛期	
																月份	降水量
互助气象站	偏丰年 p=20%	1960	1.2	2.1	14.9	64.4	36.3	49.7	128.0	150.8	79.7	68.8	9.2	1.2	606.3	6~9	408.2
	平水年 p=50%	1993	3.0	14.6	23.3	5.9	88.6	55.1	150.7	95.9	70.2	17.3	0.8	0.2	525.6	6~9	371.9
	偏枯年 p=75%	1990	2.2	5.1	22.5	54.9	58.2	59.6	97.4	91.9	39.8	20.9	4.4	1.3	458.2	6~9	288.7
	枯水年 p=95%	1991	5.8	3.6	11.2	32.6	69.9	67.0	69.8	59.0	21.9	18.6	0.1	3.6	363.1	6~9	217.7
	多年平均		2.8	5.3	14.1	31.0	57.6	78.1	110.9	112.0	76.0	33.9	7.5	2.2	531.4	6~9	377
乐都气象站	偏丰年 p=20%	1985	1.3	0	1.4	12.8	90.0	84.2	73.8	58.6	38.5	32.6	0.6	3.2	396.9	6~9	255.1
	平水年 p=50%	1971	0	1.0	2.4	3.2	34.9	57.1	87.5	54.1	62.1	19.8	1.3	0	323.4	6~9	260.8
	偏枯年 p=75%	1972	0.2	1.7	2.9	22.7	39.2	57.4	30.8	93.1	15.5	3.1	4.4	0.3	271.4	6~9	196.8
	枯水年 p=95%	1962	0	0	0.7	1.3	28.0	16.4	48.7	46.3	40.3	22.0	3.4	0	207.1	6~9	151.7
	多年均值		0.9	1.3	5.3	16.3	39.4	46.3	70.6	78.0	48.5	19.9	2.6	0.7	329.9	6~9	243.4
民和水文站	偏丰年 p=20%	1968	0.6	0.7	15.9	16.7	13.0	19.8	139.4	91.3	68.4	50.1	2.7	0	418.6	6~9	318.9
	偏枯年 p=50%	1994	1.2	0.6	2.7	5.5	3.2	82.0	88.8	111.9	29.5	19.2	0	0.3	344.9	6~9	312.2
	偏枯年 p=75%	1984	0.9	0.1	7.4	15.5	50.6	58.3	42.4	39.2	56.5	6.7	2.0	2.1	281.7	6~9	196.4
	枯水年 p=95%	1965	0	0.3	0.1	28.7	26.8	25.7	37.2	36.6	18.1	31.9	0.7	0.3	206.4	6~9	117.6
	多年平均		1.6	2.7	9.0	19.9	42.5	42.2	71.2	84.5	48.6	23.4	3.9	1.0	350.5	6~9	246.5

3.4.2.5 降水量年际变化趋势

总体而论，评价区各县（市）降水量年际变化较小。根据境内降水代表站实测资料，点绘年降水量过程线、趋势线和5年滑动均值过程线图，单站降水量年际变化过程（图3-8~图3-16）。从图上可以看出，年降水量的变化幅度逐渐减小，丰枯程度有所变小。根据年降水量趋势线图和5年滑动均值过程线分析，海晏站降水量略有上升趋势；西纳川、湟中、西宁、乐都站降水量变化趋势不明显；湟源、桥头、互助、民和站降水量有较明显的下降趋势。

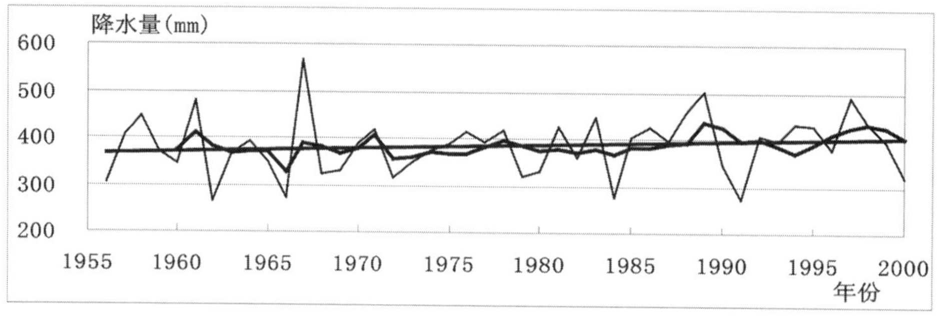

图3-8　海晏水文站年降水量趋势线图

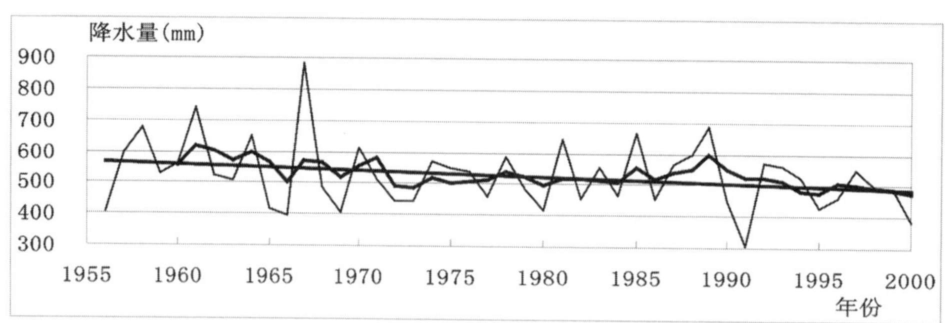

图3-9　湟源水文站年降水量趋势线图

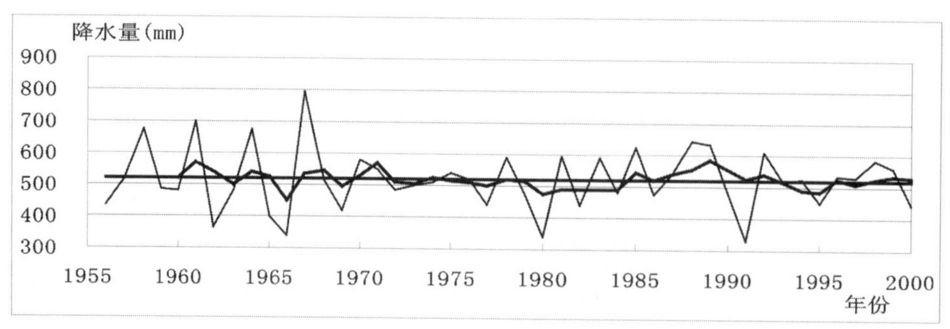

图3-10　西纳川水文站降水量趋势线图

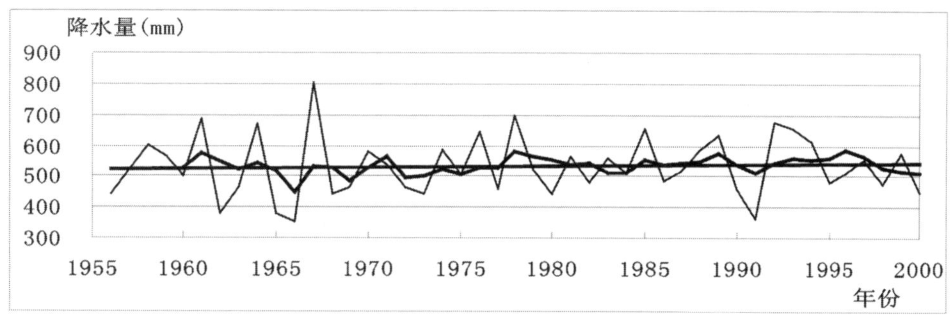

图 3-11 湟中气象站降水量趋势线图

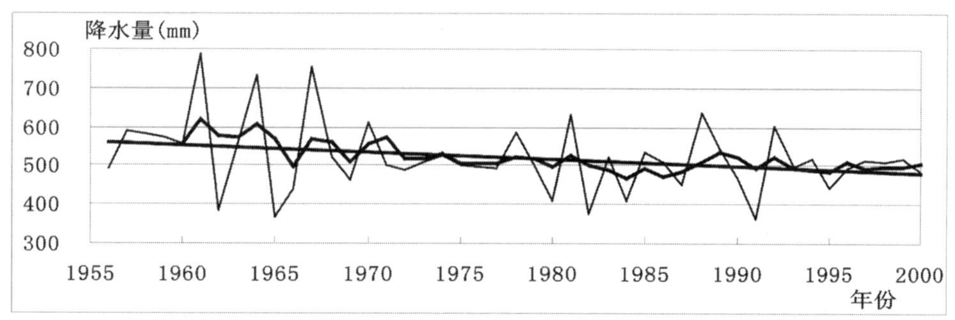

图 3-12 桥头水文站降水量趋势线图

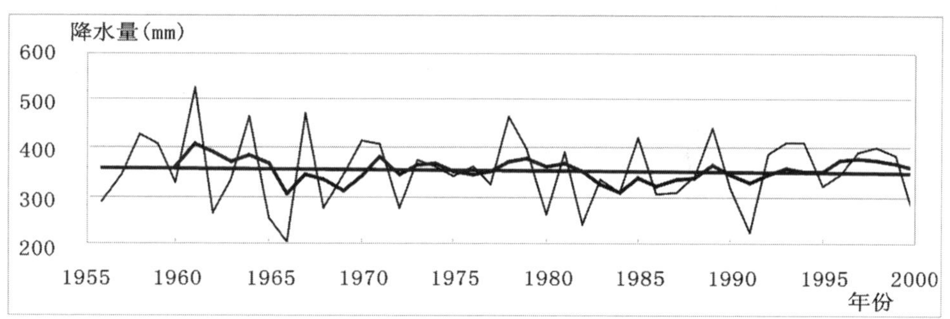

图 3-13 西宁水文站降水量趋势线图

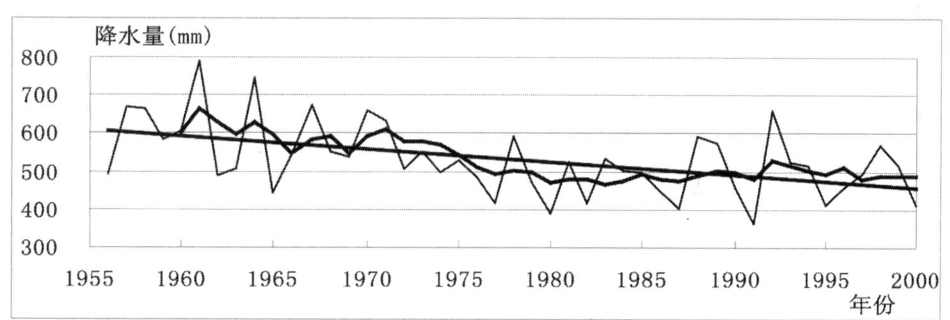

图 3-14 互助气象站降水量趋势线图

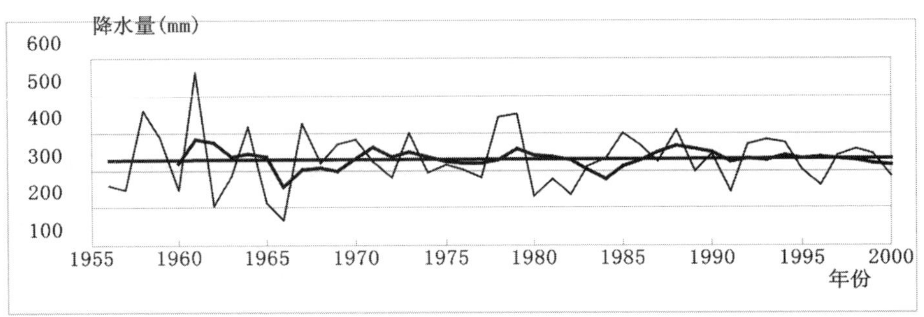

图 3-15 乐都气象站降水量趋势线图

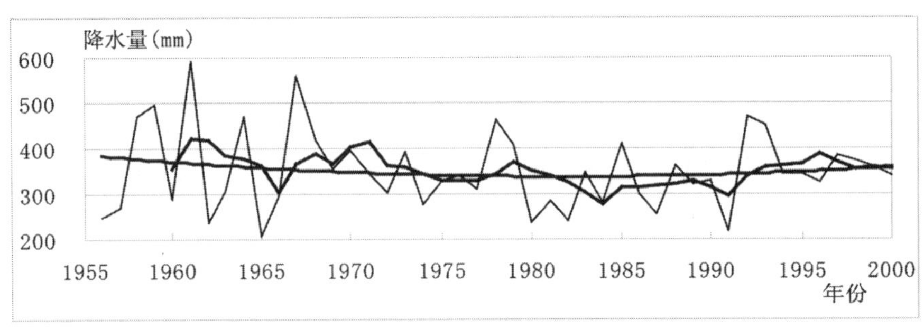

图 3-16 民和水文站降水量趋势线图

3.4.2.6 降水丰枯分析

按照前述标准，挑选出持续时间最长且均值最大的连丰期和持续时间最长且均值最小的连枯期，并计算连丰期和连枯期的平均年降水量及其与多年平均降水量的比值 $k_{丰}$ 和 $k_{枯}$（表 3-19）。分析结果表明，连丰期在 2~5 年之间，$k_{丰}$ 值在 1.10~1.27 之间，连枯期在 2~3年，$k_{枯}$ 值在 0.72~0.90 之间。

表 3-19 代表站年降水量连丰期和连枯期分析表

站名	连丰期				连枯期			
	起讫年份	年数（年）	年平均降水量（mm）	$k_{丰}$	起讫年份	年数（年）	年平均降水量（mm）	$k_{枯}$
海晏水文站	1997~1998	2	463.5	1.20	1990~1991	2	310.6	0.81
湟源气象站	1988~1989	2	524.1	1.27	1995~1996	2	366.9	0.89
湟中气象站	1992~1994	3	649.9	1.22	1990~1991	2	411.9	0.77
西纳川水文站	1987~1989	3	606.8	1.17	1990~1991	2	404.3	0.78
桥头水文站	1957~1961	5	617.6	1.18	1995~1996	2	468.4	0.90
西宁水文站	1992~1994	3	403.0	1.14	1990~1991	2	272.3	0.77
互助气象站	1988~1989	2	584.7	1.10	1995~1997	3	454.2	0.85
乐都气象站	1992~1994	3	376.2	1.14	1980~1982	3	247.2	0.75
民和水文站	1978~1979	2	435.8	1.24	1980~1982	3	253.5	0.72

3.4.3 东北部山区水面蒸发特征

水面蒸发是反映当地蒸发能力的指标，它除受湿度、温度、风速等气象因子的影响外，还受到地形、地物、蒸发器的几何尺寸、结构材料等的影响。根据以往采用的 20cm 口径蒸发皿和 E601 蒸发器的对比观测资料，统一折算成 E601 型蒸发器的水面蒸发量。

在此，将根据前述青海祁连山地区水资源分区划分的结果，从不同方面对东北部山区的水面蒸发特征进行较为系统的分析和讨论。

3.4.3.1 多年平均水面蒸发量

对比东北部山区代表站 1956~2000 年蒸发系列与 1956~2012 年蒸发系列（参见表 3-19），1956~2012 年系列蒸发量偏小，且两个系列相差在-2.56%~0.73%之间，虽然1956~2012 年系列比较长，代表性分析看出 1956~2000 年系列已经稳定。东北部山区的多年平均蒸发量计算，本书采用 1956~2000 年系列，与第二次全国水资源综合规划一致。

根据折算后的东北部山区境内 11 个站点的 E601 多年平均水面蒸发量资料（表3-20），并参照地形、气候等因素，绘制出东北部山区 1956~2000 年多年平均水面蒸发量等值线图（图 3-17，详见后附彩图）。

表 3-20 东北部山区年主要蒸发站点 1956~2000 年与 1956~2012 年系列对比

站名	1956~2000 年多年均值（mm）	1956~2012 年多年均值（mm）	1956~2012 年较1956~2000 年相差（%）
刚察气象站	871.9	878.3	0.73
布哈河口水文站	976.5	976.5	0.00
祁连气象站	928.7	916.3	-1.34
天峻气象站	1086	1068.3	-1.63
青石嘴水文站	763.1	751.7	-1.49
门源气象站	740.9	721.9	-2.56

注：天峻气象站年蒸发系列为 1958~2012 年。下同。

3.4.3.2 水面蒸发的空间分布特征

东北部山区水面蒸发能力的空间分布基本与降水量的空间分布相反，即年降水量大的地区蒸发能力较小，年降水量小的地区蒸发能力较大。由东北部山区 1956~2000 年多年平均水面蒸发量等值线图看出，东北部山区的水面蒸发由东南向西北递增，水面蒸发变化在 700~1000mm 之间。最大值出现在祁连县的疏勒河至天峻县的党河一带，年蒸发量为 1000mm，最小值出现在刚察、祁连大通河河谷的仙米一带，年蒸发量为 700mm。

东北部山区水面蒸发量一般随海拔的升高而升高，大部分地区水面蒸发量具有明显的垂直分布规律，山区水面蒸发量较大，平原、河谷水面蒸发量较小。如大通河河谷一带低值区，平均海拔都在 3000m 左右，水面蒸发量都在 700mm 左右（见图 3-17，详见后附彩图）。

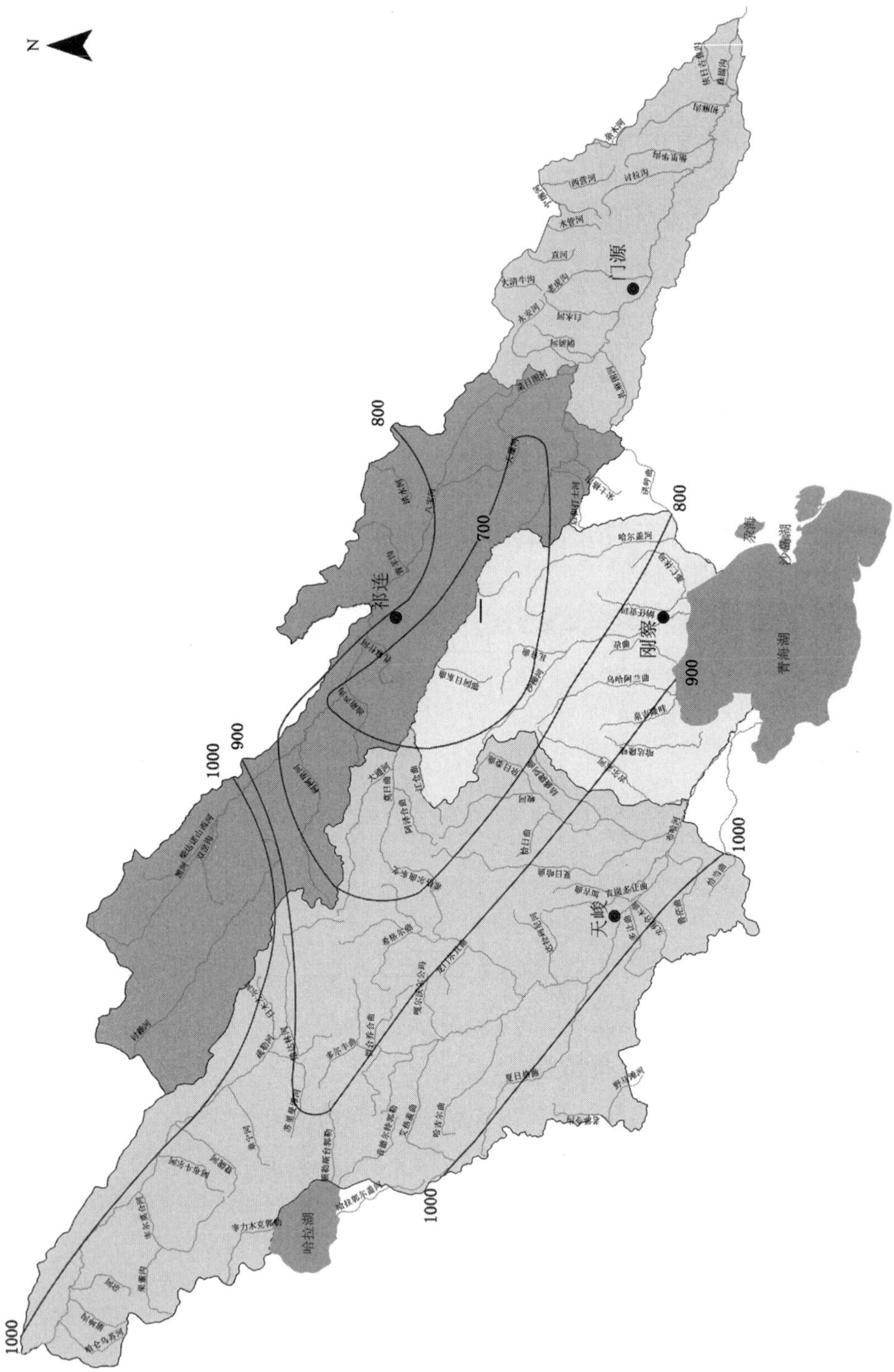

图 3-17 东北部山区水面蒸发等值线图（后附彩图）（单位：mm）

表 3-21 东北部山区蒸发量代表站 1956~2012 年多年平均年内分配统计

站名	项目名称	1月	2月	3月	4月	5月	6月	7月	8月	9月	10月	11月	12月	年蒸发量（mm）	连续最大4个月		
															蒸发量（mm）	占年蒸发量（%）	出现月份
刚察气象站	蒸发量（mm）	24.9	34.6	62.3	90.6	116.1	128.0	110.4	96.8	72.0	70.1	41.8	30.7	878.3	451.3	51.4	5~8
	百分比（%）	2.8	3.9	7.1	10.3	13.2	14.6	12.6	11.0	8.2	8.0	4.8	3.5				
布哈河口水文站	蒸发量（mm）	27.3	36.7	64.63	94.86	127.4	126.7	129.7	123.1	94.98	72.67	44.93	33.58	976.5	506.9	51.9	5~8
	百分比（%）	2.8	3.8	6.6	9.7	13.0	13.0	13.3	12.6	9.7	7.4	4.6	3.4				
祁连气象站	蒸发量（mm）	19.3	29.6	56.3	89.8	139.2	137.5	128.1	118.4	92.1	58.0	30.5	18.7	916.3	523.1	57.1	5~8
	百分比（%）	2.1	3.2	6.1	9.8	15.2	15.0	14.0	12.9	10.1	6.3	3.3	2.0				
天峻气象站	蒸发量（mm）	30.5	40.5	73.8	109.4	143.6	133.8	133.9	130.0	109.7	80.3	47.4	35.3	1068.3	541.4	50.7	5~8
	百分比（%）	2.9	3.8	6.9	10.2	13.4	12.5	12.5	12.2	10.3	7.5	4.4	3.3				
青石嘴水文站	蒸发量（mm）	22.5	30.63	52.07	72.73	94.44	99.81	94.27	93.01	75.59	58.36	36.07	22.28	751.7	381.5	50.8	5~8
	百分比（%）	3.0	4.1	6.9	9.7	12.6	13.3	12.5	12.4	10.1	7.8	4.8	3.0				
门源气象站	蒸发量（mm）	19.1	28.4	49.97	71.23	101.8	102.3	99.16	91.92	68.16	47.48	24.32	18.12	721.9	395.2	54.7	5~8
	百分比（%）	2.6	3.9	6.9	9.9	14.1	14.2	13.7	12.7	9.4	6.6	3.4	2.5				

3.4.3.3 水面蒸发的年内分配

东北部山区水面蒸发量选取刚察、祁连、门源、天峻气象站和布哈河、青石嘴 2 处水文站等 6 处站点作为代表站，进行水面蒸发年内变化分析，东北部山区蒸发量代表站 1956~2012 年多年平均年内分配情况参见表 3-21 和图 3-18。

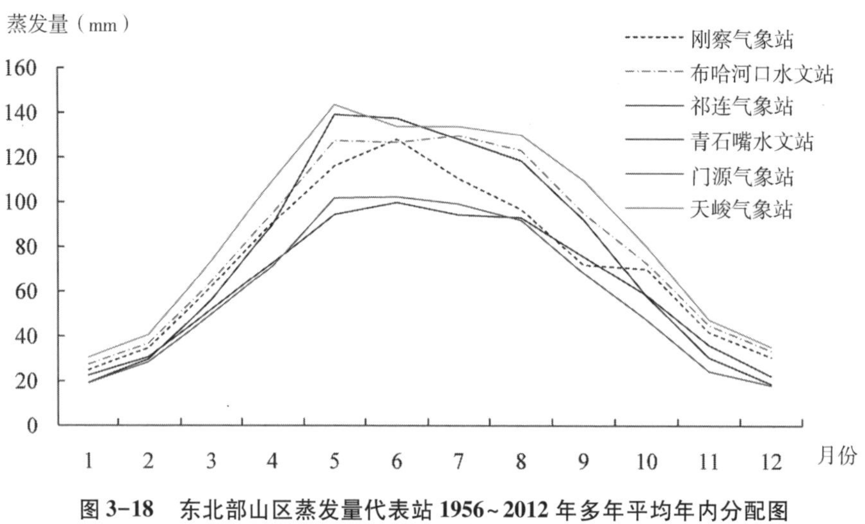

图 3-18 东北部山区蒸发量代表站 1956~2012 年多年平均年内分配图

受气温、湿度等气象因素的综合影响，水面蒸发量的年内分配不均。大部分站点 6 月水面蒸发量最大，占年水面蒸发量的 13.0%~15.0%；少数站点最大蒸发量出现在 5 月和 7 月，占全年蒸发总量的 12.5%~15.2%；最小月水面蒸发量出现在 1 月，占年水面蒸发量的 2.1%~3.0%。连续最大 4 个月水面蒸发量大部分出现在 5~8 月，占年水面蒸发量的 50.7%~57.1%，且各月的水面蒸发量较为接近。

3.4.3.4 水面蒸发量的年际变化

东北部山区水面蒸发量选取 6 处站点作为代表站，对蒸发代表站点进行水面蒸发量年际变化分析，各代表站水面蒸发量的年际变化情况见表 3-22。

表 3-22 东北部山区代表站年蒸发量极值比统计

站名	实测年数（年）	统计参数		最大年		最小年		极值比
		均值（mm）	Cv	年蒸发量（mm）	年份	年蒸发量（mm）	年份	（最大/最小）
刚察气象站	55	878.3	0.08	1047.3	1997	675.6	1985	1.55
布哈河口水文站	53	976.5	0.09	1143.6	1966	758.0	1989	1.51
祁连气象站	55	946.3	0.08	1061.9	1974	768.7	2009	1.38
天峻气象站	55	1068.3	0.10	1320.5	1979	751.6	1989	1.76
青石嘴水文站	57	751.7	0.08	924.8	1963	642.9	2006	1.44
门源气象站	56	721.9	0.12	1173.1	1960	634.4	1971	1.85

从表3-22中可以看出，水面蒸发量的年际变化不大，较为稳定。最大年水面蒸发量与最小年水面蒸发量的极值比在1.38~1.85之间。变差系数Cv值在0.08~0.12之间。在选用站中，门源气象站水面蒸发年际变化最大，最大年和最小年水面蒸发极值比为1.85，变差系数Cv值为0.12；祁连气象站水面蒸发年际变化最小，最大年和最小年水面蒸发极值比为1.38，变差系数Cv值为0.08。从极值比与Cv值关系看出，一般极值比大的代表站，Cv值也大，极值比小的代表站，Cv值也小。

水面蒸发受气温、湿度、风速、辐射等气象因素及地形、地貌等下垫面条件的综合影响，各地水面蒸发量呈现明显的差异性和影响因素的复杂性，因此各地区间水面蒸发量最大年、最小年的出现时间同步性较差。

3.4.3.5 水面蒸发量的变化趋势分析

根据东北部山区6个代表站的相关资料绘制出年蒸发量过程线、趋势线及5年滑动均值过程线图（图3-19），并采用Kendall秩次检验法、Spearman秩次检验法、线性趋势回归检验法对此6个代表站的年蒸发量系列进行统计检验分析（表3-23）。

经3种方法趋势成分检验，在显著性水平α=0.05时，除刚察气象站1956~2012年系列的年蒸发量变化趋势无显著的上升或下降趋势外，其余气象站、水文站1956~2012年系列的年蒸发量均呈明显的下降趋势。

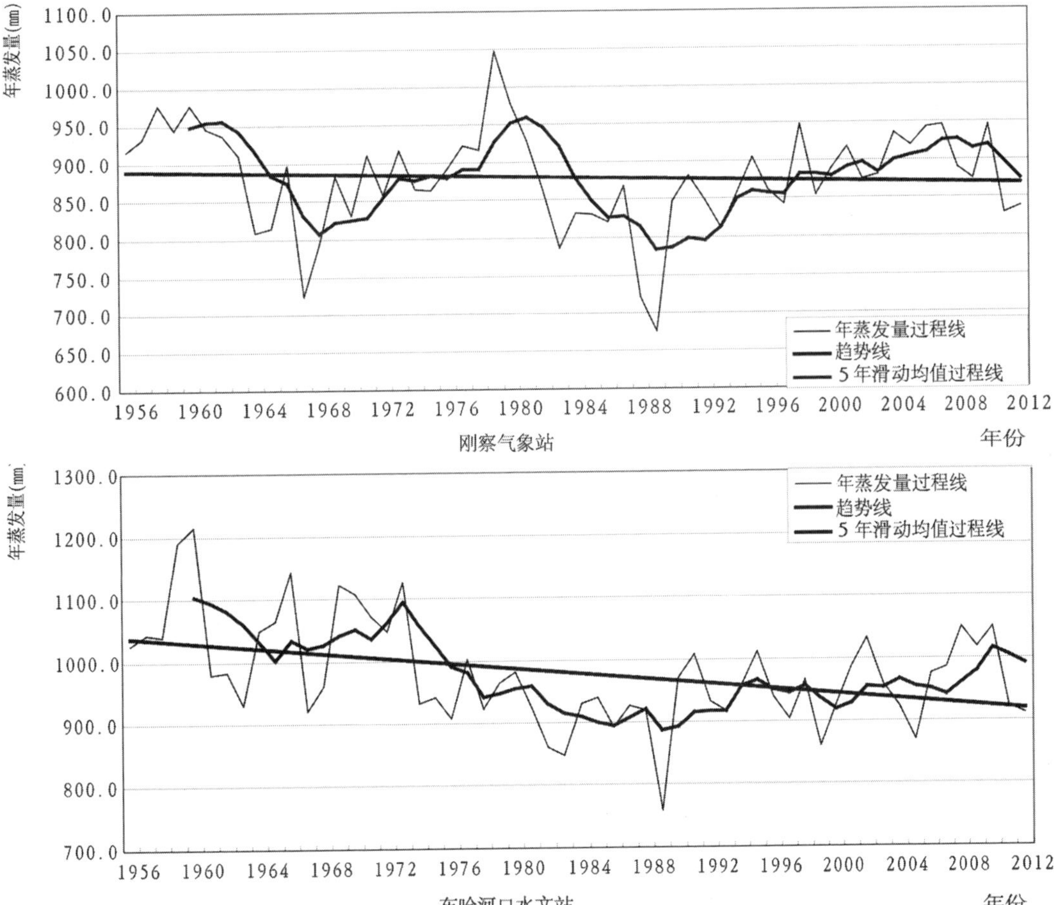

图3-19 东北部山区蒸发代表站年蒸发量及5年滑动均值过程线图

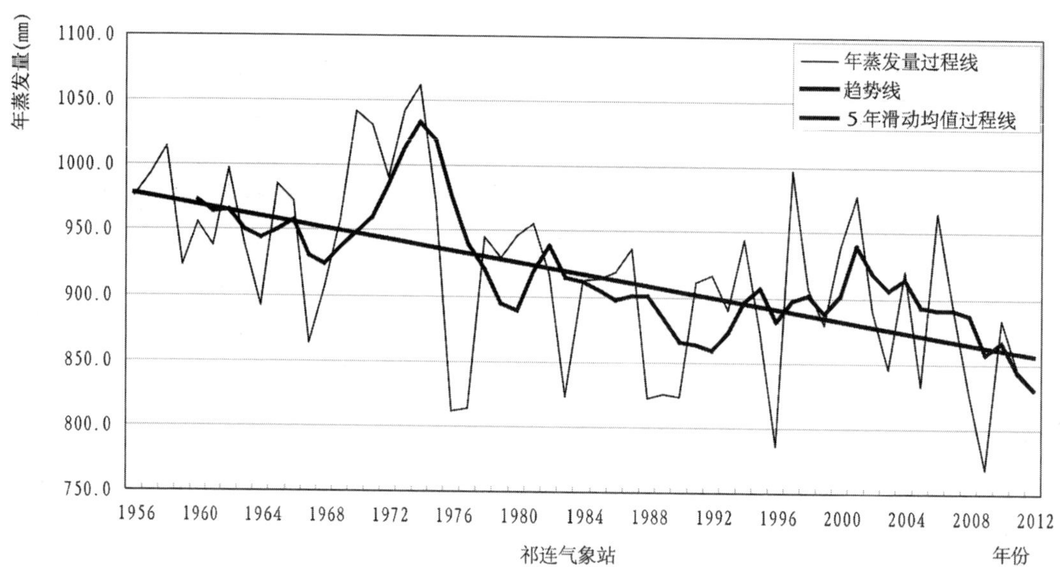

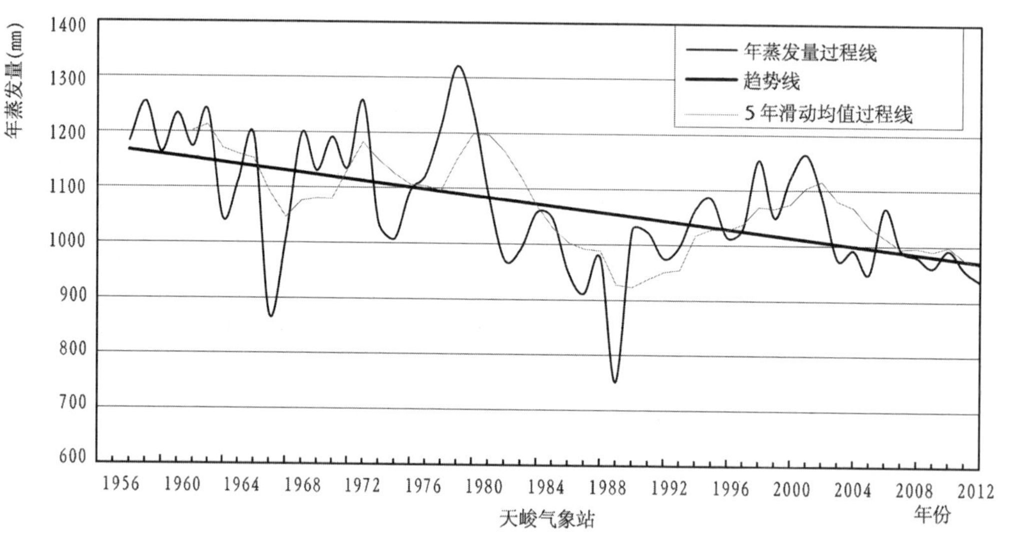

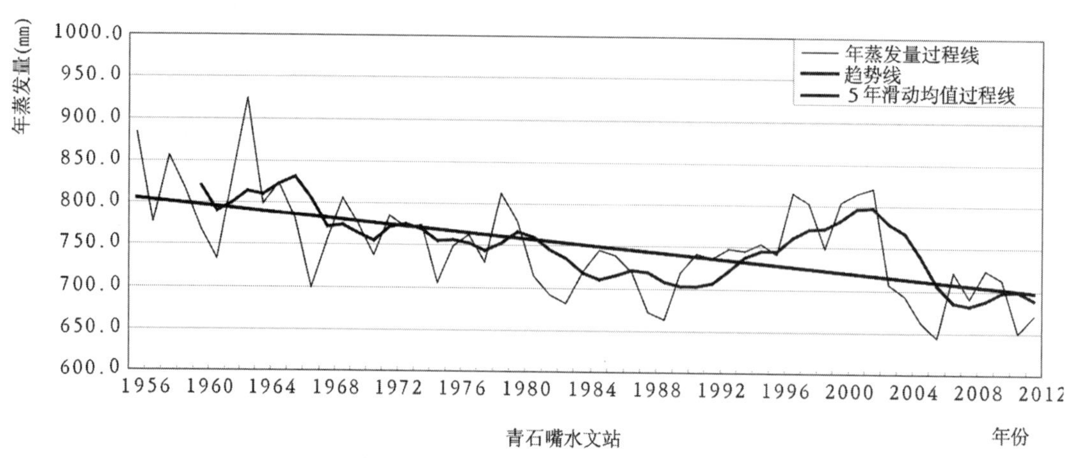

图 3-19　东北部山区蒸发代表站年蒸发量及 5 年滑动均值过程线图（续）

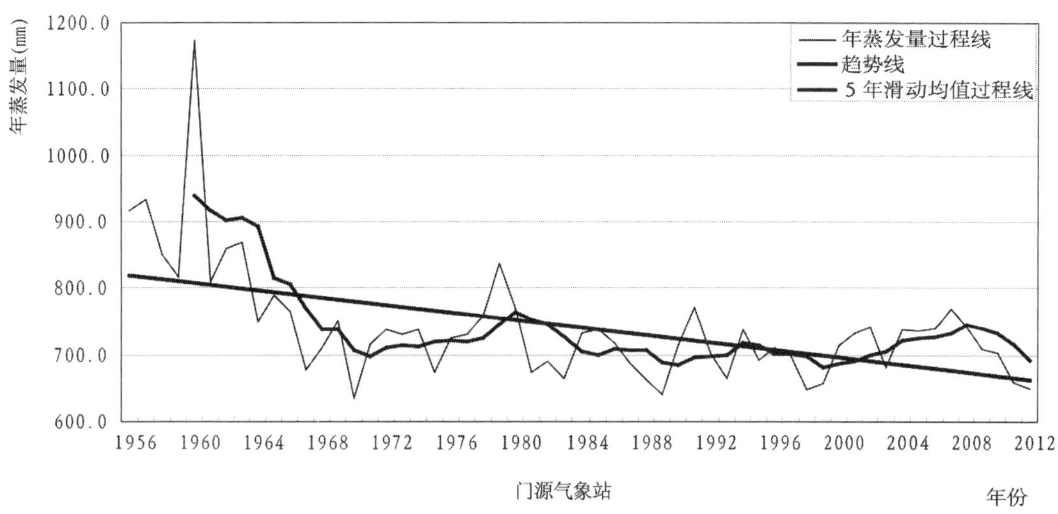

图 3-19 东北部山区蒸发代表站年蒸发量及 5 年滑动均值过程线图（续）

表 3-23 东北部山区蒸发代表站趋势分析

站名	趋势分析方法					
	坎德尔（Kendall）秩次检验		斯波曼（Spearman）秩次检验		线性趋势回归检验	
	U	显著水平 α=0.05 Ua/2=1.96	T	显著水平 α=0.05 ta/2=2.004	T	显著水平 α=0.05 ta/2=2.004
刚察气象站	0.56	趋势不显著	0.780	趋势不显著	0.665	趋势不显著
布哈河口水文站	2.59	趋势显著	2.933	趋势显著	3.379	趋势显著
祁连气象站	3.99	趋势显著	4.489	趋势显著	4.526	趋势显著
天峻气象站	4.17	趋势显著	4.845	趋势显著	4.423	趋势显著
青石嘴水文站	4.13	趋势显著	4.570	趋势显著	4.825	趋势显著
门源气象站	3.80	趋势显著	4.120	趋势显著	4.699	趋势显著

3.4.4 湟水区水面蒸发特征

在此，将根据前述青海祁连山地区水资源分区划分的结果，利用统一折算为 E601 型蒸发器的水面蒸发量，从不同方面对湟水区的水面蒸发特征进行较为系统的分析和讨论。

3.4.4.1 多年平均水面蒸发量

根据实测资料点绘湟水区 9 个县（市）多年平均水面蒸发量等值线图（图 3-20，详见后附彩图），从图中可以看出，水面蒸发量随地形变化显著，海拔升高蒸发量减小，蒸发量河谷大于山区。根据各县（市）水面蒸发代表站多年平均水面蒸发量的统计结果（表 3-24），连续最大 5 个月蒸发量分布在 4~8 月，占全年蒸发总量的 60%~68%，其他

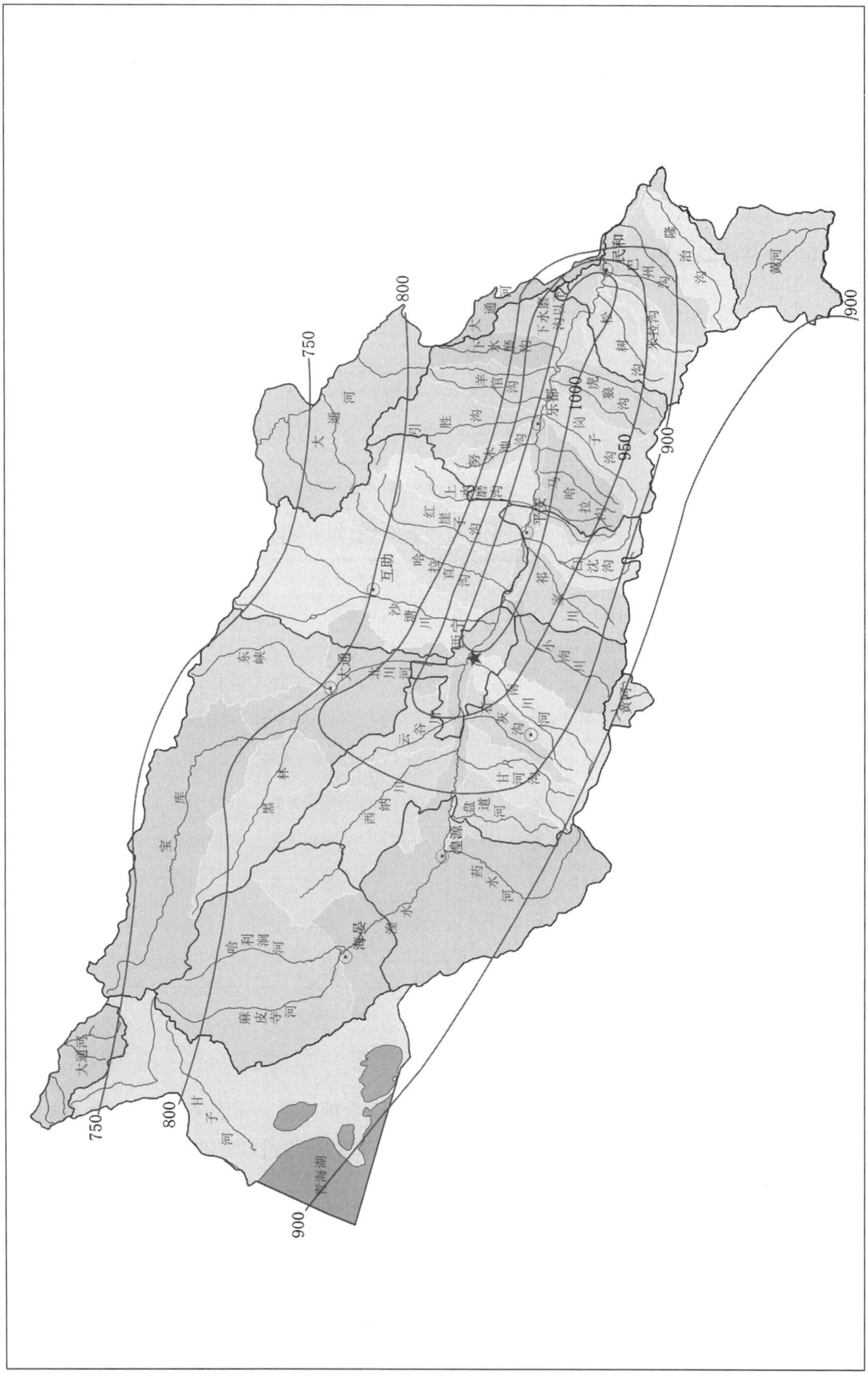

图 3-20 湟水区各县（市）多年平均水面蒸发量等值线图（后附彩图）（单位：mm）

几个月较少。一般5月的蒸发量最大，占全年水面蒸发总量的14%左右，而1月、12月的水面蒸发量最小，所占比例不到4%~7%。

表3-24 湟水区各县（市）代表站1956~2000年平均水面蒸发量年内分配

站名		多年平均月水面蒸发量（mm）及百分比（%）												年蒸发总量（mm）
		1月	2月	3月	4月	5月	6月	7月	8月	9月	10月	11月	12月	
海晏水文站	蒸发量	20.4	32.9	59.7	96.6	124.7	114.2	116.0	108.5	80.6	58.2	34.9	23.0	869.9
	百分比	2.3	3.8	6.9	11.1	14.3	13.1	13.3	12.5	9.3	6.7	4.0	2.6	
湟源水文站	蒸发量	27.7	36.3	54.7	101.4	122.9	117.6	114.6	104.9	70.4	48.1	41.6	30.2	870.4
	百分比	3.2	4.2	6.3	11.6	14.1	13.5	13.2	12.1	8.1	5.5	4.8	3.5	
湟中气象站	蒸发量	45.0	56.4	103.0	156.6	185.6	172.5	164.5	150.4	103.8	81.8	53.6	42.8	1315.9
	百分比	3.4	4.3	7.8	11.9	14.1	13.1	12.5	11.4	7.9	6.2	4.1	3.3	
桥头水文站	蒸发量	31.0	42.9	69.8	95.3	114.4	112.0	117.7	111.6	80.2	66.0	42.2	35.8	918.8
	百分比	3.4	4.7	7.6	10.4	12.5	12.2	12.8	12.1	8.7	7.2	4.6	3.9	
西宁气象站	蒸发量	21.7	32.9	66.5	132.1	151.5	147.9	145.1	133.3	94.6	71.7	31.5	20.6	1049.5
	百分比	2.1	3.1	6.3	12.6	14.4	14.1	13.8	12.7	9.0	6.8	3.0	2.0	
互助气象站	蒸发量	15.1	20.8	67.6	101.9	120.5	111.8	108.1	100.9	71.3	54.2	18.3	15.1	805.7
	百分比	1.9	2.6	8.4	12.6	15.0	13.9	13.4	12.5	8.8	6.7	2.3	1.9	
乐都水文站	蒸发量	34.1	42.8	85.8	136.1	155.3	149.8	149.7	139.5	98.4	80.1	47.9	31.9	1151.4
	百分比	3.3	3.8	7.6	11.8	13.1	12.5	12.5	12.0	8.6	7.2	4.4	3.0	
民和气象站	蒸发量	30.1	36.9	79.4	125.9	140.0	138.6	137.5	132.8	96.4	58.5	45.1	27.0	1048.2
	百分比	2.9	3.5	7.6	12.0	13.4	13.2	13.1	12.7	9.2	5.6	4.3	2.5	

3.4.4.2 水面蒸发的空间分布特征

湟水区水面蒸发能力的空间分布基本与降水量的空间分布相反，即年降水量大的地区蒸发能力较小，年降水量小的地区蒸发能力较大。

湟水河谷西宁至民和段水面蒸发量最大，达1000mm。北部的大坂山一带蒸发量最小，为750mm。

3.4.4.3 水面蒸发量的变化趋势分析

选择湟源、湟中、桥头、西宁、互助、乐都、民和站多年平均水面蒸发实测资料，研究水面蒸发的变化趋势。从各代表站水面蒸发量过程线和趋势线图可以看出（图3-21~图3-27），湟源、湟中的变化过程相近，大体呈下降趋势；桥头、西宁从20世纪50年代缓慢上升，至70年代后期开始缓慢下降。

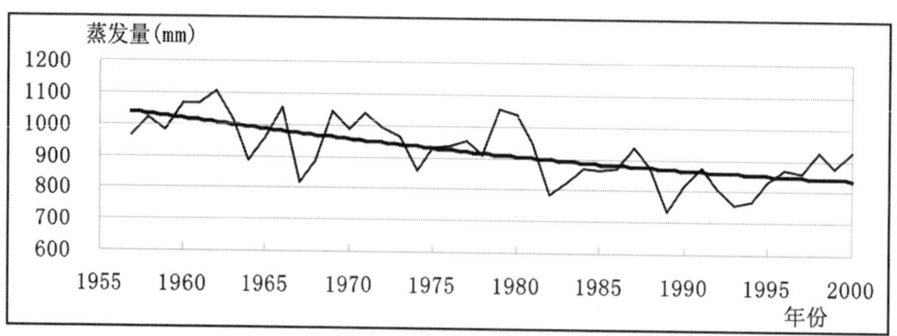

图 3-21 湟源气象站水面蒸发量趋势线图

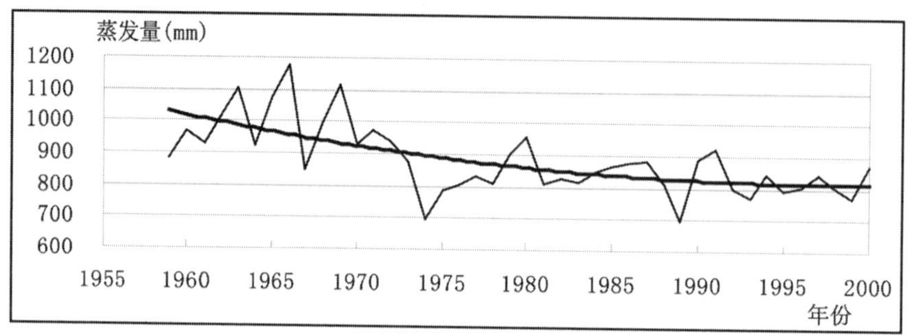

图 3-22 湟中气象站水面蒸发量趋势线图

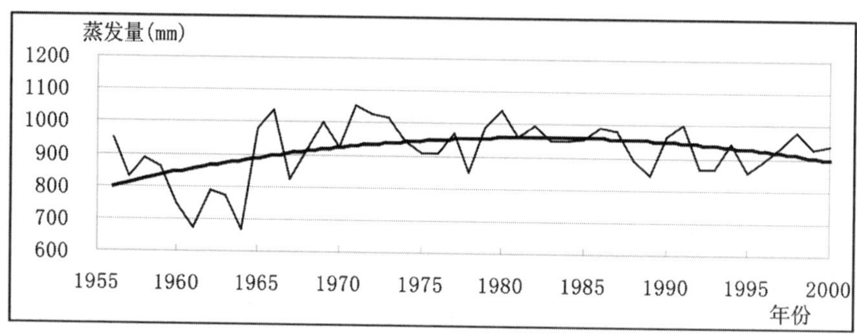

图 3-23 桥头水文站水面蒸发量趋势线图

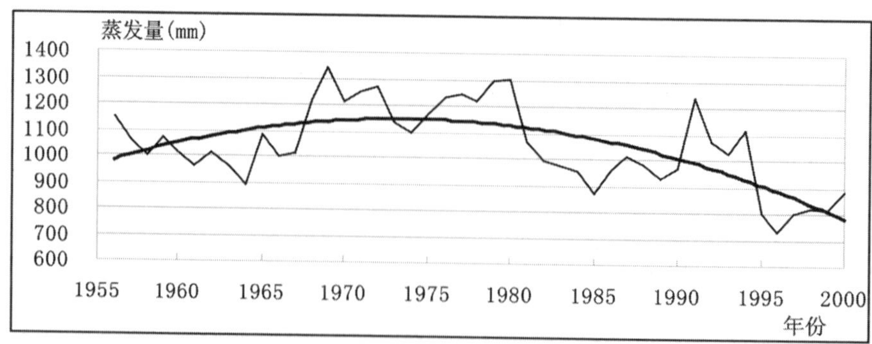

图 3-24 西宁气象站水面蒸发量趋势线图

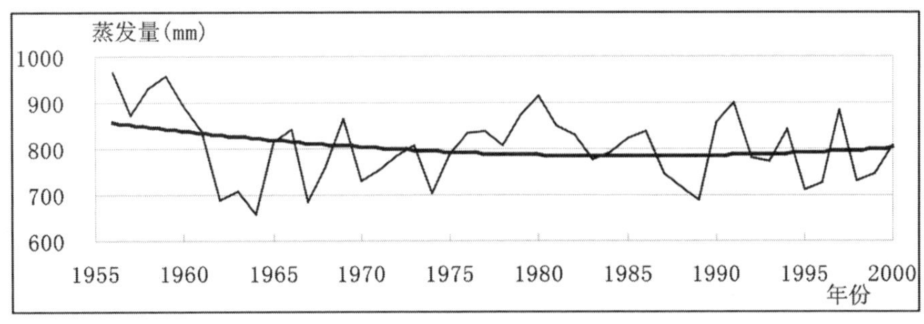

图 3-25 互助气象站水面蒸发量趋势线图

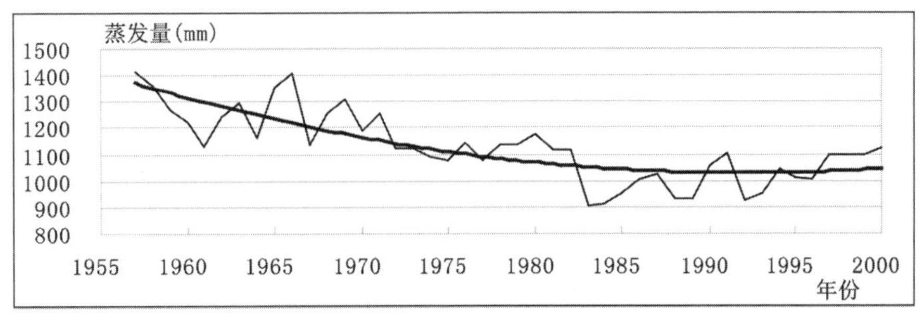

图 3-26 乐都水文站水面蒸发量趋势线图

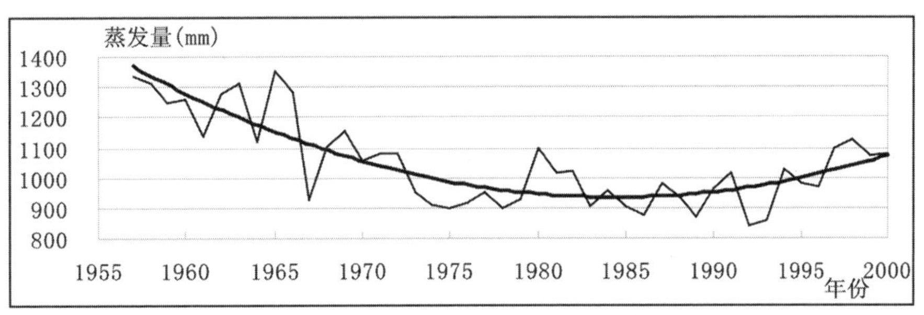

图 3-27 民和气象站水面蒸发量趋势线图

3.4.5 评价区干旱指数

干旱指数是反映某一地区气候干、湿程度的指标之一。在气候学上一般以各地年水面蒸发能力与年降水量的比值来表示。干旱指数与气候干、湿分带关系极为密切，当干旱指数大于 1.0 时，说明该区域蒸发能力大于降水量，气候偏于干旱，大得愈多气候愈干燥；反之，当干旱指数小于 1.0 时，说明该区域降水量超过水面蒸发能力，气候偏于湿润。干旱指数在 1.0~3.0 之间时，说明该区域降水量接近水面蒸发能力，气候偏于半湿润；干旱指数在 3.0~7.0 之间时，说明该区域水面蒸发能力大于降水量，气候偏于干旱；干旱指数大于 7.0 时，气候干旱，且干旱指数越大，气候干旱程度越强烈。干旱指数与气候干、湿分带关系见表 3-25。

表 3-25 干旱指数划分标准

气候分带	十分湿润	湿润	半湿润	半干旱	干旱
干旱指数	<0.5	0.5~1.0	1.0~3.0	3.0~7.0	>7.0

3.4.5.1 东北部山区干旱指数特征

根据内陆山地区主要蒸发代表站的干旱指数统计结果（表 3-26），干旱指数随着海拔的增加、降水量的增大、水面蒸发量的减小而减小。东北部山区的干旱指数在 1.38~3.08 之间，由东南向西北递增，属于半湿润、半干旱区。门源县大通河河谷一带的干旱指数为 1.38，干旱指数最小，天峻一带干旱指数在 3.0 以上，气候偏干旱半湿润区。

表 3-26 东北部山区主要蒸发站干旱指数统计

站名	资料系列	多年平均降水量（mm）	多年平均蒸发量（mm）	干旱指数
刚察气象站	1956~2012	381.8	878.3	2.30
布哈河口水文站	1956~2012	384.4	976.5	2.54
祁连气象站	1956~2012	404.0	946.3	2.34
天峻气象站	1956~2012	347.1	1068.3	3.08
青石嘴水文站	1956~2012	510.9	751.7	1.47
门源气象站	1956~2012	524.4	721.9	1.38

3.4.5.2 湟水区干旱指数特征

根据湟水区各主要蒸发代表站干旱指数的统计结果（表 3-27），湟水区的干旱指数在 1.25~3.11 之间，属于半湿润、半干旱区。该区干旱指数在河谷区呈现从源头海北州的海晏至中游西宁市的湟源、湟中减小，从中游到下游海东乐都、民和增大的空间分布规律，湟中县西纳川河谷一带的干旱指数为 1.25，干旱指数最小，乐都一带干旱指数在 3.0 以上，气候偏干旱半湿润区。

表 3-27 湟水区代表站干旱指数

站名	海晏	石崖庄	西纳川	桥头	湟中（气象）	乐都（气象）	民和（气象）
蒸发（mm）	862	798.2	652.3	941.9	833.3	1028.1	981.1
降水（mm）	397.3	510	520.5	497.5	534.1	331.1	350.5
干旱指数	2.17	1.57	1.25	1.89	1.56	3.11	2.8

3.5 地表水资源

地表水资源是指陆地表面可供人类直接利用并且能够不断更新的淡水资源，主要包括以河流及冰川等的地表径流为代表的动态水和以湖泊及沼泽等水体为代表的静态水。比较而言，河流是最活跃的地表水资源，历来是人类开发利用的主要对象，在农田灌溉、城镇供水、工业生产等众多方面发挥着重要作用。

3.5.1 东北部山区地表水资源特征

根据前述青海祁连山地区水资源分区划分的结果，从不同方面对东北部山区的地表水资源特征进行较为系统的分析和讨论。

3.5.1.1 径流资料

东北部山区地域辽阔，总面积5.2789×10^{4}km^2，有系统观测的水文站15处，其中黄河流域4处，西北诸河流域11处，平均站网密度为0.35×10^{4}km^2/站。受测站裁撤等影响，径流选用站中有20年以上实测资料的8个站，有3~10年实测资料的7个站。东北部山区径流站水文资料基本情况见表3-28。

本次径流分析选用资料系列在50年以上，代表性较好，精度较高的站点6处作为径流分析站，其他站点资料系列较短，可作为径流分析计算、控制等值线的参证站。

3.5.1.2 年径流统计参数

统计1956~2012年系列径流资料均值、变差系数Cv值和偏态系数Cs。长系列均值一律采用算术平均值，变差系数Cv值和偏态系数Cs的分析，先用矩法估算初值，然后进行P-Ⅲ型频率适线优选，适线时主要根据平、枯水点据趋势，对突出点据适当考虑。东北部山区黄河流域大通河、湟水各站Cs/Cv采用3倍，西南诸河河西内陆河各站Cs/Cv采用2倍，青海湖水系各站Cs/Cv采用2.5倍。年径流统计参数及设计年径流量见表3-29。

表3-29 各站年径流统计参数及设计年径流量（单位：×10^{8}m^3）

站名	统计参数			设计年径流量			
	均值	Cv	Cs/Cv	P=20%	P=50%	P=75%	P=95%
布哈河口	8.363	0.46	2.5	11.21	7.64	5.54	3.52
刚察	2.666	0.32	2.5	3.33	2.55	2.04	1.48
青石嘴	16.01	0.21	3	18.69	15.66	13.59	11.14
享堂	28.87	0.18	3	33.05	28.41	25.16	21.19
札马什克	7.406	0.18	2	8.49	7.32	6.47	5.35
祁连	4.493	0.21	2	5.26	4.43	3.83	3.06

表 3-28　径流站水文资料基本情况

序号	河流	测站名称	地理坐标		集水面积（km^2）	实测年份	1956~2000 年径流量（$\times10^8m^3$）	径流深（mm）	1956~2012 年径流量（$\times10^8m^3$）	径流深（mm）
			东经	北纬						
1	布哈河	上唤仓	98°40′	37°26′	7840	1958. 8~1984、1985~1991 巡测	6. 68	84. 6	7. 06	90. 1
2	布哈河	布哈河口	99°44′	37°02′	14337	1957. 5~2012	7. 83	54. 6	8. 36	58. 3
3	江河	下唤仓	99°17′	37°14′	3048	1958. 5~1968. 9	2. 88	94. 4	3. 03	99. 3
4	吉尔孟曲	吉尔孟	90°51′	37°48′	926	1958. 5~1962. 5	0. 49	53. 0	0. 52	56. 6
5	哈尔盖河	哈尔盖	100°30′	37°14′	1425	1958. 5~1963	1. 31	91. 8	1. 39	97. 8
6	伊克乌兰河	刚察	100°07′	37°19′	1442	1958. 4~2012	2. 51	173. 8	2. 67	184. 9
7	泉吉河	沙陀寺	99°52′	37°13′	567	1958. 4~1961. 10	0. 22	37. 3	0. 24	42. 6
8	大通河	尕日得	100°31′	37°45′	4576	1958. 5~1984、1985~2012 巡测	8. 37	183. 0	8. 44	184. 4
9	大通河	青石嘴	101°20′	37°30′	8011	1956~2012	15. 84	200. 3	16. 01	199. 9
10	大通河	享堂	102°50′	36°21′	15126	1956~2012	28. 95	191. 4	28. 87	190. 9
11	大通河	百户寺	100°47′	37°38′	5435	1957. 5~1963. 6	9. 61	176. 8	11. 10	204. 2
12	永安河	大梁	101°14′	37°45′	254	1959. 6~1969. 12	0. 93	366. 9	0. 92	362. 4
13	黑河	札马什克	99°59′	38°14′	4589	1957~2012	7. 13	155. 4	7. 41	161. 4
14	黑河	黄藏寺	100°09′	38°19′	7643	1956~1967. 5	12. 82	167. 7	12. 60	165. 0
15	八宝河	祁连	100°14′	38°12′	2452	1956~2012	4. 42	180. 0	4. 49	183. 2

表 3-30 各站月径流量年内分配情况（单位：×10^8m^3）

测站名称	河流名称	逐月平均流量												年径流量（×10^8m^3）	连续最大4个月径流量	
		1月	2月	3月	4月	5月	6月	7月	8月	9月	10月	11月	12月		占年径流量百分比（%）	出现月份
布哈河	布哈河口	2.45	2.32	2.47	3.70	10.9	36.2	86.0	81.0	55.9	23.9	7.50	3.12	8.36	82.2	6~9
年内分配（%）		0.8	0.7	0.8	1.1	3.5	11.2	27.6	26.0	17.3	7.7	2.3	1.0	100		
伊克乌兰河	刚察	0.360	0.230	0.850	3.67	6.23	12.2	24.5	22.7	18.1	8.54	3.25	1.01	2.67	76.0	6~9
年内分配（%）		0.4	0.2	0.8	3.5	6.2	11.8	24.3	22.6	17.4	8.5	3.1	1.0	100		
大通河	青石嘴	5.34	5.04	8.61	27.88	52.77	79.22	133	119	100	48.0	19.16	8.07	16.01	71.1	6~9
年内分配（%）		0.9	0.8	1.4	4.5	8.8	12.8	22.2	19.8	16.3	8.0	3.1	1.3	100		
大通河	享堂	20.4	20.2	26.1	63.1	93.9	124	204	197	170	97.4	48.8	28.5	28.87	63.5	6~9
年内分配（%）		1.9	1.7	2.4	5.7	8.7	11.1	18.9	18.2	15.3	9.0	4.4	2.6	100		
黑河	札马什克	5.35	5.57	7.50	12.8	19.9	36.3	61.9	56.2	37.7	18.2	11.2	7.75	7.41	68.6	6~9
年内分配（%）		1.9	1.8	2.7	4.5	7.2	12.7	22.4	20.3	13.2	6.6	3.9	2.8	100		
八宝河	祁连	3.49	3.34	4.48	9.44	15.9	22.1	33.6	30.8	24.7	11.8	6.29	4.22	4.49	65.4	6~9
年内分配（%）		2.1	1.8	2.7	5.4	9.5	12.7	20.0	18.3	14.3	7.0	3.6	2.5	100		

3.5.1.3　径流的年内分配

径流年内分配主要影响因素是降水的季节变化、流域径流形成区的地形、水文地质条件等。

河川径流年内分配主要取决于河流的补给类型，东北部山区的黄河流域、西北诸河流域大部分河流均属于以降水补给为主的河流。年内分配主要受降水的影响，季节性变化剧烈，汛期多集中在6~9月。从径流站天然年径流月分配情况可知（表3-30），连续最大4个月径流量占全年径流量的63.5~82.2%。

就总体情况而言，流域面积越小，最大连续月份的径流占年值的比例就越大，径流的集中程度也越高。东北部山区多数河流的最大月径流量出现在7月，最大月径流量占年径流量的百分比为18.9%~27.6%。最小两个月的枯水径流多出现在1~2月。详见图3-28和图3-29。

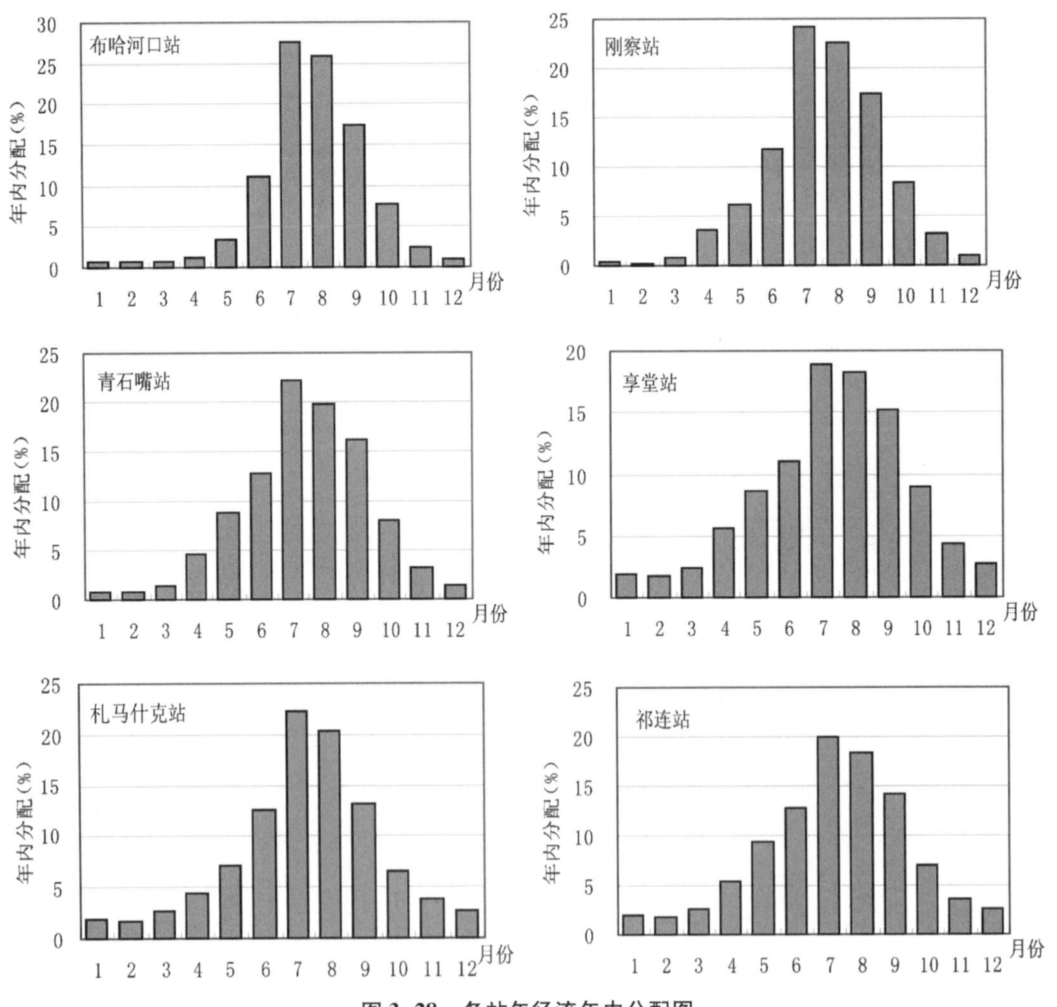

图3-28　各站年径流年内分配图

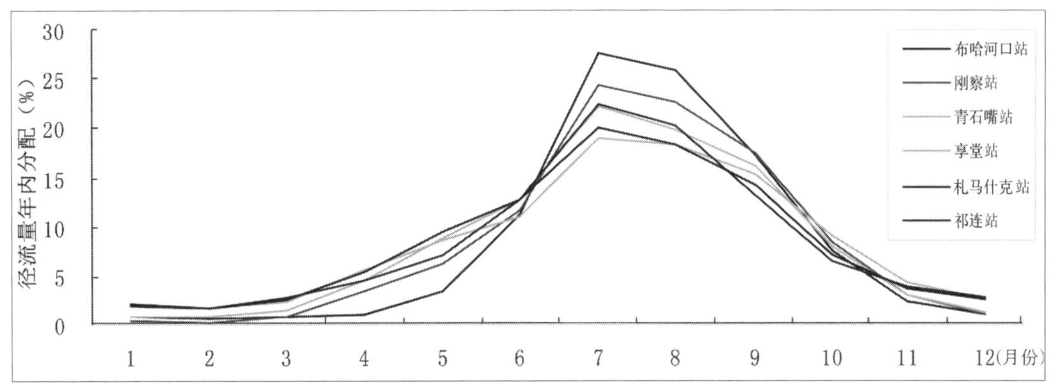

图 3-29 各站年径流年内分配对比图

3.5.1.4 径流的年际变化

（1）径流年际变幅

径流的年际变幅通常用变差系数 Cv 值或年径流量极值比来表示，Cv 值或年径流量极值比越大，其年际变幅越大。河川径流的年际变化主要取决于区域水汽条件、河川径流的补给类型及流域的下垫面情况。

年径流变差系数 Cv 一般随径流深的减小而增大，在地区分布上表现为湿润地区小、干旱地区大，山区小、河谷盆地大。年径流变差系数受径流补给方式影响较大，以降水补给为主的河流，降水量较多，蒸发损失小，Cv 值一般在 0.30 以下；降水量相对较少区域，年径流变差系数多在 0.3~0.4 之间，极值比较大。东北部山区黄河流域 Cv 值在 0.18~0.24 之间，西北诸河 Cv 值在 0.21~0.46 之间。

东北部山区大多数河流年径流极值比在 1.99~9.53 之间，最大模比系数在 1.41~2.34 之间，最小模比系数在 0.25~0.71 之间（表 3-31）。

表 3-31 各站径流年际变化统计参数

河流名称	测站名称	集水面积（km^2）	多年平均径流量（$\times10^8m^3$）	天然年径流量				极值比	最大模比系数	最小模比系数	Cv
				实测最大（$\times10^8m^3$）	年份	实测最小（$\times10^8m^3$）	年份				
布哈河	布哈河口	14337	8.36	19.54	1989	2.05	1973	9.53	2.34	0.25	0.46
伊克乌兰河	刚察	1442	2.67	4.94	1989	1.05	1979	4.69	1.85	0.40	0.32
大通河	尕日得	4576	8.44	16.28	1989	3.87	1973	4.21	1.93	0.46	0.24
大通河	青石嘴	8011	16.01	29.20	1989	8.54	1979	3.42	1.82	0.53	0.21
大通河	享堂	15126	28.87	50.33	1989	20.57	1962	2.45	1.74	0.71	0.18
黑河	札马什克	4589	7.41	10.47	1958	5.26	1973	1.99	1.41	0.71	0.18
八宝河	祁连	2452	4.49	8.08	2003	3.03	1962	2.67	1.80	0.67	0.21

（2）径流不同年代丰枯分析

通过比较主要河流不同年代径流变化分析（表 3-32），大多数河流 1970~1979 年、

表 3-32 各站不同年代径流变化分析（单位：$\times 10^8 m^3$）

河流名称	测站名称	1960~1969 年		1970~1979 年		1980~1989 年		1990~1999 年		2000~2012 年		1956~2012 年
		径流量	距平（%）	径流量	距平（%）	径流量	距平（%）	径流量	距平（%）	径流量	距平（%）	径流量
布哈河	布哈河口	9.57	14.4	7.10	-15.1	8.39	0.3	6.56	-21.6	8.76	4.8	8.36
伊克乌兰河	刚察	2.47	-7.3	2.20	-17.4	2.97	11.5	2.55	-4.5	2.93	9.9	2.67
大通河	尕日得	8.41	-0.3	7.72	-8.5	9.54	13.1	7.76	-8.0	8.52	1.0	8.44
大通河	青石嘴	15.97	-0.3	14.49	-9.5	17.58	9.8	14.84	-7.3	16.08	0.5	16.01
大通河	享堂	28.23	-2.2	27.30	-5.4	32.10	11.2	27.66	-4.2	27.83	-3.6	28.87
黑河	札马什克	7.14	-3.6	6.65	-10.3	7.45	0.6	7.03	-5.0	7.84	5.8	7.41
八宝河	祁连	4.01	-10.7	3.89	-13.4	4.92	9.5	4.55	1.3	4.94	10.0	4.49

1990~1999 年的年径流量较多年平均偏枯；1980~1989 年、2000~2012 年与多年平均偏丰。

（3）径流丰枯变化年组

选择具有较长实测系列的布哈河口、刚察、青石嘴、享堂、札马什克、祁连等主要河流站，绘制年径流模比系数差积曲线图（图 3-30），分析年径流量的丰枯变化。

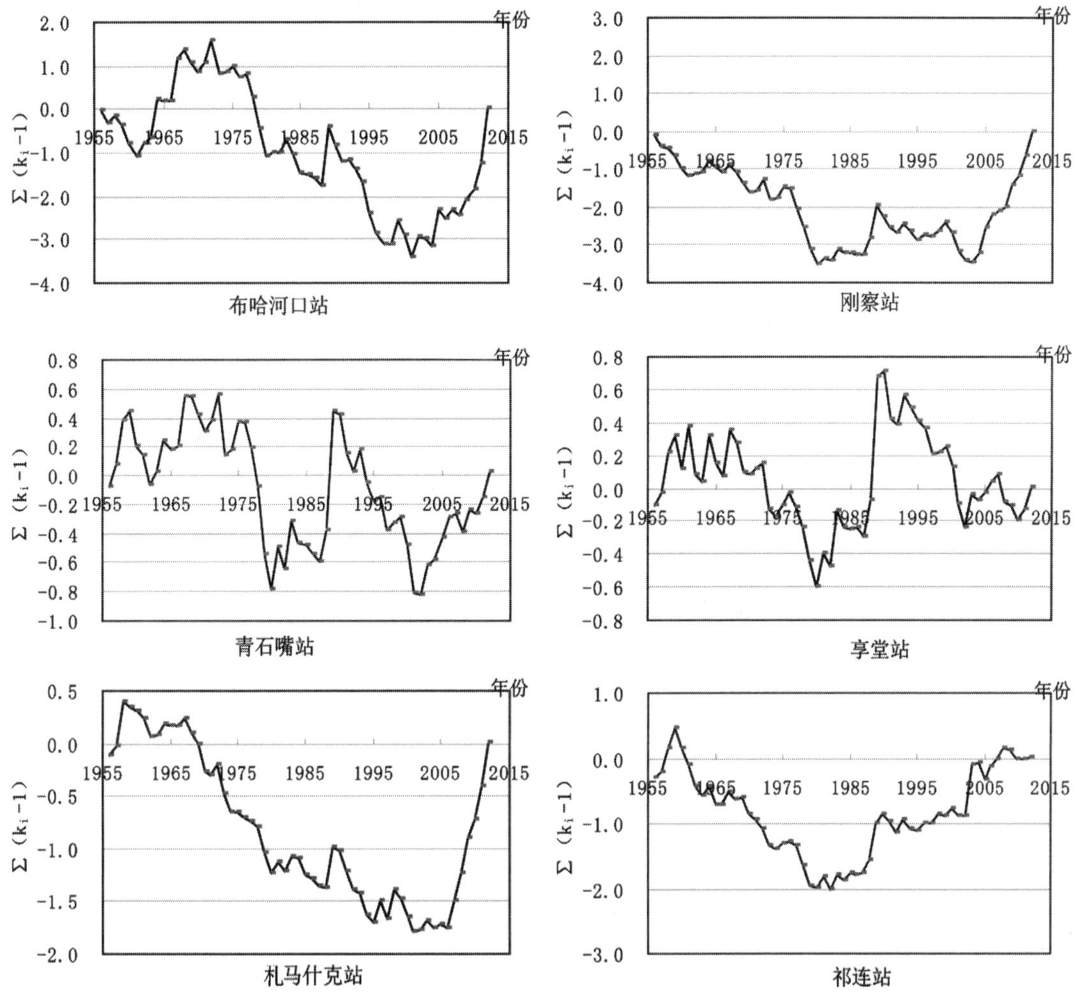

图 3-30 各站年径流模比系数差积曲线图

由图 3-30 看出，年径流年际间的丰、枯变化较为频繁，且变幅较小时，年径流丰枯基本上交替出现，曲线为一种多峰式的过程；年径流丰、枯水段交替循环周期长、变化的相对幅度大，年径流的多年变化趋单一向的稳定，曲线为一种单峰式的过程。

青海湖水系布哈河口站径流量 1961~1968 年为丰水期，1969~1977 年为平水期，1978~1980 年为枯水期，1981~1988 年为平水期，1989~2001 年为枯水期，2002~2012 年为丰水期。

刚察站 1958~1976 年为平水期，1977~1980 年为枯水期，1981~2003 年为平水期，

2004~2012 年为丰水期。

黄河流域青石嘴和享堂站 1956~1976 年为平水期，1977~1980 年为枯水期，1981~1990 年为丰水期，1991~2002 年为枯水期，2002~2012 年为丰水期。

河西内陆河札马什克站 1967~2005 年为枯水期，2006~2012 年为丰水期。

祁连站 1959~1980 年为枯水期，1981~1987 年为平水期，1988~2012 年为丰水期。

总体来看，各站至少有一个完整的丰枯期，由此说明各站年径流量均存在丰枯变化，具有显著的周期性。

根据径流最长连丰和连枯年数统计结果（表 3-33），各河流最长连丰年数为 3~9 年，最长连枯年数为 4~7 年，丰水年组较枯水年组持续时间长。

表 3-33 各站年径流丰枯水年分析

河流名称	站名	最长连丰期	年数（年）	最长连枯期	年数（年）
布哈河	布哈河口	2009~2012 年	4	1993~1998 年	6
伊克乌兰河	刚察	2004~2012 年	9	1956~1961 年	6
大通河	青石嘴	2003~2007 年	5	1977~1980 年	4
大通河	享堂	1988~1990 年	3	1970~1980 年	4
黑河	札马什克	1983~1990 年	8	1974~1980 年	7
八宝河	祁连	1987~1990 年	4	1970~1974 年	5

3.5.1.5 年径流趋势分析

以主要河流天然年径流系列绘制年径流过程线、年径流 5 年滑动趋势线（图 3-31），采用 Kendall 秩次检验法、Spearman 秩次检验法、线性趋势回归检验法对年径流序列趋势性进行统计检验分析，检验结果见表 3-34。

表 3-34 各站年径流趋势分析表

方法	显著水平	$U_{\alpha/2}$	$t_{\alpha/2}$	布哈河口	刚察	尕大滩	享堂	札马什克	祁连
Kendall	0.05	1.96		0.59	2.77	0.32	0.19	1.6	1.97
趋势					√				√
Spearman	0.05		2.004	0.618	2.916	0.214	0.022	1.576	1.88
趋势					√				
线性回归	0.05		2.004	0.95	3.109	0.225	0.112	2.244	1.846
趋势					√			√	

Kendall 秩次、Spearman 秩次、线形回归 3 种检验中，有两种检验趋势显著时，则认为存在趋势。经趋势成分检验，在显著性水平 $\alpha=0.05$ 下，青海湖水系伊克乌兰河刚察站径流有明显的增加趋势。其他河流各站径流上升或下降的趋势不显著，说明这几条河流 1956~2012 年期间径流过程是平稳的。

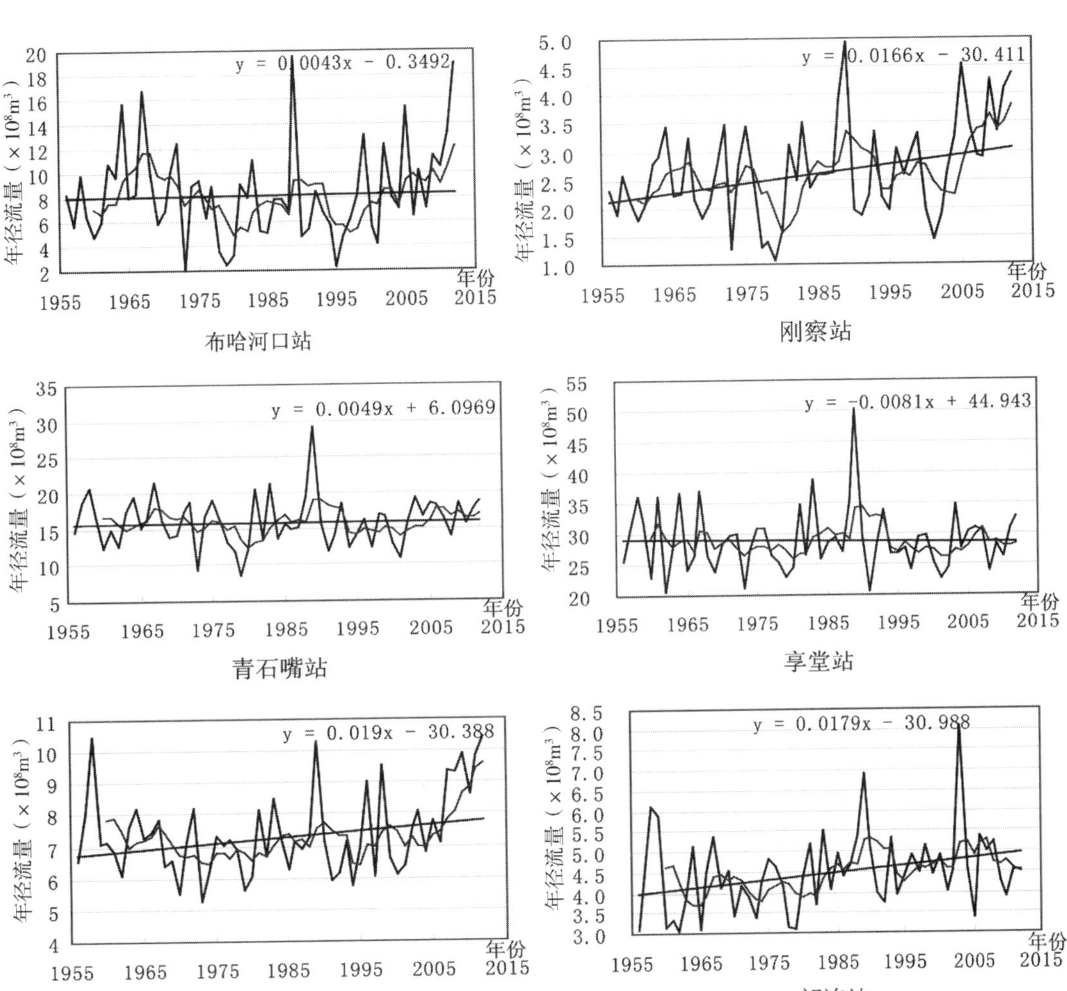

图 3-31　各站年径流及 5 年滑动均值过程线图

3.5.1.6　径流深空间分析

（1）年径流深等值线图

根据该地区 1956~2000 年径流的站点资料，参考降水量的地区分布、地形等高线的变化、植被带的分布等地貌类型，绘制 1956~2000 年径流深等值线图（图 3-32，详见后附彩图）。选择各河流的控制站，用等值线量算控制站以上流域的水量，与控制站还原后的水量比较，调整等值线使两者之间的误差小于±5%，使等值线更为合理。

（2）径流的地区分布特点

从径流深等值线图看出，年径流深等值线的分布，与地形、降水量的分布基本一致。径流深随海拔升高而逐渐增大，山区降水量大，为径流的高值区，呈现由河谷向山区递增的趋势。受降水、地形等综合因素的影响，河谷地带年径流深在 25mm 左右，山区径流深逐渐变大，径流深在 400mm 左右。祁连山地区各县分区径流深在 25~400mm 之间。

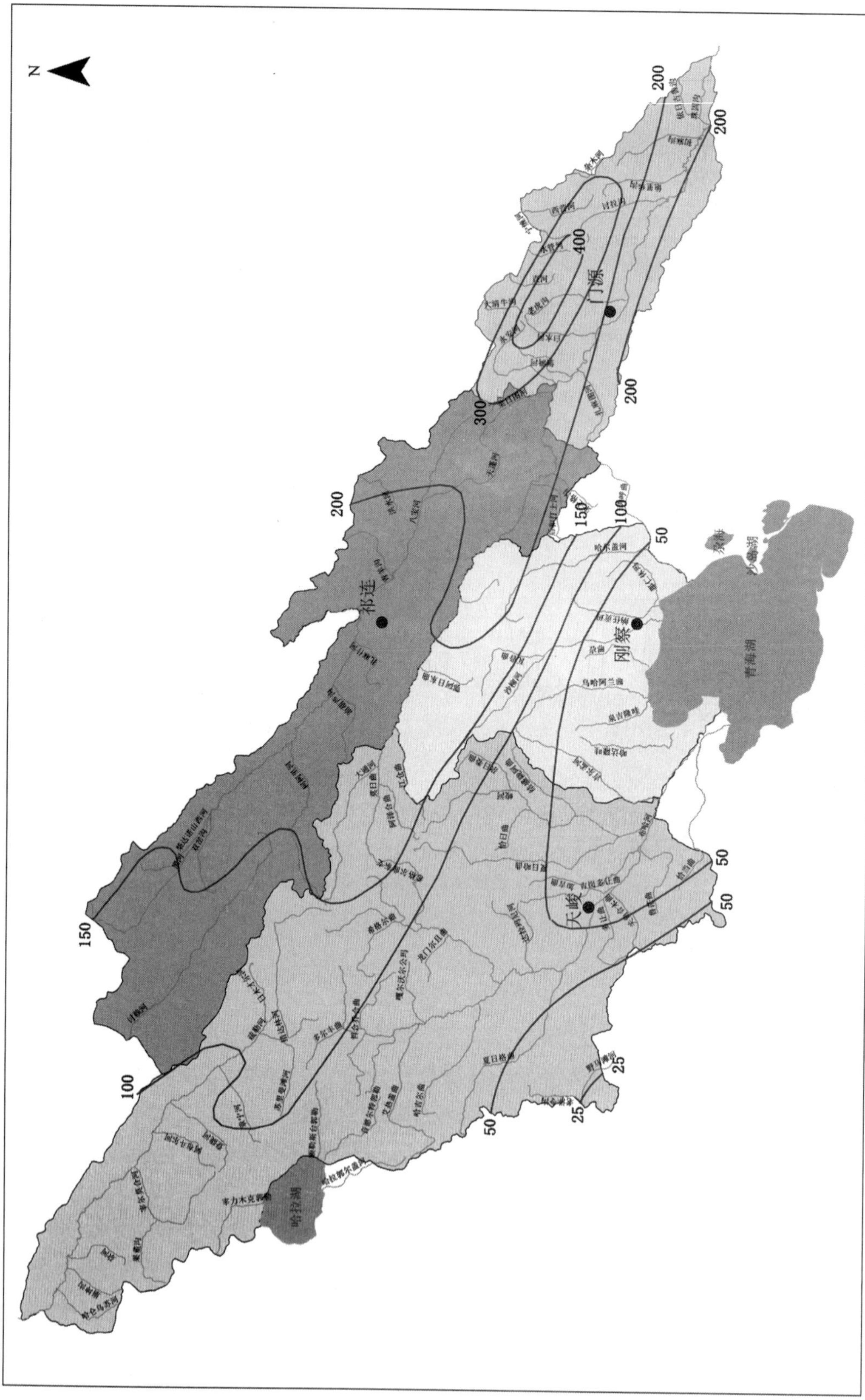

图 3-32　东北部山区径流深等值线图（后附彩图）（单位：mm）

东北部山区黄河流域年径流深的变幅在75~400mm之间，高值区在白水河和老虎沟，径流深为400mm。

西北诸河年径流深的变幅在25~250mm之间。其中青海湖水系年径流深在25~50mm之间，低值区在青海湖湖滨及河谷平原区，高值区在伊克乌兰河上游区，径流深为200mm。

东北部山区主要河流地表径流量汇总情况见表3-35。

表3-35 东北部山区主要河流地表径流量汇总

流域名称	河流	集水面积（km^2）	量测水量（$\times10^8m^3$）	径流深（mm）
黄河流域	永安河	358	0.9382	262.1
	白水河	269	0.9115	338.9
	老虎沟	276	0.9467	343.0
	讨拉沟	275	0.6609	240.3
	他里华沟	275	0.6461	234.9
	初麻沟	384	0.8790	228.9
	珠固沟	373	0.6693	179.4
西北诸河	西营河	489	1.2225	250.0
	托勒河	2692	3.3650	125.0
	柯柯里河	1059	1.7651	166.7
	扎麻什沟	221	0.3868	175.0
	东草河	168	0.2940	175.0
	青羊沟	349	0.6108	175.0
	天盆沟	361	0.8587	237.9
	布哈河	14337	7.8250	54.6
	哈尔盖河	1482	1.3150	88.7
	伊克乌兰河	1536	2.5258	164.4
	乌哈阿兰河	741	0.2556	34.5
	吉尔孟河	1092	0.5325	48.8

3.5.1.7 分区地表水资源量

（1）分区多年平均地表水资源量

本次东北部山区共划分了5个水资源三级区、19条河流，河流的边界绘制严格与河流分水岭一致。对主要河流逐一计算地表水资源量，对于分区内有水文测站的河流，水文站断面以上区域水量均采用1956~2000年系列天然径流量；对没有控制的其他区域，根据1956~2000年径流深等值线图量算水量。

经计算，东北部山区1956~2000年多年平均径流深121.3mm，折合水量$64.01\times10^8m^3$。

按流域分区水资源一级区地表水资源量黄河流域 23.19×10^{8}m^3；西北诸河 40.82×10^{8}m^3，其中河西内陆河 26.11×10^{8}m^3，青海湖水系 14.72×10^{8}m^3。

东北部山区各县流域及行政分区地表径流量汇总情况见表 3-36 和表 3-37。

表 3-36 东北部山区流域分区地表径流量汇总

<table>
<tr><th>水资源一级区</th><th>水资源二级区</th><th>水资源三级区</th><th>县级行政区</th><th>集水面积（km^2）</th><th>量测水量（×10^{8}m^3）</th><th>径流深（mm）</th></tr>
<tr><td rowspan="5">黄河流域</td><td rowspan="4">龙羊峡至兰州</td><td rowspan="4">大通河享堂以上</td><td>门源县</td><td>5172</td><td>11.64</td><td>225.1</td></tr>
<tr><td>祁连县</td><td>2835</td><td>5.50</td><td>193.9</td></tr>
<tr><td>天峻县</td><td>1599</td><td>2.56</td><td>159.9</td></tr>
<tr><td>刚察县</td><td>1852</td><td>3.49</td><td>188.5</td></tr>
<tr><td colspan="3">合计</td><td>11458</td><td>23.19</td><td>202.4</td></tr>
<tr><td rowspan="8">西北诸河</td><td rowspan="4">河西内陆河</td><td>石羊河</td><td>门源县</td><td>608</td><td>1.52</td><td>250.0</td></tr>
<tr><td>黑河</td><td>祁连县</td><td>10161</td><td>16.79</td><td>165.2</td></tr>
<tr><td>疏勒河</td><td>天峻县</td><td>7550</td><td>7.79</td><td>103.2</td></tr>
<tr><td colspan="2">小计</td><td>18319</td><td>26.11</td><td>142.5</td></tr>
<tr><td rowspan="3">青海湖水系</td><td rowspan="2">青海湖盆地</td><td>天峻县</td><td>15451</td><td>10.08</td><td>65.2</td></tr>
<tr><td>刚察县</td><td>7561</td><td>4.64</td><td>61.4</td></tr>
<tr><td colspan="2">小计</td><td>23012</td><td>14.72</td><td>64.0</td></tr>
<tr><td colspan="3">合计</td><td>41331</td><td>40.82</td><td>98.8</td></tr>
<tr><td>东北部山区</td><td colspan="3">合计</td><td>52789</td><td>64.01</td><td>121.3</td></tr>
</table>

表 3-37 东北部山区行政分区地表径流量汇总

县级行政区	集水面积（km^2）	量测水量（×10^{8}m^3）	径流深（mm）
门源县	5780	13.16	227.7
祁连县	12996	22.29	171.5
天峻县	24600	20.43	83.1
刚察县	9413	8.13	86.4
东北部山区	52789	64.01	121.3

（2）分区不同保证率地表水资源量

根据径流站的统计参数，确定各分区 Cv 和 Cs/Cv 倍比值，计算各分区不同频率的地表水资源量。

经计算，东北部山区不同频率的地表水资源量：丰水年（P=20%）为 74.36×10^{8}m^3、平水年（P=50%）为 62.95×10^{8}m^3、偏枯年（P=75%）为 54.90×10^{8}m^3、枯水年（P=95%）为 44.92×10^{8}m^3。各分区地表水资源量及不同频率年径流量见表 3-38。

表 3-38 东北部山区地表水资源量及不同频率年径流量成果（单位：$\times 10^8 m^3$）

行政分区	水资源三级区	集水面积（km^2）	统计参数			设计年径流量			
			均值	Cv	Cs/Cv	P=20%	P=50%	P=75%	P=95%
东北部山区	大通河享堂以上	11458	23.19	0.21	3.0	27.07	22.68	19.69	16.14
	石羊河	608	1.52	0.2	2	1.77	1.50	1.31	1.06
	黑河	10161	16.79	0.16	2	19.0	16.64	14.90	12.63
	疏勒河	7550	7.79	0.14	2	8.70	7.74	7.03	6.09
	青海湖盆地	23012	14.73	0.34	2.5	6.97	5.26	4.15	2.95
	合计	52789	64.01	0.2	2.5	74.36	62.95	54.90	44.92

3.5.1.8 径流系数

径流系数为某一时段的径流深与相应时段内流域平均降雨深度的比值，是反映流域产水能力的指标。为分析青海祁连山地区一、二级河流径流系数的变化情况，将1956~2000年径流深等值线图与1956~2000年降水量等值线图相重叠，求出等值线各交点处的径流量与降水量的比值为相应点的年径流系数，径流系数的变化情况见表3-39和表3-40。

年径流系数取决于流域的气候和下垫面因素。它和年径流一样，具有明显的地域变化规律，呈由西北向东南逐渐增加、由河谷向山区递增的趋势。东北部山区多年平均径流系数为0.31，黄河流域0.40，西北诸河0.28。在黄河流域中，径流系数最大为门源县0.42，最小为天峻县0.36。西北诸河中径流系数最大为门源县0.51，最小为刚察县0.16。在各流域中，上下游由于降水的时空分布和流域下垫面对整个流域产汇流过程的影响，造成流域的产水能力空间分布并不均匀。

表 3-39 东北部山区行政分区径流系数分析（单位：$\times 10^8 m^3$）

县级行政区	集水面积（km^2）	降水量	地表水	径流系数
门源县	5780	30.92	13.16	0.43
祁连县	12996	56.14	22.29	0.40
天峻县	24600	80.26	20.43	0.25
刚察县	9413	37.07	8.13	0.22
东北部山区	52789	204.39	64.01	0.31

表 3-40 东北部山区流域分区径流系数分析（单位：$\times 10^8 m^3$）

水资源一级区	水资源二级区	水资源三级区	县级行政区	集水面积（km^2）	降水量	地表水	径流系数
黄河流域	龙羊峡至兰州	大通河享堂以上	门源县	5172	27.93	11.64	0.42
			祁连县	2835	14.46	5.50	0.38
			天峻县	1599	7.16	2.56	0.36
			刚察县	1852	8.95	3.49	0.39
	合计			11458	58.5	23.19	0.40

（续）

水资源一级区	水资源二级区	水资源三级区	县级行政区	集水面积（km^2）	降水量	地表水	径流系数
西北诸河	河西内陆河	石羊河	门源县	608	2.99	1.52	0.51
		黑河	祁连县	10 161	41.67	16.79	0.40
		疏勒河	天峻县	7550	22.83	7.79	0.34
		小计		18 319	67.49	26.11	0.39
	青海湖水系	青海湖盆地	天峻县	15 451	50.28	10.08	0.20
			刚察县	7561	28.12	4.64	0.16
		小计		23 012	78.40	14.72	0.19
	合计			41 331	145.89	40.83	0.28
东北部山区	合计			52 789	204.39	64.02	0.31

3.5.2　湟水区地表水资源特征

在此，将根据前述青海祁连山地区水资源分区划分的结果，从不同方面对湟水区的地表水资源特征进行较为系统的分析和讨论。

3.5.2.1　径流年内分配

以湟水区的海晏、桥头、西宁、乐都、民和水文站径流系列研究径流的年内分配过程，分析时将系列插补延长至1956~2000年，使资料系列同步，同时将断面以上的受人类活动开发利用增减的水量进行还原计算，使其代表天然径流系列。经计算，各代表站设计年天然径流量年内分配见表3-41。经分析，河川径流主要集中在6~10月，干流及较大支流6~10月占全年径流量的60%以上，每年1~2月、11~12月，径流仅占全年径流10%以下；3~6月为湟水的灌溉季节，由于大量引水灌溉，历年实测的最小流量多出现在这几个月份，有些支流甚至呈现断流的状态。

表 3-41　代表站设计年天然径流量月分配

站名	频率	典型年份	径流量（$\times10^4m^3$）												
			1月	2月	3月	4月	5月	6月	7月	8月	9月	10月	11月	12月	全年
海晏	20%	1958	244	251	549	378	343	547	581	680	645	565	459	319	5550
	50%	1964	153	140	429	391	496	461	549	479	420	413	311	222	4470
	75%	1962	171	193	297	495	362	378	415	279	337	362	329	131	3739
	95%	1981	134	155	225	337	169	127	346	375	436	362	249	150	3061
	多年平均		215	233	412	498	465	432	462	463	457	500	354	242	4734
桥头	20%	1959	2421	2531	3134	3833	6178	12862	16319	10740	7932	4944	2936	2346	76 100
	50%	1971	1489	1263	1963	2953	3269	3169	5377	6776	16 667	10 808	4841	2427	60 850
	75%	1977	1331	1140	2073	3445	6120	6206	5097	7901	6532	5319	3118	1843	50 060
	95%	1980	876	939	2186	4064	2407	3360	6632	6241	7543	4987	2714	1181	42 830
	多年平均		1527	1401	1993	4399	6045	6588	9447	9944	9473	6977	3761	2080	63 634

（续）

站名	频率	典型年	径流量（×10⁴m³）												
			1月	2月	3月	4月	5月	6月	7月	8月	9月	10月	11月	12月	全年
西宁	20%	1987	5852	5392	4136	10 718	14 712	31946	20 492	19 941	15 342	14 100	8941	5134	155 745
	50%	1997	3946	3496	3318	15 157	15 704	8689	15 663	21 743	13 180	12 267	5678	4644	124 475
	75%	1974	2746	3112	4721	10 340	8734	5993	11 364	16 343	17 761	14 695	6350	4009	105 430
	95%	1969	3850	3598	5112	6500	10 984	5552	8768	11 152	10 248	11 712	5998	3233	86 135
	多年平均		4167	3758	4523	10 235	11 687	11 438	17 624	19 378	17 689	17 226	7584	4935	130 245
乐都	20%	1958	4741	4330	5456	9817	8581	21 736	24 367	46 086	34 090	25 321	11 739	8131	204 400
	50%	1994	5977	4815	3177	20819	12 870	17 145	22 187	15 832	21 210	26 279	13 185	7781	17 1300
	75%	1963	3725	3680	5709	13 643	13 481	18 182	27 311	13 213	14 914	18 279	10 842	5682	148 700
	95%	1973	4195	4416	3286	14 324	11 489	10 575	13 039	11 195	13 187	21 134	10 291	4783	121 900
	多年均值		4994	4845	5110	19 733	15 545	15 807	21 477	23 361	20 886	24 333	12 546	6462	175 100
民和	20%	1983	4987	5818	4880	22 810	20 570	18 066	36 266	49 743	26 236	31 578	14 748	8362	244 000
	50%	1978	5384	5813	7017	22 317	8919	13 349	21 829	24 588	33 385	29 998	15 345	10 258	197 900
	75%	1962	11 158	10 539	9712	17 885	12 481	11 327	23 570	14 935	15 153	21 775	12 338	7382	167 900
	95%	1966	5526	6071	5124	11 923	9696	7128	12 106	18 944	18 800	24 320	11 768	7186	138 300
	多年平均		6885	6811	6630	20 279	16 676	17 767	25 633	28 132	26 525	28 236	14 113	8756	206 442

3.5.2.2 径流年际变化

丰枯分析，根据湟水区9个县（市）代表站的最大连丰、连枯年份统计分析结果（表3-42），干流最大连丰年数为6~8年，$k_{丰}$在1.22~1.39之间，最大连枯年数为4~5年，$k_{枯}$在0.7~0.84之间，丰水年组较枯水年组持续时间长。支流最大连丰年数为3~6年，$k_{丰}$在1.11~1.51之间，最大连枯年数为3~4年，$k_{枯}$在0.72~0.83之间，丰、枯水年组大致相同。

表3-42 湟水区9个县（市）代表站年径流量丰枯分析（单位：×10⁸m³）

站名	最大连丰期				最大连枯期			
	起讫年份	年数（年）	平均年径流量	$k_{丰}$	起讫年份	年数（年）	平均年径流量	$k_{枯}$
海晏	1983~1990	8	0.6598	1.39	1978~1982	5	0.3307	0.70
石崖庄	1957~1964	8	3.843	1.24	1977~1980	4	2.215	0.71
西宁	1985~1990	6	16.63	1.28	1977~1980	4	10.08	0.77
乐都	1985~1990	6	22.06	1.26	1972~1975	4	14.69	0.84
民和	1985~1990	6	25.12	1.22	1972~1975	4	16.28	0.79
吉家堡	1957~1959	3	0.4974	1.51	1982~1984	3	0.2752	0.83
桥头	1956~1961	6	7.949	1.25	1973~1975	3	5.141	0.81
八里桥	1969~1971	3	1.141	1.20	1980~1982	3	0.6849	0.72
傅家寨	1957~1959	3	1.664	1.11	1972~1975	4	1.142	0.76

根据代表站1956~2000年的径流系列资料，点绘年径流过程线、趋势线、5年滑动曲线（图3-33~图3-37）。从径流变化趋势图上可以看出，海晏、西宁、乐都站的年径流都没有明显的上升和下降趋势；桥头、民和站略有下降，但趋势不明显。

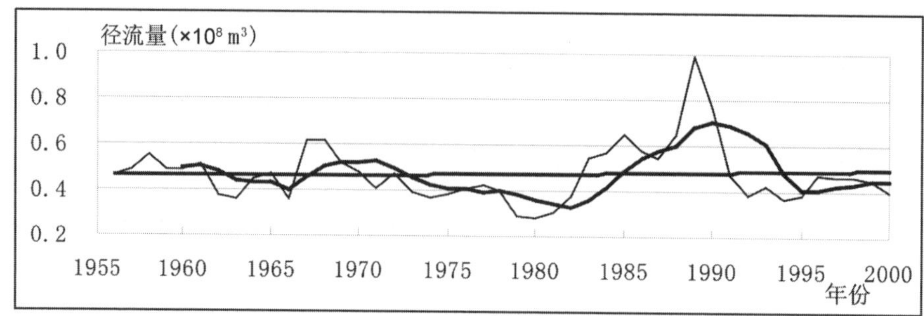

图3-33　海晏水文站年径流趋势线图

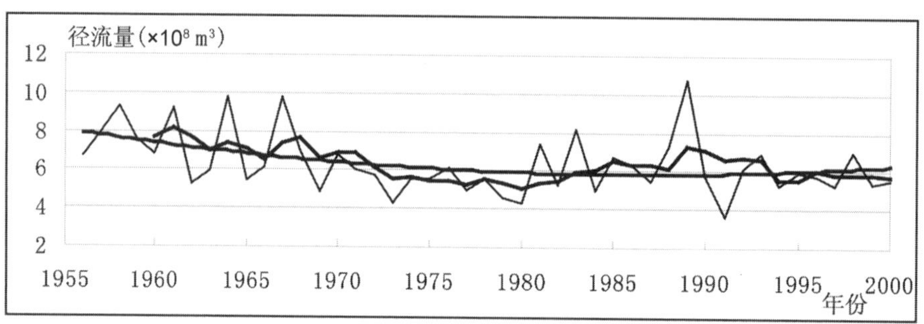

图3-34　桥头水文站年径流趋势线图

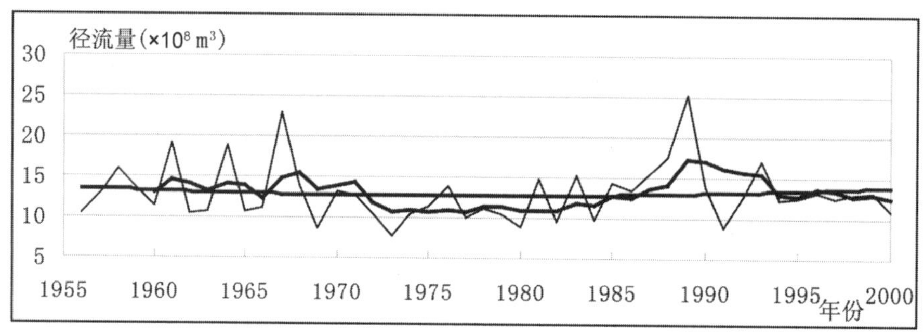

图3-35　西宁水文站年径流趋势线图

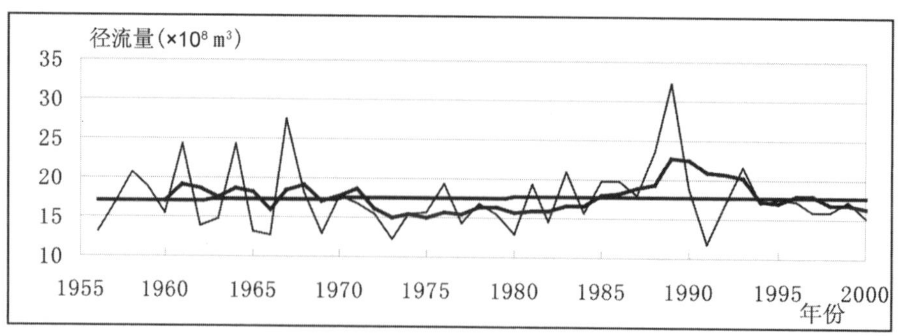

图3-36　乐都水文站年径流趋势线图

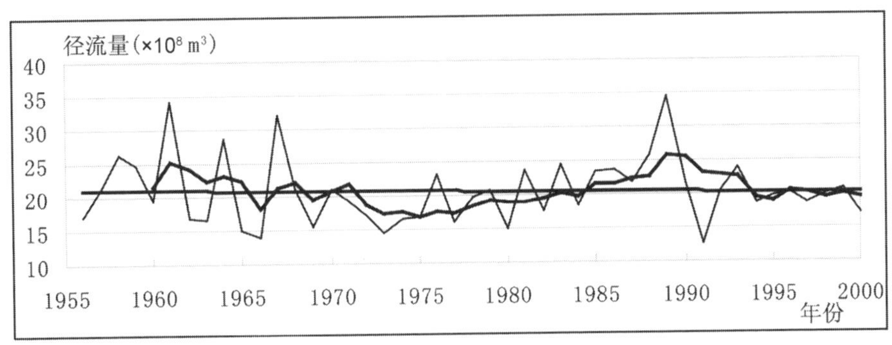

图 3-37 民和水文站年径流趋势线图

3.5.2.3 径流深空间分析

湟水区 9 个县（市）自产地表水主要以大气降水为主，因此地表水的分布规律与降水基本一致，径流深随海拔升高而逐渐增大，呈现由河谷向山区递增的趋势。受降水等综合因素的影响，河谷地带年径流深在 50mm 左右，向两侧山区径流深逐渐变大，径流深在 50~250mm 之间。

3.5.2.4 分区地表水资源量

以湟水区现有水文站、邻近地区水文站实测资料，将断面以上受人类活动开发利用增减的水量进行还原计算，使其代表天然径流系列资料，结合自然地理条件和降水的区域分布等特点，勾绘出径流深等值线图（图 3-38，详见后附彩图）。

利用 ArcGIS 软件 Topology 工具从图上量算分区径流量。利用实测资料与量算的径流量进行对比，检验径流深等值线图的合理性。经检验，量算的径流量精确度较高，与实测的径流量相比，误差在±5%以内。

经计算，湟水区 9 个县（市）多年平均地表水资源量为 26.8388×10^8m^3，P = 20%、50%、75%、95%时，径流量分别为 31.7216×10^8m^3、26.1326×10^8m^3、22.3488×10^8m^3、18.0325×10^8m^3。各分区地表水资源量和设计年年径流量年内分配详见表 3-43、表 3-44。

表 3-43 湟水区各县（市）水资源分区不同频率径流量成果

分区	名称	计算面积 (km^2)	多年平均值		统计参数		不同频率年径流量（×10^4m^3）			
			径流量 (×10^4m^3)	径流深 (mm)	Cv	Cs/Cv	20%	50%	75%	95%
湟水干流	海晏以上	1394	12 521	90	0.23	3.0	14 798	12 191	10 443	8412
	海晏至石崖庄	1675	18 580	111	0.35	3.0	23 471	17 462	13 814	10 133
	石崖庄至西宁	222	2380	107	0.26	3.0	2864	2301	1932	1517
	西宁至乐都	318	1771	56	0.26	2.5	2137	1721	1439	1107
	乐都至民和	119	649	55	0.22	2.5	764	636	547	439
	民和以下	92	515	56	0.23	2.5	610	504	430	341
	合计	3820	36 416	95	0.25	3.0	43 563	35 288	29 825	23 616

（续）

分区	名称	计算面积（km^2）	多年平均值		统计参数		不同频率年径流量（$\times 10^4 m^3$）			
			径流量（$\times 10^4 m^3$）	径流深（mm）	Cv	Cs/Cv	20%	50%	75%	95%
湟水北岸	西纳川	1014	16 318	161	0.33	3.0	20 401	15 444	12 377	9207
	云谷川	311	3887	125	0.33	3.0	4859	3678	2948	2193
	北川河	3290	68 095	207	0.22	3.0	79 210	66 376	57 740	46 447
	沙塘川	1092	15 195	139	0.27	3.0	18 391	14 647	12 215	9511
	哈拉直沟	410	4534	111	0.27	3.0	5488	4371	3645	2838
	红崖子沟	337	3794	113	0.27	3.0	4592	3658	3050	2375
	上水磨沟	332	3701	111	0.22	3.0	4348	3612	3115	2531
	努木池沟	141	1549	110	0.21	3.0	1808	1515	1315	1078
	引胜沟	459	9195	200	0.21	3.0	10 733	8993	7806	6399
	羊倌沟	207	2273	110	0.21	3.0	2654	2224	1930	1582
	下水磨沟	224	2572	115	0.20	2.5	2988	2529	2206	1805
	下水磨沟以下	216	2157	100	0.20	2.5	2505	2121	1850	1514
	合计	8033	133 270	166	0.23	3.0	157 516	129 764	111 151	89542
湟水南岸	盘道河	273	2818	103	0.33	3.0	3523	2667	2137	1590
	甘河沟	249	2540	102	0.33	3.0	3175	2413	1930	1448
	石灰沟	185	1831	99	0.33	3.0	2289	1733	1389	1033
	南川河	409	4306	105	0.40	2.5	5610	4024	3045	2038
	小南川	433	4507	104	0.41	2.5	5902	4197	3154	2090
	祁家川	320	3347	105	0.40	2.5	4360	3127	2367	1584
	白沈家沟	340	3524	104	0.41	2.5	4614	3281	2466	1634
	马哈来沟	312	3123	100	0.22	2.5	3675	3060	2632	2110
	岗子沟	315	3264	104	0.23	2.5	3866	3193	2726	2163
	虎狼沟	291	2997	103	0.23	2.5	3550	2932	2503	1987
	松树沟	284	3535	124	0.46	2.5	4737	3231	2340	1483
	米拉沟	177	2204	125	0.45	2.5	2940	2022	1475	943
	巴州沟	373	4644	125	0.46	2.5	6223	4244	3074	1948
	隆治沟	306	3809	124	0.45	2.5	5081	3495	2550	1631
	合计	4267	46449	109	0.34	2.5	58 688	44 238	34 952	24 797
湟水合计		16 120	216 135	134	0.24	3.0	257 010	209 952	178 642	142 673
青海湖流域		2208	12 100	55	0.35	2.0	15 446	11 609	9042	6074
大通河流域		1569	32 010	204	0.19	3.0	36 888	31 437	27 654	23 084
黄河流域		667	8143	122	0.45	2.5	10 862	7471	5452	3486

（续）

分区	名称	计算面积（km^2）	多年平均值		统计参数		不同频率年径流量（$\times10^4m^3$）			
			径流量（$\times10^4m^3$）	径流深（mm）	Cv	Cs/Cv	20%	50%	75%	95%
行政分区	海晏县	4670	40 609	87	0.26	3.0	49 137	39 391	32 893	25 990
	湟源县	1492	17 115	115	0.32	3.0	21 223	16 259	13 179	9927
	湟中县	2440	28721	118	0.33	3.0	36 335	27 087	21 364	15 514
	大通县	3055	65 650	215	0.26	3.0	78 548	63 622	53 711	42 037
	西宁市区	344	2399	70	0.26	3.0	2903	2327	1943	1535
	互助县	3424	55 109	161	0.23	3.0	65 135	53 659	45 963	37 027
	平安县	742	7358	99	0.40	2.5	9586	6875	5204	3482
	乐都县	2506	28 655	114	0.23	2.5	33 937	28 029	23 933	18 993
	民和县	1891	22 772	120	0.43	2.5	30 099	21 047	15 589	10 145
9 个县(市)合计		20 564	268 388	131	0.23	3.0	317 216	261 326	223 844	180 325

表 3-44 湟水区各县市水资源分区设计年天然径流量月分配

流域分区	频率	典型年份	径流量（$\times10^4m^3$）												
			1 月	2 月	3 月	4 月	5 月	6 月	7 月	8 月	9 月	10 月	11 月	12 月	全年
海晏以上	20%	1983	461	459	679	895	1522	1528	2048	2820	1398	1370	921	692	14 798
	50%	1969	718	732	1069	990	1459	1076	1317	1298	1096	1069	806	576	12 191
	75%	1982	507	532	635	863	814	813	1692	806	1113	1188	891	585	10 443
	95%	1979	487	490	696	892	609	616	971	997	728	777	618	521	8412
	多年均值		617	624	937	1094	1172	1225	1423	1403	1296	1172	867	689	12 521
海晏至石崖庄	20%	1959	945	771	638	2028	2315	5066	4421	2292	1450	1563	1302	660	23 471
	50%	1974	293	292	864	1596	1654	1437	2196	3304	2679	1784	927	452	17 462
	75%	1998	403	384	333	1574	1145	1106	1267	2367	1321	1565	1002	501	13 814
	95%	2000	522	429	549	1428	1356	370	878	800	918	1525	943	405	10 133
	多年均值		487	444	726	1505	1951	2012	2355	2621	2424	2093	1237	724	18 580
石崖庄至西宁	20%	1987	103	97	72	208	271	590	371	358	293	269	167	89	2864
	50%	1995	70	68	76	239	196	129	181	281	578	280	96	86	2301
	75%	1960	40	33	34	161	231	15	132	486	207	354	181	102	1932
	95%	1973	53	57	44	137	105	124	180	187	195	272	112	64	1517
	多年均值		80	71	76	200	224	215	361	400	364	363	144	93	2380
西宁至乐都	20%	1976	46	50	82	237	109	180	202	361	235	265	126	60	2137
	50%	2000	60	48	43	222	114	141	111	129	189	265	138	80	1721
	75%	1957	36	41	48	89	124	69	319	188	360	225	107	72	1439
	95%	1991	51	52	37	207	136	170	139	53	49	168	84	44	1107
	多年均值		51	50	52	200	157	160	217	236	211	246	127	65	1771

（续）

流域分区	频率	典型年份	径流量（×10⁴m³）												
			1月	2月	3月	4月	5月	6月	7月	8月	9月	10月	11月	12月	全年
乐都至民和	20%	1983	16	18	15	71	64	57	114	155	82	99	46	26	764
	50%	1996	26	23	18	88	67	55	66	80	65	76	43	28	636
	75%	1982	27	31	26	71	40	47	62	30	66	88	40	21	547
	95%	1966	18	19	16	38	31	23	38	60	60	77	37	23	439
	多年均值		22	21	21	64	52	56	81	89	83	89	44	28	649
民和以下	20%	1983	12	15	12	57	51	45	91	124	66	79	37	21	610
	50%	1996	21	18	14	70	53	44	52	64	51	60	34	23	504
	75%	1956	17	19	18	42	29	59	66	53	38	45	25	15	430
	95%	1966	14	15	13	29	24	18	30	47	46	60	29	18	341
	多年均值		17	17	17	51	42	44	64	70	66	70	35	22	515
西纳川	20%	1987	427	436	394	1329	2406	4324	3012	2879	1842	1818	987	551	20 401
	50%	1960	457	424	588	1476	1430	904	1695	3170	1382	2096	1276	538	15 444
	75%	1977	438	348	417	1121	1295	1117	993	1699	1682	1817	952	508	12 377
	95%	1966	251	247	303	717	887	773	889	1310	1216	1526	742	356	9207
	多年均值		403	364	476	1450	1504	1624	2070	2365	2295	2084	1103	580	16 318
云谷川	20%	1987	102	104	94	317	573	1030	718	686	439	433	236	131	4859
	50%	1960	108	101	140	351	340	215	403	755	329	499	304	128	3678
	75%	1977	105	83	100	267	309	266	236	405	401	433	226	121	2948
	95%	1966	60	59	72	171	212	184	212	312	289	364	177	85	2193
	多年均值		96	87	113	345	358	387	493	564	547	496	263	138	3887
北川河	20%	1998	1478	1560	1992	6476	4895	6546	11 477	15 974	12 184	9147	4794	2688	79 210
	50%	1990	2261	2265	3329	7064	11 527	6764	8852	7333	7157	4888	3149	1787	66 376
	75%	1984	1471	1521	2367	6000	7552	8732	9830	5140	5153	5413	3171	1391	57 740
	95%	1973	1259	1313	1747	2448	4296	4778	5381	6940	6410	6731	3257	1886	46 447
	多年均值		1628	1497	2135	4749	6482	7081	10 106	10 625	10 101	7456	4021	2216	68 095
沙塘川	20%	1990	872	963	1089	3558	2185	1217	1657	1517	1380	2205	1136	612	18 391
	50%	1980	606	795	1208	2356	990	839	1529	1202	1460	2053	1070	539	14647
	75%	1956	777	900	1268	1550	1123	629	1245	971	985	1388	832	550	12 215
	95%	1991	458	635	464	1807	894	1067	821	268	380	1509	754	452	9511
	多年均值		572	660	791	1897	1185	1120	1645	1636	1614	2171	1214	690	15 195
哈拉直沟	20%	1990	261	287	325	1061	652	363	495	453	412	658	338	183	5488
	50%	1980	180	238	360	704	296	250	457	359	435	613	319	160	4371
	75%	1956	232	269	378	462	335	188	372	290	294	414	247	164	3645
	95%	1991	137	190	139	537	266	318	246	80	113	450	226	136	2838
	多年均值		171	197	236	561	354	335	491	489	482	649	363	206	4534

（续）

流域分区	频率	典型年份	径流量（$\times10^4 m^3$）												
			1月	2月	3月	4月	5月	6月	7月	8月	9月	10月	11月	12月	全年
红崖子沟	20%	1990	218	241	273	888	544	303	414	379	344	550	285	153	4592
	50%	1980	151	199	302	589	247	208	383	300	364	513	268	134	3658
	75%	1956	194	225	317	387	280	156	310	244	246	346	208	138	3050
	95%	1991	114	159	116	450	224	265	205	68	95	377	189	113	2375
	多年均值		143	165	198	474	296	280	411	405	404	543	303	172	3794
上水磨沟	20%	1999	131	84	49	101	85	589	1271	148	929	497	266	198	4348
	50%	1987	106	96	54	129	291	689	722	578	370	259	146	172	3612
	75%	1962	84	65	57	196	255	254	439	571	519	362	184	129	3115
	95%	1974	74	60	60	239	232	105	293	367	392	389	180	141	2531
	多年均值		100	78	68	233	302	305	523	682	613	427	217	153	3701
努木池沟	20%	1999	52	33	19	40	33	230	496	59	364	194	104	185	1808
	50%	1987	41	38	22	51	115	271	284	227	145	102	57	161	1515
	75%	1957	33	26	23	78	101	101	175	228	207	145	74	124	1315
	95%	1974	30	24	24	95	92	42	116	145	155	153	71	133	1078
	多年均值		40	31	27	92	119	125	207	268	242	169	86	143	1549
引胜沟	20%	1999	323	206	120	250	211	1453	3138	367	2293	1225	656	492	10 733
	50%	1987	262	239	133	321	725	1717	1797	1441	922	646	363	427	8993
	75%	1957	209	164	144	490	638	636	1098	1433	1302	907	461	324	7806
	95%	1974	189	151	152	604	586	266	741	927	991	984	455	354	6399
	多年均值		253	197	172	584	740	757	1271	1680	1531	1073	549	389	9195
羊官沟	20%	1999	80	51	30	61	52	359	776	91	566	303	162	121	2654
	50%	1987	65	59	33	79	179	425	445	357	227	159	90	106	2224
	75%	1957	52	40	36	121	158	157	272	354	322	224	114	80	1930
	95%	1974	47	38	38	149	144	65	183	229	246	243	112	87	1582
	多年均值		61	48	52	143	185	187	320	415	374	261	133	94	2273
下水磨沟	20%	1971	76	63	48	103	94	85	262	265	1003	554	276	159	2988
	50%	1987	74	67	38	90	204	483	506	405	258	182	102	120	2529
	75%	1957	59	46	41	138	180	179	311	406	368	256	130	92	2206
	95%	1974	53	42	43	170	165	75	209	261	280	278	129	99	1805
	多年均值		69	54	47	161	209	211	362	472	424	295	162	106	2572
下水磨沟以下	20%	1971	63	53	41	87	79	72	220	222	840	464	231	133	2505
	50%	1987	62	56	32	76	171	405	424	340	217	152	86	100	2121
	75%	1957	50	39	34	116	151	150	261	339	309	215	109	77	1850
	95%	1974	45	36	36	143	139	63	175	220	234	233	108	84	1514
	多年均值		58	45	40	135	175	177	304	396	355	247	136	89	2157

（续）

流域分区	频率	典型年份	径流量（×10⁴m³）												
			1月	2月	3月	4月	5月	6月	7月	8月	9月	10月	11月	12月	全年
盘道河	20%	1990	192	189	245	395	808	400	339	276	265	185	129	100	3523
	50%	1997	58	58	102	147	248	316	428	456	370	262	133	87	2667
	75%	1960	46	49	65	121	145	150	382	611	200	200	99	68	2137
	95%	1973	36	33	60	88	149	190	254	271	220	146	88	53	1590
	多年均值		60	68	107	155	260	337	451	481	391	260	158	93	2818
甘河沟	20%	1990	173	171	221	356	728	361	306	249	238	166	116	90	3175
	50%	1957	52	52	92	133	225	286	387	413	334	238	120	79	2413
	75%	1960	41	44	59	109	131	135	345	552	181	181	90	61	1930
	95%	1973	33	31	55	81	135	173	232	247	201	133	81	48	1448
	多年均值		57	61	96	140	234	303	406	432	352	234	142	83	2540
石灰沟	20%	1990	124	123	159	256	525	260	221	180	172	120	84	65	2289
	50%	1997	38	38	67	96	162	206	278	297	240	171	87	57	1733
	75%	1960	30	31	42	78	95	98	248	398	130	130	65	45	1389
	95%	1973	23	22	39	58	96	123	166	177	143	95	58	34	1033
	多年均值		41	43	69	101	168	220	293	311	254	168	101	59	1831
南川河	20%	1999	26	19	10	504	278	417	833	1535	785	699	406	98	5610
	50%	1983	39	42	31	351	267	378	750	895	370	545	283	73	4024
	75%	1982	135	97	50	485	223	339	285	151	367	562	275	76	3045
	95%	1965	62	68	62	259	162	141	294	204	180	396	167	43	2038
	多年均值		66	68	72	401	297	372	652	745	618	595	312	108	4306
小南川	20%	1999	27	20	11	530	293	438	876	1615	826	737	427	102	5902
	50%	1983	41	44	32	366	278	394	782	935	386	568	295	76	4197
	75%	1963	46	42	46	200	229	426	803	386	359	375	190	52	3154
	95%	1965	63	69	63	264	166	144	301	211	185	407	172	44	2090
	多年均值		68	70	76	406	310	380	679	786	658	623	324	127	4507
祁家川	20%	1999	20	15	8	391	216	324	647	1192	610	545	316	76	4360
	50%	1983	31	33	24	272	208	294	582	696	287	423	220	57	3127
	75%	1963	34	33	34	149	172	319	603	290	270	282	143	39	2367
	95%	1965	49	52	49	201	125	109	229	159	140	308	130	34	1584
	多年均值		51	52	58	311	231	289	506	581	480	462	242	84	3347
白沈家沟	20%	1999	21	16	8	415	228	343	685	1262	645	576	334	81	4614
	50%	1983	32	35	25	286	218	307	611	730	302	444	231	60	3281
	75%	1963	36	33	35	155	178	334	629	302	281	293	149	40	2466
	95%	1965	50	55	50	207	129	113	236	164	144	318	134	34	1634
	多年均值		54	55	69	317	242	297	531	615	514	487	253	90	3524

（续）

流域分区	频率	典型年份	径流量（$\times10^4m^3$）												
			1月	2月	3月	4月	5月	6月	7月	8月	9月	10月	11月	12月	全年
马哈来沟	20%	1978	72	57	52	354	138	225	552	734	695	387	254	155	3675
	50%	1984	83	58	54	197	233	265	645	411	381	391	200	142	3060
	75%	1980	128	97	76	203	129	94	347	443	513	339	151	112	2632
	95%	1991	96	75	61	227	323	347	322	188	171	148	73	79	2110
	多年均值		85	66	70	196	253	259	441	571	513	358	182	129	3123
岗子沟	20%	1978	75	60	55	372	146	236	581	772	732	407	267	163	3866
	50%	1994	69	75	46	101	50	226	390	756	724	444	180	132	3193
	75%	1960	73	57	50	171	222	222	384	501	456	316	161	113	2726
	95%	1991	98	77	62	232	331	356	331	192	174	153	75	82	2163
	多年均值		88	69	73	205	265	271	460	598	536	374	190	135	3264
虎狼沟	20%	1978	69	55	50	343	134	217	533	709	672	374	245	149	3550
	50%	1994	64	69	42	93	46	207	358	695	664	407	165	122	2932
	75%	1978	49	39	35	242	94	153	376	500	474	263	173	105	2503
	95%	1991	90	71	57	213	304	327	304	176	161	141	68	75	1987
	多年均值		81	63	67	188	243	248	423	549	493	343	175	124	2997
松树沟	20%	1992	89	95	92	76	159	253	255	1342	1100	863	215	198	4737
	50%	1999	95	89	77	75	77	284	763	1000	325	250	88	110	3231
	75%	1980	196	180	200	180	77	103	348	303	353	158	74	168	2340
	95%	1966	30	52	62	32	18	16	20	314	440	330	88	83	1483
	多年均值		121	118	142	140	211	287	451	728	621	419	137	160	3535
米拉沟	20%	1992	55	59	57	47	99	157	158	833	682	536	134	123	2940
	50%	1999	59	55	48	46	48	178	477	626	203	157	54	69	2022
	75%	2000	73	56	73	58	51	151	72	175	305	299	53	107	1475
	95%	1991	93	85	89	86	59	182	87	54	53	56	47	51	943
	多年均值		76	74	88	87	132	179	281	454	387	261	85	100	2204
巴州沟	20%	1992	117	124	121	100	209	332	335	1765	1445	1134	282	261	6223
	50%	1999	124	117	101	98	101	373	1003	1313	426	329	115	144	4244
	75%	2000	152	119	152	122	107	313	152	365	635	622	112	223	3074
	95%	1966	39	69	82	43	24	21	26	412	576	433	115	108	1948
	多年均值		160	155	186	184	278	377	593	957	815	550	180	210	4644
隆治沟	20%	1992	96	101	98	81	171	271	274	1441	1180	926	230	213	5081
	50%	1999	102	96	83	80	83	308	826	1083	351	271	94	119	3495
	75%	2000	127	98	127	101	88	260	126	303	527	516	93	185	2550
	95%	1991	162	147	154	149	102	316	151	94	92	96	82	89	1631
	多年均值		132	127	153	151	228	309	486	785	669	451	147	171	3809

（续）

流域分区	频率	典型年份	径流量（$\times 10^4 m^3$）												
			1月	2月	3月	4月	5月	6月	7月	8月	9月	10月	11月	12月	全年
湟水合计	20%	1959	8480	8530	10 890	17 822	16 349	28 045	49 288	46 463	28 381	23 325	10 761	8677	257 010
	50%	1998	6869	6617	5041	24 655	15 208	19 186	22 967	32 899	23 589	29 000	14 520	9402	209 952
	75%	1975	6270	6232	5176	14 911	9247	11 601	26 329	15 312	24 930	33 820	16 392	8420	178 642
	95%	1966	5646	6180	5243	12 354	10 052	7562	12 702	19 499	19 307	24 786	12 007	7337	142 673
	多年均值		7208	7131	6941	21 231	17 459	18 601	26 836	29 452	27 770	29 562	14 775	9167	216 135
青海湖流域	20%	1967	38	13	61	428	1423	1279	2452	4638	3111	1284	545	174	15 446
	50%	1956	47	35	108	604	707	1717	3186	1653	2198	918	342	94	11 609
	75%	1991	22	9	140	360	527	1165	2391	2363	979	542	387	157	9042
	95%	1973	36	37	117	458	605	937	778	926	913	1045	180	42	6074
	多年均值		39	20	103	447	841	1514	3031	2668	1991	958	368	120	12 100
大通河流域	20%	1993	601	554	849	2188	2628	3235	7912	10 508	3983	2328	1197	905	36 888
	50%	1985	550	489	638	1266	2960	4707	5738	4642	5865	2612	1210	760	31 437
	75%	2000	621	523	864	1875	2223	4198	3370	4541	4848	2580	1229	782	27 654
	95%	1973	476	467	653	1147	1974	2839	3376	4204	3187	2866	1245	650	23 084
	多年均值		590	522	773	1650	2904	3738	6192	5868	4822	2757	1347	847	32 010
黄河流域	20%	1985	313	294	286	238	1250	2381	1150	1337	1532	1150	386	545	10 862
	50%	1986	435	328	396	281	462	2177	1583	798	325	284	165	237	7471
	75%	1987	226	204	208	170	453	1632	717	390	615	359	195	283	5452
	95%	1965	236	243	289	208	283	462	458	491	313	289	93	121	3486
	多年均值		275	260	321	318	502	637	1044	1679	1450	974	319	364	8143
海晏县	20%	1969	2832	2972	4872	5085	6276	4813	4643	3979	3926	4464	3234	2041	49 137
	50%	1997	2260	1979	3435	4564	4259	3124	4259	3961	3146	3526	2681	2198	39 391
	75%	1992	2075	2021	3621	3147	2721	2433	2721	2260	3236	3736	2477	2444	32 893
	95%	1979	1256	1702	2560	3670	2416	1356	1619	2803	2011	2899	2057	1642	25 990
	多年均值		1842	1955	3547	4279	4007	3722	3961	3984	3923	4284	3031	2072	40 609
湟源	20%	1959	856	698	578	1835	2095	4584	4001	2074	1313	1415	1178	598	21 223
	50%	1974	273	271	804	1485	1539	1336	2043	3074	2492	1660	863	420	16 259
	75%	1972	496	435	890	1137	1835	1235	1414	2470	1416	878	559	414	13 179
	95%	1980	325	293	649	1073	583	575	1472	1472	1309	1290	536	349	9927
	多年均值		490	409	669	1386	1798	1854	2169	2414	2232	1928	1139	668	17115
湟中	20%	1999	825	810	877	3044	4226	5063	4943	6299	3973	3428	1969	877	36 335
	50%	1960	613	590	779	2317	2360	2216	3867	5440	2753	3391	1945	810	27 087
	75%	1977	620	517	568	1874	1873	1968	2795	3431	2601	2925	1498	701	21 364
	95%	1973	378	387	457	1303	1413	1402	1967	2172	2031	2344	1166	500	15 514
	多年均值		611	594	775	2347	2427	2838	4092	4600	4070	3551	1895	920	28 721

（续）

流域分区	频率	典型年份	径流量（×10⁴m³）												
			1月	2月	3月	4月	5月	6月	7月	8月	9月	10月	11月	12月	全年
大通	20%	1959	2461	2750	3186	4026	6280	13 510	16 590	10 918	8332	5026	3085	2385	78 548
	50%	1992	882	781	779	3861	7066	7248	7884	8983	12 169	8444	3664	1862	63 622
	75%	1977	1407	1287	2190	3760	6464	6773	5384	8346	7130	5619	3404	1946	53 711
	95%	1980	840	997	2097	4029	2309	3332	6362	5987	7477	4785	2690	1133	42 037
	多年均值		1154	1534	2028	4623	6151	6910	9597	10 098	9961	7104	3974	2115	65 650
西宁市区	20%	1987	103	97	72	207	270	588	369	383	292	268	166	89	2903
	50%	1995	71	69	78	244	200	132	185	287	590	286	98	88	2327
	75%	1960	39	32	33	158	227	15	130	478	204	348	178	100	1943
	95%	1973	53	57	44	137	105	124	181	188	196	273	112	64	1535
	多年均值		74	66	70	185	207	199	334	370	337	336	133	86	2399
互助县	20%	1986	2631	2693	2384	7889	4119	9634	9246	6047	4853	7636	4722	3281	65 135
	50%	1995	2150	2066	2027	8208	4365	4129	4336	3392	8099	8279	4361	2247	53 659
	75%	1997	1926	1469	491	8382	4442	4027	5139	4808	2209	7245	3890	1934	45 963
	95%	1966	1400	2215	2228	3565	2158	1476	2140	3999	4939	6398	3843	2666	37 027
	多年均值		2073	2395	2868	6879	4298	4063	5965	5935	5856	7877	4401	2501	55 109
平安县	20%	1999	44	33	18	860	475	712	1422	2621	1341	1198	695	167	9586
	50%	1983	68	73	53	598	457	646	1280	1530	631	930	484	125	6875
	75%	1963	75	72	75	327	378	701	1326	637	593	620	314	86	5204
	95%	1965	107	114	107	442	275	239	503	349	308	677	286	75	3482
	多年均值		112	114	128	684	508	635	1112	1277	1055	1016	532	185	7358
乐都县	20%	1999	821	523	304	629	533	3685	7953	7665	5813	3106	1662	1243	33 937
	50%	1958	753	588	516	1760	2289	2282	3942	5144	4675	3257	1658	1165	28 029
	75%	1957	643	502	440	1502	1954	1949	3368	4393	3992	2781	1414	995	23 933
	95%	1991	860	678	547	2046	2906	3115	2906	1693	1533	1341	653	715	18 993
	多年均值		782	609	564	1812	2309	2362	3979	5269	4744	3323	1697	1205	28 655
民和县	20%	1985	865	844	792	659	3461	6591	3185	3700	4240	3185	1069	1509	30 099
	50%	1981	706	770	745	740	437	438	3236	3824	6016	2020	702	1412	21 047
	75%	2000	774	599	774	615	540	1591	771	1852	3221	3155	567	1130	15 589
	95%	1991	1002	917	958	928	634	1960	937	584	567	597	512	549	10 145
	多年均值		774	749	892	944	1401	1827	2914	4637	3982	2713	915	1022	22 771

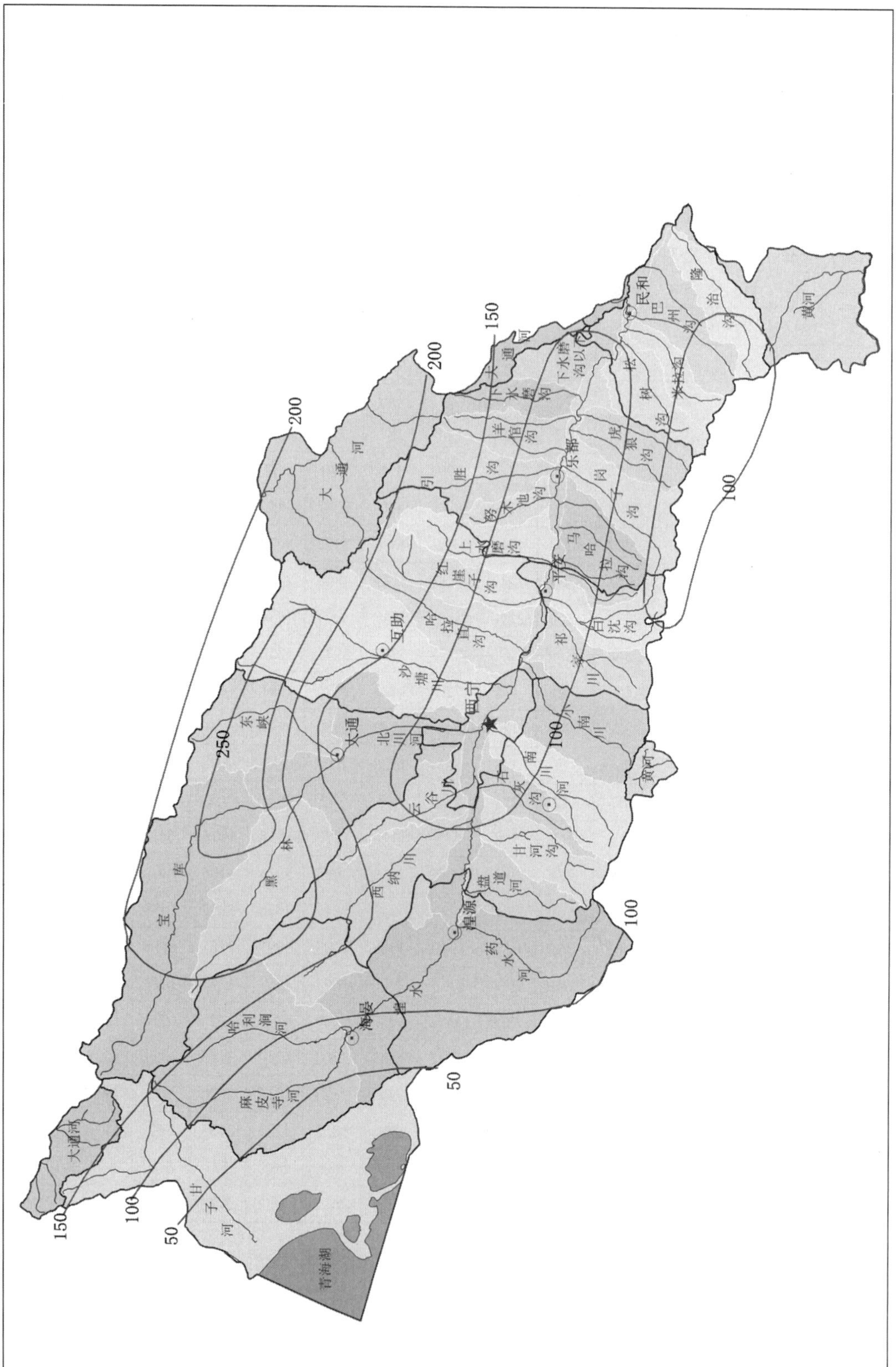

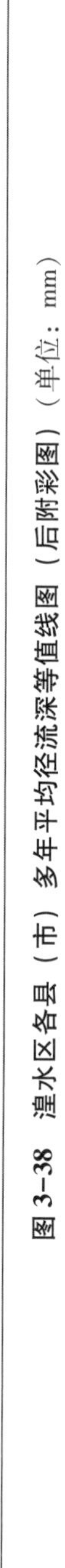

图 3-38 湟水区各县（市）多年平均径流深等值线图（后附彩图）（单位：mm）

3.6 区域地下水资源的相关因素

地下水为贮存于地表以下岩土层中全部的水，部分可以被人们利用而成为地下水资源，具有地域分布广、水质良好、径流缓慢等方面的特点，也具有重要的供水价值。由于埋藏条件、水力特征、补给源、水质矿化度等方面的差异，地下水资源的类型及开采利用方式也有所不同。以下对部分影响青海祁连山地区地下水资源的相关因素做简要介绍和分析。

3.6.1 水文地质类型及其特征

3.6.1.1 半干旱山间盆地水文地质特征

复杂的地质构造运动和外动力地质作用，形成了众多的山间盆地和谷地，如湟水区的海晏—湟源盆地、西宁盆地、民和盆地及东北部山区的门源盆地等，均属于构造断陷盆地，其内堆积着较厚的中、新生界碎屑物质。由于古地理环境所决定，中、新生界红色岩层中普遍含盐量较高，赋存其中的地下水也普遍具有高矿化的特点，且水量一般较贫乏。山间盆地中河谷一般较发育，尤其是湟水的一级支流，多具有较宽阔的河谷平原，有较厚的第四系砾层分布，加上较充沛的降水、地表水入渗补给，形成了比较丰富的河谷潜水，对集中供水有着十分重要的意义。

3.6.1.2 多年冻土区水文地质特征

东北部山区为多年冻土区，多年冻土的分布对地下水的形成具有控制作用，使地下水在埋藏和分布以及质与量等方面均具有特殊性，而与非多年冻土区截然不同。多年冻土区的地下水，分为松散岩类和基岩类冻结层上水和冻结层下水。冻结层上水，因季节融化层厚度有限，一般含水层较薄，相态和动态都不稳定，主要靠大气降水和冰雪融水的补给，水质较好，水量较小；冻结层下水，含水层厚度及埋藏深度不仅受岩性和构造控制，而且受冻土层厚度的制约，因而它与非多年冻土区的承压自流水大不相同。

3.6.2 水文地质条件

3.6.2.1 湟水山间河谷盆地

湟水山间河谷盆地，由湟水流经的海晏—湟源盆地、西宁盆地、民和盆地组成。盆地边缘的低山丘陵区，地表水系发育，地形切割强烈，黄土底砾石层多处于疏干状态。潜水主要赋存于河谷平原中，河谷平原孔隙潜水一般质淡量丰，是最具开发价值的地下水资源，它主要储存于河漫滩及一、二级阶地的近代冲积砂砾卵石层及中、上更新统冲积与冰水堆积的砂砾石层、泥质砂砾石层中，在很多情况下构成一个统一的，并与河流有密切水力联系的潜水含水层。含水层多被镶嵌在以第三系红色砂砾岩、泥质砂岩、泥岩为隔水底板和隔水边界的狭长槽型河谷中，含水层分布宽度随所处地段河谷平原的宽度而异。河谷潜水埋深在河漫滩至二级阶地范围内，多小于 10m，三级阶地多在 10~30m，四级阶地以上的高阶地及河谷边缘受坡积洪积物影响的地段，多在 30m 以上。

3.6.2.2　青海湖盆地

青海湖盆地坐落于大通山与青海南山两大山体之间，为一封闭的内陆湖盆地，中部的青海湖是我国内陆最大的咸水湖。盆地四周主要的河流为布哈河、伊克乌兰河、哈尔盖河、乌哈阿兰河、黑马河等。青海湖盆地是第四纪地质时期中形成的一个坳陷盆地。盆地四周环山，海拔 4000~4500m。山区降水较充沛，河水及裂隙水发育，为盆地地下水的主要补给区，青海湖是地下水的最终排泄区。山地与水体之间是山前倾斜平原—湖滨平原带。湖周平原带南部宽 5km 左右，东北部、北部宽 8~12km。

3.6.3　地下水类型

3.6.3.1　松散岩类孔隙水

松散岩类孔隙水主要分布在山间盆地的山前平原和河谷平原的第四系砾石、卵砾石、含泥质砂砾石及砂层中，有潜水，也有承压自流水，是地下水资源最丰富、最有利开采的含水层。

盆地型松散岩类孔隙潜水，主要分布在盆地边缘的山前平原上部，青海湖盆地、湟水河谷平原具有典型的意义。山间盆地多层结构承压自流水层，主要分布在青海湖、门源等山间盆地，含水层的分布、厚度、富水性、水动力及水化学条件差异较大。

（1）河谷砂砾卵石层潜水

青海湖北部的乌哈阿兰河河谷、甘子河上游以及团保山前等局部地段为中等富水地段。各河的河谷含水层厚度不一，均小于 15m，受上游地下径流和两侧基岩裂隙水补给，各地段单井最大涌水量 100~1000t/d，矿化度均小于 0.5g/L。

湟水河谷平原潜水水量丰富的地段，主要分布在河水补给强的河流中、上游段及峡谷两侧松散沉积物厚度较大（10~50m）的地区。赋存于低级阶地（Ⅰ、Ⅱ级）及河漫滩冲积砂砾石层和中、上更新统洪积、冰水堆积的砂砾石层、含黏土砂砾卵石层中，区内主要富水地段除湟水干流西川多巴至黑咀外，还有其支流北川石家庄和塔尔、西纳川丹麻寺、沙塘川的威远镇至大通苑、石灰沟的大源至班沙等地段，这些地段水位埋深小于 30m，单井出水量为 2000~6000m^3/d，塔尔和石家庄地区可达 5000~10000m^3/d，水质好，溶解性总固体小于 500mg/L，水化学类型多为 HCO_3-Ca 型。西宁以下的干支流河谷多数地段松散沉积物不厚，含水层薄，厚度小于 10m，不少地段还不及 5m，地下水资源较贫乏，而且水质较差，溶解性总固体 1000~3000mg/L。两侧高台地水质更差，个别地段溶解性总固体达 3000~10000mg/L 以上。

（2）山前平原、山间平原砂砾石层潜水

极强富水地段：分布于伊克乌兰河、哈尔盖河近河床地带，含水层厚 45~100m，水位埋深 5~48m，并由山前到湖滨逐渐变浅。其补给主要来自河水的渗漏及河谷上游地下径流。单井最大涌水量大于 5000t/d，矿化度小于 0.4g/L。

强富水地段：主要分布于青海湖北部哈尔盖洪积扇两侧、山间平原、甘子河两侧。含水层厚度不一，水位埋深 14~36m，由山前向湖滨变浅，主要受地表水渗漏补给。单井最大涌水量 1000~5000t/d，矿化度小于 0.5g/L。

中等富水地段：分布于乌哈阿兰河洪积扇与伊克乌兰河洪积扇之间、伊克乌兰河洪积扇与哈尔盖河洪积扇之间、甘子河东侧山前大部分地段。各地段含水层厚度不一，从 16m 到 33m，水位埋深随地区而异，主要受地表水渗漏补给。最大涌水量 100~1000t/d，矿化度小于 0.5g/L。

弱富水地段：分布于泉吉乡，那仁贡麻、哈达滩山前地带。含水层厚一般小于 6m，水位埋深大都小于 15m，补给条件差，主要由基岩裂隙水和季节性地表水渗漏补给，水量甚少，单井最大涌水量均小于 100t/d。

（3）山前、湖滨平原层间承压水

根据顶板埋深并结合单井涌水量划分如下富水地段：

顶板埋深大于 100m：中等富水地段分布于青海湖北部的湖滨地带。含水层一般厚度小于 20m，个别地带 32m。弱富水地段分布于哈尔盖洪积扇中、下部。含水层厚度 7m 左右，与潜水水力联系密切。单井最大涌水量小于 100t/d，矿化度小于 0.5g/L。

顶板埋深 50~100m：青海湖北部伊克乌兰河以西地段为中等富水地段。含水层厚 2~23m，单井最大涌水量 100~1000t/d，矿化度 1~1.6g/L。

3.6.3.2 碎屑岩类孔隙裂隙水

该类地下水是主要赋存于第三系的砂岩、砾岩、泥岩等碎屑岩及第四系下更新统（Q1）半胶结的砂层中的地下水，分布于青海湖北部伊克乌兰河西支沟、茶拉河东侧、哈达陇哇至吉尔孟一带。西宁—民和盆地为承压自流水，水量较大，单井涌水量 100~1000m^3/d 的比较富水地段，主要分布在西宁盆地西、西南及中央部位；乐都以西湟水谷地和白沈家沟上游地段的古城附近。在西川湟水河谷南侧佐署村砖场近百米深度，揭露出水量中等、微咸的自流水；云谷川口鲍家寨 115~129m 深度，揭露出淡自流水，水头高出地面 17.10m，当水头降低 32.91m 时，涌水量 3.43L/s，水温 11℃，矿化度 0.70g/L。

3.6.3.3 碳酸盐岩裂隙溶洞水

裂隙溶洞水较广泛地赋存于侏罗纪前的灰岩、结晶灰岩、大理岩、白云岩及其所夹的砂板岩、火山碎屑岩的裂隙孔洞中。多以大泉形式沿构造断裂或层间孔洞泄出。岩层富水性从丰富到贫乏皆有，很不均匀。青海湖西北、天峻舟群—江河一带泉水亦多，结盛陇阿河沟口以下的峻河两岸，沿二叠系中统中厚层结晶灰岩裂隙发育的溶洞，洞口高 0.5~1.5m，宽 6.5m，深 110m。多处涌流的泉水流量分别达 8.04L/s、187L/s、206L/s，泉水动态较稳定，水温 6~9℃，矿化度 0.3~0.4g/L，HCO_3-Ca 型水，牧民奉之为“神泉”。西宁—民和盆地外缘、拉脊山西段北麓、大通老爷山至互助南门峡及乐都北部山区，裂隙溶洞水分布面积达 554km^2。湟中县宁贵公路 38km 处的上马台村，泉水流量 8.9~23.0L/s，矿化度 0.17g/L，属 HCO_3-Ca·Mg 型水。互助县五峰寺有 3 处从灰岩、白云岩裂隙溶洞中涌出的泉水，单泉流量 1.76~8.86L/s，总流量达 18.43L/s，水温 4℃，矿化度

0.15g/L，为淡水。

3.6.3.4 基岩裂隙水

基岩裂隙水赋存于前中生代各种沉积变质岩、侵入岩的风化裂隙、构造裂隙中。在不同的地貌、气候、岩性、构造条件下，富水性极不均匀，埋藏相差悬殊，水质变化复杂。按岩石结构分为层状岩类裂隙水和块状岩类裂隙水两亚类。

（1）层状岩类裂隙水

多为潜水，但在某些断裂构造带上，有时还赋存有脉状分布的承压自流水。它较广泛分布在省域北半部的山地，富水程度中等到贫乏，泉水流量多小于1~3L/s。乐都北部山区曾调查过208眼泉水，其中流量小于0.1L/s的有67个，占32.2%；流量0.1~1.0L/s的101个，占48.6%；流量大于1L/s的有40个，占19.2%；民和县松树乡杨家店钻孔在23.7m深度，揭露出赋存于石英岩、云母片岩中的裂隙水，降深26.6m，涌水量1.89L/s，单井出水量140m^3/d、矿化度3.38g/L，为$Cl \cdot SO_4$-Na型微咸水。

（2）块状岩类裂隙水

主要散布于青海祁连山地区各种岩浆岩、深变质岩的裂隙中。各地风化壳厚度、裂隙发育程度及补给条件的差异，使其富水性很不均匀。一般泉流量小于1~3L/s。湟水流域大坂山南麓水量较丰富，矿化度小于0.6g/L，为淡水。

柴达木盆地东北、达肯大坂山西段，片麻岩中有多处泉水，流量0.1~0.6L/s，矿化度2~3g/L。

3.6.3.5 冻结层水

冻结层水主要赋存于祁连山地高海拔多年冻土区的松散岩类孔隙及基岩裂隙中。大通河上游地区，基岩与松散岩类冻结层上水一般厚1~2m，水量较丰富；冻结层下水赋于煤系地层中，受河流融区地下水补给，富水性较弱。

大通河上游木里—江仓地区的基岩冻结层上水，一般厚1~2m（木里最厚达10m以上），水量较丰富，单泉流量1~3L/s（大的可达19L/s），为淡水。松散岩类冻结层上水赋存于含泥砂砾卵石层中，埋深0.2~1m，厚0.5~2m，最厚达7~8m，单泉流量0.5~3L/s，最大5L/s，为淡水。冻结层下水赋存于煤系地层中，深埋在40~90m的冻土层下，受河流融区地下水补给，富水性较差。木里地区承压水头为-2~42m，钻孔单位涌水量0.008~0.079L/（s·m）。江仓地区水头为-0.2~9m，单位涌水量0.003~0.020L/（s·m），为淡水。

3.6.4 水文地质参数分析

青海省水文地质参数的试验观测资料较少，依据以往省内部分地区试验成果，参考邻接甘肃、新疆等地区试验成果及《机井技术规范》（SL256—2000）、《机井技术手册》（水利部农村水利司，中国水利水电出版社，1995）和北方地区地下水评价参数协调会（下称参数协调会）的青海取值范围，确定青海省平原区水文及水文地质参数。

3.6.4.1 潜水变幅带给水度

给水度是指饱和岩土在重力作用下，可以排出的重力水的体积与该饱和岩土体积的比值，给水度是岩土给水和贮水能力的一个指标。综合以往部分地区实验成果、《青海省地下水资源》（1985 年）采用值及参数协调会青海参数取值范围，确定不同岩性潜水变幅带给水度（μ）。详见表 3-45。

表 3-45 青海省平原区给水度 μ 值统计

潜水变幅带岩性	卵砾石	粗砂	细砂	粉细砂	亚砂土	亚黏土
μ 值范围	0.15~0.27	0.12~0.16	0.12~0.16	0.07~0.09	0.035~0.06	0.03~0.045

3.6.4.2 降水入渗补给系数

降水入渗补给系数 α 为降水入渗补给地下水的水量与降水量的比值。参考《机井技术手册》、《青海省地下水资源》（1985 年）和邻省的有关成果，确定降水入渗补给系数（表 3-46）。

表 3-46 青海省平原区降水入渗补给系数 α 取值

岩性	年降水量（mm）		地下水埋深（m）						
			<1	1~2	2~3	3~4	4~5	5~6	≥6
亚黏土	西北诸河	<300	0.05~0.15	0.05~0.1		0.03~0.08			0.02~0.04
		300~500	0.12~0.2	0.1~0.18		0.08~0.15			0.06~0.1
	黄河区	200~300	—	0.07~0.1	0.08~0.11	0.07~0.1	0.07~0.09	0.06~0.08	0.05~0.07
		300~400	—	0.06~0.15	0.11~0.16	0.1~0.15	0.09~0.12	0.08~0.1	0.07~0.09
		400~500	—	0.07~0.16	0.14~0.18	0.13~0.18	0.12~0.15	0.1~0.14	0.09~0.11
		500~600	—	0.08~0.18	0.15~0.2	0.14~0.2	0.13~0.17	0.1~0.14	0.09~0.13
亚砂土	西北诸河	<300	0.06~0.18	0.06~0.15		0.03~0.1			0.02~0.05
		300~500	0.15~0.25	0.13~0.2		0.1~0.16			0.08~0.12
	黄河区	300~400	—	0.09~0.17	0.13~0.2	0.12~0.19	0.1~0.16	0.12~0.13	0.08~0.12
		400~500	—	0.1~0.21	0.16~0.23	0.15~0.23	0.14~0.2	0.14~0.17	0.12~.15
		500~600	—	0.11~0.21	0.18~0.25	0.18~0.25	0.16~0.22	0.14~0.18	0.12~0.16
粉细砂	西北诸河	<300	0.07~0.18	0.06~0.15		0.05~0.11			0.05~0.09
		300~500	0.18~0.28	0.15~0.25		0.12~0.2			0.1~0.15
	黄河区	300~400	—	0.09~0.21	0.14~0.25	0.13~0.25	0.12~0.24	0.13~0.2	0.1~0.17
		400~500	—	0.1~0.25	0.18~0.28	0.17~0.28	0.16~0.26	0.15~0.23	0.14~0.2
		500~600	—	0.11~0.25	0.2~0.28	0.2~0.28	0.18~0.26	0.17~0.23	0.16~0.2
细砂	西北诸河	<300	0.06~0.15	0.05~0.12		0.05~0.1			0.05~0.08
	黄河区	200~300	—	0.11~0.16	0.14~0.19	0.14~0.18	0.12~0.16	0.11~0.15	0.1~0.14
		300~400	—	0.11~0.24	0.17~0.29	0.17~0.29	0.15~0.28	0.14~0.23	0.13~0.2
		400~500	—	0.12~0.28	0.21~0.31	0.21~0.31	0.19~0.29	0.18~0.25	0.17~0.22

（续）

岩性	年降水量（mm）		地下水埋深（m）						
			<1	1~2	2~3	3~4	4~5	5~6	≥6
粗砂	西北诸河	<300	0.07~0.16	0.06~0.14		0.06~0.12			0.06~0.12
	黄河区	200~300	—	—	—	—	—	—	0.14~0.2
		300~400	—	—	—	—	—	—	0.17~0.24
		400~500	—	—	—	—	—	—	0.21~0.29
		500~600	—	—	—	—	—	—	0.23~0.31
卵砾石	西北诸河	<300	0.08~0.15	0.06~0.12		0.06~0.1			0.06~0.1
		300~500	0.15~0.2	0.2~0.35		0.15~0.3			0.1~0.15
	黄河区	200~300	—	—	—	—	—	—	0.15~0.23
		300~400	—	—	—	—	—	—	0.19~0.27
		400~500	—	—	—	—	—	—	0.22~0.31
		500~600	—	—	—	—	—	—	0.25~0.35

3.6.4.3 渠灌田间入渗补给系数

渠灌田间入渗补给系数 β 是指田间渠灌入渗补给地下水的水量与灌溉水深的比值。根据实际灌区经验数据，参考《青海省地下水资源》（1985 年）采用值确定不同岩性、不同水位埋深、不同灌水定额条件下的灌溉水入渗补给系数（表 3-47）。

表 3-47 青海省平原区灌溉水入渗补给系数 β 取值表

岩性	灌水定额［m^3/（亩·次）］		地下水埋深（m）						
			<1	1~2	2~3	3~4	4~5	5~6	≥6
亚黏土	西北诸河	40~50	0.1~0.15	0.08~0.12	0.06~0.1	0.05~0.18	0.04~0.06	0.02~0.04	0.01~0.02
		50~70	0.12~0.16	0.1~0.15	0.08~0.12	0.06~0.1	0.05~0.08	0.03~0.06	0.02
		70~100	0.15~0.2	0.12~0.18	0.1~0.16	0.08~0.12	0.06~0.1	0.04~0.08	0.03
		>100	0.18~0.25	0.14~0.22	0.12~0.2	0.1~0.18	0.08~0.15	0.06~0.1	0.03~0.04
	黄河区	40~50	0.1~0.15	0.1~0.13	0.09~0.12	0.08~0.1	0.06~0.08	0.02~0.06	0.02
		50~60	0.11~0.16		0.05~0.12		0.04~0.08		0.03
		40~70	0.12~0.16	0.05~0.12		0.03~0.06			0.03
		50~70	0.12~0.18	0.1~0.16	0.08~0.14	0.06~0.1	0.05~0.08	0.04~0.06	0.04
		50~80	0.12~0.18		0.08~0.15	0.07~0.12	0.06~0.09	0.04~0.06	0.04
		60~80	0.13~0.18		0.08~0.15		0.05~0.1		0.05
		70~100	0.15~0.2	0.14~0.18	0.12~0.16	0.1~0.14	0.08~0.12	0.06~0.1	0.06
		80~100	0.16~0.2		0.1~0.18		0.08~0.15		0.08
		>100	0.18~0.25		0.12~0.22		0.1~0.18		0.1

（续）

<table>
<tr><th rowspan="2">岩性</th><th rowspan="2" colspan="2">灌水定额
[m³/（亩·次）]</th><th colspan="7">地下水埋深（m）</th></tr>
<tr><th><1</th><th>1~2</th><th>2~3</th><th>3~4</th><th>4~5</th><th>5~6</th><th>≥6</th></tr>
<tr><td rowspan="12">亚砂土</td><td rowspan="4">西北诸河</td><td>40~50</td><td>0.12~0.2</td><td>0.1~0.18</td><td>0.08~0.15</td><td>0.06~0.13</td><td>0.04~0.12</td><td>0.02~0.1</td><td>0.04~0.06</td></tr>
<tr><td>50~70</td><td>0.14~0.22</td><td>0.12~0.2</td><td>0.1~0.18</td><td>0.08~0.15</td><td>0.06~0.12</td><td>0.04~0.1</td><td>0.02~0.06</td></tr>
<tr><td>70~100</td><td>0.16~0.25</td><td>0.14~0.24</td><td>0.12~0.22</td><td>0.1~0.2</td><td>0.08~0.16</td><td>0.06~0.12</td><td>0.04~0.08</td></tr>
<tr><td>>100</td><td>—</td><td>0.18~0.28</td><td>0.16~0.25</td><td>0.14~0.22</td><td>0.12~0.2</td><td>0.08~0.18</td><td>0.06~0.1</td></tr>
<tr><td rowspan="8">黄河区</td><td>40~50</td><td>0.12~0.22</td><td>0.15~0.2</td><td>0.14~0.18</td><td>0.12~0.16</td><td>0.1~0.15</td><td>0.06~0.08</td><td>0.06</td></tr>
<tr><td>40~70</td><td>0.2~0.25</td><td colspan="2">0.1~0.2</td><td colspan="3">0.05~0.08</td><td>0.05</td></tr>
<tr><td>50~70</td><td>0.2~0.25</td><td>0.15~0.22</td><td>0.14~0.2</td><td>0.12~0.18</td><td>0.1~0.15</td><td>0.07~0.11</td><td>0.07</td></tr>
<tr><td>50~80</td><td colspan="2">0.12~0.2</td><td>0.1~0.15</td><td>0.06~0.13</td><td>0.04~0.1</td><td>0.04~0.08</td><td>0.04</td></tr>
<tr><td>60~80</td><td colspan="2">0.13~0.22</td><td colspan="2">0.1~0.2</td><td colspan="2">0.04~0.12</td><td>0.04</td></tr>
<tr><td>70~100</td><td>0.18~0.28</td><td>0.16~0.22</td><td>0.15~0.2</td><td>0.14~0.18</td><td>0.12~0.16</td><td>0.1~0.12</td><td>0.1</td></tr>
<tr><td>80~100</td><td colspan="2">0.18~0.3</td><td>0.16~0.22</td><td>0.16~0.2</td><td>0.14~0.18</td><td>0.12~0.14</td><td>0.12</td></tr>
<tr><td>>100</td><td>0.25~0.32</td><td colspan="2">0.18~0.28</td><td>0.15~0.25</td><td>0.12~0.2</td><td>0.1~0.15</td><td>0.14</td></tr>
<tr><td rowspan="9">粉细砂</td><td rowspan="4">西北诸河</td><td>40~50</td><td>0.2~0.3</td><td>0.18~0.22</td><td>0.16~0.2</td><td>0.14~0.18</td><td>0.1~0.15</td><td>0.08~0.12</td><td>0.08~0.12</td></tr>
<tr><td>50~70</td><td>0.22~0.32</td><td>0.2~0.28</td><td>0.18~0.22</td><td>0.16~0.2</td><td>0.12~0.16</td><td>0.1~0.14</td><td>0.06~0.1</td></tr>
<tr><td>70~100</td><td>0.25~0.35</td><td>0.22~0.3</td><td>0.2~0.25</td><td>0.18~0.22</td><td>0.15~0.2</td><td>0.12~0.18</td><td>0.08~0.12</td></tr>
<tr><td>>100</td><td>0.28~0.4</td><td>0.25~0.35</td><td>0.22~0.3</td><td>0.2~0.25</td><td>0.18~0.22</td><td>0.15~0.2</td><td>0.1~0.15</td></tr>
<tr><td rowspan="5">黄河区</td><td>40~60</td><td colspan="2">0.13~0.2</td><td colspan="2">0.09~0.16</td><td colspan="2">0.08~0.14</td><td>0.04~0.08</td></tr>
<tr><td>50~80</td><td colspan="2">0.15~0.22</td><td>0.1~0.2</td><td>0.08~0.18</td><td>0.06~0.16</td><td>0.06~0.14</td><td>0.06~0.1</td></tr>
<tr><td>60~80</td><td colspan="2">0.18~0.22</td><td colspan="2">0.1~0.2</td><td colspan="2">0.08~0.16</td><td>0.08~0.1</td></tr>
<tr><td>80~100</td><td colspan="2">0.2~0.25</td><td>0.16~0.22</td><td>0.12~0.2</td><td>0.1~0.18</td><td>0.08~0.16</td><td>0.08~0.12</td></tr>
<tr><td>>100</td><td>—</td><td>—</td><td>—</td><td>0.15~0.22</td><td>0.12~0.2</td><td>0.12~0.18</td><td>0.12~0.16</td></tr>
</table>

3.6.5 地下水评价类型区

根据水利部门的水文水资源评价惯例，依据《全国水资源综合规划技术大纲》的要求，按地下水的补给、径流、排泄情况及受地形地貌、地质构造及水文地质条件等，将青海祁连山地区的东北部山区和湟水区再行划分为山丘区和平原区两个类型区展开相应讨论。

山丘区系指海拔相对较高、地面绵延起伏、第四系覆盖物较薄的高地；地下水类型主要包括基岩裂隙水、岩溶水和松散的第四系孔隙水。平原区系指海拔相对较低、地面起伏不大、第四系松散沉积物较厚的宽广平地；地下水类型以第四系孔隙水为主。山丘区与平原区的交界处有明显的地形坡度转折，该处即为山丘区和平原区之间的界线。

3.7 地下水资源量

地下水是指赋存于饱水岩土空隙中的重力水。地下水资源量是指地下水体中参与水循环且可以逐年更新的动态水量。山丘区地下水资源量计算采用排泄量法，近似等于河川基流量、山前侧向排泄量、浅层地下水实际开采量和潜水蒸发量等各排泄量之和。平原区采用总补给量法进行计算。总补给项包括降水入渗补给量、地表水体补给量、山前侧向补给量、地下水开采回归补给量 4 项，其中地表水体入渗补给量又可分为河道渗漏补给量、渠系渗漏补给量、田间渗漏补给量。计算多年平均降水入渗、地表水体和山前侧向 3 项补给量之和为评价区的地下水资源量。限于篇幅、水文地质参数基础资料收集等原因，山丘区和平原区各项内容评价时均对计算范围有一定调整。同时，为增加对东北部山区和湟水区地下水资源的整体了解，结合青海省地下水资源普查成果，列出东北部山区和湟水区整体范围内的地下水资源总量。

3.7.1 东北部山区

根据 3.6.5 节的划分，从山丘区和平原区的角度，分析讨论青海祁连山地区东北部山区的地下水资源状况。

3.7.1.1 山丘区

东北部山区中山丘区多数为高寒冻土地区，除河川基流量和山前侧向排泄量外，其他量很小，可忽略不计。

（1）河川基流量

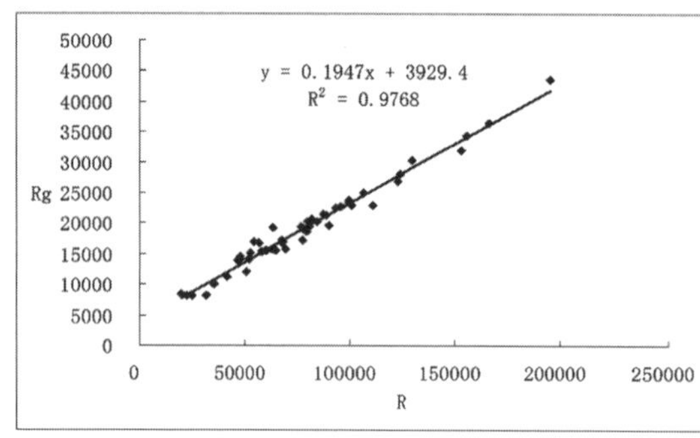

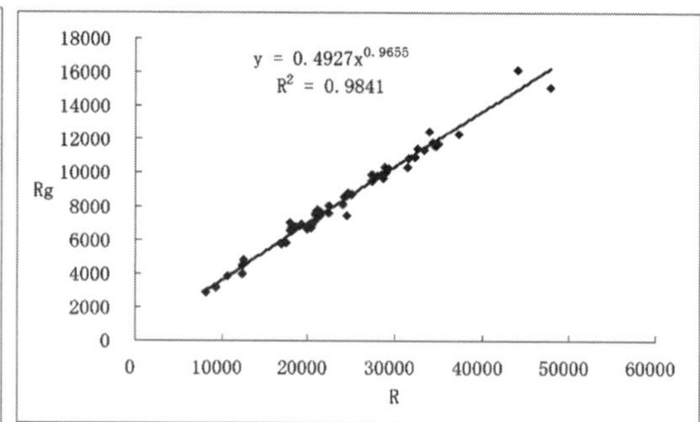

布哈河口站刚察站

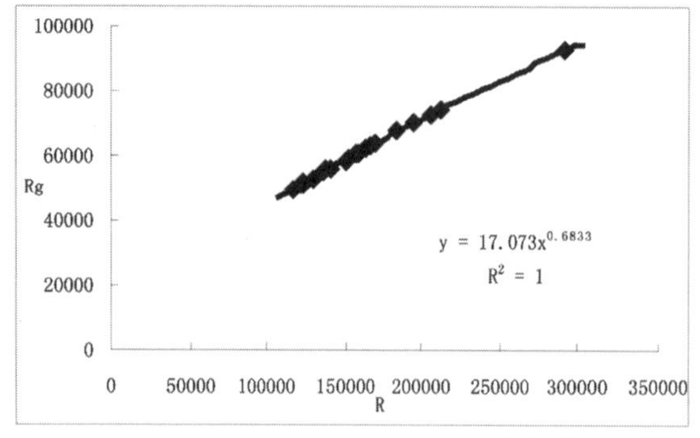

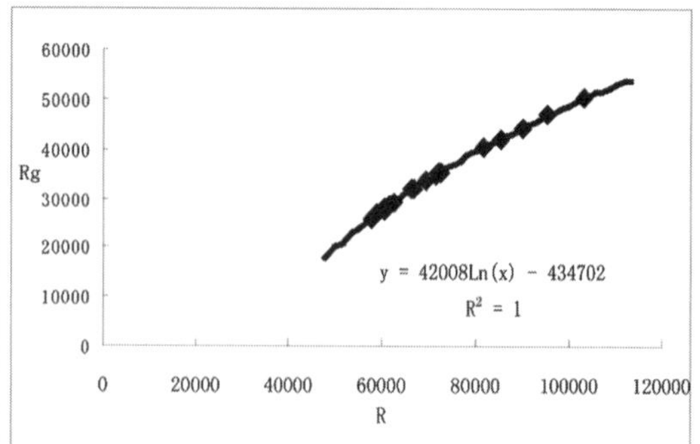

尕大滩站札马什克站

图 3-39 部分水文站河川径流 R-基流 Rg 关系曲线图

河川基流量是指河川径流量中由地下水渗透补给河水的部分，是山丘区地下水的主要排泄量。选用具有代表性的水文站逐日河川径流量观测资料，通过分割河川径流过程线的方法计算河川基流量。单站基流切割作了直线斜割法、改进加里宁试算法、最小枯季法3种方法相互比较进行。最小枯季法反映了年内基流量下限，防止直线斜割法切割结果过小；改进加里宁试算法处理多峰型流量过程效果较好，与直线斜割法切割过程线变化较一致，减少了直线斜割法存在的人为因素。

根据对评价区域代表站逐年河川基流量分割成果，建立该站河川径流量（R）与河川基流量（Rg）的关系曲线，即R-Rg关系曲线；再根据该站河川径流量从R-Rg关系曲线中查算逐年河川基流量。由部分单站R-Rg关系曲线可以看出（参见图3-39），基流与河川径流关系稳定。

东北部山区境内水文站点数少，本次河川基流量计算采用了海晏、尕日得、青石嘴、享堂、上唤仓、布哈河口、刚察、祁连、札马什克等水文站基径比成果（表3-48）。

表3-48　东北部山区水文站河川基流量分割成果

水系名称	河流名称	站名	集水面积（km^2）	年均径流量（$\times10^4m^3$）	年均基流量（$\times10^4m^3$）	基径比 Rg/R	基流模数（$\times10^4m^3/km^2$）
湟水	大通河	尕日得	4576	83 741	33 999	0.41	7.4
湟水	大通河	青石嘴	7893	158 364	60 658	0.38	7.7
湟水	大通河	享堂	15 126	289 524	137 109	0.47	9.1
青海湖	布哈河	上唤仓	7840	66 796	25 115	0.38	3.2
青海湖	布哈河	布哈河口	14 337	78 211	19 206	0.25	1.3
青海湖	依克乌兰河	刚察	1442	25 069	8883	0.35	6.2
河西内陆河	八宝河	祁连	2452	44 148	20 088	0.46	8.2
河西内陆河	黑河	札马什克	4589	71 429	34 306	0.48	7.5

在单站河川基流量计算的基础上，计算各分区的区域河川基流量。对有水文站控制的地区，采用基径比查算河川基流量；对未被水文站控制的地区，采用相似地区的基径比查算河川基流量。

经计算，东北部山区的多年平均河川基流量为$20.5961\times10^8m^3$（表3-49）。

表3-49　东北部山区山丘区河川基流量计算成果

二级区	三级区	山丘区面积（km^2）	山丘区径流量（$\times10^8m^3$）	基径比（Rg/R）	山丘区基流量（$\times10^8m^3$）
龙羊峡—兰州	大通河享堂以上	9859	23.1868	0.44	10.1433
河西内陆河	石羊河	608	1.52	0.61	0.9203
	黑河	10 161	16.7905	0.47	7.9651
	小计	10 769	18.3105	0.49	8.8854
青海湖水系	青海湖水系	5607	4.4783	0.35	1.5674
东北部山区		26 235	45.9756	0.45	20.5961

（2）山前侧向排泄量

山前侧向排泄量包括河床潜流量和山前侧向排入平原区的水量。山丘区山前侧向排泄量等于平原区山前侧向补给量。山前侧向补给量计算采用剖面法利用达西公式计算。东北部山区山前侧向排泄量计算公式为：

$$Q_{山前侧} = 10^{-4} \cdot K \cdot I \cdot A \cdot t$$

式中：$Q_{山前侧}$为山前侧向补给量（$\times 10^4 m^3$）；K 为剖面位置的渗透系数（m/d）；I 为垂直于剖面的水力坡度（无因次）；A 为剖面面积（m^2）；t 为时间（d）。

这部分量与平原区山前侧向补给量基本一致，在平原区地下水补给量计算时，将介绍山前侧向补给量的计算，山丘区山前侧向排泄量直接引用平原区山前侧向补给量，即 $1.5721 \times 10^8 m^3$。

（3）山丘区地下水资源量

东北部山区山丘区地下水资源量为 $22.1682 \times 10^8 m^3$。其中黄河流域为 $10.1433 \times 10^8 m^3$，西北诸河为 $12.0249 \times 10^8 m^3$。

3.7.1.2　平原区

根据青海省水资源调查评价成果对平原区的划分标准，东北部山区只有西北诸河的青海湖盆地有平原区，分布在海西州天峻县和海北州刚察县，门源盆地未按平原区处理。限于资料收集，本书仅计算青海湖盆地刚察县平原区地下水水资源量。

（1）降水入渗补给量

降水入渗补给量是指降水（包括坡面漫流和填洼水）渗入到土壤中并在重力作用下渗透补给地下水的水量。降水入渗补给量一般采用下式计算：

$$P_r = 10^{-1} \cdot P \cdot \alpha \cdot F$$

式中：P_r 为降水入渗补给量（$\times 10^4 m^3$）；P 为降水量（mm）；α 为降水入渗补给系数（无因次）；F 为计算面积（km^2）。

经计算，东北部山区刚察县平原区多年平均降水入渗补给量为 $0.8423 \times 10^8 m^3$（表 3-50）。

表 3-50　东北部山区刚察县平原区降水入渗补给量计算成果

三级区	计算面积（$\times 10^4 km^2$）	降水量 P（mm）	降水入渗补给系数 α	降水入渗补给量（$\times 10^8 m^3$）
青海湖盆地	0.1954	386.4	0.11	0.8423

（2）地表水体补给量

地表水体补给量是指河道渗漏补给量、渠系渗漏补给量、渠灌田间入渗补给量及以地表水为回灌水源的人工回灌补给量之和。为计算平原区地下水资源量与上游山丘区地下水资源量间的重复计算量，参照《地下水资源量及可开采量补充细则》（水利部水利水电规划设计总院，2002 年 10 月），由河川基流量形成的地表水体补给量，可根据地表水体中河川基流量占河川径流量的比率确定。

①河道渗漏补给量

河道渗漏补给量由于缺少上下断面实测资料，本次计算采用水文地质部门《青海省青海湖流域环湖地区地下水分布规律及开发利用研究报告》及《区域地质普查报告》推算主要大河河道渗漏补给系数。

$$Q_{河道}=a \cdot Q$$

式中：$Q_{渠道}$为河道渗漏补给量（$\times10^8m^3$）；Q 为分区径流量（$\times10^8m^3$）；a 为河道渗漏补给系数（无因次）。

经计算，河道渗漏补给量为 $1.5968\times10^8m^3$。

②渠系渗漏补给量

指渠系水补给地下水的水量。按照《地下水资源量及可开采量补充细则》要求只计算干、支两级渠道的渗漏补给量。渠系渗漏补给量采用渠系渗漏补给系数法。计算公式为：

$$Q_{渠系}=m \cdot Q_{渠首引}$$

$$m=\gamma \cdot (1-\eta)$$

式中：$Q_{渠系}$为渠系渗漏补给量（$\times10^8m^3$）；$Q_{渠首引}$为渠首引水量（$\times10^8m^3$）；γ 为渠系渗漏补给系数（无因次）；η 为渠系有效利用系数（无因次）。

渠首引水量、渠系有效利用系数、渠系渗漏补给系数等基本数据引自以往的调查资料、《青海省水利统计资料汇编》（1980~2000）、各地区农牧区划报告等。

经计算，渠系渗漏补给量为 $0.3322\times10^8m^3$。

③田间入渗补给量

计算公式：$Q_{田渗}=\beta_{渠} \cdot Q_{渠田}$

式中：$Q_{田渗}$为渠灌田间入渗补给量；$\beta_{渠}$为渠灌田间入渗补给系数（无因次）；$Q_{渠田}$为渠灌水进入田间的水量。

经计算，田间入渗补给量为 $0.0846\times10^8m^3$。

综上分析计算成果，东北部山区青海湖盆地刚察县平原区多年平均地表水体补给量为 $2.0136\times10^8m^3$（表 3-51）。由河川基流量形成的地表水体补给量 $0.743\times10^8m^3$。

表 3-51 东北部山区刚察县平原区多年平均地表水体补给量计算成果（单位：$\times10^8m^3$）

分区径流量	河道渗漏补给系数	河道渗漏补给量	渠道引水量	渠系渗漏系数	渠系利用系数	渠系渗漏补给量	田间入渗系数	田间入渗补给量	地表水体入渗补给量
5.5237	0.29	1.5968	0.7551	0.8	0.45	0.3322	0.2	0.0846	2.0136

（3）山前侧向补给量计算

以地下潜流形式流入计算区的水量称为侧向流入量。山前侧向补给量计算采用剖面法，利用达西公式计算，主要依据 1985 年青海省 1∶25 万水文地质普查成果。选取接近山丘区与平原区边界具有代表性的钻孔，根据钻孔含水层厚度、含水层岩性、渗透系数、潜水位等基本资料，结合 1∶20 万综合水文地质图，对边界剖面的透水情况进行分析，确

表 3-52 东北部山区流域分区地下水资源量计算成果（单位：$\times10^8m^3$）

水资源一级区	水资源二级区	水资源三级区	县级行政区	计算面积（km^2）		平原区补给量					山丘区				平原区与山丘区地下水资源重复计算量	分区地下水资源量
				总面积	其中平原面积	降水入渗补给量	山前侧向流入量	地表水体入渗补给量		地下水资源量	河川基流量	山前侧向流出量	山前泉水溢出量	地下水资源量		
								补给量	河川基流补给							
黄河流域	龙羊峡至兰州	大通河享堂以上	门源县	5172							5.11			5.11		5.11
			祁连县	2835							2.43			2.43		2.43
			天峻县	1599							1.07			1.07		1.07
			刚察县	1852							1.53			1.53		1.53
	合计			11458							10.14			10.14		10.14
西北诸河	河西内陆河	石羊河	门源县	608							0.92			0.92		0.92
		黑河	祁连县	10161							7.97			7.97		7.97
		疏勒河	天峻县	7550							3.90			3.90		3.90
		小计		18319							12.78			12.78		12.78
	青海湖水系	青海湖盆地	天峻县	15451	—	—	—	—	—	—	—	—	—	—	—	2.78
			刚察县	7561	1954	0.84	1.57	2.01	0.74	4.43	1.57	1.57		3.14	2.32	5.25
		小计		23 012	—	—	—	—	—	—	—	—	—	—	—	8.03
	合计			41331	—	—	—	—	—	—	—	—	—	—	—	20.81
东北部山区	合计			52789	—	—	—	—	—	—	—	—	—	—	—	30.96

表 3-53 东北部山区行政分区地下水资源量计算成果（单位：$\times10^8 m^3$）

县级行政区	计算面积（km^2）		平原区补给量					山丘区				平原区与山丘区地下水资源重复计算量	分区地下水资源量
	总面积	其中平原面积	降水入渗补给量	山前侧向流入量	地表水体入渗补给量		地下水资源量	河川基流量	山前侧向流出量	山前泉水溢出量	地下水资源量		
					补给量	其中河川基流补给							
门源县	5780							6.03			6.03		6.03
祁连县	12 996							10.40			10.40		10.40
天峻县	24 600	—	—	—	—	—	—	—	—	—	—	—	7.75
刚察县	9413	1954	0.84	1.57	2.01	0.74	4.43	3.10	1.57		4.67	2.31	6.78
东北部山区	52 789	—	—	—	—	—	—	—	—	—	—	—	30.96

定侧向排泄量剖面宽度。计算剖面选在山丘区与平原区交界，地下径流通畅地带。在垂直剖面方向上选取钻孔，计算水力坡度。采用达西公式对各剖面计算侧向量，本次计算采用了《青海省水资源评价报告》的成果。

经计算，东北部山区刚察县平原区多年平均山前侧向补给量 1.5721×10^8m^3。

（4）平原区地下水资源量

东北部山区刚察县平原区地下水资源量为 4.428×10^8m^3。

3.7.1.3 地下水资源量

根据前面分析成果并结合《青海省水资源调查评价报告》，经统计计算（表 3-52 和表 3-53），东北部山区全范围 1980~2000 年多年平均地下水资源量为 30.96×10^8m^3。

3.7.2 湟水区

根据 3.6.5 地下水评价类型区的划分，分别从山丘区和平原区的角度，分析讨论青海祁连山地区湟水区的地下水资源状况。

3.7.2.1 山丘区

（1）河川基流量

本节采用的基流切割方法与东北部山区一致。根据 1980~2000 年逐年分割的成果，建立河川径流量与河川基流量间的关系曲线，用此关系曲线查算 1956~1979 年逐年河川基流量。单站基流切割成果见表 3-54。

表 3-54 湟水区 9 个县（市）水文站单站基流切割成果

河流名称	站名	集水面积（km^2）	R-Rg 曲线相关方程	曲线拟合优度 R^2	切割年份（年）	切割年数	1980~2000 多年年径流量均值（×10^4m^3）	1980~2000 多年年基流量均值（×10^4m^3）
湟水	海晏(湟)	724	Rg=2549.0Ln(R)-18559.6	0.9513	1980~2000	21	4734	2934
哈利涧河	海晏(哈)	670	Rg=2250.3Ln(R)-15880.6	0.5935	1980~2000	21	7786	4237
湟水	石崖庄	3051	Rg=11865.3Ln(R)-106332.4	0.7245	1980~2000	21	31 100	16 014
药水河	董家庄	636	$Rg=1.6212R^{0.8546}$	0.8841	1980~2000	21	8533	3688
湟水	西宁	9022	$Rg=6.8193R^{0.7588}$	0.8327	1980~2000	21	130 245	51 546
湟水	乐都	13 025	$Rg=3.0349R^{0.8379}$	0.9545	1989~2000	12	175 116	74 828
湟水	民和	15 342	$Rg=2.9554R^{0.8406}$	0.8745	1980~2000	17	206 442	86 432
西纳川	西纳川	809	$Rg=2.3832R^{0.8270}$	0.9180	1980~2000	21	16 436	7260
北川河	硖门	1308	Rg=14940.2Ln(R)-141338.6	0.8988	1980~2000	21	36 464	15 184
北川河	桥头	2774	$Rg=2.1062R^{0.8635}$	0.8802	1980~2000	21	63 634	29 516
黑林河	黑林	281	$Rg=1.0155R^{0.9161}$	0.9078	1980~2000	21	7852	3747
沙塘川	傅家寨	1092	$Rg=2.9639R^{0.8221}$	0.9196	1980~2000	21	14 983	8000
小南川	王家庄	370	Rg=958.2Ln(R)-6425.6	0.8291	1980~2000	21	4338	1535
引胜沟	八里桥	459	Rg=1672.8Ln(R)-12315.7	0.9016	1980~2000	21	9475	2961
巴州沟	吉家堡	192	$Rg=0.6063R^{0.9359}$	0.8519	1980~2000	21	3301	1184

在单站河川基流量计算的基础上，计算县域内各水资源分区的区域河川基流量。分别计算区内基流切割站的多年河川基流模数，每个分区可包括一个或多个基流切割站，分别计算单站基流模数和分区平均基流模数。对未有水文站的地区，采用临近地区水文站基流模数进行计算。山丘区各计算单元的基流模数确定后，分别乘以本计算单元的面积，计算得到单元的河川基流量（见表 3-55）。

（2）山前侧向排泄量

本书采用达西公式分剖面进行计算。计算剖面选在山丘区与平原区交界，地下径流通畅地带。

（3）山丘区地下水资源量

经统计计算（见表 3-55），湟水区各县（市）山丘区地下水资源量为 $13.0930\times10^8 m^3$。

3.7.2.2 平原区

西宁盆地地下水开发利用程度较高，埋藏较浅，地下水丰富，水质较好，水文地质研究程度较高，因此将西宁盆地作为湟水区的平原区进行水资源分区评价。河谷潜水是以地表水体渗漏补给为主，其次是来自基岩山区沟谷的地下水径流侧向补给及降水入渗补给。

（1）降水入渗补给量

降水入渗补给量的大小主要取决于有效降水量、包气带岩性、地下水埋深等，接受降水入渗补给的面积、多年平均年降水量及降水入渗补给系数的乘积即为降水入渗补给量。西宁盆地包气带岩性主要为亚黏土，也有小片的黏土、亚砂土等的分布，为便于计算，按亚黏土概化进行分析计算。根据地下水埋深动态监测资料，西宁盆地地下水埋深可分为小于 1m、1~3m、3~6m、大于 6m 共 4 种范围，不同埋深下的降水入渗补给系数见表3-56。各分区降水入渗补给面积及分区降水量见表 3-57。

表 3-56 湟水区西宁盆地降水入渗补给系数 α

地下水埋深	<1m	1~3m	3~6m	>6m
入渗补给系数	0.1~0.15	0.14~0.18	0.1~0.15	0.08~0.12

表 3-57 平原区降水入渗补给面积及降水量

分区	水资源分区名称	1980~2000 年多年平均面降水量（mm）	水资源分区面积（km^2）	补给面积（平原区面积）（km^2）
干流区	石崖庄至西宁	418.9	222	194
	西宁至乐都	345.9	318	78
北岸区	西纳川	571.0	1014	44
	北川河	573.9	3290	193
南岸区	南川河	530.6	409	63
平原区面积（km^2）				630

（2）地表水体补给量

河道渗漏量是外流湟水区河谷平原地下水的主要补给来源之一，河谷潜水与河水之间

表 3-55　1980~2000 年湟水区各县（市）浅层地下水各补给量、排泄量及资源量统计表（单位：$\times10^4m^3$）

水资源分区		计算面积（km^2）	山丘区			平原区								各计算分区地下水资源量	相邻计算分区对本区补给量	
			计算面积（km^2）	其中：河川基流量（即降水入渗补给量形成的河道排泄量）	地下水资源量（即降水入渗总补给量）	计算面积（km^2）	补给量					地下水资源量	降水入渗补给量形成的河道排泄量		山前侧向补给量	地表水体补给量形成的补给量
							降水入渗补给量	山前侧向补给量	地表水体补给量		非地表水源的人工回灌补给量					
									补给量	其中：河川基流量形成的补给量						
干流区	海晏以上	1394	1394	7328	7328									7328		
	海晏至石崖庄	1675	1675	8900	8900									8900		
	石崖庄至西宁	222	28	165	210	194	1184	1170	4790	1892	0	7144	534	7309	1125	1892
	西宁至乐都	318	240	1137	1362	78	396	225	2182	829	0	2803	177	3940	0	829
	乐都至民和	119	119	500	500									500		
	民和以下	92	92	619	619									619		
北岸区	西纳川	1014	970	8359	10 688	44	371	1789	1416	538	0	3576	166	12 474	0	538
	云谷川	311	311	2117	2347									2347		
	北川河	3290	3097	31 890	34 466	193	1694	2806	9841	3739	0	14 340	762	46 000	0	3739
	沙塘川	1092	1034	8322	8995	58	454	673	3344	1538	0	4472	205	12 793	0	1538
	哈拉直沟	410	410	1477	1477									1477		
	红崖子沟	337	337	1236	1236									1236		
	上水磨沟	332	332	1111	1111									1111		
	努木池沟	141	141	465	465									465		
	引胜沟	459	459	2949	2949									2949		
	羊官沟	207	207	801	801									801		
	下水磨沟	224	224	899	899									899		
	下水磨沟以下	216	216	762	762									762		

（续）

水资源分区		计算面积（km^2）	山丘区			平原区								各计算分区地下水资源量	相邻计算分区对本区补给量	
			计算面积（km^2）	其中：河川基流量（即降水入渗补给量形成的河道排泄量）	地下水资源量（即降水入渗总补给量）	计算面积（km^2）	补给量					地下水资源量	降水入渗补给量形成的河道排泄量		山前侧向补给量	地表水体补给量形成的补给量
							降水入渗补给量	山前侧向补给量	地表水体补给量		非地表水源的人工回灌补给量					
									补给量	其中：河川基流量形成的补给量						
南岸区	盘道河	273	273	1339	1544									1544		
	甘河沟	249	249	1206	1408									1408		
	石灰沟	185	185	869	1047									1047		
	南川河	409	346	1516	3205	63	504	1680	863	328	0	3056	227	4572	0	328
	小南川	433	433	1902	1902									1902		
	祁家川	320	320	1340	1340									1340		
	白沈家沟	340	340	1321	1321									1321		
	马哈来沟	312	312	1199	1199									1199		
	岗子沟	315	315	1259	1259									1259		
	虎狼沟	291	291	1139	1139									1139		
	松树沟	284	284	1209	1209									1209		
	米拉沟	177	177	777	777									777		
	巴州沟	373	373	2106	2106									2106		
	隆治沟	306	306	1560	1560									1560		
湟水合计		16 120	15 490	97 776	106 128	630	4603	8352	22 435	8865	0	35 390	2070	124 301	1125	8865
青海湖流域		2208	12 100	5403	5403									5403		
大通河流域		1569	32 010	15 699	15 699									15 699		
黄河流域		667	8143	3700	3700									3700		

（续）

水资源分区		计算面积（km^2）	山丘区			平原区								各计算分区地下水资源量	相邻计算分区对本区补给量	
			计算面积（km^2）	其中：河川基流量（即降水入渗补给量形成的河道排泄量）	地下水资源量（即降水入渗总补给量）	计算面积（km^2）	补给量					地下水资源量	降水入渗补给量形成的河道排泄量		山前侧向补给量	地表水体补给量形成的补给量
							降水入渗补给量	山前侧向补给量	地表水体补给量		非地表水源的人工回灌补给量					
									补给量	其中：河川基流量形成的补给量						
行政分区	海晏县	4670	4670	21 338	21 338									21 338		
	湟源县	1492	1429	7868	7890	63	384	380	1556	614		2319	173	10 187	365	614
	湟中县	2440	2289	13 080	17 121	151	1185	3290	3607	1396		8082	516	22 288	383	1396
	大通县	3055	2896	30 602	33 178	159	1485	2806	8106	3080		12 398	668	42 773		3080
	西宁市区	344	145	649	1689	199	1094	1203	5822	2237		8119	508	8997	377	2237
	互助县	3424	3424	25 512	26 185	58	455	673	3344	1538		4472	205	18 138		1538
	平安县	742	742	2935	2935									2935		
	乐都县	2506	2506	10 472	10 472									10 472		
	民和县	1891	1891	10 122	10 122									10 122		
9个县（市）合计		20 564	19 992	122 578	130 930	630	4603	8352	22 435	8865	0	35 390	2070	149 103	1125	8865

存在密切的互补关系。河流出山后，大量渗漏补给山前或河谷平原松散含水层的地下水。受资料条件限制，河道渗漏量采用经验系数法计算。综合外流湟水区以往水文、水文地质调查中所测得的河道渗漏资料，并参考《青海省地下水水资源评价》（1985 年版）采用值，确定湟水地区河流渗漏补给系数 0.22。根据进入各水资源分区的多年平均年径流量乘以各区河道渗漏补给系数求得河道渗漏量。渠系渗漏补给量计算，渠系指干、支两级渠道，本次只计算这两级渠道的渗漏补给量。西宁盆地灌溉面积超过万亩的干、支渠有解放渠、团结渠、礼让渠及北川渠。渠系渗漏补给系数 m 值按 $m=\gamma\cdot(1-\eta)$ 计算，其中，渠系渗漏修正系数 γ 取 0.80，干支渠利用程度较高，经对青海省灌区有关资料、研究报告采用值分析，渠系利用系数 η 取 0.62。根据进入湟水地区各水资源分区的多年平均年径流量乘以各区河道渗漏补给系数求得河道渗漏量。渠首引水量、渠系利用系数及田间灌溉入渗补给系数 β 的乘积即为田间灌溉入渗补给量。田间灌溉入渗补给系数 β 取值见表3-58

表 3-58 西宁盆地田间灌溉入渗补给系数 β

岩性	灌水定额 [m^3/(亩·次)]	地下水埋深（m）						
		<1	1~2	2~3	3~4	4~5	5~6	≥6
亚黏土	40~50	0.1~0.15	0.10~0.13	0.09~0.12	0.08~0.10	0.06~0.08	0.02~0.06	0.02
	40~60	0.11~0.16		0.05~0.12		0.04~0.08		0.03
	40~70	0.12~0.16		0.05~0.12		0.03~0.06		0.03
	50~70	0.12~0.18	0.10~0.16	0.08~0.14	0.06~0.10	0.05~0.08	0.04~0.06	0.04
	50~80	0.12~0.18		0.08~0.15	0.07~0.12	0.06~0.09	0.04~0.06	0.04
	60~80	0.13~0.18		0.08~0.15		0.05~0.10		0.05
	70~100	0.15~0.20	0.14~0.18	0.12~0.16	0.10~0.14	0.08~0.12	0.06~0.10	0.06
	80~100	0.16~0.20		0.10~0.18		0.08~0.15		0.08
	>100	0.18~0.25		0.12~0.22		0.10~0.18		0.1

库塘渗漏补给量、人工回灌补给量在湟水地区相对较小，且缺乏调查资料，故忽略不计。

（3）其他补给量

山前侧向补给量是指发生在山丘区与平原区交界面上，山丘区地下水以地下潜流形式补给平原区浅层地下水的水量，即为山丘区山前侧向补给量，此项已在山丘区中计算。

（4）平原区水资源量

湟水区各县（市）平原区地下水资源量为 $3.5390\times10^8m^3$（参见表 3-55）。

3.7.2.3 地下水资源量

经计算，湟水区 9 个县（市）地下水资源量 1980~2000 年多年平均值约为 $14.9103\times10^8m^3$（参见表 3-55）。

3.8 水资源总量

水资源总量是指当地降水形成的地表和地下产水量，即地表径流量与降水入渗补给量之和。地表径流量包括坡面流和壤中流，即河川径流量中扣除河川基流量部分的水量。降水入渗补给量是指降水入渗对地下水的补给量，其排泄形式主要包括：河川基流量、潜水蒸发、山前侧渗量、地下水开采净消耗量等项之和。大气降水、地表水、地下水三者之间存在有相互联系、相互转化的关系，地表水中包括一部分地下水的排泄量，而地下水的补给量中又有一部分地表水的渗漏补给，地表水和地下水之间存在有重复量。

根据地表水、地下水转化平衡关系，水资源总量采用计算公式为：

$$W=Rs+Pr=R+Pr-Rg$$

式中：W 为水资源总量；Rs 为地表径流量；Pr 为降水入渗补给量（山丘区地下水总排泄量代替）；R 为河川径流量；Rg 为河川基流量（平原区为降水入渗补给量形成的河道排泄量）。

（1）单一山丘区

降水形成的地表径流和地下水主要通过河道向下游排泄，地下水的潜水蒸发量、河床潜流量、山前侧渗量较小，可忽略不计；地下水开采净消耗量在地表水计算时已还原，属于河川基流；降水入渗补给量等于山丘区河川径流量。因此，水资源总量等于地表水资源量，即河川径流量。

（2）山丘区和河谷平原区混合

山丘区在河谷平原区的外围，山丘区的地表水和地下水都进入平原区，补给平原区的地表水或地下水。根据水资源的形成、运移转化机理，可将上式细化为：

$$W=R+P_r-R_g-P_r$$

式中：P_r 为平原区降水入渗补给形成的河道排泄量。据此，区域水资源总量等于地表水资源量与河谷平原区潜水蒸发量之和。

3.8.1 东北部山区

经过对东北部山区流域和行政分区水资源总量的计算（表 3-59 和表 3-60），东北部山区水资源总量为 $66.9476\times10^8m^3$。其中，黄河流域 $23.1868\times10^8m^3$，西北诸河 $43.7608\times10^8m^3$。

3.8.2 湟水区

经计算（表 3-61），湟水区 9 个县（市）地表水资源量 $26.84\times10^8m^3$，水资源总量为 $28.12\times10^8m^3$。

表 3-59　东北部山区流域分区水资源总量表（单位：$\times 10^8 m^3$）

水资源一级区	水资源二级区	水资源三级区	县级行政区	计算面积（km^2）	分区天然年径流量	山丘区地下水资源量	山丘区河川基流量	平原区降水入渗补给量	平原区降水入渗补给形成的河道排泄量	地下水资源与地表水资源不重复量	分区水资源总量
黄河流域	龙羊峡至兰州	大通河享堂以上	门源县	5172	11. 6419	5. 1111	5. 1111				11. 6419
			祁连县	2835	5. 4961	2. 4319	2. 4319				5. 4961
			天峻县	1599	2. 5574	1. 0669	1. 0669				2. 5574
			刚察县	1852	3. 4914	1. 5334	1. 5334				3. 4914
	合计			11 458	23. 1868	10. 1433	10. 1433				23. 1868
西北诸河	河西内陆河	石羊河	门源县	608	1. 5200	0. 9203	0. 9203				1. 5200
		黑河	祁连县	10 161	16. 7905	7. 9651	7. 9651				16. 7905
		疏勒河	天峻县	7550	7. 7946	3. 8959	3. 8959				7. 7946
		小计		18 319	26. 1051	12. 7813	12. 7813				26. 1051
	青海湖水系	青海湖盆地	天峻县	15 451	10. 0787	—	—	—	—	0. 5238	10. 6025
			刚察县	7561	4. 6388	3. 1395	1. 5674	0. 8423	0	2. 4144	7. 0532
		小计		23 012	14. 7175	—	—	—	—	2. 9382	17. 6557
	合计			41 331	40. 8226	—	—	—	—	2. 9382	43. 7608
东北部山区	合计			52 789	64. 0094	—	—	—	—	2. 9382	66. 9476

表 3-60　东北部山区行政分区水资源总量表（单位：$\times 10^8 m^3$）

县级行政区	计算面积（km^2）	分区天然年径流量	山丘区地下水资源量	山丘区河川基流量	平原区降水入渗补给量	平原区降水入渗补给形成的河道排泄量	地下水资源与地表水资源不重复量	分区水资源总量
门源县	5780	13. 1619	6. 0314	6. 0314				13. 1619
祁连县	12 996	22. 2866	10. 3970	10. 3970				22. 2866
天峻县	24 600	20. 4307	—	—	—	—	—	20. 9545
刚察县	9413	8. 1302	4. 6729	3. 1008	0. 8423	0	2. 4144	10. 5446
东北部山区	52 789	64. 0094	—	—	—	—	—	66. 9476

表 3-61 湟水区 9 个县（市）水资源分区水资源总量统计（单位：$\times10^4m^3$）

分区	名称	集水面积（km^2）	天然河川径流量	降水入渗补给量	山丘区河川基流量	平原区降水入渗补给形成的河道排泄量	水资源总量
湟水干流	海晏以上	1394	12 521	7129	7129		12521
	海晏至石崖庄	1675	18 580	8734	8734		18 580
	石崖庄至西宁	222	2380	2636	153	541	4322
	西宁至乐都	318	1771	1782	747	180	2626
	乐都至民和	119	649	204	204		649
	民和以下	92	515	248	248		515
	合计	3820	36 416	20 733	17 215	721	39 213
湟水北岸	西纳川	1014	16 318	11 767	8684	167	19 234
	云谷川	311	3887	2434	2204		4117
	北川河	3290	68 095	35 453	32 270	760	70 518
	沙塘川	1092	15 195	9503	7900	207	16 591
	哈拉直沟	410	4534	1425	1425		4534
	红崖子沟	337	3794	1192	1192		3794
	上水磨沟	332	3701	1159	1159		3701
	努木池沟	141	1549	485	485		1549
	引胜沟	459	9195	2877	2877		9195
	羊倌沟	207	2273	840	840		2273
	下水磨沟	224	2572	943	943		2572
	下水磨沟以下	216	2157	799	799		2157
	合计	8033	133 270	68 877	60 778	1134	140 235
湟水南岸	盘道河	273	2818	1249	1249		2818
	甘河沟	249	2540	1121	1121		2540
	石灰沟	185	1831	1401	816		2416
	南川河	409	4306	3896	1205	226	6771
	小南川	433	4507	1838	1838		4507
	祁家川	320	3347	1285	1285		3347
	白沈家沟	340	3524	1216	1216		3524
	马哈来沟	312	3123	1106	1106		3123
	岗子沟	315	3264	1129	1129		3264
	虎狼沟	291	2997	1086	1086		2997
	松树沟	284	3535	1263	1263		3535
	米拉沟	177	2204	812	812		2204
	巴州沟	373	4644	2229	2229		4644
	隆治沟	306	3809	1630	1630		3809
	合计	4267	46 449	21 261	17 985	226	49 499

（续）

分区	名称	集水面积（km^2）	天然河川径流量	降水入渗补给量	山丘区河川基流量	平原区降水入渗补给形成的河道排泄量	水资源总量
湟水合计		16 120	216 135	110 871	95 977	2081	228 948
青海湖流域		2208	12 100	5403	5403		12 100
大通河流域		1569	32 010	15 699	15 699		32 010
黄河流域		667	8143	3700	3700		8143
行政分区	海晏县	4670	40 609	21 609	21 609		40 609
	湟源县	1492	17 115	8637	7789	177	17 786
	湟中县	2440	28 721	18 999	12 319	576	34 825
	大通县	3055	65 650	33 600	30 985	668	67 597
	西宁市区	344	2399	3312	524	453	4734
	互助县	3424	55 109	26 919	24 956	207	56 865
	平安县	742	7358	2711	2711		7358
	乐都县	2506	28 655	9898	9898		28 655
	民和县	1891	22 772	9988	9988		22 772
9 个县（市）合计		20 564	268 388	160 475	145 581	2081	281 201

注：为计算总量时资料系列一致，表中降水入渗补给量、山丘区河川基流量、平原区降水入渗补给形成的河道排泄量均延长至1956~2000年的系列。

3.9 水资源可利用总量估算

地球上有着极为丰富的水资源，但只有很小比例的水资源得以被人类利用而成为可利用水资源。根据相关资料（《中国资源科学百科全书》编辑委员会，2000），全球水储量总计约为 $13.86\times10^8 km^3$，而淡水储量仅占全球水储量的 2.5%，其中可被人类开发利用的淡水资源则比例极小。对于特定区域而言，在区域社会经济的发展过程中，对可被利用水资源总量的了解才具有更为重要的实际意义。

3.9.1 水资源可利用量

从人类对水资源的开发利用来说，一个地区的可利用水资源量数据比水资源总量数据更有实际意义。因为水资源总量包含有很大一部分由于经济技术限制、生态保护制约、水权限制等原因而不能被当地开发利用的水量。只有水资源可利用量才是可供人类生产和生活分配和耗用的水量，是人口和经济的直接承载体，是计算水资源对社会经济承载能力的依据。因此明确水资源可利用量的准确含义，具有重要意义。

根据可持续发展和水权约束，水资源可利用量可定义为：在满足一定的生态保护标准下的生态需水的前提下，在一定的经济技术水平条件下，有水权保证的、在总水资源量中可以被当地净消耗于生产生活的那部分水资源量。因此水资源可利用量是一个动态量。这不仅因为水资源是个动态量，而且它还取决于生态用水和水权的动态变化。

从定量来说，一个地区的水资源可利用量等于当地总人类可耗用水资源量中，当地有水权保证的那一部分水量。人类可耗用量的水权在有关地区之间分配，很可能当地拥有水权的只是总人类可耗用量中的一部分，另一部分需要分配给流域下游（如湟水上游的可耗用量需分配给湟水下游）或流域外（如大通河需要调水到湟水）。因此在有出境水量或水资源外调的情况下，当地的可利用量只是当地人类可耗用总量中当地拥有水权的那部分水量。由于水权的限制，一个地区所产出的人类可利用总量与当地实际可利用量可以不同。归纳起来，当地的实际可利用量等于当地产的可耗用水资源量与净调入量之和。或者对于直接限定水权的流域区间或区域，其可利用量就是水权分配量。如青海省的黄河流域水资源可利用量，直接由国务院制定的黄河水资源分配方案决定。

3.9.2 水资源可利用量计算方法

人类生产生活可利用水资源量和生态需水是水资源在人类社会和自然生态系统之间的分配，而水权（即可利用量在不同用水主体之间的分配）是社会内部的分配，二者属于两个不同的层次。这里暂不考虑水权对某个用水主体可利用量的限制，而只考虑水资源在人类社会与生态系统之间的分配，即讨论估算一个流域或区域的总水资源量中有多少可供人类生产生活耗用的方法。

根据《青海省水资源评价报告》，可利用量计算具体有经验估算法、分项估算法、切割法等多种方法，采用这些方法只适用于完整流域水资源可利用量的计算。

湟水流域采用经验估算法、分项估算法，计算总水资源可利用量为 7.9×10^8 ~ $11.54\times10^8 m^3$；除了湟水之外的其他黄河干流和支流地区，水资源开发利用率一般低于 20%，只适合采用经验估算法。按地表水资源量可利用率 30% ~ 35% 来估算，祁连山地区黄河流域大通河享堂以上水资源可利用量为 6.96×10^8 ~ $8.12\times10^8 m^3$。

西北诸河中，青海湖盆地的地表水资源 $16.03\times10^8 m^3$、不重复入湖地下水资源 $6.03\times10^8 m^3$、总水资源量 $22.06\times10^8 m^3$ 中，湖泊（及河道）生态需水量应为 $20.98\times10^8 m^3$，可利用量为 $1.08\times10^8 m^3$，其中青海祁连山地区刚察县的可利用量为 $0.3453\times10^8 m^3$，海晏县的可利用量为 $0.0433\times10^8 m^3$。

西北诸河河西内陆河的可利用量按水资源量的 10% ~ 15% 考虑，石羊河为 0.152×10^8 ~ $0.228\times10^8 m^3$，黑河为 1.6791×10^8 ~ $2.5187\times10^8 m^3$，疏勒河为 0.7795×10^8 ~ $1.1692\times10^8 m^3$。

水资源可利用量的含义中还有一部分是“有水权保证的、在总水资源量中可以被当地净消耗于生产生活的那部分水资源量”。国务院早在 1987 年就对黄河在青海省内的耗水做出了要求，青海省于 2008 年制定颁布了《青海省黄河取水许可总量控制指标细化方案》，对省域各地区耗用湟水、大通河和黄河的水权做出了限制。单纯用数学方法计算行政区域的水资源可利用量不但具有较大难度，而且不能体现水权的概念，是没有意义的。因此，本次对水权做出限制的黄河流域，其水资源可利用量就等于各行政区可利用的耗水指标，即分配的水权。

3.9.3 可利用耗水指标

结合我国人多水少、水资源时空分布不均的基本国情和水情，为充分发挥市场配置水资源作用，促进水资源的保护和高效利用，《中共中央 国务院关于加快水利改革发展的决定》明确提出了要在我国实行最严格水资源管理制度的要求，《国务院关于实行最严格水资源管理制度的意见》就实行最严格水资源管理制度提出了具体要求。根据水利部的统一部署，我国逐步加快了水权改革进程，已基本建立覆盖省、市、县三级行政区的水资源控制指标体系。在此，列出青海祁连山地区不同行政区域的黄河流域取水许可指标，作为这些行政区域可利用水资源的主要依据之一。

3.9.3.1 东北部山区

根据黄河管理委员会《关于开展黄河取水许可总量控制指标细化工作的通知》（黄水调〔2006〕19号）精神，青海省编制完成了《青海省黄河取水许可总量控制指标细化方案》，省人民政府于2008年10月批复实施。到2010年5月底前，各州（地、市）人民政府陆续批复了该分水方案。涉及黄河流域取水的内陆山地区各县2015年用水总量在不超过省政府下达的用水总量指标的同时，亦不能超过省政府下达的耗黄水量指标。相应各县的用水总量指标列于表3-62。

表3-62 东北部山区各人民政府黄河流域耗水指标批复表（单位：$\times 10^8 m^3$）

评价区	县	干流耗水控制指标	重要支流耗水控制指标		合计
			大通河	湟水	
东北部山区	门源县	0	0.34	0	0.34
	祁连县	0	0.14	0	0.14
	合计	0	0.48	0	0.48

3.9.3.2 湟水区

根据2008年制定的《青海省黄河取水许可总量控制指标细化方案》，湟水耗黄指标为$6.28\times 10^8 m^3$，还需加上西宁市耗用大通河指标$2.38\times 10^8 m^3$、海东市耗用大通河$0.02\times 10^8 m^3$，湟水区耗黄指标共有$8.68\times 10^8 m^3$（表3-63）。

表3-63 青海省黄河取水许可总量控制指标细化方案（单位：$\times 10^8 m^3$）

州（市）名称	干流耗水控制指标	支流耗水控制指标		合计
西宁市	0.00	大通河	2.38	4.79
		湟水	2.41	
海东市	1.52	大通河	0.02	5.21
		湟水	3.67	
海北州	0.00	大通河	0.48	0.68
		湟水	0.20	

（续）

州（市）名称	干流耗水控制指标	支流耗水控制指标		合计
海南州	2.42			2.42
黄南州	0.78			0.78
果洛州	0.21			0.21
玉树州	0.01			0.01
合计	4.94	大通河	2.88	14.10
		湟水	6.28	

3.10　水资源质量评价

水是保障人类生存的重要资源，水资源的质量对水资源的合理开发利用具有重要的影响。受自然与人为因素的影响，造成局部区域水资源质量下降的现象也时有发生。因此，有必要从不同方面对青海祁连山地区的水资源质量状况进行较为客观的评价，为区域生态环境治理及水资源的合理利用提供参考依据。

3.10.1　河流泥沙

河流泥沙不仅反映河流水土流失的状况，还是河川径流质量的一个重要标志，影响着水资源的开发和利用。河流泥沙的大小受降水、径流及流域下垫面条件的制约。一般说来，泥沙的大小与降水、径流成正比，降水强度愈大，其河流的含沙量愈大；流域下垫面中的地形、地貌、土壤、植被、地质均影响着泥沙的大小。河流泥沙主要来源于春汛和夏汛期间。河流输沙量的大小取决于河流含沙量、径流量的大小，含沙量高、径流量大的河流，其输沙量大，反之则输沙量小。

3.10.1.1　东北部山区

（1）河流含沙量

河流含沙量是反映河流挟沙能力和水体质量的重要指标，它与流域下垫面条件、降水强度、河流流速等因素有关，不同区域河流下垫面条件和气候的差异导致各河流含沙量差异较大。

以青石嘴站、札马什克站、布哈河口站和刚察站为代表，分析含沙量年内、年际变化。各河流含沙量年内分配不均匀，含沙量的变化随径流量的增大而增加，连续最大 3 个月含沙量均出现在 6~8 月，最大含沙量大都发生在 7、8 月。青石嘴站月平均含沙量的变化范围为 0.003~1.71 kg/m^3，实测最大含沙量为 22.9 kg/m^3（2006 年 7 月 20 日）；札马什克站月平均含沙量的变化范围为 0.007~5.752 kg/m^3，实测最大含沙量为 48.6 kg/m^3（1971 年 7 月 17 日）；布哈河口站月平均含沙量的变化范围为 0.003~1.497 kg/m^3，实测最大含沙量为 7.57 kg/m^3（1977 年 8 月 2 日）；刚察站月平均含沙量的变化范围为0.001~3.004 kg/m^3，实测最大含沙量为 17.1 kg/m^3（1992 年 8 月 12 日）。

（2）河流输沙量

河流输沙量的大小受河流径流量、流域面积、水流流速、流域下垫面等因素的影响，并与河流径流量、流域面积、水流流速成正比关系。

由于受降水与径流的制约，河流泥沙的季节变化很大，年内分配很不均匀。以降水补给的河流尤为显著，汛期降雨强度大，河水流量大，流速快，挟沙能力强，输沙量大；平、枯水期流量小，流速慢，挟沙能力弱，输沙量小。各河流含沙量与输沙量年内变化与地表径流年内变化基本相同，但集中程度远高于地表径流，各河流含沙量、输沙量高值区均出现在汛期。

根据境内各监测站点输沙率的统计（表3-64），大通河青石嘴站多年平均输沙率为21.9kg/s，年输沙量 69×10^4t，多年平均输沙率最小月为0，最大月为110 kg/s；黑河札马什克站多年平均输沙率为30.1kg/s，年输沙量 95×10^4t，多年平均输沙率最小月为0.12 kg/s，最大月为161kg/s，汛期河流输沙率与非汛期差异较大。祁连县输沙模数在100~200 t/km^2，属于输沙模数相对较低的地区。

表3-64 境内各站多年平均输沙率月特征值

地点	月平均输沙率（kg/s）												多年平均输沙率（kg/s）	年输沙量（$\times10^4$t）	年输沙模数（t/km^2）
	1月	2月	3月	4月	5月	6月	7月	8月	9月	10月	11月	12月			
青石嘴	0	0	0.40	5.41	20	40.7	110	65.9	16.4	0.75	0	0	21.9	69	87.3
札马什克	0.12	0.12	0.34	2.19	11.1	50.2	161	109	26.1	0.95	0.33	0.28	30.1	95.0	207
布哈河口	0	0.01	0.01	0.92	5.23	20.5	60.1	38.7	12.1	0.41	0.04	0.01	11.49	36.2	25.3
刚察站	0	0	0	0.21	0.82	4.30	15.3	8.27	1.21	0.03	0	0	2.49	7.86	54.5

输沙量年际变化，通常跟径流年际变化一致，径流年际变化大的河流，输沙量年际变化也大；反之，径流年际变化小的河流，年输沙量变化也小，并且输沙量的年际变化远大于径流量的年际变化。

（3）输沙模数的地区分布

输沙模数表示流域单位面积上的平均输沙量。河流输沙模数的大小主要由暴雨强度、洪水集中程度、流域面积、流域坡度及流域内植被、土壤、地质条件等因素所决定。根据实测站点资料，考虑自然地理条件和人类经济活动情况等因素的影响，按水系上下游作合理性检查，省界处结合黄河水利委员会以及其他相邻省份做了修改后制定，以此为基础估算各测站、区间输沙模数取值范围（表3-65，表3-66）。

表3-65 主要河流控制站输沙量统计

测站名称	集水面积（km^2）	多年平均输沙量（$\times10^4$t）
青石嘴	8011	69.0
享堂	15 126	267
札马什克	4589	95.0
布哈河口	14 337	36.2
刚察	1442	54.5

表 3-66　主要河流区间输沙模数

区间	区间面积（km^2）	1956~2012 年	
		多年平均输沙量（$\times10^4$t）	多年平均输沙模数（t/km^2）
河源—青石嘴	8011	69.0	87.3
青石嘴—享堂	7115	198	278
河源—札马什克	4589	95.0	207
河源—布哈河口	14 337	36.2	25.3
河源—刚察	1442	54.5	54.5

内陆山地区输沙模数的分布特点，自河源至下游逐渐增加，青石嘴至享堂区间输沙模数最大，其次为黑河河源至札马什克区间输沙模数。境内其他地区多为河源上游区，虽然降水量较大，地形相对高差较大，但其植被覆盖度好，岩性颗粒较粗，侵蚀模数、输沙漠数小，河水含沙量亦小。

3.10.1.2　湟水区

选择湟源、桥头、西宁、小南川、乐都、民和站的实测含沙资料，分析含沙量的变化情况（表 3-67），点绘湟源、桥头、西宁、小南川、乐都、民和站含沙量输沙率趋势线图（图 3-40~图 3-51），含沙量变化趋势总体上趋于变小，变化过程不一。桥头、西宁、乐都、民和站含沙量都呈变小趋势，湟源、小南川站 20 世纪 50~60 年代含沙量较小，70 年代较大，80 年代开始变小。输沙率总体上呈现减小的趋势。

表 3-67　湟水区 9 个县（市）多年平均悬移质含沙量月年特征值

站名	月平均含沙量（kg/m^3）												平均含沙量
	1 月	2 月	3 月	4 月	5 月	6 月	7 月	8 月	9 月	10 月	11 月	12 月	（kg/m^3）
湟源	0.016	0.030	0.669	1.96	1.99	1.83	3.52	4.70	1.28	0.102	0.05	0.023	1.78
桥头	0.075	0.095	0.746	1.20	0.608	0.64	1.27	0.981	0.238	0.057	0.045	0.068	0.617
西宁	0.090	0.176	1.62	2.15	2.43	3.03	5.93	5.93	1.70	0.269	0.269	0.13	2.45
王家庄	0.013	0.050	2.55	1.70	7.64	12.2	24.7	30.8	9.02	1.44	1.53	0.043	12.9
乐都	0.085	0.232	2.24	3.72	5.26	6.86	17.1	14.7	4.81	0.761	0.346	0.132	6.82
民和	0.063	0.143	1.70	4.24	6.18	11.8	24.3	24.2	7.18	1.05	0.317	0.127	10.2
吉家堡	0.058	0.416	2.71	8.56	33.1	20.4	33.6	58.0	9.81	1.95	0.859	0.223	23.6

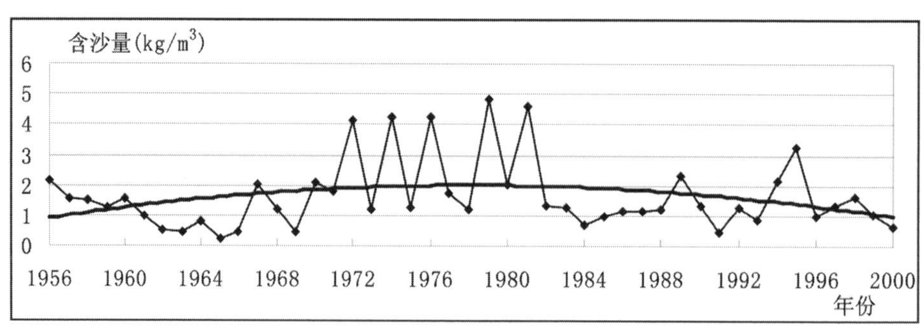

图 3-40　湟源站含沙量趋势线

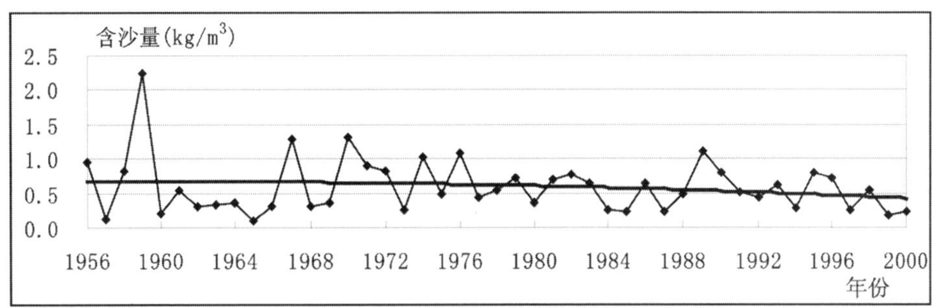

图 3-41 桥头站含沙量趋势线

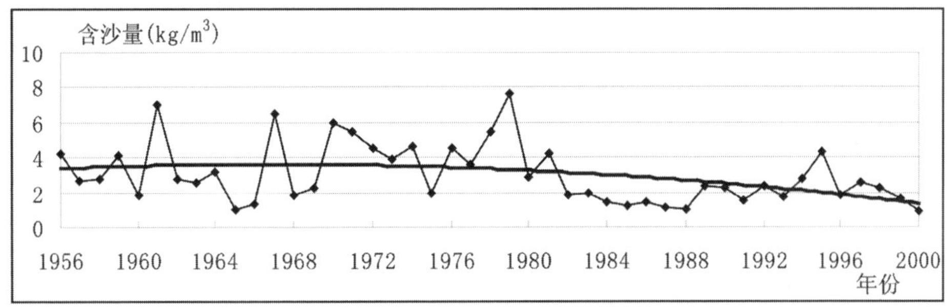

图 3-42 西宁站含沙量趋势线

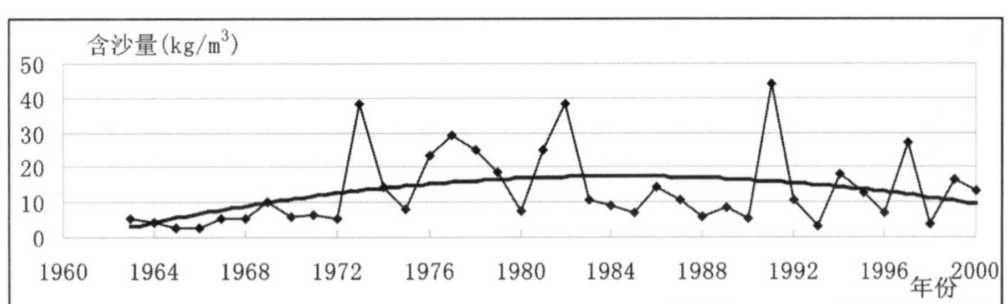

图 3-43 小南川站含沙量趋势线

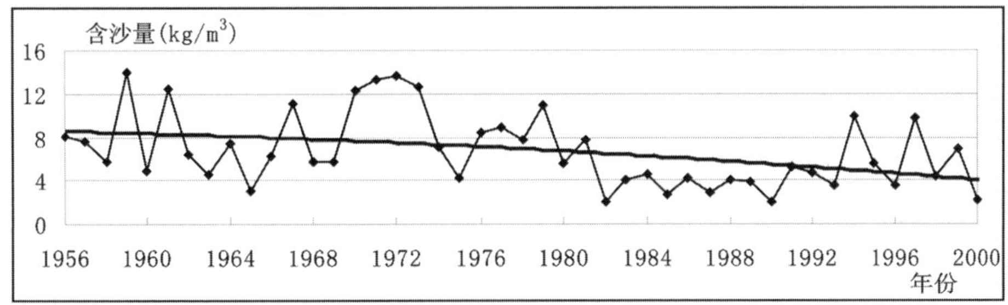

图 3-44 乐都站含沙量趋势线

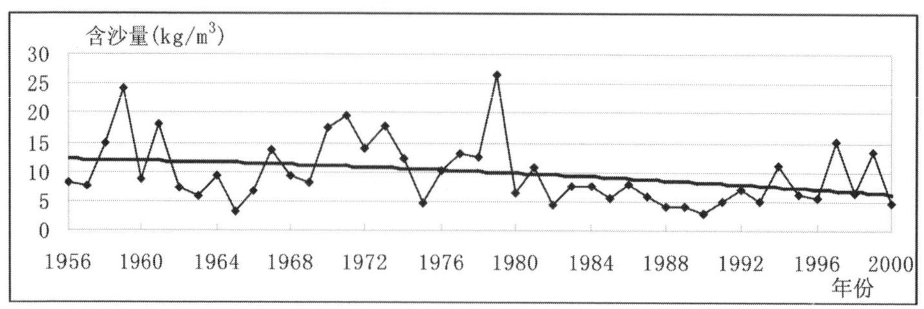

图 3-45　民和站含沙量趋势线

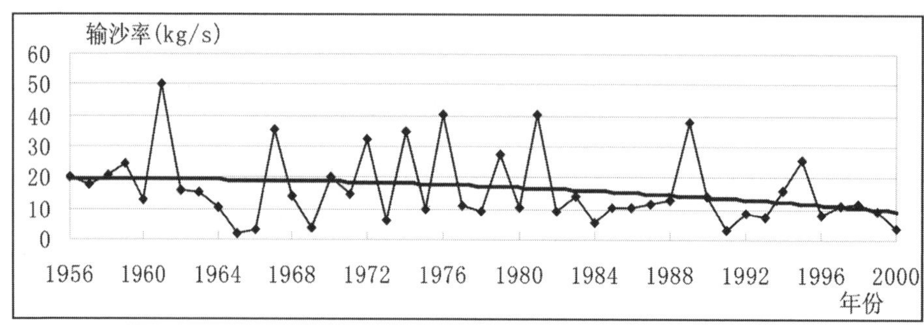

图 3-46　湟源站输沙率趋势线

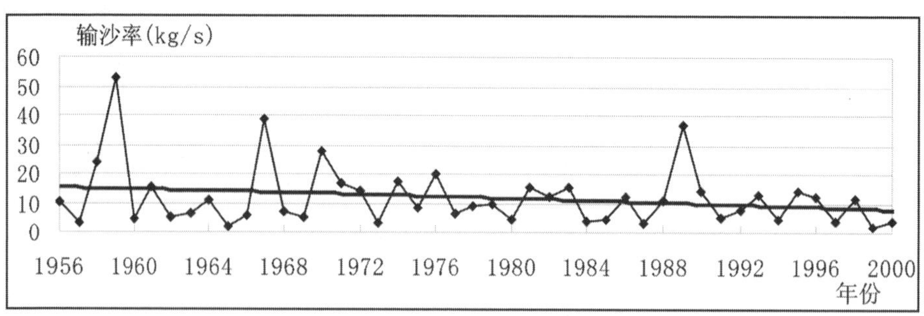

图 3-47　桥头站输沙率趋势线

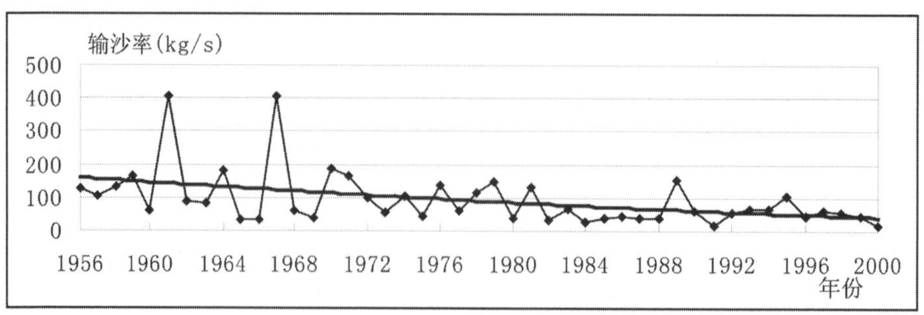

图 3-48　西宁站输沙率趋势线

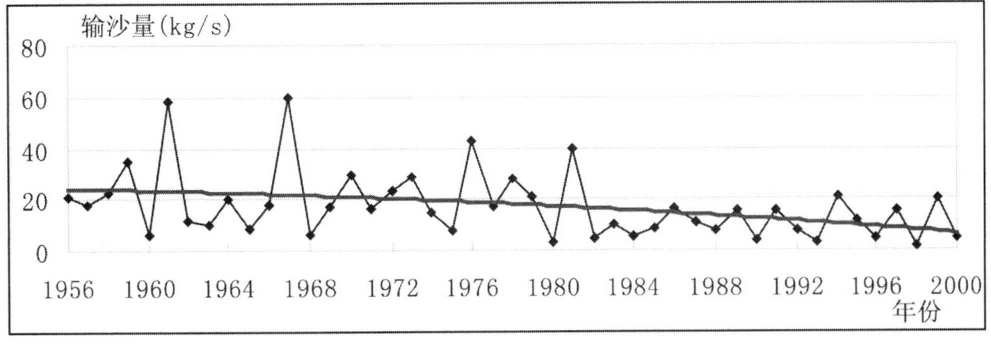

图 3-49 王家庄站输沙率趋势线

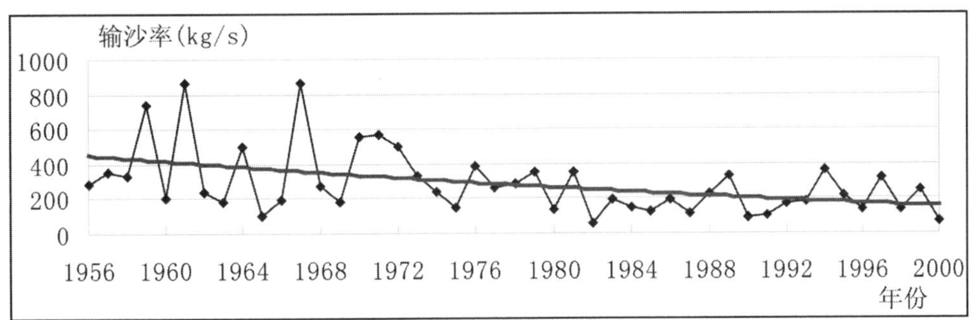

图 3-50 乐都站输沙率趋势线

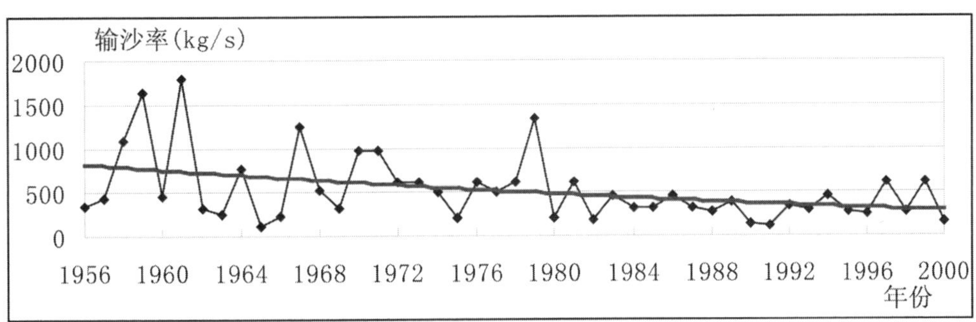

图 3-51 民和站输沙率趋势线

3.10.2 地表水资源质量

3.10.2.1 东北部山区

（1）地表水水化学特征

采用 2012 年水质监测数据年均值进行水化学特征分析。评价内容为东北部山区的门源县、祁连县和刚察县各主要河流地表水体的水化学特征，采用阿廖金分类法划分地表水水化学类型，并对总硬度、矿化度进行分析。

河流水化学特征主要取决于河流流经基岩山区的岩性、流程远近、水量大小、流域内的气候条件等。因此，在本次评价中结合内陆山地区的地理环境及水文气象特征，在黑河、八宝河、大通河、布哈河、沙柳河、哈尔盖河、泉吉河及青海湖湖区，选取资料比较完整、监测数据合理的监测站点 15 个，进行水化学特征分析。

东北部山区境内主要河流水化学类型基本为重碳酸盐类钙组Ⅱ型（C^{Ca}_{II}）和重碳酸盐类钙组Ⅲ型（C^{Ca}_{III}）。对照《地表水资源质量评价技术规程》（SL395—2007），野牛沟断面、刚察断面水化学类型为重碳酸盐类钙组Ⅲ型（C^{Ca}_{III}），其余水质断面水化学类型为重碳酸盐类钙组Ⅱ型（C^{Ca}_{II}），青海湖区水化学类型为氯化物类钠组Ⅱ型（Cl^{Na}_{II}）。

东北部山区境内主要河流大通河、老虎沟、永安河、黑河、布哈河、沙柳河、哈尔盖河、泉吉河的矿化度在 288～560mg/L 之间，总硬度在 177～381mg/L 之间，除沙柳河、哈尔盖河属较低矿化度，适度硬水，永安河属较高矿化度、硬水外，其余河流水质监测断面均为中等矿化度，适度硬水。青海湖是中国最大的咸水湖，矿化度高达 14 750mg/L，总硬度高达 3090mg/L，属高矿化度、极硬水。东北部山区主要河流水化学特征见表 3-68。

表 3-68　东北部山区主要河流水化学特征统计（单位：mg/L）

序号	流域分区	行政区	代表站点	所属河流（湖泊）	水化学类型	矿化度	类型	总硬度	类型
1	大通河享堂以上	门源	吴松塔拉	大通河	C^{Ca}_{III}	342	中等矿化度	180	适度硬水
2			石头峡水电站	大通河	C^{Ca}_{III}	395	中等矿化度	201	适度硬水
3			青石嘴	大通河	C^{Ca}_{III}	368	中等矿化度	232	适度硬水
4			老虎沟	老虎沟	C^{Ca}_{III}	420	中等矿化度	240	适度硬水
5			永安河	永安河	C^{Ca}_{III}	560	较高矿化度	381	硬水
6	黑河	祁连	野牛沟	黑河	C^{ca}_{II}	310	中等矿化度	217	适度硬水
7			札马什克	黑河	C^{Ca}_{III}	409	中等矿化度	263	适度硬水
8			黄藏寺	黑河	C^{Ca}_{III}	460	中等矿化度	271	适度硬水
9			八宝镇	八宝河	C^{Ca}_{III}	462	中等矿化度	302	适度硬水
10	青海湖水系	刚察	布哈河	布哈河	C^{Ca}_{III}	380	中等矿化度	199	适度硬水
11			刚察	沙柳河	C^{ca}_{II}	290	较低矿化度	177	适度硬水
12			哈尔盖	哈尔盖河	C^{Ca}_{III}	288	较低矿化度	202	适度硬水
13			泉吉河	泉吉河	C^{Ca}_{III}	308	中等矿化度	191	适度硬水
14			鸟岛	青海湖	CI^{Na}_{II}	14750	高矿化度	3090	极硬水
15			青海湖农场	青海湖	CI^{Na}_{II}	14750	高矿化度	3070	极硬水

（2）地表水水质

通过对 2012 年监测资料及 2014 年的调查资料的统计和评价（表 3-69），内陆山地区门源县、祁连县和刚察县参评的 9 条河流 1 个湖泊 19 个水质站点，均达到或优于《地表水环境质量标准》（GB3838—2002）中Ⅱ类水质标准，水质良好。其中：大通河享堂以上参评的 5 个站点，水质类别为Ⅰ类的水质站点 2 个，水质类别为Ⅱ类的水质站点 3 个；黑河参评的 5 个站点，水质类别为Ⅰ类的水质站点 1 个，水质类别为Ⅱ类的水质站点 4 个；

青海湖水系参评的7个河流站点，水质类别为Ⅰ类的水质站点4个，水质类别为Ⅱ类的水质站点3个；2个湖泊站点水质类别均为Ⅱ类，处于中营养化状态。

表 3-69 东北部山区主要河流水质评价

序号	流域分区	行政区	代表站点	所属河流（湖泊）	代表河长或面积	水质类别
1	大通河享堂以上	门源县	吴松塔拉	大通河	185.8km	Ⅱ
2			石头峡水电站	大通河	98.8km	Ⅱ
3			青石嘴	大通河	158.3km	Ⅱ
4			老虎沟	老虎沟	41.5km	Ⅰ
5			永安河	永安河	54.2km	Ⅰ
6	黑河	祁连县	野牛沟	黑河	134.5km	Ⅱ
7			札马什克	黑河	67.0km	Ⅱ
8			黄藏寺	黑河	111.5km	Ⅱ
9			手爬崖	八宝河	89.1km	Ⅰ
10			八宝镇	八宝河	19.9km	Ⅱ
11	青海湖水系	刚察县	布哈河	布哈河	41.5km	Ⅰ
12			刚察小寺	沙柳河	79.0km	Ⅰ
13			刚察	沙柳河	17.0km	Ⅱ
14			青海湖农场	沙柳河	11.0km	Ⅰ
15			红山村桥	哈尔盖河	59.3km	Ⅱ
16			哈尔盖	哈尔盖河	50.7km	Ⅱ
17			泉吉河	泉吉河	65.0km	Ⅰ
18			鸟岛	青海湖	$4344km^2$	Ⅱ
19			青海湖北	青海湖	$4344km^2$	Ⅱ

3.10.2.2 湟水区

（1）地表水化学类型

本次评价采用湟水区9个县（市）23个站点的天然水化学资料，天然水化学类型采用阿廖金分类法。其中，湟水干流9个监测端面、南川河3个监测断面、北川河3个监测断面、沙塘川河3个监测断面、引胜沟、巴州沟、药水河、水峡河、黑林河各1个断面。

根据监测结果与评价（表3-70），湟水区9个县（市）地表水水化学类型多为$C_{Ⅱ}^{Ca}$、$C_{Ⅲ}^{Ca}$型，呈弱碱性。9个县（市）地表水的矿化度、总硬度自上游向中下游呈增大趋势。源头矿化度一般在200mg/L左右，湟水干流上游在400mg/L左右到河口增至1000mg/L左右，总硬度70mg/L左右增至350mg/L左右。如支流黑林、西纳川、宝库河源头矿化度基本在134~258mg/L；湟水干流石崖庄至西宁矿化度由400mg/L增至661mg/L，总硬度由102mg/L增至158mg/L，而支流南川的南川河口的矿化度高达1700mg/L为流域最高。这这种趋势形成的原因是因为上游基本未受污染，各离子含量基本是天然本底值，而河流越

表 3-70　地表水水质测站水化学类型统计

测站名称	水资源分区	经度（E）	纬度（N）	矿化度	总硬度	$K^{+}+Na^{+}$	Ca^{2+}	Mg^{2+}	Cl^{-}	CO_3^{2-}	HCO_3^{-}	SO_4^{2-}	水化学类型
海晏	湟水干流	101°01′	36°54′	378	114	11.1	55.1	16	17.6	5.7	207	20.9	C_{II}^{ca}
东大滩水库出口	湟水干流	101°08′	36°50′	336	108	17.2	51.1	15.9	24.2	5.9	190	29.6	C_{III}^{ca}
石崖庄	湟水干流	101°21′	36°40′	400	102	23.2	59.6	17	38.2	14.8	192	27.6	C_{III}^{ca}
新宁桥	湟水干流	101°45′	36°38′	596	165	34.4	69.2	29.6	68	1	238	67.9	C_{III}^{ca}
西宁	湟水干流	101°47′	36°38′	661	158	29.5	67.1	27.8	71.1	0	228	51.1	C_{III}^{ca}
团结桥	湟水干流	101°52′	36°34′	587	151	24.9	71.7	21.8	57	0	216	58.4	C_{III}^{ca}
小峡桥	湟水干流	101°56′	36°33′	706	169	22.6	73.6	28.7	68.4	1.18	221	64.8	C_{III}^{ca}
乐都	湟水干流	101°25′	36°29′	839	211	14.1	71.6	46.7	92	1.28	236	102	C_{III}^{Mg}
民和	湟水干流	102°48′	36°20′	1100	361	75.8	160	59.7	205	0	317	237	Cl_{III}^{ca}
硖门	北川河	101°34′	37°05′	134	64.2	3.12	37.4	5.16	4.25	0	121	15.4	C_{II}^{ca}
桥头	北川河	101°41′	36°56′	240	75.1	4.38	42.3	6.92	5.85	0	140	18.5	C_{II}^{ca}
朝阳	北川河	101°46′	36°39′	454	147	12.2	58.6	28	47.3	2.9	187	53.7	C_{III}^{ca}
大南川水库出口	南川河	101°40′	36°25′	436	146	9.6	50.5	32.5	6.38	0	294	26.7	C_{II}^{Mg}
老幼堡	南川河	101°37′	36°29′	402	147	6	62.7	25.8	7.09	14.7	253	17.3	C_{III}^{ca}
南川河口	南川河	101°47′	36°38′	1700	305	158	124	60	243	0	424	164	C_{III}^{Na}
南门峡水库出口	沙塘川河	102°05′	36°54′	251	96.8	2.25	43.8	15.45	5.32	0	186	14.6	C_{III}^{ca}
互助桥	沙塘川河	101°47′	36°49′	452	116	5.12	61.5	12.8	9.76	0	238	6.96	C_{III}^{ca}
沙塘川桥	沙塘川河	101°53′	36°35′	770	213	16	85.5	40.3	73.2	0	272	85.4	C_{III}^{ca}
八里桥	引胜沟	102°24′	36°31′	327	97.8	9.88	49.6	12.3	14.4	12.8	170	12.7	C_{III}^{ca}
吉家堡	巴州沟	102°47′	36°19′	370	123	14	61.9	15.6	25.2	0	187	55.7	C_{III}^{ca}
董家庄	药水河	101°16′	36°40′	304	121	22.6	50.7	22	18.8	6	227	39	C_{II}^{ca}
西纳川	水峡河	101°29′	36°46′	258	69.7	6.62	43.2	4.01	7.09	12	106	19.9	C_{III}^{ca}
黑林	黑林河	101°24′	37°05′	221	75.1	11.8	43.2	6.4	6.5	0	138	34.2	C_{II}^{ca}

往下游承受的污染物越多，各离子含量越大，已不能反映天然水化学的特征，所以表现为污染越重的河段其矿化度越高。

（2）地表水水质

本次评价收集了外流湟水区 34 个监测断面的水质资料（表 3-71）。其中湟水干流 13 个监测断面，哈利涧 1 个监测断面，北川 4 个监测断面，南川 4 个监测断面，西纳川 1 个监测断面，药水河 1 个监测断面，黑林河 1 个监测断面，沙塘川 3 个监测断面，巴州沟 1 个监测断面，大通河 1 个监测断面，小南川 1 个监测断面，引胜沟 3 个监测断面。评价标准执行《地表水环境质量标准》GB3838—2002。

评价方法：采用单因子评价法。评价因子取值根据水资源特征，按全年、丰水期、枯水期的平均值分别进行统计计算。用每个评价因子各水期的平均值与评价标准值比较，确定各个评价因子的水质类别，以最高类别为断面综合水质类别。

评价项目：水温、pH 值、溶解氧（DO）、高锰酸盐指数、化学需氧量（COD）、五日生化需氧量、氨氮、总磷（TP）、总氮（TN）、铜、锌、铅、镉、氟化物、砷、汞、六价铬、氰化物、挥发酚、石油类、阴离子表面活性剂 21 项。

根据监测与评价结果（表 3-72），在湟水区 9 个县（市）的 34 个水质站中，水质优于或达到Ⅲ类水的站点 19 个，水质劣于Ⅲ类水标准的站点 15 个，主要污染项目为五日生化需氧量、氨氮、总磷。

9 个县（市）评价河长 736.8km，水质优于和达到Ⅲ类水的河长为 497.7km，占其评价河长的 67.5%，劣于Ⅲ类水的河长为 239km，占其评价河长的 32.5%。9 个县（市）水质污染严重的河流主要有湟水干流、南川、北川。

3.10.3 水功能区水质评价

3.10.3.1 东北部山区

（1）水功能区划分

根据青海省人民政府颁布实施的《青海省水功能区划》（2015~2020 年），东北部山区中的门源县、祁连县和刚察县共划分水功能区 18 个（表 3-73），其中一级水功能区 12 个，二级功能区 6 个。

（2）水功能区评价

根据 2012 年监测资料和 2014 年调查资料的监测结果来看（表 3-74），东北部山区共评价一级水功能区 12 个，评价河长 885.2km（按二级水功能区评价的，不再计算一级水功能区个数及河长）和面积 4344km^2，其中 5 个保护区，6 个保留区，水质类别为Ⅰ~Ⅱ类，均达到水功能区水质目标，达标率 100%。二级水功能区 6 个，评价河长 398.9km，其中 2 个饮用水水源区，4 个农业用水区，水功能区水质类别Ⅰ~Ⅱ类，均达到水功能区水质目标，达标率 100%。

表 3-71 地表水资源质量评价水质测站基本信息

测站名称	经度（E）	纬度（N）	监测水体类型	代表河长（km）	水资源分区	所属水功能区			
						一级区		二级区	
						名称	长度（km）	名称	长度（km）
海晏	101°01′	36°54′	河流	43.3	湟水干流	湟水西宁开发利用区	43.3	湟水海晏农业用水区	43.3
东大滩水库出口	101°08′	36°50′	水库	—	湟水干流	湟水西宁开发利用区	—	湟水海晏农业用水区	—
石崖庄	101°21′	36°40′	河流	21.2	湟水干流	湟水西宁开发利用区	21.2	湟水湟源过渡区	21.2
扎麻隆	101°27′	36°40′	河流	10.3	湟水干流	湟水西宁开发利用区	10.3	湟水西宁饮用水水源区	10.3
新宁桥	101°45′	36°38′	河流	20.3	湟水干流	湟水西宁开发利用区	20.3	湟水西宁工业用水区	20.3
西宁	101°47′	36°38′	河流	4.8	湟水干流	湟水西宁开发利用区	4.8	湟水西宁景观娱乐用水区	4.8
团结桥	101°52′	36°34′	河流	8.8	湟水干流	湟水西宁开发利用区	6	湟水西宁工业用水区	6
小峡桥	101°56′	36°33′	河流	10.2	湟水干流	湟水西宁开发利用区	10.2	湟水西宁排污控制区	10.2
平安桥	102°07′	36°31′	河流	22	湟水干流	湟水西宁开发利用区	22	湟水平安过渡区	22
大峡桥	102°15′	36°29′	河流	15.8	湟水干流	湟水西宁开发利用区	15.8	湟水乐都农业用水区	15.8
乐都	101°25′	36°29′	河流	16.5	湟水干流	湟水西宁开发利用区	16.5	湟水乐都农业用水区	16.5
老鸦峡	102°40′	36°24′	河流	36.3	湟水干流	湟水西宁开发利用区	36.3	湟水民和农业用水区	36.3
民和	102°48′	36°20′	河流	17.6	湟水干流	湟水西宁开发利用区	17.6	湟水民和农业用水区	17.6
黑泉	101°32′	37°12′	河流	54.6	北川河	北川大通源头水保护区	54.6	北川大通饮用水水源区	54.6
桥头	101°41′	36°56′	河流	21	北川河	北川西宁开发利用区	8.9	北川西宁工业用水区	8.9
长宁桥	101°43′	36°47′	河流	5.4	北川河	北川西宁开发利用区	5.4	北川西宁工业用水区	5.4
朝阳	101°47′	36°39′	河流	21.1	北川河	北川西宁开发利用区	21.1	北川西宁景观娱乐用水区	21.1
大南川水库出口	101°38′	36°31′	水库	—	南川河	南川湟中开发利用区	—	南川湟中农业用水区	—
老幼堡	101°37′	36°23′	河流	42.8	南川河	南川湟中开发利用区	42.8	南川湟中农业用水区	42.8
六一桥	101°42′	36°46′	河流	4	南川河	南川湟中开发利用区	4	南川西宁工业用水区	4

（续）

测站名称	经度（E）	纬度（N）	监测水体类型	代表河长（km）	水资源分区	所属水功能区			
						一级区		二级区	
						名称	长度（km）	名称	长度（km）
南川河口	101°47′	36°38′	河流	2.4	南川河	南川湟中开发利用区	2.4	南川西宁景观娱乐用水区	2.4
董家庄	101°16′	36°40′	河流	52.2	药水河	药水河湟源开发利用区	52.2	药水河湟源农业用水区	52.2
西纳川	101°29′	36°46′	河流	29.9	水峡河	水峡河湟中开发利用区	29.9	水峡河湟水饮用水水源区	29.9
黑林	101°24′	37°05′	河流	57.5	黑林河	黑林河大通源头水保护区	57.5		—
王家庄	101°01′	36°29′	河流	42.9	小南川		—		—
南门峡水库出口	102°54′	36°53′	水库	—	沙塘川	沙塘川互助开发利用区	—	沙塘川互助农业用水区	—
互助八一桥	101°56′	36°50′	河流	58	沙塘川	沙塘川互助开发利用区	58	沙塘川互助农业用水区	58
沙塘川桥	101°53′	36°35′	河流	13.8	沙塘川	沙塘川互助开发利用区	13.8	沙塘川西宁工业用水区	13.8
公路桥	102°36′	36°29′	河流	14.6	引胜沟	引胜沟乐都开发利用区	14.6	引胜沟乐都饮用水水源区	14.6
八里桥	102°24′	36°31′	河流	5.9	引胜沟	引胜沟乐都开发利用区	5.9	引胜沟乐都农业用水区	5.9
水磨营桥	102°50′	36°29′	河流	2.2	引胜沟	引胜沟乐都开发利用区	2.2	引胜沟乐都农业用水区	2.2
享堂	102°50′	36°21′	河流	14.6	大通河	大通河甘青缓冲区	14.6		—
吉家堡	102°47′	36°19′	河流	36.9	巴州沟	巴州沟民和开发利用区	36.9	巴州沟民和农业用水区	36.9

表 3-72 水质站点水资源质量评价成果

序号	水质监测断面名称	断面所在地址	控制评价河长（km）	控制水库库容（$\times10^8m^3$）	所在水功能区			年监测频次	测站水质类别			全年主要超标项目及超标倍数和极值
					一级区名称	二级区名称	水功能区水质		全年	汛期	非汛期	
1	海晏	海晏县红山村麻皮寺	43.3		湟水西宁开发利用区	湟水海晏农业用水区	Ⅱ	2	Ⅱ	Ⅲ	Ⅱ	
2	东大滩水库出口	海晏县银滩乡							Ⅱ	Ⅱ	Ⅱ	
3	石崖庄	湟源县东峡乡	21.2			湟水湟源过渡区	Ⅲ	2	Ⅱ	Ⅱ	Ⅱ	
4	扎麻隆	湟中县多巴镇	10.3			湟水西宁饮用水水源区	Ⅲ	2	Ⅲ	Ⅲ	Ⅰ	
5	新宁桥	西宁市新宁路	20.3			湟水西宁城西工业用水区	Ⅳ	12	Ⅴ	Ⅳ	劣Ⅴ	P（1.0）[1.55]；BOD_5（0.4）[12.2]
6	西宁	西宁市长江路报社桥	4.8			湟水西宁景观娱乐用水区	Ⅳ	12	劣Ⅴ	Ⅴ	劣Ⅴ	BOD_5（1.8）[22.0]；P（1.0）[1.22]；NH_3—N（0.8）[3.54]
7	团结桥	西宁市韵家口	6.0			湟水西宁城东工业用水区	Ⅳ	6	劣Ⅴ	Ⅳ	劣Ⅴ	BOD_5（1.2）[13.8]；P（1.0）[0.81]；NH_3—N（0.9）[2.79]
8	小峡桥	平安县小峡乡	10.2	0.132		湟水西宁排污控制区	Ⅳ	12	劣Ⅴ	Ⅳ	劣Ⅴ	NH_3—N（1.8）[5.32]；P（1.5）[1.11]；BOD_5（0.8）[20.4]
9	平安桥	平安县平安镇上滩湟水桥	22.0			湟水平安过渡区	Ⅳ	12	劣Ⅴ	Ⅳ	劣Ⅴ	NH_3—N（2.4）[5.81]；P（1.9）[2.09]；BOD_5（0.8）[13.1]
10	大峡桥	乐都县高店镇柳树村大峡桥	15.8			湟水乐都农业用水区	Ⅳ	12	劣Ⅴ	Ⅴ	劣Ⅴ	NH_3—N（2.5）[6.28]；P（2.2）[2.64]；BOD_5（0.6）[13.1]

（续）

序号	水质监测断面名称	断面所在地址	控制评价河长（km）	控制水库库容（$\times 10^8 m^3$）	所在水功能区			年监测频次	测站水质类别			全年主要超标项目及超标倍数和极值
					一级区名称	二级区名称	水功能区水质		全年	汛期	非汛期	
11	乐都	乐都县岗沟镇下教场村	16.5		湟水西宁开发利用区			12	劣V	Ⅳ	劣V	NH_3—N（2.1）［4.79］；P（1.2）［1.17］；BOD_5（0.6）［11.7］
12	老鸦峡	乐都县高店镇老鸦村鲁班桥	36.3	1.67		湟水民和农业用水区	Ⅳ		劣V	V	劣V	NH_3—N（1.4）［3.74］；P（0.9）［1.08］；BOD_5（0.5）［9.0］
13	民和	民和县川口镇红卫村公路桥	17.6						劣V	Ⅳ	劣V	NH_3—N（1.4）［4.66］；P（1.0）［0.99］；BOD_5（0.5）［8.7］
14	哈利涧	海晏县红山村	44.8					2	Ⅲ	Ⅲ	V	
15	西纳川	湟中县拦隆口乡拦隆口	29.9		水峡河湟中开发利用区	水峡河湟水饮用水水源区	Ⅲ	2	Ⅱ	Ⅲ	Ⅰ	
16	董家庄	湟源县城郊乡董家庄	52.2		药水河湟源开发利用区	药水河湟源农业用水区	Ⅲ	2	Ⅱ	Ⅲ	Ⅰ	
17	大南川水库出口	湟中县			南川湟中开发利用区	南川湟中农业用水区	Ⅲ	2	Ⅰ	Ⅰ	Ⅰ	
18	老幼堡	湟中县总寨乡老幼堡	42.8				Ⅲ	4	Ⅱ	Ⅱ	Ⅰ	
19	六一桥	西宁市南川西路六一桥	4.0			南川西宁工业用水区	Ⅲ	4	劣V	劣V	劣V	BOD_5（2.3）［22.2］；NH_3—N（2.0）［3.92］；LAS（0.4）［0.41］
20	南川河口	西宁市七一路七一桥	2.4			南川西宁景观娱乐用水区	Ⅲ	4	劣V	劣V	劣V	BOD_5（4.0）［34.0］；NH_3—N（2.3）［6.99］；LAS（0.5）［0.61］

（续）

序号	水质监测断面名称	断面所在地址	控制评价河长（km）	控制水库库容（$\times 10^8 m^3$）	所在水功能区			年监测频次	测站水质类别			全年主要超标项目及超标倍数和极值
					一级区名称	二级区名称	水功能区水质		全年	汛期	非汛期	
21	黑泉	大通县宝库乡	54.6		北川西宁开发利用区	北川大通饮用水水源区	Ⅲ	4	Ⅰ	Ⅰ	Ⅰ	
22	桥头	大通县桥头镇	8.9			北川西宁工业用水区	Ⅲ	4	Ⅱ	Ⅲ	Ⅱ	
23	长宁桥	大通县桥头镇长宁桥	5.4						Ⅴ	Ⅴ	Ⅴ	BOD_5（0.6）[9.6]；NH_3—N（0.4）[1.79]
24	朝阳桥	西宁市朝阳桥	21.1						劣Ⅴ	劣Ⅴ	劣Ⅴ	BOD_5（3.2）[31.4]；NH_3—N（1.2）[3.38]；P（0.6）[0.49]
25	王家庄	平安县小峡乡王家庄村	42.9					6	Ⅴ	Ⅲ	Ⅴ	Cr^{6+}（0.6）[0.182]
26	南门峡水库出口	互助县南门峡乡			沙塘川互助开发利用区	沙塘川互助农业用水区	Ⅲ	2	Ⅰ	Ⅰ	Ⅰ	
27	互助八一桥	互助县台子乡八一桥	58.0		沙塘川互助开发利用区	沙塘川互助农业用水区	Ⅲ	4	Ⅰ	Ⅱ	Ⅰ	
28	沙塘川桥	西宁市傅家寨沙塘川桥	13.8			沙塘川西宁工业用水区	Ⅲ	4	Ⅴ	Ⅳ	Ⅴ	BOD_5（0.7）[15.6]；CODcr（0.2）[31.7]
29	公路桥	乐都县	14.6		引胜沟乐都开发利用区	引胜沟乐都饮用水水源区	Ⅲ	4	Ⅰ	Ⅰ	Ⅰ	
30	八里桥	乐都县引胜乡王家庄村	5.9			引胜沟乐都农业用水区			Ⅱ	Ⅰ	Ⅱ	
31	水磨营桥	乐都县碾伯镇水磨营村	2.2						Ⅲ	Ⅰ	Ⅲ	

（续）

序号	水质监测断面名称	断面所在地址	控制评价河长（km）	控制水库库容（$\times 10^8 m^3$）	所在水功能区			年监测频次	测站水质类别			全年主要超标项目及超标倍数和极值
					一级区名称	二级区名称	水功能区水质		全年	汛期	非汛期	
32	享堂	民和县川口镇享堂村	14.6		大通河甘青缓冲区		Ⅲ	4	Ⅱ	Ⅱ	Ⅱ	
33	黑林	大通县黑林乡卧马村	57.5		黑林河大通源头水保护区		Ⅱ	4	Ⅰ	Ⅰ	Ⅰ	
34	吉家堡	民和县川口镇吉家堡村			巴州沟民和开发利用区	巴州沟民和农业用水区	Ⅲ	2	Ⅰ	Ⅰ	Ⅰ	

表 3-73　东北部山区水功能区划

序号	流域分区	行政分区	一级水功能区名称	二级水功能区名称	监测代表断面名称	代表河长或面积	现状水质	水质目标	超标项目	备注
1	大通河享堂以上	门源县	大通河吴松他拉源头水保护区		吴松他拉	185.8km	Ⅱ	Ⅱ		
2			大通河门源保留区		石头峡水电站	98.8km	Ⅱ	Ⅱ		
3			大通河门源开发利用区	大通河门源农业用水区	青石嘴	158.3km	Ⅱ	Ⅲ		
4			老虎沟门源开发利用区	老虎沟门源饮用水水源区	老虎沟	41.5km	Ⅰ	Ⅱ		
5			永安河门源保留区		永安河	54.2km	Ⅰ	Ⅱ		
6	黑河	祁连县	黑河祁连源头水保护区		野牛沟	134.5km	Ⅱ	Ⅱ		
7			黑河青海保护区		札马什克水文站	67.0km	Ⅱ	Ⅱ		
8			黑河青甘开发利用区	黑河青甘农业用水区	黄藏寺	111.5km	Ⅱ	Ⅲ		
9			八宝河祁连保留区		手爬崖	89.1km	Ⅰ	Ⅱ		水功能区划（2015~2020 年）
10			八宝河祁连开发利用区	八宝河祁连饮用水水源区	八宝镇	19.9km	Ⅱ	Ⅱ		水功能区划（2015~2020 年）

（续）

序号	流域分区	行政分区	一级水功能区名称	二级水功能区名称	监测代表断面名称	代表河长或面积	现状水质	水质目标	超标项目	备注
11	青海湖水系	刚察县	布哈河刚察共和水产保护区		布哈河	41.5km	Ⅰ	Ⅱ		水功能区划（2015～2020 年）
12			沙柳河刚察源头水保护区		刚察小寺	79.0km	Ⅰ	Ⅱ		水功能区划（2015～2020 年）
13			沙柳河刚察开发利用区	沙柳河刚察农业用水区	刚察	17.0km	Ⅱ	Ⅱ		水功能区划（2015～2020 年）
14			沙柳河刚察保留区		青海湖农场	11.0km	Ⅰ	Ⅱ		水功能区划（2015～2020 年）
15			哈尔盖河刚察保留区		红山村桥	59.3km	Ⅱ	Ⅱ		水功能区划（2015～2020 年）
16			哈尔盖河刚察开发利用区	哈尔盖河刚察农业用水区	哈尔盖	50.7km	Ⅱ	Ⅱ		水功能区划（2015～2020 年）
17			泉吉河刚察保留区		泉吉河	65.0km	Ⅰ	Ⅱ		
18			青海湖自然保护区		鸟岛	4344km^2	Ⅱ	现状		
19			青海湖自然保护区		青海湖北	4344km^2	Ⅱ	现状		

表 3-74 东北部山区水资源分区及行政分区水功能区水质达标状况评价

流域分区	行政分区	功能区	按个数达标评价			按河流长度达标评价			按湖泊面积达标评价		
			评价个数	达标个数	达标率（%）	评价河长（km）	达标河长（km）	达标率（%）	评价面积（km^2）	达标面积（km^2）	达标率（%）
大通河享堂以上	门源县	一级区	3	3	100	338.8	338.8	100			
		二级区	2	2	100	199.8	199.8	100			
		合计	5	5	100	538.6	538.6	100			
黑河	祁连县	一级区	3	3	100	290.6	290.6	100			
		二级区	2	2	100	131.4	131.4	100			
		合计	5	5	100	422	726.3	100			
青海湖水系	刚察县	一级区	6	6	100	255.8	255.8	100	4344	4344	100
		二级区	2	2	100	67.7	67.7	100			
		合计	8	8	100	323.5	323.5	100			
合计		一级区	12	12	100	885.2	885.2	100	4344	4344	100
		二级区	6	6	100	398.9	398.9	100			
		合计	18	18	100	1284.1	1284.1	100	4344	4344	100

3.10.3.2 湟水区

2007 年湟水区 9 个县（市）评价的水功能一级区 1 个，二级区 22 个，评价河长 634.5km，达到水质目标的功能区 12 个，达标率 52.2%；达标河长 429.1km，达标率 67.6%。污染最严重的水功能区为南川西宁工业用水区和南川西宁景观娱乐用水区，湟水干流和北川进入西宁市区后的功能区污染也十分严重。评价结果见表 3-75、表 3-76。

表 3-75 湟水区 9 个县（市）水功能区水质达标情况统计

评价区	功能区	按个数达标评价			按河流长度（湖泊面积）达标评价					
		评价个数	达标个数	达标率（%）	评价河长（km）	达标河长（km）	达标率（%）	评价面积（km^2）	达标面积（km^2）	达标率（%）
湟水区	一级区	1	1	100	57.5	57.5	100			
	二级区	22	11	50.0	577.0	371.6	64.4	2.1162	2.1162	100
	合计	23	12	52.2	634.5	429.1	67.6	2.1162	2.1162	100

3.10.4 水库水质

2007 年，分别对黑泉水库、东大滩水库、大南川水库和南门峡水库等 4 座水库水质进行了监测，水质均优于Ⅲ类水标准、处于轻度富营养状态（表 3-77）。

表 3-76 重点水功能区水资源质量评价成果

水资源三级区名称	重点水功能区		水功能区所在河流湖库名称	水质目标	水质监测断面名称	水功能区范围		水质类别			达标评价		
	水功能一级区名称	水功能二级区名称				河流长度（km）	湖库面积（km²）	全年	汛期	非汛期	全年	汛期	非汛期
湟水	湟水西宁开发利用区	湟水海晏农业用水区	湟水	Ⅱ	海晏	43.3		Ⅱ	Ⅱ	Ⅱ	达标	达标	达标
			湟水	Ⅱ	东大滩水库（出口）		0.238	Ⅲ	Ⅱ	Ⅲ	不达标	达标	不达标
		湟水湟源过渡区	湟水	Ⅲ	石崖庄	21.2		Ⅱ	Ⅱ	Ⅱ	达标	达标	达标
		湟水西宁饮用水水源区	湟水	Ⅲ	扎麻隆	10.3		Ⅱ	Ⅱ	Ⅲ	达标	达标	达标
		湟水西宁城西工业用水区	湟水	Ⅳ	新宁桥	20.3		Ⅲ	Ⅲ	Ⅳ	达标	达标	达标
		湟水西宁景观娱乐用水区	湟水	Ⅳ	西宁	4.8		Ⅴ	Ⅳ	Ⅴ	不达标	达标	不达标
		湟水西宁城东工业用水区	湟水	Ⅳ	团结桥	6.0		Ⅴ	Ⅳ	Ⅴ	不达标	达标	不达标
		湟水西宁排污控制区	湟水	Ⅳ	小峡桥	10.2		劣Ⅴ	劣Ⅴ	劣Ⅴ	不达标	不达标	不达标
		湟水平安过渡区	湟水	Ⅳ	平安桥	22.0		劣Ⅴ	Ⅴ	劣Ⅴ	不达标	不达标	不达标
		湟水乐都农业用水区	湟水	Ⅳ	大峡桥	15.8		劣Ⅴ	Ⅴ	劣Ⅴ	不达标	不达标	不达标
					乐都	16.5		劣Ⅴ	Ⅳ	劣Ⅴ	不达标	不达标	不达标
		湟水民和农业用水区	湟水	Ⅳ	老鸦峡	36.3		Ⅴ	Ⅳ	劣Ⅴ	不达标	达标	不达标
					民和	17.6		Ⅴ	Ⅳ	劣Ⅴ	不达标	达标	不达标
	水峡河湟中开发利用区	水峡河湟中饮用水水源区	水峡河	Ⅲ	西纳川	29.9		Ⅰ	Ⅱ	Ⅲ	达标	达标	达标
	药水河湟源开发利用区	药水河湟源农业用水区	药水河	Ⅲ	董家庄	52.2		Ⅲ	Ⅱ	Ⅲ	达标	达标	达标
	南川湟中开发利用区	南川湟中农业用水区	南川	Ⅲ	大南川水库（出口）		0.132	Ⅱ	Ⅱ	Ⅰ	达标	达标	达标
					老幼堡	42.8		Ⅱ	Ⅲ	Ⅱ	达标	达标	达标

（续）

水资源三级区名称	重点水功能区		水功能区所在河流湖库名称	水质目标	水质监测断面名称	水功能区范围		水质类别			达标评价		
	水功能一级区名称	水功能二级区名称				河流长度（km）	湖库面积（km^2）	全年	汛期	非汛期	全年	汛期	非汛期
湟水	南川湟中开发利用区	南川西宁工业用水区	南川	Ⅲ	六一桥	4.0		劣Ⅴ	劣Ⅴ	劣Ⅴ	不达标	不达标	不达标
		南川西宁景观娱乐用水区		Ⅲ	南川河口	2.4		劣Ⅴ	劣Ⅴ	劣Ⅴ	不达标	不达标	不达标
	北川西宁开发利用区	北川大通饮用水水源区	北川	Ⅲ	黑泉	54.6	1.67	Ⅰ	Ⅰ	Ⅰ	达标	达标	达标
		北川西宁工业用水区		Ⅲ	桥头	8.9		Ⅳ	Ⅳ	Ⅳ	不达标	不达标	不达标
					长宁桥	5.4		Ⅳ	Ⅲ	Ⅳ	不达标	达标	不达标
					朝阳桥	21.1		劣Ⅴ	劣Ⅴ	Ⅳ	不达标	不达标	不达标
	沙塘川互助开发利用区	沙塘川互助农业用水区	沙塘川	Ⅲ	南门峡水库（出口）		0.076	Ⅰ	Ⅰ	Ⅰ	达标	达标	达标
					互助八一桥	58.0		Ⅰ	Ⅰ	Ⅰ	达标	达标	达标
		沙塘川西宁工业用水区	沙塘川	Ⅲ	沙塘川桥	13.8		Ⅳ	Ⅳ	Ⅴ	不达标	不达标	不达标
	引胜沟乐都开发利用区	引胜沟乐都饮用水水源区	引胜沟	Ⅲ	公路桥	14.6		Ⅰ	Ⅰ	Ⅰ	达标	达标	达标
		引胜沟乐都农业用水区		Ⅲ	八里桥	5.9		Ⅰ	Ⅰ	Ⅰ	达标	达标	达标
					水磨营桥	2.2		Ⅱ	Ⅰ	Ⅲ	达标	达标	达标
	黑林河大通源头水保护区		黑林河	Ⅱ	黑林	57.5		Ⅱ	Ⅰ	Ⅱ	达标	达标	达标
	巴州沟民和开发利用区	巴州沟民和农业用水区	巴州沟	Ⅲ	吉家堡	36.9		Ⅰ	Ⅱ	Ⅳ	达标	达标	不达标

表 3-77 2007 年水库水质状况

水库名称	年平均蓄水量（$\times10^8 m^3$）	全年		汛期		非汛期		4~9 月营养化评价	
		水质类别	主要超标项目	水质类别	主要超标项目	水质类别	主要超标项目	评分值	营养化程度
黑泉水库（出口）	1.67	Ⅰ		Ⅰ		Ⅰ		48.2	轻度富营养
东大滩水库（出口）	0.2382	Ⅲ		Ⅱ		Ⅲ		48.2	轻度富营养
大南川水库（出口）	0.132	Ⅱ		Ⅱ		Ⅰ		45.5	轻度富营养
南门峡水库（出口）	0.076	Ⅰ		Ⅰ		Ⅰ		45.0	轻度富营养

3.10.5 水源地水质

2007 年对四水厂、五水厂、六水厂和多巴水厂 4 个地下水源地的水质进行了评价，4 个水厂均优于地下水Ⅲ类水标准（表 3-78）。

表 3-78 2007 年集中式生活饮用水水源地水质状况

地级行政区	水源地名称	水源地类型	水源地全年监测次数	基本项目全年水质类别						评价项目合格（次）	主要超标项目
				Ⅰ类	Ⅱ类	Ⅲ类	Ⅳ类	Ⅴ类	劣Ⅴ类		
9 个县（市）	四水厂	地下水	2		√					2	
	五水厂	地下水	2		√					2	
	六水厂	地下水	2		√					2	
	多巴水厂	地下水	2			√				2	

3.10.6 污染源分析

3.10.6.1 东北部山区

限于资料收集情况，东北部山区污染分析范围仅为海北州门源县、刚察县和祁连县。

（1）点源污染

根据 2013 年度的排污口调查资料，东北部山区由城镇生活污水排放引起的点源污染主要分布在门源县的浩门镇、刚察县的沙柳河镇、祁连县的八宝镇。由于门源县、祁连县、刚察县目前所建的污水处理厂还未投入使用，污水还未纳入管网，浩门镇有一比较大的综合排污口，污水主要来源于城镇生活污水及医院废水；沙柳河镇、八宝镇污水排放比较分散，且每个排污口排放量较小，废污水量和污染物入河量合并统计，沙柳河待三镇污水处理厂投入正常运行后，污染源将得到有效控制。待三镇污水处理厂投入正常运行后，污染源将得到有效控制。

东北部山区共计有 3 个排污口，废污水入河量为 385.4×10^4t/a，污染物化学需氧量入河量为 459.43t/a、氨氮入河量为 41.19t/a。东北部山区入河排污口废污水及污染物入河量见表 3-79。

表 3-79 东北部山区入河排污口废污水及污染物入河量统计

序号	地级行政区	水功能区		入河排污口名称	入河排污口类型	入河排污量				
		一级	二级			废污水量（$\times10^4$t/a）	COD（t/a）	氨氮（t/a）	TN（t/a）	TP（t/a）
1	门源县	大通河门源开发利用区	大通河门源农业用水区	门源县城污水	混合	206. 6	169. 82	22. 25		16. 53
2	刚察县	沙柳河刚察开发利用区	沙柳河刚察农业用水区	刚察县城污水	生活	52. 7	38. 11	4. 14	13. 96	0. 86
3	祁连县	八宝河祁连开发利用区	八宝河祁连饮用水水源区	祁连县城污水	生活	126. 1	251. 5	14. 8		
4	东北部山区					385. 4	459. 43	41. 19	13. 96	17. 39

（2）面污染源

东北部山区面源污染主要来源于农村生活污水及固体废弃物、农药化肥使用、分散式饲养畜禽废污水。

A. 农村生活污水及固体废弃物污染

农村生活污水产生量：根据《青海省 2012 年统计年鉴》，按照行政分区 2012 年的农村人口，参照《全国水资源综合规划地表水水质评价及污染物排放量调查估算工作补充技术细则》中的有关参数进行估算。东北部山区农村人均用水量按 40L/（人·天）计，按用水量的 60%估算农村生活污水产生量，生活污水污染物排放浓度分别为化学需氧量 120mg/L、氨氮 10mg/L、总氮 25mg/L、总磷 5mg/L。在这些地区，由于农村固体废弃物中农作物秸秆基本堆沤发酵或用于燃料，故不估算其污染物产生量，农村固体废弃物中生活垃圾按 0. 5kg/（人·天）计算，所含污染物比例分别为化学需氧量 0. 25%、氨氮 0. 021%、总氮 0. 21%、总磷 0. 022%。

由于东北部山区 3 个县、乡、村基本无污水管网，生活污水和固体废弃物入河系数取污染物产生量的 2%估算。

农村生活污水、固体废弃物污染物情况分别见表 3-80、表 3-81。

B. 畜禽污染

畜禽养殖业除了集约化、规模化养殖场和养殖区外，还包括大量的分散式养殖。按《畜禽养殖业污染物排放标准》（GB 18596—2001）确定规模，规模以下的为分散式养殖，由于规模以上养殖场畜禽排泄物内部处理，故只计算分散式养殖污染物的产生量。按照产物对象，畜禽养殖种类可分为大牲畜（包括牛、马、驴、骡）、小牲畜（包括羊、猪）两大类。

根据调查资料，统计当地分散式畜禽养殖数量，估算畜禽粪便中污染物的产生量和流失量。畜禽污染的粪便排放量及污染物指标见表 3-82。

表 3-82 畜禽粪便排放量及污染物指标

畜禽种类	大牲畜	小牲畜
排泄物	粪	粪
排泄量［kg/（只·天）］	25	2
COD（%）	2.40	3.90
氨氮（%）	0.014	0.046
总氮（%）	0.35	1.22
总磷（%）	0.44	0.26

考虑当地下垫面条件和降水径流情况，畜禽粪便中的污染物入河量以流失量的 2%估算。内陆山地区 2012 年畜禽污染物产生量及入河量见表 3-83。

C. 化肥、农药污染

化肥、农药施用后，一部分残存在土壤中，随水土流失，进入河道或入渗到地下，污染水体。其主要影响因素有降水强度、降水量及农药、化肥的施用情况等。化肥的种类主要为磷肥、氮肥、复合肥；农药的种类主要为有机氯、有机磷。

东北部山区 3 个县化肥农药施用量根据内陆山地区 2012 年度统计年鉴数据计算。常用化肥有效成分含量见表 3-84。

表 3-84 常用化肥品种的有效成分含量

化肥种类	TN（%）	TP（%）
氮肥	43	
磷肥		16
复合肥	16	20

根据《全国水资源综合规划技术大纲》面源污染估算，化肥流失量总氮和总磷分别按化肥有效成分的 20%、15%估算，氨氮按总氮的 10%估算。化肥污染物入河量氨氮、总氮按化肥流失量的 20%估算、总磷按化肥流失量的 15%估算。

农药有机磷的有效成分按农药施用量的 2.8%、有机氯有效成分按农药施用量的 2.5%估算。农药流失量按农药有效成分的 20%估算，农药入河量按农药流失量的 30%估算。农药污染物情况见表 3-85。

D. 面源污染估算结果

根据以上各类面源的估算方法，通过对东北部山区 3 个县农村人口数量、畜禽养殖数量、农药化肥施用情况等方面的调查，参照各县统计局、农牧局、水利局、城建局等相关单位的资料，采用不同参数和模型，估算出 2012 年东北部山区面源主要污染物化学需氧量、氨氮、总氮、总磷的产生量分别为 173698.67t/a、1417.67t/a、36137.12t/a、24308.50t/a，入河量分别为 3473.97 t/a、28.36t/a、722.75t/a、486.17t/a（表 3-86）。

根据统计结果可以看出，东北部山区面源污染物产生量大入河量小，这主要与当地降水、径流、土壤类型有关。在调查的 3 种面源污染类型中，畜禽养殖污染物的产生量和入

表 3-80　东北部山区 2012 年农村生活污水统计

行政分区		乡村人口（万人）	生活污水量（×10⁴t/a）	农村生活污水污染物产生量（t/a）				生活污水入河量（t/a）	农村生活污水污染物入河量（t/a）			
				COD	氨氮	总氮	总磷		COD	氨氮	总氮	总磷
东北部山区	门源县	12.9062	113.06	135.67	11.31	28.26	5.65	2.26	2.71	0.23	0.57	0.11
	祁连县	2.0895	18.27	21.92	1.83	4.57	0.91	0.37	0.44	0.04	0.09	0.02
	刚察县	3.0181	26.44	31.72	2.64	6.61	1.32	0.53	0.63	0.05	0.13	0.03
总计		18.0138	157.77	189.31	15.78	39.44	7.88	3.16	3.78	0.32	0.79	0.16

表 3-81　东北部山区 2012 年固体废弃物统计

分区		人口（万人）	固体废弃物（×10⁴t/a）	固体废弃物产生量（t/a）				固体废弃物入河量（t/a）			
				COD	氨氮	总氮	总磷	COD	氨氮	总氮	总磷
东北部山区	门源县	12.9062	23553.82	58.88	4.95	49.46	5.18	1.18	0.10	0.99	0.10
	祁连县	2.0895	3806.77	9.52	0.80	7.99	0.84	0.19	0.02	0.16	0.02
	刚察县	3.0181	5508.03	13.77	1.16	11.57	1.21	0.28	0.02	0.23	0.02
总计		18.0138	32868.62	82.17	6.91	69.02	7.23	1.65	0.14	1.38	0.14

表 3-83　东北部山区 2012 年畜禽污染物统计

行政区划		畜禽种类	数量（万头）	排泄物总量（×10⁴t/a）	污染物产生量（t/a）				污染物入河量（t/a）			
					COD	氨氮	总氮	总磷	COD	氨氮	总氮	总磷
东北部山区	门源县	大牲畜	12.66	115.52	27 725.40	161.73	4043.29	5082.99	554.51	3.23	80.87	101.66
		小牲畜	43.53	31.78	12 392.99	146.17	3876.78	826.20	247.86	2.92	77.54	16.52
	祁连县	大牲畜	17.33	158.14	37 952.70	221.39	5534.77	6958.00	759.05	4.43	110.70	139.16
		小牲畜	100.16	73.12	28 515.55	336.34	8920.25	1901.04	570.31	6.73	178.40	38.02
	刚察县	大牲畜	19.84	181.04	43 449.60	253.46	6336.40	7965.76	868.99	5.07	126.73	159.32
		小牲畜	82.16	59.98	23 390.95	275.89	7317.17	1559.40	467.82	5.52	146.34	31.19

（续）

行政区划	畜禽种类	数量（万头）	排泄物总量（$\times10^4$t/a）	污染物产生量（t/a）				污染物入河量（t/a）			
				COD	氨氮	总氮	总磷	COD	氨氮	总氮	总磷
合计	大牲畜	49.83	454.70	109 127.70	636.58	15 914.46	20 006.75	2182.55	12.73	318.30	400.14
	小牲畜	225.85	164.88	64 299.49	758.40	20 114.20	4286.64	1285.99	15.17	402.28	85.73
大小牲畜总计		275.68	619.58	173 427.19	1394.98	36 028.66	24 293.39	3468.54	27.90	720.58	485.87

表 3-85 东北部山区化肥、农药施用量及流失量统计

行政区划		化肥施用量（t/a）	化肥流失量（t/a）			化肥入河量（t/a）			农药施用量（t/a）	农药流失量（t/a）		农药入河量（t/a）	
			氨氮	总氮	总磷	氨氮	总氮	总磷		有机磷	有机氯	有机磷	有机氯
东北部山区	门源县	12 556	53.13	531.29	294.19	10.63	106.26	44.13	145.02	0.812	0.725	0.244	0.218
	祁连县	690	2.53	25.35	11.86	0.51	5.07	1.78	6.00	0.034	0.030	0.010	0.009
	刚察县	1798	8.17	81.66	27.77	1.63	16.33	4.17	0.84	0.005	0.004	0.001	0.001
合计		15 044	63.83	638.30	333.82	12.77	127.66	50.08	151.86	0.851	0.759	0.255	0.228

表 3-86 东北部山区面源污染物产生量和入河量统计

行政分区	污染源类别	年污染物产生量（t/a）				年污染物入河量（t/a）			
		化学需氧量	氨氮	总氮	总磷	化学需氧量	氨氮	总氮	总磷
东北部山区	农村生活	271.48	22.69	108.46	15.11	5.43	0.46	2.17	0.3
	畜禽养殖	173 427.19	1394.98	36 028.66	24 293.39	3468.54	27.9	720.58	485.9
	化肥		63.83	638.30	333.82		12.77	127.66	50.08
	合计	173 698.67	1417.67	36 137.12	24 308.5	3473.97	28.36	722.75	486.2

河量最大。从评价结果来看，东北部山区面源污染主要来自于畜禽养殖、主要原因是内陆山地区为农牧区，大小牲畜数量多且基本是分散式养殖，粪便随意排放，通过雨水冲刷汇入河流，威胁水体安全。

3.10.6.2 湟水区

（1）湟水区 9 个县（市）主要河流排污口分布及排放方式

湟水区 9 个县（市）共调查入河排污口 96 个，其中：湟水干流 53 个，支流：北川河 25 个，南川河 2 个，沙塘川河 15 个，哈利涧河 1 个。

从行政区域看，西宁市排污口最多，共 35 个，占总数的 36.5%；其次为民和县，共 11 个，占总数的 11.4%；大通县和互助县都是 10 个，占总数的 10.4%。

（2）排污口入河废污水量

湟水区 9 个县（市）各类废污水年入河量为 $2.09\times10^8 m^3$（表 3-87）。其中，纯工业废水为 $0.30\times10^8 m^3/a$，占总量的 14.4%；纯生活污水为 $0.54\times10^8 m^3/a$，占总量的 25.8%；混合污水 $1.25\times10^8 m^3/a$，占总量的 59.8%，混合污水以工业废水为主。

表 3-87 湟水区 9 个县（市）排污口废污水入河量统计

行政区名称	排污口个数	入河废污水量							
		总量		工业		生活		混合	
		$\times10^4 t/d$	$\times10^4 t/a$	$\times10^4 t/d$	$\times10^4 t/a$	$\times10^4 t/d$	$\times10^4 t/a$	$\times10^4 t/d$	$\times10^4 t/a$
海晏县	7	2.523	881.96	0.708	219.48	0.069	25.19	1.746	637.29
湟源县	5	1.719	627.80			0.423	154.76	1.296	473.04
西宁市	35	24.944	9041.46	1.167	361.77	10.817	3948.93	12.960	4730.76
平安县	2	2.290	835.85					2.290	835.85
乐都县	9	2.981	1069.95	0.328	101.99	0.579	211.33	2.074	756.63
民和县	11	3.154	1100.41	0.924	286.44	0.899	328.15	1.331	485.82
湟中县	7	4.389	1503.45	1.788	554.28	0.086	31.39	2.515	917.78
大通县	10	13.651	4778.62	3.706	1148.69	1.253	457.34	8.692	3172.59
互助县	10	3.076	1059.66	1.140	353.40	0.622	227.02	1.314	479.24
合计	96	58.727	20 899.2	9.761	3026.1	14.748	5384.11	34.218	12 489.0

湟水区 9 个县（市）排污口污染物入河量为 $10.93\times10^4 t/a$（表 3-88）。其中，氨氮为 $0.41\times10^4 t/a$，化学需氧量为 $2.88\times10^4 t/a$，五日生化需氧量为 $1.81\times10^4 t/a$，悬浮物 $5.14\times10^4 t/a$，总氮为 $0.59\times10^4 t/a$。这几项污染物的入河量占到总入河量的 99.1%，其他污染物入河量则很小。西宁市污染物入河量为 $5.19\times10^4 t/a$，占总入河量的 47.5%。其中，氨氮为 $0.24\times10^4 t/a$，化学需氧量为 $1.14\times10^4 t/a$，五日生化需氧量为 $0.71\times10^4 t/a$，悬浮物 $2.76\times10^4 t/a$总氮为 $0.30\times10^4 t/a$。大通县污染物入河量为 $1.75\times10^4 t/a$，占总入河量的 15.5%。其中，化学需氧量为 $0.42\times10^4 t/a$，五日生化需氧量为 $0.43\times10^4 t/a$，悬浮物 $0.78\times10^4 t/a$。其他各县污染物入河量较大的依次是民和县、湟中县、乐都县、互助县。

表 3-88 湟水区 9 个县（市）主要污染物入河量统计（单位：t/a）

行政区名称	氨氮	化学需氧量	五日生化需氧量	悬浮物	总氮
海晏县	101.62	1167.85	402.9	1104.32	172.49
湟源县	123.11	1921.87	504.01	772.92	417.83
西宁市	2366.75	11 369.61	7100.94	27 585.70	2989.00
平安县	230.81	1355.32	511.34	1459.03	111.49
乐都县	217.83	1861.28	785.33	3721.99	313.24
民和县	395.99	3413.30	1164.16	4280.38	507.30
湟中县	151.10	2013.36	1873.38	3769.71	334.38
大通县	331.42	4250.09	4326.81	7796.78	743.04
互助县	153.70	1485.20	1470.81	865.08	281.87
合计	4072.33	28 837.88	18 139.68	51 355.91	5870.64

3.10.7 地下水资源质量

标准采用国家标准 GB/T 14848—1993《地下水质量标准》、GB 5749—1985《生活饮用水卫生标准》。资料采用《青海省水资源综合评价》的相关成果。

地下水水化学类型分析项目为 K^{+}+Na^{+}、Ca^{2+}、Mg^{2+}、HCO^{3-}、$SO_4{}^{2-}$、Cl^{-}、$CO_3{}^{2-}$、pH 值、矿化度等监测项目。

现状地下水资源质量评价依据《技术细则》要求，必评的水质项目为 pH 值、矿化度、总硬度（以 $CaCO_3$ 计）、高锰酸盐指数、总大肠菌群等 7 项，根据青海祁连山地区情况，选评项目为氟化物、氯化物、亚硝酸盐氮、六价铬、砷、铅、铁 7 项。地下水水化学类型采用舒卡列夫分类法确定。

现状评价：在同一评价单元内有两个以上的水质监测井时，采用各水质监测井同一监测项目实测值的算术平均值，作为该评价单元相应水质监测项目的监测值。采用一票否决法（最差的项目赋全权，又称单指标法）。根据关键项目（指按一票否决法确定水质类别的项目），按照《地下水质量标准》（GB/T 14848—1993）对各基本评价单元的地下水资源质量进行分类，并以 GB/T 14848—1993 中的Ⅲ类水标准值作为控制标准。

3.10.7.1 地下水化学类型

（1）东北部山区

根据所收集的资料，选取资料比较完整的布哈河地下水、泉吉河地下水、哈尔盖地下水 3 个站点进行地下水水化学类型分析。评价结果表明（表 3-89），泉吉河地下水、布哈河地下水为 5-A 型；哈尔盖地下水为 7-A 型。

表 3-89 东北部山区地下水水化学类型成果

行政区划		监测井位置	矿化度 (g/L)	$Na^{+}+K^{+}$ (mg/L)	Ca^{2+} (mg/L)	Mg^{2+} (mg/L)	HCO_3^- (mg/L)	SO_4^{2+} (mg/L)	Cl^- (mg/L)	CO_3^{2-} (mg/L)	地下水化学类型
东北部山区	刚察县	布哈河地下水	475	64.5	46.1	23.8	218	73	51	9	5-A
		泉吉河地下水	678	57	69.5	30.2	359	44.2	51	0	5-A
		哈尔盖地下水	700	99.8	47.3	14.1	324	69.2	26.9	0	7-A

（2）湟水区

湟水区多具有较宽阔的河谷平原，并有较厚的松散砂砾石层分布，地下水主要受补于河水，处于强烈循环、积极交替的水化学带，大多数为溶滤成因的重碳酸盐型水，水化学类型多以 HCO_3—Ca 或 HCO_3—Ca · Mg 型水为主，矿化度小于 0.5g/L。由于补给区和径流区岩性的差异，部分河谷段出现总硬度、氯化物增高的现象，如西宁、乐都、民和、互助县靠近西宁边缘的沙塘川等盆地，由中、新生代红层构成，盆地红层中有多层石膏、芒硝等易溶盐类，该地带地下水化学特征主要受岩性和补给径流条件的制约，导致了地下水化学特征的差异性和复杂性，出现矿化度大于 1g/L，个别地区出现大于 2g/L 的微咸水。水化学类型以 Cl—Ca 和 Cl—Na · Ca 型为主。

据监测（表 3-90），湟水区 pH 值多在 7.3~8.4 之间，属弱碱性水。

3.10.7.2 地下水水质评价

（1）东北部山区

根据 2014 年监测资料，选取 pH 值、总硬度、硫酸盐、氯化物、溶解性总固体、高锰酸盐指数、硝酸盐氮、亚硝酸盐氮、氨氮、挥发酚、氰化物、铅、镉、汞、铁、锰、砷、氟化物、六价铬、总大肠菌群 20 项指标，进行地下水水质评价。

根据《地下水质量标准》（GB 14848—1993），通过单项组分评价和综合评价（表 3-91），青海湖农场地下水水质类别为Ⅰ类，水质优良；老虎沟地下水、手爬崖地下水、哈尔盖地下水水质类别为Ⅱ类，水质良好；青石嘴水文站地下水、刚察县城地下水、泉吉乡地下水水质类别为Ⅲ类，水质良好。

东北部山区各县主要以农牧业为主，基本没有大的工业污染项目，由于地区岩层土壤的影响，青石嘴水文站地下水、泉吉乡地下水总硬度有所偏高，导致水体水质类别为Ⅲ类（表 3-91）。

（2）湟水区

通过 7 个必评项目和 7 个选评项目，采用一票否决法按照《地下水质量标准》（GB/T 14848—93）进行评价（表 3-92），湟水区大多数地下水挥发性酚类（以苯酚计）、亚硝酸盐氮、砷、铅、铁均未检出，氨氮、六价铬偶有检出，但不超标。高锰酸盐指数多在 0.3~1.2mg/L 之间，矿化度多在 0.2~0.7mg/L 之间，pH 值在 7.3~8.4 之间，水质类别为Ⅲ类，水质良好。西宁、乐都、民和、互助等少部分地区矿化度在 1~3g/L 之间，总硬度、氯化物、总大肠菌群有超标现象，致使个别地区水质类别为Ⅳ~Ⅴ类。总硬度、氯化物超标主要原因为当地本底所致，总大肠菌群超标主要原因是地下水监测井口保护不好或井位设置不合理（监测井的位置距厕所、牲畜圈等小于 30m）造成局部污染。

表 3-90 湟水区各县（市）地下水水化学分类成果

三级区	地级行政区	监测井编号	监测井位置	地下水性质	监测时间	矿化度（g/L）	Na^++K^+（mg/L）	Ca^{2+}（mg/L）	Mg^{2+}（mg/L）	HCO_3^-（mg/L）	SO_4^{2-}（mg/L）	Cl^-（mg/L）	CO_3^{2-}（mg/L）	地下水化学类型
湟水民和以上	海北	HS01	海晏县水文站	浅层地下水	2000.3.22	0.51	22.20	67.9	22.2	307	38.9	46.1	0	2-A
	西宁市	HS02	湟源县东峡乡石崖庄	浅层地下水	2000.3.22	0.56	31.2	58.5	35.7	320	37.9	38.3	0	2-A
		HS03	湟源县城郊乡董家庄	浅层地下水	2000.3.22	0.51	35.0	46.5	32.9	284	40.8	32.6	0	2-A
		HS23	湟中县李家山乡云谷川	浅层地下水	2003.1.22	0.23	2.50	30.1	5.22	88.5	22.6	4.61	0	1-A
		HS04	湟中县拦隆口乡西纳川	浅层地下水	2000.3.22	0.35	23.0	56.5	3.40	203	10.6	17.0	0	1-A
		HS24	湟中县田家寨乡黄蒿台	浅层地下水	2003.1.22	0.44	7.75	53.1	27.7	287	19.7	4.61	0	2-A
		HS05	湟中县总寨乡老幼堡	浅层地下水	2002.3.30	0.48	16.8	60.9	28.4	336	13.9	9.22	0	2-A
		HS07	大通县后子河	浅层地下水	2000.3.23	0.46	15.0	78.0	17.1	222	83.6	18.8	0	8-A
		HS06	大通县宝库乡硖门	浅层地下水	2000.3.23	0.28	14.0	43.1	0.00	151	1.92	6.74	0	1-A
		HS08	西宁市青海大学	浅层地下水	2000.3.23	1.32	48.2	149	76.2	289	206	235	0	16-A
		HS09	西宁市沈家寨曲轴厂	浅层地下水	2000.3.30	1.77	96.8	373	7.05	334	267	427	0	43-B
	海东	HS15	平安县	浅层地下水	2000.3.30	0.82	55.5	78.0	62.4	360	127	95.7	0	2-A
		HS16	乐都县	浅层地下水	2000.4.5	2.23	62.2	419	130	403	194	823	0	44-B
		HS17	乐都县雨润乡	浅层地下水	2000.4.5	2.97	348	384	86.8	728	510	627	0	18-B
		HS18	乐都县高庙乡	浅层地下水	2000.4.5	0.47	11.2	87.6	17.7	245	45.6	46.4	0	1-A
		HS21	民和县吉家堡	浅层地下水	2000.4.5	1.23	167	200	47.5	298	220	393	0	46-A
		HS22	互助县	浅层地下水	2000.3.29	0.32	18.5	55.5	7.05	230	3.84	8.51	2	1-A
		HS20	互助包家口	浅层地下水	2000.3.29	0.41	26.5	68.5	14.3	278	33.1	14.5	0	1-A
		HS19	互助县沙塘川	浅层地下水	2000.3.29	1.91	0.00	430	76.4	341	493	400	0	36-B
		SYD01	大通县塔尔乡河州村	浅层地下水	2003.3.14	0.30	3.00	45.9	7.35	147	18.2	8.51	0	1-A
		SYD02	大通县塔尔乡上旧村	浅层地下水	2003.3.14	0.23	4.5	41.7	8.99	144	19.7	8.15	0	1-A
		SYD03	湟中县兰隆口乡黑嘴村	浅层地下水	2003.3.14	0.42	12.8	77.0	12.1	223	51.9	21.6	0	1-A

表 3-91 东北部山区地下水水质类别及水质分级评价

序号	流域分区	行政分区	代表站点	pH 值	氨氮	硝酸盐	亚硝酸盐	总硬度	氟化物	溶解性总固体	高锰酸盐指数	硫酸盐	氯化物	总大肠菌群	水质类别	分级评价	
																F	水体状况
1	大通河享堂以上	门源县	青石嘴水文站	7.6	0.076	3.64	0.003	306	0.4	436	1.1	52.4	22.4	<20	Ⅲ	2.19	良好
2			老虎沟地下水	7.5	<0.02	0.87	<0.001	212	0.11	310	0.4	55.2	1.77	<20	Ⅱ	0.72	优良
3	黑河	祁连县	手爬崖地下水	7.3	<0.02	1.65	<0.001	297	0.23	434	0.6	67.2	9.57	<20	Ⅱ	0.72	优良
4	海湖水系	刚察县	哈尔盖地下水	8.2	0.020	1.26	<0.001	205	0.29	188	0.4	25.7	6.72	<20	Ⅱ	0.72	良好
5			青海湖农场地下水	8.0	<0.02	0.68	<0.001	138	0.34	219	0.5	49.4	8.12	<20	Ⅰ	0	优良
6			刚察县地下水	8.0	0.052	0.78	0.004	230	0.28	265	0.8	30.6	10.8	<20	Ⅲ	2.13	良好
7			泉吉乡地下水	8.0	0.052	10.05	0.006	316	0.6	489	2.2	152	127	130	Ⅲ	2.22	良好

表 3-92 湟水区地下水水质监测成果

三级区	地级行政区	监测井编号	监测井位置	地下水性质	水质监测年份	pH 值	矿化度(g/L)	总硬度(以 $CaCO_3$ 计)(德国度)	氨氮(NH_4^+)(mg/L)	挥发性酚类(以苯酚计)(mg/L)	高锰酸盐指数(mg/L)	总大肠菌群(个/L)	选用项目(mg/L)							水质类别	备注
													氟化物	氯化物	亚硝酸盐氮	六价铬	砷	铅	铁		
湟水民和以上	海北	HS00	海晏县银滩乡星火社	浅层地下水	2000	7.9	0.52	191	0.025	0.001	1.2	20	0.97	79.8	0.0015	9.87	0.0035	0.013	0.035	Ⅴ	
		HS01	海晏县水文站	浅层地下水	2000	8.2	0.51	146	0.025	0.001	1.1	0	0.23	46.1	0.0015	0.002	0.0035	0.013	0.035	Ⅲ	
	西宁市	HS02	湟源东峡乡石崖庄	浅层地下水	2000	7.9	0.56	164	0.025	0.001	0.6	0	0.23	38.5	0.0015	0.002	0.0035	0.013	0.035	Ⅲ	
		HS03	湟源县城郊乡董家庄	浅层地下水	2000	8.1	0.51	141	0.025	0.001	0.8	0	0.31	32.6	0.0015	0.002	0.0035	0.013	0.035	Ⅲ	
		HS04	湟中县拦隆口乡西纳川	浅层地下水	2000	8.0	0.35	86.9	0.025	0.001	0.4	0	0.20	17.0	0.0015	0.002	0.0035	0.013	0.035	Ⅲ	
		HS05	湟中县总寨乡老幼堡	浅层地下水	2000	8.0	0.48	151	0.025	0.001	0.3	0	0.78	9.22	0.0015	0.002	0.0035	0.013	0.035	Ⅲ	
		HS06	大通县宝库乡硖门	浅层地下水	2000	8.1	0.28	55.8	0.025	0.001	0.9	0	0.22	6.74	0.0015	0.002	0.0035	0.013	0.035	Ⅲ	

（续）

三级区	地级行政区	监测井编号	监测井位置	地下水性质	水质监测年份	pH 值	矿化度（g/L）	总硬度（以 $CaCO_3$ 计）（德国度）	氨氮（NH_4^+）（mg/L）	挥发性酚类（以苯酚计）（mg/L）	高锰酸盐指数（mg/L）	总大肠菌群（个/L）	选用项目（mg/L）							水质类别	备注
													氟化物	氯化物	亚硝酸盐氮	六价铬	砷	铅	铁		
湟水民和以上	西宁市	HS07	大通后子河	浅层地下水	2000	7.9	0.46	149	0.025	0.001	0.4	0	0.19	18.8	0.0015	0.005	0.0035	0.013	0.035	Ⅲ	
		SYD01	大通县塔尔乡河州村 水	浅层地下水	2000	7.6	0.30	139	0.025	0.001	0.4	0	0.38	6.74	0.0015	0.002	0.0035	0.013	0.035	Ⅲ	
		SYD02	大通县塔尔乡上旧村 源	浅层地下水	2000	7.7	0.23	122	0.025	0.001	0.4	0	0.35	6.03	0.0015	0.002	0.0035	0.013	0.035	Ⅲ	
		SYD03	湟中县拦隆口乡黑嘴村 地	浅层地下水	2000	7.8	0.42	219	0.025	0.001	0.4	0	0.24	22.0	0.0015	0.002	0.0035	0.013	0.035	Ⅲ	
		HS12	西宁市青海民院	浅层地下水	2001	7.7		761	0.025	0.001		0	0.62	85.8		0.002	0.0035			Ⅴ	
		HS13	西宁市西郊乐园	浅层地下水	2001	8.4	0.77	516	0.025	0.001		20	0.49	48.2		0.002	0.0035	0.013		Ⅳ	
		HS08	西宁市青海大学	浅层地下水	2000	7.9	1.32	385	0.025	0.001	0.5	0	0.87	235	0.0015	0.012	0.0035	0.013	0.035	Ⅲ	
		HS09	西宁市沈家寨曲轴厂	浅层地下水	2001	7.4	1.77	539	0.06	0.001	0.8	0	0.56	427	0.0015	0.002	0.0035	0.013	0.035	Ⅴ	
	海东	HS15	平安县	浅层地下水	2000	7.3	0.82	253	0.025	0.001	0.4	0	0.66	95.7	0.0015	0.002	0.0035	0.013	0.035	Ⅲ	
		HS14	平安县石灰窑	浅层地下水	2001	7.6	0.37	355		0.001			0.97	12.1		0.002	0.0035	0.013	0.035	Ⅲ	
		HS16	乐都县下教场	浅层地下水	2000	7.5	2.23	1580	0.025	0.001	3.2	330	0.75	823	0.0015	0.005	0.0035	0.013	0.035	Ⅴ	
		HS17	乐都县雨润乡	浅层地下水	2000	7.3	2.97	1320	0.025	0.001	1.2	2200	0.79	738	0.0015	0.002	0.0035	0.013	0.035	Ⅴ	
		HS18	乐都县高庙乡	浅层地下水	2000	7.8	0.47	292	0.025	0.001	0.4	0	0.35	46.4	0.0015	0.002	0.0035	0.013	0.035	Ⅲ	
		HS21	民和县吉家堡	浅层地下水	2000	7.6	1.23	694	0.025	0.001	0.9	1700	0.33	392	0.0015	0.002	0.0035	0.013	0.035	Ⅴ	

（续）

三级区	地级行政区	监测井编号	监测井位置	地下水性质	水质监测年份	pH 值	矿化度（g/L）	总硬度（以 $CaCO^3$ 计）（德国度）	氨氮（NH_4^+）（mg/L）	挥发性酚类（以苯酚计）（mg/L）	高锰酸盐指数（mg/L）	总大肠菌群（个/L）	选用项目（mg/L）							水质类别	备注
													氟化物	氯化物	亚硝酸盐氮	六价铬	砷	铅	铁		
湟水民和以上	海东	HS22	互助县	浅层地下水	2000	8.0	0.32	93.9	0.025	0.001	0.5	0	0.29	8.51	0.0015	0.002	0.0035	0.013	0.035	Ⅲ	
		HS20	互助县包家口	浅层地下水	2000	7.9	0.41	129	0.05	0.001	0.6	630	0.24	14.5	0.0015	0.002	0.0035	0.013	0.035	V	
		HS19	互助县沙塘川	浅层地下水	2000	7.4	1.91	778	0.17	0.001	0.9	0	0.25	400	0.0015	0.002	0.0035	0.013	0.035	V	

4 土 壤

土壤是岩石圈表面的疏松表层，由矿物质、有机质、水、空气和生物组成，是生物和非生物环境的一个极为复杂的复合体。土壤是在气候、生物、地形、母质和时间等成土因素综合作用下的产物，对于土壤的形成来说，各种成土因素具有同等重要性和相互不可替代性，其中生物起着主导作用。不同的气候环境、生物条件、地形状况和母质类型造就了不同的土壤类型，也决定了其土壤的性状与生产性能。土壤是自然界绿色物质生产的基础，它不仅为植物提供必需的营养和水分，而且也是土壤动物赖以生存的栖息场所。

4.1 祁连山发育的主要土壤类型

祁连山脉位于中国青海省东北部与甘肃省西部边境，是中国境内主要山脉之一。由多条西北—东南走向的平行山脉和宽谷组成。西端在当金山口与阿尔金山脉相接。东端至黄河谷地，与秦岭、六盘山相连。山脉自西北至东南走向，包括大雪山、托来山、托来南山、野马南山、疏勒南山、党河南山、土尔根达坂山、柴达木山和宗务隆山。东西长约800km，南北宽约200～400km，山峰海拔4000～6000m（青海省地方志编纂委员会，1995），最高峰疏勒南山的团结峰海拔5808m。海拔4000m以上的山峰终年积雪，山间谷地海拔在3000~3500m之间。属褶皱断块山。

根据相关的调查研究资料表明（青海省农业资源区划办公室，1997），青海省境内发育的土壤有10个土纲、16个亚纲、22个土类、53个亚类（表4-1）。

表4-1 青海省土壤分类系统

土纲	亚纲	土类	亚类
高山土	寒冻高山土	高山寒漠土	
	干旱高山土	高山漠土	
	湿寒高山土	高山草甸土（草毡土）	高山草甸土
			高山草原草甸土
			高山灌丛草甸土
			高山湿草甸土
		亚高山草甸土（黑毡土）	亚高山草甸土
			亚高山灌丛草甸土

（续）

<table>
<tr><th>土纲</th><th>亚纲</th><th>土类</th><th>亚类</th></tr>
<tr><td>高山土</td><td>半湿寒高山土</td><td>高山草原土
（莎嘎土、巴嘎土）</td><td>高山草原土
高山草甸草原土
高山荒漠草原土</td></tr>
<tr><td rowspan="3">半水成土</td><td rowspan="2">暗半水成土</td><td>山地草甸土</td><td>山地草甸土
山地草原草甸土
山地灌丛草甸</td></tr>
<tr><td>草甸土</td><td>草甸土
石灰性草甸土
盐化草甸土</td></tr>
<tr><td>淡半水成土</td><td>潮土</td><td>潮土
盐化潮土</td></tr>
<tr><td>半淋溶土</td><td>半湿温半淋溶土</td><td>灰褐土</td><td>淋溶灰褐土
石灰性灰褐土</td></tr>
<tr><td rowspan="7">钙层土</td><td rowspan="3">半湿温钙层土</td><td rowspan="3">黑钙土</td><td>黑钙土</td></tr>
<tr><td>淋溶黑钙土</td></tr>
<tr><td>石灰性黑钙土</td></tr>
<tr><td rowspan="4">半干旱温钙层土</td><td rowspan="4">栗钙土</td><td>暗栗钙土</td></tr>
<tr><td>栗钙土</td></tr>
<tr><td>淡栗钙土</td></tr>
<tr><td>草甸暗栗钙土
盐化栗钙土</td></tr>
<tr><td rowspan="4">干旱土</td><td rowspan="4">干旱温钙层土</td><td rowspan="3">灰钙土</td><td>灰钙土</td></tr>
<tr><td>淡灰钙土</td></tr>
<tr><td>棕钙土</td></tr>
<tr><td>棕钙土</td><td>淡棕钙土
盐化棕钙土
棕钙土性土</td></tr>
<tr><td rowspan="2">漠土</td><td rowspan="2">温漠土</td><td rowspan="2">灰棕漠土</td><td>灰棕漠土</td></tr>
<tr><td>石膏灰棕漠土
石膏盐盘灰棕漠土</td></tr>
<tr><td rowspan="2">人为土</td><td rowspan="2">灌耕土</td><td rowspan="2">灌淤土</td><td>灌淤土</td></tr>
<tr><td>潮灌淤土</td></tr>
<tr><td>盐碱土</td><td>盐土</td><td>盐土</td><td>残积盐土
草甸盐土
沼泽盐土
碱化盐土</td></tr>
</table>

（续）

土纲	亚纲	土类	亚类
水成土	水成土	沼泽土	沼泽土 腐泥沼泽土 泥炭沼泽土
			草甸沼泽土
			盐化沼泽土
		泥炭土	低位泥炭土
初育土	土质初育土	风沙土	草原风沙土
			荒漠风沙土
		新积土	新积土
	石质初育土	石质土 粗骨土	钙质石质土 钙质粗骨土

青海省分布的不同类型的土壤土纲等级及其构成情况简要介绍如下。

高山土纲：发育于高山带的土壤类群，包含寒冻高山土、干寒高山土、湿寒高山土和半湿寒高山土 4 个亚纲；高山寒漠土、高山漠土、高山草甸土和亚高山草甸土等 5 个土类；进一步划分为高山草甸土、高山草原草甸土等 9 个亚类。

半水成土纲：包括暗半水成土亚纲和淡半水成土亚纲。其中暗半水成土亚纲包含山地草甸土和草甸土 2 个土类。淡半水成土亚纲仅包括潮土 1 个土类。进一步划分为山地草甸土、潮土等 8 个亚类。

半淋溶土纲：在青海省仅有半湿温半淋溶土 1 个亚纲。灰褐土 1 个土类。进一步划分为淋溶灰褐土和石灰性灰褐土 2 个亚类。

钙层土纲：青海省发展种植业的土壤，包括半湿温钙层土和半干旱温钙层土 2 个亚纲。黑钙土、栗钙土 2 个土类。进一步划分为黑钙土、暗栗钙土等 8 个亚类。

干旱土纲：仅包含干旱温钙层土 1 个亚纲。灰钙土和棕钙土 2 个土类。进一步划分为灰钙土、棕钙土等 6 个亚类。

漠土土纲：仅有温漠土 1 个亚纲。灰棕漠土 1 个土类。进一步划分为灰棕漠土、石膏灰棕漠土、石膏盐盘灰棕漠土 3 个亚类。

人为土土纲：仅有耕灌土 1 个亚纲。灌淤土 1 个土类。进一步划分为灌淤土和潮灌淤土 2 个亚类。

盐碱土土纲：仅有盐土 1 个亚纲。盐土 1 个土类。进一步划分为残积盐土、草甸盐土、沼泽盐土和碱化盐土 4 个亚类。

水成土土纲：系隐域性土壤，青海省仅有水成土 1 个亚纲。包含沼泽土和泥炭土 2 个土类。进一步划分为沼泽土、腐泥沼泽土等 6 个亚类。

初育土土纲：包含土质初育土和石质初育土 2 个亚纲。风沙土、新积土、石质土、粗骨土 4 个土类。进一步划分为草原风沙土、荒漠风沙土、钙质石质土等 5 个亚类。

据调查，青海祁连山地区境内发育的土壤几乎包括了青海省所有的土类（图 4-1，详见后附彩图）。在本书采用的《青海祁连山土壤类型图》中，图斑的命名也采用了《中国土壤》（熊毅等主编，1987）和《青海土壤》（青海省农业资源区划办公室，1997）中所采用的土壤亚类名称。

4.2 祁连山土壤的主要特征

根据《青海土壤》（1997）分类系统，本节的后续部分，将对青海省祁连山地区分布的主要土壤类型及其特征进行较为系统的论述。

4.2.1 高山寒漠土

高山寒漠土隶属于高山土纲寒冻高山土亚纲，仅有一个土类，具有下述主要特征。

4.2.1.1 分布特征

高山寒漠土亦称高山寒冻土，分布于青藏高原的几条著名高山上部。在青海祁连山地区，主要分布于祁连山北部山地中、东地区的冰雪带下部区域。由于其纬度较高，一般出现于 4000~4700m 的山谷、古冰碛平台或古冰斗陡坡。

4.2.1.2 成土条件

该土类成土区域的主要气候特征表现为：区域太阳辐射强烈，气候严寒多风，昼夜气温变化剧烈，年平均气温<-5℃，底土长年冻结，为多年冻土主要分布区，暖季随气温上升土壤逐渐解冻，盛夏上层消融 20~30cm，但表土冻融交替频繁，年降水量 500~600mm，集中于下半年，以固体降水为主。

4.2.1.3 植被类型

该土类上生长发育的植被类型以高山流石坡稀疏植被为主。在碎石间隙的细土物质上分散生长少量中生或中旱生的草本植物或垫状植物，如水母雪兔子、唐古特红景天、垫状点地梅、甘肃雪灵芝、沙生风毛菊、总状绿绒蒿、垂头菊、冰雪鸦跖花、高山葶苈、簇生柔籽草、女娄菜、山地虎耳草、龙胆、网脉大黄、雪山贝、毛茛、胎生早熟禾等。地衣、苔藓普遍地生长于岩屑坡稳定地段，颜面上生长着冷生壳状地衣，细碎岩屑上有苔藓发育。不稳定地段植被更为稀疏。群落总覆盖度一般为 5%~10%，而高等植物的盖度通常不超过 3%~5%。

4.2.1.4 成土过程

该土类的形成以寒冻原始成土过程为主，主要具有生物作用微弱、物理风化作用为主、强烈冻融交替形成特有形态特征、永久冻土层对土壤水分和风化易溶物质迁移影响明显等方面的特点。

（1）生物作用微弱。强烈的紫外辐射、大风、严寒、频繁的冻融交替和剧烈的日温变

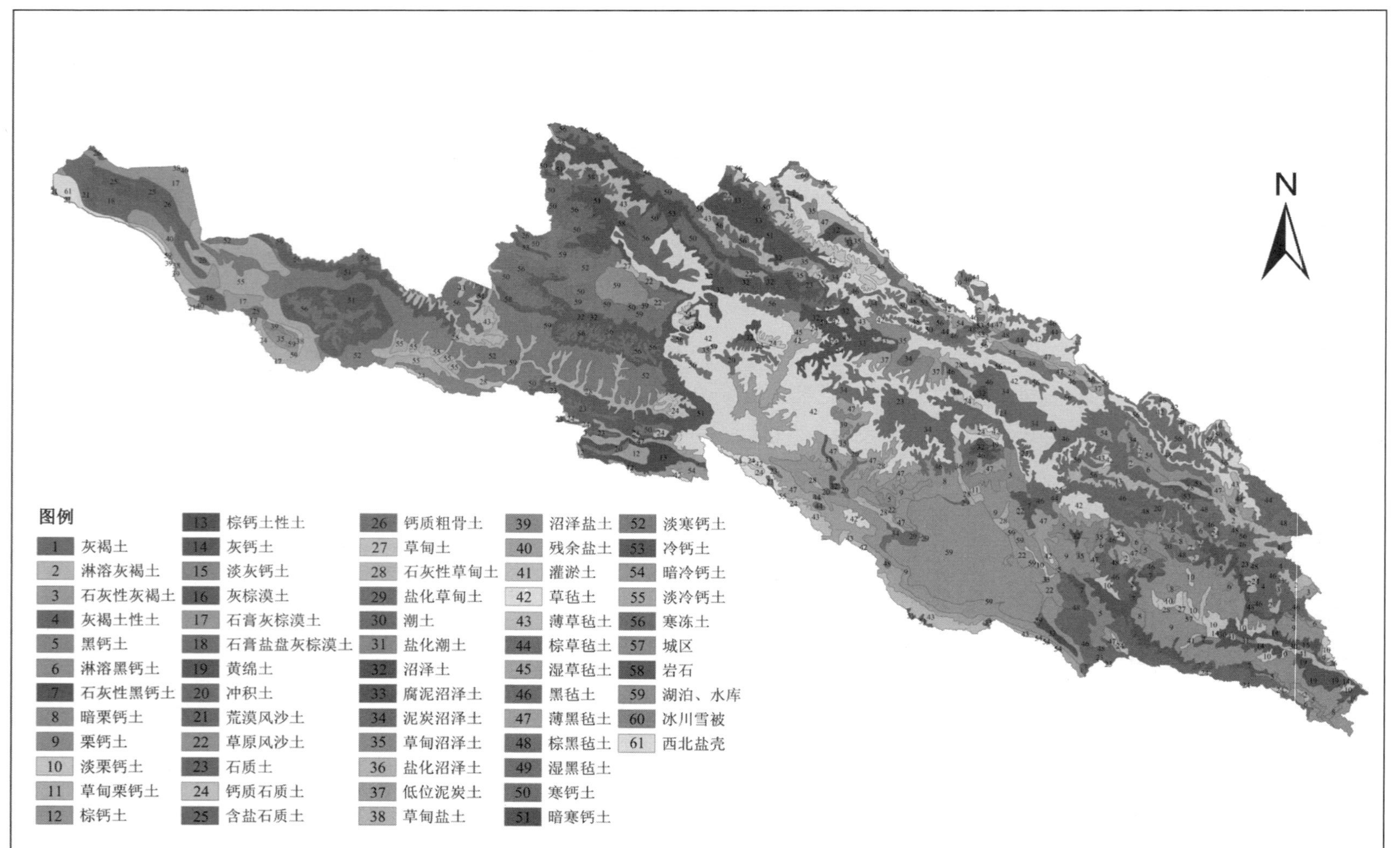

图 4-1　青海祁连山地区土壤类型图（后附彩图）

化，均不利于高等绿色植物的生长，亦同样抑制低等生物的活动和繁殖。在地表植被稀疏的情况下，有机物质补给少，土壤细菌数量少，有机物质和腐殖化作用弱。因此，土体中以粗有机物为主。

（2）成土过程以物理风化作用为主，化学风化和生物作用微弱。由于频繁的冻融作用，加之低温影响，岩石寒冻风化占主导地位，化学风化作用不强，生物风化作用亦相当微弱；土壤发育迟缓，土体主要是母岩破碎的岩屑堆积；矿物的释放不明显，物质迁移微弱，少量的细土物质存于岩屑，为数有限的粉粒和黏粒以机械淋洗方式向下渗漏移动，而粗大的岩石碎块在频繁的冻融作用下在地表集聚，在重力作用下沿陡坡向下滑动，形成融冻石流或倒石堆，如地形平坦，则形成石海。

（3）表现出强烈的冻融交替所形成的特有形态特征。在泥岩等较细颗粒母质上发育的高山寒漠土，土表可形成光滑的冻融结壳，而剖面中下部页片（鳞片）状结构发育，在砂质板岩、砾岩、花岗岩等风化的粗骨母质上发育的高山寒漠土，土体质地较粗，结构不明显，表土中少量粗有机物碎屑在冻融扰动和冻裂影响下，不但可与表土相混，且常逐渐下迁混入下层土壤中。

（4）永久冻土层对土壤水分和风化释放的易溶物质的迁移影响明显。在泥岩、灰岩等风化物上发育的高山漠土质地较细，在融冻时期和雨季，剖面中下部常水分饱和，土内侧渗发育，水分沿冻层顺坡移动，风化释放的易溶物质随水迁出土体，故高寒漠土常无盐渍现象。此外，由于化冻的夏半年下部土体水分饱和，冬季半年又处于结冻状态，孔隙为冰晶充塞，造成下部常年处于还原状态而出现潜育现象。发育于岩屑粗骨质的高山漠土，孔隙大，雨季水分下渗，冬季亦不全部为冰晶充塞，剖面下部不出现还原环境。

4.2.1.5 剖面构型

高山寒漠土发育弱，土层薄，土体厚度 10～30cm，土壤剖面分化不明显，土体多见 A—C 或（A）—AC—C 等发生层次。

在泥岩等细颗粒母质上土表可行成光滑的融冻结壳，而剖面中下部页片（鳞片）状结构发育。在砂质板岩、砾岩、花岗岩等风化的粗骨母质上，土体质地较粗，结构不明显。

腐殖质层发育较弱，常有粗有机质碎屑与角砾质岩屑相混，颜色取决于母质及粗有机质的数量与分解程度。

在泥岩、灰岩等风化物上发育的高山寒漠土质地较细，下部常年处于还原状态而出现潜育现象。而发育于岩屑粗骨质的高山寒漠土，剖面下部不出现还原环境。底部常为多年冻土，土被不连续。

现以位于曲麻莱县东风乡丘日玛山顶部，海拔 4980m，生长红景天、蚤缀等垫状植物，覆盖度<5%的剖面为例，阐述此类土壤的剖面结构如下：地表 0～5cm，暗灰色（5Y4/1），重石质中壤土，块片状结构，土体湿、松，强石灰反应；地表 5cm 以下，为片状页岩残积母质层。

高山寒漠土的理化性质参见表 4-2 和表 4-3。

表 4-2 高山寒漠土化学性质统计

剖面层次	特征数	全量（g/kg）			速效（mg/kg）			有机质	C/N	pH 值	$CaCO_3$	代换量
		N	P_2O_5	K_2O	碱解氮	P	K	（g/kg）			（g/kg）	［cmol（+）/kg］
A	样本数	16	12	13	9	12	14	16	10.1	9	8	10
	平均值	0.64	1.41	26.6	42	3.03	105	11.1		8.3	90	8.46
	标准差	0.19	0.27	9.2	9.5	1.92	49.7	4.8		0.51	37.5	3.53
AC	样本数	2	4	4	4	3	3	4	9.3	4	3	3
	平均值	0.6	0.29	22.6	34	1.83	104	9.6		8.3	127.5	7.53
	标准差	0.04	0.2	1.6	9.7	1.01	40	2.7		0.67	89.5	1.19

表 4-3 高山寒漠土机械组成

体系	剖面层次	层次（cm）	各级颗粒（粒径 mm），g/kg								质地
			>1	1~0.25	0.25~0.05	0.05~0.01	0.01~0.005	0.005~0.001	<0.001	<0.01	
卡庆斯制	A	0~5	292.3	203.3	204.2	231	136.6	120.5	104.4	361.5	重石质中壤土
	AC	0~22	301.2	93.7	36.2	440.1	90	161.9	178.1	430	重石质中壤土
		22~50	456	125.7	136.9	316.3	85	156.1	180	421.1	重石质中壤土
	A	0~6	463.8	175	224	341	68	72	120	260	重石质轻壤土
	AC	6~17	427	125	217	300	82	105	171	358	重石质中壤土
	C	17~60	552.8	124	253	303	77	97	151	320	重石质中壤土

体系	剖面层次	层次（cm）	各级颗粒（粒径 mm），g/kg					质地
			>2.0	2.0~0.2	0.2~0.02	0.02~0.002	<0.002	
国际制	A	0~22	189.3	213.7	255.4	311.6	219.3	黏壤土
	AC	22~50	309.9	278.7	242.4	268.6	210.3	黏壤土

注：卡制指原苏联卡庆斯基制

4.2.2 高山漠土（土类）

属高山土纲干寒高山土亚纲，仅有高山漠土一个土类。

4.2.2.1 分布特征

高山漠土又称作高山荒漠土，主要分于青藏高原西北部的高寒荒漠地带，在青海省主要分布于祁连山西北部的阿尔金山西段，海拔 3800~4500m 的中、高山地。

4.2.2.2 成土条件

该土类成土区域的主要气候特征表现为：以高寒干旱为主要特征，成土条件严酷。年气温平均约-3~4℃，日较差-7~9℃，降水量 120mm 左右，为永久冻土发育区。

4.2.2.3 植被特征

区域高等植物具有耐干旱特性，物种贫乏，生长稀疏，主要是单丛散生的藜科或垫状植物，覆盖度<5%，生物在成土过程中作用微弱。

4.2.2.4 成土过程

青藏高原第四纪受到比较广泛的冰川作用，风化壳大多是幼年性的碎屑物，易溶盐石膏风化壳及碎屑状碳酸盐风化壳。这些风化壳在永久冻土区的高寒环境中，年内解冻时间短，融化土层薄，因此风化与成土作用均比较微弱。母岩以物理崩解为主，矿物分解不彻底，土壤粗骨质，细粒少。

（1）稀少降水与强烈蒸发导致碳酸盐类在土体中部的淀积。高山漠土分布区降水稀少，蒸发强烈，极端干旱，制约着水分的运动方向和强度，决定了物质迁移和淀积。除易溶盐部分迁出土体外，石膏及碳酸盐仅在剖面不同层次间有所移动，形成了与一般漠境地区相似的淀积层次。

（2）冻融作用导致土表孔状结皮层的发育。高山漠土土体干燥，常为干冻土，因而冻融作用相对较弱。但由于处于高山荒漠地区，大气透明度高，太阳辐射特别强，白天增温特别明显，夜间因急剧散热而降温，日较差远大于平均温度，即使夏季，表土仍可反复发生冻融现象。夜间表土冻结时，下部相对温暖土层中的水分与水汽间冻层运行补充。尤其与冻土层相接的下层大气，在降温后相对湿度提高，形成冷凝水补给表面冻结层，并形成冰晶；日出后，地温迅速上升，土壤解冻，水分蒸发散失。由于地表散热结冻的深度变化常与地表平行，因而土层冻融交替也呈水平状发生。在这样反复产生的冻融交替影响下，地表可形成松脆多孔，具片状层理的结皮层。在有暂时性地表径流影响的地方，孔状结皮层发育尤其明显。

4.2.2.5 剖面构型

高山漠土发育于高海拔的低温、干旱多风环境中。其成土过程是在冰冻控制下的原始荒漠化成土过程，形成至少含有 3~4 个发生层的剖面。高山寒漠土发育弱，土层薄，土体厚度 10~30cm，剖面分化不明显，土体多见 A—B—C 或 A—BC—C 等发生层次。

以位于茫崖镇花土沟采石岭北 7km 的剖面为例，该剖面位于山坡上部，距山脊线约

20~30m，坡度 15°~20°，海拔 4017m，地面有裸岩，地表有砾幂，无植被，仅在洪流线有单株散生的优若藜，物种单一，结构简单，覆盖度<5%。地表白色盐霜，局部出现暴雨形成的地表径流漫过的斑块，有龟裂，残余母质。

0~2cm，孔状结皮层，浊橙色（7.5YR7/4），砾质中壤土，干，不稳定的片状结构，多孔、松脆、根系极少，强石灰反应，pH 8.4。

2~10cm，石膏层，浅橙黄色（10YR8/4），砾质土，干、松脆、无根系，为明显的海绵状结晶石膏层，其下部偶见白色粉末状盐结晶斑块，强石灰反应，pH 8.17。

10~60cm，母岩层，为母岩物理风化形成的碎石层，碎石棱角锋利，数量极多（占92%），保持着母岩的色泽，石面下胶结有盐的结晶，明黄褐色（10YR7/6）的细粒很少。石隙中充满针状石膏结晶和各种白色盐粉，中石灰反应，pH 8.16。

其化学性状和典型剖面机械组成如表 4-4 和表 4-5。

4.2.3 高山草甸土

属高山土土纲湿寒高山土亚纲高山草甸土土类。

高山草甸土曾称为草毡土，为青藏高原主要土壤类型。高山的划分标准与内涵不同学科不尽一致，在青海高原和我国其他地区一样，常把森林与永久雪线之间的山地称为高山，把森林生长郁闭线的上限作为高山带的下限，是个灵活而又有严格内涵的科学标准。它的分布受区域地理位置及山体绝对高低的影响，更主要受控于气候条件及地形对水热条件的再分配的左右，与区域生态环境联系密切。随着水热条件水平分布（纬向与经向）和垂直分布的变异，青海森林由东至西、由低而高渐趋消失。因此林线上限在不同地区不难确定。但对于地形开阔，多风干燥而导致森林消失的无林高原的高山带下限的确定以年平均气温 0~1℃等温线作为区域划分标准。在青藏高原特殊的气候和地形环境中，森林由高寒草甸、高寒灌丛代替常常不是突然明晰的，而是逐渐过渡的。

4.2.3.1 分布特征

青海高原是我国乃至世界上高寒草甸土连续分布的主要区域之一，青海高原的高寒草甸土主要集中分布于青南高原和北部的祁连山区，其分布受纬度与海拔所制约，亦与山系的地理位置、走向及地形的切割状况密切相关。在青海东北部的祁连山区，北纬 37°以北的大通河、黑河谷地，高山草甸土分布于 3350（3500）~3900（4000）m；向南的青海东部北纬 36°~37°的湟水谷地，分布于海拔 3500（3600）~4400m；北纬 33°~36°及其附近的积石山、巴颜喀拉山等分布海拔为 3800（4000）~4700（4900）m；而唐古拉山东段北纬 32°~33°及其以南地区，其下限高度 4100m，在特殊的地形部位海拔可上升到 4300~4400m。

在青海省境内，高寒草甸土的分布具有明显的水平分布规律及垂直分异特征。由东南向西北，随着地势的抬升，逐渐远离海洋，降水日渐减少，干燥度增加，植被逐渐变得耐旱稀疏，土壤由灰褐土变为高山草甸土，进而出现高山草原土。由于高原四周因遭受切割而形成高山峡谷，而高原内部亦有耸立的山地形成的巨大的相对高差，随海拔及坡向变化及成土因素，尤其植被类型及气候状况（水热条件）改变，导致土壤类型表现出明显的

表 4-4 高山漠土（土类）化学性质统计

剖面层次	特征数	有机质	$CaCO_3$	pH 值	N	P_2O_5	K_2O	碱解氮	P	K	C/N	代换量
		(g/kg)			全量（g/kg）			速效（mg/kg）				［cmol（+）/kg］
A	样本数	5	5	5	5	5	5	5	5	5	10	5
	平均值	3. 1	107	8. 2	0. 18	1. 5	28. 7	21	2	183		6. 6
	标准差	0. 8	25	0. 21	0. 09	0. 2	6. 6	6. 3	1	76		2. 5
B	样本数	4	4	4	4	4	4	4	4	4	18	4
	平均值	3. 1	40. 1	8. 2	0. 1	1. 2	22. 8	25	1. 3	130		5. 4
	标准差	1. 1	27. 1	0. 05	0. 05	0. 6	10. 8	6. 6	0. 5	83		0. 54
C	样本数	1	1	1	1	1	1	1	1	1	31	1
	平均值	7. 5	32	8. 6	0. 14	1. 59	11. 2	54	2. 3	73		10. 9
	标准差											

表 4-5 典型剖面机械组成——高山漠土（土类）

地点、海拔	剖面层次	层次（cm）	>1	1~0. 25	0. 25~0. 05	0. 05~0. 01	0. 01~0. 005	0. 005~0. 001	<0. 001	<0. 01	质地
			各级颗粒（粒径 mm），g/kg								
青海省茫崖镇花土沟的采石岭北7km	A	0~2	80	180	249	246	105	149	71	325	中石质中壤土
	AC	2~10	427	675	180	44	22	36	42	101	轻砾石土
	C	10~60	938	698	140	41	9	44	74	127	重砾石土

垂直差异，通常在森林土或山地草甸土之上出现亚高山草甸土（阳坡或偏阳坡）及亚高山灌丛草甸土（阴坡及偏阴坡），进而出现高山草甸土（阳坡或偏阳坡）及高山灌丛草甸土（阴坡及偏阴坡），而高处地形平坦时为高山湿草甸土，陡坡时为原始高山草甸土（土属），如气候趋于半干旱时出现高山草原草甸土。

4.2.3.2　成土条件

（1）气候条件：青藏高原远离海洋，深居内陆，大陆性气候明显，具有特有的高原气候特征。青海的地理位置虽处于亚热带至温带范围，但由于海拔在三四千米以上，热量受垂直递减规律的影响和制约；同时，巨大高耸的高原面上有复杂多变的中小地形变化，深刻影响着水热条件的再分配，造成气候环境的分异和局部变化，其强度甚至超过了纬度位置的影响，从而掩盖了热量带的特征，温度较低，普遍高寒。广大高原面上，土壤分布打有水平分布的烙印，亦受垂直分布规律的制约。高山地区热量不足，年内最低气温≤0℃的天数达250~320天，甚至在320天以上，土壤冻结时间长。高寒草甸土带不但年内不同季节出现冻融交替，即使在盛夏的7月，由于日较差（10~14℃）大于平均气温（6~10℃），也可出现-6.0~-1.5℃的最低气温，地表温度可降至-10~-4℃，0~5（10）cm结冻，由此可知土壤冻融交替的一般状况。强烈的冻融交替对土壤风化和发育的影响深刻，尤以高寒草甸土为甚。

（2）地质地貌特征：高寒草甸土占据着绝大面积青海高原，主要分布于高山带中、上部的山坡、浑圆山丘、河谷阶地、盆地中排水良好的滩地以及古冰碛平台、侧碛堤等，其他地区高山上部也有零星分布。

（3）母岩、风化壳及母质类型特征：青藏高原因板块碰撞由深海隆升成陆，故其上的高大系均为近于东南—西北走向，且主要由花岗岩组成，但地表大部为各种沉积岩覆盖，最普通的是砂质板岩、红色砂岩、砾岩及泥岩、凝灰岩，在部分地区有石灰岩及大理岩等。母岩在高寒环境中以物理风化为主，生物、化学风化相对微弱。强烈的寒冻风化作用，岩石以机械崩解为主，形成碎屑状风化壳，它们基本上保持着母岩原有的矿物成分。高山草甸土的成土母质类型较多，母质以冰碛物及冰水沉积物为主，在地形及水流影响下，更为年轻的堆积物，入重力堆积物、坡积物、洪积、冲积物等各自占据特定的地形部位。

（4）冻土特征。高山地区热量不足，温度日变化大，是冻土最发育的地区，依热量状况的差异和土壤冻融状况，可分为季节性冻土区、岛状多年冻土区（季节性冻土与多年性冻土混合分布）及永久冻土区。季节性冻土分布部位比较低，常在林缘以上的亚高山地段，而永久冻土区分布部位较高，主要在高山上部及区域西部的高海拔地段，两者分布的绝对高度因纬度、地形部位不同而有差异。一般年均温-2℃可作为季节性冻土区与岛状冻土区的界限，而-3~3.5℃等温线可作为连续永冻区出现的下限。

青藏高原是北半球中低纬度带多年冻土集中分布的区域，昆仑山北坡海拔4350~4560m地区向南延伸到唐古拉山南坡，安多县北侧4800m左右的地区为连续多年冻土区。在青南河谷的松散堆积物上，最大冻土可达130m（唐古拉地区）~155m（风火山），而山地基岩相应可达到300~400m，青海北部的祁连山地冻土区，亦有多年冻土分布。无论冻土状况如何，夏季地表部出现不同深度的融化层，由于亚高山草甸土和高山草甸土含水量高，都是湿冻土，故出现坚硬的冻土层。

4.2.3.3 植被特征

高寒草甸土的植被类型主要以莎草属植物为主的高寒草甸，此外还有高寒灌丛草甸和高寒灌丛，在青海高山地区，其分布具有明显的水平变化及垂直分异规律。北部的祁连山地，由东向西随着湿度的降低，由高寒杂草草甸、高寒草甸逐渐向高寒草原过渡；而随高度增加，热量条件恶化，植被由高寒杂草草甸—高寒草甸—垫状植物、高山流失坡稀疏植被过渡。南部的青藏高原，由东南向西北降水量逐渐减少，旱化程度增强；高山地区植被的交替规律为阴坡或偏阴坡的高寒灌丛或高寒灌丛草甸、阳坡或偏阳坡的高寒草甸、高寒杂类草草甸—高寒草原化草甸—高寒草原。随海拔上升，温度降低，植物的垂直分异为高寒灌丛、高寒杂类草草甸—高寒草甸—高寒垫状植被或高山流失坡植被，但不同区域由于海拔高度不同或地理位置差异，基带植被类型可有不同。

4.2.3.4 成土过程

青藏高原高山湿润或半湿润地区的土壤形成均表现为强烈的生草过程，物质迁移季节性改变明显，低温冰冻影响突出。由于青海高山草甸土分布区域辽阔，地形复杂多变，相对高差巨大，距离海洋远近特悬殊，成土条件及其组合状况多样，对土壤的风化发育影响极不一致。

（1）土壤强烈的生草过程：青藏高原高山草甸土发育于莎草科嵩草属植物建群的高寒草甸及高寒灌丛草甸植被下，嵩草属植物是耐干寒的多年生地面芽和地下芽草本植物，生育期短，植株低矮，单株生产力低，但生长稠密，其生产量的58%~75%以上分配在地下，区域土壤有机物质补给都依赖地下根系。

（2）土壤的风化和物质迁移过程：高山地区虽以物理风化为主，但生物风化及化学风化仍然进行，因而成土过程中矿物分解，物质转化、元素的释放、迁移普遍存在，唯速率稍低，强度较小。

（3）土壤的冰冻作用：是低温对土壤发生影响强化的表现，为高山地区高山草甸土等与极地土壤所共有。高山地区以物理风化为主，土壤溶液稀薄，其冰点-0.11℃左右。区域内表土即使盛夏7月亦经常可低于-0.11℃。此时水分结成冰晶，而结构内部及未冻结层内的水分可向冻结层处运行，可在冰晶周围凝结冰冻，周围水汽不断向此处扩散，水分累积形成冻层。

（4）土壤剖面形态的塑造：也可产生影响。冻结时冰晶把矿质颗粒机械分开，冰晶的出现，上行溶液中携带的胶粒和大量存在的腐殖酸络合物等变性絮凝淀积于分隔体表面而将其凝结在一起，随冰晶的长大产生的挤压力使分割体稳固，暖季到来时冰晶虽融化，但这种结构体部分被保留，下次冻结时重复此过程而使结构加固。冰冻时形态结构的影响集中分布在屑粒状结构的形成和片状层理的发育，前者主要存在于有大量粗腐殖物质的AS层，而后者集中于以矿物质颗粒为主的AB、BC或A1层。同时随着土壤水分上行冻结，溶质被浓缩析出于孔隙或淀积于结构表面，结果在层次间甚至在结构内部与表面，其物质构成、色泽等产生差异，高山草甸土和亚高山草甸土铁锰的表聚与此有关。

4. 2. 3. 5 剖面构型

高山草甸土的剖面构型一般呈 As—A1—（AB）BC—C（D）较多，剖面厚度 50~80cm。地形平缓时，土体深厚，而陡坡地段可小于 30cm。

以位于青海省门源县风匣口中国科学院海北高寒草甸生态系统定位站综合观测场的土壤为例，自然植被为嵩草、紫羊茅、垂穗披碱草等为优势种群，双层结构。

AS：0~8cm，暗棕色（10yR3/3 干态），黏壤土，屑粒状结构，死、活根系紧密缠结，极坚韧，湿润，大量的细孔隙。

A1：8~32cm，浊棕色（7. 5yR5/4），黏壤土，结构体被水平状冻裂纹分割，破碎后呈鳞片至小块状，疏松，在植物根孔或细孔隙内分布着少量的管状灰白色碳酸盐假菌丝体，碳酸盐反应较强。

AB：32~71cm，浊黄橙色（10yR7/3），壤土，粒块状结构，稍疏松，在土壤孔隙内分布着较多的灰白色管状碳酸盐假菌丝体，碳酸盐反应强烈。

C：71~95cm，浊橙色（7. 5yR6/4），砂质黏壤土，粉粒结构，疏松，有少量锈纹，碳酸盐反应较强。

高山草甸土可分为高山草甸土、高山草原草甸土、高山灌丛草甸土及湿高山草甸土 4 个亚类。

典型高山草甸土类理化性状见表 4-6 和表 4-7。

4. 2. 4 亚高山草甸土

曾称作黑毡土，属高山土纲湿寒高山土亚纲亚高山草甸土类。

4. 2. 4. 1 分布特征

主要分布在高山带下，森林郁闭线以上区域，下接灰褐土、山地草甸土，上承高山草甸土。在青海北部的祁连山东段，东部农业区的脑山以上地段及东南部河谷地区森林郁闭线以上均有分布。在特殊的地形部位虽然仍可出现疏林、独立树或孤立生长的树群，但它们不可能大面积生长或连续分布，处于高寒草甸和高寒灌丛的包围之中。

4. 2. 4. 2 成土条件

亚高山草甸土属高山带土壤之一，其成土条件与高山草甸土相似。但其严酷程度有所缓和，土壤发育程度有所增加。亚高山草甸土分布区年平均气温 1（0. 5）~-5（-2）℃，≥0℃积温 1000~1200（1300）℃，年降水量 450~650（700）mm。降水丰沛，侵蚀强烈，地形复杂多变，对水热条件再分配影响明显。

4. 2. 4. 3 植被类型

植被类型虽与高山草甸土相似，以高寒草甸、高寒灌丛或高寒灌丛草甸为主，草类组成仍以嵩草、薹草为主，但总类组成中对热量要求较高的种属增多，物种亦较丰富，且杂类草比重明显增大，产草量较高，而高山特有种属缺失。灌木类型组成虽近于高山草甸土区，但普遍高大，高度在 1. 5~2. 5m 之间。

表 4-6　高山草甸土壤（土类）化学性质

剖面层次	特征数	有机质	$CaCO_3$	pH 值	N	P_2O_5	K_2O	碱解氮	P	K	C/N	代换量
		(g/kg)			全量（g/kg）			速效（mg/kg）				[cmol（+）/kg]
A	样本数	152	39	150	143	139	145	145	137	150	13	84
	平均值	122.9	6.8	7.2	5.43	1.9	22.8	286	6.2	173		29.46
	标准差	52.1	8.3	0.53	1.9	0.5	4.7	136.36	7.91	81.52		11.75
B	样本数	141	28	143	145	144	144	125	138	142	13	82
	平均值	73	4	7.6	3.22	21.5	21.5	182	3.7	126		18.32
	标准差	41.8	4.6	0.56	1.9	4.3	4.3	104.55	2.73	148.77		7.22
C	样本数	25	14	31	25	28	30	30	26	23	9	19
	平均值	45.3	29.1	7.4	3.03	1.6	11.6	150	2.9	104		13.78
	标准差	22.6	44.3	0.77	1.8	0.5	3.7	82.81	2.08	36.05		7.77

表 4-7　高山草甸土（土类）的机械组成

体系	发生层	特征数	1~0.5	0.5~0.25	0.25~0.05	0.05~0.01	0.01~0.005	0.005~0.001	<0.001
			各级颗粒（粒径 mm），g/kg						
卡庆斯基制	A_s	样本数	7	7	7	7	7	7	7
		平均值	31.4	33.7	235.4	473.3	65.5	80.8	79.9
		标准差	60.2	39.2	158.3	173.9	29.7	33.3	50.6
	A1	样本数	5	5	5	5	5	5	5
		平均值	53.9	34.8	381.0	311.0	53.9	59.8	105.6
		标准差	80.3	24.3	257.5	239.2	33.9	28.1	41.1
	AB	样本数	4	4	4	4	4	4	4
		平均值	59.1	66.0	233.0	300.3	65.1	97.2	179.3
		标准差	48.1	73.2	184.7	163.8	46.8	36.2	110.6
	C	样本数	7	7	7	7	7	7	7
		平均值	117.9	84.0	261.3	247.1	60.6	98.5	130.6
		标准差	92.5	75.8	165.6	168.4	45.2	62.3	120.4

（续）

体系	发生层	特征数	2~0.2	0.2~0.02	0.02~0.002	<0.002
			（粒径 mm），g/kg			
国际制	A_s	样本数	7	7	7	7
		平均值	165.6	542.6	208.6	83.2
		标准差	216.1	185.1	88.8	28.8
	A_1	样本数	5	5	5	5
		平均值	139.6	574.0	178.1	108.3
		标准差	117.0	163.3	102.1	45.1
	AB	样本数	4	4	4	4
		平均值	162.8	451.3	205.8	180.1
		标准差	170.2	104.7	123.7	119.2
	C	样本数	7	7	7	7
		平均值	299.0	380.4	183.3	137.3
		标准差	248.0	180.6	99.6	139.1

4.2.4.4 成土过程

与高寒草甸区相比，亚高山草甸土区的平均气温较高，降水较多，水热条件相对优越，因而成土过程进行的强度和速率较高山草甸土大，形成了相似而又完全不同的的土壤。

（1）生草过程强烈：亚高山草甸土的有机物质补充量多于高山草甸土，且具有近似的有机物质积累过程和相似的植毡层，但外观上亚高山草甸土植毡层的颜色更深暗，而根系绞织稍弱。

（2）风化发育与物质迁移过程：亚高山草甸成土过程中母质被改造强度较小，但仍高于高山草甸土。其风化淋溶系数 ba（K、Na、Ca、Mg 与 Al 的氧化分子数之比）淋溶系数或盐基系数（土层 ba/母质层 ba）高于高寒草甸，且迁移强度较大，距离远，常可迁出土体深达底土。

4.2.4.5 剖面构型

该土壤类型的剖面一般为 A_s—A_1—AB—（B 或 BC）—C 等发生层构成。

A_s 层，发育明显，厚度 10cm 左右，草根交织盘结，但较高山草甸土松，而色调较深暗。

A_1 层，10~45cm，与坡度缓陡关系密切，滩地缓坡深厚，陡坡浅薄，色调较暗，屑粒或小粒状结构，须根多，向下过渡明显。

AB 或 B 层，较发育，小块状结构，在纬度相对较高的区域，可出现不稳定的鳞片状结构，色调常是剖面最深的层次，结构面为腐殖质胶膜或铁、锰络合物覆盖，有反光，干燥后研粉末时色调较小结构体表面降 1~2 级门赛尔值，向下过渡明显，色调骤变。

BC 层，为核块状结构，须根少，色调受母质影响明显，可出现碳酸盐新生体。

高寒草甸按其坡向、植被、剖面性态及理化性质的差异分为亚高山草甸土、亚高山灌丛草甸土两个亚类分布特征。

亚高山草甸土的基本理化性状见表 4-8 和表 4-9。

4.2.5 高山草原土

曾称作莎嘎土，属高山土纲半湿寒高山土亚纲高山草原土土类。

4.2.5.1 分布特征

是森林郁闭线以上和无林山原高山带较干旱区域发育的土壤。在青海主要分布于唐古拉以北，昆仑山以南的广大山地及高平原，柴达木盆地东南高山区及北部高山带。海西州昆仑山 3800~4800（5000）m 的高山带；玉树州西 3 县西部 4300m 以上的宽谷湖盆阶地和缓坡；祁连山地区西部的疏勒河谷上游及宗务隆山高处 3800~4400m 的高山带。

在水平位置上，高山草原土主要分布在青海西部外流水席与内流水系分水岭的高原面上，向东南随着湿润条件的改善，仅出现于宽谷滩地，沿深切的河谷向东伸展侵入高山草甸土区。在旱化强烈的柴达木荒漠东部南侧的高山区及受此干旱气候影响的盆地东南方向高山带地形开阔的滩地、阳坡和东北方向的高山带亦广泛分布。在垂直带谱中，可出现在

表 4-8 典型剖面土壤化学性质——亚高山草甸土（亚类）

地点、海拔	层次（cm）	有机质	$CaCO_3$	pH 值	N	P_2O_5	K_2O	碱解氮	P	K	C/N	代换量
		（g/kg）			全量（g/kg）			速效（mg/kg）				
祁连东段的乐一亲仁，3860m	0~9	101. 8	1	7. 7	4. 85	2. 29	20. 2	361	3	106	12. 2	36. 8
	9~25	101. 8	1	7. 6	4. 83	2. 44	20. 2	341	1	185	12. 2	40. 1
	25~50	94. 8	10	7. 7	4. 61	2. 48	21. 5	352	1	327	11. 9	35. 6

表 4-9 典型剖面土壤机械组成——亚高山草甸土（亚类）

地点、海拔	层次（cm）	>1	1~0. 25	0. 25~0. 05	0. 05~0. 01	0. 01~0. 005	0. 005~0. 001	<0. 001	<0. 01	质地
		各级颗粒（粒径 mm），g/kg								
祁连东段的乐一亲仁，3860m	0~9	0	12	267. 1	333. 9	125. 2	167	94. 6	386. 8	中壤土
	9~25	0	0	280. 8	312. 4	145. 8	166. 6	94. 4	406. 8	中壤土
	25~50	0	10. 9	122. 2	433. 8	146. 1	146. 1	136. 4	428. 6	中壤土

高山草甸土带以西及以北更高的高原面上，西接高山漠土，在高寒草甸土分布区，则占据着地形开阔的滩地、阳坡或稍低的大河峡谷底部阶地与高山草甸交叉分布。在柴达木盆地及周围山地，常占据着棕钙土、粗骨土、石质土以上的高山带。

4.2.5.2 成土条件

该土类成土区域的主要气候特征表现为：受西风急流的控制和第三纪以来青藏高原强烈抬升的影响，某些区域亦受柴达木强烈荒漠化气候及其盛行的西北大风制约，普遍表现为干冷季长，暖温季短，水热条件的水平变化及其垂直变化差异明显，且由东南向西北随地势抬升，降水减少，旱化增强，土壤水分从半干旱至干旱、极干旱转变。以 Penmam 经验公式估算，干燥度从 1~2 增至 5~6，高山草原土热量条件较差，随高度上升和纬度增高，年平均气候从-1.7~-4℃，逐渐降到-7~-8℃以下，正积温相应从 900~1000℃·d 降至 170℃·d，出现的天数从 5 个月减少至 2.5 个月，但日照时数却有所提高。

4.2.5.3 植被特征

高山草原土区域的植被，随水热条件改变而相应变化。在水热条件较好的东南部低海拔地区，以紫花针茅、异针茅等疏丛禾草建群，伴生扁穗冰草、羊茅、冷蒿、青藏薹草、黄芪、狼毒、野葱等，不同区域伴生种不同，植物种类较多，局部区域还混生有少量嵩草，为草甸草原植被。向西北，随海拔上升，旱化增强，嵩草属消失，禾草中混生有小半灌木或垫状植物的比例提高，至青藏公路西侧 5~15km 以西，水热条件更加恶化，禾草更趋于稀疏，代之以优若藜、盐爪爪、猪毛菜、金露梅、芨芨草或垫状植物为主的荒漠化草原。甚至以耐干寒的小半灌木、垫状植物为主，覆盖度为 60%~80%，甚至小于 10%。

4.2.5.4 成土过程

高山草原土成土过程总的特点是都具有腐殖质积累作用和钙积作用但由于分布范围广，水热条件及植物生长情况有所不同，腐殖质积累及物质淋溶强度有所差异，据此可分成高山草原土、高山草甸草原土和高山荒漠土 3 个亚类。

腐殖质积累过程：高山草原区的气候虽与高寒草甸土区相似，但降水已明显减少，干燥度增加。这种与高山草甸土及亚高山草甸土带完全不同的水热状况与植被条件的组合差异，导致高寒草原土带有机物补给量减少，分解增强，有机质积累量降低，一般都形不成连片根系盘结的草皮层。

钙积作用：高山草原土的水分状况一般为非淋溶型，但由于区域的冻融交替及干湿季节更迭明显，物质在剖面上的垂直迁移仍然进行，但在半干旱至干旱气候条件下这种迁移强度较弱。易溶盐类大多从剖面淋失，在短暂的雨季（7~8 月），下降水流常把钙携带到剖面中下部聚积，形成钙积层，在雨季之后及冻融季节，土壤蒸发引起强烈的上升水流，使其又在地表积聚，形成新生体。

4.2.5.5 剖面构型

该土壤类型的土体剖面构型一般为 A—B—C。

A：腐殖质层，发育明显，一般厚 10~20cm，含量 30~50g/kg，无草皮层。

B：钙积层，发育明显，色泽变浅，有机质含量明显减少，而石灰含量明显增多。

C：许多剖面在 C 层上部仍有石灰积淀，但石砾含量增多。母质以洪积冲积物、湖积物、冰水沉积物及残疾坡积物等。

剖面通体强碱性，质地轻粗，含砾多，强石灰反应。

虽然高山草原土成土过程总的特点是都具有腐殖质积累作用和钙积作用，但由于分布范围广，水热条件及植物生长状况有所不同，腐殖质累积及物质淋溶强度有所差异，据此将高山草原土可划分为高山草原土、高山草甸草原土及高山荒漠草原土 3 个亚类。

典型高山草原土理化性质见表 4-10 和表 4-11。

4.2.6　山地草甸土

属半水成土纲暗半水成土亚纲山地草甸土土类。

4.2.6.1　分布特征

全省各州均有分布，但多集中于海东、海北、果洛、玉树等山地寒温针叶林（灰褐土）层带高度范围内，位于山体中部，上承亚高山草甸土或高山草甸土，下接黑钙土和栗钙土。上限海拔高度与灰褐土相同，东部农业区 2600~3500m，环湖区 3100~3900m，青南高原海拔 3400~4300m 的低山丘陵的中上部，浑圆山顶，河谷阶地以及较高海拔的山前滩地。

4.2.6.2　成土条件

该土类成土区域的主要气候特征表现为：热量条件高于高山草甸土层带，降水量 387~650mm，年均温-3~2.3℃。

4.2.6.3　植被类型

该土壤类型上分布的主要植被类型为草甸和灌丛，主要生长有小嵩草、矮嵩草、细叶薹草、垂穗披碱草、早熟禾等植物种类。林缘和阴坡、半阴坡着生杜鹃、金露梅、小蘗、锦鸡儿、鲜卑花等为优势种的灌丛植被，灌丛下生长嵩草、藏异燕麦、早熟禾、落草等主要植物种类，群落盖度通常较高。

4.2.6.4　成土过程

山地草甸土的成土过程与高山草甸土基本相似，但由于气候条件优于高寒草甸，剖面发育比较完整。

4.2.6.5　剖面构型

该土壤类型多呈 A_s-A-BC-C 层的土壤剖面构型。

土壤发育不受地下水影响，主要因冻融导致土体内常形成片状结构，但出现层位较高寒草甸土深。

土壤有机质积累量大，腐殖质层厚，厚的可达 1m 以上，但在地形凸出部位，土层薄的仅 10cm。

土体内经常可见到蚯蚓粪和蚯蚓活动。

阴坡灌丛土体潮湿，可见到锈纹锈斑。

表 4-10 高山草原土壤化学性状

发生层	特征数	有机质	$CaCO_3$	pH 值	N	P_2O_5	K_2O	碱解氮	P	K	C/N	代换量
		(g/kg)			全量（g/kg）			速效（mg/kg）				［cmol（+）/kg］
A	样本数	85	84	85	86	85	85	82	84	82	-	83
	平均值	30	84.6	8.3	2.12	1.3	22	111	4.4	170	8.2	11.65
	标准差	18.1	31.5	0.43	1.3	0.2	2.5	34	2.2	57.16	-	4.46
B	样本数	78	74	78	74	76	76	78	76	76	-	76
	平均值	22.4	89.1	8.1	1.29	1.2	22.5	78	3	121	10.1	8.4
	标准差	12.3	34.9	1.01	0.5	0.3	2.1	21.91	1.48	39.96	-	2.7
C	样本数	32	32	34	32	32	30	28	33	30	-	32
	平均值	10.5	97.1	8.3	0.68	1.1	19.9	26	2.2	112	8.9	6.45
	标准差	4.9	28	0.41	0.3	0.2	2.8	7.84	0.6	56.98	-	2.01

表 4-11 高山草原土典型剖面土壤机械组成

地点、海拔	剖面层次	深度（cm）	>1	1~0.25	0.25~0.05	0.05~0.01	0.01~0.005	0.005~0.001	<0.001	<0.01	质地
			各级颗粒（粒径 mm），g/kg								
治多县索家乡，4470m	A	0~15	0	134	631.6	99.7	20.1	41.3	73.3	134.7	砂壤土
	B	15~37	39.4	127.9	632.5	90.7	20.1	35.3	93.5	148.9	轻石质壤土
	C	37~60	121.1	181.7	490.6	65.6	44.4	79.7	138	262.1	重石质壤土

由于成土作用处于低温、湿润气候条件下，淋溶作用弱，矿物风化不彻底。

成土母质比较复杂，有残积物、坡积物、洪积物、冲积物，还有冰碛物及黄土、红土等。

山地草甸土下分 3 个亚类，即山地草甸土、山地草原草甸土、山地灌丛草甸土。山地草甸土处于山前滩地，山地草原草甸土处在山体的阳坡、半阳坡和丘陵的中下部，而灌丛草甸土处于山地阴坡。

典型山地草甸土理化性质见表 4-12 和表 4-13。

4.2.7 草甸土

属半水成土纲暗半水成土亚纲草甸土土类。

4.2.7.1 分布特征

分布于青海省海西州、海北州、玉树州和果洛州等地区。为隐域性土壤，主要分布在河流两岸的河漫滩地、湖滨洼地、季节性渍水的洼地或沼泽退化迹地等，属半水成土壤，呈斑块和条带状分布。

4.2.7.2 成土条件

该类土壤的发育主要受地下水和河流季节性（间断性）漫淹或季节性降水的影响，地表有短期积水现象。

4.2.7.3 植被特征

植被为典型的草甸植被类型，属于中湿生草甸植被类型，主要优势种和建群种有嵩草、薹草、落草、发草、披碱草、早熟禾、野青茅等，伴生植被有金莲花、星状风毛菊等植物种类。局部地区分布有稀矮的高山柳、金露梅等灌木。群落覆盖度为 80%以上，是优良的牧草地。

4.2.7.4 成土过程

该土壤是中生草甸植被下发育起来的土壤，在干旱条件下，通过积水浸润、季节性干湿交替，在生草过程和氧化—还原过程为主导的成土作用下形成的。

4.2.7.5 剖面构型

草甸土的剖面构型为（A_s）—A—Bg—C 或 A—Ag—C 或 A—AC 型。

由微薄草皮层、腐殖质层和母质层构成；草甸土剖面特点是成土年龄较短，发育弱，剖面内有明显的铁锈斑纹（Bg），有的伴有一定量的积盐过程。

由于所处地形部位和成土母质各异，如地处河漫滩地的草甸土，母质与上游各类母岩风化物或不同成土物质有关，质地则与河水夹带的泥沙有关，由于该土母质多为冲积物、洪积物和湖积物，其土体厚薄变化较大，厚者大于 80cm，薄者小于 30cm。

草甸土下分草甸土、石灰性草甸土和盐化草甸土 3 个亚类。其中草甸土只分布在果洛藏族自治州的久治、甘德、玛沁、班玛、达日和玛多等县的河流沿岸的河漫滩。石灰性草甸土、盐化草甸土在玉树州和海北州均有分布。

表 4-12 山地草甸土土壤养分数理统计

剖面层次	特征数	有机质	$CaCO_3$	pH 值	N	P_2O_5	K_2O	碱解氮	P	K	C/N	代换量
		(g/kg)			全量（g/kg）			速效（mg/kg）				[cmol（+）/kg]
A	样本数	234	195	250	240	242	230	220	245	212	11.9	200
	平均值	94.7	29.7	7.6	4.63	1.7	21.6	221	4.5	177		22.7
	标准差	52.6	27.2	0.58	2.0	0.4	2.6	54.16	1.63	41.5		10.0
B	样本数	212	168	220	208	210	202	186	206	208	12.2	120
	平均值	60.6	63.3	7.8	2.89	1.5	20.1	181	2.5	102		18.1
	标准差	32.0	47.3	0.59	1.3	0.4	3.1	61.2	1.58	43.4		5.97
C	样本数	125	118	158	132	135	142	25	28	25	12.3	92
	平均值	34.5	77.9	8.0	1.63	1.3	21.6	78	3.1	90		7.91
	标准差	23.8	53.6	0.6	0.7	0.3	2.7	50.17	1.73	21.8		2.58

表 4-13 典型剖面土壤机械组成——山地草甸土

地点、海拔	剖面层次	深度（cm）	>1	1~0.25	0.25~0.05	0.05~0.01	0.01~0.005	0.005~0.001	<0.001	<0.01	质地
			各级颗粒（粒径 mm），g/kg								
泽库县多福屯乡，3530m	A	0~10	0	7.1	217	495.7	86.2	86.2	107.8	280.2	轻壤土
	B	10~37	0	13.6	232.3	440.3	102.5	106.7	104.6	313.8	中壤土
	C	37~56	0	66.9	210	433.9	103.3	82.6	103.3	289.2	轻壤土

以位于祁连县八宝乡河岸滩地卡力岗桥东，海拔 2800m 的灌丛石灰性草甸（土属）为例。

0~22cm：褐灰色（10YR5/1），重石质轻壤土，疏松，潮湿，植根多，锈纹少，中量石灰反应，pH 7.9。

0~31cm：黄褐色（10YR5/8），重石质沙壤土，单粒及松散团块状结构，疏松，潮湿，锈纹少，中量石灰反应，pH 7.9。

草甸土理化性质见表 4-14 和表 4-15。

4.2.8 潮土

潮土是发育于河流冲积物土，经过耕作熟化而形成的一种半水成土壤。属半水成土纲淡半水成土亚纲潮土土类。

4.2.8.1 分布特征

主要分布在黄河及其支流的河漫滩和一级阶地上，在湖滩地边缘和山前坡麓地带的冲积洪积扇缘与洼地有分布。由于地形地貌多变及河流比降大，形成潮土的零星散布。分布范围集中在海东地区（现已升格为海东市）和西宁市两地的黄河、湟水河谷及海南、海北、黄南三州的黄河、黑河、浩门河、隆务河流域的河漫滩地。

4.2.8.2 成土条件

该土类发育地区海拔较低、气候温暖、无霜期长。是河流冲积的沉积物，长期受地下水影响而孕育形成的土壤。潮土分布区地形平坦低下，地下水位高，一般埋深 1.0~3.0m，矿化度大部分小于 1g/L，青海省潮土因地面呈一定的倾斜度，地下潜流运动较强，地下水位在 1.5m 左右时，毛管水运动达不到地表，所以大部分潮土无次生盐渍化现象。在地形低洼、排水不畅的地区，矿化度可达 2~3g/L，土壤呈现次生盐渍化现象。

4.2.8.3 植被特征

作为经耕作熟化而发育形成的土壤类型，土壤植被为主要由春小麦、油菜、青稞、马铃薯等农作物品种形成的人工植被。

4.2.8.4 成土过程

（1）灌溉耕作：该类土壤是河流冲积的沉积物，长期受地下水影响而孕育形成的土壤，经过人为长期灌溉耕种，土壤剖面具有肥力较高的耕作层（表土层）。

（2）干湿交替作用：由于地下水位埋藏较浅，年内降水分配不均，干湿季节明显的条件下，变化频繁的氧化还原过程和干湿变化，影响土壤物质的溶解、积累与沉积并在土体中形成各种色泽的斑纹或细小的铁锰结子和石灰结核，成为潮土剖面形态的典型特征，是潮土的重要特征层段。

4.2.8.5 剖面构型

潮土的剖面形态，一般由耕作熟化层、心土层和母质层 3 个基本层段所组成。

耕作熟化层厚度相差较大，受耕作年限的影响所致；

表 4-14　草甸土土壤养分数理统计

剖面层次	特征数	有机质	$CaCO_3$	pH 值	N	P_2O_5	K_2O	碱解氮	P	K	C/N	代换量
		(g/kg)			全量（g/kg）			速效（mg/kg）				［cmol（+）/kg］
A	样本数	40	32	50	45	50	48	65	48	48	13. 14	42
	平均值	72. 7	9. 4	7. 7	3. 21	1. 7	22. 4	168	5. 09	171		16. 56
	标准差	34. 3	4. 56	0. 69	1. 7	0. 5	4. 5	101	3. 12	116		6. 26
B	样本数	46	30	49	46	46	48	48	40	44	12. 77	38
	平均值	44. 9	6. 84	7. 8	2. 04	1. 5	20. 8	106	3. 1	108		12. 3
	标准差	27. 7	6. 76	0. 65	1. 2	0. 4	4. 1	58	1. 55	67		6. 19
BC	样本数	25	20	26	26	26	27	26	24	26	11. 69	25
	平均值	26. 8	7. 54	8. 1	1. 33	1. 2	19. 4	79	2. 6	87		11. 24
	标准差	23. 3	7. 11	0. 61	0. 6	0. 2	5. 3	49	1. 22	57		5. 79

表 4-15　典型剖面土壤机械组成——灌丛石灰性草甸土（土属）

地点、海拔	剖面层次	深度（cm）	>1	1～0. 25	0. 25～0. 05	0. 05～0. 01	0. 01～0. 005	0. 005～0. 001	<0. 001	<0. 01	质地
			各级颗粒（粒径 mm），g/kg								
祁连县八宝乡，2800m	A	0～9	70	43. 8	203. 9	376. 2	114. 9	193. 5	62. 7	376. 1	中石质中壤土
	B	9～19	104. 8	82. 5	169. 5	420. 1	92. 2	133. 2	102. 5	327. 9	轻石质中壤土

心土层由于受地下水位季节性升降的影响，氧化还原交替进行，出现明显的锈纹锈斑，往下逐渐增多，并有石灰结核等出现，本土层一般距地表 60～80cm 以下，一般厚度 60～80cm。

底土为母质层，系河流原始洪积冲积的沉积物。少部分为次生黄土和红土。

受水文地质、气候、人为活动等综合因素作用影响，土壤特征发生变化，根据土壤形成过程的特点，在青海省将潮土划分为潮土和盐化潮土两个亚类。

潮土的基本理化性状见表 4-16。

4.2.9 灰褐土

属半淋溶土纲半湿温半淋溶土亚纲灰褐土土类。

4.2.9.1 分布特征

属山地森林土，分布于青海省的中低山地带，上承高山草甸土、亚高山（高山草原土），下接黑钙土、栗钙土，它与山地草甸土处在同一高程地带。但它的分布范围局限在半湿润、半干旱的河谷僻风的山坡地带，或河谷两岸的峡谷中，在祁连山区主要见于祁连县的黑河（甘州河）、八宝河支流的河谷岸旁及峡谷地域。门源县的灰褐土局限在大通河谷东段的河流两岸及峡谷中，海东市各县都有，以互助县的孟达林区面积最大，海西州仅在祁连山脉东段有零星分布。

灰褐土处在中低山垂直带中，但所处地区的海拔受纬度影响极大。在青海省北部的祁连山地区，分布在海拔 3700m（3650m）以下，循化孟达林区 2000～2800m。果洛久治等地可抬升到 4000m 左右。

4.2.9.2 成土条件

灰褐土发育地区地形属于河流两岸的山坡或峡谷地区。僻风、微润、峡谷的特殊生境条件，是该地的特点，没有山地和河谷（峡谷）就没有灰褐土的立地条件，山地和峡谷造就僻风、微润的成土条件。灰褐土分布区的半湿润、半干旱，年均气温、积温降水量等主要气象要素，从南到北各地具体条件不同，有所差异，但基本接近，从西到东变化较大。北部祁连山脉灰褐土地区，年平均气温在 1～2℃，大于 0℃ 的年积温为 1600～1800℃，年降水量 390～550mm，年蒸发量 1529. 8mm；无霜期 134 天。

4.2.9.3 植被特征

以青海云杉、西藏云杉、大果圆柏、祁连山圆柏、红桦、白桦、青杨等针叶林和阔叶林为主。林下的草本灌木植物有柳、金露梅、杜鹃、忍冬、多花蔷薇、多花栒子等，草本植物有线叶嵩草、薹草、披碱草、早熟禾、羊茅、针茅、东方草莓、珠芽蓼、问荆、紫菀、虎耳草、双叉细柄茅、委陵菜等，同时分布有一点数量的苔藓植物。一般乔木高 10～25m，灌木高 50～150cm，草本植物高度在 10～25cm 之间，苔藓层厚度为 5～10cm，植被群落覆盖度约为 80%～90%。

4.2.9.4 成土过程

灰褐土的成土过程包括有机质积累、弱黏化、碳酸钙及其他矿物质的半淋溶和淀积过程。

表 4-16 潮土（亚类）土壤养分数理统计

剖面层次	特征数	有机质	$CaCO_3$	pH 值	N	P_2O_5	K_2O	碱解氮	P	K	C/N	代换量
		(g/kg)			全量（g/kg）			速效（mg/kg）				［cmol（+）/kg］
A	样本数	11	11	11	8	11	11	11	11	11	11	11
	平均值	20. 4	14	108	1. 5	0. 98	1. 7	23. 1	69	8. 6	205	8. 42
	标准差	5. 7	5. 2	22. 1	0. 05	0. 6	0. 5	2. 4	32. 78	4. 39	70. 94	3. 25
AB	样本数	11	11	11	8	11	11	11	11	11	11	11
	平均值	14. 9	11. 1	116	1. 54	0. 73	1. 5	24. 7	64	3. 6	126	8. 76
	标准差	4. 5	7. 5	24. 2	0. 16	0. 5	0. 5	3	46. 05	1. 73	45. 77	3. 51
B	样本数	11	11	11	8	11	11	11	11	11	11	11
	平均值	42. 2	7. 2	117	1. 58	0. 65	1. 5	23	51	3. 3	92	8. 25
	标准差	24. 3	3. 1	15. 4	0. 02	0. 3	0. 5	3. 2	30. 82	1. 23	30. 75	4. 17
BC	样本数	11	11	11	8	11	11	11	11	11	11	11
	平均值	34. 5	6. 7	124	1. 56	0. 55	1. 6	21. 2	45	2. 8	89	284. 8
	标准差	14. 3	3. 9	16. 1	0. 07	0. 2	0. 4	1. 9	22. 66	1. 39	36. 8	139

4.2.9.5 剖面构型

该类土壤剖面构型一般为 A_0—A—AB—C。

A_0：枯枝落叶层，由枯枝落叶层和苔藓构成，一般厚度 1~8cm。

A：有机质层，一般厚 30~50cm。

B（BC）：淋溶灰褐土淋溶过程较强，在有机质层内部或全剖面无石灰反应，也无石灰淀积土壤，黏粒淋溶和淀积也很微弱；石灰性灰褐土淋溶更弱，除碳酸钙有轻微的淋溶和淀积外，在土体上部出现弱到中等的石灰反应，中部和下部可见到强的石灰反应，并有石灰性的假菌丝体、白斑等淀积；同时受季节性冻融交替的影响，剖面可见到鳞片状结构。

C：土壤的成土母质多因山体的不同而复杂多样，主要有黄土和黄土性母质，以及由紫泥岩、红砂岩、火山碎屑岩、花岗岩、闪长岩、片麻岩等多种岩石风化的坡积—残积物，也有少数发育在板岩、页岩、石灰岩等的坡积—残积母质上。

根据灰褐土中石灰的淋溶状况，将其分为淋溶灰褐土和石灰性灰褐土 2 个亚类。

灰褐土基本理化性状见表 4-17 和表 4-18。

4.2.10 黑钙土

属钙层土纲半湿温钙层土亚纲黑钙土土类。

4.2.10.1 分布特征

黑钙土在青海省主要分布于 99°30′E 之东，34°N 北部，居于环湖海北、海南、黄南 3 个州的山体下部，山前冲积、洪积平原、台地、缓坡、滩地。上承山地草甸土，下接栗钙土，海拔 2500~3300m。

4.2.10.2 成土条件

黑钙土发育地区的气候条件：年均温-0.5~2.1℃，年降水量 344.3~500mm，属冷温半湿润、冷温半干旱气候。无霜期 50~80 天。

4.2.10.3 植被特征

此类土壤的植被类型主要为草原化草甸或草甸化草原，生长有紫花针茅、异针茅、草地早熟禾、披碱草、小嵩草、矮嵩草、线叶嵩草等，植被群落的覆盖度约为 80%~90%。

4.2.10.4 成土过程

黑钙土土类的成土过程主要包括腐殖质积累与钙化过程。

4.2.10.5 剖面构型

该土壤类型的土体剖面构型为 A—AB—C 型。

A：腐殖质层深厚、松软，一般为 50~100cm，呈黑褐色或暗灰棕色；腐殖质层之下，常见到舌状过渡层，有的舌状过渡层不明显。

B：土体中、下部多具有明显或不太明显的石灰反应，见有假菌丝状、斑点状石灰新

表 4-17 灰褐土（土类）土壤养分数理统计

剖面层次	特征数	有机质	$CaCO_3$	pH 值	N	P_2O_5	K_2O	碱解氮	P	K	C/N	代换量
		（g/kg）			全量（g/kg）			速效（mg/kg）				［cmol（+）/kg］
A	样本数	52	30	52	50	45	51	45	45	52	-	33
	平均值	135.2	19	7.8	4.72	1.6	21.5	299	7.5	214	16.6	30.37
	标准差	58.9	20.8	0.75	2.6	0.5	4.1	108.64	3.91	97.5	-	13.8
B	样本数	54	32	59	54	54	54	54	54	54	-	28
	平均值	73	36.6	8	3.38	1.4	20.9	189	3.9	137	12.5	25.23
	标准差	41.8	25.2	0.38	1.9	0.4	4.6	104.86	2.98	72.59	-	11.32
BC	样本数	51	37	56	54	54	54	54	38	54	-	27
	平均值	38	44.7	8.1	2.03	1.1	21.9	131	3.4	99	10.8	17.22
	标准差	27.9	39.7	0.37	1.3	0.4	6.1	79.31	2.43	45.7	-	9.96

表 4-18 典型剖面土壤机械组成——淋溶灰褐土（亚类）

地点、海拔	剖面层次	深度（cm）	>1	1~0.25	0.25~0.05	0.05~0.01	0.01~0.005	0.005~0.001	<0.001	<0.01	质地
			各级颗粒（粒径 mm），g/kg								
海南州兴海县中铁乡，3720m	A_0	0~10	0	336.4	210.4	226.2	20.6	20.6	185.8	227	轻壤土
	A	10~50	0	192.4	328.2	189	21	63	206.4	290.4	轻壤土
	B	50~80	0	18.5	487.2	82.2	82.2	41.1	288.8	412.1	中壤土
	BC	80~100	0	25.1	513.8	251.1	20.9	20.9	168.2	210	轻壤土
	C	100~150	0	95.3	571.8	20.7	0.8	41.5	269.9	312.2	中壤土

生体，淋溶黑钙土多无此层。剖面中有蚯蚓活动踪迹及鼠类洞穴。

C：成土母质多为黄土、红土、残积坡积物，以及冲积、洪积物。

根据土壤淋溶情况将黑钙土划分为黑钙土、淋溶黑钙土和石灰性黑钙土3个亚类。按照其分布地形或耕作状况3个土类又可进一步划分为3个土属，其中黑钙土可划分为山地黑钙土、滩地黑钙土和耕种黑钙土3个土属；淋溶黑钙土可划分为山地淋溶黑钙土、滩地淋溶黑钙土和耕种淋溶黑钙土3个土属；而石灰性黑钙土可划分为山地石灰性黑钙土、滩地石灰性黑钙土和耕种石灰性黑钙土3个土属

典型黑钙土的理化性状见表4-19和表4-20。

4.2.11 栗钙土

属于钙层土纲的半干旱温钙层土亚纲栗钙土土类。

4.2.11.1 分布特征

栗钙土主要分布于青海省环湖各州、县及海东地区（市），其中海南最多。东起民和回族土族自治县，西至海西天峻县布哈河中游地段，南自海南州最南端的黄河谷地，北至海北州祁连地区的八宝、札马乡，海拔2100~3500m的广大地区，是青海省分布面积较为广泛的土类之一。在整个栗钙土区内，降水量由东向西逐渐减少，自低到高随海拔的增高而逐渐增加，气候水平与垂直变化均较明显，致使栗钙土发育着不同的亚类土壤类型。

4.2.11.2 成土条件

栗钙土是温带半干旱草原地区的地带性土壤，属温带半干旱—干旱大陆性气候，年平均气温-1.5~6.1℃，年均降水量314~450mm，年蒸发量1200~1600mm，湿润系数0.5~1.0，蒸降比2.5~5.0，稳定通过0℃积温1628~3127℃，大于10℃的积温在596~2506℃之间，无霜期70~230天。

4.2.11.3 植被类型

属草原植被类型，是由旱生多年生草本植物种类为优势种或建群种所构成的植被类型。植被群落的主要优势植物种类有针茅、芨芨草、冰草、早熟禾、赖草等，有些地区还伴生有莎草科的细叶薹草、小嵩草和其他杂类草，群落覆盖度约为30%~70%。

4.2.11.4 成土过程

栗钙土是在中性或弱碱性环境条件下发育的土壤类型。其主要的土壤形成过程包括通过腐殖质的累积与分解和钙化作用。由于气候干燥，淋溶作用弱，土壤钙化作用较强，土体均有石灰反应，碳酸钙的淀积层位与含量均较黑钙土类要高。

4.2.11.5 剖面构型

土壤剖面一般呈现出 A_h—B_k—C_k 构型。其中，

A_h：腐殖质层，黄褐色、浊黄褐色或灰棕色，呈粒状结构，疏松、质地均一，厚度一般在20~45cm。

B_k：淀积层，呈块状结构，具灰白色斑点状或假菌丝状碳酸钙淀积物。

C_k：母质层，多为黄土物质。

表 4-19 黑钙土土壤养分数理统计

剖面层次	特征数	有机质	$CaCO_3$	pH 值	N	P_2O_5	K_2O	碱解氮	P	K	C/N	代换量
		(g/kg)			全量（g/kg）			速效（mg/kg）				[cmol（+）/kg]
A	样本数	134	113	147	119	138	136	118	132	119	10.3	80
	平均值	66	70.9	8.4	3.73	1.7	23.7	215	8.4	209		22.84
	标准差	43.3	42.5	0.37	1.7	0.5	3.7	114.27	5.23	85.74		8.62
B	样本数	96	76	108	98	103	107	74	97	97	10.9	42
	平均值	41.8	89.4	8.3	2.23	1.6	22.9	152	4.1	129		20.31
	标准差	21	49.6	0.37	0.9	0.4	3.4	52.89	2.7	69.15		5.22
BC	样本数	87	89	101	93	100	98	64	80	89	10.9	42
	平均值	28	111.3	8.4	1.49	1.5	22.6	105	2.84	99		18.95
	标准差	13.7	71.4	0.31	0.8	0.4	4	44.25	1.36	50.8		6.57

表 4-20 典型剖面土壤机械组成——滩地黑钙土（亚类）

地点、海拔	剖面层次	深度（cm）	>1	1~0.25	0.25~0.05	0.05~0.01	0.01~0.005	0.005~0.001	<0.001	<0.01	质地
			各级颗粒（粒径 mm），g/kg								
祁连阿柔，3340m	A	0~7	0	7	39.7	425	124.3	103.6	300.4	528.3	重壤土
	B	7~40	0	7.3	193.9	409.6	153.6	143.4	92.2	389.2	中壤土
	C	40~65	0	14	210.5	374.5	114	134.7	152.3	401	中壤土

根据其发育程度、有机质含量划分为暗栗钙土、栗钙土、淡栗钙土、草甸栗钙土和盐化栗钙土5个亚类。

栗钙土的基本性状见表4-21和表4-22。

4.2.12 灰钙土

属干旱土纲干旱温钙层亚纲灰钙土类。

4.2.12.1 分布特征

灰钙土主要分布在西宁市郊、海东地区（市）、黄南藏族自治州贵德县的黄河主干流的山前阶地、谷地及低山丘陵地区。乐都、民和海拔1700~2400m，贵德、化隆、尖扎、平安及西宁市海拔一般在2000~2400（2450m）。

4.2.12.2 成土条件

该类土壤发育区的气候属温带半干旱—干旱大陆性气候。年平均气温在5.7~8.6℃，≥10℃的年积温1800~2900℃，无霜期120~205天，年降水量260~390mm，年蒸发量1600~2200mm，为年降水量的5~6倍。

4.2.12.3 植被特征

自然植被属荒漠草原、干草原类型，以多年生的禾本科群落及旱生灌木、半灌木组成，常见建群种为针茅、固沙草、早熟禾以及骆驼蓬、耐旱蒿属，局部零星地片着生旱生灌木与小半灌木柠条、白刺、猫头刺、猪毛菜、锦鸡儿等，植被群落覆盖度一般在20%以下，在低山和荒丘的地表混生黑褐色、灰白色的藓类与地衣等短命植物。

4.2.12.4 成土过程

灰钙土发育于气候干旱、气温较高的黄河、湟水河沿岸低山丘陵，有机物质的强烈分解和易溶盐类、碳酸钙与石膏淋溶较弱是其主要成土过程。

4.2.12.5 剖面构型

土壤剖面构型呈现A—B—C的构性特征。

A：腐殖质层积聚较弱，下渗较深，过渡很不明显，一般厚度可达50cm左右，多灰褐色，结构差，较松散，多轻壤或中壤土，粒状结构。

B：钙积层不明显，黄褐色，紧实，块状结构，碳酸盐以假菌丝状和斑点状石灰新生体呈现，少根系，多为多轻壤或中壤土，物理黏粒多，并在该层累积，为土壤受降水或灌溉影响产生的淋淀作用所致。

C：母质层，以黄土或黄土状物质为主，也有洪积—冲积物，部分地段在风蚀和水土流失作用下，黄土层被冲刷，红土层裸露。团块状，较紧实，橄榄色，多中壤。有的有针点状或枣核状的结晶石膏积聚。

根据灰钙土表层有机质含量（10g/kg），进一步划分为灰钙土和淡灰钙土两个亚类。

典型灰钙土的基本理化性状见表4-23和表4-24。

表 4-21 栗钙土（土类）土壤养分数理统计

剖面层次	特征数	有机质	$CaCO_3$	pH 值	N	P_2O_5	K_2O	碱解氮	P	K	C/N	代换量
		(g/kg)			全量（g/kg）			速效（mg/kg）				［cmol（+）/kg］
A	样本数	225	232	268	252	255	246	240	245	228	10. 69	220
	平均值	24. 7	122	8. 4	1. 34	1. 7	22. 6	82	8. 5	186		14. 19
	标准差	10. 9	23. 6	0. 24	0. 5	0. 4	2. 6	25. 57	3. 62	62. 7		5. 16
B	样本数	246	231	241	243	246	247	230	230	232	9. 38	195
	平均值	17. 3	164	8. 4	1. 07	1. 7	22. 1	66	3. 7	150		12. 59
	标准差	11. 6	29. 3	0. 29	0. 6	0. 7	4. 1	37. 11	2. 72	87. 6		4. 34
BC	样本数	184	176	195	186	197	195	189	172	184	8. 23	150
	平均值	10. 5	169	8. 5	0. 74	1. 5	21. 9	43	2. 75	125		11. 32
	标准差	6. 3	57. 1	0. 25	0. 45	0. 8	3. 9	25. 7	1. 68	74. 7		4. 63

表 4-22 典型剖面土壤机械组成——滩地暗栗钙土（土属）

地点、海拔	层次（cm）	>1	1～0. 25	0. 25～0. 05	0. 05～0. 01	0. 01～0. 005	0. 005～0. 001	<0. 001	<0. 01	质地
		各级颗粒（粒径 mm），g/kg								
刚察县三角城种羊场，3258m	0～23	21. 3	6. 7	390. 7	334. 8	91. 3	91. 3	85. 2	267. 8	轻石质轻壤土
	23～47	27. 4	6. 6	285. 1	316. 3	122. 5	142. 9	126. 6	392	轻石质中壤土
	47～61	11. 5	7. 4	193. 1	295. 7	142. 8	183. 6	177. 4	503. 8	轻石质重壤土
	61～89	21. 4	11	175. 1	334	141. 7	151. 9	186. 3	479. 9	轻石质重壤土
	89～114	33. 5	26. 5	219. 4	344. 6	121. 6	101. 4	186. 5	409. 5	轻石质重壤土

表 4-23 灰钙土（土属）土壤养分数理统计

剖面层次	特征数	有机质	$CaCO_3$	pH 值	N	P_2O_5	K_2O	碱解氮	P	K	C/N	代换量
		（g/kg）			全量（g/kg）			速效（mg/kg）				[cmol（+）/kg]
A	样本数	17	17	16	17	17	16	16	15	16	8.1	12
	平均值	12.6	136.6	8.4	0.9	1.7	21.7	53	5.15	146		7.9
	标准差	3.9	37.1	0.28	0.3	0.5	2.9	22.3	4.02	54		2.9
B	样本数	15	15	15	15	15	15	15	13	15	6.9	11
	平均值	8.3	147	8.4	0.7	1.7	21.4	38.51	3.5	132		9.3
	标准差	2.7	34.7	0.28	0.3	0.6	3	20.6	1.75	65.2		2.7
BC	样本数	16	16	16	16	16	16	14	14	16	5.9	11
	平均值	6.1	138	8.6	0.6	0.5	22.1	33	2.54	128		8.4
	标准差	2.5	31.3	0.31	0.3	0.5	3	18.4	1.2	50.7		6.1

表 4-24 典型剖面土壤机械组成——灰钙土（土属）

地点、海拔	层次（cm）	>1	1~0.25	0.25~0.05	0.05~0.01	0.01~0.005	0.005~0.001	<0.001	<0.01	质地
		各级颗粒（粒径 mm，g/kg）								
平安县三合乡，2350m	0~23	0	4.8	345.6	360.1	200.1	40	49.4	289.5	轻壤土
	23~71	0	4.0	306.3	360.2	220.1	80	29.4	329.5	中壤土
	71~121	0	3.2	307.3	400.1	60	100	129.4	289.4	轻壤土
	121~150	0	4.0	266.5	420.1	60	200	49.4	309.4	中壤土

4.2.13 棕钙土

属干旱土纲干旱温钙层亚纲棕钙土类。

4.2.13.1 分布特征

棕钙土主要分布于青海省柴达木盆地东经 96°40′E 以东，即脱土山倒怀头他拉一线以东，以及海南藏族自治州共和县、兴海县的西部地区的山间盆地、洪积扇、河流两岸阶地和茶卡盆地。海拔 2800~3210m（局部 3600m 左右）。属柴达木盆地东部温带半荒漠条件下形成的一种地带性土壤。

4.2.13.2 成土条件

该土壤发育于柴达木盆地东部的温带半荒漠气候条件，区域年均温 1.2~3.9℃，年降水量 150~200mm。

4.2.13.3 植被特征

植被属荒漠化草原和草原化荒漠类型，植物主要为芨芨草、盐爪爪和红砂等，覆盖度 10%~15%。

4.2.13.4 成土过程

棕钙土具有明显荒漠土壤特征，主要成土过程是弱腐殖质积累过程和强钙积化过程。

4.2.13.5 剖面构型

土壤剖面构型呈 A—B—BC—C。

地表常具砾质化、沙化和荒漠假结皮。

A：腐殖质层，腐殖质或腐殖质染色层厚度约 10~20cm，但有机质含量偏低。

B：钙积层，可见粉末状假菌丝体，个别剖面底部可见石膏结晶体，全剖面呈强石灰反应。

C：母质层，成土母质较复杂，在山间小盆地和河流高阶地上为类黄土状沉积母质，其他部位多为冲积、洪积物，棕钙土性土多为坡积物。

棕钙土各亚类均有不同程度的盐化现象，但以盐化棕钙土为突出，盐分特征以氯化物—硫酸盐类型为主。根据棕钙土有机质积累和钙化过程的强弱、土壤盐化、侵蚀等诸因素，将棕钙土下划棕钙土、淡棕钙土、盐化棕钙土、棕钙土性土 4 个亚类。

典型棕钙土基本理化性状见表 4-25 和表 4-26。

4.2.14 灰棕漠土

属漠土土纲温漠土亚纲灰棕漠土类。

4.2.14.1 分布特征

灰棕漠土是温带荒漠地区的地带性土壤，青海省柴达木盆地为唯一的分布地区。主要分布于怀头他拉至脱土山以西，即棕钙土带以西的山前洪积扇、山前坡积裙、风蚀残丘、

表 4-25 棕钙土（土类）土壤养分数理统计

剖面层次	特征数	有机质	$CaCO_3$	pH 值	N	P_2O_5	K_2O	碱解氮	P	K	C/N	代换量
		（g/kg）			全量（g/kg）			速效（mg/kg）				[cmol（+）/kg]
A	样本数	30	30	32	32	30	33	28	30	28	10. 8	30
	平均值	10	103	8. 4	0. 58	1. 3	21. 5	41	5. 1	188		6. 2
	标准差	3. 5	19. 2	0. 36	0. 2	0. 2	2	16. 63	1. 82	32. 72		2. 13
B	样本数	32	31	36	33	32	32	30	30	28	8	32
	平均值	6. 8	103	8. 4	0. 49	1. 3	21. 6	35	3. 6	168		6. 89
	标准差	2. 3	16. 9	0. 27	0. 2	0. 2	1. 8	14. 5	1. 1	25. 6		1. 93
BC	样本数	27	24	26	24	24	24	22	24	24	9. 3	24
	平均值	6. 67	116	8. 3	0. 42	1. 3	21. 1	28	4. 6	174		6. 1
	标准差	1. 9	17. 2	0. 3	0. 1	0. 2	2. 5	9. 49	1. 84	47. 2		1. 87

表 4-26 典型剖面土壤机械组成——棕钙土（亚类）

地点、海拔	层次（cm）	>1	1~0. 25	0. 25~0. 05	0. 05~0. 01	0. 01~0. 005	0. 005~0. 001	<0. 001	<0. 01	质地
		各级颗粒（粒径 mm），g/kg								
海西蒙古族藏族自治州莫河畜牧场，3200m	0~16	37	74	325	371	54	74	102	230	轻石质轻壤土
	16~54	11	60	299	361	78	72	130	280	轻石质轻壤土
	54~94	19	46	364	340	56	69	125	250	轻石质轻壤土

洪积扇中上部，海拔 3600m 以下的广泛地区。

4.2.14.2 成土条件

该土类发育区的气候条件为显著的干旱大陆性气候，夏季温热少雨，气温年较差和日较差大，年均温 1.1~4.4℃，年降水量 17.8~84.6mm，年蒸发量 2186.4~3297.9mm。

4.2.14.3 植被特征

植被生长稀疏，多呈单丛状，为深根、耐旱的肉质灌木或小、半灌木，种类主要是梭梭、怪柳、红砂、沙拐枣、白刺、木本猪毛菜和优若藜等，植被类型属于极度干旱状态下的荒漠植被类型，群落覆盖度一般小于 10%，甚至难以构成有效的地表覆盖度。

4.2.14.4 成土过程

微弱的有机质积聚、普遍的风蚀和石灰性的表聚、石膏无机盐积聚等是灰棕漠土的主要成土过程。

4.2.14.5 剖面构型

灰棕漠土的剖面构型一般呈现 A—B—BC。

A：剖面发育原始，有机质含量低，土壤物质组成近似母质，地表砂砾质化、结皮化、石灰表聚化、亚表层铁质化。质地以粗骨性为主，细土物质少，地表多黑色砾石（漆壳），灰棕漠土分布呈戈壁相，其大体可分为土质戈壁和砾质戈壁 2 种。

B：土体普遍积累较多石膏和易溶盐，或形成石膏无机盐盘层。

BC：母质主要为砂砾质洪积物或坡积物，在风蚀残丘上可见古老变质岩系的风蚀残积物，在冷潮—茫崖一带为第三纪含石膏夹盐的风化残积物。

根据石膏聚积和石膏盐盘的形成，灰棕漠土划分为灰棕漠土、石膏灰棕漠土和石膏盐盘灰棕漠土 3 个亚类。

典型灰棕漠土基本理化性状见表 4-27 和表 4-28。

4.2.15 灌淤土

属人为土纲灌耕土亚纲灌淤土土类

4.2.15.1 分布特征

灌淤土是在灌溉条件下经过灌淤、耕作、培肥而形成的高度熟化的耕作土壤，发育在灰钙土和淡栗钙土地带，主要分布在青海省东部农业区的海东地区（市）、西宁市郊区和黄南尖扎、同仁县的老川水地区，以及海南藏族自治州贵德县等地。多位于河流两侧二级阶地和高缓坡的阶地，在洪积、冲积扇中、下部及沟谷低阶地中亦有零星小片分布。一般采取自流引灌，地面比降坡度大，水源流速较快，排水良好，停滞后，耕地灌淤积水迅速下渗。

4.2.15.2 成土条件

该土类发育地区气候干旱，降水量少。只有靠灌溉才能发展种植业，耕灌历史在 100 年以上，多数在 300~500 年。

表 4-27 灰棕漠土（土类）土壤养分数理统计

剖面层次	特征数	有机质	$CaCO_3$	pH 值	N	P_2O_5	K_2O	碱解氮	P	K	C/N	代换量
		(g/kg)			全量（g/kg）			速效（mg/kg）				[cmol（+）/kg]
A	样本数	36	36	36	36	36	36	34	34	34	14. 5	32
	平均值	4. 5	80. 7	8. 4	0. 18	1. 1	25. 2	28	2. 6	135		4. 6
	标准差	3. 5	39. 3	0. 29	0. 1	0. 2	5. 4	18. 37	1. 79	65. 44		1. 84
B	样本数	35	32	37	34	37	36	32	34	34	9. 02	35
	平均值	2. 8	71. 3	8. 3	0. 18	0. 9	23. 4	18	1. 7	118		4. 45
	标准差	1	38. 6	0. 34	0. 1	0. 4	5. 3	10. 76	0. 86	63. 05		2. 08
BC	样本数	24	24	37	24	20	24	20	25	24	9. 79	25
	平均值	2. 7	68. 5	8. 5	0. 16	0. 9	23	16	1. 6	91		4. 06
	标准差	1	37. 5	0. 25	0. 1	0. 3	5. 5	12. 43	0. 7	38. 14		2. 07

表 4-28 典型剖面土壤机械组成——灰棕漠土（亚类）

地点、海拔	层次（cm）	>1	1~0. 25	0. 25~0. 05	0. 05~0. 01	0. 01~0. 005	0. 005~0. 001	<0. 001	<0. 01	质地
		各级颗粒（粒径 mm），g/kg								
都兰县大格勒，2823m	0~17	202	305	663	24	3	5	0	8	重石质松砂土
	17~33	9	145	736	114	5	0	0	5	轻石质松砂土
	33~50	270	369	571	60	0	0	0	0	重石质土

4.2.15.3 植被特征

以农作物种植为主，主要有马铃薯、油菜、大豆。

4.2.15.4 成土过程

具有明显的人为生产活动特点，耕灌、淤积和垫积是灌淤土的主要成土过程，受灌溉作用水的作用，土壤水分以下行淋渗占优势，土壤淋溶过程十分明显，碳酸盐等易溶盐类部分淋溶到土体下部，在灌溉水的作用下，土体中碳酸钙含量仍较高。黏粒亦有下移趋势，土体下部质地较上部黏重。随着垦殖耕灌，土壤每年都获得大量有机物，在耕灌熟化作用下，土壤的腐殖质含量不仅增加，而且组成也发生变化。

4.2.15.5 剖面构型

灌淤土剖面自上而下划分为耕作层、灌淤熟化层和母质层，A_P—AB—BC—C。

AP：耕作层，厚 20cm 左右，呈褐色或明褐色，壤质土，碎块状或团块状结构，疏松，有石灰反应。

AB：灌淤熟化土层，一般厚度 20~100cm，呈褐色或明褐色不太明显，有机质含量自上而下逐渐降低，剖面可见木炭屑、野灰红土粒。蚯蚓数量较多，活动频繁，排泄物较多，虫孔隙侵入体明显，质地多重壤土，结构团块状，在结构面上有胶膜，土壤容重和大小孔隙适中，持水性和透水性良好，有石灰反应，碳酸钙含量在剖面重分布均一。地下水较深，无锈纹锈斑。层次过渡不明显。

C：母质层：多冲积—洪积物，有机质和养分下降很快，无炭屑和蚯蚓活动痕迹、有的有少许假菌丝或斑点状石灰新生体，在地下水较浅的地区，出现锈纹锈斑。

根据受地下水影响附加成土过程，划分为灌淤土和潮灌淤土 2 个亚类。灌淤土亚类具有灌淤土类的典型特征，不受地下水影响，全剖面无锈纹锈斑。潮灌淤土亚类由于地下水的作用，剖面下部有锈纹锈斑。在灌淤土亚类之下，又根据灌淤土层的厚薄，分为薄层（30~60cm）灌淤土和厚层（大于 60cm）灌淤土 2 个土属。

典型灌淤土其理化性质见表 4-29 和表 4-30。

4.2.16 盐土

属于盐碱土纲盐土亚纲盐土土类。

4.2.16.1 分布特征

主要分布于青海省海西柴达木盆地、果洛藏族自治州玛多县，环青海湖地区各县局部地区在受地形、水文、母质等因素作用下，也有少量零星分布。

4.2.16.2 成土条件

该类土壤发育地区具有含盐风化壳，含盐母质是盐土形成发展演变的物质基础，水分及水分地质状况和干旱气候条件是各类盐化形成、发展、演变的先决条件和支配因素。

4.2.16.3 植被特征

主要以碱茅、盐生草、盐爪爪、赖草等为优势种所构成的植被类型，多数情况下的群落覆盖度较低。

表 4-29 灌淤土土壤养分数理统计

剖面层次	深度（cm）	有机质	$CaCO_3$	pH 值	N	P_2O_5	K_2O	碱解氮	P	K	C/N	代换量
		(g/kg)			全量（g/kg）			速效（mg/kg）				[cmol（+）/kg]
A_p	样本数	17	16	17	17	15	13	16	15	17	11.5	17
	平均值	22.6	1.14	2.4	22.6	74	21.4	388	114	8.5		12.3
	标准差	6.1	0.3	0.2	4.2	17.06	8.68	94.88	24.6	0.21		3.85
AB	样本数	17	17	17	16	15	16	15	16	17	14.4	16
	平均值	15.2	0.83	2.1	21	50	2.5	277	113.9	8.6		13.4
	标准差	3.1	0.2	0.2	3.5	10.45	2.07	81.64	24.7	0.2		3.42
BC	样本数	16	16	16	16	16	16	16	16	16	9.2	15
	平均值	9.7	0.61	1.9	21.7	34	2.55	203	108.7	8.6		13.4
	标准差	2.5	0.1	0.2	2.6	9.09	0.96	71.16	27.9	0.21		5.37

表 4-30 灌淤土机械组成

地点、海拔	层次	深度（cm）	>1	1~0.25	0.25~0.05	0.05~0.01	0.01~0.005	0.005~0.001	<0.001	<0.01	质地
			各级颗粒（粒径 mm），g/kg								
同仁县，2480m	A_p	0~20	12	4.1	94	449.5	61.3	102.2	288.9	452.4	轻石质重壤土
	AB	20~29	11.7	3.1	116.3	449.4	81.7	81.1	268.4	431.2	轻石质中壤土
	BC	29~82	6.6	1	74.8	429.9	102.4	102.3	289.6	494.3	轻石质重壤土
	C	82~150	7.3	3.1	53.9	338.3	102.2	143.1	309.4	554.7	轻石质重壤土

4.2.16.4 成土过程

主要是干旱气候条件下，土壤母质中盐分随水分蒸发上升在土体中的盐积过程。

4.2.16.5 剖面构型

剖面一般呈现 A—AB—BC 构型。盐土剖面分异不明显，无明显发生层次。

盐霜或盐壳：受地下水位高和干湿交替作用影响，表层常具盐霜或盐壳，以残积盐土和碱化盐土盐壳厚度在 2~5cm，而沼泽盐土和草甸盐土多具盐霜。

有机质层：不明显，颜色浅，多呈青灰或灰白色。结构粒状，土壤疏松。

B：淀积层，常见粉粒状结晶盐，土壤常具备潜育特征，还有较明显锈纹锈斑。

C：柴达木盆地、鄂陵湖、扎陵湖的湖滨滩地的盐土，是来自四周山地的风化成盐元素随山谷河流汇集于湖水中，使湖水矿化度增高。

全剖面根系极少，石灰反应强烈，pH 8.12~8.64。

根据盐土发生特点、盐分特征及辅助成土过程等将盐土划分为残积盐土、草甸盐土、沼泽盐土和碱化盐土 4 个亚类。

典型盐土基本理化性状见表 4-31 和表 4-32。

4.2.17 沼泽土

属水成土纲水成土亚纲，沼泽土类。是青海省最主要的隐域性土壤，从东部的黄土高原西段至青藏高原中心部位的可可西里地区，从南部的青南高原到北部的祁连山地及干旱的柴达木盆地，只要是常年或季节性积水的地方及过度潮湿区域均可出现。但从分布面积及泥炭或腐殖质积累的程度来看，具有很大的区域差异性。通常在高海拔的多年冻土区常大面积连片分布，泥炭积累层深厚，而低海拔的低暖河谷仅有零星分布，且由于海拔降低，热量状况逐渐优越，泥炭层的厚度变薄，最终消失或为腐殖质层代替，导致类型的变化。

4.2.17.1 分布特征

通常占据着地形相对低洼且有地表或地下水径流补给，而下部有不透水层的高寒滩地、坡麓、垭合及山坡中下部缓坡地段、河流宽谷的低阶地或河漫滩、倾斜平原前缘地下水溢出带下方及扇间洼地、湖滨平原和古冰蚀谷等多种地形。虽全省各地都有出现，但主要集中连片分布于高寒冻土发育区域，是大江河及其支流的源头，因降水丰富或冰川雪被融化补给，而下部又有常年不透水的冻土层，土壤长期过湿或季节性积水，发育成沼泽土。

4.2.17.2 成土条件

常年或季节性积水的存在是该类土壤发育的前提。自然条件下，整个土体或其下部某些层段常年或季节性地处于渍水条件下而呈还原状态。渍水或被水饱和是引起土体内还原作用的重要条件。沼泽土及泥炭土常形成于地形相对低洼的地段；倾斜平原前缘、扇间洼处；高山的坡麓、哑合及高山冰雪带下缘。

表 4-31 盐土（土类）化学性质统计

剖面层次	特征数	有机质	$CaCO_3$	pH 值	N	P_2O_5	K_2O	碱解氮	P	K	C/N	代换量
		(g/kg)			全量（g/kg）			速效（mg/kg）				[cmol（+）/kg]
A	样本数	38	29	50	37	47	49	36	34	33		41
	平均值	16.6	102.4	8.3	0.7	1	20.9	46.5	6.09	389	13.7	4.2
	标准差	9.7	46.3	0.35	0.4	0.2	4.8	21	3	104		2.2
B	样本数	33	31	41	31	41	41	31	33	31		37
	平均值	10.2	79.7	8.5	0.58	1.1	20.6	37.3	5.3	266	10.2	5.4
	标准差	4.9	32.8	0.24	0.2	0.3	5.3	21.4	2.6	133		3.1
BC	样本数	35	28	37	42	40	38	36	32	37		34
	平均值	6.4	106	8.5	0.33	1.2	23.6	20.7	3.7	314	11.2	5.9
	标准差	1.5	45	0.3	0.2	0.2	3.8	8.5	2.7	160		2.5

表 4-32 典型剖面机械组成——草甸盐土（亚类）

地点、海拔	深度（cm）	>1	1~0.25	0.25~0.05	0.05~0.01	0.01~0.005	0.005~0.001	<0.001	<0.01	质地
		各级颗粒（粒径 mm），g/kg								
格尔木市乌图美仁，2410m	0~6	0	10	527	250	35	50	128	213	轻壤土
	6~13	0	10	490	268	95	57	80	232	轻壤土
	13~58	0	50	860	62	12	11	5	28	轻壤土
	58~82	0	0	10	340	197	246	207	650	轻壤土
	82~121	0	52	173	510	82	139	44	265	轻壤土
	121~159	0	10	230	540	59	86	75	220	轻壤土

4.2.17.3 植被特征

沼泽土上植物种类丰富，但随区域环境不同而有差异。多数地区为高寒沼泽化草甸，由耐寒湿中生多年生地面芽和地下芽植物为主，或混生湿生多年生草本植物，以藏嵩草、甘肃嵩草、华扁穗草、灯心草等为主，伴生各种杂类草如长花马先蒿、矮金莲花、银莲花、垂头菊、报春花、青藏薹草、黑褐薹草、驴蹄草、海韭菜、蒲公英、双叉细柄茅等。在常年积水的地区可出现沼生植物建群的植被类型，如衫叶藻。此外，还可出现水毛茛、芦苇植物。

4.2.17.4 成土过程

主要是腐殖物质积累过程及潜育化过程，此外，高原地区亦受冻融的影响。

腐殖质积累过程：沼泽土发育于潮湿的生态环境中，植物生长繁茂，尤其高寒沼泽草甸植被，以嵩草和薹草建群盖度大，根系发达，且入土较深，根系死亡后可补给土壤大量有机质，在长期低温和季节性冻结的过湿环境中，增强了嫌气还原的影响，有利于泥炭物质的形成积累，特别是高原地区这类土壤中几乎没有纤维分解菌，自然死亡根系中大量纤维物质被保存于土层中逐渐发育成深厚的泥炭层。

潜育过程：在过湿环境中，随着有机质的积累和泥炭化，同时发生潜育过程。形成铁锈形式的淀积斑，其剖面下部常年处于过湿状态，含硫有机物分解放出的硫与铁、锰、氢离子形成黑色硫化物沉淀或 H_2S，部分泥炭沼泽土剖面下部呈青黑色或具特有的 H_2S 味。

4.2.17.5 剖面构型

剖面常为 A_s—（A）—B_g（锈斑层）—G（潜育层）构型，高海拔地区还可出现永冻层。

A_s：草甸沼泽土草本植物覆盖度高，表层根系密布，尤其在高海拔地区，嵩草根系交织成草皮层，出现带弹性的高、长 20~30cm 的圆形塔头，塔头间可有临时性积水。

A：泥炭层。

B_g：锈斑层，雨季以后，土体水位下降，剖面上层中氧化作用加强，Eh 上升，亚铁、亚锰重新被氧化成高价态而淀积于土层中，形成铁锈形式的淀积斑。

G：潜育层：剖面下部常年处于过湿状态，且严冬长期冻结，阻碍了氧气在土层间的渗透，Eh 值低，铁锰在中性或微碱性条件下被还原，形成不溶性的 $FeCO_3$或它们的有机络合物，且含硫有机物分解放出的硫被还原为 S^{2-}，它可与铁、锰、氢离子形成黑色硫化物沉淀或 H_2S，呈青黑色或具特有的 H_2S 味。

依据泥炭积累过程及潜育化过程的强弱，同时考虑其附加的特点，把沼泽土分成草甸沼泽土、沼泽土、泥炭沼泽土、腐泥沼泽土和盐化沼泽土 5 个亚类。

典型沼泽土理化性质见表 4-33 和表 4-34。

4.2.18 泥炭土

系隐域性土壤，为水成土纲水成土亚纲泥炭土土类。

表 4-33　典型剖面土壤化学性质——草甸沼泽土

地点、海拔	剖面层次	深度（cm）	有机质	$CaCO_3$	pH 值	N	P_2O_5	K_2O	碱解氮	P	K	C/N	代换量
			(g/kg)			全量（g/kg）			速效（mg/kg）				[cmol(+)/kg]
天峻县木里煤矿北，4448m	A_s	0-28	227.7	0	6.4	10.35	1.27	15.6	406	5.8	64	13	63.4
	B_g	28-40	136.0	0	6.7	4.11	0.94	19.3	221	2.9	62	19	38.6
	G	40-67	75.0	0	6.7	3.30	0.81	18.6	115	2.9	61	14	26.5

表 4-34　典型剖面土壤机械组成——草甸沼泽土

地点、海拔	层次	深度（cm）	>1	1~0.25	0.25~0.05	0.05~0.01	0.01~0.005	0.005~0.001	<0.001	<0.01	质地
			各级颗粒（粒径 mm），g/kg								
天峻县木里煤矿北，4448m	A_s	0~28	0	8	202	410	100	120	160	380	中壤土
	B_g	28~40	0	2	198	365	135	140	160	435	中壤土
	G	40~67	7	55	255	362	94	136	98	328	中壤土

4.2.18.1 分布特征

主要分布在青南高原的玉树、果洛洲及北部祁连山地的海北藏族自治州。泥炭土与泥炭沼泽土常呈复合分布，占据更低洼的地段，分布区以高山带或亚高山带的多年冻土或岛状冻土区较多，占据着河源地区缓坡下部、宽谷洼地及大滩的地洼地段。地表长期积水，多热融坑、冻胀丘或塔头草墩。

4.2.18.2 成土条件

地表长期积水，且地下有多年冻土是该类土壤形成的基础条件。母质以冰水沉积物、洪积—冲积物最为普遍。

4.2.18.3 植被特征

植被生长茂密，覆盖度 90%以上，以藏嵩草、薹草为主，伴生长花马先蒿、驴蹄草、海韭菜、苔藓等。在常年积水区域，以华扁穗草、衫叶藻为主。

4.2.18.4 成土过程

泥炭土最显著的特征是泥炭层发育深厚，是在冷湿环境中长期积累的结果。主要是泥炭层发育及潜育化过程，

（1）泥炭层发育过程：泥炭层发育深厚，可达 1.8m。植物生长繁茂，根系发达，且入土较深，根系死亡后可补给土壤大量有机质，在长期低温和季节性冻结的过湿环境中，增强了嫌气还原的影响，有利于泥炭物质的形成积累，特别是高原地区这类土壤中几乎没有纤维分解菌，自然死亡根系中大量纤维物质被保存于土层中逐渐发育成深厚的泥炭层。

（2）潜育过程：在过湿环境中，随着有机质的积累和泥炭化，同时发生潜育过程。形成铁锈形式的淀积斑。剖面常为剖面常为 A—AB_g（锈斑层）—G（潜育层）构型，

4.2.18.5 剖面构型

剖面常为 A_s—(A)—B_g（锈斑层)—G（潜育层）构型，高海拔地区还可出现永冻层。

A：泥炭层，由于地表长期积水，多热融坑和冻胀丘或塔头草墩。泥炭层发育深厚，达 50~200cm。表层是活根与根系残体交织致密层次或草丘，但通常较高山草甸土的 A_s 松散，下部为弱度分解的褐色或综褐色粗有机质泥炭层。

B_g：锈斑层，由于泥炭层深厚，故氧化还原交替常在泥炭层的中下部，有大量的铁锈斑纹及分解很差的薹草根系。

G：潜育层向下逐渐过渡到青灰、灰蓝或黑色潜育层。

典型泥炭土理化性状见表 4-35 和表 4-36。

4.2.19 风沙土

属于初育土纲初育土亚纲风沙土土类。

4.2.19.1 分布特征

属隐域性土壤，规律性不强，但在青海省分布范围广泛。风沙土是在风沙地区风成沙

表 4-35 典型剖面土壤化学性质——泥炭土

地点、海拔	剖面层次	深度（cm）	有机质	$CaCO_3$	pH 值	N	P_2O_5	K_2O	碱解氮	P	K	C/N	代换量
			（g/kg）			全量（g/kg）			速效（mg/kg）				[cmol(+)/kg]
刚察县，3870m 冻土 75cm	A_s	0-8	386.0	6.2	6.0	15.6	2.53	20.6	1294	11	582	14	95.8
	B_g	8-62	282.8	3.8	6.2	11.2	1.92	23.4	1162	4	122	15	63.0
	G	62-75	88.3	3.4	6.9	2.6	1.69	28.4	249	痕迹	115	20	32.6

表 4-36 典型剖面土壤机械组成——泥炭土

地点、海拔	层次	深度（cm）	>1	1~0.25	0.25~0.05	0.05~0.01	0.01~0.005	0.005~0.001	<0.001	<0.01	质地
			各级颗粒（粒径 mm，g/kg）								
玉树县隆宝滩，3870m	A_s	0~22	9.5	17.9	271.9	290.2	209.7	58.9	151.4	420.0	轻石质中壤土
	B_g	22~60	56.0	137.6	357.5	274.9	81.0	70.1	78.9	230.0	中石质中壤土
	G	60~80	16.2	66.4	168.9	387.8	209.6	59.5	107.8	376.9	中石质中壤土

性母质上发育而成的幼龄土壤，它处于地带性土壤内，在沿湖的海南、海北两州内它处在栗钙质土、棕钙土带内，在果洛藏族自治州它处在高山草原土地带内，柴达木的风沙土是处在灰棕漠土土壤带内。在青海省，东到海南藏族自治州贵南县的黄沙头，南到果洛藏族自治州巴颜喀拉山北麓的黄河附近的绵沙岭，西延伸到唐古拉山地区，北到大通山南麓的青海湖北岸，呈间断性分布。在青海省海北藏族自治州的刚察和海晏两县的青海湖沿岸，果洛藏族自治州的玛多县黑河乡、黄河谷地、台地及扎陵湖、鄂陵湖盆地岸边及星宿海附近都有分布。海西蒙古族藏族自治州境内是风沙土最集中、面积最大的分布区域，北起祁连山南麓，南到昆仑山脚下、阿尔金山地区、柴达木内部及唐古拉地区都有分布。风沙土所在地区除海西蒙古族藏族自治州的柴达木盆地内部海拔较低外，其他地区一般都在2800~3400m之间。果洛藏族自治州的绵沙岭可升到4300m。

4.2.19.2 成土条件

该土类发育地区气候属半干旱、干旱地带及干燥地区的荒漠地带内，其分布区降水量差异极大，沿湖地区的栗钙土和果洛藏族自治州的栗钙土和高山草原土地区的年平均降水量在370.3~326mm，年蒸发一般都高出年降水量的3~4倍；盆地内的茫崖、冷湖等地年降水量只有17.1~48.6mm，查尔汗降水量也只有23.55mm，蒸发量高达3505.6mm。分布地区风速高，大风或沙暴频率高，是其成土的又一主要因素。

4.2.19.3 植被特征

风沙土分布地区处在干旱和荒漠地带，生境条件差，在风蚀、沙压搬运和堆积作用下，植物生长困难，植物种类单纯，生长稀疏，覆盖度低，如沙蒿、青海固沙草、芨芨草、针茅、扁穗冰草、赖草、铁线莲、锦鸡儿、棘豆、羊茅、沙葱、优若藜、披针叶黄花、细叶薹草、粗壮嵩草、麻黄、柽柳、白刺、梭梭、沙拐枣、沙生针茅等。柽柳、白刺、梭梭等是该地的主要固沙植物，一般柽柳、白刺或梭梭等的周围都能形成一个沙包，沙包的大小的柽柳、梭梭植株大小有关系，植株越大，年龄越长，固沙能力越大，它周围沙包就越大。

4.2.19.4 成土过程

成土过程是在风蚀、沉沙、沙压、沙埋及生长固沙植物、积累养分等过程中矛盾统一形成的幼龄土壤，风蚀和沙埋常使地带性的栗钙土、棕钙土、灰棕漠土及高山草原土等土壤的地表剥蚀或淹埋，形成肥力极低的风沙土。风沙土因成土时间较短，又不稳定，剖面发育很弱，或没有发育，有机质很低，而且在剖面内分布也很分散，碳酸盐在剖面中分布均匀，淋溶淀积过程很不明显，淋溶层和淀积层很难区分。

4.2.19.5 剖面构型

该类土壤的土体剖面大略可分出A—C层构型。

A：只是在发育到一定阶段后，表层才有染上明黄褐色的有机质层。

C：一部分风沙土原为地带性土壤，经沙埋后形成风沙土。

剖面发育很弱，或没有发育，土体上下基本变化不大，形同母质无差异。

淋溶层和淀积层很难区分。碳酸钙在剖面中分布均匀，淋溶淀积过程很不明显。

风沙土所处的地理位置、生境条件的差异对其成土过程的影响极大，相应地生长的植被种类也随之变化，由此将风沙土续分为草原风沙土和荒漠风沙土 2 个亚类。其中草原风沙土处在栗钙土和高山草原土带内，它常与栗钙土和高山草原土构成复合或镶嵌在地带土壤带内。气候属半干旱或干旱草原带。

根据风沙土发育阶段和植被生长情况、固沙能力，续分为固定草原风沙土、半固定草原风沙土和流动草原风沙土 3 个土属。

典型风沙土理化性质见表 4-37 和表 4-38。

4.2.20 新积土

属初育土纲土质亚纲新积土土类。亦为幼龄的隐域性土壤。

4.2.20.1 分布特征

新积土在青海省主要处在大河流或支流的河漫滩地或阶地地区，常和草甸土、潮土、沼泽土等水成、半水成土壤相邻或成复区，跨越黑钙土、栗钙土、棕钙土、灰钙土、灰棕漠土 5 个土区。

4.2.20.2 成土条件

新积土类发育地区，气候条件变化较大，所在地的地形条件为湟水、黄河及其支流和柴达木盆地内陆河的滩地及阶地，是当地海拔最低、热量条件最好的地方，年平均气温 0.2~8.5℃，年降水量 166.8~518.0mm。

4.2.20.3 植被特征

植物很少或无植物生长，人工堆垫后，多种植小麦、青稞、马铃薯、油菜等作物，冲积形成的河滩地生长稀疏零星的沙柳、针茅、沙棘、早熟禾等植物，一般构不成覆盖度。

4.2.20.4 成土过程

是在近期内因河流涨水，将携带的泥沙或其他物质沉积下来。或因人工治河造田将其他的土壤搬运至河岸或低阶地堆垫而成。

4.2.20.5 剖面构型

土体的剖面构型一般为 A—B—BC。

新积土是幼龄型土壤，自身发育不完全，土体内呈沉积层理或无层理的堆垫，无发育或层次发育极弱。土壤质地的粗细与搬运前地区土壤质地的粗细直接相关。但冲积物的沉积时间不同，所携带的物质粗细不同，往往形成鲜明不同的沉积层理，而发育明显。剖面中各种物质分布均匀，隔层含量近似，土体发育层次不明显。处在河流岸边，它的成土母质为冲积—洪积物。

根据不同的成土条件和土壤属性，青海省新积土只划分新积土 1 个亚类，下划新积土和堆垫土 2 个土属。

典型新积土理化性状见表 4-39 和表 4-40。

表 4-37 风沙土土壤化学性质数理统计

剖面层次	项目	有机质	$CaCO_3$	pH 值	N	P_2O_5	K_2O	碱解氮	P	K	C/N	代换量
		(g/kg)			全量（g/kg）			速效（mg/kg）				[cmol（+）/kg]
A	样本数	33	27	30	30	27	32	30	28	27	16. 8	30
	平均值	11. 3	61. 4	8	0. 39	0. 8	20. 8	30	2. 6	131		4. 33
	标准差	7. 3	40. 9	0. 72	0. 3	0. 4	5. 4	25. 4	1. 59	140		2. 98
BC	样本数	5	5	6	6	6	6	6	4	6	14. 8	6
	平均值	13. 8	40. 9	7. 7	0. 54	0. 6	15. 9	31	2	56		5. 66
	标准差	1. 1	20. 9	0. 75	0. 3	0. 1	2. 4	20. 22	0. 82	15. 4		2. 97

表 4-38 典型剖面土壤机械组成——固定草原风沙土

地点、海拔	层次（cm）	深度（cm）	>1	1~0. 25	0. 25~0. 05	0. 05~0. 01	0. 01~0. 005	0. 005~0. 001	<0. 001	<0. 01	质地
			各级颗粒（粒径 mm），g/kg								
玛多县黄河县，4380m	A	0~14	0	19. 5	878. 7	40. 9	20. 3	20. 3	20. 3	60. 9	紧砂土
	AB	14~84	0	56. 5	863. 1	20. 1	20. 1	20. 1	20. 1	60. 3	紧砂土

表 4-39 新积土（土类）土壤化学性质

剖面层次	项目	有机质	$CaCO_3$	pH 值	N	P_2O_5	K_2O	碱解氮	P	K	C/N	代换量
		(g/kg)			全量（g/kg）			速效（mg/kg）				［cmol（+）/kg］
A	样本数	8	8	8	8	8	8	8	8	8	6.78	8
	平均值	14.5	95.3	8.4	1.24	1.5	21.2	68	5.6	142		10.15
	标准差	7.1	31.3	0.14	0.5	0.4	2.9	26.5	3.12	51.43		4.26
B	样本数	8	8	8	8	8	8	8	8	8	9.16	8
	平均值	13.9	121	8.5	0.88	1.5	21.1	58	2.6	131		11.09
	标准差	9.6	72	0.25	0.5	0.4	3.9	36.78	2.07	69.68		6
BC	样本数	3	3	3	3	3	3	3	3	3		3
	平均值	13.4	112	8.7	1.15	1.2	23.1	50	2	107	6.76	12.65
	标准差	10.2	81.6	0.17	0.5	0.4	3.1	23.39	2	66.83		8.98

表 4-40 典型剖面机械组成——新积土（亚类）

地点、海拔	层次（cm）	深度（cm）	>1	1~0.25	0.25~0.05	0.05~0.01	0.01~0.005	0.005~0.001	<0.001	<0.01	质地
			各级颗粒（粒径 mm），g/kg								
同德县巴沟乡，3060m	A	0~18	0	7	403.9	223.8	61.1	162.9	141.3	365.3	中壤土
	B	18~49	0	8.6	220.1	223.6	122	223.6	202.1	547.7	中壤土
	AB	49~110	0	0	144.4	285.6	122.4	244.8	202.8	570	中壤土
	C	110~150	0	105.1	474.8	147.5	42.1	84.3	146.2	272.6	中壤土

4.2.21 石质土

属初育土纲石质初育土亚纲石质土土类。

4.2.21.1 分布特征

石质土在青海省分布范围很广，但很分散，镶嵌于其他山地土壤类型中，处于山区的山脊、山梁、陡坡及刃脊处。在柴达木盆地见于祁连山、昆仑山向盆地倾斜的山体中。在垂直地带中从中低山到高山区域都有分布，分布海拔一般 3000~4000m。

4.2.21.2 成土条件

石质土发育的气候因素，不同地区不尽相似，年均温度、降水量、蒸发量差异更大。东部地区年降水量 350~600mm，在柴达木盆地，年降水量仅有 40~130mm，均呈现出夜雨多于昼雨，季节性分配不平衡的特点。年平均气温-5~3℃之间，昼夜温差大。

4.2.21.3 植被特征

植被稀疏，植物种类随地带土壤而变，在青海省东半部石质地带，主要生长针茅、小嵩草、禾叶风毛菊、忍冬、狼毒、香青及一些小灌木，如金露梅、锦鸡儿等，覆盖度在 10%~15%。在西部的柴达木盆地则生长猪毛菜、盐爪爪、驼绒藜、红砂，生长更为稀疏，往往成单株生长，每百平方米仅有 3~5 株，构不成覆盖度。

4.2.21.4 成土过程

岩石在物理风化的特定条件下，发生崩裂成碎石块。山虽不高，但陡坡，冲刷严重，造成土体浅薄，局部地区，岩石裸露于地表，粗骨性强，碎石和石块遍布于地表，土粒积累于石块和碎石之间，土壤属于初期改良阶段。

4.2.21.5 剖面构型

该类土壤的土体剖面大略可分出 A—C 层构型。

土体发育不全，剖面无明显分异，不显物质的淋溶和积累，石灰含量高，全剖面呈强石灰反应，pH 7~8 之间。

A：半湿润的草甸地带含量最高，半干旱、干旱的草原地带次之，荒漠地区含量最低。

C：成土母质则为变质的板岩、页岩、片麻岩等风化的残积—坡积物。岩石在物理风化的特定条件下，岩石多崩裂成碎石块。

仅有钙质石质土 1 个亚类。

石质土基本性状见表 4-41 和表 4-42。

4.2.22 粗骨土

属于初育土纲石质初育土亚纲粗骨土土类。

4.2.22.1 分布特征

粗骨土主要分布在青海省海西蒙古族藏族自治洲境内的山地，其他各州也有零星分布。位于陡坡地带，水热条件差，土层浅薄，粗骨性强。

表 4-41 石质土（土类）化学性质

剖面层次	项目	有机质	$CaCO_3$	pH 值	N	P_2O_5	K_2O	碱解氮	P	K	C/N	代换量
		（g/kg）			全量（g/kg）			速效（mg/kg）				[cmol（+）/kg]
A	样本数	2	2	2	2	2	2	2	2	2	7. 26	2
	平均值	13. 9	132	8. 3	1. 11	1. 5	27. 8	45	2	165		4. 6
B	样本数	2	2	2	2	2	2	2	2	2	22. 62	2
	平均值	7. 8	148	8. 6	0. 2	1. 6	18. 1	27	1	65		5. 23

表 4-42 典型剖面机械组成——钙质石质土（亚类）

地点、海拔	层次（cm）	深度（cm）	>1	1~0. 25	0. 25~0. 05	0. 05~0. 01	0. 01~0. 005	0. 005~0. 001	<0. 001	<0. 01	质地
			各级颗粒（粒径 mm），g/kg								
海西蒙古族藏族自治州柴达木盆地俄博梁，3400m	A	0~7	652. 3	–	–	–	–	–	–	–	中砾石土
	BC	7~30	572. 7	–	–	–	–	–	–	–	中砾石土

4.2.22.2 植被特征

该土类为隐域性土壤，生长植物依其所在地域而异。但均表现出植被稀疏，覆盖度低的特点。

4.2.22.3 成土过程

该类土壤主要受物理作用，经干燥剥蚀、崩解、重力、风力迁移或水力搬运而成。生化成土作用微弱，表层有机质含量低，钙质表聚。

4.2.22.4 剖面构型

该类土壤的土体剖面大略可分出 A—C 层构型。

土龄短，成土作用弱，剖面无明显分异，粗骨性极强，富含砾石，多为原母质，土体浅薄，呈 A—C 构型，生化成土作用微弱，表层有机质含量低，钙质表聚，通体呈强石灰反应。

仅有钙质粗骨土 1 个亚类

典型粗骨土基本理化性状见表 4-43 和表 4-44。

4.3 青海祁连山地区土壤分布规律

一般来说，土壤类型的发育受到热量的纬度地带性和降水的经度地带性制约。从广义上而言，青海省幅员辽阔，属于青藏高原的组成部分。根据板块学说，青藏高原隆起，从大海演变为大陆，系印度板块和欧亚板块碰撞的结果，形成了独特的自然地理单元，从此打乱了青海土壤水平分布规律。同时由于青海省境内高山耸立，随着山地海拔的变化，导致气温、降水的差异、太阳能辐射的强弱、大气湿度、风力的异同，孕育了不同植被类型，发育着不同的土壤类型，形成了一定规律的土壤垂直带谱。

4.3.1 水平地带性分布规律

就欧亚大陆而言，土壤水平地带性分布是因不同纬度地带性太阳辐射量的差异引起水热条件的改变，进而影响气候生物等成土因素自北向南按照一定的顺序，其水平规律性与纬度变化相一致的带状分布。而青海土壤水平分布规律则变为经度地带性明显，纬度地带性不太显著的水平地带性特征。在咱这是受到青藏高原体地形因素所影响。高原面海拔高度达 4000m 以上，很多高山甚至高达 5000 ~6000m 以上。因受随海拔升高导致气温降低的影响，很大程度上减弱甚至掩盖了纬度位置的作用，故而难以导致土壤类型分布产生较为明显的纬向差异。

青海祁连山地区的土壤水平分布规律，呈现出由东向西随干旱程度逐渐增强而逐渐变化的趋势。其主要成土因素之一的植被，由温带半干旱草原逐渐向温带半荒漠及荒漠过渡，相应依次为栗钙土带、棕钙土、灰棕漠土带等。从东到西的草原栗钙土与半荒漠棕钙土带大致以布哈河河谷—橡皮山—河卡滩一线为界。半荒漠棕钙土与荒漠灰棕漠土是以柴达木盆地怀头他拉—德令哈—香日德附近的脱土山—巴隆一线为界（参见图 4-1，详见后

表 4-43 典型剖面土壤化学性质——钙质粗骨土（亚类）

地点海拔	剖面层次	深度（cm）	项目	有机质	$CaCO_3$	pH 值	N	P_2O_5	K_2O	碱解氮	P	K	C/N	代换量
				（g/kg）			全量（g/kg）			速效（mg/kg）				[cmol（+）/kg]
格尔木市托拉海，2960m	A	0-7	样本数	2	2	2	2	2	2	2	2	2	7.26	2
			平均值	13.9	132	8.3	1.11	1.5	27.8	45	2	165		4.6
	C	0-7	样本数	2	2	2	2	2	2	2	2	2	22.62	2
			平均值	7.8	148	8.6	0.2	1.6	18.1	27	1	65		5.23

表 4-44 典型剖面土壤机械组成——钙质粗骨土（亚类）

地点、海拔	层次	深度（cm）	>1	1~0.25	0.25~0.05	0.05~0.01	0.01~0.005	0.005~0.001	<0.001	<0.01	质地
			各级颗粒（粒径 mm），g/kg								
格尔木市托拉海，2960m	A	0~7	88	85	318	367	80	77	73	230	中石质轻壤土
	C	7~14	590	535	320	65	20	40	20	80	中砾石土

附彩图)。这种土壤的空间分布格局是由不同区域特定的地质、地形地貌、气候、水文、植被和微生物等因素综合作用而形成。不同土壤的形成有其不同的主导因子(陈隆亨等,1992),如风沙土主要与风沙沉积有关,荒漠土主要与干旱和水资源匮乏有关,盐渍土主要与盐分的表聚作用有关(吕彪和秦嘉海,2003)等。

4.3.2 垂直地带性分布规律

由于青海省地域辽阔,各山体所处位置、地貌形态、水热条件等不同,生物气候差异明显,各个山体垂直带谱的结构也有差别,其土壤垂直带谱也是多种多样。

祁连山区属典型干旱—半干旱高寒区,地势高差大,地形条件复杂,水热条件差异明显,随着海拔的升高,土壤系统表现出明显的垂直带谱。根据相关资料报道,青海祁连山地区的南北坡均形成了较为明显的土壤垂直地带性分布格局,不同坡向的土壤构成了不同的垂直带谱(表4-45)。在山地北坡,自下而上一般依次发育了山地栗钙土、山地灰褐土、亚高山灌丛草甸土、高山寒漠土、岩石,它们分布的海拔依次为1500~2400m、2400~3300m、3300~4000m、4000~4500m、4500~5000m(牛赟和敬文茂,2008)。而在山地南坡,栗钙土分布在2100~2400m、山地灰褐土分布在2400~3200m、山地淋溶灰褐土分布在3000~3300m、亚高山草甸土分布在3300~3600rn、高山草甸土分布在3600~3850m、高山寒漠土分布在3850~4200m(作仲林,2011)。

表4-45 祁连山土壤类型的垂直分布

北坡		南坡	
土壤带	海拔高度(m)	土壤带	海拔高度(m)
岩石高山寒漠土	4500~5000	高山寒漠土	3850~4200
亚高山灌丛草甸土	4000~4500	高山草甸土	3600~3850
山地灰褐土	3300~4000	亚高山草甸土	3300~3600
山地栗钙土	2400~3300	山地淋溶灰褐土	3000~3300
	1500~2400	山地灰褐土	2400~3200
		山地栗钙土	2100~2400

注:数据来源于作仲林(2011)。

就整体而言,区域自然环境条件的改变,也将进一步导致山地土壤垂直分布带谱的变化。在东西方向上,随着气候干旱化程度的逐渐增强,山体土壤的垂直带谱越趋简单,相应垂直带谱亦逐渐抬升。例如,青海祁连山东段的土壤垂直带谱由15种土壤类型组成(图4-2);中段的土壤垂直带谱则由12种土壤类型组成,带谱复杂程度也低于中段地区(图4-3)。

受不同自然环境条件的影响,相同的土壤类型也将在土壤垂直带谱中呈现出差异性的表现形式。由于山地阳坡的温度相对高于阴坡,同一土壤类型在土壤垂直带谱中的分布海拔会呈现出较为明显的差异性特征(图4-4)。例如,青海祁连山东段阴坡栗钙土的分布海拔约为2100~2600m,但在阳坡则约为2450~2900m,在山地阳坡的分布海拔明显高于阴坡。

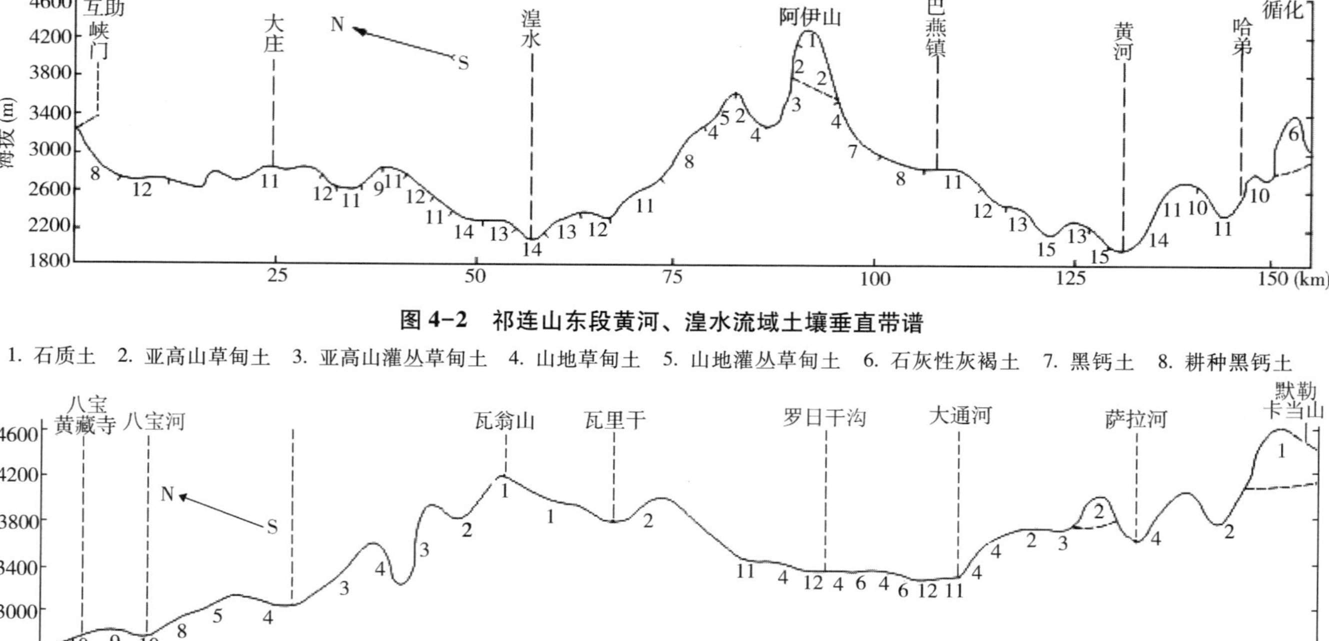

图 4-2　祁连山东段黄河、湟水流域土壤垂直带谱

1. 石质土　2. 亚高山草甸土　3. 亚高山灌丛草甸土　4. 山地草甸土　5. 山地灌丛草甸土　6. 石灰性灰褐土　7. 黑钙土　8. 耕种黑钙土

图 4-3　祁连山南麓中段八宝黄藏寺院——默勒卡当山土壤垂直带谱

1. 高山寒漠土　2. 高山草甸土　3. 高山灌丛草甸土　4. 淋溶山地草甸土　5. 淋溶黑钙土　6. 黑钙土　8. 耕种黑钙土　9. 山地栗钙土　10. 耕种栗钙土　11. 草甸沼泽土 12. 泥炭沼泽土

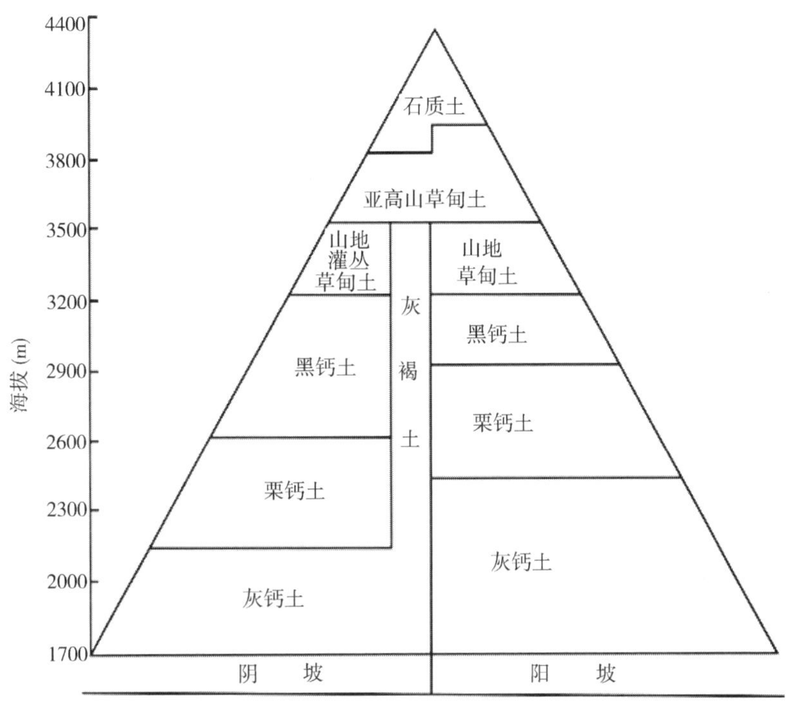

图 4-4 祁连山东段山地垂直带谱

同时，在祁连山地区的不同区段范畴内，也表现出土壤垂直带谱的差异性变化格局。在祁连山东段北坡，土壤垂直带谱随着山地海拔的增高而依次表现为：山地灰钙土—山地栗钙土—山地灰褐土—亚高山灌丛草甸土—高山沼泽土；在中段北坡的土壤垂直带谱依次为：灰钙土—栗钙土—灰褐土（草甸黑土）—亚高山灌丛草甸土—高山草甸土—高山荒漠土；在西段北坡的土壤垂直带谱依次为：棕荒漠土—山地灰钙土—山地栗钙土—山地寒漠土（田风霞，2011）。次生黄土和坡积砾岩为其主要的母质土，而基岩包括紫红色沙贝岩、泥灰岩、千枚岩、板岩、烁岩、绿色硬砂岩等（田风霞，2011）。

5 野生动植物

动植物是自然生态系统的重要组成部分，对区域生态系统平衡及其生物群落的稳定性起着重要作用，也是区域生物多样性保护的主要对象。青海祁连山地区地处青藏高原北部边缘地带，也属于青藏高原、黄土高原、蒙新高原的交汇区域，独特的地理区位、复杂的地形地貌、多样的生境条件使该地区生长发育并分布有数量众多的野生动植物种类，属于青海省内野生动植物种类和生物多样性较为丰富的地区之一。对祁连山地区野生动植物状况的全面了解与掌握，不仅有助于区域生物多样性的保护，也必将有助于区域的生态保护建设及环境改善工作。

5.1 野生植物

作为自然界中将太阳能（光能）转化为化学能（植物中的有机物质）的主体，植物属于生态系统中的初级生产者，对相应生态系统的形成与演变过程起着十分重要的作用。研究区域植物种类的构成及其分布情况，不仅有助于揭示区域范围内不同自然生态系统类型的基本特征，也是区域生态环境保护与建设、特色生物资源繁育等许多方面需要予以高度关注的对象。

5.1.1 植物种类构成

根据相应实地调查并结合标本记录和资料记载，青海祁连山地区现有野生种子植物共计84科417属1220种又46亚种或变种（详见附件六）。其中，裸子植物计有3科4属10种。

5.1.2 植物区系特征

按所含种数的多少进行统计（表5-1），青海祁连山地区分布野生植物中包含种数较多的科为禾本科和菊科。经统计，科的排列顺序是：含100种以上的科是禾本科［47属、154种（10亚种或变种），下同］、菊科［46、147（2）］，所含种数明显高于其他的科。含20~100种的科是毛茛科［20、73（6）］、豆科［14、76（2）］、蔷薇科（24、77）、莎草科［6、45（1）］、玄参科［8、37（3）］、虎耳草科（6、31）、石竹科［11、34（2）］、十字花科（22、34）、龙胆科（8、39）、伞形科［16、28（5）］、百合科（10、28）、杨柳科［2、26（6）］、兰科（15、25）、唇形科［17、26（1）］、蓼科（5、24）、藜科（5、24）等16科。含10~20种的科是紫草科（10、19）、罂粟科［5、18（1）］、景天科［4、16（1）］、报春花科（4、15）、灯心草科（2、15）、小檗科（3、13）、忍冬科（4、13）等7科。其余59科含10种以下。

表5-1 祁连山地区种子植物科的顺序（依据所含种数）

科中所含种数>100:

小计：2科93属301种12亚种或变种，占总科数的2.4%、属数的22.3%、种数的24.7%

禾本科 Gramineae［47属154种（10亚种或变种），下同］；菊科 Compositae［46、147（2）］

25≤科中所含种数≤100:

小计：16科197属629种26亚种或变种，分别占19.1%、47.3%、51.5%

毛茛科 Ranunculaceae［（20、73（6）］、豆科 Leguminosae［14、76（2）］、蔷薇科 Rosaceae（24、77）、莎草科 Cyperaceae［6、45（1）］、玄参科 Scrop Hulariaceae［8、37（3）］、虎耳草科 Saxifragaceae（6、31）、石竹科 Caryophyllaceae（11、34）、十字花科 Cruciferae（22、34）、龙胆科 Gentianaceae（8、39）、伞形科 Umbelliferae［16、28（5）］、百合科 Liliaceae（10、28）、杨柳科 Salicaeeae［2、26（6）］、兰科 Orchidaceae（15、25）、唇形科 Labiatae［17、26（1）］、蓼科 Polygonaceae（5、24）、藜科 Chenopodiaceae（5、24）

10≤科中所含种数≤20:

小计：7科32属109种2亚种或变种，分别占8.3%、7.7%、8.9%

紫草科 Boraginaceae（10、19）、罂粟科 Papaveraceae［5、16（1）］、景天科 Crassulaceae［4、16（1）］、灯心草科 Juncaceae（2、15）、小檗科 Berberidaceae（3、13）、忍冬科 Caprifoliaceae（4、13）、报春花科 Primulacea（4、15）

2<科中所含种数≤9:

小计：30科64属141种5亚种或变种，分别占35.7%、15.3%、11.6%

牻牛儿苗科 Geraniaceae（3、8）、茄科 Solanaceae（7、9）、眼子菜科 Potamogetonaceae（2、7）、大戟科 Euphorbiaceae（1、6）、堇菜科 Violaceae（1、8）、蒺藜科 Zygophyllaceae（4、6）、鸢尾科 Iridaceae［3、8（3）］、桔梗科 Campanulaceae（3、6）、杜鹃花科 Ericaceae（2、6）、茜草科 Rubiaceae［2、5（1）］、柽柳科 Tamaricaceae（3、6）、柳叶菜科 Onagraceae（3、4）、旋花科 Convolvulaceae（3、4）、桦木科 Betulaceae（2、4）、川续断科 Dipsacaceae（2、4）、车前科 Plantaginaceae（1、4）、卫矛科 Celastraceae（1、4）、败酱科 Valerianaceae（1、3）、白花丹科 Plumbaginaceae［2、3（1）］、天南星科 Araceae（2、3）、瑞香科 Thymelaeaceae（2、3）、浮萍科 Lemnaceae（2、3）、亚麻科 Linaceae（1、3）、萝藦科 Asclepiadaceae（2、5）、麻黄科 Ephedraceae（1、4）、胡颓子科 Elaeagnaceae（1、3）、柏科 Cupressaceae（1、3）、列当科 Orobanchaceae（3、3）、木犀科 Oleaceae（1、3）、松科 Pinaceae（2、3）

科中所含种数=2:

小计：11科13属22种1变种，分别占13.1%、3.1%、1.8%

鹿蹄草科 Pyrolaceae（2、2）、泽泻科 Alismataceae（2、2）、远志科 Polygalaceae（1、2）、紫葳科 Bignoniaceae（1、2）、香蒲科 Typhaceae（1、2）、山茱萸科 Cornaceae（1、2）、荨麻科 Urticaceae（1、2）、槭树科 Aceraceae（1、2）、五加科 Araliaceae［1、2（1）］、茨藻科 Najadaceae（1、2）、水麦冬科 Juncaginaceae（1、2）

1属1种的科:

小计：18科18属18种，分别占22.5%、4.5%、1.6%

冰沼草科 Scheuchzeriaceae、凤仙花科 Balsaminaceae、花荵科 Polemoniaceae、锦葵科 Malvaceae、马鞭草科 Verbenaceae、马钱科 Loganiaceae、葡萄科 Vitaceae、桑寄生科 Loranthaceae、桑科 Moraceae、杉叶藻科 Hippuridaceae、鼠李科 Rhamnaceae、薯芋科 Dioscoreaceae、藤黄科 Guttiferae、无患子科 Sapindaceae、五福花科 Adoxaceae、水马齿科 Callitrichaceae、小二仙草科 Haloragidaceae、狸藻科 Lentibulariaceae

---

合计：84科417属1220种又46亚种或变种　　100.0%

根据《青海植物志》记录，青海省计有种子植物 98 科 613 属 2380 种又 269 亚种或变种。统计分析表明，青海祁连山地区现有野生种子植物 84 科 417 属 1220 种又 46 亚种或变种，其科、属、种数分别占青海种子植物总科数、总属数和总种数的 85.7%、68.0% 和 51.3%（变种或亚种占 17.1%）。

在青海祁连山地区分布有中国特有属 13 属 19 种，归属 10 科，分别占到青海祁连山地区科、属、种数 11.9%、3.1% 和 1.6%。分别占到青海省种子植物科、属、种总数的 10.2%、2.1% 和 0.8%。这些特有属包括十字花科（Cruciferae）的穴丝荠属 *Coelonema* Maxim.、桦木科（Betulaceae）的虎榛子属 *Ostryopsis* Decne.、豆科（Leguminosae）的高山豆属 *Tibetia*（Ali.）H. P. Tsui、伞形科（Umbelliferae）的阴山荠属 *Yinshania* Ma et Zhao 和羌活属 *Notopterygium* H. Boiss.、玄参科（Scrophulariaceae）的细穗玄参属 *Scrofella* Maxim.、菊科（Compositae）的毛冠菊属 *Nannoglottis* Maxim.、华蟹甲草属 *Sinacalia* H. Robins. et Bretell. 和黄缨菊属 *Xanthopappus* C. Winkl. 等 10 科 13 属 19 种。其中，十字花科的穴丝荠属为唯一的青海特有属，无疑具有一定的保护价值。

根据吴征镒（1991）的“中国种子植物属的分布区类型”分析，祁连山地区分布的 417 属种子植物的分布区类型可以归入 12 个分布类型及其变型（表 5-2）。

表 5-2 祁连山地区种子植物属的分布区类型及其变型*

分布区类型和变型	属数	属所占比例（%）	种数	种所占比例（%）
一、世界分布				
1. 世界分布	60	14.4	272（8）	22.3
二、泛热带分布及其变型				
2. 泛热带分布	16	3.8	29（1）	2.4
四、旧世界热带分布及其变型				
4. 旧世界热带分布	3	0.7	9	0.7
七、热带亚洲分布及其变型				
7. 热带亚洲（印度—马来西亚）分布	2	0.5	2	0.2
八、北温带分布及其变型	166	39.8	624（31）	51.1
8. 北温带分布	116	27.8	468（23）	38.4
8—1. 环极分布	2	0.5	2	0.2
8—2. 北极—高山分布	6	1.4	17	1.4
8—4. 北温带和南温带（全温带）间断分布	37	8.9	119（7）	9.8
8—5. 欧亚和南美洲温带间断分布	4	1.0	17	1.4
8—6. 地中海区、东亚、新西兰和墨西哥到智利间断分布	1	0.2	1（1）	0.1
九、东亚和北美洲间断分布及其变型				
9. 东亚和北美洲间断分布	15	3.6	19（1）	1.6
十、旧世界温带分布及其变型	59	14.1	118（4）	9.7
10. 旧世界温带分布	49	11.8	101（4）	8.3
10—1. 地中海区、西亚和东亚间断分布	6	1.4	8	0.7

（续）

分布区类型和变型	属数	属所占比例（%）	种数	种所占比例（%）
10—2. 地中海区和喜马拉雅间断分布	4	1.0	9	0.7
十一、温带亚洲分布				
11. 温带亚洲分布	23	5.5	46	3.8
十二、地中海区、西亚和中亚分布及其变型	21	5.0	26	2.1
12. 地中海区、西亚至中亚分布	15	3.6	19	1.6
12—1. 地中海区至中亚和南非洲、大洋州间断分布	1	0.2	1	0.1
12—2. 地中海区至中亚和墨西哥间断分布	2	0.5	3	0.2
12—3. 地中海区至温带、热带亚洲、大洋州和南美洲间断分布	2	0.5	2	0.2
12—4. 地中海区至热带非洲和喜马拉雅间断分布	1	0.2	1	0.1
十三、中亚分布及其变型	15	3.6	17	1.4
13. 中亚分布	8	1.9	8	0.7
13—1. 中亚东部（亚洲中部中）分布	2	0.5	2	0.2
13—2. 中亚至喜马拉雅分布	4	1.0	6	0.5
13—4. 中亚至喜马拉雅—阿尔泰和太平洋北美洲间断分布	1	0.2	1	0.1
十四、东亚分布及其变型	24	5.8	39（1）	3.2
14. 东亚（东喜马拉雅—日本）分布	9	2.2	15（1）	1.2
14—1. 中国—喜马拉雅（SH）分布	15	3.6	24	2.0
十五、中国特有分布				
15. 中国特有分布	13	3.1	19	1.6
合计	417	100	1220（46）	100

* 表中序号依据吴征镒（1991），未作变动。括号内数字为亚种或变种数目，未统计在内。

（1）世界分布型

世界分布型植物属在青海祁连山地区计有 60 属，占该地区总属数的 14.4%，隶属于 34 科。其中，含 4 属的科有禾本科、藜科、菊科等 4 科，含 3 属的科有十字花科、毛茛科、唇形科等 3 科，其余 27 科仅含 1~2 属。所有的属均为多种属，大多数是中生草本植物，如蓼属 *Polygonum*、毛茛属 *Ranunculus*、黄芪属 *Astragalus*、龙胆属 *Gentiana*、早熟禾属 *Poa* 及薹草属 *Carex* 等，它们遍及各种地形地貌和生态环境中，是青海祁连山地区各种植被类型的主要组成成分。有些属的种如珠芽蓼 *Polygonum viviparum* 可在高山植被中成为建群种或优势植物。有些水生属或沼生属，如藨草属 *Scirpus*、灯心草属 *Juncus* 及眼子菜属 *Potamogeton* 等在祁连山地区水域分布也很普遍，是沼泽植被的主要组成成分。世界分布型中的木本属很少，只有悬钩子属 *Rubus*、卫矛属 *Euonymus*、鼠李属 *Rhamnus*、槐属 *Sophora* 和金丝桃属 *Hypericum* 等 5 属，这 5 属仅占本类型的 8.3%。除悬钩子属植物较为常见外，其余 4 属很不常见，多生于本区东部或湟中县以东的河谷灌丛中；其中槐属和金丝桃属在本区域中乃至青海省仅有草本种分布。藤本属铁线莲属 *Clematis* 则常见于滩地、湖边、道路两边以及河谷灌丛。

由于世界分布属在区系分析时很难确定区系特征，根据许多学者的意见，在统计分析时扣除不计。但是此处便于计算，在统计分析时，未作扣除。

（2）热带型分布

与热带分布有关系的类型在祁连山地区计有有 21 属 40 种又 1 亚种或变种，占区域总属数的 5.0%，归 13 科。其中的禾本科含 6 属，均是泛热带分布型；其余 10 科只含 1~2 属。仅出现 2 个少型属，为棒头草属 *Polypogon* 和虱子草属 *Tragus*。较常见的属有打碗花属 *Calystegia*、天门冬属 *Asparagns*、麻黄属 *Ephedra*、菟丝子属 *Cuscuta*、狼尾草属 *Pennisetum*、三芒草属 *Aristida*、白草属 *Setaria* 等，其余多不常见。

热带型分布的属可分为 3 型：泛热带分布型、旧世界热带分布型、热带亚洲（印度—马来西亚）分布型；其下均无变型存在。在这些分布型中，以泛热带分布型所含属数最多，有 16 属，占区域总属数的 3.8%；其余 2 个分布型所占比例较小。热带分布的属尽管主要分布于南北半球的热带地区，但是在有些属的个别种类也会向南北伸展到暖温带或温带地区。出现在本区内的全部热带型属均为这种情况，它们主要分布在低海拔、温暖的地边、河滩、灌丛或林下，稀生于高山。热带型分布的大多数属是草本属，仅麻黄属 *Ephedra*、香茶菜属 *Isodon* 2 属中有灌木或半灌木种类，但是香茶菜属中的木本植物种类同样并不分布于青海地区。在青海祁连山东部的植被类型中处于伴生类型，绝少形成较大面积的自然植被景观。其中麻黄属在分类上是较孤立和古老的属，在区域内有 3 种，大多出现于草原或草甸地带，有时在石质山地上可见有小面积成从生长，与上述其他属不同。由此也表明，热带型分布的植物对祁连山地区的影响极少，或没有明显影响。

（3）温带型分布的属

温带分布型属是祁连山种子植物区系中最丰富、最主要的地理成分。其中以北温带分布型及其变型占有主导地位，计有 166 属，占区域总属数的 39.8%。主要是以温带和世界性的大科为主。可分为北温带分布及其变型，东亚和北美洲间断分布及其变型，旧世界温带分布及其变型，温带亚洲分布型，地中海区、西亚和中亚分布及其变型，中亚分布及其变型，东亚分布及其变型和中国特有分布等 8 型 16 亚型。

北温带分布及其变型在祁连山植物区系中占有最高的百分比，计有 166 属 624 种又 31 亚种或变种，归入 48 科，占区域总属数的 39.8%、总种数的 51.1%。这 48 科主要为温带和世界性的大科。其中含最多属的科为禾本科，有 23 属；含 10~15 属的可为蔷薇科（13 属，下同）、菊科（11）、兰科（10）3 科；含 4~9 属的科为石竹科（4）、十字花科（6）、百合科（7）、虎耳草科（5）、伞形科（5）、龙胆科（6）、玄参科（5）、豆科（4）等 9 科；含 3 属的科为报春花科、柳叶菜科、景天科、紫草科、罂粟科 5 科；其余 30 科含有 1~2 属。

北温带166属中的一些属种与世界分布型属一起，单独或共同构成了该地区几乎所有植被类型的建群种或优势植物。北温带分布型的特点是草本植物特别丰富，木本植物相对比较贫乏。在166属中草本植物属有144属，木本植物属仅22属。乔木植物尽管种类相对贫乏，但是仍然在区域植被类型中占有极为重要的地位。如云杉属 *Picea*、松属 *Pinus*、桦属 *Betula* 和刺柏属 *Juniperus*（圆柏属 *Sabina*）是构成区域内具有重要生态价值的针叶林、阔叶林和针阔混交林的建群植物；灌木如委陵菜属 *Potentilla* 及柳属 *Salix* 的植物也是区域内山地灌丛的建群或优势植物。此外，区域内的宜农地区，栽培乔灌木，如杨树、柳树等构成了区域内西南部干旱地区独特的绿洲景观。草本植物中常见的嵩草属 *Kobresia*、针茅属 *Stipa*、羊茅属 *Festuca*、赖草属 *Leymus*、冰草属 *Agropyron*、葱属 *Allium*、柴胡属 *Bupleurum*、葶苈属 *Draba*、虎耳草属 *Saxifraga*、紫堇属 *Corydalis*、乌头属 *Aconitum*、岩黄芪属 *Hedysarum*、马先蒿属 *Pedicularis* 及风毛菊属 *Saussurea* 等等，同样在各种植被类型中起着建群作用或成为优势伴生植物。

北温带分布型在青海祁连山地区内有5个变型，即环极分布、北极—高山分布、欧亚和南美洲温带间断分布、北温带和南温带（全温带）间断分布以及地中海区、东亚、新西兰和墨西哥到智利间断分布。其中，环极分布有2属，即冰沼草科的冰沼草属 *Scheuchzeria* 和鹿蹄草科的单侧花属 *Orthilia*；前者为湿生植物，后者为阴生植物，均不常见，但对环境变化极为敏感。北极—高山分布变型有6属，即金莲花属 *Trollius*、红景天属 *Rhodiola*、兔耳草属 *Lagotis*、北极果属 *Arctostachylos*、山嵛菜属 *Eutrema*、冰岛蓼属 *Koenigia*，均是高山植物的典型代表，出现在高寒灌丛、高山草甸及高山流石坡稀疏植被中。欧亚和南美洲温带间断分布亚型有3属，即火绒草属 *Leontopodium*、看麦娘属 *Alopecurus*、赖草属 *Leymus*。北温带和南温带（全温带）间断分布较多，有37属，以禾本科（7属）、石竹科（3）、龙胆科（4）等3科所含的属较多。常见植物有卷耳属 *Cerastium*、蝇子草属 *Silene*、唐松草属 *Thalictrum*、柴胡属 *Bupleurum*、婆婆纳属 *Veronica*、异燕麦属 *Helictotrichon*、洽草属 *Koeleria*、碱茅属 *Puccinellia* 等。龙胆科的4属：獐牙菜属 *Swertia*、花锚属 *Halenia*、假龙胆属 *Gentianella*、喉毛花属 *Comastoma*，在区域内均为常见种类，是“藏茵陈”的主要原植物种类。地中海区、东亚、新西兰和墨西哥到智利间断分布亚型仅有冰草属 *Agropyron* 1属，是草原植被中的表征植物之一。

东亚和北美洲间断分布型在青海祁连山地区范围内分布的属不多，仅有15属，占总属数的3.6%，归11科。其中蔷薇科含3属、豆科和菊科各含2属，其余8科仅有1属。这里除黄华属（野决明属）*Thermopsis* 可在区域个别地段形成独特景观，较为常见外，其余14属在各种植被类型中既不常见也不重要。只是其中的珍珠梅属 *Sorbaria* 尽管仅仅分布于区域的东部河谷地区，但由于其外形和长花期，目前已成为青海省庭院和城市行道、公园，乃至于我国北方城市的主要或常见绿化树种之一。

旧世界温带分布型及其变型在区域内计有59属，占总属数的14.1%，是仅次于北温带分布型的属，在温带型分布中居第二位，归22科，仍以菊科（13属）为首，其次是以地中海地区为优势分布的唇形科（10），以及禾本科（5）；以地中海区或地中海至中亚为分布中心的川续断科及柽柳科则各有 2 属，因此，区域内的旧世界温带分布类型具有地中海及中亚植物区系的特点。同时这 61 属植物绝大多数是草本，也表现出温带区系的特点。旧世界温带分布型属的地理分布是不完全一致的，有的是典型的旧世界温带分布属，如芨芨草属 *Achnatherum*、鹅观草属 *Roegneria*、橐吾属 *Ligularia* 等。有些是主要分布在温带亚洲，仅个别种延伸到北非或至热带亚洲山地，如水柏枝 *Myricaria*、沙棘 *Hippophae*、香薷 *Elsholtzia* 等属。这些属在植被组成中除沙棘属、水柏枝属、橐吾属、沼委陵菜属 *Comarum*、鲜卑花属 *Sibiraea*、芨芨草属 *Achnatherum*、扁穗草属 *Blysmus* 7 属外，其余的属都起着不太重要的作用或不常见。

在旧世界温带分布型分布类型下有 2 个变型，都偏于欧亚温带的南方，即地中海区、西亚和东亚间断分布变型、地中海区和喜马拉雅间断分布变型以及欧亚和南非洲（有时也在大洋洲）间断分布变型。其中第一变型中有 6 属：如天仙子属 *Hyoscyamus*、鲜卑花属、桃属 *Amygdalus*、鸦葱属 *Scorzonera*，其中天仙子是区域荒漠、半荒漠生境中绿洲区的常见种类，为伴人植物；鸦葱在区域内较为常见的种类可在荒漠、半荒漠环境中见到，鲜卑花属则是山地灌丛的建成种类之一；第二变型有 3 属：刺续断属 *Morina*、乳苣属 *Mulgedium*、鹅绒藤属 *Cynanchum*。

温带亚洲分布型在区域内计有 23 属，占总属数的 5.5%，归 17 科。其中十字花科含 3 属，毛茛科、菊科、蔷薇科、藜科等 4 科各有 2 属，其余 12 科均各含 1 属。绝大多数是草本，有 13 属，在植被组成中起一定的作用，如狼毒属 *Stellera*、细柄茅属 *Ptilagrostis* 等属植物。木本仅锦鸡儿属 *Caragana* 和驼绒藜属 *Krascheninnikovia* 2 属，其中鬼箭锦鸡儿 *Caragana jubata* 是区域山地灌丛的建群种之一；驼绒藜 *Krascheninnikovia arborescens* 在区域东部阳坡以及西部山体下部的植被类型中占有较为重要的地位。温带亚洲分布型的大多数属分布于亚洲温带的北部，即从中亚到西伯利亚或亚洲东北部，特别是单型属或少型属，如细柄茅属。锦鸡儿属分布在东欧和亚洲，我国产于西南、西北、东北、华东地区，但地理分布中心在中亚地区。

地中海、西亚至中亚分布型及其变型在区域内的属不多，仅 21 属，占总属数的 5.0%，归 9 科。其中，十字花科、紫草科、蒺藜科等 3 科各含 3 属；石竹科、豆科、牻牛儿苗科等 3 科各有 2 属；其余禾本科、柽柳科、罂粟科等 2 科各含 1 属。这一分布类型及其变型在区域内常见的有白刺属 *Nitraria*、骆驼蓬 *Peganum*、离蕊芥 *Malcolmia*、念珠芥属 *Neotorularia* 等属，是荒漠化、半荒漠化草原的优势植物和常见植物；熏倒牛属 *Biebersteinia* 常见于河滩、地边或干旱山坡沙质土壤中；糙草属 *Asperugo* 为农田杂草；角茴香属 *Hypecoum* 常生于撩荒地上。

中亚分布型与前一型的分布有些相似，但它的分布范围只限于中亚地区（特别是山地），不见于西亚和地中海周围地区。同样在区域内含的属不多，仅 15 属，占总属数的 3.6%，与上一类型相差不大，归入 9 科。其中，禾本科、十字花科和菊科 3 科各有 3 属，其余毛茛科、伞形科、紫草科、紫薇科、蓝雪科等 6 科各有 1 属。本类型的属在区域内常见的有双脊荠属 *Dilophia* 及拟耧斗菜属 *Paraquilegia* 等，可见于生于高山植被中；栉叶蒿属 *Ne-*

opallasia 生于干旱山坡荒漠化草原中；迷果芹属 *Sphallerocarpus*、鸡娃草属 *Plumbagella* 等属却生于潮湿的地边或撩荒地上。因此，出现在区域内的中亚成分的特征并不典型和突出。这还表现在科属组成上，十字花科、伞形科、藜科和唇形科等在祁连山地区并不发达。

东亚分布型及其变型在区域内计有 24 属，占总属数的 5. 8%，归 15 科。其中菊科有 6 属，伞形科有 3 属，禾本科、紫草科 2 科各有 2 属，其余小檗科、马鞭草科、五加科、毛茛科、玄参科、茄科、蔷薇科等 11 科各仅有 1 属。这 24 属中，东亚分布型有 9 属，除帚菊属 *Pertya* 为灌木植物外，其余均为草本属，常见的有狗哇花属 *Heteropappus*、黄鹌菜属 *Youngia*、莸属 *Caryopteris*、山莨菪属 *Anisodus*。

东亚分布型在青海祁连山地区范围内还有 1 变型，即中国—喜马拉雅分布变型，计有 15 属。常见的有星叶草属 *Circaeaster*、肉果草属 *Lancea*、绢毛菊属 *Soroseris*、三蕊草属 *Sinochasea*、垂头菊属 *Cremanthodium*、微孔草属 *Microula*、绢毛菊属 *Soroseris*、桃儿七属 *Sinopodophyllum* 等。星叶草现为东亚分布的特有单种属，是形态特征比较原始的一年生草本，是国家二级重点保护植物；在区域内东部生于山地灌丛中和高山流石滩地带，在西部的河滩沙棘林下，时常会形成单一的草本层。肉果草属植物比较常见于草甸、滩地或弃耕地上。垂头菊属及微孔草属植物则是高山灌丛、高山草甸及高山流石坡稀疏植被的重要组成成分。

（4）中国特有

祁连山地区分布的中国特有属不多，只有 13 属，近占总属数的 3. 1%，仅十字花科的穴丝荠属 *Coelonema* 为祁连山地区特有。该属为单种属，显然与葶苈属 *Draba* 有密切地亲缘关系，其余均是与国内其他地区共有的特有属。以与四川、青海、甘肃共有的最多，其次是与西藏、云南和陕西共有的分别为 7、6、6 属，而与其他北方省份共有的只有 1~4 属（表 5-3）。

表 5-3　祁连山地区分布的中国特有属及与周边和毗邻地区的关系

	祁连山	西藏	云南	四川	青海	甘肃	陕西	宁夏	山西	河北	内蒙古	东北地区	湖北
穴丝荠属 *Coelonema*	+												
高山豆属 *Tibetia*	+	+		+	+	+							
马尿泡属 *Przewalskia*	+	+		+	+	+							
羽叶点地梅属 *Pomatosace*	+	+		+	+	+							
羌活属 *Notopterygium*	+	+	+	+	+	+	+		+		+		+
细穗玄参属 *Scrofella*	+			+	+	+							

（续）

	祁连山	西藏	云南	四川	青海	甘肃	陕西	宁夏	山西	河北	内蒙古	东北地区	湖北
文冠果属 *Xanthoceras*	+				+	+	+	+	+	+	+		
阴山荠属 *Yinshania*	+			+	+	+	+			+	+		
以礼草属 *Kengyilia*	+	+	+	+	+	+							
毛冠菊属 *Nannoglottis*	+	+	+	+	+	+	+						
华蟹甲草属 *Sinacalia*	+	+	+	+	+	+	+	+	+	+			+
黄缨菊属 *Xanthopappus*	+		+	+	+	+							
虎榛子属 *Ostryopsis*	+		+	+	+	+	+	+	+	+	+	+	
合计	13	7	6	11	12	12	6	3	4	4	4	1	2

根据上述对于区域种子植物属的分布区类型分析，青海祁连山地区的植物区系完全是温带性质的。在中国植物区系分区上属于中国—喜马拉雅植物地区、唐古特植物亚区。其区系成分以北温带为主；旧世界温带、中亚和温带亚洲成分都占一定比例；东亚成分较少。中国特有属仅有 13 属，仅十字花科的穴丝荠属 *Coelonema* 1 个属为祁连山地区所特有；木本植物种类缺乏，显示出该地区植物区系与青藏高原植物区系的密切关系，并共同具有的年轻、衍生的特征。

归纳概况而言，青海祁连山地区的植物区系具有以下主要特点。

第一，在该地区植物区系成分中，北温带成分仍然占有绝对优势地位，使这个区系具有明显的北温带性质。

第二，该地区植物区系的高山特化、旱化适应现象也很突出，具有明显的高山高原特色。

第三，在该地区植物区系中，世界广布属占有较高比例；在种类组成上缺乏特有属及古老原始的属，大多数单型属和少型属均是它们广布的近缘属的衍生物。这些均说明这个区系是一个年轻的、衍生的区系。

第四，祁连山地区的植被类型有温性河谷草原、森林、高寒灌丛、高寒草甸、及高山流石滩稀疏植被等。温性草原是以芨芨草、针茅属等禾本科植物为主要建群种，森林是以青海云杉为主要建群种的针叶林及以和红桦、糙皮桦、白桦和山杨等为建群种的阔叶针叶林或混交林。高寒灌丛主要有杜鹃灌丛、山生柳灌丛、金露梅灌丛以及鬼箭锦鸡儿灌丛；高寒草甸是以嵩草属 *Kobresia* 植物为优势种的草甸；高山流石滩稀疏植被则以垂头菊属、风毛菊属、红景天属、短管兔耳草等为常见植物。

5.1.3 主要保护物种

近年来，我国对野生植物的保护工作越来越重视，相关政府部门和机构已陆续出台各类法规，针对需要进行保护的植物种类提出了目前的保护目标。部分科技工作者也结合自身的调查研究，提出了需要进行保护的植物种类。在此，仅就省部级以上部分相关部门出台的正式法规文件中涉及的保护植物情况进行简要介绍，以便为后续的相关工作提供参考依据。

5.1.3.1 国家级保护植物

根据 1984 年 7 月 24 日国务院环境保护委员会［1984］国环字第 002 号文“中国珍稀濒危保护植物名录（第一册）”记载，本区域计有国家二级濒危保护植物 2 种：毛茛科的星叶草和小檗科的桃儿七，它们的濒危程度均为稀有。其中，桃儿七主要分布于本区域的东部林区，为我国特有种；星叶草主要分布于本区域的灌丛、林下、石隙和草甸中的大型植物下，易受环境变化影响而消失。国家三级濒危保护植物 3 种 1 变种：豆科的膜荚黄芪和蒙古黄芪、木犀科的羽叶丁香、茄科的马尿泡。其濒危程度均为渐危，主要分布于本区域的东部林区和草甸区。青海祁连山地区分布的中国珍稀濒危保护植物种类详见表 5-4。

表 5-4 中国珍稀濒危保护植物名录中收录的祁连山地区分布的植物种类

保护等级	二级保护植物		三级保护植物	
	植物	濒危程度	植物	濒危程度
植物名称	桃儿七 *Sinopodophyllum modi* 星叶草 *Circaeaster agrestis*	稀有	膜荚黄芪 *Astragalus membranaceus* 蒙古黄芪 *Astragalus embranaceus* var. *mongolicus* 羽叶丁香 *Syringa pinnatifolia* 马尿泡 *Przewalskia tangutica*	渐危 渐危 渐危 渐危
合计	2 科 2 属 2 种		3 科 3 属 3 种又 1 变种	

根据国家医药管理局 1987 年 10 月 30 日颁布的国发［1987］第 96 号文件“野生药材资源保护管理条例”附录“国家重点保护野生药材物种名录”记录，青海祁连山地区分布的国家重点保护野生药材物种有国家二级保护药材为甘草属的甘草 1 种；国家三级保护药材为远志属 1 种（西伯利亚远志）、羌活属 2 种、贝母属 1 种（甘肃贝母）和龙胆属 2 种（麻花艽和达乌里秦艽），合计 4 科 4 属 7 种。除西伯利亚远志和达乌里秦艽不是我国特有种外，其余 7 种均为我国特有种。两者合计 5 科 5 属 7 种（表 5-5）。

表 5-5　国家重点保护野生药材物种名录中收录的祁连山地区分布的植物种类

保护等级	二级保护植物	三级保护植物
植物名称	甘草 *Glycyrrhiza uralensis*	甘肃贝母 *Fritillaria przewalskii* 远志 *Polygala tenuifolia* 麻花艽 *Gentiana straminea* 达乌里秦艽 *Gentiana dahurica* 羌活 *Notopterygium incisum* 宽叶羌活 *Notopterygium forbesii*
合计	1 科 1 属 1 种	4 科 4 属 6 种

根据经国务院批准、1999 年 9 月 9 日国家林业局和农业部第 4 号令“国家重点保护野生植物名录（第一批）”记载，在青海祁连山地区分布的国家重点保护野生植物种类有国家二级重点保护植物 5 种（表 5-6）：禾本科的短芒披碱草、三蕊草、罂粟科的红花绿绒蒿、报春花科的羽叶点地梅、茄科的山莨菪等。其中辐花、羽叶点地梅为我国或青藏高原特有，另外 4 种除三蕊草可分布至喜马拉雅南坡外，其余 3 种均为我国特有种。

表 5-6　国家重点保护野生植物名录（第一批）中祁连山地区分布的植物种类

保护等级	一级保护植物	二级保护植物
植物名称	无	短芒披碱草 *Elymus breviaristatus* 三蕊草 *Sinochasea trigyna* 红花绿绒蒿 *Meconopsis punicea* 羽叶点地梅 *Pomatosace filicula* 山莨菪 *Anisodus tanguticus*
合计		5 科 5 属 5 种

5.1.3.2　青海省省级重点保护植物

根据青海省人民政府 2008 年 12 月 30 日公布的青政［2008］89 号“青海省重点保护野生植物名录（第一批）”统计（表 5-7），青海祁连山地区分布的青海省重点保护植物种类共 15 种。

表 5-7　祁连山地区分布的第一批青海省重点保护野生植物

中文名	拉丁学名	备注或现用名
蓼科	Polygonaceae	
大黄属	*Rheum* L.	
掌叶大黄	*Rheum palmatum* L.	
鸡爪大黄	*Rheum tanguticum* Maxim. ex Balf.	
虎耳草科	Saxifragaceae	

（续）

中文名	拉丁学名	备注或现用名
虎耳草属	*Saxifraga* L.	
黑蕊虎耳草	*Saxifraga melanocentra* Franch.	
豆科	Leguminosae	
黄芪属	*Astragalus* L.	
膜荚黄芪	*Astragalus membranaceus* Bunge	
蒺藜科	Zygophyllaceae	
白刺属	*Nitraria* L.	
小果白刺	*Nitraria sibirica* Pall.	
唐古特白刺	*Nitraria tangutorum* Bobr.	白刺
茄科	Solanaceae	
茄参属	*Mandragora* L.	
青海茄参	*Mandragora chinghaiensis* Kuang et A. M. Lu	
龙胆科	Gentianaceae	
龙胆属	*Gentiana* （Tourn.） L.	
达乌里秦艽	*Gentiana dahurica* Fisch.	
高山龙胆	*Gentiana algida* Pall.	此种产欧洲，我国没有分布，可能为岷县龙胆之误
花锚属	*Halenia* Borkh.	
椭圆叶花锚	*Halenia elliptica* D. Don	
獐牙菜属	*Swertia* L.	
抱茎獐牙菜	*Swertia franchetiana* H. Smith	
玄参科	Scrophulariaceae	
兔耳草属	*Lagotis* Gaertn.	
短管兔耳草	*Lagotis brevituba* Maxim.	
禾本科	Gramineae	
固沙草属	*Orinus* Hitchc.	
固沙草	*Orinus kokonorica* （Hao） Keng ex Tzvel.	青海固沙草
以礼草属	*Kengyilia* Yen et J. L. Yang	
梭罗草	*Kengyilia thoroldiana*（Oliv.）J. L. Yang, Yen et Baum	
天南星科	Araceae	
天南星属	*Arisaema* Mart.	
一把伞南星	*Arisaema erubescens* （Wall.） Schott	

根据青海省人民政府青政 2015 年 5 月 21 日公布的青政［2015］44 号公告“青海省重点保护野生植物名录（第二批）”统计（表 5-8），青海祁连山地区收录的省级重点保

护植物计有15科18属21种，其中，裸子植物1科1属1种，被子植物14科17属20种。在被子植物中，伞形科2属3种，毛茛科2属2种，禾本科2属2种，石竹科1属2种，景天科1属2种，其余藜科、蔷薇科、蒺藜科、远志科、鹿蹄草科、龙胆科、败酱科、菊科、百合科等9科各1属1种。蕨类植物未统计在内。

表5-8 祁连山地区分布的第二批青海省重点保护野生植物

中文名	拉丁学名
	裸子植物门
麻黄科	Ephedraceae
麻黄属	*Ephedra* Tourn. ex L.
中麻黄	*Ephedra intermedia* Schrenk ex C. A. Mey.
	被子植物门
藜科	Chenopodiaceae
驼绒藜属*	*Ceratoides* (Tourn.) Gagnebin
驼绒藜	*Ceratoideslatens* (J. F. Gmel.) Reveal et Holmgren
石竹科	Caryophyllaceae
无心菜属	*Arenaria* L.
青藏雪灵芝	*Arenaria roborowskii* Maxim.
甘肃雪灵芝	*Arenaria kansuensis* Maxim.
毛茛科	Ranunculaceae
芍药属	*Paeonia* L.
川赤芍	*Paeonia veitchii* Lynch
乌头属	*Aconitum* L.
松潘乌头	*Aconitum sungpanense* Hand. -Mazz.
景天科	Crassulaceae
红景天属	*Rhodiola* L.
狭叶红景天	*Rhodiola kirilowii* (Regel) Maxim.
唐古特红景天	*Rhodiola algida* (Ledeb.) Fisch. et C. A. Mey. var. *tangutica* (Maxim.) S. H. Fu
蔷薇科	Rosaceae
委陵菜属	*Potentilla* L.
蕨麻	*Potentilla anserine* L.
蒺藜科	Zygophyllaceae
霸王属	*Zygophyllum* L.
霸王	*Zygophyllum xanthoxylon* (Bunge) Maxim.
远志科	Polygalaceae
远志属	*Polygala* L.
远志	*Polygala tenuifolia* Willd.
伞形科	Umbelliferae

（续）

中文名	拉丁学名
柴胡属	*Bupleurum* L.
黑柴胡	*Bupleurum smithii* Wolff
蔟生柴胡	*Bupleurum condensatum* Shan et Y. Li
羌活属	*Notopterygium* H. Boiss.
宽叶羌活	*Notopterygium forbesii* H. Boiss.
鹿蹄草科	Pyrolaceae
鹿蹄草属	*Pyrola* （Tourn. ） L.
鹿蹄草	*Pyrola calliantha* H. Andr.
龙胆科	Gentianaceae
龙胆属	*Gentiana* （Tourn. ） L.
麻花艽	*Gentianas traminea* Maxim.
败酱科	Valerianaceae
缬草属	*Valeriana* L.
小缬草	*Valeriana tangutica* Batal.
菊科	Compositae
风毛菊属	*Saussurea* DC.
水母雪兔子	*Saussurea medusa* Maxim.
禾本科	Gramineae
披碱草属	*Elymus* L.
青海披碱草**	*Elymus geminatus* （Keng et S. L. Chen） L. Liou
野青茅属	*Deyeuxia Clarion*
青海野青茅	*Deyeuxia kokonorica* （Tzvel. ） S. L. Lu
百合科	Liliaceae
黄精属	*Polygonatum* Mill.
轮叶黄精	*Polygonatum verticillatum* （L. ） All.

* 中国植物志（英文版）现已将驼绒藜属的拉丁名更改为 *Krascheninnikovia* Gueldenst.，相应的驼绒藜的拉丁名为：*Krascheninnikovia ceratoides*（L. ）Gueldenst.

** 中国植物志（英文版）现已将青海披碱草移入以礼草属 *Kengyilia* Yen et J. L. Yang 中，更名为孪生以礼草 *Kengyilia geminata*（Keng et S. L. Chen）S. L. Chen。

根据青海省人民政府 2002 年 12 月 13 日公布的青政［2002］82 号“全省重点保护林木名录（第一批）”统计（表 5-9），青海祁连山地区分布的青海省重点保护林木植物种类共有 10 种，隶属于 5 科 5 属。其中，裸子植物 3 科 3 属 5 种，被子植物 2 科 2 属 5 种。麻黄科 1 属 3 种，杜鹃花科 1 属 4 种，其余松科、柏科、瑞香科 3 科各 1 属 1 种。

表 5-9 祁连山地区分布青海省重点保护林木（第一批）

中文名	学名	资源状况
杜鹃花科	Ericaceae	
达坂山杜鹃*	*Rhododendron dabanshanensis* Fang et Wang	珍稀
百里香杜鹃	*Rhododendron thymifolium* Maxim.	珍稀
烈香杜鹃	*Rhododendron antopogonoides* Maxim.	珍稀
头花杜鹃	*Rhododendron capitatum* Maxim.	珍稀
瑞香科	Thymelaeaceae	
甘青瑞香	*Daphne tangutica* Maxim.	珍稀
松科	Pinaceae	
油松	*Pinus tabulaeformis* Carr.	本省极限
柏科	Cupressaceae	
刺柏	*Juniperus formosana* Hayata	分布极限
麻黄科	Ephedraceae	
中麻黄	*Ephedra intermedia Schrenk* et C. A. Mey.	濒危
草麻黄	*Ephedra sinica* Stapf	濒危
单子麻黄	*Ephedra monosperma* Gmel. ex C. A. Mey.	濒危

* 达坂山杜鹃自陇蜀杜鹃中分出，由于未见到达坂山杜鹃的模式标本，书中仍使用陇蜀杜鹃。

5.2 野生动物

野生动物是地球表面自然生态系统的重要组成部分，属于生态系统中的消费者，通过它们在食物链和食物网中的作用，对生态系统的自然平衡、物质循环和能量转化起着不可缺少的作用，同时也是重要的生物基因库。鉴于野生动物自身的潜在经济价值早已被人类获知，往往易于成为逐利之人及不法之徒的捕猎目标。此外，作为自然生态系统中较高等级的生物类群，野生动物对其生存环境也有相对较高的要求。因此，在自然（环境变化）和人为（无序猎杀）因素的影响下，野生动物无疑承受着更大的生存压力而成为国际社会倍受关注的保护对象。对区域野生动物及其重点保护种类的了解，不仅有助于揭示不同生态系统类型的基本特征，也有助于对野生动物的保护。

5.2.1 动物种类

青海祁连山地区山峦起伏，沟壑纵横，地形地貌比较复杂，雨量充沛，植被资源非常丰富，为野生动物的繁衍栖息创造了良好的生存环境。因此，青海祁连山地区属于野生动物分布较为丰富的地区之一。

根据以往的相关调查并参考有关文献的统计结果，青海省祁连山地区现有分布的各类野生动物种类共有 267 种，隶属于 61 科 153 属（详见附件七）。其中，鱼类 2 科 8 属 20

种，约占该地区野生动物总种数的7.49%；两栖类2科2属3种，约占该地区野生动物总种数的1.12%；爬行类3科3属4种，约占该地区野生动物总种数的1.50%；鸟类38科105属186种，约占该地区野生动物总种数的69.66%；兽类16科35属54种，约占该地区野生动物总种数的20.23%。由此可见，青海祁连山地区分布的野生动物种类中，鸟类和兽类的物种数明显占据主导地位。

5.2.2 区系特征`

根据中国动物地理区划的分区划分，青海祁连山地区属于古北界、中亚亚界、青藏区、青海藏南亚区。在区域范围内分布的水栖动物有鱼类，陆栖动物有两栖类、爬行类、鸟类和兽类，并且各自形成了具有自身特点的动物区系特征。以下分别对水栖和陆栖动物的区系特征进行介绍和讨论。

5.2.2.1 水栖脊椎动物区系特征

青海祁连山地区的土著鱼种类主要分布于黄河水系、河西内陆河水系和青海湖水系。黄河水系主要包括大通河和湟水河。河西内陆河水系主要包括黑河、托勒河、黑河西岔、八宝河和石羊河。青海湖水系主要包括青海湖、布哈河、吉尔孟河、泉吉河、沙柳河、哈尔盖河和甘子河。在这3类水系中，黄河水系栖息的种类最多，共有20种；其次是青海湖水系栖息，有7种；河西内陆河水系栖息有4种（表5-10）。在青海湖水系和河西内陆河水系分布的种类隶属于裂腹鱼亚科（Schizothoracinae）和条鳅亚科（Noemacheilinae），而黄河水系除有这2个亚科的种类分布外，还有雅罗鱼亚科（Leuciscinae）、鮈亚科（Gobioninae）和花鳅亚科（Cobitinae）的种类分布（表5-10）。

表5-10 青海祁连山地区土著鱼类的分布

种名	分布水系			鱼类区系复合体
	黄河水系	河西走廊内流水系	青海湖水系	
鲤形目 CYPRINIFORMES				
（一）鲤科 Cyprinidae				
雅罗鱼亚科 Leuciscinae				
1. 黄河雅罗鱼 *Leuciscus chuanchicus*	√			A
鮈亚科 Gobioninae				
2. 大刺鮈 *Acanthogobio guentheri*	√			A
3. 黄河鮈 *Gobio huanghensis*	√			A
裂腹鱼亚科 Schizothoracinae				
4. 厚唇裸重唇鱼 *Gymnodiptychus pachycheilus*	√			B
5. 花斑裸鲤 *Gymnocypris scolistomus*	√			B
6. 青海湖裸鲤 *Gymnocypris przewalskii*			√	B
7. 甘子河裸鲤 *Gymnocypris przewalskii ganzihonensis*		√	√	B
8. 斜口裸鲤 *Gymnocypris ecklonies coliostomu*	√			B
9. 黄河裸裂尻鱼 *Schizopygopsis pylzovi*				B

（续）

种名	分布水系			鱼类区系复合体
	黄河水系	河西走廊内流水系	青海湖水系	
（二）鳅科 Coditidae				
条鳅亚科 Noemacheilinae				
10. 拟硬刺高原鳅 *Triplophysa pseudoscleroptera*	√			B
11. 硬刺高原鳅 *Triplophysa scleroptera*	√			B
12. 黄河高原鳅 *Triplophysa pappenhemi*	√		√	B
13. 斯氏高原鳅 *Triplophysa stoliczkae*	√		√	B
14. 拟鲶高原鳅 *Triplophysa siluroides*	√	√		B
15. 粗壮高原鳅 *Triplophysa robusta*	√			B
16. 棱形高原鳅 *Triplophysa leptosoma*	√	√	√	B
17. 东方高原鳅 *Triplophysa orientalis*	√			B
18. 隆头高原鳅 *Triplophysa alticeps*	√	√	√	B
花鳅亚科 Cobitinae				
19 北方花鳅 *Cobitis granoei*	√		√	A
20 背班高原鳅 *Triplophysa dorsonotata*	√			A
合计	17	4	7	

注：A：北方平原区系复合体；B：中亚高原山地区系复合体。

总体而言，青海祁连山地区的鱼类区系组成较为简单。根据原苏联学者尼科里斯基的划分原则（高帕译，1960），该区域范围内仅由中亚高原山地区系复合体和北方平原区系复合体 2 种成分构成。其中，中亚高原山地区系复合体占据主体地位。在青海湖水系和河西内陆河水系，中亚高原山地区系复合体成分达 100%，黄河水系为 80%（表 5-10）。比较而言，中亚高原山地区系复合体的共同特点是耐寒、耐碱、性成熟晚、生长慢、食性杂；而北方平原区系复合体鱼类也具有耐寒和较耐盐碱的特性。这也正是该地区分布鱼类物种对高原寒冷、水质偏盐碱以及食物相对匮乏的一种适应。

5.2.2.2　陆栖脊椎动物区系特征

在青海祁连山地区的区域范围内，分布的陆栖动物种类共有 253 种，隶属于 26 目 57 科。其中，两栖类和爬行类动物的种类数量较为贫乏，二者合计为 7 种，仅约占该地区陆栖动物总种数的 2.77%；鸟类的种类数量最多，计有 193 种，约占总种数的 76.28%；哺乳类有 53 种，约占总种数的 20.95%。

就两栖类动物种类而言，青海祁连山地区仅分布着无尾目的 3 个种，均属于古北界种类。其中，花背蟾蜍 *Bufo raddei* 和中国林蛙 *Rana chensinensis* 广布于我国北方各省；大蟾蜍岷山亚种 *Bufo bufo minshanicus* 则属华北区成分。

就爬行类动物种类而言，青海祁连山地区分布有 4 种，分别为蜥蜴目（LACERTIFROMES）3 种，蛇目（SERPENTIFORMES）1 种。蜥蜴目鬣蜥科的青海沙蜥 *Phrynocephalus vlangalii* 属我国特有种，主要分布于青藏高原东部的荒漠和半荒漠地区。蜥蜴目蜥蜴科（Lacertidae）

的丽斑麻蜥 *Eremias argus* 和密点麻蜥 *Eremias multiocellata* 主要分布于我国的东北区、华北区和蒙新区。蛇目游蛇科（Colubrdae）的枕纹锦蛇 *Elaphe dione* 属古北界种类，在我国主要分布于东北区、华北区、蒙新区和青藏区。

就鸟类动物种类而言，属于青海祁连山地区分布种类数量最多的野生动物类群，共有 16 目 36 科 193 种（详见附件七）。依据该地区分布鸟类的居留情况，繁殖鸟类为 169 种，约占该地区分布鸟类总种数的 87.56%。其中的留鸟种类有 102 种，约占该地区鸟类总种数的 52.85%；明显构成了该地区鸟类动物区系的主体。此外，该地区的鸟类构成中还有 21 种旅鸟和 3 种冬候鸟。从青海祁连山地区繁殖鸟的区系起源看，除鸬鹚 *Phalacrocorax carbo*、大白鹭 *Egretta alba*、鸢 *Milvus korschun*、大杜鹃 *Cuculus canorus* 为广布种外，古北界亲缘种占主体，计有 115 种，约占繁殖鸟总种数 69%；东洋界亲缘种有 27 种，约占繁殖鸟总种数的 15%；全北界亲缘种 23 种，约占繁殖鸟总种数的 14%。

鸟类的古北界亲缘种由古北型、高地型、中亚型、东北型和华北型成分组成。在青海祁连山地区分布的鸟类构成中，古北型种类明显占据优势地位，共有 59 种，约占古北界亲缘种总数的 51%，主要包括有凤头鸊鷉 *Podiceps cristatus*、灰雁 *Anser anser*、疣鼻天鹅 *Cygnus olor*、赤麻鸭 *Tadorna* ferruginea、翘鼻麻鸭 *Tadorna tadorna*、绿头鸭 *Anas platyrhynchos*、雀鹰 *Accipiter nisus melaschistos*、燕隼 *Falco subbuteo*、红隼 *Falco tinnunculus interstinctus*、红脚鹬 *Tringa totanus tolanus*、白腰草鹬 *Tringa ochropus*、孤沙锥 *Capella solitaria solitaria*、雕鸮 *Bubo* bubo）、纵纹腹小鸮 *Athene noctua*、蚁䴕 *Jynx torquilla*、黑枕绿啄木鸟 *Picus canus kogo*、黑啄木鸟 *Dryocopus martius khamensis*、斑啄木鸟 *Dendrocopos major beicki*、毛脚燕 *Delichon urbica*、黄头鹡鸰 *Motacilla citreola calcarata*、灰喜鹊 *Cyanoipca cyana kansuensis*、红点颏 *Luscinia calliope*、蓝点颏 *Luscinia svecica przevalskii*、白眶鸦雀 *Paradoxornis conspicillatus conspicillatus*、暗绿柳莺 *Phylloscopus trochiloides*、大山雀 *Parus major artatus*、灰蓝山雀 *Parus cyanus berezowskii* 等，其中白眶鸦雀为我国特有种。青海祁连山地区分布的高地型古北界亲缘种计有 29 种，约占古北界亲缘种总数的 25%，位居第二。这些高地型古北界亲缘种包括斑头雁 *Anser indicus*、淡腹雪鸡 *Tetraogallus tibetanus przewalskii*、黑颈鹤 *Grus nigricollis*、环嘴鹬 *Ibidorhyncha struthersii*、棕头鸥 *Larus brunnicephalus*、西藏毛腿沙鸡 *Syrrhaptes tibetanus*、长嘴百灵 *Melanocorypha maxima holdereri*、细嘴沙百灵 *Calandrella acutirostris*、粉红胸鹨 *Anthus roseatus*、褐背拟地鸦 *Pseudopodoces humilis*、鸲岩鹨 *Prunella rubeculcides rubeculcides*、褐岩鹨 *Prunella fulvescens nanschanica*、红腹红尾鸲 *Phoenicurus erythrogaster grandis*、花彩雀莺 *Leptopoecile sophiae*、白眉山雀 *Parus superciliosus*、白斑翅雪雀 *Montifringilla nivalis henrici*、棕颈雪雀 *Montifringilla ruficollis*、黑喉雪雀 *Montifringilla dabidiana dabidiana*、高山岭雀 *Leucosticte brandti*、拟大朱雀 *Carpodacus rubicilloides rubicilloides*、白翅拟蜡嘴雀*Mycerobas carnipes carnipes*、朱鹀 *Urocynchramus pyizowi* 等，其中的褐背拟地鸦为我国特有种；黑颈鹤为我国青藏高原特有的珍稀鸟类，是世界上唯一生长繁殖在高原的鸟类。青海祁连山地区分布的中亚型古北界亲缘种有 14 种，约占古北界亲缘种总数的 12%。这些中亚型古北界亲缘种包括大鵟 *Buteo hemilasius*、草原雕 *Aquila rapax*、玉带海雕 *Haliaeetus leucoryphus*、石鸡 *Alectoris graeca*、斑翅山鹑 *Perdix* *dauurica*、蒙古沙鸻 *Charadrius mogolus schaferi*、蒙古百灵 *Melanocorypha mongolica*、小沙百灵 *Calandrella rufescens beicki*、平原鹨 *Anthus campestris*、沙鵖 *Oenanthe isabellina*、白顶鵖 *Oenanthe hispanica pleschanka*、白背矶鸫 *Monticola saxatilis*、沙色朱雀 *Carpodacus synoicus beicki*。青海祁连山地区分布的东北型和华北型古北界亲缘种合计有 13 种，约占古北界亲缘种总数的 11%，主要有长趾滨鹬 *Calidris subminuta*、白腰雨燕 *Apus pacificus*、田鹨 *Anthus novaeseekandiae richardi*、树鹨 *Anthus hodgsoni hodgsoni*、灰椋鸟 *Sturnus cineraceus*、北红尾鸲 *Phoenicurus auroreus*、黄眉柳莺 *Phylloscopus inornatus mandellii*、黄腰柳莺 *Phylloscopus proregulus*、金翅雀 *Carduelis sinica* 等。

鸟类的全北界亲缘种由全北型成分组成，其繁殖区环绕北半球北部，向南分布达青藏高原，它们之中有些种类还可不同程度地向南伸展。在青海祁连山地区分布的全北型种类主要有绿头鸭 *Anas platyrhynchos*、金雕 *Aquila chrysaetos*、猎隼 *Falco cherrug*、矶鹬 *Tringa hypoloucos*、普通燕鸥 *Sterna hirundo tibetana*、长耳鸮 *Asio otus otus*、短耳鸮 *Asio flammeus flammeus*、三趾啄木鸟 *Picoides tridactylus funebris*、角百灵 *Eremophila alpestris*、崖沙燕 *Riparia riparia*、家燕 *Hirundo rustica*、水鹨 *Anthus spinoletta coutellii*、喜鹊 *Pica pica*、戴菊 *Regulus regulus sikkimensis* 等。

在青海祁连山地区分布的东洋界亲缘种的鸟类，以横断山脉——喜马拉雅山脉型为主，共有 22 种，约占东洋界亲缘种总数的 88%；东洋型和季风型成分各有 2 种；南中国型成分 1 种。该地区分布的东洋界种类主要有斑尾榛鸡 *Tetrastes sewerzowi*、雉鹑 *Tetraophasis obscurus obscurus*、高原山鹑 *Perdix hodgsoniae*、血雉 *Ithaginis cruentus*、雪鸽 *Columba leuconota*、灰背伯劳 *Lanius tephronotus tephronotus*、黑胸歌鸲 *Luscinia pectoralis tschebaiewi*、黑喉红尾鸲 *Phoenicurus hodgsoni*、蓝额红尾鸲 *Phoenicurus frontalis*、白喉红尾鸲 *Phoenicurus schisticeps*、白顶溪鸲 *Chaimarrornis leucocephalus*、棕背鸫 *Turdus kessleri*、橙翅噪鹛 *Garrulax ellioti prjevalskii*、黄腹柳莺 *Phylloscopus affinis*、凤头雀鹰 *Leptopoecile elegans*、黑冠山雀 *Parus rubidiventris beavani*、褐冠山雀 *Parus dichrous*、白脸䴓 *Sitta leucopsis przewalskii*、红眉朱雀 *Carpodacus pulcherrimus argyrophrys*、白眉朱雀 *Carpodacus thura dubius*。其中的斑尾榛鸡是北方型花尾榛鸡 *Tetrastes bonasia* 的近缘种，在青藏高原东部形成我国的特有种。

青海祁连山地区分布的兽类物种共有 53 种，隶属于 7 目 16 科（详见附件七）。在这些兽类物种的区系构成中，分布于北方的种类高达 50 种，明显占据主导地位。根据青海祁连山地区兽类物种的区系起源，古北界亲缘种占主体，共 42 种，约占该区域兽类总数的 79%；新北界亲缘种有 5 种，约占兽类总数的 9%；东洋界亲缘种仅有 3 种，约占兽类总数的 6%。此外，3 个不易进行动物区划归类的种类，也均分布于我国的北方。其中，香鼬 *Mustela altaica longstaffi* 主要分布于青藏高原周边山区、东北地区和天山，呈不连续分布；草兔 *Lepus capensis huangshuiensis* 是我国分布最为广泛的野兔；红耳鼠兔 *Ochotona erythrotis* 呈间断分布，在青海分布于青海东部、柴达木盆地南缘和祁连山地。

兽类的古北界亲缘种以高地型、古北型、中亚型和 2 种东北—华北型成分构成。与鸟类不同，青海祁连山地区分布兽类的古北界亲缘种以高地型种类占据优势地位，共有22种，约占古北界亲缘种的52%。这些古北界亲缘种的高地型种类主要有藏狐 *Vulpes ferrilata*、雪豹 *Panthera uncial*、白唇鹿 *Cervus albirostris*、马麝 *Moschus sifanicus*、盘羊 *Ovis ammon hodgsoni*、野牦牛 *Bos grunniens*、藏原羚 *Procapra picticaudata*、普氏原羚 *Procapra przewalskii*、岩羊 *Pseudois nayaur*、喜马拉雅旱獭 *Marmota himalayana robusta*、藏仓鼠 *Cricetulus kamensis kozlovi*、高原鼢鼠 *Myospalax baileyi*、库蒙高山䶄 *Alticola stracheyi*、松田鼠 *Pitymys Irene*、高原兔 *Lepus oiostolus qinghaiensis*、高原鼠兔 *Ochotona curzoniae* 等。其中的白唇鹿、马麝、普氏原羚和托氏鼠兔 *Ochotona thomasi* 为我国特有种；雪豹、野牦牛、藏原羚、岩羊、间颅鼠 *Ochotona cansus*、高原兔、喜马拉雅旱獭、藏仓鼠、库蒙高山䶄、松田鼠等则主要分布于我国。在青海祁连山地区分布的古北型古北界亲缘种有10种，约占古北界亲缘种总数的23%，它们是北棕蝠 *Eptesicus nilssoni*、石貂 *Martes foina toufoeus*、狗獾 *Meles meles leucurus*、艾虎 *Mustela eversmanni larvatus*、狍 *Capreolus capreolus*、根田鼠 *Microtus oeconomus flaviventris*、小家鼠 *Mus musculus gansuensis*、褐家鼠 *Rattus norvegicus*，食虫目（INSECTIVORA）鼩鼱属 *Sorex* 2种。青海祁连山地区分布的中亚型古北界亲缘种有8种，约占古北界成分的19%，主要有荒漠猫 *Felis bieti bieti*、兔狲 *Felis manul manul*、藏野驴 *Equidae kiang holdereri*、阿拉善黄鼠 *Spermophilus alaschanicus*、五趾跳鼠 *Allactaga sibirica*、达乌尔鼠兔 *Ochotona dauurica* 等，这些种类主要栖息于荒漠—草原地带。在青海祁连山地区，甘肃鼢鼠 *Myospalax cansus cansus* 主要分布于农田、草原、河谷草甸，终生营地下生活，属于华北区的代表成分；大林姬鼠 *Apodemus peninsulae qinghaiensis* 主要栖息于针阔混交林中及针叶林林缘的灌丛、灌丛草原区，属东北—华北区的代表成分。

青海祁连山地区分布兽类的全北界亲缘种由全北型的狼 *Canis lupus chanco*、赤狐 *Vulpes vulpes montana*、棕熊 *Urisidae arctos*、猞猁 *Lynx lynx isabellinus*、马鹿 *Cervus elaphus macneilli* 构成。

青海祁连山地区分布兽类的东洋界成分，只有黄耳斑鼯鼠 *Petaurista xanthotis*、藏鼠兔 *Ochotona thibetana*、豹猫 *Felis bengalensis* 这3种栖息于林间的动物。啮齿动物黄耳斑鼯鼠和藏鼠兔均为西南区的代表成分，都属于我国的特有种，前者营树栖，后者为穴居。

总体而言，青海祁连山地区分布兽类的区系组成，在一定程度上反映了野生动物对青藏高原区域环境的一种适应。

5.2.3 动物类群及其生态特征`

青海祁连山地区地处我国整个祁连山系的南坡，也属于青海省范围内天然降水较为丰富的地区之一，加之区域范围内垂直变化较为明显的波动起伏地形，发育形成了众多性质不同的生态系统类型。在区域范围内，发育形成并分布着森林、灌丛、草地、湿地、高山裸岩（高山流石坡）等生态景观类型，同时也形成了河流与小型湖泊等水体生态景观。这种多元化的区域生态环境和景观类型，为野生动物种类的生存繁衍和栖息活动提供了较为广阔的选择空间。根据相关调查及野生动物的居群分布情况，青海祁连山地区分布的野生动物主要包括以下类群。

5.2.3.1　高山裸岩动物群

该类群动物属于喜栖居在空旷多岩石的高山裸岩区的动物类群，虽然该类群的分布海拔范围较宽（3200~6000m），但一般均为山体顶端或上部区域。该动物群的主要代表动物种类有藏雪鸡、石貂、雪豹、盘羊、岩羊、大耳鼠兔、棕熊等。

5.2.3.2　荒漠、半荒漠动物群

该类群动物主要栖息于荒漠化草原、高山和丘陵地区等的荒漠和半荒漠生境中，分布海拔约为 3600~4500m。该动物群的主要代表动物种类有石鸡、斑翅山鹑、西藏毛腿沙鸡、藏狐、荒漠猫等。

5.2.3.3　草原动物群

该类群动物种类较多，广泛分布于海拔 3200~5200m 的高山，通常栖息于不同类型的草原化草甸、草甸化草原、高寒草甸及高寒荒漠草原等自然生态景观中。该动物群的主要代表动物种类有大鵟、金雕、草原雕、玉带海雕、秃鹫、胡兀鹫、红隼、高原山鹑、长嘴百灵、细嘴沙百灵、小沙百灵、小云雀、狼、赤狐、香鼬、艾虎、兔狲、猞猁、藏野驴、野牦牛、藏原羚、喜马拉雅旱獭、高原鼢鼠、高原鼠兔等。

5.2.3.4　湿地动物群

该类群的动物种类主要是水禽，分布于海拔 3300m 以上有水域的地方，常栖息于高山草甸沼泽地、芦苇沼泽地、湖泊河流沼泽地等湿地生态系统中。该动物群的主要代表动物种类有赤麻鸭、鹊鸭、普通秋沙鸭、黑颈鹤、金眶鸻、环颈鸻、蒙古沙鸻、红脚鹬、白腰草鹬、林鹬、矶鹬、孤沙锥、乌脚滨鹬、弯嘴滨鹬、普通燕鸥、鸥嘴鹬、普通燕鸥等。

5.2.3.5　森林（灌丛）动物群

该类群的动物种类主要栖息于森林和灌丛草原等生态系统中，分布海拔为 3500~5100m。该动物群的主要代表动物种类有斑尾榛鸡、雉鹑、蓝马鸡、雪鸽、蚁䴕、黑啄木鸟、斑啄木鸟、三趾啄木鸟、中杜鹃、马鹿、白唇鹿、马麝、狍、黄耳斑鼯鼠、四川林跳鼠等。

5.2.3.6　农田区动物群

该类群动物种类较少，通常栖息于林缘灌丛、河滩灌丛和耕地附近灌丛或草丛中，以农作物的种子、杂草种子和植物果实及嫩叶为食。该动物群的主要代表动物种类有环颈雉、岩鸽、原鸽、火斑鸠、高原兔等种类。

5.2.4　主要保护物种`

独特的地理区位和多样化的适宜生境，为野生动物的生存繁衍提供了理想场所，不仅使得青海祁连山地区成为青海省乃至全国野生动物种类分布较多的地区，也使得青海祁连山地区需要受到保护的珍稀野生动物种类较为丰富。据表 5-11 中所列物种数据统计分析

可知，青海祁连山地区分布有国家重点保护野生动物45种。其中，国家Ⅰ级重点保护兽类5种，占青海省全省Ⅰ级保护动物总种数的55.6%；Ⅱ级保护兽类动物11种，占青海省全省Ⅱ级保护动物总种数的55.0%；Ⅰ级保护鸟类动物9种、Ⅱ级保护鸟类动物20种。在Ⅰ级保护鸟类动物中，除黑鹳、白肩雕不属于繁殖鸟外，其他种类均属于省内繁殖鸟。黑鹳为旅鸟；白肩雕属于冬候鸟。金雕、胡兀鹫、斑尾榛鸡、淡腹雪鸡、雉鹑为留鸟；玉带海雕、黑颈鹤为夏候鸟。

表5-11　青海祁连山地区分布的国家重点保护野生动物概况*

序号	动物名称	保护级别	
		Ⅰ	Ⅱ
1	黑鹳 *Ciconia nigra*	√	
2	大天鹅 *Cygnus cygnus*		√
3	疣鼻天鹅 *Cygnus olor*		√
4	金雕 *Aquila chrysaetos*	√	
5	白肩雕 *Aquila heliaca*	√	
6	玉带海雕 *Haliaeetus leucoryphus*	√	
7	胡兀鹫 *Gypaetus barbatus*	√	
8	鸢 *Milvus korschun*		√
9	雀鹰 *Accipiter nisus melaschistos*		√
10	大鵟 *Buteo hemilasius*		√
11	草原雕 *Aquila rapax*		√
12	秃鹫 *Aegypius monachus*		√
13	兀鹫 *Gyps fulvus*		√
14	白尾鹞 *Circus cyaneus cyaneus*		√
15	鹗 *Pandion haliaetus*		√
16	猎隼 *Falco cherrug*		√
17	燕隼 *Falco subbuteo*		√
18	红隼 *Falco tinnunculus interstinctus*		√
19	斑尾榛鸡 *Tetrastes sewerzowi*	√	
20	淡腹雪鸡 *Tetraogallus tibetanus przewalskii*	√	
21	雉鹑 *Tetraophasis obscurus obscurus*	√	
22	血雉 *Ithaginis cruentus*		√
23	蓝马鸡 *Crossoptilon auritum*		√
24	黑颈鹤 *Grus nigricollis*	√	
25	蓑羽鹤 *Anthropoides virgo*		√
26	雕鸮 *Bubo bubo*		√
27	纵纹腹小鸮 *Athene noctua*		√
28	长耳鸮 *Asio otus otus*		√
29	短耳鸮 *Asio flammeus flammeus*		√

* 表中的野生动物保护等级依据《国家重点保护野生动物名录》1989年林业部、农业部令第1号（经国务院批准颁布）。2003年国家林业局令第7号中，麝属动物均被调整为国家一级重点保护野生动物。特予说明。

（续）

序号	动物名称	保护级别	
		Ⅰ	Ⅱ
30	豺 *Cuon alpines*		√
31	棕熊 *Ursus arctos*		√
32	石貂 *Martes foina*		√
33	荒漠猫 *Felis bieti bieti*		√
34	兔狲 *Felis manul manul*		√
35	猞猁 *Lynx lynx isabellinus*		√
36	雪豹 *Panthera uncial*	√	
37	藏野驴 *Equidae kiang holdereri*	√	
38	白唇鹿 *Cervus albirostris*	√	
39	马鹿 *Cervus elaphus macneilli*		√
40	马麝 *Moschus sifanicus*		√
41	野牦牛 *Bos grunniens*	√	
42	普氏原羚 *Procapra przewalskii*	√	
43	藏原羚 *Procapra picticaudata*		√
44	岩羊 *Pseudois nayaur*		√
45	盘羊 *Ovis ammon hodgsoni*		√

5.2.5 重点保护野生动物种类简介

为增进人们对青海祁连山地区野生动物保护的进一步了解，有助于促进青海祁连山地区的野生动物保护工作，以下对列为国家Ⅰ级重点保护野生动物的鸟、兽种类进行简要介绍，使相关读者对这些珍稀保护动物种类有更多的了解，并为后续的相关决策和保护工作提供参考。

（1）黑鹳 *Ciconia nigra*

属于鹳形目，大型涉禽，主要栖息于河流沿岸、森林河谷、山区沼泽溪流附近，也出现在较为开阔的湖泊、水库、河岸及其沼泽生境中，偶见于农田和草地，在青海省为旅鸟。主要以小型鱼类为食，也捕食一些小动物。繁殖期 4~7 月，巢穴营建于偏僻和人类干扰小的地方。

黑鹳是一个曾经分布较广但现有种群数量明显减少的物种，许多国内外的传统繁殖区和栖息地已经绝迹或难觅其踪。由于近年数量急剧减少，已被《濒危野生动植物种国际贸易公约》列为濒危物种。中国在山西灵丘建立起以黑鹳作为主要保护对象的自然保护区。

（2）金雕 *Aquila chrysaetos*

属于隼型目鹰科，大型猛禽，以突出的外观和敏捷有力的飞行而著名，主要栖息在森林草原、高山针叶林、针阔混交林、陡峻山谷等生境中，也在山地丘陵和山脚平原地带活动，多见于海拔 2600~4000m 的山区，常筑巢于高大乔木上部或悬崖峭壁、山岩裂缝等处。在青海省范围内主要分布于青海湖地区和青海省东北部。

金雕主要以多种鸟兽为食，有时也捕食鼠类等小型兽类，嗜食动物尸体。每年的繁殖较早，繁殖期因地而异，一般 3~5 月。因种群数量少而被列为《中国濒危动物红皮书·鸟类》中的易危种，在《世界自然保护联盟》（IUCN）发布的《2012 年濒危物种红色名录》中列为低危种（LC）。

（3）白肩雕 *Aquila heliaca*

属于隼型目鹰科，大型猛禽，主要栖息于海拔 2000m 以下的山地森林、沼泽、丘陵、半荒漠等生境中，偏爱混交林和阔叶林，也可停留于空旷地的岩石和地面上。在青海省为冬候鸟，可在青海湖及其周边地区越冬。

白肩雕主要以啮齿类、野兔、雉鸡等小型和中型哺乳动物和鸟类为食，也捕食爬行类动物，嗜食动物尸体。繁殖期 4~6 月，通常营巢于森林中的高大乔木上，也营巢于悬崖岩石上。因种群数量稀少而被列为《中国濒危动物红皮书·鸟类》中的稀有物种，在《世界自然保护联盟》（IUCN）发布的《2012 年濒危物种红色名录》中列为易危种（VU）。

（4）玉带海雕 *Haliaeetus leucoryphus*

属于隼型目鹰科，大型猛禽，别名黑鹰，栖息于海拔 3200~5300m 的草原、山岳、湖泊以及河流等开阔地带，在平原或高原湖泊地区均有栖息。属分布范围较广的种类，在青海省为夏候鸟，主要分布于青海湖地区、天峻县、玉树州等地。

玉带海雕常到草原、荒漠、高山、湖泊及溪流附近静候猎物，在湖泊岸边主要以淡水鱼和雁鸭等水禽为食，在草原及荒漠地带则主要以旱獭、黄鼠、鼠兔等啮齿动物为食，也采食动物尸体。在青藏高原地区主要捕食黑唇鼠兔和旱獭，特别爱吃旱獭幼崽，偶尔也捕食羊羔。繁殖期从 11 月到翌年 3 月，通常筑巢于高大乔木或高山崖缝内。因种群数量稀少而被列为《中国濒危动物红皮书·鸟类》中的稀有物种，在《世界自然保护联盟》（IUCN）发布的《2010 年鸟类红色名录》中列为易危种（VU）。

（5）胡兀鹫 *Ggpaetus barbatus*

属于隼型目鹰科，大型猛禽，别名大胡子雕、胡秃鹫等，主要栖息于海拔 2000~5000m 左右的草地和高山，喜欢栖息于开阔地区和岩石或悬崖之中。具有很强的飞翔能力，飞行高度可达 7000~8000m，能长时间、远距离地在空中盘旋觅食。常常单独活动。广泛分布于青藏高原，也在国内外部分地区有分布。

胡兀鹫的主要食物是动物尸体，喜食新鲜尸骨，但也捕食鸟类、野兔、旱獭、牛、羊等活体动物。繁殖期 2~5 月，营巢于高山悬崖岩壁上大的缝隙和岩洞中。主要受人为因素及野生食物资源减少等因素的影响，其种群数量锐减。因种群数量少而在《世界自然保护联盟》（IUCN）发布的《2012 年濒危物种红色名录》中列为低危种（LC）。

（6）斑尾榛鸡 *Tetrastes sewerzowi*

属于鸡形目松鸡科，别名羊角鸡，为中国特有种，仅分布于中国青海、甘肃祁连山脉、四川西北部、西藏东部等西部地区北纬 27°~39°的狭窄区域范围内，多栖息于海拔 3200~3600m 高处的金露梅和杜鹃等灌丛带，也出现于云杉林及其林缘灌丛地带，通常在树上及山溪边的灌丛中活动。

斑尾榛鸡主要以植物芽胞、嫩叶、嫩枝、花絮、种子和沙棘果等为食，亦捕食小毛虫、伪步行虫、金花虫等昆虫。繁殖期为 5~7 月，常筑巢于海拔 2700~2750m 的云杉苔藓林或云杉、圆柏混交林的地面凹坑中，每窝产卵 5~8 枚。因其分布区狭窄，加上人为和天敌的破坏，数量日少，处于濒危状态。

（7）淡腹雪鸡 *Tetraogallus tibetanus przewalskii*

属于鸡形目雉科，别名藏雪鸡，是高山动物的典型代表种类之一，也是世界上分布海拔最高的高山鸟类。主要栖息于海拔 3000~6000m 的高山裸岩、流石滩、山地上部的高寒草甸等生境中，也常在雪线附近活动，虽然通常从不进入森林和厚密的大片灌丛地区，但在稀疏的柏树林中也可偶然见到其踪影。淡腹雪鸡善于行走和滑翔，对高山的自然条件有很强的适应性，能在积雪 30cm 的高山地带与盘羊、岩羊等高山有蹄类动物混杂活动。

淡腹雪鸡食性杂，一般在清晨和黄昏觅食，主要以高山植物的根茎、叶、果实、杂草种子等为食，也捕食昆虫及小型无脊椎动物。繁殖期 5~7 月，每窝产卵 6~7 枚。受人为捕杀及天敌影响，种群数量减少，处于濒危状态。

（8）雉鹑 *Tetraophasis obscurus obscurus*

属于鸡形目雉科，别名黑鸡、贝母鸡等，为中国特有种，分布于青海、甘肃、四川、西藏等地，主要栖息于海拔 3300~4500m 之间的高山针叶林上缘和林线以上的杜鹃灌丛及裸岩地带，冬季有时也下降到海拔略低的针阔叶混交林带。多集群活动，善于在地面上行走和奔跑，也善于在山谷间滑翔，但飞翔能力较差，很少起飞，遇到敌害时常常逃到灌丛中躲避，一般没有固定的觅食场所和行动路线，多为随机取食。

雉鹑多以植物根、茎为食，喜食贝母，也采食植物的浆果、果实、种子等。繁殖期 5~6 月，通常在峭壁岩石下的洞穴或灌木、杂草丛中的地面上营巢，也在树上营巢，每窝产卵 3~7 枚。由于栖息地海拔较高，同时受地形地貌制约，种群间不能形成连续分布，种群数量少，处于濒危状态。

（9）黑颈鹤 *Grus nigricollis*

属于鹤形目鹤科，大型飞行涉禽，别名藏鹤、青庄、冲虫（藏语）等，是世界上唯一的高原繁殖鹤，为青藏高原特有的珍稀禽类，也是中国特有种，分布于青藏高原和云贵高原，通常栖息于海拔为 2500~5000m 的沼泽、湖泊及河滩地带。黑颈鹤在青海为夏候鸟，每年在青藏高原繁殖，冬季在南方越冬。

黑颈鹤为杂食性鸟类，以植物的根、芽为主食，兼食软体动物、昆虫、蛙类、鱼类等。每年 4 月迁至高寒草甸沼泽地或湖泊河流沼泽地带，并选择适宜的地区筑巢，通常筑巢于地势较高的草墩或泥墩之上。5 月底开始产卵，每窝产卵 1~2 枚。9~10 月，黑颈鹤离开繁殖地结群南迁。因种群数量少而被列为《中国濒危动物红皮书 · 鸟类》中的濒危物种，在《世界自然保护联盟》（IUCN）发布的《2010 年鸟类红色名录》中列为易危种

(VU)。中国在黑颈鹤的主要繁殖地、迁徙地和越冬地建立了多处自然保护区，如青海玉树的隆宝滩国家级自然保护区。

(10) 雪豹 *Panthera uncial*

属于食肉目猫科，大型动物，别名草豹，是中亚高原上的特有物种，青藏高原是雪豹的主要分布区之一，主要栖息于海拔3000~5300m的高山裸岩、高寒草甸、高寒灌丛等生境中。在青海省的玉树、果洛、海北、海西等自治州的部分县域有分布。雪豹具有夜行性，动作敏捷，灵活机警，善于跳跃，常活动于雪线附近。

雪豹主要以岩羊、盘羊等为食，也捕食高原兔、旱獭、鼠类等小动物以及雪鸡、马鸡等鸟类。配偶期多在1~3月，妊娠期约100天，每胎多为2只。巢穴通常设在岩石洞中、乱石凹处、石缝里或岩石下面的灌木丛中，一般会固定使用数年。因种群数量少而在《中国濒危动物红皮书》中列为濒危物种。据访问了解，目前青海祁连山地区的雪豹种群数量有增长趋势，曾有牧民声称近年在祁连县境内见到雪豹活动。

(11) 藏野驴 *Equidae kiang holdereri*

属于奇蹄目马科，大型草食动物，别名野驴，为典型的高原动物，主要分布于我国内蒙古、新疆、甘肃、青海和西藏等地。对恶劣环境条件有很强的适应能力，具有耐干旱、善奔跑、喜集群、生性机敏等特点。藏野驴在青海省有较大范围的分布，主要栖息于海拔3600~4800m的高寒荒漠、高寒草原和高寒草甸生境中，多活动于海拔4200m左右较为开阔的山间盆地、河谷阶地、丘陵和湖周滩地，夏季活动范围可上升至海拔5400m。

藏野驴以植物为食物来源，喜食针茅 *Stipa* spp.、薹草 *Carex* spp.、蒿 *Artemisia* spp.。每年的夏末秋初为其交配期，妊娠期11个月左右，每胎1仔。在《世界自然保护联盟》(IUCN)发布的发布的《2012年濒危物种红色名录》中列为低危种(LC)。

(12) 白唇鹿 *Cervus albirostris*

属于偶蹄目鹿科，大型草食动物，别名白鼻鹿、哈马(藏语)等，为青藏高原特有种，也是我国特有的珍贵动物。主要栖息于海拔3500~5100m的森林灌丛、高寒灌丛草甸及高寒草甸等生境中，尤以林线一带为其最适活动的生境。是栖息海拔最高的一种鹿类，为典型的高寒山地动物，具有喜群居、多晨昏活动等特点，在青海省境内广泛分布。

白唇鹿主要以草本植物为食，喜食草熟禾、薹草、珠芽蓼、黄芪等，也采食山生柳等灌木植物的嫩芽、叶、嫩枝和树皮。交配期9~10月，妊娠期约8个月，每胎产1仔，偶尔可产2仔。在《世界自然保护联盟》(IUCN)发布的发布的《2012年濒危物种红色名录》中列为易危种(VU)。

(13) 野牦牛 *Bos mutus*

属于偶蹄目牛科动物，属于青藏高原特有种，也是我国珍贵的野生资源动物之一。主要分布在青藏高原，具有较强的耐寒、耐饥、耐渴能力，在高原环境下的奔跑速度可达40km/h以上，对高原极端环境有很强的适应性，主要栖息于海拔4000~5000m的高山草甸、高寒草原、高寒荒漠草原等环境中；夏季常活动于海拔5000~6000m的雪线下缘，冬季会因高山积雪而活动于海拔较低的河谷山地。

野牦牛属于草食性动物，以禾本科及莎草科植物作为其食物来源的主要组成部分，也可以采食青藏高原上特化形成的垫状植物，每天的大部分时间都在采食。交配期 9 ~ 12 月，妊娠期 8 ~ 9 个月，每胎产 1 仔。一般情况下，野牦牛无长期固定的居所，终年以游荡方式生息繁衍。因种群数量少而在《世界自然保护联盟》（IUCN）发布的《1996 年濒危物种红色名录》中列为易危种（VU）。

（14）普氏原羚 *Procapra przewalskiis*

属于偶蹄目牛科动物，别名黄羊、滩黄羊等，是中国特有物种，具有视听发达、生性机敏、结群生活等特点。曾分布于内蒙古、青海、甘肃、宁夏、新疆、西藏等省（自治区），目前仅分布于青海湖盆地的局部地区。主要生活于海拔 2900 ~ 3800m 的各种草原植被为主的生境中，也可栖息于发育良好的沙地植被（草原成分占据相当比例）与盐生湿地草甸生境中。普氏原羚分布区的地形地貌大致可划分为 3 种类型，即沙丘与草地交错地带、剥蚀台地（或其他类型的台地）草原地带以及山麓缓坡、沟谷及沟谷间平缓草原地带。这些地形起伏较大，但又不是陡峭的山坡。普氏原羚很容易隐蔽于这类地形之中。

普氏原羚为草食性动物，主要以禾本科、莎草科及其他沙生植物的嫩枝、茎叶为食，冬季多采食干草茎和枯叶，每日有多个较短采食周期。交配期为 12 月至翌年 1 月，妊娠期 6 ~ 7 个月，每胎产 1 仔，偶见 2 仔。因分布范围锐减、种群数量稀少而在《中国濒危动物红皮书》中列为极危物种，在《世界自然保护联盟》（IUCN）发布的《2012 年濒危物种红色名录》中列为极危种（CR）。中国国家林业局曾将普氏原羚保护列为 2000 ~ 2005 年重点保护野生动植物工程之一，并取得良好保护成效。

6 植　被

植被为地球表面或某一特定区域内植物群落的总和，是区域自然环境的重要组成要素之一。在陆地生态系统中，植被作为生态系统的主要代表类型，往往对于区域生态环境的形成发展以及生态环境的基本性质与特点等起着决定性的主导作用。自然界分布的天然植被不仅具有通过固定并转化太阳能而提供初级物质生产的能力和作用，同时具备构建地球生物圈自然生态系统基本框架、形成植物资源种质基因库、净化与改善生态环境等多方面的生态作用和生态服务功能，而且也是特定区域自然环境条件质量的最重要评价指标之一。通过对区域自然植被的认识与了解，有助于揭示并掌握区域的自然生境状况、生态环境质量、土壤类型概况等诸多生态环境因子的基本特征。

6.1 主要植被类型

祁连山横亘在青藏高原、蒙新高原与黄土高原之间，由于青藏高原对大气环流的特殊影响，使得夏季来自东南季风的湿润气流由东向西，波及山体内部。冬季受北方干冷空气以及西北寒冷气流影响，致使本区冬季降温幅度大，气温年较差较大。由于祁连山地区高耸的海拔及严酷的生态环境条件，区域内分布的天然植被类型主要以青藏高原上特化演变而成的各种高寒植被类型占据主导地位，地带性演替非常明显，形成独特的内陆山地植被分布特点。

青海祁连山地区复杂的地形地貌以及变化多样的生境条件，为不同植被类型的生长发育创造了多样化的选择余地，同时受到周边区域地带性植被分布格局的影响，使区域范围内发育形成了包括森林灌丛、草原、荒漠、草甸等众多具有显著差异特点的植被类型，并形成温性植被类型与高寒植被类型共存的植被分布格局（图 6-1，详见后附彩图）。

根据多年的实地调查并结合以往的相关文献资料，将青海省祁连山地区分布的主要植被类型及其群落构成特点简述如下。

6.1.1 森林

森林是以乔木植物种类为建群种或优势种所构成植物群落的总和，主要生长发育在具有较为温暖、湿润生境条件的区域内，属于地球表面具有重要生态功能和较高生态服务价值的植被类型。

由于青海祁连山地区地处青藏高原东北边缘，纬度偏北，其森林植被的分布受到环境限

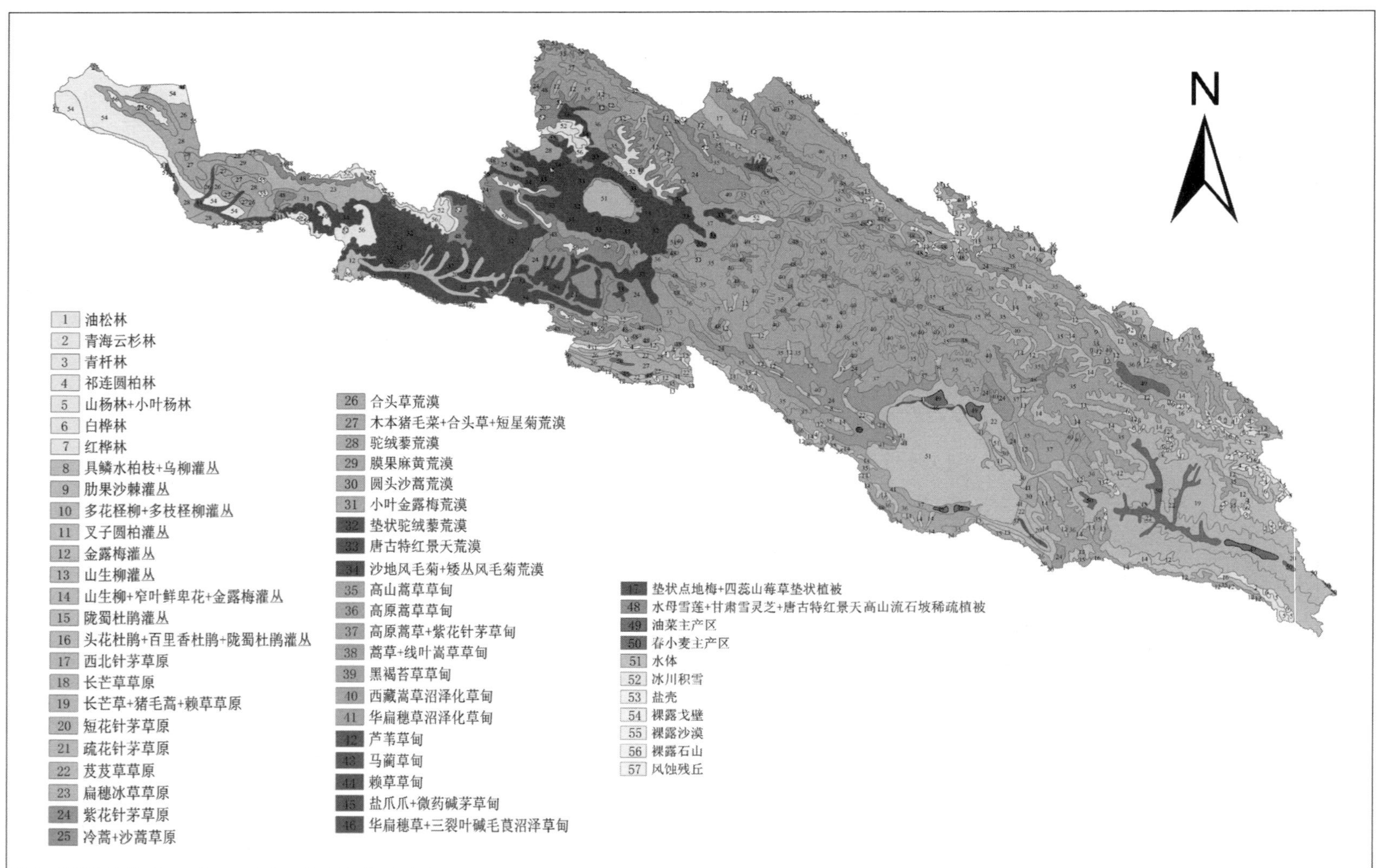

图 6-1 青海祁连山地区植被类型图（后附彩图）

制而难以大范围的形成和发展，致使该区域范围内仅在局部地区发育形成斑块状森林植被，呈现出明显的伴随水热变化的地理分布格局。根据实地考察，祁连山地区的乔木群落构成自东向西由复杂到简单变化。构成林地的乔木优势种主要为青海云杉 *Picea crassifolia*、青杄 *Picea wilsonii*、祁连圆柏 *Juniperus przewalskii*、油松 *Pinus tabulaeformis*、桦属（白桦 *Betula platyphylla*、红桦 *B. albo-sinensis*、糙皮桦 *B. utilis*）和杨属植物（山杨 *Populus davidiana*、冬瓜杨 *P. purdomii*、小叶杨 *P. simonii* 等）。寒温性树种青海云杉和祁连圆柏均具有较强的抗寒抗旱能力，对青藏高原上严酷的自然环境条件和瘠薄土壤有较好的适应性。一般青海云杉主要分布在青海祁连山地区东部的阴坡、半阴坡，中部至西部仅有零星分布，如青海湖西面的切吉河南面山坡。祁连圆柏、油松则多分布在山地阳坡，祁连圆柏在祁连山地区西部分布至德令哈市的宗务隆山，一般以疏林为主；油松仅在湟水河流域和大通河流域下部有小面积斑块分布。落叶阔叶性的杨属植物多于峡谷之间的河谷滩地中生长，或寒温性针叶林的下部。云杉林林下和林间可见有部分高寒灌木植物和耐阴性或中生性草本植物，圆柏林林下以温性灌丛和中生性草本植物为主，杨属植物的林相也以温性灌丛和中生性草本植物为主。总体来说，祁连山地区的乔木林覆盖率低，林地分布不均，多沿河谷以斑块状或条带状分布。林相树种较为单纯，生长缓慢。林分结构单纯，原始林龄组比例失调，破坏后不易恢复。

此外，祁连山地区较为典型的森林植被类型为落叶阔叶林和常绿针叶林，也存在由部分针叶树种和阔叶树种混生形成的针阔混交林。虽然由不同针叶和阔叶树种构成的针阔混交林在青海祁连山地区的森林植被构成中占有一定比例，特别是在青海祁连山东部地区较为常见，但由于这些针阔混交林的群落优势种、种类组成、群落结构差异明显，而且多为次生性森林植被类型，不同群落类型往往具有不同演替阶段的明显特征。

6.1.1.1 落叶阔叶林

落叶阔叶林是指由落叶阔叶乔木树种为建群种或优势种所构成的植被类型。该植被类型多是由针叶林遭受破坏或人工采伐之后形成的具有次生性质的森林植被类型，也有由于气候变化而自然形成的该植被类型。在青海祁连山地区，温性落叶阔叶林主要分布于大通河流域、湟水河流域的两侧山地阴坡、半阴坡、坡麓及部分支流的沟谷地带，分布海拔为1800~4200m，构建群落的主要建群种或优势种有白桦、红桦、糙皮桦、小叶杨、冬瓜杨、山杨等。

青海祁连山地区分布的落叶阔叶林植被类型的主要群系类型及其基本特点简要介绍如下。

小叶杨林（Form. *Populus simonii*）

小叶杨林主要分布于青海祁连山地区的黑河主、支流下部以及大通河门源县城以下主、支流两侧，生长发育于河谷地区的河流两侧滩地，与河谷农业区交错分布，受人工扰动较大。在黑河流域可以见到仍然保留完整林相的小叶杨林，但在湟水河流域、大通河流域分布的小叶杨林多破损而残留的景象，仅剩余部分成树，难以见到完整林相的小叶杨林。而且，在青海祁连山地区的东、西部，小叶杨林下灌木层和草本层的种类组成及群落构成都呈现出明显差异，并且随林相郁闭度的差异而不同。

小叶杨作为群落的建群种，树高 5~20m，胸径 15~120cm，林相郁闭度为 0.15~0.70。林下灌木主要有沙棘 *Hippophae rhamnoides* subsp. *sinensis*、西北小檗 *Berberis vernae*、乌柳 *Salix cheilophila*、金露梅 *Potentilla fruticosa*、银露梅 *P. glabra*、西北蔷薇 *Rosa davidii*、峨眉蔷薇 *R. omeiensis*、灰栒子 *Cotoneaster acutifolius*、水栒子 *C. multiflorus*、小叶忍冬 *Lonicera microphylla*、短叶锦鸡儿 *Caragana brevifolia* 等。灌丛高度为 1~4m，灌木层覆盖度为 10%~60%。林下草本植物有多种薹草 *Carex* spp.、醉马草 *Achnatherum inebrians*、芨芨草 *A. splendens*、西北针茅 *Stipa sareptana* var. *krylovii*、草地早熟禾 *Poa pratensis*、阿尔泰狗哇花 *Heteropappus altaicus*、大通翠雀 *Delphinium pylzowii*、红花岩黄芪 *Hedysarum multijugum*、甘肃马先蒿 *Pedicularis kansuensis*、马蔺 *Iris lactea* var. *chinensis*、准葛尔鸢尾 *I. songarica*、东方草莓 *Fragaria orientalis*、双花堇菜 *Viola biflora*、西藏堇菜 *V. kunawareensis*、短腺小米草 *Euphrasia regelii*、卷叶黄精 *Polygonatum cirrhifolium* 等，草本层的覆盖度随着林地郁闭度的不同而差异明显。林下藁藓层多发育不良。

山杨林（Form. *Populus davidiana*）

山杨林常与青海云杉或桦属植物混生，完整林相极少。多生长发育于青海祁连山地区各林区的阴性山坡主要分布于大通河、湟水河中下游山地，分布海拔为 1800~3600m。

林相中山杨的树高为 5~15m，胸径为 5~18cm，林相郁闭度为 0.3~0.6。林下灌木主要有陕甘花楸 *Sorbus koehneana*、天山花楸 *S. tianschanica*、短叶锦鸡儿、唐古特忍冬 *Lonicera tangutica*、西北小檗、金露梅、银露梅、小叶蔷薇 *Rosa willmottiae*、峨眉蔷薇、沙棘、水栒子等。灌木高为 1~5m，灌木层覆盖度为 10%~60%。对不同局部而言，林下草本层的变化较大，常见有多种薹草、珠芽蓼 *Polygonum viviparum*、芨芨草、披针叶黄华 *Thernopsis lanceolata*、马蔺、三脉紫菀 *Aster ageratoides*、蛛毛蟹甲草 *Cacalia roborowskii*、掌叶橐吾 *Ligularia przewalskii*、箭叶橐吾 *L. sagitta*、火绒草 *Leontopodium leontopodioides*、黄腺香青 *Anaphalis aureo-punctata*、贝加尔唐松草 *Thalictrum baicalense*、轮叶黄精 *Polygonatum verticillatum*、大瓣铁线莲 *Clematis macropetala* 等，草本层覆盖度的保护也较大，平均为 35%~85%。

白桦林（Form. *Betula platyphylla*）

白桦林在青海祁连山地区主要分布于黑河流域、大通河流域以及湟水河流域的阴性山地林区，常与青海云杉、青杆、油松、山杨等或与山杨、冬瓜杨、红桦共同组成单层同龄纯林，分布海拔为 2200~3600m。

白桦为轻度耐阴、喜光树种。植株高为 5~20m，胸径为 8~50cm。林相郁闭度为0.4~0.8。林下灌木层常见灌木植物种类有唐古特忍冬、红脉忍冬 *Lonicera nervosa*、蓝靛果 *L. caerulea* var. *edulis*、金花忍冬 *L. chrysantha*、葱皮忍冬 *L. ferdinandii*、刚毛忍冬 *L. hispida*、红花岩生忍冬 *L. rupicola* var. *syringantha*、峨眉蔷薇、陕西蔷薇 *Rosa giraldii*、扁刺蔷薇 *R. sweginzowii*、银露梅、金露梅、窄叶鲜卑花 *Sibiraea angustata*、鲜卑花 *S. laevigata*、水栒子、灰栒子、陕甘花楸、天山花楸、糖茶藨子 *Ribes himalense*、狭果茶藨子 *R. stenocarpum*、直穗小檗 *Berberis dasystachya*、鲜黄小檗 *B. diaphana*、短叶锦鸡儿、甘青鼠李 *Rhamnus tangutica*、狭叶五加 *Acanthopanax wilsonii* 等。灌木高度为 1~3.5m，灌木层覆盖度为 5%~45%。林下草本层常见的植物种类有珠芽蓼、贝加尔唐松草、紫花碎米荠 *Cardamine tangu-*

torum、光叶黄华 *Thermopsis licentiana*、玉竹 *Polygonatum odoratum*、舞鹤草 *Maianthemum bifolium* 等，草本层覆盖度差异明显。

红桦林（Form. *Betula albo-sinensis*）

红桦林主要分布于青海祁连山地区的大通河、湟水河流域两岸的林区。林相呈块状分布于阴坡和半阴坡，分布海拔约为 2400~3400m，红桦林分布地带的上部多与糙皮桦林相接，或与白桦林混杂，面积较白桦林小。

林相中，红桦高 10~18m，胸径为 12~40cm。林相郁闭度约为 0.5。在青海祁连山地区，红桦林多生于较为阴湿的山坡，灌木层以忍冬属 *Lonicera* spp.、柳属 *Salix* spp.、小檗属 *Berberis* spp. 的植物为多，常见有水栒子、湖北花楸 *Sorbus hupehensis*、秦岭柳 *Salix alfredi*、坡柳 *S. myrtillacea*、糖茶藨、狭果茶藨子、八宝茶 *Euonymus przewalskii* 等植物，灌木层覆盖度为 15%~50%。林下草本植物常见有华北薹草 *Carex hancockiana*、珠芽蓼、东方草莓、紫花碎米荠、舞鹤草和玉竹等，草本层覆盖度相对较高，常常达到 70%~90%。

糙皮桦林（Form. *Betula utilis*）

糙皮桦相对比白桦和红桦具有更强的耐寒和耐旱能力。在青海祁连山地区，糙皮桦林多分布于大通河、湟水河流域中下部河谷地区的阴坡或半阴坡，分布海拔为 2700~3600m，其分布地带的下部常与红桦林或云杉林相连，分布地带上接高寒灌丛。由于生长在高山海拔较高地带，寒冷的气候导致树木一般较为矮小，树干弯曲，多分叉。

林相中，糙皮桦的树高为 5~8m，胸径为 8~25cm。林相郁闭度为 0.3~0.5。林下灌木层常见植物种类有陇蜀杜鹃、鬼箭锦鸡儿、短叶锦鸡儿、金露梅、刚毛忍冬、葱皮忍冬、高山绣线菊 *Spiraea alpina*、鲜黄小檗、西北小檗、灰栒子、陕甘花楸等，灌木层覆盖度为 20%~50%。林下草本植物主要常见有珠芽蓼、东方草莓、紫花碎米荠、鹿蹄草 *Pyrola calliantha*、蓝花翠雀 *Delphinium caeruleum*、喜山葶苈 *Draba oreades*、阿尔泰葶苈 *D. altaica*、穴丝荠 *Coelonema draboides*、祁连獐牙菜 *Swertia przewalskii* 等，草本层覆盖度为 30%~40%。

除上述落叶阔叶林的主要群系外，在互助北山林场甘禅口以下的大通河干流或支流的河谷底部，还分布有小面积的冬瓜杨林。就现状而言，目前冬瓜杨林受人为干扰破损严重，或与白桦等混生，已经难以恢复自然原貌。

6.1.1.2 常绿针叶林

常绿针叶林是指由常绿针叶乔木树种为建群种或优势种所构成的植被类型。在青海祁连山地区，常绿针叶林的建群种和优势种主要是青海云杉、青杆、祁连圆柏、油松等。这种植被类型多见于深切的沟谷地带。在这些建群种中，仅祁连圆柏构建的群落呈零星的疏林状态，并沿沟谷地形交替出现。此外，祁连圆柏林在祁连山东部地区有较大面积的纯林分布，向西逐渐破碎，呈斑块状分布，苔藓层缺乏。

作为青海祁连山地区最主要的森林类型之一，常绿针叶林主要分布于湟水流域、大通河各支流河流两侧的山地，分布海拔一般为 1800~3900m。由于坡向等因子不同而引起的生境条件的明显差异，导致该植被类型建群树种也有所不同。以青海云杉、青杆等为建群种构成的林相主要分布山地阴坡或半阴坡；以油松、祁连圆柏等适应半干旱、寒冷（干冷气候）及瘠薄土壤的树种多占据山地阳坡或半阴坡，且以疏林的形式存在。这两种类型均是青藏高原重要的森林景观类型。青海祁连山地区由东部向西部随海拔升高及生境寒旱化之后，森林群落结构趋于相对简单、呈片状散布和疏林化。林下灌木及草本植物组成以温带分布类型的属种为常见，灌木常见有蔷薇 *Rosa* spp. 、忍冬、栒子 *Cotoneaster* spp. 、锦鸡儿 *Caragana* spp. 、小檗、柳、金露梅、银露梅等。草本植物常见有珠芽蓼、早熟禾 *Poa* spp. 、羊茅 *Festuca* spp. 、薹草、马先蒿 *Pedicularis* spp. 等。在山地阴坡发育完整的青海云杉林林下，由于生境潮湿，常有苔藓层出现。此外，自东向西，受大气水热分布影响，油松由祁连圆柏替代，青杆由青海云杉替代。

青海祁连山地区分布的常绿针叶林植被类型的主要群系类型及其基本特点简要介绍如下。

油松林（Form. *Pinus tabulaeformis*）

油松林主要分布在青海祁连山地区的大通河门源朱固沟以下的河谷两侧山地阳坡或半阴坡，在湟水流域的乐都下北山林区也有少量分布，分布海拔一般为2500~3400m。

在油松林的林相中，油松树高为6~15m，胸径为8~25cm。林相郁闭度为0.3~0.6。在现状分布情况下，油松常会与青海云杉、青杆、白桦、红桦、山杨等乔木树种生长在一起。林下的灌木植物种类主要有鲜黄小檗、虎榛子、水栒子、短叶锦鸡儿、唐古特忍冬、红脉忍冬、峨眉蔷薇、八宝茶等，灌木层覆盖度为15%~30%。林下常见的草本植物种类主要有华北薹草、珠芽蓼、三脉紫菀、大火草 *Aneurone tomentosa*、白莲蒿 *Artemisia sacrorum*、乳白香青 *Anaphalis lactea* 等，林下草本层的覆盖度为40%~60%。

青海云杉林（Form. *Picea crassifolia*）

在青海祁连山地区，青海云杉林为分布面积最大的一种针叶林群系类型，也属于该地区最为重要的森林植被类型。该植被类型的分布范围较为广泛，东自青海祁连山东部的大通河、湟水河流域的干流和支流两侧河谷山地，西至柴达木盆地东部的乌兰地区山地，北至祁连黑河流域的小八宝到油葫芦口一带山地均有分布。

青海云杉多为纯林，青海云杉树高为15~25m，胸径为30~80cm，林相郁闭度0.6~0.8；在青海云杉林的下部林缘，常见青海云杉与山杨、红桦、青杆等乔木树种混生。林下生长的灌木植物种类主要有鬼箭锦鸡儿，金露梅、银露梅、窄叶鲜卑花、山生柳、刚毛忍冬、红脉忍冬、金花忍冬、唐古特忍冬、狭果茶藨子、糖茶藨子、冰川茶藨子 *Ribes glaciale*、短叶锦鸡儿、峨眉蔷薇、扁刺蔷薇、水栒子、毛叶水栒子 *Cotoneaster submultiflorus*、紫色悬钩子 *Rubus irritans* 等，灌木层覆盖度为5%~20%。林下常见的草本植物种类主要有珠芽蓼、金翼黄芪 *Astragalus chrysopterus*、藓生马先蒿 *Pedicularismuscicola*、粗嘴薹草 *Carex scabrirostris*、披针叶黄华、光叶黄华、锐果鸢尾 *Lris goniocarpa*、歪头菜 *Vicia unijuga*、首阳变豆菜 *Sanicula giraldii*、小缬草 *Valeriana tangutica*、华马先蒿 *Pedicularis oederi* var. *sinensis* 等，草本层覆盖度为15%~85%。林下常有苔藓层发育，生长良好地段的苔藓层厚度可达数十厘米。

青杆林（Form. *Picea wilsonii*）

青杆林主要分布于青海祁连山地区的大通河下游以及湟水河下部流域的河谷地带，常生长于青海云杉林的下部，分布海拔为 2000~2800m。

在青杄林的群落构成中，常伴生有青海云杉、油松、华山松、红桦和山杨等乔木树种。青杄树高为 10~20m，胸径为 12~95cm。林相郁闭度为 0.4~0.6。林下分布的灌木植物种类主要有唐古特忍冬、红脉忍冬、金花忍冬、蓝锭果、峨眉蔷薇、扁刺蔷薇、陕甘花楸、湖北花楸、八宝茶、糖茶藨子、穆坪茶藨子 *Ribes moupinense*、柱腺茶藨子 *R. orientale*、直穗小檗、蒙古荚蒾 *Viburnum mongolicum*、红毛五加 *Acanthopanax giraldii*、山梅花 *Philadelphus incanus*、南川绣线菊 *Spiraea rosthornii* 等，灌木层覆盖度为 15%~50%。林下生长发育的草本植物种类主要有祁连薹草 *Carex allivescens*、川赤芍 *Paeonia veitchii*、柳叶亚菊 *Ajiania salicifolia*、茜草 *Rubia cordifolia*、刺果猪秧秧 *Galium aparine* var. *echinospermum*、瓣蕊唐松草 *Thalictrum petaloideum*、高乌头 *Aconitum sinomontanum*、中华花荵 *Polemonium chinense*、柳兰 *Chamaenerion angustifolium*、紫色悬钩子 *Rubus irritans*、舞鹤草等，草本层覆盖度为 30%~80%。

祁连圆柏林（Form. *Juniperus przewalskii*）

祁连圆柏林在青海祁连山地区的分布范围较广，主要分布于祁连山东段大通河、湟水河流域的阳坡或半阴坡，西部可至柴达木盆地的夏日哈山以及德令哈北宗务隆山中东部的山地阳坡。分布海拔为 2600~3900m。

在祁连圆柏林的群落构成中，祁连圆柏树高为 10~18m，胸径为 15~120cm。林相郁闭度为 0.1~0.5。林下分布的灌木植物种类主要有金露梅、银露梅、鲜黄小檗、小叶忍冬、短叶锦鸡儿、红花岩生忍冬、狭果茶藨子、高山绣线菊、蒙古绣线菊 *Spiraea mongolica* 等，灌木层覆盖度为 10%~35%。林下生长发育的草本植物种类主要有高山嵩草 *Kobresia pygmaea*、高原嵩草 *K. pusilla*、短柄草 *Brachypodium sylvaticum*、珠芽蓼、东方草莓、芸香唐松草 *Thalictrum rutifolium*、乳白香青、火绒草、马河山黄芪 *Astragalus mahoschanicus*、西藏点地梅 *Androsace mariae* 等，草本层覆盖度为 30%~60%。

6.1.2 灌丛

灌丛是以旱中生、中生或湿生性灌木植物种类为建群种或优势种所构成的植被群落类型。相比之下，灌丛的生态适应幅度要宽于以乔木植物为优势种的森林植被，属于我国分布较为广泛的植被类型之一。对全球和全国范围内的不同地区而言，灌丛植被的组成种类、区系成分、群落构成等均可能存在较为显著的差异。该植被类型在涵养水源、保持水土、减缓洪灾、保护生物多样性等许多方面具有良好的生态系统服务功能，也是具有较高生态服务价值的植被类型。根据灌丛植被（灌木林）在青藏高原等高原地区显著的生态效应，已被列入林地生态系统的统计范畴。在此，则根据植被分类系统的传统模式，将灌丛植被作为独立于典型森林植被之外的植被类型进行论述和分析。

根据青海祁连山地区灌丛植被的主要群落类型、分布规律等，可将该地区的灌丛植被进一步划分为河谷灌丛、温性灌丛、高寒灌丛等类型。各类型的主要群系构成及特征简述如下。

6.1.2.1　河谷灌丛

河谷灌丛是一类在特殊生境——河漫滩环境中形成的一种带有原生性质的、群落结构较为稳定的落叶阔叶灌丛植被类型。在青藏高原的河谷地带分布较为普遍。受地形限制，河谷灌丛植被的分布面积一般较小，多呈斑块状、条带状或岛状出现在河流滩地地形中。该类植被易受河流洪水等自然因素的影响，群落大小、形状、面积等会随之发生明显改变，人为破坏后也难以自然恢复。青海祁连山地区河谷灌丛植被的建群种或优势种主要包括肋果沙棘 *Hippophae neurocarpa*、沙棘、具鳞水柏枝 *Myricaria squamosa*、乌柳等。群落总盖度为 15%~95%，灌木层的分盖度为 50%~70%，盖度变化较大。以乌柳、肋果沙棘、具鳞水柏枝等植物为优势种构成的河谷灌丛，群落总盖度一般不超过 45%。河谷灌丛植被群落构成中的其他灌木伴生种类主要有银露梅、高山绣线菊等，这些伴生灌木植物种类在个别地段也成为次优势种而参与植被群落的构建。河谷灌丛中分布的草本植物种类主要以温性草原组成物种为主，草本层的建群种或优势种不很明显，一般以芨芨草、醉马草、甘肃马先蒿、西北针茅、白莲蒿、红花岩黄芪等植物种类较为常见。草本层建群种的分盖度为 15%~45%，草本层群落的分层明显或不明显。除红花岩黄芪、甘肃马先蒿外，基本不形成大面积草本植被群落斑块，草本层多以小片组成，并表现出较为明显的季节性差异。草本层群落的总盖度在 15%~100%之间，往往伴随小环境的改变而变化，不同地段间的差异性较大。

青海祁连山地区分布的河谷灌丛植被类型的主要群系类型及其基本特点简要介绍如下。

肋果沙棘灌丛（Form. *Hippophae neurocarpa*）

肋果沙棘灌丛在青海祁连山地区主要分布于黑河流域、青海湖北和西北内流河、哈拉湖内流河以及门源仙米林区的河滩地。分布海拔约为 2500~3900m。

肋果沙棘灌丛常为单一灌木优势种的纯群落，在部分群落中也可伴生金露梅、银露梅、高山绣线菊、乌柳、具鳞水柏枝等灌木植物种类。群落总盖度为 35%~95%。群落分层明显，灌木层的分盖度为 50%~90%，不同地段灌木层的盖度变化较大。在夏季，群落外貌为灰绿色，多有枯死残株。群落内部阴暗潮湿。

肋果沙棘灌丛草本层主要以温性草原组成物种为主，建群种类不明显，一般以芨芨草、醉马草、西北针茅、白莲蒿、甘肃马先蒿、红花岩黄芪等植物较为常见，也多出现在群落边缘或窗口内。草本层的群落盖度为 30%~60%，分层明显或不明显，草本优势种或建群种的分盖度为 15%~40%。草本层的主要伴生植物种类有葛缕子 *Carum carvi*、马蔺、车前 *Plantago asiatica*、洽草 *Koeleria cristata*、蒲公英 *Taraxacum spp.*、蕨麻 *Potentilla anserina*、草玉梅 *Anemone rivularis*、四数獐牙菜 *Swertia tetraptera*、弱小火绒草 *Leontopodium pusillum*、青藏扁蓿豆 *Melilotoides archiducis - nicalai*、高原嵩草、喉毛花 *Comastoma pulmonarium*、鸟足毛茛 *Ranunculus brotherusii*、高原毛茛 *R. tanguticus*、麻花艽 *Gentiana straminea*、二裂委陵菜 *Potentilla bifurca*、多裂委陵菜 *P. multifida*、大籽蒿 *Artemisia sieversiana*、草地早熟禾、高寒早熟禾 *Poa albertii* subsp. *kunlunensis*、垂穗披碱草、狼毒、甘肃马先蒿、红花岩黄芪、湿生扁蕾 *Gentianopsis paludosa*、大通翠雀、蓝花翠雀、多枝黄芪、珠

芽蓼、肉果草、鳞叶龙胆 *Gentiana squarrosa*、高原香薷 *Elsholtzia feddei*、密花香薷 *E. densa*、蒙古鹤虱 *Lappula intermedia*、无茎黄鹌菜 *Youngia simulatrix*、星叶草 *Circaester agrestis* 等。

具鳞水柏枝灌丛（Form. *Myricaria squamosa*）

具鳞水柏枝灌丛在青海祁连山地区主要分布于青海湖西北部河流谷地以及黑河中上游、大通河以及湟水河流域中上游干支流的河漫滩上，一般较为零散，难以见到大面积集中分布的现象。

具鳞水柏枝灌丛植被的群落一般分为灌木层和草本层。灌木层中通常以具鳞水柏枝占据明显优势甚至纯建群种的主导地位，但也时有肋果沙棘、沙棘、乌柳、筐柳、金露梅等灌木侵入，灌木层的覆盖度为30%~50%，具鳞水柏枝的株高100~200cm。草本层一般高10~25cm，群落覆盖度为10%~55%。常见草本植物种类主要有高原嵩草、垂穗披碱草、草地早熟禾、高寒早熟禾 *P. albertii* subsp. *kunlunensis*、发草、洽草、赖草、多枝黄芪、珠芽蓼、阿尔泰狗哇花、多裂委陵菜、二裂委陵菜、多茎委陵菜、钉柱委陵菜、弱小火绒草、多枝黄芪、红花岩黄芪、肉果草、短穗兔耳草、麻花艽、达乌里龙胆、葛缕子、马蔺、车前、蒲公英、蕨麻、草玉梅、四数獐牙菜、青藏扁蓿豆、喉毛花、鸟足毛茛、高原毛茛、大籽蒿、异叶青兰 *Dracocephalum heterophyllum*、狼毒、甘肃马先蒿、大通翠雀、湿生扁蕾、鳞叶龙胆、高原香薷、密花香薷、高山豆、扇穗茅 *Littledalea racemosa*、蒙古鹤虱等。有时可见芨芨草等高大草本植物伴生。

乌柳灌丛（Form. *Salix cheilophila*）

乌柳灌丛在青海祁连山地区主要分布于黑河中上游、大通河以及湟水河流域中上游干支流的较为宽广的河漫滩上。分布海拔为2400~3500m。

乌柳灌丛的群落一般会形成较为明显的分层。乌柳植株高为2~5m，灌木层的群落覆盖度为5%~15%。灌木层也时有肋果沙棘、沙棘、乌柳、金露梅等灌木侵入，群落内灌木分布不均匀，乌柳多沿河水两侧分布。草本层一般高10~25cm，草本层的覆盖度受河滩石砾含量影响较大，覆盖度为15%~75%。群落草本层生长发育的植物种类主要有芨芨草、高原嵩草、高山嵩草、葛缕子、马蔺、车前、洽草、蒲公英、蕨麻、草玉梅、四数獐牙菜、弱小火绒草、火绒草、青藏扁蓿豆、高原嵩草、喉毛花、鸟足毛茛、高原毛茛、麻花艽、二裂委陵菜、大籽蒿、多裂委陵菜、草地早熟禾、高寒早熟禾、垂穗披碱草、狼毒、甘肃马先蒿、红花岩黄芪、轮叶黄精、湿生扁蕾、大通翠雀、蓝花翠雀、多枝黄芪、梭罗草 *Kengyilia thoroldiana*、珠芽蓼、肉果草 *Lancea tibetica*、鳞叶龙胆、高原香薷、密花香薷、高山豆 *Tibetia himalaica*、扇穗茅、蒙古鹤虱等。

6.1.2.2 温性灌丛

温性灌丛是指分布海拔较低、以冬季落叶阔叶灌木植物种类为优势种所组成的群落类型。这类灌丛在青海祁连山地区主要是指生长于山地阳坡或半阴坡、位于山地寒温针叶林下限或相近海拔山地阳坡的一类以喜温性灌木种类为优势种或建群种所构成的灌丛群落类型，也可能是原生森林植被砍伐后形成的次生植被类型。

青海祁连山地区分布的温性灌丛植被类型的主要群系类型及其基本特点简要介绍如下。

小檗灌丛（Form. *Berberis vernae* / *Berberis diaphana*）

小檗灌丛在青海祁连山地区主要分布于大通河和湟水河流域中下游的山地阳性山坡上或与阳性坡麓地带，也常见于森林带附近的林缘、林间空地。分布海拔为2300~3500m。

小檗灌丛群落的主要建群种为小檗属的西北小檗、鲜黄小檗，植株高 100~220cm，呈斑块状或条带状分布格局，群落总盖度为 45%~75%，群落分为灌木层和草本层。灌木层的覆盖度为 20%~55%，常见的伴生灌木植物种类有陕甘花楸、天山花楸、金露梅、银露梅、高山绣线菊、小叶忍冬、沙棘、西北蔷薇、紫色悬钩子、短叶锦鸡儿等。草本层盖度为 25%~50%，常见生长发育的植物种类包括山地早熟禾 *Poa versicolor* subsp. *orinosa*、早熟禾 *P. annua*、波伐早熟禾 *P. poophagorum*、草地早熟禾、垂穗披碱草、短叶羊茅 *Festuca brachyphylla*、赖草 *Leymus secalinus*、甘肃臭草 *Melica przewalskyi*、珠芽蓼、酸模 *Rumex acetosa*、隐瓣蝇子草 *Silene gonosperma*、繁缕 *Stellaria media*、疏齿银莲花 *Anemone geum* subsp. *ovalifolia*、草玉梅、甘青铁线莲 *Clematis tangutica*、高原毛茛、瓣蕊唐松草、异叶青兰、二裂委陵菜、多茎委陵菜、多枝黄芪 *Astragalus polycladus*、急弯棘豆 *Oxytropis deflexa*、甘肃棘豆、甘青老鹳草 *Geranium pylzowianum*、迷果芹 *Sphallerocarpus gracilis*、圆序薹草 *Carex agglomerata*、干生薹草 *C. aridula*、甘肃薹草、锐果鸢尾等。

沙棘灌丛（Form. *Hippophae rhamnoides* subsp. *sinensis*）

沙棘灌丛在青海祁连山地区主要分布于东部的大通河、湟水河流域的浅山地带的阳坡或阳性坡，在祁连县黑河流域可下延到河滩地带与河谷灌丛形成交错分布。分布海拔为2000~3600m。在大通河和湟水河流域多与山地农业区相交错，形成斑块状分布，或由于人工种植而形成较大面积的后生人工群落。

沙棘灌丛的群落总盖度为 45%~95%，明显分为灌木层和草本层。灌木层的覆盖度为 40%~75%，伴生的灌木植物种类常见有金露梅、银露梅、高山绣线菊、小叶忍冬、西北蔷薇、短叶锦鸡儿等。草本层覆盖度为 45%~80%，常见草本植物种类包括芨芨草、醉马草、西北针茅、白莲蒿、甘肃马先蒿、红花岩黄芪、飞廉、刺儿菜、山地早熟禾、草地早熟禾、垂穗披碱草、短叶羊茅、赖草、甘肃臭草、珠芽蓼、酸模、繁缕、异叶青兰、疏齿银莲花、草玉梅、甘青铁线莲、高原毛茛、瓣蕊唐松草、二裂委陵菜、多茎委陵菜、多枝黄芪、急弯棘豆、甘肃棘豆、黄花棘豆、甘青老鹳草、鼠掌老鹳草、迷果芹、葛缕子、圆序薹草、干生薹草、甘肃薹草、锐果鸢尾等。

叉枝圆柏灌丛（Form. *Juniperus sabina*）

叉枝圆柏灌丛在青海祁连山地区主要分布于青海湖东的沙地上，分布海拔为 3200~3250m，天然分布面积很小。群落外貌呈绿色，平整而密集成团状，结构简单，可明显分成 2 层或 3 层，或不明显而密集单一。群落内的灌木植物株高为 30~50cm，灌木层覆盖度为 40%。群落中伴生的小半灌木和草本植物种类有圆头沙蒿、沙蒿、甘青铁线莲、芨芨草、醉马草、藏虫实、披针叶黄华、直立黄芪、二裂委陵菜、蚓果芥、青甘韭、镰形棘豆、少花顶冰花、西伯利亚蓼等，草本层覆盖度为 30%~45%。

西藏沙棘灌丛（Form. *Hippophae thibetana*）

西藏沙棘灌丛在青海祁连山地区没有明显的集中分布地点，多见于祁连山中部山地，主要分布于高寒灌丛附近的阳性山坡、或分布于河流宽谷滩地上，分布海拔一般为2300~3600m，群落总盖度为35%~60%，面积不大，呈斑块状或条带状分布格局。西藏沙棘灌丛的群落可分为灌木层和草本层，部分地段分层不明显。灌木层的覆盖度为20%~45%，灌木植物高度一般不超过50cm。除优势种及常见灌丛植物外，还偶见金露梅、具鳞水柏枝等灌木种类侵入。草本层的盖度为25%~50%，常见草本植物种类包括山地早熟禾、早熟禾、波伐早熟禾、草地早熟禾、垂穗披碱草、甘肃臭草、珠芽蓼、柔毛蓼、酸模、隐瓣蝇子草、繁缕、疏齿银莲花、草玉梅、矮金莲花、高原毛茛、二裂委陵菜、多茎委陵菜、多枝黄芪、急弯棘豆、甘肃棘豆、甘青老鹳草、迷果芹、圆序薹草、干生薹草、甘肃薹草、锐果鸢尾等。

多花柽柳、短穗柽柳荒漠（Form. *Tamarix hohenackeri* + *T. ramosissima*）

多花柽柳、短穗柽柳荒漠在青海祁连山地区主要分布于鱼卡以西马海河附近，以及宗务隆附近捎带有极小面积的群落。主要生长于河流两岸。植物群落中以多花柽柳、多枝柽柳共同组成优势种，或分别作为优势种和次优势种构建相应植物群落。群落的组成种类较为单一，群落的总覆盖度为20%~50%。灌木层植物种类的平均高度为1~2m，群落中伴生的植物种类主要有白刺、大白刺、细枝盐爪爪、盐爪爪、合头草、猪毛菜、赖草、芦苇、芨芨草、驼绒藜、红花岩黄芪、灰绿藜、海乳草、盐地风毛菊等。

6.1.2.3 高寒灌丛

高寒灌丛是指分布海拔相对较高，以耐寒灌木植物种类为主要优势种或建群种所构成的植被群落类型，属于青藏高原上特化形成的高寒植被类型之一。该类植被在青海祁连山地区具有相对较为广泛的分布，主要分布于大通河、湟水河流域，以及青海湖周边的山地和河道两侧的沟谷内。处于青海云杉林上、下线以及林相林窗。但是分布仍然受大气环流和水热影响，东部发育良好，中部向西部逐渐斑块化或消失。在局部区域，随着海拔高度及地形地貌上不同的组合，群落组成和群落结构表现出一定的差异性，但在区域范围内主要是以金露梅、山生柳、鬼箭锦鸡儿、窄叶鲜卑花、杜鹃（陇蜀杜鹃、头花杜鹃、百里香杜鹃等）等几种植物构成的高寒灌丛植被。其中，金露梅、山生柳、鬼箭锦鸡儿组成青藏高原独特的高寒灌丛植被类型。这些优势种多分布于山地阴坡或沟谷地段，并在不同地区、不同海拔高度及地形地貌上有不同的组合，或以多种优势植物共同形成群落，或构成各自的优势群落类型。如金露梅可在山地缓坡及滩地上形成金露梅灌丛。杜鹃、窄叶鲜卑花以及山生柳主要分布于山地阴坡或坡麓地带，但窄叶鲜卑花灌丛在区域内分布面积不大，重要集中分布于东部山地。

此外，随着海拔升高，灌木植株趋于矮化，群落呈破碎化，以斑块状镶嵌于高寒草甸之中，演变形成高原上典型的高寒灌丛草甸植被类型。

高寒灌丛植被的群落总盖度为70%~95%，灌木层分盖度为35%~85%。在灌木生长的营养期，植被群落景观呈深绿色，花期或果期随优势种或建群种的种类不同而呈现不同颜色。由于青海祁连山地区不同区段的生境条件变化显著，高寒灌丛植被群落的覆盖度和种类组成都有较大的变化。多数情况下，高寒灌丛植被的群落总盖度一般在 70%以上，其中灌木植物的分盖度为 30%~60%；在山地中下部，由于受人为因素的明显干扰，高寒灌丛植被多被分割成小片，致使部分高寒灌丛植被的群落总盖度低于 30%。

青海祁连山地区分布的高寒灌丛植被类型的主要群系类型及其基本特点简要介绍如下。

头花杜鹃灌丛（Form. *Rhododendron capitatum*）

头花杜鹃灌丛在青海祁连山地区主要分布于东部的冷龙岭以东山地的阴坡或半阴坡，有时在青海云杉林和白桦林的林缘、林下也有分布。

头花杜鹃灌丛的群落总盖度较高，一般在 90%以上，可分为灌木层、草本层和苔藓层。灌木植物种类株高为 70~90cm，最高不超过 120cm，灌木层覆盖度可达 80%，常见的伴生灌木植物种类有烈香杜鹃 *Rhododendron anthopogonoides*、陇蜀杜鹃 *Rh. przewalskii*、百里香杜鹃 *Rh. thymifolium*、高山柳 *Salix cupularis*、高山绣线菊、金露梅、北极果 *Arctous alpinus*、鬼箭锦鸡儿等。草本层覆盖度为 40%~50%，主要构成植物种类有喜马拉雅嵩草 *Kobresia royleana*、高原嵩草、线叶嵩草、甘肃嵩草、紫羊茅 *Festuca rubra*、奢异燕麦 *Helictotrichon hookeri* subsp. *schellianum*、藏异燕麦、垂穗披碱草 *Elymus nutans*、发草、唐古特虎耳草 *Saxifraga tangutica*、西藏虎耳草 *S. tibetica*、花葶驴蹄草 *Caltha palustris*、矮金莲花 *Trollius farreri*、钝叶银莲花 *Anemone obtusiloba*、鳞叶龙胆、火绒草、圆穗蓼、珠芽蓼、高山唐松草、穴丝荠、喜山葶苈、阿尔泰葶苈、隐瓣山梅花、钉柱委陵菜 *Potentilla saundersiana*、冰川棘豆 *O. glacialis*、尖苞瑞苓草 *Saussurea nigrescens* var. *acutisquama*、金头韭 *Allium herderianum*、太白细柄茅 *Ptilagrostis concinna*、矮生豆列当 *Mannagettaea hummelii*、肋柱花 *Lomatogonium carinthiacum*、柔软紫菀 *Aster flaccidus*、重冠紫菀 *A. diplostephioides* 等。该植被群系的地表苔鲜层发达。

百里香杜鹃灌丛（Form. *Rhododendron thymifolia*）

百里香杜鹃灌丛在青海祁连山地区主要分布于黑河流域自油葫芦口以东的山地阴坡或半阴坡。分布海拔为 3100~4400m，下部常与高寒针叶林相连，上部为高寒草甸。该植被类型的分布面积小于头花杜鹃灌丛。

百里香杜鹃群落外貌整齐，呈现出灰棕绿色。群落结构简单，一般可分为灌木层和苔鲜层，群落总覆盖度为 80%~90%，其中灌木层的覆盖度为 65%~85%。灌木层植物株高为 70~110cm，建群种百里香杜鹃的覆盖度为 50%，次优势灌木植物种类有烈香杜鹃、头花杜鹃、陇蜀杜鹃等，伴生的灌木种类有金露梅、高山绣线菊、鬼箭锦鸡儿、刚毛忍冬、山生柳等。群落的草本层不太发育，草本层覆盖度一般仅为 10%~20%，常见的组成植物种类主要有线叶嵩草 *Kobresia capillifolia*、圆穗蓼、珠芽蓼、黑褐薹草、狭瓣虎耳草 *Saxifrage pseudohirculus*、唐古特虎耳草、火绒草、小大黄 *Rheum pumilum*、西北黄芪 *Astragalus fenzelianus*、嵩草 *Kobresia myosuroides*、藏异燕麦 *Helictotrichon tibeticum*、全缘绿绒蒿 *Meconopsis integrifolia*、多刺绿绒蒿 *M. horridula*、矮生豆列当、双叉细柄茅 *Ptilagrostis dichotoma*、太白细柄茅、阿尔泰葶苈等。群落中苔鲜植物发育，通常形成明显的苔藓层。

烈香杜鹃灌丛（Form. *Rhododendron anthopogonoides*）

烈香杜鹃灌丛在青海祁连山地区主要分布于冷龙岭、达坂山的山地阴坡或半阴坡，有时在青海云杉林、糙皮桦林等林下也有分布，分布海拔为2800~4600m。

烈香杜鹃灌丛形成明显分层的群落结构，群落总覆盖度为80%~90%。灌木层植株高为70~90cm，最高不超过120cm，灌木覆盖度为40%~80%，群落中常见的灌木植物种类主要有烈香杜鹃、陇蜀杜鹃、百里香杜鹃、山生柳、高山绣线菊、金露梅、北极果、刚毛忍冬、鬼箭锦鸡儿等。草本层覆盖度为40%~50%，主要构成植物种类有喜马拉雅嵩草、高原嵩草、线叶嵩草、甘肃嵩草、紫羊茅、藏异燕麦、垂穗披碱草、发草、洽草、唐古特虎耳草、矮金莲花、花葶驴蹄草、钝叶银莲花、火绒草、圆穗蓼、珠芽蓼、高山唐松草、穴丝荠、喜山葶苈、阿尔泰葶苈、隐瓣山梅花、冰川棘豆、尖苞瑞苓草、金头韭、太白细柄茅、肋柱花、岷县龙胆 *Gentiana purdomii*、云雾龙胆 *G. nubigena*、祁连獐牙菜、柔软紫菀等。群落构成中的苔鲜层发达，有时总盖度可达60%以上。

陇蜀杜鹃灌丛（Form. *Rhododendron przewalskii*）

陇蜀杜鹃灌丛在青海祁连山地区主要分布于冷龙岭以东地区的山地阴坡或半阴坡，以及祁连牛心山等地，分布海拔为2800~3800m。群落下部与青海云杉林衔接，上部为高寒草甸，该类型植被群落有时也可侵入青海云杉林或白桦林内。

陇蜀杜鹃灌丛植被群落形成明显的分层结构，群落总覆盖度为80%~90%。灌木层植株高为100~250cm，灌木覆盖度为50%~90%。常见的灌木植物种类有陇蜀杜鹃、烈香杜鹃、百里香杜鹃、山生柳、高山绣线菊、金露梅、鬼箭锦鸡儿、葱皮忍冬、刚毛忍冬等。草本层的主要建群植物种类为高山嵩草、高原嵩草、珠芽蓼、圆穗蓼 *Polygonum macrophyllum* 等，或相互组合构成。常见的草本植物种类有喜马拉雅嵩草、高原嵩草、紫羊茅、奢异燕麦、垂穗披碱草、高寒早熟禾、垂穗鹅观草 *Roegneria nutans*、洽草、狼毒、珠芽蓼、多枝黄芪、车前、掌叶多裂委陵菜 *Potentilla multifida* var. *ornithopoda*、土黄毛棘豆 *Oxytropis ochrantha*、冰川棘豆、宽瓣棘豆 *O. platysema*、青藏扁蓿豆、钉柱委陵菜、青藏蒿 *Artemisia duthrenil-de-rhinsi*、疏齿银莲花、乳白香青、麻花艽、高山唐松草 *Thalictrum alpinum*、火绒草、野青茅 *Deyeuxia arundinacea*、蒲公英、细叉梅花草 *Parnassia oreophila*、丁座草 *Boschniakia himalaica*、肉果草、黑柴胡 *Bupleurum smithii*、尖苞瑞苓草、金头韭、太白细柄茅、肋柱花、高山豆、柔软紫菀、重冠紫菀、蓝花翠雀等，草本层的覆盖度差异较大，有时几乎完全被苔藓层覆盖。

金露梅灌丛（Form. *Potentilla fruticosa*）

金露梅灌丛是青海高原广泛分布的植被类型，在东经94°50′以东的广大山地均有分布，生于海拔2500~4500m的半阴坡、阴坡、半阳坡、山麓和宽谷地段，在青海祁连山地区也有较为广泛的分布。

金露梅灌丛群落的分层明显，灌木层常见的主要伴生灌木植物种类有山生柳、高山绣线菊、窄叶鲜卑花、鬼箭锦鸡儿、头花杜鹃、陇蜀杜鹃、杯腺柳等，灌木层覆盖度为40%~60%。草本层常见有高原嵩草、高山嵩草、线叶篙草、喜马拉雅嵩草、薹草、圆穗蓼、珠芽蓼、黑褐薹草、紫羊茅、双叉细柄茅、太白细柄茅、藏异燕麦、波伐早熟禾、金莲花 *Trollius tanguticus*、美丽风毛菊 *Saussurea hieracioides*、尖苞瑞苓草、黑蕊虎耳

草 *Saxifraga melanocentra*、棉毛茛 *Ranunculus membranaceus*、迭裂黄堇 *Corydalis dasyptera*、扁蓿豆 *Melilotoides ruthenicus*、垂穗鹅观草 *Roegneria nutans*、早熟禾、肉果草、细蝇子草 *Silene tenuis*、狼毒、微药野青茅 *Deyeuxia nivicola*、钉柱委陵菜、多裂委陵菜、白苞筋骨草 *Ajuga lupulina*、麻花艽等，草本层覆盖度为 50%~70%，最高可达 90%。

山生柳灌丛（Form. *Salix oritrepha*）

山生柳灌丛也是青藏高原广泛分布的高寒灌丛植被类型之一，在东经 96°30′以东的山地均有分布，生长于海拔 2500~4500m 的山地阴坡、半阴坡，在青海祁连山地区也有较大面积的分布。

山生柳灌丛群落的分层明显。灌木层中的灌木植物一般株高 0.8~1.5m，可形成较密集的群落，灌木层覆盖度为 80%~90%。其中山生柳的覆盖度可占 40%~70%。群落中伴生的灌木植物种类主要有头花杜鹃、烈香杜鹃、陇蜀杜鹃、百里香杜鹃、鬼箭锦鸡儿、高山绣线菊、金露梅、积石山柳、刚毛忍冬、窄叶鲜卑花、西藏沙棘、北极果等，灌木层覆盖度为 50%~80%。草本层覆盖度为 25%~80%，常见的植物种类有线叶蒿草、线叶嵩草、火绒草、异针茅 *Stipa aliena*、甘肃薹草、钻苞风毛菊 *Saussurea subulisquama*、高原嵩草 *Kobresia humilis*、小米草 *Euphrasia pectinata*、小大黄、湿生扁蕾、垂穗鹅观草、黄帚橐吾 *Ligularia virgaurea*、柔软紫菀、藏异燕麦、密花翠雀、乳白香青、高原毛茛、钻叶龙胆 *Gentiana haynaldii*、甘肃棘豆 *Oxytropis kansuensis*、角盘兰 *Herminium monorchis*、紫羊茅、黑褐薹草、珠芽寥、圆穗蓼、五脉绿绒蒿、华马先蒿、甘青报春 *Primula tangutica*、钝裂银莲花、藏异燕麦、早熟禾、双叉细柄茅、太白细柄茅、达乌里龙胆、麻花艽、棉毛茛、高原毛茛、云生毛茛、发草、洽草、高山唐松草等。局部地段的山生柳灌丛群落中有问荆 *Equisetum arense* 分布，偶见全缘叶绿绒蒿 *Meconopsis integrifolia* 等，有时有苔藓层发育。

窄叶鲜卑花灌丛（Form. *Sibiraea angustata*）

窄叶鲜卑花灌丛在青海祁连山地区主要分布于冷龙岭以东的山地阴坡和半阴坡，祁连县牛心山的青海云杉林林缘也有小面积分布，分布海拔为 3100~3500m，群落总盖度为 40%~90%。

窄叶鲜卑花灌丛群落层次明显，分为灌木层和草本层。灌木层的覆盖度为 40%左右，伴生的灌木植物种类主要包括金露梅、山生柳 *Salix oritrepha* 鬼箭锦鸡儿。草本层的覆盖度为 20%~60%，优势种为珠芽蓼，群落中伴生的草本植物种类主要包括双柱头藨草 *Scirpus distigmaticus*、线叶嵩草、异针茅、火绒草、肉果草、硬毛蓼 *Polygonum hookeri*、小米草、壳囊薹草 *Carex duriuscula* subsp. *stenophylloides*、短芒披碱草 *Elymus breviaristatus*、野青茅 *Deyeuxia tibetica*、矮火绒草 *Leontopodium humilum*、高山唐松草、甘肃棘豆、美丽风毛菊 *Saussurea superba*、密花翠雀 *Delphinium densiflorum*、高原毛茛、锐果鸢尾、莳萝蒿 *Artemisia anethoides*、蓝白龙胆 *Gentiana leucomelaena*、长梗喉毛花 *Centaurium pedunculatum* 等，有时有问荆分布。

鬼箭锦鸡儿灌丛（Form. *Caragana jubata*）

鬼箭锦鸡儿灌丛主要分布于青海祁连山地区中部以东区域的山地阴坡或半阴坡，在达坂山分布较为集中，分布海拔为 2600~3900m。

鬼箭锦鸡儿灌丛植被的群落总盖度平均为50%~80%，群落层次明显，分为灌木层和草本层。群落高度不超过80cm，较为齐整。灌木层的分盖度为35%~70%，其优势种为鬼箭锦鸡儿，伴生灌木植物种类包括金露梅、山生柳、高山绣线菊、百里香杜鹃、烈香杜鹃、陇蜀杜鹃等。草本层的优势种为珠芽蓼，群落主要伴生种包括双柱头藨草、线叶嵩草、异针茅、紫羊茅、肉果草、硬毛蓼、小米草、壳囊薹草、垂穗鹅观草、野青茅、矮火绒草、高山唐松草、黄花棘豆、甘肃棘豆、锡金岩黄耆、美丽风毛菊、密花翠雀、高原毛茛、锐果鸢尾、莳萝蒿、蓝白龙胆、长梗喉毛花、祁连獐牙菜、二叶獐牙菜、云雾龙胆、岷县龙胆等。局部地段问荆、苔藓分布较为密集。

小叶金露梅灌丛（Form. *Potentilla parvifolia*）

小叶金露梅灌丛在青海祁连山地区主要分布于柴达木盆地东北部德令哈、乌兰、都兰附近的山地青海云杉林或祁连圆柏林林缘或向阳坡地，以及哈拉湖周边较温暖的山间谷地下部。

小叶金露梅为落叶旱中生灌丛，较金露梅叶型小，更耐寒旱。其植株高50cm。该群系类型的群落组成结构简单，稀疏，群落覆盖度不超过40%。灌木层伴生的灌木植物种类极少，有时可见鬼箭锦鸡儿伴生。草本层覆盖度20%~30%，常见草本植物种类主要有西北针茅、芨芨草、冰草、高原早熟禾、高山嵩草、高原嵩草、阿拉善马先蒿、阿尔泰狗哇花、天蓝韭 *Allium cyaneum*、碱韭 *A. polyrhizum*、青甘韭 *A. przewalskianum*、异叶青兰、葶苈 *Draba nemorosa* 等。

6.1.3 草原

草原是以多年生旱生草本植物和小半灌木为主要优势种或建群种组成的植物群落类型，在中国的半干旱地区和青藏高原上大面积分布。草原区年降水量一般在330~400mm之间。草原分布区的土壤多为高山草原土和栗钙土等。

草原植被是青海祁连山地区重要的植被生态系统类型之一，主要分布于区域内的山地阳坡、山间谷地、河谷滩地等，在本区东部的砾质滩地也有分布。对降水较少的半干旱地区的防风固沙、保持水土等方面具有重要的生态意义，也具有一定的放牧利用价值。根据植被分类的划分原则，青海祁连山地区分布的草原植被可以划分为温性草原和高寒草原两大类型。

6.1.3.1 温性草原

温性草原是指分布海拔较低、以针茅属（西北针茅、短花针茅 *Stipa breviflora*）、芨芨草属（芨芨草、醉马草）、蒿属 *Artemisia* spp. 等植物为优势种构成的植被群落类型，在青海祁连山地区主要分布于青海湖周边的滩地、干旱谷地及山前地带，大通河和湟水河流域分布的面积较小，多形成优势种不明显的温性草甸化草原，并且以蒿属植物为主要优势种。分布海拔为2300~3600m。

青海祁连山地区分布的温性草原植被类型的主要群系类型及其基本特点简要介绍如下。

西北针茅草原（Form. *Stipa sareptana* var. *krylovii*）

西北针茅草原也是亚洲中部草原所特有的草原类型，是典型草原的代表群系，其分布中心在蒙古高原西南部。在刚察县野马滩及其以西，在西宁、平安、乐都一带均有分布。植被群落总盖度为20%~90%，植物群落中的次优势种主要有草地早熟禾、高山嵩草、伊凡薹草、大花嵩草、沙蒿、冷蒿等，主要伴生植物种类有高原早熟禾、堇色早熟禾 *Poa araratica* subsp. *ianthina*、赖草、洽草、芒洽草、乳白花黄芪 *Astragalus galactites*、扁蓿豆、二裂委陵菜、狼毒、冰草、青海固沙草、多枝黄芪、直立黄芪、异叶青兰、多裂委陵菜、蕨麻、蒙古鹤虱、阿尔泰狗哇花、冷蒿、沙蒿、蓝花棘豆等。

西北针茅+短花针茅草原（Form. *Stipa sareptana* var. *krylovii* + *S. breviflora*）

该群系类型的草原植被在青海祁连山地区主要分布于青海湖湖盆周围海拔3200~3400m的干燥冲积平原，并在大通河、湟水河流域中上游地区与高寒草原植被交错分布，界限不明显，面积较小。植被群落的优势种为西北针茅和短花针茅，群落分层不甚明显，沙蒿、冷蒿、青海固沙草和一些早熟禾属植物可在部分地段构成次优势种。主要伴生植物种类有芨芨草、醉马草、冰草、垂穗披碱草、洽草、赖草、高山嵩草、高原嵩草、大花嵩草、伊凡薹草、冷蒿 *Artemisia frigida*、沙蒿、猪毛蒿、楔叶山莓草、二裂委陵菜、阿尔泰狗哇花、青藏狗哇花、阿拉善马先蒿、甘肃马先蒿、达乌里秦艽、麻花艽、异叶青兰、黄缨菊、唐古韭、碱韭等。群落总盖度为20%~80%。

长芒草草原（Form. *Stipa bungeana*）

长芒草草原在青海祁连山地区主要分布于西宁市北面海拔为2250~2800m的山地阳坡和半阳坡。这一地区由于垦荒耕种历史悠久，天然的长芒草草原植被群落保存不多，与下述长芒草+赖草+猪毛蒿草原植被群系类似，主要在丘陵山脊向阳顶部、残丘地段和田埂地角等处尚有部分保存，多呈破碎化分布格局。在干旱地段植被群落中赖草 *Leymus sacalius* 非常发育，有时也有冷蒿侵入。长芒草是一种喜温的旱生丛生禾草，在暖温带黄土地区生长较为广泛，青海东部地区属于该物种分布区的西端，在青海祁连山地区构成了具有景观作用的地带性植被类型之一。随着分布海拔的升高，长芒草草原被短花针茅、西北针茅所替代，或直接为紫花针茅所替代。

长芒草草原植被群落的总盖度为50%~85%，长芒草 *Stipa bungeana* 在群落中占据明显优势，覆盖度可达45%~55%，个别地段（如田埂地角）甚至高达70%。次优势种有冷蒿、赖草、米蒿、短花针茅等。群落中的常见伴生植物种类有赖草、垂穗披碱草、黑穗画眉草 *Eragrostis nigra*、短花针茅、阿尔泰狗哇花、蒙古蒿 *Artemisia mongolica*、粘毛蒿 *A. mattifeldii*、冷蒿、甘肃马先蒿、阿拉善马先蒿、平车前 *Plantago depressa*、扁蕾 *Gentianopsis barbata*、二裂委陵菜、蕨麻、异叶青兰、披针叶黄华、高原早熟禾等。

长芒草+猪毛蒿+赖草草原（Form. *Stipa bungeana* + *Artemisia scoparia* + *Leymus secalinus*）

该群系类型的草原植被在青海祁连山地区广泛分布于海东地区海拔1750~3200m的山地阳坡和半阳坡。该植被群系也具有残存性质而成破碎化分布格局。在干旱地段赖草群落非常发育，并且猪毛蒿 *Artemisia scoparia* 也比较普遍，有时也有冷蒿侵入。

在该群系类型的群落构成中，长芒草、猪毛蒿、赖草属于具有主导地位的优势种或建群种。可以分别成为单一优势种，或两两共同构成优势种类，或分别为次优势种。群落总盖度为20%~90%，群落中常见伴生的植物种类有垂穗披碱草、黑穗画眉草、短花针茅、阿尔泰狗哇花、蒙古蒿、昆仑蒿 *Artemisia nanschanica*、小花棘豆 *Oxytropis glabra*、甘肃马先蒿、阿拉善马先蒿、车前、平车前、刺芒龙胆 *Gentiana aristata*、扁蕾、二裂委陵菜、露蕊乌头 *Aconitum gymnandrum*、狼毒、异叶青兰、披针叶黄华等。

短花针茅草原（Form. *Stipa breviflora*）

短花针茅是一种多年生密丛禾本科植物，属暖温型的荒漠草原植物，分布范围较广，在亚洲中部草原为常见的建群种。短花针茅草原在青海祁连山地区主要分布于东部湟水流域各地（西宁、民和、乐都、互助、平安等县）的浅山和半浅山地区、青海湖的东南岸以及大通河中游山地阳坡或山脊坡地。

短花针茅草原的群落总盖度为30%~70%，优势种为短花针茅，次优势种有西北针茅、青海固沙草、紫花针茅、沙蒿、冷蒿等，群落中的常见伴生植物种类主要有赖草、芨芨草、臭蒿、糙隐子草、猪毛蒿、二裂委陵菜、多裂委陵菜、多枝黄芪、高原嵩草、高山嵩草、密花棘豆 *Oxytropis imbricata*、车前、草地早熟禾、高原早熟禾、楔叶山莓草 *Sibbaldia cuneata*、异叶青兰、阿拉善马先蒿等。

在湟水谷地的河滩或河谷阶地和低矮丘陵，由于人为活动影响而植被破坏严重的地段，分布于海拔200~2500m的短花针茅草原中，常见大量的米蒿 *Artemisia dalai-lamae* 侵入，甚至占据主导地位而成为优势种或次优势种。米蒿是是一种较典型的强旱生小半灌木，植株高10~20cm，多呈密丛生，其覆盖度可达40%~60%。

疏花针茅草原（Form. *Stipa penicillata*）

疏花针茅草原在青海祁连山地区主要分布于祁连的黑河、托莱河、疏勒河上游地区。植物群落的总盖度为40%~60%，群落中的次优势种有赖草、冰草、猪毛蒿等，常见伴生植物种类主要有赖草、青海固沙草 *Orinus kokonorica*、高山嵩草、阿尔泰狗哇花、二裂委陵菜、天山鸢尾、甘肃马先蒿、阿拉善马先蒿、披针叶黄华等。

芨芨草草原（Form. *Achnatherum splendens*）

芨芨草为盐生、旱中性丛生禾草，为欧亚草原特征植物之一。广泛分布于欧亚大陆温带地区，生态适应性幅度很大。芨芨草草原在青海祁连山地区主要分布于青海湖东岸、北岸湖滨滩地，以及乌兰、都兰、德令哈北部和哈拉湖东部地区。有时也分布于以针茅类植物为优势种的草原地带、河谷灌丛边缘、河滩滩地等处，但分布面积相对较小。

芨芨草植株高40~120cm，丛冠幅直径一般为50~80cm，部分冠幅较大的芨芨草丛直径可达100cm以上。该植被群系的群落建群种为芨芨草，在冲积扇滩地或平缓坡地常形成单一优势群落，在河谷地区有时有以醉马草、冰草、龙蒿、狼毒等形成次优势种。群落总盖度为45%~85%，芨芨草分盖度为35%~65%。群落结构层次明显，明显为2或3层，上层为芨芨草，中层常为针茅属、青海固沙草、早熟禾等属的植物种类所占据。群落中常见的伴生植物种类主要有醉马草、短花针茅、西北针茅、青海固沙草、冰草、落草、赖草、高山嵩草、高原嵩草、大花嵩草 *Kobresia macrantha*、伊凡薹草 *Carex ivanoviae*、猪毛蒿、沙蒿 *Artemisia desertorum*、冷蒿、大籽蒿、臭蒿、楔叶山莓草、阿尔泰狗哇花、青藏狗哇花 *Heteropappus bowerii*、青海鸢尾 *Iris qinghainica*、天山鸢尾 *I. loczyi*、狼毒、甘青铁线莲、披针叶黄华、阿拉善马先蒿、甘肃马先蒿、异叶青兰、蓝花棘豆、短穗兔耳草、直立黄芪、镰形棘豆、扁蓿豆、猪毛菜 *Salsola collina*、平卧轴藜 *Axyris prostrata*、唐古韭 *Allium tanguticum*、碱韭等。下部草本层的覆盖度为 20%~60%。

醉马草草原（Form. *Achnatherum inebrians*）

醉马草草原在青海祁连山地区主要分布于布哈河中下游河谷两岸的一级阶地或滩地上，分布海拔为 3100~3600m，整体分布面积不大，是温性草原类型中较为特殊的群系类型。

醉马草草原群落的主要优势种为醉马草，群落组成中其他较为优势的植物种类主要包括沙蒿、太白细柄茅、大花嵩草、矮嵩草 *Kobresia humilis*、高寒早熟禾 *Poa albertii* supsp. *kunlunensis*、伊凡薹草等。群落总盖度为 60%~95%，醉马草的分盖度为 20%~45%，群落分层明显。群落中伴生的植物种类主要有垂穗披碱草、狼毒、铺散亚菊 *Ajania khartensis*、高山豆、麻花艽、疏齿银莲花 *Actaea obtusiloba*、披针叶黄华、扁蓿豆、肉果草、钉柱委陵菜、多枝黄芪、壳囊薹草、西北针茅、异叶青兰、鳞叶龙胆、达乌里秦艽等。

沙蒿+冷蒿草原（Form. *Artemisia desertorum* + *Artemisia frigida*）

该群系类型的草原植被在青海祁连山地区主要分布于大通河、湟水河中部以及青海湖周边内流河中下游的河谷两岸阳坡和半阳坡，分布海拔为 2600~3600m。

该群系类型的群落总盖度为 40%~75%，群落优势种不甚明显，除沙蒿和冷蒿为主要优势种外，猪毛蒿、高原嵩草、高寒早熟禾、冰草 *Agropyron cristatum*、小叶黑柴胡等植物种类也可形成较为明显的优势，甚至成为部分地段群落中的次优势种。群落中伴生的植物种类主要有太白细柄茅、大花嵩草、伊凡薹草、大花嵩草、短芒披碱草、垂穗披碱草、芨芨草、醉马草、西北针茅、短花针茅、多种早熟禾、多种羊茅、狼毒、铺散亚菊、细裂亚菊 *Ajania przewalskii*、麻花艽、达乌里秦艽、疏齿银莲花、披针叶黄华、扁蓿豆、肉果草、钉柱委陵菜、多裂委陵菜、蕨麻、多枝黄芪、壳囊薹草、异叶青兰等。

青海固沙草+短花针茅草原（Form. *Orinus kokonorica* + *Stipa breviflora*）

青海固沙草为根茎型禾草，多生于沙质土壤上，较耐寒，以根茎繁殖，蔓延很快，具有良好的固沙效果。青海固沙草草原在青海祁连山地区主要分布于青海湖西部和西北部的海晏、共和县地区。群落的优势种为青海固沙草和短花针茅，西北针茅可在部分地段成为次优势种。群落分层不明显，植株高度为 5~35cm，群落总盖度为 35%~60%。群落中常见的伴生植物种类主要有赖草、芨芨草、糙隐子草 *Cleistogenes squarrosa*、早熟禾、臭蒿 *Artemisia hedinii*、猪毛蒿、多枝黄芪、伊凡薹草、火绒草、弯茎还阳参 *Crepis flexuosa*、无茎黄鹌菜、乳苣 *Mulgedium tataricum*、多裂委陵菜、阿尔泰狗哇花、异叶青兰、醉马草、蓝花棘豆、黄花棘豆、土黄毛棘豆、镰形棘豆等。

扁穗冰草草原（Form. *Agropyron cristatum*）

扁穗冰草是广泛分布于中亚至西伯利亚和北美洲的一种典型草原物种，与赖草类似，为半旱生、旱生疏丛禾草。扁穗冰草草原在青海祁连山地区主要分布于鱼卡和党河南山的阳坡，以及青海湖西北部山地丘陵的阳坡。群落优势种为扁穗冰草，紫花针茅可在部分地段成为次优势种。群落总盖度为30%~50%。群落中常见的伴生植物种类主要有赖草、草地早熟禾、短花针茅、垂穗披碱草、阿拉善马先蒿、沙蒿、冷蒿和蓝花棘豆等。

6.1.3.2 高寒草原

高寒草原是指分布海拔较高、以耐寒抗旱的多年生丛生禾草、根茎薹草和小半灌木为优势种所构成的植物群落类型，也是青藏高原独特生境条件下发育形成的高寒植被类型之一，主要分布于中国的青藏高原和帕米尔高原。

在青海祁连山地区，高寒草原植被发育良好，已发展成为相对较高海拔或纬度地区阳性山坡分布的主要植被类型，并与高寒草甸植被类型一起构成区域范围内分布的自然植被主体，高寒草原有时与草甸植被的界限不明显，呈现出相互镶嵌的分布格局。

青海祁连山地区分布的高寒草原植被类型的主要群系类型及其基本特点简要介绍如下。

紫花针茅草原（Form. *Stipa purpurea*）

紫花针茅草原在青海祁连山地区主要集中分布在祁连山中西部的河谷滩地及山地阳性山坡，多沿祁连山山脉南坡及其下部的洪积、冲积丘陵地段和夷平面上呈东西向的带状分布。分布海拔为2500~4200m。

紫花针茅草原的群落总盖度45%~75%，少数地带可达到90%以上。夏季群落外貌呈黄绿色，秋季由于花序颜色而出现灰白色，群落界限十分清晰。群落优势种为紫花针茅，其株高为10~20cm，分盖度为30%~50%。随着生存地域环境条件变化，紫花针茅草原群落中的次优势种也有一定程度的变化。纯紫花针茅草原植被在海北金银滩前后（东大滩水库至三角城地区）、托勒山南坡皇城至默勒一带以及祁连走廊南山南坡有大面积分布，其他地区所占面积很小，且多与高原嵩草草甸相互交接或镶嵌混杂。群落中常见的伴生植物种类主要包括紫羊茅、多种早熟禾、异针茅、芨芨草、醉马草、伊凡薹草、大花嵩草、青海固沙草、赖草、垂穗披碱草、太白细柄茅、双叉细柄茅、铺散亚菊、大籽蒿、猪毛蒿、矮丛风毛菊 *Saussurea eopygmaea*、弱小火绒草、二裂委陵菜、多裂委陵菜、长茎藁本 *Ligusticum thomsonii*、迷果芹、阿尔泰狗哇花、青藏狗哇花、多枝黄芪、冷蒿、蚓果芥 *Neotorularia humilis*、天山鸢尾、青海鸢尾等。

此外，紫花针茅还与羊茅属植物一起和高山嵩草、高原嵩草等莎草科植物构成草甸化草原，常分布于相对潮湿的河谷滩地及山地半阴坡。在这些草甸化草原植被的群落构成中，常见的伴生植物种类主要有多种黄芪 *Astragalus* spp.、多种棘豆 *Oxytropis* spp.、伊凡薹草、大花嵩草、洽草、粗壮嵩草、冷蒿、多种羊茅、阿尔泰狗哇花、青藏狗哇花、卷鞘鸢尾 *Iris potaninii*、多种蒿等。群落总盖度为25%~65%。

冷蒿草原（Form. *Artemisia frigida*）

冷蒿草原在青海祁连山地区主要分布在北部山地哈拉湖与居洪图之间的地段。冷蒿为北温带草原种，有较广的生态幅度，在上述地段以建群种构成冷蒿草原。冷蒿营养枝的基部有许多更新芽，生根及萌蘖能力很强，其以这种营养繁殖特性，具有耐践踏和抗侵蚀的特性，一般生长茂盛。

冷蒿草原的群落优势种为冷蒿，次优势种有座花针茅、猪毛菜等，群落中常见的伴生植物种类主要有高山嵩草、垂穗披碱草、赖草、二裂委陵菜、青海固沙草、阿尔泰狗哇花、异叶青兰、披针叶黄华、雪白黄芪 *Astragalus nivalis*、垫状驼绒藜、狼毒、细裂叶莲蒿、醉马草、蚓果芥等。群落总盖度为 20%～70%。

6.1.4　荒漠

荒漠一般是指以超旱生的、叶退化或特化的小乔木、灌木和半灌木植物种类为主要优势种所构成的植被群落类型，发育形成于降水稀少、极度干旱的地区或地段，地表植被通常十分稀疏。按照不同依据，荒漠可划分为多种类型，中国则以温带荒漠为主（吴征镒，1983）。虽然荒漠植被由于覆盖度和生物量低而使其生态服务功能及生态服务价值均十分有限，但也是荒漠生态系统的核心，对维护荒漠生态系统的平衡与稳定起着重要作用。

青海祁连山地区的荒漠植被主要分布于山地西段，根据区域范围内荒漠植被的主要类群及其分布格局，可划分为温性荒漠和高寒荒漠两个大类。

6.1.4.1　温性荒漠

温性荒漠是指分布海拔较低，以超旱生小乔木、灌木和半灌木为优势种所构成的植被群落类型，主要分布于祁连山南部的柴达木边缘地带。

青海祁连山地区分布的温性荒漠植被类型的主要群系类型及其基本特点简要介绍如下。

膜果麻黄荒漠（Form. *Ephedra przewalskii*）

膜果麻黄荒漠在青海祁连山地区主要分布于大柴旦一带的山前洪积扇或洪积、冲积倾斜平原和砾质的干河床上。分布地域的土壤多为砾质、卵石质的石膏棕色荒漠土。该群系的植被群落多生长于地表径流形成的小冲沟或低洼地带，生境较为严酷、干旱，群落结构也较为简单。膜果麻黄作为群落优势种，植株高度为 30～50cm，高者可达 100cm。该群系在青海祁连山地区少见纯群落出现，群落覆盖度一般在 20%以下。在水分充足的地方（包括地下水位较高的个别地段和间歇性的径流冲积沟）可形成较为密集的群落，群落覆盖度可达 25%～30%。群落中常见伴生的植物种类主要有柴达木拐枣、驼绒藜、中亚紫菀木、星毛短舌菊 *Brachanthemum pulvinatum*、木本猪毛菜 *Salsola arbuscula*、蒙古鸦葱 *Scorzonera mongolica*、红花岩黄芪、红砂、雾冰藜 *Bassia dasyphylla*、沙生针茅、蒙古韭、角果碱蓬 *Suaeda corniculata*、刺沙蓬 *Salsola tragus*、猪毛菜、蝇虫实 *Corispermum declinatum* 等。

合头草荒漠（Form. *Sympegma regelii*）

合头草是一种超旱生小半灌木，为亚洲中部区系成分的主要组成之一。合头草荒漠在青海祁连山地区主要分布于苏干湖东面的冲积扇盐碱滩地上。合头草荒漠的植物群落结构简单，组成种类稀少，分层明显或不明显。常见的伴生种有角果碱蓬、盐爪爪 *Kalidium foliatum*、黄毛头 *K. cuspidatum*、细枝盐爪爪 *K. gracile*、中亚紫菀、刺叶柄棘豆、镰形棘豆、木本猪毛菜、猪毛菜、蒙古鸦葱、碱韭等，群落覆盖度为 15%～45%。

木本猪毛菜+合头草+星毛短舌菊荒漠（Form. *Salsola arbuscula* + *Sympegma regelii* + *Brachanthemum pulvinatum*

该群系类型的荒漠植被在青海祁连山地区主要分布于鱼卡至大柴旦一带的山前冲积扇滩地上。群落中木本猪毛菜、合头草、星毛短舌菊相对占有优势地位，可在局部成为单一优势种，或分别组合共同构成群落的优势种。该群系的群落结构简单，稀疏，层次不明显，群落覆盖度为10%～35%。群落中的伴生植物种类主要有红砂、驼绒黎、中亚紫菀木、冷蒿、蒙古鸦葱、碱韭、蒙古韭、赖草、猪毛菜等。

驼绒藜砾漠（Form. *Krascheninnikovia ceratoides*）

驼绒藜植株基部强烈分枝，小枝和叶密被灰白色绒毛，是一种非常耐旱的小半灌木，属于地中海中亚区系成分的主要组成之一。驼绒藜砾漠在青海祁连山地区主要分布于鱼卡附近、苏于湖东面的土根达板山以及哈拉湖西北部。该群系多形成单一优势种群落，或与其他耐盐、旱生种类组成不同类型的驼绒黎群落，群落覆盖度为10%～40%，群落分层不明显。群落中常见的伴生植物种类有猪毛菜、木本猪毛菜、合头草、红砂、盐爪爪、赖草、西北针茅、紫花针茅、刺叶柄棘豆、镰形棘豆、垂穗披碱草、蒙古鸦葱、冷蒿、沙蒿、碱韭、角果碱蓬等。

圆头沙蒿沙漠（Form. *Artemisia sphaerocephala*）

圆头沙蒿为典型的沙生半灌木，植株高40～60cm，高者可超过1m。以其作为优势种构成的圆头沙蒿沙漠在青海祁连山地区主要分布于青海湖东面的沙地中，群落群落结构简单，群落覆盖度为20%～30%，个别地段高达50%。群落中的主要伴生植物种类有披针叶黄华、赖草、白草 *Pennisetum flaccidum*、红花岩黄芪、甘青铁线莲、草麻黄、西北针茅、紫花针茅、青海固沙草、垂穗披碱草、芨芨草、醉马草、蚓果芥、天蓝韭、青甘韭、少花顶冰花等，有时叉子圆柏也穿插其中。

6.1.4.2 高寒荒漠

高寒荒漠是青藏高原隆升以后，随着高原气候的大陆性特性逐渐加强而形成了高寒、干旱的大陆性高原气候。在植物的长期适应过程中，以一些超旱生的垫状小半灌木在最干旱、最寒冷的高原和高山作为优势种或建群种构成了高寒荒漠植被类型，成为青藏高原特化形成的独特植被类型之一。高寒荒漠在青海祁连山地区主要分布于大通河与湟水河的河源区、哈拉湖周围平缓坡地顶部等地，植被群落中的组成植物种类非常稀少。

青海祁连山地区分布的高寒荒漠植被类型的主要群系类型及其基本特点简要介绍如下。

垫状驼绒藜荒漠（Form. *Krascheninnikovia compacta*）

垫状驼绒藜荒漠在青海祁连山地区主要分布于哈拉湖周边区域。植被群落的组成种类稀少，群落结构较为简单，群落覆盖度为10%～15%。群落中常见的伴生植物种类主要有小早熟禾 *Poa calliopsis*、青藏薹草 *Carex moorcroftii*、座花针茅 *Stipa subsessiliflora*、三芒草 *Aristida adscensionis*、青藏狗娃花、青海雪灵芝 *Arenaria qinghaiensis*、青藏雪灵芝 *A. roborowskii*、甘肃雪灵芝 *A. kansuensis*、白花蒲公英 *Taraxacum leucanthum*、铺散亚菊等。

唐古特红景天荒漠（Form. *Rhodiola algida* var. *tangutica*）

唐古特红景天荒漠在青海祁连山地区主要分布于哈拉湖四周，以及哈拉湖南部和阿日郭勒北面之间的地段，多生长于山麓和山前地带。唐古特红景天为莲座状小半灌木，基部残枝枯叶和细沙堆积常形成半圆形的小丘，为该群系植被群落构成的优势种。该植被群系类型的群落组成种类少，群落结构较为简单，群落覆盖度为15%~35%。群落中常见的伴生植物种类主要有矮丛风毛菊、青藏雪灵芝、小早熟禾、胎生早熟禾、紫羊茅等。

沙地风毛菊+矮丛风毛菊荒漠（Form. *Saussurea arenaria* + *Saussurea eopygmaea*）

该群系类型的荒漠植被在青海祁连山地区主要分布于哈拉湖四周，居洪图、德令哈北面的阿日郭勒河上游、大柴旦的东面、怀头他拉的色拉木、天峻的生格等地域的河流阶地和滩地上，多生长于沙质土壤上。植被群落的优势种为沙地风毛菊和矮丛风毛菊，可单独成为局部群落的优势种，或互为次优势种，群落覆盖度为50%~70%。植被群落中常见的伴生植物种类主要有钻叶风毛菊 *Saussurea subulata*、高山嵩草、高原嵩草、短穗兔耳草 *Lagotis brachystachya*、肉果草、弱小火绒草、海乳草、异叶青兰、密花翠雀、天山报春 *Primula nutans*、多种早熟禾、高山豆、垂穗披碱草、海乳草 *Glaux maritima*、西藏微孔草 *Microula tibetica*、鳞叶龙胆、西伯利亚蓼、长果婆婆纳 *Veronica ciliata* 等。

6.1.5　草甸

草甸是由多年生中生、湿中生或湿生植物为优势种所构成的植被群落类型，发育形成于水分条件较好的自然区域和局部地段，具有分布范围广、群落类型繁多、种类组成丰富等方面的特点。由于草甸属于与分布区生境中水分状况紧密联系的特殊植被类型，对草甸植被类型下属植被分类单位的划分以及是否具有地带性意义等科学问题依旧存在不同的看法和处理方式（吴征镒，1983、1987；中国科学院内蒙古宁夏综合考察队，1985；中国科学院青藏高原综合科学考察队，1988；周兴民等，1987；周立华，1990；雷明德，1999）。根据现有相关植被研究资料及笔者多年来的实践积累，特别是伴随着对于青藏高原自然植被的深入研究，对于具有草甸植被类型基本特点的相关植被群落类型的类群划分及等级归属等方面，存在一些尚无共识定论，难以科学处置，已成为争议的问题。

其一，高寒草甸植被的分类地位问题。草甸植被通常被认为属于隐域性植被类型而不具有植被地带性指示意义。高寒草甸为青藏高原大幅度抬升后演化形成的特殊植被类型，属于构成青藏高原上植被地带性（水平地带性或高原地带性）分布格局的组成部分之一，具有明显的地带性意义。但就植被群落类型的外貌景观特征、主要优势种生活型、群落结构特征等方面来看，将其作为草甸植被类型的组成部分也具有合理性。因此，虽然高寒草甸的地带性意义已基本获得普遍认同，但对高寒草甸的植被分类地位却产生了不同看法，分别将其作为草甸植被类型的下属独立单元（植被亚型）或列为与草甸植被平行等级的独立分类单元（植被型）。可见，这两种处理方式均具有一定合理性。将高寒草甸归入草甸植被类型的下属分类单元，侧重于强调高寒草甸植被群落类型的草甸（植被型）属性，并且符合植被研究领域通常将全球地表自然植被划分为森林、灌丛、草原、荒漠、草甸等植被型的传统植被分类方式。将其列为平行于草甸植被的独立分类单元（植被型），则强调了高寒草甸植被有别于其他草甸植被群落类型的地带性指示意义，进而突出了高寒草甸植被与其他草甸植被群落类型的本质性差异。根据青海祁连山地区高寒草甸植被群落类型的分布规律，结合前述对各类高寒植被类型分类地位的处理方式，将高寒草甸作为草甸植被类型的下属独立分类单元（植被亚型）较为适宜。

其二，部分草甸植被群落类型的分类归属问题。根据现有植被分类研究的相关文献资料，草甸植被的分类等级虽然均被列为植被型，但采用的下属植被分类单位（群系组）却存在较大差异，大多依据植被生境中的水分状况划分出两个植被亚型：典型草甸和沼泽化草甸。就植被的外貌景观而言，这两种植被亚型差异明显，典型草甸生境中的土壤水分含量高但基本不形成长时间的地表积水，沼泽化草甸则处于土壤水分的过饱和状态而出现地表积水。众所周知，划分植被分类基本单位（群系或群丛）的主要依据为群落的优势种或建群种，同时也应兼顾其实际生境和群落特征。然而，在多年来的科研实践中发现，对于一些生态适应幅度较广物种而言，由其作为优势种所构成的植被群落类型，往往可以分别划入不同的植被分类单位中。例如，以芦苇 *Phragmites australis* 和西伯利亚蓼 *Polygonum sibiricum* 为主要优势种或建群种所构成的不同植被群落类型，仅在青海省范围内就可以分别归入典型草甸（盐生草甸）和沼泽化草甸等植被亚型，也可以归入植被分类等级更高的沼泽（植被型）；以微药碱茅 *Puccinellia micrandra*、马蔺 *Iris lactea* var. *chinensis*、海乳草 *Glaux maritima* 等为主要优势种或建群种所构成的不同植被群落类型，也可以分别归入典型草甸（盐生）和沼泽化草甸等植被亚型。所以，尽管存在此类问题，鉴于典型草甸和沼泽化草甸的生态服务功能和生态服务价值存在明显差异，在进行植被类型划分时，还是应当将典型草甸和沼泽化草甸分别列为植被亚型，相应植被群落类型划分则依据其比例权重或其实际重要性进行归类。

其三，高寒沼泽化草甸植被群落类型的归属问题。伴随青藏高原的大幅度隆升，在高原上演化形成典型高寒草甸植被群落类型的同时，也发育形成了以西藏嵩草 *Kobresia tibetica* 和藏北嵩草 *K. littledalei* 等为主要优势种所构成的特殊植被群落类型。在进行区域植被分类时，该植被群落类型也分别被归入高寒草甸或沼泽化草甸的下属分类单位。就该植被类型植被的起源与进化历程而言，应当属于青藏高原强烈隆升后在局部特殊生境条件下与高寒草甸同期演化形成的特定产物，在青藏高原上常常形成较大面积的自然分布区，构成该植被群落类型的主要优势种或建群种的西藏嵩草也是青藏高原特有种，在进行植被分类时无疑可以考虑将其归入高寒草甸的范畴。但就另一角度而言，从植被群落优势种的生活型（湿中生植物）相似、群落生境中常于冻胀丘之间形成局部积水、生态系统服务功能相近等方面来看，高寒沼泽草甸与通常认定的沼泽化草甸也具有明显的相似性，基于此而将高寒沼泽草甸归入沼泽化草甸类群也无可非议。因此，虽然高寒沼泽草甸植被群落类型的演化形成、分布格局有其特殊性，但其主要生态服务功能及其生态服务价值更接近于沼泽草甸，结合近期中国在进行湿地普查时已将高寒沼泽草甸列入湿地范畴的考虑，将其列入沼泽草甸的范畴更为适宜。

其四，沼泽植被的分类地位问题。沼泽植被和水生植被是在土壤过湿或明显积水地带等特定生境条件下发育形成的植被类型，在我国有较为广泛的分布，特别是在温带地区和青藏高原上分布面积较大。沼泽植被和水生植被相互间存在一定联系，被认为属于水体向沼泽演变过程中的不同演替阶段（吴征镒，1983）。就目前区域性植被研究的相关资料而言，在进行植被分类时，虽然多数文献将与多水生境紧密联系的沼泽植被和水生植被独立或分别单列为较高分类等级的植被型，但也被部分学者列为与草甸植被平行等级的植被亚型。基于下述几方面的考虑，将该植被类型列为草甸植被型的下属植被亚型之一，可能更为有助于反映其内在的生态学特性。就植被的地带性分布规律而言，分布于不同自然气候带范围内的沼泽植被和水生植被，往往由不同区系成分的植物种类构成群落的优势种或建群种，进而使其带有地带性植被类型的印记；但此类植被群落类型的发育形成主要取决于生境中的水分状况，与典型草甸、沼泽草甸等植被群落类型具有相似性，本质上依旧属于隐域性植被类型的范畴。就其植被群落的构成物种而言，许多构成沼泽植被群落优势种或建群种的植物种类，如杉叶藻 *Hippuris vulgaris*、水麦冬 *Triglochin maritimum*、芦苇 *Phragmites australis*、西伯利亚蓼 *Polygonum sibiricum* 等，也可以分别成为水生植被、典型草甸、沼泽草甸等植被群落类型的优势种或建群种，如果将这些植物种类作为优势种所构建形成、而且同样具有隐域性质的植被群落类型分别划归不同植被型的处理方式，的确值得商榷。就其生态服务功能而言，沼泽植被生态系统属于典型的湿地生态系统类型之一，虽然明显存在作用程度上的差异，但主要还是表现出具有与典型草甸、沼泽化草甸等湿地生态系统相同或相似的水文调节、水土保持、生物多样性保护、生态旅游等方面的主要生态服务功能，将同样主要具备湿地生态服务功能的典型草甸、沼泽化草甸、沼泽植被、水生植被等植被类型列为同等级植被分类单位的处理方式，应该具有一定的合理性。

基于上述讨论，将青海祁连山地区发育形成的高寒草甸、典型草甸、沼泽化草甸、沼泽植被（水生植被）分别列为同等级的植被分类单位，作为草甸植被（植被型）下属的植被亚型，并据此展开后续介绍和讨论。

6.1.5.1　高寒草甸

高寒草甸是指由寒冷中生多年生草本植物为主要优势种所构成的植被群落类型，属于青藏高原强烈隆升后发育形成的特殊的高寒植被类型之一，主要分布在青藏高原上，也是青藏高原及其周边地区重要的植被生态系统类型之一。受局部生境条件差异性的影响，可构成高寒草甸植被群落优势种的种类数量较多，许多嵩草属 *Kobresia* spp. 的植物种类都可以独立或联合成为高寒草甸植被群落的优势种，还有多种薹草以及珠芽蓼、圆穗蓼等许多植物种类也可以成为群落的次优势种，甚至成为优势种。相比之下，高寒草甸植被群落的组成种类也较为丰富，但植被群落的层片结构却较为简单，一般情况下仅为 1 层。

在青海祁连山地区，高寒草甸植被类型主要分布于海拔 2500~4500m 的滩地和山地，属于该区域范围内分布面积较大的植被类型，在涵养水源、保持水土、提供优质饲草等许多方面具有重要的生态功能和作用。随着局部地域海拔及生境条件的变化，高寒草甸植被群落的种类组成和群落结构也会随之发生较为显著的变化。

青海祁连山地区分布的高寒草甸植被类型的主要群系类型及其基本特点简要介绍如下。

高山嵩草草甸（Form. *Kobresia pygmaea*）

高山嵩草草甸在青海祁连山地区广泛分布于山地中上部阴坡或半阴坡地带，在祁连山中西部地段分布较为集中，东部主要分布于阴坡或半阴坡山地灌丛上部，西部在哈拉湖周边有小面积分布，分布海拔为2500~4500m。

该群系植被群落的层次分化不明显，植株高度一般3~6cm，生长密集。群落外貌景观夏季表现为暗绿色或深绿色，秋季表现为棕色或淡棕色。群落优势种为高山嵩草，群落总盖度为60%~90%，优势种分盖度为50%~60%。群落组成种类较为丰富，有时金露梅、高山绣线菊等灌木种类侵入。群落中常见的伴生植物种类主要有高原嵩草、嵩草 *Kobresia myosuroides*、早熟禾、羊茅 *Festuca ovina*、紫羊茅、异针茅、西北针茅、太白细柄茅、双柱头藨草、密生薹草 *Carex crebra*、白颖薹草 *C. duriuscula* subsp. *regescens*、圆穗蓼、珠芽蓼、柔软紫菀、重冠紫菀、弱小火绒草、丛生钉柱委陵菜 *Potentilla saundersiana* var. *caespitosa*、蒲公英、高山唐松草、达乌里龙胆、麻花艽、管花秦艽 *Gentiana siphonantha*、长萼龙胆 *G. dolichocalyx*、线叶龙胆 *G. lawrencei* var. *farreri*、蓝玉簪龙胆 *G. veitchiorum*、美丽风毛菊、尖苞瑞苓草、疏齿银莲花、高原毛茛、鸟足毛茛、云生毛茛 *Ranunculus nephelogenes*、甘肃马先蒿、碎米蕨叶马先蒿 *Pedicularis cheilanthifolia*、华马先蒿、黄花棘豆 *Oxytropis ochrocephala*、甘肃棘豆等。此外，群落中还有多种1年或2年生龙胆属 *Gentiana* spp. 植物点缀其中。

高原嵩草草甸（Form. *Kobresia pusilla*）

高原嵩草草甸在青海祁连山地区主要分布于东经97°以东的大部分山地或山间宽谷冲积扇滩地，分布面积仅次于高山嵩草草甸，分布海拔为2500~4200m。

该群系植被群落的层次分化不明显，一般只形成一层，群落总盖度为55%~85%。群落优势种为高原嵩草，植株高度一般4~15cm，分盖度为40%~65%。群落组成种类较为丰富，群落中常见的伴生植物种类主要有高山嵩草、喜马拉雅嵩草、嵩草、黑褐薹草 *Carex atrofusca* subsp. *minor*、羊茅、异针茅、紫花针茅、洽草、火绒草、弱小火绒草、多种早熟禾、垂穗披碱草、珠芽蓼、圆穗蓼、蕨麻、高山唐松草、多裂委陵菜、多枝黄芪、甘肃棘豆、黄花棘豆、土黄毛棘豆、麻花艽、管花秦艽、皱边喉毛花、美丽风毛菊、乳白香青、短穗兔耳草、高山唐松草、二裂委陵菜、甘肃马先蒿、碎米蕨叶马先蒿等。

嵩草草甸（Form. *Kobresia myosuroides*）

嵩草草甸在青海祁连山地区主要分布于中段的祁连县、天峻和乌兰县北部一带海拔3400~3900m的山地。群落总盖度为70%~90%，群落中常见的伴生植物种类主要有高山嵩草、洽草、圆穗蓼、珠芽蓼、藏异燕麦、披碱草、黄花棘豆、黄花野青茅 *Deyeuxia flavens*、达乌里龙胆、紫花针茅、早熟禾、美丽风毛菊、鳞叶龙胆、矮嵩草、矮火绒草、肉果草、丝颖针茅 *Stipa capillata*、发草、乳白香青、香唐松草 *Thalictrum foetidum*、无茎黄鹌菜等。

线叶嵩草草甸（Form. *Kobresia capillifolia*）

线叶嵩草草甸在青海祁连山地区主要分布于青海湖北面的舟群地区，分布海拔为3400~3500m。群落总盖度为70%~90%，群落中常见的伴生植物种类主要有薹草、高原嵩草、黑褐薹草、甘肃嵩草 *Kobresia kansuensis*、圆穗蓼、珠芽蓼、鸟足毛茛、叠裂银莲花 *Anemone imbricata*、高山唐松草、斑唇马先蒿 *Pedicularis longiflora* var. *tubiformis*、蔓茎蝇子草 *Silener epens*、麻花艽、鳞叶龙胆、露蕊乌头、紫羊茅、乳白香青、唐古特风毛菊、芒落草

Koeleria litvinowii、高原早熟禾 *Poa alpigena* 等。

嵩草+线叶嵩草草甸（Form. *Kobresia myosuroides* + *Kobresia capillifolia*）

该群系类型的草甸植被在青海祁连山地区主要分布于青海湖环湖地区的山坡或山地阴坡，分布海拔为3300~3800m。这种草甸植被类型呈小片状斑块，不集中连片，常与高寒灌丛相邻或上述两种草甸相杂，或混生有金露梅、鬼箭锦鸡儿等少量灌木。

群落总盖度为65%~85%，群落优势种为嵩草或线叶嵩草，可共同组成优势种或互为次优势种，优势种的分盖度为35%~65%。群落中常见的伴生植物种类主要有高山嵩草、高原嵩草、黑褐薹草、喜马拉雅嵩草、异针茅、菭草、高原早熟禾、紫羊茅、圆穗蓼、珠芽蓼、柔软紫菀、弱小火绒草、条叶垂头菊 *Cremanthodium lineare*、肉果草、高山唐松草、黄花棘豆、甘肃棘豆、湿生扁蕾等。

高原嵩草+紫花针茅草原化草甸（Form. *Kobresia pusilla* + *Stipa purpurea*）

该群系类型的草甸植被在青海祁连山地区主要分布于祁连山中西部海拔相对较高的阶地上以及山地中上部阳性山坡，一般分布海拔为3000~3800m，以祁连山北部或中西部较湿润冷凉地区分布较为集中。

该群系类型的优势种为高原嵩草，次优势种为紫花针茅。该植被类型的植被群落有明显的层次分化，第一层以禾草植物——紫花针茅占优势，植株高20~45cm；第二层以嵩草类植物——高原嵩草为优势，植株高3~6cm。群落总盖度一般为75%，部分地段可以达到90%以上。植被群落中常见的伴生植物种类主要有高原嵩草、异针茅、紫羊茅、羊茅、多种早熟禾、火绒草、矮火绒草、葶苈、甘肃棘豆、芸香叶唐松草、白苞筋骨草 *Ajuga lupilina*、天山鸢尾等。

黑褐薹草草甸（Form. *Carex atrofusca* subsp. *minor*）

黑褐薹草草甸在青海祁连山地区主要分布于哈拉湖周边冲积扇滩地。植物群落以黑褐薹草为主要建群种所形成，群落总盖度为70%~95%，优势种的分盖度为40%~60%。群落中常见的伴生植物种类主要有高原嵩草、圆穗蓼、多枝黄芪、针叶薹草 *Carex duriuscula* subsp. *stenophyylloides*、早熟禾、二柱头藨草、嵩草、冰草、粗喙薹草、高原毛茛、西藏嵩草等。

6.1.5.2 典型草甸

典型草甸是指由多年生中生草本植物（包括旱中生植物、湿中生植物和盐中生草本植物）为主体，在土壤水分主要来源于地下水或地表水（河流、湖泊、地面径流汇集等）的低湿地等适中水分条件下发育起来的植被群落类型，属于隐域性的非地带性植被类型之一。在部分土壤含盐量较高地段，还可发育形成以耐盐中生植物为主体的盐生草甸植被群落类型（有学者将此类植被类型单列为并列于典型草甸的植被亚型）。一般情况下，典型草甸植被生境中不形成明显的积水，但可以保持较高的土壤含水量。总体而言，构成典型草甸植被群落的优势种、建群种和次优势种在不同地段可能存在较大的明显差异。

青海祁连山地区分布的典型草甸植被类型的主要群系类型及其基本特点简要介绍如下。

马蔺草甸（Form. *Iris lactea* var. *chinensis*）

马蔺是多年生丛生草本，具有粗壮的短根茎，繁殖较快。马蔺草甸在青海祁连山地区主要分布于柴达木盆地东部、青海湖周边湖滨、河滩、冲积扇的低湿平地，整体分布格局非常零散，比较集中成为较大面积分布的有湟水河干支流河源区、青海湖东南的倒淌河等处。该群系类型的植被群落外貌呈绿色，群落多密集连片分布，但通常不会形成较大面积的连续分布格局。

该植被群系类型的群落总盖度为70%~85%，优势种的分盖度为50%~75%。群落中常见的伴生植物种类主要有垂穗披碱草、狼毒、黄花棘豆、甘肃棘豆、蕨麻、草玉梅、甘肃马先蒿、铃铃香青 *Anaphalis hancockii*、乳白香青、穗三茅 *Trisetum spictatum*、西伯利亚蓼、海乳草、草地早熟禾、短穗兔耳草、雪白黄芪、卷鞘鸢尾、垂穗披碱草等。在海拔较高的地区，该群系类型的植被群落构成中，尚可见混有铺地小叶金露梅 *Potentilla parvifolia* var. *armerioides*、珠芽蓼、弱小火绒草等植物种类。

盐爪爪+微药碱茅草甸（Form. *Kalidium foliatum* + *Puccinellia micrandra*）

该群系类型的草甸植被在青海祁连山地区主要分布于德令哈东北部和北部的地势低洼的盐渍土上，总体分布面积不大。群落外貌呈绿色，群落总盖度为20%~30%，群落结构单调、稀疏。群落分层不明显，群落植物的高度为20~30cm。群落中常见的伴生植物种类主要有红砂、驼绒藜、猪毛菜、碱蓬、巴隆补血草、碱韭、海乳草等，有时可见芨芨草、合头草等植物种类生长在该群系类型的植被群落中。

赖草草甸（Form. *Leymus secalinus*）

赖草草甸在青海祁连山地区主要成片分布于马海河附近、苏干湖东面、土根达板山北面等地。赖草往往单独建成群落，群落结构单一，呈灰绿色或淡棕色（冬季）。群落总盖度为40%~60%。群落中常见的伴生植物种类主要有西伯利亚蓼、垂穗披碱草、伊凡薹草、乳苣、细叶黄鹌菜、盐地风毛菊、芦苇、小花棘豆、海乳草等。

芦苇草甸（Form. *Phragmites australis*）

芦苇是一种生活力非常强的多年生根茎禾草，该物种的生态适应幅度较广，无论对水分、土壤盐分含量等生境条件的适应变幅都很大。芦苇草甸在青海祁连山地区主要分布于山地西部的大柴旦胡、小柴旦湖、宗马海湖等湖滨、冲积扇盐渍滩地上。

芦苇草甸常常形成由芦苇作为单一建群种的纯群落，但也有许多以芦苇为优势种同时混生其他植物种类而组成不同结构的植被群落。群落总盖度为35%~60%。群落中常见的伴生植物种类主要有赖草、西伯利亚蓼、水麦冬、碱蓬、乳苣、草甸还阳参 *Crepis pratensis*、蒲公英 *Taraxacum mongolicum*、白麻 *Apocynum pictum*、海乳草、盐地风毛菊 *Saussurea salsa* 等。

6.1.5.3 沼泽草甸

沼泽草甸是指由多年生湿中生植物为主体，在地势低洼、排水不畅、土壤过湿等生境条件下发育形成的植被群落类型，也是典型草甸向沼泽植被的过渡类型，属于隐域性的非地带性植被类型之一。该类植被的分布区域往往出现程度不同的地表积水，土壤通透性差，凋亡植物有机体不易分解，使有机质大量积累。

该植被群落类型在青海祁连山地区广泛分布于大通河、湟水河的中上游以及河湖源区的河岸阶地、山前潮湿冲积扇滩地、湖群洼地、河源积水滩地及高山冰积洼地等潮湿生境中，整体分布范围较广，除木里地区的河源区外，其他地区的分布面积均较不大，分布海拔为 2500~4800m，主要以祁连山中部地区分布较为集中。

该区域沼泽草甸植被主要以华扁穗草 *Blysmus sinocompresus*、西藏嵩草、无味薹草 *Carex pseudofoetida* 等为群落优势种，群落总盖度为 75%~95%，个别地带的可达到 95%以上，西藏嵩草等优势种的分盖度可以达到 70%以上。有时优势种是由上述几种共同构成，或互为伴生；个别地带则由黑褐薹草为优势种组成群落，但面积较小。

青海祁连山地区分布的沼泽草甸植被类型的主要群系类型及其基本特点简要介绍如下。

西藏嵩草沼泽草甸（Form. *Kobresia tibetica*）

西藏嵩草沼泽草甸是青藏高原上特化形成的高寒植被群落类型之一，广泛分布于祁连山地的低平滩地、洼地、河漫滩、山麓潜水出露地带，属于青海省内占有重要地位的湿地生态系统组成部分之一。

西藏嵩草沼泽草甸在青海祁连山地区以黑河流域和大通河中上游干支流两侧分布较为集中，但多呈斑块状分布而不形成大面积连续分布，分布地段多出现明显的冻胀丘地貌景观。植被群落的总盖度为 80%~95%，优势种为西藏嵩草，其分盖度通常达 70%以上。群落中常见的伴生植物种类主要有黑褐薹草、粗喙薹草、圆囊薹草 *Carex orbicularis*、小钩毛薹草 *Carex microglochin*、高原嵩草、草地早熟禾、甘肃薹草、发草、沿沟草 *Catabrosa aquatica*、具刚毛荸荠 *Eleocharis valleculosa* var. *setosa*、圆穗蓼、细叶蓼 *P. tenuifolium*、西伯利亚蓼、海韭菜 *Triglochin maritimum*、云生毛茛、高原毛茛、碎米蕨叶马先蒿、儒侏马先蒿 *Pedicularis pygmaea*、花葶驴蹄草 *Caltha scaposa*、柔软紫菀、弱小火绒草、小灯心草 *Juncus bufonius*、栗花灯心草 *J. castaneus*、狭萼报春 *Primula stenocalyx*、柔小粉报春 *P. pumilio*、天山报春、矮垂头菊 *Cremanthodium humilis*、车前叶垂头菊 *C. ellisii*、条叶垂头菊、星状风毛菊 *Saussurea stella*、美丽风毛菊、斑唇马先蒿、三裂碱毛茛、无尾果 *Coluria longifolia*、海乳草、高山唐松草、钉柱委陵菜、甘肃棘豆、黄花棘豆、细叉梅花草、湿生扁蕾、祁连獐牙菜、四数獐牙菜、肋柱花、长萼龙胆、蓝玉簪龙胆等。在西藏嵩草沼泽草甸植被群落中，沿沟草、具刚毛荸荠、三裂叶碱毛茛等植物种类可生长于草甸中的积水坑中，在有些积水坑中还生长有蓖齿眼子菜 *Potamogeton pectinatus*、杉叶藻等水生植物种类。

此外，在局部积水地段还常见有双柱头藨草、中间荸荠 *Eleocharis intersita* 等莎草科植物构成的单一优势群落或复合优势群落。局部滩涂浅水水中有少花荸荠、具刚毛荸荠、杉叶藻、狸藻 *Utricularia vulgaris* 等水生植物存在，但面积不大。

华扁穗草沼泽草甸（Form. *Blysmus sinocompressus*）

华扁穗草沼泽草甸是以华扁穗草为建群种的沼泽化草甸类型，在青海祁连山地区与西藏嵩草沼泽草甸类型分布状况相差无几，多见于河流两岸以及湖泊周边的低湿地带、小溪边和排水不良的河谷洼地、湖滨滩地和泉水出头地带，多为小片斑块状分布，分布范围遍及 2800m 以上地区。

该群系植被群落的组成植物种类较少，群落结构简单，外貌整齐，群落总盖度为 80%

~95%。群落中常见的伴生植物种类主要有西藏嵩草、黑褐薹草、蕨麻、水麦冬 *Triglochin palustre*、海韭菜、多枝黄芪、多裂委陵菜、甘肃马先蒿、星状风毛菊、条叶垂头菊、三裂叶碱毛茛、花葶驴蹄草、海乳草、高山唐松草、斑唇马先蒿、云生毛茛、西伯利亚蓼等。

华扁穗草+三裂叶碱毛茛沼泽草甸（Form. *Blysmus sinocompresus* + *Halerpestes tricuspis*）

该群系类型的沼泽草甸在青海祁连山地区主要集中成片分布于青海湖北岸和西北岸一带的浅水区或湖岸湿地生境中，在其他地段也有小面积分布。

该群系植被群落的组成植物种类较为丰富，群落外貌呈深绿色或棕色（春、秋、冬季）。通常，湖岸湿地生境多为华扁穗草建群的群落所覆盖；在华扁穗草群落中的小水塘或洼地积水区则多为三裂叶碱毛茛的优势群落所覆盖，有时也有杉叶藻、沿沟草、西伯利亚蓼等植物种类生长其中。群落总盖度为 80%~95%，群落中常见的伴生植物种类主要有西藏嵩草、粗喙薹草、黑褐薹草、矮嵩草、草地早熟禾、小灯芯草、展苞灯芯草 *Juncus thomsonii*、山麦冬、海韭菜、斑唇马先蒿、星状风毛菊、甘肃薹草、珠芽蓼、发草、细叶蓼、甘青虎耳草等。

6.1.5.4 沼泽和水生植被

沼泽植被是指在土壤过湿或积水生境中发育形成、以沼生植物占据主体地位的植被群落类型，广泛分布于局部土壤极为潮湿、季节性或长期积水的自然生境中，群落组成种类较为丰富，所有植物种类均扎根于泥（泥炭）中，而且在中国的不同代表性植被地带范围内呈现出群落优势种或建群种、群落组成种类及群落外貌景观等方面的显著差异性。水生植被主要是指在水体生境中发育形成、以沉水植物为主要代表组成的植被植物群落类型，呈散布状态广泛分布于湖泊浅水区、河流缓流区或微弱流动的溪流以及湖塘洼地等水生环境，独立群落的分布面积相对较小，不同地段水生植被群落的优势种或建群种、群落组成种类也存在显著差异，组成植物种类中包括沉水植物和挺水植物。鉴于沼泽植被和水生植被均为典型的隐域性植被群落类型、群落生境具有明显相似性、群落种类组成（优势种、建群种和组成种）存在明显交叉等现象，故在本书中将两者归并为一个植被亚型。

沼泽植被在青海省范围内呈小面积散布状态而广泛分布，在青海祁连山地区的大通河中游的默勒以及上游的木里地区、青海湖北岸等区域有较大面积的集中分布。水生植被也在青海省以及青海祁连山地范围内呈小面积散布状态的广泛分布，在青海湖流域范围内相对较为发育。

鉴于沼泽植被和水生植被多呈小面积散布状态，构成局部植被群落的优势种或建群种复杂多变，可单一构成，也可多种共同构成。就严格意义而言，可以划分出数量众多的植被群系。以下仅就青海祁连山地区分布面积相对较大、较为常见的植被群系进行归纳整理，并对这些主要群系类型及其基本特点简介如下。

圆囊薹草沼泽（Form. *Care xorbicularis*）

圆囊薹草沼泽在青海祁连山地区主要分布于大通河中、上游的默勒和木里及舒尔干河两岸，常与西藏嵩草沼泽草甸植被形成镶嵌式复合体的分布格局。群落总盖度为 80%~95%。群落中常见的伴生植物种类主要有粗喙薹草、黑褐薹草、高原嵩草、草地早熟禾、小灯芯草、展苞灯芯草、三裂碱毛茛、山麦冬、海韭菜、斑唇马先蒿、星状风毛菊、天山报春、甘肃薹草、珠芽蓼、细叶蓼、发草、圆穗蓼、唐古特虎耳草等。

芦苇沼泽（Form. *Phragmites australis*）

芦苇沼泽在青海祁连山地区主要分布于区域南部边缘柴达木盆地可鲁克湖的东北岸，为单优势种构成的植被群落，群落外貌景观整齐，呈绿色，优势种芦苇的株高 1.5~2.5m，高者可达 3~4m，常有水麦冬和蓖齿眼子菜、水葱 *Schoenoplectus validus* 和扁秆藨草 *Scirpus planiculmis* 等植物种类在群落中混生，群落总盖度为 60%~80%。

具刚毛荸荠沼泽（Form. *Eleocharis valleculosa* var. *setosa*）

具刚毛荸荠为挺水植物，由其作为优势种构成的沼泽植被群落在青海祁连山地区广泛分布于整个地区的湖泊浅水区、河流或溪流缓流区或溪流源区以及湖塘洼地等水生环境中，实际分布面积随水生环境变化而有所不同。群落总盖度为 20%~75%，群落中常见的伴生植物种类主要有狸藻、杉叶藻、篦齿眼子菜、小眼子菜、水麦冬、海韭菜、穗状狐尾藻、青海角果藻 *Zannichellia qinghaiensis* 等。有时，在祁连山西部的湖泊浅水区或河流缓流区，群落中也有球穗藨草 *Scirpus strobilinus* 或扁秆藨草等植物种类侵入。

水葱沼泽（Form. *Schoenoplectus validus*）

水葱为挺水植物，由其作为优势种构成的沼泽植被群落在青海祁连山地区主要分布于青海湖湖东河流入湖附近的缓流区，实际分布面积不大。该群系类型的植被群落结构简单，多呈斑块状，群落总盖度为 25%~45%。群落中常见的伴生植物种类主要有狸藻、杉叶藻、篦齿眼子菜、小眼子菜等。

杉叶藻沼泽（Form. *Hippuris vulgaris*）

杉叶藻为挺水植物，由其作为优势种构成的沼泽植被群落在青海祁连山地区广泛分布于湖泊、水库浅水区、河流或溪流缓流区、沼泽中积水坑以及湖塘洼地等水生环境中。分布面积大小复杂多变，往往随水生环境变化而不同。该群系类型的植被群落结构简单，组成物种单调，群落总盖度为 35%~75%，其他常见伴生植物种类主要有具刚毛荸荠、三裂叶碱毛茛、海韭菜等。

西伯利亚蓼沼泽（Form. *Polygonum sibiricum*）

西伯利亚蓼属于生态适应幅度很广的植物种类，对环境水分、土壤盐分含量的适应变幅很大，也是一种生活力非常强的多年生根茎型植物，几乎出现于青海省的各种生境中。在湖滨浅滩积水区、溪流缓流区可视为浮水植物，并作为优势种构成沼泽植被类型。在枯水状态下以及部分非积水的其他环境中也可正常生长。西伯利亚蓼群落沼泽在青海祁连山地区主要集中分布在青海湖西北部岸边浅水区，在其他地段也有分布。该群系类型的植被群落结构较为简单，群落盖度约 30%。群落中常见的伴生植物种类主要有篦齿眼子菜、具刚毛荸荠、水麦冬、海韭菜、微药碱茅、星星草、垂穗披碱草等。

狭叶香蒲沼泽（Form. *Typha angustifolia*）

狭叶香蒲为挺水植物，由其作为优势种构成的沼泽植被群落是近 30 年才侵入祁连山地区的，但后期发展形成较快。狭叶香蒲沼泽在青海祁连山地区主要分布于西宁地区的河流缓流区、池塘等水生环境中。实际分布面积多变，随水生环境变化而不同。该群系类型的植被群落简单，单一，群落总盖度为 35%~55%，其他常见伴生植物种类主要有具刚毛荸荠、球穗藨草、三裂叶碱毛茛、篦齿眼子菜、菹草等。

篦齿眼子菜+小眼子菜+菹草沼泽（Form. *Potamogeton pectinatus* + *P. pusillus* + *P. crispus*）

眼子菜属植物为沉水植物，由该属植物作为优势种构成的沼泽植被群落广泛分布于青海省和祁连山地区的湖泊、水库浅水区、河流或溪流缓流区、沼泽中积水坑以及湖塘洼地等水生环境中。该群系类型的沼泽植被的群落盖度和分布面积一般随水生环境变化而不同。

构成该群系类型沼泽植被群落的主要优势种或单一组成，或两两共同组成。群落总盖度为 15%~90%。在青海祁连山地区东部，湖塘洼地或水库浅水区多以菹草和篦齿眼子菜组成优势群落，在河流缓流区或溪流、沼泽中积水坑等生境多以篦齿眼子菜或小眼子菜组成单一或两者共同的优势群落。在青海祁连山中西部的水生环境中，多以篦齿眼子菜和小眼子菜组成优势群落，或由单一的篦齿眼子菜组成优势群落，小眼子菜则成为伴生种类。植被群落中常见的其他伴生植物种类主要有狸藻、杉叶藻、水毛茛 *Batrachium bungei*、硬叶水毛茛 *B. foeniculaceum*、具刚毛荸荠 *Eleocharis valleculosa* var. *setosa*、三裂叶碱毛茛、水葫芦苗 *Halerpestes sarmentosa*、海韭菜、穗状狐尾藻 *Myriophyllum spicatum*、沼生水马齿 *Callistriche palustris*、青海角果藻 *Zannichellia qinghaiensis*、角果藻 *Z. palustris*、川蔓藻 *Ruppia maritima* 等。

硬叶水毛茛沼泽（Form. *Batrachium foeniculaceum*）

硬叶水毛茛为沉水植物，由其作为优势种构成的沼泽植被群落主要分布在青海祁连山地区中部的湖泊浅水区、河流或溪流缓流区、沼泽中积水坑以及湖塘洼地等水生环境中。群落总盖度为 20%~75%，有时在湖泊浅水区或河流缓流区有狸藻或穗状狐尾藻侵入。常见伴生植物有狸藻、穗状狐尾藻、杉叶藻、篦齿眼子菜、小眼子菜、青海角果藻等。

三裂叶碱毛茛+水葫芦苗沼泽（Form. *Halerpestes tricuspis* + *H. sarmentosa*）

三裂叶碱毛茛的生态适应幅度较广，对环境水分、土壤盐分含量的适应变幅很大，也是一种生活力非常强的多年生具匍匐茎植物。在沼泽积水坑、溪流缓流区生长时为浮水植物，不具匍匐茎。在沼泽积水坑枯水期生长时转为正常生长，具有匍匐茎。在其他非积水生境中则正常生长，具有匍匐茎。该物种在祁连山中部以东地区极为常见。水葫芦苗则为较典型的浮水植物，仅分布于祁连山东部地区的溪流缓流区环境中。

该群系类型的沼泽植被群落结构简单，群落总盖度变幅很大，一般为 5%~75%。有时，具刚毛荸荠、杉叶藻等挺水植物也可见穿插生长于此类沼泽植被群落中。群落中常见的伴生植物种类主要有狸藻、穗状狐尾藻、水茫草 *Limosella aquatica*、硬叶水毛茛、篦齿眼子菜、水麦冬、青海角果藻等。

两栖蓼沼泽（From. *Polygonum amphibium*）

两栖蓼为浮水植物，由其作为优势种构成的沼泽植被群落在青海祁连山地区主要分布于青海湖湖东河流入湖附近的缓流区，实际分布面积很小，斑块状穿插于水葱群落间，有轮藻类等低等植物侵入。群落结构简单，群落总盖度为 30%~40%。群落中常见的伴生植物有狸藻、杉叶藻、篦齿眼子菜、小眼子菜等。

6.1.6　高寒垫状植被

高寒垫状植被是以垫状植物种类作为优势种或建群种所构成的植被类型，也是高山严酷自然环境条件下特化形成的植被类型之一。垫状植物的产生，既是严酷水热条件、太阳辐射和强风等对植物生长抑制和“塑造”的结果，也是植物经历高寒生境长期自然选择演化形成的适应产物。所以，高寒垫状植被对高原极端的自然环境条件表现出良好的适应性，一般分布在碎石质的斜陡坡地或具有粗骨质原始高山土壤的地段上。

依据植被分类学的观点，在青海祁连山地区应该也可以划分出更多的植被群系类型。基于研究区域范围有限、区域范围内高寒垫状植被主要散布于山地顶部等方面的考虑。

该地区分布的高寒垫状植被归纳为 1 个群系，其主要特点简介如下。

垫状点地梅+四蕊山莓草垫状植被（Form. *Androsace tapete* + *Sibbaldia tetrandra*）

该群系类型的高寒垫状植被在青海祁连山地区主要分布在山地上部高山流石坡下侧和湖体周围部分海拔 3800~4600m 的低山丘陵顶部，在局部土壤条件石质化程度严重的平缓滩地上也可以成片分布，尤其在哈拉湖周边平缓山地上部以及木里地区湖泊周边阳性山坡或平缓山脊上。

该群系类型的植被群落总盖度一般为 15%~30%，部分地段的群落总盖度降到 10%以下。随着分布区域和生境条件的变化，构成植物群落的优势种比例及其组成种类在不同地带存在较为明显的差异，但主要还是以垫状点地梅 *Androsace tapete*、唐古拉点地梅 *A. tangulashanensis*、四蕊山莓草 *Sibbaldia tetrandra*、隐瓣山莓草 *S. procumbens* var. *aphanopetala*、簇生柔子草 *Thylacospermum caespitosum* 和雪灵芝属 *Arenaria* spp. 等垫状植物种类，以及红景天属 *Rhodiola* spp. 的植物种类组成，除局部地段可形成四裂红景天+四蕊山莓草植被类型外，多数并无明显优势种类。垫状植物的株高一般为 3~7cm，最大的垫状丛径可达 80cm 以上。

青海祁连山地区分布的高寒垫状植被群落中常见的植物种类有垫状点地梅、唐古拉点地梅、四蕊山莓草、藓状雪灵芝 *Arenaria bryophylla*、甘肃雪灵芝、福禄草 *A. przewalskii*、簇生柔子草、渐尖早熟禾 *Poa attenuata*、胎生早熟禾 *P. attenuata* var. *vivipara*、弱小火绒草、穗三毛 *Trisetum spicatum*、矮野青茅、高山唐松草、镰形棘豆、喜山葶苈、苞序葶苈 *Draba ladyginii*、阿尔泰葶苈、穴丝荠、丛生黄芪 *Astragalus confertus*、长茎藁本、短管兔耳草 *Lagotis brevituba*、短穗兔耳草、蓝花翠雀、弱小火绒草、唐古特风毛菊 *Saussurea tangutica*、沙生风毛菊 *S. arenaria*、垫状风毛菊 *S. pulvinata*、车前叶垂头菊、长梗喉毛花、紫红假龙胆 *Gentianella arenaria*、伏毛铁棒锤 *Aconitum flavum*、毛穗夏至草 *Lagopsis eriostachys*、镰叶韭 *Allium carolinianum*、假弯管马先蒿 *Pedicularis pseudocurvituba* 等。植物种类的丰富度和盖度随环境不同，有极大差异。部分地段的高寒垫状植被与高寒流石坡稀疏植被相接，两者间的界限也难以明确区分。

6.1.7　高寒流石坡稀疏植被

高寒流石坡稀疏植被是指分布海拔介于高山植被带与永久冰雪带之间的一些稀疏植

被，属于植被垂直带谱中分布海拔最高的植被类型，由适应冰雪严寒生境条件的寒旱生或寒冷中旱生植物种类组成。此类植被主要分布于海拔 3600m 以上的山地上部和山体顶部，基本呈孤岛状（山地顶部）或窄条形（活动流石迹地）分布格局。通常情况下，高寒流石坡稀疏植被多在山体顶端呈孤岛状分布，也时常随寒冻风化的碎石坡呈舌状延伸到高寒草甸等植被带中，形成上下交错分布。该植被类型曾被冠以多种名称，常用的其他名称为“高山流石坡稀疏植被”和“高山冰缘植被”。

该类型植被在青海祁连山地区的分布范围十分广泛，在诸多山体上部和顶部均有分布。依据植被分类学的观点，虽然也可以划分出许多群系类型，在此仅归纳为 1 个群系类型，其主要特点简介如下。

水母雪兔子+甘肃雪灵芝+唐古特红景天高山流石坡稀疏植被（Form. *Saussurea medusa* + *Arenaria kansuensis* + *Rhodiola algida* var. *tangutica*）

该群系类型的植被群落结构简单，植物生长稀疏，群落覆盖度约为 5%~15%。该类型植被群落的优势种或建群种变异极为明显，不同区段、不同山体的群落优势种都可能存在巨大差异，群落外貌也差异明显。概况而言，构建该群系类型植被群落的植物种类主要有簇生柔籽草、甘肃雪灵芝、青藏雪灵芝、水母雪兔子 *Saussurea medusa*、鼠麯雪兔子 *S. gnaphalodes*、黑毛雪兔子 *S. hypsipeta*、紫苞风毛菊、沙生风毛菊、矮垂头菊 *Cremanthodium humile*、垫状点地梅、毛湿生繁缕 *Stellaria alaschanica*、沙生繁缕 *S. arenaria*、对叶红景天 *Rhodiola subopposita*、长毛圣地红景天 *Rh. sacra* var. *tsuiana*、四裂红景天 *Rh. quadrifida*、唐古特红景天、暗绿紫堇 *Corydalis melanochlora*、粗糙紫堇 *C. scaberula*、总状绿绒蒿 *Meconopsis racemosa*、四蕊山莓草、鸟足毛茛、冰雪鸦跖花、喜山葶苈、阿尔泰葶苈、短管兔耳草、红紫糖芥 *Erysimum roseum*、隐瓣蝇子草、单花荠 *Pegaeophyton scapiflorum*、穴丝荠、山地虎耳草 *Saxifraga montana*、黑蕊虎耳草、爪瓣虎耳草 *Saxifraga unguiculata*、矮金莲花、胎生早熟禾等。

6.2 植被分布规律

就自然规律而言，地球表面天然植被的生长发育及其分布格局无疑受到气候、土壤等诸多生态因子的影响，但制约并最终决定植被地带性分布格局的影响因素则为水、热状况及其组合效应。基于此基本原理，在植被生态学研究领域中，依据地球上热量条件由南向北呈现规律性变化而表现出的植被带状分布格局，称为纬度地带性，按照降水量从沿海到内陆（或受大气环流、地形地貌等影响）逐渐减少的变化格局而出现的植被带状分布格局称为经度地带性，根据山地海拔逐渐升高过程中水热组合及生境条件垂直变化而导致形成的植被在不同海拔高度形成的条带状分布格局，称为垂直地带性。因此，通过研究分析某一特定区域天然植被的地带性分布格局，将有助于间接揭示该区域的水热条件及其组合状况。虽然自然界天然植被的实际分布状况往往同时受到海陆位置、大气环流、地形地貌等多重因素的综合影响而难以表现出整齐规则的地带性分布格局，但对于区域性天然植被分布格局的深入分析和讨论，也必然有助于人们对于区域生态环境特点的了解与掌握。

6.2.1　水平地带性分布规律

按照植被生态学的概念，天然植被的水平地带性分布规律应该包括纬度地带性和经度地带性两大类分布格局。由于青海省祁连山地区呈现出东南向西北狭长条状分布的地貌格局，在南北方向上的纬向跨度较为狭窄，而且平行分布着数条大致呈东西方向的山脉，区域范围内的植被纬向地带性难以得到充分展现。因此，本节仅就青海祁连山地东西方向上的经度地带性分布规律进行讨论和分析。

整体而言，青海祁连山地植被在东西方向上的水平变化规律还是较为明显的，就分布海拔相对较低的基带植被类型而言，植被类型及其种类组成也表现出较为明显的规律性变化趋势（彭敏等，1989；周立华，1990；陈桂琛等，1994）。在青海祁连山地区的东段，主要发育着以长芒草、西北针茅、短花针茅、蒿等优势种组成的温性草原，以及由青海云杉、祁连圆柏、山杨、桦树 *Betula* spp. 等植物种类为主形成的森林，构成森林—温性草原带的植被景观。在青海祁连山地区的中段，主要发育着由矮嵩草、高山嵩草等嵩草属植物等为优势种组成的高寒草甸，金露梅、山生柳、杜鹃 *Rhododendron* spp. 等为主要优势种所形成的高寒灌丛，呈现出高寒灌丛—高寒草甸带的植被景观。在青海祁连山地区的西段，主要发育着以紫花针茅为主构成的高寒草原和以嵩草属植物为优势种的高寒草甸，构成高寒草甸—高寒草原带的植被景观。在青海祁连山地区西段海拔较高的哈拉湖盆地则发育了以垫状驼绒藜为优势的高寒荒漠，呈现出高寒荒漠的植被景观。此外，山地森林和灌丛类型也表现出较为明显的东西向（经向）变化规律。就山地森林的分布而言，在青海祁连山地区东部的互助、门源仙米一带山地，以温带针叶林、落叶阔叶林及其针阔混交林为主。在青海祁连山地区西部的祁连县，则以寒温性针叶林占据主导地位，仅在局部地段分布有少量桦树，以小叶杨为代表的落叶阔叶林局限分布于河流两侧的河谷地带。就灌丛植被类型的分布而言，大通河谷分布有一定面积的温性灌丛；大面积杜鹃常绿革叶灌丛主要分布于托来山、大通山、达坂山以东地区；互助北山以西的青海祁连山地区西段，则主要分布以山生柳、鬼箭锦鸡儿、金露梅等为优势种或建群种构成的高寒落叶灌丛；以具鳞水柏枝和沙棘 *Hippophae* spp. 为主要优势种的河谷灌丛，在青海祁连山地区的东段和西段表现出物种组成及群落结构方面的明显差异。

综上所述，青海祁连山地区的主体基带植被类型在东（南）西（北）方向上依次大致呈现出温性草原及荒漠草原→森林与森林草原及温性灌丛→高寒灌丛与高寒草甸→高寒草原→高寒荒漠的水平分布格局，形成该区域具有自身特点的水平地带性植被分布规律。在此值得注意的是，由于青海祁连山地区的整体地势呈现由东南向西北逐渐升高的变化趋势，虽然整个山地在东西方向上表现出较为明显的地带性分布规律，但实际上已经脱离了传统意义上的水平地带性植被分布格局。按照普遍认同的一般性概念，植被的水平地带性分布格局一般是指在相似海拔高度的地表夷平面上（局部镶嵌分布的零星独立山地应被列入垂直地带性的考虑范畴）所形成的带状植被分布格局。然而，青海祁连山地区的整体地势由东南向西北呈现出较为明显的逐渐抬升趋势，两端的海拔高差也较为明显，不同区段主体基带植被类型的生长发育情况虽然表现出较为明显的水平地带性分布格局，但该分布规律严格意义上已经突破了单纯植被水平地带性分布规律的范畴，在一定程度上融合了伴随分布海拔升高过程中植被分布格局的垂直变化特征。

此外，青海祁连山地区东西方向上植被的基带类型也受到与所处区段临近区域地带性植被的影响，表现出具有相应较为紧密联系的特征。山地东段基带植被主要受黄土高原植被类型的影响，温性草原及温带针叶林有一定分布，表现出黄土高原与青藏高原植被的过渡特征。山地西段则主要受到柴达木盆地及甘肃河西走廊荒漠植被类型的影响，叠加了荒漠植被区的影响。

6.2.2 垂直地带性分布规律

就独立存在的山地而言，必然会对区域大气环流等周边环境因素产生直接或间接的影响，并导致山地生境条件的梯度变化格局。随着山地海拔高度的增加，山地不同海拔区段的自身生境条件也将随之发生变化，主要表现为气温的逐步降低及降水量的变化。由于水热条件以及水热组合状况区段性差异，使山地植被的分布格局表现为不同植被类型与等高线大致平行的条带状更替分布，山地植被垂直带的组合排列和更替顺序形成一定的体系，进而构成体现自身生境特征的植被垂直带谱。此时，山地植被的分布格局已经脱离了原有的水平地带性分布格局，被称为植被的垂直地带性。从植被生态学的角度看，由于所处地理位置、大气环流格局、地带性基带植被类型、山体海拔高程等方面存在的差异，不同山地（特别是不同区域的山地）往往形成充分反映山地自身生境特点的植被垂直分布规律。

就整体而言，青海祁连山地区植被的垂直变化规律还是十分明显的，但不同区段之间植被垂直带谱也存在较为明显的差异（彭敏等，1989；陈桂琛等，1994），山地植被的垂直带谱由东向西呈现出趋于简化的变化趋势。由于青海祁连山地区的东西跨度较大，东西两端的基带海拔高度也存在较大差异，形成了具有相应差异的局部地形特征和生境条件，导致形成不同区段差异性的植被垂直带谱。

为更好地揭示并说明青海祁连山地区植被的垂直变化特征，可将整个青海祁连山地区划分为 3 个区段（图 6-2）。在青海祁连山地区东段（以冷龙岭为例），山地植被的基带植被类型为温性草原和荒漠化草原，山地中下部发育形成森林植被带（常绿针叶林、落叶阔叶林及针阔混交林等）和温性灌丛植被带、山地中上部发育形成高寒灌丛和高寒草甸为主体的高寒植被带，山地顶部发育形成高山流石坡稀疏植被带和冰川雪被带，构成了较为完整的垂直带谱。在青海祁连山地区西段（以疏勒南山为例），山地植被的基带植被类型为温性荒漠，山地中部发育形成高寒草原和高寒荒漠植被带，山地上部则发育形成高山流石坡稀疏植被带以及大跨度的冰川雪被带，其植被垂直地带性整体表现为谱带较少且无植被冰雪带占据较大比例的特征。此外，青海祁连山地区各山体的南坡（阳坡）和北坡（阴坡）也表现出差异性的植被垂直带谱（图 6-2）。

在研究讨论区域山地植被垂直地带性分布规律的过程中，基带植被类型往往成为首先受到关注的问题。对于局部零星散布的独立山体而言，山地周边的基带植被类型往往较为一致，属于该地区的水平地带性植被类型。但对于较大的山脉而言，由于受到多重自然与环境因素的综合影响，立足于不同角度进行观察时，山地的基带植被类型则可能存在较为

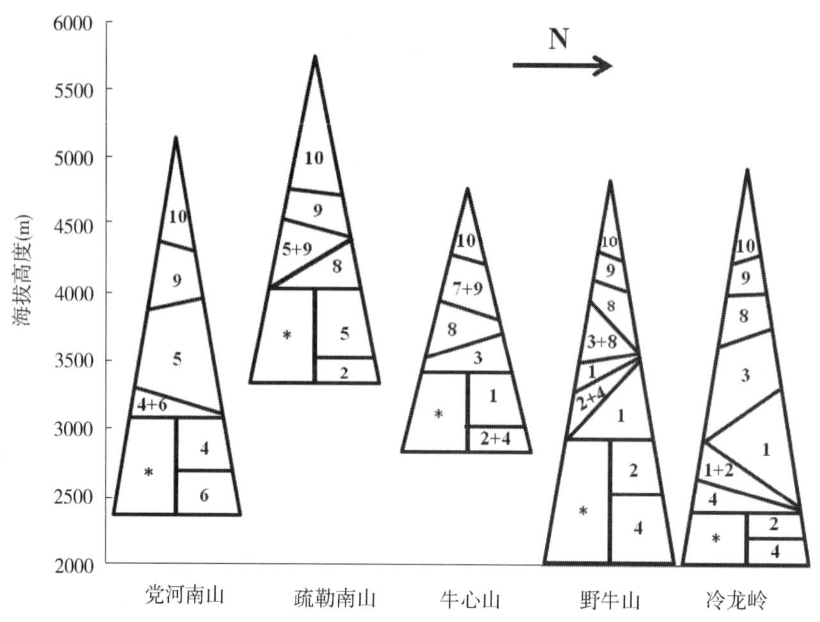

图 6-2 青海祁连山地区部分山地植被垂直分布带谱示意图

1. 森林 2. 温性灌丛 3. 高寒灌丛 4. 温性草原 5. 高寒草原 6. 荒漠 7. 高寒荒漠 8. 高寒草甸 9. 高寒流石坡植被 10. 高山裸岩及冰川雪被 * 为山体基部以下区域

明显的差异，进而体现出不同方向上山地周边自然生态环境的差异。如果将青海祁连山地区作为独立整体来看，山地北坡（甘肃省河西走廊）的基带植被类型为典型的温带荒漠，山地南坡的基带植被类型则存在东、西差异，东段（青海共和盆地及黄河谷地）为温性草原，西段（青海柴达木盆地）为温性荒漠。如果分别就青海祁连山地区内部的局部地域着眼，也可发现不同山地植被基带方面的差异。例如，青海东部地区的基带植被为温性草原和荒漠化草原，青海湖盆地的基带植被为温性草原，哈拉湖盆地的植被基带则为高寒荒漠。

此外，对局部区域植被垂直带谱的基带植被类型认定还需进行综合考虑，才可能获得更加符合客观实际的结果。以青海省东部地区的祁连山东段为例，该区域的山地植被呈现出明显的垂直分布格局（彭敏等，1989），在山地底部的河谷地带，同时分布有温性草原和温性荒漠化草原植被类型，区域基带植被的性质就值得认真商榷和讨论。如果仅就分布海拔而言，以短花针茅 *Stipa breviflora* 和红砂 *Reaumuria soongorica* 为主要优势种所构成的温性荒漠化草原的分布海拔相对较低，似乎可以作为基带植被类型对待。但是，该植被类型主要局限分布于湟水谷地的某些局部地段，而且分布带宽也较为狭窄。此类植被的出现可以看成是局部干旱河谷气候与土壤轻度盐渍化影响的结果，多少具有一些与局部隐域生境相联系的特点。因此，将实际分布海拔相对较高，以长芒草、西北针茅等为优势种的温性草原植被类型，作为区域地带性基带植被类型则更为合理。

6.2.3 青海祁连山地区植被的特殊性

祁连山横跨青海省与甘肃省的边界地区，地处青藏高原的北部边缘，属于青藏高原、黄土高原和蒙新高原的交汇区域，山地天然植被的构成及分布格局受到众多因素的直接或间接影响，表现出一些特色鲜明的独立特性，主要表现在以下几个方面。

6.2.3.1 具有明显的生态地理边缘效应特征

青藏高原的整体大幅度隆起，导致和形成了众多的生态界面或地理边缘，从而引起复杂交错的边缘效应。祁连山作为青藏高原东北部的一个巨大边缘山系，其生态地理边缘效应也十分明显，不仅表现出植物区系成分及生物多样性的生态过渡带与边缘效应的基本特征，植被类型也表现出一定的过渡与边缘特征。北坡山前丘陵地带及西部受中亚荒漠植被类型的影响，基带为荒漠；东部为黄土高原过渡区，有许多黄土高原植被类型的渗透和延伸；西南为柴达木盆地荒漠，南则逐渐过渡到青藏高原高寒植被。由此可见，其植被类型及其组合表现出一定的过渡特征及镶嵌结构特点，具有明显的高原生态地理边缘效应特征。

根据相关研究（彭敏等，1989），青海祁连山地区东段山地下部草原植被中的长芒草、短花针茅、西北针茅等主要优势种均为真旱生生态型的草本植物种类，在黄土高原和蒙新高原都有广泛分布，部分黄土高原草原植被中的主要伴生种在该区草原植被中也有分布，表明该区草原植被与黄土高原的草原植被有较为密切联系。但山地上部广泛发育的高寒灌丛、高寒草甸等植被类型却和青藏高原上的植被有更密切的联系，其高寒灌丛和高寒草甸中的主要优势种，如金露梅、山生柳、高山绣线菊、矮嵩草、高山嵩草等，都是青藏高原相应高寒植被类型中的主要优势种。由此可见，青海祁连山地区的基带植被和黄土高原联系密切，但山地植被却和青藏高原及祁连山地联系密切。

6.2.3.2 具有明显的高原地带性分布特征

随着青藏高原的强烈隆升，高原上发生、发展、形成了包括高寒灌丛、高寒草甸、高寒草原、高寒荒漠等在内的一系列独特的高寒植被类型，并形成其特殊的地带性植被分布格局（张新时，1978；郑度等，1979；吴征镒，1983；王金亭，1988；彭敏等，1997）。青藏高原上植被分布的地带性格局受到许多学者的关视，并对高原上呈现出来的植被地带性规律存在不同的看法（彭敏等，1997）。张新时（1978）首先提出高原地带性概念，将高原上天然植被由东南向西北呈现出的自然地带归结为植被水平地带性与垂直地带性相结合的产物，属于带有垂直带性质的水平地带分异。将青海祁连山地区的植被分布格局而言，伴随整体地势由东南向西北海拔逐渐升高的变化格局，由东南至西北方向上也呈现出较为明显的水平地带性分布格局，与青藏高原上由东南向西北依次出现的植被水平地带性分布格局具有显著相似性。就其本质而言，这种植被的水平分布格局与青藏高原主体的高原地带性是一致的，即均是在巨大的海拔高程上展开的，受制于青海祁连山地区生境由东南向西北方向表现出半湿润、半干旱、干旱的明显水平分异，表现出高寒灌丛、高寒草甸带→高寒草原带→高寒荒漠带的水平地带性变化。因此，青海省祁连山地区植被的水平地带性分布规律实际上带有高原地带性的特点。

鉴于青海祁连山地区位于青藏高原东北部，是一个横在亚洲中部荒漠与草原区之间的高原“半岛”，受季风影响减弱及周边地带性植被的影响，虽然致使该地区植被的高原地带性特征具有一定的镶嵌结构特点，而且呈现出相对较窄的带宽结构，但可以看作为青藏高原高寒植被高原地带性分布格局在高原东北部的复制延伸。如果把低海拔地区以太阳辐射和热量的纬度差异为基础的纬度地带性和以水分差异为基础的经度地带性所共同表现的水平地带性分布规律称之为原生地带性的话，那么则可把青藏高原已经发生根本质变的垂直带变化为基础，并加上热量纬度差异和水分经度差异所形成的高原地带性称之为次生地带性，两者对揭示不同区域植被的地带性分布规律具有基本等同的指示意义（彭敏等，1997）。

6.2.3.3　与青藏高原主体植被联系紧密

受地理区位、复杂地形以及巨大海拔高程差异等因素的影响，青海祁连山地区发育了较为丰富的植被类型，形成温性植被与高寒植被共存的植被分布格局。但从该区域植被的实际分布情况来看，温性植被主要分布于青海祁连山地区东段海拔相对较低的区域内，而高寒灌丛、高寒草甸、高寒草原和高寒荒漠等高寒植被类型却得到较大的发展，广泛发育于山地中、西段的山间盆地或谷地及高山地区以及山地东段海拔相对较高的区域，在青海祁连山地区的植被类型构成中占有绝对优势。将青海祁连山地区分布的高寒植被类型与青藏高原主体高寒植被进行比较，无论景观特征及种类组成都有很大的相似性。例如，构成青海祁连山地区高寒灌丛和高寒草甸的主要优势种金露梅、毛枝山居柳、高山绣线菊和矮嵩草、高山嵩草等，也是青藏高原部分高寒植被类型的主要优势种；头花杜鹃、百里香杜鹃、嵩草、珠芽蓼、肉果草、龙胆等则是青藏高原特有成分和中国—喜马拉雅成分。此外，植被的水平分布及垂直分布均与青藏高原主体植被的分布格局变化相类似。由此可见，虽然青海祁连山地区的天然植被与黄土高原和蒙新高原之间存在一定的联系，但山地整体植被与青藏高原主体植被在发生发展上有着更为紧密的联系，显示了青海祁连山地区与青藏高原高原主体之间的密切关系，在植被区划上应将青海祁连山地区看作青藏高原的组成部分，划分为青藏高原植被区的次一级独立单元。

对植被的认识不能割裂其漫长的地质历史演变。晚第三纪以来，祁连山随青藏高原的强烈隆升也表现为整体大幅度抬升，使山地生境朝着干旱寒冷的方向演化。据大致推算，自第四纪初以来，祁连山至少被抬升了 3000m，整体隆起必然会对植被生境带来显著影响，为高寒植被的发生发展形成了对应的生境条件。

7 自然保护区

青海祁连山地区具有重要的生态战略地位，在全国主体生态功能区划中被列为中国主要的水源涵养区之一，保护与改善青海祁连山地区的生态环境质量，就是保护国家重要的水源供给地之一。因此，加强区域生态环境的保护具有十分重要的意义。在青海省委、省人民政府的“生态立省”战略思想指导下，青海省高度重视青海祁连山地区的生态环境保护工作，先后在该区域范围内建立起 3 个自然保护区，占青海省全省自然保护区总数（11 个）的 27.27%，对青海祁连山地区的整体生态环境保护起到积极作用。

虽然已有关于青海省自然保护区的专著出版（郑杰，2011），但为增进更多读者对青海祁连山地区生态环境的全面了解，在此，仅就青海祁连山地区设立的 3 个自然保护区进行简要介绍。

7.1 青海湖国家级自然保护区

青海湖自然保护区为青海省设立的第一个省级自然保护区，始建于 1975 年 8 月；1976 年获准成立科级建制的保护区管理站；1984 年 8 月经青海省人民政府批准成立处级建制的“青海湖自然保护区鸟岛管理处”。1992 年 1 月，国务院批准我国加入《关于特别是成为水禽栖息地的国际重要湿地公约》，青海湖自然保护区作为中国第一批被指定列入“国际重要湿地名录”的 6 个保护区之一。1996 年 4 月，青海省人民政府发文（青政函［1996］13 号）向林业部报送青海湖国家级自然保护区总体规划，1997 年 12 月，经国务院批准（国函［1997］109 号文）晋升为国家级自然保护区。

青海湖国家级自然保护区地处青海湖流域盆地的腹部地区，围绕青海湖及其周边湿地进行布局，大致范围为 99°36″~100°46′E，36°32′~37°25′N，包括东自环青海湖东路，南自 109 国道、西自环湖西路，北自青藏铁路以内的整个青海湖水体、湖中岛屿及湖周沼泽滩涂湿地和草原（图 7-1，详见后附彩图）。

青海湖是我国面积最大的湖泊，属于内陆微咸水湖，湖水面积约为 4400km^2（注：由于水位波动而存在湖体水面面积变化的情况，相关资料对青海湖湖水面积的报道数据存在差异），湖中有 5 处岛屿，三块石、海心山、海西山为独立岛屿，沙岛和鸟岛（蛋岛）则因湖水下降与风沙堆积已变成半岛或湖岸。这些岛屿都是目前青海湖地区鸟类繁育的重要基地。青海湖盆地的气候具有高原半干旱的大陆性气候特征，主要表现出寒冷期长，干旱少雨、多风，太阳辐射强烈，日温差大，无霜期短等特点。根据青海湖周边气象站点的记

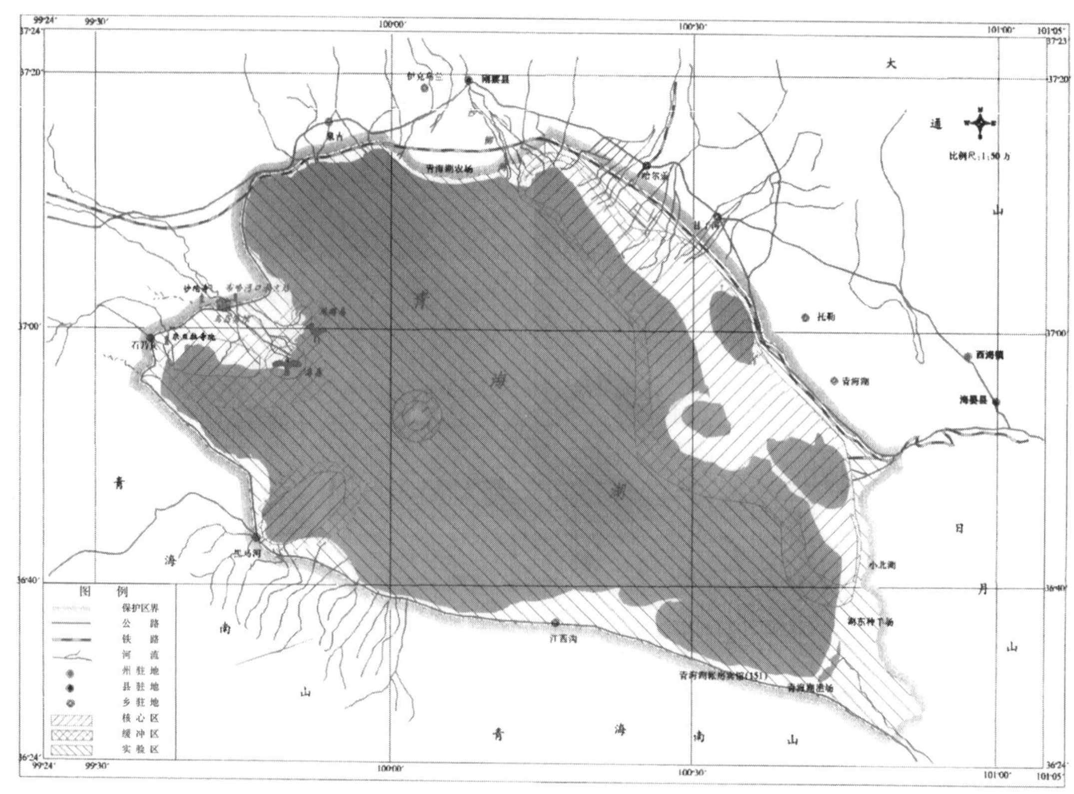

图 7-1　青海湖国家级自然保护区功能区划图（后附彩图）

录，青海湖流域内年平均气温在-1.1~4.0℃之间，由东南向西北递减；年平均降水量为291~579mm，分布极不均匀，就湖周降水而言，南岸高于北岸，湖东低于湖西。5~9月降水占全年降水量的85%~89%。年平均蒸发量1500~1800mm，远大于降水量。年平均风速为2~4m/s，呈东南方向西北方递增趋势。全年日照时数在3000 h以上，年日照百分率达68%~69%，年辐射总量106.7~171.5 kJ/cm^2。作为内陆封闭型湖泊，青海湖的水源补给主要依赖于流域河流。在青海湖流域内有40多条河流注入青海湖，其中较大的补给河流包括布哈河、沙柳河、乌哈阿兰河（泉吉河）、哈里根河（哈尔盖河）、黑马河、甘子河、倒淌河等，水资源相对较为丰富。保护区内发育分布的主要土壤类型包括草甸土（属于河漫滩、积水洼地、湖滨滩地等湿地生境中的主要土壤类型）、沼泽土（常见于湖滨平原低洼地处）、风沙土（分布于湖东沙地、湖西湖滨滩地、小北湖以北、甘子河及吉尔孟河下游地区等地）、栗钙土（为湖周草原植被分布区域的主要土壤类型）和盐土（块状或带状零星分布于青海湖北岸和湖周）。

根据调查（陈桂琛等，1993；陈桂琛等，2008），青海湖流域在中国植物区系分区上属于泛北极植物区青藏高原植物亚区的唐古特地区，北温带成分和中国—喜马拉雅成分占有重要地位，并形成一些青藏高原特有成分，计有种子植物445种（隶属于52科174属），经济植物种类较为丰富。根据文献报道（陈桂琛等，2008），青海湖湖体中发育生长有一定数量的浮游植物和底栖植物，包括浮游植物共有52个属种（硅藻门23个属种、绿藻门 17 个属种、蓝藻门 10 个属种、黄藻 1 个属种、甲藻 1 个属种）和底栖植物 45 个属种（硅藻门 24 个属种、绿藻门 12 个属种、蓝藻门 9 个属种）；也分布有 23 种常见浮游动物（原生动物 1 种、轮虫 11 种、枝角类 5 种、挠足类 6 种）和 24 种底栖动物。

青海湖流域属于野生动物种类较为丰富的地区，分布有 243 种脊椎动物，隶属 5 纲 24 目，52 科 141 属；其中，兽类 41 种、鸟类 189 种、爬行类 3 种、两栖类 2 种和鱼类 8 种（郑杰，2011），其中国家Ⅰ级、Ⅱ级重点保护野生动物共 35 种。作为国际重要湿地的青海湖自然保护区，区域范围内分布的野生动物种类主要为湖滨草原动物群和湖区水域及湖滨湿地动物群这 2 个生态动物类群中的物种（郑杰，2011；陈桂琛等，2008），部分重要的野生动物种类包括斑头雁 *Anser indicus*、棕头鸥 *Larus brunnicephalu*、渔鸥 *Larus ichthyactus*、鸬鹚 *Palacrocorax carbo*、黑颈鹤 *Grus nigricollis*、大天鹅 *Cygnus cygnus*、赤狐 *Vulpes vulpes*、普氏原羚 *Procapra przewalskii*、青海湖裸鲤 *Gymnocypris przewalskii* 等。其中的普氏原羚属于目前我国仅分布于青海湖环湖地区的重点保护动物，属于世界极濒危野生动物种类之一。随着青海省及相关部门保护力度的增强，普氏原羚的种群数量近年来呈现出明显的增长趋势。

青海湖流域分布的天然植被类型较为丰富，主要包括寒温性针叶林、高原河谷灌丛、高寒灌丛、沙生灌丛、温性草原、高寒草原、高寒草甸、沼泽草甸、高寒流石坡植被等，整体呈现出以青海湖为中心的环带状分布格局，并表现出独特的地带性分布规律（陈桂琛等，1993），整体植被景观有向寒旱生境方向发展的演变趋势（彭敏等，1993）。就环青海湖周边的自然保护区范围而言，天然分布自然植被主要包括以下几种类型。

（1）温性草原

是以芨芨草 *Achnatherum splendans*、短花针茅 *Stipa bervifolia*、西北针茅 *S. krolovii*、扁穗冰草 *Agropyron cristatum* var. *cristatum* 为主要群落优势种构成的植被类型，主要分布在湖东北的海晏湾、刚察及湖东种羊场、倒淌河口至江西沟以东等地，分布海拔 3200~3400m。

（2）沙生灌丛

是以圆头沙蒿 *Artemisia sphaerocephala*、中麻黄 *Ephedra intermedia*、叉子圆柏 *Sabina vulgaris* 等为群落优势种构成的植被类型，主要分布于环绕青海湖东北部冲积平原上的固定与半固定沙丘地带，分布海拔 3200~3350m。

（3）河谷灌丛

是以具鳞水柏枝 *Myricaris squamosa* 为群落优势种构成的植被类型，仅分布于布哈河、沙柳河、哈尔盖河等主要河流的近湖河滩上，实际分布面积很小，但对维系河滩生态系统具有重要意义。

（4）高寒草甸

主要是以矮嵩草 *Kobresia humilis*、嵩草 *K.* spp. 为群落优势种构成的植被类型，虽然此植被类型在青海湖流域大面积分布，但对处于青海湖盆地底部的保护区而言，则局部零星分布，实际分布面积不大。在青海湖西南面的湖滨阶地上，往往与针茅 *Stipa* spp. 构成草原化草甸或草甸化草原植被类型。

（5）沙生荒漠

是以刺叶柄棘豆 *Oxytropis aciphylla*、镰形棘豆 *O. falcata*、粗壮嵩草 *Kobresia robusta*、甘青铁线莲 *Clematis tangutica*、碱韭 *Allium polyrhizum* 等为群落优势种构成的植被类型，主要分布于环湖沙堤生境中，在青海湖西侧的沙堤上尤为常见。

（6）盐生草甸

是以微药碱茅 *Puccinellia distans*、星星草 *P. tenuiflora*、马蔺 *Iris lacteal* var. *chinensis*、碱蓬 *Suaeda glauca*、西伯利亚蓼 *Polygonum sibiricum*、盐角草 *Salicornia europaea*、盐地风毛菊 *Saussurea salsa*、白茎盐生草 *Halogeton arachnoideus* 等为群落优势种构成的植被类型，主要分布于地形平缓低洼、土壤盐渍化的局部生境中，分布面积较小，属于隐域性植被类型。

（7）沼泽草甸

是以华扁穗草 *Blysmus sinocompressus*、黑褐薹草 *Carexatrofusca* subsp. *minor*、双柱头藨草 *Scirpus distigmaticus*、小灯芯草 *Juncus bufonius*、海乳草 *Glauxmaritima*、三裂碱毛茛 *Halerpestes tricuspis*、西伯利亚蓼 *Polygonum sibiricum*、杉叶藻 *Hippuris vulgaris*、水麦冬 *Triglochin palustre*、海韭菜 *T. maritima*、水毛茛 *Batrachium bungei*、篦齿眼子菜 *Potamogeton pectinatus*、狸藻 *Ureicularia vulgaris*、具刚毛荸荠 *Eleocharis valleculosa*、水葱 *Schoenoplectus tabernaemontani* 等为群落优势种或建群种构成的植被类型，广泛分布于青海湖周边的湖泊浅水区、溪流、洼地等生境中，属于隐域性的植被类型，不同地段的群落构成存在较大差异。

保护区建设初期，划定管辖面积仅为 7850hm^2，主要是加强对青海湖鸟岛（蛋岛、鸬鹚岛）的保护以及海心山、三块石等岛屿上鸟类的保护。随着人们对保护区重要性认识的不断提高和保护区自身建设与壮大的发展历程，保护区面积最终扩大到 49.52×10^{4}hm^2，约占青海湖流域总面积的 16.69%。根据青海湖国家级自然保护区调整后的功能区划（郑杰，2011），核心区设立 5 处，合计面积为 9.12×10^{4}hm^2，约占保护区总面积的 18%；在各核心区周围设立缓冲区，合计面积为 4.72×10^{4}hm^2，约占保护区总面积的 10%；试验区面积为 35.68×10^{4}hm^2，约占保护区总面积的 72%。主要保护对象为青海湖湖体、环湖湿地、迁徙鸟类栖息繁育场所、保护区及其周边的野生动物等。

作为青海省设立较早的自然保护区，加之青海湖及其流域重要的生态战略地位，围绕青海湖流域及保护区曾进行过针对陆生脊椎动物、青海湖及周边地区生态、青海湖候鸟动态变化监测、普氏原羚调查与保护等方面大量的科学调查与研究工作，并取得可喜成效（郑杰，2011）。在国家和地方相关部门的重视和支持下，青海湖国家级自然保护区通过多年来的不懈努力，在物种多样性保护、鸟类与湿地监测、管护基础设施建设等方面都取得了明显的长足发展。目前，已成为青海省内管理机构较为完善，管护与监测设施已形成一定规模，科研监测能力与水平不断提高，对外宣传的旅游服务设施得到加强的自然保护区，呈现出良好的发展态势。

7.2 青海大通北川河源区国家级自然保护区

为强化保护青海省极为重要的水源涵养区，青海省人民政府于 2005 年发文（青政［2005］58 号）批准建立了青海大通北川河源区省级自然保护区，并于 2007 年 8 月成立了大通北川河源区自然保护区管理局，下设宝库、东峡2个管理站。2013年12月25日，经《国务院办公厅关于公布山西空灵山等23处新建国家级自然保护区名单的通知》（国办发［2013］111号）批准，青海大通北川河源区自然保护区晋升为国家级自然保护区。

青海大通北川河源区国家级自然保护区地处青海省大通县北部的县域境内，位于黄河二级支流北川河的源头地区，整体包括北川河支流——宝库河、东峡河、黑林河等河流的源头地区，地理位置介于36°51′~37°23′N，100°51′~101°56′E之间，海拔约为2680~4622m，平均海拔约为3500m。

该保护区范围内山峦起伏、沟壑纵横、地形复杂，相对高差达到1924m，表现出多样化的地貌特征。该区气候自东向西呈现出由干旱、半干旱的大陆性气候向高寒、干旱高原性大陆气候转变的特征，年平均气温为2.8℃，1月平均气温为-16.4℃，7月平均气温为22.2℃；年降水量变化幅度较大，在451.2~615.3mm之间，年平均降水量约为582mm，年降水量由东南向西北随地势变化而趋于递增的变化特征；日照时数2441.1~2685.4小时，年总辐射量为573.5~615.3kJ/cm^2。保护区内发源于大坂山的分支河流众多，区域水资源丰富而且水质良好。根据相关资料（郑杰，2011），该保护区中北川河的多年平均径流量为$6.86\times10^8 m^3$，约占湟水河年平均径流量的32.3%。保护区内发育形成的土壤类型主要包括栗钙土、黑钙土、褐色森林土、高山草甸土、沼泽土、潮沙土、高山石质土等8个土类的18个亚类，土壤分布具有较为明显的垂直地带性。

保护区复杂的地形地貌及较为适宜的自然环境条件，孕育了区域范围内较为丰富野生动植物资源种类。据相关文献报道（郑杰，2011），保护区内分布的野生维管束植物有77科283属613种，包括蕨类植物8科8属11种，裸子植物3科6属13种，被子植物66科269属589种；分布有脊椎动物25目51科178种，包括兽类4目14科37种；鸟类16目30科125种；爬行类2目3科4种；两栖类2目2科2种；鱼类1目2科10种。就保护区范围内分布植物种类的区系构成而言，包括华北区系成分、欧亚草原成分、北极—高山成分和中国—喜马拉雅成分。根据吴征镒（1991）的中国种子植物科、属分布区类型的划分方法进行统计分析，保护区内世界分布类型36科（约占总科数的52.17%），北温带分布类型19科（约占总科数的27.54%），泛热带分布类型9科（约占总科数的13.04%），世界分布类型36属（约占总属数的13.14%），北温带分布及其变型128属（约占总属数的46.72%），泛热带分布及其变型8属（约占总属数的2.92%），中国特有类型4属（约占总属数的1.46%），表明保护区内植物区系中的科是以世界分布和北温带成分占据明显优势；所分布的属多呈现温带和寒温带性质，特别是以北温带及其高山区类型分布为主。因此，在植物的各种分布类型中以北温带为最多，且占有主导地位。根据《国家重点保护野生植物名录》，在该保护区内国家重点保护野生植物有2种，均为Ⅱ级，分别为山莨菪 *Anisodus tanguticus* 和冬虫夏草 *Cordyceps sinensis*。列入《中国物种红色名录》的植物有30种（郑杰，2011）。其中，濒危植物1种，为大通报春 *Primula farreriana*；易危植物11种，包括祁连圆柏 *Sabina przewalskii*、羌活 *Notopterygium incisum*、水母雪兔子（水母雪莲）*Saussurea medusa*、柳兰叶风毛菊 *S. epilobioides*、荨麻叶报春 *Primula urticifolia* 等；几近易危植物18种。此外，保护区内还分布有青海省重点保护野生植物12种。

受生境条件等方面的影响，保护区内所分布野生动物种类的区系成分较为复杂。就兽类的区系构成和分布型而言，古北界成分 26 种（占保护区兽类总种数的 70.73%），广布种 11 种（占总种数的 29.27%），东洋界成分缺乏；其分布类型为 8 种，主要为古北型、高地型和全北型。就鸟类的区系构成和分布型而言，古北界成分 63 种（占保护区鸟类总种数的 50.4%），东洋界成分 11 种（占 8.8%），其余成分比例较小；其分布类型为 10 种，主要为全北型、古北型和喜马拉雅—横断山区型等。由此可见，保护区内的鸟兽种类以古北界区系成分为主。据报道（郑杰，2011），该保护区内分布有国家级重点保护的野生鸟兽种类 28 种。兽类重点保护动物 8 种，其中属国家Ⅰ级重点保护野生动物 2 种，分别为雪豹、白唇鹿 *Cerrus albirostris*；Ⅱ级重点保护的有 6 种，分别为荒漠猫 *Felis bieti*、兔狲 *Felis manulmanul*、猞猁 *Lynx lynx isabellinus*、马麝 *Moschus sifanicus*、马鹿 *Cervus elaphus macneilli*、岩羊 *Pseudois nayaur*。鸟类重点保护动物 17 种，属国家Ⅰ级重点保护的有 4 种，分别为胡兀鹫 *Gypaetus barbatu*、白肩雕 *Aquila heliacal heliaca*、金雕 *A. chrysaetos daphanea* 和淡腹雪鸡 *Tetraogallus tibetanus przewaskii*；Ⅱ级重点保护的有 13 种，分别为黑耳鸢 *Milvus lineatus*、秃鹫 *Aegypiusmonachus*、雀鹰 *Accipiter nisus*、大鵟 *Buteo hemilasius*、红隼 *Falco tinnunculus*、猎隼 *F. cherrug*、燕隼 *F. subbuteo*、血雉 *Ithaginis cruentus*、蓝马鸡 *Crossoptilon auritum*、雕鸮 *Bubo bubo tibetanus*、纵纹腹小鸮 *Athene noctua*、长耳鸮 *Asio otus otus*、短耳鸮 *A. flammeus*。此外，国家保护的有益的或有重要经济、科学研究价值的陆生野生动物有 77 种。

受复杂地形及大跨度垂直高差等因素的影响，该保护区范围内分布的植被类型较为丰富，而且其分布表现出明显的坡向性和垂直地带性。据调查，保护区内分布的自然植被主要包括以下类型。

（1）寒温性常绿针叶林

是以青海云杉 *Picea crassifolia*、祁连圆柏 *Juniperus przewalskii* 为主要群落优势种构成的森林植被类型，主要分布于保护区内的各林场，在保护区内分布范围较广，属于资源量较大的森林类型。

（2）温性常绿针叶林

是以油松 *Pinus tabulaefomis* 和华北落叶松 *Larix principis-rupprechtii* 为主要群落优势种构成的森林植被类型，分布面积有限。油松林为我国油松分布的最西界，多在青海云杉林的下缘分布。华北落叶松于 1973 年引进栽培，现已发育成林，郁闭度可达 0.85。

（3）落叶阔叶林

是以山杨 *Populus davidiana*、白桦 *Betula platyphylla*、红桦 *B. albo-sinensis*、糙皮桦 *B. utilis* 等为主要群落优势种构成的森林植被类型，主要分布于保护区内的宝库、东峡林区及老爷山、娘娘山等地。白桦林、红桦林和糙皮桦林呈现出随海拔升高的梯次分布格局，青杨林则主要分布在沟谷地带。

（4）针阔混交林

是以上述部分优势乔木树种中的部分针叶和阔叶树种混生共同成为群落优势种所构成的植被类型，常见于保护区的山地生境中，但阴、阳坡往往表现出构成物种上的较大差异。

（5）温性灌丛

是以蔷薇 *Rosa* spp.、忍冬 *Lonicera* spp.、栒子 *Cotoneaster* spp.、小檗 *Berberis* spp.、锦鸡儿 *Caragana* spp. 等为群落优势种构成的植被类型，主要分布于局部的阳坡生境中，常见于森林带附近的林缘、林间空地及局部山地坡麓。

（6）高寒灌丛

是以头花杜鹃 *Rhododendron capitatum*、百里香杜鹃 *Rh. thymifolium*、金露梅 *Potentilla fruticosa*、山生柳 *Salix oritrepha*、鬼箭锦鸡儿 *Caragana jubata*、高山绣线菊 *Spiraea alpina*、窄叶鲜卑花 *Sibiraea angustata* 等为群落优势种构成的植被类型，在保护区内有较大面积分布，不同海拔及地貌上可形成不同组合。既可以形成单优势种的植被群落，也可以有 2 种以上植物作为共同优势种而形成植被群落，或者由多种优势植物共同构成植被群落。

（7）河谷灌丛

是以柳 *Salix* spp.、具鳞水柏枝 *Myricaria squamosa*、中国沙棘 *Hippophae rhamnoides* subsp. *sinensis*、肋果沙棘 *H. neurocarpa* 等为群落优势种构成的植被类型，主要分布在河谷滩地上，属于河流湿地生境中的主要植被类型之一。

（8）温性草原

是以西北针茅 *Stipa krylovii*、短花针茅 *S. breviflora* 为主要群落优势种构成的植被类型，主要分布于保护区范围内海拔较低的干旱谷地及山前地带，本植被类型在保护区的实际分布面积较小。

（9）高寒草原

是以紫花针茅 *Stipa purpurea* 为群落优势种构成的植被类型，实际分布面积也相对较小，主要分布于海拔相对较高的部分山地阳坡及丘陵山地顶部。

（10）高寒草甸

是以高山嵩草 *Kobresia pygmaea*、矮嵩草 *K. humilis* 为主要优势种构成的植被类型，主要分布在山地上部的滩地、坡麓和山地半阴半阳坡，在保护区范围内具有一定的分布面积。

（11）高寒沼泽草甸

以西藏嵩草 *Kobresia tibetica* 为主要群落优势种构成的植被类型，属于青藏高原上重要的湿地生态系统类型之一，主要分布于保护区内河源积水滩地及高山冰积洼地等湿地生境中。

该自然保护区最初以青海省大通县的宝库林场和东峡林场为基础建立，2005 年成立青海大通北川河源区省级自然保护区时，保护区划定总面积为 198 300.0hm^2，其中核心区面积 55 400.0hm^2，实验区面积 142 900hm^2。2008 年，大通县人民政府及大通县林业局组织有关专家和技术人员在进行现地踏查、深入研究和广泛讨论的基础上，对保护区的范围和保护对象进行了重新定位，最终确定对保护区的面积进行优化调整，将人口密度大、人为干扰严重、自然资源状况一般、生物多样性低下、国家重点保护野生动植物物种少、栖息地难以满足野生动物行为特点与生存繁殖要求的部分区域调出自然保护区，使保护区面积由 198 300.0hm^{2}调整为 107 870.0hm^2，并据此向国家相关部门申请晋升为国家级自然保护区。通过专家评审后，于 2013 年 12 月 25 日国务院批准，晋升为大通北川河源区国家级自然保护区，总面积 10. 8×10^4 hm^2，约占大通县总面积的 34. 92%。

根据青海大通北川河源区国家级自然保护区的功能区划（图 7-2，详见后附彩图），核心区面积约为 4. 1×10^4 hm^2，占保护区总面积的 37. 23 %；缓冲区面积约为 3. 8×10^4 hm^2，占保护区总面积的 35. 64%；实验区面积约为 2. 9×10^4 hm^2，占保护区总面积的 27. 13%。基于保护区范围内属于欧亚草原成分、华北区成分、北极—高山成分和中国—喜马拉雅成分等多种植物区系成分的汇集区域，孕育了较为丰富的生物多样性等方面的原因，保护区建立初期的主要保护对象定位于高原森林生态系统及其生物多样性。此外，保护区发育生长良好的自然植被，具有较强的保育土壤、防止水土流失和水源涵养的生态功能，也是青海省内极为重要的水资源涵养地。保护区是西宁市重要的水源供给地，为西宁市提供了超过70%的用水量，对西宁市乃至湟水中下游地区的工农业生产和居民生活用水有着重要的、直接的影响。在此基础上，以保护区内的黑泉水库为中心，被青海省人民政府划定为饮用水源保护地。因此，保护并逐步提升保护区的水源涵养能力及生态服务功能，也必然成为其重要职责所在。

由此可见，青海大通北川河源区自然保护区的意义重大，对调节气候、增强区域生态服务功能、维持区域生态平衡、保护区域生态安全方面起着至关重要的作用，其保护成效将直接影响到青海省的粮食生产能力、人居环境改善、经济社会可持续发展以及基因资源和生物多样性保护等诸多方面。

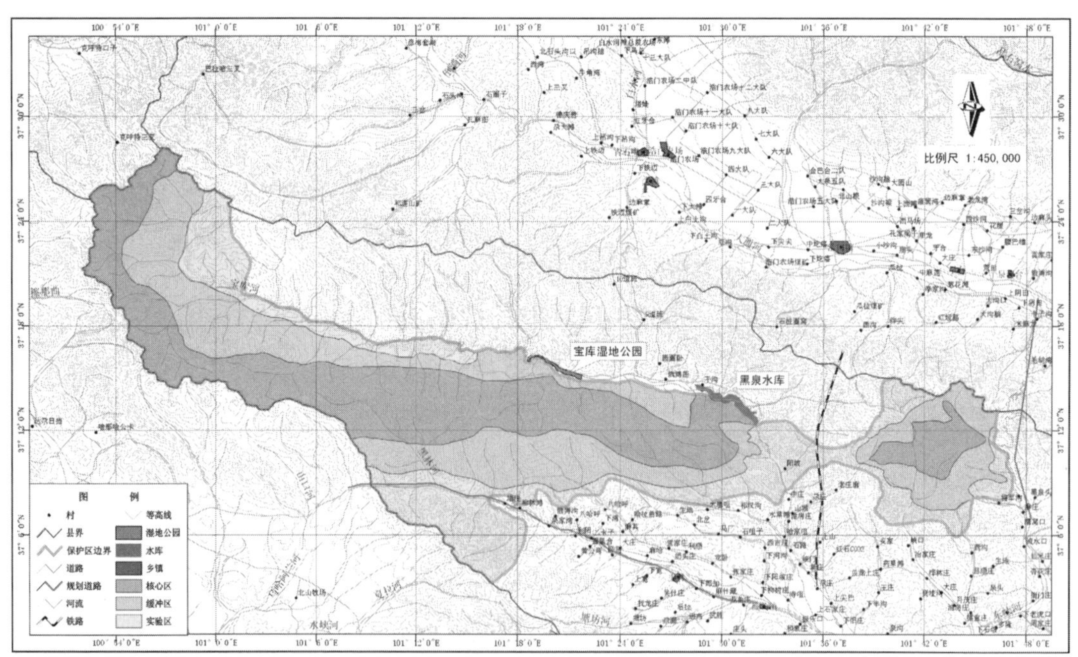

图 7-2 青海大通北川河源区国家级自然保护区功能区划图（后附彩图）

7.3 青海祁连山省级自然保护区

基于青海祁连山重要的生态战略地位及其生态环境保护的重要性，青海省人民政府于2005年12月发文（青政［2005］84号）批准建立了青海祁连山省级自然保护区，共设立8个保护分区，保护区总面积为 83.47×10^4 hm^2，其中核心区总面积为 43.80×10^4 hm^2，缓冲区总面积为 14.93×10^4 hm^2，实验区 24.74×10^4 hm^2。2013年，在青海省林业厅等相关部门组织考察调研、提出调整保护区原定功能区和范围建议（青林动［2011］160号文）的基础上，经青海省人民政府（青政函［2013］16号）批复同意，并经环境保护部（环办函［2013］857号）备案认可，对祁连山省级自然保护区的功能区划和范围进行了调整，将保护区总面积调整为 79.44×10^4 hm^2，减少了4.83%。经调整后，保护区的核心区面积减少6.5%，缓冲区面积增加4.1%，实验区面积增加3.1%。

青海祁连山省级自然保护区地处青海省东北部，青海省祁连山地区的北端，行政区域涉及门源县、祁连县全境，德令哈市和天峻县的部分区域，范围介于北纬37°03′~39°12′，东经96°46′~102°41′E之间，平均海拔在3800m以上。

青海祁连山自然保护区地域辽阔，地形复杂。祁连山在青海省境内东西长约800km，该保护区位于祁连山的中、东段区域范围内。长期的地质构造运动，致使祁连山形成一系列北西西—南东东方向的高山与峡谷。在祁连山中段（保护区西部），主要发育形成包括走廊南山、黑河谷地、托勒山、托勒河谷地、木里江仓盆地、托勒南山、疏勒南山、勒河上游谷地等地形地貌单元的山地与谷地。在祁连山东段（保护区东部），主要发育形成包括冷龙岭、门源盆地、大通河谷、大通山—大坂山等地形地貌单元的构成特征。保护区具有大陆性气候特征，区域内气候寒冷，冬季漫长、夏季短暂。保护区处于青海省的冷区范围内，平均气温较低且变幅较大。根据保护区内相关气象站点的数据，年平均气温为-10.8~1.0℃，1月平均气温为-20.9~-13.2℃，7月平均气温为1.3~12.8℃。年平均降水量相对较为充分，为365~534mm，呈现出由东南方向西北方呈逐渐递减的趋势。全年光照充足，日照时数在2500~3000小时，日照百分率在55%~70%之间。

保护区内水系密布，水资源丰富，属于黑河、托勒河、疏勒河、石羊河等重要内陆河流的源头及上游地区，大通河由西向东横亘于保护区内。根据相关资料（董旭等，2007），青海省境内这些主要河流的水资源量至少占到相应流域水资源总量的35%~87%(表7-1)，托勒河在青海境内的地表水资源年径流量约为 $3.73\times10^8m^3$（张忠孝，2004），而且具有较为丰富的地下水资源。此外，保护区内还分布有相关数量和面积的冰川（董旭等，2007），合计冰川储量约为 $355.02\times10^8m^3$，折合储水量约为 $301.78\times10^8m^3$，成为保护区范围内内极为重要的水资源补给源。

表 7-1 青海祁连山省级自然保护区青海境内主要河流水资源统计

河流名称		石羊河	疏勒河	黑河	大通河
地表水资源	全流域总量（$\times10^8m^3$）	15.87	17.22	36.83	30.05
	青海省境内总量（$\times10^8m^3$）	5.43	15.03	14.14	25.60
	青海省占流域总量百分比（%）	34.2	87.3	38.4	85.2
青海省境内地下水资源总量（$\times10^8m^3$）		2.14	5.95	5.58	12.64

注：数据来源于《青海祁连山自然保护区科学考察集》（董旭等，2007）。

鉴于保护区较长的东西跨度及较大的地形垂直高差，为区域土壤的形成提供了多样化的外在环境条件，发育分布有较为丰富的土壤类型。根据《全国第二次土壤普查暂行技术规程》中的土壤分类意见，保护区分布有 11 个土类 28 个亚类，包括高山寒漠土（含高山寒漠土与高山石质土 2 个亚类）、高山草甸土（含高山草地草甸土、高山草甸土和高山灌丛草甸土 3 个亚类）、山地草甸土（含山地草甸土、山地草原化草甸土和山地灌丛草甸土 3 个亚类）、草甸土（含草甸土、林灌草甸土、耕种草甸土 3 个亚类）、高山草原土（含高山草甸草原土、高山草原土、高山荒漠草原土 3 个亚类）、灰褐土（含淋溶灰褐土、灰褐土 2 个亚类）、黑钙土（含淋溶黑钙土、黑钙土、石灰性黑钙土 3 个亚类）、栗钙土（含暗栗钙土、栗钙土、淡栗钙土、灌溉型栗钙土 4 个亚类）、沼泽土（含草甸沼泽土、泥炭腐殖质沼泽土、沼泽土 3 个亚类）、潮土（潮砂土 1 个亚类）、新积土（堆垫土 1 个亚类）。

据调查统计（董旭等，2007），保护区内现有高等植物 257 属 616 种，隶属 68 科。其中蕨类植物 8 科 9 属 11 种；裸子植物 3 科 3 属 6 种，被子植物 57 科 245 属 599 种；分别占北祁连山地区种子植物的总科数的 71.6%、总属数的 57.5%、总种数的 49.5%，物种种类较为丰富多样。植物属的分布区类型属于中国—喜马拉雅植物地区、唐古特植物亚区中的祁连山小区。在该地区植物区系成分中，北温带成分仍然占有绝对优势地位。植物的高山特化、旱化适应现象也很突出，高原特色明显。该地区的植物区系与唐古特地区植物区系的关系最为密切，而与其他地区的关系较为疏远。

据调查（董旭等，2007），保护区分布有野生动物 170 种，隶属于 21 目 51 科。其中兽类 6 目 15 科 40 种、鸟类 12 目 30 科 120 种、爬行类 1 目 1 科 1 种、两栖类 1 目 2 科 2 种、鱼类 1 目 2 科 7 种。保护区内分布的国家级重点保护野生动物种类 24 种，分别为雪豹、野牦牛、白唇鹿、藏野驴、金雕、玉带海雕、胡兀鹫、斑尾榛鸡、淡腹雪鸡、雉鹑、黑颈鹤，均为国家Ⅰ级重点保护野生动物。还有国家Ⅱ级重点保护野生动物石貂、荒漠猫、猞猁、兔狲、棕熊、马麝、马鹿、藏原羚、岩羊、蓝马鸡、雕鸮、纵纹腹小鸮、长耳鸮等。

该保护区内分布的天然植被类型较为丰富，主要包括下述类型。

（1）常绿针叶林

是以青海云杉、油松、祁连圆柏为主要群落优势种构成的森林植被类型，主要分布于大通河中下游及黑河中上游等河流两侧的山地，在门源县的朱固、仙米和祁连县的八宝、扎麻什克等地呈现集中分布，分布海拔约为 2400～3400m。群落建群种伴随坡向变化而不同，阴坡以青海云杉和油松为主，阳坡以祁连圆柏为主。

（2）落叶阔叶林

是以山杨 *Populus davidiana*、白桦 *Betula platyphylla*、红桦 *B. albo-sinensis*、糙皮桦 *B. utilis* 等为主要群落优势种构成的森林植被类型，主要分布于大通河流域两侧山地的阴坡、半阴坡、及沟谷地带，分布海拔在 2400~3800m。

（3）温性灌丛

是以蔷薇、忍冬、栒子、小檗、锦鸡儿等为群落优势种构成的植被类型，主要分布于保护区东部和东北部的林缘、林间空地及局部坡麓地带，分布海拔约为2400~3500m。

（4）高寒灌丛

是以头花杜鹃、百里香杜鹃、金露梅、山生柳、鬼箭锦鸡儿、高山绣线菊、窄叶鲜卑花等为群落优势种构成的植被类型，属于保护区内广泛分布的植被类型之一，常见于海拔 2400~3500m 的山地阴坡、半阴坡和沟谷滩地。在不同地区、不同海拔和不同地貌组合中，群落优势种构成具有较大差异。

（5）河谷灌丛

是以柳、具鳞水柏枝、中国沙棘、肋果沙棘等为群落优势种构成的植被类型，主要分布在河谷滩地上，属于河流湿地生境中的隐域性主要植被类型之一。

（6）温性草原

是以长芒草 *Stipa bungeana*、西北针茅、短花针茅、赖草 *Leymus secalinus*、芨芨草 *Achnatherum splendens*、蒿 *Artemisia* spp. 等为主要群落优势种构成的植被类型，本类型分布面积较小，主要分布于保护区东北部的干旱谷地及山前地带，分布海拔低于 3200m。

（7）高寒草原

是以紫花针茅 *Stipa purpurea*、青藏薹草 *Carex moorcroftii* 等为群落优势种构成的植被类型，主要分布于保护区西北部海拔 3500~4200m 的山地阳坡、山间谷地和砾质滩地。

（8）高寒草甸

是以高山嵩草、矮嵩草、嵩草、线叶嵩草 *K. capillifolia* 等为主要群落优势种构成的植被类型，属于保护区内主要的植被类型之一，广泛分布于海拔 2500~4500m 的山地和滩地。

（9）高寒沼泽草甸

是以西藏嵩草为群落优势种构成的植被类型，属于青藏高原上重要的湿地生态系统类型之一，广泛分布于保护区内大通河、疏勒河等众多河源区海拔3000~4500m 的河岸阶地、湖群洼地、积水滩地及高山冰积洼地等湿地生境中，对区域水源涵养起到积极的重要作用。

（10）高寒流石坡稀疏植被

是以适应高原寒旱生境的适冰雪植物组成稀疏植物群落而形成的特殊植被类型，无明显的优势种，构建群落的主要代表植物有水母雪兔子（水母雪莲）*Saussurea medusa*、鼠麴风毛菊 *S. gnaphalodes*、矮垂头菊 *Cremanthodium humile*、短管兔耳草 *Lagotis brevituba*、唐古特红景天 *Rhodiola tangutica*、簇生柔籽草 *Thylacospermum caespitosum* 等，群落盖度 5%~15%。该植被类型广泛分布于保护区内海拔 3900m 以上的山体顶部。

（11）水生沼泽植被

是以圆囊薹草 *Carex orbicularis*、三裂叶碱毛茛 *Halerpestes tricuspis*、篦齿眼子菜 *Patamogeton pectinatus*、水毛茛 *Batrachium bungei*、穗状狐尾藻 *Myriophyllum spicatum*、荸荠 *Eleocharis* spp.、沿沟草 *Catabrosa aquatica*、杉叶藻 *Hippuris vulgaris*、水麦冬 *Triglochin palustre* 等典型湿生植物为主要群落优势种构成的植被类型，属于隐域性植被类型，广泛分布于保护的湖泊浅水区、河流缓流区或微弱流动的溪流以及湖塘积水洼地等生境中。

青海祁连山自然保护区的主要保护对象为祁连山湿地、冰川、珍稀濒危野生动植物及其森林生态系统。结合自然地理概况及重点保护对象的分布情况，整个祁连山省级自然保护区被划分为 8 个保护分区（表 7-2；图 7-3，详见后附彩图）。

表 7-2　青海祁连山省级自然保护区各保护分区一览表*

保护区分区	功能区面积（hm^2）				主要保护对象
	核心区	缓冲区	实验区	合计	
党河源保护分区	53 885.7	25 532.0	73 768.8	153 186.5	湿地
黑河源保护分区	13 738.2	9948.8	6751.2	30 438.2	湿地
黄藏寺保护分区	29 791.4	24 998.2	16 991.6	71 781.2	水源涵养林
三河源保护分区	97 982.5	53 393.0	87 576.6	238 952.1	湿地
石羊河保护分区	14 623.2	13 951.0	6416.0	34 990.2	冰川、湿地
团结峰保护分区	121 233.6	37 568.0	35 586.3	194 387.9	冰川
仙米保护分区	29 899.5	5522.7	7597.8	43 020.0	水源涵养林
油葫芦保护分区	4328.9	4162.3	19 152.3	27 643.5	珍稀野生动物
合计	365 483.0	175 076.0	253 840.6	794 399.6	

* 数据来源于青海省野生动植物和自然保护区管理局。

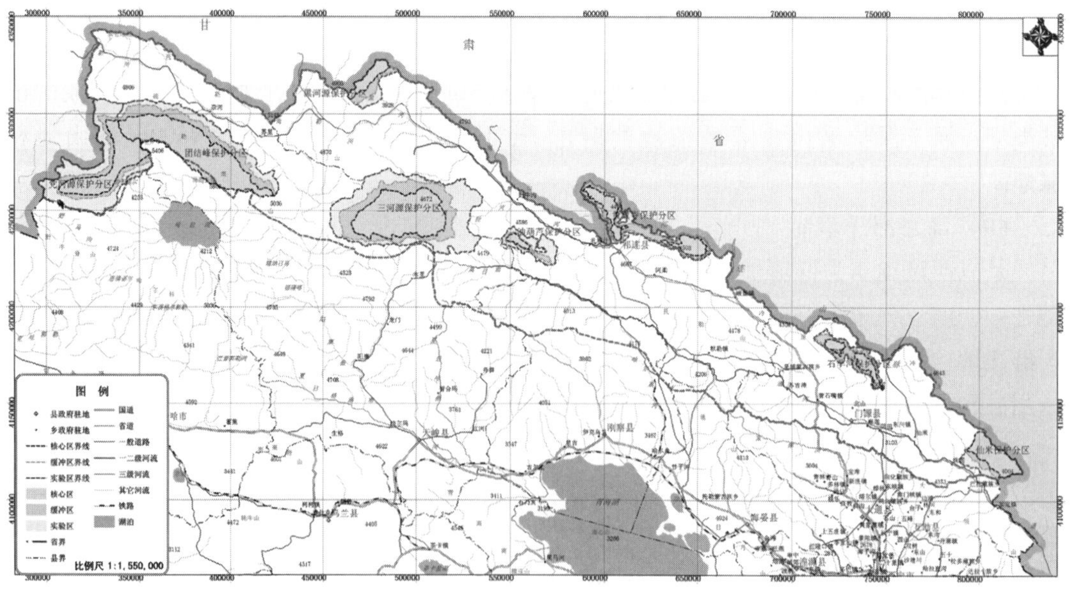

图 7-3　青海祁连山省级自然保护区调整后功能区划图（后附彩图）

下　篇
小流域生态治理

8 国内外相关研究进展

8.1 小流域及其综合治理

鉴于人类社会对防治洪水、泥石流等自然灾害以及改善自身生存环境质量的实际需求，小流域治理成为人们关注的热点问题由来已久。不同国家和地区的众多科技工作者，已从不同角度就小流域综合治理的不同方面开展了诸多的相关研究工作，使小流域综合治理的相应理论和具体实践均呈现出逐渐趋完善的发展趋势，同时也引申出一些值得进一步深入关注与思考的问题。

8.1.1 小流域的定义与范围

流域是指地表水及地下水的分水线所包围的河流集水区或汇水区，可划分为地面集水区和地下集水区两类。但由于地下水的分水线往往难以准确界定，通常所称流域一般都指地面河流的径流分水线所包围形成的地面集水区，每条河流都可形成自己的流域体系。顾名思义，所谓小流域则是集水面积较小的河流集水区，通常是指二、三级及其以下支流以分水岭和下游河道出口断面为界的相对独立和封闭的自然汇水区域。

关于小流域的概念定义，尚未明确形成普遍公认的标准规范，不同的学科和学者依据相应实践给出一些不同的定义。从水文学的角度，小流域指地球陆地上一个小面积的独立闭合集水区域，级别最高的支流称为小流域（王震洪，1997）。在水土保持学上，小流域是指一个完整的土壤侵蚀单元（李岩，2008）。流域经济学把大河的支流流域称为小流域，并将小流域看作是一个生态、社会经济的复合系统（李岩，2008）。也有学者将小流域视为独立、完整的生态系统类型，而给出了相应定义。李怀甫（1989）认为，小流域是由流域内生物群落与无机环境之间通过能量流动、物质循环和信息传递而形成的矛盾统一体。孙斌（1994）提出，小流域是一个由人口、环境资源、物资、资金、科技等元素构成的生态经济系统，是非生物环境（大气、光、能、土壤、岩石、矿物元素）和生物因素（人、植物、动物、微生物）在特定空间（即自然集水区）结合成一体，具有特定功能的整体。孙斌给出的定义，不仅将小流域视为独立的生态系统类型，而且被看作为相对完整的经济系统类型。

作为相对独立的自然地理单元，对于小流域的范围划定和面积规模标准，目前也存在许多不同的提法，不同的国家和学者可能存在不同的理解。美国水土保持界，把面积小于

1000km^{2}的流域称为小流域（王震洪，1997）。欧洲阿尔卑斯山区国家认为，小流域是面积在100km^{2}以下的山区流域（王震洪，1997）。中国水利部规定，小流域指面积小于50km^{2}的流域（SL 653—2013）。有文献报道，小流域的面积一般为10～30km^2（王礼先，2006；李岩等，2008）。王震洪（1997）认为，小流域面积应在10～50km^{2}范围内。吴邦灿（1996）根据我国水土保持工作的治理实践，提出小流域面积应在5～30km^2，最多不超过50km^{2}的范围内。朱雷等（2009）参照中国水利部的相关规定，将小流域的面积确定为50km^{2}以下。

但在实际运作过程中，小流域的范围划定和面积界定往往存在诸多不确定因素和外因变数。例如，一个大流域（例如黄河流域）可以按照水系等级分成数个甚至上百个不同的小流域，小流域又可以分成更小的流域等。根据需要，也可以截取河道的一段，单独划分为一个局部小流域。另外，涉及不同行政区划（如县域）辖区范围时，小流域范围与面积的划定则必然会受到更多各方面因素的影响。此外，小流域分水线准确界定方面存在的实际问题，往往也会对小流域实际范围的认定产生一定的不利影响。一般来说，流域之间的分水地带称为分水岭，分水岭上最高点的连线为分水线，即集水区的边界线。就山区而言，可以依据地形图上的分水岭简单勾绘出分水线，而划定小流域的分布界线和实际范围。但对平原地区、平缓丘陵区、高原夷平面等分水岭不明显的区域而言，小流域分布界线和实际范围的准确划定则显得较为困难，至少需要进行全面、系统的现场实地调查。

由此可见，以局部天然水资源汇集区所形成的小流域，虽然属于独立的水文地形单元，但其范围与规模的认定尚存在较为明显的差异。从小流域综合治理的观点出发，结合小流域的自身内在特征以及治理过程的系统性，保持综合治理小流域完整性和封闭性的重要性，事实上远高于小流域划定范围实际面积的重要性。作为小流域综合治理的基本实施单元，在对小流域进行综合治理的过程中，首先应当根据实施区域范围内资源、生态、经济、社会等诸多因素的实际整体情况，在遵循自然规律和经济规律进行全面系统规划的前提下，通过合理安排农、林、牧、渔业生产用地及生产方式，因地制宜开展生态环境保护与建设项目，依据实际需求布设相应工程防护与治理措施等多途径综合手段，最终实现区域生态环境改善、经济发展能力增强、社会事业持续进步的远景目标。所以，只要在保持一定可治理面积范围的基础上，任何河流上游局部支流中可形成相应治理效果的相对独立闭合的集水地形单元，均可作为小流域综合治理的实施主体。

8.1.2 小流域综合治理概念

“小流域治理”的提法，最早源于15世纪阿尔卑斯山区发起的流域灾害防治和森林植被恢复工作，通过成千上百条小支流的治理，使整个大流域区域恢复了生态平衡，减少了水土流失及洪涝灾害。由于各学科和专家的视角不同，对小流域综合治理的概念定义也存在一定差异。

《中国农业百科全书·水利卷》（1987年版）中将小流域综合治理的概念定义为：以小流域为单元，在全面规划的基础上，合理安排农、林、牧、副各业用地，布置水土保持农业技术措施、林草措施与工程措施，治坡与治沟相结合，形成综合防治措施体系。

《中国大百科全书 · 水利卷》（1992 年版）中将小流域综合治理的定义为：以小流域为单元，在全面规划的基础上，合理安排农、林、牧、副各业用地，布置水土保持农业耕作措施、林草措施与工程措施，形成综合防治措施体系，以达到保护、改良与合理利用水土资源的目的。

吴邦灿（1996）提出，小流域的综合治理，就是以小流域为单元，在全面规划的基础上，合理确定农业、林业、牧业的用地比例，正确地布设各项水土保持措施，使林草措施、工程措施和保土蓄水的耕作措施有机地结合起来，从坡到沟，从上到下形成完整的水土保持群防体系，达到科学利用水土资源，发展农、林、牧、副业生产的目的，把一个生态恶性的小流域单元改造成为多行业合理发展、良性循环的生态系统。

水土保持学中，水文学对小流域综合治理的定义为：以小流域为单元，所采用的控制人为因素和自然因素造成水土流失的必要措施（王震洪，1997）。水土保持学的林学角度对其定义为：以小流域这一特定生态经济系统为单元，所采用的以控制水土资源为中心，向生态经济系统输入物质、能量、信息、价值，重建、完善和维护生态经济系统结构功能的措施形式（王震洪，1997）。

王礼先（1997）认为，小流域治理是为了持续获取流域生态经济系统的生态效益、经济效益和社会效益，以小流域为单元，在全面规划的基础上，合理安排农、林、牧、副、渔各业用地，因地制宜地布设综合治理措施，对水土资源及其他再生自然资源进行保护、改良与合理利用。小流域综合治理的实质是实现山区流域生态经济系统的可持续经营。

《水土保持术语》（GB/T 20465—2006）中对小流域综合治理的定义是：以小流域为单元，在全面规划的基础上，预防、治理和开发相结合，合理安排农、林、牧等各业用地，因地制宜布设水土保持措施，实施水土保持措施、植物措施和耕作措施的最佳配置，实现从坡面到沟道、从上游到下游的全面防治，在流域内形成完整、有效的水土流失综合防护体系，既在总体上，又在单项措施上能最大限度地控制水土流失，达到保护、改良和合理利用流域内水土资源和其他自然资源，充分发挥水土保持生态效益、经济效益和社会效益的水土流失防治活动。

段文标（2006）指出，小流域治理是指不断提高小流域人群生活质量和资源环境承载能力的，既满足小流域当代人的需要，又不对小流域后代人满足其需求的能力构成危害的，满足一个小流域人群需求又不损害别的小流域人群满足其需求能力的发展。该定义着重强调治理的“可持续性”。

朱雷（2009）认为，小流域综合治理是指在遵循自然规律和经济规律的前提下，以小流域为单元，山、水、田、林、路、村统一规划，拦、蓄、排、灌、节、废、污综合治理，实现小流域内生态效益、经济效益和社会效益协同发展。

根据上述针对小流域治理概念的定义和论述可见，各学科专家对小流域综合治理的定义本质上似乎大同小异，但也表现出不断补充完善的变化趋势。人们对小流域治理概念的理解，由仅仅关注小流域水土流失综合防治措施的早期阶段，逐步向将小流域作为整体组合系统而强调同步获取生态、经济、社会效益的变化趋势。同时，将区域可持续发展的部分观念引入小流域综合治理的概念之中。

8.1.3 小流域综合治理的发展历程

伴随科学技术的发展和人们认知程度的提高，小流域综合治理也经历了由初步探索到逐渐成熟的发展历程。相关研究（赵爱军，2005）认为，小流域治理思想及治理研究的发展，大致划分为山洪泥石流等重大灾害的防治阶段、流域综合治理阶段、流域治理中人与自然和谐相处阶段这 3 个发展阶段。重大灾害防治阶段为小流域治理的早期探索阶段，主要侧重于采取相应的工程技术措施与经营辅助措施，有针对性地防治山区泥石流和山洪引发的自然灾害；虽然也取得一定成效，但其治理效果有限。中期的流域综合治理阶段，开始注重小流域综合治理研究的整体性和系统性；重点主要在于针对防治小流域内的水土流失问题，从水文、地质、水利、农学等不同学科角度，开展了包括侵蚀机理、水土保持、治理措施等多方面研究，展现出小流域综合治理研究的定量化和治理措施的综合性。近期的小流域治理理念已进入到谋求人与自然和谐相处的后期发展阶段，生态经济学、景观生态学、可持续发展等方面的观点和理念被引入小流域治理的规划与实施过程中；在治理过程中，充分重视小流域内人与自然的和谐，强调了治理区域生态、经济、社会效益的同步获取，进而在促进人与自然和谐的基础上，努力实现生态、经济、社会效应均衡可持续发展的理想目标。

我国的小流域治理思想也经历了不同的发展阶段，并取得许多令人鼓舞的可喜成效（赵爱军，2005；刘震，2005；李岩等，2008；张新玉等，2011）。早在 20 世纪 20 年代，我国就开始了河道治理的初步探索阶段，但基本属于尚无明确指导思想的萌芽期。20 世纪 50 年代，我国已经初步形成流域治理的概念，进入流域治理的初步探索阶段，主要采取沟道修筑淤地坝等措施进行试验示范；但由于未以小流域为单元展开工作，综合治理意识淡薄，治理的效果并不理想。自 80 年代后，开始进入以小流域为单元进行综合治理的新阶段，小流域综合治理的思想在水土保持界基本形成明确的概念和标准，治理工作全面展开；但由于当时各方面投入能力有限，治理成效仍相对不高。到 90 年代，小流域综合治理进入治理与开发一体化的发展阶段，在质和量方面都发生很大的变化，基本改变了治理布置不尽合理、工程质量管理跟不上等方面的问题。21 世纪以来，小流域综合治理受到更多方面的普遍关注，已经成为备受关注的热点之一；随着生态建设投入力度的加大，努力追求小流域综合治理过程中生态、经济、社会效益同步实现的目标，基本成为科学指导小流域综合治理工作的共识。也有部分学者认为，我国小流域综合治理实践过程中，存在着小流域范围划定常以行政单位为界（王震洪，1997）、流域上下游治理及小流域与大流域治理之间存在矛盾（王震洪，1997）、治理与后续管理措施由于人为因素难以落实到位（李岩，2008）、小流域治理效果尚未形成广泛接受的评价标准和指标体系（王礼先，1997；李岩，2008）、小流域生态环境治理投资仍显不足（李岩，2008）等方面的问题，值得在相应工作中予以必要关注。

由此可见，伴随人类认识过程的不断提高，小流域综合治理研究的整体思路也逐步由单纯的被动性自然灾害防御演变为主动追求人与自然和谐，以及同步获取生态、经济、社会效益的可持续发展理念。

8.1.4 小流域综合治理原则

基于着眼点和出发点方面存在的差异，不同学者就小流域综合治理原则形成了各自的观点和看法。王震洪（1997）认为，小流域治理应该以控制水土流失、保护水体资源为基础，应遵循不同流域系统的地域分析规律和流域系统整体性原则。杨慧忠（2005）认为，小流域水土保持措施规划布局的一个重要原则是：既要因地制宜，又要宏观调控。段文标（2006）认为，小流域治理应遵循科学性、可操作性与可行性、层次性、完备性、动态性与可比性、相关性、相对独立性与简明性等原则。王礼先（2006）认为，小流域治理应遵循以下原则：尊重自然规律，确立人与自然和谐共处的发展方针，全面认识流域生态经济系统的整体性、相似性与差异性，因地制宜地确定治理目标、土地利用结构以及环境保护与改善（含恢复与重建）的综合措施，坚持流域治理的综合性，以获取综合效益。

此外，部分科研人员还结合不同小流域的实际情况，提出了一些针对区域特点的相应小流域治理原则。北京市从可持续发展的角度出发，在山区小流域治理工作中坚持可持续发展的原则（李妍彬等，2007）。福建省结合当地特点，制定提出治理工作与生态环境相协调，多层次优化利用资源，综合规划，统一治理，优化配置，全面发展的小流域综合治理原则（翁明华，2009）。西藏茶巴朗在小流域综合治理过程中（谢后凤，2011），提出并遵循了立足西藏高原实际，因地制宜的特色性原则；坚持生态、经济和社会效益相统一，使整体效益最大化的效益原则；坚持工程措施与生物措施相结合，农、林、路统一规划，实现土地资源可持续利用的统筹兼顾原则；坚持流域景观充分体现民族特色与人文理念的以人为本原则。

根据相关文献的整体分析，对于小流域的综合整治，绝大多数学者均认同以防治水土流失、恢复流域生态功能为前提，因地制宜、发挥当地特色为基础，促进人与自然和谐共处，实现区域可持续发展为目标的治理原则。所以说，小流域综合治理的主要原则应着眼于因地制宜、整体规划、生态优先、重视民生、绿色节约、低耗高效、全面布局、效益兼得、寻求和谐、持续发展等方面。

8.1.5 小流域综合治理措施

根据小流域的自身性质和基本特征，对小流域进行综合治理势必面临综合性、公益性、长期性、复杂性等方面的情况（赵爱军，2005；余新晓，2012），小流域综合治理的具体措施也必然存在多样性。概括而言，小流域综合治理的措施大致可以划分为工程措施、生物措施和耕作措施 3 大类。在《水土保持术语》（GB /T 20465—2006）中，对这些措施均给出了相应的定义和范围。

工程措施即应用工程原理，采用工程手段修建为防治水土流失，保护、改良及合理利用水土资源的工程设施，是小流域治理的基础，可为生物措施和农业生产创造条件。具体措施包括坡面治理工程、沟道治理工程、治沟骨干工程、沟道蓄水工程、护岸与拦渣工程、泥石流防治工程、防沙治沙工程等（GB 20465—2006）。

生物措施又叫林草措施，即采取造林、种草、禁用、封育等生产活动，建设乔、灌、草相结合的立体生态林地系统，进而促进实现流域治理与可持续发展的目标。具体方法有建设水土保持林、水源涵养林、农田防护林、风景林、经济林、复合农林业、等高植物篱、挂网喷草、固沙造林种草与封禁治理等（GB 20465—2006）。

耕作措施是指采用改变微地形，增加地面覆盖和土壤抗蚀力，实现保水、保土、保肥、改良土壤、提高农作物产量的农业耕作方法。具体措施有等高耕作、沟垄耕作、垄作区田、覆盖种植、带状间作、草田轮作与免耕等（GB 20465—2006）。

王礼先（1997）提出，小流域综合治理需要采用的措施体系应包括：合理利用土地及其他再生资源；正确鉴定流域内发生侵蚀灾害的现状与原因，为保护、改良与合理利用流域生态经济系统提供依据，同时保障群众生命财产安全；在需要改良的侵蚀土地上，采用生物与工程相结合的措施；采取水土保持监督管理法律性措施，防止人类破坏生态环境与资源。

王震洪（1997）认为，小流域治理措施在狭义上包括可直接产生生态经济效益的工程措施、生物措施、与耕作措施；从生态经济系统角度出发，还应包括能够产生间接效益的监督预防措施、方针政策措施、科技措施、人口计划措施与土地利用规划措施等。

根据文献（赵爱军，2005），小流域综合治理所采用的技术模式可大致归并为 3 大类，分别为侧重改善生态环境质量并增强生态调节功能的生态型技术模式、侧重增强小流域不同产品产能和经济发展能力的经济型技术模式、侧重兼顾并努力实现多种效益的综合型技术模式。在实施小流域综合治理的过程中，可结合实际情况采用人工干预和自然恢复等方法（王雷等，2009）、工程与生物等手段（袁希平等，2004；李岩等，2008；王雷等，2009）、针对不同地貌地形和区域特征的小流域综合治理模式（查轩等，2000；周建平，2001；刘正斌，2002；李岩等，2008；翁明华，2009）。

由此可见，在小流域综合治理过程中，应充分考虑并结合实施区域的各方面实际情况，在深入调研与系统规划的基础上，合理选择并科学利用有针对性的相应治理措施，才有可能实现降低投入成本、提高治理成效、获取多重效益的理想目标。仅仅采用单一治理措施或同步照搬多项治理措施的做法，未必能够取得预期效果。

8.1.6　小流域综合治理实例

根据相关文献（赵爱军，2005；张杰，2007；张展羽，2008），国内外许多地区都取得了值得借鉴的成功经验，例如瑞士莱茵河、维也纳多瑙河、首尔清溪河川、上海苏州河、南昌玉带河、成都沙河、美国甜水河、澳大利亚埃普洛克流域等。在此，仅就部分综合治理情况进行简要介绍。

19 世纪初，美国田纳西河沿岸由于采矿、滥伐森林、工业有毒烟尘排放等掠夺式的生产，出现了草木枯死、水旱灾频繁、土地贫瘠、鱼类大量死亡的状况。自 1933 年起，通过美国国会立法，成立了田纳西河流域开发管理局，将水坝建设、河道改善、恢复生态与休闲旅游等多元化的开发与建设内容相结合，对流域水资源进行全面的综合治理和管理。经历 40 余年的开发与建设，今天的田纳西河流域沿岸已呈现洪灾大量减少，整体环境优美，工、农、林、牧、渔业呈现均衡稳定发展的态势。

19 世纪末，欧洲工业的快速发展使莱茵河流域受工业与生活污水及水上交通等多重污染，水质不断恶化，河流中鱼类几乎绝迹。自 1950 年起，莱茵河沿岸多个国家成立了保护莱茵河免受污染国际委员会（ICPR），通过重点恢复生态、工业废物减排、严格控制污染源、防洪建设等措施，同时开发利用河流水资源的航运、发电与旅游等功能。到 2000 年，莱茵河水质清澈洁净，生物多样性已恢复到第二次世界大战前的水平，沿岸森林茂密，湿地发育，成为世界上跨国河流治理最好的成功典范之一。

在 1950~1960 年间，韩国首尔由于经济增长及都市发展，清溪川流域曾被钢筋水泥覆盖而成为暗渠，城市废水的排放与河上高架桥的兴建，导致水体环境严重污染，河水水质恶劣，河流沿岸环境遭到极大破坏。从 2003 年开始，组织开展了清溪川的修复工程，通过拆除高架桥、移除河道水泥盖、清除河床淤积污泥、为河流重新注水、沿岸种植各种植物、兴建多种特色文化墙等多方面措施，成功实现了对于清溪川流域的有效治理。到 2005 年，清溪川流域夏季平均气温下降，水中的物种多样性增加，成为集沿岸广场、绿地、喷泉和林荫街为一体的文化长廊。

对黄土高原水土流失的综合治理工作，朱显谟院士探索出以小流域为单元，有针对性地采取工程措施与生物措施，利用农、林、牧相结合的水土流失综合治理理论与技术，从整个黄土高原的可持续发展需要和实践可能出发，提出了“全部降水就地入渗拦蓄，米粮下川上塬、林果下沟上岔、草罐上坡下坬”28 字方略，对黄土高原综合治理工作具有实际的指导意义。自国家第七个五年计划（“七五”）开始，国家科学技术委员会在山西河曲、离石，陕西米脂、安塞、长武、淳化、乾县，宁夏固原、西吉，甘肃定西，内蒙古准格尔旗等地设立了 11 个试验示范区，以小流域为单元进行综合治理。到“八五”期末，累计在黄土高原治理水土流失面积约 $17.5\times10^4km^2$，兴修基本农田约 $500\times10^4hm^2$，每年稳定增产粮食约 40 多亿千克，解决了 1000 万人的吃饭问题。建造的 800 多座沟道骨干工程和 400 余万座沟道治理与田间水利工程，扩大灌溉面积超过 $3.3\times10^4hm^2$，保护耕地超过 $13.3\times10^4hm^2$，解决了 1000 多万人、1500 多头牲畜的饮水困难。营造的 $1000\times10^4hm^2$ 水土保持林，累计增加木材蓄积量超过 $5000\times10^4m^3$。水土保持创造的效益总价值达 1000 多亿元，产生了巨大的生态、经济与社会效益（朱显谟，1998）。

三峡库区的乐天溪流域在 20 世纪 50 年代，先后经历了严重破坏→初步治理→再破坏的恶性循环阶段，植被遭到大量砍伐，区域水土流失严重，导致本身就比较脆弱的流域生态系统受到严重创伤。在综合治理过程中，采取水土流失工程措施、生物措施与退耕还林等措施统筹协调。技术上主要实施梯田建设、小型水保工程、封育管护、能源替代、舍饲养畜等措施，同时配套相关管理办法和乡规民约，明确落实管护责任，限制不合理的生产、经营与建设活动，减少对自然环境的人为破坏。通过综合治理工程的实施，到 2003 年，乐天溪流域轻度、中度和强度侵蚀面积较 1987 年分别减少了 $42.83km^2$、$35.89km^2$ 和 $13.51km^2$，土壤侵蚀量减少了 70.9%（赵爱军，2005）。

长江源头水土流失治理试点区孟宗沟小流域，地处青海省玉树自治州的高寒牧区，长期不合理的垦荒与过度放牧，导致流域植被遭到严重破坏，水土流失严重，草原生态环境恶化。在 1990 年开始的综合治理工作中，采取以工程措施为主，同时结合生物措施综合治理的方法。通过建设围、排、栏等工程措施，结合植树造林、种草等生物措施，进行沟道治理；通过封山育林、种草、计划放牧等生物措施进行坡面治理；坡沟兼治，形成了乔、灌、草结合的防护体系，有效控制了流域内的水土流失。经过5年的综合治理，全封育区的植被覆盖率提高了40%左右，半封育区植被大都提高20%左右，水源涵养能力大大提高，生态环境开始向良性循环方向转化（吴邦灿，1996）。

小流域综合治理工作已在我国开展了30余年，截至2012年，全国累计治理小流域5万多条，治理水土流失总面积 $105\times10^4km^2$（余新晓，2012），为中国的小流域综合治理积累了丰富的宝贵经验。

中国是一个幅员辽阔的国家，境内发育形成了地理区位、利用程度、发展水平、自身特点等多方面存在显著差异的众多河流。由于不同流域的实际情况千差万别，在进行小流域综合治理的过程中，应当进一步深入考察研究，综合分析各方面相关因素，探索出实现环境、社会和经济可持续发展的治理方针，达到生态效益、社会效益与经济效益的共赢。

8.2 小流域水源涵养功能研究进展

1900年开始于瑞士 Emmental 山区两个小流域的对比试验，是研究森林变化对流域产水量影响的开端，也是现代实验森林水文学开端的标志。美国始于1909年的 Wagon Wheel Gap 的试验研究是严格意义上的对比流域实验（王礼先等，1998）。J. W. Hornbeck 等对美国东北部11个流域的年产水量的长期变化进行了比较和总结，其研究结果表明（Hombeek et al.，1993），在对森林植被进行皆伐并用除草剂控制植被恢复的第一年，流域产水量就增长到350mm/a；在皆伐后并让其自然恢复的情况下，流域产水量的最初增长值为110~250mm/a；这种流域产水量对森林砍伐的响应与降雨量和采伐结构的不同有关。如果不采用除草剂来控制植被，流域产水量增长的趋势在采伐后会很快下降，很少能持续10年。然而，采取轮伐的方式或用除草剂控制植被，流域产水量增长的趋势会持续20年或更久。日本林业试验场场长白泽保美于1906年开展了有林地与无林地比较试验，并进行了阔叶林皆伐后河流流量变化的试验，发现由于皆伐而引起了年径流量和退水曲线发生变化。1924年，日本在爱知县实验林场，开始进行了流域径流量随林相变化的比较试验和不同树种林木蒸腾量的比较研究，他们的研究结果表明，森林采伐可增加直接径流量15%~100%，森林完全采伐年径流量增加300mm左右。20世纪60年代，英国在威尔士中部开展了 Plynlimon 流域试验，对森林流域与牧草流域的河川流量进行对比，最终研究结果表明，森林流域的洪峰流量低于牧草流域，而在特大暴雨条件下两者没有显著的差别；森林流域的蒸发要高于牧草流域。

我国的相关研究结果表明（高成德等，2000），枯枝落叶吸持水量可达自身干重的2~4倍，各种森林的枯枝落叶层的最大持水率平均为309.54%。根据研究（祝志勇等，2001），我国主要森林生态系统的雨水林冠截留量平均为134.0~626.7mm，变动系数为14.27%~40.53%，截留率平均为11.40%~34.3%，变动系数为6.86%~55.0%，说明不同森林生态系统的林冠截留功能存在较大的波动性。据何东宁等（1991）的研究结果表明，森林土壤的蓄水能力为641~678 t/hm^2。根据石培礼等（2001）的研究结果表明，在藓类—杉木林转变为灌木林的 0 ~ 80cm 土壤中孔隙度降低了 11. 8%，蓄水总量降低了 42. 13%；而 0 ~ 20cm 土壤中孔隙度降低了 23. 6%，蓄水量降低了 66. 1%；祁连圆柏林转变成草地后，土壤孔隙度降低了 2. 4%，蓄水量减少了 2. 76%。袁建平等（2000）对不同覆盖度下的小流域径流泥沙变化规律及林草措施减水、减沙效益进行了模型试验，其研究结果表明，与裸地（林草覆盖度为 0）状态下的小流域相比，随着林草植被覆盖度的增加，生态系统的减流、减沙效益逐渐提高，特别是当覆盖度达 60%以后，林草植被的减流、减沙效益更加明显，但减流效益远不如减沙效益显著；当植被的覆盖度为 100%时，林草植被的减流效益为 80. 78%，而林草植被的减沙效益高达 99. 3%。但是，这种作用的最佳表现形式并非是林草植被覆盖度越高越好，对于黄土高原小流域治理的生物（林草）措施而言，当其覆盖度达到 70% ~ 85%时，已基本上能减少小流域降雨径流的一半以上，减少径流产沙量 98%左右，并提出将 78%的林草植被覆盖度作为黄土高原小流域生物治理措施的最佳比例（袁建平等，2000）。

祁连山现有水源涵养林约为 $43.61\times10^4 hm^2$，其中乔木林 $14.26\times10^4 hm^2$，约占水源涵养林总面积的 32. 70%。水源涵养林生态系统以青海云杉林、祁连圆柏林、高山灌木林和中低山阳性灌木林为主，植被自东向西由复杂趋向单一，自上而下呈垂直变化。建群种青海云杉以纯林形式分布在海拔 2300 ~ 3300m 地带阴坡。阳坡以灌木和草原为主，零星分布祁连圆柏。祁连山冰川资源丰富，发育着现代冰川 2859 条，面积达 $1972.5km^2$，贮水量 $811.2\times10^8 m^3$。祁连山森林处于“冰源水库”和河川水系之间，起着调蓄、涵养水源的重大作用。祁连山水源涵养林主要分布在海拔 2400 ~ 3300m 的阴坡、半阴坡和半阳坡。海拔 2400 ~ 3000m 区段，主要分布藓类云杉林，面积较大，是祁连山水源林的主要组成部分，林分密度较大，林木生长良好。海拔 3000 ~ 3300m 区段，主要分布薹草灌木云杉林，气温低，生长期短。土层较浅，林木生长不良，尖削度大。海拔 3300m 以上区段，云杉林较少，主要为高山灌木和高山草原。阳坡除有稀疏的祁连圆柏、灌木外，主要为草原。森林资源总的特点是：森林资源丰富，乔、灌、草种类繁多，但生长慢，产草量低，天然更新不良。

8.3 农牧耦合系统研究进展

系统耦合理论是系统科学与草地农业生态学交叉融合的产物，农业生态经济系统耦合问题最初于 20 世纪 80 年代由任继周提出（任继周等，1989，1994，1995a，1995b；李白珍等，1999）。国内外学者对农业生态系统的耦合模式和耦合效益开展了广泛而细致的研究（史德宽，1999；张殿发等，2000；刘钟龄等，2002；侯扶江等，2002；潘晓玲等，2003；王如松，2003；张渤等，2003；林慧龙等，2004），这些研究多集中在系统耦合模式的建立和耦合过程的分析（刘昌明等，1999；万里强等，2002；林慧龙等，2004；任继周等，2006；董孝斌等，2006；郝慧梅等，2006；王生耀等，2006；袁榴艳等，2007）。系统耦合把能量作为源动力与反馈而成为系统耦合的核心，但是必须解决生态经济系统中能量和货币价值统一量纲的问题，因此引入由 H. T. Odum 创立的能值理论（蓝盛芳等，2002），不但将经济系统中的货币价值和生态系统中的环境资源的价值统一折算成太阳能值，而且使系统的能流、物流和经济流整合分析成为可能。目前已经利用于自然生态系统、农业生态经济系统中，并且成为分析能量系统发展模式、演替规律，衡量系统发展的社会、经济地位，预测系统发展可持续性的有力方法（董孝斌等，2004，2005；Brown M. T.，et al.，2005；白瑜等，2006；张希彪，2007；刘自强等，2007；陆宏芳等，2008；王闰平等，2008；蔡井伟等，2008）。

发达国家在集约化养殖畜禽粪便的处理和利用方面，逐渐向工厂化、无害化、资源化、商品化、与化肥营养元素复合化、作物专用化、多重利用高效化、固体与液体并举、工业化处理技术与生物处理技术并重的方向发展。在处理技术上注重畜禽舍的建筑和设施适合于粪尿的处理，饲养过程中尽可能地减少污染物产出，减少粪便的稀释，减少有机废水排放，规定一个养殖区最高允许养畜头数，粪便和污水的贮存、处理和利用设施的建立，污水的排放去向，粪肥施入耕地的条件等。美国、加拿大、德国、英国、法国、韩国、丹麦、荷兰等国家还通过制定相关的法律、法规或规定，以便有效地遏制畜产公害事件的发生。在农牧耦合保护生态方面，草地畜牧业发达国家的经验是人工草地面积占天然草地面积的10%，畜牧业生产力比完全依靠天然草地增加1倍以上。目前，美国的人工草地占天然草地的15%，俄罗斯占10%，荷兰、丹麦、英国、德国、新西兰等国占60%～70%。农牧耦合系统的建立与完善，有效地改变了因种植业、养殖业脱节带来的土壤退化、水体污染、生态恶化和生物多样性丧失等问题，提高了资源的利用效率，降低了生产成本，产生显著的经济、社会和生态效益。

改革开放以来，随着家庭承包责任制的完善和社会化服务体系的建立健全，"菜篮子"工程的实施，全国涌现出一批种植产业户、养殖专业户、家庭农牧场和集约化程度较高的大中型养殖场，但从根本上讲我国农牧业良性耦合还不紧密，甚至在一定程度上还停留在局部和松散结合阶段。我国种植业以农产品生产为主，每年从土壤中汲取大量氮、磷、钾营养元素和各种微量元素，全国每年产生各类农作物秸秆 6.5×10^8t，农作物秸秆大部分被用作燃料，40%以上农作物秸秆未被有效利用，很少还田，耕地有机肥施用量不足，仅占肥料施用总量的25%，阻断了农田物质、能量的投人，土壤理化性状会越来越差，土地越种越瘠薄，造成种植业后劲严重不足。为维持较高的生产能力，每年耕地投人化肥高达 4412×10^4t，利用率仅有30%。养殖业每年畜禽粪便排放总量达 25×10^4 t，折合标准化肥量相当于是我国年施用化肥总量的1.4倍。农业秸秆焚烧、随意弃置，农田大量施用化肥、农药，养殖业畜禽粪尿等废弃物随意丢弃，导致许多重要水源地、河、湖严重污染和富营养化；导致农业生产成本增加，土地退化，生物多样性锐减；牧区、半农半牧区生产过度依赖天然草地植被，生态环境日益恶化。高投入、高消耗、低产出、低效益，追求数量增长，忽视质量提高，依靠拼资源消耗以换取增长，造成了极大的资源浪费、生态破坏和环境污染。究其原因，农牧良性耦合机制破缺是引发日益突出的生态恶化和环境污染的主要原因。

8.4 退化草地改良研究进展

近几十年来，气候因素、超载放牧和人工草地品种选择、种植方式（密度过高）导致土壤水分失衡，进而影响草地群落结构、牧草生长，加速了系统退化（魏永胜等，2004）。

土壤侵蚀严重，水土流失加剧，草地生态系统的稳定性丧失严重，土壤理化性质和土壤水文过程发生了重大改变（冯宗炜等，2004；王一博等，2005；刘进琪等，2007）。放牧践踏草地，使土壤紧实，通气、透水性变差，降水多集中在土壤表层不能下渗，土壤表层水分渗透率下降了6倍（杜岩功等，2008），饱和导水率则随放牧强度指数降低（牛海山等，1999）。草地退化进程中，土壤水分向下动量减小，致使水分蒸发过快，造成0~10cm土壤水分变化较大，10~30cm土壤含水量趋于降低（戎郁萍等，2001）。而长期放牧导致草地土壤硬度和紧实度增加，持水量下降（苏永中等，2002）。处于顶级退化阶段的“黑土滩”草地，土壤容重，孔隙度和饱和导水率急剧增大，降水入渗速率大约是原生草甸区域的3~5倍，可是降水向深层渗透加快，水源涵养功能大大降低（王军德，2006）。恢复过程中，土壤持水和供水性能随着退耕和封育年限的增加而逐渐增强（黄金廷等，2008）。目前对退化生态系统恢复的研究，主要依赖于对拟制因子的认识。利用人工干预来加速自然演替和生态恢复过程可能需要几十年甚至几个世纪的时间（Baird & Wilby，1999）。通过水分行为对植被覆盖的敏感性和生态效应，保护和调节生态水文过程等方面的研究，为利用植被进行生态水文恢复提供了相应理论依据（Zalewski et al.，1997）。在深入了解和掌握生态水文关系功能的基础上，通过调节或自然恢复生态水文过程的生态恢复是可以成功的（王根绪等，2001；黄奕龙等，2003）。生态水文过程研究要解决的一个重要问题是生态水文恢复，构建良好的植被群落结构调节和控制生态水文过程，形成合理的生态水文格局，以达到生态恢复的目的（黄奕龙等，2003）。在完整集水区环境整治框架体系中进行生态水文调节的必要性，这是现实流域管理和可持续发展的重要途径（Dobson et al.，1997）。

1987年，经甘肃省人民政府批准建立了祁连山省级自然保护区。1988年，晋升为国家级自然保护区。1997年，颁布实施了《甘肃祁连山国家级自然保护区管理条例》，在全省的国家级自然保护区中率先实现了“一区一法”，以法规的形式确立了祁连山自然保护区的重要地位。保护区建立以来，立项实施了保护区一期基建工程、祁连山水源涵养林建设及生物多样性保护工程、祁连山国家重点林区森林火险区综合治理工程3项基建工程，和祁连山区森林防火通讯无线电组网工程建设、天然林资源保护工程两大生态建设项目，争取项目资金1亿多元，基础设施得到初步改善，保护区在河西地区的重要生态、经济、社会地位进一步确立。

9 研究区域概况

本章主要针对国家科技支撑计划项目《干旱沟壑型小流域综合生态治理技术集成与示范》课题中实施区域的基本情况进行简要介绍，希望增进读者对项目研究区域的自然与经济社会概况的了解。在上篇的 1~7 章中，已对青海祁连山地区的自然生态环境进行了较为系统和全面的介绍。但是，鉴于本章作为国家科技支撑计划项目验收技术报告（已呈送国家科技部备案）的组成部分，而且本章中对祁连山地区自然概况的论述范围也与上篇所涉范围存在差异，故在在本书仍然保留了这一部分内容。因此，本章对研究区域自然概况的整体论述上略显粗糙，部分内容可能会与前述内容产生重复，甚至可能会出现些许偏差之处，也恳请相关读者予以重视和谅解。对于希望全面了解青海祁连山地区自然生态环境概况的读者，希望能够仔细阅读本书上篇的相关内容，以获取更为准确的信息。

9.1 祁连山地区自然概况

9.1.1 地貌特征

祁连山地区以祁连山脉为主体，构成众多山地与盆地镶嵌分布的地貌格局。祁连山脉由一系列东西走向的山脉组成。山脉西段由走廊南山、黑河谷地，托莱山，托莱河谷地，托莱南山、疏勒河谷地，疏勒南山、哈拉湖盆地，党河南山、喀克吐郭勒谷地，赛什腾山、柴达木山、宗务隆山等一系列山脉与宽谷盆地组成。山脉东段由冷龙岭、大通河谷地，大通山、大坂山等山脉和宽谷盆地组成。在一系列平行山地中，南北两侧和东部相对起伏较大，山间盆地和宽谷海拔一般在 3000~4000m 之间，谷地较宽，两侧洪、冲积平原或台地发育。疏勒南山以东的北大河、黑河、疏勒河、大通河、布哈河 5 条河之源所在的宽谷盆地海拔高达 4100~4200m。祁连山海拔 4500~5000m 以上的高山区现代冰川发育，现代冰川和古冰川作用所形成的地貌类型都较为丰富。祁连山区由于多年冰土的下界高程一般为 3500~3700m 之间，使大多数山地和一些大河的上游都发育着冰缘地貌。在冻土带以下的地貌作用中，东部以流水作用为主，西部风成作用较为明显。

9.1.2 气候特征

祁连山地区位于中纬度北温带，深居内陆，远离海洋，它又处于青藏、蒙新、黄土三大高原的交汇地带。由于青藏高原对大气环流的特殊影响，使夏季来自东南季风的湿润气流得以北进西伸，波及本区；冬季受内蒙古干冷空气，西北寒冷气流的影响，致使本区冬季降温幅度大，气温年较差较大。

多种因素的叠加构成了祁连山地区的主要气候特征，即大陆性高寒半湿润山地气候。表现为冬季长而寒冷干燥，夏季短而温凉湿润，全年降水量主要集中在5~9月。本区由浅山地带向深山地带，气温递减，雨量递增，高山寒冷而阴湿，浅山地带热而干燥。随着山区海拔的升高，各气候要素发生有规律自下而上的变化，呈明显的山地垂直气候带。自下而上为：浅山荒漠草原气候带、浅山干草原气候带、中山森林草原气候带、亚高山灌丛草甸气候带、高山冰雪植被气候带。

9.1.2.1　太阳辐射

在祁连山地区，随着海拔的增高，大气中的水汽含量和尘埃减少，大气透明度增加，太阳总辐射量加大。4~12月山上的云雨比山脚地带显著增多，日照时间显著减少，山区的总辐射反不如山脚地带高，因而太阳总辐射和日照年总量山上比山脚少。月总辐射及日照时数最大值均出现在4月。最小月总辐射量出现在太阳高度角较小而日照又较短的2月。

9.1.2.2　日照时数

经统计，位于祁连山北坡的西水地面气象站4~8月日照时数较长，日照时数差异较小。西水地面气象站日照时数年内变化表现为夏季最大（502小时）、春秋季次之、冬季最小（353小时），日照时数除受可照时间影响外，它还与天气状况有很大的关系，这主要是由于夏季云量增多，降水较多，抵消了纬度的影响，致使4~8月日照时数无明显差异，甚至4月比7月还长。进入冬季以后，虽然可照时间相对缩短，但由于受蒙古高压的控制，气候严寒干燥，多为晴朗低温天气，因而冬季日照时数与夏季日照时数相比变化幅度小。因此，其年内变化又表现出与可照时间变化的不一致性。在北坡形成了比较稳定的温度空间，为林木的更新创造了积极条件。

9.1.2.3　气温分布

祁连山地区年平均气温都在4℃以下，随着海拔的升高气温逐渐降低，递减率为0.58℃/100m。山顶的温度一般低于0℃，常年都有积雪。最冷的1月平均气温低于-11℃，最热的7月平均气温低于15℃，12月至翌年3月，祁连山区大部分地区气温都在0℃以下，4~10月最高气温在4~15℃之间。祁连山区平均气温的空间分布形势比较稳定，年际变化很小，气温最低中心常年位于西段海拔较高的托勒山附近，气温的等值线走向与地形廓线基本一致，这说明影响祁连山附近气温分布的主要因素是地形（即海拔高度），地理纬度的影响次之。

9.1.2.4　降水分布

祁连山地区的降水特征与气温不同，不但受海拔高度的影响，而且受所处的纬度、经度，以及地形的坡向和坡度的影响。降水的季节、年际变化都比较大，这主要是由于降水的影响因素较为复杂造成的。祁连山林区是降水较多的区域，年降水量在400mm左右，降水变率在0.60左右。降水主要集中在5~9月，占年降水总量的89.7%。随着海拔升高，降雨日增加，降水量增多。在祁连山北坡中部降水量总的变化特征是海拔每升高100m，降水量增加4.3%。随着海拔升高，亦出现了蒸发量减少，相对湿度增加，绝对湿度下降的趋势。当海拔超过3600m时，由于接近山顶，风速加大，降水量多为固态，降水量出现下降趋势。相同海拔高度（3400m）阴坡年均降水量比阳坡高5.21%，阴阳坡降水增减率有明显差异。

由于祁连山地处内陆腹地，不但受东南季风输送来的暖湿气流影响，而且还受西风流带来的大西洋冷湿气流的影响，在盛夏期间一定程度上还受到翻越青藏高原的印度洋暖湿气团的影响。水汽来源较为复杂，加上山区夏季对流性降水的影响，使得祁连山降水的年际变化较大。冬季（12月至翌年2月）降水量较少，月降水量不超过5mm，7月和8月降水量最多。

河西走廊西部区主要受西风带系统的影响，降水较少，变率较大。祁连山东部区主要受西南或东南暖湿气流的影响，降水量比较大，变率较小。祁连走廊中部区由于高山的阻挡，西风带系统和东南暖湿气流的影响减小，形成不同于其他区的降水特征。较大量的降水，较大的湿度，为幼树的生长发育提供了充足的水分保障。经西水站测定，降水总的变化特征是海拔每升高100m，年降水量平均递增4.99%。

9.1.3 水文特征

祁连山地区地处青藏、黄土两大高原和蒙新荒漠的交汇处，是我国西北地区重要的水源供给地，属于我国重要的水源涵养区之一。

祁连山储水主要以冰川形式为主。根据文献报道（汤奇成等，1981），祁连山地区各水系共分布有冰川3306条（疏勒河水系冰川条数约占总数的23%），总面积2062.72km^2（北坡约占68%，南坡约占23%），储水量1466×10^{8}m^3。源源不断的冰川融水，成为祁连山地区众多河流的补给源泉，但各河流高山冰雪融水补给占河流年径流量的比重差别较大。

祁连山水系呈辐射状分布。沿冷龙岭、大通山、日月山至青海南山东段一线划分，东南侧的黄河支流有庄浪河、大通河、湟水河，属黄河流域的外流水系；西北侧的石羊河、黑河、托来河、疏勒河、党河，属河西走廊地区的内陆水系。起源于祁连山地区的巴音河、哈尔腾河、鱼卡河等众多河流形成柴达木盆地北部的内陆水系。此外，布哈河、沙柳河、哈尔盖河等众多河流构成了青海湖区的内陆水系。

根据汤奇成等（1981）的研究结果（表9-1），祁连山地区的年径流总量为135.6×10^{8}m^3，河西地区约占48.0%、黄河流域约占33.8%、青海湖水系约占11.2%、柴达木盆地北部约占7.0%。

表9-1 祁连山地区主要河流参数一览表*

水系	河流名	集水面积（km^2）	多年平均径流量（×10^{8}m^3）
河西地区内陆水系	石羊河	7171	15.00
	黑河	23 978	37.11
	疏勒河	30 056	13.01
	合计		65.12

（续）

水系	河流名	集水面积（km^2）	多年平均径流量（$\times10^8m^3$）
黄河流域外流水系	大通河	15 126	28.25
	湟水河	15 342	17.54
	合计		45.79
青海湖地区水系	布哈河	14 442	8.72
	哈尔盖河	1438	1.22
	伊克乌兰河	1366	2.51
	合计		15.25
柴达木北部内陆水系	巴音河	7278	3.22
	哈尔腾河	5967	3.27
	鱼卡河	2320	0.96
	合计		9.44

* 原始数据来源于汤奇成等（1981）。

9.1.4 植被概况

在陆地生态系统中，植被作为生态系统的主要代表类型，往往对区域生态环境的形成发展及生态环境的性质特点等起着决定性的主导作用。祁连山横亘在青藏高原、蒙新高原与黄土高原之间，由于青藏高原对大气环流的特殊影响，使得夏季来自东南季风的湿润气流由东向西，波及山体内部。冬季受北方干冷空气以及西北寒冷气流影响，致使本区冬季降温幅度大，气温年较差较大。由于祁连山地区高耸的海拔及严酷的生态环境条件，区域内分布的天然植被类型主要以青藏高原上特化演变而成的各种高寒植被类型占据主导地位，地带性演替非常明显，形成独特的内陆山地特点。研究区域（以青海省祁连县为主体）分布的主要植被类型及其特点简述如下。

9.1.4.1 森林植被

由于祁连地区纬度偏北，其森林植被的分布受到环境限制而难以大规模形成和发展，致使仅在局部地区发育形成斑块状森林植被。根据项目实施过程中的实地考察，祁连地区的乔木群落构成简单。构成林地的乔木优势种主要为青海云杉、祁连圆柏、小叶杨。寒温性树种青海云杉和祁连圆柏均具有较强的抗寒抗旱能力，对青藏高原上严酷的自然环境条件和瘠薄土壤有较好的适应性。一般而言，青海云杉主要分布在阴坡、半阴坡，在祁连县境内向西不过油葫芦口，向东不过八宝乡；祁连圆柏则多分布在山地阳坡，自西东向西，以八宝乡至地盘子村之间为主，一般以疏林为主；落叶阔叶性的小叶杨则在八宝乡向西至黑河峡谷之间的河谷滩地中生长。云杉林林下和林间可见有部分高寒灌木植物和草本植物，圆柏林林下以温性灌丛和草本植物为主，小叶杨林林相也以温性灌丛和草本植物为主。祁连地区的乔木林覆盖率低，林地分布不均，多以斑块状分布。林相树种单纯，生长缓慢。林分结构单纯，原始林龄组比例失调，遭破坏后恢复不易。

9.1.4.2 灌丛植被

在研究区域范围内，分布着高寒灌丛与河谷灌丛等灌丛植被类型。高寒灌丛是主要以金露梅、山生柳、鬼箭锦鸡儿等植物种类作为群落优势种构成的植被类型，属于青藏高原独特的高寒植被类型之一。该植被类型在研究区域内具有相对较为广泛的分布范围，主要分布于祁连地区东、西两侧的山地沟谷内以及河道两侧的沟谷内。根据实地调查，该植被类型在研究区域范围内实际分布的海拔范围变化相对较大，主要分布于青海云杉林的上、下限以及林相林窗。在局部地域，随着海拔高度及地形地貌上的不同组合，植被群落组成和群落结构也表现出一定的差异性。河谷灌丛是主要以肋果沙棘、西藏沙棘、沙棘、具鳞水柏枝、乌柳等植物种类作为群落优势种构成的植被类型，主要分布于研究区域范围内的河谷滩地上，属于具有一定隐域性质的植被类型。就研究区域整体而言，该区域内生长发育的灌木植物种类的株体呈现出明显的矮化趋势。

在祁连地区，生境条件的变化较为显著，高寒灌丛植被群落的覆盖度和种类组成都有较大的变化幅度。多数情况下，祁连地区高寒灌丛植被的群落总盖度一般可以达到70%以上，其中灌木植物的分盖度为30%~60%。并且，在山地中下部，由于受人为因素干扰，高寒灌丛多被分割成小片，致使部分高寒灌丛植被的群落总盖度低于50%。河谷灌丛主要以肋果沙棘、沙棘等植物为优势种的植被群落，能够构成较大面积的植被景观群，群落总盖度为15%~95%，变化较大。乌柳、西藏沙棘、具鳞水柏枝等植物构成的河谷灌丛，群落总盖度不超过45%。群落构成中的灌木伴生种类主要有银露梅、高山绣线菊等，或以上述灌木种类互相为伴生。

在高寒灌丛植被类型的群落构成中，草本植物种类以高寒草甸组成物种为主，主要建群植物有高山嵩草、矮嵩草、珠芽蓼、圆穗蓼等，或相互组合构成。随着分布地域的变化，群落构成中的草本植物种类也有较大变化。常见的草本植物种类有垂穗鹅观草、狼毒、珠芽蓼、多枝黄芪、车前、掌裂多裂委陵菜、土黄毛棘豆、垂穗披碱草、甘青早熟禾、青藏扁蓿豆、钉柱委陵菜、青藏蒿、钝叶银莲花、冰川棘豆、乳白香青、麻花艽、高山唐松草、火绒草、野青茅、蒲公英、三裂梅花草、肉果草、小叶黑柴胡、尖苞瑞苓草、金头韭、菭草、喜马拉雅嵩草、矮嵩草、宽瓣棘豆、异燕麦、紫羊茅、太白细柄茅、肋柱花、高山豆、重冠紫菀、大通翠雀等等。

在河谷灌丛植被类型的群落构成中，草本层植物主要以温性草原组成物种为主，建群种类不明显，一般以芨芨草、醉马草、西北针茅、白莲蒿、红花岩黄芪等等较为常见。除红花岩黄芪外，无大面积草本植被群落类型，多以小片组成，并有季节性差异。草本层植被的群落总盖度在15%~100%之间，往往伴随小环境的变化而变化，差异性较大。建群种分盖度15%~45%，分层明显或不明显。主要伴生植物有葛缕子、马蔺、车前、蒲公英、蕨麻、草玉梅、四数獐牙菜、弱小火绒草、青藏扁蓿豆、矮嵩草、喉毛花、鸟足毛茛、麻花艽、二裂委陵菜、大籽蒿、多裂委陵菜、草地早熟禾、垂穗披碱草、狼毒、甘肃马先蒿、红花岩黄芪、轮叶黄精、甘青早熟禾、湿生扁蕾、大通翠雀、等齿委陵菜、多枝黄芪、梭罗草、珠芽蓼、肉果草、鳞叶龙胆、高原香薷、高山豆、寡穗茅、蒙古鹤虱、无茎黄鹌菜、菭草等等。

9.1.4.3 高寒草甸植被

高寒草甸植被是祁连地区分布的主导植被类型，在研究区域内有较为广泛的分布。随着地域海拔及生境条件的变化，高寒草甸群落的种类组成和群落结构随之发生较为显著的变化。根据实地的初步调查，研究区域范围内主要分布有以下高寒草甸植被类型。

高山嵩草草甸：该植被类型主要分布在山地的中上部，分布海拔约为3300~3800m。群落的层次分化不明显，植株一般高3~6cm，群落总盖度一般为70%~90%。群落优势种为高山嵩草。群落组成种类较为丰富，主要伴生有矮嵩草、嵩草、早熟禾、羊茅、紫羊茅、太白细柄茅、二柱头藨草、柔软紫菀、矮火绒草、丛生钉柱委陵菜、白花蒲公英、高山唐松草、龙胆等。

矮嵩草草甸：该植被类型主要分布在研究区域范围内的山地上，分布海拔约为2500~3800m。群落的层次分化不明显，一般只形成一层，植株一般高4~15cm，群落总盖度一般为75%。群落优势种为矮嵩草，群落组成种类较为丰富，主要伴生有高山嵩草、喜马拉雅嵩草、甘肃嵩草、黑褐薹草、羊茅、异针茅、紫花针茅、火绒草、矮火绒草、早熟禾、垂穗披碱草、珠芽蓼、圆穗蓼、鹅绒委陵菜、高山唐松草、多裂委陵菜、多枝黄芪、麻花艽、管花秦艽、美丽风毛菊等。

矮嵩草+紫花针茅草原化草甸：该植被类型主要分布在区域范围内支流两侧海拔相对较高的阶地上以及山地中上部阳性山坡，一般分布海拔约为3000~3800m。该植被类型的群落有明显的层次分化，第一层以禾草植物占优势，高约20~45cm；第二层以嵩草类植物占优势，高约3~6cm。群落总盖度一般约为75%左右，部分地段可以达到90%以上。该植被类型的优势种为矮嵩草，次优势种为紫花针茅，主要伴生植物种类包括矮嵩草、异针茅、紫羊茅、羊茅、早熟禾、火绒草、矮火绒草、葶苈、甘肃棘豆、芸香叶唐松草、白苞筋骨草等等。

沼泽草甸：该植被类型广泛主要分布于河流及溪流两侧低湿滩地或坡地上，在流域范围内分布范围较广、但面积较小的一类植被类型，分布海拔一般为2500~3800m主要以华扁穗草、西藏嵩草、无味薹草等为优势种，群落总盖度一般均达到95%以上，西藏嵩草的分盖度可以达到70%以上。群落中主要伴生有藏蒿草、黑褐薹草、绿颖薹草、斑唇马先蒿、小蒿草、狭萼报春、柔软紫菀、云生毛茛、甘肃薹草、小钩毛薹草、美丽风毛菊、条叶垂头菊、草地早熟禾、山麦冬、西伯利亚蓼、湿生扁蕾、蒲公英、高山唐松草、钉柱委陵菜、甘肃棘豆、三裂山梅花、鸟足毛茛、长果婆婆纳、细叶蓼、碎米蕨叶马先蒿、沿阶草、具刚毛荸荠、三裂叶碱毛茛、风毛菊等。其中沿阶草、具刚毛荸荠、三裂叶碱毛茛等种类生长于沼泽草甸中的积水坑中。

9.1.4.4 高寒草原植被

由于祁连地区地处青海省最北部的中纬度祁连山腹地，高寒草原植被有着良好的发育，发展成为该区域范围内阳性山坡分布的主要植被类型，与高寒草甸植被类型一起构成区域植被分布的主体。该地区基本处于青藏高原上高寒草原植被类型分布的北界地带，基本上是以紫花针茅作为群落主要优势种构成的群落类型，其基本的群落特征如下。

紫花针茅草原：该植被类型主要集中分布在研究区域的北部，分布海拔一般为2500~3500m。群落总盖度一般为45%~70%，少数地方可以达到90%以上。群落的优势种为紫花针茅，株高10~20cm，分盖度为30%~50%。随着生存地域环境条件变化，紫花针茅草原群落中的次优势种也有一定程度的显著变化。除紫花针茅作为单一优势种构成的群落类型外，在研究区域内也有分别以早熟禾、羊茅、白莲蒿等杂类草分别作为次优势种构成的群落类型。群落的主要伴生植物种类包括紫羊茅、早熟禾、异针茅、伊凡薹草、大籽蒿、矮丛风毛菊、矮火绒草、二裂委陵菜、多裂委陵菜、多裂叶独活、阿尔泰紫菀、多枝生黄芪、冷蒿、蚓果芥、天山鸢尾等。

由于地形和水热条件在空间分布上的差异，祁连地区的自然植被类型形成了明显的海拔地带性分布规律。就垂直方向而言，祁连地区分布的植被类型主要包括温性草原、温性河谷灌丛、高寒灌丛、寒性森林、高寒草原化草甸、高寒草甸，并以占据优势地位，成为区域植被类型的主体。森林类型单一，随着海拔升高以及水分和热量的梯度变化，祁连地区森林植被的分布表现为内陆山地特征，底部由小叶杨群落为主，向上依次为高寒草原、高寒草原化草甸、寒性森林、高寒灌丛、高寒草甸。在高寒草甸或高寒草原化草甸中间偶见沼泽草甸或沼泽化草甸镶嵌，季节性表现异常明显，呈现出明显的地带性变化规律，形成明显的植被垂直带变化特征。此外，由于祁连地区地处中纬度山地、相对较大的垂直高差以及严酷的生境条件而导致区域范围内植被垂直带谱出现趋于简化的趋势。因此，植被类型的垂直带谱大致依次为温性草原、温性阔叶落叶森林或温性河谷灌丛—高寒草原化草甸或高寒草原—寒性森林—高寒草甸或高寒灌丛—高山流石坡稀疏植被。

9.1.5 土壤特征

土壤是在特定的地理位置、地貌地质、气候和植被的综合影响下形成的。祁连地区由东西走向的高山、山间宽谷构成，区内南北向沟壑纵横，地形复杂多变，直接影响到热量和水分的再分配。地势由高向低再向高过渡，形成八宝乡至扎麻什乡之间的河谷地区温度较高，而向东、向西逐渐降低的特点；而土壤水分条件则相反，在小八宝乡至扎麻什乡一带较为干旱，向西、向东较为潮湿，由此导致土壤的明显变化。

根据《全国第二次土壤普查暂行技术规程》和《补充规定》中有关土壤分类的意见，土壤分类采用我国习惯使用的土类、亚类、土属、土种、变种5级分类制。

根据调查资料统计，祁连地区的土壤计有6个土类14个亚类。土壤类型依海拔高度呈明显的垂直分布规律。由高处向低处分别有高山寒漠土、高山草甸土、山地（高中山地带）草甸土、灰褐土、黑钙土、栗钙土。在河流两侧。山间溪流等地带，受地下水、山地渗出水和消冰水的作用。潮土和新积土分布在河谷一级阶地或新围垦的河漫滩上，以及旧河床上也分布潮土、沼泽土和新积土等为非地带性土壤。

9.1.5.1 高山寒漠土

高山寒漠土是高山寒冷气候带发育的土壤。主要分布于海拔3900m以上的山顶北坡或北向坡、平缓山脊。高山寒漠土是脱离现代冰川不久，部分仍处在现代冰川的冰缘之下。

因此，除受云雾水汽的影响之外，还强烈地受融冰水的作用。高山寒漠带植被稀少，只有少量植物种类和地衣发育，植物矮小。高山寒漠土有机质的积累和分解都很缓慢，土壤颜色极淡。高山寒温带发育高山寒漠土，根据水分和植被状况，分为高山寒漠土和高山石质土两个亚类。

9.1.5.2　高山草甸土

高山草甸土主要分布于生长高寒灌丛和高寒草甸的中山地带，与祁连地区的温度、水分等因子联系紧密。有机质累积量大，腐殖质层深厚，土壤养分比较丰富。土层因受地形影响，各处薄厚不一，厚可达 1m 以上，薄的仅几厘米至十几厘米。因地形的差异，各处所接收的太阳辐射热量有多有少。根据土壤发育的因素之间的差异和产生的相应土壤特征，山地草甸土分为山地草甸土、山地草原化草甸土、山地灌丛草甸土 3 个亚类。

9.1.5.3　高山草原土

主要分布在托勒、疏勒高山地带，海拔高度和高山草甸土类相同。由于向西深入祁连山脉，受山地小环境阻挡，海洋性湿润气流难以到达，以蒙新、河西走廊干旱气候的影响为主。气候干旱多风，植被生长稀疏。

9.1.5.4　灰褐土

灰褐土是湿润或半湿润地区森林复被下发育的土壤，干燥度≤1。根据土壤淋溶状况，分为淋溶灰褐土和灰褐土 2 个亚类。

9.1.5.5　黑钙土

黑钙土（黑土）是本区主要土壤类型，在土壤垂直带谱中，上接山地草甸土和灰褐土类，下接栗钙土类。在海拔 3300~2760m 广阔的中山地区，有大面积连片集中的黑钙土发育。母质为第四纪沉积物和积坡物，部分黑钙土发育在第三纪红砂岩风化壳上。根据成土条件影响的不同，黑钙土可分为 3 个亚类，即淋溶黑钙土、黑钙土和草甸黑钙土。

9.1.5.6　沼泽土

沼泽土主要分布于山间洼地，地下水位高，地表有季节性积水或终年积水现象。由于寒冷低温，土壤积水，通气不良，有机质不能充分分解，表层土壤腐殖质化或泥碳化，下部土壤发生灰黏化过程。沼泽土分为草甸沼泽土、泥碳腐殖质沼泽土、沼泽土 3 个亚类。

9.2　祁连县社会经济概况

祁连县位于青海省东北部，海北藏族自治州西北部，东与门源、大通县接壤，南与海晏、刚察县相连，西与天峻县为邻，北及西北以祁连山为界与甘肃省酒泉、肃南、民乐、山丹毗邻，是青海北部的天然屏障，县域总面积 $1.40\times10^4\mathrm{km}^2$。祁连县辖 3 镇 4 乡，所辖镇包括八宝镇、峨堡镇、默勒镇，所辖乡为扎麻什乡、阿柔乡、野牛河乡、央隆乡。

9.2.1 主要社会经济指标

根据《2015 年青海统计年鉴》的统计资料（表 9-2），到 2014 年末，祁连县总人口为 5.2 万人，主要包括藏、蒙、回、撒拉、土、汉等 15 个民族。

地区生产总值为 20.68×10^8元，第一、第二、第三产业的产业增加值分别约占地区生产总值的 21.59%、52.42%、25.99%。在第一产业增加值构成中，牧业增加值约为 4.10×10^8元，占到第一产业增加值的 91.76%，表明祁连县第一产业的主要支撑产业是畜牧业。祁连县矿产资源丰富，因此第二产业在总体产业结构种占居主导地位。祁连县农村居民年人均纯收入已达到 11 225 元，高出当年全省农村居民的年人均纯收入 54.13%，为青海省经济条件相对较好的地区之一，但总体为财政一般预算支出大于其财政总收入，仍然属于欠发达地区。

同时，随着祁连县进入社会经济全面发展的快车道，居民经济收入增长，区内文化、教育、科技、卫生事业得到进一步快速发展，有线电视得到较为全面的普及，互联网宽带部分已接入户，每百人拥有移动电话数达到 98.08 部；有计划、有步骤开展实用技术的普及推广及创造科技示范县、乡、村、户活动。民族教育事业全面发展，在校中小学学生人数合计 7046 人；在社会保障工作方面，进一步完善医疗保障体系，全县居民医疗保险参保人数覆盖全县总人口的 86.54%，居民养老保险参保人数涵盖全县 71.29%的人口。同时，在医药卫生方面，加强基层卫生院的更新改造，提高农牧民在基层医院的就诊率；在牧民群众中积极开展健康教育，减少传染病源，取得明显成效。

表 9-2 祁连县社会经济发展基本情况*

名 称	数 量
总人口（万人）	5.2
常住户数（户）	17 342
农业户籍人口（万人）	3.75
地区生产总值（万元）	206 795
第一产业增加值（万元）	44 648
农业（万元）	2575
牧业（万元）	40 971
第二产业增加值（万元）	108 396
工业（万元）	69 554
第三产业增加值（万元）	53 751
公共财政收入（万元）	10 096
公共财政支出（万元）	131 314
财政供养人员（人）	3539
财政供养人员全年工资总额（万元）	19 351.3
农村居民人均纯收入（元）	11 225

（续）

名　称	数　量
年末生猪存栏（头）	144
年末牛存栏（头）	165 200
年末羊存栏（只）	1 001 600
禽蛋产量（t）	30
奶类产量（t）	12 360
蔬菜产量（t）	300
普通中学在校学生数（人）	2911
小学在校学生数（人）	4135
城镇基本养老保险参保人数	18 535
城镇基本医疗保险参保人数	7887
新型农村合作医疗参保人数	37 112
新型农村社会养老保险参保人数	18 535
移动电话用户（户）	51 000
星级饭店客房总数（间）	1025

＊表中数据来源于《2015 年青海统计年鉴》。

祁连县为我国著名的避暑胜地，也是青海省重要的国家 4A 级自然风光旅游景区和原生态文化旅游景区，享有“天境祁连”、“东方瑞士”、“中国的乌拉尔”等诸多美誉，著名的景点有黑河大峡谷、牛心山、卓尔山、祁连山草原等。而其独特的高原自然风光，悠久的历史、多样的民族宗教文化构成了多姿多彩的人文景观，著名的有阿柔大寺、俄堡古城、三角城等，使祁连县已成为“大美青海”的缩影。近年来，随着其旅游业的蓬勃发展，祁连山草原被评为“中国最美六大草原”，祁连县被命名为“中国藏族情歌之乡”，卓尔山景区被评为“青海最美观景拍摄点”。目前，祁连县的第三产业即服务业发展迅速，其产值已超过第一产业，有望成为其后祁连县后续发展的主导产业之一。

9.2.2 主要社会经济指标变化趋势

本课题旨在通过小流域生态综合治理、环境质量的改善，提高当地农牧民群众的经济收益、促进区域经济社会可持续发展。课题实施期间，祁连县人口、地区生产总值、公共财政收入和支出情况、社会保障事业、教育事业等社会经济发展变化情况统计分析如下。

9.2.2.1 人口

依据青海省 2011~2014 年间统计年鉴资料的统计分析结果（图 9-1），近年来祁连县总人口数量表现出缓慢增长趋势，从 2010 年的 4.92 万人增长到 2014 年的 5.20 万人，期间共增长 5.59%，年均增长率为 1.39%，高于全省第六次人口普查年均增长率 1.15%（严维青，2013）。2010~2014 年间，祁连县人口常住户数亦同总人口一样，呈现出缓慢增长趋势，由 2010 年末的 1.56 万户，增加至 2014 年末的 1.73 万户。而 2010~2014 年间的农业户籍人口，则由2010年末的3.90万人增加至2011年末的峰值3.92万人，然后波动至2014年末的3.75万人。

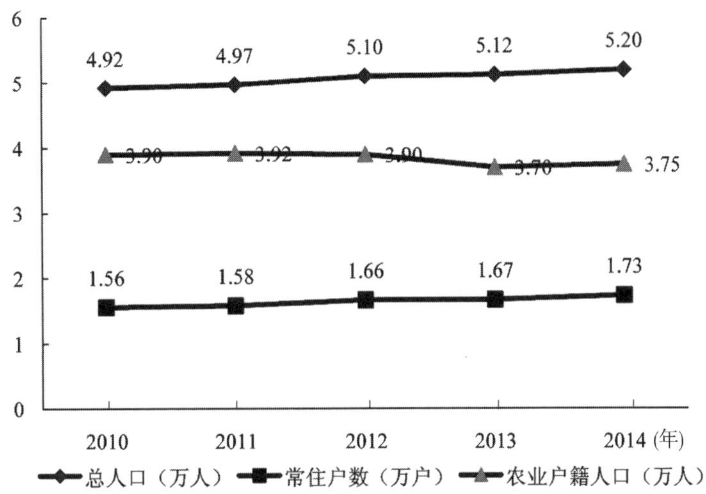

图9-1 2010~2014年祁连县人口情况

9.2.2.2 地区生产总值

根据统计年鉴资料的统计分析结果（图9-2），祁连县地区生产总值由2010年末的10.01×10^8元上升到2014年末的20.68×10^8元，期间增长106.50%，年际间实现了高速增长，其年际增长率于2012年达到最大值，其后增速开始出现一定幅度的回落。

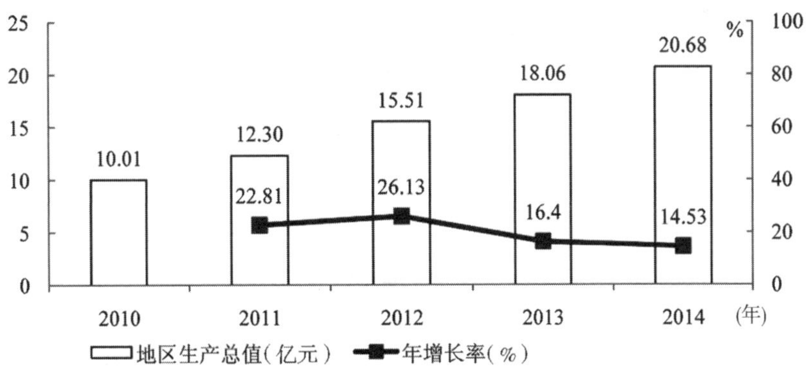

图9-2 2010~2014年祁连县地区生产总值及年增长率

2010~2014年间，祁连县第一、二、三产业增加值均呈较为明显的增加趋势（图9-3），其中第二产业增加值2014年末相对2010年增幅达133.11%，明显高于第一产业的71.53%和第三产业的94.64%的增幅。第二产业占地区生产总值的比例，由2010年末的46.43%上升至2014年末的52.42%。因此，第二产业是祁连县国民经济中的主导产业，并且其主导地位随着社会经济发展得到进一步加强。

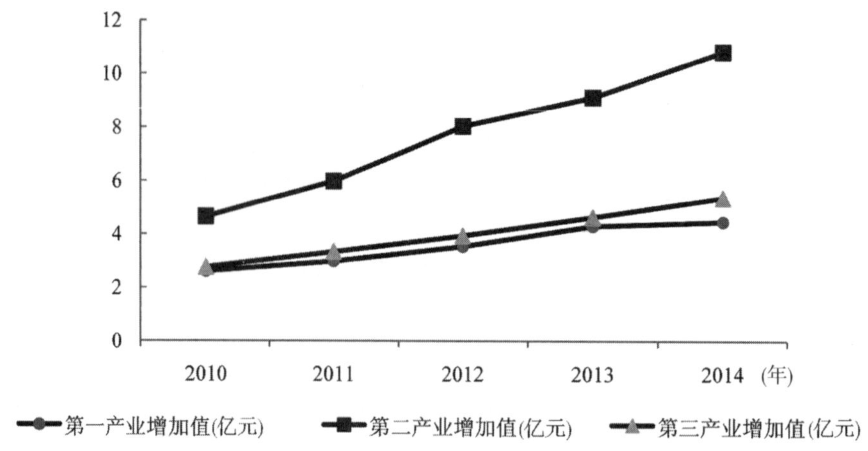

图 9-3　2010~2014 年祁连县第一、二、三产业增加值

祁连县第一产业增加值构成中，牧业增加值占有绝对优势（图 9-4），牧业增加值占第一产业的比重，由 2010 年末的 89.64%进一步增加至 2014 年末的 91.76%。因此，牧业在祁连县第一产业中占据绝对的主导地位。农业在祁连县第一产业中占有的比例较小，至 2014 年末，农业增加值占第一产业增加值的比例减少至 5.77%。

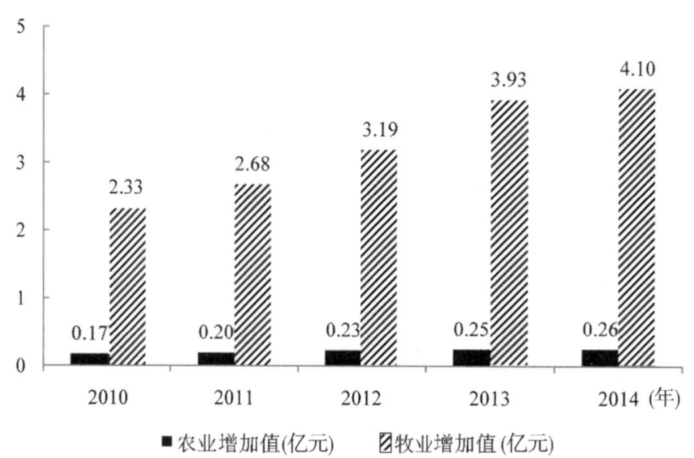

图 9-4　2010~2014 年祁连县农业和牧业增加值

9.2.2.3　地方财政与居民收入

祁连县 2010~2014 年间的公共财政收入和支出情况表明（图 9-5），该县还属于经济欠发达地区。其公共财政支出远远高于公共财政收入，各年度相差均达 10 倍以上，最高年份（2011 年）高达 17 倍。此外，随着祁连县社会经济各项事业的蓬勃发展，其公共财政收入和支出均呈现出高速增长态势，其中公共财政收入 2010~2014 年间共增加 235.75%，公共财政支出增加达 198.64%。

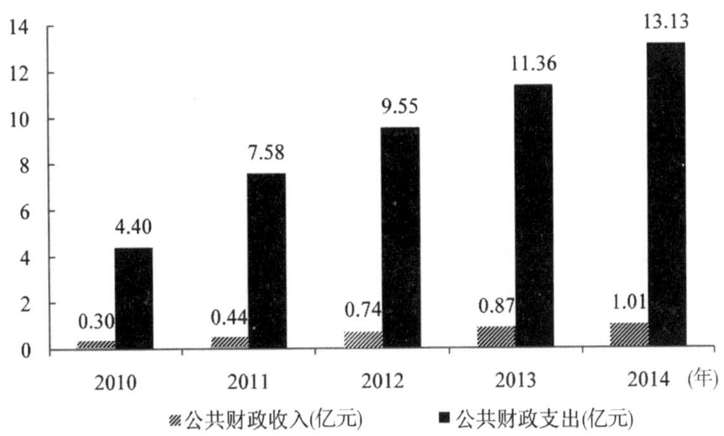

图 9-5 2010~2014 年祁连县公共财政收入和支出

在 2010~2014 年间，祁连县农村居民人均纯收入增幅较大（图 9-6），2014 年末，相对 2010 年末人均增加 5758.45 元。年际增长率则以 2011 年相对 2010 年末增加 25.38%，为近 5 年内最高值。其后，农村居民人均纯收入的年际增长率开始逐渐下降，至 2014 年年际增长率为其低值，但仍然达到了 13.53%。

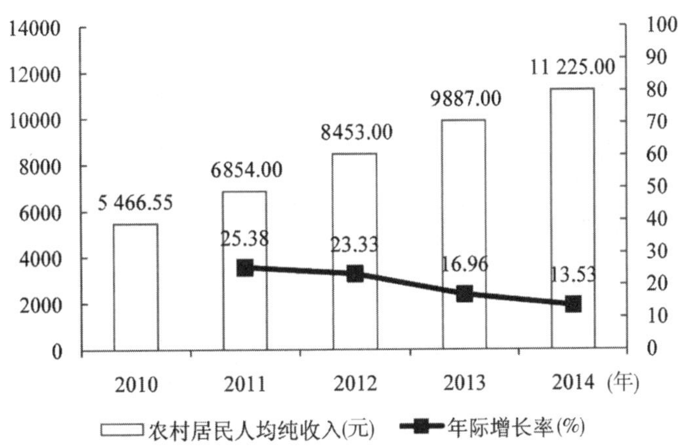

图 9-6 2010~2014 年祁连县农村居民人均纯收入

9.2.2.4 社会保障事业

祁连县社会保障事业在 2010~2014 年间得到发展，取得了显著成绩，城镇基本养老保险参保人数和新型农村社会养老保险参保人数均呈增加趋势（图 9-7）。其中，城镇基本养老保险参保人数增长趋势更为明显，尤其是 2014 年末相对 2013 年末增加 1.37 万人。包括祁连县城镇基本养老保险参保人数和新型农村社会养老保险参保人数在内，总的居民养老保险参保人数占祁连县总人口的比例呈明显的上升态势，其比例由 2010 年末的 37.98%上升至 2014 年末的 71.29%，期间共增加了 33.31 个百分点。

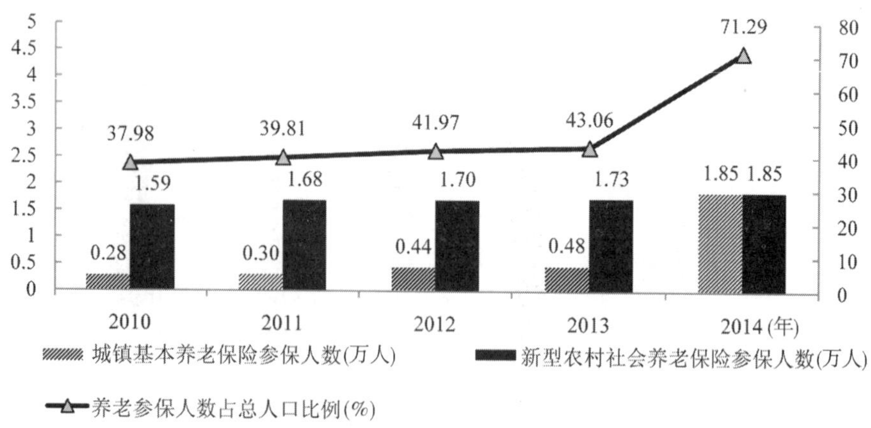

图 9-7 2010~2014 年祁连县居民养老保险参保情况

2010~2014 年间，祁连县城镇基本医疗保险参保人数和新型农村合作医疗参保人数，呈现波动增长的态势（图 9-8）。包括城镇基本医疗保险参保人员和新型农村合作医疗参保人员在内，其总的居民医疗保险参保人数占全县总人口的比例较高，达到 78%以上。同时，依据其趋势线，呈增长态势，其比例由 2010 年末的 78.45%增长至 86.54%，期间共增长 8.09 个百分点。

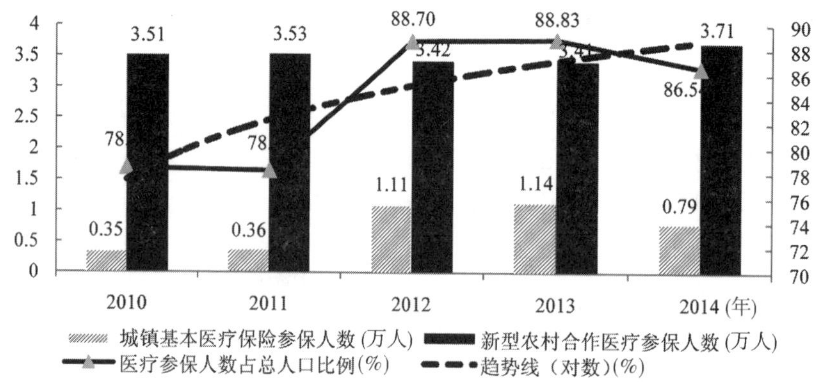

图 9-8 2010~2014 年祁连县居民医疗保险参保情况

9.2.2.5 教育事业

2010~2014 年间，祁连县学龄儿童入学率维持在较高水平。其中，2010 年、2011 年和 2012 年学龄儿童入学率分别为 99.99%、100%和 99.8%，在有统计数据期间接近或达到了全员入学的水平。根据统计数据，2010~2014 年间在校普通中学生人数呈较为明显的下降趋势，在校小学生人数在 2012 年达到 3132 人的峰值，其后开始缓慢下降。因此，祁连县中、小学在校学生人数近年来总体呈现下降的趋势（图 9-9）。

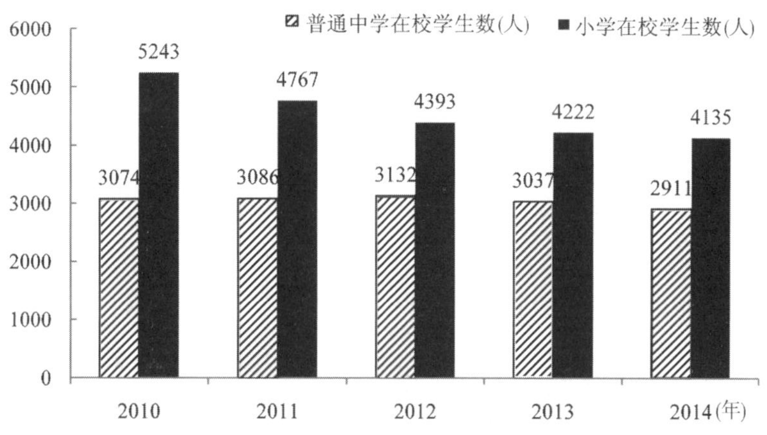

图 9-9 2010~2014 年祁连县普通中学和小学在校生人数

9.3 项目实施区域概况

通过对青海省祁连山地区的整体综合考察，青海省祁连县扎麻什乡属于典型的农牧交错地区，分布有森林和灌丛等天然林地生态系统、种植农作物及饲草作物的人工农田生态系统，同时建有一定规模的奶牛饲养场，属于项目实施的理想场所。因此，青海省祁连县扎麻什乡境内的河西河小流域被选择作为项目实施区域。鉴于前述章节已对青海省祁连山地区以及祁连县的整体生态环境进行了较为详细的描述，以下就项目实施区域小流域的基本概况进行简要介绍。

9.3.1 地理区位

项目实施区域为青海省祁连县扎麻什乡境内的河西河小流域，地处青海省祁连县的中部，距离祁连县城约 20km（图 9-10，详见后附彩图）。

图 9-10 项目实施区位置示意图（后附彩图）

9.3.2 范围划定

就小流域范围内河流的实际发育状况而言，其上游分支可追溯到大坂山上部的脑山地带及山顶区域。鉴于河西河上游发源区段地形地貌极为陡峭且交通很不便利，根据小流域现状并结合项目实施的实际需求，有选择地划定出研究区域内的小流域范围作为项目实施区域（图 9-11，详见后附彩图），实际划定范围明显小于小流域汇水区域的实际面积。根据现有划定的小流域范围，大致为东经 99°58′18.48″～100°3′59.76″，北纬 38°8′45.31″～38°13″31.15″，总面积约为 5017hm^2。

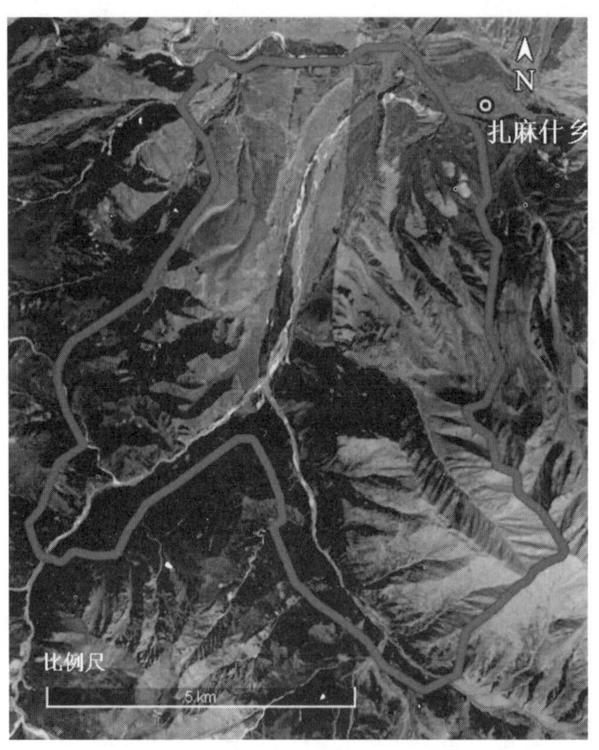

图 9-11 项目实施小流域范围示意图（后附彩图）

9.3.3 自然概况

9.3.3.1 地形地貌

项目实施区小流域整体呈现南高北低、周山夹河的地形地貌特点（图 9-11）。实施区域北侧与黑河相邻，区域北部海拔较低且地势相对平坦低缓，以河滩、河谷滩地、低山丘陵等地貌特征为主。实施区域北部海拔较高，地势较为陡峻，以高山、峻岭、深谷等地貌特征为主。在实施区域内发育形成由南向北贯穿小流域的河西河，属于黑河的支流，北面汇入黑河。在河流北段（与黑河相汇端）的河滩两侧，可见明显抬升的河谷台地。

9.3.3.2 气候概况

项目实施区域的气候特征属于典型的高原大陆性气候。扎麻什乡河西村的年均温

1.0℃，极端最低气温-31℃，最高气温26.0℃，≥0℃年积温1400℃·d，≥5℃年积温900℃·d，年降水量470~600mm，终霜期为5月初，初霜期为9月初，无霜期110~120天。气温受地形变化的影响较大，昼夜温差较大，降水主要集中在5~9月。

9.3.3.3　水文概况

在项目实施区域内发育形成由南向北贯穿小流域的河西河（图9-11）。作为黑河上游支流之一，河长27.4km，全年均形成地表径流，自南朝北从项目区中间流过。根据实地观察，河滩内存在部分河道分支（部分处于半干枯状态），表明盛水期河西河无疑具有较大的地表径流量。

9.3.3.4　植被概况

小流域内分布的植被类型相对较为复杂（图9-12，详见后附彩图）。天然植被类型主要包括青海云杉林、小叶杨林、高寒灌丛、河谷灌丛、高寒草甸、高寒草原和草原化草甸。此外，还分布有青稞、油菜、饲草等各类作物种植形成的人工植被类型。

图9-12　小流域植被类型图（后附彩图）

9.3.3.5　土壤概况

项目实施区域范围内发育形成的土壤类型主要包括高山草甸土、山地草甸土、灰褐土、黑钙土、栗钙土等地带性土壤类型，以及潮土、沼泽土和新积土等非地带性土壤。

进行饲草栽培试验的农田土壤为栗钙土，据部分农田土壤相应含量指标的检测结果，有机质为4.06%，全氮0.05%，全磷0.07%，全钾0.91%，速效氮131.41mg/kg，速效磷6.07mg/kg，速效钾87.40mg/kg。

9.3.4　扎麻什乡社会经济概况

扎麻什乡位于祁连县中西部，距县城约为 20km，东、北部与甘肃省接壤。乡域海拔范围为 2800~3500m，下辖鸽子洞、郭米、地盘子、河北、夏塘、河西、河东、绵沙湾 8 个村委会，总面积 545.23km^2。

该乡是一个以少数民族聚居为主的乡镇，居住着回、藏、汉、土、蒙古等 8 个民族，总人口约 5000 人。其中，以回、藏、汉族人口为主，分别占到总人口的 35.49%、29.40%、26.02%。

扎麻什乡是以农牧业生产为主的乡（镇）。现有耕地面积约为 1.26 万亩*，种植有青稞、油菜、马铃薯、燕麦等各类作物。现有草场面积约 58 万亩，已经具有一定的畜牧业发展规模，有 2400 余头牛和 40 000 余只羊。根据统计资料，扎麻什乡的地区生产总值基本是农业总产值，第二产业和第三产业则无相关产值统计。到 2013 年底，该乡农业总产值为 2800 余万元，其中农业、林业和牧业产值分别占总产值的 25.19%、2.25%、72.56%，以牧业产值占据主导地位。

根据 2013 年的统计数据，扎麻什乡农牧民的人均收入为 6200 余元，但课题主要试验示范区所在河西村、河东村的人均收入略高于全乡平均水平，均为 6600 余元。根据统计资料计算，课题实施期间（2011~2013 年间），扎麻什乡、河西村以及河东村农牧民的人均收入增长率均超过 24%（图 9-13）。

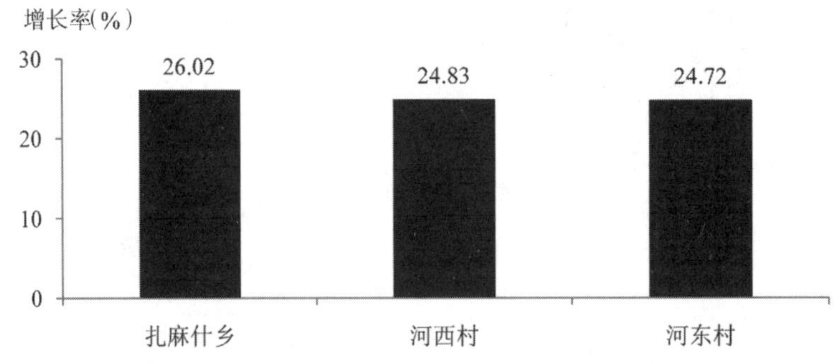

图 9-13　扎麻什乡农牧民人均收入 2011~2013 年间年均增长率

特别值得一提的是，在项目实施期间（2011~2013 年间），扎麻什乡的饲草种植面积呈现出明显的逐步扩大趋势。根据扎麻什乡的相关统计资料数据，2011 年该乡的饲草（燕麦）种植面积约占全乡耕地面积的 15.22%；到 2013 年，饲草种植面积的比例提高到 37.20%，为 2011 年的 2.44 倍。鉴于该乡包括河西村和河东村在内的小流域为项目实施过程中的主要示范区，于 2012 年开始进行了青贮饲料作物的引种和推广工作，并取得良好效果。这也许对该乡饲草种植面积的明显增加起到一定的引导和促进作用。

---

* 1 亩 = 0.0667hm^2。全书同。

10 研究思路简介

不论任何工作，科学、合理、周密、详尽的前期规划和布局，是使之得以顺利实施并实现或接近预期目标的重要保证。因此，在科研项目申请立项之初，就要在充分论证和讨论的基础上，提出并确定保障研究工作顺利实施的指导思想、预期目标、研究内容等相应框架。在此，简要介绍《干旱沟壑型小流域综合生态治理技术集成与示范》课题的整体思路，相应具体工作则详述于后续章节。

10.1 指导思想

在同时兼顾改良生态环境质量、改善民生、促进区域可持续发展等战略目标的基础上，依据现代生态学和系统工程的理论与观点，结合项目区小流域范围内的各方面实际，紧紧围绕小流域的区域性生态综合治理，通过开展构建优化组合生态系统、形成农牧耦合闭合型优化生产体系、增强山地旱坡自然植被保育能力等方面的技术集成与创新，探索适用于祁连山地局部干旱沟壑型小流域综合生态治理的途径与方法，寻求综合性、多层面保护和改善区域生态环境质量、提高农牧民群众收益、促进区域经济社会可持续发展的有效途径，在改良试验示范区生态环境质量、增强水源涵养功能、促进小流域社会经济发展的基础上，建立起有望在祁连山水源涵养区普遍推广应用的综合生态治理模式，为祁连山水源涵养区的生态环境保护与综合治理提供重要的科学依据与示范样板。

10.2 基本原则

作为生态项目，其实施的主要工作重点无疑在于试验示范区和祁连山地区生态环境的保护与建设。根据以往的经验和教训，特别是对于经济欠发达地区而言，如果仅仅着眼于单纯生态环境问题的整治与恢复，往往难以达到或保持项目实施后应有的实际治理效果。如果能够通过适当方式，将区域生态环境保护与建设和民生改善有机结合起来，就能够起到充分调动广大农牧民群众参与积极性的作用，起到事半功倍的实际成效。因此，基于保护与改良区域生态环境质量、改善与提升区域民生状况、促进小流域经济社会可持续发展等多方面因素的综合考虑，在研究工作的规划布局和实施过程中将遵循以下主要原则。

10.2.1 生态保护优先原则

地处青藏高原北部边缘的祁连山是黑河、石羊河、大通河、湟水河、疏勒河等许多西北地区重要河流的发源地，也是青海省、甘肃省、内蒙古自治区以及黄河中下游流域广阔区域的重要水源供给地，具有十分重要的生态战略地位，在国家主体功能区规划中被列为我国的重点水源涵养生态功能区之一。祁连山地生态环境质量的好坏，势必会对大西北乃至全国众多地区的经济社会发展产生直接或间接的影响。祁连山地区良好的区域生态环境质量和生态服务功能，必然对相应区域的可持续发展起到积极的促进作用。因此，在研究工作的整体规划设计与实施过程中，必须首先坚持生态保护优先的基本原则，必须将区域生态环境的保护与建设作为重点考虑的首要任务，把提升小流域的生态环境质量和水源涵养能力作为研究内容布局和实施工作安排的主体。

10.2.2　侧重生态治理原则

就目前小流域综合治理的多数成功经验来看，要想在较短时间内取得较大显示度的理想治理效果，往往需要采取工程措施、生物措施、农业措施等多因素的综合实施，并投入相对数量较大的人力、物力和财力。根据青海省和祁连山地区各县的经济社会发展现状，尚不具备为局部小流域综合治理进行大规模投入的可能性。如果能够将关注重点着眼于单纯的生态治理，仅仅通过相应多途径生态措施的综合性尝试，探索形成适用于试验示范区和祁连山地区小流域的生态综合治理技术体系和治理模式，不仅可以大幅度降低投资需求强度，也可以形成较为理想的治理效果。仅仅采用生态手段进行小流域综合治理，虽然存在周期长、见效慢等问题，但也具有治理成效持续、稳定等方面的优势，在有限投资能力的情况下，获得事半功倍的生态治理实效。因此，在研究工作的整体规划设计与实施过程中，将侧重生态治理作为重要的遵循原则之一，主要依赖采用相应生态和生物措施进行局部小流域综合治理的积极探索和尝试。

10.2.3　关注民生改善原则

在全球范围高度关注生态环境保护的整体背景下，人类社会通过各种可能手段，开展生态环境保护与建设工作的最终目的，实质就是在保护和改善区域生态环境质量的基础上，为人们提供优质的生存环境，提升人们的生活质量。然而，对青藏高原及大西北等经济社会发展相对滞后的经济欠发达地区而言，人们在努力改善自身生存环境、追求经济社会迅速发展的过程中，往往也会有意无意地逐步加大对各类自然资源的索取，事实上成为区域生态环境保护与建设的负面矛盾冲突因素之一。根据科学发展观的指导思想和追求构建人与自然和谐社会的战略目标，如果在积极构建良好区域生态环境的同时，能够使相应的生态环境保护与建设工作为改善区域民生方面发挥出应有的积极作用，也必然会提升区域广大农牧民群众保护与建设区域生态环境的积极性和主动性，对高质量区域生态环境的建立和维系起到重要的促进作用。反之，如果仅仅强调区域生态环境的保护与建设工作，甚至对农牧民群众的生产生活造成不合理的制约，任何针对区域生态环境保护与建设的措施和工作都将难以取得预期实效。因此，充分关注小流域范围内的民生改善问题，也被列为本项目实施过程中积极遵循的主要原则之一。

10.2.4 优化产业结构原则

根据不同区域的自身性质和基本特征，小流域综合治理所采用的技术模式可分别选择侧重改善生态环境质量并增强生态调节功能的生态型模式、侧重增强小流域不同产品产能和经济发展能力的经济型模式、侧重兼顾并努力实现多种效益的综合型模式等不同类型的技术模式。鉴于试验示范区小流域范围内属于农牧业交错地带，同时存在农田种植业（含饲草种植）、天然草地畜牧业、集约化奶牛养殖业等不同的产业类型，但也存在相关产业发展尚存在一定差距的现实问题。例如，粗放式生产经营模式依旧占据主导地位。伴随中国社会经济的发展，如何优化农村的产业结构，多年来一直是备受中央和地方政府关注的焦点问题之一。因此，为促进小流域范围内产业化结构的进一步优化、提升现有相应产业的发展潜力，研究示范工作的规划设计与实施过程，将遵循努力优化小流域内部产业结构的基本原则，预期通过自身努力和示范带动作用，最大可能地促进提升小流域范围内相应产业的进步程度和后续发展潜力。

10.2.5 促进可持续发展原则

目前，努力追求可持续发展的战略目标，已逐渐成为国际社会各方面以及社会公众普遍认同的基本共识，演变为全世界推崇的潮流趋势之一。在中国，促进实现区域的可持续发展也被中央和各级地方政府所积极倡导，已被列为科学发展观的重要指导思想之一。此外，国内外小流域综合治理的指导思想和研究思路发展至今，重视小流域范围内人与自然的和谐，以及强调生态、经济、社会效益的同步获取，已演变成为小流域综合治理最终目标的定位基调，也是努力追求促进实现小流域整体可持续发展目标的重要表现特征之一。因此，研究示范工作将促进试验示范区小流域的可持续发展能力作为主要遵循的基本原则之一，在整体规划布局与实施过程中，充分关注增强试验示范区小流域社会经济的可持续发展能力，预期能够尽最大努力设法提升试验示范区小流域的后续发展能力以及小流域经济社会的可持续发展潜力。

10.3 整体思路

根据指导思想和基本原则，本项研究选择青海省祁连县扎麻什乡的局部干旱沟壑型小流域作为研究对象，将依据生态学的基本原理，重点着眼于增强区域水源涵养功能、提高单位面积土地生产效益以及提升小流域经济发展能力等方面的战略需求，通过构建优化组合生态系统、形成农牧耦合闭合型优化生产体系、增强山地旱坡集雨功能等方面相关技术的综合集成与示范，积极构建适宜于试验示范区小流域生态环境保护与建设、有助于促进小流域整体社会经济可持续发展的技术体系和示范模式，使试验示范区的生态环境质量得到明显改善、区域民生得以进一步改善、小流域整体可持续发展能力得以增强（图 10-1）。

通过研究示范工作的顺利实施和完成，预期能够在有效保护与改善区域生态环境的前提下，同时取得促进小流域农牧业产业结构调整、提高区域农牧业群众经济收益、有效增加农牧民群众经济收入、增强区域经济社会发展能力等方面的实际效果，探索小流域范围

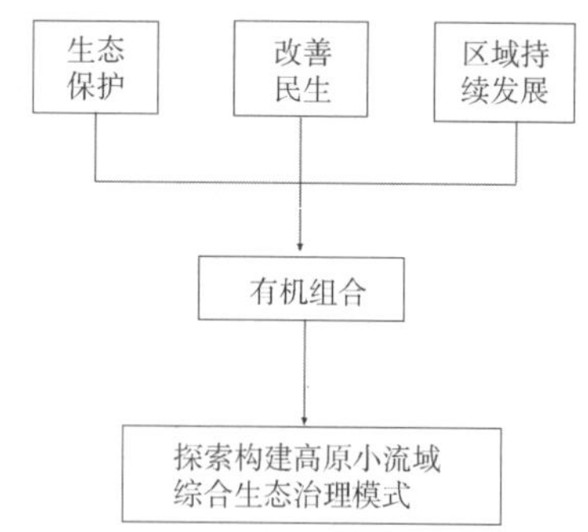

图 10-1 小流域综合生态治理框架思路示意图

内农、林、牧共同繁荣的科学途径与方法，力求最大限度地同步实现生态、经济、社会效益共赢的局面，为祁连山地区的局部小流域综合生态治理提供良好的技术和示范样板。

10.4 研究内容

根据本项目既定的整体框架研究思路，按照“有所为、有所不为”的原则，结合试验示范区小流域的各方面现状，分别从不同角度规划布局了以下 3 个方面的主要研究内容。

10.4.1 优化组合生态系统构建技术集成与示范

在小流域的沟谷范围内，以明显改善区域整体生态环境质量和水源涵养能力为主要立足点，同时关注增强生态系统的群落结构稳定性和经济效益产能，集成利用水源涵养林营造技术、生态经济林营造技术、林—灌—草—药群落组合技术、中低等级林地改良技术、中藏药材生态抚育技术等技术手段，通过构建新的组合生态系统类型、在原有生态系统中增添组成物种等方式，对河谷滩地、沟谷林地等生境类型进行较为全面的改良，进一步提升这些生境类型的生态环境质量和经济效益潜能。在实施过程中，将根据祁连山水源涵养区的自然条件与环境特点，关注实现相关适用技术的进一步创新与完善，为该地区未来的小流域生态治理提供更为适用的、组合优化生态系统类型构建的技术体系。

结合生态示范区小流域的各方面现状，布局开展了生态防护林、生态经济林、生态景观林的构建工作，并将生态经济林的构建作为重点内容。

10.4.2 农牧耦合优化生产技术集成与示范

结合小流域范围内产业结构调整与经济发展的客观需求，利用现有农田及奶牛饲养场，集成应用优质高产牧草栽培技术、饲草料加工调制技术、牲畜集约化舍饲技术、畜粪无害化处理技术、高效有机肥生产技术，进行综合性的技术集成，构建生产流程为优质牧草生产→优质饲草料生产→家畜（奶牛）集约化饲养管理→畜粪无害化处理及有机肥生产→人工草地施肥→优质牧草生产的闭合型、清洁型、资源节约型、高效性的农牧耦合优化生产体系，为后续的小流域综合生态治理提供技术模式与示范样板。该生产体系的建立，不仅可以明显提高区域农牧业的生产效益、增加农牧民经济收入，还可以减少污染物（畜粪）排放、化肥和农药施用对区域生态环境造成的不利影响，获得显著的综合效益。

结合生态示范区小流域的各方面现状，在这方面主要布局开展了优质饲草品种的引进栽培、青储饲草加工技术、家畜粪便无公害处理等方面的工作，并将优质饲草品种的引进栽培列为重点工作内容。

10.4.3 山地旱坡植被保育技术集成与示范

结合试验示范区小流域范围内改善草地生态系统类型环境质量、提高草地生态系统水源涵养能力等方面的客观需求，选择局部不具备灌溉条件而难以营造林地的山地旱坡，以提升祁连山地区山地旱坡的集雨能力和水源涵养功能为主要目标，预期通过适生抗旱物种引种栽培技术、草地免耕补播技术、种子包衣技术、群落结构优化配置技术等相关技术体系的有机组合，尝试探索试验示范区小流域局部山地旱坡植被的保育技术，进一步改良优化实验区域山地旱坡现有原生植被（以适宜旱生环境的草原植被类型为主）的群落结构，提高现有植被盖度，进一步强化山坡旱地减缓、阻截、滞留雨后地表径流的作用，最终起到改良并增强山地旱坡水源涵养功能的实效。

根据生态示范区小流域的各方面现状，选择布局开展了山地旱坡植被保育和旱坡裸地植被恢复等方面的工作，并将旱坡裸地植被恢复作为重点工作内容。

10.5 技术路线

根据本课题的主要研究内容，从组合林地生态系统建植与群落结构优化、农牧耦合优化生产体系构建、山地旱坡植被保育等3个方面着手，通过林—灌—药优化配置技术、高产人工饲草生产技术、山地旱坡植被建植技术等多项相关技术的借鉴、集成与创新的技术路线（图10-2），安排布局相应的具体研究工作，预期构建适合于在祁连山区推广应用的综合生态治理模式，促进实现小流域生态环境的改善与区域经济社会可持续发展能力的增强。

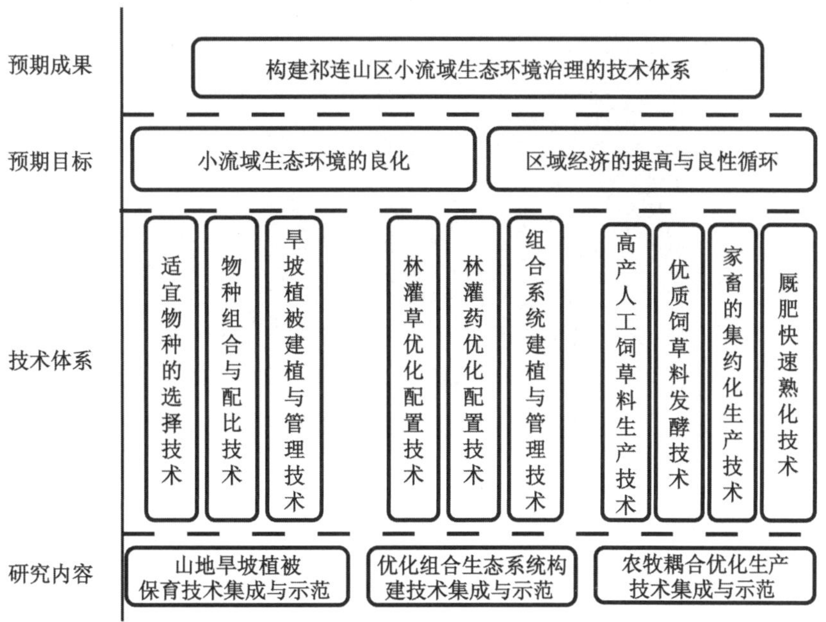

图10-2 小流域生态综合治理工作技术路线图

10.6 预期目标

结合祁连山区生态环境保护建设与改善民生的战略需求，依据现代生态学和系统工程学的理论与方法，以干旱沟壑型小流域为对象，通过对相关技术的集成与组装，构建该区域的优化组合生态系统、农牧耦合闭合型优化生产模式和山地旱坡植被的保育技术体系并示范；在改善区域生态环境质量及水源涵养能力的基础上，提高生态系统的经济产能及群众收入；建立适宜于祁连山地区局部小流域生态综合治理的技术模式，起到为祁连山地区小流域的生态综合治理提供重要的科技支撑与引领示范作用。

10.7 核心示范区布局

根据国家科技部立项时的相关要求，为进一步强化研究项目的示范作用，结合小流域试验示范区各方面的实际情况，根据研究工作的任务需求，在研究区域小流域的试验示范区范围内，分别就优化林地生态系统构建、人工饲草种植基地建设、旱坡植被保育等方面布置设立了核心示范区（图 10-3，详见后附彩图）。

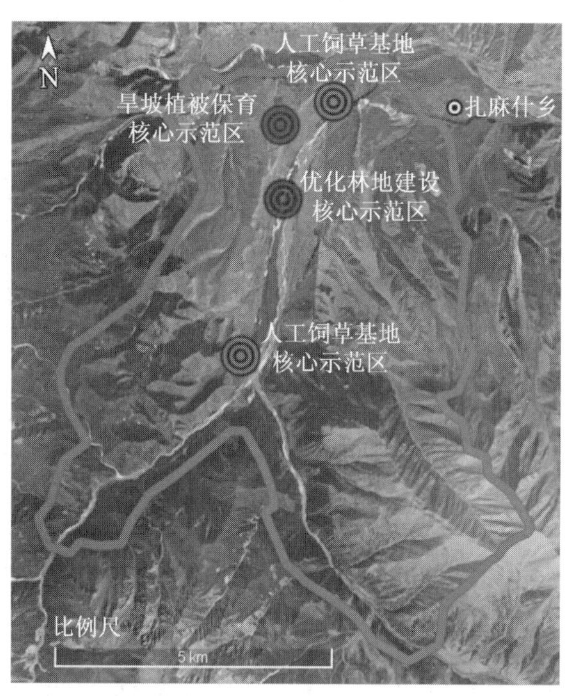

图 10-3 核心试验示范区布局示意图（红线区域为小流域范围）（后附彩图）

11 优化组合林地生态系统构建

生态系统是在自然界的一定空间范围内生物与环境构成的统一整体和功能单位，可划分为自然生态系统（如森林、草原、荒漠、高寒草甸、湿地等生态系统）和人工生态系统（如农田、城镇等生态系统）。生态系统内部存在着能量、物质的不断流动与动态平衡，同时也属于与外部保持沟通的开放系统。依据生态学的理论和观点，不同生态系统类型具有差异性的主体生态服务功能和利用价值，具有不同组分构成和系统结构的相同生态系统类型（如森林），也可能形成差异明显的生态服务功能和服务价值。就生态系统的自身性质而言，生态系统的内在质量与其生态服务功能以及所能发挥的实际作用存在正相关关系。对组成成分偏少、群落结构简单、系统稳定性较差的生态系统而言，其应有的生态服务功能和价值往往会大打折扣，而只有建立起结构合理、系统稳定、产出多样的优化组合生态系统才能更好地发挥其生态服务功能，提供更大的生态服务价值。就不同生态系统类型的生物学特性而言，林地生态系统属于在水源涵养、水土保持、调节气候、净化空气等许多方面具有较强能力的生态系统类型。

在《干旱沟壑型小流域综合生态治理技术集成与示范》课题的实施过程中，根据祁连山水源涵养区以及小流域实验示范区的自然条件与环境特点，以明显改善小流域整体生态环境质量、增强生态系统水源涵养能力和提升生态系统经济产能为主体着眼点，通过集成利用水源涵养林营造技术、生态经济林营造技术、林—灌—草—药群落组合技术、中低等级林地改良技术、特色植物资源生态抚育技术等技术手段，关注实现相关适用技术的进一步创新，结合河谷滩地、沟谷林地等生境类型和未来区域经济社会发展的客观需求，积极探索构建具有不同特点的生态系统类型。在充分关注新建或改良生态系统生态服务功能的同时，努力探索采用有效手段进一步提升小流域主体生态系统的经济产能，为祁连山地区未来的小流域生态治理提供更为适用的优化组合生态系统构建技术和推广应用范例。

11.1 核心造林示范区整体布局

就试验示范区小流域的现状而言，河谷两侧山地阴坡植被生长状况良好，主要发育着森林和高寒灌丛植被类型；阳坡及丘陵顶部主要发育着草原植被类型，由于干旱缺水而不适宜造林；河西河的河谷滩地虽有少量斑块状疏林与河谷灌丛植被类型分布，但也是小流域范围内水土流失较为严重的区域。如果将河谷滩地作为造林核心示范区，虽然存在相对较大的造林难度，但造林成功后可以起到有效减缓季节性盛水期河水对河谷滩地的冲刷破坏、降低小流域水土流失程度、明显改善小流域整体生态环境质量等方面的作用。据此，在小流域内河西侧的河谷滩地上布局了包括 3 个不同群落结构类型林地生态系统的核心造林示范区（图 11-1），造林核心示范区面积合计为 603 亩（折合为 40.2hm^2）。

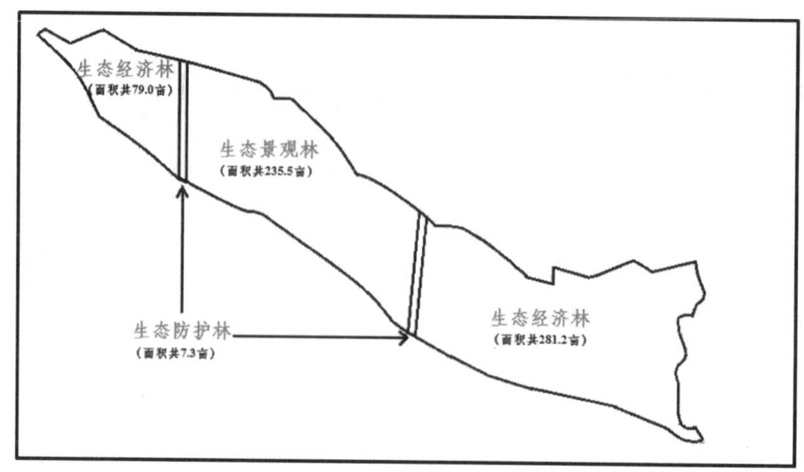

图 11-1　核心造林示范区布局示意图

根据营造林地的种类组成、群落结构、功能特性等方面的综合考虑，所营造 3 个林地生态系统类型分别定名为生态防护林、生态景观林和生态经济林，各类型林地生态系统的主要群落构成物种、建植方案及实施效果等分别论述如下。

11.2　生态防护林构建

该林地生态系统主要定位于新建生态系统的生态作用，将按照生态防护林的通常构建模式进行营造。此类林地生态系统的构建，除增加小流域试验示范区的林地面积外，成林后也将发挥一定的生态防护作用。

11.2.1　建植方案

生态防护林由青海云杉 *Picea crasiffolia* 单一树种为主构建，在试验示范区中部的南、北 2 端各建植 1 条由 10 行青海云杉组成的生态防护林带（图 11-2），采用平行排列的常见防护林格局进行建植（图 11-2），株间距为 2.0m×2.0m，合计建植面积为 7.3 亩（约 0.48hm^2）。

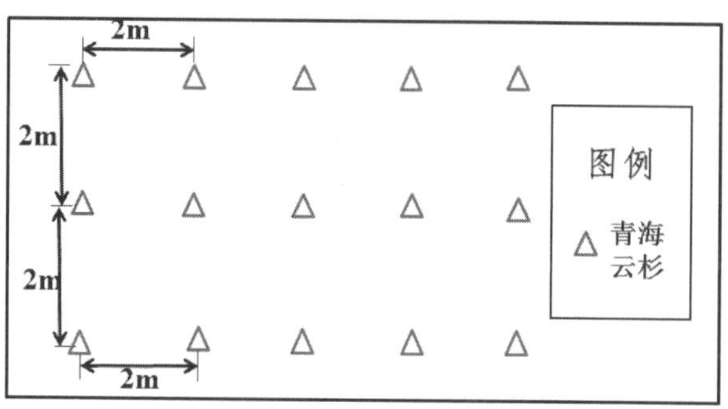

图 11-2　生态防护林建植格局示意图

11.2.2 数据监测

采用样地法进行相应数据的监测。检测样地面积为10m×10m，分别设置于生态防护林的栽植范围内。在南、北两条生态防护林带各设置1个样地，记录每个样地内每株青海云杉的下列参数：

生存状态：指移栽植株的存亡状况。

株高：指观测植株最高点距离地面的垂直距离（单位：cm）。

冠幅长轴：指树冠层平行于地面的最大平面直线距离（单位：cm）。

冠幅短轴：指树冠层平行于地面的最小平面直线距离（单位：cm）。

新枝生长量：指植株所有枝条中当年新枝伸展的最大长度（单位：cm）。

为保证获取数据的可比性，次年将根据最初GPS定位测点在相同地段设置观测样方。2012~2014年间，逐年对设定样地进行了数据收集。采用算术平均法，对样地内所有植株的检测数据进行汇总整理，取相应参数的平均值作为后续分析过程中的样地参数指标值。

11.2.3 实施结果

通过课题实施，成功构建以青海云杉为主体乔木物种的生态防护林，在试验示范区造林核心区的南、北两侧各建立生态防护林带1条，合计造林面积为7.3亩（折合约0.48hm^2）。根据实地观察，该类型的实际造林效果还是比较理想的。

根据2012~2014年间样方检测数据的整理汇总情况（表11-1），试验示范区南、北两侧生态防护林均呈现出良好的生长态势，进而表明此类型的造林模式可适用于该地区的相应林地营造。

表11-1 青海云杉（防护林）样方实测数据汇总表

年度	样方号	株高（cm）	冠幅长轴（cm）	冠幅短轴（cm）	新枝生长量（cm）	存活株数	死亡株数
2012	南防护林	82.5±8.1	47.5±6.0	42.6±6.4	4.9±1.1	24	0
	北防护林	80.4±8.2	44.2±8.3	40.1±6.8	4.9±2.4	25	0
2013	南防护林	83.2±14.2	53.4±9.2	45.8±9.4	3.8±1.6	31	0
	北防护林	81.7±11.6	54.3±6.9	47.4±5.6	4.8±1.4	26	0
2014	南防护林	85.4±13.8	55.8±8.5	48.1±9.5	5.6±2.1	32	0
	北防护林	83.7±10.8	60.8±4.7	53.6±4.7	4.5±1.2	25	0

注：在南、北防护林各设1个面积10m×10m的实测样方。

为更好地探讨分析该造林模式的实施情况，依据样方数据的统计结果，分别就相关生长情况进行如下讨论。

11.2.3.1 造林存活率

造林过程中，移栽苗木的成活率和保存率是衡量造林实效的重要参考依据。鉴于课题实施周期只有短短2年时间，做出存活率的客观评价显得时间偏短。因此，仅利用样地直接观测苗木成活率作为衡量指标的依据。

根据样方观测数据（参见表 11-1），该林地类型中移植青海云杉的造林成活率达到 100%，取得较为理想的造林效果。

在 2012 年营造生态防护林时，为最大可能地尽早获得良好的生态防护效应和造林效果，移栽苗木采用了株高 1.0m 左右的青海云杉苗，株体相对大于其他林地生态系统类型构建中所采用的青海云杉幼苗的规格。虽然就试验示范区整体生态防护林而言，也见到由于各种原因而死亡的极个别青海云杉植株，但总体造林成活率接近 100%。究其原因，很可能在于造林时采用了规格相对较大、较为适宜于进行栽植的青海云杉幼苗。

11.2.3.2 株高生长

为检验造林过程中的青海云杉实际生长状况，利用样方法对移栽青海云杉的株高进行了逐年监测，作为测度造林植株生长情况的依据指标之一。

根据样方实测数据（参见表 11-1），南、北生态防护林中栽植的青海云杉幼苗在 2012~2014 年间均呈现出持续增高的生长趋势，但实际增长量在南、北生态防护林中存在一定差异。根据生态防护林中栽植青海云杉幼苗株高变化情况的统计分析结果（图 11-3），生长早期（2012~2013 年间），南、北两侧生态防护林中青海云杉的株高增加值分别为 0.7cm 和 1.3cm，平均增长值为 1.0cm，平均增长率为 1.23%；生长后期（2013~2014 年间），南、北两侧生态防护林中青海云杉的株高的增加值分别为 2.2cm 和 2.0cm，平均增长值为 2.1cm，平均增长率为 2.55%。根据计算，2012~2014 年间，生态防护林中青海云杉株高的平均增长值为 3.1cm，年平均增长率为 1.89%，表现出相对较低的增长速度。就不同区域比较而言，南侧生态防护林中青海云杉株高年度增加值的变化幅度略大于北侧生态防护林，但似乎并不存在明显的差异。

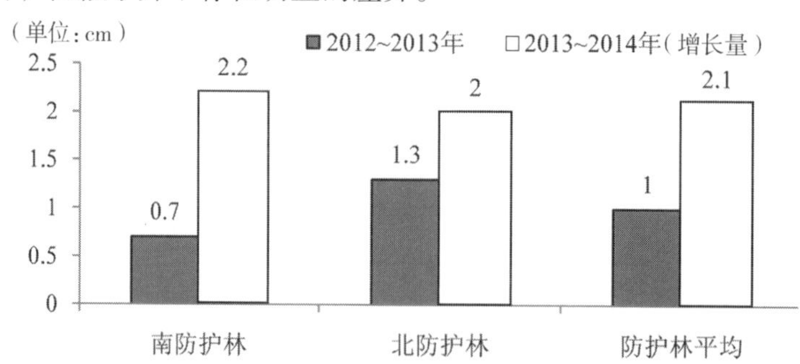

图 11-3 生态防护林中青海云杉株高年增长量比较

根据上述分析可见，早期生态防护林中青海云杉株高的增长速率明显处于相对较低的水平，随着定植年限的增加，生态防护林中青海云杉的株高增长明显表现出趋于逐渐加快的整体发展趋势。这说明，生态防护林营造过程中栽植的青海云杉已经适应了试验示范区的生存环境，正在逐步进入后续的稳定生长期。

11.2.3.3 树冠生长

植物在地上的伸展部分，形成了地表的植被覆盖。林木地上部分的冠幅，也是构成地表植被群落盖度的重要指标之一。在课题实施过程中，造林栽植青海云杉生长期间所形成的地上冠幅属于地表植被盖度的乔木层新增盖度部分。为便于获取青海云杉生长冠幅的检测数据，采用了直接测定样地所有植株地表冠幅长轴、短轴数据的方式，虽然存在可能高估其实际盖度的问题，但属于简便易行且接近实际值的数据获取方法。

根据样方实测数据（参见表 11-1），生态防护林中栽植的青海云杉在课题实施期间呈现出冠幅持续增长的变化趋势。据统计，生长早期（2012~2013 年间），生态防护林中栽植青海云杉冠幅长轴、短轴的平均增长值分别为 8. 0cm 和 5. 3cm，增长率分别为 17. 43% 和 12. 56%；生长后期（2013~2014 年间），青海云杉冠幅长轴、短轴的平均增长值分别为 4. 5cm 和 4. 3cm，增长率分别为 8. 16% 和 10. 88%，增长速度明显低于前期的增长速度。经计算，2012~2014 年间，生态防护林中青海云杉冠幅长轴的增加值为 12. 5cm，年平均增长率为 12. 70%；冠幅短轴增加值为 9. 6cm，年平均增长率为 10. 88%。通过直观比较（图 11-4），青海云杉冠幅的增长率表现出一定的变化特点。就生长时段而言，生长早期防护林中青海云杉冠幅的整体增长速度似乎高于生长后期。就不同地域而言，北侧防护林中青海云杉冠幅的整体增长速度似乎高于南侧防护林。就变化部位而言，冠幅长轴的增长速度似乎高于冠幅短轴的增长速度。

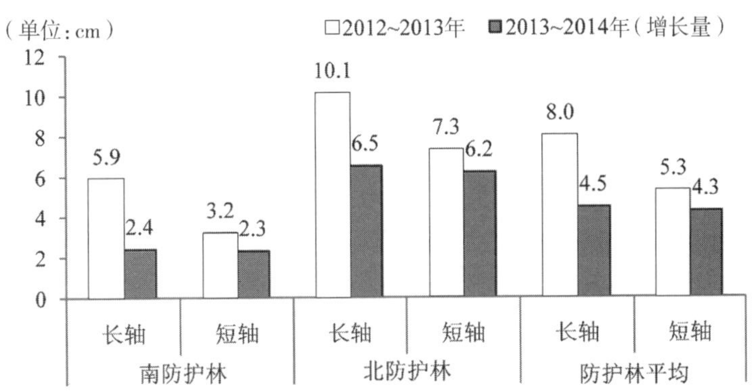

图 11-4　防护林中青海云杉冠幅的年际增长量

综上分析，生态防护林中青海云杉的冠幅处于持续增长状态，生长早期的冠幅增长速率高于生长后期，冠幅长轴的伸展速率高于冠幅短轴，说明其生长状态良好。与防护林中青海云杉株高的生长情况进行比较可见，冠幅的年平均增长率明显高于株高的年平均增长率，生长早期冠幅的增长速率相对处于较高水平，这些均与生态防护林中青海云杉株高增长速率形成相反的变化趋势。

依据植物株体地上冠幅面积推算出相应物种的覆盖度，无疑属于简单易行、科学合理的获取方法。结合这方面的相关文献资料和林业科学研究领域的通常做法，利用南侧生态防护林中青海云杉 2014 年冠幅数据实测值（冠幅长轴 55. 8cm，冠幅短轴 48. 1cm），采用不同方法进行了盖度推算。根据相应测算结果（表 11-2），利用矩形面积测算法测算得到的盖度值最大，椭圆形测算法的盖度值最小，短轴形和圆形测算法的盖度值居中。把几种计算方法获得的盖度值进行平均，其均值介于短轴型和圆形之间。因此，选择短轴型和圆形方式作为计算依据更为适宜。根据目前较为流行的计算方式，在此采用圆面积法计算盖度值，并将其计算结果作为后续相关讨论的依据。

表 11-2　不同计算方式青海云杉单株盖度估测值* （单位：cm^2）

计算方式	矩形	短轴形	圆形	椭圆形	平均值
计算公式	L×S	S×S	$\pi\times[(L+S)/4]^2$	π×L×S/4	
盖度面积	2683.98	2313.61	2118.56	2106.92	2305.77

* L=冠幅长轴的长度，S=冠幅短轴的长度。

根据生态防护林中栽植青海云杉冠幅盖度值的计算结果（表 11-3），在防护林营造过程中，青海云杉植株的冠幅盖度呈现出持续增高的整体发展趋势。所形成的单株青海云杉株冠层冠幅盖度值变幅为 1493.90cm^2（2012 年平均值）~2343.48cm^2（2014 年平均值），年均增长率为 25.25%；栽植青海云杉在观测样方中形成的植被盖度变幅为 3.66%（2012 年平均值）~6.60%（2014 年平均值），年均增长率为 34.29%。

表 11-3　生态防护林中青海云杉冠幅盖度统计*

		2012 年	2013 年	2014 年	年均增长率（%）
南侧防护林	单株盖度（cm^2）	1593.16	1931.23	2118.56	15.32
	存活株数（株）	24	31	32	—
	样方盖度（%）	3.82	5.99	6.78	33.22
北侧防护林	单株盖度（cm^2）	1394.65	2029.79	2568.39	35.71
	存活株数（株）	25	26	25	—
	样方盖度（%）	3.49	5.28	6.42	35.63
防护林平均	单株盖度（cm^2）	1493.90	1980.51	2343.48	25.25
	存活株数（株）	24.50	28.50	28.50	—
	样方盖度（%）	3.66	5.63	6.60	34.29

* 样方盖度=单株面积×当年存活株数/样方面积×100%。

据统计，生长早期（2012~2013 年间），生态防护林中栽植青海云杉盖度的平均增长值为 2.0%，增长率为 54.09%；生长后期（2013~2014 年间），平均增长值为 1.0%，增长率为 17.19%。经计算，2012~2014 年间，生态防护林中青海云杉盖度的平均增长值为 2.9%，年平均增长率为 34.38%。相比而言，生长早期盖度的增长量、年增长率均大于生

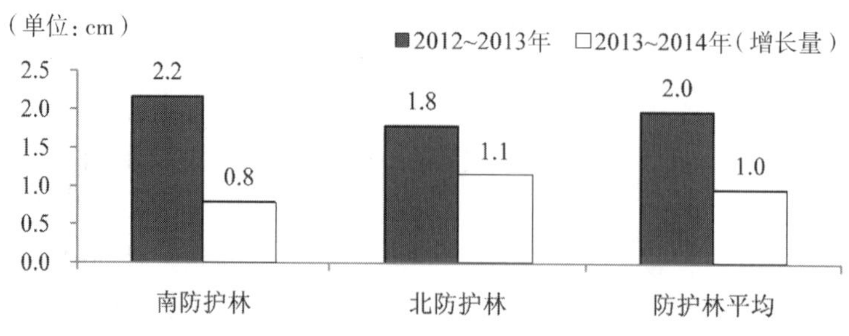

图 11-5　防护林中青海云杉盖度的年增长量

长后期，即盖度呈现出先快后缓的变化趋势。通过直观比较（图 11-5），青海云杉盖度的增长表现出一定的变化特征。就不同生长时段而言，生长早期防护林中青海云杉盖度的整体增长速度似乎高于生长后期，结合前述株高后期增长速度较快的结果，间接表明完成适应定植后青海云杉的垂直生长会逐渐加强。就不同地域而言，南、北两侧防护林中青海云杉盖度增长速度似乎没有明显差异。

11. 2. 3. 4　新枝生长量

幼苗的新枝生长属于体现植物生长状况的可度量指标。在生态防护林营造过程中，选择栽植青海云杉的新枝生长量作为衡量苗木长势的参考指标之一。

根据样方实测数据（参见表 11-1），生态防护林中青海云杉的新生枝条在本课题实施期间呈现持续增长的变化趋势。直观比较可见（图 11-6），虽然每年的新枝生长量基本处于相对稳定的范围内（每年约 4～5cm），但也表现出略显差异性的变化特点。2012～2014 间，南部防护林中青海云杉的年新枝生长量呈“V”字型变化趋势，而北部防护林中青海云杉的年新枝生长量则呈递减趋势，这是否与示范区南、北部温度上的差异存在一定关系尚待探讨验证。就防护林的整体平均结果而言，新枝生长量虽然也呈现“V”字型变化趋势，但基本处于相近水平，而且生长后期（2014 年）的生长量略好于生长早期。究其成因，可能是由于新苗在移植初年（2012 年）利用自身储能（以及移植前就有新枝生长等）维持着一定的新枝生长量；移植次年（2013 年）则因未能完全适应新环境中土壤、气候等生境条件的改变，新枝生长略显减缓；随着对当地生存环境适应程度的增强，新生枝条也呈现越来越好的生长态势。

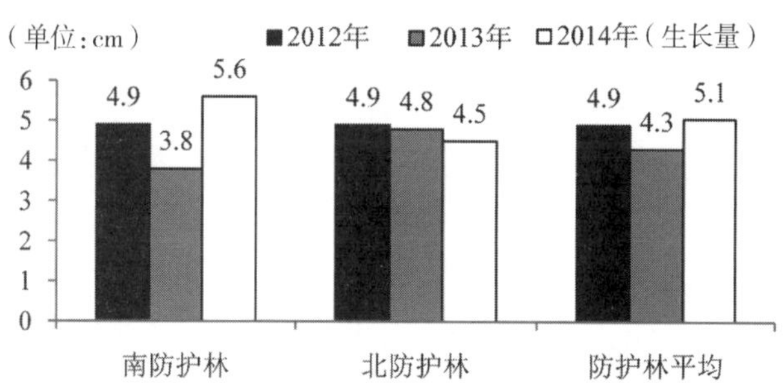

图 11-6　生态防护林中青海云杉新枝生长量

11. 3　生态经济林构建

构建生态经济林生态系统的主要目的，主要偏重于提升林地生态系统的经济产出作用，同时兼顾其生态作用。在具体构建过程中，以生态型乔木树种（如青海云杉）构建此类林地生态系统的主体框架，在生态系统群落物种构成中配以经济灌木（如沙棘）和特色草本经济植物（如中药、藏药药材资源种类），最终培育形成乔、灌、草有机结合的立体生态系统。生态经济林中的经济灌木和特色经济植物资源进入收获期的相应产物，都将形成该林地生态系统中相应的经济收益，进而提高此类生态系统的经济效益潜能。

11. 3. 1　建植方案

结合小流域试验示范区自然环境条件及种源情况，选择由青海云杉 *Picea crasiffolia* 和

沙棘 *Hippophae rhamnoides* subsp. *sinensis* 作为系统构建的主要组成植物种类。在造林核心示范区的南、北两侧分别布设了 2 个生态经济林小区（参见图 11-1），采用交叉搭配混栽的整体格局进行建植（图 11-7），株间距为 1.5m×2.0m，合计面积为 360.2 亩（约 24.01hm²）。

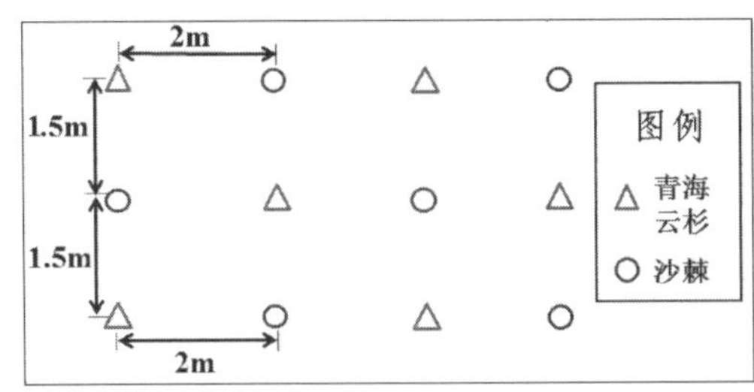

图 11-7　生态经济林主体建植格局示意图

为进一步提升生态经济林的潜在经济产能和经济效益，通过资源生态抚育方式将部分药用植物和经济植物资源种类引进此生态系统类型中，作为生态经济林的重要组成成分之一。在结合适宜生境、选择可能适生资源物种的基础上，利用采集到的优良种子或种苗，散布于生态经济林中的适宜地段，使其实现更新繁殖并在自然状态下生长发育，最终成为生态经济林的重要组成部分。

此外，在生态经济林中还进行了紫果云杉 *Picea purpurea* 的探索性栽植试验（图 11-8）。在自然状态下，该物种主要分布于青海省的东南部地区，属于在青海祁连山地区目前尚无天然分布的物种。作为一种探索性尝试，如果能够栽植成功的话，将会为青海祁连山地区今后的造林提供新的乔木树种。

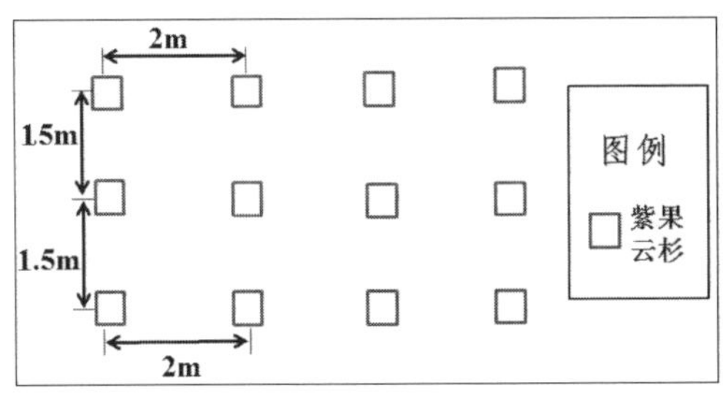

图 11-8　生态经济林中紫果云杉建植格局示意图

11.3.2　数据监测

采用样地法进行相应数据的监测。设置观测样地的面积为 10m×10m，分别设置于生态经济林的栽植范围内。在实际监测过程中，分别在南、北侧的生态经济林中各设置了 2 个样地（合计 4 个样地），分别记录每个样地内每株青海云杉、沙棘、紫果云杉的下列参数。

生存状态：指移栽植株的存亡状况。

株高：指观测植株最高点距离地面的垂直距离（单位：cm）。

冠幅长轴：指树冠层平行于地面的最大平面直线距离（单位：cm）。

冠幅短轴：指树冠层平行于地面的最小平面直线距离（单位：cm）。

新枝生长量：指植株幼枝中当年顶端伸展的最大长度（单位：cm）。

为保证获取数据的可比性，次年将根据最初 GPS 定位测点在相同地段设置观测样方。2012~2014 年间，逐年对设定样地进行了数据收集。采用算术平均法，分别对样地内不同物种所有植株的检测数据进行汇总整理，取相应物种的参数平均值作为样地内该物种的参数指标值。

虽然部分药用植物种类也属于生态经济林中的重要组成部分，但鉴于特色生物资源种类生态抚育工作的特殊性和复杂性，其建植方案、数据监测与结果分析等将在后续第 12 章 2~4 节中进行专门介绍。

11.3.3 实施结果

通过 3 年的课题实施，成功构建以青海云杉和沙棘为主体乔木、灌木物种的生态经济林。在试验示范区的核心造林区南、北两侧各营造生态样方 1 处，合计造林面积为 360.2 亩（约 24.01hm^2）。根据实地观察和设置样方监测，虽然在生态经济林营造过程中也出现了局部栽植苗木成活率偏低的问题，但补栽后也获得较为理想的造林效果。此结果表明，此类型的生态经济林造林模式也可适用于祁连山地区相应林地生态系统的营造。

根据 2012~2014 年间样方实测青海云杉相关数据的整理汇总情况（表 11-4），生态经济林中青海云杉虽然多数植株也表现出良好的生长态势，但也呈现部分地段青海云杉成活率明显偏低的问题。

表 11-4 生态经济林样方中青海云杉实测数据汇总*

年度	经济林样方	株高（cm）	长轴（cm）	短轴（cm）	新枝生长量（cm）	存活株数	死亡株数	存活率（%）
2012	样方 1	26.3±8.5	17.9±14.1	13.9±10.8	3.0±1.0	15	1	93.8
	样方 2	19.9±8.4	11.4±5.3	8.7±4.7	2.7±1.6	16	0	100.0
	样方 3	30.7±9.9	20.8±5.5	14.9±3.9	3.5±1.7	15	1	93.8
	样方 4	24.3±6.1	21.1±9.0	15.4±9.3	3.2±0.8	15	1	93.8
	平均值	25.3±4.5	17.8±4.5	13.2±3.1	3.1±0.3	15.3	0.8	95.6
2013	样方 1	29.9±10.6	27.8±10.8	19.8±9.7	4.2±1.6	13	3	81.3
	样方 2	24.5±4.8	17.1±6.1	11.8±4.9	3.3±1.4	13	3	81.3
	样方 3	32.0±8.0	22.3±6.0	16.5±3.2	3.8±1.5	13	3	81.3
	样方 4	27.5±10.3	20.7±8.4	16.1±7.0	2.7±1.3	11	5	68.8
	平均值	28.5±3.2	22.0±4.5	16.1±3.3	3.5±0.6	12.5	3.5	78.1
2014	样方 1	33.8±9.0	29.1±12.2	21.6±10.5	4.0±2.0	12	4	75.0
	样方 2	27.0±4.4	18.4±4.3	13.5±4.9	2.8±0.8	12	4	75.0
	样方 3	33.3±9.0	22.3±5.8	18.5±5.2	2.6±1.2	11	5	68.8
	样方 4	28.4±9.6	23.1±11.4	18.6±9.0	3.5±1.5	11	5	68.8
	平均值	30.6±3.4	23.2±4.4	18.1±3.4	3.2±0.6	11.5	4.5	71.9

* 样方数据未包含后期补栽青海云杉植株的相应数据。

根据 2012~2014 年间样方实测沙棘相关数据的整理汇总情况（表 11-5），生态经济林中沙棘植株的整体表现良好，呈现出较为理想的生长态势，说明该物种属于在试验示范区和祁连山地区造林过程中的适宜物种。

表 11-5 生态经济林样方中沙棘实测数据汇总*

年度	经济林样方	株高（cm）	冠幅长轴（cm）	冠幅短轴（cm）	新枝生长量（cm）	存活株数	死亡株数	存活率（%）
2012	样方 1	52. 3±28. 1	28. 1±14. 5	21. 9±13. 7	30. 7±11. 1	16	1	94. 1
	样方 2	45. 4±12. 3	34. 9±12. 6	29. 0±16. 7	25. 1±10. 3	14	3	82. 4
	样方 3	47. 3±25. 4	38. 4±25. 9	31. 2±21. 3	35. 4±12. 1	17	0	100. 0
	样方 4	41. 1±20. 2	30. 7±13. 3	20. 9±13. 0	33. 5±12. 5	17	0	100. 0
	平均值	46. 5±4. 6	33. 0±4. 5	25. 8±5. 1	31. 2±4. 5	16. 0	1. 0	94. 1
2013	样方 1	56. 8±28. 9	34. 4±20. 7	25. 1±13. 8	42. 4±19. 2	17	0	100. 0
	样方 2	52. 3±21. 8	41. 0±17. 2	33. 3±21. 1	37. 2±14. 1	15	2	88. 2
	样方 3	53. 6±26. 9	41. 9±27. 2	33. 4±24. 1	39. 0±20. 6	17	0	100. 0
	样方 4	43. 6±17. 3	35. 2±22. 6	24. 8±14. 2	31. 1±16. 1	16	1	94. 1
	平均值	51. 6±5. 6	38. 1±3. 9	29. 2±4. 9	37. 4±4. 7	16. 3	0. 8	95. 9
2014	样方 1	58. 8±30. 6	56. 7±29. 6	31. 9±17. 5	46. 3±26. 5	17	0	100. 0
	样方 2	63. 8±21. 9	54. 8±21. 6	42. 6±20. 5	42. 4±18. 5	15	2	88. 2
	样方 3	58. 1±19. 6	46. 0±21. 8	40. 1±21. 6	39. 4±13. 8	17	0	100. 0
	样方 4	53. 8±26. 2	40. 7±22. 2	26. 9±17. 2	34. 4±19. 2	15	2	88. 2
	平均值	58. 6±4. 1	49. 6±7. 5	35. 4±7. 3	40. 6±5. 0	16. 0	1. 0	94. 1

* 样方数据未包含后期补栽青海云杉植株的相应数据。

根据 2012~2014 年间样方实测紫果云杉相关数据的整理汇总情况（表 11-6），虽然部分植株也呈现出一定的生长态势，但整体成活率明显偏低，而且呈现出逐年下降的变化趋势。2014 年前往调查时，监测样地中仅有 6 株紫果云杉残存，已不具备实际的取样价值，故未测其相应生长指标。据实地观察，现有部分存活植株也出现了枯梢、枝条发黄等趋于死亡的症状和迹象，说明此物种也许并不适宜在试验示范区和祁连山地区栽植。

表 11-6 生态经济林样方中紫果云杉实测数据汇总*

年度	株高（cm）	冠幅长轴（cm）	冠幅短轴（cm）	新枝生长量（cm）	存活株数	死亡株数	存活率（%）
2012	27. 1±5. 4	17. 7±2. 6	15. 2±3. 0	3. 2±1. 1	25	6	80. 6
2013	26. 9±5. 0	20. 4±3. 6	17. 3±3. 1	2. 7±0. 7	25	6	80. 6
2014	—	—	—	—	6	25	19. 4

* 2012~2013 年各实测 1 个 10m×10m 紫果云杉样方，2014 年未测其生长指标。

此外，鉴于生态经济林的早期造林过程中出现青海云杉幼苗死亡数量偏高的情况，作为后续补救措施，在课题实施过程中，分别于 2013 年和 2014 年进行了青海云杉补植，并对补栽植株的生长参数进行了补充测定（表 11-7）。考虑到分析监测数据的连续性，补栽青海云杉植株的生长数据未列入相应的统计分析范畴。

表 11-7　生态经济林中补栽青海云杉样方实测数据汇总

生长指标	2013 年			2014 年		
	样方 1	样方 2	平均值	样方 1	样方 2	平均值
株高（cm）	81.0±25.5	92.5±4.7	86.8±15.1	82.5±24.6	93.6±4.8	88.1±14.7
冠幅长轴（cm）	57.0±9.9	81.3±14.0	69.2±12.0	57.5±10.6	82.3±14.0	69.9±12.3
冠幅短轴（cm）	44.5±20.5	67.8±14.4	56.15±17.5	45.0±21.2	68.8±14.4	56.9±17.8
新枝生长量（cm）	2.0±0.0	3.3±1.5	2.7±0.8	5.0±2.8	4.8±1.7	4.9±2.3
存活数（株）	2	4	3	2	4	3
死亡数（株）	0	0	0	0	0	0
存活率（%）	100	100	100	100	100	100
单株盖度（cm^2）	2021.82	4362.8	3081.14	2061.85	4480.62	3155.35
样方盖度（%）	0.40	1.75	0.92	0.41	1.79	0.95

注：表中统计为 2013 年所补植青海云杉的监测数据，2013 和 2014 年各实测 2 个 10m×10m 样方。

为更好地探讨分析该造林模式的实施情况，依据样方数据的统计结果，分别对相关物种的生长情况进行讨论。鉴于该林地类型营造过程中的主体栽植物种涉及青海云杉（乔木物种）和沙棘（灌木物种），后续分析中将分别展开讨论。鉴于紫果云杉的不良表现，不再列入后续讨论分析的范畴之中。

11.3.3.1　造林存活率

由于课题实施周期只有短短 2 年时间，做出存活率的客观评价显得时间偏短。在此，仅利用样地直接观测苗木成活率作为衡量指标的依据，分别对青海云杉和沙棘的造林存活率进行分析讨论。

（1）青海云杉

根据样方观测数据（参见表 11-4），生态经济林中青海云杉的成活率变幅为 68.8%~100%，平均成活率为 81.8%。虽然整体成活率达到了较为理想的水平，但局部地段的实际造林成活率低于 70%，处于明显偏低的造林成活率水平。事后分析，造成不少青海云杉幼苗死亡的主要原因，可能在于栽植幼苗株体偏小、栽植时间稍迟等方面的因素。

在项目的后期实施过程中，作为后续补救措施，结合生态防护林栽植青海云杉幼苗的成功经验，采用了株高 1.5m 左右的青海云杉幼苗进行补植，2013 年补植 12 800 株，2014 年补植 1600 株。根据对补栽青海云杉的样方监测数据（参见表 11-7），补植青海云杉的成活率均达到 100%。这一结果表明，采用规格适当、适宜栽植的青海云杉幼苗，就能获得较高的造林成活率。

根据上述讨论可知，如果只依据初始样方的监测数据，生态经济林中的青海云杉成活率仅为 94.1%（2014 年监测数据）；如果仅依据补植青海云杉成活率达到 100%的实测数据，生态经济林中青海云杉的成活率理论上可以达到 100%。综合两方面的监测参数及栽植青海云杉的实际生长情况，课题实施过程中营造的生态经济林中青海云杉的最终成活率至少可以保证在 95%以上。

（2）沙棘

根据样方观测数据（参见表 11-5），生态经济林中栽植沙棘的成活率变幅为88.2%~100%，平均成活率为 94.6%。虽然也出现部分栽植沙棘死亡（存在由于水淹或被冲倒而导致死亡）的现象，但多数样方中的沙棘成活率达到 90%以上，总体成活率还是令人满意的，实际造林效果也较为理想。这一结果表明，实验示范区的自然环境条件可以满足沙棘的生长需求。

11.3.3.2　株高生长

（1）青海云杉

根据样方实测数据（参见表 11-4），生态经济林中栽植的青海云杉在 2012~2014 年间均呈现出持续增高的生长趋势。根据统计分析结果（表 11-8），生长早期（2012~2013 年间），青海云杉的平均株高增加值为 3.2cm，平均增长率为 12.65%；生长后期（2013~2014 年间），其平均株高增加值为 2.2cm，平均增长率为 7.37%。相比之下，生长早期的株高增长率高于生长后期。根据计算，生态经济林中青海云杉株高在 2012~2014 年间的平均增长值为 5.3cm，年平均增长率为 9.98%。由此可见，青海云杉定植次年的株高生长速率略有降低。

表 11-8　生态经济林中青海云杉株高年度变化

年度	株高增长量（cm）					增长率（%）
	样方 1	样方 2	样方 3	样方 4	经济林平均	
2012~2013	3.6	4.6	1.3	3.2	3.2	12.65
2013~2014	3.9	2.5	1.3	0.9	2.2	7.37

（2）沙棘

根据样方实测数据（参见表 11-5），生态经济林中栽植的沙棘在 2012~2014 年间均呈现出持续增高的生长趋势。根据生态经济林中青海云杉幼苗株高变化情况的统计分析结果（表 11-9），生长早期（2012~2013 年间），沙棘的平均株高增加值为 5.1cm，平均增长率为 10.85%；生长后期（2013~2014 年间），其平均株高增加值为 7.1cm，平均增长率为 13.67%。相比之下，生长后期的沙棘株高增长量和增长率均高于生长早期，间接表明栽植沙棘具有较好的适应性，能在较短时间内进入良好的正常生长发育阶段。根据计算，生态经济林中沙棘株高 2012~2014 年间的平均增长值为 12.1cm，年平均增长率为 12.25%。

表 11-9　生态经济林中沙棘株高年度变化

年度	株高增长量（cm）					增长率（%）
	样方 1	样方 2	样方 3	样方 4	经济林平均	
2012~2013	4.5	6.9	6.3	2.5	5.1	10.85
2013~2014	2.0	11.5	4.5	10.2	7.1	13.67

综上所述，在生态经济林构建过程中，虽然栽植青海云杉和沙棘的株高均呈现出持续增长的发展趋势。但相比之下，造林栽植青海云杉株高的年生长量约为 2~3cm，早期增长

速度高于生长后期；沙棘株高的年生长量约为 5~7cm，以生长后期的增长速度较高。

11.3.3.3 树冠生长

鉴于青海云杉（乔木物种）和沙棘（灌木物种）生物学特性上存在的明显差异，以下分别针对这两种不同物种展开相应的分析讨论。

（1）青海云杉

根据样方实测数据（参见表 11-4），生态经济林中栽植的青海云杉在课题实施期间呈现出冠幅持续增长的趋势。依据统计结果（表 11-10），生长早期（2012~2013 年间），生态经济林中栽植青海云杉冠幅长轴和短轴的平均增长值分别为 4.2cm 和 2.8cm，增长率分别为 23.6%和 21.97%；生长后期（2013~2014 年间），青海云杉冠幅长轴和短轴的平均增长值分别为 1.3cm 和 2.0cm，增长率分别为 5.45%和 12.42%。相比之下，生长后期青海云杉植株冠幅的增长速度明显低于生长前期的增长速度，冠幅长轴的增长量和增长率均高于冠幅短轴。经计算，2012~2014 年间，生态经济林中青海云杉冠幅长轴的增加值为 5.5cm，年平均增长率为 14.17%；冠幅短轴增加值为 4.8cm，年平均增长率为 17.10%。

表 11-10 生态经济林中青海云杉冠幅年度增长量

年度	样方	冠幅增长量（cm）	
		长轴	短轴
2012~2013 年	样方 1	9.9	5.9
	样方 2	5.7	3.1
	样方 3	1.5	1.6
	样方 4	-0.4	0.7
	样方平均	4.2	2.8
2013~2014 年	样方 1	1.3	1.8
	样方 2	1.3	1.7
	样方 3	0	2.0
	样方 4	2.4	2.5
	样方平均	1.3	2.0
2012~2013 年平均增长率（%）		23.60	21.97
2013~2014 年平均增长率（%）		5.45	12.42

依据样方监测数据（参见表 11-4），采用前述圆形方式，计算出生态经济林中栽植青海云杉植株冠幅所形成的盖度值。根据计算结果（表 11-11），在生态经济林的营造过程中，青海云杉植株的冠幅盖度呈现出持续增高的整体发展趋势。单株青海云杉株冠层的冠幅盖度值变幅为 197.33cm^2（2012 年平均值）~343.03cm^2（2014 年平均值），年均增长率为 31.85%；在观测样方中形成的植被盖度变幅为 0.30%（2012 年平均值）~0.40%（2014 年平均值），年均增长率约为 15.47%。

表 11-11 生态经济林中青海云杉冠幅盖度

经济林		盖度			年均增长率 (%)
		2012 年	2013 年	2014 年	
样方 1	单株盖度* (cm^2)	198.46	444.66	504.46	59.43
	存活株数 (株)	15	13	12	—
	样方盖度** (%)	0.30	0.58	0.61	42.59
样方 2	单株盖度 (cm^2)	79.29	163.91	199.71	58.71
	存活株数 (株)	16	13	12	—
	样方盖度 (%)	0.13	0.21	0.24	35.87
样方 3	单株盖度 (cm^2)	250.12	295.44	326.69	14.29
	存活株数 (株)	15	13	11	—
	样方盖度 (%)	0.38	0.38	0.36	-2.67
样方 4	单株盖度 (cm^2)	261.45	265.77	341.26	14.25
	存活株数 (株)	15	11	11	—
	样方盖度 (%)	0.39	0.29	0.38	-1.29
经济林平均	单株盖度 (cm^2)	197.33	292.45	343.03	31.85
	存活株数 (株)	15.25	12.5	11.5	—
	样方盖度 (%)	0.30	0.37	0.40	15.47

* 单株盖度 = π×[(冠幅长轴+冠幅短轴)/4]^2

** 样方盖度 = (单株盖度×当年存活株数/样方面积) ×100%

依据统计分析结果（表 11-12），在生长早期（2012~2013 年间），生态经济林中栽植青海云杉盖度的平均增长值为 0.07%，增长率为 21.67%；在生长后期（2013~2014 年间），平均增长值为 0.03%，增长率为 8.90%。相比而言，生长早期的盖度增长速率明显高于生长后期。经计算，2012~2014 年间，生态防护林中青海云杉盖度的平均增长值为 2.9%，年平均增长率为 15.11%。

表 11-12 生态经济林中青海云杉盖度年度变化统计*

年度	盖度增长量 (%)					增长率 (%)
	样方 1	样方 2	样方 3	样方 4	经济林平均	
2012~2013	0.28	0.09	0.01	-0.10	0.07	21.67
2013~2014	0.03	0.03	-0.02	0.08	0.03	8.90

* 表中系 10m×10m 样方内青海云杉盖度的年度变化情况。

(2) 沙棘

根据样方实测数据（参见表 11-5），生态经济林中栽植的沙棘在课题实施期间呈现出冠幅持续增长的趋势。依据统计结果（表 11-13），生长早期（2012~2013 年间），沙棘冠幅长轴和短轴的平均增长值分别为 5.1cm 和 3.4cm，增长率分别为 15.44%和 13.20%；生长后期（2013~2014 年间），沙棘冠幅长、短轴的平均增长值分别为 11.5cm 和 6.3cm，增长率分别为 29.97%和 21.36%。相比之下，生长后期沙棘植株冠幅的增长速度明显高于生长前期的增长速度，冠幅长轴的增长量和增长率均高于冠幅短轴。经计算，在 2012~2014 年间，生态经济林中沙棘冠幅长轴的增加值为 16.5cm，年平均增长率为 22.49%；冠幅短轴增加值为 9.6cm，年平均增长率为 17.21%。

表 11-13 生态经济林中沙棘冠幅年度增长量

年度	样方	冠幅增长量（cm）	
		长轴	短轴
2012~2013 年	样方 1	6.3	3.2
	样方 2	6.1	4.3
	样方 3	3.5	2.2
	样方 4	4.5	3.9
	样方平均	5.1	3.4
2013~2014 年	样方 1	22.3	6.8
	样方 2	13.8	9.3
	样方 3	4.1	6.7
	样方 4	5.5	2.1
	样方平均	11.5	6.3
2012~2013 年平均增长率（%）		15.44	13.20
2013-2014 年平均增长率（%）		29.97	21.36

依据样方监测数据（参见表 11-5），采用前述圆形方式，计算出生态经济林中栽植沙棘植株冠幅形成的盖度值。根据计算结果（表 11-14），在生态经济林营造过程中，沙棘植株的冠幅盖度呈现出明显持续增高的发展趋势。单株沙棘株冠层冠幅盖度值变幅为 691.29cm^2（2012 年平均值）~1438.50cm^2（2014 年平均值），年均增长率为 44.25%；在观测样方中形成的植被盖度变幅为 1.11%（2012 年平均值）~2.31%（2014 年平均值），年均增长率为 44.26%。

表 11-14 生态经济林中沙棘冠幅盖度统计

经济林		盖度			年均增长率（%）
		2012 年	2013 年	2014 年	
样方 1	单株盖度*（cm^2）	490.63	694.77	1540.55	77.20
	存活株数（株）	16	17	17	—
	样方盖度**（%）	0.79	1.18	2.62	82.11
样方 2	单株盖度（cm^2）	801.33	1083.40	1861.78	52.43
	存活株数（株）	14	15	15	—
	样方盖度（%）	1.12	1.63	2.79	57.83
样方 3	单株盖度（cm^2）	950.67	1112.76	1454.84	23.71
	存活株数（株）	17	17	17	—
	样方盖度（%）	1.62	1.89	2.47	23.48

（续）

经济林		盖度			年均增长率（%）
		2012	2013	2014	
样方 4	单株盖度（cm^2）	522.53	706.50	896.82	31.01
	存活株数（株）	17	16	15	—
	样方盖度（%）	0.89	1.13	1.35	23.16
经济林平均	单株盖度（cm^2）	691.29	899.36	1438.50	44.25
	存活株数（株）	16.0	16.3	16.0	—
	样方盖度（%）	1.11	1.46	2.31	44.26

＊单株盖度＝π×[（冠幅长轴+冠幅短轴）/4]^2

＊＊样方盖度＝（单株盖度×当年存活株数/样方面积）×100%

依据统计分析结果（表 11-15），生长早期（2012~2013 年间），生态经济林中栽植沙棘的盖度平均增长值为 0.35%，增长率为 31.53%；生长后期（2013~2014 年间），平均增长值为 0.85%，增长率为 58.22%。相比而言，生长后期的盖度增长速率明显高于生长前期。经计算，2012~2014 年间，生态经济林中沙棘盖度的平均增长值为 1.20%，年平均增长率为 44.26%。

表 11-15　生态经济林中沙棘盖度年度变化统计＊

年度	盖度增长量（%）					增长率（%）
	样方 1	样方 2	样方 3	样方 4	经济林平均	
2012~2013	0.40	0.50	0.28	0.24	0.35	31.53
2013~2014	1.44	1.17	0.58	0.21	0.85	58.22

＊表中系 10m×10m 样方内沙棘盖度的年度变化情况。

（3）青海云杉+沙棘总盖度

在生态经济林的营造过程中，构建群落的主要建群种包括青海云杉和沙棘，故将两种植物冠幅所形成的群落盖度值进行了汇总整理。

根据汇总后相应样方数据的统计分析结果（表 11-16），在生态经济林的营造过程中，栽植青海云杉和沙棘植株冠幅形成的合计盖度平均值变幅为 1.40%~2.70%，呈现出明显的逐年增长趋势。在生长早期（2012~2013 年间），两者盖度合计值平均提高 0.42%，增长率为 30.00%；在生长后期（2013~2014 年间），平均提高 0.88%，增长率为 48.35%。经计算，2012~2014 年间，生态经济林中青海云杉和沙棘合计形成盖度的平均增长值约为 1.30%，年均增长率约为 38.87%。

在课题实施过程中，为弥补早期生态经济林构建时青海云杉死亡率偏高的实际情况，对营造的生态经济林补植了青海云杉（幼苗株高 1.5m 左右），但这些补植青海云杉植株冠幅所形成的群落盖度并未列入前述统计分析范围。根据样方监测数据（参见表 11-7），对补植青海云杉在样方中形成的盖度值进行了计算。结果表明，2013 年新增盖度 0.92%，2014 年为 0.95%，在一定程度上提高了群落总盖度。

表 11-16 生态经济林中青海云杉和沙棘合计盖度年度统计表

经济林样方	合计盖度（%）			增长率（%）	
	2012 年	2013 年	2014 年	2012~2013 年	2013~2014 年
样方 1	1. 08	1. 76	3. 22	62. 96	82. 95
样方 2	1. 25	1. 84	3. 03	47. 20	64. 67
样方 3	1. 99	2. 28	2. 83	14. 57	24. 12
样方 4	1. 28	1. 42	1. 72	10. 94	21. 13
经济林平均	1. 40	1. 82	2. 70	30. 00	48. 35

11. 3. 3. 4 新枝生长量

（1）青海云杉

根据样方实测数据（参见表 11-4），生态经济林中青海云杉的新生枝条呈现持续增长的趋势。据直观比较（图 11-9），青海云杉新枝生长情况相对较稳定，但在不同的样方内略呈差异性变化。在 2012~2014 年间，新生枝条最大生长量为 4. 2cm，最小为 2. 6cm，平均在 3cm 左右。有 3 个样方的新枝生长呈现倒“V”字型变化趋势，有 1 个样方呈现“V”字型变化趋势。就构建生态经济林各样方的平均结果而言，新枝生长量整体呈现倒“V”字型变化趋势。生长早期（2012~2013 年间）的生长速度略快于生长后期（2013~2014 年间），但基本处于相近水平，年际间相差较小。分析结果表明，生态经济林中栽植的青海云杉能够较好地适应当地的生存条件，呈现持续稳定的生长态势。

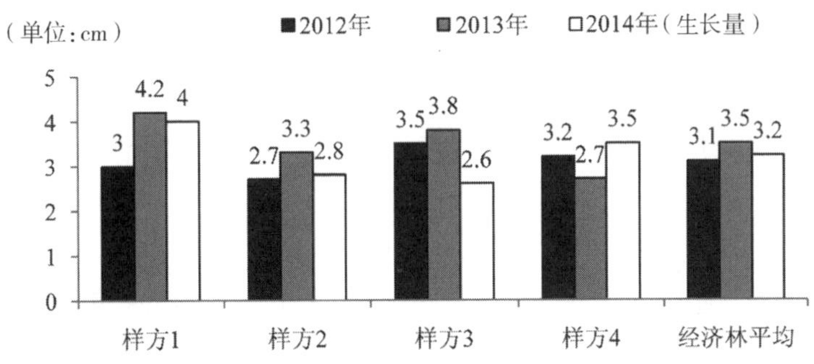

图 11-9 生态经济林中青海云杉新枝生长量

（2）沙棘

根据样方实测数据（参见表 11-5），生态经济林中栽植沙棘的新生枝条在课题实施期间呈现相对稳定的增长趋势。据直观比较（图 11-10），在 2012~2014 年间，栽植沙棘的最大新枝生长量为 46. 3cm，最小为 25. 1cm，平均变化在 30~40cm 范围内。有 3 个样方的新生枝条表现为持续增长，有 1 个样方呈现“V”字型变化趋势，但变化量较小（仅为 3. 3cm）。各样方新枝生长量监测值的平均结果显示，新枝生长量整体呈持续增长的变化趋势。生长早期（2012~2013 年间）的生长速度略快于生长后期（2013~2014 年间），增长率分别为 20. 05%和 8. 55%。分析结果表明，生态经济林中移栽的沙棘对当地气候环境等条件适宜能力较强，呈现稳定良好的生长态势。

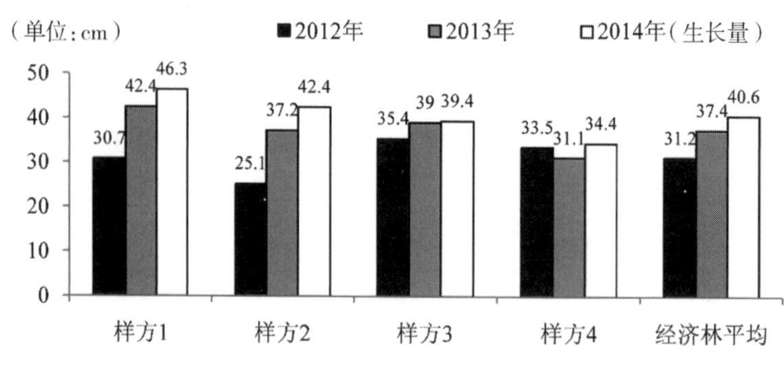

图 11-10　生态经济林中沙棘新枝生长量

11.4　生态景观林构建

生态景观林地生态系统主要定位于提升构建后植被群落的美观效果和实际景观效应。造林完成后，由生态型乔木树种和景观型灌木植物种类共同构成多彩美丽的整体植被景观，预期可在发挥改善生态、涵养水源等生态服务功能的同时，也可以丰富或改善试验示范区的生态旅游景点，将为促进小流域未来的生态旅游起到一定的积极作用。

11.4.1　建植方案

在生态景观林的构建过程中，结合小流域试验示范区自然环境条件及栽植种源情况，选择主要由青海云杉和金露梅作为主要组成种类，布局于核心造林示范区的中部（参见图 11-1），采用交叉搭配混栽的整体格局进行建植（图 11-11），株间距为 1.5m×2.0m，栽植面积为 235.5 亩（约折合为 15.7hm^2）。

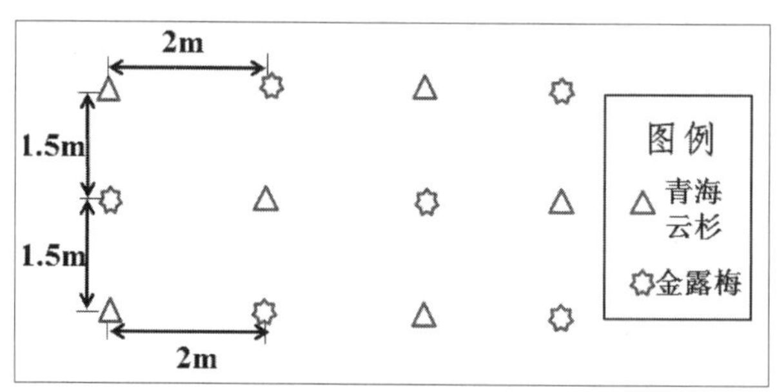

图 11-11　生态景观林主体建植格局示意

为进一步提升生态景观林的实际景观效果，同时探索为祁连山地区后续生态景观林的构建提供更多的可选物种，在生态景观林的构建过程中，引入栽植了一些丁香和榆叶梅（图 11-12）。

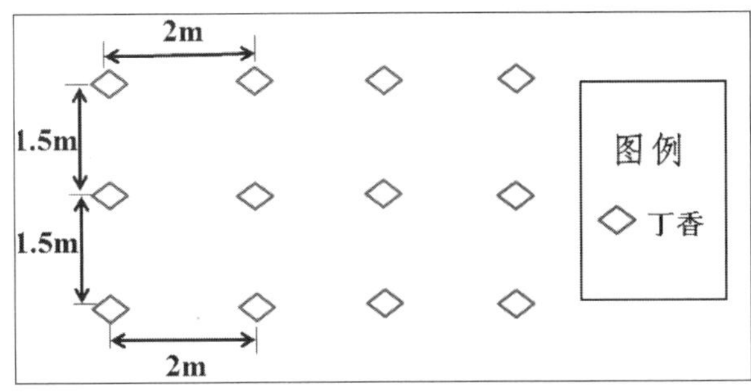

图 11-12 生态景观林中丁香等物种建植格局示意

11.4.2 数据监测

采用样地法进行相应数据的监测。在生态景观林的栽植范围内分别设置了 4 个样地，每个样地面积为 10m×10m，分别记录每个样地内每株青海云杉、金露梅、多种丁香、榆叶梅等物种植株的下列参数。

生存状态：指移栽植株的存亡状况。

株高：指观测植株最高点距离地面的垂直距离（单位：cm）。

冠幅长轴：指树冠层平行于地面的最大平面直线距离（单位：cm）。

冠幅短轴：指树冠层平行于地面的最小平面直线距离（单位：cm）。

生长量：指植株幼枝中当年顶端伸展的最大长度（单位：cm）。

为保证获取数据的可比性，次年将根据最初 GPS 定位测点在相同地段设置观测样方。在 2012~2014 年间，逐年对设定样地进行了数据收集。采用算术平均法，分别对样地内不同物种所有植株的检测数据进行汇总整理，取相应物种的参数平均值作为样地内该物种的参数指标值。

11.4.3 实施结果

通过课题实施，成功构建以青海云杉为乔木物种、金露梅为灌木物种的生态景观林，在试验示范区的核心造林区中部建设生态景观林 1 处，面积为 235.5 亩（约 15.7hm^2）。3 年来持续对造林情况进行实地观察并设样方监测，获得了较为理想的造林效果。这一结果表明，此造林模式也可用于进行试验示范区以及祁连山地区相应生态景观林生态系统的营造。

根据 2012~2014 年间营造生态景观林中青海云杉相关生长指标样方实测数据的整理汇总情况（表 11-17），虽然个别地段也存在成活率偏低的问题，但所构建生态景观林中的大部分青海云杉植株表现出良好的生长态势。

根据 2012~2014 年间样方实测金露梅相关数据的整理汇总情况（表 11-18），营造生态景观林中金露梅植株的各生长指标整体表现良好，呈现出较为理想的生长态势，说明该物种也属于在试验示范区和祁连山地区特色林地生态系统营造过程中的适宜构建物种之一。

表 11-17　生态景观林样方中青海云杉实测数据汇总*

年度	样方号	株高（cm）	冠幅长轴（cm）	冠幅短轴（cm）	新枝生长量（cm）	存活株数	死亡株数	存活率（%）
2012	样方 1	21.4±6.8	11.3±4.7	10.0±5.1	1.2±1.6	16	0	100.0
	样方 2	21.9±4.4	15.6±5.6	12.2±5.5	1.3±1.3	14	2	87.5
	样方 3	22.7±4.5	16.4±5.0	11.2±4.1	2.1±1.8	15	1	93.8
	样方 4	21.3±4.1	18.5±5.2	12.3±5.0	1.8±1.7	12	4	75.0
	平均值	21.8±0.6	15.5±3.0	11.4±1.1	1.6±0.4	14.3	1.8	89.1
2013	样方 1	22.2±4.2	14.3±4.3	10.7±4.1	2.4±0.9	13	3	81.3
	样方 2	23.7±5.7	14.9±4.4	11.4±4.1	2.6±1.0	11	5	68.8
	样方 3	23.9±3.7	16.2±4.2	10.7±2.4	2.7±0.9	14	2	87.5
	样方 4	21.6±3.3	13.5±3.9	10.9±3.4	2.3±0.9	10	6	62.5
	平均值	22.9±1.1	14.7±1.1	10.9±0.3	2.5±0.2	12.0	4.0	75.0
2014	样方 1	26.9±4.8	25.1±14.1	20.3±11.0	3.1±1.5	16	0	100.0
	样方 2	27.6±3.8	25.4±9.8	20.6±11.1	2.8±1.3	14	2	87.5
	样方 3	25.4±3.4	29.9±14.4	25.0±11.4	3.7±0.7	14	2	87.5
	样方 4	25.1±3.3	23.5±11.7	19.4±12.2	2.3±1.4	13	3	81.3
	平均值	26.3±1.2	26.0±2.7	21.3±2.5	3.0±0.6	14.3	1.8	89.4

* 样方数据未包含后期补栽青海云杉植株的相应数据。

表 11-18　生态景观林样方中金露梅实测数据汇总

年度	样方号	株高（cm）	冠幅长轴（cm）	冠幅短轴（cm）	新枝生长量（cm）	存活株数	死亡株数	存活率（%）
2012	样方 1	31.5±9.1	24.8±6.2	17±6.6	6.6±2.3	15	2	88.2
	样方 2	33.0±9.0	18.8±3.8	13.6±4.6	5.1±2.1	12	5	70.6
	样方 3	29.3±8.7	17.9±4.2	11.1±3.2	6.7±2.6	13	4	76.5
	样方 4	30.8±13.6	17.6±6.9	9.8±4.2	9.2±5.4	12	5	70.6
	平均值	31.2±1.5	19.8±3.4	12.9±3.2	6.9±1.7	13.0	4.0	76.5
2013	样方 1	32.9±7.8	19.3±5.3	13.3±3.5	6.9±2.2	15	2	88.2
	样方 2	36.6±7.6	21.8±5.7	13.8±4.8	6.9±2.7	12	5	70.6
	样方 3	33.5±10.3	16.8±6.3	12.1±5.7	5.7±2.2	13	4	76.5
	样方 4	33.2±12.3	20.6±9.4	15.0±7.8	5.9±2.5	13	4	76.5
	平均值	34.1±1.7	19.6±2.1	13.6±1.2	6.4±0.6	13.3	3.8	78.2
2014	样方 1	33.5±10.6	17.7±5.3	12.4±4.1	6.9±2.9	16	1	94.1
	样方 2	39.1±9.9	25.0±5.3	13.7±5.2	8.7±2.9	15	2	88.2
	样方 3	43.5±10.8	22.8±10.6	16.8±6.9	12.4±10.1	13	4	76.5
	样方 4	38.6±16.4	23.2±17.9	14.4±9.5	14.1±11.5	12	5	70.6
	平均值	38.7±4.1	22.2±3.1	14.3±1.8	10.5±3.3	14	3	82.4

此外，鉴于生态景观林的早期造林过程中也出现了青海云杉幼苗存活率偏低的情况，分别于 2013 年和 2014 年进行了青海云杉补植，并对补栽植株的生长指标参数进行了监测（表 11-19）。考虑到分析监测数据的连续性，补栽青海云杉植株的生长数据基本未列入相应的统计分析范畴。

表 11-19　生态景观林中补栽青海云杉样方实测数据汇总表*

生长指标	2013 年			2014 年		
	样方 1	样方 2	平均值	样方 1	样方 2	平均值
株高（cm）	77.5±16.3	78.8±6.6	78.2±11.5	80.0±17.3	79.8±5.3	79.9±11.3
冠幅长轴（cm）	57.8±11.1	56.6±8.0	57.2±9.6	60.0±10.8	58.8±6.3	59.4±8.6
冠幅短轴（cm）	53.5±8.1	52.8±4.6	53.2±6.4	55.6±10.0	55.0±4.1	55.3±7.1
新枝生长量（cm）	9.3±13.9	2.5±0.6	5.9±7.3	14.8±20.2	3.5±0.6	9.2±10.4
存活株数（株）	4	4	4	4	4	4
死亡株数（株）	0	0	0	0	0	0
存活率（%）	100	100	100	100	100	100
单株盖度（cm^2）	2431.08	2348.79	2389.76	2622.56	2541.52	2581.88
样方盖度（%）	0.97	0.94	0.96	1.05	1.02	1.03

* 表中统计为 2013 年所补植青海云杉，2013 年和 2014 年各实测 2 个 10m×10m 样方。

为更好地分析试验示范区生态景观林营造的实施情况，仅仅依据样方数据的统计结果，分别就该林地营造过程中的主体栽植物种青海云杉（乔木物种）和金露梅（灌木物种）的相关生长情况展开讨论，结果如下。

11.4.3.1　造林存活率

（1）青海云杉

根据样方观测数据（参见表 11-17），生态景观林中栽植青海云杉的成活率在68.8%~100%之间，平均成活率为 84.4%。虽然有个别地段的成活率偏低，但整体成活率也达到了较为理想的水平。青海云杉幼苗死亡的主要原因，可能同样在于栽植幼苗植株偏小、栽植时间稍迟等问题。

考虑到生态景观林中青海云杉初次栽植幼苗成活率略显偏低的问题后，作为补救措施，在后期的课题实施过程中，分别于 2013 年、2014 年采用株高 1.5m 左右的青海云杉幼苗进行了补植。根据对补栽青海云杉的样方监测数据（参见表 11-19），补植青海云杉的成活率达到 100%。由此可推测，采用适当规格、适宜栽植的青海云杉幼苗，就可获得较高的造林成活率。

根据上述讨论可知，如果只依据初始建植样方的监测数据，生态景观林中的青海云杉成活率仅为 89.4%（2014 年样地监测数据）；但根据补植青海云杉成活率达到 100%的实测数据以及补植青海云杉的实际生长状况，后续生态景观林中青海云杉的成活率理论上可以达到 100%。综合各方面实际情况，最终营造生态景观林中青海云杉的整体成活率也可以保证达到 95%以上。

（2）金露梅

根据样方观测数据（参见表 11-18），生态景观林中栽植金露梅的成活率变幅为76.5%~82.4%，平均成活率为 79.0%。第一年栽植幼苗存活率明显偏低，但从连续监测数据情况来看，第二年、第三年存活率有逐年恢复迹象。此外，据现场实地观察，部分枝条变黄而被认为已经死亡的金露梅幼苗，在 2014 年重新萌发新枝而成活。因此，最终营造生态景观林中金露梅栽植幼苗的实际成活率应略大于样方监测的幼苗成活率指标。

11.4.3.2 株高生长

（1）青海云杉

根据样方实测数据（参见表 11-17），在课题实施的 3 年时间内，营造生态景观林中栽植的青海云杉呈现持续增高的生长趋势。根据营造生态景观林中栽植青海云杉幼苗株高变化情况的统计分析结果（表 11-20），在生长早期（2012~2013 年间），青海云杉的平均株高增加值为 1.0cm，平均增长率为 5.05%；在生长后期（2013~2014 年间），其平均株高增加值为 3.4cm，平均增长率为 14.85%。相比之下，生长后期的株高增长速度快于生长早期。根据计算，生态景观林中青海云杉株高 2012~2014 年间的平均增长值为 4.4cm，年平均增长率为 9.84%。

表 11-20 生态景观林中青海云杉株高年度变化

年度	株高增长量（cm）					增长率
	样方 1	样方 2	样方 3	样方 4	经济林平均	（%）
2012~2013 年	0.8	1.8	1.2	0.3	1.0	5.05
2013~2014 年	4.7	3.9	1.5	3.5	3.4	14.85

（2）金露梅

根据样方实测数据（参见表 11-18），在课题实施的 2012~2014 年间，生态景观林中栽植的金露梅幼苗呈现出持续增高的生长趋势。根据营造生态景观林中栽植青海云杉幼苗株高变化情况的统计分析结果（表 11-21），在生长早期（2012~2013 年间），金露梅的平均株高增加值为 2.9cm，平均增长率为 9.29%；在生长后期（2013~2014 年间），其平均株高增加值为 4.6cm，平均增长率为 13.49%。相比之下，生长后期的金露梅株高增长量和增长率均高于生长早期，表现出较高的增长速度，也间接表明金露梅在示范区具有较好的适应性，已顺利进入其生长发育阶段。根据计算，2012~2014 年间，生态景观林中栽植金露梅幼苗株高的平均增长值为 7. 5cm，年平均增长率为 11. 37%。

表 11-21 生态景观林中金露梅株高年度变化

年度	株高增长量（cm）					增长率
	样方 1	样方 2	样方 3	样方 4	经济林平均	（%）
2012~2013 年	1. 4	3. 6	4. 2	2. 4	2. 9	9. 29
2013~2014 年	0. 6	2. 5	10. 0	5. 4	4. 6	13. 49

综上所述，在生态景观林构建过程中，所栽植青海云杉和金露梅的株高均呈现出持续增长的发展趋势，而且均表现出生长后期的增长速度高于生长早期的变化特点。相比之下，青海云杉株高的年生长量约为 2~3cm，金露梅株高的年生长量约为 5~7cm，后者的生长速度高于前者。

11. 4. 3. 3 树冠生长

（1）青海云杉

根据样方实测数据（参见表 11-17）及统计结果（表 11-22），在构建林地生长早期（2012~2013 年间），生态景观林中栽植青海云杉冠幅长轴和短轴的分别缩短了 0. 7cm 和 0. 5cm，整体表现出负增长的变化趋势；在生长后期（2013~2014 年间），青海云杉冠幅长轴和短轴的平均增长值分别为 11. 3cm 和 10. 4cm，增长率分别为 76. 87%和 95. 41%，表现出较快的增长速度。相比之下，生长前期的冠幅呈现一定的缩小情况，而生长后期则增速明显。根据计算，2012 ~ 2014 年间，生态景观林中青海云杉冠幅长轴的增加值为 10. 5cm，年平均增长率为 29. 52%；冠幅短轴增加值为 4. 8cm，年平均增长率为 36. 69%。

表 11-22 生态景观林中青海云杉冠幅年度增长量

年度	样方	冠幅增长量（cm）	
		长轴	短轴
2012~2013 年	样方 1	3. 0	0. 7
	样方 2	-0. 7	-0. 8
	样方 3	-0. 2	-0. 5
	样方 4	-5. 0	-1. 4
	景观林平均	-0. 7	-0. 5
2013~2014 年	样方 1	10. 8	9. 6
	样方 2	10. 5	9. 2
	样方 3	13. 7	14. 3
	样方 4	10. 0	8. 5
	景观林平均	11. 3	10. 4
2012~2013 年平均增长率（%）		-5. 16	-4. 39
2013~2014 年平均增长率（%）		76. 87	95. 41

依据青海云杉的冠幅监测数据（参见表 11-17），采用前述圆形计算方式，得出生态

景观林中栽植青海云杉植株冠幅所形成的盖度值。根据计算结果（表 11-23），在生态景观林的营造过程中，青海云杉植株的冠幅盖度呈现出先减后增的生长趋势，单株青海云杉植株冠幅盖度平均值的变幅为 129.31 ~ 443.11cm^2，2012 ~ 2014 年间的年均增长率为 75.36%；在观测样方中形成的平均盖度值变幅为 0.20% ~ 0.63%，2012 ~ 2014 年间的年均增长率为 77.48%。

表 11-23　生态景观林中青海云杉冠幅盖度统计

景观林		2012 年	2013 年	2014 年	年均增长率（%）
样方 1	单株盖度*（cm^2）	89.04	122.66	404.50	113.14
	存活株数（株）	16	13	16	—
	样方盖度**（%）	0.14	0.16	0.65	115.47
样方 2	单株盖度（cm^2）	151.67	135.74	415.27	65.47
	存活株数（株）	14	11	14	—
	样方盖度（%）	0.21	0.15	0.58	66.19
样方 3	单株盖度（cm^2）	149.50	142.01	591.50	98.91
	存活株数（株）	15	14	14	—
	样方盖度（%）	0.22	0.20	0.83	94.24
样方 4	单株盖度（cm^2）	186.17	116.84	361.18	39.29
	存活株数（株）	12	10	13	—
	样方盖度（%）	0.22	0.12	0.47	46.16
平均值	单株盖度（cm^2）	144.10	129.31	443.11	75.36
	存活株数（株）	14.3	12.0	14.3	—
	样方盖度（%）	0.20	0.16	0.63	77.48

* 单株盖度 = π×[（冠幅长轴+冠幅短轴）/4]^2

* * 样方盖度 =（单株盖度×当年存活株数/样方面积）×100%

依据统计分析结果（表 11-24），在生长早期（2012 ~ 2013 年间），生态景观林中栽植青海云杉的盖度降低了 0.04%；而在生长后期（2013 ~ 2014 年间），盖度平均增长了 0.48%。相比之下，生长后期的盖度增长速率显著高于生长早期。经计算，2012 ~ 2014 年间，生态景观林中青海云杉盖度的平均增长值为 0.43%，年平均增长率高达 77.43%。

表 11-24　生态景观林中青海云杉盖度年度变化统计*

年度	盖度增长量（%）					增长率（%）
	样方 1	样方 2	样方 3	样方 4	景观林平均	
2012 ~ 2013 年	0.02	-0.06	-0.03	-0.11	-0.04	-22.18
2013 ~ 2014 年	0.49	0.43	0.63	0.35	0.48	304.57

* 表中系 10m×10m 样方内青海云杉盖度年度变化情况。

（2）金露梅

根据样方实测数据（参见表 11-18）及统计结果（表 11-25），在生长早期（2012 ~ 2013 年间），生态景观林中栽植金露梅的冠幅长轴平均减小了 0.2cm，冠幅短轴平均增长了

0.7cm，增长率分别为-1.01%和5.34%；在生长后期（2013~2014年间），金露梅冠幅长轴和短轴的平均增长值分别为2.6cm和0.8cm，增长率分别为13.27%和5.15%。相比之下，生长前期金露梅植株冠幅的增长速度低于生长后期，冠幅长轴的生长速度则高于冠幅短轴。经计算，2012~2014年间，营造生态景观林中金露梅的冠幅长轴和短轴分别增长了2.4cm和1.5cm，年平均增长率分别为5.89%和5.29%。

表 11-25　生态景观林中金露梅冠幅年度增长量

年度	样方	冠幅增长量（cm）	
		长轴	短轴
2012~2013年	样方1	-5.5	-3.7
	样方2	3.0	0.2
	样方3	-1.1	1.0
	样方4	3.0	5.2
	景观林平均	-0.2	0.7
2013~2014年	样方1	-1.6	-0.9
	样方2	3.2	-0.1
	样方3	6.0	4.7
	样方4	2.6	-0.6
	景观林平均	2.6	0.8
2012~2013年平均增长率（%）		-1.01	5.43
2013-2014年平均增长率（%）		13.27	5.15

依据金露梅的冠幅监测数据（参见表11-17），采用前述圆形方式，计算出生态景观林中栽植青海云杉植株冠幅所形成的盖度值。根据计算结果（表11-26），在生态景观林营造过程中，金露梅植株的冠幅盖度表现出整体增加的生长趋势，单株金露梅株冠层冠幅平均盖度值的变幅为196.28~271.81cm^2，2012~2014年间的年均增长率为11.22%；在观测样方中形成的盖度平均值变幅为0.26%~0.37%，2012~2014年间的年均增长率为12.95%。

表 11-26　生态景观林中金露梅冠幅盖度统计

景观林		2012年	2013年	2014年	年均增长率（%）
样方1	单株盖度*（cm^2）	342.90	208.57	177.80	-27.99
	存活株数（株）	15	15	16	—
	样方盖度**（%）	0.51	0.31	0.28	-25.90
样方2	单株盖度（cm^2）	206.02	248.72	293.92	19.44
	存活株数（株）	12	12	15	—
	样方盖度（%）	0.25	0.30	0.44	32.66
样方3	单株盖度（cm^2）	165.05	163.91	307.75	36.55
	存活株数（株）	13	13	13	—
	样方盖度（%）	0.21	0.21	0.40	38.01

（续）

景观林		2012	2013	2014	年均增长率（%）
样方 4	单株盖度（cm^2）	165.05	163.91	307.75	36.55
	存活株数（株）	12	13	12	—
	样方盖度（%）	0.20	0.21	0.37	36.01
平均值	单株盖度（cm^2）	219.75	196.28	271.81	11.22
	存活株数（株）	13.0	13.3	14.0	—
	样方盖度（%）	0.29	0.26	0.37	12.95

* 单株盖度=π×[（冠幅长轴+冠幅短轴）/4]^2

* * 样方盖度=（单株盖度×当年存活株数/样方面积）×100%

依据统计分析结果（表 11-27），在生长早期（2012~2013 年间），生态景观林中栽植金露梅的盖度降低了 0.03%；而在生长后期（2013~2014 年间），金露梅的盖度增加了 0.11%。虽然在生长前期表现出一定的缩减趋势，但在生长后期的增幅效果明显。经计算，2012~2014 年间，生态景观林中金露梅盖度整体增长了 0.08%，年平均增长率为 12.83%。

表 11-27　生态景观林中金露梅盖度年度变化统计

年度	盖度增长量（%）					增长率（%）
	样方 1	样方 2	样方 3	样方 4	景观林平均	
2012~2013 年	-0.20	0.05	0.00	0.02	-0.03	-11.64
2013~2014 年	-0.03	0.14	0.19	0.16	0.11	44.08

注：表中系 10m×10m 样方内金露梅盖度年度变化情况。

（3）青海云杉+金露梅总盖度

在生态景观林构建过程中，植被群落中栽植的主要建群种为青海云杉和金露梅，将两种物种冠幅所形成的群落盖度值汇总整理如下。

根据汇总后相应样方数据的统计分析结果（表 11-28），在生态景观林的营造过程中，栽植青海云杉和金露梅植株冠幅形成的合计盖度值为 0.5%~1.0%。在生长早期（2012~2013 年间），由于生态景观林中主要建植物种青海云杉和金露梅的冠幅均表现为一定的缩减趋势，造成第一年监测样方的合计平均盖度值降低了 0.07%；而在生长后期（2013~2014 年间），两个主要建植物种的冠幅生长均明显增速，平均盖度增长了 0.59%。据统计，2012~2014 年间，营造生态景观林中青海云杉和金露梅合计形成盖度的平均增长值为 0.51%，年平均增长率为 42.86%。

在课题实施过程中，为弥补早期青海云杉死亡率偏高的实际情况，对营造的生态景观林补植了青海云杉（幼苗株高 1.5m 左右），但这些补植青海云杉植株冠幅所形成的群落盖度并未列入前述统计分析范围。根据样方监测数据（参见表 11-19），对补植青海云杉在样方中形成的盖度值进行了计算。结果表明，2013 年新增盖度 0.96%，2014 年为 1.03%，在一定程度上提高了群落总盖度。

表 11-28 生态景观林中青海云杉和金露梅总盖度年度统计

景观林样方	合计盖度（%）			增长率（%）	
	2012 年	2013 年	2014 年	2012~2013 年	2013~2014 年
样方 1	0.65	0.47	0.93	-27.69	97.87
样方 2	0.46	0.45	1.02	-2.17	126.67
样方 3	0.43	0.41	1.23	-4.65	200.00
样方 4	0.42	0.33	0.84	-21.43	154.55
景观林平均	0.49	0.42	1.00	-14.29	138.10

11.4.3.4 新枝生长量

（1）青海云杉

根据样方实测数据（参见表 11-17），在营造的生态景观林中，栽植青海云杉的新枝生长情况相对较为稳定。据直观比较（图 11-13），青海云杉的新生枝条基本呈现出较为稳定的持续增长趋势。在 2012~2014 年间，新枝最大生长量为 3.7cm，最小为 1.2cm，平均在 2~3cm。据统计，在生长早期（2012~2013 年间），新枝生长量的增速略快于生长后期（2013~2014 年间）；青海云杉生长早期和生长后期新枝生长量的平均增长率分别为 56.25%和 20%。3 年连续监测数据的统计结果显示，生态景观林中青海云杉植株的新生枝条在课题实施期间呈现良好的持续生长态势。

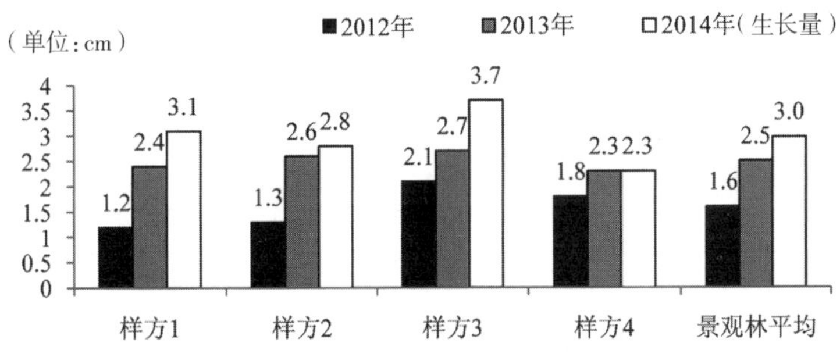

图 11-13 生态景观林中青海云杉新枝生长量

（2）金露梅

根据样方实测数据（参见表 11-18），在营造生态景观林中，栽植金露梅幼苗的新生枝条生长呈现持续增长的趋势。直观比较（图 11-14）可见，在 2012~2014 年间，金露梅的新枝生长量在 5.1~14.1cm 之间，变化幅度较大；各样方监测值在年际间表现为不同的变化趋势，其中两个样方表现为持续增长，另两个样方呈现“V”字型变化趋势。就营造景观林各样方中金露梅新枝生长量的平均结果而言，整体表现为“V”字型变化趋势。据统计分析，在生长早期（2012~2013 年间）和生长后期（2013~2014 年间），金露梅新枝生长量的平均增长率分别为-7.25%和 64.06%。由统计数据可知，金露梅在生长早期生长较缓慢，但在生长后期生长速度增幅较为明显，新生枝条在课题实施期间呈现出越来越好的生长态势。

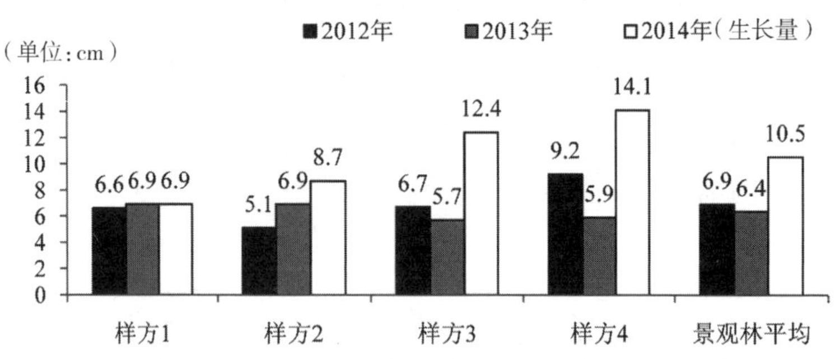

图 11-14　生态景观林中青海云杉新枝生长量

11. 4. 3. 5　栽植丁香生长情况

为增强生态景观林的观赏性能和生态旅游价值，在生态经济林生态系统的构建营造过程中，尝试性引入栽植部分丁香 *Syringa* spp. 植物种类，以多种丁香混交搭配的方式进行建植（参见图 11-12），预期能够更好地提升生态景观林的色彩丰富度和整体美观度，同时也希望，能为试验示范区和祁连山地区林地生态系统的营造和环境美化提供更多的可选物种。

在课题实施过程中，存在栽植丁香幼苗种类难以辨别种属的情况，也发现许多丁香植株在移植初期出现原栽植株体枯梢或貌似死亡、次年从根基部位重新萌发出新生枝条的现象。因此，未能实现对所有移植丁香植株生长情况的连续监测，也未能获得移植丁香物种植株存活率的准确数据。为保证生态景观林整体监测数据的连续性和完整性，未将丁香生长情况列入前述生态景观林讨论范畴。最终，从存活植株中鉴定出 5 个种类，并将这些种类的样方（面积 10m×10m）监测数据进行了汇总整理（表 11-29），希望借此对丁香的生长情况进行一定程度的分析与探讨。

表 11-29　生态景观林中不同种丁香样方实测数据汇总

植物种类	年度	树高（cm）	长轴（cm）	短轴（cm）	新枝生长量（cm）	样方数	统计株数
丁香	2012 年	95. 9±29. 2	28. 1±15. 4	20. 5±11. 3	30. 1±12. 3	5	51
	2013 年	19. 4±9. 4	17. 5±7. 9	14. 2±5. 8	19. 7±9. 8	2	13
	2014 年	17. 8±2. 9	19±6. 4	15. 8±5. 3	15. 5±3. 4	1	4
小叶丁香	2012 年	64. 1±34. 8	40. 3±21. 5	27. 3±18. 3	28. 5±9. 2	1	30
	2013 年	48. 4±34. 4	27. 7±16. 8	17. 4±14. 6	26. 2±14. 6	1	27
	2014 年	29±25. 1	20. 3±11. 4	13. 5±6. 7	13. 9±8. 7	2	33
欧丁香	2012 年	25. 0±11. 2	18. 3±5. 7	14. 7±4. 5	20. 2±8. 6	1	10
	2013 年	21. 7±8. 8	19. 1±7. 0	14. 9±5. 3	21. 7±8. 8	1	7
	2014 年	34. 3±10. 1	28. 7±11. 8	21. 0±12. 5	19. 0±5. 6	1	4
羽叶丁香	2012 年	56. 5±14. 1	30. 3±10. 1	20. 5±9. 3	13. 2±3. 7	2	10
	2013 年	22. 7±14. 7	20±9. 8	12. 8±2. 7	22. 5±14. 9	2	6
	2014 年	27. 1±8. 2	24±8. 1	20±7. 8	26. 9±15. 8	2	7

（续）

植物种类	年度	树高（cm）	长轴（cm）	短轴（cm）	新枝生长量（cm）	样方数	统计株数
榆叶梅	2012 年	26.9±9.3	19.7±6.5	16.5±6.2	16.5±5	1	11
	2013 年	16.4±5.9	11.9±2	9.6±2	13.8±6.1	1	8
	2014 年	19.6±8.8	14.2±5.4	10.1±3.8	16.0±8.8	1	12

注：表中统计为各丁香在所有样方实测平均值，样方面积均为 10m×10m。

（1）株高生长

根据实测样方统计数据（表 11-29），5 种植物的平均株高为 21.0~47.2cm；比较而言，小叶丁香相对最高，榆叶梅相对最低。但是，每个种不同年度间的株高观测值存在十分明显的差异性波动，这显然与无法进行完整、系统、规范的样方数据监测有着直接关系。

仅仅根据现有监测数据，这 5 种植物的株高生长均呈现较大的波动变化趋势。在 2012~2014 年间，丁香和小叶丁香的株高呈现出逐年递减的趋势；丁香株高降低了 78.1cm，年均降幅率达 56.9%；小叶丁香 3 年平均株高降低 35.1cm，年均降幅率为 32.7%。在 2012~2014 年间，欧丁香、羽叶丁香和榆叶梅的株高同期则表现为先降低后增高的波动变化趋势；欧丁香 3 年间株高增长了 9.3cm，年均增幅率为 17.1%；羽叶丁香和榆叶梅株高虽有波动，但 2014 年株高仍未达到 2012 年刚移植时的高度，株高分别降低了 29.4cm 和 7.3cm，年均降幅率分别为 30.7%和 14.6%。比较而言，榆叶梅的生长速度较羽叶丁香慢。

根据综合分析，造成丁香和小叶丁香监测株高呈现连续下降的原因可能在于，原移栽较高植株死亡后，逐年出现部分植株根基部萌发株高明显偏低的新生枝条，整体则表现出株高连年降低的现象。造成欧丁香、羽叶丁香和榆叶梅监测株高呈现出现先增后减波动变化的原因可能在于，原移栽较高植株第一年死亡后，次年基部新生枝条又生长较快，而且未出现更多原有植株死亡后由基部萌发新枝的情况，整体表现为株高先降低后增高的现象。据此推断，欧丁香、羽叶丁香和榆叶梅似乎对试验示范区的移植地生境相对具有较好的适应能力。

（2）树冠生长

根据现有样方实测统计数据（表 11-29），5 种植物的冠幅长轴平均值为 15.3~29.4cm，冠幅短轴平均值为 12.1~19.4cm。相比之下，小叶丁香的冠幅长轴和短轴平均值均为最长，其次为羽叶丁香、欧丁香和丁香，而榆叶梅的冠幅长轴和短轴均为最短。

在 2012~2014 年间，这 5 种植物的冠幅增长也表现出不同的变化趋势。欧丁香的长轴和短轴均表现为逐年增加，小叶丁香的冠幅长轴和短轴均表现为逐年递减，丁香、羽叶丁香和榆叶梅的冠幅长轴和短轴则表现为先减后增的波动趋势。其中，欧丁香的冠幅长轴和短轴在 3 年间分别增长了 10.4cm 和 6.3cm，年平均增长率分别为 25.23%和 19.52%，增长速率较快。小叶丁香的冠幅长轴和短轴在 3 年间分别减小了 20cm 和 13.8cm，年平均降低了 29.03%和 29.68%，冠幅降幅较明显。丁香、羽叶丁香和榆叶梅的树冠虽表现为先减后增的趋势，但 2014 年冠幅长轴和短轴均不及 2012 年新栽植时的长度，冠幅长轴分别减小了 9. 1cm、6. 3cm、5. 5cm，年平均分别降低了 17. 77%、11. 00%和 15. 10%；冠幅短轴分别减小了 5. 3cm、0. 5cm 和 6. 4cm，年平均分别降低了 13. 89%、1. 23%和 21. 76%。据冠幅生长情况推断，欧丁香的生长发育状态似乎优于其他种类。

不同植物种类冠幅长轴和冠幅短轴，在课题实施的 3 年时间内出现不同变化趋势的原因，可能相同于这些物种株高变化趋势的成因。在此不予赘述。

（3）冠幅盖度

依据丁香冠幅的监测数据（参见表 11-29），以丁香的冠幅长轴和冠幅短轴平均值作为直径，利用前述圆形方法，分别计算了各种丁香单株冠幅形成的盖度面积（表 11-30）。比较而言，以小叶丁香的单株覆盖面积最大，平均达到 467. 36cm^2，羽叶丁香、欧丁香和丁香依次减小，分别为 356. 15cm^2、296. 46cm^2 和 287. 88cm^2，榆叶梅平均盖度最小，为 147. 34cm^2。

表 11-30 不同种丁香单株盖度年度变化统计

植物种类	单株盖度（cm^2）			年均变化率（%）
	2012 年	2013 年	2014 年	
丁香	463. 53	197. 21	229. 54	-29. 63
小叶丁香	896. 82	399. 17	224. 20	-50. 00
欧丁香	213. 72	226. 87	484. 76	50. 61
羽叶丁香	506. 45	211. 13	379. 94	-13. 39
榆叶梅	257. 17	90. 72	115. 88	-32. 87

就变化趋势而言，到 2014 年，仅欧丁香平均盖度明显高于 2012 年刚移栽时，3 年间增加了 271. 04cm^2，年平均增长率为 50. 61%；而羽叶丁香、榆叶梅和丁香单株盖度依次减小了 126. 51cm^2、141. 29cm^{2}和 233. 99cm^2，年均降幅率分别为 13. 39%、32. 87%和 233. 99%；小叶丁香降幅最明显，3 年间单株盖度减小了 672. 61cm^2，年均降幅率达 50. 00%。

就平均盖度而言，小叶丁香单株盖度最大，对当地植被盖度增加有更重要的贡献意义。但是，小叶丁香盖度在 3 年间也是降幅最明显的，是否再经过几年的生长期，小叶丁香冠幅能够增加到令人满意的盖度，还有待于后续的观测和分析。

（4）新枝生长量

根据现有样方统计数据（参见表 11-29），5 种植物的新枝生长量在课题实施期间呈现出稳定增长的趋势。直观比较可见（图 11-15），新生枝条年均增长量在 13. 2~30. 1cm 之间，不同植物在年际间表现为不同的变化趋势。2012~2014 年间，丁香和小叶丁香表现为生长速度逐年下降，欧丁香表现为倒“V”字型变化，羽叶丁香表现为持续增长，榆叶梅表现为“V”字型变化的生长态势。

综合上述分析，丁香、小叶丁香、欧丁香、羽叶丁香和榆叶梅这 5 个植物种类在试验示范区均呈现出一定的环境适应能力，应该可以考虑作为试验示范区和祁连山地区营造生态景观林的可选物种。比较而言，欧丁香和羽叶丁香的生长态势优于其他种类，具有较为理想的生长状况。

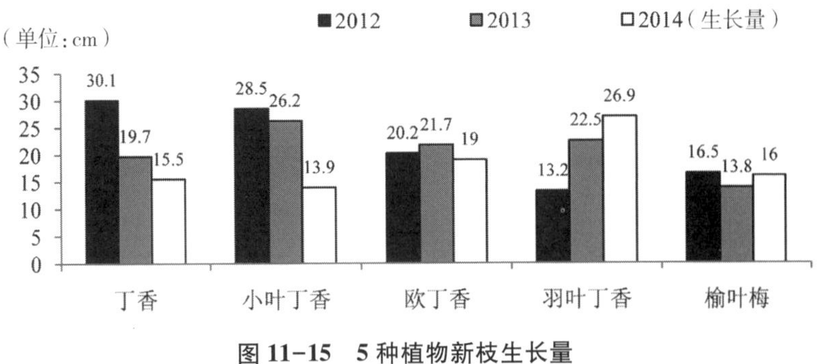

图 11-15　5 种植物新枝生长量

11.5　组合生态系统地表植被监测

作为检验和评价优化组合生态系统构建实际效果的指标之一，在 2012 年和 2014 年，两次分别对不同类型生态系统的地表植被盖度进行了样方监测。对监测结果做简要总结，整理如下。

11.5.1　实施方案

11.5.1.1　样方布设

分别于 2012 年、2014 年 8~9 月，在试验示范区的生态经济林、生态防护林、生态景观林中，各布设 1 条 100m 样带，每条样带按照植被生态学的随机等距布设方法，沿样线两侧设置了 10 个观测样方，每个样方的面积为 1m×1m，每个样方之间相距 10m（图 11-16）。调查时，记录植被群落总盖度、组成种类名称、物种分盖度、组成物种频度等植被群落的基本参数。

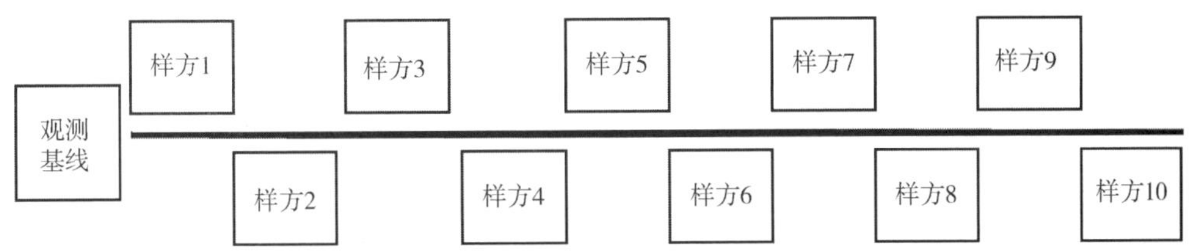

图 11-16　地表植被监测样方布设示意

11.5.1.2　样方数据处理

根据 10 个监测样方的原始记录，采用数学方式计算获得样地监测数据，相关的观测参数和计算方法如下。

（1）群落总盖度：整体群落垂直投影面积占样方面积的百分比。

（2）物种平均盖度：监测物种在 10 个监测样方中垂直投影盖度的平均值。

（3）频度：该物种在 10 个监测样方中出现的百分比。

（4）相对盖度：

$$相对盖度=\frac{某物种的平均盖度}{盖度}\times 100\%$$

（5）相对频度：

$$相对频度=\frac{某物种的频度}{}\times 100\%$$

（6）重要值（P）：

$$P=（相对盖度+相对频度）/2$$

（7）Shannon-Wiener 多样性指数（$H'e$）：

$$H'e=-\sum_{i-1}^{S} P_i/\ln P_i$$

式中：$P_i=n_i/N$，P_i 为第 i 个物种的个体（或生物量、重要值等）所占样方总个体数（或生物量、重要值等）比值；n_i 为第 i 个物种的个体数；N 为所有物种的个体总数；S 为物种的数目（种数）。

（8）Margalef 丰富度指数（D）：

$$D=S$$

式中：S 为物种的数目（种数）。

（9）Simpson 均匀度指数：

$$Je=H'e/H'_{max}$$

式中：$H'_{max}=\ln S$，S 为物种的数目（种数）。

11.5.2 主要结果

11.5.2.1 监测样地数据整理

按照植被生态学的处理方法，分别对生态防护林（表 11-31）、生态经济林（表 11-32）和生态景观林（表 11-33）的样方观测数据进行了统计整理，作为不同生态系统类型地表植被的样地数据，并据此展开后续的相关讨论。

表 11-31 生态防护林地表植被样方统计

2012 年监测样方			2014 年监测样方		
种名	平均盖度	重要值	种名	平均盖度	重要值
青海云杉	3.50	3.01	青海云杉	6.00	4.00
阿尔泰狗娃花	0.10	0.39	葛缕子	6.30	5.40
红花岩黄芪	31.05	20.80	马蔺	2.25	2.40
多裂委陵菜	4.35	5.85	车前	2.60	3.83
西北针茅	1.00	1.24	蒲公英	2.85	4.27
朝天委陵菜	1.60	2.59	蕨麻	0.30	0.78
醉马草	1.90	2.77	草玉梅	0.20	0.41

（续）

2012 年监测样方			2014 年监测样方		
种名	平均盖度	重要值	种名	平均盖度	重要值
甘青早熟禾	1.40	2.48	四数獐芽菜	1.60	1.44
矮嵩草	3.50	4.02	弱小火绒草	26.20	16.49
灰绿藜	0.28	1.84	青藏扁蓿豆	1.15	1.52
蒲公英	1.71	4.00	矮嵩草	9.20	7.82
轮叶黄精	0.62	1.36	喉毛花	0.12	1.31
弱小火绒草	8.21	6.72	鸟足毛茛	1.80	2.48
葛缕子	3.71	4.47	麻花艽	0.51	1.51
鳞叶龙胆	0.17	1.78	二裂委陵菜	0.30	1.40
牛尾蒿	4.51	5.94	大籽蒿	0.30	0.78
车前	1.80	2.71	多裂委陵菜	5.60	5.98
毛蓼	0.20	0.45	草地早熟禾	2.45	2.81
多枝黄芪	1.58	3.93	垂穗披碱草	1.00	1.76
鼠掌老鹳草	0.28	1.84	狼毒	0.30	0.78
二裂委陵菜	2.95	3.37	甘肃马先蒿	4.10	4.28
钉柱委陵菜	0.12	1.08	红花岩黄芪	3.70	3.76
异叶青兰	0.01	0.34	轮叶黄精	1.02	1.46
甘肃马先蒿	0.61	1.36	甘青早熟禾	3.15	3.79
伊凡薹草	0.51	0.96	湿生扁蕾	0.21	0.73
垂穗披碱草	9.50	7.79	大通翠雀	0.51	1.82
毛穗冰草	0.01	0.34	等齿委陵菜	2.76	3.60
寡穗茅	0.71	1.75	多枝黄芪	7.30	6.22
肉果草	2.10	2.21	梭罗草	0.20	0.73
狼毒	0.10	0.39	珠芽蓼	0.60	0.62
微孔草	0.10	0.39	肉果草	1.05	1.16
小米草	0.01	0.34	鳞叶龙胆	0.16	1.02
马蔺	0.70	1.07	高原香薷	0.05	0.34
假苇拂子茅	0.90	1.52	多花米口袋	0.10	0.36
赖草	0.20	0.45	寡穗茅	1.80	1.86
湿生扁蕾	0.20	0.45	蒙古鹤虱	0.10	0.36
大籽蒿	0.10	0.39	无茎黄鹌菜	0.10	0.36
苦苣菜	0.50	0.62	落草	0.05	0.34
群落总盖度	**85.80**			**92.60**	

表 11-32 生态经济林地表植被样方统计

2012 年监测样方			2014 年监测样方		
种名	平均盖度	重要值	种名	平均盖度	重要值
青海云杉	0. 16	0. 93	青海云杉	0. 50	1. 28
金露梅	0. 80	0. 81	金露梅	0. 25	0. 67
阿尔泰狗娃花	0. 36	1. 32	阿尔泰狗娃花	0. 08	0. 38
矮嵩草	20. 00	14. 62	草玉梅	0. 05	0. 17
草玉梅	0. 08	0. 49	叉枝早熟禾	1. 05	1. 10
朝天委陵菜	1. 05	1. 34	车前	1. 90	3. 44
车前	1. 93	3. 39	大花嵩草	1. 50	1. 75
垂穗披碱草	1. 40	2. 15	大通翠雀	0. 15	0. 42
大通翠雀	0. 64	1. 36	大籽蒿	0. 60	1. 58
钉柱委陵菜	1. 44	3. 19	等齿委陵菜	0. 28	0. 42
多裂委陵菜	3. 15	4. 67	独行菜	0. 06	0. 46
多枝黄芪	0. 36	0. 95	多裂委陵菜	3. 73	4. 95
鹅绒委陵菜	0. 95	1. 08	多枝黄芪	16. 70	12. 14
二裂委陵菜	0. 33	1. 12	二裂委陵菜	2. 78	3. 39
甘青早熟禾	4. 20	4. 79	伏毛铁棒锤	0. 25	0. 27
甘肃马先蒿	6. 10	6. 84	甘青早熟禾	1. 45	2. 58
葛缕子	0. 25	0. 29	甘肃马先蒿	3. 70	4. 50
寡穗茅	0. 13	0. 74	寡穗茅	2. 45	3. 65
还阳参	0. 15	0. 42	还阳参	0. 60	1. 02
黑边假龙胆	0. 14	0. 96	红花岩黄芪	7. 50	6. 55
红花岩黄芪	11. 96	9. 45	喉毛花	0. 05	0. 17
轮叶黄精	2. 68	3. 08	灰绿黎	0. 15	0. 36
灰绿藜	0. 03	0. 16	坚硬女娄菜	0. 60	1. 59
火绒草	16. 70	12. 64	蓝花棘豆	1. 25	0. 77
假苇拂子茅	0. 01	0. 30	狼毒	1. 40	2. 07
狼毒	0. 49	1. 97	鳞叶龙胆	0. 03	0. 30
鳞叶龙胆	0. 20	1. 51	轮叶黄精	3. 18	2. 74
毛果婆婆纳	0. 24	1. 09	麻花艽	0. 05	0. 17
牛尾蒿	1. 16	2. 22	蒙古鹤虱	0. 10	0. 34
蒲公英	0. 68	2. 20	蒲公英	1. 06	2. 11
菭草	0. 56	0. 94	青藏扁蓿豆	0. 93	1. 04
青藏扁蓿豆	0. 04	0. 50	弱小火绒草	24. 60	16. 54
湿生扁蕾	0. 10	0. 21	唐古特铁线莲	0. 15	0. 36
鼠掌老鹳草	0. 03	0. 35	西北针茅	2. 43	2. 50
梭罗草	0. 05	0. 18	狭叶微孔草	0. 25	1. 09
无瓣女娄菜	0. 01	0. 15	异叶青兰	0. 01	0. 15
西北针茅	1. 10	1. 22	蚓果芥	0. 95	1. 62

（续）

2012 年监测样方			2014 年监测样方		
种名	平均盖度	重要值	种名	平均盖度	重要值
小米草	0. 38	1. 11	长果婆婆纳	0. 15	0. 36
伊凡薹草	0. 75	0. 73	直立委陵菜	1. 60	1. 95
异叶青兰	0. 05	0. 18	醉马草	3. 35	3. 11
云香叶唐松草	0. 43	1. 14	矮嵩草	4. 00	3. 98
长梗喉毛花	0. 03	0. 31	垂穗披碱草	0. 40	0. 61
猪毛蒿	0. 33	0. 78	葛缕子	0. 10	0. 25
醉马草	0. 98	1. 15	蕨麻	0. 30	0. 56
萹蓄	0. 38	0. 78	马蔺	0. 25	0. 53
达乌里秦艽	0. 05	0. 21	鸟足毛茛	0. 35	0. 58
甘肃棘豆	0. 01	0. 18	落草	0. 05	0. 22
高山豆	0. 03	0. 20	伊凡薹草	1. 35	2. 31
喉毛花	0. 10	0. 24	砂生地蔷薇	0. 05	0. 22
赖草	0. 01	0. 18	湿生扁蕾	0. 08	0. 43
马蔺	0. 75	0. 83	天山千里光	0. 25	0. 33
毛果婆婆纳	0. 01	0. 37	小米草	0. 03	0. 21
鸟足毛茛	0. 11	0. 43	珠芽蓼	0. 08	0. 43
柔软紫菀	0. 36	0. 95			
三裂叶碱毛茛	0. 01	0. 18			
天山千里光	0. 01	0. 18			
狭叶微孔草	0. 03	0. 38			
小叶杨	0. 05	0. 21			
珠芽蓼	0. 33	0. 74			
群落总盖度	**79. 65**			**89. 55**	

表 11-33　生态景观林地表植被样方统计

2012 年监测样方			2014 年监测样方		
种名	平均盖度	重要值	种名	平均盖度	重要值
青海云杉	0. 20	0. 10	青海云杉	0. 70	0. 35
金露梅	0. 40	0. 20	金露梅	0. 50	0. 25
弱小火绒草	13. 31	6. 66	火绒草	14. 00	7. 00
蕨麻	5. 30	2. 65	牛尾蒿	2. 51	1. 26
车前	0. 45	0. 23	地蔷薇	0. 10	0. 05
蒲公英	1. 20	0. 60	矮嵩草	9. 10	4. 55
大籽蒿	3. 97	1. 99	多枝黄芪	6. 21	3. 11
葛缕子	0. 01	0. 01	垂穗披碱草	1. 55	0. 78
多枝黄芪	0. 11	0. 06	寡穗茅	6. 30	3. 15
珠芽蓼	9. 70	4. 85	多裂委陵菜	4. 40	2. 20

（续）

2012 年监测样方			2014 年监测样方		
种名	平均盖度	重要值	种名	平均盖度	重要值
多裂委陵菜	2. 01	1. 01	天山千里光	0. 50	0. 25
垂穗披碱草	5. 06	2. 53	醉马草	1. 10	0. 55
矮嵩草	8. 20	4. 10	二裂委陵菜	3. 90	1. 95
小米草	1. 60	0. 80	蒲公英	3. 31	1. 66
小钩毛蓑草	0. 60	0. 30	红花岩黄芪	11. 50	5. 75
高原香薷	0. 06	0. 03	甘肃马先蒿	3. 60	1. 80
海乳草	2. 72	1. 36	异叶青兰	0. 01	0. 01
绿颖蓑草	2. 80	1. 40	葛缕子	0. 01	0. 01
三裂叶碱毛茛	1. 56	0. 78	甘肃棘豆	0. 41	0. 21
鳞叶龙胆	0. 07	0. 04	还阳参	0. 07	0. 04
海韭菜	1. 10	0. 55	无瓣女娄菜	0. 32	0. 16
大花嵩草	0. 71	0. 36	狗尾草	0. 01	0. 01
双柱头藨草	12. 50	6. 25	西北针茅	1. 90	0. 95
角盘兰	0. 60	0. 30	甘青早熟禾	3. 70	1. 85
甘肃棘豆	0. 70	0. 35	鳞叶龙胆	0. 21	0. 11
野青毛	0. 65	0. 33	钉柱委陵菜	0. 30	0. 15
扁蕾	0. 21	0. 11	毛果婆婆纳	0. 06	0. 03
天山报春	0. 25	0. 13	车前	2. 61	1. 31
早熟禾	0. 20	0. 10	轮叶黄精	2. 00	1. 00
甘青早熟禾	0. 20	0. 10	阿尔泰狗娃花	1. 25	0. 63
华扁穗草	0. 80	0. 40	狭叶微孔草	0. 05	0. 03
肉果草	0. 60	0. 30	狼毒	0. 10	0. 05
马蔺	0. 10	0. 05	灰绿藜	0. 01	0. 01
小叶青杨	0. 31	0. 16	大籽蒿	0. 01	0. 01
乌足毛茛	0. 22	0. 11	青藏扁蓿豆	2. 00	1. 00
四数獐芽菜	0. 05	0. 03	朝天委陵菜	0. 05	0. 03
天山千里光	0. 06	0. 03			
蚓果芥	0. 05	0. 03			
椭圆叶花锚	0. 20	0. 10			
茅香	0. 60	0. 30			
雀麦	0. 11	0. 06			
无茎黄鹌菜	0. 05	0. 03			
节裂角茴香	0. 10	0. 05			
黑边假龙胆	0. 10	0. 05			
红花岩黄芪	0. 40	0. 20			
肋柱花	0. 01	0. 01			
群落总盖度	**74. 50**			**79. 50**	

11.5.2.2 群落总盖度

根据样地实测数据的计算结果（表 11-34），不同生态系统类型的地表植被群落总盖度均呈现出增长趋势，生态防护林、生态经济林和生态景观林总盖度的增长率分别为 7.93%、12.43%和 6.71%。其中，以生态经济林地表植被总盖度的增长速度相对较快。

表 11-34　不同生态系统类型群落总盖度统计

生态系统类型	群落总盖度（%）		增长值（%）	增长率（%）
	2012 年	2014 年		
生态防护林	85.80	92.60	6.8	7.93
生态经济林	79.65	89.55	9.9	12.43
生态景观林	74.50	79.50	5.0	6.71

11.5.2.3 群落构成物种

根据样地实测数据的计算结果（表 11-35），不同营造构建林地生态系统类型的植被群落物种构成表现出略有差异的变化趋势。生态景观林中总种数下降幅度最大，生态经济林中出现共有种比例最高，生态景观林中减少物种（2012 年非共有物种）和新增物种（2014 年非共有物种）的比例最高。造成这些现象的具体成因尚待进一步的深入探究。

表 11-35　不同生态系统类型群落物种构成

系统类型	监测参数	监测值（种）		占总种数百分比（%）		增长值（%）	增长率（%）
		2012 年	2014 年	2012 年	2014 年		
生态防护林	总种数	38	38	100	100	—	—
	共有物种数	21		55.26		—	—
	非共有物种数	17	17	44.74	44.74	—	—
生态经济林	总物种数	59	53	100	100	-6	-10.17
	共有物种数	35		59.32	66.04	—	—
	非共有物种数	24	18	39.66	33.96	-6	-25.00
生态景观林	总物种数	46	36	100	100	-10	-21.74
	共有物种数	15		32.61	41.67	—	—
	非共有物种数	31	21	81.58	55.26	-10	-32.26

11.5.2.4 群落多样性指数

根据样地实测数据的计算结果（表 11-36），不同营造构建林地生态系统类型的群落多样性指数也表现出不同的变化趋势。生态经济林和生态景观林的丰富度指数均呈下降趋势，后者降幅较大。生态防护林和生态经济林的多样性指数呈增长趋势，前者增长速度低于后者。均匀度指数均呈增长趋势，以生态经济林的增长速度相对较快。

表 11-36 不同生态系统群落多样性指数统计

生态系统类型	监测项目	多样性指数值		增长值（%）	增长率（%）
		2012 年	2014 年		
生态防护林	丰富度指数	38	38	—	—
	多样性指数	2.76	2.78	0.02	0.72
	均匀度指数	0.71	0.76	0.05	7.04
生态经济林	丰富度指数	59	53	-6	-10.17
	多样性指数	2.64	2.80	0.16	6.06
	均匀度指数	0.64	0.70	0.06	9.37
生态景观林	丰富度指数	46	36	-10	-21.74
	多样性指数	2.87	2.78	0.09	-3.14
	均匀度指数	0.73	0.78	0.05	6.85

综上所述，不同林地生态系统类型的构建均导致群落总盖度和群落均匀度指数的增加，但群落物种构成和群落多样性指数则形成复杂各异的变化趋势，具体成因尚待进一步的深入探究。

11.6 示范推广工作

如前所述，在课题实施过程中，成功构建起以生态防护林、生态经济林和生态景观林为代表的优化组合生态系统类型，均具有一定的示范推广价值。

结合试验示范区小流域以及课题自身的各方面实际情况，主要基于生态经济林潜在效益巨大、可有效促进区域农牧民增收、更加有利于促进区域经济社会可持续发展等方面的重点考虑，课题组将生态经济林列为进一步的示范推广对象。并于 2014 年通过补植沙棘、生态抚育相应特色植物资源种类的方式，在试验示范区的小流域范围内进行了生态经济林的示范推广工作，累计推广面积达到约 980hm^2（图 11-17，详见后附彩图）。图中标记蓝色区域为沙棘资源补植及生态抚育的示范推广区域，绿色区域为多种药用植物资源生态抚育示范推广区域，抚育物种主要包括唐古特大黄、麻花艽、椭圆叶花锚、马蔺、湿生扁蕾等。

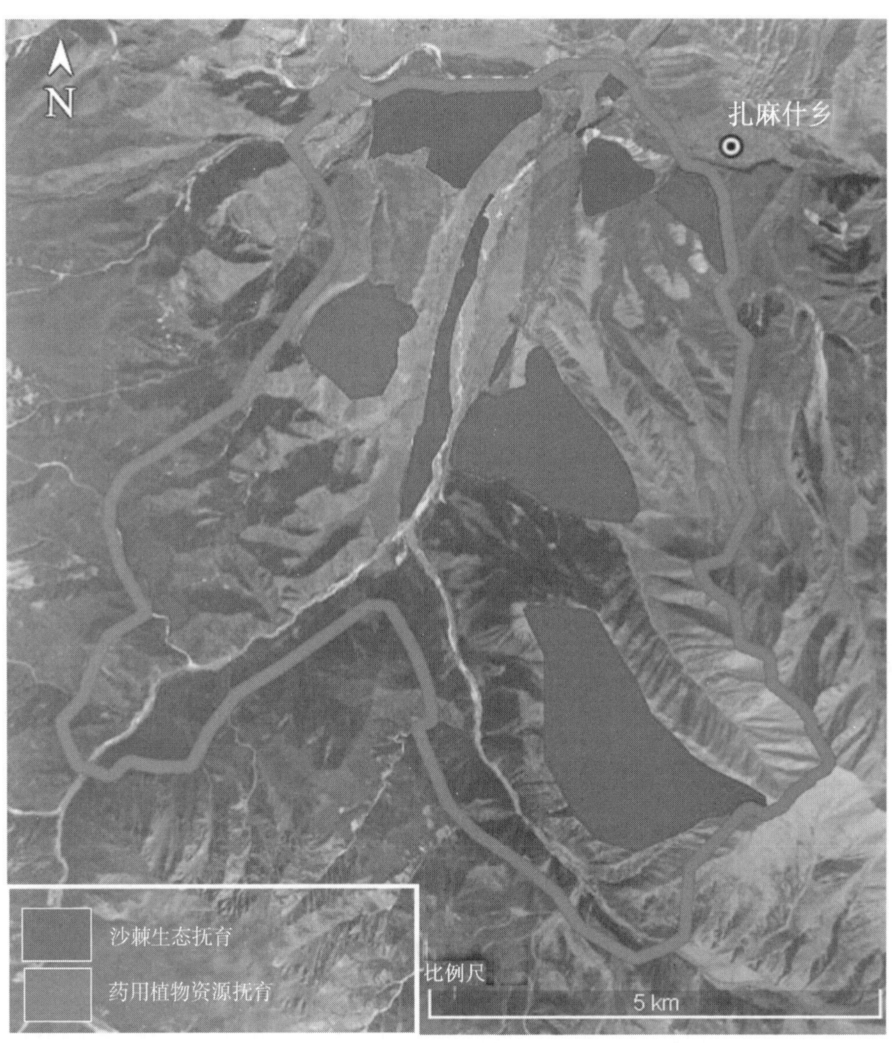

图 11-17 组合优化生态经济林示范推广范围示意图（后附彩图）

12 特色生物资源生态抚育

在优化组合生态系统的构成过程中，如果能够有效增加药用植物和特色经济植物资源种类的数量和比例，不仅可以同样起到增加植被群落盖度、提高生态系统生物多样性、增进群落稳定性、增强水源涵养能力等与其他植物种类相同或相似的生态功能，还可在资源种类生长达到可利用程度后产生相应的经济效益和社会效益，使优化组合生态系统形成更为显著的生态效益、经济效益和社会效益。

作为优化组合生态系统构建工作的重要组成部分之一，着眼于通过生态抚育方式实现药用植物和特色生物资源种类在新建构生态系统中的成功繁育，并最终形成资源种类的效益产出能力。由于该工作内容与前述不同林地生态系统构建方面存在本质上的巨大差异，并将部分资源种类的生态抚育应用于试验示范区的山地旱坡植被保育工作之中，因此将在讨论和分析资源生态抚育相关问题的基础上，对资源生态抚育工作独立进行整理和总结，并简要汇报如下。

12.1 资源生态抚育的相关问题

随着科学技术的飞速发展和人类社会的不断进步，人们关注自身健康及生活质量的意识日渐增强，对于医药保健方面的需求势必会有较为显著的提高。在崇尚“回归大自然”的国际大背景下，利用天然生物资源产物开发、生产各类药物和保健产品，已成为当今健康产业发展的新潮流，并且必将会在未来的健康产业领域占据主导地位。在这种发展趋势的影响下，伴随健康产业的迅速发展，许多具有较高开发利用价值的野生特色生物资源种类因遭受过度采挖而渐趋濒危。例如，伴随我国中药、藏药产业化的快速发展，在大多数药材资源仍旧主要依赖于野生资源采收的现实背景下，受到资源采挖过度、生存环境恶化等方面因素的影响，许多中药、藏药材资源植物种类的资源储量明显下降，已经临近濒危甚至濒临灭绝，正在逐步成为制约我国中药、藏药资源产业健康持续发展的重要因素之一。

作为天然药物和特色生物资源产品的原料基础，特色生物资源种类的可持续利用就成为我国乃至世界普遍关注的研究热点之一。要实现特色生物资源种类可持续利用的战略目标，就必须采取相应措施，在保护资源种类优良种质的基础上，促进实现资源储量的提升及产出能力的增强。毋容置疑，提高以药材资源为主体的特色生物资源可持续利用能力的理想途径，就是实现高品质资源的规模化繁育，最常用的方式则是药材资源的人工栽培繁育。毫无疑问，中草药引种栽培与种植技术作为中医中药的重要组成部分，具有悠久的发展历史，相关栽培技术随着中医药的发展而日益成熟和完善，已成为我国广泛采用的药材资源规模化繁育的传统手段。近年来，国内十分重视药材资源的规范化栽培繁育工作，我国人工栽培的大宗药用植物已有150多种，种植面积已达440多万亩，先后建立起数十种药材资源的GAP种植基地，人参、党参、枸杞、天麻、当归、菊花等许多药材种类已形成一定种植规模的产业化栽培繁育基地，而且呈现出不断新增规范化药材栽培繁育基地的趋势。但是，在农业经营模式下规模化栽培繁育药材资源的实践过程中，药材种植也一直受到栽培品种退化、栽培资源品质下降、异地栽培品质变异、病虫危害严重、重金属污染、农药残留、生产成本过高等方面众多实际问题的困扰，同时也存在药材种植与农作物种植争夺有限耕地资源的矛盾。因此，寻找更为经济实用、简便易行、保障品质、形成规模、高效持续的药材资源繁育方式，就成为国家战略层面亟待解决的重大科学问题。

进入21世纪后，充分利用天然的自然环境条件，通过不同途径的抚育方式进行药材资源规模化繁育和生产的理念逐渐凸显。虽然人们现在对于这种理念的认知程度不断提高，许多科技工作者也从众多方面进行了药材资源抚育的探索性工作并取得一定成效，但尚未就生物资源种类的生态抚育形成科学完善的理论体系和技术体系，也没有形成相应的产业化发展规模。从理论上讲，采用生态抚育方式繁育药材资源种类的经营模式，突破了人工栽培繁育药材资源的传统生产经营模式，有助于同步实现生态、经济、社会等多重效益，具有广泛的应用前景和极强的生命力。为增进人们对于通过生态抚育方式进行药材资源繁育理念的认识和理解，根据多年的科研实践以及对相关科学问题的思考，在此就特色生物资源种类进行生态抚育的相关问题展开讨论，期望能够起到抛砖引玉的作用。

12.1.1　资源抚育的早期理念

迄今为止，虽然借助自然环境进行资源繁育的相关思想和理念已受到许多科技工作者的关注和重视，但对于特色生物资源（特别是中藏药材资源种类）生态抚育尚无清晰明确的科学定义。在此，仅就部分早期有关资源抚育方面的主要观念和框架思路进行简要介绍。

12.1.1.1　人工辅助条件下的天然抚育

21世纪初期，部分学者主要针对青藏高原极端生境条件下藏药材的可持续利用问题，提出了采用人工辅助条件下天然抚育方式进行藏药材植物资源种类繁育的理念（彭敏等，2002；张宝琛，2003；彭敏，2007）。虽然这些科研人员并未对人工辅助条件下天然抚育的理念提出明确的概念定义，但也形成了较为清晰的核心内涵与技术路线。

根据相关文献资料（彭敏等，2002；张宝琛，2003；彭敏，2007）的综合整理，可以形成下述对人工辅助条件下资源天然抚育理念相关方面的基本认识。

（1）该理念的核心内涵就是充分利用野外大面积适宜的自然环境和生境条件，借助被抚育资源种类的自身生长与繁殖能力，实现药材资源大规模增殖繁育。

（2）实施过程中，该资源繁育方式的主要实施方案和具体行动可大致归纳、整理、概括为下列几个主要方面。

其一，在明确拟抚育药材资源种类种质基础的前提下，通过程序选种、规范化栽培育种、组培育苗等相应的多途径技术手段，足量生产符合国家种子繁育要求的高品质优质种源（种子或种苗），为后续的药材资源繁育提供种源基础。

其二，在专业技术人员参与和指导的基础上，鉴别选定拟繁育药材资源种类适宜生存的繁殖区，并在选定的适生区域内进行合理的适度播种或移栽定植。在播种或移栽过程中，应充分了解并掌握抚育药材资源种类的生物学特性以及繁殖种源的基本特征，并作为确定实施方案的重要依据。

其三，在有序管护的基础上，使抚育药材资源种类得以在适宜生境条件下自然生长发育，最终成为可利用资源。结合当前草地和林地承包制度的全面实施，可通过适当方式引导作为承包主体的农牧民群众成为被抚育药材资源的实际管护者。

其四，抚育资源被采收时，在采收迹地上及时补植后续计划抚育的药材资源种类。这不仅可以最大限度地降低对抚育区原有生态环境的不良影响，加速采收迹地生态功能的恢复，也可以进一步提升多种药材资源的持续供给能力。

从植物生态学的观点考虑，采用这种抚育方式进行药材资源的规模化繁育，不仅可以有效提高药材资源的可持续利用能力，同时有助于促进同步实现生态、经济、社会等多重效益的目的。与进行大规模药材资源栽培的经营模式相比，明显具有下列长处和优势。

其一，可显著降低规模化繁育药材资源的实际成本。众所周知，中藏药材资源的规模化繁育，目前主要依赖于人工栽培。为保证栽培药材资源的产量和质量，无疑需要在灌溉补水、增强地力、降低病虫危害、各项管护措施等许多耕作管理方面的进行相应人力、物力和财力的投入。与栽培方式相比，利用天然抚育方式进行药材资源繁育，主要依赖药材资源种类自身的生长发育能力达到繁育目的，必然会大幅度降低药材资源繁育过程中的耕作与管护成本。

其二，有效提高并保证药材原料产品的质量和产量。根据多年的实践经验，随着耕作时间的延长，伴随单品种重复耕作引发的地力下降，往往会导致栽培药材产品的质量呈现下降趋势。借助大范围适宜性自然生境，利用天然抚育方式进行药材资源繁育，虽然难以获得单位面积上较高的繁育资源产量，但只要能够建立足够数量的资源抚育面积，就可以保证繁育资源取得一定规模的较高产量。此外，先期培育的优质繁殖种源、适宜生境的优良生存环境、抚育资源的自然生长等因素，为优质药材资源种类的繁育提供了基本保证。虽然自然状态下繁育资源的生长周期会相对较长，但却可以保障繁育药材生长发育为质量优良的资源产品。

其三，促进区域生态环境的建设与保护。采用天然繁育方式进行藏药材资源的繁育，在药材资源繁殖种源（种子或种苗）移入适宜生境的过程中，不需要采取连片翻耕、规范定植等接近于农田作物栽培的各项耕作管理措施，即便进行种苗移植也仅需在地表开挖很小的移植穴（孔）即可，不会对原有自然生态环境造成直接的明显破坏。在采收繁育药材时，虽然也必然会根据采收对象的差异而形成一定面积的采收迹地或采挖坑，造成地表原生植被和生态环境的直接破坏（例如，唐古特大黄的采收将形成具有一定体积的采挖坑），但是，如果在资源采收后，在简单平整采集迹地或采挖坑的基础上，马上补种或补植新的药材资源繁育种子或种苗，就可以将繁育资源采收过程对生态环境的不良影响降至最低水平，间接起到保护生态环境的作用。此外，在部分原有生态环境已遭受破坏的局部地段（如严重退化的“黑土滩”）实施药材资源的天然繁育，有助于受损区域生态环境的恢复重建与功能改善。

其四，有助于增加农牧民的经济收入。在目前国内天然草地和林地的使用权多承包给农牧民群众的社会背景下，采用天然抚育方式进行藏药材资源繁育的过程中，通过契约化联营运行方式，建立药材使用企业与抚育地农牧民群众之间的长期合作关系。在繁育引种阶段，由企业为抚育区承包的农牧民群众免费提供优质繁育种源并进行繁育种源种植的技术指导。在资源生长发育期间，由抚育区农牧民对繁育药材资源进行实地、实时的监护。达到成熟采收期后，由企业按质论价以相应保护价进行药材收购，并提供后续繁育资源种类所需的繁育种源。通过这种运作模式，不仅可以为企业节省自主栽培繁育过程中的管护经费，而且可以通过药材销售来增加农牧民群众的经济收入。此外，还可以起到充分调动农牧民群众保护繁育药材资源和区域生态环境的积极性。

12.1.1.2 中药材野生抚育

在相关实践研究的基础上，部分学者（陈士林等，2004；李西文等，2007；蔡翠芳，2008）提出了中药材野生抚育的概念和理念。

陈士林等（2004）提出了中药材野生抚育概念的具体定义：“根据动植物药材生长特性及对生态环境条件的要求，在其原生或相类似的环境中，人为或自然增加种群数量，使其资源量达到能为人们采集利用，并能继续保持群落平衡的一种药材生产方式。”

根据相关文献资料（陈士林等，2004；李西文等，2007）的综合整理，结合作者自身对中药材野生抚育理念的粗浅理解，在此尝试就中药材野生抚育理念的相关方面的基本认识简介如下。

（1）中药材野生抚育被认为属于中药材资源农业产业化生产经营的新模式，是野生药材采集与药材栽培的有机结合，兼顾了药用植物资源种类的迁地保护、就地保护及栽培等方面，有望成为未来提高中药材栽培繁育质量的重要途径之一，已在许多中药材的繁育上取得良好成效。

（2）根据陈士林等（2004）的观点，中药材野生抚育的基本运作方式包括封禁、人工管理、人工补种、仿野生栽培等。封禁即对野生药材抚育目标区域进行禁采和封育；人工管理即对封禁区域施加人为辅助的相应管理措施，以促进抚育中药材资源种群的生长和繁殖；人工补种即在封禁区域内通过播种或移栽种苗，以人为提高抚育药材资源种类的种群数量；仿野生栽培即在尚无目标药材资源天然分布的类似该药材原生分布区生境的自然区域内进行人工引种继而培育和繁殖目标药材种群。

（3）综合相关早期文献概括而言，中药材野生抚育的资源繁育模式具有如下主要特征和重要意义。

其一，中药材野生抚育的主要目的，在于增加目标药材资源种类的种群数量和资源供给能力。在目前我国中药材资源（特别是野生优质中药材资源）供应渐趋短缺、市场需求不断增强的现实状况下，通过野生抚育方式将有助于有效缓解中药材供需之间日益突出的矛盾冲突。

其二，注重利用中药材动植物资源种类的原生环境，使目标抚育资源能够在相对较为适宜的自然环境中生长发育，不仅可以有效增强高品质道地中药材资源的持续供给能力，也可以提升目标抚育资源的自我更新及繁育能力，缓解药材采集与资源更新之间的矛盾。

其三，野生抚育尽可能利用自然环境进行药材资源种类繁育的运作思路，可以起到节约现有宝贵耕地资源的作用，进而起到缓解人工栽培繁育药材资源与农作物种植争地而影响到国家粮食安全的潜在风险。同时，采用野生抚育模式繁育药材资源，也可以最大限度地避免人工栽培资源可能引发的遭受污染或品质下降等方面问题。

其四，中药材资源的野生抚育能够促进珍稀濒危中药材资源的保护。随着人们对于中药材资源道地性及其重要性的广泛认同，许多道地产区的中药材资源常常成为各方面争相追逐的目标，而导致许多道地产区的中药材资源趋于濒危。在进行目标中药材资源种类的野生抚育过程中，封禁起到了对目标资源种类就地保护的作用，仿野生栽培则起到了对目标资源种类迁地保护的作用。此外，通过人为辅助措施提高了资源种类的种群数量，也在一定程度上起到保护目标资源种类的作用。因此，野生抚育可对道地中药材资源（特别是珍稀濒危中药材资源）的保护起到重要作用。

其五，有助于资源抚育区生态环境的保护。依据野生抚育的理念，目标资源药材的采挖和生产，需要在保持抚育区生物群落动态平衡的基础上进行安排，可以避免野生药材滥采、滥挖对生态环境的严重破坏。通过野生抚育模式增强中药材资源的繁育和持续供给能力，仅仅需要在最大限度避免抚育区域原有生态系统及其群落基本特性明显改变的前提下进行人工补种，对抚育区生态环境的影响程度十分有限，与传统人工栽培药材资源的农田集约化经营模式相比，野生抚育模式对资源繁育区生态环境的不良影响显然微乎其微，甚至可以忽略不计。

从目前的整体发展趋势来看，药材资源种类的野生抚育已经受到国家有关部门和众多科技工作者的高度重视，许多地区也已经开展了针对部分药材资源种类野生抚育的探索和尝试工作，正在逐渐成为引人瞩目的科学热点问题之一。据了解，青海、西藏、四川、山东、山西、辽宁、宁夏等省（自治区）已经开始了药材资源野生抚育的相关工作；唐古特大黄、甘草、川贝母、石柱参等众多药材资源种类，已被进行了野生抚育方面的研究和实验，并取得一定的成效。然而，我们也应看到，虽然中药、藏药材资源的野生抚育已逐步展开，但与有效繁育药材资源种类相关的药材资源学、生物学、生态学及管理学等方面的研究还很欠缺，而且十分零散，有待于进一步加强，才能真正有效地促进药材资源野生抚育工作及产业的健康发展。

根据前述中药材资源野生抚育的运作方式可见，中药材野生抚育理念的着眼点，主要还是侧重于在封禁基础上辅以相应人为栽培技术手段，以提升抚育目标药材资源物种的种群数量和繁育能力；就其本质而言，抚育药材资源的封禁应属于资源就地保育的范畴，其他辅助运作方式则属于通常中药材栽培繁育措施的外延，相应带有农业耕作的印记。尽管如此，根据对相关文献资料的了解和认识，从多年来在藏药材资源繁育方面的实践活动来看，中药材野生抚育的资源繁育理念无疑属于较为理想的药材资源繁育方式之一，与集约化人工栽培的传统资源繁育模式相比，明显具有十分显著的优势和推广应用价值。特别值得一提的是，对于人口稠密的中药材资源种类道地产区而言，中药材野生抚育的资源繁育方式无疑具有更为重要的价值和推广应用前景。

12.1.2　生态抚育的基本概念

如前所述，部分学者结合自身的科研实践以及对药材资源规模化繁育问题的深入思考，从不同角度提出了利用自然生境进行药材资源种类繁育的观念。通过综合性的比较分析，人工辅助条件下天然抚育的理念，主要是针对大部分藏药材资源种类难以实现人工栽培繁育的难题而提出的探索性解决思路，似乎尚缺乏较为清晰完整的理论构架，就相应概念提出具体明确的科学定义。中药材野生抚育的观点，不仅明确提出了相应概念的科学定义，也形成了较为完整的理论构架和细节描述，但似乎仍然带有借助传统农业栽培手段进行资源繁育的印记；对抚育目标资源种类的封禁，似乎也应属于资源保护范畴的科学问题。这些都在一定程度上制约了这种资源繁育模式的广泛适用性。

就药材资源种类的生物学本质和实际应用价值而言，其仅仅属于特色生物资源种类的组成部分之一。采用抚育方式可以进行药材资源种类的规模化繁育，也同样可以进行所有生物资源种类的规模化繁育。结合前述不同学者主要针对药材资源种类繁育所提出的抚育观念的理解和概念外延，根据充分实现不同类型特色生物资源种类大规模繁育的战略需求，针对所有具备开发利用价值的特色生物资源种类的抚育繁殖问题，在此提出特色生物资源生态抚育的新观念，期望起到抛砖引玉的作用。

在此对特色生物资源生态抚育的概念给出如下初步定义：以最大限度避免或减缓对资源繁育地原有自然生态环境造成不良影响为前提，在优质繁殖种源选育、适宜繁育区划定、科学布局抚育方案等先期人为辅助性工作和措施的基础上，将抚育目标资源种类的优质繁殖种源大范围合理散布于适宜的天然生境中，通过让抚育资源种类在自然状态下完成其生活史周期，最终生长发育成为可利用资源，并实现大幅度提升目标资源种类可持续利用能力的特色生物资源种类繁育模式。

12.1.3　生态抚育的框架思路

作为一种探索性的特色生物资源规模化繁育模式，目前尚不能认为已经形成了较为完整的理论架构和技术体系，在此仅就特色生物资源生态抚育的总体思路和运作思路进行简要介绍，希望能够引发更多读者的深层思考和关注，使生态抚育的特色生物资源种类繁育理念与方式得以进一步发展并逐步完善。

12.1.3.1　总体思路

结合特色生物资源种类规模化繁育的实际需求，在建立优质繁育种源培育体系、勘察确定繁育资源种类适宜抚育区、制定明确资源抚育方案等前期工作的基础上，探索建立特色生物资源种类生态抚育的技术体系，建立具有一定相应产出规模的特色生物资源种类抚育区，利用自然生态系统的生境条件完成抚育资源种类的天然增殖，最终实现抚育资源种类的规模化产出，达到显著增强特色生物资源种类可持续利用能力的最终目标。

12.1.3.2 运作思路

在实施特色生物资源种类生态抚育的过程中，需要逐步安排下列相关方面的主要工作，并充分关注这些工作中的相关技术细节。

（1）优质繁殖种源的选育

众所周知，繁殖种源（如种子、种苗等）是任何生物体得以繁育的必备条件。要想实施特色生物资源种类的规模化生态抚育，首先就必须获得足够数量的繁殖种源。依据生物遗传学的基本理论，优质的繁殖种源往往是最终繁育出具有优良品质后代资源产物的重要基础之一。因此，在通过生态抚育方式实现高品质资源繁育的过程中，就应当首先根据繁育目标资源种类的生物学特性及其繁殖特性，培育出具备优良品质的繁殖种源，为后续开展资源种类的生态抚育工作奠定坚实的基础。

从实际应用角度出发，繁殖种源包括所有可以起到繁育功能的实体材料。根据不同生物资源物种的生物学特性，其繁殖种源可以分别为成熟种子、地下根茎、胎生幼苗、实生种苗等，甚至部分植物种类的局部器官也可以成为繁殖种源。至于繁殖种源的质量优劣，则可依据生产性能、更新能力、活性成分、基因多样性、实际用途等许多方面进行划分。在进行特色生物资源种类生态抚育时，应根据抚育资源种类的生物学特性以及资源种类的未来潜在用途等相关因素进行综合分析，紧密结合相应关键指标研究，建立繁殖种源质量的判别标准，以保证繁殖种源筛选过程中的科学性和准确性。一般情况下，来源于特色生物资源种类道地产区的繁殖种源应该可以被直接列入品质较为优良的种源范畴。但值得注意的是，许多特色生物资源（特别是中药、藏药材资源种类）传统口碑中的道地产地，实际上仅仅是该资源种类的主要集散地，如果忽略了资源种类真实道地产区的科学鉴别，就可能被误导而出现相应选择性失误。

虽然生物资源的许多器官都可以作为繁殖种源，但根据多年在资源繁育方面的实践经验看，较为常用的繁殖种源主要是种子和种苗。同样，也有许多种方法可以用来进行繁殖种源的培育。在此，仅就主要繁殖种源及其选育方式进行简要介绍，在进行特色生物资源生态抚育的过程中，可以根据各方面实际情况酌情进行合理调整。

种子作为繁殖种源，具有易于保存、便于运输、种植简单等方面的优点，属于较为理想的繁殖种源。种子的选育方式可以采用野生种子筛选或种子田（园、圃）规范化栽培繁育的方式。野生种子筛选方式，就是在抚育资源种类主产区（道地产区为宜）采收野生种子后，依据相应的种子遴选标准，筛选出作为抚育种源的优质种子。种子栽培繁育方式，就是在建立目标资源种类种子繁育基地的基础上，按照相应 SOP 规程和技术体系的要求，通过规范化栽培进行抚育资源种类的种子繁育，并在采收后依照相应标准筛选出优质种子。部分植物种类（如青藏高原的许多植物种类）种子存在的后熟、晚熟、萌发率低等问题，对此可以采用适宜的种子催熟或促萌发处理方式，进而提高种子的实际萌发率。

种苗属于已进入正常生长发育阶段、可明显缩短资源繁育周期的繁殖种源，也常被用于作为特色生物资源种类的繁育种源，但存在运输不够便利、移植技术要求较高等方面的问题。种苗的培育方式可以采用栽培育苗和组培育苗等方式。栽培育苗就是采用大田育苗、温棚育苗、容器育苗的耕作栽培形式，通过种子萌发生长来进行种苗培育。组培育苗就是利用组织培养技术形成组培苗，经炼苗后成为种苗的育苗方式。为保障种苗质量，应尽可能选用优质种子或优良组培材料。

（2）适宜资源抚育区的选定

从生物学的观点出发，生物资源种类的生长发育状况与其分布区的自然生境条件有着十分紧密的联系。根据中药资源生态学的理论和观点，往往只有中药材资源种类的道地产区（适宜产区）才能繁育出高品质的中药材资源。所以，要想借助特色生物资源种类的生态抚育方式实现高品质资源产品的规模化生产，就应当先行筛选确定适用于抚育目标资源种类的适宜分布区（道地产区）。

对特色生物资源种类适宜分布区的确定属于较为复杂的科学问题。从一般意义上讲，某一特定区域是否作为抚育目标资源种类的适宜分布区，可以通过对该区域气候因子、土壤因子、水分条件、群落特征等方面的全面考察分析，结合该区域范围内生物资源种类的品质性状进行综合判定。陈士林等（2011）利用地理信息系统（GIS）空间分析技术，通过地理信息学、气象学、土壤学、生态学、中药资源学、药材栽培学等不同学科的有机结合，研发出“中药材产地适宜性分析地理信息系统（TCMGIS）”，能借助不同区域主要生态环境因子（气候、土壤因子）的数量化对比分析，快速分析出与中药材主产区（或道地产区）生态环境最为相近或类似的区域，进而确定不同中药材资源种类的生态适宜区。通过这种途径进行特色生物资源种类适宜抚育区的分析判别，具有较强的科学性、合理性和适用性，当属目前最为便捷、理想、科学的适宜抚育区判别方法。但是，在实际使用这种方法判别特色生物资源种类适宜抚育区时，尚需高度重视某些值得关注的细节问题。

其一，气候因子的准确性和代表性问题。通过地理信息系统进行生物资源种类生态适宜区划分时，需要根据地面气象站（或其他定点观测站）的实地观测数据外推获取研究区域各点的气候数据，并据此进行生态适宜区的比较分析。对于地势较为平坦、地面气象站数量充足且均匀分布的区域，当然可以推测出各区域网点较为准确、科学的气候参数，会为目标资源种类生态适宜区提供重要依据。但是，对于地形复杂多变、地表气象站（或观测站）偏少的区域，仅仅依据少量观测数据外推获取的气候参数，则可能与实际气候状况存在较大差异，最终导致目标资源种类生态适宜区的判别结果出现偏差。例如，青藏高原当属此列。当然，随着地面气象站点布局的不断完善，此类问题可以迎刃而解。

其二，中药材原产地的科学认定问题。从本质上讲，利用地理信息系统空间分析技术划分中药材生态适宜区的核心内涵，就是通过比较分析不同区域与中药材原产地之间气候和土壤数据的“生态相似度”来进行的。因此，特色生物资源原产地的科学认定，是有效利用地理信息系统空间分析技术，科学判别目标资源种类生态适宜区的重要条件和根本保证。在中医药悠久的历史发展进程中，人们对于中药材的认识程度不断得以完善并积累了丰富的实践经验，许多中药材资源种类的主要原产地（优质资源道地产区）已得到较为普遍的认同。据此作为中药材资源种类的原产地并划分其他类型的生态适宜区，虽然也有可能产生部分中药材资源种类的些许偏差，但大多数中药材资源种类的生态适宜区划分会取得较为理想的结果。然而，对于发现其实际利用价值不久的特色生物资源种类，仅仅依赖于有限认知的原产地认定，最终划分出的生态适宜区，很可能明显偏离其实际状况。因此，要想利用地理信息系统空间分析技术进行特色生物资源种类的生态适宜区划分，就必须首先完成对于资源种类原产地的科学认定。

（3）繁殖种源的合理定植布局

根据生态抚育的核心内容，就是借助自然环境条件，通过资源种类的自身生长发育能力，实现特色生物资源的规模化繁育。因此，在获得优质繁殖种源保障、已明确特色生物资源种类适宜抚育区的基础上，就需要通过适当方式，将抚育目标资源种类的优质繁殖种源引入并定植于适宜抚育区内，使目标资源种类能够在适宜抚育区内得以正常生长发育，并最终成为可被利用的特色生物资源。

依据繁殖种源的性质，定植方式分别为种子播撒和种苗移栽。值得注意的是，生态抚育过程中的繁殖种源定植与通常意义上的农业栽培定植存在明显差异。因此，在特色生物资源种类生态抚育的定植过程中，应特别注意下列主要问题。

其一，应合理布局繁殖种源的定植密度。从现有传统耕作方式栽培繁育资源的角度出发，将侧重于获得单位面积栽培面积的最大资源产量。但从生态抚育方式繁育资源的角度出发，则应首先着眼于最大限度地减缓对抚育区生态环境的扰动和不良影响。如果繁殖种源的定植密度偏大，到繁育资源成熟采收时，就必然会对生态抚育区的原有生态系统造成较为显著的影响，甚至会因过密而造成原有生态系统的局部破坏。如果繁殖种源的定植密度过低，也会由于繁育资源种群数量较低而明显降低单位抚育面积土地上的资源产能。因此，在尽量避免造成对抚育区原有自然生态环境明显扰动和不良影响，同时尽可能地提升单位抚育面积土地上的实际资源产量的前提下，就需要将繁殖种源的定植密度控制在一个适度的合理范围内。结合多年来的野外观测及实践经验，可以参照抚育目标资源种类在多数情况下的天然分布格局，以及抚育目标资源种类的生物学特性，优化确定目标资源种类在抚育区的定植密度。结合以往的观察和相关思考，建议采用稀疏散布的繁殖种源定植格局较为合适。

其二，应注意建立较大面积的抚育区域。生态抚育的最终目的，就是要通过人为扩大目标资源种类繁殖种群的数量，进而实现大幅度提升资源产出能力的目标。从切实避免对抚育区生态环境遭受不良影响和破坏的角度出发，特色生物资源种类的生态抚育又必须放弃追求单位抚育面积的高资源产量。从改善并提高资源可持续利用能力的角度考虑，特色生物资源种类的生态抚育也必然需要着眼于资源的产业化规模生产。因此，要想通过生态抚育方式获取特色生物资源种类的规模化产量，就必须尽可能地扩大生态抚育的区域面积，用以弥补单位面积产量的不足，实现抚育资源种类规模化生产的预期目标。

其三，需关注定植点的局部微生境变化。根据生态学的观点，局部地形地貌的变化可能导致形成较为明显的微生境改变。例如，山地丘陵的不同坡向、山地生境中不同高度的地表隆起等，都可能导致植被生态系统类型的明显变化。通过生态抚育适宜区的划定，虽然可以确定抚育目标特色生物资源种类的适生区域，但在进行繁殖种源定植的过程中，还应当结合抚育资源种类的生物学特性（如喜光、喜阴、旱生、中生、湿生等），充分关注定植区域不同局部环境的微生境变化情况，尽可能保障繁殖种源被定植于生境相对较优的定植位点上，为抚育目标特色生物资源种类的后续生长发育创造更好的环境条件。必要时，可在繁殖种源定植时，给予局部补水、松土等微弱程度的人工辅助措施，起到促进目标抚育资源种类繁殖种源定植存活能力的作用。

（4）抚育资源生长繁育期的管护

众所周知，在通过农业栽培方式进行生物资源种类规模化繁育的过程中，需要投入一定的人力、物力和财力，在繁育资源的生长发育期内采用灌溉、除草、看护等多方位的管理与监护措施。通过生态抚育的特色生物资源繁育方式，可以减少大量的耕作管护措施，进而大幅度降低资源种类繁育过程中的人力、物力和财力投入。当然，为保证抚育目标资源种类的最终收获，也需要进行必要的管护，才能保证导致繁殖种源得以正常的生长发育，并最终成为可被利用的资源产品。

依据资源生态抚育的运行模式，主要在于利用天然野生环境，通过目标资源种类繁殖种源的正常生长发育，并最终得以繁育成材。在不考虑繁殖种源定植及成熟资源采收时的人为耕作措施，整个资源繁育过程基本可以免除全部的人工辅助耕作措施，必要的管护措施主要在于对繁育期资源的保护性监护。通过人为看护，尽量避免或减缓放牧家畜对繁殖种源幼苗的意外伤害，以及人为对生长期资源盗采、盗挖造成的资源损失。

根据特色生物资源种类生态抚育的特点，目标资源的生态抚育区往往需要相对较大的面积。毫无疑问，大面积区域的监查管护，必然需要大量的人力投入。如果仅仅通过由相关人员组成专业巡护队伍的管护方式，不仅会带来数量可观的相应投入，而且难以获得较好的预期效果。结合已有的成功经验及相关思考，可以考虑在合同约定的前提下，通过建立企业+农户的合作互利模式，充分调动资源种类生态抚育区农牧民群众的积极性，使其成为繁育资源生长期的自觉管护者，有效解决生态抚育资源种类的生长期管护问题。

（5）抚育资源采收后的迹地补植

当抚育资源进入成熟期，只有经过采收利用后，才能成为具有利用价值的特色生物资源。伴随抚育资源种类成熟后的采收，必然会减少特色生物资源种类在适宜抚育区的实际保有储量，采挖迹地（特别是全草或根茎植物种类的采挖迹地）也必然会对抚育区的生态环境带来程度不同的不良影响。针对这方面的问题，可以通过尽可能缩小采收范围、对采收迹地进行补植的方式予以解决。

在进行抚育资源采收基地的补植时，首先对采收基地进行必要的平整，对部分资源种类（如唐古特大黄）的采收坑进行填埋和平整，然后按照特色生物资源种类生态抚育的相关技术要求，随即补植新的繁殖种源。通过这种补植方式，就可以维持目标资源种类在其生态适宜区的种群数量，逐步形成目标资源种类的可持续利用能力。同时，借助繁殖种源的迅速补植，还可以迅速覆盖资源采收后形成的局部裸地，有效降低抚育资源采收对区域生态环境的不良影响。

值得一提的是，根据植物生态学的观点，如果同种植物的不同植株长期利用同一生态位（相同范围的局部自然环境），就可能会对后续繁育植株的正常生长发育带来一定的不利影响。因此，如果在同一采收迹地上持续补植相同特色生物资源种类，就有可能导致后期资源的品质下降。为避免出现此类问题，可采用补植点适度微移、补植其他资源种类繁殖种源等方式予以解决。

（6）资源种类抚育技术体系构建

不同的特色生物资源种类，由于各自生物学特性和实际用途等方面必然存在的种间差异，不同资源物种的生态抚育技术模式也必然会存在一定的差异。如果简单地对所有特色生物资源种类套用单一生态抚育技术模式，不仅难以取得预期效果，甚至可能会造成不必要的巨大损失。

根据前述相应基本运行思路，可以构建编绘出特色生物资源种类生态抚育模式运行的框架技术路线图（图 12-1）。

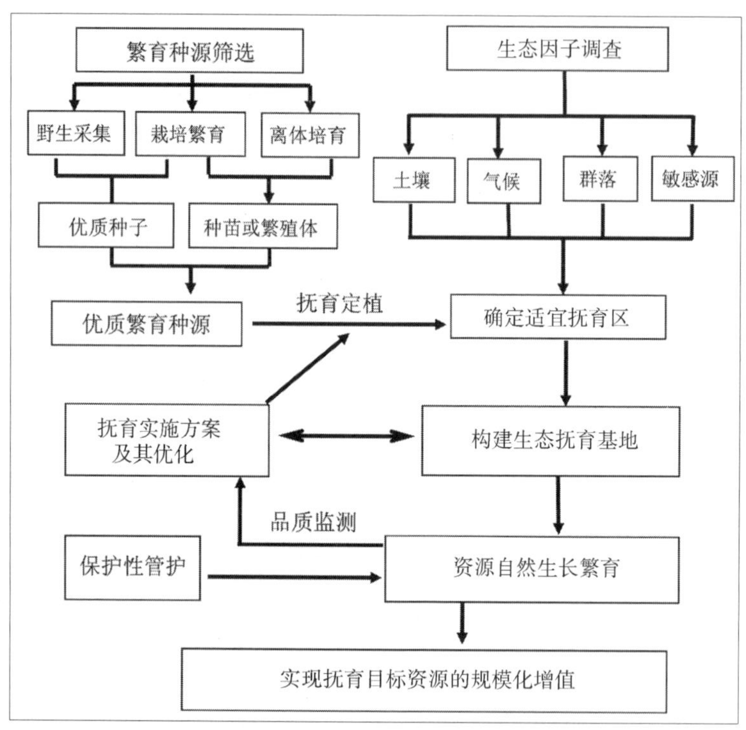

图 12-1 特色生物资源种类生态抚育技术路线图

作为一种新的特色生物资源繁育模式，生态抚育技术目前只能列入初级发展阶段的范畴。要想真正建立起能够在特色生物资源可持续利用方面发挥积极作用的资源生态抚育技术体系，尚需付出繁杂艰巨、任重道远的不懈努力。希望有志于投身特色生物资源生态抚育事业的有识之士，能够从单一资源种类的生态抚育着手，在不断总结和经验积累的基础上，逐步完善特色生物资源生态抚育的技术体系，为特色生物资源的持续利用及产业化发展发挥应有作用。

12. 1. 4 资源种类生态抚育的主要特点

中华民族医药产业和特色生物资源产业健康发展的必要保障条件之一，就是能够使相关产品所需的原料资源获得足量、稳定、持续的供给能力。目前，对于以中药材资源为主体的特色生物资源种类的规模化繁育，已经受到国内多方面的高度关注和重视，也出现了不同的资源繁育方式。毋庸置疑，不同的资源繁育方式都具有自身的鲜明特点，也具备各自的优势和劣势所在。与人工栽培等其他资源繁育方式相比，特色生物资源种类生态抚育的规模化资源繁育方式，也具有一些可以显示其优势和重要性的基本特点。以下就特色生物资源生态抚育技术模式的主要特点加以介绍。

12.1.4.1 特别强调了资源繁殖区域生态环境保护的重要性

随着人们对于环境保护必要性和重要性认识程度的不断增强，强化自然生态环境保护的理念已成为全社会共识并且深入人心，构建人与自然和谐的“绿色”发展理念已成为人们普遍追求的远大理想目标。中国各级政府也十分重视生态环境保护问题，青海省委、省人民政府还明确提出了“生态立省”的发展战略，以习近平总书记为首的党的领导集体倡导的生态治国理念正在逐渐深入人心。长期以来，生物资源开发利用和生态环境保护之间存在的矛盾冲突，始终是困扰经济社会可持续发展的现实问题之一。如何在保护自然生态环境的前提下，实现资源的可持续利用问题，就成为具有战略意义和国家需求的重大科学问题。

生态抚育的特色生物资源繁育模式，并非仅仅着眼于尽可能提高繁育目标资源种类的资源储量和实际产能，同时将资源繁育过程中的生态环境保护问题列为具有重要地位的战略着眼点。首先，在生态抚育模式的规划与设计阶段，就将资源繁育区的生态环境保护列为进行资源繁育的必备前提条件；其次，在生态抚育模式的运行过程中，要求最大限度地避免对资源繁育地原有生态环境的破坏和不良影响。

因此，特色生物生态抚育技术模式虽然也需要着眼于提高繁育目标资源种类的资源实际产出能力，但更为强调了区域生态环境保护的重要性，对资源繁育过程中的自然生态环境保护提出了更高要求。与传统人工栽培方式及前述野生抚育方式等资源繁育模式相比，对于青藏高原、蒙新荒漠、黄土高原、云贵高原等众多生态环境较为脆弱的地区而言，利用生态抚育模式进行特色生物资源种类的规模化繁育，可能是更为合理、科学、明智的选择。

12.1.4.2 在我国众多的自然生态脆弱地区具有良好的推广应用前景

在中华民族悠久的历史长河中，中华民族的先民们在战胜病魔、维护自身健康的过程中，逐步建立起包括中药以及藏药、蒙药、维药、苗药等众多民族医药体系在内的中华民族医药体系，加之以特色生物资源种类为主体的功能性保健产品体系，为保障人类健康和疾病防治发挥了重要作用。在中华民族医药的早期发展阶段，受交通极为不便、信息交流不畅等多种因素的影响，就地取材往往成为各民族医药体系中药材资源的主要来源途径，使许多药材资源种类的产地带有明显的地域性印记。例如，据不完全统计，至少有70%以上的藏药材属于主要分布于青藏高原的资源种类。

我国幅员辽阔，在长期的地质演变过程中发育形成了许多处于不同阶地等级的自然地理单元（如长江三角洲平原、华北平原、黄土高原、蒙新高原、青藏高原等），为不同药材资源种类及特色生物资源种类的生长发育提供了多元化的道地产区，也随之形成了药材资源及特色生物资源种类的多元化适宜繁育区。从生态学的观点来看，不同类型的自然生态区域，必然会形成存在具有一定差异的优化资源繁育对策。

通过不同资源繁育方式的综合比较分析可见，在不同地区，不同的资源繁育方式可能表现出较为明显的适用差异性。就目前占据主流地位的人工栽培资源繁育方式而言，相对较为适宜应用于人口密度大、农耕条件良好的区域范围内，可在较短时间内形成一定的繁育资源种植面积和产量规模。对近期备受关注并基本获得普遍认同的野生抚育的药材资源繁育方式而言，相对较为适宜应用于人口密度较大、农耕条件较好、自然生境条件良好的区域范围内，可起到明显提高资源持续供给能力的作用。就特色生物资源种类生态抚育的资源繁育方式而言，则相对较为适宜应用于人口密度小、农耕条件差、生态环境脆弱、自然生境条件偏差的区域范围内，可在避免区域生态环境遭受破坏或明显不利影响的前提下，通过大范围、低密度、长周期的天然繁育途径，最终达到明显改善并提高资源持续利用能力的战略目标。

据此分析，在青藏高原等高寒生境区、蒙新高原等荒漠生境区、黄土高原、云贵高原等生态脆弱区，将适用于通过生态抚育方式进行特色生物资源种类的规模化繁育，实现在保护区域生态环境前提下明显增强资源持续利用能力的战略目标。因此，生态抚育的特色生物资源繁育模式也具有较为广阔的适用范围。

12.1.4.3 可充分利用大自然馈赠并借助人为辅助措施明显增效

从生物学的角度来看，任何生物资源种类都具备天然更新能力，可以通过动物繁殖成体的迁徙定居、植物成熟种子的自主传播和有效萌发、各类繁殖体的无性繁殖等不同繁殖方式，实现自身繁育种源的传播与外扩，随后在不断汲取天然能量（如光能）和自然养分（如水）的基础上，完成自身的生长发育过程及生活史周期，进而达到恢复、繁衍、扩散自身种群数量和资源储量规模的目的。但是，受到种子传播距离有限、扩散种子因故无法正常萌发、营养繁殖难以外扩等众多因素的影响，使植物资源种类自身的天然更新能力也显得十分有限。因此，如果单纯依赖生物资源种类自身的天然更新能力，必然难以在较短时间内实现资源种群数量和资源产能的明显增长。

目前较为流行的传统药材资源栽培繁育模式，其本质应属于相应农业耕作及管理措施占主导地位的资源繁育方式，带有十分明显的人为干扰印记。这种繁育方式，虽然可以在单位面积的土地资源上获得较为丰厚的资源产品，但也存在挤占农用耕地、需要较高投入（包括人力、物力和财力投入）、资源品质难以全面保障等多方面的问题。事实上，种植药材质量下降、药材农残超标等人工栽培资源中经常出现的问题，已经成为制约规模化人工栽培繁育中藏药材资源的重要因素；种植药材生长周期过长、种植成本偏高等方面的问题，则已在一定程度上演变成为影响和阻碍相关生产企业和广大农民群众进行人工栽培繁育资源积极性的重要原因。

相比之下，采用生态抚育的资源繁育方式，则可以充分利用大自然的无尽馈赠及资源自身的天然增殖能力，借助相应人为辅助措施的推动促进作用，最终实现对于抚育资源种类进行稳定、高效、持续繁育的战略目标。

其一，抚育目标资源种类可以通过利用适宜的自然环境条件实现其繁育目标。与传统人工栽培模式相比，生态抚育模式主要是通过抚育资源种类自身正常生长发育的天然增殖能力，依赖于天然生境中的营养和能量供给，完成其生活史周期的绝大部分时段。在充分利用大自然无穷奉献的基础上，最终实现特色生物资源种类的规模化繁育。这种繁育模式，不仅可以明显降低栽培管理的大量投入，而且可以避免多年耕种的地力下降、单种群密植的病虫害多发、生境差异过大的品质降低等方面的问题，具有十分明显的比较优势。

其二，必要的人为辅助措施将明显提升抚育资源种类的繁育实效。在进行特色生物资源种类生态抚育的过程中，通过相应人工辅助措施的实施，可以有效避免或缓解资源种类天然更新过程中可能存在的诸多不利影响。优质繁殖种源的培育，不仅可以显著提高抚育目标资源种类的优质率，而且可以提高繁育种子的实际萌发率。抚育资源种类适宜生境的筛选，可以保证抚育资源种类在适生环境中顺利完成其生长周期，最终成为具有较高资源品质的资源产品。繁殖种源的科学定植，可以为抚育种子的萌发和繁殖体的生长创造良好条件。因此，相应人工辅助措施的采用，将会明显提高抚育资源种类的繁殖效率。

12.1.4.4 属于主要适用于植物类特色生物资源种类的繁育模式

就生物学观点和资源的实际应用价值而言，特色生物资源应该包括动物、植物和微生物的可利用生物资源种类。针对特色生物资源种类的规模化繁育需求所提出的生态抚育技术模式，作为一种具有良好推广应用前景的技术模式，理想状态无疑是能够适用于所有的生物资源种类。但是，由于各方面的原因，生态抚育的资源繁育技术模式特别适用于植物类的资源种类，但对动物和微生物资源种类则难以被有效、科学、合理地采用。

对分类等级较低的无脊椎动物而言，虽然在全球分布的种类数量约 100 万种，也有众多物种被列为药用或食用资源种类，但作为原始形式的动物类群，采用人工养殖方式进行资源繁育无疑更为适宜。对于鱼类、两栖类等较低等级的动物类群，人工养殖方式的相关技术已经较为成熟并被广泛采用，较之生态抚育的资源繁育方式具有十分明显的优势。对于较高分类地位等级的鸟类和哺乳类动物类群，通过生态抚育方式进行资源繁育，不仅难以有效管控，而且常常涉及到针对保护动物种类的法律问题。

概括而论，影响并制约运用生态抚育技术模式进行动物资源种类资源规模化繁育的主要原因表现在以下几个方面。

其一，难以成功获得可用于资源抚育的优质种源。对于组织、器官较为简单的原生动物、低等级动物种类，其遗传稳定性相对较差，往往易于形成较为明显的遗传变异。对于鸟类、哺乳类等分类地位较高的动物种类，则存在难以成功获得大量繁殖基因源的问题，也存在使外来繁殖基因源顺利融入机体方面的困难。

其二，无法精确掌控其实际生存空间和适宜抚育范围。野生动物属于适应性较强而且可以长距离迁徙的生物类群，虽然也有一定的生存范围和适生环境，当原有生存环境受到强烈干扰或者严重退化的情况下，有可能长途迁徙并建立新的生存领地，甚至立足于不同于以往的生境之中。在这种情况下，必然会对该物种适宜生存环境的最终确认造成一定的困难。

其三，资源利用存在一定的法律障碍。伴随国际社会对于生态环境和生物多样性保护意识的不断增强，人们保护野生动物的积极性增强。我国国家和各级地方政府先后陆续出台了针对全国和局部地区野生动物保护的相关法律、法规，列入保护名录的野生动物种类不断增加，部分保护动物种类的保护等级也在逐步提高，野生动物资源的开发利用必然受到相应的法律制约。在这种情况下，即便通过生态抚育方式实现了提高某些野生动物种类的种群数量，但对于列入保护动物名录的种类而言，要作为资源利用则必然存在一定的法律障碍。

对微生物资源种类而言，虽然属于广泛涉及食品、医药、工农业、环保等诸多领域的生物资源类群之一，不仅种类数量众多，而且分布范围极为广阔，也受到普遍的广泛关注和实际应用，但个体微小，机体组织结构简单。基于微生物资源种类存在易于诱发遗传变异、天然资源产物难以有效收集、许多有益的微生物资源已实现工业化生产等方面的特点，显然不适宜于采用生态抚育方式进行资源种类的规模化繁育。

12.1.4.5　有助于实现同步获取多种效益的共赢格局

采用生态抚育模式进行特色生物资源种类的规模化繁育，不仅可以有效提高资源的实有资源储量和产出能力，还可以同步获得相应的经济效益、生态效益和社会效益，实现多重效益共赢的目标。

从生态效益看，生态抚育模式最大限度地降低了资源抚育过程中对天然生态环境的人为扰动和破坏，事实上起到了资源利用过程中间接保护区域生态环境的作用。在抚育区的自然生态系统中定植引入抚育目标资源种类，可以提高植被群落的物种多样性和群落多样性，从生物学角度来看，将有助于提升群落的结构稳定性和基因多样性。利用自然生态系统中的植株间空地、局部裸地等植被稀疏或无植被地段，引入定植抚育目标资源种类的繁殖种源，可间接起到生态环境建设的作用。此外，通过直接参与方式，可以充分调动资源抚育区广大农牧民群众自主保护区域生态环境的积极性和主观能动性，无疑会为区域生态环境的保护与建设起到难以估量的重要作用。

从经济效益看，利用生态抚育方式进行特色生物资源种类的规模化繁育，可以从不同方面获得较为可观的经济收益。成功实施特色生物资源种类的生态抚育后，就可以获得一定产量规模的资源产品及其持续供给能力，提升抚育区自然生态系统的资源产出价值，进而形成相应规模的经济收益并具有持续性。通过生态抚育模式，可以减少资源生长发育过程中的人为耕作管护费用，可以明显降低相关生产企业获得资源性原料的相应成本，并由此获得相应的间接性经济效益。对参与生态抚育的农牧民群众来说，在不改变承包草场（林地）自主经营模式并加强日常看护性监护的前提下，就可以出售抚育目标资源产品而取得相应经济收益。此外，通过生态抚育方式形成的目标资源可持续利用能力，为相关特色生物资源产业的健康发展、后续资源产品相应经济效益的获取等提供坚实基础和原料保障。

从社会效益看，采用生态抚育模式进行特色生物资源种类的规模化繁育，可以取得促进特色生物资源产业健康发展、提高农牧民经济收入而有效改善民生、增强区域社会经济可持续发展能力等多方面的社会效益。

12.1.4.6　需加强针对抚育特色生物资源种类的资源生态学研究

必须承认，作为探索性的创新思路，生态抚育的特色生物资源繁育模式依旧处于探索发展阶段，尚存在许多有待于进一步深入研究揭示的内在科学问题。其中，生态抚育目标资源种类的生物学特性研究，属于应当优先考虑的关键性科学问题之一。

鉴于生物资源种类之间的生物学特性必然存在不同程度的差异性，在生态抚育技术模式的总体思路框架范畴内，不同特色生物资源种类的具体实施方案也必然存在一定程度的种间差异。因此，需要根据不同特色生物资源种类的生物学特性，有针对性地制定相应的实施方案，才能获得生态抚育模式的良好成效。

为了制定出科学、合理、实用的实施方案，首先需要了解并掌握生态抚育目标资源种类的生物学特性。因此，加强抚育目标资源种类的资源生态学研究，对于实现资源的生态抚育目标就显得十分重要。根据近年来对部分特色生物资源种类进行生态抚育的探索性实践，对抚育目标资源种类的资源生态学研究应侧重于以下几个方面。

其一，目标资源种类的繁殖生物学特性研究。优质繁殖种源的成功筛选及培育，是成功抚育高品质资源产品的重要物质基础。要获得优质的繁殖种源，就需要在研究掌握资源种类繁殖生物学特性的基础上，分别建立起优质种子判别标准及筛选规程、种子促萌发技术体系、优质种苗繁育技术规程等。

其二，目标资源种类的道地产区及其分布规律调研。资源抚育区适宜的生存环境，是成功实施目标资源种类生态抚育的必要条件。通过整体踏查及资源种类实际分布地区植被群落的详细调查，了解并掌握目标资源种类的主要栖息生态系统类型、分布格局及其分布规律。在建立目标资源种类品质特征综合分析技术体系的基础上，通过不同产地资源品质特征的综合分析，明确目标资源种类的道地产区，并外延推断出目标资源种类的主要适生范围和适生区域。最终，建立目标资源种类适宜抚育区的判别标准和技术规程，实现目标资源种类适宜产地和适宜生态抚育区的科学认定。

其三，资源种类的生长发育特征研究及生态抚育方案优化。只有通过对生态抚育目标资源种类生长发育特征及其基本规律的深入观察和研究，结合抚育资源种类的生长发育特性，才有可能科学、合理地确定抚育资源种类的定植技术模式、抚育格局布设、定植密度安排等方面的问题，并在跟踪监测抚育资源品质的过程中优化完善生态抚育的实施方案，最终建立形成具有良好实效的目标资源种类的生态抚育技术体系和技术规程。

12.2　实施方案

根据前述生态抚育技术模式的详细论述，在国家科技支撑项目的实施过程中，安排进行了部分特色生物资源种类的生态抚育，作为试验示范区生态经济林构建工作中的重要组成部分。鉴于项目实施过程中的资源生态抚育工作涉及众多方面，实施过程较为复杂，相应的工作布局和涉及范围较大，也显得较为杂乱，如果要对所有具体相关方面的实施方案细节进行详细论述则显得较为困难，也超出了本书的论述范畴。因此，仅结合课题实施过程中所进行的主要工作，就特色资源种类生态抚育实施方案的整体思路进行简要介绍。

其一，小流域区域自然生境条件调查。采用常规生态学方法，调查了解了小流域范围内的天然植被、土壤、水分、温度、光照等自然环境因素，为适宜资源生态抚育区的选择与确定提供基础依据。

其二，繁育物种及优质种源筛选。依据项目实施区域的自然环境条件，结合以往对于青海省部分药用植物和特色植物资源种类生物学特性的调查研究，选择认定可在小流域进行生态抚育的资源种类，并多途径收集被选定资源种类的适宜繁殖种源（包括种子和种苗）。

其三，生态抚育资源种类的定植。通过播撒种子或移植资源种苗的方式，在自然生态环境中进行资源种类的定植。根据资源生态抚育的实施特点，结合课题研究内容及预期目标的要求，将筛选出的资源种类主要定植于生态经济林营造区域内，同时延伸至小流域范围内相应林地、灌木林、山地旱坡等适宜生境，以及小流域外祁连县境内的部分适宜区域。

其四，生态抚育资源种类的生长发育情况监测。利用生态抚育区定制资源种类的逐年采样，通过采用样方取样法和定量株数取样方式，监测生态抚育资源种类相关生长参数指标，跟踪监测列入生态抚育资源种类的生长发育情况。

12.3　数据监测

采用样地法进行相应数据的监测。根据抚育目标资源种类定植量的不同，设置了不同的检测样地面积，分别布设于试验示范区的生态经济林内以及不同的相应生境类型下，记录每个监测样地内每个抚育资源种类的如下参数。

千粒重：指以克表示的1000粒种子的重量（单位：g）。

种子萌发率：指的是发芽测定终期，在规定日期（规定的发芽终止期）内正常发芽种子数占供检种子数的百分比（单位:%）。

种子清洁度：也叫种子净度，指供试样品中除去杂质和其他植物种子后留下本作物净种子重量占样品总重量的百分率（单位:%）。

越冬成活率：指种苗越冬后植株存活情况（单位:%）。

移栽成活率：指移栽植株的存亡状况（单位:%）。

株高：指观测植株最高点距离地面的距离（单位：cm）。

根长：指观测植株根部最长端到地面的距离（单位：cm）。

叶片数：指观测植株生长的叶子总数（单位：片）。

生物量：指利用千分之一分析天平，实际观测植株某一时刻单位面积内实存生活的有机物质（包括鲜重和干重）总量（此处保留3位小数）。

在2012年9月，进行了部分资源种类生态抚育的定植工作。为更好地掌握不同抚育资源种类的适应性、评价抚育措施是否切实可行，在2013年5月和2014年9月期间，分别设置1m×1m调查样方，对抚育物种越冬成活率、移栽成活率等相关基础数据进行了调查。同时，分别于2013年9月和2014年9月，对抚育较为成功的资源种类的株高、根长、叶片数和单株生物量（鲜重和烘干重）等生长发育情况进行了跟踪取样分析，随机取10株生长较为一致的单株植株，取其平均值作为生态抚育工作的评价参数。

12.4 实施结果

在课题实施过程中，结合生态经济林构建和特色生物资源的抚育繁殖，通过适宜抚育区调查、适生资源物种选择、抚育目标资源物种定植等方式，成功实现了部分特色生物资源种类的生态抚育，初步取得良好成效。相关主要结果总结整理如下。

12.4.1 抚育地适生环境调查与物种选择

12.4.1.1 抚育地生态环境调查

生态环境是影响植物资源繁殖、生长、发育及更新的重要因素，植物资源所在群落均与诸多生态因子，如温度、光、水、气、坡向、坡度、海拔、土壤等密切相关（陶曙红等，2003；鲁守平等，2006）。针对不同抚育资源种类，为更好地确定其适宜的抚育方法，保证抚育工作的成效，首先需对抚育地适宜生态环境条件进行调查。

2012 年 8 月，在查阅相关资料的基础上，采用常规植被生态学研究方法，对试验区的生态环境进行了实地调查。调查内容主要包括小流域范围内的地形地貌、土壤、水、热、光照、天然植被等自然环境因素，以便为适宜资源生态抚育区的选择与确定提供基础依据。

试验区所在区域多山间盆地和宽谷，海拔一般在 2800~4000m，谷地较宽，两侧洪、冲积平原、河滩地或台地发育。土壤是在特定的地理位置、地貌地质、气候和植被的综合影响下形成的，在小八宝乡至扎麻什乡一带表现较为干旱，向西、向东较为潮湿，由此导致土壤的明显变化。土壤类型依海拔高度呈明显的垂直分布规律。由高处向低处分别有高山寒漠土、高山草甸土、山地（高中山地带）草甸土、灰褐土、黑钙土、栗钙土。

祁连山位于中纬度北温带，深居内陆，远离海洋，多种因素的叠加构成了祁连山地区主要的气候特征，即大陆性高寒半湿润山地气候。主要表现为冬季长而寒冷干燥，夏季短而温凉湿润，全年降水量主要集中在 5~9 月。祁连山地区年平均气温都在 4℃以下，4~10 月最高气温在 4~15℃之间，平均气温的空间分布形势比较稳定，年际变化很小。年降水量 400mm 左右，以 5~9 月较为集中，表现出较大的年际变化。

项目实施区内植被类型分别分布有森林植被、灌丛植被、高寒草甸植被以及高寒草原植被类型。其中森林植被中，乔木群落的组成物种简单，优势种主要为青海云杉、祁连圆柏和小叶杨等。灌丛植被类型在研究区域内具有相对较为广泛的分布范围，主要分布于小流域两侧的山地沟谷内，在区域范围内主要以金露梅、山生柳和鬼箭锦鸡儿等几种植物为优势种。草本植物种类在高寒灌丛植被类型中以高寒草甸组成物种为主，主要优势种或建群植物主要有高山嵩草、矮嵩草、珠芽蓼、圆穗蓼等，可分别构成优势种，也可相互组合构成优势种和次优势种。在河谷灌丛植被类型中，草本层主要以温性草原组成物种为主，建群种类不明显，常见的有芨芨草、醉马草、西北针茅、白莲蒿、红花岩黄芪等。

生境调查结果还显示，在研究区域范围内，许多相对远离公路和工业区、无潜在工矿污染源、人为活动干扰较少的大面积区域，适宜于开展相应的资源生态抚育工作。在这些区域范围内进行部分资源种类的生态抚育工作，可以有效避免环境污染的影响，减缓或避免病虫害对抚育目标资源种类影响，确保抚育后资源种类的安全性和地域性，使之具有一定的可操作性。

12.4.1.2　抚育物种的选择

适宜资源物种的选择，在一定程度上直接影响到生态抚育的最终效果。在抚育资源物种选择的过程中，要综合考虑当地物种的资源状况、利用价值、市场需求、生态效益等综合因素进行确定。

在本课题实施过程中，生态抚育资源物种的选择主要考虑了以下几个方面的因素：

其一，尽量选择研究区域内已有野生资源分布的当地乡土资源种类。

其二，充分考虑抚育目标资源种类的生境适宜性。

其三，通过抚育能够在一定时间内收到成效，产生一定利用价值的物种。

结合抚育试验区具体生态环境条件，因地制宜，选择了部分植物资源种类（表 12-1）进行生态抚育工作。所选择的资源种类隶属于 12 个科 18 个属的 21 个不同物种，涉及范围较广，主要以祁连山当地乡土物种为主，龙胆科、小檗科、蓼科、伞形科 4 个科的植物所占比例较大，分别为 19%、19%、14.3%、9.5%。所选择的 21 个物种，基本符合抚育物种选择的要求，有 4 个物种为灌木，其余 17 个物种为草本植物或高大草本，系具有一定经济价值的传统常用中药、藏药材资源，如麻花艽、椭圆叶花锚、唐古特大黄等；有些物种则兼具药用和观赏价值，如鲜黄小檗、马蔺、唐古特铁线莲等。

表 12-1　生态抚育植物资源种类的选择

<table>
<tr><th>序号</th><th colspan="2">所在科属</th><th>资源名称</th><th>比例（%）</th></tr>
<tr><td rowspan="4">1</td><td rowspan="4">龙胆科 Gentianaceae</td><td>龙胆属 Gentiana</td><td>麻花艽 G. straminea</td><td rowspan="4">19.0</td></tr>
<tr><td>獐牙菜属 Swertia</td><td>抱茎獐牙菜 S. franchetiana</td></tr>
<tr><td>花锚属 Halenia</td><td>椭圆叶花锚 H. elliptica</td></tr>
<tr><td>扁蕾属 Gentianopsis</td><td>湿生扁蕾 G. paludosa</td></tr>
<tr><td rowspan="3">2</td><td rowspan="3">蓼科 Polygonaceae</td><td rowspan="2">大黄属 Rheum</td><td>唐古特大黄 Rh. tanguticum</td><td rowspan="3">14.3</td></tr>
<tr><td>药用大黄 Rh. officinale</td></tr>
<tr><td>酸模属 Rumex</td><td>巴天酸模 R. patientia</td></tr>
<tr><td rowspan="4">3</td><td rowspan="4">小檗科 Berberidaceae</td><td rowspan="3">小檗属 Berberis</td><td>鲜黄小檗 B. diaphana</td><td rowspan="4">19.0</td></tr>
<tr><td>多花小檗 B. metapolyantha</td></tr>
<tr><td>西北小檗 B. vernae</td></tr>
<tr><td>桃儿七属 Sinopodophyllum</td><td>鬼臼 S. hexandrum</td></tr>
<tr><td>4</td><td colspan="2">鸢尾科 Iridaceae　鸢尾属 Iris</td><td>马蔺 I. lactea</td><td>4.8</td></tr>
<tr><td>5</td><td colspan="2">茄科 Solanaceae　山莨菪属 Anisodus</td><td>唐古特山莨菪 A. tanguticus</td><td>4.8</td></tr>
</table>

（续）

序号	所在科属		资源名称	比例（%）
6	毛茛科 Ranunculaceae 铁线莲属 *Clematis*		唐古特铁线莲 *C. tangutica*	4.8
7	景天科 Crassulaceae 红景天属 *Rhodiola*		库页红景天 *Rh. sachalinensis*	4.8
8	菊科 Compositae 旋覆花属 *Inula*		土木香 *I. helenium*	4.8
9	伞形科 Umbelliferae	当归属 *Angelica*	当归 *A. sinensis*	9.5
		羌活属 *Notopterygium*	羌活 *N. incisum*	
10	桔梗科 Campanulaceae 党参属 *Codonopsis*		党参 *C. pilosula*	4.8
11	唇形科 Labiatae 黄芩属 *Scutellaria*		黄芩 *S. baicalensis*	4.8
12	豆科 Leguminosae 锦鸡儿属 *Caragana*		柠条锦鸡儿 *C. korshinskii*	4.8

上述物种的选择，不仅可以丰富高效生态经济林构建时的组合群落结构的内涵，也可以在一定程度上促进生态经济林的可持续经营，提高生态经济林经济效益，建成“林药”复合的高效生态系统。此外，通过这些特色植物资源种类的生态抚育，还可以间接提高试验示范区和青海祁连县地区的潜在资源开发利用价值。

12.4.1.3 抚育物种的生物学特性调查

植物资源生物学特性主要是指植物体自身的一些主要特征，如形态、结构、功能等。开展抚育目标资源种类生物学特性的调查，将有助于进一步明确相关资源种类生态特性、生长习性等。根据其生物学特性的差异，有的放矢，为后续抚育目标资源种类的种质资源收集、抚育方式确定、抚育定植、生长发育特性调查等工作奠定基础。

通过野外现场实地调查和查阅相关文献资料（青海植物志，1996；中国植物志，2004），对21个不同抚育物种的生物学特性进行了调查（表12-2），主要调查内容包括物种的生长习性、植物形态特征、与环境的相关性、野外分布典型生境类型等，进一步明确了各抚育资源种类的生态习性、野外分布情况等重要信息，为后续抚育工作的开展提供了基础依据。

表12-2 抚育植物资源种类的生物学特性

序号	资源名称	主要生物学特性
1	麻花艽 *Gentiana straminea*	多年生草本，高10~35cm，全株光滑无毛；须根多数，主根扭结成一个粗大、圆锥形的根；聚伞花序，花冠黄绿色；蒴果椭圆状披针形，花果期7~10月。生于高山草甸、灌丛、林下、林间空地、山沟、河滩等地，海拔2000~4950m
2	抱茎獐牙菜 *Swertia franchetiana*	2年生草本，高15~40cm；主根明显，茎直立，四棱形。圆锥状复聚伞花序几乎占据了整个植株，多花；花5数，花冠淡蓝色；蒴果椭圆状披针形；花果期8~11月。生于沟边、山坡、林缘、灌丛，海拔2200~3600m

（续）

序号	资源名称	主要生物学特性
3	椭圆叶花锚 *Halenia elliptica*	2年生草本，高15~60cm；根具分枝，黄褐色，茎直立，无毛，四棱形；聚伞花序腋生和顶生，花冠蓝色或紫色；花果期7~9月。常生于高山林下及林缘、山坡草地、灌丛中、山谷水沟边等生境下，海拔700~4100m
4	唐古特山莨菪 *Anisodus tanguticus*	多年生宿根草本，高40~80cm；根粗大，近肉质；花冠钟状或漏斗状钟形，紫色或暗紫色；花期5~6月，果期7~8月。生于2500~4500m的山坡、草地阳处
5	药用大黄 *Rheum officinale*	多年生高大草本植物，高可达2m；根及根状茎内部黄色；大型圆锥花序，花成簇互生，绿色到黄白色；果实长圆状椭圆形，种子宽卵形，5~6月开花，8~9月结果。常生长于海拔1200~4000m山沟或林下等环境
6	库页红景天 *Rhodiola sachalinensis*	多年生草本，根粗壮，通常直立，雌雄异株；聚伞花序，花瓣4，淡黄色；种子长圆形至披针形；花期4~6月，果期7~9月。生于在海拔1600~2500m的山坡林下、碎石山坡及高山冻原
7	马蔺 *Iris lactea*	多年生密丛草本，根状茎粗壮，叶基生；花为淡蓝色、蓝色或蓝紫色，蒴果长椭圆状柱形，种子为不规则的多面体，棕褐色；花期5~6月，果期6~9月。生于荒地、路旁、山坡草地，尤以过度放牧的盐碱化草场上生长较多
8	巴天酸膜 *Rumex patientia*	多年生草本，根肥厚，茎直立，粗壮；花序圆锥状，大型；花两性，瘦果卵形；花期5~6月，果期6~7月。多生于沟边湿地、水边，海拔20~4000m
9	唐古特铁线莲 *Lematis tangutica*	落叶藤本，主根粗壮，木质；茎具棱，幼时被长柔毛，后脱落；叶对生，一回羽状复叶；花单生，有时为单聚伞花序；瘦果倒卵形；花期6~9月，果期7~10月。分布海拔1250~4900m
10	湿生扁蕾 *Gentianopsis paludosa*	2年生草本，高3~40cm；茎单生，直立或斜升，基生叶3~5对；花单生茎及分枝顶端，花冠蓝色，或下部黄白色，上部蓝色；蒴果具长柄，椭圆形，种子黑褐色；花、果期7~10月。生于海拔1180~4900m的河滩、山坡草地、林下等地
11	唐古特大黄 *Rheum tanguticum*	多年生高大草本，高1.5~2.0m；根及根状茎粗壮，黄色，茎粗，中空，具细棱线，茎生叶大型；大型圆锥花序，花小，紫红色稀淡红色；果实矩圆状卵形到矩圆形，种子卵形，黑褐色；花期6月，果期7~8月。多生长于2000~3900m的山地林缘、灌丛、草坡等生境
12	多花小檗 *Berberis metapolyantha*	半常绿灌木，高1~2m；枝被短柔毛，具槽；茎刺三分叉或单生；圆锥花序，具10~14朵花，花黄色；浆果长圆状球形；花期6月，果期10月。多生长于海拔1500~2700m的地区，常生于山坡以及路边。目前尚未由人工引种栽培
13	鲜黄小檗 *Berberis diaphana*	落叶灌木，高1~3m；幼枝绿色，老枝灰色，具条棱和疣点，叶坚纸质；花2~5朵簇生，黄色；浆果红色，卵状长圆形；花期5~6月，果期7~9月。多生长于海拔1620~3600m的地区，多生在草甸、林缘、坡地、灌丛中及云杉林中。目前尚未由人工引种栽培
14	西北小檗 *Berberis vernae*	落叶灌木，高0.5~1.5m；老枝暗灰色，细弱，具条棱，叶纸质；穗状总状花序，花黄色；浆果长圆形，淡红色；花期5~6月，果期8~9月。多生长于海拔2200~3850m的河滩地或山坡灌丛中

（续）

序号	资源名称	主要生物学特性
15	土木香 *Inula helenium*	多年生草本，高 60~150cm；根茎块状，有分枝；茎直立，粗壮；头状花序少数，花黄色；瘦果四或五面形，花期 6~9 月。多生于山谷、沟边、路旁阴湿处及山坡灌丛中，海拔 1500~3000m
16	当归 *Angelica sinensis*	多年生草本，高 0.4~1.0m；根圆柱状，分枝，有多数肉质须根，黄棕色；复伞形花序，果实椭圆至卵形；花期 6~7 月，果期 7~9 月。在海拔 1500~3000m 均可栽培
17	黄芩 *Scutellaria baicalensis*	多年生草本，根茎肥厚，肉质，茎基部伏地，叶坚纸质；小坚果卵球形，黑褐色；花期 7~8 月，果期 8~9 月。生于向阳草坡地、休荒地上，海拔 1700~3000m
18	党参 *Caragana pilosula*	多年生草质藤本，茎基多数瘤状茎痕，根常肥大呈纺锤状或纺锤状圆柱形；花单生于枝端，花冠黄绿色；蒴果下部半球状，上部短圆锥状。种子多数，卵形，棕黄色，花果期 7~10 月。生于海拔 1560~3100m 的山地林边及灌丛中
19	羌活 *Notopterygium incisum*	多年生草本，高 60~120cm；根茎粗壮，伸长呈竹节状；叶为 3 出式 3 回羽状复叶；花瓣白色，卵形至长圆状卵形；花期 7 月，果期 8~9 月。生长于海拔 2000~4000m 的林缘及灌丛内
20	鬼臼 *Sinopodophyllum hexandrum*	多年生草本，高 20~50cm；根状茎粗短，节状，多须根，茎直立，单生；花大，单生，先叶开放，两性，整齐，粉红色；浆果卵圆形，种子卵状三角形，红褐色，无肉质假种皮；花期 5~6 月，果期 7~9 月。生于海拔 2200~4300m 林下、林缘湿地、灌丛或草丛中
21	柠条锦鸡儿 *Codonopsis korshinskii*	灌木，有时小乔状，高 1~4m；羽状复叶有 6~8 对小叶，小叶披针形或狭长圆形，灰绿色，两面密被白色伏贴柔毛；花单生，花萼钟状，花冠黄色，蝶形，子房疏被短柔毛；荚果扁，披针形，长 2~2.5cm，宽 6~7mm，有时被疏柔毛；种子呈不规则肾形，淡褐色、黄褐色或褐色。花期 5 月，果期 6 月。生于半固定和固定沙地，常为优势种

12.4.2 种质资源的收集和整理

12.4.2.1 种质资源的收集

种质资源是提高中药材质量的关键和源头，是保证中药产业可持续发展的根本措施（李隆云等，2002），也是生物多样性的重要组成部分（曹永生等，2010）；没有品种资源的收集工作，其他工作就无从谈起。因此，在确定抚育资源种类的基础上，于 2011 年 9 月期间（植物花果期），从不同途径、不同地点对前述资源种类进行了收集、整理工作，共收集到 22 份种质资源，并及时准确地记载了相关收集信息，主要包括种质资源名称、采用的繁殖材料、种质资源来源、主要生物学特性、采集时间和地点以及种质保存方式等（表 12-3），以便后续生态抚育工作的开展。

表 12-3　生态抚育植物资源种质资源收集信息

序号	繁殖材料	来源	种质资源名称	采集时间和地点	保存方式
1	种子	自繁	麻花艽	2011 年 9 月平安	贮藏保存
		自繁	抱茎獐牙菜	2011 年 9 月湟中	贮藏保存
		自繁	椭圆叶花锚	2011 年 9 月湟中	贮藏保存
		自繁	唐古特山莨菪	2011 年 9 月湟源	贮藏保存
		自繁	唐古特大黄	2011 年 9 月群加	贮藏保存
		自繁	药用大黄	2011 年 9 月群加	贮藏保存
		自繁	库页红景天	2011 年 9 月湟中	贮藏保存
		青海湖	马蔺	2011 年 10 月青海湖	贮藏保存
		祁连当地	巴天酸膜	2011 年 9 月祁连	贮藏保存
		祁连当地	唐古特铁线莲	2011 年 9 月祁连	贮藏保存
		祁连当地	湿生扁蕾	2011 年 9 月祁连	贮藏保存
		祁连当地	唐古特大黄	2011 年 9 月祁连	贮藏保存
		乐都	柠条锦鸡儿	2011 年 9 月乐都	贮藏保存
2	果实	互助县浪士当沟	多花小檗（万源小檗）	2011 年 9 月互助	贮藏保存
		互助县柏木峡	鲜黄小檗	2011 年 9 月互助	贮藏保存
		互助县甘禅口	西北小檗（匙叶小檗）	2011 年 9 月互助	贮藏保存
3	种苗	自繁	唐古特大黄	2011 年 9 月群加	种植保存
		自繁	土木香	2011 年 9 月大通	种植保存
		自繁	当归	2011 年 9 月乐都	种植保存
		自繁	黄芩	2011 年 9 月乐都	种植保存
		自繁	党参	2011 年 9 月乐都	种植保存
		自繁	羌活	2011 年 9 月乐都	种植保存
		自繁	鬼臼	2011 年 9 月乐都	种植保存

所采用的繁殖材料可以分为三大类，分别为种子、果实和种苗。其中，以种子为繁殖材料的种质资源共有 13 种，种子来源以自繁为主，也包括一些采自祁连当地的资源种子。以果实作为繁殖材料的种质资源主要是小檗属的多花小檗、鲜黄小檗和西北小檗 3 个物种，分别采自青海省互助县不同地方。土木香、党参、黄芩、当归、羌活、鬼臼等 7 个物种采用的是种苗繁育方式，均来源于自繁种苗。其中，唐古特大黄的抚育繁殖材料采用了两种不同来源，一是种子，二是种苗，用以比较其不同的抚育效果。

从所采集种质资源的生物学特性来看，椭圆叶花锚和抱茎獐牙菜 2 个物种为 2 年生草本，小檗属 3 个物种为灌木，其余种质资源均为多年生草本。上述种质资源的主要原生生境类型基本与示范区内生态环境条件相似，符合开展资源生态抚育工作的基本条件。

为确保2012年生态抚育工作的顺利开展，将收集到的种质资源依据其性质的不同，采用了两种不同的保存方式，即贮藏保存和种植保存。对繁殖材料为种子和果实的种质资源，以贮藏保存为宜；对繁殖材料为种苗的种质资源，采用种植地就地种植保存的方式，待来年起苗进行移栽种植。

12.4.2.2 种质资源基础数据的获取

2012年11月至2013年1月期间，在实验室内将收集到的以种子为繁殖材料的种质资源进行了种子千粒重、萌发率和净度等基础数据的测定工作（表12-4），为后续种苗越冬成活率的统计提供了基础数据。

表12-4 抚育物种千粒重、种子萌发率、洁净度测定结果（n=5）

序号	资源种类	千粒重（g）	萌发率（%）	清洁度（%）
1	唐古特大黄	9.544	79	98
2	药用大黄	7.630	64	98
3	巴天酸膜	1.351	85	96
4	麻花艽	0.226	72	97
5	抱茎獐牙菜	0.064	68	96
6	椭圆叶花锚	0.673	65	98
7	湿生扁蕾	0.083	72	98
8	马蔺	25.100	42	98
9	鲜黄小檗	9.270	75	98
10	多花小檗（万源小檗）	8.665	70	95
11	西北小檗（匙叶小檗）	9.012	71	95
12	唐古特铁线莲	3.891	86	98
13	唐古特山莨菪	6.679	72	96
14	库页红景天	0.147	56	95
15	柠条锦鸡儿	0.179	79	95

千粒重是反映种子大小与饱满程度的一项重要指标，是检验种子质量的重要内容，也是田间预测产量时的重要依据。不同物种，其千粒重大小亦存在一定差异。根据生态抚育中以种子为繁殖材料的14个不同物种千粒重的测定结果（图12-2），以马蔺植物千粒重数值最大，为25.100g；龙胆科4种植物抱茎獐牙菜、湿生扁蕾、麻花艽、椭圆叶花锚则具有较小的千粒重测定结果。根据同一科属2种不同物种（唐古特大黄和药用大黄）的其千粒重测定结果，也存在一定差异，前者测定结果为后者的1.3倍。小檗科3种植物的千粒重测定结果基本变化不大，差异不明显。

对抚育目标资源种类种子萌发率的测定结果表明（图12-3），马蔺种子萌发率最低，唐古特铁线莲种子萌发率最高，二者相差一倍多。其他植物如唐古特大黄、鲜黄小檗、麻花艽、湿生扁蕾等也具有较高的萌发率。

种子清洁度，也叫种子的净度，是指种子清洁、干净的程度，是种子质量的一项重要

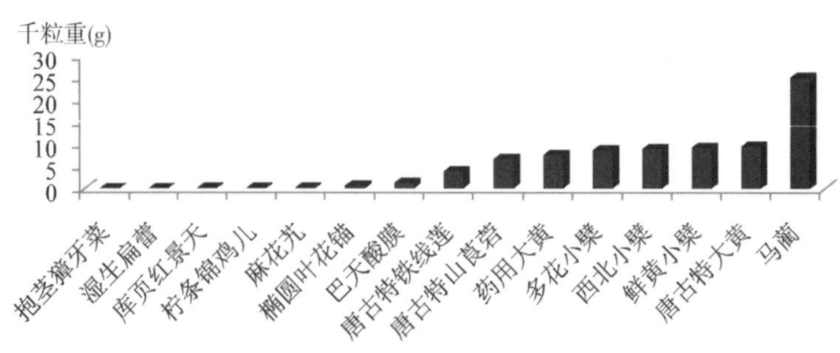

图 12-2 抚育物种千粒重测定结果

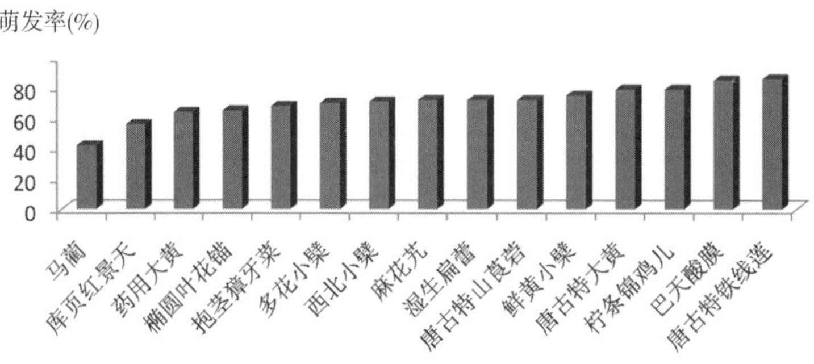

图 12-3 抚育物种种子萌发率测定结果

指标（赵欣欣等，2010）。对其进行测定，可为下一步抚育工作通过依据，确保种子的安全贮藏，提高种子利用率。测定结果显示（图 12-4），试验用抚育目标资源种类的种子清洁度均较高，清洁度范围在 95%~98%之间，杂质含量极少。

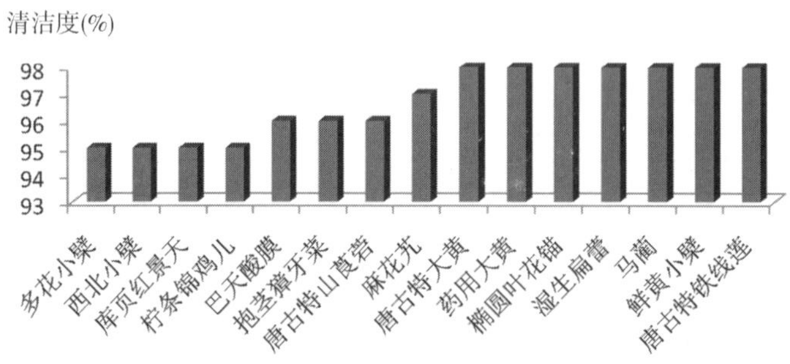

图 12-4 抚育物种种子清洁度测定结果

12.4.3 生态抚育物种定植

在课题实施过程中，结合课题组成员早期人工引种栽培工作的基础，根据各抚育目标资源种类生物学特性的差异，采用了种子直播或种苗移栽两种不同抚育定植方式，于 2012 年 9 月期间，在课题试验示范区分别对 21 种不同资源种类进行了定植工作（表 12-5）。根据课题实施任务的需求，这些生物资源种类的生态抚育区域主要以试验示范区内的生态经济林构建区域为主体，基本涵盖了试验示范区内的灌丛、河滩地、旱坡裸地、撂荒地等多种不同生境。

表 12-5 试验区抚育物种定植工作记录

序号	种质资源名称	定植生境
1	麻花艽	生态经济林下河滩地
2	抱茎獐牙菜	生态经济林下
3	椭圆叶花锚	生态经济林下河滩地
4	唐古特山莨菪	生态经济林下
5	唐古特大黄	生态经济林下、灌丛、河滩地、撂荒地、旱坡裸地
6	药用大黄	生态经济林下
7	库页红景天	生态经济林下
8	马蔺	生态经济林下
9	巴天酸膜	生态经济林下
10	唐古特铁线莲	生态经济林下
11	湿生扁蕾	生态经济林下
12	多花小檗	生态经济林下
13	鲜黄小檗	生态经济林下
14	西北小檗	生态经济林下
15	土木香	生态经济林下
16	当归	生态经济林下
17	黄芩	生态经济林下
18	党参	生态经济林下
19	羌活	生态经济林下
20	鬼臼	生态经济林下
21	柠条锦鸡儿	旱坡裸地

同时，将部分资源种类（唐古特大黄）的生态抚育工作外推至试验示范小流域之外的祁连县境内的部分适宜区域。重点围绕唐古特大黄进行了不同繁殖材料、不同抚育生境下的抚育工作，还延伸到整个课题示范区外祁连县境内部分适宜种植区域，总计种植抚育种苗数达 30 000 株。

考虑到外延性唐古特大黄资源生态抚育的实施范围较广、实施周期偏短等方面的因素，对课题划定的小流域试验示范区范围之外的唐古特大黄生态抚育植株未列入本次的调查统计范畴。

12.4.4 抚育物种的越冬成活率

越冬成活率是衡量资源生态抚育工作是否成功的重要指标之一。在前述种子千粒重、种子萌发率、种子净度等指标测定的基础上，跟踪监测了利用种子为繁殖材料的 15 种抚育资源的越冬情况，利用样方法（样方面积为 1m×1m）调查了定植目标资源种类越冬后的存活株数，最终计算出不同抚育资源种类的越冬成活率（表 12-6）。结果发现，在所选择的 20 种资源种类中，以唐古特大黄、唐古特铁线莲、药用大黄、椭圆叶花锚、麻花艽、鲜黄小檗、马蔺、湿生扁蕾等 8 种资源种类的越冬生长状况良好，越冬成活率较高；其余 7 个资源种类越冬情况表现不佳，不在此赘述。

表 12-6　生态抚育物种种子直播越冬成活率统计

序号	资源种类	播种量（kg/hm²）	出苗数（株）	成活率（%）
1	唐古特大黄	39.29（林下）	88.5	66.1
		42.00（旱坡裸地）	31.1	61.1
2	唐古特铁线莲	100.00	15.2	46.8
3	药用大黄	333.33	4.8	38.9
4	椭圆叶花锚	112.00	131.5	82.7
5	麻花艽	120.00	301.2	54.2
6	鲜黄小檗	107.14	7.0	78.5
7	马蔺	310.00	5.7	74.8
8	湿生扁蕾	45.00	278.3	48.5
备注	1. 调查样方大小 1m×1m，调查重复数 n=5 2. 繁殖材料：种子 3. 播种时间：2012 年 9 月，测定时间：2013 年 6 月			

在 8 种抚育情况表现良好的物种资源中，又以椭圆叶花锚、鲜黄小檗、马蔺、唐古特大黄资源种类的表现相对较佳，这 4 个资源种类的越冬成活率分别达到 82.7%、78.5%、74.8%、66.1%。

根据比较分析，不同抚育生境对抚育目标资源种类的越冬成活率也存在一定影响。以唐古特大黄为例，资源在生态经济林下的生态抚育效果优于在旱坡裸地生境下，这说明林下生境应该更适于唐古特大黄资源的生长和发育。

上述研究结果说明，在项目实施区域内，以种子作为繁殖材料，开展资源种类的生态抚育工作切实可行，是一种保护和扩大祁连山地区野生植物资源的有效措施。

12.4.5　抚育物种的移栽成活率

为了解掌握生态抚育过程中种苗定植的实际效果，对利用种苗进行生态抚育的目标资源物种的移栽成活率进行了调查统计（表 12-7）。结果表明，采用种苗移栽定植方式进行资源种类的生态抚育，不同的目标资源种类之间存在移栽成活率的明显差异。根据对不同抚育目标资源种类种苗移栽成活率的分析，麻花艽、黄芩、羌活、鬼臼 4 个资源种类的种苗移栽工作基本不成功，在观测期内未发现存活种苗；党参和当归的移栽成活率也明显较低，分别仅为 11%和 6%；土木香的移栽成活率居中，高者达到 54%；唐古特大黄的移栽表现最好，种苗移栽成活率达到 62%以上。通过对不同自然生境状态下相同资源种类种苗移栽成活率的分析，唐古特大黄在河滩地林下、撂荒地和灌丛林缘等不同生境类型中，均保留了较高的种苗移栽成活率，而且处于较为接近的水平，不同生境下的种苗移栽成活率顺序依次为河滩地林下（72.5%）、撂荒地（71.1%）、灌丛林缘（62.5%）；土木香则在不同生境条件下呈现出差异明显的种苗移栽成活率，在生态经济林下的种苗移栽成活率达到54.0%，但在河滩地生境中的种苗移栽成活率仅为25.6%。这些结果说明，在不同的抚育生境条件下，同一资源种类的抚育成效还是存在一定差异的。

上述研究结果还表明，在祁连山沟壑型小流域地区利用种苗开展资源生态抚育工作，以唐古特大黄和土木香的生态适应性较好。而利用同一资源种类开展不同生境下的抚育工作时，要充分考虑抚育区生态环境对资源抚育实效的影响。

表 12-7 生态抚育种苗移栽成活率统计

资源种类	地点及种植方式	栽植数（株/hm²）	成活数（株）	成活率（%）
唐古特大黄	撂荒地	29230.8	135	71.1
	河滩地林下	18461.5	87	72.5
	灌丛林缘	4923.1	20	62.5
土木香	河滩地	12000.0	20	25.6
	生态经济林下	15384.6	54	54.0
麻花艽	生态经济林下	7692.3	—	—
当归	生态经济林下	15384.6	11	11
黄芩	生态经济林下	15384.6	—	—
党参	生态经济林下	7692.3	3	6
羌活	生态经济林下	7692.3	—	—
鬼臼	生态经济林下	7692.3	—	—

注：“—”表示未发现存活植株。

12.4.6 抚育物种生长发育状况

为更好地了解抚育资源种类的生长发育情况，分别于2013年9月和2014年9月期间，对每个抚育目标资源种类，随机抽取了10株生长发育状况较为一致的植株单株，对株高、根长等生长发育指标进行了跟踪监测，初步掌握了不同抚育资源种类的生长发育特点，分述如下。

12.4.6.1 椭圆叶花锚 *Halenia elliptica*

椭圆叶花锚为2年生草本植物，到2014年9月已基本完成一个植物生长周期，抚育工作已经初见成效（表12-8）。第一年的生长状况，以地下部分为主，根长可达8.6cm，地上部分生长缓慢，株高仅为4.3cm，整个植株生物量极小。到生长第二年，地上部分生长速度增快，到9月时株高达到101.4cm的层面，明显超过地下部分生长速度。在经过第一年的缓慢生长后，第二年呈现快速生长状态，开花结实后完成整个生长发育周期。株高、根长、叶片数、单株生物量（烘干重）等均有不同程度增加，增长倍数分别为22.58倍、0.72倍、5.71倍、144.35倍，其中又以地下生物量的增长最为显著。可见，在河滩地等相似的原生生境下，通过人工播种方式进行椭圆叶花锚的生态抚育工作是可行的。这种植物以其自身生活习性来适应高山寒冷干旱的极端环境，完成植物生长发育需要10~12个月的连续生长发育时间。尽管在自然生态抚育状态下椭圆叶花锚的生长发育指标均低于人工栽培状态下，但是其整个生长发育规律与文献报道情况是一致的（陈桂琛等，2004）。

表12-8 生态抚育椭圆叶花锚的生长发育指标（n=10）

资源种类	测定时间（年.月）	生长发育指标				
		株高（cm）	根长（cm）	叶片数（片）	全株生物量（g）	
					鲜重	干重
椭圆叶花锚（河滩地）	2013.9	4.3±0.7	8.6±3.1	12.4±1.6	0.339±0.105	0.049±0.022
	2014.9	101.4±12.2	14.8±3.2	83.2±40.6	31.767±13.802	7.122±3.128
增长倍数		22.58	0.72	5.71	92.71	144.35
备注	1）除生物量烘干重数据外，其余数据均为现场随机取样后测定。下同 2）所有数据为10株样品平均值。下同					

12.4.6.2 麻花艽 *Gentiana straminea*

麻花艽为多年生草本植物，完成其生活史需要数年时间。在课题实施期间，仅对抚育资源两年间的生长情况进行了调查（表12-9）。根据监测统计结果的分析表明，抚育麻花艽第一年的生长发育情况与椭圆叶花锚相似，也是以地下部分的生长为主，但生长量有限，根长仅为4.9cm，全株生物量也较小。到第二年时，整体生长速度明显加快；比较而言，地上部分的生长速度显著加快，地下部分的生长速度则逐渐变缓。综合比较两年间生长发育情况可知，抚育麻花艽的各项测定指标均呈现出逐步增长的趋势，表明整体生长发育状况良好。据统计，抚育麻花艽的株高、根长、叶片数、全株生物量（烘干重）等指标均有所增长，分别增加了10.08倍、2.31倍、0.69倍、57.70倍。相比之下，以单株生物量（烘干重）的增幅最大。

表12-9 生态抚育麻花艽的生长发育指标（n=10）

资源种类	测定时间（年.月）	生长发育指标				
		株高（cm）	根长（cm）	叶片数（片）	全株生物量（g）	
					鲜重	干重
麻花艽（河滩地）	2013.9	1.3±0.5	4.9±1.4	6.8±0.9	0.178±0.033	0.033±0.007
	2014.9	14.4±3.57	16.2±3.33	11.5±3.98	10.195±5.136	1.937±0.894
增长倍数		10.08	2.31	0.69	56.28	57.70

12.4.6.3 唐古特大黄 *Rheum tanguticum*

唐古特大黄是青海省著名的道地药材资源种类，也是2015版《中国药典》中收录的正品大黄药材基源植物种类。为更加全面地了解抚育唐古特大黄资源的生长情况，分别监测了两种不同生境类型（旱坡裸地和撂荒地）中抚育唐古特大黄的生长发育情况（表12-10）。

监测分析结果表明，在两种不同生境状态下，唐古特大黄均生长状况良好，生长发育规律基本一致，地上部分和地下部分生长基本保持同步，但在生长速率方面存在一定差异。就整体比较而言，到第二年的时候，唐古特大黄植株的各项生长发育指标均有较为明显的增长，仅在相应监测指标的增长倍数上表现出一定差异。就不同生境比较而言，在旱坡裸地生境条件下，抚育唐古特大黄第二年的株高、根长、叶片数、全株生物量（烘干重）等生长指标分别比第一年增加了 3.59 倍、1.52 倍、1.47 倍、1.32 倍；在撂荒地生境条件下，抚育唐古特大黄第二年的株高、根长、叶片数、单株生物量（烘干重）等生长指标也分别增加了 0.32 倍、0.15 倍、0.33 倍、0.58 倍。这些结果说明，在自然生长状态下进行唐古特大黄资源的生态抚育完全可行；抚育区的自然生境是影响抚育资源生长发育的重要因素之一；相比之下，旱坡生境下的唐古特大黄资源抚育效果优于撂荒地。

表 12-10 生态抚育唐古特大黄的生长发育指标（n=10）

抚育生境	测定时间（年．月）	生长发育指标				
		株高（cm）	根长（cm）	叶片数（片）	全株生物量（g）	
					鲜重	干重
旱坡裸地	2013.9	5.8±3.1	6.2±2.4	1.5±0.8	1.040±0.120	0.602±0.160
	2014.9	26.6±5.7	15.6±2.7	3.7±0.9	15.618±7.306	1.396±0.583
	增长倍数	3.59	1.52	1.47	14.02	1.32
撂荒地	2013.9	34.0±9.5	24.8±2.6	1.8±0.8	85.550±56.270	26.610±17.210
	2014.9	44.8±12.0	28.4±4.4	2.4±1.2	134.452±91.910	41.980±35.360
	增长倍数	0.32	0.15	0.33	0.57	0.58

12.4.6.4 药用大黄 *Rheum officinale*

药用大黄是 2015 版《中国药典》中收录的 3 种正品大黄药材的基源植物种类之一，主产陕西、四川、云南等地，在青海省尚未发现天然分布，也未见有人工引种栽培的报道。在课题实施过程中，利用生态经济林的林下生境开展了药用大黄的尝试性生态抚育工作。历时 2 年，也取得初步成效。根据 2 年相关监测指标的统计结果（表 12-11），抚育药用大黄的生长发育情况整体较好。在自然生长条件下，抚育药用大黄第二年的株高、根长、叶片数、单株生物量（烘干重）等生长发育指标分别较第一年增长了 4.38 倍、0.66 倍、0.45 倍、111.61 倍。相比之下，全株生物量（烘干重）的增长最为显著，根长的生长速度则相对较慢。通过唐古特大黄和药用大黄生长发育情况的比较分析可见，虽然二者

表 12-11 生态抚育药用大黄的生长发育指标（n=10）

资源种类	测定时间	生长发育指标				
		株高（cm）	根长（cm）	叶片数（片）	全株生物量（g）	
					鲜重	干重
药用大黄	2013.9	4.2±1.1	4.4±2.1	1.1±0.3	0.051±0.022	0.023±0.009
	2014.9	24.5±5.5	7.3±2.4	1.6±0.8	16.929±3.737	2.567±0.480
增长倍数		4.83	0.66	0.45	330.94	110.61

均为同一科属的植物资源种类，也被同时收录于《中国药典》，但药用大黄的各项生长指标均低于唐古特大黄。这说明，在课题试验示范区和青海祁连山地区，唐古特大黄的生长适宜性要优于药用大黄。

12.4.6.5 马蔺 *Iris lactea*

马蔺是一种兼具药用和观赏价值的植物资源，具有一定的开发利用价值。根据对生态抚育马蔺资源两年间生长发育情况的跟踪测定结果（表 12-12），第一年的生长主要集中在地上部分，植株生物量积累缓慢；待到第二年 9 月，虽然地上部分的生长速度高于地下部分，但二者差距已逐步缩小，株高、根长、叶片、全株生物量（烘干重）的增长分别达到了 0.99 倍、3.50 倍、2.00 倍、103.32 倍。比较而言，抚育马蔺资源的生物量在生长初期表现最为突出，增长幅度显著。

表 12-12 生态抚育马蔺的生长发育指标（n=10）

资源种类	测定时间（年．月）	生长发育指标				
		株高（cm）	根长（cm）	叶片数（片）	全株生物量（g）	
					鲜重	干重
马蔺	2013.9	10.7±3.0	3.4±0.7	2.6±0.5	0.056±0.014	0.034±0.007
	2014.9	21.3±4.7	15.3±2.5	7.8±1.6	7.129±1.025	3.547±0.882
增长倍数		0.99	3.50	2.00	126.30	103.32

12.4.6.6 湿生扁蕾 *Gentianopsis paludosa*

湿生扁蕾与椭圆叶花锚一样，均为龙胆科 2 年生草本植物。到 2014 年 9 月，数据监测时，已基本完成一个生长发育周期，抚育成效初显（表 12-13）。根据 2 年生长期的观测结果，生态抚育湿生扁蕾的株高从生长第一年的 6.4cm 增长到第二年的 75.6cm，增长了 10.81 倍；根长从 9.9cm 增长到 16.7cm，增加 0.69 倍；叶片数也由 13.4 片增长到 34.5 片，增长 1.57 倍。比较而言，生物量的增长最为明显，全株烘干重增长了 58.67 倍。

表 12-13 生态抚育湿生扁蕾的生长发育指标（n=10）

资源种类	测定时间（年．月）	生长发育指标				
		株高（cm）	根长（cm）	叶片数（片）	全株生物量（g）	
					鲜重	干重
湿生扁蕾	2013.9	6.4±0.6	9.9±1.9	13.4±1.9	0.508±0.158	0.073±0.033
	2014.9	75.6±15.3	16.7±3.4	34.5±11.2	22.738±6.372	4.356±2.114
增长倍数		10.81	0.69	1.57	43.76	58.67

12.4.6.7 鲜黄小檗 *Berberis diaphana*

在课题实施过程中，对小檗属的 3 种植物进行了生态抚育。根据实际抚育结果来看，以鲜黄小檗抚育效果最好，西北小檗和多花小檗则抚育效果较差。因此，在此仅讨论分析鲜黄小檗的生长发育情况，对另外 2 个种类不予赘述。据文献资料报道，目前鲜黄小檗尚未有人工栽培。通过二年间的生态抚育试验，其生长情况良好，各项生长指标保持了较好的发展态势（表 12-14）。根据监测结果，抚育鲜黄小檗第一年的生长基本以地下部分为主，明显超过地上部分生长速度；第二年生长期间，地下部分生长变缓，地上部分生长加速，其中株高增长了 6. 45 倍，根长增长了 0. 75 倍，全株生物量（烘干重）增幅达到了 140. 85 倍。比较而言，抚育鲜黄小檗植株生物量的增加最为明显。

表 12-14　生态抚育鲜黄小檗的生长发育指标（n=10）

资源种类	测定时间（年．月）	生长发育指标				
		株高（cm）	根长（cm）	叶片数（片）	全株生物量（g）	
					鲜重	干重
鲜黄小檗	2013. 9	1. 1±0. 1	8. 8±1. 1	5. 4±1. 4	0. 050±0. 011	0. 034±0. 008
	2014. 9	8. 2±2. 6	15. 4±5. 2	12. 3±3. 2	8. 117±1. 302	4. 823±1. 201
增长倍数		6. 45	0. 75	1. 28	161. 34	140. 85

12. 4. 6. 8　唐古特铁线莲 *Clematis tanguticum*

唐古特铁线莲也是药用价值和观赏价值兼有的植物资源。根据该物种的生物学特性，其繁殖方法主要有原种播种繁殖、扦插、压条等，又以扦插为主。本课题采用种子繁殖方法开展的生态抚育尝试工作，经过 2 年的努力实施，也取得了一定效果（表 12-15）。根据监测结果，抚育唐古特铁线莲的主要生长发育特性如下：第一年时，基本以地下部分的生长为主，地上部分生长缓慢，整个植株生物量的物质积累也较慢；到第二年时，地上部分生长加速，地下部分生长减缓，生物量的物质积累加快，增幅为第一年的 118. 69 倍。

表 12-15　生态抚育唐古特铁线莲的生长发育指标（n=10）

资源种类	测定时间（年．月）	生长发育指标				
		株高（cm）	根长（cm）	叶片数（片）	全株生物量（g）	
					鲜重	干重
唐古特铁线莲	2013. 9	1. 7±0. 5	6. 0±0. 9	7. 8±3. 5	0. 016±0. 008	0. 013±0. 008
	2014. 9	11. 2±2. 7	17. 6±3. 1	20. 1±6. 3	9. 743±3. 612	1. 556±0. 768
增长倍数		5. 59	1. 93	1. 58	607. 94	118. 69

综上所述，课题实施过程中，部分特色生物资源种类的生态抚育工作，有 8 种抚育目标资源种类的生长情况良好。除马蔺外，其他 7 种抚育物种第一年的生长均以地下部分为主，到第二年地上部分生长加速，地下部分生长减缓，二者维持着一定的动态平衡。经过 2 年的自然抚育后，目前抚育资源种类已经逐步进入生长发育的稳定期。整体的实施效果表明，特定资源种类的生态抚育应该具有良好的推广价值。

椭圆叶花锚和湿生扁蕾为 2 年生植物，已经完成一个完整的生长发育周期外，抚育成效良好，其余物种均为多年生草本植物，受课题实施时间所限，尚未能完成一个完整的生长发育周期，抚育成效尚未真正显现，后续抚育效果需进一步监测数据支持。

鉴于目前抚育工作已初见成效，为进一步巩固和推广抚育成果，于 2014 年 8 月在试验区小流域范围内，继续扩大了抚育对象和抚育种植范围通过后续抚育工作的推广示范，通过后续工作的延续，以期为解决藏药材资源规模化繁育的重要环节、大幅增强藏药材资源的持续供给能力和资源繁育能力提供技术支撑。但是由于植物资源种类繁多，所处生态环境各异，没有固定的模式可以仿照。因此，对抚育对象进行相关资料调查和理论研究，采取相应的管理措施是抚育成功的重要保证。

13 农牧耦合优化生产体系

饲草饲料供给是畜牧业发展的重要基础条件，饲草生产也是国家食物安全与生态安全的重要保障之一（洪绂曾，2009）。在草地畜牧业的传统经营模式中，饲养牲畜的食物供给能力主要来源于天然牧草的自然生长和繁育能力。伴随人类社会对食物需求的不断增长和草地畜牧业的逐步发展，天然草地放牧畜牧业的粗放经营方式，往往会由于放牧需求的不断增长而对天然草地形成持续增强的潜在压力，最终导致天然放牧草地的退化性损伤，甚至造成难以挽回的严重破坏。其后果不仅会造成天然草地生产能力和牧草持续供给能力的明显下降，而且会导致区域生态环境质量和生态服务功能的降低。随着人们对自然界认知程度的提高和生态环境保护意识的增强，利用人工种植方式进行饲草饲料生产，正在逐渐成为被社会公众普遍接受的集约化畜牧业生产经营方式之一。作为畜牧业发展过程中饲草料供给的重要补充来源，采用人工栽培方式进行具有一定规模的饲草料生产经营，不仅可以大幅度提升饲草饲料的持续供给能力，而且可以有效减缓牲畜放牧过程中对区域天然草场过度使用而造成的草地生态质量下降。对于青藏高原这样具有重要生态战略地位的我国主要牧区而言，在适宜区域（特别是建有一定规模集约化牲畜养殖场所的高原区域）发展饲草料种植业，无疑属于可供选择的理想生产经营方式之一。当然，对于具有不同生境条件的不同区域而言，也只有在合理筛选确定适生饲草料品种、适宜耕作管理措施以及集约化养殖畜粪清洁化处理的前提下，才能获得更为理想的预期效果。

在《干旱沟壑型小流域综合生态治理技术集成与示范》课题的实施过程中，结合小流域范围内产业结构调整与经济发展的客观需求，利用试验示范区现有农田及奶牛饲养场，集成应用优质高产牧草栽培技术、饲草料加工调制技术、牲畜集约化舍饲技术、畜粪无害化处理技术、高效有机肥生产技术，进行综合性的技术集成，构建生产流程为优质牧草生产→优质饲草料生产→家畜（奶牛）集约化饲养管理→畜粪无害化处理及有机肥生产→人工草地施肥→优质牧草生产的闭合型、清洁型、资源节约型、高效性的农牧耦合优化生产体系，为后续的小流域综合生态治理提供技术模式与示范样板。该生产体系的建立，不仅可以明显提高区域农牧业的生产效益、增加农牧民经济收入，还可以减少污染物（畜粪）排放、化肥和农药施用而对区域生态环境造成不利影响，获得显著的综合效益。

在课题实施过程中，结合试验示范区的原有基础以及完整构建生态型农牧耦合产业体系的实际需求，重点针对优质饲草作物及品种的引进筛选、人工饲草地建植、青贮饲料技术、家畜粪便无公害处理等方面开展了相关建设的集成与示范。

13.1 优质饲草作物的引种

筛选出适宜在试验示范区栽培的饲草品种，是人工饲草种植基地建设的首要基础。针对示范区原有人工饲草地品种单一，多汁饲料缺乏的特点，结合试验示范区的自然生境状况，以燕麦 *Avena sativa*、玉米 *Zea mays*、高粱 *Sorghum dochna*、苜蓿 *Medicago sativa* 作为对象，开展了引种试验，预期能为试验示范区饲草种植基地的建设提供更多的优质种源。

13.1.1 实施方案

13.1.1.1 引种概况

结合试验示范区的自然环境条件等综合因素，从燕麦、玉米、高粱和苜蓿 4 种饲草作物中选择出 32 个品种（表 13-1），开展了田间小区试验，进行了引进饲草作物品种生育期、生物学性状、饲草产量等方面的观测和研究，以确定进行不同来源供试品种的适应性。引进种子质量经室内测定符合试验要求。

表 13-1 参试品种及来源

参试作物	品种名称及来源	数量
燕麦	青引 1 号（青海）、加燕 2 号（加拿大）、W04-90（河北）、青莜 2 号（青海）、青海 444（青海）、白燕 7 号（吉林）、白燕 11 号（吉林）、丹麦燕麦（丹麦）	8
玉米	53844-13（澳大利亚）、沈单 16 号（辽宁）、中玉 9 号（中国种业）、金穗 3 号（甘肃）、金穗 10 号（甘肃）、甘鑫 9 号（甘肃）、龙源 3 号（北京）、郑单 958（北京）	8
高粱	大力士（澳大利亚）、九甜杂三（吉林）、辽甜 3 号（辽宁）、吉甜 3 号（吉林）、吉杂 96（吉林）、吉杂 97（吉林）、吉杂 123（吉林）、吉杂 124（吉林）	8
苜蓿	金黄后（美国）、苜蓿王（加拿大）、皇后（加拿大）、甘农 1 号（甘肃）、甘农 3 号（甘肃）、陇东（甘肃）、德福 32IQ（美国）、阿尔冈金（加拿大）	8

13.1.1.2 试验方法

通过小区试验进行饲草品种主要生产性能和测产指标的对比，以确定引进品种的适宜性。

播种前，对拟引进品种的种子千粒重、发芽率进行了室内测定，以确保试验用种的质量。

燕麦和苜蓿的试验小区面积为 4m×3m（行长 4m），行距 20cm，每小区种 15 行，人工开沟，手溜条播，播深 3~4cm，播后覆土，小区间隔 30cm。每亩播种量为燕麦 54 万粒，苜蓿 40 万粒。

玉米和高粱的试验小区面积为 8m×2. 6m，行距 30cm，株距 20cm，每小区种 8 行，小区间隔 1m。每亩播种玉米 1. 05 万穴，每穴下种 1~2 粒；高粱 1. 05 万穴，每穴下种 3~6 粒。

试验小区为随机排列，每个处理 3 次重复，采用地膜种植方式。

13.1.1.3 小区管理

试验小区的饲草栽培管理依据当地种植惯例，4 月底浇座水，5 月初整地，每亩施底肥磷酸二铵 10~15kg、尿素 10~15kg，5 月中旬播种，6 月中旬除头草，7 月初除二草，燕麦和苜蓿种植小区不施追肥，玉米和高粱种植小区在拔节期追施尿素 10~15kg/亩，生育期内仅于 6 月下旬浇水 1 次。

13.1.2 数据监测

主要监测引进饲草作物及品种的以下生物学性状和指标。

生育时期：在一定外界环境条件下饲草作物品种植株形态、构造发生显著变化的日期称生育时期。根据其不同生长发育阶段所表现出来的特定形态特征，可划分为出苗期、分蘖期、拔节期、孕穗期、抽穗期、开花期、灌浆期、成熟期等不同的生育时期，不同作物品种划分的生育时期也各不相同。本课题采用现场目测方法，确定参试品种的生育时期。按照农业领域的普遍用法，采用“生育期”的术语进行后续的相关讨论。

田间出苗率：是田间出苗数占播种种子数的百分率。燕麦、苜蓿出苗 5~10 天后，采用整行（每小区第三行）调查法确定出苗数，计算出田间出苗率；玉米、高粱在种植区两侧第二行分别调查出苗数，对没有出苗的播种穴进行补种，拔节期统计定株率。

单株性状：是指饲草单株的主要生产性状，主要包括单株株高、鲜重、干重等。燕麦的单株性状分别在抽穗期、灌浆期和乳熟期测定，高粱、玉米、苜蓿的单株性状在收获前测定。燕麦于成熟期收获（品种不同，收获期不同），苜蓿和高粱于霜冻前收获（8 月 28 日），玉米霜冻后收获（9 月 12 日）。燕麦、苜蓿在每小区第四行中间连续挖取 20 株，玉米、高粱在小区两边第二行中间连续挖取 10 株。株高采用钢卷尺测量，单株（穴）鲜重采用现场称重法（DT-502 电子天平），干重采用烘干法（置于 65℃烘箱烘干至衡重，24 小时）。

鲜干比：指饲草产出的干重与鲜重之比。采用自然风干法测定。燕麦、苜蓿在每小区第五行齐地面收获全部地上部分，在电子称上测定鲜重，之后置于楼道阴凉处自然风干（32 天），在电子称上测定干重；玉米、高粱在每小区第二行连续挖取 10 株，在电子称上测定饲草鲜重，之后置于楼道阴凉处自然风干（120 天），在电子称上测定干重；进而计算出各作物品种的鲜干比。

饲草产量：指单位面积上饲草的鲜重和干重产出，一般采用样方收获法测定。本课题采用试验小区收获法直接测定鲜草产量，利用鲜干比参数计算出不同作物品种的干草产量。

全株品质：包括可用于评价饲草营养价值的主要参考指标。本课题测定了全株干草中水分、灰分、粗蛋白、粗脂肪、粗纤维、无氮浸出物、钙、磷、中性洗涤纤维（NDF）和酸性洗涤纤维（ADF）等指标的含量，测定方法按照相应 GB/T 或 NY/T 中的规定进行。

13.1.3 燕麦引种结果

13.1.3.1 生育期

根据调查，试验小区燕麦的生育期因品种不同而表现各异（表 13-2）。播种期为 5 月 9 日，所有参试品种都能在 8 月下旬至 9 月上旬正常成熟。根据不同品种实际生长天数的比较，本地栽培品种青海 444 和青引 1 号属早熟品种，生长天数为 96~98 天；白燕 11 号、丹麦燕麦属中熟品种，生长天数 102 天；加燕 2 号、W04-90、青莜 2 号和白燕 7 号为晚熟品种，生长天数 108~114 天；不同品种实际生长天数的最大差值为 18 天。

表 13-2 燕麦参试品种的生育期

品种	出苗期（月-日）	分蘖期（月-日）	拔节期（月-日）	抽穗期（月-日）	开花期（月-日）	灌浆期（月-日）	乳熟期（月-日）	成熟期（月-日）	生长天数
青引 1 号	05-18	06-11	06-14	07-14	07-23	08-01	08-12	08-22	96
加燕 2 号	05-18	06-13	06-25	07-19	07-26	07-31	08-17	09-04	108
W04-90	05-18	06-13	06-25	07-20	07-26	08-02	08-19	09-08	114
青莜 2 号	05-18	06-11	06-23	07-19	08-01	08-06	08-16	09-06	111
青海 444	05-18	06-11	06-23	07-15	07-23	07-30	08-11	08-24	98
白燕 7 号	05-18	06-14	06-27	07-18	07-23	07-27	08-19	09-05	109
白燕 11 号	05-18	06-14	06-26	07-12	07-24	08-01	08-16	08-28	102
丹麦燕麦	05-18	06-14	06-27	07-15	07-21	07-28	08-16	08-28	102

就不同品种进入相应生育期的时段而言（图 13-1），参试燕麦品种进入出苗期和分蘖期的时间差异相对较小，基本在 5 天之内；进入拔节期、抽穗期、开花期、灌浆期的最大时间差异在 10 天左右；进入成熟阶段（乳熟期和成熟期），燕麦参试品种的最大时间差异高达 17 天和 18 天。这表明，该地区燕麦品种的生育期会因品种不同而表现出较为明显的差异，需要结合当地气候特征进行科学而慎重的引种选择。

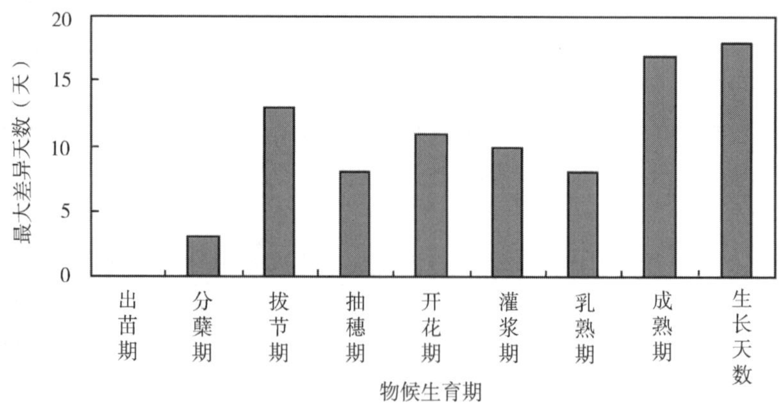

图 13-1 燕麦参试品种的生育期最大差异天数

13.1.3.2　田间出苗率

试验小区的监测结果（表 13-3）表明，不同燕麦品种的田间出苗率和出苗数表现出明显差异。参试燕麦品种的平均出苗数为每亩约 34.08 万株苗，变幅为 27.25 万~46.59 万苗/亩；平均出苗率约为 62.32%，变幅为 49.37%~83.16%。比较而言，田间出苗数和出苗率以加燕 2 号最高，分别为 46.59 万苗/亩和 83.16%，青莜 2 号最低，分别为 27.25 万苗/亩和 49.37%，两者相差近 1 倍。据统计，成熟期每亩茎数约为 35.48 万~58.25 万茎，平均 46.49 万茎。其中，丹麦燕麦最高，为 58.25 万茎/亩，青莜 2 号最低，仅为 35.48 万茎/亩。根据单株分蘖数的统计结果，白燕 7 号和丹麦燕麦最多，分别达 0.69 个和 0.68 个，表明这 2 个品种的调控能力较强；本地现有栽培品种青海 444 和白燕 11 号单株分蘖数约为 0.42 个和 0.45 个；其他品种较低，仅有 0.12~0.30 个。

表 13-3　燕麦参试品种的田间出苗率和单株分蘖

品种	苗数（万苗/亩）	田间出苗率（%）	茎数（万茎/亩）	单株分蘖数（个）
青引 1 号	34.92±4.13	65.51±8.46	40.09±1.29	0.16
加燕 2 号	46.59±2.24	83.16±2.08	52.29±5.83	0.12
W04-90	34.92±0.59	65.78±1.11	42.54±0.77	0.21
青莜 2 号	27.25±4.71	49.37±8.59	35.48±4.48	0.30
青海 444	31.38±3.25	58.19±6.01	45.50±3.54	0.45
白燕 7 号	31.67±0.71	58.56±1.31	53.38±2.18	0.69
白燕 11 号	31.17±4.48	56.93±8.18	44.38±6.31	0.42
丹麦燕麦	34.71±0.65	61.07±1.15	58.25±9.66	0.68

13.1.3.3　单株性状

试验小区内燕麦参试品种的单株性状不仅和品种密切相关，而且在不同生育期也呈现出较为明显的差异性表现。

根据单株株高的监测结果（表 13-4），燕麦参试品种的单株株高均在乳熟期达到最高值，株高变幅为 91.5~105.4cm。比较而言，青莜 2 号的单株株高最大，本地栽培品种青海 444 单株株高最小，但品种间差异并不明显。单株株高在灌浆期基本稳定，营养生长十分缓慢，与成熟期的单株株高无明显差异。

表 13-4　不同生育期燕麦参试品种单株株高（单位：cm）

品种	抽穗期	灌浆期	乳熟期
青引 1 号	80.4±3.59	93.4±10.19	95.6±11.29
加燕 2 号	66.6±4.98	98.3±1.82	99.9±8.31
W04-90	67.1±3.22	98.3±2.89	105.1±12.71
青莜 2 号	75.5±1.34	102.4±7.71	105.4±2.68
青海 444	83.8±1.46	97.5±13.80	99.9±7.54
白燕 7 号	61.7±5.89	88.5±6.66	97.9±2.16
白燕 11 号	78.3±7.95	91.1±4.14	98.3±7.83
丹麦燕麦	63.5±1.03	84.1±2.94	91.5±8.34

根据燕麦参试品种单株产量的监测结果（表 13-5），单株鲜重在抽穗期和灌浆期差异不明显，乳熟期差异明显。在乳熟期，白燕 7 号的单株鲜重值（8. 68g）最高，青引 1 号的单株鲜重值（4. 18g）最低，白燕 7 号的单株鲜重约为青引 1 号的 2. 08 倍。根据比较，白燕 7 号、白燕 11 号和青莜 2 号的单株鲜重比本地栽培品种青海 444 高 10. 28% ~ 53. 90%，加燕 2 号与本地栽培品种青海 444 相同，丹麦燕麦、W04-90 和青引 1 号比本地栽培品种青海 444 低。就不同生育期变化而言，随着生育期的延伸，青引 1 号、加燕 2 号、W04-90、青莜 2 号和青海 444 表现为单株鲜重下降，乳熟期最低；白燕 7 号、白燕 11 号和丹麦燕麦则呈相反变化趋势，乳熟期单株鲜重最高。

就不同参试燕麦品种的单株干重而言，最高值出现在不同的生育期内，白燕 7 号、白燕 11 号在乳熟期达到最高值，其他 6 个品种在灌浆期单株干重最高。灌浆期时，燕麦品种 W04-90 的单株干重（2. 73g）最高，为单株干重最低品种白燕 11 号（1. 29g）的 2. 12 倍。乳熟期时，单株干重最高的燕麦品种白燕 7 号（3. 04g）约为最低品种青海 444（1. 84g）的 2. 36 倍。

表 13-5 不同生育期燕麦参试品种单株质量（单位：g）

品种	抽穗期		灌浆期		乳熟期	
	单株鲜重	单株干重	单株鲜重	单株干重	单株鲜重	单株干重
青引 1 号	4. 83±0. 56	1. 16±0. 04	4. 49±0. 22	2. 30±0. 02	4. 18±0. 75	2. 01±0. 02
加燕 2 号	6. 44±0. 62	1. 21±0. 08	6. 30±1. 23	2. 70±0. 91	5. 66±1. 22	2. 22±0. 48
W04-90	5. 92±2. 08	1. 17±0. 48	5. 93±1. 68	2. 73±1. 21	5. 28±0. 72	1. 96±0. 12
青莜 2 号	9. 40±4. 06	1. 91±0. 59	7. 58±3. 17	2. 33±0. 06	6. 22±0. 18	2. 36±0. 10
青海 444	5. 55±0. 02	1. 20±0. 04	4. 57±1. 68	1. 94±1. 07	5. 64±0. 58	1. 84±0. 42
白燕 7 号	4. 93±1. 35	1. 04±0. 26	5. 40±1. 73	2. 09±1. 09	8. 68±0. 42	3. 04±0. 34
白燕 11 号	3. 49±0. 33	1. 11±0. 12	5. 94±0. 40	1. 29±0. 14	6. 25±0. 34	2. 12±0. 13
丹麦燕麦	4. 96±1. 09	1. 02±0. 20	5. 24±. 34	2. 42±0. 35	5. 55±1. 13	1. 99±0. 33

13. 1. 3. 4 饲草产量

根据检测结果（表 13-6），不同参试燕麦品种的饲草产量特征也存在较为明显的差异性表现。

就燕麦饲草品种的鲜草产量而言，青引 1 号、加燕 2 号、青莜 2 号和青海 444 在灌浆期产量较高，燕麦品种 W04-90、白燕 7 号、白燕 11 号和丹麦燕麦在乳熟期产量较高。就燕麦饲草品种的干草草产量而言，除青海 444 在灌浆期相对较高外，青引 1 号、加燕 2 号、W04-90、青莜 2 号、白燕 7 号、白燕 11 号和丹麦燕麦均在乳熟期产量较高。

表 13-6 不同生育期燕麦参试品种饲草产量

品种	抽穗期			灌浆期			乳熟期		
	鲜草产量（kg/亩）	干草产量（kg/亩）	鲜干比	鲜草产量（kg/亩）	干草产量（kg/亩）	鲜干比	鲜草产量（kg/亩）	干草产量（kg/亩）	鲜干比
青引 1 号	1585±368.3	346±53.0	4.58	1973±200.9	642±58.9	3.07	1610±215.1	656±67.8	2.45
加燕 2 号	2173±751.3	417±153.2	5.22	2536±162.1	658±23.6	3.85	2261±191.5	810.5±45.9	2.72
W04-90	1958±265.2	441.7±23.6	4.43	2139±427.2	529±53.0	4.04	2219±20.6	767±58.9	2.89
青莜 2 号	1929±553.9	441.7±129.6	4.37	2244±533.3	596±111.9	3.77	2148±639.4	792±206.3	2.71
青海 444	1839±350.6	433±106.1	4.25	2108±226.3	629±29.7	3.35	1513±394.8	552±120.8	2.74
白燕 7 号	1821±360.6	367±47.1	4.97	2339±232.7	583±47.1	4.01	3079±412.5	1086±167.8	2.84
白燕 11 号	1388±127.3	312.5±29.5	4.44	1713±241.6	479±76.6	3.57	1733±35.4	650±23.6	2.67
丹麦燕麦	1521±155.6	354±49.5	4.29	2152±321.2	542±47.1	3.97	2621±718.9	869±132.6	3.02

就不同生育期的产量进行比较，也表现出较为明显的差异性变化特点。在抽穗期时，加燕 2 号的鲜草产量最高，每亩达到 2173kg，比本地栽培品种青海 444 增产 18.12%，W04-90 和青莜 2 号的鲜草产量比本地栽培品种青海 444 分别提高了 6.45%和 4.87%；W04-90 和青莜 2 号的干草产量最高，每亩达到约 442kg，比本地栽培品种青海 444 提高 1.92%，其他品种的干草产量则低于本地栽培品种青海 444；品种间的鲜干比差异明显，加燕 2 号的鲜干比最高，达到 5.22，白燕 7 号为 4.97，其他品种与本地栽培品种青海 444 没有差异。在灌浆期时，加燕 2 号的鲜草产量最高，每亩达到 2536kg，比本地栽培品种青海 444 增高 20.25%，白燕 7 号、青莜 2 号、丹麦燕麦和 W04-90 的鲜草产量分别比本地栽培品种青海 444 分别提高 10.97%、6.42%、2.07%和 1.48%；加燕 2 号的干草产量最高，每亩达到 658kg，比本地栽培品种青海 444 提高 4.64%，青引 1 号的干草产量比本地栽培品种青海 444 提高 1.98%，其他品种的干草产量则低于本地栽培品种青海 444；品种间的鲜干比差异明显，W04-90 最高，达 4.04，白燕 7 号 4.01，只有青引 1 号低于本地栽培品种青海 444。在乳熟期时，白燕 7 号的鲜草产量最高，每亩达到 3079kg，比本地栽培品种青海 444 增高 103.57%；相对于本地栽培品种青海 444，丹麦燕麦的鲜草产量增产 73.27%，加燕 2 号的鲜草产量提高 49.45%，W04-90 的鲜草产量提高 46.69%，青莜 2 号的鲜草产量提高 42.01%，青引 1 号、白燕 11 号的鲜草产量与本地栽培品种青海 444 没有差异；白燕 7 号的干草产量最高，每亩达到 1086kg，比本地栽培品种青海 444 提高 96.61%，丹麦燕麦的干草产量比本地栽培品种青海 444 提高 57.35%，加燕 2 号的干草产量比本地栽培品种青海 444 提高 46.80%，其他品种比本地栽培品种青海 444 提高 17.73%～38.87%，青海 444 的干草产量最低，每亩仅有 552kg。

鲜干比在燕麦参试品种间差异不十分明显。在抽穗期时，加燕 2 号鲜干比最高，青海 444 最低，两者相差 18.6%；灌浆期 W04-90 最高，青引 1 号最小，两者相差 24.0%；在乳熟期丹麦燕麦最高，青引 1 号最小，两者相差 18.9%。但所有燕麦参试品种随着燕麦植株的生长发育，所有品种的鲜干比均逐渐降低。同一品种在抽穗期、灌浆期和乳熟期的鲜干比也差异明显。

13.1.3.5　全株品质

根据检测结果（表 13-7），参试燕麦品种植株养分的平均含量在抽穗期、灌浆期和乳熟期这 3 个生育期间差异很明显。其中灰分、无氮浸出物、钙、磷的平均含量表现为下降趋势，乳熟期比最高的抽穗期分别减少 1.76、6.64、0.248、0.047 个百分点；粗蛋白、粗脂肪的各指标平均含量表现为增长趋势，乳熟期比最低的抽穗期分别增加 8.33、1.33 个百分点；粗纤维、中性洗涤纤维（NDF）、酸性洗涤纤维（ADF）的平均含量表现为灌浆期最高>抽穗期>乳熟期，乳熟期的各指标平均含量比灌浆期分别降低 5.17、12.24、9.14 百分点。

表 13-7　不同生育期燕麦参试品种养分分析（%）

生育期	品种编号	灰分	粗蛋白	粗纤维	粗脂肪	无氮浸出物	钙	磷	中性洗涤纤维	酸性洗涤纤维
抽穗期	青引 1 号	6.37	6.66	34.62	1.07	46.92	0.748	0.225	66.25	40.75
	加燕 2 号	7.10	7.42	28.52	1.19	50.82	0.819	0.220	53.43	32.19
	W04-90	6.79	8.67	30.00	1.39	49.23	0.583	0.254	58.67	37.45
	青莜 2 号	7.71	8.31	29.75	1.33	47.09	0.789	0.192	54.56	33.15
	青海 444	6.47	7.63	35.17	1.22	44.62	0.760	0.172	63.97	32.70
	白燕 7 号	7.08	7.15	31.08	1.14	49.12	0.824	0.196	57.53	37.95
	白燕 11 号	6.41	7.96	32.10	1.27	44.07	0.809	0.204	59.05	35.60
	丹麦燕麦	7.56	8.42	32.39	1.35	43.85	0.937	0.227	60.31	36.25
灌浆期	青引 1 号	5.96	12.86	31.12	2.06	42.85	0.519	0.188	62.33	40.00
	加燕 2 号	5.99	6.49	40.30	1.04	41.78	0.614	0.134	69.84	46.28
	W04-90	6.27	6.13	37.69	0.98	44.60	0.537	0.162	68.86	46.99
	青莜 2 号	6.99	7.43	36.80	1.19	40.98	0.561	0.170	65.46	44.16
	青海 444	5.14	12.65	33.10	2.02	41.77	0.542	0.148	58.97	38.13
	白燕 7 号	5.72	9.05	34.01	1.45	44.91	0.495	0.203	62.18	40.30
	白燕 11 号	4.95	5.24	33.33	0.84	51.29	0.600	0.211	62.25	37.47
	丹麦燕麦	8.86	6.36	42.34	1.02	37.29	0.588	0.284	66.60	47.66
乳熟期	青引 1 号	5.85	14.05	33.86	2.25	38.89	0.501	0.166	55.78	37.11
	加燕 2 号	5.20	17.63	30.36	2.82	39.57	0.499	0.167	52.65	32.64
	W04-90	5.21	17.03	33.20	2.73	37.00	0.565	0.173	54.37	34.79
	青莜 2 号	5.10	17.39	30.28	2.78	39.58	0.535	0.136	48.45	30.10
	青海 444	5.33	14.39	28.81	2.30	43.87	0.516	0.218	47.88	32.24
	白燕 7 号	4.55	14.33	30.87	2.29	43.35	0.472	0.123	52.16	34.32
	白燕 11 号	5.27	18.78	30.90	3.00	37.41	0.634	0.132	55.58	34.26
	丹麦燕麦	4.91	15.30	29.09	2.45	42.96	0.565	0.193	51.69	32.28

作为用作青贮饲料的燕麦品种，从最佳收获时间乳熟期的养分含量分析，灰分除青引

1 号高于本地栽培品种青海 444（5.33%）外，其他品种都低于本地栽培品种青海 444；白燕 11 号、加燕 2 号、青莜 2 号、W04-90 和丹麦燕麦的粗蛋白含量比本地栽培品种青海 444（14.39%）分别高 4.39、3.24、3.00、2.64 和 0.91 个百分点；各引栽品种的粗纤维含量均比本地栽培品种青海 444（28.81%）高 0.28~5.05 个百分点；白燕 11 号、加燕 2 号、青莜 2 号、W04-90 和丹麦燕麦的粗脂肪含量比本地栽培品种青海 444（2.30%）分别高 0.70、0.52、0.48、0.43 和 0.15 个百分点；各引栽品种的无氮浸出物含量均比本地栽培品种青海 444（43.87%）低 0.52~6.87 个百分点；白燕 11 号、丹麦燕麦、W04-90 和青莜 2 号的钙含量比本地栽培品种青海 444（0.516%）分别高 0.118、0.049、0.049 和 0.019 个百分点；各引栽品种的磷含量均比本地栽培品种青海 444（0.218%）低 0.025~0.095 个百分点；各引栽品种的中性洗涤纤维（NDF）含量均比本地栽培品种青海 444（47.88%）高 0.57~7.90 个百分点；各引栽品种的酸性洗涤纤维（ADF）含量除青莜 2 号比本地栽培品种青海 444 低 2.14 个百分点外，其他品种比本地栽培品种青海 444 高 0.04~4.87 个百分点。因此，以乳熟期的营养成分含量为引种标准，白燕 7 号、丹麦燕麦和加燕 2 号等 3 个品种比较均衡。

结合不同引种燕麦品种的产草量与营养成分进行综合评价，白燕 7 号、丹麦燕麦和加燕 2 号这 3 个品种的表现良好，整体优于本地主要栽培品种青海 444，可作为该地区乃至高寒牧区优质燕麦饲草基地建设的推广品种，借以推动人工饲草种植业和畜牧业的发展。

13.1.4 玉米引种结果

13.1.4.1 生育期和田间出苗率

由于仅有部分玉米参试品种能完成抽雄，其生育期差异不甚明显（表 13-8）。终霜过后，5 月 9 日铺地膜播种，12~13 天出苗，38~45 天进入拔节期，早熟品种能抽雄，其中龙源 3 号抽雄最早，其次为金穗 10 号、郑单 958 和金穗 3 号，其他品种未能进入抽雄期。9 月 2 日出现初霜，玉米参试品种基本停止生长。从出苗到初霜出现，玉米在试验区域的实际生长天数为 102 天，建议选择早熟品种进行引种示范。

表 13-8 玉米参试品种的生育期及出苗率、定株率

品种	播种期（月-日）	出苗期（月-日）	拔节期（月-日）	抽雄期（月-日）	收割时间（月-日）	出苗率（%）	定株率（%）
53844-13	05-09	05-21	07-04	—	09-12	82.00±8.49	96.00±3.27
沈单 16 号	05-09	05-22	06-30	—	09-12	75.31±3.81	94.00±2.31
中玉 9 号	05-09	05-21	06-30	—	09-12	76.59±16.13	94.00±5.16
金穗 3 号	05-09	05-21	06-30	09-01	09-12	79.54±9.14	97.00±3.46
金穗 10 号	05-09	05-21	07-01	08-25	09-12	71.73±11.69	98.00±2.31
甘鑫 9 号	05-09	05-22	07-04	—	09-12	85.19±3.97	96.00±3.27
龙源 3 号	05-09	05-21	06-28	08-15	09-12	85.00±15.56	97.00±2.00
郑单 958	05-09	05-21	06-30	08-29	09-12	84.00±14.14	99.00±2.00

根据检测结果（表 13-8），玉米参试品种的出苗率在 71. 73%~85. 19%之间，其中 53844-13、甘鑫 9 号、龙源 3 号和郑单 958 等品种的出苗率在 80%以上，其余 4 种在 80%以下。甘鑫 9 号的出苗率最高，达 85. 19%，金穗 10 号最低，仅为 71. 73%。经过试验地补种后，定株率达到 94%以上。

13. 1. 4. 2 单株性状

根据监测结果（表 13-9），玉米参试品种在收获时不同品种间的株高、叶片数、鲜重、干重等单株性状指标差异明显，但茎粗差异较小。整体而言，玉米植株高，叶片多，产量也相应较高。参试玉米品种的单株株高变幅为 202. 1~269. 6cm，龙源 3 号最高，其次为金穗 3 号和中玉 9 号，甘鑫 9 号最矮。单株叶片数变幅为 12. 1~14. 4 叶，中玉 9 号最多，金穗 10 号最小。单株鲜重变幅为 434. 0~639. 3g，中玉 9 号最高，其次为金穗 3 号和郑单 958，金穗 10 号最小。经过自然阴凉风干 62 天后，单株干重变幅为 326. 0~483. 5g；风干 120 天后，单株干重变幅降为 207. 5~271. 7g，金穗 3 号最高，其次为龙源 3 号、甘鑫 9 号、中玉 9 号。

表 13-9 玉米参试品种收获时的单株性状

品种	株高（cm）	茎粗（cm）	单株叶片数（片）	单株鲜质量（g）	单株干质量（g）
53844-13	202. 1±14. 91	2. 18±0. 02	13. 9±1. 63	549. 8±27. 75	210. 9±25. 35
沈单 16 号	217. 4±11. 81	2. 12±0. 23	13. 9±0. 42	600. 0±36. 04	228. 5±20. 50
中玉 9 号	230. 0±14. 99	2. 13±0. 15	14. 4±0. 85	639. 3±9. 25	237. 5±6. 86
金穗 3 号	237. 4±12. 37	2. 16±0. 21	13. 7±0. 00	615. 8±29. 75	271. 7±16. 51
金穗 10 号	218. 1±8. 69	1. 98±0. 02	12. 1±0. 14	434. 0±37. 27	212. 9±15. 50
甘鑫 9 号	202. 9±7. 85	2. 23±0. 13	13. 0±0. 00	561. 0±16. 50	246. 3±22. 61
龙源 3 号	269. 6±3. 96	2. 01±0. 03	12. 7±0. 14	529. 0±26. 12	257. 9±13. 72
郑单 958	223. 5±1. 48	2. 09±0. 14	14. 3±0. 42	610. 0±21. 07	207. 5±18. 33

13. 1. 4. 3 饲草产量

由于 9 月 2 日出现初霜冻，植株受害，9 月 12 日取样、测产时上半部叶片、茎秆变黄，对试验结果有一定影响，但玉米参试品种的饲草产量差异明显（表 13-10）。尽管受到初霜影响，鲜草产量除金穗 10 号最低外（4466kg/亩），其他品种在 5385~6347kg/亩，郑单 958 最高，其次为中玉 9 号和金穗 3 号，品种间差异很明显；干草产量在 2126~2767kg/亩，金穗 3 号最高，其次为龙源 3 号、甘鑫 9 号和中玉 9 号，品种间差异明显；鲜干比郑单 958 最高，达到 2. 95，其次为中玉 9 号、沈单 16 号和 53844-13，品种间差异明显。综合考虑参试玉米品种的鲜草产量和干草产量特征，金穗 3 号、中玉 9 号、郑单 958 和龙源 3 号等品种的表现较为优良。

表 13-10 玉米参试品种的鲜草、干草产量及鲜干比

品种	鲜草产量（kg/亩）	干草产量（风干，kg/亩）	鲜干比
53844-13	5555±395.2	2126±299.9	2.61±0.19
沈单 16 号	5938±481.3	2255±250.3	2.64±0.07
中玉 9 号	6284±360.2	2344±71.4	2.68±0.23
金穗 3 号	6231±110.6	2767±83.1	2.26±0.03
金穗 10 号	4466±411.6	2191±159.5	2.04±0.04
甘鑫 9 号	5655±166.3	2483±227.9	2.28±0.14
龙源 3 号	5385±209.3	2627±112.4	2.05±0.01
郑单 958	6347±282.4	2157±326.9	2.95±0.32

13.1.4.4 全株品质

根据产量检测结果，参试品种中的金穗 3 号、中玉 9 号、龙源 3 号和郑单 958 等玉米品种具有较高产量，具备作为饲草作物品种在试验示范区进行推广引种的潜在优势。因此，仅对以上 4 个品种进行了全株品质的检测分析，为后续引栽品种的确定提供更多依据。

根据监测结果（表 13-11），这 4 个品种的水分含量在 4.44%~4.81%之间，不同品种间差异不明显；其他养分指标含量则差异明显。据检测分析，这些品种的磷含量为 0.18%~0.23%，金穗 3 号和中玉 9 号的磷含量明显高于龙源 3 号和郑单 958；中玉 9 号的灰分含量指标达到 7.54%，明显高于其他品种，龙源 3 号的灰分含量指标最低（4.40%）；郑单 958 的粗蛋白含量指标最高，达到 4.49%，龙源 3 号的粗蛋白指标最低（2.48%）；中玉 9 号的粗纤维含量指标最高，达到 38.09%，龙源 3 号的粗纤维含量指标最低（23.12%）；郑单 958 的粗脂肪含量指标最高，达到 0.72%，龙源 3 号的粗脂肪含量指标最低（0.40%）；金穗 3 号的钙含量指标最高，达到 0.73%，中玉 9 号的钙含量指标最低（0.51%）；中玉 9 号的磷含量指标最高，达到 0.23%，郑单 958 的磷含量指标最低（0.18%）；金穗 3 号的中性洗涤纤维含量指标最高，达到 73.45%，龙源 3 号的中性洗涤纤维含量指标最低（67.86%）；中玉 9 号的酸性洗涤纤维含量指标最高，达到 46.39%，龙源 3 号的酸性洗涤纤维含量指标最低（37.30%）；龙源 3 号的无氮浸出物含量指标最高，达到 64.96%，中玉 9 号的无氮浸出物含量指标最低（45.02%）。

表 13-11 玉米参试品种的营养成分含量（%）

营养成分	金穗 3 号	中玉 9 号	龙源 3 号	郑单 958
水分	4.81±0.11	4.74±0.45	4.61±0.23	4.44±0.07
灰分	5.08±0.07	7.54±0.19	4.40±0.14	5.66±0.17
粗蛋白	2.73±0.04	3.97±0.21	2.48±0.05	4.49±0.11
粗纤维	34.76±0.76	38.09±1.03	23.12±0.99	36.95±1.60
粗脂肪	0.44±0.05	0.64±0.03	0.40±0.02	0.72±0.05

（续）

营养成分	金穗 3 号	中玉 9 号	龙源 3 号	郑单 958
钙	0. 73±0. 03	0. 51±0. 02	0. 64±0. 03	0. 67±0. 03
磷	0. 22±0. 02	0. 23±0. 02	0. 19±0. 03	0. 18±0. 01
中性洗涤纤维	73. 45±3. 62	68. 20±3. 24	67. 86±1. 75	71. 45±0. 91
酸性洗涤纤维	40. 00±1. 93	46. 39±1. 06	37. 30±1. 16	44. 36±1. 54
无氮浸出物	52. 18±1. 75	45. 02±1. 92	64. 96±1. 87	47. 74±1. 21

根据试种结果，玉米参试品种在试验示范区不能完成整个生长周期，在铺设地膜的情况下，早熟品种也只能进入抽雄期。在这种情况下，茎秆和叶片是鲜草产量和干草产量的两个主要组成部分，茎秆高，叶片数多，产量也相应较高。因此，作为饲草作物，在高寒牧区采用铺地膜方式种植青贮玉米是完全可行的，可以通过适当增加密度来获得较高的饲草产量。

结合不同引种玉米品种的产草量与营养成分等方面进行综合评价，试验示范区可以选用金穗 3 号、中玉 9 号、郑单 958 和龙源 3 号等玉米早熟品种，作为首选的推广应用品种。

13. 1. 5 高粱引种结果

13. 1. 5. 1 生育期和田间出苗率

根据试验结果（表 13-12），高粱参试品种的生育期随植株发育表现出一定的差异。终霜过后（5 月 9 日），铺地膜并立即播种，播种 11～14 天时出苗，不同品种的出苗期差异不明显。据观察，出苗期至分蘖期需 26～31 天，不同品种之间的分蘖期最大差异天数为 5 天；分蘖期至拔节期需 24～32 天，不同品种之间的拔节期最大差异天数为 13 天；由于 9 月初有早霜出现，从而不能进入抽穗期。

表 13-12 高粱参试品种的生育期和田间出苗率

品种	播种期（月-日）	出苗期（月-日）	分蘖期（月-日）	拔节期（月-日）	收割时间（月-日）	出苗率（%）	定株率（%）
大力士	05-09	05-22	06-20	07-24	08-29	72. 46±13. 49	90. 16±3. 11
九甜杂三	05-09	05-21	06-17	07-11	08-29	84. 33±5. 19	94. 96±5. 53
辽甜 3 号	05-09	05-22	06-20	07-19	08-29	73. 46±14. 91	84. 13±4. 79
吉甜 3 号	05-09	05-23	06-22	07-24	08-29	75. 71±2. 42	85. 74±2. 12
吉杂 96	05-09	05-20	06-17	07-12	08-29	93. 16±4. 02	97. 58±4. 84
吉杂 97	05-09	05-20	06-17	07-11	08-29	85. 13±4. 06	92. 97±6. 89
吉杂 123	05-09	05-20	06-17	07-11	08-29	86. 36±3. 33	90. 57±5. 68
吉杂 124	05-09	05-20	06-18	07-12	08-29	78. 91±4. 38	83. 32±6. 32

根据监测结果，试验区高粱参试品种的田间出苗率和定株率随品种不同而表现出一定的差异（表 13-12）。高粱参试品种的田间出苗率为 72.46%~93.16%，大力士的田间出苗率最低，吉杂 96 的田间出苗率最高。经补种后定株率达到 83.32%~97.58%，吉杂 124 的定株率最低，吉杂 96 的定株率最高。大力士、九甜杂三、吉杂 97 和吉杂 123 的定株率均达到 90%以上。

13.1.5.2　单株性状

根据监测结果（表 13-13），收获期不同高粱参试品种的单株性状存在较为明显的差异。参试品种的株高在 104.8~145.9cm 之间，其中九甜杂三最高，剩余 7 个品种的单株株高在 110cm 左右，差异不明显。单穴茎数以吉甜 3 号（6.87 个）最高，吉杂 123（4.20 个）和九甜杂三（4.20 个）最小，品种间差异明显。单穴鲜重和干重均以九甜杂三最高，分别为 414.5g 和 70.5g；大力士最低，分别为 219.0g 和 39.2g；二者相差几乎近 2 倍。

表 13-13　高粱参试品种的单株性状

品种	株高（cm）	每穴茎数（个）	每穴鲜重（g）	每穴干重（g）
大力士	104.8±4.87	5.07±0.15	219.0±8.50	39.2±3.62
九甜杂三	145.9±6.86	4.20±0.50	414.5±22.00	70.5±3.74
辽甜 3 号	113.9±10.82	5.40±0.50	391.5±16.00	66.6±8.21
吉甜 3 号	117.4±1.06	6.87±0.55	410.2±25.75	62.8±12.52
吉杂 96	117.8±2.40	4.80±0.60	370.0±37.00	66.6±2.35
吉杂 97	108.8±5.37	4.67±0.55	358.0±20.00	71.6±7.39
吉杂 123	113.6±0.85	4.20±0.20	258.2±38.25	56.9±5.21
吉杂 124	110.3±5.02	4.37±0.75	364.7±23.25	72.9±8.35

13.1.5.3　饲草产量

根据试验结果（表 13-14），在收获时，高粱参试品种间的饲草产量差异较为明显。相比之下，九甜杂三表现最好，鲜草产量和干草产量均为最高，分别达到 4116kg/亩和 701kg/亩；其次为吉甜 3 号，鲜草产量达到 3758kg/亩，但干草产量较小为 565kg/亩；吉杂 96 排在第三位，鲜草产量为 3757.9kg/亩，干草产量为 681kg/亩。值得注意的是，吉杂 97 和吉杂 124 的表现较为特殊，二者鲜草产量较低，但干草产量却分别达到 701kg/亩和 692kg/亩的较高水平。高粱参试品种的鲜干比在 5.00~6.67 之间，不同品种之间的差异不明显。

表 13-14　高粱参试品种的饲草产量及鲜干比

品种	鲜草产量（kg/亩）	干草产量（kg/亩）	鲜干比
大力士	2074±84.1	390±18.5	5.56±0.01
九甜杂三	4116±87.0	701±14.8	5.88±0.00
辽甜 3 号	3477±306.6	591±36.8	5.88±0.01

（续）

品种	鲜草产量（kg/亩）	干草产量（kg/亩）	鲜干比
吉甜 3 号	3758±313. 3	565±47. 2	6. 67±0. 02
吉杂 96	3739±329. 3	681±25. 6	5. 56±0. 02
吉杂 97	3497±233. 9	701±31. 8	5. 00±0. 01
吉杂 123	3374±276. 9	539±44. 3	6. 25±0. 00
吉杂 124	3179±275. 7	692±65. 2	5. 00±0. 02

综合生育期、单株性状和饲草产量等因素进行分析表明，高粱作为青饲料，在试验示范区具有一定的种植、推广利用价值，也可以考虑作为增加和丰富高寒牧区饲料作物的可选种类，促进实现区域性的饲草多元化。但是，由于试验示范区高粱品种的有效生长时间短，株高较低，产量偏低。如果将高粱品种作为饲草作物进行栽培，可以考虑通过提高种植密度的方式，来获取较高的鲜草产量。

结合不同引种高粱品种的相应生长发育参数和产草量等方面进行综合评价，试验示范区可以考虑将吉杂 96、九甜杂三、吉甜 3 号等品种作为推荐栽植的饲草作物品种。

13. 1. 6　苜蓿引种结果

13. 1. 6. 1　生育期和田间出苗率

参试的 8 个苜蓿品种在试验区晚霜过后，于 5 月 8 日播种，到出苗需要 20 天以上的时间；在 9 月初初霜到来前收获，出苗到收获生长时间 88 天，生育期第一年不能进入到开花期，覆土后成功越冬的苜蓿植株可以进入开花期，但无法结实并完成其生活史。

由于苜蓿的生长特性，其在试验小区的田间出苗数和出苗率差异明显（表 13-15）。根据引种试验结果，苜蓿参试品种的田间出苗数在 161. 25×$10^4$$hm^2$ 到 391. 20 万苗/hm^2 之间，金皇后的田间出苗数最小，甘农大 3 号的田间出苗数最高，苜蓿王、皇后、甘农大 1 号和陇东等 4 个品种的田间出苗数在 250 万苗/hm^2 以下。苜蓿参试品种的平均田间出苗率为 41. 24%，除甘农大 3 号、德福 32IQ 的田间出苗率分别达到 65. 20%、51. 88%外，苜蓿王、皇后、甘农大 1 号和陇东的田间出苗率在 35%左右，金皇后的田间出苗率仅为 26. 88%。这表明，在试验示范区，不同苜蓿品种间的田间出苗率差异很明显。

表 13-15　苜蓿参试品种的田间出苗数和出苗率

品种	苗数（万苗/hm^2）	田间出苗率（%）
金皇后	161. 25±5. 25	26. 88±0. 88
苜蓿王	208. 20±14. 85	34. 69±2. 49
皇后（包衣）	227. 55±53. 10	37. 93±8. 84
甘农大 1 号	208. 80±8. 85	34. 79±1. 47
甘农大 3 号	391. 20±10. 65	65. 20±1. 77
陇东	208. 20±69. 90	34. 69±11. 65
德福 32IQ	311. 25±7. 05	51. 88±1. 17
阿尔冈金	263. 25±7. 95	43. 87±1. 32

13.1.6.2 单株性状

在海拔高、气温低的高寒地区，相对较为严酷的自然条件，对苜蓿的生长发育影响极大，导致试验示范区引种的苜蓿基本不能完成其生活史周期。为了解并掌握试验示范区引种苜蓿品种的实际表现，对覆土保温后成功进入开花期的苜蓿植株进行了单株性状的部分指标监测，其结果表明苜蓿参试品种间单株性状的差异不甚明显（表 13-16）。当年 9 月初终霜来临前，参试苜蓿品种的植株高度只有 24.52~31.03cm，平均高度约为 27.52cm；其中，以甘农大 3 号最高，金皇后最矮，二者相差约 21.0%。参试苜蓿品种的单株分枝数为 1.40~2.30 个，平均 1.88 个，其中以阿尔冈金的单株分枝数最大，陇东最小，二者相差近 1 倍。参试苜蓿品种的单株鲜重为 1.47~2.98g，平均约为 2.19g，以德福 32IQ 最重，甘农大 1 号最轻，二者相差 1 倍。参试苜蓿品种的单株干重为 0.27~0.66g，平均约为 0.44g，甘农大 3 号最重，甘农大 1 号最轻，二者相差 2 倍多。参试苜蓿品种的干鲜比在品种之间无明显差异。总之，苜蓿参试品种在株高和鲜干比的单株性状上差异不明显，在单株分指数、单株鲜重和干重上呈现出一定的差异。

表 13-16 苜蓿参试品种收获时的植株性状

品种	株高（cm）	单株分枝数（个）	单株鲜质量（g）	单株干重（g）	鲜干比
金皇后	24.52±3.29	1.85±0.35	1.60±0.14	0.31±0.03	5.00±0.01
苜蓿王	25.19±0.39	2.00±0.28	2.03±0.50	0.41±0.10	5.00±0.01
皇后（包衣）	29.25±5.75	1.95±0.49	2.67±0.74	0.55±0.17	4.76±0.00
甘农大 1 号	25.68±0.97	1.55±0.21	1.47±0.17	0.27±0.06	5.00±0.01
甘农大 3 号	31.03±5.61	1.75±0.35	2.91±2.31	0.66±0.51	4.55±0.01
陇东	28.42±0.35	1.40±0.00	1.58±0.04	0.29±0.02	5.00±0.00
德福 32IQ	29.59±1.93	2.20±0.99	2.98±0.35	0.61±0.13	5.00±0.01
阿尔冈金	26.47±0.07	2.30±1.13	2.33±0.71	0.43±0.10	4.76±0.02

13.1.6.3 饲草产量

种植第一年后，苜蓿参试品种间的鲜草产量和干草产量差异明显（表 13-17）。相比之下，德福 32IQ 的产量明显高于其他品种，每亩的鲜草产量和干草产量分别达到 277kg 和 56kg；其次为甘农大 3 号，每亩分别达到 233kg 和 51kg；最低为陇东，每亩只有 125kg 和 25kg，仅为德福 32IQ 产量的 45.1%和 44.6%。但 2013 年实验发现，苜蓿在该地区越冬率极低，冬季来临时进行表层覆土，次年春季有 20%左右的苗木可以越冬。表明该地区苜蓿引种需要进行一定程度的越冬驯化，并添加适当的冬季保暖措施。

表 13-17 苜蓿参试品种鲜草产量和干草产量

品种	鲜草产量（kg/亩）	干草产量（kg/亩）
金皇后	165±14.73	34±2.98
苜蓿王	189±2.95	37±1.24
皇后（包衣）	179±11.79	37±1.77
甘农大 1 号	177±38.3	36±6.58
甘农大 3 号	233±47.14	51±12.12
陇东	125±42.13	25±5.57
德福 32IQ	277±44.19	56±9.06
阿尔冈金	181±14.73	41±3.37

结合不同试验引种苜蓿品种的相应生长发育情况和产草量等方面进行综合评价，试验示范区的总体环境似乎不适宜于进行苜蓿的引种栽培。如果仅仅从增加豆科饲草作物品种数量的角度出发，可以考虑将德福 32IQ、甘农大 3 号和苜蓿王等品种作为参考推荐的饲草作物品种，但在引种栽培过程中需添加保暖越冬的辅助措施。

13.1.7 饲草引种结论

根据上述试验结果，所有引进饲草作物品种均可在试验示范区种植。依据饲草产量、主要生长性状、饲草品质等综合考量，推荐下列品种作为该地区优先推广使用的饲草作物品种。

燕麦：推荐白燕 7 号、加燕 2 号和丹麦燕麦。

玉米：推荐郑单 958、金穗 3 号和中玉 9 号。

高粱：推荐吉杂 96、九甜杂三、吉甜 3 号。

苜蓿：根据越冬后表现，推荐德福 32IQ、甘农大 3 号和苜蓿王。

燕麦是该地区普遍种植的饲草作物，但原有种植品种存在品种多、乱、杂，种质退化严重等方面的问题，加之管理粗放，栽培技术简单，从而制约了该区燕麦的产业化种植的发展。在实际生产中注意选育品质优良、产量高的品种，本试验中白燕 7 号、加燕 2 号和丹麦燕麦表现优良，由于白燕 7 号和丹麦燕麦种源相对不足等方面的原因，故在示范推广中采用了加燕 2 号作为主打的引进燕麦品种。

玉米在试验示范区本无种植，采用地膜、高密度种植技术表现出很高的生产力，收获时植株高度平均达 225.1cm，生育期能进入抽雄期，鲜草产量和干草产量在 4 种饲草作物中均居第 1 位，分别比燕麦增产 1.67 倍和 2.07 倍，完全可以在试验示范区的自然环境条件下进行栽植而作为青贮饲料来利用。

高粱本是植株高大作物，但在试验示范区进行铺地膜种植的平均株高只有 116.6cm，表现优良的九甜杂三品种株高也只有 146cm，株高生长明显受到一定的不良影响。但是，采用铺地膜种植方式，也表现出较高的生产力，每亩的鲜草产量可达 4116kg，比传统饲草作物燕麦（2148kg）增产 91.64%。因此，在试验示范区将高粱用作青贮饲料、青饲料，也具有一定的推广利用价值，但其干草产量低于燕麦，不提倡利用。

在实际应用中，燕麦、玉米和高粱仍然需要不断引进新品种和保持品种优良种性，才能不断提高饲草产量。

苜蓿在该地区当年种植不能正常越冬，冬季覆土保温的情况下有 12.61%~42.29%的植株可以越冬成活，第二年在自然状况下（没有盖土）春季能发芽、出苗。这表明，在试验示范区第一年采用覆盖物帮助越冬，可提高引种栽植苜蓿的越冬性能和成活率。但是，采用什么样的覆盖材料及方法，才能获得更为理想的效果，尚需进一步的深入研究。

13.2 人工饲草地栽培技术

研究区域在 2012 年项目实施前的人工饲草种植格局较为简单，以燕麦、青稞单播为主。区域种植制度单一，饲草品质较低，限制了当地畜牧业的高效发展。为进一步推进试验示范区人工饲草种植基地的建设，在前期饲草作物品种引种试验的基础上，从前述推荐作物品种中选择部分发展前景较好的品种，进行了相应的栽培技术试验，预期通过相应工作的实施，完善参试品种的栽培和管理措施，通过筛选、组合饲草混播方案，提出适宜该地区高效人工饲草地建设的技术体系，为推动草地畜牧业的发展提供一定的科学依据。

13.2.1 实施方案

依据 2012 年对玉米、高粱、燕麦和苜蓿等饲草作物品种的试验性引种栽植结果，仅选择对课题研究区域较为适宜的饲草作物品种，进行了人工饲草地栽培技术的研究，试验小区随机排列，3 次重复。试验地 5 月中旬整地，随后进行播种。不同饲草作物种类的具体实施方案分述如下。

13.2.1.1 玉米栽培试验

以引种栽培试验中推荐的玉米品种中的 2 个早熟品种（金穗 3 号和中玉 9 号）作为研究对象，分别布局了以下试验工作。

密度试验：设行距×株距为 30cm×20cm，30cm×15cm，30cm×10cm，每亩对应株数分别为 1.05 万株，1.40 万株，2.20 万株的 3 种处理。

追肥试验：在拔节期，株高 40~50cm 时（6 月 26 日），设每亩追施尿素（含氮 46%）0kg，10kg，15kg 的 3 种处理。

与箭筈豌豆混播试验：为比较混播效果，设置了玉米单播，以及玉米与箭筈豌豆混播等 2 种处理。单播时，采用行距×株距为 30cm×20cm 的玉米试验密度，每亩定植 1.05 万株；混播时，每个玉米播种穴内同时下种箭筈豌豆 4~6 粒。

13.2.1.2 高粱栽培试验

以引种栽培试验中推荐的高粱品种中表现优良的九甜杂三作为研究对象，分别布局了以下试验工作。

密度试验：设行距×株距为 30cm×20cm，30cm×15cm，30cm×10cm，每亩对应株数分别为 1.05 万株，1.40 万株，2.20 万株的 3 种处理。

追肥试验：在拔节期，株高 40~50cm 时（6 月 26 日），设每亩追施尿素（含氮 46%）0kg，10kg，15kg 的 3 种处理。

与箭筈豌豆混播试验：为比较混播效果，设置了高粱单播，以及高粱与箭筈豌豆混播等2种处理。单播时，采用行距×株距为30cm×20cm的高粱试验密度，每亩定植1.05万株；混播时，每个玉米播种穴内同时下种箭筈豌豆4~6粒。

13.2.1.3 燕麦栽培试验

以推荐燕麦品种中表现较好的3个品种：白燕7号、加燕2号和丹麦燕麦作为研究对象，在祁连县和试验示范区范围内，部分农民已在进行燕麦种植。虽然原有燕麦种植也存在品种混乱、主栽品种生产性能相对较差的问题，但纯燕麦种植技术已被众多农民群众所掌握。因此，本课题的燕麦品种栽培试验未安排单品种的种植密度试验，而将试验重点布局于燕麦品种与箭筈豌豆混播和追肥试验，具体安排了以下试验工作。

燕麦与箭筈豌豆不同比例混播试验：燕麦与箭筈豌豆混播比例为1∶0.0，1∶0.22，1∶0.56，1∶1.32共4种，并分别设计实施了3个具体的试验组合。

组合1：白燕7号54.0万粒+箭筈豌豆0.0万粒，白燕7号41.0万粒+箭筈豌豆9.0万粒，白燕7号27.5万粒+箭筈豌豆14.0万粒，白燕7号14.0万粒+箭筈豌豆18.5万粒。

组合2：加燕2号54.0万粒+箭筈豌豆0.0万粒，加燕2号41.0万粒+箭筈豌豆9.0万粒，加燕2号27.5万粒+箭筈豌豆14.0万粒，加燕2号14.0万粒+箭筈豌豆18.5万粒。

组合3：丹麦燕麦54.0万粒+箭筈豌豆0.0万粒，丹麦燕麦41.0万粒+箭筈豌豆9.0万粒，丹麦燕麦27.5万粒+箭筈豌豆14.0万粒，丹麦燕麦14.0万粒+箭筈豌豆18.5万粒。

燕麦与箭筈豌豆不同比例混播追肥试验：仅以白燕7号作为研究对象，混播比例与前述组合1相同，在苗期设计进行了2种追肥处理，分别追施尿素0.0kg/亩和5.0kg/亩。

13.2.1.4 苜蓿栽培试验

鉴于引种试验结果表明引种苜蓿品种多无法正常越冬，故将苜蓿栽培试验的重点限定于苜蓿的越冬试验方面，以期进一步证实采用相应措施是否能够提升苜蓿的适应能力。

苜蓿越冬试验：在2012年苜蓿适生品种试验小区内，收获后于10月15日共盖土6行，盖土厚度5~10cm，没有盖土为对照（CK），开展越冬试验。来年观察返青出苗及生长情况。2013年5月12日盖土出苗15天，挖出盖土处理3行，调查成活株数，与上年的出苗数比较，统计出返青成活率。剩余3行为生长性状观察及测量产量。经调查发现，没有盖土对照（CK）的苜蓿全部死亡。

13.2.2 数据监测

主要监测引进饲草作物及品种的以下生物学性状和指标。

生育时期：在一定外界环境条件下饲草作物品种植株形态、构造发生显著变化的日期称生育时期。根据其不同生长发育阶段所表现出来的特定形态特征，可划分为出苗期、分蘖期、拔节期、孕穗期、抽穗期、开花期、灌浆期、成熟期等不同的生育时期，不同作物品种划分的生育时期也各不相同。本课题采用现场目测方法，确定参试品种的生育时期。按照农业领域的普遍用法，采用“生育期”的术语进行后续的相关讨论。

田间出苗率：是田间出苗数占播种种子数的百分率。燕麦、苜蓿在出苗5~10天后，采用整行（每小区第三行）调查法确定出苗数，计算出田间出苗率；玉米、高粱在种植区两侧第二行分别调查出苗数，对没有出苗的穴进行补种，拔节期统计定株率。

单株性状：是指饲草单株的主要生产性状，主要包括单株株高、鲜重、干重等。燕麦的单株性状分别在抽穗期、灌浆期和乳熟期测定，高粱、玉米、苜蓿在收获前测定。燕麦于成熟期收获（品种不同，收获期不同），苜蓿和高粱于“霜冻”前收获（8 月 28 日），玉米“霜冻”后收获（9 月 12 日）。燕麦、苜蓿在每小区第 4 行中间连续挖取 20 株，玉米、高粱在小区两边第两行连续挖取 10 株。株高采用钢卷尺测量，单株（穴）鲜重采用现场称重法（DT-502 电子天平），干重采用烘干法（置于 65℃烘箱烘干至衡重，24 小时）。

鲜干比：指饲草产出的干重与鲜重之比。采用烘干法进行测定。燕麦、苜蓿、箭筈豌豆在每小区第五行齐地面收获全部地上部分，在电子称上测定鲜重；玉米、高粱在每小区第二行连续挖取 10 株，在电子称上测定饲草鲜重；置于 65℃烘箱（烘干）达到恒重，并在实验室电子称上测定干重；根据测定的鲜重和干重数据计算出各作物品种的鲜干比。

饲草产量：指单位面积上饲草的鲜重和干重产出，一般采用样方收获法测定。本课题采用试验小区收获法直接测定鲜草产量，利用鲜干比参数计算出不同作物品种的干草产量。

全株品质：包括可用于评价饲草营养价值的主要参考指标。本课题测定了全株干草中水分、灰分、粗蛋白、粗脂肪、粗纤维、无氮浸出物、钙、磷、中性洗涤纤维（NDF）和酸性洗涤纤维（ADF）等指标的含量，测定方法按照相应 GB/T 或 NY/T 中的规定进行。

13.2.3 玉米栽培试验实施结果

13.2.3.1 密度试验

（1）生育期

田间试验结果表明（表 13-18），所选择的玉米 2 个早熟品种（金穗 3 号和中玉 9 号）在 3 种密度处理情况下的生育期表现相同，5 月 17 日播种，5 月 27 日出苗，7 月 6 日拔节，8 月底收获时处于抽雄前期。

（2）出苗率和定株率

根据样地实测结果（表 13-18），金穗 3 号的田间出苗率为 72.02%～74.15%，补种后定株率为 88.14%～89.98%；中玉 9 号出苗率 73.13%～80.35%，补种后定株率 86.10%～

表 13-18　不同种植密度玉米的生育期及田间出苗率和定株率

品种	密度（万株/亩）	播种期（月-日）	出苗期（月-日）	拔节期（月-日）	抽雄期（月-日）	收割时间（月-日）	出苗率（%）	定株率（%）
金穗 3 号	1.05	05-17	05-27	07-06	08-28	08-28	72.87±8.15	88.14±4.97
	1.40	05-17	05-27	07-06	08-28	08-28	72.02±9.40	89.98±6.53
	2.20	05-17	05-27	07-06	08-28	08-28	74.15±4.65	89.35±2.14
中玉 9 号	1.05	05-17	05-27	07-06	08-28	08-28	73.13±10.59	87.10±3.18
	1.40	05-17	05-27	07-06	08-28	08-28	80.35±7.79	86.61±7.09
	2.20	05-17	05-27	07-06	08-28	08-28	76.55±6.16	91.56±5.08

91.56%。由此可见，补种后 2 个品种的定株率可达 90%左右。

（3）单株性状

根据实验的检测数据和统计结果（表 13-19），收获时种植玉米的单株株高、茎粗、单株鲜重和单株干重等参数在不同种植密度下差异明显，鲜干比则差异不明显。株高表现为品种间差异明显，中玉 9 号明显高于金穗 3 号，同一品种各处理间差异不明显。但是，随着栽培密度的增加，可能由于植株间光竞争作用以及土壤中水肥资源的竞争作用的增强，而表现出株高趋于增加，茎粗、单株鲜重和单株干重等性状表现为明显降低的现象。

表 13-19　不同种植密度玉米的单株性状

品种	密度（万株/亩）	株高（cm）	茎粗（cm）	单株鲜重（g）	单株干重（g）	鲜干比
金穗3号	1.05	165.57±2.61	2.14±0.14	562.17±22.22	59.23±2.36	9.52±0.07
	1.40	168.80±2.90	1.99±0.07	492.33±40.26	51.39±3.49	9.62±0.02
	2.20	169.43±3.39	1.80±0.03	333.17±32.51	32.79±2.92	10.2±0.03
中玉9号	1.05	177.70±2.35	2.19±0.04	629.17±39.83	66.66±3.97	9.43±0.03
	1.40	179.70±2.72	2.06±0.05	459.33±17.79	46.19±2.76	9.90±0.03
	2.20	181.23±3.50	2.02±0.05	392.17±29.04	43.04±3.24	9.09±0.09

（4）饲草产量

根据实验结果（表 13-20），2 个参试玉米品种的鲜草产量和干草产量均表现为随密度增加而明显提高。相比之下，中密度（每亩 1.40 万株）与高密度（每亩 2.20 万株）之间的饲草产量差异不明显，但低密度（每亩 1.05 万株）和中密度（每亩 1.40 万株）之间的饲草产量差异明显。中密度栽培金穗 3 号的鲜草产量和干草产量分别为 6384kg/亩和 638kg/亩，分别比低密度栽培增产 22.82%和 16.55%。中密度栽培中玉 9 号的鲜草产量和干草产量分别为 6548kg/亩和 665kg/亩，分别比低密度栽培增产 14.33%和 9.79%。结合参试品种的单株生产性状，金穗 3 号和中玉 9 号在研究区域的适宜种植密度以中密度（每亩 1.40 万株）为宜，也可适当提高栽培密度以增加饲草产量。

表 13-20　不同种植密度玉米的饲草产量

品种	栽培密度（万株/亩）	鲜草产量（kg/亩）	干草产量（kg/hm^2）
金穗 3 号	1.05	5198±135.6	548±42.3
	1.40	6384±191.3	638±10.6
	2.20	6586±597.9	643±53.8
中玉 9 号	1.05	5727±743.6	606±62.9
	1.40	6548±201.2	665±16.7
	2.20	6852±689.6	719±51.4

13.2.3.2　追肥试验

（1）生育期及出苗率

田间试验结果表明（表 13-21），所选择的 2 个玉米早熟品种（金穗 3 号和中玉 9 号）

在3种追肥处理间生育期表现相同，即5月17日播种，5月27日出苗，7月6日拔节，8月底收获时处于抽雄前期。就出苗率和定株率而言，金穗3号出苗率66.21%～73.08%，补种后定株率88.14%～89.35%；中玉9号出苗率75.17%～82.88%，补种后定株率84.34%～93.88%。相比之下，中玉9号的出苗率略高于金穗3号，追施尿素可能有助于出苗率的提高。

表13-21 不同追肥量的玉米生育期及田间出苗率和定株率

品种	追肥量（kg/亩）	密度（万株/亩）	播种期（月-日）	出苗期（月-日）	拔节期（月-日）	抽雄期（月-日）	收割时间（月-日）	出苗率（%）	定株率（%）
金穗3号	0	1.05	05-17	05-27	07-06	08-28	08-28	66.21±9.32	89.35±7.19
	10	1.40	05-17	05-27	07-06	08-28	08-28	68.27±6.27	88.14±6.19
	15	2.20	05-17	05-27	07-06	08-28	08-28	73.08±9.48	89.35±4.57
中玉9号	0	1.05	05-17	05-27	07-06	08-28	08-28	75.17±3.81	84.34±4.81
	10	1.40	05-17	05-27	07-06	08-28	08-28	77.71±5.79	89.38±6.19
	15	2.20	05-17	05-27	07-06	08-28	08-28	82.88±6.16	93.88±3.12

（2）单株性状

根据实验结果（表13-22），收获时种植玉米的的单株株高、茎粗、单株鲜重、单株干重差异明显，鲜干鲜比差异不明显。株高表现为品种间差异明显，同等施肥水平下中玉9号的植株株高偏高；同一品种不同追肥处理间株高的差异不明显，但表现出随追施尿素量增加株高增高趋势。同一品种各处理间茎粗、单株鲜重、单株干重、鲜草产量和干草产量表现为随追施尿素量增加而增加，但每亩追施尿素15kg与10kg间差异不明显，每亩追施尿素10kg与没有追施间差异明显。这表明，适时追肥可提高玉米品种的单株生产性状。

表13-22 不同追肥量的玉米品种单株性状

品种	追肥量（kg/亩）	株高（cm）	茎粗（cm）	单株鲜重（g）	单株干重（g）	鲜干比
金穗3号	0	179.30±9.07	1.99±0.09	475.83±37.06	49.96±0.24	9.17±0.00
	10	184.53±3.37	2.14±0.04	581.50±30.62	67.92±3.94	8.85±0.00
	15	184.97±4.31	2.18±0.06	584.33±43.02	61.10±4.61	9.35±0.00
中玉9号	0	180.63±2.27	2.02±0.03	560.67±40.19	59.99±2.09	9.26±0.00
	10	198.37±2.40	2.22±0.12	595.00±67.01	63.79±3.21	9.43±0.01
	15	200.20±3.48	2.23±0.04	616.17±14.69	65.67±1.04	9.26±0.00

（3）饲草产量

根据试验结果（表13-23），玉米在拔节期追施尿素，其鲜草产量和干草产量随追肥量的增加而增加。金穗3号每亩追施尿素10kg时的鲜草产量和干草产量分别达到每亩5408kg和612kg，比没有追施情况下分别增产22.92%和27.32%。中玉9号每亩追施尿素10kg时的鲜草产量和干草产量分别达到每亩5431kg和574kg，比没有追施肥料的分别增产

13.71%和12.64%。但是，与每亩追施10kg尿素相比，每亩追肥15kg时，增产效果并不显著。这表明，在拔节期追施尿素量每亩10kg即可，过多施肥的增产效益并不显著。

表13-23 不同追肥量的玉米鲜草产量和干草产量

品种	追肥量（kg/亩）	鲜草产量（kg/亩）	干草产量（kg/亩）
金穗3号	0	4399±309.5	481±36.3
	10	5408±449.5	612±47.6
	15	5473±483.9	603±70.4
中玉9号	0	4776±291.3	509±24.6
	10	5431±473.8	574±20.8
	15	5601±482.5	605±46.9

（4）饲草品质

根据拔节期追施不同尿素量烘干植株养分含量的测定结果（表13-24），追施尿素对粗蛋白含量没有明显影响；可降低灰分含量0.16~2.25个百分点；其他含量指标因品种不同而表现不同，追施尿素没有造成中玉9号粗脂肪含量的明显差异，金穗3号则表现出追施尿素后粗脂肪含量降低；追施尿素没有造成金穗3号粗纤维、中性洗涤纤维、酸性洗涤纤维和无氮浸出物等含量指标的明显差异，中玉9号表现为粗纤维含量随追施尿素量增加而增加的趋势。

表13-24 不同追肥状态下玉米植株的成分指标

指标＼品种	金穗3号（kg/亩）			中玉9号（kg/亩）		
追肥量（kg/亩）	0.0	10.0	15.0	0.0	10.0	15.0
水分（%）	4.94±0.31	4.66±0.39	5.55±0.85	4.89±0.19	4.65±0.45	5.31±0.23
灰分（%）	7.78±0.48	6.55±0.44	7.62±1.72	8.76±0.12	6.51±0.85	7.66±0.09
粗蛋白（%）	10.63±2.74	11.38±1.86	10.31±0.35	10.51±0.88	10.28±1.02	10.22±1.19
粗纤维（%）	34.67±3.52	35.53±0.04	34.51±5.36	33.12±0.37	35.87±1.43	36.28±2.23
粗脂肪（%）	0.84±0.07	0.67±0.13	0.72±0.06	0.67±0.13	0.69±0.08	0.64±0.00
中性洗涤纤维（%）	65.09±9.04	64.76±3.36	64.63±6.38	61.45±1.68	65.04±5.79	66.48±7.33
酸性洗涤纤维（%）	34.97±1.03	36.69±3.07	35.94±1.69	36.36±4.29	38.16±3.27	33.59±0.89
无氮浸出物（%）	41.15±0.87	41.23±2.51	41.29±2.48	42.08±1.07	42.01±2.12	39.89±1.18

13.2.3.3 混播试验

（1）生育期及出苗率

田间试验结果表明（表13-25），金穗3号和中玉9号的单播和混播生育期表现相同。

5月18日播种，5月28日出苗，7月29日拔节，8月底收获时处于抽雄前期；箭筈豌豆生育期表现也基本相同，5月18日播种，6月1日出苗，7月29日开花，8月底收获时处于结荚期。就出苗率和定株率而言，金穗3号的出苗率为66.71%～82.65%，补种后定株率为90.16%～98.39%；中玉9号出苗率为80.52%～84.39%，补种后定株率为90.52%～93.19%；箭筈豌豆的出苗率为93.54%～95.12%。比较而言，金穗3号的出苗率略高于中玉9号，混播似乎有助于金穗3号的出苗。

表13-25 混播试验的玉米和箭筈豌豆生育期及田间出苗率和定株率

项目			播种期（月-日）	出苗期（月-日）	拔节期（月-日）	抽雄期（月-日）	收割时间（月-日）	出苗率（%）	定株率（%）
组合1	金穗3号	单播	05-18	05-28	07-29	08-28	08-28	66.71±3.94	90.16±3.92
		混播	05-18	05-28	07-29	08-28	08-28	82.65±9.98	98.39±2.28
	混播箭筈豌豆		05-18	06-01	—	07-29 开花	08-28 结荚	93.54±4.27	93.54±4.27
组合2	中玉9号	单播	05-18	05-28	07-20	08-28	08-28	80.52±9.22	90.52±4.92
		混播	05-18	05-28	07-29	08-28	08-28	84.39±6.53	93.19±3.15
	混播箭筈豌豆		05-18	06-01	—	07-29 开花	08-28 结荚	95.12±2.16	95.12±2.16

（2）单株性状

根据监测数据，玉米与箭筈豌豆混播后，对玉米品种的株高、单株鲜重和单株干重有明显影响（表13-26）。就单播和混播比较而言，金穗3号和中玉9号这2个品种的单株性状指标均呈下降趋势。就金穗3号和中玉9号混播时的单株性状与单播状态下相比较，株高比单播分别降低20.50cm和18.37cm，分别下降了11.29%和9.92%；单株鲜重分别降低170.83g和154.17g，分别减少了26.42%和25.25%；单株干重分别降低22.43g和22.31g，分别减少了29.86%和30.04%。这些结果表明，与箭筈豌豆混播会明显降低玉米品种的单株生产性状。相比之下，玉米品种与箭筈豌豆之间的鲜干比差异极为显著。

表13-26 混播试验的玉米和箭筈豌豆单株性状

项目			株高（cm）	单株鲜重（g）	单株干重（g）	鲜干比
组合1	金穗3号	单播	181.43±7.54	646.50±119.76	75.12±8.32	11.59±0.82
		混播	160.93±3.23	475.67±34.67	52.69±1.54	11.10±0.51
	混播箭筈豌豆		89.73±5.86	79.33±27.30	12.63±4.47	6.25±0.01
组合2	中玉9号	单播	185.20±4.23	610.67±30.09	74.27±7.13	12.04±0.59
		混播	166.83±9.71	456.50±49.98	51.96±14.38	11.48±2.36
	混播箭筈豌豆		98.97±18.39	71.67±20.65	11.27±4.49	6.67±0.02

（3）饲草产量

根据试验结果（表13-27），玉米与箭筈豌豆混播情况下，对玉米饲草产量有较为明显的影响。仅就混播状态下玉米品种的饲草产量而言，鲜草产量和干草产量均呈现出一定程度的下降。据统计，在混播状态下，金穗 3 号和中玉 9 号的鲜草产量每亩降低 771kg 和 1386kg，减少了 13.55% 和 23.69%；干草产量每亩降低 96kg 和 178kg，减少 14.71% 和 25.21%。由于箭筈豌豆产量的补充，在玉米单播以及与箭筈豌豆混播的情况下，两种栽培方式的总鲜草产量和总干草产量差异并不明显，说明箭筈豌豆与玉米混播不会导致显著的减产效应。鉴于箭筈豌豆的蛋白含量较高，混播时可以提高出产饲草的蛋白质含量。因此，采用箭筈豌豆与玉米混播的饲草种植方式，具有一定的推广价值。

表 13-27　混播试验的玉米单播与箭筈豌豆饲草产量

处理	玉米		箭筈豌豆		总鲜草产量（kg/亩）	总干草产量（kg/亩）
	鲜草产量（kg/亩）	干草产量（kg/亩）	鲜草产量（kg/亩）	干草产量（kg/亩）		
金穗 3 号单播	5689±990.4	654±73.9	—	—	5689±990.4	654±73.9
金穗 3 号混播	4918±434.9	558±24.3	816±106.3	93±19.2	5734±538.9	651±52.4
中玉 9 号单播	5853±64.6	705±41.3	—	—	5853±64.6	705±41.3
中玉 9 号混播	4467±155.5	527±87.5	735±50.1	89±28.2	5201±106.2	617±51.9

（4）饲草品质

根据玉米单播或与箭筈豌豆混播情况下样品养分含量的测定结果（表 13-28），在混播状态下，显著提高饲草的粗蛋白含量 2.38~3.28 个百分点，明显降低饲草的灰分含量 0.34~1.43 个百分点，明显降低饲草的粗纤维和中性洗涤纤维含量 2.02~7.48 个百分点。其他含量指标因品种不同而表现不同，混播后金穗 3 号的粗脂肪含量降低 0.19 个百分点，中玉 9 号的粗脂肪含量增高 0.06 个百分点；金穗 3 号的酸性洗涤纤维含量混播后增高 2.27 个百分点，中玉 9 号的酸性洗涤纤维含量降低 3.77 个百分点；金穗 3 号的无氮浸出物含量混播后降低 3.65 个百分点，中玉 9 号的无氮浸出物含量则增高 0.77 个百分点。

表 13-28　混播试验的玉米和箭筈豌豆成分指标（单位:%）

营养成分	金穗 3 号		中玉 9 号	
	单播	混播	单播	混播
水分	5.25±0.42	5.03±0.06	4.69±0.49	4.49±0.36
灰分	7.13±0.73	6.79±0.78	7.88±0.08	6.45±0.00
粗蛋白	12.47±2.25	14.85±4.29	9.54±1.55	12.82±0.26
粗纤维	34.80±2.08	32.78±2.04	41.16±11.20	33.68±3.72
粗脂肪	0.89±0.19	0.70±0.02	0.77±0.07	0.83±0.02
中性洗涤纤维	59.96±4.36	59.88±8.80	60.34±1.30	34.31±2.43
酸性洗涤纤维	34.06±3.76	36.33±4.94	55.12±0.02	30.54±0.21
无氮浸出物	41.49±0.73	37.84±3.07	40.97±2.10	41.74±3.64

13.2.3.4　结果分析

课题的试验示范区属于高寒牧区，一般 9 月初就会有初霜出现，种植玉米不能完成整个生长周期，早熟品种在铺地膜的情况下，也只能进入抽雄期。作为饲草作物进行栽培时，可以适当增加种植密度，借以获得较高的饲草产量。在试验示范区和祁连山地区栽培玉米用作饲草时，应选用早熟品种，金穗 3 号、中玉 9 号、郑单 958、和龙源 3 号可以作为首选的推广品种。栽培试验结果表明，金穗 3 号、中玉 9 号的适宜种植密度为每亩 1. 40 万株，都属于高密度种植，它们的鲜草产量和干草产量比当地传统饲草作物燕麦增高 1. 67 倍和 2. 07 倍。这表明，采取铺地膜、高密度种植的方式，在高寒牧区人工栽培青贮玉米是完全可行的。

在追肥过程中，如果施用尿素过多，增产效果并不明显，多余施用的肥料也发挥不了预期的高产作用。根据在试验示范区进行的栽培试验结果表明，在每亩底肥施磷酸二胺 10kg，尿素 10kg 的基础上，在玉米拔节期每亩追施尿素 10kg 即可。

在相同的干物质下，青贮饲料中灰分含量越高则青贮饲料的有机质含量越低，青贮饲料品质越差；粗蛋白含量越高则品质越好。牧草纤维素含量越高，营养价值越低；中性洗涤纤维、酸性洗涤纤维含量高低直接影响饲草品质及消化率，如果中性洗涤纤维增加，采食量则随之减少，如果酸性洗涤纤维高，则消化率降低。青贮玉米与箭筈豌豆混播时，对玉米生长有明显影响。与单播相比，混播状态下玉米的株高、单株鲜重、单株干重均明显降低，而对箭筈豌豆的生长影响不明显。总体而言，玉米单播和玉米与箭筈豌豆混播情况下的饲草总产量差异不显著。由于豆科作物蛋白质含量高，青贮玉米与箭筈豌豆混播，混收，混合青贮，可使收获饲草的品质在一定程度上得到改善。

通过玉米品种比较、种植密度、追施氮肥、与箭筈豌豆混播、整株品质分析等方面的研究，集成各项技术，提出了便于推广应用的玉米栽培技术，编写出《高寒牧区青贮玉米丰产栽培技术规范（送审稿）》（详见附件二）。

13. 2. 4 高粱栽培试验实施结果

13. 2. 4. 1 密度试验

（1）生育期及出苗率

田间试验的调查监测结果表明（表 13-29），高粱品种九甜杂三在 3 种不同栽培密度处理条件下的生育期表现相同。5 月 18 日播种，5 月 29 日出苗，6 月 25 日分蘖，7 月 19 日拔节，8 月底收获时处于拔节中前期。在不同的栽培密度条件下，高粱品种九甜杂三的田间出苗率为 77. 75%～79. 34%，补种后定株率可达 92. 41%～93. 85%。相比之下，栽培密度为 1. 40 万株/亩时，九甜杂三的出苗率和定株率似乎相对较高。

（2）单穴性状

根据试验结果（表 13-30），随着栽培密度的加大，高粱品种九甜杂三收获时的单株性状表现各异。在 3 个栽培密度等级处理的情况下，随栽培密度的提高，九甜杂三收获时的单株性状表现出株高增加，茎粗、每穴鲜重、每穴干重降低的现象。根据 3 个不同栽培密度的监测结果（表 13-30），随着种植密度的逐步提高，高粱品种九甜杂三的株高从 135. 5cm 增加到 143. 5cm，茎粗从 1. 69cm 降到 1. 42cm，单穴鲜重从 345. 6g 降到 247. 7g，单穴干重从 51. 58g 降到 37. 73g；经检验差异显著。鲜干比则保持在稳定水平，不同种植密度下九甜杂三的鲜干比没有明显差异。

表 13-29 不同栽培密度高粱品种九甜杂三的生育期及田间出苗率和定株率

密度（万株/亩）	播种期（月-日）	出苗期（月-日）	分蘖期（月-日）	拔节期（月-日）	收割时间（月-日）	出苗率（%）	定株率（%）
1.05	05-18	05-29	06-25	07-19	08-28	77.97±0.04	92.41±2.79
1.40	05-18	05-29	06-25	07-19	08-28	79.34±0.09	94.28±2.53
2.20	05-18	05-29	06-25	07-19	08-28	77.75±1.97	93.85±2.74

表 13-30 不同栽培密度高粱品种九甜杂三收获时单穴性状

密度（万穴/亩）	株高（cm）	茎粗（cm）	每穴鲜重（g）	每穴干重（g）	鲜干比
1.05	135.5±8.46	1.69±0.08	345.8±51.98	51.58±7.21	6.25±0.03
1.40	138.3±5.01	1.48±0.08	270.3±44.73	41.25±7.43	6.25±0.03
2.20	143.5±4.24	1.42±0.07	247.7±22.81	37.73±2.24	6.25±0.06

（3）饲草产量

根据试验结果（表 13-31），随着栽培密度的加大，高粱品种九甜杂三收获时的饲草产量表现出显著的增加趋势。据统计，高密度（每亩 2.20 万株）栽培时，高粱品种九甜杂三的鲜草产量和干草产量最高，分别达到每亩 4232kg 和 645kg，其鲜草产量分别比低密度（每亩 1.05 万株）和中密度（每亩 1.40 万株）栽培时增加 49.46%和 40.92%，其干草产量分别比低密度和中密度栽培时增加 52.73%和 40.73%。相比之下，低密度栽培和中密度栽培条件下，九甜杂三收获时的饲草产量差异较小。结果表明，作为饲草作物品种，高粱可以进行高密度种植。

表 13-31 不同栽培密度高粱品种九甜杂三的饲草产量

密度（万穴/亩）	鲜草产量（kg/亩）	干草产量（kg/亩）
1.05	2831±426.7	422±59.2
1.40	3003±499.3	458±62.9
2.20	4232±317.2	645±26.8

13.2.4.2 追肥试验

（1）生育期及出苗率

田间试验的观测结果表明（表 13-32），不同追肥条件下高粱品种九甜杂三的生育期表现相同。5 月 18 日播种，5 月 29 日出苗，6 月 25 日分蘖，7 月 19 日拔节，8 月底收获时处于拔节中前期。在不同追肥条件下，九甜杂三的田间出苗率为 70.69%～77.14%，补种后定株率 88.67%～92.82%。

表 13-32 追肥试验高粱品种九甜杂三的生育期及成活率和定株率

施肥量（kg/亩）	播种期（月-日）	出苗期（月-日）	分蘖期（月-日）	拔节期（月-日）	收割时间（月-日）	出苗率（%）	定株率（%）
0.0	05-18	05-29	06-25	07-19	08-28	70.69±3.56	88.67±2.72
10.0	05-18	05-29	06-25	07-19	08-28	76.89±4.84	92.82±3.35
15.0	05-18	05-29	06-25	07-19	08-28	77.14±1.80	91.58±3.47

（2）单穴性状

根据试验监测结果（表 13-33），在栽培密度相同的情况下，随着追肥量的增加，九甜杂三品种收获时的株高、茎粗、每穴鲜重、每穴干重均明显提高。据统计，随着追肥量的增加，九甜杂三的株高从 137.4cm 增加到 145.2cm，茎粗从 1.62cm 增加到 1.73cm，单穴鲜重从 344.0g 增加到 432.0g，单穴干重从 47.10g 增加到 56.58g。相比之下，追施尿素对提高九甜杂三的单株性状具有促进作用。就鲜干比而言，低量施肥（每亩追肥 10.0kg）与不追肥之间没有差异，但高量施肥（每亩追肥 15.0kg）的鲜干比明显较高。

表 13-33 不同追肥量高粱品种九甜杂三的单穴性状

追肥量（kg/亩）	株高（cm）	茎粗（cm）	每穴鲜重（g）	每穴干重（g）	鲜干比
0.0	137.4±6.15	1.62±0.04	344.0±34.87	47.10±6.18	7.14±0.04
10.0	143.5±3.20	1.66±0.02	415.0±40.11	56.58±8.17	7.14±0.09
15.0	145.2±2.05	1.73±0.02	432.0±26.23	53.46±7.72	8.33±0.01

（3）饲草产量

随着追肥量的提高，九甜杂三收获时的饲草产量呈现出明显增高趋势（表 13-34）。相比之下，追施尿素时的饲草产量明显高于不追肥，但低量追肥和高量追肥之间的饲草产量差异也比较明显。据统计，在低量追肥和高量追肥条件下，九甜杂三的每亩鲜草产量分别较不追肥提高 807kg 和 1069kg，分别增产 31.62%和 41.90%；每亩干草产量分别较不追肥提高 110kg 和 84kg，分别增产 31.43%和 24.21%。由此可见，在拔节期追施尿素有助于增加高粱品种九甜杂三的饲草产量。

表 13-34 不同追肥量高粱品种九甜杂三的饲草产量

追肥量（kg/亩）	鲜草产量（kg/亩）	干草产量（kg/亩）
0	2551±393.87	349±58.47
10	3357±435.93	459±61.80
15	3619±249.93	433±67.20

13.2.4.3 混播试验

（1）生育期及出苗率

田间栽培试验结果表明（表 13-35），无论混播与否，九甜杂三和箭筈豌豆的生育期表现相同。5 月 18 日播种，5 月 29 日出苗，6 月 25 日分蘖，7 月 19 日拔节，8 月底收获时处于拔节中前期。在单播状态下，高粱九甜杂三的田间出苗率为 77. 94%，补播后定株率达到 89. 94%。在混播状态下，高粱九甜杂三的田间出苗率为 87. 71%，箭筈豌豆出苗率为 85. 74%，没有补种，这 2 种作物互补后的定株率达到 98. 39%。

表 13-35　混播试验时高粱品种九甜杂三与箭筈豌豆的生育期及出苗率和定株率

处理	播种期（月-日）	出苗期（月-日）	拔节期（月-日）	抽雄期（月-日）	收割时间（月-日）	出苗率（%）	定株率（%）
高粱单播	05-18	05-28	07-29	08-28	08-28	77. 94±6. 24	89. 94±6. 24
高粱混播	05-18	05-28	07-29	08-28	08-28	87. 71±1. 06	98. 39±2. 28
豌豆单播	05-18	06-01	—	07-29 开花	08-28 结荚	85. 74±4. 27	

（2）单穴性状

根据栽培试验的监测结果（表 13-36），高粱品种九甜杂三在混播状态下的单穴生产性状会受到一定的不利影响，表现出降低趋势。据统计分析，混播状态下九甜杂三的单穴鲜重降低 130. 7g，下降了 27. 48%；单穴干重降低 19. 99g，下降了 28. 67%。相比之下，混播状态下九甜杂三的株高降低不显著，鲜干比与单播状态下差异不显著。

表 13-36　混播试验时高粱品种九甜杂三与箭筈豌豆的单穴性状

处理	高粱品种九甜杂三				箭筈豌豆		
	株高（cm）	单穴鲜重（g）	单穴干重（g）	鲜干比	株高（cm）	单穴鲜重（g）	单穴干重（g）
单播	140. 2±9. 16	475. 7±97. 68	69. 72±7. 64	6. 82±0. 02	—	—	—
混播	137. 5±3. 43	345. 0±44. 93	49. 73±8. 26	6. 94±0. 01	106. 4±15. 26	76. 33±22. 03	13. 78±7. 93

（3）饲草产量

根据试验结果（表 13-37），混播会造成高粱饲草产量的明显降低，但九甜杂三和箭筈豌豆混合形成的总饲草产量差异不显著。据统计分析，混播时九甜杂三的鲜草产量比单播减产约 741kg/亩，干草产量比单播减产约 116kg/亩，分别减少了 19. 02% 和 20. 32%。比较而言，虽然混播时的总饲草产量略低于单播时高粱品种九甜杂三的饲草产量，但差异不显著。由于箭筈豌豆蛋白含量较高，混播能明显提高饲草的蛋白品种，表明高粱与箭筈豌豆混播具有一定的推广应用价值。

（4）饲草品质

根据高粱品种九甜杂三品种单播或与箭筈豌豆混播样品养分含量的测定结果（表 13-38），在混播状态下，饲草的粗蛋白含量显著提高达 5. 34 个百分点；粗脂肪含量没有明显差异；显著降低粗纤维、中性洗涤纤维、酸性洗涤纤维和无氮浸出物含量，分别下降了 2. 37、4. 24、2. 21 和 4. 14 个百分点。

表 13-37 高粱单播与箭筈豌豆混播的饲草产量

处理	高粱		箭筈豌豆		总鲜草产量（kg/亩）	总干草产量（kg/亩）
	鲜草产量（kg/亩）	干草产量（kg/亩）	鲜草产量（kg/亩）	干草产量（kg/亩）		
单播	3895±467.9	571±56.1			3895±467.9	571±62.8
混播	3154±392.8	455±66.2	586±187.3	113±26.2	3779±583.9	568±78.8

表 13-38 混播试验时高粱品种九甜杂三与箭筈豌豆的成分指标

营养成分	单播	混播	混播比单播增百分点
水分（%）	4.45±0.07	4.27±0.02	-0.18
灰分（%）	7.09±0.88	8.51±0.76	1.42
粗蛋白（%）	8.94±1.94	14.28±1.02	5.34
粗脂肪（%）	0.82±0.11	0.84±0.07	0.02
粗纤维（%）	33.85±2.98	31.48±0.23	-2.37
中性洗涤纤维（%）	57.61±1.32	53.37±3.46	-4.24
酸性洗涤纤维（%）	34.77±1.87	32.56±0.55	-2.21
无氮浸出物（%）	44.77±5.85	40.63±2.09	-4.14

13.2.4.4 结果分析

高粱在试验示范区种植时，采用铺地膜方式表现出较高的生产力，也可以通过高密度种植方式，获取较高的鲜草产量。

由于生长天数有限，在高寒牧区种植饲草作物的过程中，适当追肥有助于提高高粱的产量。但是，过多施用尿素的增产效果不明显，追施肥料也难以发挥预期的增产作用。根据相关监测数据和现场实地观察，在每亩施用底肥磷酸二胺 10kg、尿素 10kg 的基础上，拔节期追施尿素每亩 10kg 即可。

在试验示范区进行高粱与箭筈豌豆混播，对高粱生长性状有明显的不利影响，但混播与单播情况下的总鲜草产量和总干草产量差异不明显。高粱与豆科牧草混播、混收，可显著提高粗蛋白含量，降低粗纤维、中性洗涤纤维和酸性洗涤纤维含量，能有效改善饲草品质。因此，利用高粱品种九甜杂三与箭筈豌豆进行混播的栽培方式具有一定的推广应用价值。

13.2.5 燕麦与箭筈豌豆混播试验实施结果

由于研究区域现有的燕麦栽培多为燕麦单播的种植措施，燕麦单播的栽培管理（种植密度、施肥措施）较为完善和成熟，也已经被试验示范区的饲草种植户的农民群众所掌握。因此，本课题主要研究燕麦和箭筈豌豆的混播管理，预期能为试验示范区的饲草栽培引入新的发展思路并提供示范样板。研究区域属于高寒牧区，豆科牧草缺乏，致使饲草粗蛋白含量低、营养品质差。利用禾本科牧草燕麦和豆科牧草箭筈豌豆组成不同生活型牧草混播群落，可充分利用豆科牧草具有较高蛋白质、钙和磷，禾本科牧草具有较高碳水化合物的特点。应用这种混播方法，既能提高牧草产量，同时还能增加牧草蛋白质含量，改善牧草适口性，而且还能改善土壤结构，提高土壤肥力，从而缓解青藏高原高寒牧区畜牧业发展中豆科牧草匮乏的瓶颈。

本课题引进最新的研究成果——燕麦与箭筈豌豆混播种植制度，在实施区开展适宜本地燕麦与箭筈豌豆混播的栽培管理，为区域畜牧业的高效发展和生态保护提供饲草基础和理论依据。

根据混播试验过程中的不同处理方式，分别将相应的研究结果总结于后。

13.2.5.1　混播试验

（1）田间出苗率

根据不同品种、不同混播比例的试验结果（表 13-39），不同燕麦品种在不同混播比例时的田间出苗率存在差异。根据相应的监测统计数据，白燕 7 号的田间出苗率为 65.95%～83.90%，加燕 2 号的田间出苗率为 64.32%～87.59%，丹麦燕麦的田间出苗率为 76.34%～79.29%，箭筈豌豆的田间出苗率为 57.84%～67.86%。随着箭筈豌豆混播比例的提高，虽然箭筈豌豆田间出苗数增多，但田间总出苗数则呈现下降趋势。在混播中，燕麦播种量居主导地位，不同比例混播中燕麦播种量降低较多，箭筈豌豆播种量的增加赶不上燕麦减少的量，最终田间总苗数和总出苗率随着燕麦播量的降低而降低，总播种量从 54 万粒降低到 32.5 万粒，总苗数从 47 万/亩降到 22 万/亩，总出苗率从 87%降低到 67%。由此可见，适度的混播比例有助于获得较高的田间总出苗率。

表 13-39　混播试验时燕麦与箭筈豌豆的田间出苗率

组合（混播比例）		燕麦		箭筈豌豆		总出苗	
		出苗数（万苗/亩）	出苗率（%）	出苗数（万苗/亩）	出苗率（%）	出苗数（万苗/亩）	出苗率（%）
组合 1	1∶0.00	45.2±2.50	83.70	—	—	45.2±2.50	83.70
	1∶0.22	34.4±2.68	83.90	5.4±0.30	60.00	39.8±2.37	79.60
	1∶0.56	21.7±0.36	78.91	9.1±0.37	65.00	30.8±0.67	74.22
	1∶1.32	12.2±1.01	65.95	10.7±0.93	57.84	22.9±1.94	70.46
组合 2	1∶0.00	47.3±2.94	87.59	—	—	47.3±2.94	87.59
	1∶0.22	35.9±0.15	87.56	5.6±0.61	62.22	41.5±0.74	83.00
	1∶0.56	23.8±1.51	86.55	9.3±0.92	66.43	33.1±1.69	79.76
	1∶1.32	11.9±0.92	64.32	11.3±1.08	61.08	23.2±1.99	71.38
组合 3	1∶0.00	41.6±1.09	77.04	—	—	41.6±1.09	77.04
	1∶0.22	31.3±0.96	76.34	5.3±0.24	58.89	36.6±0.71	73.20
	1∶0.56	21.4±0.47	77.82	9.5±0.26	67.86	30.9±0.71	74.46
	1∶1.32	11.1±0.64	79.29	10.7±2.59	57.84	21.8±2.56	67.08

注：组合 1、2、3 分别为白燕 7 号、加燕 2 号、丹麦燕麦与箭筈豌豆混播类型。

（2）单株性状

根据试验监测结果（表 13-40），在饲草的混播种植中，随着燕麦播种量的降低和箭筈豌豆播种量的提高，燕麦和箭筈豌豆的单株鲜重表现出逐渐增加的趋势；燕麦和箭筈豌豆的单株干重均表现为先增加，在 1∶0.56 的混合比例时呈现最高值，之后降低的趋势；燕麦株高在品种间差异明显，箭筈豌豆的株高呈现波动变化；在 1∶0.0~1∶0.56 的混播比例时，燕麦的鲜干比差异不显著，在 1∶1.32 比例时明显增高，箭筈豌豆的鲜干比波动较大。

表 13-40　混播试验时燕麦与箭筈豌豆的单株性状

混播比例		燕麦				箭筈豌豆			
		株高（cm）	单株鲜重（g）	单株干重（g）	鲜干比	株高（cm）	单株鲜重（g）	单株干重（g）	鲜干比
组合 1	1∶0.00	95.0±3.86	6.01±1.09	1.39±0.21	4.32±0.01	—	—	—	—
	1∶0.22	94.1±5.13	6.68±0.52	1.40±0.28	4.77±0.01	86.1±4.32	3.68±1.09	0.52±0.05	7.08±0.04
	1∶0.56	96.9±4.36	9.54±1.07	2.29±0.54	4.17±0.01	98.3±4.73	5.07±0.09	0.81±0.05	6.26±0.01
	1∶1.32	94.7±6.84	13.66±0.78	2.22±0.09	6.15±0.01	90.7±6.85	5.45±0.88	0.75±0.12	7.27±0.01
组合 2	1∶0.00	105.1±7.86	6.67±0.87	1.25±0.25	5.34±0.01	—	—	—	—
	1∶0.22	106.0±6.19	7.27±0.80	1.47±0.29	4.95±0.01	92.1±2.57	3.94±0.86	0.59±0.06	6.68±0.01
	1∶0.56	108.6±7.86	10.03±0.37	2.28±0.59	4.39±0.01	100.3±5.81	5.94±1.31	1.01±0.09	5.88±0.01
	1∶1.32	104.7±1.89	12.62±0.96	2.00±0.30	6.31±0.01	95.0±3.64	6.51±0.78	0.70±0.01	9.30±0.02
组合 3	1∶0.00	81.6±3.03	5.44±1.24	1.11±0.29	4.90±0.01	—	—	—	—
	1∶0.22	80.6±3.79	6.68±0.24	1.37±0.04	4.88±0.01	84.0±6.00	4.87±0.54	0.50±0.08	9.74±0.01
	1∶0.56	82.9±1.34	7.85±0.58	1.76±0.25	4.46±0.02	94.4±6.85	5.09±0.55	1.02±0.15	4.99±0.01
	1∶1.32	83.0±7.78	10.13±0.78	1.72±0.09	5.89±0.02	89.6±3.84	6.77±0.59	0.83±0.09	8.16±0.01

注：组合 1、2、3 分别为白燕 7 号、加燕 2 号、丹麦燕麦与箭筈豌豆混播类型。

（3）饲草产量

根据试验结果（表 13-41），燕麦与箭筈豌豆混播时，能在一定程度上改变饲草产量，但和箭筈豌豆混播比例密切相关。

就总鲜草产量而言，白燕 7 号和加燕 2 号的最高值出现在亩播燕麦 27.5 万粒+箭筈豌豆 14.0 万粒的混播比例时，分别比燕麦单播增产 8.59%和 5.26%；丹麦燕麦的最高值出现在亩播燕麦 41.0 万粒+箭筈豌豆 9.0 万粒的混播比例时，但与燕麦单播基本相同，仅增产 0.05%，其他混播处理都比燕麦单播减产。

就总干草产量而言，以燕麦单播最高，混播的干草产量表现出减产趋势。虽然燕麦与箭筈豌豆混播不能提高饲草的干草产量，但由于箭筈豌豆中蛋白含量较高，能明显提高饲草品质。综合燕麦与箭筈豌豆混播的饲草产量特征，表明混播技术在研究区域推广具有一定的价值，但混播比例等关键技术则需要进一步深入研究和科学验证，以获得更为理想的混播栽培模式。

表 13-41 混播试验时燕麦与箭筈豌豆的饲草产量

类型	混播比例	总鲜草产量（kg/亩）			总干草产量（kg/亩）		
		燕麦品种	箭筈豌豆	合计	燕麦品种	箭筈豌豆	合计
组合 1	1：0.00	2782±152.13	—	2782±152.13	564±11.56	—	564±11.56
	1：0.22	2291±124.62	199±63.14	2490±127.05	446±26.17	36±8.84	482±12.03
	1：0.56	2137±95.64	884±67.18	3021±156.96	399±22.95	125±9.75	524±34.75
	1：1.32	1466±86.42	1006±94.61	2472±151.28	235±12.09	144±13.25	379±15.06
组合 2	1：0.00	3093±182.74	—	3093±182.74	557±34.72	—	557±34.72
	1：0.22	2333±82.94	123±51.32	2456±116.46	401±16.59	28±7.69	429±31.51
	1：0.56	2301±116.45	955±82.96	3256±260.12	382±24.46	162±14.10	544±73.27
	1：1.32	1603±67.28	1033±52.62	2636±353.81	216±10.76	176±6.32	392±46.94
组合 3	1：0.00	2542±285.67	—	2542±285.67	454±40.27	—	454±40.27
	1：0.22	2370±158.36	173±43.84	2543±340.96	399±33.26	33±5.26	432±64.92
	1：0.56	1576±52.07	913±58.03	2489±338.92	270±11.46	143±10.45	413±44.36
	1：1.32	1056±77.34	1134±71.44	2190±226.04	158±13.15	182±8.57	340±50.48

注：组合 1、2、3 分别为白燕 7 号、加燕 2 号、丹麦燕麦与箭筈豌豆混播类型。

13.2.5.2 追肥试验

（1）田间出苗率

根据试验结果（表 13-42），在与箭筈豌豆混播处理中，白燕 7 号的田间出苗率除在（1：0.56）+尿素 0.00kg 的情况下较低外（可能为播种质量原因），其他处理较为一致，均在 83.70%~88.57%；箭筈豌豆的田间出苗率为 57.29%~65.00%。随着燕麦播种量在混播比例中降低，总出苗率也降低，最高为燕麦单播达 84%左右；最低为混播比例 1：1.32时，为 70%左右。

表 13-42 混播及追肥试验时燕麦与箭筈豌豆的田间出苗率

混播比例+尿素（kg/亩）	白燕 7 号		箭筈豌豆		总出苗	
	出苗数（万苗/亩）	出苗率（%）	出苗数（万苗/亩）	出苗率（%）	出苗数（万苗/亩）	出苗率（%）
（1：0.00）+尿素 0.0	45.2±2.50	83.70	0	0	45.2±2.50	83.70
（1：0.00）+尿素 5.0	45.4±2.49	84.07	0	0	45.4±2.49	84.07
（1：0.22）+尿素 0.0	34.4±2.68	83.90	5.4±0.30	60.00	39.8±2.37	79.60
（1：0.22）+尿素 5.0	34.9±4.16	85.12	5.3±0.08	58.89	40.2±3.50	80.40
（1：0.56）+尿素 0.0	21.7±0.36	78.91	9.1±0.37	65.00	30.8±0.67	74.22
（1：0.56）+尿素 5.0	23.1±2.00	84.00	8.8±0.42	62.86	31.9±1.81	76.87
（1：1.32）+尿素 0.0	12.2±1.01	87.14	10.7±0.93	57.84	22.9±1.94	70.46
（1：1.32）+尿素 5.0	12.4±0.69	88.57	10.6±0.49	57.29	23.0±1.27	70.77

（2）单株性状

试验结果（表 13-43）表明，在混播状态下，白燕 7 号和箭筈豌豆的单株性状与施肥量具有一定的正相关关系，和混播比例无明显关联；鲜干比变化不明显。在苗期每亩追施 5kg 尿素时，白燕 7 号和箭筈豌豆的株高、单株鲜重、单株干重均表现增长。据统计，白燕 7 号单株鲜重增长 0. 80~2. 42g，箭筈豌豆单株鲜重增长 0. 02~0. 26g；白燕 7 号单株干重增长 0. 12~0. 33g，箭筈豌豆单株鲜重增长 0. 04~0. 08g。这些结果表明，适度增加追肥量将有助于提高混播燕麦品种的单株生产性能。

表 13-43 混播及追肥试验时白燕 7 号与箭筈豌豆的单株性状

混播比例+追氮(kg/亩)	白燕 7 号				箭筈豌豆			
	株高(cm)	单株鲜重(g)	单株干重(g)	鲜干比	株高(cm)	单株鲜重(g)	单株干重(g)	鲜干比
(1：0. 00)+尿素 0. 0	94. 4±2. 09	6. 01±1. 09	1. 05±0. 09	5. 88±0. 01	—	—	—	—
(1：0. 00)+尿素 5. 0	98. 8±1. 22	8. 43±0. 51	1. 38±0. 22	6. 25±0. 02	—	—	—	—
(1：0. 22)+尿素 0. 0	94. 1±5. 13	6. 68±0. 52	1. 40±0. 28	4. 76±0. 01	86. 1±4. 32	3. 68±1. 09	0. 52±0. 05	7. 14±0. 04
(1：0. 22)+尿素 5. 0	98. 5±2. 98	7. 77±0. 83	1. 52±0. 09	5. 00±0. 01	87. 0±4. 67	3. 94±0. 82	0. 56±0. 10	7. 14±0. 01
(1：0. 56)+尿素 0. 0	96. 9±4. 36	9. 54±1. 07	1. 76±0. 54	5. 56±0. 01	91. 8±2. 57	5. 07±0. 09	0. 81±0. 05	6. 25±0. 01
(1：0. 56)+尿素 5. 0	97. 4±4. 95	10. 34±1. 58	1. 96±0. 25	5. 26±0. 02	95. 4±3. 27	5. 09±0. 43	0. 88±0. 09	5. 88±0. 01
(1：1. 32)+尿素 0. 0	94. 7±6. 84	11. 66±0. 78	2. 22±0. 09	5. 26±0. 01	83. 9±6. 00	5. 45±0. 88	0. 75±0. 12	7. 14±0. 01
(1：1. 32)+尿素 5. 0	96. 9±5. 32	12. 56±0. 27	2. 38±0. 47	5. 26±0. 01	91. 2±3. 63	5. 67±1. 33	0. 83±0. 16	6. 67±0. 01

（3）饲草产量

试验结果（表 13-44）表明，追肥能显著提高白燕 7 号的单播或与箭筈豌豆混播的总鲜草产量和提高白燕 7 号单播的干草产量，而对混播的干草总产量没有明显的影响。据统计，白燕 7 号单播增产 14. 65%，白燕 7 号+箭筈豌豆（1：0. 22）混播增产 5. 64%，燕白燕 7 号+箭筈豌豆（1：0. 56）混播增产 3. 07%，白燕 7 号+箭筈豌豆（1：1. 32）混播增产 5. 41%。随着燕麦播量的减少、箭筈豌豆播量的增加，增产幅度降低，燕麦单播增产 14. 65%，而混播增产只有 3. 07%~5. 64%。

（4）饲草品质

根据检测结果（表 13-45），饲草品质在混播与追肥情况下呈现出不同的特点。

在混播状态下，灰分含量提高 0. 40~1. 26 个百分点，粗蛋白含量随着箭筈豌豆播量的

表 13-44 混播及追肥试验时白燕 7 号与箭筈豌豆的饲草产量

混播比例+尿素(kg/亩)	总鲜草产量(kg/亩)				总干草产量(kg/亩)			
	白燕 7 号	箭筈豌豆	合计	增(%)	白燕 7 号	箭筈豌豆	合计	增(%)
(1∶0.00)+0.0	2783±256.46	—	2783±256.46	—	501±42.83	—	501±42.83	—
(1∶0.00)+5.0	3194±143.72	—	3194±143.72	14.65	563±33.17	—	563±33.17	12.19
(1∶0.22)+0.0	2298±80.57	192±48.14	2490±127.0	—	448±16.92	34±6.74	482±12.07	—
(1∶0.22)+5.0	2372±113.83	259±64.03	2631±315.7	5.64	404±21.64	36±8.96	440±55.14	-0.09
(1∶0.56)+0.0	2085±168.37	936±86.47	3021±156.9	—	372±30.31	152±13.84	524±34.73	—
(1∶0.56)+5.0	2087±74.58	1027±125.63	3114±212.8	3.07	329±14.17	164±21.36	493±41.72	-0.05
(1∶1.32)+0.0	1507±107.87	965±72.04	2472±151.2	—	232±20.49	147±10.09	379±15.06	—
(1∶1.32)+5.0	1558±80.51	1048±48.52	2606±127.4	5.41	209±15.29	158±7.27	367±36.35	0.03

表 13-45 混播及追肥试验时白燕 7 号与箭筈豌豆的饲草品质

营养成分	混播组合 1∶0.00		混播组合 1∶0.22		混播组合 1∶0.56		混播组合 1∶1.32	
	0.00*	5.00*	0.00*	5.00*	0.00*	5.00*	0.00*	5.00*
水分	5.36±0.14	5.55±0.07	5.59±0.40	5.24±0.79	5.62±0.42	5.52±0.52	5.59±0.18	5.29±0.08
灰分	6.78±0.16	7.18±0.69	7.64±0.44	8.90±0.63	6.98±0.98	8.12±0.84	8.72±0.23	9.59±0.56
粗蛋白	8.01±1.24	8.88±1.68	9.09±1.82	12.19±2.56	8.75±0.27	11.00±0.00	13.13±0.00	14.94±2.04
粗脂肪	1.04±0.11	1.20±0.09	0.88±0.26	0.59±0.12	0.95±0.25	0.93±0.04	1.06±0.47	0.76±0.11
粗纤维	39.25±0.66	39.36±0.08	39.51±0.15	37.96±1.87	39.51±0.42	38.35±0.18	38.06±1.53	35.97±0.06
中性洗涤纤维	65.09±1.77	66.14±1.75	65.39±1.97	62.50±4.65	64.94±2.81	62.83±0.27	60.33±1.05	53.42±0.47
酸性洗涤纤维	40.00±0.85	41.79±2.69	40.09±2.82	41.91±0.45	41.06±0.23	41.68±2.33	38.83±0.93	37.76±0.99
无氮浸出物	38.43±0.19	38.73±0.64	37.30±3.07	35.13±0.64	38.19±1.79	36.05±1.22	33.45±1.10	33.47±1.46

* 为追肥尿素量（kg/亩）。

增加而明显增高 0.74~5.12 个百分点；粗脂肪含量没有明显差异；粗纤维和酸性洗涤纤维含量表现为燕麦单播到燕麦与箭筈豌豆比例为 1∶1.56 时没有明显差异，而在 1∶1.32 的混播比例时则明显下降；中性洗涤纤维和无氮浸出物含量表现出随着箭筈豌豆播量的增加而降低的趋势。

在混播并追肥条件下，粗蛋白含量明显增高 0.87~2.25 个百分点；粗脂肪含量表现为明显降低 0.02~0.30 个百分点；粗纤维和中性洗涤纤维含量表现为明显降低，分别下降了 1.55、1.16、2.09 个百分点和 2.89、2.11、6.91 个百分点；酸性洗涤纤维和无氮浸出物含量无明显差异。

13.2.5.3 结果分析

整体试验结果表明，燕麦与箭筈豌豆混播，在燕麦苗期追施氮肥，能增加鲜草产量，但对干草产量没有影响；混播组合以白燕 7 号亩播 41 万粒+箭筈豌豆 9.0 万粒+追尿素 5.0kg、白燕 7 号亩播 27.5 万粒+箭筈豌豆 14.0 万粒+追尿素 5.0kg 等情况下鲜草的产量较高。因此，在研究区域白燕 7 号与箭筈豌豆的混播比例以 4∶1 或者 2∶1 较为合适。

燕麦（白燕 7 号）与箭筈豌豆混播能明显提高粗蛋白含量，明显降低粗纤维和中性洗涤纤维含量，有利于改善饲草营养成分，提高饲草品质。但燕麦和箭筈豌豆混播或在苗期追施尿素都提高了饲草灰分含量，这对饲草品质有一定影响。燕麦与箭筈豌豆混播在苗期追施尿素明显提高粗蛋白含量，明显降低粗纤维和中性洗涤纤维含量，有利于改善饲草营养成分，提高饲草品质。燕麦与箭筈豌豆按适宜比例混播既能提高产量，优化牧草营养成分，又能改善土壤结构和提高土壤肥力，具有推广价值。在燕麦分蘖期每亩追施尿素 5kg 效果最佳。燕麦品种白燕 7 号单播，在苗期每亩追施尿素 5kg 效果最好，对鲜草产量和干草产量都有增产作用。在苗期追施尿素，明显提高了粗蛋白含量，对粗纤维和中性洗涤纤维含量有降低作用，有利于改善饲草营养成分，提高饲草品质。但明显提高了饲草灰分含量，降低了无氮浸出物的含量，对饲草品质有一定影响。

因此，利用燕麦（白燕 7 号）与箭筈豌豆进行混播的栽培方式，在适宜的混播比例条件下，不仅可以有效改善饲草品质（提高粗蛋白含量等），而且可以提高单位面积的饲草产量，具有良好的推广应用价值。

13. 2. 6　苜蓿越冬试验实施结果

（1）成活率和生育期

试验结果（表 13-46）表明，苜蓿盖土处理后的越冬成活率与苜蓿品种明显相关，相比之下以皇后（包衣）的表现较好。苜蓿经盖土处理后，于 2013 年 4 月 25~28 日返青出苗，7 月 20~27 日进入开花期，因品种特性不同，时间上略有差异。至 8 月 25 日收获。苜蓿总生长天数比 2012 年多 35 天，但依旧不能结籽成熟。

表 13-46　苜蓿盖土越冬成活率

品种	返青株数（万株/hm^2）	盖土成活率（%）
金皇后	56. 67±10. 63	35. 14±5. 77
苜蓿王	81. 25±13. 75	39. 02±4. 63
皇后（包衣）	96. 25±26. 25	42. 29±4. 72
甘农大 1 号	65. 00±13. 75	31. 13±5. 66
甘农大 3 号	120. 01±11. 25	30. 68±3. 47
陇东	26. 25±7. 50	12. 61±7. 06
德福 32IQ	111. 67±15. 63	35. 88±4. 45
阿尔冈金	82. 50±8. 75	31. 34±4. 00

在 2012 年入冬时，对试验小区盖土 5~10cm，以帮助苜蓿成功越冬，次年盖土厚度保留 3~5cm。经监测，盖土后所有参试苜蓿品种均有部分植株越冬存活，成活率为 12. 61%~42. 29%，平均为 32. 26%，不同品种间差异十分明显。在这些参试品种中，皇后、苜蓿王的成活率较高，分别达到 42. 29% 和 39. 02%；陇东的成活率最低，只有 12. 61%；其他参试品种的成活率为 31. 13%~35. 88%。所有未经盖土处理的对照苜蓿样本（CK），没有 1 株苜蓿能够出苗、成活。这些结果表明，在试验示范区栽培的参试苜蓿品种均无法顺利越冬，虽然通过盖土措施可使部分植株成功越冬，但总体成活率明显偏低。

(2) 单株性状

从越冬存活苜蓿植株的监测结果（表 13-47）看，苜蓿盖土后次年成活的植株，其生长比第一年有明显增长，不同品种之间的单株性状（除鲜干比）差异明显。参试苜蓿的植株高度为 46. 87~69. 99cm，平均单株株高 58. 14cm，相对 2012 年增加了 1. 11 倍。比较而言，德福 32IQ 的株高最高，甘农大 1 号最矮。参试苜蓿的单株分枝数为 2. 34 ~ 3. 90 个，平均单株分枝数 3. 23 个，相对 2012 年增加 71. 81%。比较而言，陇东的单株分枝数最多，甘农大 3 号最少。参试苜蓿的单株鲜重为 9. 24 ~ 21. 23g，平均约为 16. 16g，相对 2012 年增加了 6. 38 倍。比较而言，皇后的单株鲜重最重，甘农大 3 号最轻，二者相差 2 倍多。参试苜蓿的单株干重为 2. 11 ~ 5. 61g，平均约为 4. 22g，相对 2012 年增加 8. 59 倍。比较而言，德福 32IQ 的单株干重最重，甘农大 3 号最轻，二者相差 2 倍多。参试苜蓿的干鲜比为 0. 26~0. 29，平均为 0. 27，相对 2012 年增长 28. 57%，不同参试品种间无明显差异。通过综合比较，单株性状表现较好的苜蓿品种为皇后和德福 32IQ。

表 13-47 盖土越冬苜蓿的单株性状

品种	株高（cm）	单株分枝数（个）	单株鲜质量（g）	单株干质量（g）	鲜干比
金皇后	59. 74±0. 94	3. 40±0. 36	20. 15±1. 48	5. 39±0. 16	3. 70±0. 02
苜蓿王	62. 06±6. 98	3. 17±0. 25	15. 91±2. 18	4. 13±0. 51	3. 70±0. 00
皇后（包衣）	63. 04±2. 36	3. 33±0. 06	21. 23±2. 29	5. 49±0. 56	3. 85±0. 01
甘农大 1 号	46. 87±9. 03	3. 23±0. 64	10. 26±1. 46	2. 79±0. 17	3. 45±0. 01
甘农大 3 号	53. 08±2. 19	2. 34±0. 32	9. 24±1. 69	2. 11±0. 16	3. 70±0. 00
陇东	51. 91±8. 16	3. 90±0. 20	13. 26±2. 51	3. 22±1. 09	3. 57±0. 01
德福 32IQ	69. 99±0. 98	2. 83±0. 06	20. 88±3. 54	5. 61±0. 77	3. 85±0. 01
阿尔冈金	58. 41±7. 69	3. 67±0. 42	18. 32±2. 17	5. 04±0. 62	3. 57±0. 01

(3) 饲草产量

根据试验结果（表 13-48），盖土越冬存活后，不同苜蓿品种的饲草产量差异明显。德福 32IQ 的鲜草产量和干草产量明显高于其他品种，每亩分别达 1369kg 和 357kg。其次为皇后，每亩分别达到 1203kg 和 305kg。再次为阿尔冈金，每亩分别达到 1012kg 和 284kg。最低为陇东，每亩分别只有 289kg 和 72kg。在这些参试苜蓿品种中，鲜草产量和干草产量的最高与最低者之间相差将近 5 倍。如果依据饲草产量，试验示范区适宜盖土越冬的苜蓿品种为皇后（包衣）和德福 32IQ。

表 13-48 盖土越冬苜蓿的饲草产量

品种	鲜草产量（kg/亩）	干草产量（kg/亩）
金皇后	678±65. 79	184±20. 12
苜蓿王	815±25. 44	219±8. 57
皇后（包衣）	1203±115. 43	305±34. 92
甘农大 1 号	407±53. 75	118±19. 22

（续）

品种	鲜草产量（kg/亩）	干草产量（kg/亩）
甘农大 3 号	701±170.77	189±18.05
陇东	289±57.96	72±6.34
德福 32IQ	1369±228.23	357±60.21
阿尔冈金	1012±24.56	285±16.78

13.2.6.1 结果分析

对试验栽培的苜蓿品种于 2012 年冬季盖土 5~10cm，至 2013 年有 12.61%~42.29%的苜蓿植株越冬成活，并且生长发育可达开花期，但不能结籽，生长天数、单株性状比 2012 年都有极大增长，因品种特性不同而增长幅度不同，表明青海高寒牧区种植苜蓿时，越冬期需要在土壤表面加盖覆盖物，起到保持土壤温度和水分的作用，维持苜蓿根系生长。

盖土处理是一条简单有效且低廉的防护措施。另据观察，经过盖土处理生长的植株，在自然状况下（没有盖土）2014 年春季能发芽、出苗。表明在高寒牧区种植苜蓿采取一定措施，解决第一年越冬难题，以后就有能正常生长的可能性，但需要进一步研究其内在机理和品种差异。

13.3 区域饲草种植和示范推广

13.3.1 区域饲草种植

示范区耕作土地约为 202hm^2，大部分土地属于山区台地，浇灌困难，为雨养生产，仅位于村边的部分土地可采用自流水浇灌，不足区域土地的 1/3。其中饲草种植在 2011 年约占耕作土地的 10%，多采用燕麦单播的种植方式。依据小区试验和研究积累，本课题利用玉米单播、燕麦+箭筈豌豆混播、玉米+箭筈豌豆混播等相对先进的种植制度，建设高效人工饲草地，对比其与大田燕麦单播、青稞单播、箭筈豌豆单播等种植制度下植株高度、饲草密度和饲草产量等饲草生物学性状，提出区域人工饲草地的合理建植措施，并通过调研区域饲草地的种植面积、种植制度和种植品种的变化趋势，评估课题的示范作用。

13.3.1.1 调查指标

大田饲草生物学性状：采用 50cm×50cm 的样方进行植株株高、饲草密度、饲草产量等生物学性状调查。每块不同饲草品种的种植样地设置 3~6 个样方，在牧草生长盛期的 8 月 25 日左右进行。随机选取样方内的 5 株植株，用直尺测定植株高度。然后调查样方内植株数量，换算为单位面积饲草密度。最后齐地剪取样方内的所有植株，进行产量的测定。饲草产量采用标准收获法进行测定，田间现场测定其鲜草产量，全部或取部分样品带回实验室，60℃下进行烘干，进而换算为饲草干草产量。

区域饲草种植面积：在牧草生长盛期的 8 月 25 日左右，采用实地调查。利用手持式 GPS 定位仪记录各饲草种植区域的地理坐标，在 google earth 上进行相应范围的标注，估算项目实施区不同饲草种类的种植面积。

13.3.1.2 饲草生物学性状

基于该区域种植历史和管理措施，以人工饲草地主要种植方式燕麦、箭筈豌豆、青稞和玉米单播，燕麦+箭筈豌豆混播、玉米+箭筈豌豆混播 6 个种植制度为试验样地，研究种植制度对人工饲草地大田饲草生物学性状的影响。播种期在 4 月 20 日左右（燕麦用作饲草种植应在 6 月 10~20 日），燕麦单播量在 15~20kg/亩，燕麦与箭筈豌豆的混播比例为 3∶1（燕麦 15kg/亩，箭筈豌豆 5kg/亩），然后进行撒播。施肥使用多以尿素、二胺为底肥，一次施入，施肥量多为尿素 10~15kg（12kg 左右）/亩和二胺 10~15kg（12kg 左右）/亩。播种后进行耙耱，出苗后拔草一次，不施追肥。收获期在 8 月下旬至 9 月上旬，以饲草青贮和青干草贮藏为主（表 13-49）。

表 13-49 人工饲草地建植与管理

饲草种植制度	播量（kg/亩）	播种日期（月.日）	播前施肥量（kg/亩）	管理方式
燕麦单播	20	4.20	尿素 10、二胺 15	撒播除草
青稞单播	20	6.1	尿素 10、二胺 10	撒播除草
箭筈豌豆单播	10	4.20	尿素 8、二胺 15	种前浇水撒播除草
玉米单播	10	5.20	尿素 10、二胺 10	种前浇水撒播除草
燕麦+箭筈豌豆混播	燕麦 15，豌豆 5	5.20	尿素 10、二胺 15	撒播播后耙耱除草
玉米+箭筈豌豆混播	玉米 10，豌豆 5	5.20	尿素 10、二胺 15	种前浇水撒播除草

（1）植株高度

植株高度单播表现出玉米>燕麦>青稞>箭筈豌豆，混播表现出玉米+箭筈豌豆>燕麦+箭筈豌豆（表 13-50）。玉米+箭筈豌豆和玉米单播的植株高度相对最高，但相差较小。示范区所有种植种类饲草平均高度为（101.35±28.02）cm。

表 13-50 人工草地饲草地植株单株高度

饲草种植制度	植株高度（cm）	饲草种植制度	植株高度（cm）
燕麦单播	115.59±21.85	玉米单播	148.43±9.97
青稞单播	86.45±12.45	燕麦+箭筈豌豆混播	105.67±21.80
箭筈豌豆单播	63.74±13.64	玉米+箭筈豌豆混播	151.55±26.41

试验期间（2012~2014 年），饲草植株平均高度保持基本稳定，具有一定的年际波动。2012 年为（114.42±30.81）cm，2013 年及 2014 年基本相当，分别为（96.64±24.75）cm 和（96.01±25.61）cm。这种年际变化，不仅表现出气候对饲草生长的影响，同时与田间调查中不同饲草物种相对盖度有关。2014 年植物生长季降水量偏高，造成气温降低，水热配合不利于饲草生长，植株高度明显低于 2012 年。同时，2013 年、2014 年示范区箭筈豌豆单播或与其他饲草混播数量面积的增大，导致其调查样方数量的增多，统计数据中权重较 2012 年明显增大，而箭筈豌豆的植株高度相对较矮也是造成饲草平均高度降低的主要

原因之一。

（2）饲草密度

试验示范区所有种植种类饲草地的植株密度平均约为（40.15±21.71）万株/亩。其中，植株密度单播表现出燕麦>青稞>箭筈豌豆>玉米，混播表现出燕麦+箭筈豌豆>玉米+箭筈豌豆（表 13-51）。

由于种植制度的改变，试验期间饲草植株密度呈现持续降低趋势。2012 年平均为（54.40±28.03）万株/亩，2013 年和 2014 年分别为（32.23±21.63）万株/亩和（21.90±16.71）万株/亩。这种年际变化，与田间调查中不同物种饲草调频度有关，由于玉米、箭筈豌豆生长过程中生物体向垂直和水平空间的拓展能力较强，单位面积密度较低，2013 年、2014 年示范区箭筈豌豆单播或与其他饲草混播数量面积的增大，导致其调查样方数量的增多。在田间调查中，玉米与箭筈豌豆调查中其权重较 2012 年明显增大，也是造成饲草植株密度降低的主要原因之一。

表 13-51 人工饲草地植株密度

饲草种植制度	饲草密度（万株/亩）	饲草种植制度	饲草密度（万株/亩）
燕麦单播	54.86±13.15	玉米单播	1.92±1.39
青稞单播	30.13±7.75	燕麦+箭筈豌豆混播	47.60±18.51
箭筈豌豆单播	11.33±4.23	玉米+箭筈豌豆混播	9.69±2.16

（3）饲草产量

人工饲草基地的饲草产量和种植类型密切相关（表 13-52）。单播制度下的玉米单播鲜草产量最高，燕麦单播干草产量最高；混播制度下的玉米+箭筈豌豆混播鲜草产量最高，燕麦+箭筈豌豆干草产量最高。总体鲜草产量以玉米+箭筈豌豆混播小区最高，玉米单播次之，青稞单播最低，仅为玉米+箭筈豌豆混播的 1/3。总体干草产量以燕麦单播的小区最大，燕麦+箭筈豌豆混播次之，青稞单播最低，但和燕麦单播的处理仅差 120kg/亩。鲜干比主要受种植饲草种类调控，玉米+箭筈豌豆的混播小区为 7.26，而青稞单播仅为 2.49，两者相差近 3 倍。多汁饲草玉米与箭筈豌豆比例的加大是造成其鲜干比增大的主要因素，产量的年际变化与气候因子水热配合有关。

表 13-52 人工草地饲草产量

饲草种植制度	鲜草产量（kg/亩）	干草产量（kg/亩）	鲜干比
燕麦单播	2592.41±695.97	684.36±234.01	3.99±0.96
青稞单播	1352.01±474.80	565.09±148.8	2.49±0.76
箭筈豌豆单播	2775.57±741.52	592.84±176.20	5.00±1.58
玉米单播	3936.02±715.76	564.61±83.18	7.09±1.65
燕麦+箭筈豌豆混播	2895.04±1064.42	642.25±304.40	4.82±1.05
玉米+箭筈豌豆混播	4533.36±641.67	622.81±20.83	7.26±0.76
所有饲草平均	2542.27±1048.92	613.96±216.16	4.33±1.62

13. 3. 1. 3　饲草种植格局变化

在课题的带动和示范作用下，实施区域的饲草种植格局发生了显著变化，饲草品种呈现出更新换代的趋势，饲草种植偏向于混播制度，饲草种植面积迅速增加。具体表现如下。

饲草品种的改变：促进燕麦品种更新换代，引入玉米、苜蓿等优良饲草。项目实施区的饲草燕麦种植品种主要为青引 444，品种较为落后和单一，从而制约了该区燕麦的产业化种植的发展。通过田间小区的科学试验和综合考虑，项目建议栽培品种为加燕 2 号。通过课题实施、项目示范和科普培训，经过走访入户调查，试验示范区加燕 2 号的种植面积在 2012 年、2013 年和 2014 年分别为 29hm^2、42hm^2和 55hm^2，研究区域燕麦种植品种呈现出加燕 2 号代替青引 444 的发展趋势。玉米可作为适宜该地区优良的多汁饲草，改变了该地区多汁饲料缺乏的现状。高粱的产量与燕麦基本相当，主要为碳水化合物，不建议作为引种牧草。豆科苜蓿在该地区不能正常越冬，冬季进行覆土，可增加其越冬性能，但要成为一个适宜的品种，尚需要较长时段的适应性驯化。

饲草种植制度的改变：引导区域饲草种植制度由燕麦单播向燕麦、玉米、箭筈豌豆等多元混播转变。西北地区燕麦草粗蛋白含量为 11%左右，折合含氮量约为 1. 76%。而箭舌豌豆作为提高饲草蛋白含量的主要牧草，其植物体内含氮量为 2. 73%，其种植不仅可有效提高饲草蛋白含量，同时由于其生物固氮作用，具有提高地力的作用。项目的实施，带动了区域种植制度的改变，由单一的燕麦单播发展为燕麦+箭筈豌豆混播、玉米+箭筈豌豆混播、玉米单播和箭筈豌豆单播等多元种植制度，混播和玉米、箭筈豌豆单播的种植制度占饲草种植的比例在 2012 年、2013 年和 2014 年分别为 73%、77%和 93%左右，表现出苜蓿的逐步增长趋势。

饲草种植面积的变化：项目实施区为农牧交错区，种植格局以农作物（小麦）和经济作物为主（油菜、蚕豆、马铃薯）为主，饲草种植面积约为 20hm^2，约占耕作土地面积的 10%。项目实施的 2012 年、2013 年和 2014 年饲草种植面积分别为 60. 6hm^2、81. 8hm^2和 131. 5hm^2，占区域人工饲草地的 30%、40. 5%和 65. 1%，远超海北州“十一五”平均水平的 22%，为祁连县优化产业结构和“立草为业”的战略方针提供了示范模版。

13. 3. 1. 4　区域饲草种植建议

野外调查和小区试验表明，饲草植株高度表现为：玉米+箭筈豌豆>玉米>燕麦+箭筈豌豆>燕麦>青稞>箭筈豌豆，这与不同种类牧草的生物学特性有关。而饲草鲜草产量以玉米+箭筈豌豆混播小区最高，玉米单播次之，青稞单播最低，仅为玉米+箭筈豌豆混播的 1/3。干草产量以燕麦单播的小区最大，燕麦+箭筈豌豆混播次之，青稞单播最低。玉米+箭筈豌豆的干草产量仅略低于燕麦+箭筈豌豆，和燕麦单薄的干草产量仅相差 60kg/亩。因此，建议试验示范区以及周边外延区域的饲草种植采用玉米+箭筈豌豆混播、燕麦+箭舌豌豆混播或者玉米单薄种植技术，不仅可以提高草地鲜草产量，而且提高牧草蛋白含量，同时改善土地质量，可以推荐作为试验示范区人工饲草地建设的适宜品种搭配。燕麦品种建议用加燕 2 号代替本地主要栽培品种青引 444；玉米推荐早熟品种郑单 958、金穗 3 号和中玉 9 号；苜蓿推荐品种可考虑用德福 32IQ、甘农大 3 号和苜蓿王，但需谨慎推广。

13. 3. 2　示范推广

13. 3. 2. 1　核心示范区建设

在小区引种试验和饲草栽培管理的科学试验与大田饲草种植的实际表现的基础上，尽管高粱、苜蓿具有一定的推广价值，但综合考虑区域的自然环境和经济基础，人工饲草核心区主要采用燕麦+箭筈豌豆混播、玉米单播和玉米+箭筈豌豆混播 3 种种植制度进行建设，高粱与苜蓿继续进行小范围试验。

2012 年核心示范区 40. 0hm^2（约合 600 亩），其中燕麦+箭筈豌豆的混播面积为 38hm^2，玉米单播与玉米+箭筈豌豆混播的饲草种植面积共约为 1hm^2，剩余为高粱与苜蓿 2 种饲草的小区试验；2013 年核心示范区 54hm^2（约合 810 亩），其中燕麦+箭筈豌豆的混播面积为 49hm^2，玉米单播和玉米+箭筈豌豆混播面积约为 5hm^2，玉米单播种植面积略有增加；2014 年核心示范区达到 66hm^2（约合 990 亩），其中燕麦+箭筈豌豆的混播面积为 59hm^2，玉米单播和玉米+箭筈豌豆混播面积约为 7hm^2。完成了饲草核心示范面积 62hm^2 的预定目标（图 13-2，详见后附彩图）。人工饲草基地核心区饲草长势良好，管理规范，饲草鲜草产量和干草产量均明显高于当地常规的燕麦单播饲草地，形成了良好的带动和辐射作用。

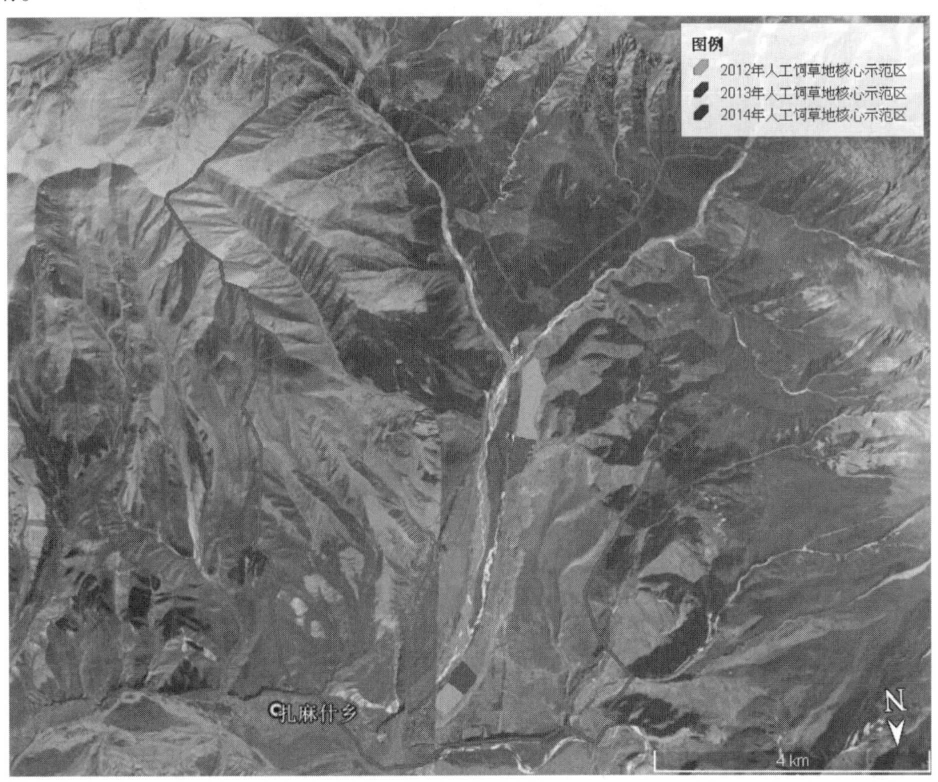

图 13-2　人工饲草地核心区的年度建设变化概况（后附彩图）

13. 3. 2. 2 示范推广概况

综合项目实施区环境和人文特点，结合核心区的示范和相应的科普培训，课题着重推广燕麦+箭筈豌豆的饲草种植制度，该种植制度对光、温、水、肥要求相对较低，适合大范围推广。而玉米单播和玉米+箭筈豌豆混播的饲草种植制度对自然环境和土壤要求较高，仅适合小范围推广。

项目实施前，该区域人工饲草以燕麦为主要品种，普遍采取燕麦单播生产方式，仅10%左右饲草地采取箭筈豌豆+燕麦混播方式。在项目示范的带动和辐射作用下，饲草品种由燕麦单播向玉米单播、燕麦+箭筈豌豆混播、玉米+箭筈豌豆混播等多元化发展。在示范推广区，燕麦+箭筈豌豆混播的播种面积由 $2hm^2$ 增加到 $42hm^2$，而玉米作为引进试验品种也由 10 亩增加到 100 亩。2012 年和 2013 年饲草示范推广面积为 $20.6hm^2$ 和 $27.8hm^2$，其种植制度多为燕麦+箭筈豌豆，少为玉米单播。2014 年在核心示范区的辐射作用下燕麦+箭筈豌豆混播、玉米单薄、玉米+箭筈豌豆混播、苜蓿单播的种植面积在河西村和鸽子洞村分别为 $45.9hm^2$ 和 $19.6hm^2$，合计推广面积为 $65.5hm^2$，完成了推广示范面积 $64hm^2$ 的预定目标（图 13-3，详见后附彩图）。

图 13-3 人工饲草核心推广示范效果（后附彩图）

据相关媒体（中国三农网，http：//crops. zg3n. com. cn/cropsdetail86889. html）报道，在项目的辐射作用下，祁连县八宝镇黄藏寺村在 2013 年也种植了饲用玉米 $26.67hm^2$（约合 400 亩），亩产 3500kg，有效缓解了草畜矛盾，取得了良好的示范带动作用。

13.4 青贮饲料技术的集成与示范

天然草原不仅是生态安全屏障，更是草原畜牧业发展的基础。随着现代畜牧业快速发展，天然放牧草地的载畜量急速上升，草畜矛盾日益突出，牧草产量及饲料质量已成为重要的制约因素，尤其是冬春季饲料供需矛盾更为突出。青贮技术因其不受雨季的限制以及能保持较高的营养价值而受到众多学者的关注。但是，高寒地区由于气温较低，饲草青贮技术尚不成熟。鉴于研究区域青饲料加工方式的落后和单一，本项目着重于建立青贮饲料生产的EM益生菌引入、糖分补加及不同种类牧草青贮饲料的品质比较，以现有的青贮饲料生产方式为对照，进行相应的奶牛饲喂试验，分析项目实施对区域青贮饲料生产的带动作用。建立该地区青贮饲料生产的技术体系。

13.4.1 实施方案

按照项目设计，进行典型饲草品种的青贮试验，探索不同种类饲草的适宜青贮条件，对比饲草青贮前后营养元素，构建研究区域内适宜饲草青贮规范。本试验采用高效EM益生菌（安徽广宇生物技术有限公司）进行青贮处理。

青贮饲草品种：①燕麦；②玉米；③高粱；④箭筈豌豆。

试验青贮操作流程：

①按照EM益生菌说明书和操作规范要求，将原液：红糖：水按照1：1：200进行配制，均匀喷洒在粉碎的茎叶上，同时进行人工翻搅。

②将混合均匀的青贮饲料装入青贮袋，人工排气，进而密封，再在青贮袋外套塑料编织袋，整齐堆放在房屋内。

试验设置对照处理（CK，不喷EM益生菌）：将粉碎的茎叶直接装入青贮袋中，人工排气，进而密封，再在青贮袋外套塑料编织袋，整齐堆放在房屋内。

试验时间：

①燕麦、高粱青贮发酵时间为8月28日；②玉米、箭筈豌豆青贮发酵时间为9月12日。

青贮数量：

各个饲草品种的对照（CK）处理重复3次（装3袋），EM益生菌喷液处理装5~10袋。所有青贮量约0.6吨。

13.4.2 数据监测

青贮饲料品质测定指标：

根据青贮饲料的发酵温度来判断青贮效果。选择青贮成功的试验材料，开启青贮袋后，称取20g青贮饲料鲜样，加入180mL蒸馏水，搅拌均匀，用组织捣碎机搅碎1分钟，先后用4层纱布和定性滤纸过滤，滤出草渣得到浸出液，测定浸出液pH值。浸出液经3500g离心后，取上清液冰冻保存；融化后经0.45μm滤膜过滤，用高效液相色谱仪（KC2811色谱柱；柱温50℃；流速1mL/min；210nm波段紫外检测）测定乙醇、乙酸、丙酸和丁酸含量。另取20g鲜样，利用烘干法测定含水量。而后对烘干青贮材料按照

AOAC 的纤维、脂肪和灰分的测定方法进行室内分析，利用元素分析仪测定全碳、全氮和全氢元素含量。

13.4.3　实施结果

引入了 EM 益生菌，青贮饲料熟化时间缩短了 20 天左右，青贮饲料的 pH 值比对照略低，为进一步发酵提供了适宜的条件，均在 5.0 以下，符合青贮饲料的技术标准；其青贮饲料呈青绿色，具有较强的浓香味和酒糟味，质地柔和、松散略带潮湿，乙醇含量高达 0.78%，而对照生产方式乙醇含量为 0.32%。EM 益生菌加糖处理青贮效果，饲草料品质明显高于现使用的生产方式产品（未加菌处理与糖处理）。典型饲草青贮后，纤维含量有所降低，利于家畜的消化和营养物质的吸收。引种玉米的氮素含量为 1.52%，比当地燕麦高 0.27%，经 EM 益生菌青贮，氮素含量提高 0.06%。说明氨基酸和蛋白质分解相对较少，青贮饲草的营养物质得到了较好的保存。具体测定指标详见表 13-53。

表 13-53　青贮饲料品质鉴定

牧草品种	处理	灰分（%）	脂肪（%）	纤维（%）	全碳（%）	全氢（%）	全氮（%）	乙醇（%）	乙酸（%）	丙酸（%）	丁酸（%）	含水量（%）	pH 值
玉米	处理	6.24	0.62	35.12	43.01	6.41	1.52	0.81	0.12	0.0032	0.0059	14.59	4.50
	CK	5.91	0.68	34.30	43.09	6.40	1.46	0.27	0.12	0.0031	0.0066	16.69	4.54
高粱	处理	8.45	1.43	29.67	41.62	6.17	1.80	0.75	0.08	0.0039	0.0059	18.83	4.60
	CK	7.97	1.44	30.21	42.47	6.37	1.99	0.28	0.10	0.0046	0.0066	20.07	4.66
箭筈豌豆	处理	9.22	1.47	29.94	41.88	6.40	3.22	0.28	0.12	0.0085	0.0033	24.12	4.70
	CK	9.71	1.40	30.98	42.18	6.32	3.17	0.25	0.22	0.0082	0.0064	27.88	5.01
燕麦	处理	5.86	1.46	39.65	43.62	6.22	1.18	0.78	0.09	0.17	0.0066	22.89	4.80
	CK	5.71	1.78	40.40	44.55	6.60	1.18	0.53	0.11	0.30	0.026	31.02	4.94

由于青贮实施时间较短，区域气温较低和青贮菌种添加剂的原因，饲草青贮品质与对照差异不明显。但添加 EM 益生菌的青贮饲草的 pH 值降低，乙醇、纤维、全氮含量表现出升高的趋势，表明 EM 青贮饲草品质相对干草（一般青贮）具有一定效果。

13.5　家畜粪便的无公害处理

随着集约化养殖业的迅速发展，家畜所产生的有机废弃物（粪便为主）以往常被随地弃置。这些废弃物中含有大量病原微生物，随雨水进入自然水体后以水为媒介进行传播和扩散，可能造成某些疫病的传播和扩散，危害人和动物的健康并带来相当的经济损失和环境危害。本课题针对青藏高原地区高寒生态系统脆弱、农业基础设施落后、经济水平低等突出问题，重点研究了利用集约化养殖下的牛粪进行有机肥生产的相关技术。通过项目的实施充分利用了养殖业有机肥资源，不仅为农村牧区直接增加经济收入，而且降低了化肥的使用，有利于农产品的有机绿色化，具有良好的社会效益和生态效益。

13.5.1 实施方案

13.5.1.1 试验材料

新鲜牛粪：试验示范区内康绿奶牛养殖合作社的奶牛粪便，其理化性质见表 13-54。

表 13-54 堆肥物料的理化性质（单位：%）

原料	pH 值	有机质	含水量	全氮（N）	全磷（P_2O_5）	全钾（K_2O）
鲜牛粪	7.90	89.4	69.2	1.95	1.31	1.32

菌剂：发酵菌剂 A（农用酵素菌，恩泽农业生物技术有限公司生产）；发酵菌剂 B（细黄链霉菌，青海省农林科学院土肥所生产）；发酵菌剂 C（RW 促腐剂，河南省鹤壁市人元生物技术公司生产）；发酵菌剂 D（有机物发酵菌曲，北京市京圃园生物工程有限公司生产）；发酵菌剂 E（有机物料腐熟剂，上海联生生物技术有限公司生产）；发酵菌剂 F（牛粪快速发酵腐熟菌种，江苏新天地生物肥料工程中心有限公司生产）；发酵菌剂 G（委内瑞拉链霉菌，青海省农林科学院土肥所生产）。

辅料：油渣。

13.5.1.2 试验设计

采用人工堆置，定时测量堆内温度，按时翻堆的方法进行试验。每堆在置堆后每天两次测定堆温，在堆温升至 60℃进行第一次翻堆，以后每隔 2 天翻堆一次，直到堆温由高到低降至 30℃以下不再变化时认为发酵完成，为一完全周期。

试验于 11 月 8 日起堆，11 月 28 日结束。试验设置 8 个处理（堆）（表 13-55），各堆称量定量堆置后分别添加相应量的菌剂和油渣，再充分拌匀后堆置。

表 13-55 家畜粪便无公害处理试验设计

处理编号	1	2	3	4	5	6	7	CK
牛粪重量（kg）	180	180	180	180	180	180	180	180
菌剂代码	A	B	C	D	E	F	G	—
菌剂浓度（%）	1.5	0.5	0.5	0.5	0.5	0.5	0.5	—
添加油渣（kg）	3.6	3.6	3.6	3.6	3.6	3.6	3.6	—

13.5.2 数据监测

第一，样品采集：发酵结束后从堆体多点采样后带回实验室进行测定。

第二，温度测定：堆制开始后对堆置的牛粪每天上午、下午各测定温度一次。

第三，有机质含量及 N 的测定：对堆肥处理前、处理后以及对照的总氮和有机质按照国家农业行业标准 NY525—2012 规定方法进行测定。其中，有机质采用重铬酸钾容量法测定，全氮采用开氏定氮法测定。

第四，微生物含量测定：微生物数量采用稀释平板法，培养基选用 PDA，配方组成：

马铃薯 200g、葡萄糖 20g、琼脂粉 15g、水 1000mL。

第五，种子萌发实验的结果用种子发芽指数来表示：种子发芽指数(%)=(堆肥浸提液处理种子的发芽率×处理种子的根长)÷[(去离子水处理种子的发芽率×去离子水种子的根长)]×100%。

具体做法为：

将堆肥鲜样按 5∶1 的水∶物料比进行浸提，160rpm 振荡 1 个小时后过滤，吸取 5mL 滤液于铺有滤纸的培养皿中，滤纸上放置 30 粒小油菜种子，25℃下暗中培养 48 小时后，测定种子的根长，同时用去离子水作空白对照，按上述公式计算种子发芽指数。

13.5.3 实施结果

13.5.3.1 堆温变化结果

高温堆肥发酵中，堆温变化是一个重要指标，堆温变化是微生物活动的必然结果，是反映堆腐速率和堆肥质量的主要因子之一。一般将高温阶段控制在 50~60℃，且维持 5~7 天，是杀灭堆料中所含的致病微生物，保证堆肥的卫生学指标合格和堆肥腐熟的重要条件。有效的高温持续时间是保证堆肥充分腐熟的一个重要指标，高温也是保证杀灭寄生虫卵和各种病原菌，杀死各种危害作物的病虫害及杂草种子，达到无害化的必要条件。试验中每天对堆温进行测定并记录结果。

根据堆温变化的统计结果（表 13-56），1 号、2 号和 3 号处理升温最快，升至 50℃均只需 2 天，其次为 5 号（2 天）、7 号（2 天）和 6 号（3 天），4 号最慢，4.5 天后才进入高温阶段。各处理高温阶段持续时间均比对照长，其中 5 号高温阶段用时最长，达到 13.5 天，7 号持续 12.5 天，其次为 2 号（10 天）、1 号和 3 号均为 9 天，6 号为 8 天。对照高温阶段最短，仅为 6.5 天。4 号高温阶段持续 7 天，且最高温度仅为 56℃，也较难保证堆肥的卫生学指标合格和堆肥的腐熟。同时结合整个发酵周期看，1 号仅用 12 天就完成发酵，其次为 2 号（13 天）、7 号（14 天），4 号和 6 号均为 14.5 天，而 3 号和 5 号均达到 15 天，这在商品化生产有机肥中较难达到快速、高效生产的目的。

表 13-56 堆温变化统计结果

处理编号	升至 50℃所需时数（天）	降至 50℃所需时数（天）	降至 30℃所需时数（天）	高温阶段用时（天）	最高温度（℃）
1	2	10	12	9	69
2	2	11	13	10	69
3	2	10	15	9	66
4	4.5	10.5	14.5	7	56
5	2.5	14	15	13.5	61
6	3	10	14.5	8	66
7	2.5	13	14	12.5	64
8（CK）	3.5	9	12.5	6.5	61

综合堆温测定结果来看，1 号、2 号、6 号和 7 号处理所使用的发酵菌剂结果较为理想，而 3 号、4 号和 5 号处理相比则不甚理想。

13.5.3.2　堆肥后养分含量测定结果

堆肥过程中全氮含量的变化受多种因素影响，氮的转化与臭气、氮素损失及肥效相关。堆肥中氮素的损失不仅会使堆肥产品的养分降低，而且污染环境。因此，在堆肥中应该控制氮素的损失。而磷、钾含量不易损失，变化不大，因此未对其进行测定。对有机肥而言，有机质含量的高低是决定肥料质量的关键因素，因此发酵结束后，对各处理取样测定全氮和有机质含量（以风干基计），并与发酵前的结果做对比。

根据堆肥养分含量的测定结果（表 13-57），3 号、1 号处理的 N 素含量较处理前分别仅损失 2.1%和 2.6%，而其余各处理 N 素损失在 6.2%~8.7%之间，对照损失最大，达到 12.3%。从有机质含量测定结果可以看出，对照损失最为明显，达到 1.44%，其次为 5 号和 2 号，分别为 1.17%和 1.13%。损失最小的为 3 号，仅为 0.04%。而 6 号和 1 号处理后有机质有所增加，分别增加了 1.38%和 0.86%。综合来看，添加发酵菌剂后可以提高堆肥质量。比较各处理所用菌剂，效果好的菌剂为 6 号、1 号和 3 号，而 5 号、2 号、7 号和 4 号菌剂的效果不甚理想。

表 13-57　堆肥养分含量测定结果

处理编号	全氮		有机质	
	处理后含量（%）	较处理前损失（%）	处理后含量（%）	较处理前损失（%）
1	1.9	2.6	91.76	-0.86
2	1.82	6.7	89.95	1.13
3	1.91	2.1	90.94	0.04
4	1.83	6.2	90.18	0.88
5	1.81	7.2	89.92	1.17
6	1.78	8.7	92.24	-1.38
7	1.81	7.2	90.08	0.99
8（CK）	1.71	12.3	89.67	1.44
处理前含量（%）	1.95	—	90.98	—

13.5.3.3　活菌数测定结果

在堆肥的分解过程中，微生物发挥着重要的作用，堆体中微生物的数量变化是堆肥进程的重要指标。堆肥系统中的真菌不仅能分泌胞外酶和水解有机物质，而且可通过其菌丝的机械穿插作用，对堆肥物料产生一定的物理破坏作用，从而促进有机物的生物降解。因此，在堆肥系统中，真菌影响着堆肥反应的进程，对于堆肥物料的分解转化和腐熟稳定具有重要意义。然而，在堆肥结束后若存在大量的青霉属真菌，则肥料不仅恶臭，且外观呈霉状而影响品质，同时其对作物具有一定的生物毒性。因此，对青霉属真菌数量进行检测很有必要。在各处理堆温降至 40℃ 以下时，对各处理青霉属真菌数量进行了测定。

根据堆肥中青霉素真菌数量的测定结果（表 13-58），处理 8（CK）的青霉属真菌数量最高，为 2.77×10^4cfu/g，而处理 4（2.66×10^4cfu/g）和处理 5（1.99×10^4cfu/g）与对照差异不显著，说明在无外接菌种参与发酵或菌剂处理效果不理想时，杂菌过量，肥料质量难以保证；其余的处理 1 号、2 号、3 号、6 号、7 号与对照（处理 8）差异极显著，说明从活菌数测定结果比较来看，这 5 种处理的肥料质量较好。

表 13-58 青霉属真菌数量测定结果（$\times10^4$cfu/g）

处理编号	Ⅰ	Ⅱ	Ⅲ	平均值
1	1.64	1.64	1.36	1.55
2	0.76	0.83	0.9	0.83
3	0.56	0.62	0.42	0.53
4	2.24	2.98	2.76	2.66
5	2.64	2.14	1.2	1.99
6	0.64	0.94	0.66	0.75
7	1.58	2.2	1.38	1.72
8（CK）	3.28	2.3	2.72	2.77

13.5.3.4 种子萌发试验结果

腐熟程度关系到堆肥的安全使用，未腐熟好的人工堆肥，施用后会对作物造成很大伤害。例如，传播病虫害、发酵烧苗、毒气危害、土壤缺氧、肥效缓慢、有效成分低等。通常，采用堆肥水浸提液对种子萌发的影响来作为生物指标衡量堆肥的腐熟程度，即测定种子发芽指数（GI）。当堆肥没有达到稳定时，堆肥的水浸提液具有一定的植物毒性，会妨碍种子的萌发和根的伸长。种子萌发实验是评价堆肥稳定化程度最直接的指标之一。一般说来，当种子发芽指数达到 50%以上时，被认为是已消除植物毒性，堆肥基本达到稳定化。

本课题实施过程中，对各处理都进行了种子萌发试验。根据种子发芽指数的测定结果（表 13-59），腐熟程度最好的是处理 1，其发芽指数达到 79.0%，其次为处理 6，发芽指数达到 72.3%。而对照发芽指数最低，仅为 35.9%，说明堆肥没有腐熟完全，存在极大的植物毒性。处理 3、处理 2、处理 1 和处理 6 与对照间差异达到极显著，且都达到了 50%以上，说明堆肥均已完全腐熟。而处理 4、处理 5 和处理 7 的发芽指数都在 50%以下，没有达到指定的状态，堆肥腐熟不完全。因此，比较来看，处理 1 和处理 6 所使用的菌剂是比较理想的堆肥菌剂，其次，使用处理 3 和处理 2 菌剂后堆肥也能达到腐熟要求。

表 13-59 发芽指数（GI）测定结果（%）

处理编号	Ⅰ	Ⅱ	Ⅲ	平均值
1	73.2	85.4	78.4	79.0
2	60.2	48.5	61.7	56.8
3	66.6	56.7	71.1	64.8
4	49.0	41.0	57.3	49.1
5	44.5	47.9	51.6	48.0
6	69.2	79.7	68.1	72.3
7	42.3	50.9	53.0	48.7
8（CK）	44.7	30.0	33.1	35.9

13.5.3.5 堆肥发酵结论

在脱水牛粪堆肥发酵过程中，添加发酵菌剂后可以加速堆肥进程，提高堆肥质量，保证腐熟。

处理 1 即添加发酵菌剂 A（农用酵素菌，恩泽农业生物技术有限公司生产）处理牛粪堆肥后，仅用 2 天时间堆温就升至 50℃以上，且高温阶段能持续 9 天，12 天便能完成发酵；其处理后堆肥有机质含量为 91.76%，比处理前增加 0.86%；全氮含量为 1.9%，相比处理前仅损失 2.6%；其青霉属真菌数量很少，为 1.55×10^4 cfu/g；种子发芽指数达到 79%，堆肥完全腐熟，为理想的牛粪堆肥发酵菌剂。

处理 6 即添加发酵菌剂 F（快速发酵腐熟菌种，江苏新天地生物肥料工程中心有限公司生产）处理牛粪堆肥后，用 3 天时间堆温就升至 50℃以上，高温阶段持续 8 天，14.5 天完成发酵；其处理后堆肥有机质含量为 92.24%，比处理前增加 1.38%；全氮含量为 1.78%，相比处理前仅损失 8.7%。其青霉属真菌数量较少，为 0.75×10^4 cfu/g；种子发芽指数达到 72.3%，堆肥也达到腐熟，也可作为牛粪堆肥发酵菌剂。

处理 2 即使用发酵菌剂 B（细黄链霉菌，青海省农林科学院土肥所生产），处理 3 即使用发酵菌剂 C（RW 促腐剂，河南省鹤壁市人元生物技术公司生产）处理牛粪后有些指标未能达到理想要求，可以在进行适当配伍调整后，研究开发出新的发酵菌剂来使用。

综上所述，在脱水牛粪的堆肥生产中，添加 1.5%恩泽农业生物技术有限公司生产的农用酵素菌或者 0.5%快速发酵腐熟菌种（江苏新天地生物肥料工程中心有限公司生产），均能到达很好的堆肥生产要求，建议推广使用。

通过项目的实施，编写形成一个养殖牛粪有机肥生产技术规程草案（详见附件五）。

14 山地旱坡植被保育

在进行区域生态环境保护的过程中，天然植被的恢复与重建工作，一直是干旱、高寒等环境脆弱地区以及植被遭受严重破坏地区倍受关注的研究热点问题之一。采用围栏封育和草种补播措施，是目前青藏高原地区保护天然植被、恢复和重建遭受严重人为干扰地区植被的主要手段之一。

在试验示范区范围内，分布有一定面积的旱坡原生植被，属于研究区域代表性的典型植被类型之一，也是今后需要加以保护和改善的生态系统类型。结合试验示范区的旱坡植被分布情况，《干旱沟壑型小流域综合生态治理技术集成与示范》课题布局开展了两个方面的探索性研究示范工作。一是在小流域范围内选择天然植被盖度相对偏低的局部旱坡进行了封育保护，并进行了部分资源种类的生态抚育；二是针对局部天然植被被完全破坏的旱坡裸地，采用先进技术进行了植被恢复。

14.1 山地旱坡植被封育

研究区域属于典型的农牧交错区，受过度放牧和牲畜践踏影响，该地区山地旱坡天然植被受损坏较为严重，表现为植被层盖度下降、裸地面积不断增加。研究区域处于河西村周边，属于开放区域，如不采取封闭措施加以保护，植被继续遭牲畜践踏与啃食在所难免。由于旱坡地带的坡度较大、不能有效蓄水，天然植被受到破坏后自行恢复非常困难且周期较长。因此，采用一定的人为辅助封育措施，对山地旱坡植被形成相对封闭的保育地带，是保护原生植被恢复的重要方式。

在课题实施过程中，对河西村乡村道路沿山地旱坡一侧架设了单边网围栏进行封育。为对比围栏封育效果，分别于 2012 年 9 月和 2014 年 9 月对旱坡本底植被设置样方进行了监测，比较了围栏封育前后旱坡地表植被变化情况、群落总盖度与组成种等指标，预期可对小流域山地旱坡植被恢复起到一定积极示范作用。

14.1.1 建设方案

利用河西村乡村道路建设过程中的网围栏工程，于 2013 年夏季，对小流域内局部山地旱坡进行了单边围栏封育。围栏建设沿河西村乡村道路由北至南，长度为 1600m，高度为 1.80m（图 14-1，详见后附彩图：样地南侧边缘为网围栏部分）。围栏建设结合旱坡地形，形成相对封闭的保育样地，起到间接保护植被的目的。

14.1.2 数据监测

14.1.2.1 样地设置

为监测封育后山地旱坡地表植被的变化情况，在祁连县扎麻什乡河西村设置了观测样地。样地范围在北纬 38°13′6″、东经 100°1′52″至北纬 38°12′26″、东经 100°1′12″之间，坡度约为 30°的狭长区域内，面积约为 10hm²，海拔约 2800m（图 14-1，详见后附彩图）。根据观测需要，在样地内按照前述方式设置观测样方（参见图 11-16）。

图 14-1 旱坡样地位置示意图（后附彩图）

14.1.2.2 样方数据处理

于 2012 年 9 月和 2014 年 9 月分别进行了两次样方观测，记录植被群落总盖度、组成种类名称、物种分盖度、组成物种频度等植被群落参数。并按照本书 11.5.1.2 节所述方法，对原始样方数据进行相应处理。

14.1.3 实施效果

14.1.3.1 监测样地数据整理

按照植被生态学的处理方法，分别对山地旱坡的样方数据进行了统计整理（表 14-1）。

表 14-1　山地旱坡植被样方统计

2012 年监测样方			2014 年监测样方		
种名	平均盖度	重要值	种名	平均盖度	重要值
二裂委陵菜	6.4	10.41	二裂委陵菜	4.55	7.01
芨芨草	18	19.74	芨芨草	14.2	14.61
狼毒	1.3	3.15	狼毒	1.7	2.62
灰绿藜	0.8	3.28	灰绿藜	1.42	4.23
狗尾巴草	0.4	1.37	狗尾巴草	0.36	2.08
白草	20.5	21.76	白草	17.3	17.37
阿拉善马先蒿	2.4	6.14	阿拉善马先蒿	1.1	3.09
异叶青兰	1.25	3.64	异叶青兰	4.6	7.05
青藏扁蓄豆	3.1	7.23	亚氏旋花	4.3	6.82
鼠掌老鹳草	2.8	5.94	掌裂多裂委陵菜	4.5	6.06
牛尾蒿	1.8	5.13	红花岩黄芪	4.6	5.68
密花香薷	1.2	4.12	阿尔泰狗娃花	2	4.21
车前	1.6	3.92	扁穗冰草	1.5	4.29
米口袋	0.35	2.39	地梢瓜	2.2	3.45
			早熟禾	2.1	3.83
			唐古韭	0.41	3.03
			宽叶景天	0.31	1.59
			虫实	0.25	1.78
群落总盖度	56.00			61.00	

14.1.3.2　群落总盖度

根据样地实测数据（表 14-1）的计算结果，山地旱坡植被群落总盖度呈现出增长趋势，2012~2014 年的增长值为 5.00%，增长率为 8.93%。

14.1.3.3　群落构成物种

根据样地实测数据的计算结果（表 14-2），封育后山地旱坡的植被群落构成总种数呈现出增长趋势，增长率达到 26.67%。由于封育后新物种的进入，使群落中的共有种比例呈现出下降趋势。

表 14-2　不同生态系统类型群落物种构成统计

监测参数	监测值（种）		占总种数百分比（%）		增长值（%）	增长率（%）
	2012 年	2014 年	2012 年	2014 年		
总种数	15	19	100	100	4	26.67
共有物种数	8		53.33	42.11	—	—
非共有物种数	7	11	46.67	57.89	4	57.14

为进一步分析群落组成种类的内在规律，对不同监测年代中群落共有种的相关参数进行

了综合分析。根据统计结果（表 14-3），2012~2014 年间，虽然共有种分盖度的合计值呈现下降趋势，但依然占据群落总盖度的主导地位，2012 年和 2014 年共有种的分盖度合计值分别占到群落总盖度的 91.16%和 74.15%；典型草原物种异叶青兰和荒漠草原物种灰绿藜的盖度和重要值均明显增高，杂类草狼毒虽然盖度值增加但重要值则呈下降趋势。由此可见，封育状态下的山地旱坡植被表现出主体优势构建物种基本不变、部分草原和荒漠草原种类得到良好发育、杂类草总体受限的变化趋势，说明封育是保育山地旱坡植被的有效途径之一。

表 14-3　不同年代山地旱坡群落共有种主要参数统计

种名	分盖度（%）			重要值		
	2012 年	2014 年	增长率（%）	2012 年	2014 年	增长率（%）
二裂委陵菜	6.4	4.55	-28.91	10.41	7.01	-48.57
芨芨草	18	14.2	-21.11	19.74	14.61	-35.10
狼毒	1.3	1.7	30.77	3.15	2.62	-20.11
灰绿藜	0.8	1.42	77.50	3.28	4.23	22.65
狗尾巴草	0.4	0.36	-10.00	1.37	2.08	34.08
白草	20.5	17.3	-15.61	21.76	17.37	-25.28
阿拉善马先蒿	2.4	1.1	-54.16	6.14	3.09	-98.88
异叶青兰	1.25	4.6	268.00	3.64	7.05	48.37
合计	51.05	45.23	-11.40	69.49	58.06	-19.68

14.1.3.4　群落多样性指数

根据样地实测数据的计算结果（表 14-4），在封育条件下的山地旱坡植被群落的多样性指数均表现出增长趋势。就具体指数而言，丰富度指数的增长速度较快，多样性指数次之，均匀度指数增速较慢。

表 14-4　山地旱坡植被群落多样性指数统计

项目	多样性指数值		增长值（%）	增长率（%）
	2012 年	2014 年		
丰富度指数	15	19	4	26.67
多样性指数	1.92	2.34	0.42	21.86
均匀度指数	0.72	0.80	0.08	11.11

综上所述，通过封育方式，可以起到保护与改善山地旱坡植被的作用，主要表现在提高群落总盖度、多样性指数升高等方面。虽然封育后会导致群落构成物种分盖度和重要值的变化，但不会对群落的优势主体构建物种产生显著影响，而且在一定程度上有助于典型草原植物种类的生长发育。因此，采用封育手段应该是进行实地旱坡天然植被的有效途径之一。

14.2　旱坡裸地植被恢复

祁连山地区属于高寒半湿润气候，是生态环境较为脆弱的地区。受自然生态环境条件的影响，该地区天然植被受损后，仅仅依赖自然恢复往往较为困难，而且周期长，在受人为干扰地区就显得尤为困难。在该地区因为道路施工或其他早期建设工程的就地取土过程中，往往形成地表植被层被完全剥离的人为裸地。这种完全无植被覆盖的旱坡裸地，由于地处祁连高寒地区，又因旱坡坡度较大、土壤砾石含量高、蓄水能力差等方面的原因，在祁连地区这种雨季较为集中的区域，水土流失就会成为必然，并可能因此“创口”水土流失的短时加剧而形成较大面积的泥石流等地质灾害。因此，采用人为辅助措施，促进遭受严重破坏而形成山地旱坡裸地的地域迅速恢复地表植被，对于区域生态环境的改善与建设具有重要的现实意义。

在课题实施过程中，恰逢河西村组织进行试验示范区范围内部分山地旱坡原有取土坑的平整工作，利用2013年春季取土坑平整后形成的局部裸地，进行了人工辅助措施下的植被恢复工作，预期能为此类旱坡裸地植被层的快速恢复积累经验，同时为其他高寒地区工程裸地地表植被的迅速恢复起到积极的示范作用。

14.2.1 样地设置

裸地植被恢复样点位于前述旱坡植被保护样地范围内，分别选择了两处2013年平整原有取土坑而形成的裸露地块，面积分别为1010m^{2}和921m^2，作为实验样地（图14-2，详见后附彩图）。其中，样点1的地理位置约为北纬38°12′60″，东经100°01′28″；样点2约为北纬38°12′43″，东经100°01′28″。实验地海拔2800m。

图14-2 旱坡裸地植物补植位置示意图（后附彩图）

14.2.2　实验方案

本课题于2013年6月底，采用补播草种并覆盖保水剂固结层的植被恢复方式，主要包括下列步骤。

首先，对完全无植被覆盖的裸露取土场进行初步平整，改善恢复植被群落组成物种的立地生存条件。

其二，根据区域生态环境条件，选择适宜草种撒播于裸露地表。本课题采用了草地早熟禾+短芒披碱草的草种组合（表14-5）。

表14-5　旱坡裸地补植草籽信息

草籽	品种	千粒重（g）	草籽级别	发芽率（%）	播种量（kg/亩）
早熟禾	草地早熟禾	0.37	二级草籽	85	12
披碱草	短芒披碱草	4.2	二级草籽	85	10

其三，对撒种地面进行刮平处理后，使用W-OH型土壤保水剂，喷洒于撒种后的旱坡裸地上，保水剂用量为21.7g/m^2。保水剂喷洒后，最大限度地避免人员和牲畜对处理地表的踩踏，以免破坏W-OH的固结层。

同时，在样地1中依坡向设置10m×10m的未喷洒保水剂对照区，对照区喷洒相应单位面积稀释保水剂水量，其他措施与保水剂试验区一致。

14.2.3　数据监测

2013年9月，采用样线结合样方法调查了当年补植草种出苗情况。每个样点内依边坡走向设置10m长的样线1条（包括无保水剂对照区），沿线设置10个面积为25cm×25cm的检测样方。

2014年9月，在每个样点内各布设长度50m（对照区为10m）的样线1条，沿样线等距布设5个面积为1m×1m的观测样方，调查样点植被生长情况。

样方布设格局、群落数据收集及相关数据处理如前所述（参见图11-16和11.5.1.2的相应内容）。

14.2.4　实施效果

课题实施过程中，通过补播草种、使用保水剂等措施，在湿地旱坡裸地植被的迅速恢复方面取得良好效果，现总结整理如下。

14.2.4.1　补植草种出苗

根据2013年9月的样方调查数据（表14-6），无论是否使用W-OH型土壤保水剂，旱坡裸地在补播草种后均可出苗，并在当年就初步形成由草地早熟禾和短芒披碱草两个物种组成的植物群落。

表 14-6　山地旱坡裸地补植草种的出苗株数

样点	出苗株数（株）		
	短芒披碱草	草地早熟禾	合计
样点 1	12.4±8.4	19.5±15.4	31.9±18.7
样点 2	22.4±10.8	22.6±23.2	45.0±28.5
对照区	50.7±17.3	26.9±29.0	77.6±37.2

调查结果同时显示，不同处理方式和不同草种呈现出较为明显的差异性结果。

就相同处理的不同样地比较而言，草种出苗率存在一定差异。草地早熟禾和短芒披碱草的出苗株数在样点 2 中相近，但在样点 1 中则显示出相对较大差异。样点 2 的整体出苗株数均高于样点 1。

就不同处理方式比较而言，对照区草种的出苗株数和盖度均超过使用 W-OH 区；尤其是对照区短芒披碱草出苗株数为 W-OH 使用区的 2 倍以上，似乎表示不施用保水剂可能效果更好。这可能与使用 W-OH 初期喷洒形成固结层前，喷洒过程中土壤最表层种子受到冲刷，未能较好地接触土壤有关，其影响机理有待进一步深入研究。

就不同草种比较而言，在施用保水剂时，样点 1 和样点 2 内草地早熟禾的出苗株数高于短芒披碱草；不使用保水剂时，短芒披碱草的出苗率则明显高于草地早熟禾。据此推断，施用保水剂相对更有利于草地早熟禾的生长发育，不施用保水剂则相对利于短芒披碱草的生长发育。

14.2.4.2　恢复植被盖度

根据样方监测数据（表 14-7），说明旱坡裸地植被群落向着较高盖度的方向迅速发展。旱坡裸地植被恢复当年（2013 年）的盖度就达到 34%以上的较高水平，接近于周边原生植被盖度的 60%左右；恢复次年（2014 年）群落盖度提高到 40%以上，达到周边原生植被盖度的 71%以上的群落盖度水平，群落盖度较高地段（样点 1）达到周边原生植被盖度约 86%的群落盖度水平。这表明，旱坡裸地的群落盖度区域明显增加，基本达到了短期内实现裸地植被恢复的预期目标。

表 14-7　旱坡裸地恢复植被群落盖度

测定样点	群落盖度（%）		增长率
	2013 年	2014 年	（%）
样点 1	34.0±3.7	48.0±6.8	41.18
样点 2	36.0±8.0	45.0±5.8	25.00
对照区	45.0±3.2	40.0±3.2	-11.11

通过不同年代旱坡裸地恢复植被盖度值的比较，施用保水剂区段（样点 1 和样点 2）的群落盖度呈现出明显的增长趋势，增长率分别达到 25%和 41%，但相同年代的盖度值基本处于相似水平。相反，未施用 W-OH 保水剂区段（对照区）的群落盖度则呈现出下降趋势，盖度值下降了 11%。由此推断，施用 W-OH 保水剂似乎有助于旱坡裸地植被的后

期恢复过程。

14.2.4.3 恢复区群落物种构成

根据样方调查，旱坡裸地恢复植被在短时间内就发生了极为显著的变化（表 14-8）。旱坡裸地恢复当年（2013 年）的群落组成物种只有 2 种，也就是最初播撒种子的草地早熟禾和短芒披碱草。但在旱坡裸地植被恢复次年（2014 年），地表植被的构成物种数则明显增加。

表 14-8 旱坡裸地恢复植被群落构成物种数

测点		样地 1	样地 2	对照区
构成物种数	2013 年	2	2	2
	2014 年	28	24	19

根据 2013 年的样方观测数据（表 14-9），虽然草地早熟禾和短芒披碱草在群落中的重要值基本处于同一水平，但保水剂施用区内这 2 个物种的分盖度均低于未施用保水剂区域内同种植物的盖度。此结果间接表明，在不施用保水剂的情况下，可能相对更有利于这 2 种植物的早期萌发和生长发育。

表 14-9 旱坡裸地恢复植被 2013 年样方数据统计表

测点	草地早熟禾		短芒披碱草	
	盖度（%）	重要值（%）	盖度（%）	重要值（%）
样地 1	24.4	60.9	9.6	39.1
样地 2	27.4	63.1	8.6	36.9
对照区	32.6	61.2	12.4	38.8

根据 2014 年所有监测样方中 18 个共有种的主要群落参数（表 14-10），可以归纳总结出旱坡裸地植被恢复过程中群落构成物种的下列主要变化特征。

其一，虽然草地早熟禾和短芒披碱草依旧保持着群落构成物种的优势地位，但这 2 个种的盖度比例则发生了一些微妙的变化。与恢复初期（2013 年）相比较，草地早熟禾在保水剂施用区的平均盖度（13.5%）虽然仍旧高于短芒披碱草的盖度（9.0%），但差距明显缩小；但其在对照区的盖度（9.6%）则小于对照区短芒披碱草的盖度（12.0%），呈现与恢复初期相反的比例特征。

其二，就共有种的盖度而言，保水剂施用区中有 10 个种的分盖度高于对照区，合计分盖度为 27.0%，约占群落总盖度（平均为 46.5%）的 58.0%；对照区中有 8 个种的分盖度高于保水剂施用区，合计分盖度为 16.4%，占到群落总盖度（平均为 40.0%）的 41.0%。

其三，就共有种的重要值而言，保水剂施用区中仅有 5 个种的分盖度高于对照区，合计重要值为 32.87，约为其他 13 个共有种合计重要值（25.99）的 126.47%；对照区中有 13 个种的重要值高于保水剂施用区，合计重要值为 48.51，约为其他 8 个共有种合计重要值（72.22）的 67.16%。

综上所述，旱坡裸地植被恢复次年（2014 年），群落中的构成物种数明显增加，而且共有种也占有较大比例。但就恢复植被群落共有种的构成比例而言，却表现出一些值得关注的变化特征，其变化特征的内在机理和本质尚有待于进一步的深入研究。

表 14-10　旱坡裸地恢复植被 2014 年共有种的群落参数

群落构成物种		样地 1		样地 2		对照区	
		盖度	重要值	盖度	重要值	盖度	重要值
群落共有种	草地早熟禾	15.00	17.62	12.00	15.13	9.60	14.87
	短芒披碱草	11.00	13.81	7.00	9.55	12.00	17.55
	巴天酸模	3.00	4.86	2.40	4.36	4.00	7.79
	车前	1.20	3.14	2.20	4.83	1.60	5.12
	刺藜	0.12	1.45	0.32	2.31	0.10	0.94
	大籽蒿	1.50	3.43	1.80	3.77	1.20	3.84
	钉柱委陵菜	2.40	4.29	2.40	4.36	0.80	3.39
	多裂委陵菜	1.20	3.14	1.20	3.18	2.80	6.46
	甘青铁线莲	2.40	4.29	5.00	7.58	1.00	3.62
	甘肃马先蒿	0.80	2.10	1.00	2.98	1.80	4.51
	葛缕子	0.60	1.90	0.80	2.79	1.00	3.62
	芨芨草	4.40	7.52	4.40	7.66	4.60	8.46
	菵叶香藜	0.02	0.69	0.02	0.69	0.02	0.86
	牛尾蒿	0.62	2.59	1.00	2.98	0.30	2.00
	蒲公英	0.80	2.10	2.20	4.83	1.40	4.89
	青藏扁宿豆	0.50	1.81	0.50	1.82	0.60	3.17
	熏倒牛	1.40	3.33	1.60	3.57	0.40	2.11
	醉马草	1.30	3.24	0.82	2.81	1.60	5.95

15 小流域生态治理工作总结

课题组成员通过3年（2012~2014年）的积极努力，在青海省祁连县扎麻什乡小流域的试验示范区内，开展了一系列的研究与示范工作，初步取得了一定的可喜成效和成功经验，同时也发现了一些存在的问题。结合《干旱沟壑型小流域综合生态治理技术集成与示范》课题实施过程中取得的初步成效、主要存在问题、未来工作建议等方面进行总结，期望能够为后续相关工作的进一步开展提供借鉴和参考，起到抛砖引玉和引发深层思考的作用。

15.1 取得成效分析

15.1.1 优化组合林地生态系统构建综合成效分析

在优化组合生态系统构建方面，取得了较为理想的实施效果，验证形成的优化组合生态系统构建的相应技术模式与运作方式，可为祁连山地区未来的优化组合生态系统构建提供可资借鉴的参考依据和示范案例，具有进一步推广应用的潜在价值。以下对优化组合生态系统构建方面产生的综合实施成效进行整理、归纳和总结，并简要介绍。

15.1.1.1 成功建立优化组合生态系统构建体系

通过课题实施，成功建立起包括生态防护林、生态经济林、生态景观林在内的3种具有不同特点、可在不同方面发挥相应作用的优化组合生态系统类型的构建模式。

（1）生态防护林

以青海云杉作为单一乔木层物种，按照常规防护林带格局进行建植，可起到积极的防护作用。就试验示范区而言，该类型生态系统的建植，不仅可以实现通常林地生态系统的水源涵养功能外，还可以起到有效阻止或减缓小流域河谷滩地遭受洪水冲刷而遭受局部生态环境严重破坏的作用。

（2）生态经济林

属于以乔木种类青海云杉和灌木种类沙棘作为主体架构物种，按照交叉布局格式建植，与原有草本植物组合形成的生态系统类型。此外，通过生态抚育方式成功引入药用植物和特色植物资源种类，使此类生态系统成为立体层次丰富，乔、灌、草、药有机组合的生态系统类型。该生态系统类型的建设完善，不仅可以有效地形成正常林地生态系统所具有涵养水源、改善局部生态环境、防治水土流失等众多生态服务功能外，还可形成明显的经济效益产能。

在此类生态系统类型中，人为引入生态经济林中的沙棘，属于青海省特色显著并列入省域产业化发展重点的资源植物种类，进入挂果期后结出的浆果可被用作生产相当数量的食品、保健品和药品类的产品原料，具有较高的利用价值和经济价值。鉴于对沙棘资源的开发利用基本限于对其浆果的采摘利用，收获时基本不会对沙棘植株自身造成大的伤害，也不会对此类生态系统的生态功能以及沙棘分布区域的生态环境造成严重的不良影响和明显伤害。伴随沙棘植株的持续生长发育，可以保障并提高沙棘浆果资源的持续利用能力，成为源源不断的经济效益产出途径之一。

青藏高原特殊的自然环境条件，培育出许多特色明显、活性独特、潜在利用价值巨大的植物资源种类。但在高原严酷的自然环境条件下，这些珍贵资源也存在资源量相对匮乏、资源可持续利用能力偏低的问题。通过生态抚育方式，将具有潜在经济效益的药用植物和特色生物资源种类引入此类生态系统中，不仅不会由于耕作栽植特色植物资源而导致局部生态环境的破坏，还会使得该生态系统的经济产能明显增加。当这些抚育资源植物进入成熟收获期时，就可以成为受到青睐的原料产品而产生相应的经济效益，成为农牧民群众增加经济收入的重要途径之一。此外，采用生态抚育方式繁育资源种类，将使资源植物种类的实际繁育面积和繁育规模达到理想的预期目标，促进实现资源植物大规模繁育及可持续利用的战略目标。

（3）生态景观林

属于以青海云杉和金露梅作为作为主体架构物种，按照交叉布局格式建植，与原有草本植物组合形成的生态系统类型。此类生态系统也是包括乔、灌、草立体结构层次的有机组合生态系统，该类型生态系统的建设完善，就可以作为林地类的立体生态系统，形成其改善局部生态环境、涵养水源、防治水土流失等众多生态功能，提供相应的生态服务功能。此外，金露梅属于青藏高原广泛分布的高寒灌丛植被群落类型中主要优势建群种之一，该物种开花期相对较长，花期遍布植株体的金黄色小花，可为自然景观增添绚丽色彩。对于将生态旅游作为主要发展产业类型之一的祁连县而言，此类生态系统的成功构建，也将对区域发展旅游事业提供直接或间接的促进作用。

15.1.1.2 有效提升小流域水源涵养能力

就试验示范区小流域的现有自然环境而言，在小流域南侧山地生长发育有以青海云杉、祁连圆柏为主要建群种的森林植被类型，在山地阴坡分布有以山生柳、金露梅等作为优势种构成的高寒灌丛植被类型，山地阳坡也发育着生长状态良好的温性草原植被类型，河谷台地和部分丘陵地段则分布有一定数量的农田，整体生态环境质量尚可。相比之下，本课题核心试验示范区所处的河滩以及主要农田所在范围，则是生态环境质量相对较差的区域。

通过课题实施与优化组合生态系统的顺利构建，将使小流域整体的水源涵养能力明显提升，这主要体现在以下方面。

（1）构建起水源涵养能力明显较强的生态系统类型

通过上述优化组合生态系统的构建，使小流域试验示范区河谷滩地原有以杂类草植物为主体构成的草地植被类型和疏林植被类型，转变成为由乔木、灌木、草本植物构成的多层次林地生态系统类型。

根据相关文献报道，森林生态系统水源涵养功能的生态服务价值（2831.5 元/hm^2）约为草地生态系统水源涵养功能生态服务价值（707.9 元/hm^2）的 4 倍（谢高地等，2003），森林生态系统在水源涵养能力方面的服务价值当量（3.2）约为草地生态系统（0.8）的 4 倍（黄湘等，2011），青海三江源区森林生态系统的水源涵养能力［5739.68m^3/（hm^2·a）］约为草地生态系统水源涵养能力［4441.27m^3/（hm^2·a）］的 1.29 倍（赖敏等，2013），暖性灌草丛生态系统的水源涵养能力（683.48m^3/hm^2·a）约为温性草原生态系统水源涵养能力［283.26m^3/（hm^2·a）］的 2.41 倍（赵同谦等，2004）。

在课题实施过程中，新建组合生态系统属于具有不同特点的林地生态系统类型，也就形成了存在差异的生态系统服务功能和生态服务价值。根据众多相关文献的研究结果，在先期设定相应指标标准的前提下，对小流域核心试验示范区新建林地生态系统的水源涵养能力和生态服务价值进行了估算（表 15-1）。经计算，与草地生态系统相比较，新建 40.2hm^2生态系统类型的合计新增水源涵养能力为每年 19 164.30m^3，增长率为 10.73%；新增生态服务价值为 69 073.64 元，增长率高达 242.72%。由此可见，与原有草地生态系统相比，新构建优化组合生态系统的水源涵养能力和生态服务价值都有较为明显的提高，特别是生态系统的生态服务价值达到显著提升。

表 15-1 小流域新建生态系统类型水源涵养能力及生态服务价值估算*

生态系统类型		面积（hm^2）	单位面积预设指标		总体估测值	
			水源涵养能力［m^3/（hm^2·a）］	生态服务价值（元/hm^2）	水源涵养能力（m^3/a）	生态服务价值（元）
新建类型	防护林	0.7	5739.68	2831.5	4017.78	1982.05
	经济林	24.0	4878.73	2406.78	117 089.52	57 762.72
	景观林	15.7	4878.73	2406.78	76 596.06	37 786.45
	合计	40.2	—	—	197 703.36	97 531.22
草地		40.2	4441.27	707.9	178 539.05	28 457.58

* 经济林与生态林的预设标准按照防护林的 85%计算。

（2）地表植被盖度提高使区域水源涵养能力明显增强

地表植被的覆盖度，对生态系统的水源涵养能力有重要影响。植被盖度较高的土壤含水量较高，随着植被盖度减小，草地持水能力也逐渐减弱（刘光生，2009）。相反，随着地表植被盖度的增加，草地生态系统的持水能力也必然会逐渐增强。

根据相关文献报道（魏强等，2010），未退化草地、轻度退化草地、中度退化草地、重度退化草地和极度退化草地生态系统的最大蓄水量分别为 1744.88t/hm^2、1726.94t/hm^2、1707.18t/hm^2、1656.04t/hm^2 和 1386.42t/hm^2。根据魏强等（2010）对青藏高原高寒草甸生态系统的研究结果，中度退化和重度退化亚高山草甸生态系统的水源涵养能力比未退化亚高山草甸分别下降 10. 35%和 18. 31%，中度退化和重度退化高山草甸的水源涵养能力比未退化高山草甸分别下降 9. 37%和 27. 08%。青海省三江源地区通过实施国家资助的专项生态保护工程，使各修复区林草覆盖率提高 5%~20%，多数修复区的林草覆盖率达到 35%~50%，植被覆盖度增长 10%以上，土壤侵蚀量减少 50%~60%（王凤娇等，2013）。

根据课题实施过程中相应样方监测数据的统计（表 15-2），造林核心示范区中各种新建林地生态系统类型以及山地旱坡天然植被类型的地表植被盖度均呈现出一定幅度的增长趋势。就新建的不同林地生态系统类型而言，生态防护林、生态经济林和生态景观林的地表植被盖度分别增加 12. 43%、6. 71%和 7. 93%，平均增长率为 9. 02%。通过山地旱坡植被保育工作，使山地旱坡天然植被的地表覆盖度增长 7. 93%，并且使山地旱坡裸地的地表植被盖度在 2 年内由无地表植被盖度的裸地恢复到群落总盖度 47. 00%的稳定群落。由此推断，试验示范区地表植被盖度的增加，必然会在一定程度上提升区域自然植被的水源涵养能力。

表 15-2 不同生态系统类型植被盖度变化统计*

		防护林	经济林	景观林	旱坡草原	旱坡裸地
植被盖度（%）	2012 年	79. 65	74. 50	85. 80	54. 20	0（35%）**
	2014 年	89. 55	79. 50	92. 60	58. 50	47. 00
增长率（%）		12. 43	6. 71	7. 93	7. 93	（34. 29）

＊根据 10 个 1m×1m 样方实测数据整理；＊＊括号内数据为完成年内生长期后的盖度值。

15. 1. 1. 3 明显提高小流域生态系统的潜在经济产能

对生态环境保护与经济发展之间矛盾冲突尖锐的经济欠发达地区而言，提高区域生态系统的经济潜能，有助于充分调动各方面保护区域生态环境的积极性，促进区域生态环境的有效保护。在课题实施过程中，通过优化组合生态系统类型的构建，特别是生态经济林生态系统类型的构建，较大幅度地提高了生态系统中经济植物种类的占有比例，可以明显地提升生态系统自身的潜在经济效益产出能力，无形中间接地对区域生态环境的保护起到了积极的促进作用。

在生态经济林生态系统中栽植的沙棘，属于具有巨大开发潜力的资源物种。新建生态经济林以青海云杉和沙棘作为主要架构物种，沙棘占有较大比重。鉴于课题实施过程中栽植的沙棘尚未进入挂果收获期，无法实测其浆果产量，自然也无法获得生态经济林中沙棘的实际经济价值。在此，仅依据相关假设条件，对沙棘的潜在经济价值进行评价。根据市场调查，沙棘现有的市场价格约为 25 元/kg（豪州）~28 元/kg（成都），据此设定预期价格为 26. 5 元/kg。根据相关文献，青海省野生沙棘资源鲜果平均产量分别为 121. 92kg/hm^2（彭敏，2007），内蒙古沙棘平均鲜果产量为 3962. 7kg/hm^2（张建国等，2007），黄土高原沙棘产量 1500kg/hm^2（李代琼等，2003）。参考这些文献资料，将这些参数的平均值 1861. 54kg/hm^{2}设定为单位面积沙棘的预期产量。同时，根据课题成员以往的相关研究，将其他相关参数分别设定为：成活率 94%，折干率 0. 3，可利用率 0. 6，估算出生态经济林中栽植沙棘的潜在经济价值为 20. 04 万元（表 15-3）。此外，利用孟好军等（2005）的单株产量数据（1.87kg）和构建生态经济林栽植株数（1600 株/hm^2），估算得到新建生态经济林的鲜果产量为 2992kg/hm^2，效益产量 506.25kg/hm^2，潜在产值 32.21 万元。据此推断，栽植构建生态经济林进入成熟收获期后，其沙棘资源的潜在经济价值有望得到 20 万元左右。

表 15-3 生态经济林中沙棘产值估算

文献来源	鲜果产量（kg/hm^2）	效益产量（kg/hm^2）	潜在产值（万元）	备注
彭敏（2007）	121.92	20.63	1.31	1）效益产量由鲜果产量乘以相关参数而得 2）相关参数分别为：成活率 94%，折干率 0.3，可利用率 0.6 3）面积 24.01hm^2，单价 26.5 元/kg
张建国等（2007）	3962.7	670.49	42.66	
李代琼等（2003）	1500	253.8	16.15	
上述文献平均	1861.54	314.97	20.04	

生态经济林中生态抚育的资源植物种类，进入收获期后也将形成相应的经济产值。在此，仅以唐古特大黄为例展开讨论。在课题实施过程中，曾先后移植唐古特大黄种苗 30000 余株。根据课题组成员早期繁育结果，成熟期（7 年生）唐古特大黄的单株药材（根部干重）产量为 728g（青海大黑沟）~896g（青海群加），将平均值（812g）设定为预期单株产量值。据调研，唐古特大黄市场价约为 17~23 元/kg，将平均值（20 元/kg）设定为预期价格。同时选择趋于保守的成活率 60%和利用率 40%作为相关设定参数，估算出仅移栽唐古特大黄种苗（按 30000 株计）的潜在效益产值约为 11.69 万元。

由此可见，仅新建（约 24hm^2）生态经济林中沙棘资源和通过生态抚育的 30000 株唐古特大黄资源，在进入效益产出期后，至少可以带来 30 余万元的经济收益，整体的经济效益还是较为可观的。

15.1.2 资源生态抚育综合成效分析

15.1.2.1 成功实现小流域部分资源物种的生态抚育

结合以往的早期工作积累，在试验示范区和青海省祁连县较为集中地全面开展了特色生物资源种类的生态抚育工作，并取得良好的成效。

在课题实施过程中，在调查试验示范区自然生态环境条件的基础上，选择了 21 种（隶属于 12 科 18 属）特色生物资源种类，分别以种子、种苗作为繁殖种源，采用针对性选点定植方式，进行了这 21 种特色植物资源种类的生态抚育工作。实验结果表明，在定植后不提供任何管理保障措施的情况下，有 8 种植物资源种类得以存活并进入正常的生长发育阶段，存活率最高可达 82.7%。此外，种子繁育和种苗繁育均有成功范例。由此可见，只要有效解决筛选出优质种源、选择繁育区生态环境适宜、定植方法科学等方面的技术问题，采用生态抚育方式进行资源规模化繁育的途径是完全可行的。

课题实施过程中，部分特色生物资源种类生态抚育成功，为祁连山地区、青海省、青藏高原等地区特色生物资源种类生态抚育的大面积推广实施，提供了可供参考的实践经验，具有一定的指导意义和示范作用。

15.1.2.2　初步建立资源物种的生态抚育技术模式

结合早期的相关研究基础和本课题的相应工作实践，初步建立形成特色生物资源种类生态抚育的技术模式，作为主要结合青藏高原等特殊生态区域的生态环境特点提出的特色生物资源规模化繁育新途径。本书第 12 章已对生态抚育的概念、总体思路、技术路线、运作方式、基本特点等方面进行了较为系统、全面的论述，可加以参考。

就目前提出的特色生物资源种类生态抚育技术模式而言，也许还存在一定的不足和可商榷之处，但必然有助于引发部分读者和众多科技工作者的关注和深层思考，取得抛砖引玉的作用。期望达到促进充分兼顾区域生态环境保护与建设需求的新型特色生物资源种类规模化繁育技术模式的最终完善与成功构建。

结合相应工作，编写《唐古特大黄免耕法野生生态抚育生产标准操作规程（草案）》（详见附件三）和《唐古特大黄免浇灌生态种植生产标准操作规程（草案）》（详见附件四）。

15.1.3　农牧耦合生产体系构建综合成效分析

15.1.3.1　初步形成循环型农牧耦合优化生产体系

课题实施前，研究区域已存在一定规模的饲草种植面积和家畜集约化养殖技术，同时也有零星的饲草简单青贮，极度缺乏家畜粪便的无公害处理和现代化青贮饲料技术。本课题的实施，优化了人工饲草地的饲草种植制度，引入了现代化 EM 益生菌饲草青贮袋技术，填补了家畜粪便的无公害处理的空白，基本形成了优质牧草生产→优质饲草料生产→集约化家畜畜粪无害化处理及有机肥生产→人工草地施肥→优质牧草生产的闭合型、清洁型、资源节约型、高效性的农牧耦合优化生产体系。

此外，结合其他地区的相关研究，编制《高粱吉田 5 号丰产栽培技术规范（DB63/T 1284—2014）》（详见附件一）。

15.1.3.2　促进区域饲草种植管理的多元化发展

课题实施前，试验示范区的农业种植业生产主要以青稞、油菜和马铃薯为主要栽培作物，占区域农田总面积的 95%。本课题进行了玉米、燕麦、高粱和箭筈豌豆的适宜性引种和管理试验，并进行了示范与推广。通过课题的示范带动作用，将有助于从提高种植业生产效益的角度，促进试验示范区饲草种植管理的多元化发展。在试验示范区的现有情况下，青贮饲草的收购品种主要为玉米和燕麦。在此，就据此来进行不同生产经营方式的效益估价。

根据试验示范区的目前现状，种植青稞的籽产量约 200kg/亩，市场价为 2.40 元/kg，秸秆作为青干草产量约 390kg/亩，收购价按照 0.40 元/kg 计，其单位面积土地产出 636 元/亩。扣除化肥、种子机械及人工花费，净收益 53 元/亩。种植小油菜，其籽粒产量约 90kg/亩，市场价为 5.20 元/kg，其秸秆作为青干草产量约 300kg/亩，收购价按0.40 元/kg计，其单位面积土地产出 588 元/亩。扣除化肥、种子机械及人工花费，净收益45 元/亩。种植马铃薯，其马铃薯产量约 1250kg/亩，市场价为 1.00 元/kg，其秸秆不能作为青干草，而进行还田，其单位面积土地产出 1250 元/亩。扣除化肥、种子机械及人工花费，净收益 280 元/亩。

课题实施后，在课题的示范带动下，由于饲草产量较高，具有较高的经济收益，使得示范区种植制度发生了较大的改变，人工饲草地面积虽然较为稳定，但饲草品种由燕麦单播向玉米单播、燕麦+箭筈豌豆混播、玉米+箭筈豌豆混播等多元化发展。尤其燕麦+箭筈豌豆混播的播种面积升高了 310%。特别是玉米饲料作物的引入和示范，大大提高了土地的收益。

人工饲草地的效益以鲜草（制作青贮饲料）出售收益减去其人工、机械、化肥和地膜开支来衡量。鲜草出售价格平均按照 0.40 元/kg 计，玉米、燕麦、高粱和箭筈豌豆的单位面积土地产值分别为 2293 元/亩、859 元/亩、1364 元/亩和 666 元/亩，扣除其生产资料与人力、机械投资，其单位面积净产值分别为 1179 元/亩、263 元/亩、254 元/亩和 89 元/亩（表 15-4）。

表 15-4 单位面积粮食作物和引种饲草生产的经济效益对比

作物	投入（元/亩）						产值（元/亩）	纯收入（元/亩）	收益比
	地膜	化肥	种子	机械	人工	合计			
青稞		40	63	80	400	583	636	53	1：1.09
油菜		40	23	80	400	543	588	45	1：1.08
马铃薯		40	250	80	600	970	1250	280	1：1.29
玉米	80	90	64	80	800	1114	2293	1179	1：2.06
高粱	80	90	60	80	800	1110	1364	254	1：1.23
燕麦		60	56	80	400	596	859	263	1：1.44
箭筈豌豆		60	37	80	400	577	666	89	1：1.15

以种植青稞、油菜的单位土地净收益按照平均 50 元/亩计算，如将农田改为玉米饲草地，其单位面积土地收益是青稞、油菜的 23.5 倍，是种植马铃薯的 4.2 倍。如以燕麦为饲草品种，将农田改为燕麦人工饲草地，其单位面积土地收益是青稞、油菜的 5.26 倍，与种植马铃薯收益基本相当。以高粱种植作为饲草，其收益与燕麦基本相当，但其蛋白质含量较低，不进行推荐。箭筈豌豆具有较高的蛋白质含量，单种产量低，建议与燕麦进行混播，不仅具有较高的收益，同时可提高饲草蛋白质与培肥地力的功效。由于种植面积较小，缺乏从蛋白质含量方面进行的单独收购定价，收益无法估测，但可作为提高饲草品质的一种方式。

15.1.3.3 完善高寒地区青贮饲料技术体系

由于“青贮”的生产实践走在科学研究之前，其基本原理易被理解、工艺不复杂。因此，研究区域也存在一定的青贮工艺。经调查发现，多为传统的青贮发酵池（贮窖）方法。立方体贮窖的四面为水泥墙壁、砖石隔层，存在空气的微量渗透，青贮饲草容易霉变，保存时间短，而且贮窖体积大，不易于搬运和运输，损失浪费严重，大大限制了高寒牧区青贮技术的推广和应用。另外，青贮过程的各工艺环节要求很严格，并需要有基本参数约束和细致的管理，具有一定的实践难度。

本课题采用最新的特制拉伸膜制成的青贮袋，具有分子级阻挡氧气的功效，封存后可长久保持厌氧环境，为有益发酵反应的完成和青贮质量的稳定提供了可靠的保障。袋装青贮方法不仅浪费少，霉变损失、流液损失和饲喂损失均大大减少；保存期长，可长达2~3年；不受季节、日晒和地下水位的影响，可露天堆放；贮存简单，取饲方便；易于搬运和运输，能够形成青贮饲料的商品化生产。本课题基本攻克了袋装青贮的关键工艺流程，完善了高寒地区青贮饲料的技术体系，为解决试验示范区冬春饲草供应不足、减轻草畜矛盾提供了技术支持。同时，袋装青贮技术的应用，可促进农牧区推行产业结构调整，提高农民收入。

根据文献报道，燕麦草青贮饲料与全株玉米青贮饲料喂养荷斯坦泌乳奶牛，可使奶牛的产奶量提高0.31kg/天；其乳汁中乳脂率、乳糖率、非脂固形物及总固形物含量均较对照组有所提高。青贮玉米具有营养丰富，适口性强，消化率高的特点。青贮成本，比干草成本低0.018元。青贮玉米与玉米青干草对奶牛饲喂相比，其产奶量提高2.3kg，增加收入2.45元。以示范依托单位祁连县康绿牲畜养殖专业合作社为主体，其适龄产奶母牛存栏量为500头，日产奶量提高1150kg，增加收入1225元，年增收益约46万元。

15.1.3.4 建立集约化家畜养殖的粪便无公害处理规程

牦牛、藏羊集约化养殖过程中未经过处理的畜禽粪是养殖业的一种重要污染源，应用现代生物处理技术，通过微生物的发酵作用，使畜禽粪便中的有机物转化为富含植物营养物的腐殖质，发酵过程中产生的大量热量使物料维持持续高温，降低物料的含水率，有效地杀灭病原菌、寄生虫卵及幼虫，达到无害化，同时清洁饲养环境，降低对水、土壤和空气等环境的污染程度，并减少对畜禽和人类健康的危害。而且，发酵后的粪便可作为优质生物有机肥料应用，达到资源化利用的目的。

本课题研究了集约化养殖的家畜粪便无公害处理的技术规范。该技术的示范目前仅进行适宜菌种的筛选，发酵环境的探索，进行了生产过程的示范。由于需要进行设备的购置、电力线路的改造，需要较大的投入，项目预算不予支持，因此，示范效益无法估算。但是，项目的实施，为今后试验示范区家畜粪便排泄物的无公害处理提供了示范基础，同时也为有机肥生产及农产品的有机绿色化提供了技术支撑。

15.1.3.5 显著提升区域草地水源涵养能力

课题实施区为农牧交错脆弱带，土地利用格局有森林、草地和农田。其中，森林位于山体阴坡及河滩地，农田位于山谷滩地。天然草地是试验示范区的主体植被类型，农牧、林牧土地矛盾十分突出，天然草地退化严重。区域天然草地主要以高寒草甸和高寒草原化草甸为主，植被盖度一般在95%以上。原生植被为针茅+羊茅—矮嵩草群落，一般可以分为上下片层，上层以异针茅、羊茅、紫羊茅等为优势种群，下层草本以矮嵩草为优势，伴生种类主要有美丽风毛菊、钉柱委陵菜、米口袋等为主，其干草产量为2670kg/hm^2，可食牧草比例约为1/2（1335kg/hm^2），处于该阶段的草地其水资源涵养强度为1888.29t/hm^2（徐翠等，2013）。重度退化高寒草甸的植物优势种群以火绒草、美丽风毛菊和西北利亚蓼等，植被盖度约为 30%，其干草产量为 952kg/hm^2，可食牧草比例降低约为 1/3（317kg/hm^2），其水源涵养强度降低到 1360. 04t/hm^2，退化高寒草地恢复为正常草地，其水源涵养增储潜力为 528. 25t/hm^2。

课题示范区以玉米为主栽品种的人工饲草地建植，其干草产量为 8221. 1kg/hm^2，相当于正常天然草地可食产草量的 9. 23 倍，重度退化草地的 25. 9 倍。也就是说，建植 1hm^{2}玉米人工草地，可使得 25. 9hm^{2}退化草地得以休养生息，其恢复到正常天然草地，其水资源涵养的增储潜力增加 19967t/hm^2。而以燕麦为主栽品种的人工饲草地建植，其干草产量为 6600kg/hm^2，相当于正常天然草地产草量的 4. 94 倍和重度退化草地的 20. 8 倍，即建植 1hm^{2}燕麦人工草地，可使得 20. 8hm^{2}退化草地得以休养生息；恢复到正常天然草地后，其水资源涵养的增储潜力增加 10987t/hm^2。示范区内核心推广 40hm^2（约合 600 亩），相当于保护天然草地 800hm^2（约合 12000 亩），和试验区内天然草地面积大致相当。通过燕麦饲草资源置换模式推广，研究区域内高寒草地土壤水源涵养增量为 3. 96×10^{5}t。用影子工程价格代替水价，即以全国水库建设投资测算的每建设 1m^{3}库容需投入成本费为 5. 714 元，则研究区域内通过建设高效人工燕麦饲草基地资源置换出的天然草地涵养水源的总价值为 2. 26×10^{6}元。

15. 1. 4 山地旱坡植被保育综合成效分析

15. 1. 4. 1 山地旱坡植被保育初见成效

通过采取围栏保护、布种补植等措施，在小流域试验示范区内山地旱坡植被的保育研究与示范工作取得了一定的初步成效，证明利用封育措施可以起到有效保护与改善山地旱坡植被的作用。

其一，有助于提高山地旱坡地表植被的群落总盖度。通过建立网围栏的保育措施，使山地旱坡植被的群落总盖度有所增加，从 2012 年的 56. 0%提高到 2014 年的 61. 0%，增长率为 8. 93%。依据生态学观点，植被盖度的增加会增强地表植被的水源涵养能力。虽然在课题实施期间山地旱坡植被群落总盖度的增长幅度有限，但也必然会在增强其水源涵养能力方面起到一定的积极作用。

其二，有助于提升山地旱坡地表植被的稳定性。通过网围栏封育保护措施的实施，使群落构成物种的数量有所增加，从 2012 年的 15 种提高到 2014 年的 19 种，增长率为 26. 67%。根据群落样方调查数据，虽然封育后会导致群落构成物种分盖度和重要值的变化，但不会对群落的主体优势构建物种产生显著影响，而群落构成物种数量的增加则有益于进一步增强群落的稳定性。

其三，一定程度上改善了山地旱坡地表植被的经济产能。课题实施过程中，于 2012 年 9 月通过种子播种方式，成功实现唐古特大黄的生态抚育。根据调查，唐古特大黄当年存活穴数占到总穴播数量的 67%，出苗穴数中调查的出苗率为 47%，总出苗率为 31. 49%。调查结果显示，播种当年（2012 年）每穴平均生长有唐古特大黄 9. 4 株，平均叶片数为 1. 7 片，平均株高为 5. 8cm，平均根长达到 6. 2cm；到 2014 年时，存活唐古特大黄的平均叶片数增加至3.3片，平均盖度为0.09%。这表明，唐古特大黄在山地旱坡生境中也基本可以正常生长，属于适宜在旱坡植被类型中进行生态抚育的物种之一。该物种的成功抚育，将在一定程度上提高现有山地旱坡植被的经济产能，间接起到调动农牧民群众保护天然植被积极性和主动性的作用。

由此可见，采用封育手段应该是进行山地旱坡天然植被保护的有效途径之一。

15.1.4.2 旱坡裸地植被恢复成效明显

在课题实施过程中，利用当地平整原有取土坑时形成的旱坡裸地，采用补播草种及喷洒保水剂等技术措施，进行了旱坡裸地的尝试性植被恢复工作，虽然实施周期仅有2年时间，也取得了较为显著的实际效果。

其一，旱坡裸地恢复后的地表植被盖度迅速提高。根据样方调查结果，在进行旱坡裸地植被恢复的当年（2013年），虽然群落的构成物种仅有实施补播的草地早熟禾和短芒披碱草2个种，但裸地恢复植被的群落总盖度平均达到了38.3%的较高水平，约为周边原生植被平均总盖度（56.0%）的68.39%，最高群落盖度样方点的群落盖度（45.0%）已接近于周边原生植被平均总盖度的80.36%；植被恢复次年（2014年），裸地恢复植被的群落总盖度平均达到了44.3%的水平，约为周边原生植被平均总盖度（61.0%）的72.62%，最高群落盖度样方点的群落盖度（48.0%）已接近于周边原生植被平均总盖度的78.69%。由此可见，采用相应技术措施，有望在短期内实现裸地植被恢复的预期目标，仅2年时间就使旱坡裸地的植被群落盖度达到接近于周边原生植被盖度的八成水平。旱坡裸地植被的迅速恢复，不仅可以明显降低旱坡裸地水土流失程度，还可以起到改善和增强区域水源涵养能力的作用。

其二，具有较好稳定性的群落结构迅速形成。旱坡裸地植被恢复当年（2013年）地表植被盖度的迅速提高，促进了后续植物种类的进入和群落稳定性的提升。根据样方调查，旱坡裸地植被恢复次年（2014年），恢复植被群落的构成物种数就由2013年的2种迅速增加到20余种（3个样方的平均值为23.67种），并且初步形成较为合理的群落结构。依据生态学观点，这将使旱坡裸地恢复植被的群落稳定性得以明显增强，为恢复植被后期的健康发展奠定良好基础，也必然会对增强恢复区域的水源涵养能力发挥积极作用。

由此可见，采用人工辅助措施的旱坡裸地植被恢复工作，可以在较短时间内取得较为显著的良好效果，值得在祁连县乃至整个祁连山地区进行推广应用。

15.2 存在问题分析

15.2.1 优化组合林地生态系统构建方面

通过课题组成员的积极努力，在优化生态系统构建的实施过程中，虽然取得一些可喜成绩，但也存在某些缺憾，暴露出一些值得注意的问题。出现的主要问题进行汇总并简述于后，预期能为后续类似工作的顺利开展提供有益参考。

（1）首期栽植青海云杉幼苗死亡率偏高

在课题实施初期，为尽早获得课题实施的整体可视效果，在林地建植时采用了一次性布局、同步全面栽植的运作方式。受课题经费到位较晚、实际启动栽植时间偏晚、首期预算投资强度不足、河滩恶劣生境造林经验不足等诸多因素的影响，2012 年造林植苗过程中，除生态防护林建植时使用了株高较大的青海云杉幼苗植株外，在生态经济林和生态景观林建植时利用了株高明显偏小的青海云杉幼苗，最终结果是当年的青海云杉幼苗死亡率高达 30%以上，未达到通常要求的 85%成活率的技术指标。

在随后的实施过程中，在总结失利原因并请教经验丰富相关专家的基础上，利用株高达到 1.5m 以上青海云杉幼苗、拣除大卵石、多石树坑底部垫土等操作措施，对生态经济林和生态景观林补植了青海云杉幼苗，对造林成活率偏低问题进行了及时补救，样方监测成活率达到 100%，最终达到造林成活率的建设要求。

上述事实表明，在河滩生境中造林时，一定要采用株高较大（以 2m 左右为宜）的青海云杉幼苗，同时需采取清除树坑内的较大卵石、多石树坑底部填土等辅助措施，才能保证最终获得较为理想的造林成活率。

（2）整体综合效益未能得到充分显现

通过 3 年时间的持续努力，已基本上成功地构建起包括生态防护林、生态经济林和生态景观林在内的优化组合生态系统类型的基本框架，也整体呈现出良好的生长势头。

根据前述章节中相关样方监测数据的整理、总结和分析，伴随栽植植物种类的持续生长发育，不同类型的优化组合生态系统均具有发挥各自生态服务功能的潜力。但由于课题实施周期明显偏短，加之在青海高原生境条件下植物生长发育相对较为缓慢等方面的现实，这些生态系统类型目前尚无法真正显现出其潜在的生态服务功能和效应。例如，植株相对较小的生态防护林尚无法抵御较大水流的冲击；生态经济林中栽植的沙棘和多种资源植物种类，达到成熟收获期尚需时日，还无法真正形成这些资源种类实实在在的经济效益。

因此，今后在同类地区进行优化组合生态系统营造时，需要提供更长的实际培育周期，以保证最终的实际成效。

（3）优化组合生态系统构建模式有待完善

结合实地观察，通过咨询相关专家意见和认真的分析讨论，目前的优化组合生态系统构建模式还有一些可考虑进一步完善的方面。在此，将生态经济林和生态景观林构建模式可能存在的不足之处进行总结与汇报，预期能为今后的相关工作提供有借鉴意义的参考依据。

其一，乔木和灌木层的建植密度似乎有些偏高。营造生态经济林和生态景观林时，为获得更为良好的感官视觉效果，采用了较为密集的株间距（参见图 11-7，图 11-11）。随着林地乔木和灌木植物的持续生长发育，可能会导致出现植株偏密的现象，并引发一些可能出现的不良影响。密度较大的青海云杉成型后，可能会形成较强的林下遮阴作用，伴随青海云杉的近距离生化他感作用，可能会影响到沙棘的正常生长发育和果实产量，同样也会对金露梅的正常生长发育和景观效果产生一定的不良影响。此外，密集生长的乔灌层植物，也会对特色生物资源种类的生长发育带来负面影响。因此，建议今后的同类优化组合生态系统构建过程中，将乔木和灌木之间的株间距扩大到 3m 以上，生态经济林中的乔灌层株间距似乎可选择更大株间距，这样就可能会获得更好的营建效果。

其二，群落构成物种略显单调。受实施周期短、种源获取途径不畅等因素的影响，在生态经济林中仅仅引入沙棘作为灌木层植物，在生态景观林中也仅仅以金露梅作为主体架构灌木植物，生态系统中的物种构成显得有些单调。按照最初设想，曾计划在生态经济林中添加悬钩子等具有不同用途的资源物种，在生态景观林中增加银露梅等花色各异的景观物种，但均由于短时间内无法获得相应种源而被迫放弃。建议今后在建植优化组合生态系统的构成中，应考虑多物种组合方式，努力构建以多物种作为群落骨架结构的生态经济林和生态景观林，这可以起到提高生态系统构成的多样性、增强群落结构稳定性、多途径实现其潜在效益等方面的作用。

15.2.2　资源生态抚育方面

在课题实施过程中，虽然成功地实现了部分特色生物资源种类生态抚育，也初步构建形成了特色生物资源种类生态抚育的技术模式，但就实施情况来看，尚存在以下主要问题。

（1）资源种类的最终抚育效果尚待验证

仅就短时间（2012 ~2014 年间）生长期的存活率和资源种类的生长发育情况来看，有 8 种资源种类的生态抚育已获得初步成功。但是，对这些资源种类的最终抚育效果尚需要进一步的跟踪认定。例如，后续是否能够正常的生长发育并完成生活史周期？成熟后的资源产物能否符合相应的质量保证？这些均有待于进一步的继续继续观测。因此，在安排进行特色生物资源种类生态抚育工作的时候，应当根据抚育资源种类的生物学特性，满足必要的实施周期。

（2）抚育资源种类的数量和范围偏小

受课题经费与实施期限的制约，本课题在实施过程中，主要关注了生态经济林生境内特色生物资源种类的生态抚育问题，仅在试验示范区山地旱坡和祁连县的个别地区，进行了个别特色生物资源种类生态抚育的外延工作。就祁连山地区而言，存在多样化的自然生态系统和生境条件，如果希望特色生物资源种类的生态抚育工作取得较为理想的实施效果，就应当结合不同的生态系统类型，在更加广阔的地域范围内，开展更多资源种类生态抚育的研究示范工作。

15.2.3　农牧耦合生产体系构建方面

根据目前的实施情况，在充分利用部分原有基础设施（奶牛养殖场和农田耕地）并补充完善相关环节（饲草引进、饲草青贮和畜粪无害化处理等）的基础上，虽然已在试验示范区初步建成农牧耦合的生态型生产体系，但也存在下列主要问题。

（1）研究区域内作物种植格局的改变仍然较为缓慢

在农田承包到户的情况下，饲草种植主要依赖于农民群众的自发行为。由于项目的辐射作用较为有限，而农民的自发行为多受市场经济的短时调节，缺乏长期性、持续性和远见性，导致试验示范区范围内的作物种植格局改变有限。因此，要加速种植制度的深入改革和种植结构的深入调整，需要多层次的政策导向和全方位的科普培训。另外，政府可导向组建相应的合作社、协会等配套机构，以应对市场经济的瞬时波动，促使区域种植结构的有序、平稳、科学的推进。

（2）青贮饲草品质提高不明显

究其潜在原因，可能是发酵添加剂的选择不够理想。据文献报道，乳酸菌一般多作为高寒地区的青贮饲草添加剂，而且效果较好。建议后续项目在高寒高海拔地区采用乳酸菌作为发酵添加剂制作高品质青贮饲草。青贮饲料的制作多为人工操作，既耗时耗力，也不利于饲草品质的保证和技术体系的规范。因此，建议在政府引导下，相关科研机构和地方公司进行联合研发，构建机械化程度高的高寒地区拉伸膜裹包青贮作业流程。

（3）家畜养殖粪便的收集不够规范

家畜养殖小区管理不规范，导致牛粪清理时秸秆及杂物等很难清除，对脱水处理影响较大，进而降低了有机肥生产效率和质量。建议：①规范养殖技术。在养殖小区建设初期，要严格按照建设标准布置牛场，并规范日常管理，做到饲料不进栏，粪尿不外撒。养成良好的卫生管理习惯也有利于人、畜等健康；②加大培训力度。结合有关项目的实施，加大对农牧民的技术培训，特别是具体操作工人的培训，提升技术人员的技能水平，以促进企业整体良好发展。

15.2.4 山地旱坡植被保育方面

通过课题实施，在山地旱坡植被封育保护、山地旱坡裸地植被恢复等方面取得了较为满意的实施效果，为相关后续工作的深入开展积累了一定的可借鉴之处。作为探索性的试验项目，也存在下列主要问题。

（1）实际效果尚需进一步验证

在山地旱坡植被保育过程中，采用了围栏封育为主，适当补播植物为辅的技术手段，也取得保护区域植被群落盖度提高、群落构成物种数量增加、群落稳定性增强、水源涵养能力提升等方面的样地观测效果。但是，由于课题实施周期明显偏短，通过样方观测获得的一些主要结果，只能作为短期表象的总结分析，最终的实施效果还需要进一步的科学验证，许多相关的科学问题也有待于深入探索。例如，继续封育是否会进一步提高旱坡植被的群落盖度？仅仅利用封育措施的群落盖度阈值何在？引入物种生长发育到一定阶段后是否会对原有植被群落结构产生明显影响？这些众多问题，都需要在进一步深入研究的基础上才能得到科学的验证。

（2）旱坡资源生态抚育技术尚需完善

课题实施的早期阶段，曾结合山地旱坡的自然环境条件，选择可能适用于在山地旱坡生境条件下进行繁育的唐古特大黄、抱茎獐牙菜、唐古特山莨菪和柠条等植物种类，尝试通过种子繁育方式进行了这些植物资源物种的生态抚育工作。就实施效果而言，仅有唐古特大黄的生态抚育获得成功，柠条、抱茎獐牙菜和唐古特山莨菪等其他抚育目标植物种类则未能实现通过种子进行抚育。造成这些资源植物生态抚育失利的成因，可能涉及旱坡生境相对干旱、土壤贫瘠、栽植措施存在不足（如播种时及时补水）等多方面因素。因此，要成功实现山地旱坡特色生物资源种类的生态抚育，尚需在深入开展相关研究工作的基础上，结合山地旱坡的生境特点和抚育目标资源种类的生物学特性，进一步完善资源物种生态抚育的技术体系。

（3）保水剂使用值得深入探究

根据相关资料介绍，W-OH 高分子化学固土材料与沙土有着很好的附着力，形成多孔结构的固结层，又具有较好的植生功能。W-OH 与沙土颗粒可形成黏结性能良好的弹性固化体，具有高度的耐久性、抗压（拉）性能、抗紫外线及保水性能，抗压强度 1kg/cm^{2}以上，抗拉强度 0.6kg/cm^{2}以上。因此，W-OH 特别适合在裸露的地表上防治水土流失。

在进行旱坡裸地植被恢复的过程中，采用了喷洒保水剂并进行人工补植草种的技术措施，也在较短时间内获得较为理想的地表植被恢复成效。但通过样方监测结果，也发现了一些值得关注的现象。例如，植被恢复初期（2013 年），保水剂施用区补播草种的出苗株数和盖度均低于对照区，但恢复次年（2014 年）保水剂施用区的群落总盖度和群落构成物种数却明显高于对照区。造成这种现象的内在原因何在？机理何在？保水剂的作用到底如何？这些都是有待揭晓的关键问题。因此，有必要在继续试验监测的基础上，深入探讨并揭示使用 W-OH 保水剂的内在特点和基本规律，完善、建立相应的技术体系。

15.3　后续工作建议

根据小流域试验示范区和祁连山地区未来区域经济社会发展的实际需求，结合课题整体进展情况和今后的可能发展趋势，建议能对下列后续相关工作的深入开展予以相应的关注和重视。

（1）特色经济植物资源的生态抚育

根据前述分析，通过特色植物资源种类的生态抚育，具有明显增强自然生态系统的经济潜能、为基层农牧民群众开辟新的创收途径、充分调动农牧民群众保护与建设区域生态环境积极性等方面的作用。此外，还有可能在发展到一定规模时，演变成为祁连县乃至整个祁连山地区的新兴产业类型之一。因此，建议继续关注特色植物资源的生态抚育工作。

结合在祁连山地区大规模推广资源植物生态抚育的客观需求，建议将后续工作的研究重点侧重于两个方面：①更多适宜物种的引进筛选；②在祁连县乃至整个祁连山地区的更大范围内进行特色植物资源种类的大规模生态抚育。

（2）优质高产饲草种植技术的推广应用

结合前述分析，优质高产饲草的种植，可以作为牲畜饲草料的重要补充，在直接促进舍饲畜牧业健康发展的同时，间接起到明显减缓天然草地放牧压力、促进生态环境保护的作用，具有良好的发展前景。祁连县属于牧业占据主导地位的县域，饲草种植业已形成一定发展规模，但存在种植饲草作物种类单调，而且存在种植品种多、乱、杂的现象，影响到饲草产量的提高。因此，在祁连山地区推广应用优质高产饲草种植技术，具有重要意义。

根据目前进展及未来需求，建议在祁连山地区加强优质高产饲草种植基地建设，后续工作重点侧重于以下方面：①青贮玉米种植的大面积推广；②祁连山地区优质高产饲草种植技术的多点大面积示范；③完善混播（燕麦+豆科作物）技术并扩大种植面积；④适生优质高产饲草作物品种选育。

（3）完善健全生态型闭合性农牧耦合生产体系

根据前述分析，农牧耦合优化生产体系具有闭合型、清洁型、资源节约型、高效性等方面的特点，在试验示范区的小流域范围内建立这样的农牧耦合生产体系，不仅可以明显提高区域农牧业的生产效益、增加农牧民经济收入，还可以减少污染物（畜粪）排放、化肥和农药施用而对区域生态环境造成不利影响，获得显著的生态效益、经济效益和社会效益。

针对课题实施过程中发现的青贮饲草品质提升效果不明显、畜粪无害化处理效率偏低等方面的问题，建议能够继续加强优质青贮饲草发酵添加剂的筛选、畜粪无害化优质发酵菌剂筛选、青贮饲草规模化生产、提升畜粪无害化处理效率、有机肥产业化生产等方面的工作，进一步优化完善初步形成的生态型农牧耦合生产体系。

参考文献

白瑜，陆宏芳，何江华，等. 2006. 基于能值方法的广东省农业系统分析［J］. 生态环境，15（1）：103-108.

蔡翠芳. 2008. 药用植物野生抚育的基础理论研究［J］. 农业与技术，28（1）：69-70.

蔡厚维. 1984. 祁连山的新构造运动［J］. 西北地质，4：25-29.

蔡井伟，陈世联. 2008. 随机粗糙度与粗相等［J］. 安庆师范学院学报（自然科学版），14（2）：21-23.

曹广民，龙瑞军. 2009. 三江源区“黑土滩”型退化草地自然恢复的瓶颈及解决途径［J］. 草地学报，17（1）：4-9.

曹广民，吴琴，李东，等. 2004. 土壤—牧草氮素供需状况变化对高寒草甸植被演替与草地退化的影响［J］. 生态学杂志，23（6）：25-28.

曹广民，张金霞，鲍新奎，等. 1999. 高寒草甸生态系统磷素循环［J］. 生态学报，19（4）：514-518.

曹永生，方沩. 2010. 国家农作物种质资源平台的建立和应用［J］. 生物多样性，18（5）：454-460.

陈桂琛，陈孝全，苟新京. 2008. 青海湖流域生态环境保护与修复［M］. 西宁：青海人民出版社.

陈桂琛，卢学峰，周国英，等. 2005. 椭圆叶花锚的引种栽培［J］. 云南植物研究，26（6）：678-682.

陈桂琛，彭敏，黄荣福，等. 1994. 祁连山地区植被特征及其分布规律［J］. 植物学报，36（1）：63-72.

陈桂琛，彭敏. 1993. 青海湖地区植被及其分布规律［J］. 植物生态学与地植物学学报，17（1）：71-81.

陈桂琛，周国英，孙菁，等. 2006. 梭罗草在青藏铁路取土场植被恢复中的应用研究［J］. 冰川冻土，28（4）：506-511.

陈隆亨，曲耀光，陈荷生，等. 1992. 河西地区水土资源及其合理开发利用［M］. 北京：科学出版社.

陈士林，魏建和，黄林芳，等. 2005. 中药材野生抚育的理论与实践探讨［J］. 中国中药杂志，29（12）：1123-1126.

陈士林，肖诗鹰，魏建和，等. 2006. 川贝母野生抚育—中药材可持续利用模式研究［J］. 亚太传统医药，2：72-75.

陈士林，2011. 中国药材产地生态适宜性区划［M］. 北京：科学出版社.

陈志国，周国英，陈桂琛，等. 2006. 青藏铁路格唐段高海拔地区植被恢复研究——I 高寒草原植被现状与恢复基本途径探讨［J］. 安徽农业科学，34（23）：6283-6285.

程序. 2001. 西北黄土高原区农业与生态恶化及恢复重建的关系［J］. 中国农业科学，34（1）：84-90.

程瑛，徐殿祥，郭铌. 2008. 近 20 年来祁连山区植被变化特征分析［J］. 干旱区研究，25（6）：772-777.

董孝斌，高旺盛，隋鹏，等. 2006. 北方农牧交错带典型农户系统的能值分析［J］. 干旱区资源与环境，20（4）：78-82.

董孝斌，高旺盛，严茂超. 2004. 黄土高原典型流域农业生态系统生产力的能值分析——以安塞县纸坊沟流域为例［J］. 地理学报，59（2）：223-229.
董孝斌，高旺盛，严茂超. 2005. 基于能值理论的农牧交错带两个典型县域生态经济系统的耦合效应分析［J］. 农业工程学报，21（11）：1-6.
董旭，张胜邦，张更权. 2007. 青海祁连山自然保护区科学考察集［M］. 北京：中国林业出版社.
杜铁瑛. 2002. 青海草地生态环境治理与草地畜牧业可持续发展［J］. 青海草业，1：10-15.
杜岩功，梁东营，曹广民，等. 2008. 放牧强度对嵩草草甸草毡表层及草地营养和水分利用的影响［J］. 17（1）：146-150.
段丽杰. 2005. 养殖场家畜粪便减量化处理的研究［D］. 长春：东北师范大学.
冯宗炜，冯兆忠. 2004. 青海湖流域主要生态环境问题及防治对策［J］. 生态环境，13（4）：467-469.
高成德，余新晓. 2000. 水源涵养林研究综述［J］. 北京林业大学学报，22（5）：78-82.
龚子同，等. 1999. 中国土壤系统分类理论. 方法. 实践［M］. 北京：科学出版社.
郝慧梅，任志远. 2006. 北方农牧交错带县域经济可持续发展模式实证研究-以固阳县为例［J］. 干旱地区农业研究，24（3）：134-137.
何东宁，王占林，张洪勋. 1991. 青海乐都地区森林涵养水源效能研究［J］. 植物生态学报与地植物学学报，15（1）：71-78.
洪绂曾. 2009. 饲草生产是国家食物安全与生态安全的重要保障［J］. 草业科学，26（7）：2-3.
侯扶江，肖金玉，南志标. 2002. 黄土高原退耕地的生态恢复［J］. 应用生态学报，13（8）：923-929.
黄金廷，侯光才，陶正平，等. 2008. 鄂尔多斯高原植被生态分区及其水文地质意义［J］. 地质通报，27（8）：1330-1334.
黄湘，陈亚宁，马建新. 2011. 西北干旱区典型流域生态系统服务价值变化［J］. 自然资源学报，26（8）：1364-1376.
黄奕龙，陈利顶，傅伯杰，等. 2003. 黄土丘陵小流域地形和土地利用对土壤水分时空格局的影响［J］. 第四纪研究，23（3）：334-342.
黄奕龙，傅伯杰，陈利顶. 2003. 生态水文过程研究进展［J］. 生态学报，23（3）：580-587.
金松桥，朱伟元，左国朝. 1985. 祁连山区晚古生代古地理变迁［J］. 石油实验地质，7（1）：38-45.
赖敏，吴绍洪，戴尔阜，等. 2013. 三江源区生态系统服务间接使用价值评估［J］. 自然资源学报，28（1）：38-50.
蓝盛芳，钦佩. 2001. 生态系统的能值分析［J］. 应用生态学报，12（1）：129-131.
雷明德. 1999. 陕西植被［M］. 北京：科学出版社.
李代琼，黄瑾，姜峻，等. 2003. 半干旱黄土丘陵区沙棘优良品种引种栽培试验研究［J］. 国际沙棘研究与开发，1（2）：23-27.
李隆云，卫莹芳. 2002. 中国中药种质资源的保存与评价研究［J］. 中国中药杂志，27（9）：641-645.
李青丰. 2002. 草地畜牧业生产方式调整和生态环境治理对策［J］. 草业科学，19（9）：39-44.
李西文，陈士林. 2007. 药用植物野生抚育生理生态学研究概论［J］. 中国中药杂志，32（4）：11-14.
李西文，陈士林. 2007. 药用植物野生抚育生理生态学研究概论［J］. 中国中药杂志，32（14）：1388-1392.
李妍彬，田至美. 2007. 北京山区小流域治理措施综述［J］. 环境科学与管理，32（2）：101-102.
林慧龙，肖金玉，侯扶江. 2004. 河西走廊山地—荒漠—绿洲复合生态系统耦合模式及耦合宏观经济价值分析——以肃南山地—张掖北山地区荒漠—临泽绿洲为例［J］. 生态学报，24（5）：965-971.
刘昌明，孙睿. 1999. 水循环的生态学方面：土壤—植被—大气系统水分能量平衡研究进展［J］. 水科学进展，10（3）：251-259.

刘光生. 2009. 长江源多年冻土区沼泽及高寒草甸水热过程及其对气候变化的响应 [D]. 兰州：兰州大学.

刘进琪，王一博，程慧艳. 2007. 青海湖区生态环境变化及其成因分析 [J]. 干旱区资源与环境，21 (1)：32-37.

刘尚武. 1996. 青海植物志 [M]. 西宁：青海人民出版社.

刘小凤，肖丽珠，梅秀萍，等. 2005. 祁连山地震带地震活动特征及序列类型 [J]. 西北地震学报，27 (1)：56-60.

刘钟龄，王炜. 2002. 内蒙古草原退化与恢复演替机理的探讨 [J]. 干旱区资源与环境，16 (1)：84-91.

刘自强，王德平，李静，等. 2007. 干旱半干旱地区城郊农业生态系统的能值分析与优化发展 [J]. 干旱区地理，30 (5)：721-727.

龙瑞军. 2007. 青藏高原草地生态系统之服务功能 [J]. 科技导报，25 (9)：26-28.

鲁守平，隋新霞，孙群，等. 2007. 药用植物次生代谢的生物学作用及生态环境因子的影响 [J]. 天然产物研究与开发，18 (6)：1027-1032.

陆宏芳，沈善瑞，陈洁，等. 2005. 生态经济系统的一种整合评价方法：能值理论与分析方法 [J]. 生态环境，14 (1)：121-126.

吕彪，秦嘉海. 2003. 河西走廊内陆盐渍土治理复合生物系统研究 [J]. 干旱区研究，20 (1)：72-75.

马世震，陈桂琛，彭敏，等. 2004. 青藏公路取土场高寒草原植被的恢复进程 [J]. 中国环境科学，24 (2)：188-191.

孟好军，刘贤德，王顺利. 2005. 祁连山区沙棘人工林生态经济效益分析 [J]. 干旱区资源与环境，19 (3)：189-194.

牛海山，李香真. 1999. 放牧率对土壤饱和导水率及其空间变异的影响 [J]. 草地学报，7 (3)：211-216.

牛赟，敬文茂. 2008. 祁连山北坡主要植被下土壤异质性研究 [J]. 水土保持研究，15 (4)：258-263.

潘晓玲，马映军，顾峰雪. 2003. 中国西部干旱区生态环境演变与调控研究进展与展望 [J]. 地球科学进展，18 (1)：50-57.

彭珂珊. 2006. 我国西北干旱地区耕作技术分析 [J]. 青海师专学报，26 (1)：24-28.

彭敏，陈桂琛，黄荣福. 1997. 青藏高原高寒植被的若干理论问题 [J]. 高原生物学集刊，13：97-106.

彭敏，陈桂琛. 1993. 青海湖地区植被演变趋势的研究 [J]. 植物生态学与地植物学学报，17 (3)：217-223.

彭敏，叶润蓉，孙菁，等. 2002. 藏药材资源持续利用之我见 [J]. 青海科技，4：11-14.

彭敏，赵京，陈桂琛. 1989. 青海省东部地区的自然植被 [J]. 植物生态学与地植物学学报，13 (3)：250-257.

彭敏. 2007. 青海主要药用野生植物资源分布规律及保护利用对策 [M]. 西宁：青海人民出版社.

祁栋林，李甫，肖建设，等. 2016. 近53a来祁连山南北坡潜在蒸发量及地表湿润度变化趋势分析 [J]. 干旱气象，34 (1)：26~33.

青海省农业资源区划办公室. 1997. 青海土壤 [M]. 北京：中国农业出版社.

青海省地方志编纂委员会. 1995. 青海省志：自然地理志 [M]. 合肥：黄山书社.

任继周，葛文华，张自和. 1989. 草地畜牧业的出路在于建立草业系统 [J]. 草业科学，6 (5)：1-3.

任继周，贺达汉. 1995. 荒漠—绿洲草地农业系统的耦合与模型 [J]. 草业学报，4 (2)：11-19.

任继周，林慧龙. 2009. 农区种草是改进农业系统，保证粮食安全的重大步骤 [J]. 草业学报，18 (5)：1-9.

任继周，万长贵. 1994. 系统耦合与荒漠—绿洲草地农业系统——以祁连山—临泽剖面为例［J］. 草业学报，3（3）：1-8.

任继周，朱兴运. 1995. 中国河西走廊草地农业的基本格局和它的系统相悖：草原退化的机理初探［J］. 草业学报，4（1）：69-79.

戎郁萍，韩建国. 2001. 放牧强度对草地土壤理化性质的影响［J］. 中国草地，23（4）：41-47.

石培礼，李文华. 2001. 森林植被变化对水文过程和径流的影响效应［J］. 自然资源学报，16（5）：481-487.

史德宽. 1999. 农牧交错带在持续发展战略中的特殊地位［J］. 草地学报，7（1）：17-21.

苏永中，赵哈林. 2002. 退化沙质草地开垦和封育对土壤理化性状的影响［J］. 水土保持学报，16：5-8.

孙斌. 1994. 小流域综合治理着重考虑的几个问题［J］. 山西水土保持科技，(2)：24-25.

汤懋苍，许曼春. 1984. 祁连山区的气候变化［J］. 高原气象，3（4）：21~33.

陶曙红，吴凤锷. 2003. 生态环境对药用植物有效成分的影响［J］. 天然产物研究与开发，15（2）：174-177.

田风霞. 2011. 祁连山区青海云杉林生态水文过程研究［D］. 兰州：兰州大学.

铁生年，姜雄，汪长安. 2013. 沙漠化防治化学固沙材料研究进展［J］. 科技导报，31（5-6）：106-111.

万里强，李向林. 2002. 系统耦合及其对农业系统的作用［J］. 草业学报，11（3）：1-7.

王凤娇，上官周平. 2013. 水土保持生态自然修复与生态文明建设［J］. 中国水土保持科学，11（6）：119-124.

王根绪，李琪，程国栋，等. 2001. 40年来江河源区的气候变化特征及其生态环境效应［J］. 冰川冻土，23（4）：346-352.

王金亭. 1988. 青藏高原高山植被的初步研究［J］. 植物生态学与地植物学学报，12（2）：81-90.

王军德，王根绪，陈玲. 2006. 高寒草甸土壤水分的影响因子及其空间变异研究［J］. 冰川冻土，28（3）：428-433.

王礼先. 1998. 面向21世纪的山区流域经营［J］. 山地研究，16（1）：3-7.

王启基，景增春，王文颖，等. 1997. 青藏高原高寒草甸草地资源环境及可持续发展研究［J］. 青海草业，6（3）：1-11.

王荃，刘雪亚. 1976. 我国西部祁连山区的古海洋地壳及其大地构造意义［J］. 地质科学，1：42-55.

王如松. 2003. 资源，环境与产业转型的复合生态管理［J］. 系统工程理论与实践，2（2）：126-138.

王闰平，荣湘民. 2008. 山西省农业生态经济系统能值分析［J］. 应用生态学报，19（10）：2259-2264.

王生耀，王堃. 2006. 青海草地农业生态系统内系统耦合性分析［J］. 草业与畜牧，7：5-6.

王一博，王根绪，沈永平，等. 2005. 青藏高原高寒区草地生态环境系统退化研究［J］. 冰川冻土，27（5）：633-640.

魏春海，李瑾焕，赵凤游，等. 1978. 中国祁连山地质构造的基本特征［J］. 地质学报，2：95-105.

魏强，王芳，陈文业，等. 2010. 黄河上游玛曲不同退化程度高寒草地土壤物理特性研究［J］. 水土保持通报，30（5）：16-21.

魏永胜，梁宗锁，山仑. 2004. 草地退化的水分因素［J］. 草业科学，21（10）：13-18.

吴征镒. 1987. 云南植被［M］. 北京：科学出版社.

吴征镒. 1983. 中国植被［M］. 北京：科学出版社.

武正丽，贾文雄，刘亚荣，等. 2014. 近10年来祁连山植被覆盖变化研究［J］. 干旱区研究，31（1）：80-87.

向鼎璞. 1982. 祁连山地质构造特征［J］. 地质科学（4）：364-370.

谢高地，鲁春霞，冷允法，等. 2003. 青藏高原生态资产的价值评估［J］. 自然资源学报，18（2）：189-196.
熊毅，李庆逵. 1987. 中国土壤［M］. 北京：科学出版社.
徐翠，张林波，杜加强，等. 2013. 三江源区高寒草甸退化对土壤水源涵养功能的影响［J］. 生态学报，33（8）：2388-2399.
许仲林. 2011. 祁连山青海云杉林地上生物量潜在碳储呈估算［D］. 兰州：兰州大学.
杨富裕，张蕴薇，苗彦军，等. 2003. 藏北高寒退化草地植被恢复过程的障碍因子初探［J］. 水土保持通报，23（4）：17-20.
于贵瑞，谢高地，王秋凤，等. 2002. 西部地区植被恢复重建中几个问题的思考［J］. 自然资源学报，17（2）：216-220.
袁建平，蒋定生，甘淑. 2000. 不同治理度下小流域正态整体模型试验——林草措施对小流域径流泥沙的影响［J］. 自然资源学报，15（1）：91-96.
袁榴艳，杨改河，冯永忠. 2007. 干旱区生态与经济系统耦合发展模式评判［J］. 西北农林科技大学学报（自然科学版），35（11）：41-47.
张宝琛. 2003. 国家藏药发展战略研究报告［M］. 成都：四川科学技术出版社.
张渤，张凯，张华. 2003. 干旱区农牧结构优化模式探讨［J］. 干旱地区农业研究，21（2）：133-137.
张殿发，卞建民. 2000. 中国北方农牧交错区土地荒漠化的环境脆弱性机制分析［J］. 干旱区地理，23（2）：133-137.
张建国，段爱国，张俊佩，等. 2007. 不同品种大果沙棘种子特性研究［J］. 林业科学研究，19（6）：700-705.
张金霞，曹广民. 1999. 高寒草甸生态系统氮素循环［J］. 生态学报，19（4）：509-512.
张琳，德科加. 2007. 青藏高原特种青贮牧草的品质评定试验［J］. 青海畜牧兽医杂志，37（1）：15-16.
张希彪. 2007. 基于能值分析的甘肃农业生态经济系统发展态势及可持续发展对策［J］. 干旱地区农业研究，25（5）：165-171.
张新时. 1978. 西藏植被的高原地带性［J］. 植物学报，20（2）：140-149.
张耀生，赵新全，周兴民. 2000. 青海省草地畜牧业可持续发展战略与对策［J］. 自然资源学报，15（4）：328-334.
张忠孝. 2004. 青海地理［M］. 西宁：青海人民出版社.
张自和. 2001. 西藏高寒草地畜牧业的意义，问题与发展建议［J］. 草业科学，18（6）：1-5.
赵爱军. 2005. 小流域综合治理模式研究［D］. 武汉：华中农业大学.
赵同谦，欧阳志云，贾良清，等. 2004. 中国草地生态系统服务功能间接价值评价［J］. 生态学报，24（6）：1101-1110.
赵欣欣，于运国，崔克艳. 2010. 玉米种子纯度室内检验方法的研究现状与应用展望［J］. 种子科技，1：24-27.
赵新全，张耀生，周兴民. 2000. 高寒草甸畜牧业可持续发展：理论与实践［J］. 资源科学，22（4）：50-61.
郑度，张荣祖，杨勤业. 1979. 西藏植被的高原地带性［J］. 地理学报，34（1）：1-11.
郑杰. 2011. 青海自然保护区研究［M］. 西宁：青海人民出版社.
中国科学院内蒙古宁夏综合考察队. 1985. 内蒙古植被［M］. 北京：科学出版社.
中国科学院青藏高原综合科学考察队. 1988. 西藏植被［M］. 北京：科学出版社.
中国植物志编辑委员会. 2004. 中国植物志［M］. 北京：科学出版社.

《中国资源科学百科全书》编辑委员会. 2000. 中国资源科学百科全书［M］. 北京：中国大百科全书出版社.

周国英，陈孝全，苟新京. 2012. 河湟地区生态环境保护与可持续发展［M］. 西宁：青海人民出版社.

周立华. 1990. 青海省植被图（1∶1000000）［M］. 北京：中国科学技术出版社.

周兴民，王质彬，杜庆. 1987. 青海植被［M］. 西宁：青海人民出版社.

祝志勇，季永华. 2001. 我国森林水文研究现状及发展趋势概述［J］. 江苏林业科技，28（2）：42-45.

Baird，Wilby. 1999. Eco-hydrology：plants and water in terrestrial and aquatic environments［M］. Psychology Press.

Brown M T，Vivas M B. 2005. Landscape development intensity index［J］. Environmental Monitoring and Assessment，101（1-3）：289-309.

Dobson A P，Bradshaw A D，Baker A J M. 1997. Hopes for the future：restoration ecology and conservation biology［J］. Science，277（5325）：515-522.

Hornbeck J W，Adams M B，Corbett E S，et al. 1993. Long-term impacts of forest treatments on water yield：a summary for northeastern USA［J］. Journal of Hydrology，150（2）：323-344.

Zalewski R. 1998. Metrologia techniczna konfrontacja czy współpraca z metrologią konsumencką［J］. Problemy Jakości，30：18-21.

附　件

附件一

高粱吉甜 5 号丰产栽培技术规范（DB63/T1284—2014）

1. 范围

本规范规定了高粱“吉甜 5 号”丰产栽培技术的种植区域、产量指标、播前准备与施肥、铺地膜、播种、田间管理、收获与青贮技术作了说明。

本规范适用于青海省各级种子、农业科研、教学、生产、农技推广部门对该品种的鉴别、检验、推广、收购和销售。

2. 规范性引用文件

下列文件对于本文件的应用是必不可少的。凡是注日期的引用文件，仅所注日期的版本适用于本文件。凡是不注日期的引用文件，其最新版本（包括所有的修改单）适用于本文件。

GB 4285　　农药安全使用标准

GB 4404. 1　　粮食作物种子第 1 部分：禾谷类

GB/T8321　　农药合理使用准则（所有部分）

DB63/T1257　　高粱吉甜 5 号

3. 产量指标

鲜重产量 75. 000~120. 000 吨/公顷（5000. 00~8000. 00 千克/亩）。

4. 栽培技术

（a）播前准备

忌连作，土壤秋深翻 20. 00 ~ 25. 00 厘米。每公顷施农家肥 30. 000 ~ 45. 000 吨（2000. 00~3000. 00 千克/亩），施纯氮 0. 140~0. 190 吨/公顷（9. 33~12. 67 千克/亩），施五氧化二磷 0. 105~0. 140 吨/公顷（7. 00~9. 33 千克/亩），氮磷比为 1：0. 75。耙磨，磨细、磨平，清除残茬，使土壤细碎、疏松，及时铺地膜。

（b）播种

i. 种子质量与种子处理

选择质量符合 GB 4404.1 的种子。播前选择晴天将种子晾晒 2~4 天。

ii. 播种期

日均温度稳定在 5.00℃，播种期从 4 月下旬~5 月上旬。

iii. 播种方法

海拔 2000 米以下地区行距 40.00 厘米，株距 30.00 厘米；海拔 2000~2300 米地区行距 30.00 厘米，株距 15.00~20.00 厘米；播种深度 3.00~4.00 厘米。

iv. 播种量

海拔 2000 米以下地区每公顷播种子 7.50 千克（0.50 千克/亩），每公顷 8.25 万穴（0.55 万株/亩）；海拔 2000~2300 米地区每公顷播种子 10.50~12.00 千克（0.70~0.80 千克/亩），每公顷 12.00 万~16.50 万穴（0.80 万~1.10 万株/亩），每穴种 3~6 粒。

（c）田间管理

i. 苗期管理

出苗 3~5 天，查看苗情、补种，及时间苗，每穴保留 1~2 个；分蘖初期进行第一次人工除草。

ii. 拔节期管理

6 月下旬~7 月上旬植株高度在 40.00 厘米左右，进行第二次除草，灌第一次水，灌水前每公顷追施纯氮 0.105~0.140 吨（7.00~9.33 千克/亩）。

iii. 拔节中后期管理

7 月下旬~8 月上旬植株高度 140.00~170.00 厘米，灌第二次水。海拔 2000 米以下地区，灌水前每公顷追施纯氮 0.050~0.070 吨（3.33~4.67 千克/亩）。

iv. 孕穗-抽穗期管理

8 月下旬~9 月初灌第三水。

（d）病虫害防治

蚜虫严重时，按照 GB/4285 和 GB/T8321 的要求选用高效、低毒、低残留的化学农药进行喷洒防治。

5. 收获

9 月下旬~10 月上旬初霜冻来临前收获，收获后及时拉运、粉碎，进入青贮池、青贮，做到随收、随运、随加工、随青贮。

附录 A
（资料性附录）
品种观察地点基本情况

A.1 地点：民和县马场垣乡马聚垣村

A.2 时间：2011 年

A.3 主要生态因素

海拔 1850 米，年温度 7.90℃，降水量 360.70 毫米，日平均气温稳定通过≥0℃的初日为3月1日，终日为10月20日，期间积温 3432.40℃；稳定通过≥10℃的初日为3月26日，终日为9月25日，期间积温 2752.70℃；无霜期为204天。土壤类型栗钙土，土壤有机质 2.500%，全氮 0.170%，全磷 0.250%，全钾 1.650%，速效氮 146.80 毫克/千克，速效磷 762.90 毫克/千克，速效钾 461.60 毫克/千克，pH 8.53。前茬玉米。灌溉良好。

附录B
（资料性附录）
生产能力情况

B.1 一般肥力条件鲜草产量

9月底收获，海拔 1850 米（民和）地区鲜草产量 120.000～126.000 吨/公顷（8000.00～8400.00 千克/亩）。2012年在民和县马场垣乡团结村种植 0.033 公顷（0.50亩），产量 124.710 吨/公顷（8313.9 千克/亩），

海拔 2100～2300 米地区，鲜草产量 60.000～84.000 吨/公顷（4000.00～5600.00 千克/亩），2012年湟中县田家寨镇李家台村种植 0.033 公顷（0.50 亩），产量 82.91 吨/公顷（5527.2 千克/亩）。

B.2 高肥力条件下鲜草产量

9月底收获，海拔 1850 米（民和）地区鲜草产量 126.000～129.000 吨/公顷（8400.00～8600.00 千克/亩），2011年在民和县马场垣乡马聚垣村种植 0.033 公顷（0.50亩），产量 128.920 吨/公顷（8594.90 千克/亩）。

海拔 2100～2300 米地区，鲜草产量 84.000～109.500 吨/公顷（5600.00～7300.00 千克/亩）。2011年在平安县中科院下红庄试验站种植 0.033 公顷（0.50 亩），产量 108.310 吨/公顷（7220.70 千克/亩），2012年在平安县小峡镇三十里铺村种植 0.033 公顷（0.50亩），产量 109.380 吨/公顷（7291.7 千克/亩）。

附件二

高寒牧区青贮玉米丰产栽培技术规范（送审稿）

1 范围

本规范规定了高寒牧区青贮玉米丰产栽培技术的种植区域、产量指标、播前准备与施肥、铺地膜、播种、田间管理、收获与青贮技术作了说明。

本规范适用于青海省各级种子、农业科研、教学、生产、农技推广部门对该品种的鉴别、检验、推广、收购和销售。

2 规范性引用文件

下列文件对于本文件的应用是必不可少的。凡是注日期的引用文件，仅所注日期的版本适用于本文件。凡是不注日期的引用文件，其最新版本（包括所有的修改单）适用于本文件。

GB 4285　　农药安全使用标准

GB 4404.1　　粮食作物种子第 1 部分：禾谷类

GB/T8321　　农药合理使用准则（所有部分）

3 产量指标

鲜重产量 60.000~90.000 吨/公顷（4000.00~6000.00 千克/亩）。

4 品种

金穗 3 号、中玉 9 号。

5 栽培技术

5.1 播前准备

忌连作，土壤秋深翻 20.00~25.00 厘米。每公顷施农家肥 30.000~45.000 吨（2000.00~3000.00 千克/亩），施纯氮 0.096~0.144 吨/公顷（6.40~9.60 千克/亩），施五氧化二磷 0.069~0.103 吨/公顷（4.60~6.90 千克/亩），氮磷比为 1：0.72。耙磨，磨细、磨平，清除残茬，使土壤细碎、疏松，及时铺地膜。

5.2　播种

5.2.1　种子质量与种子处理

选择质量符合 GB 4404.1 的种子。播前选择晴天将种子晾晒 1~2 天。

5.2.2　播种期

日均温度稳定在 5.00℃，播种期 5 月中旬。

5.2.3　播种方法

行距 30.00 厘米，株距 10.00~15 厘米；播种深度 3.00~4.00 厘米。

5.2.4　播种量

每公顷播种子 94.5~148.5 千克（6.30~9.90 千克/亩），每公顷 21.00 万~33 万穴（1.40 万~2.20 万株/亩）；每穴种 1~2 粒。

5.3　田间管理

5.3.1　苗期管理

出苗 3~5 天，查看苗情、补种；5 叶期进行第一次人工除草。

5.3.2　拔节期管理

7 月上旬进入拔节期，植株高度在 40.00~50 厘米，进行第二次除草，灌水；灌水前每公顷追施纯氮 0.069 吨（4.6 千克/亩）。

6　收获

8 月下旬玉米生长进入孕穗—抽穗期。初霜冻来临前收获，收获后及时拉运、粉碎，进入青贮池、青贮，做到随收、随运、随加工、随青贮。

附录 A
（资料性附录）
品种观察地点基本情况

A.1 地点：祁连县扎麻什乡河西村

A.2 时间：2013 年

A.3 主要生态因素

地理位置 E100° 7′，N38°6′，海拔 2700 米，年温度 1.0℃，降水量 391.9 毫米，日平均气温稳定通过≥0℃的初日为 5 月 10 日，终日为 8 月 29 日，期间积温 1400.00℃；稳定通过≥5℃的初日为 5 月 26 日，终日为 8 月 14 日，期间积温 900.00℃；无霜期为 110 天。土壤类型栗钙土，有机质 4.06%，全氮 0.05%，全磷 0.07%，全钾 0.91%，速效氮 131.41mg/kg，速效磷 6.07 mg/kg，速效钾 87.40 mg/kg，前茬燕麦。

附录 B
（资料性附录）
生产能力情况

A. 1 一般肥力条件鲜草产量

8 月底收获，鲜草产量 65. 990 ~ 71. 640 吨/公顷（4390. 00 ~ 4780. 00 千克/亩）。2013 种植 1. 97 公顷（7. 60 亩），产量 67. 810 吨/公顷（4520. 67 千克/亩）。

A. 2 高肥力条件下鲜草产量

8 月底收获，鲜草产量 81. 120 ~ 88. 890 吨/公顷（5408. 00 ~ 5926. 00 千克/亩）。2013 种植 0. 31 公顷（4. 7 亩），产量 84. 377 吨/公顷（5625. 15 千克/亩）。

附件三

唐古特大黄免耕法野生生态抚育生产标准操作规程（草案）

中药材生产质量管理规范（Good Agricultural Practice for Chinese Crude Drugs，简称中药材 GAP）与标准操作规程（Standard Operating Procedure，SOP）是中药产业的基础和关键。

唐古特大黄 *Rheum tanguticum* Maxim. ex Balf. 系蓼科（Polygonaceae）大黄属 *Rheum* L. 多年生高大草本植物，性寒、味苦，具悠久的药用历史，以干燥根和根状茎入药，被《中华人民共和国药典》（2015 年版）、藏药经典《晶珠本草》、《藏药志》等所收载，具抗菌、消炎、凉血、解毒之功效。青海省是唐古特大黄的传统地道主产区，所产大黄（“西宁大黄”）质量久负盛名，在国内外医药市场享有较高的盛誉，名列青海省 23 种道地药材之首。大黄主要化学成分和活性物质有蒽醌衍生物（包括番泻苷、大黄酸苷、游离蒽醌等蒽醌类化合物）及鞣质、有机酸等，目前临床上应用广泛，具良好的开发和应用前景。

1. 内容及适用范围

本标准操作规程（SOP）按我国《中药材生产质量管理规范》（GAP）指导原则，根据唐古特大黄的生物生态学特性，规范了唐古特大黄原产地野生生态抚育的综合技术要求，提出了青海省免耕法条件下唐古特大黄的生物生态学特征、生态环境、种苗繁育技术、抚育管理、主要病虫害防治、采收与加工、质量标准（含外观品质、活性成分含量等）、包装贮存与运输等有关生产技术标准。

本标准操作规程适用于青海省海拔 2600~4500m 范围内，采用免耕法野生生态抚育技术的唐古特大黄生态种植基地的建设。

2. 质量及检测引用标准

2.1 《环境空气质量标准》（GB 3095—1996）【执行二级及以上标准】。

2.2 《土壤环境质量标准》（GB15618—1995）【执行二级及以上标准】。

2.3 《绿色食品产地环境技术条件》（NY/T391—2000）。

2.4 《中华人民共和国种子管理条例》。

2.5 国家药品监督管理局《中药材生产质量管理规范（GAP）》（试行）。

2.6 《中华人民共和国药典》（2015 年一部）。

2.7 科技部生命科学技术发展中心《中药材规范化种植研究项目实施指导原则及验收标准》等。

3. 具体要求

3.1 唐古特大黄形态特征和生长习性

3.1.1 主要形态特征

多年生高大草本植物，高 1.5~2.2m，根及根状茎粗壮，棕黄色。茎粗，中空，具细棱线，光滑无毛或在上部的节处具粗糙短毛。茎生叶大型，叶片近圆形或及宽卵形，长 30~60cm，顶端窄长急尖，基部略呈心形，通常掌状 5 深裂，最基部一对裂片简单，中间 3 个裂片多为 3 回羽状深裂，小裂片窄长披针形，基出脉 5 条，叶上面具乳突或粗糙，下面具密短毛；叶柄近圆柱状，与叶片近等长，被粗糙短毛；茎生叶较小，叶柄亦较短，裂片多更狭窄；托叶鞘大型，以后多破裂，外面具粗糙短毛。大型圆锥花序，分枝较紧聚，花小，乳白色或紫红色稀淡红色；花梗丝状，长 2~3mm，关节位于下部；花被片近椭圆形，内轮较大，长约 1.5mm；雄蕊多为 9，不外露；花盘薄并与花丝基部连合成极浅盘状；子房宽卵形，花柱较短，平伸，柱头头状。果实矩圆状卵形到矩圆形，顶端圆或平截，基部略心形，长 8~9.5mm，宽 7~7.5mm，翅宽 2~2.5mm，纵脉近翅的边缘。种子卵形，黑褐色。花期 6 月，果期 7~8 月。

产青海、甘肃及青海与西藏交界一带。生于海拔 2600~4500m 的高山沟谷或山坡中。以野生资源为主，未见大规模栽培。

3.1.2 生长习性

野生唐古特大黄生于我国西北及西南海拔 2000~4600m 的高山寒冷地区，形成了喜冷凉气候、耐寒、忌高温的生态习性。其为深根性多年生高大草本植物，对土壤环境要求较严，以土层深厚、富含腐殖质、排水良好、pH 6.5~7.5 的壤土或沙质壤土为宜。大黄生长发育一般为 4 月上中旬开始萌发，6 月中旬抽苔，6 月下旬或 7 月上旬开花，8~9 月果实成熟。一般需生长 3~5 年开花结实完成一个生长周期。

3.2 唐古特大黄生长适宜的生态环境

3.2.1 生境类型

以青海省唐古特大黄的主产区果洛为例，其主要分布在海拔 3400~4500m 的特定地形、地貌类型中，多数情况集中于沟谷坡地及河谷滩地，这是唐古特大黄集中连片分布的两种主要生境类型。从沟谷山地的坡向来看，则有东北坡、西北坡或北坡，而典型的南坡上则很少分布，坡度一般为 20°~35°之间。

3.2.2 气候条件

温度：唐古特大黄有耐寒特征，属寒冷中生高大草本植物。以青海省达日县为例，年平均温度-1.1℃，1、4、7、10 月份的平均温度分别是-12.7℃、-2.0℃、9.2℃和 0℃，极端最低气温为-34.5℃，地面平均温度 2.2℃，极端最低地面温度-37.2℃。青海分布区温度的年较差和夏季日较差在20.0℃以上。班玛县的多年年平均温度2.6℃，1、4、7、10月份的平均温度分别是-7.6℃、3.3℃、11.7℃和3.3℃，极端最低气温为-25.9℃，地面平均温度2.8℃，极端最低地面温度-37.8℃。青海分布区温度的年较差和夏季日较差在20.0℃以上。

降水：青海省野生唐古特大黄的分布区的年平均降水量450~680mm。达日和班玛等唐古特大黄植物主要分布区的年平均降水量分别为548.2mm和667.1mm，平均相对湿度为60%~65%。野生唐古特大黄的土壤水分条件适中，低洼积水地段未见有自然种群分布。

日照：以青海省达日县为例，在该分布区内，野生唐古特大黄的日照时数约2436.7小时，日照百分率55%。从植物的生长环境来看，唐古特大黄属中生多年生高大草本植物，但不同生长发育阶段有所差异，第一年苗期生长伏地生长，而第二年随着植株个体的增高，对光照的需求增加。

3.2.3　土壤及环境条件

生产基地应选择水质、土壤、大气等无污染源的地区，远离公路、铁路、医院等，周围不得有污染源，土壤环境质量应符合《土壤环境质量标准》（GB15618—1995）二级及以上标准；大气环境应符合《环境空气质量标准》（GB 3095—1996）二级及以上标准。青海野生唐古特大黄主要生长于中性的土壤环境中，以高寒灌丛草甸土或草甸土为主，土壤为沙质壤土，有机质含量较高。由于多数大黄生长在坡地或滩地生境中，土层较厚，通常在40~60cm之间，土壤通气状况良好。

3.2.4　群落特征

唐古特大黄一般以伴生植物出现在植物群落中，典型的植被类型是稀疏灌丛、山坡草地和林缘林间空地下。植物群落的种类组成随植被类型和生境差异变化较大，灌丛植物有山生柳、锦鸡儿，草本植物常见有早熟禾、蒿等。在高原野生自然条件下，未受到采挖破坏的野生唐古特大黄亦常表现片状分布，形成特殊景观的唐古特大黄群落类型。

3.3　种子质量标准

3.3.1　种子特性和萌发特征

种子形态：瘦果具3翅，长圆形，果实基部心脏形，留存3裂花萼；果实内部仅含1粒种子，果皮较厚，带有长短不一的果脐，表面光滑无毛，先端略有缺口；翅与果脐呈褐色，种子部位黑色，翅无皱缩。种子长7~9.8mm，宽4~7mm，千粒重13~14 g。

萌发特征：唐古特大黄种子为低温萌发型，较适萌发温度为20 ℃左右，略低于一般作物种子25~28℃的适宜萌发温度。种子具子叶出土型发芽特征，从萌动到子叶张开约需10~15天。

3.3.2　采种

采种的唐古特大黄基源植物主要来源于野生植株，宜选择生长健壮，无病虫害，种源明确的4年生以上的植株作为种株。野生唐古特大黄多生长于海拔3600~4500m的高寒地区，种子成熟在8月下旬至9月上中旬。种子成熟时应及时采摘，过期后极易被大风吹落。大部分果实变褐色时，剪下花茎，阴干或晒干脱粒精选后，贮放在通风良好的布袋，阴干并保存于阴面房间内，其种子质量符合《中华人民共和国种子管理条例》。

3.3.3 种子处理及播种方法

种子处理：唐古特大黄种子外皮对其萌发影响不大，播种前可采用 18~20℃温水浸泡 6~8 小时，浸后湿布覆盖催芽，或用 20~300μg/g 赤霉素浸种 1~2 天，期间翻动 1~2 次，待有 1%~2%的种子开始破皮时，进行播种。该方法种子萌发率达 90%以上。

播种方法：唐古特大黄种子可在当年或翌年播种，繁殖播种期分春、秋两季播种。采用采用免耕法野生生态抚育技术主要是充分利用了自然降水时空分布特点，让植物在雨热同期的生长季节快速生长。典型生境为山谷坡地或河谷滩地，以穴播为主，亦可沟播。青海高原唐古特大黄的春播在 5 月初至 6 月上旬；秋播在 8 月末至 9 月中旬，即采种后播种。

3.4 选地

唐古特大黄坡旱地种植宜选择高海拔地区（海拔 3600~4500m）的土地类型，土地的土层深厚，质地疏松，土壤湿润，排水良好，富含腐殖质的壤土类型（pH 6.5~7.8）。可参照《土壤环境质量标准》（GB15618—1995）二级标准的沙质壤土的土壤质量标准。

选地时注意事项：①唐古特大黄种植原则上选择严重退化草地或原植物产地以杂类草为主的群落类型，不使用中轻度退化的高寒草甸。②土质黏重，地势低洼的地点不宜种植。低洼黏重土质易造成唐古特大黄根快速分叉，影响药材形态质量，同时容易发生根腐病等各类病害。③周边一定范围内没有大气和水污染的工厂，一般离公路干道在 100m 以上。

3.5 种植方式

唐古特大黄野生生态抚育技术主要采用种子直播或育苗移栽。虽有文献记载大黄可采用根芽繁殖，但在生产中难以推广。

3.5.1 种子直播方式

根据青海高原的气候环境特点，一般直播在春季（5 月初至 6 月上旬）进行。通常采取挖穴点播或开沟点播。按株行距（40~45）cm×（50~55）cm 挖穴，穴深 3~4cm，每穴撒播种子 5~8 粒，覆细土 1.5~2cm，每亩地约播 2600 穴。春播前可根据土壤状况等基本条件（底墒良好）进行适度催芽，可将种子放入 18~20℃的温水中浸泡 6~8 小时。但播种地较干旱时，不宜采用催芽处理的种子进行播种。

3.5.2 育苗移栽方式

育苗方式可节约唐古特大黄种子和提高土地的利用率，或者适用于春季干旱，不宜进行直播的地区。在当地育好唐古特大黄后（寒区育苗需 1~2 年），在即将返青时启苗移栽，多在春季 5 月上中旬或秋季 9 月中下旬进行，最好边挖边栽。先将大黄种苗挖出后，抖掉泥土，剪去侧根，除去病株，对大黄种苗进行分级，移栽大小较一致的种苗。按株行距（40~45）cm×（50~55）cm 挖穴，每穴栽苗 1 株，手扶根条，直立穴中，然后覆土，边覆边适度踩压，使根条与土壤紧密结合，以利成活。覆土以盖住芦头为宜。唐古特大黄免耕法的移苗尽量控制在雨天来临之前，有利于提高大黄移苗成活率。

3.6　田间管理

3.6.1　苗期田间管理（种植第一年）

3.6.1.1　大黄苗期管理

唐古特大黄野生生态抚育过程中，第一年的苗齐、茁壮和合理的密度是优质高产的重要保证。

间苗：种子繁殖的唐古特大黄，为了防止缺苗，播种量一般较大。为避免幼苗拥挤、争夺养分，需拔除一部分幼苗，选留壮苗，应适时间苗。大黄野生抚育按“三叶间，五叶定”的经验，一般在5月中下旬进行第一次间苗。由于野生唐古特大黄的种苗相对较弱，间苗的次数可根据生长时间，多次间苗。苗出齐后，可适时施肥1~2次，以促进幼苗生长。第一次除草时，要匀去过密幼苗。撒播的应保持3~5cm有1株苗，条播的可保持每2~4cm留1株苗。

定苗：为防止缺苗，间苗3次后再定苗。每穴先留2~3株幼苗，待苗稍大后再间苗、定苗，每穴留苗1或2株。

补苗：直播或育苗移栽都可造成缺苗断垄，为保全苗，可在阴雨天挖苗移栽或带土移栽，并进行补苗。补苗应用同龄幼苗或植株大小一致的苗。

3.6.1.2　移栽与定植

分秋季移栽和春季移栽。9月上中旬当植株地上部分基本枯死后，可将大黄种苗挖出，进行分级（一般按大、中、小分级），准备移栽。春季移栽于4月下旬或5月上旬当植株即将返青之前，可将大黄苗挖出进行移栽。移栽定植应与起苗同时进行，剪去植株主根下部细长部分及主根上的侧根，按行株距（50~55）cm×（45~50）cm挖穴，穴深20~30cm，有条件时可每穴施入有机肥1~2kg，与穴土拌匀，每穴栽苗1株，盖土至穴深的2/3处，适度压实。

通过移栽与定植管理措施，使种植大黄的行距保持在50~55cm，株距保持在45~50cm，每亩保持植株约2500~2600株。

3.6.2　生长期管理（种植第二年以上）

3.6.2.1　追肥

唐古特大黄为深根性喜肥植物，施肥是增产的重要措施之一。由于免耕法利用唐古特大黄原产地土壤肥力，一般可不用施肥，但也可视植株与土壤状况适度施肥。

3.6.2.2　打苔

大黄的抽苔现象对大黄药材产量影响较大。抽苔可显著降低地下生物量，一般造成减产达20%~30%。故不留种子时应及时打苔，打苔在晴天进行，用小刀从基部切除，应基部保留一定的节，并及时消毒处理。阴雨天不宜打苔，以免引起根部腐烂。

3.7　主要鼠害及其防治

唐古特大黄免耕法野生生态抚育中危害的害鼠主要为高原鼢鼠 *Myospalax baileyi* Thomas 和高原鼠兔 *Ochotona curzoniae* Hodgson。高原鼢鼠为青藏高原特有种，常见于青、甘、川等唐古特大黄和掌叶大黄的分布区。其防治方法为：可在春季利用饥饿期采用毒饵诱杀，或针对高原鼢鼠堵洞习性，在有害鼠活动的地带，挖开鼠洞，待鼢鼠前来堵洞时通过弓箭等各种途径进行捕杀，可收到一定的效果。高原鼠兔：广泛分布于青藏高原各类退化草地中，其防治方法为：可在冬春季采用D型肉毒素灭鼠法。

3.8 留种

一般采收至少4年生后植株结的种子，按照选种的标准选定留种大黄母株并作好标记，应选择品种确定、无病虫害、植株生长健壮、植株抽苔年限较晚的植株。最好随熟随采，及时阴干，并置于阴面房间内使其后熟干燥。

3.9 采收加工

3.9.1 采收时期

野生抚育的唐古特大黄生长成药材需要7~8年，采收时间根据青海省高寒地区的气候环境，一般在9~10月种子成熟后采挖（此时土壤尚未上冻），也可植物返青前的4月下旬或5月上旬采挖。

3.9.2 采收方法

挖收时，先把地上部分割掉，挖开四周泥土，然后深挖，将根茎及根全部挖出，抖净泥土，及时运回加工。对坡地应作进一步回填处理，减少地表水土流失。

3.9.3 产地加工

挖回的唐古特大黄根及根茎，抖净泥土，切除残留的茎叶、支根、顶芽，可用瓷片刮去粗皮，按照各种不同规格要求及大黄根及根茎大小横切成片或纵切成瓣，或加工成卵圆形或圆柱形，粗根可切成适当长度的节，用线绳串起，悬挂房檐下或棚内通风处阴干。或将大黄匀摊在熏架上以文火烘干，其室内温度不可超过60℃，烘烤几天后，当皮部显干时，要停火降温，让其发汗回潮，然后再烘，如此反复几次直至全干。

3.10 质量标准与检测

3.10.1 质量标准

3.10.1.1 外观性状

药材以外表黄棕色，锦纹及星点明显，体重，质坚实，气清香，味苦而不涩，嚼之发黏者为佳。一般以西宁大黄为佳。唐古特大黄商品规格等级标准如下。

（1）蛋片吉

一等去净粗皮，纵切成瓣。表面黄棕色，体重坚实。断面淡红棕色或黄棕色，具放射状纹理及明显环纹，红肉白筋，髓部有星点环列或散在颗粒。气清香，微苦微涩。每千克8个以内，糠心不超过15%。

二等每千克12个以内，其余同一等。

三等每千克18个以内，其余同一等。

（2）苏吉

一等去净粗皮，横切成段，呈不规则圆柱形。表面黄棕色，体重质坚。断面淡红棕色或黄棕色，具放射状纹理及明显环纹，红肉白筋，髓部有星点环列或散在颗粒。气清香，味苦微涩。每千克 20 个以内，糠心不超过 15%。

二等根及根茎去净粗皮，横切成段，呈不规则圆柱形，每千克 30 个以内。其余同一等。

三等每千克 40 个以内，其余同二等。

（3）水根统货

唐古特大黄的主根尾部及支根的加工品，呈长条状。表面呈棕色或黄褐色，间有未去净的粗皮。体重质坚，断面淡红色或黄褐色，具放射状纹理。气清香，味苦微涩。长短不等，间有闷茬，小头直径不小于 1.3cm。

（4）原大黄统货

去粗皮纵切成瓣或横切成段，块片大小不分。表面黄褐色，断面具放射状纹理及明显环纹。髓部有星点或散在颗粒。气清香，味苦微涩。中部直径在 2cm 以上，糠心不超过 15%。

（5）出口大黄

出口唐古特大黄多数优质大黄药材，其品质以内茬红度所占比例多少而定，有九成、八成、七成、六成 4 种。出口大黄规格有片子、吉子、糖心、粗渣等。其中以片子最佳，中吉次之，均分红度。小吉、糖心、粗渣则无红度之分。

3.10.1.2 内在质量

品质标志：按照《中华人民共和国药典》（2015 年版）规定，本品在 105℃干燥 6 小时，干燥失重率不超过 15.0%；总灰分不得超过 10.0%。酸不溶性灰分不得超过 0.8%。

有效成分含量：本品按干燥品计算，含芦荟大黄素（$C_{15}H_{10}O_5$）、大黄酸（$C_{15}H_8O_5$）、大黄素（$C_{15}H_{10}O_5$）、大黄酚（$C_{15}H_{10}O_4$）和大黄素甲醚（$C_{16}H_{12}O_5$）的总量不得少于 1.50%。

3.10.2 质量监测

唐古特大黄监测参照《中华人民共和国药典》2015 版一部项下方法进行。有效成分含量监测：以本规程生产出的药材，按照 4 年的试验结果，大黄素和大黄酚的含量均应符合《中华人民共和国药典》2015 年版一部大黄项下的规定。

3.11 包装、贮存与运输

新鲜唐古特大黄根去净粗皮后放通风阴凉出阴干，置于竹篓中，每件约 50kg，应注明品名、规格、产地、批号、包装日期、生产单位，并附有质量合格的标志。贮藏于通风干燥处，30℃以下，相对湿度 60%～75%，商品安全含水量 10%～13%。贮藏期应定期检查、消毒，保持环境卫生整洁，经常通风，发现轻度霉变、虫蛀，要及时翻晾，必要时可以密封氧气充氮养护。运输工具或容器应具有良好的通气性，以保持干燥，并应有防潮措施，尽可能地缩短运输时间；同时不应与其他有毒、有害及易串味的物质混装。

附件四

唐古特大黄免浇灌生态种植生产标准操作规程（草案）

中药材生产质量管理的规范化（Good Agricultural Practice，GAP）以及操作规程的规范化（Standard Operating Procedure，SOP）则是中药产业的基础和关键。

唐古特大黄 *Rheum tanguticum* Maxim. ex Balf. 系蓼科（Polygonaceae）大黄属 *Rheum* L. 多年生高大草本植物，性寒、味苦，具悠久的药用历史，以干燥根和根状茎入药，被《中华人民共和国药典》（2015 年版）、藏药经典《晶珠本草》、《藏药志》等所收载，具抗菌、消炎、凉血、解毒之功效。青海省是唐古特大黄的传统地道主产区，所产大黄（“西宁大黄”）质量久负盛名，在国内外医药市场享有较高的盛誉，名列青海省 23 种道地药材之首。大黄主要化学成分和活性物质有蒽醌衍生物（包括番泻苷、大黄酸苷、游离蒽醌等蒽醌类化合物）及鞣质、有机酸等，目前临床上应用广泛，具良好的开发和应用前景。

1. 内容及适用范围

本标准操作规程（SOP）按我国《中药材生产质量管理规范》（GAP）指导原则，根据唐古特大黄的生物生态学特性，规范了唐古特大黄药材寒区种苗繁育和引种栽培的综合技术要求，提出了青海省免浇灌条件下唐古特大黄的品质特征、生态环境、种子标准、种苗繁育技术、田间管理、主要病虫害防治、采收与加工、质量标准（含外观品质、活性成分含量等）、包装贮存与运输等有关生产技术标准。

本标准操作规程适用于青海省海拔 2600~4200m 范围内，采用免浇灌生态种植技术的唐古特大黄种苗繁育和生态种植基地的建设。

2. 质量及检测引用标准

2.1 GB30952—1982《大气环境质量标准》。

2.2 GB91372—1988《大气污染物最高允许浓度标准》。

2.3 GB15618—1995《土壤环境质量执行二级标准》。

2.4 NY/T391—2000《绿色食品产地环境技术条件》。

2.5 《中华人民共和国种子管理条例》。

2.6 国家药品监督管理局《中药材生产质量管理规范（GAP）》（试行）。

2.7 《中华人民共和国药典》，2015 年一部。

2.8　科技部生命科学技术发展中心《中药材规范化种植研究项目实施指导原则及验收标准》等。

3. 具体要求

3.1　唐古特大黄形态特征和生长习性

3.1.1　主要形态特征

多年生高大草本植物，高1.5~2.2m，根及根状茎粗壮，棕黄色。茎粗，中空，具细棱线，光滑无毛或在上部的节处具粗糙短毛。茎生叶大型，叶片近圆形或及宽卵形，长30~60cm，顶端窄长急尖，基部略呈心形，通常掌状5深裂，最基部一对裂片简单，中间3个裂片多为3回羽状深裂，小裂片窄长披针形，基出脉5条，叶上面具乳突或粗糙，下面具密短毛；叶柄近圆柱状，与叶片近等长，被粗糙短毛；茎生叶较小，叶柄亦较短，裂片多更狭窄；托叶鞘大型，以后多破裂，外面具粗糙短毛。大型圆锥花序，分枝较紧聚，花小，乳白色或紫红色稀淡红色；花梗丝状，长2~3mm，关节位于下部；花被片近椭圆形，内轮较大，长约1.5mm；雄蕊多为9，不外露；花盘薄并与花丝基部连合成极浅盘状；子房宽卵形，花柱较短，平伸，柱头头状。果实矩圆状卵形到矩圆形，顶端圆或平截，基部略心形，长8~9.5mm，宽7~7.5mm，翅宽2~2.5mm，纵脉近翅的边缘。种子卵形，黑褐色。花期6月，果期7~8月。

产青海、甘肃及青海与西藏交界一带。生于海拔2600~4600m的高山沟谷或山坡中。目前相关企业使用的唐古特大黄资源仍然以野生资源为主。

3.1.2　生长习性

野生唐古特大黄生于我国西北及西南海拔2000~4600m的高山寒冷地区，形成了喜冷凉气候、耐寒、忌高温的生态习性。其为深根性多年生高大草本植物，对土壤环境要求较严，以土层深厚、富含腐殖质、排水良好、pH 6.5~7.5的壤土或沙质壤土为宜。大黄生长发育一般为4月上中旬开始萌发，6月中旬抽苔，6月下旬或7月上旬开花，8~9月果实成熟。一般需生长3~5年开花结实，完成一个生长周期。

3.2　唐古特大黄生长适宜的生态环境

3.2.1　生境类型

以青海省唐古特大黄的主产区果洛为例，其主要分布在海拔3400~4600m的特定地形、地貌类型中，多数情况集中于山地坡地及山地沟谷或河谷滩地，这是唐古特大黄集中连片分布的两种主要生境类型。从山地的坡向来看，则有东北坡、西北坡或北坡，而典型的南坡上则很少分布，坡度一般为20°~35°之间。

3.2.2　气候条件

温度：唐古特大黄有耐寒特征，属寒冷中生高大草本植物。以青海省达日县为例，年平均温度-1.1℃，1月、4月、7月、10月份的平均温度分别是-12.7℃、-2.0℃、9.2℃、0.0℃，极端最低气温为-34.5℃，地面平均温度为2.2℃，极端最低地面温度为

-37.2℃。青海分布区温度的年较差和夏季日较差在20.0℃以上。班玛县的多年年平均温度2.6℃，1月、4月、7月、10月份的平均温度分别是-7.6℃、3.3℃、11.7℃、3.3℃，极端最低气温为-25.9℃，地面平均温度2.8℃，极端最低地面温度-37.8℃。青海分布区温度的年较差和夏季日较差在20.0℃以上。

降水：青海省野生唐古特大黄的分布区的年平均降水量450~680mm。达日和班玛等唐古特大黄植物主要分布区的年平均降水量分别为548.2mm和667.1mm，平均相对湿度为60%~65%。野生唐古特大黄的土壤水分条件适中，低洼积水地段未见有自然种群分布。

日照：以青海省达日县为例，在该分布区内，野生唐古特大黄的日照时数约2436.7小时，日照百分率55%。从植物的生长环境来看，唐古特大黄属中生多年生高大草本植物，但不同生长发育阶段有所差异，第一年苗期生长伏地生长，第二年随着植株个体的增高，对光照的需求增加。

3.2.3 土壤及环境条件

生产基地应选择水质、土壤、大气等无污染源的地区，远离公路、铁路、医院等，周围不得有污染源，土壤环境质量应符合国家相关二级标准（GB156182—1995）；大气环境应符合“大气环境”质量标准的二级标准（GB30952—1982）。青海野生唐古特大黄主要生长于中性的土壤环境中，以高寒灌丛草甸土或草甸土为主，土壤为沙质壤土，有机质含量较高。由于多数大黄生长在坡地或滩地生境中，土层较厚，通常在40~60cm之间，土壤通气状况良好。

3.2.4 群落特征

唐古特大黄一般以伴生植物出现在植物群落中，典型的植被类型是稀疏灌丛、山坡草地和林缘林间空地下。植物群落的种类组成随植被类型和生境差异变化较大，灌丛植物有山生柳、锦鸡儿，草本植物常见有早熟禾、蒿等。在高原野生自然条件下，未受到采挖破坏的野生唐古特大黄亦常表现片状分布，形成特殊景观的唐古特大黄群落类型。

3.3 种子质量标准

3.3.1 种子特性和萌发特征

种子形态：瘦果具3翅，长圆形，果实基部心脏形，留存3裂花萼；果实内部仅含1粒种子，果皮较厚，带有长短不一的果脐，表面光滑无毛，先端略有缺口；翅与果脐呈褐色，种子部位黑色，翅无皱缩。种子长7~9.8mm，宽4~7mm，千粒重13~14g。

萌发特征：唐古特大黄种子为低温萌发型，较适萌发温度为20 ℃左右，略低于一般作物种子25~28℃的适宜萌发温度。种子具子叶出土型发芽特征，从萌动到子叶张开约需10~15天。

3.3.2 采种

采种的唐古特大黄基源植物主要来源于野生植株，宜选择生长健壮，无病虫害，种源明确的4年生以上的植株作为种株。野生唐古特大黄多生长于海拔3600~4500m的高寒地区，种子成熟在8月下旬至9月上中旬。种子成熟时应及时采摘，过期后极易被大风吹落。大部分果实变褐色时，剪下花茎，阴干或晒干脱粒精选后，贮放在通风良好的布袋，阴干并保存于阴面房间内，其种子质量符合《中华人民共和国种子管理条例》。

3.3.3　种子处理及播种方法

种子处理：唐古特大黄种子外皮对其萌发影响不大，播种前可采用 18~20℃温水浸泡 6~8 小时，浸后湿布覆盖催芽，或用 20~300μg/g 赤霉素浸种 1~2 天，期间翻动 1~2 次，待有 1%~2%的种子开始破皮时，进行播种。该方法种子萌发率达 90%以上。

播种方法：唐古特大黄种子可在当年或翌年播种，繁殖播种期分春、秋两季播种。旱地栽培模式的土地类型多为坡旱地或河谷滩地，主要是采用免浇灌生态种植技术，充分利用了自然降水时空分布特点，让植物在雨热同期的生长季节快速生长。青海高原唐古特大黄的春播在 5 月初至 6 月上旬；秋播在 8 月末至 9 月初，即采种后播种。

3.4　选地与施肥整地

唐古特大黄坡旱地种植宜选择高海拔地区（海拔 2600~4200m）的土地类型，土地的土层深厚，质地疏松，土壤湿润，排水良好，富含腐殖质的壤土类型（pH 6.5~7.8）。参照《土壤环境质量》的二级标准（GB156182—1995）的沙质壤土的土壤质量标准。

选地时注意事项：①土质黏重，地势低洼的地点不宜种植。低洼黏重土质易造成唐古特大黄根快速分叉，影响药材形态质量，同时容易发生根腐病等各类病害；②唐古特大黄种植原则上可利用退耕还林地或严重退化草地，可与蚕豆、马铃薯等进行轮作，可较好地防止病害的发生；③周边一定范围内没有大气和水污染的工厂，一般离公路干道在 100m 以上。

施肥与整地：整地前要施足基肥，每亩可施厩肥 3000~4500kg，结合耕翻与土壤混合，深翻 30~35cm，耙碎整平，清除杂草和石块。播种前耙平整细，做成宽 120~150cm 的低畦。一般产区直播地或育苗后移栽地块多数做畦。

3.5　繁殖方法

唐古特大黄主要采用种子繁殖，虽有文献报道记载大黄可采用根芽繁殖，但在生产中难以推广。种子繁殖可直播亦可育苗移栽。

3.5.1　直播方式

根据青海高原的气候环境特点，一般直播在春季（5 月初至 6 月上旬）进行。通常采取挖穴点播或开沟点播。按株行距（40~45）cm×（50~55）cm 挖穴，穴深 3~4cm，每穴撒播种子 5~8 粒，覆细土 1.5~2cm，每亩地约播 2600 穴。春播前可根据土壤状况等基本条件（底墒良好）进行适度催芽，可将种子放入 18~20℃的温水中浸泡 6~8 小时，然后捞出放入木箱或竹筐中，用湿麻袋覆盖。但播种地较干旱时，不宜采用催芽处理的种子进行播种。

3.5.2　育苗移栽方式

育苗方式可节约唐古特大黄种子和提高土地的利用率，或者适用于春季干旱，不宜进行直播的地区。育苗可以在春季和秋季进行，又分为大田育苗和温室育苗。育苗地应做成宽 1.2m、长不等的低畦或高约 20cm 的高畦，畦面把平整细，四周开好排水沟。

育苗多采用开沟条播或撒播。若开沟条播，沟距 10cm，沟深 3cm，将种子均匀撒入沟中，覆细土 1~2cm。若采用撒播，将种子均匀撒在整平的畦面上，然后覆细土 1~2cm。在墒情良好和温度适宜的情况下，播后 10~15 天即可出苗，待发芽出土后，及时除去盖草。通常条播每亩用种 5~6kg，撒播每亩用种 6~8kg。

3.5.3 移苗方法及其要点

唐古特大黄移栽根据青海高原气候环境特点，在即将返青时启苗移栽，多在春季 4 月下旬至 5 月上旬进行，最好边挖边栽。先将大黄种苗挖出后，抖掉泥土，剪去侧根，除去病株，对大黄种苗进行分级，移栽大小较一致的种苗。在整好的土地上，按株行距（40~45）cm×（50~55）cm 挖穴，穴深 30cm。每穴栽苗 1 株，手扶根条，直立穴中，然后覆土，边覆边适度踩压，使根条与土壤紧密结合，以利成活。覆土以盖住芦头为宜。唐古特大黄旱地栽培的移苗尽量控制在雨天来临之前，有利于提高大黄移苗成活率。

3.6 田间管理

3.6.1 苗期田间管理（种植第一年）

3.6.1.1 大黄苗期管理

唐古特大黄种植过程中，第一年的苗齐、苗壮和合理的密度是优质高产的重要保证。

间苗：种子繁殖的唐古特大黄，为了防止缺苗，播种量一般较大。为避免幼苗拥挤、争夺养分，需拔除一部分幼苗，选留壮苗。应适时早间苗，以避免幼苗过密，生长纤弱，发生倒伏和死亡。大黄种植按“三叶间，五叶定”的经验，一般在 5 月中下旬进行第一次间苗。由于野生唐古特大黄的种苗相对较弱，间苗的次数可根据生长时间，结合中耕除草，多次间苗。苗出齐后，可适时施肥 1~2 次，以促进幼苗生长。第一次除草时，要匀去过密幼苗。撒播的应保持 3~5cm 有 1 株苗，条播的可保持每 2~4cm 留 1 株苗。

定苗：为防止缺苗，间苗两、三次后再定苗。一般可在当年的 8 月中旬结合中耕除草完成。每穴先留 2~3 株幼苗，待苗稍大后再间苗、定苗，每穴留苗 1 或 2 株。

补苗：直播或育苗移栽都可造成缺苗断垄，为保全苗，可在阴雨天挖苗移栽或带土移栽，并进行补苗。补苗应用同龄幼苗或植株大小一致的苗。

3.6.1.2 移栽与定植

分秋季移栽和春季移栽。9 月上中旬当植株地上部分基本枯死后，可将大黄种苗挖出，进行分级（一般按大、中、小分级），准备移栽。春季移栽于 4 月下旬或 5 月上旬当植株即将返青之前，可将大黄苗挖出进行移栽。移栽定植应与起苗同时进行，剪去植株主根下部细长部分及主根上的侧根，按行株距（50~55）cm×（45~50）cm 挖穴，穴深 20~30cm，有条件时可每穴施入有机肥 1~2kg，与穴土拌匀，每穴栽苗 1 株，盖土至穴深的 2/3处，适度压实。

通过移栽与定植管理措施，使种植大黄的行距保持在 50~55cm，株距保持在 45~50cm，每亩保持植株约 2500~2600 株。

3.6.1.3 中耕、除草与培土

春季或秋季移栽，当大黄返青后中耕除草 2~4 次，第一次在 5 月上中旬苗刚出土时，第二次在 6 月中旬，第三次在 7 月生长旺盛期，第四次在 8 月生长后期，此时增加一次除

草，正是杂草种子成熟的时间，通过除草后可有效地控制杂草繁育和生长。

在每次中耕除草、施肥时，均应培土，以促进根茎生长。根据实地种植观测，大黄药材主要是根，其根茎部分所占的比重很小。坡旱地种植大黄根茎上的芽是随着生长年限的增加而距离地表层增加，每年的植物返青亦随生长年限的增加而推迟。可见，坡旱地大黄种植由于根的自然向地性和坡地的自然培土过程，可不必培土。

3.6.2 生长期管理（种植第二年以上）

3.6.2.1 追肥

唐古特大黄为深根性喜肥植物，施肥是增产的重要措施之一。种植后每年应追肥 2~3 次，第一年的 6 月末，每亩可施厩肥 1500~2000kg，第二次于 8 月末，可施草木灰或磷钾肥，后者用量每亩 15kg 左右。第二年 2~3 次追肥，每亩可施过磷酸钙 3.5kg，硫酸铵 9kg。施肥尽量选择在雨天来临之前，结合中耕除草以利提高肥效。

3.6.2.2 打苔

大黄的抽苔现象对大黄药材产量影响较大。大黄移栽 2 年和直播 3 年后，于 5 月下旬至 6 月上中旬开始抽苔开花。根据湟源大黑沟的种植试验调查，直播 3 年抽苔开花率一般不到 10%，直播 4 年抽苔开花率达到 75%以上，当年抽苔开花之后次年一般不会再连续开花结实。大黄抽苔可显著降低地下生物量，一般造成减产达 20%~30%。故应及时打苔，打苔在晴天进行，用小刀从基部切除，应基部保留一定的节，并及时消毒处理。阴雨天不宜打苔，以免引起根部腐烂。

3.7 主要病、虫、草、鼠害及其防治

3.7.1 病害

唐古特大黄病害主要有根腐病、轮纹病、炭疽病、霜霉病等。其防治措施如下：①对根腐病，在栽培时可实行轮作，选择油菜、青稞等前茬作物田移栽唐古特大黄，选择地势较高，排水良好的地块种植大黄；亦可采用局部施药进行浸根灭菌，发病期用 50%托布津 800 倍液或 1∶1∶100 波尔多液喷雾或浇灌病株根部 1~2 次。发病后及时拔除病株，并用石灰在病株周围进行消毒，控制病株蔓延，秋季收集枯枝叶烧毁，减少病菌来源。②对轮纹病，秋冬季应摘除并彻底清除大黄种植地枯叶集中烧毁，消灭越冬病原；并于出苗 2 周开始喷 1∶2∶300 波尔多液或井冈霉素 50mg/L 液防治，每半个月左右喷 1 次，视病情喷 3~4次。③对炭疽病，防治方法可参照轮纹病，其发生时间一般偏早。④对霜霉病，可实行轮作，保持土壤排水良好，雨后及时开沟排水，降低田间湿度，减轻危害；及时拔除病株并加以烧毁，清除田间枯校落叶及杂草，消灭越冬病原。病株所在穴洞土壤用石灰消毒，发病初期喷 40%霜疫灵 300 倍液、1∶1∶200 波尔多液或 25%瑞毒霉 400~500 倍液，每隔 7~10 天喷 1 次，连续 3~4 次。

3.7.2 虫害

唐古特大黄没有专一的虫害，对其危害较为严重的主要为一些危害农作物的杂食性害虫，地下为害的主要有蛴螬、蝼蛄、金针虫和地老虎等，地上为害的主要有黄条跳甲、蚜虫、甘蓝夜蛾。其中以黄条跳甲、蛴螬和蚜虫危害最严重，前者主要在唐古特大黄苗期第

一年危害严重，造成缺苗，而且以高海拔地区较常见；蛴螬常年在地下危害大黄根部，从而影响大黄生长和药材品质，而蚜虫则危害种植大黄的地上部分，蛴螬和蚜虫多出现在低海拔的农田耕作区。具体防治方法如下。

3.7.2.1　黄条跳甲

农业防治：每年秋季大黄叶片干枯后，及时清除地上部分残株落叶，铲除地中和田埂上的杂草，消灭其越冬场所和食料基地；在大黄第一年播种前深耕晒土，造成不利于幼虫生活的环境并消灭部分蛹。

药剂防治：发生严重地区第一年播种前用2.5%辛硫磷粉剂处理土壤，每亩用3~4kg，可减轻苗期危害。大黄苗期可以采用90%敌百虫1000倍液，或50%辛硫磷100倍液，均可防治成虫。喷洒时注意从田的四周向中心喷雾，防止成虫逃至相邻地块。消灭幼虫可喷洒或浇灌（有水源地区）50%辛硫磷乳油2000倍液或90%晶体敌百虫1000倍液。

3.7.2.2　蛴螬

蛴螬的发生与土壤质地、水分和前作物有关，因此蛴螬的防治要因地制宜，综合防治。①应做好测报工作，调查虫口密度，掌握成虫发生盛期及时防治成虫。在成虫发生盛期进行灯火诱杀或用敌百虫、亚胺硫磷、敌敌畏1000倍液喷杀。②应抓好蛴螬幼虫的防治。避免施用未腐熟的厩肥，减少成虫产卵。③药剂处理土壤。虫害严重时如用50%辛硫磷乳油每亩用200~250g，加水10倍，喷于25~30kg细土上拌匀成毒土，顺垄条施，随即浅锄，或以同样用量的毒土撒于种沟或地面，随即耕翻，都能收到良好效果，并可以兼治金针虫和蝼蛄。

3.7.2.3　蚜虫

可在春季及时铲除田边杂草，减少菜蚜数量；及时喷药：可采用喷40%乐果或50%抗蚜威可湿性粉1000倍液，对菜蚜具有特效。同时在种植大黄地边杂草上喷药效果更好。每4~6天喷药1次，连续喷2~3次，晴天防治效果较佳。

3.7.3　草害

唐古特大黄种植过程中危害较严重的多为农田杂草，主要恶性杂草有密花香薷、野燕麦、苣荬菜、薄蒴草、藜、田旋花、微孔草、独行菜、萹蓄、刺儿菜、西北利亚蓼等。按照中药材生产管理质量规范的要求，原则上禁止使用化学除草剂。目前唐古特大黄草害防治方法主要有：①人工除草：主要是结合唐古特大黄栽培的田间管理进行人工除草，分播种前地表及土壤处理除草、播种后出苗前除草、大黄出苗后苗期除草（第一年）、大黄返青后除草（第二年以后）几个时期进行。目前而言，仍然是一个十分有效而现实的主要方法之一。②行间铺盖麦秆等农作物秸秆，抑制杂草生长：利用秸秆遮盖妨碍部分杂草萌发和生长。③地膜覆盖，抑制部分杂草生长：在大黄种植的垄上、行间或排水沟内覆盖塑料地膜，能够抑制部分杂草生长。夏季使用时，要防止高温潮湿天气而发生根腐病。

3.7.4　鼠害

唐古特大黄旱地栽培中危害的害鼠主要为高原鼢鼠 *Myospalax baileyi* Thomas 和高原鼠兔 *Ochotona curzoniae* Hodgson。高原鼢鼠属青藏高原特有种，常见于青、甘、川等唐古特大黄和掌叶大黄的分布区，其防治方法：可在春季利用饥饿期采用毒饵诱杀，或针对高原鼢鼠堵洞习性，在有害鼠活动的地带，挖开鼠洞，待鼢鼠前来堵洞时通过弓箭等各种途径进行捕杀，可收到一定的效果。高原鼠兔广泛分布于青藏高原各类退化草地中，其防治方法为：在冬春季采用D型肉毒素灭鼠法。

3.8　留种

一般采收至少4年生后植株结的种子，按照选种的标准选定留种大黄母株并作好标记，应选择品种确定、无病虫害、植株生长健壮、植株抽苔年限较晚的植株。最好随熟随采，及时阴干，并置于阴面房间内使其后熟干燥。

3.9　采收加工

3.9.1　采收时期

种植的唐古特大黄按直播和移苗两种方式确定药材采收时间。春季直播种植的大黄，一般应保证3年的生长时间，建议在第四年或在第五年采挖；春季育苗移栽种植的大黄，一般应保证3年的生长时间，建议在移栽的第三年或在第四年采挖。而秋季种植的大黄（直播或育苗移栽）建议比春季种植顺延1年后采挖。

根据青海省高寒地区的气候环境，一般在9~10月种子成熟后采挖（此时土壤尚未上冻），也可植物返青前的4月下旬或5月上旬采挖。

3.9.2　采收方法

挖收时，先把地上部分割掉，挖开四周泥土，然后深挖，将根茎及根全部挖出，抖净泥土，及时运回加工。对坡地应作进一步回填处理，减少地表水土流失。一般4年生每亩产大黄鲜根2000~2500kg。

3.9.3　产地加工

挖回的唐古特大黄根及根茎，抖净泥土，切除残留的茎叶、支根、顶芽，可用瓷片刮去粗皮，按照各种不同规格要求及大黄根及根茎大小横切成片或纵切成瓣，或加工成卵圆形或圆柱形，粗根可切成适当长度的节，用线绳串起，悬挂房檐下或棚内通风处阴干。或将大黄匀摊在熏架上以文火烘干，其室内温度不可超过60℃，烘烤几天后，当皮部显干时，要停火降温，让其发汗回潮，然后再烘，如此反复几次直至全干。

3.10　质量标准与检测

3.10.1 质量标准

3.10.1.1　外观性状

药材以外表黄棕色，锦纹及星点明显，体重，质坚实，气清香，味苦而不涩，嚼之发黏者为佳。一般以西宁大黄为佳。唐古特大黄商品规格等级标准如下。

（1）蛋片吉

一等去净粗皮，纵切成瓣。表面黄棕色，体重坚实。断面淡红棕色或黄棕色，具放射状纹理及明显环纹，红肉白筋，髓部有星点环列或散在颗粒。气清香，微苦微涩。每千克8个以内，糠心不超过15%。

二等每千克12个以内，其余同一等。

三等每千克 18 个以内，其余同一等。

（2）苏吉

一等去净粗皮，横切成段，呈不规则圆柱形。表面黄棕色，体重质坚。断面淡红棕色或黄棕色，具放射状纹理及明显环纹，红肉白筋，髓部有星点环列或散在颗粒。气清香，味苦微涩。每千克 20 个以内，糠心不超过 15%。

二等根及根茎去净粗皮，横切成段，呈不规则圆柱形，每千克 30 个以内。其余同一等。

三等每千克 40 个以内，其余同二等。

（3）水根统货

唐古特大黄的主根尾部及支根的加工品，呈长条状。表面呈棕色或黄褐色，间有未去净的粗皮。体重质坚，断面淡红色或黄褐色，具放射状纹理。气清香，味苦微涩。长短不等，间有闷茬，小头直径不小于 1.3cm。

（4）原大黄统货

去粗皮纵切成瓣或横切成段，块片大小不分。表面黄褐色，断面具放射状纹理及明显环纹。髓部有星点或散在颗粒。气清香，味苦微涩。中部直径在 2cm 以上，糠心不超过 15%。

（5）出口大黄

出口唐古特大黄多数优质大黄药材，其品质以内茬红度所占比例多少而定，有九成、八成、七成、六成 4 种。出口大黄规格有片子、吉子、糖心、粗渣等。其中以片子最佳，中吉次之，均分红度。小吉、糖心、粗渣则无红度之分。

3.10.1.2 内在质量

品质标志：按照《中华人民共和国药典》（2015 年版）规定：本品在 105℃ 干燥 6 小时，干燥失重率不超过 15.0%；总灰分不得超过 10.0%。酸不溶性灰分不得超过 0.8%。

有效成分含量：本品按干燥品计算，含大黄素（$C_{15}H_{10}O_5$）和大黄酚（$C_{15}H_{10}O_4$）的总量不得少于 0.50%。

3.10.2 质量监测

唐古特大黄监测参照《中华人民共和国药典》2015 版一部项下方法进行。有效成分含量监测：以本规程生产出的药材，按照 4 年的试验结果，大黄素和大黄酚的含量均应符合《中华人民共和国药典》2015 年版一部大黄项下的规定。

3.11 包装、贮存与运输

新鲜唐古特大黄根去净粗皮后放通风阴凉出阴干，置于竹篓中，每件约 50kg，应注明品名、规格、产地、批号、包装日期、生产单位，并附有质量合格的标志。贮藏于通风干燥处，30℃ 以下，相对湿度 60%~75%，商品安全含水量 10%~13%。贮藏期应定期检查、消毒，保持环境卫生整洁，经常通风，发现轻度霉变、虫蛀，要及时翻晾，必要时可以密封氧气充氮养护。运输工具或容器应具有良好的通气性，以保持干燥，并应有防潮措施，尽可能地缩短运输时间；同时不应与其他有毒、有害及易串味的物质混装。

附件五

养殖牛粪有机肥生产技术规程（草案）

1. 范围

本规程规定了利用养殖牛粪堆肥生产有机肥的技术措施。

本规程适用于青海地区牛粪高温堆置发酵生产有机肥料。

2. 规范性引用文件

下列内容对于本文件的应用是必不可少的。凡是注日期的引用文件，仅所注日期的版本适用于本文件。凡是不注日期的引用文件，其最新版本（包括所有的修改单）适用于本文件。

NY525　有机肥料标准

GB8172　城镇垃圾农用控制标准

3. 堆肥发酵生产技术规程

本规程规定了堆肥的原辅料配比技术、发酵工艺条件、操作流程及对原料、产品的技术要求。

3.1　原辅料配比及产品技术参数

3.1.1　原料及辅料

（1）原料新鲜牛粪。要求不得夹杂有其他较明显的杂质。

（2）辅料油渣等，要求粒径不大于2cm、不得夹带粗大硬块。

3.1.2　配比工艺要求

（1）原辅料　C/N比控制在23~28，油渣等添加不超过4%。

（2）含水量　配比的含水量控制在60%~70%。

3.1.3　产品其他技术要求有机肥料按NY525—2012的规定进行。

3.2　工艺流程

脱水处理—主发酵—后熟发酵—后处理。

3.3 主要工艺条件

3.3.1 脱水处理的原料要求参见 3.1

3.3.2 脱水要求

所采用的固液分离机必须小巧，易操作，可移动等，在实际工作中能将含水约 90%鲜牛粪脱干至含水 70%以下，且外观松散，无浓重异味，满足堆肥起始要求条件。

3.3.3 高效的微生物菌剂

添加菌剂后将菌剂与原辅料混匀，并使堆肥的起始微生物含量达 106 个/g 以上。实际情况下，添加 1.5%的合格菌剂即可。

3.3.4 辅料添加

在堆置时需添加 4%左右的油渣，以优化堆料 C/N，加速堆肥过程，并可提高堆肥的养分含量。

3.3.5 堆高大小

由于通风需要，一般要求高度 1.0~1.5m，宽 1.5~3.0m，长度随意。

3.3.6 温度变化

完整的堆肥过程由低温、中温、高温和降温 4 个阶段组成。堆肥温度一般在 50℃以上，最高时可达 70~80℃。温度由低向高现逐渐升高的过程，是堆肥无害化的处理过程。堆肥在高温（50~65℃）维持 10 天左右，病原菌、虫卵、草籽等均可被杀死。

3.3.7 翻堆

堆肥温度上升到 60℃以上，保持 24 小时后开始首次翻堆，翻堆时务必均匀彻底，将低层物料尽量翻入堆中上部，以便充分腐熟。以后每隔 2 天翻堆一次（但当温度超过 70℃时，须立即翻堆），视物料腐熟程度确定翻堆次数，一般不少于 4~5 次。

3.3.8 水分控制

发酵中如发现物料过干，应及时在翻堆时喷洒水分，确保高温阶段水分含量不低于 45%，高温阶段结束后不可再加水。

3.4 堆肥发酵生产质量指标

3.4.1 无害化指标

腐熟的堆肥，无坚硬的秸秆和粪块，质地松软，体积缩小，呈深褐色或黑褐色，不招引苍蝇。后期蝇、蛆、蛹应全部死灭。

3.4.2 腐熟度指标

（1）感官指标

要求堆肥变成褪色或黑褪色，有黑色汁液，有氨臭味。腐熟的堆肥加清水搅拌后［肥水比例一般为 1：（5~10）］，放置 3~5 分钟，堆肥浸出液颜色呈淡黄色。腐熟后堆肥的体积比刚堆肥时减少 1/3~1/2。

（2）生物指标

要求进行种子萌发实验，当种子发芽指数达到 50%以上时，被认为是已消除植物毒性，堆肥基本到达稳定化。

（3）生化指标

通过仪器测定 C/N 以及腐殖化系数，要求 C/N 比一般为 20∶1 以下，腐殖化系数为 27%~33%。

3.4.3　商用有机肥质量要求指标

根据有机肥生产行业标准 NY525—2012 的技术指标要求，产品中有机质含量≥45%，氮、磷、钾全量之和≥5.0%，水分≤30%，pH 5.5~8.0 之间，重金属含量、蛔虫卵死亡率及大肠杆菌含量符合 GB8172 标准。

4. 堆肥发酵生产操作规程

4.1　堆置前原辅料混合操作规程

4.1.1　原料脱水处理

（1）牛粪收集及稀疏

将牛圈舍中的牛粪尿收集后堆置于集粪池中，加入水稀疏并搅拌均匀，利于液下泵吸取即可。在收集牛粪中注意清理饲草等杂物，防止带入集粪池中堵塞水泵。

（2）连接固液分离机管线

将无堵塞液下泵置于集粪池中，同时将溢液管出口也置于集粪池中。在规模较大的养殖小区，可以增设两个集粪池，轮换工作来提高工作效率。

（3）脱水工作

先开启固液分离机，再开启无堵塞液下泵，随着泵送粪液进入固液分离机后，在挤压绞龙推进下，松散的牛粪即被挤出。此时含水在 70%左右，适合建堆发酵。随着脱水的进行，需及时清运牛粪至堆肥场地，及时堆置为好。

4.1.2　辅料预处理

（1）辅料粒径≥2cm 的要先粉碎均匀至达生产要求。

（2）混在辅料里的硬块或金属物及长布线条等要先清除干净。

（3）辅料油渣用量以添加 4%为宜。

4.1.3　高效的微生物发酵菌剂的选择及用量。

保证所使用的菌剂无霉变，且活性在 109 个/g 以上。在实际情况下，添加 1.5%的合格菌剂即可。

4.1.4　堆料水分调控

经脱水后的牛粪其水分含量在 70%左右时可满足堆肥起始要求。

4.1.5　混合搅拌

根据实际条件可采取人工搅拌或机械搅拌等方式，要求必须将原辅料以及发酵菌剂搅拌均匀，水分充分调匀。

4.2 堆置发酵操作规程

4.2.1 建堆

将混合均匀的原料在发酵场上堆成底边宽 1.8～3.0m，上边宽 0.8～1.0m，高 1.0～1.5m 的梯形条垛；如果原料较少则堆为圆锥形即可，高度不低于 1.0m。多堆同时进行发酵时，堆与堆之间间隔不小于 0.5m，以便通风以及翻堆。发酵场地要求平整且保证可以通风，如果能在暖房（温室、温棚等）中进行，可提高堆肥化速度。

4.2.2 翻堆

原料上堆后在 24～48 小时内温度会上升到 60℃以上，保持 24 小时后（但当温度超过 70℃后，必须立即翻堆）开始翻堆，翻堆时务必均匀彻底，将低层物料尽量翻入堆中上部，以便充分腐熟，如采用人工翻堆，必要时可来回翻堆 2～3 次以确保均匀翻动。

初期翻动时如遇结块堆料则务必拍碎，并翻入堆中，防止发酵不充分，影响肥料质量。

4.2.3 水分调控

发酵中如发现物料过干，应及时在翻堆时喷洒水分，确保高温阶段水分含量不低于 45%。而高温阶段结束后不可再加水。

4.2.4 后熟发酵

当堆体温度由低向高再逐渐回落直至常温（室温），即可认为主发酵已结束。此时勿翻堆，需原地堆置一周左右进行后熟发酵，等物料无任何异味时，即可认为整个发酵过程结束。肥料经检测合格后即可使用。

4.3 肥料质量检测操作规程

4.3.1 无害化指标

腐熟的堆肥，无坚硬的秸秆和粪块，质地松软，体积缩小，呈深褐色或黑褐色，不招引苍蝇。后期蝇、蛆、蛹应全部死灭。

4.3.2 腐熟度指标

（1）感官指标

要求堆肥变成褪色或黑褪色，有黑色汁液，有氨臭味。腐熟的堆肥加清水搅拌后［肥水比例一般为 1：（5～10）］，放置 3～5 分钟，堆肥浸出液颜色呈淡黄色。

腐熟后堆肥的体积比刚堆肥时减少 1/3～1/2。

（2）生物指标

采用堆肥水浸提液对种子萌发的影响来作为生物指标衡量堆肥的稳定程度。当种子发芽指数达到 50%以上时，被认为是已消除植物毒性，堆肥基本到达稳定化。

种子萌发实验的结果用种子发芽指数来表示：种子发芽指数（%）=（堆肥浸提液处理种子的发芽率×处理种子的根长）÷［（去离子水处理种子的发芽率×去离子水种子的根长）］×100%。具体做法为：堆肥鲜样按水：物料比=5：1 浸提，160rpm 振荡 1 个小时后过滤，吸取 5mL 滤液于铺有滤纸的培养皿中，滤纸上放置 30 颗小油菜种子，25℃下暗中培养 48 小时后，测定种子的根长，同时用去离子水做空白对照，按上述公式计算种子发芽指数。

（3）生化指标

通过仪器测定 C/N 以及腐殖化系数，要求 C/N 比一般为 20∶1 以下，腐殖化系数为 27%~33%。

4.3.3　商用有机肥质量要求指标

根据有机肥生产行业标准 NY525—2012 的技术指标要求，产品中有机质含量≥45%，氮、磷、钾全量之和≥5.0，水分≤30%，pH 5.5~8.0 之间，重金属含量、蛔虫卵死亡率及大肠杆菌含量符合 GB8172 标准。

4.4　物料干燥及储存操作规程

如果生产的肥料不能当时或当地使用时，可以先将肥料干燥后存储以备使用。

4.4.1　干燥

将发酵完成的堆肥在晾晒场地上均匀的摊开，摊晾厚度不能超过 20cm，并不时的翻晒使物料均匀快速的晾干。

4.4.2　装袋及储存

将晾干后的肥料装入编织袋后扎口保存，要防止保存的过程中成品受潮变质等。

附件六

青海祁连山地区植物名录

松科 Pinaceae

Picea Dietr. 云杉属

P. crassifolia Kom. 青海云杉（泡松、松树）

P. wilsonii Mast. 青杄

Pinus L. 松属

P. tabulaeformis Carr. 油松

柏科 Cupressaceae

Juniperus L. 刺柏属（圆柏属）

J. formosana Hayata 刺柏

J. przewalskii Kom. 祁连圆柏（柏树、柏香树）

J. sabina L. 叉枝圆柏（叉子圆柏）

麻黄科 Ephedraceae

Ephedra Tourn ex L. 麻黄属

E. intermedia Schrenk et C. A. Mey. 中麻黄

E. monosperma Gmel. ex C. A. Mey. 单子麻黄（麻黄草）

E. przewalskii Stapf 膜果麻黄

E. sinica Stapf 草麻黄

杨柳科 Salicaceae

Populus L. 杨属

P. davidiana Dode 山杨（山白杨）

P. purdomii Rehd. 冬瓜杨

P. purdomii var. rockii（Rehd.）C. F. Fang et H. L. Yang 光皮冬瓜杨

P. simonii Carr. 小叶杨

Salix L. 柳属

S. alfredi Gorz ex Rehder et Kobuski 秦岭柳

S. atopantha Schneid. 奇花柳
S. biondiana Seemen 庙王柳
S. characta Schneid. 密齿柳（陇山柳、麻柳）
S. cheilophila Schneid. 乌柳（筐柳）
S. cheilophila var. cyanolimnea（Hance）Ch. Y. Yang 光果乌柳
S. ernesti Schneid. 银背柳
S. hylonoma Schneid. 川柳
S. juparica Gorz. ex Rehder et Kobuski 贵南柳
S. lamashanensis K. S. Hao ex Fang et A. K. Skvortsov 拉马山柳
S. longiflora Wall. ex Anderss. 长花柳
S. matsudana Koidzumi 旱柳
S. myrtillacea Anderss. 坡柳
S. obscura Anderss. 毛坡柳
S. oritrepha Schneid. 山生柳（高山柳）
S. paraplesia Schneid 康定柳（鬼柳）
S. pseudospissa Gorz 大苞柳
S. pseudo-wallichiana Goerz ex Rehder et Kobuski 青皂柳
S. rehderiana Schneid. 川滇柳
S. rehderiana var. dolia（Schneid.）N. Chao 灌柳
S. sclerophylla Anderss. 硬叶柳
S. sclerophylla var. sclerophylloides（Y. L. Chou）T. Y. Ding 近硬叶柳
S. shandanensis C. F. Fang 山丹柳
S. sinica（Hao ex C. F. Fang et A. K. Skvortsov）G. Zhu 中国黄花柳
S. sinica var. dentata（Hao ex C. F. Fang et A. K. Skvortsov）G. Zhu 齿叶黄花柳
S. spathulifolia Seem. ex Diels 匙叶柳（铁杆柳）
S. spathulifolia var. glabra C. Wang et C. F. Fang 光果匙叶柳
S. taoensis Gorz. 洮河柳

桦木科 Betulaceae

Betula L. 桦属
B. albo-sinensis Burk. 红桦（纸皮桦）
B. platyphylla Suk. 白桦（桦树）
B. utilis D. Don 糙皮桦（紫桦）
Ostryopsis Decne. 虎榛子属
O. davidiana Decne. 虎榛子

桑科 Moraceae

Humulus L. 葎草属

H. lapulus var. cordifolius（Miquel）Maxim 华忽布花（啤酒花）

荨麻科 Urticaceae

Urtica L. 荨麻属

U. laetevirens Maxim. 宽叶荨麻

U. triangularis Hand. -Mazz. 三角叶荨麻

桑寄生科 Loranthaceae

Arceuthobium M. Bieb. 油衫寄生属

A. chinense Lecomte 油衫寄生

蓼科 Polygonaceae

Fagopyrum Mill. 荞麦属

F. tataricum（L.）Gaertn. 苦荞麦

Koenigia L. 冰岛蓼属

K. islandica L. 冰岛蓼

Polygonum L. 蓼属

P. alatum Hamilt. et D. Don 头序蓼

P. amphibium L. 两栖蓼

P. aviculare L. 萹蓄

P. convolvulus L. 卷茎蓼

P. dentato-alatum F. Schmidt ex Maxim. 齿翅蓼

P. hookeri Meissn. 硬毛蓼

P. hubertii Lingelsh 陕甘蓼 .

P. hydropiper L. 水蓼

P. lapathifolium L. 酸模叶蓼

P. macrophyllum D. Don 圆穗蓼

P. pilosum（Maxim.）Forbes et Hemsl 柔毛蓼

P. sibiricum Laxm. 西北利亚蓼

P. tenuifolium Kung 细叶蓼

P. viviparum L. 珠芽蓼（染布子）

Rheum L. 大黄属

Rh. hotaoense C. Y. Cheng et T. C. Kao 河套大黄

Rh. palmatum L. 掌叶大黄

Rh. pumilum Maxim. 小大黄

Rh. tanguticum（Maxim. ex Regel）Maxim. ex Balf. 鸡爪大黄（唐古特大黄）

Rumex L. 酸膜属

R. acetosa L. 酸膜

R. aquaticus L. 水生酸膜

R. nepalensis Spreng. 尼泊尔酸膜

R. patientia L. 巴天酸膜

藜科 Chenopodiaceae

Atriplex L. 滨藜属

A. fera（L.）Bunge 野滨藜

A. sibirica L. 西伯利亚滨藜

Axyris L. 轴藜属

A. amaranthoides L. 轴藜

A. prostrata L. 平卧轴藜

Bassia All. 雾冰藜属

B. dasyphylla（Fisch. et C. A. Mey.）O. Kuntze 雾冰藜

Chenopodium L. 藜属

Ch. album L. 藜（白藜、灰灰菜）

Ch. aristatum L. 刺藜

Ch. foetidum schrad. 菊叶香藜

Ch. glaucum L. 灰绿藜（灰条）

Ch. hybridum L. 杂配藜

Corispermum L. 虫实属

C. declinatum Steph. ex Iljin 蝇虫实

Kalidium Moq. -Tand. 盐爪爪属

K. foliatum（Pall.）Moq. -Tand. 盐爪爪

Kochia Roth. 地肤属

K. scoparia（L.）Schrad. 地肤

Krascheninnikovia Gueldenst. 驼绒藜属

=Ceratoides（Tourn.）Gagnebin

Krascheninnikovia arborescens（Losina-Losinsk.）Czerep. 华北驼绒藜

=Ceratoides arborescens（Losinsk.）Tsien et C. G. Ma

Krascheninnikovia compacta（Losina-Losinsk.）Grub. 垫状驼绒藜

=Ceratoides compacta（Losinsk.）Tsien et C. G. Ma

Krascheninnikovia ceratoides（Linn.）Gueldenst. 驼绒藜（白蒿子）

=Ceratoides latens（J. F. Gmel.）Reveal et Holm.

Halogeton C. A. Mey. 盐生草属

H. arachnoideus Moq. 白茎盐生草

Salicornia L. 盐角草属

S. europaea L. 盐角草

Salsola L. 猪毛菜属

S. arbuscula Pall. 木本猪毛菜

S. tragus L. 刺沙蓬

S. collina Pall. 猪毛菜

Suaeda Forsk ex Scop. 碱蓬属 .

S. corniculata（C. A. Mey.）Bunge 角果碱蓬

S. glauca（Bunge）Bunge 碱蓬

S. heterophylla（Kar. et Kir.）Bunge 盘果碱蓬

S. paradoxa Bunge 奇异碱蓬

Sympegma Bunge 合头草属

S. regelii Bunge 合头草

石竹科 Caryophyllaceae

Arenaria L. 无心菜属

A. bryophylla Fernald 鳞状雪灵芝

A. kansuensis Maxim. 甘肃雪灵芝

A. melanandra（Maxim.）Mattf. ex Hand. -Mazz. 黑蕊无心菜

A. qinghaiensis Y. W. Tsui et L. H. Zhou 青海雪灵芝

A. przewalskii Maxim. 福禄草（西北蚤缀）

A. roborowskii Maxim. 青藏雪灵芝

A. saginoides Maxim. 漆姑无心菜

Cerastium L. 卷耳属

C. arvense L. 卷耳

C. caespitosum Gilib. 蔟生卷耳

C. pusillum Ser. 苍白卷耳

Dianthus L. 石竹属

D. superbus L. 瞿麦

Gypsophila L. 石头花属

G. acutifolia Fisch. 尖叶石头花

G. patrinii Ser. 紫萼石头花

Lepyrodiclis Fenzl 薄蒴草属

L. holosteoides（C. A. Mey.）Fenzl ex Fisch. et C. A. Mey. 薄蒴草

Sagina L. 漆姑草属

S. japonica（Sw.）Ohwi 漆姑草

Spergularia（Pers.）J. et C. Presl 拟漆姑草属

S. salina J. et C. Presl 拟漆姑草

Stellaria L. 繁缕属

S. arenaria Maxim. 沙生繁缕

S. decumbens Edgew. var. pulvinata Edgew. et Hook. f. 垫状偃卧繁缕

S. media（L.）Cyrill. 繁缕

S. palustris Ehrh. ex Retzius et Retz. 沼泽繁缕

S. subumbellata Edgew. 亚伞花繁缕

S. alaschanica Y. Z. Zhao 毛湿地繁缕

S. uliginosa Murray 雀舌草

S. umbellata Turcz. ex Kar. et Kir. 伞花繁缕

Pseudostellaria Pax 太子参属

P. maximowicziana（Franch. et Savat.）Pax ex Pax et Hoffm. 假繁缕

P. sylvatis（Maxim.）Pax ex Pax et Hoffm. 窄叶太子参

Silene L. 蝇子草属

S. aprica Turcz. ex Fisch. et C. A. Mey. 娄菜

S. conoidea L. 米瓦罐（麦瓶草）

S. gonosperma（Rupr.）Bocq. 隐瓣蝇子草（无瓣女娄菜）

S. nigrescens（Edgew.）Majumdar 变黑蝇子草（变黑女娄菜）

S. repens Patrin 蔓茎蝇子草（蔓麦瓶草）

S. tenuis Willd. 细蝇子草

S. yetii Bocquet 腺女娄菜（腺毛蝇子草）

Vaccaria Medic. 麦蓝菜属

V. segetalis（Neck.）Garcke. 麦蓝菜

毛茛科 Ranunculaceae

Aconitum L. 乌头属

A. barbatum Pers. var. hispidum DC. 西伯利亚乌头

A. flavum Hand. -Mazz. 伏毛铁棒锤

A. gymnandrum Maxim. 露蕊乌头

A. sinomontanum Nakai 高乌头

A. sungpanense Hand. -Mazz. 松潘乌头

A. tanguticum（Maxim.）Stapf 甘青乌头

Adonis L. 侧金盏花属

A. bobroviana Sim. 甘青侧金盏花

A. coerulea Maxim. 蓝侧金盏花

Anemone L. 银莲花属

A. exigua Maxim. 小银莲花

A. imbricata Maxim. 叠裂银莲花

A. obtusiloba D. Don subsp. ovalifolia Brühl 疏齿银莲花

A. rivularis Buch. -Ham. ex DC. 草玉梅

A. tomentosa（Maxim.）C. Pei 大火草

A. rivularis Bush. -Ham. var. floreminore Maxim. 小花草玉梅

A. trullifolia Hook. f. et Thoms. var. linearia（Brühl）Hand. -Mazz. 条裂银莲花

Aquilegia L. 耧斗菜属

A. ecalcarata Maxim. 无距耧斗菜

A. oxysepala Trautv. et Mey. var. kansuensis Brühl 甘肃耧斗菜

A. viridiflora Pall. 耧斗菜

Batrachium S. F. Gray 水毛茛属

B. bungei（Steud.）L. Liou 水毛茛

B. foeniculaceum（Gilib.）V. Krecz. 硬叶水毛茛

Caltha L. 驴蹄草属

C. scaposa Hook. f. et Thoms. 花葶驴蹄草

Cimicifuga L. 升麻属

C. foetida L. 升麻

Clematis L. 铁线莲属

C. aethusifolia Turcz. 芹叶铁线莲

C. akebioides（Maxim.）Hort. ex Veich 甘川铁线莲

C. brevicaudata DC. 短尾铁线莲

C. glauca Willd. 灰绿铁线莲

C. intricata Bunge 黄花铁线莲

C. macropetala Ledeb. 大瓣铁线莲（长瓣铁线莲）

C. nannophylla Maxim. 小叶铁线莲

C. rehderiana Craib 长花铁线莲

C. sibirica（L.）Mill. 西伯利亚铁线莲

C. tangutica（Maxim.）Korsh. 甘青铁线莲

Circaester Maxim. 星叶草属

C. agrestis Maxim. 星叶草

Callianthemum C. A. Mey. 美花草属

C. pimpinelloides（D. Don）Hook. f. et Thoms. 美花草

Delphinium L. 翠雀属

D. albocoeruleum Maxim. 白蓝翠雀

D. beesianum W. W. Smith 宽距翠雀

D. caeruleum Jacq. ex Camb. 蓝花翠雀

D. candelabrum Ostenf. var. monanthum（Hand. -Mazz.）W. T. Wang 单花翠雀

D. candelabrum var. glandulosum W. T. Wang 腺毛翠雀

D. densiflorum Duthie ex Huth 密花翠雀

D. pylzowii Maxim. 大通翠雀

Halerpestes Greene 碱毛茛属

H. cymbalari（Pursh.）Green 水葫芦苗

H. tricuspis（Maxim.）Hand. -Mazz. 三裂叶碱毛茛

Isopyrum L. 扁果草属

I. anemonoides Kar. et Kir. 扁果草

Leptopyrum Reichb. 蓝堇草属

L. fumarioides（L.）Reichb. 蓝堇草

Oxygraphis Bunge 鸦跖花属

O. glacialis（Fisch. ex DC.）Bunge 鸦跖花

Paeonia L. 芍药属

P. veitchii Lynch 川赤芍

Paraquilegia Drumm. et Hutch. 拟耧斗菜属

P. anemonoides（Willd.）Engl. ex Ulbr. 乳突拟耧斗菜

P. microphylla（Royle）Drumm. et Hutch. 拟耧斗菜

Ranunculus L. 毛茛属

R. brotherusii Freyn 鸟足毛茛

R. chinensis Bunge 茴茴蒜

R. chuanchingensis L. 川青毛茛

R. dielsianus Ulbr. var. leiogynus W. T. Wang 大通毛茛

R. glabricaulis（Hand. -Mazz.）L. Liou 甘藏毛茛

R. japonicus Thunb. 毛茛

R. membranaceus Royle 棉毛茛

R. natans C. A. Mey. 浮毛茛

R. nephelogenes Edgew. 云生毛茛

R. nephelogenes var. longicaulis（Trautv.）W. T. Wang 长茎毛茛

R. pulchellus C. A. Mey. 美丽毛茛

R. tanguticus（Maxim.）Ovcz. 高原毛茛

R. tanguticus var. dasycarpus（Maxim.）L. Liou 毛果毛茛

Thalictrum L. 唐松草属

Th. alpinum L. 高山唐松草

Th. alpinum var. elatum Ulbr. 直梗高山唐松草

Th. baicalense Turcz. 贝加尔唐松草

Th. foeniculaceum Bunge 丝叶唐松草

Th. foetidum L. 香唐松草（腺毛唐松草）

Th. minus L. 亚欧唐松草

Th. minus var. hypoleucum（Sieb. et Zucc.）Miq. 东亚唐松草

Th. uncatum Maxim. 钩柱唐松草

Th. petaloideum L. 瓣蕊唐松草

Th. przewalskii Maxim. 长柄唐松草（甘青唐松草）

Th. simplex L. 箭头唐松草

Th. simplex var. brevipes Hara 短梗箭头唐松草

Th. squarrosum Steph. ex Willd. 展枝唐松草 .

Th. rutifolium Hook. f. et Thoms. 芸香唐松草（芸香叶唐松草）

Trollius L. 金莲花属

T. farreri Stapf 矮金莲花

T. pumilus D. Don var. tanguticus Bruhl 青藏金莲花

T. ranunculoides Hemsl. 毛茛状金莲花

小檗科 Berberidaceae

Berberis L. 小檗属

B. aggregata Schneid. 锥花小檗

B. brachypoda Maxim. 毛叶小檗

B. circumserrata（Schneid.）Schneid. 秦岭小檗（黄刺）

B. dasystachya Maxim. 直穗小檗（珊瑚刺）

B. diaphana Maxim. 鲜黄小檗（黄花刺）

B. dubia Schneid. 拟小檗（置疑小檗）

B. kansuensis Schneid. 甘肃小檗

B. poiretii Schneid. 细叶小檗

B. purdomii Schneid. 延安小檗

B. vernae Schneid. 西北小檗（匙叶小檗、白黄刺）

B. vulgaris L. 刺檗

Epimedium L. 淫羊藿属

E. brevicornum Maxim. 淫羊藿

Sinopodophyllum Ying. 桃儿七属

S. hexandrum（Poyl B. vernae Schneid. e）Ying 桃儿七

罂栗科 Papaveraceae

Chelidonium L. 白屈菜属

C. majus L. 白屈菜

Corydalis DC. 紫堇属

C. adunca Maxim. 灰绿黄堇

C. curviflora Maxim. 弯花紫堇

C. dasysptera Maxim. 叠裂黄堇
C. impatiens（Pall.）Fisch. ex DC. 塞北紫堇
C. linarioides Maxim. 条裂黄堇
C. melanochlora Maxim. 暗绿紫堇
C. ophiocarpa Hook. f. et Thoms. 蛇果黄堇
C. pauciflora（Steph.）Pres. var. latiloba Maxim. 宽瓣延胡索
C. pauciflora（Steph. ex Willd.）Pers. var. foliosa L. H. Zhou 大坂山延胡索
C. scaberula Maxim. 粗糙黄堇（黄堇、粗糙紫堇）
C. straminea Maxim. ex Hemsl. 草黄花黄堇
Hypecoum L. 角茴香属
H. leptocarpum Hook. f. et Thoms. 细果角茴香
Meconopsis Vig. 绿绒蒿属
M. horridula Hook. f. et Thoms. 多刺绿绒蒿
M. horridula var. racemosa（Maxim.）Prain 总状花绿绒蒿
M. integrifolia（Maxim.）Franch. 全缘绿绒蒿（全缘叶绿绒蒿）
M. punicea Maxim. 红花绿绒蒿
M. quintuplinervia Regel 五脉绿绒蒿
Papaver L. 罂粟属
P. nudicaule L. subsp. rubro-aurantiacum（DC.）Fedde 山罂粟

十字花科 Cruciferae

Arabis L. 南荠属
A. hirsute（L.）Scop. 硬毛南芥
A. pendula L. 垂果南芥
Capsella Medik. 荠属
C. bursa-pastoris（L.）Medic 荠菜
Cardamine L. 碎米荠属
C. macrophylla Willd. 大叶碎米荠
C. tangutorum O. E. Schulz 紫花碎米荠
Christolea Camb. 高原芥属
Ch. villosa（Maxim.）Jafri 柔毛高原芥
Dilophia T. Thoms. 双脊荠属
D. fontana Maxim. 双脊荠
Coelonema Maxim. 穴丝荠属
C. draboides Maxim. 穴丝荠
Descurainia Webb et Berth. 播娘蒿属
D. sophia（L.）Webb ex Prantl 播娘蒿

Dimorphostemon Kitag. 异蕊芥属
D. pinnatus（Pers.）Kitag. 异蕊芥
Draba L. 葶苈属
D. alpina L. 高山葶苈
D. altaica（C. A. Mey.）Bunge 阿尔泰葶苈
D. eriopoda Turcz 毛葶苈
D. ladyginii Pohle 苞序葶苈
D. mongolica Turcz. 蒙古葶苈
D. nemorosa L. 葶苈
D. oreades Schrenk 喜山葶苈
Eruca Mill. 芝麻菜属
E. sativa Mill. 芝麻菜
Erysimum L. 糖芥属
E. roseum（Maxim.）Polatschek 红紫糖芥（红紫桂竹香）
Eutrema R. Brown 山萮菜属
E. heterophylla（W. W. Smith.）Hara 密序山萮菜
Goldbachia A. P. DC. 四棱荠属
G. laevigata（M. -Bieb）DC. 四棱荠
Lepidium L. 独行菜属
L. apetalum Willd. 独行菜
L. cuneiforme C. Y. Wu 楔叶独行菜
L. ruderale L. 柱毛独行菜
Malcolmia R. Br. 涩荠属（离蕊芥属）
M. africana（L.）R. Br. 涩芥
M. brevipes（Kar. et Kir.）Boiss. 短梗涩芥
M. hispida Litv. 刚毛涩芥
Megacarpaea DC. 高河菜属
M. delavayi Franch. var. pinnatifida P. Danguy 短羽裂高河菜
Megadenia Maxim. 双果荠属
M. pygmaea Maxim. 双果荠
Neotorularia Hedge et J. Léonard 念珠芥属
N. humilis（C. A. Mey.）Hedge et J. Leonard 蚓果芥
Pegaeophyton Hayek et Hand. -Mazz. 单花荠属（无茎荠属）
P. scapiflorum（Hook. f. et Thoms.）Marq. et Airy Shaw 单花荠（无茎荠）
Rorippa Scop. 蔊菜属
R. palustris（L.）Besser 沼生蔊菜
Thlaspi L. 菥蓂属

T. arvense L. 菥蓂
Yinshania Ma et Zhao 阴山荠属
Y. acutangula（O. E. Schulz.）Y. H. Zhang 锐棱阴山荠

景天科 Crassulaceae

Hylotelephium H. Ohba 八宝属
H. angustum（Maxim.）H. Ohba 狭穗八宝
Orostachys（DC.）Fisch. 瓦松属
O. fimbriatus（Turcz.）Berger 瓦松
Rhodiola L. 红景天属
Rh. algida（Ledeb.）Fisch. et C. A. Mey. var. tangutica（Maxim.）S. H. Fu 唐古特红景天
Rh. dumulose（Franch.）S. H. Fu 小丛红景天
Rh. himalensis（D. Don）S. H. Fu 喜马红景天
Rh. juparensis（Fröd.）S. H. Fu 圆丛红景天
Rh. kirilowii（Regel）Maxim. 狭叶红景天
Rh. quadrifida（Pall.）Fisch. et Mey. 四裂红景天
Rh. sacra（Prain ex Hamet）S. H. Fu var. tsuiana（S. H. Fu）S. H. Fu 长毛圣地红景天
Rh. subopposita（Maxim.）Jacobsen 对叶红景天
Rh. taohoensis S. H. Fu 洮河红景天
Sedum L. 景天属
S. celatum Fröd. 隐匿景天
S. aizoon L. 费菜
S. aizoon var. scabrum Maxim. 乳毛费菜
S. erici-magnusii Fröd. 大炮山景天
S. przewalskii Maxim. 高原景天
S. roborowskii Maxim. 阔叶景天

虎耳草科 Saxifragaceae

Chrysosplenium Tourn. ex L. 金腰属
Ch. axillare Maxim. 长梗金腰
Ch. nudicaule Bunge 裸茎金腰
Ch. sinicum Maxim. 中华金腰
Ch. uniflorum Maxim. 单花金腰
Hydrangea L. 绣球花属
H. bretschneideri Dipp. 东陵八仙花
Parnassia L. 梅花草属
P. lutea Batalin 黄瓣梅花草

P. oreophila Hance 细叉梅花草

P. trinervis Drude var. viridiflora (Batalin) Hand. -Mazz. 绿花梅花草

Philadelphus L. 山梅花属

Ph. incanus Koehne 山梅花

Ph. kansuensis (Rehd.) S. Y. Hu 甘肃山梅花

Ph. mitsai S. Y. Hu 毛柱山梅花

Ribes L. 茶藨子属

R. alpestre Wall. ex Decne. 长刺茶藨子

R. giraldii Jancz. 腺毛茶藨子

R. glaciale Wall. 冰川茶藨子

R. himalense Royle ex Decne. 糖茶藨子

R. laciniatum Hook. f. et. Thoms. 狭萼茶藨子

R. moupinense Franch. 穆坪茶藨 (宝兴茶藨子)

R. orientale Desf. 柱腺茶藨子

R. pulchellum Tuycz. 美丽茶藨子 (小叶茶藨子、麦果子)

R. qingzangense J. T. Pan 青藏茶藨子

R. stenocarpum Maxim. 狭果茶藨子 (长果茶藨子、酸瓶)

Saxifraga Tourn. ex L. 虎耳草属

S. atrata Engl. 黑虎耳草

S. cernua L. 零余虎耳草

S. egregia Engl. 优越虎耳草

S. melanocentra Franch. 黑蕊虎耳草

S. montana H. Smith 山地虎耳草

S. nana Engl. 矮生虎耳草

S. przewalskii Engl. 青藏虎耳草

S. pseudohirculus Engl. 狭瓣虎耳草

S. tangutica Engl. 唐古特虎耳草

S. unguiculata Engl. 爪瓣虎耳草

蔷薇科 Rosaceae

Acomastylis Greene 羽叶花属

A. elata (Royle) Bolle var. leiocarpa (Evans) F. Bolle 光果羽叶花

Agrimonia L. 龙芽草属

A. pilosa Ledeb. 龙芽草

Amygdalus L. 桃属

A. kansuensis (Rehd.) Skeels 甘肃桃

Armeniaca Mill. 杏属

A. vulgaris Lam. var. ansu（Maxim.）Yü et Li 野杏

Cerasus Mill. 樱属

C. setulosa（Batalin）Yü et Li 刺毛樱桃

C. stipulacea（Maxim）Yü et Li 托叶樱桃（缠条）

C. tomentosa（Thunb.）Wall. 毛樱桃（野樱桃）

C. trichostoma（Koehne）Yü et Li 川西樱桃

Chamaerhodos Bunge 地蔷薇属

Ch. erecta（L.）Bunge 地蔷薇

Ch. sabulosa Bunge 砂生地蔷薇

Coluria R. Br. 无尾果属

C. longifolia Maxim. 无尾果

Cotoneaster B. Ehrh. 栒子属

C. acuminatus Lindl. 尖叶栒子

C. acutifolius Turcz. 灰栒子

C. adpressus Bois 匍匐栒子

C. ambiguus Rehd. et Wils. 川康栒子

C. divaricatus Rehd. et Wils. 散生栒子

C. multiflorus Bunge. 水栒子（栒子）

C. submultiflorus Popov 毛叶水栒子

C. zabelii Schneid. 西北栒子

Comarum L. 沼委陵菜属

C. salesovianum（Steph.）Aschers. et Graebn. 西北沼委陵菜

Crataegus L. 山楂属

C. kansuensis Wils. 山楂

Fragaria L. 草莓属

F. gracilis Losinsk. 纤细草莓

F. moupinensis（Franch.）Card. 西南草莓

F. orientalis Lozinsk 东方草莓

F. vesca L. 野草莓

Geum L. 路边青属

G. aleppicum Jacq. 路边青

Maddenia Hook. f. et Thoms. 臭樱属

M. hypoxantha Koehne 四川臭樱

Malus Mill. 苹果属

M. transitoria（Batalin）Schneider 花叶海棠（涩枣子）

Padus Mill. 稠李属

P. racemosa（Lam.）Gilib. 稠李

Potentilla L. 委陵菜属
P. acaulis L. 星毛委陵菜
P. angustiloba Yü et Li 窄裂委陵菜
P. anserina L. 蕨麻（鹅绒委陵菜）
P. bifurca L. 二裂叶委陵菜
P. flagellaris Willd. ex Schlecht. 匍枝委陵菜
P. fruticosa L. 金露梅（黄鞭麻）
P. glabra Lodd. 银露梅（白鞭麻）
P. longifolia Willd. ex Schlecht. 腺毛委陵菜
P. multicaulis Bunge 多茎委陵菜
P. multifida L. 多裂委陵菜
P. multifida var. ornithopoda Wolf 掌叶多裂委陵菜
P. parvifolia Fisch. 小叶金露梅
P. potaninii Wolf 华西委陵菜
P. saundersiana Royle. 钉柱委陵菜
P. saundersiana var. caespitosa（Lehm.）Wolf 丛生钉柱委陵菜
P. sischanensis Bunge ex Lehm. var. peterae（Hand. -Mazz.）Yü et Li 齿裂西山委陵菜
P. supina L. 朝天委陵菜
P. tanacetifolia Willd. ex Schlecht. 菊叶委陵菜
Rosa L. 蔷薇属
R. davidii Crép. 西北蔷薇
R. giraldii Crép. 陕西蔷薇
R. graciliflora Rehd. et Wils. 细梗蔷薇
R. hugonis Hemsl. 黄蔷薇
R. moyesii Hemsl. et Wils. 华西蔷薇
R. omeiensis Rolfe 峨眉蔷薇（狼牙刺）
R. setipoda Hemsl. 刺梗蔷薇
R. sweginzowii Koehne 扁刺蔷薇
R. tsinglingensis Pax et Hoffm 秦岭蔷薇（狼牙棒）
R. willmottiae Hemsl. 小叶蔷薇（红刺玫）
Rubus L. 悬钩子属
R. amabilis Focke 秀丽梅
R. irritans Focke 紫色悬钩子（莓子）
R. pileatus Focke 菰帽悬钩子
R. sachalinensis Lévl. 库页悬钩子
Sibiraea Maxim. 鲜卑花属
S. angustata（Rehd.）Hand. -Mazz. 窄叶鲜卑花

S. laevigata（L.）Maxim. 鲜卑花
Sorbus L. 花楸属
S. koehneana Schneid. 陕甘花楸
S. hupehensis Schneid. 湖北花楸
S. setschwanensis（Schneid.）Koehne 四川花楸
S. tapashana Schneid. 太白花楸
S. tianschanica Rupr. 天山花楸（皂角）
Sorbaria（Ser.）A. Br. ex Aschers. 珍珠梅属
S. kirilowii（Regel）Maxim. 华北珍珠梅
Spiraea L. 绣线菊属
S. aquilegifolia Pall. 耧斗叶菜绣线菊
S. alpina Turcz. 高山绣线菊
S. mongolica Maxim. 蒙古绣线菊
S. myrtilloides Rehd. 细枝绣线菊
S. rosthornii E. Pritz. ex Diels 南川绣线菊
Sanguisorba L. 地榆属
S. officinalis L. 地榆
Sibbaldia L. 山莓草属
S. adpressa Bunge 伏毛山莓草
S. cuneata Hornem. ex O. Kuntze 楔叶山莓草
S. procumbens L. var. aphanopetala（Hand. -Mazz.）Yü et Li 隐瓣山莓草
S. tetrandra Bunge. 四蕊山莓草

豆科 Leguminosae

Astragalus L. 黄芪属
A. adsurgens Pall. 斜茎黄芪
A. austrosibiricus Schischk. 漠北黄芪
A. chilienshanerrsis Y. C. Ho 祁连山黄芪
A. confertus Benth. ex Bunge 丛生黄芪
A. chrysopterus Benth. ex Bunge 金翼黄芪
A. dabanshanicus Y. H. Wu 达板山黄芪
A. dahuricus（Pall.）DC. 达乌里黄芪
A. datunensis Y. C. Ho 大通黄芪
A. densiflorus Kar. et Kir. 密花黄芪
A. dependens Bunge var. flavescens Y. C. Ho 黄白花黄芪
A. fenzelianus Pet. -Stib. 西北黄芪
A. floridus Benth. ex Bunge 多花黄芪

A. galactites Pall 乳白花黄芪

A. lepsensis Bunge var. leduensis Y. H. Wu 乐都黄芪

A. licentianus Hand. -Mazz. 甘肃黄芪

A. mahoschanicus Hand. -Mazz. 马河山黄芪

A. membranaceus（Fisch.）Bunge 膜荚黄芪

A. membranaceus var. mongholicus（Bge.）Hsiao 蒙古黄芪

A. melilotoides Pall. 草木犀状黄芪

A. monadelphus Bunge ex Maxim. 单体蕊黄芪

A. nivalis Kar. et Kir. 雪白黄芪

A. peterae Tsai et Yü 线苞黄芪

A. polycladus Bur. et Franch. 多枝黄芪

A. przewalskii Bunge 黑紫花黄芪

A. satoi Kitagawa 小米黄芪

A. scaberrimus Bunge 糙叶黄芪

A. tanguticus Batalin 青海黄芪

A. weigoldianus Hand. -Mazz. 肾形子黄芪

Caragana Fabr 锦鸡儿属

C. brevifolia Kom. 短叶锦鸡儿（毛儿刺）

C. erinacea Kom. 川西锦鸡儿

C. jubata（Pall.）Poiret 鬼箭锦鸡儿（浪麻）

C. licentiana Hand. -Mazz. 白毛锦鸡儿

C. opulens Kom. 甘蒙锦鸡儿

C. roborovskyi Kom. 荒漠锦鸡儿

C. tibetica Kom. 康青锦鸡儿

C. stenophylla Pojark. 狭叶锦鸡儿

C. tangutica Maxim. ex Kom. 甘青锦鸡儿

Glycyrrhiza L. 甘草属

G. uralensis Fisch. 甘草

Gueldenstaedtia Fisch. 米口袋属

G. gansuensis H. P. Tsui 甘肃米口袋

G. multiflora Bunge 米口袋

G. stenophylla Bunge 狭叶米口袋

Hedysarum L. 岩黄芪属

H. multijugum Maxim. 红花岩黄芪

H. algidum L. Z. Shue ex P. C. Li 块茎岩黄芪

Lathyrus L. 山黧豆属

L. palustris L. var. pilosus（Cham.）Ledeb 毛山黧豆

L. pratensis L. 牧地山黧豆

L. quinquenervius（Miquel）Litv. ex Kom. et Alis 五脉山黧豆

Lespedeza Michx. 胡枝子属

L. daurica（Laxm.）Schindl. 达乌里胡枝子

L. daurica var. potaninii（Vass.）Liou f. 牛枝子

Melilotoides Heist. et Fabr. 扁蓿豆属

M. archiducis-nicolai（Sirj.）Yakovl. 青藏扁蓿豆

M. ruthenica（L.）Sojak 扁蓿豆

Oxytropis DC. 棘豆属

O. aciphylla Ledeb. 刺叶柄棘豆

O. deflexa（Pall.）DC. 急弯棘豆

O. falcata Bunge 镰形棘豆

O. glabra（Lam.）DC. 小花棘豆

O. glacialis Benth. ex Bunge 冰川棘豆

O. imbricata Kom. 密花棘豆

O. kansuensis Bunge 甘肃棘豆

O. latibracteata Turcz. 宽苞棘豆

O. melanocalyx Bunge 黑萼棘豆

O. ochrantha Turcz. 土黄毛棘豆（黄毛棘豆）

O. ochrocephala Bunge 黄花棘豆

O. pauciflora Bunge 少花棘豆

O. platysema Schrenk 宽瓣棘豆

O. qilianshanica C. W. Chang et C. L. Zhang 祁连山棘豆

O. xinglongshanica C. W. Chang 兴隆山棘豆

O. zekuensis Y. H. Wu 泽库棘豆

Sophora L. 槐属

S. alopecuroides L. 苦豆子

Sphaerophysa DC. 苦马豆属

S. salsula（Pall.）DC. 苦马豆

Thermopsis R. Br. 黄华属

Th. lanceolata R. Br. 披针叶黄华

Th. licentiana Pet. -Stib. 光叶黄华

Tibetia（Ali）H. P. Tsui 高山豆属

T. himalaica（Baker）H. P. Tsui 高山豆

Vicia L. 野豌豆属

V. amoena Fisch. 山野豌豆

V. angustifolia L. ex Reich. 窄叶野豌豆

V. bungei Ohwi 大花野豌豆
V. costata Ledeb. 新疆野豌豆
V. cracca L. 广布野豌豆
V. megalotropis Ledeb. 大龙骨野豌豆
V. unijuga A. Br. 歪头菜

牻牛儿苗科 Geraniaceae

Biebersteinia Steph. ex Fisch. 薰倒牛属
B. heterostemon Maxim 薰倒牛
Erodium L'Herit. ex Ait. 牻牛儿苗属
E. stephanianum Willd. 牻牛儿苗
Geranium L. 老鹳草属
G. dahuricum DC. 粗根老鹳草
G. eriostemon Fisch. 毛蕊老鹳草
G. nepalense Sweet 尼泊尔老鹳草
G. pratense L. 草地老鹳草
G. pylzowianum Maxim. 甘青老鹳草
G. sibiricum L. 老鹳草

亚麻科 Linaceae

Linum L. 亚麻属
L. pallescens Bunge 短柱亚麻
L. perenne L. 多年生亚麻
L. perenne L. 宿根亚麻

蒺藜科 Zygophyllaceae

Nitraria L. 白刺属
N. roborowskii Kom. 大白刺
N. sibirica Pall. 小果白刺
N. tangutorum Bobr. 白刺
Peganum L. 骆驼蓬属
P. multisecta（Maxim.）Bobrov 多裂骆驼蓬
Tribulus L. 蒺藜属
T. terrestris L. 蒺藜
Zygophyllum L. 霸王属
Z. xanthoxylum（Bunge）Maxim 霸王

远志科 Polygalaceae

Polygala L. 远志属
P. sibirica L. 西伯利亚远志
P. tenuifolia Willd. 远志

大戟科 Euphorbiaceae

Euphorbia L 大戟属
E. esula L. 乳浆大戟
E. helioscopia L. 泽漆
E. humifusa Willd. 地锦草
E. micractina Boiss. 甘青大戟
E. tangutica Proch. 唐古特大戟
E. yinshanica S. Q. Zhou et G. H. Liu 阴山大戟

水马齿科 Callistrichaceae

Callistriche L. 水马齿属
C. palustris L. 沼生水马齿

卫矛科 Celastraceae

Euonymus L. 卫矛属
E. alatus（Thunb.）Sieb. 卫矛
E. porphyreus Loes. 紫花卫矛
E. przewalskii Maxim. 八宝茶（鬼箭羽、打鬼条、甘青卫矛）
E. sanguineus Loes. 石枣子

槭树科 Aceraceae

Acer L. 槭属
A. maximowoczii Pax 五尖槭
A. tetramerum Pax var. betulifolium（Maxim.）Rehd. 桦叶四蕊槭

无患子科 Sapindaceae

Xanthoceras Bunge 文冠果属
X. sorbifolia Bunge. 文冠果（木瓜）

凤仙花科 Balsaminaceae

Impatiens L. 凤仙花属

I. noli-tangere L. 水金凤

鼠李科 Rhamnaceae

Rhamnus Mill. 鼠李属

Rh. tangutica J. Vass. 甘青鼠李

葡萄科 Vitaceae

Ampelopsis Michx. 蛇葡萄属

A. aconitifolia Bunge var. glabra Diels et Gilg 掌裂草葡萄

锦葵科 Malvaceae

Malva L. 锦葵属

M. verticillata L. 野葵（冬寒菜）

藤黄科 Guttiferae

Hypericum L. 金丝桃属

H. przewalskii Maxim. 突脉金丝桃

柽柳科 Tamaricaceae

Myricaria Desv. 水柏枝属

M. paniculata P. Y. Zhang et Y. K. Zhang 三春水柏枝（砂柳、三春柳）

M. squamosa Desv. 具鳞水柏枝

Reaumuria L. 红砂属

R. soongarica（Pall.）Maxim. 红砂

Tamarix L. 柽柳属

T. austromongolica Nakai 甘蒙柽柳

T. hohenackeri Bunge 多花柽柳

T. laxa Willd. 短穗柽柳

堇菜科 Violaceae

Viola L. 堇菜属

V. biflora L. 双花堇菜

V. bulbosa Maxim. 鳞茎堇菜

V. dissecta Ledeb. 裂叶堇菜

V. kunawareensis Royle 西藏堇菜

V. prionantha Bunge 早开堇菜

V. patrinii Ging. ex DC. 白花堇菜

V. rockiana W. Beck. 圆叶小堇菜

V. tuberifera Franch. 块茎堇菜

瑞香科 Thymelaeaceae

Daphne L. 瑞香属

D. giraldii Nitsche 黄瑞香

D. tangutica Maxim. 甘青瑞香（冬夏青、祖师麻）

Stellera L. 狼毒属

S. chamaejasme L. 狼毒

胡颓子科 Elaeagnaceae

Hippophae L. 沙棘属

H. thibetana Schlecht 西藏沙棘（酸达列、十字棵、鸡爪柳）

H. neurocarpa S. W. Liu et T. N. Ho 肋果沙棘（大头黑刺）

H. rhamnoides L. subsp. sinensis Rousi 沙棘（黑刺、中国沙棘）

柳叶菜科 Onagraceae

Circaea L. 露珠草属

C. alpina L. 高山露珠草

Chamaenerion Seguier 柳兰属

Ch. angustifolium（L.）Scop. 柳兰

Epilobium L. 柳叶菜属

E. amurense Haussk. 毛脉柳叶菜

E. palustre L. 沼生柳叶菜

小二仙草科 Haloragidaceae

Myriophyllum L. 狐尾藻属

M. spicatum L. 穗状狐尾藻

杉叶藻科 Hippuridaceae

Hippuris L. 杉叶藻属

H. vulgaris L. 杉叶藻

五加科 Araliaceae

Acanthopanax（Decne. ex Planch.）Miquel 五加属

A. giraldii Harms 红毛五加

A. giraldii var. pilosulus Rehd. 毛叶红毛五加

A. wilsonii Harms 狭叶五加

伞形科 Umbelliferae

Acronema Falconer ex Edgew. 丝瓣芹属
A. chinense Wolff 尖瓣芹
Angelica L. 当归属
A. nitida Wolff 青海当归
Anthriscus（Pers.）Hoffm. 峨参属
A. sylvestris（L.）Hoffm. 峨参
Bupleurum L. 柴胡属
B. angustissimum（Franch.）Kitagawa 线叶柴胡
B. condensatum Shan et Y. Li 蔟生柴胡
B. longicaule Wall. ex DC. 长茎柴胡
B. longicaule var. giraldii Wolff 秦岭柴胡
B. longicaule var. franchetii H. Boiss. 空心柴胡
B. smithii Wolff. 黑柴胡
B. yinchowense Shan et Y. Li 银州柴胡
Carum L. 葛缕子属
C. buriaticum Turcz. 田葛缕子
C. carvi L. 葛缕子
form. gracile（Lindl.）Wolff 细葛缕子
Heracleum L. 独活属
H. candicans Wall. ex DC. 白亮独活
H. millefolium Diels 裂叶独活
Ligusticum L. 藁本属
L. moniliforme Z. X. Peng et B. Y. Zhang 串珠藁本
L. thomsonii C. B. Clarke 长茎藁本
Notopterygium H. Boiss. 羌活属
N. forbesii H. Boiss. 宽叶羌活
N. incisum Ting ex. H. T. Ching 羌活（蚕羌）
Pimpinella L. 茴芹属
P. smithii Wolff 直立茴芹
Pleurospermum Hoffm. 棱子芹属
P. crassicaule Wolff 粗茎棱子芹
P. franchetianum Hemsl. 异伞棱子芹
P. hookeri C. B. Clarke 紫茎棱子芹
P. hookeri var. thomsonii Clarke 西藏棱子芹

P. hookeri var. haidongense J. T. Pan 海东棱子芹

P. pulszkyi Kanitz 青藏棱子芹

Pternopetalum Franch. 囊瓣芹属

P. brevium K. T. Fu 短茎囊瓣芹

P. filicinum (Franch.) Hand. -Mazz. 羊齿囊瓣芹

Sanicula L. 变豆菜属

S. giraldii Wolff 首阳变豆菜

Seseli L. 西风芹属

S. squarrulosum Shan et Sheh 粗糙西风芹

Sphallerocarpus Bess. ex DC. 迷果芹属

S. gracilis (Bess. ex Trevir.) K. -Pol. 迷果芹

Tongoloa Wolff 东俄芹属

T. elata Wolff 大东俄芹

Torilis Adans. 窃衣属

T. japonica (Houtt.) DC. 小窃衣

山茱萸科 Cornaceae

Swida Opiz 梾木属

S. bretschneideri (L'Henry) Sojak 沙梾

S. hemsleyi (Schneid. et Wanger.) Sojak 红梾子

鹿蹄草科 Pyrolaceae

Orthilia Rafin. 单侧花属

O. obtusata (Turcz.) Hara 钝叶单侧花

Pyrola (Tourn.) L. 鹿蹄草属

P. calliantha H. Andr. 鹿蹄草

杜鹃花科 Ericaceae

Arctostaphylos Adans. [Actous (A. Gray) Niedenzu] 北极果属

A. alpinus (L.) Spreng. 北极果（当年枯）

Rhododendron 杜鹃属

Rh. anthopogonoides Maxim. 烈香杜鹃

Rh. capitatum Maxim. 头花杜鹃

Rh. przewalskii Maxim. 陇蜀杜鹃（青海杜鹃、达坂山杜鹃、枇杷）

Rh. rufum Batal. 黄毛杜鹃

Rh. thymifolium Maxim. 百里香杜鹃

报春花科 Primulaceae

Androsace L. 点地梅属

A. erecta Maxim. 直立点地梅

A. gmelinii (Gaertn.) Roem. et Schlut. 高山点地梅（小点地梅）

A. mariae Kanitz 西藏点地梅

A. tanggulashanensis Y. C. Yang et R. F. Huang 唐古拉点地梅

A. tapete Maxim. 垫状点地梅

A. yargongensis Petitm. 雅江点地梅

Glaux L. 海乳草属

G. maritima L. 海乳草

Pomatosace Maxim. 羽叶点地梅属

P. filicula Maxim. 羽叶点地梅

Primula L. 报春属

P. farreriana Balf. f. 大通报春

P. nutans Georgi 天山报春

P. pumilio Maxim. 柔小粉报春

P. stenocalyx Maxim. 狭萼报春

P. tangutica Duthie 甘青报春

P. urticifolia Maxim. 荨麻叶报春

P. woodwardii Balf. f. 岷山报春

白花丹科 Plumbaginaceae

Plumbagella Spach 鸡娃草属

P. micrantha (Ledeb.) Spach 鸡娃草（小蓝雪花、小蓝花丹）

Limonium Mill. 补血草属

L. aureum Hill. 黄花补血草

L. aureum var. potaninii (Ik. -Gal.) Peng 星毛补血草

L. bicolor (Bunge) O. Kuntze 二色补血草

木犀科 Oleaceae

Syringa L. 丁香属

S. oblata Lindl. 紫丁香（轮白）

S. pinnatifolia Hemsl. 羽叶丁香

S. pubescens Turcz. subsp. microphylla (Diels) M. C. Chang ex X. L. Chen 小叶丁香

马钱科 Loganiaceae

Buddleja L. 醉鱼草属

B. alternifolia Maxim. 互叶醉鱼草

龙胆科 Gentianaceae

Comastoma (Wettsh.) Toyokuni 喉毛花属

C. falcatum (Turcz. ex Kar. et Kir.) Toyokuni 镰萼喉毛花

C. pedunculatum (Royle ex D. Don) Holub 长梗喉毛花

C. pulmonarium (Turcz.) Toyokuni 喉毛花（喉花草）

Gentiana (Tourn.) L. 龙胆属

G. aperta Maxim. 开张龙胆

G. aristata Maxim. 刺芒龙胆

G. burkillii H. Smith 白条纹龙胆

G. dahurica Fisch. 达乌里秦艽

G. dolichocalyx T. N. Ho 长萼龙胆

G. haynaldii Kanitz 钻叶龙胆

G. lawrencei Burk. var. farreri (I. B. Balf.) T. N. Ho (=G. farreri Balf. f.) 线叶龙胆

G. leucomelaena Maxim. 蓝白龙胆

G. nubigena Edgew. 云雾龙胆（祁连龙胆）

G. algida var. przewalskii 祁连龙胆

G. pseudoaquatica Kusnez. 假水生龙胆

G. pseudosquarrosa H. Smith 假鳞叶龙胆

G. pudica Maxim. 偏翅龙胆

G. purdomii Marq. 岷县龙胆

G. siphonantha Maxim. ex Kusnez 管花秦艽

G. spathulifolia Maxim. ex kusnez. 匙叶龙胆

G. squarrosa Ledeb. 鳞叶龙胆

G . straminea Maxim. 麻花艽

G. striata Maxim. 条纹龙胆

G. trichotoma Kusnez. 三歧龙胆

G. veitchiorum Hemsl. 蓝玉簪龙胆

Gentianella Monch 假龙胆属

G. azurea (Bunge) Holub. 黑边假龙胆

Gentianopsis Ma 扁蕾属

G. barbata (Froel.) Ma 扁蕾

G. contorta (Royle) Ma 回旋扁蕾

G. paludosa (Hook. f.) Ma 湿生扁蕾

Halenia Borkh. 花锚属

H. elliptica D. Don 椭圆叶花锚

Lomatogonium A. Br. 肋柱花属
L. gamosepalum (Burk.) H. Smith apud S. Nilsson 合萼肋柱花
L. rotatum (L.) Fries ex Nym. 辐状肋柱花
Pterygocalyx Maxim. 翼萼蔓属
P. volubilis Maxim. 翼萼蔓
Swertia L. 獐牙菜属
S. bifolia Betal. 二叶獐牙菜
S. dichotoma L. 歧伞獐牙菜
S. erythrosticta Maxim. 红直獐牙菜
S. franchetiana H. Smith. 抱茎獐牙菜
S. przewalskii Pissjauk. 祁连獐牙菜
S. tetraptera Maxim. 四数獐牙菜
S. wolfangiana Gruning 华北獐牙菜

萝藦科 Asclepiadaceae

Apocynum L. 罗布麻属
A. pictum Schrenk 白麻
Cynanchum Linn. 鹅绒藤属
C. chinense R. Br. 鹅绒藤
C. mongolicum (Maxim.) Hemsl. 华北白前
C. inamoenum (Maxim.) Loes. 竹灵消
C. thesioides (Freyn) K. Schum. 地梢瓜

旋花科 Convolvulaceae

Calystegia R. Br. 打碗花属
C. hederacea Wall. ex Roxb. 打碗花
Convolvulus L. 旋花属
C. ammannii Desr. 银灰旋花
C. arvensis L. 田旋花（中国旋花、箭叶旋花）
Cuscuta L. 菟丝子属
C. europaea L. 欧洲菟丝子

花荵科 Polemoniaceae

Polemonium L. 花葱属
P. chinense (Brand) Brand 中华花葱

紫草科 Boraginaceae

Arnebia Forssk. 软紫草属

A. szechenyi Kanitz 疏花软紫草
Asperugo L. 糙草属
A. procumbens L. 糙草
Bothriospermum Bunge 斑种草属
B. kusnezowii Bunge 狭苞斑种草
Cynoglossum L. 琉璃草属
C. amabile Stapf et Drumm. 倒提壶
C. gansuense Y. L. Liu 甘草琉璃草
C. wallichii G. Don. var. glochidiatum（Wall. ex Benth.）Kazmi. 倒钩琉璃草
Eritrichium Schrad. 齿缘草属
E. acicularum Lian et J. Q. Wang 针刺齿缘草
Lappula V. Wolf 鹤虱属
L. consanguinea（Fisch. et C. A. Mey.）Gurke 蓝刺鹤虱
L. intermedia（Ledeb.）M. Pop. 蒙古鹤虱（卵盘鹤虱）
Lycopsis L. 狼紫草属
L. orientalis L. 狼紫草
Microula Benth. 微孔草属
M. pseudotrichocarpa W. T. Wang. 甘青微孔草
M. sikkimensis（C. B. Clarke）Hemsl. 微孔草
M. tibetica Benth. 西藏微孔草
M. trichocarpa（Maxim.）Johnst. 长叶微孔草
M. turbinata W. T. Wang. 长果微孔草
Stenosolenium Turcz. 紫筒草属
S. saxatiles（Pall.）Turcz. 紫筒草
Trigonotis Stev. 附地菜属
T. peduncularis（Trev.）Benth. ex Baker et Moore 附地菜
T. petiolaris Maxim. 祁连山附地菜
T. tibetica（C. B. Clarke）Johnst. 西藏附地菜

马鞭草科 Verbenaceae

Caryopteris Bunge 莸属
C. tangutica Maxim. 唐古特莸

唇形科 Labiatae

Ajuga L. 筋骨草属
A. lupulina Maxim. 白苞筋骨草
Clinopodium L. 风轮菜属

C. polycephalum（Vaniot）C. Y. Wu et Hsuan ex Hsu 灯笼草

Dracocephalum L. 青兰属

Dr. heterophyllum Benth. 异叶青兰（白蜜罐草）

Dr. purdomii W. W. Smith 岷山毛建草

Dr. rupestre Hance 毛建草

D. tanguticum Maxim. 甘青青兰

Elsholtzia Willd. 香薷属

E. densa Benth. 密花香薷

E. densa var. ianthina（Maxim. ex Kanitz）C. Y. Wu et S. C. Huang 细穗香薷

E. feddei Levl. 高原香薷

Galeopsis L. 鼬瓣花属

G. bifida Boenn. 鼬瓣花

Isodon（Schrad. ex Benth.）Spach 香茶菜属

I. henryi（Hemsl.）Kudo 鄂西香茶菜

Leonurus L. 益母草属

L. japonicus Houtt. 益母草

L. sibiricus L. 细叶益母草

Lagopsis（Bunge ex Bentham）Bunge 夏至草属

L. eriostachys（Benth.）Ik. -Gal. ex Knorr 毛穗夏至草

L. supina（Steph. ex Willd.）Ik. -Gal. ex Knerr. 夏至草

Lamium L. 野芝麻属

L. amplexicaule L. 宝盖草

Mentha L. 薄荷属

M. haplocalyx Briq. 野薄荷

Nepeta L. 荆芥属

N. coerulescens Maxim 蓝花荆芥

N. prattii Levl. 康藏荆芥

Phlomis L. 糙苏属

Ph. dentosa Franch. 尖齿糙苏

Salvia L. 鼠尾草属

S. przewalskii Maxim. 甘西鼠尾草

S. roborowskii Maxim. 黏毛鼠尾草

Scutellaria L. 黄芩属

S. scordifolia Fisch. ex Schrenk 并头黄芩

Stachys L. 水苏属

S. sieboldii Miq. 甘露子

Schizonepeta Briq. 裂叶荆芥属

S. multifida（L.）Briq. 多裂叶荆芥
Thymus L. 百里香属
Th. mongolicus Ronn. 百里香

茄科 Solanaceae

Anisodus Link et Otto 山莨菪属
A. tanguticus（Maxim.）Pasher. 山莨菪
Datura L. 曼陀罗属
D. stramonium L. 曼陀罗
Hyoscyamus L. 天仙子属
H. niger L. 天仙子
Lycium L. 枸杞属
L. barbarum L. 宁夏枸杞（中宁枸杞）
L. chinense Mill. var. potaninii（Pojark.）A. M. Lu 北方枸杞（野枸杞）
Mandragora L. 茄参属
M. chinghaiensis Kuang et A. M. Lu 青海茄参
Przewalskia Maxim. 马尿泡属
P. tangutica Maxim. 马尿泡
Solanum L. 茄属
S. alatum Moench 红果龙葵
S. japonense Nakai 野海茄

玄参科 Scrophulariaceae

Cymbaria L. 大黄花属
C. mongolica Maxim. 大黄花
Euphrasia L. 小米草属
E. pectinata Tenore 小米草
E. regelii Wettst. 短腺小米草
Lagotis Gaertn. 兔耳草属
L. brachystachya Maxim. 短穗兔耳草
L. brevituba Maxim. 短管兔耳草
Lancea Hook. f. et Thoms. 肉果草属（兰石草属）
L. tibetica Hook. f. et Thoms. 肉果草（兰石草）
Pedicularis Linn. 马先蒿属
P. alaschanica Maxim. 阿拉善马先蒿
P. anas Maxim. 鸭首马先蒿
P. brevilabris Franch. 短唇马先蒿

P. cheilanthifolia Schrenk 碎米蕨叶马先蒿

P. chinensis Maxim. 中国马先蒿

P. kansuensis Maxim. 甘肃马先蒿

P. kansuensis subsp. kokonorica Tsoong 青海马先蒿

P. lasiophrys Maxim. 毛颏马先蒿

P. longiflora Rudolph 长花马先蒿

P. longiflora var. tubiformis（Klotz.）Tsoong 斑唇马先蒿

P. muscicola Maxim. 藓生马先蒿

P. oederi Vahl var. sinensis（Maxim.）Hurus. 华马先蒿

P. polyodenta Li 多齿马先蒿

P. przewalskii Maxim. 青藏马先蒿

P. pseudocurvituba Tsoong 假弯管马先蒿

P. pygmaea Maxim. 儒侏马先蒿

P. rhinanthoides Schrenk ex Fisch. et C. A. Mey. subsp. labellata（Jacq.）Tsoong 大唇马先蒿

P. kansuensis Maxim. subsp. kokonorica Tsoong 青甘马先蒿

P. roylei Maxim. 草甸马先蒿

P. rudis Maxim. 粗野马先蒿

P. spicata Pall. 穗花马先蒿

P. sphaerantha Tsoong 团花马先蒿

P. ternata Maxim. 三叶马先蒿

P. verticillata L. 轮叶马先蒿

P. verticillata subsp. tangutica（Bonati）Tsoong 唐古特马先蒿

Scrofella Maxim. 细穗玄参属

S. chinensis Maxim. 细穗玄参

Scrophularia L. 玄参属

S. incisa Weinm. 砾玄参

Veronica L. 婆婆纳属

V. anagallis-aquatica L. 北水苦荬

V. biloba L. 两裂婆婆纳

V. ciliata Fisch. 长果婆婆纳

V. eriogyne H. Winkl. 毛果婆婆纳

V. rockii Li 光果婆婆纳

V. szechuanica Batal. 四川婆婆纳

V. vandellioides Maxim. 唐古拉婆婆纳

紫葳科 Bignoniaceae

Incarvillea Juss. 角蒿属

I. compacta Maxim. 密花角蒿

I. sinensis Lamk. var. przewalskii（Batalin）C. Y. Wu et W. C. Yin 黄花角蒿

列当科 Orobanchaceae

Boschniakia C. A. Mey. ex Bongard 草苁蓉属

B. himalaica Hook. f. et Thoms. 丁座草

Orobanche Linn 列当属

O. coerulesens Steph. 列当

Mannagettaea H. Smith 豆列当属

M. hummelii H. Smith 矮生豆列当

狸藻科 Lentibulariaceae

Utricularia L. 狸藻属

U. vulgaris L. 狸藻

车前科 Plantaginaceae

Plantago L. 车前属

P. asiatica L. 车前

P. depressa Willd. 平车前

P. lessingii Fisch. et C. A. Mey. 条叶车前

P. major L. 大车前

茜草科 Rubiaceae

Rubia L. 茜草属

R. cordifolia L. 茜草

Galium L. 拉拉藤属

G. aparine L. var. echinospermum（Wallr.）Cuf. 刺果猪秧秧

G. rivale（Sibth. et Smith）Griseb. 中亚猪秧秧

G. soongoricum Schrenk. 准葛尔拉拉藤

G. verum L. 蓬子菜

G. verum var. trachycarpum DC. 毛果蓬子菜

忍冬科 Caprifoliaceae

Lonicera L. 忍冬属

L. caerulea var. edulis Turcz. ex Herd. 蓝靛果（蓝果忍冬、鸽子嘴）

L. chrysantha Turcz. ex Ledeb. 金花忍冬

L. ferdinandii Franch. 葱皮忍冬

L. hispida Pall. ex Roem. et Schult. 刚毛忍冬（子弹把子）

L. microphylla Walld. ex Roem. et Schultz. 小叶忍冬

L. nervosa Maxim. 红脉忍冬

L. rupicola Hook. f. et Thoms var. syringantha（Maxim.）Zabel 红花岩生忍冬

L. szechuanica Batal. 四川忍冬

L. tangutica Maxim. 唐古特忍冬

L. webbiana Wall. ex DC. 华西忍冬

Sambucus L. 接骨木属

S. adnata Wall. ex DC. 血满草

Triosteum L. 莛子藨属

T. pinnatifidum Maxim. 莛子藨

Viburnum L. 荚蒾属

V. mongolicum（Pall.）Rehd. 蒙古荚蒾（白条）

五福花科 Adoxaceae

Adoxa L. 五福花属

A. moschatellina L. 五福花

败酱科 Valerianaceae

Valeriana L. 缬草属

V. meonantha C. Y. Cheng et H. B. Chen 细花缬草

V. pseudofficinalis C. Y. Cheng et H. B. Chen 缬草

V. tangutica Batal. 小缬草

川续断科 Dipsacaceae

Dipsacus L. 川续断属

D. japonicus Miguel 日本续断

Morina L. 刺续断属

M. alba Hand. -Mazz. 白花刺参（白花摩苓草）

M. chinensis（Batal.）Diels 圆萼摩苓草

M. kokonorica Hao 青海刺参

桔梗科 Campanulaceae

Adenophora Fisch. 沙参属

A. himalayana Feer 喜马拉雅沙参

A. potaninii Korsh. 泡沙参（面杆杖）

A. stenanthia（Ledeb.）Kitagawa 长柱沙参

Campanula L. 风玲草属

C. aristata Wall. 钻裂风玲草

Codonopsis Wall. 党参属

C. pilosula（Franch.）Nannf. 党参

C. viridiflora Maxim. 绿花党参

菊科 Compositae

Ajania Poljak. 亚菊属

A. fruticulosa（Ledeb.）Poljak. 灌木亚菊

A. khartensis（Dunn）Shih 铺散亚菊

A. nematoloba（Hand.-Mazz.）Ling et Shih 丝裂亚菊

A. przewalskii Poljak. 细裂亚菊

A. salicifolia（Mattf.）Poljak. 柳叶亚菊

A. tenuifolia（Jacq.）Tzvel. 细叶亚菊（细叶菊艾）

Anaphalis DC. 香青属

A. aureo-punctata Lingelsh. et Borza 黄腺香青

A. bicolor（Franch.）Diels var. kokonorica Ling 青海香青

A. hancockii Maxim. 铃铃香青

A. flavescens Hand.-Mazz. 淡黄香青

A. lactea Maxim. 乳白香青

A. latialata Ling et Y. L. Chen var. viridis（Hand.-Mazz.）Ling et Y. L. Chen 绿色宽翅香青

A. margaritacea（L.）Benth. et Hook. f. 珠光香青

Arctium L. 牛蒡属

A. lappa L. 牛蒡（毛然然）

Artemisia L. 蒿属

A. abaensis Y. R. Ling et Z. Y. Zhao 阿坝蒿

A. anethifolia Web. ex Stechm. 碱蒿

A. anethoides Mattf. 莳萝蒿

A. annua L. 黄花蒿（青蒿）

A. argyi Levil. et Vaniet 艾

A. dalai-lamae Krasch. 米蒿

A. desertorum Spreng. 沙蒿

A. dubia Wall. ex Bess. 牛尾蒿

A. duthrenil-de-rhinsi Krasch. 青藏蒿

A. frigida Willd. 冷蒿

A. hedinii Ostenf. 臭蒿

A. leucophylla（Turcz. ex Bess.）C. B. Clarke 白叶蒿

A. mattifeldii Pamp. 粘毛蒿

A. mongolica（Fisch. ex Bess.）Nakai 蒙古蒿

A. moorcroftiana Wall. ex DC. 小球花蒿

A. nanschanica Krasch. 昆仑蒿（南山蒿）

A. parviflora Buch. -Ham. ex Roxb. 西南牡蒿

A. pewzowi C. Winkl. 纤梗蒿

A. roxburghiana Bess. 灰苞蒿

A. sacrorum Ledeb. 白莲蒿

A. sacrorum var. messerschmidtiana（Bess.）Y. R. Ling 密毛白莲蒿

A. scoparia Waldst. et Kir. 猪毛蒿

A. sieversiana Willd. 大籽蒿

A. sphaerocephala Krasch. 圆头沙蒿（圆头蒿）

A. sylvatica Maxim. 阴地蒿

A. tangutica Pamp. 甘青蒿

A. vestita Wall. 毛莲蒿

A. viscida（Mattf.）Pamp. 腺毛蒿

Aster L. 紫菀属

A. ageratoides Turcz. 三脉紫菀

A. asteroids（DC.）O. Kuntze 星舌紫菀

A. diplostephioides（DC.）C. B. Clarke 重冠紫菀

A. farreri W. W. Smith et J. F. Jeffr. 狭苞紫菀

A. poliothamnus Diels 灰木紫菀

Bidens L. 鬼针草属

B. tripartita L. 狼杷草

Brachanthemum DC. 短舌菊属

B. pulvinatum（Hand. -Mazz.）Shih 星毛短舌菊

Cacalia L. 蟹甲草属

C. deltophylla（Maxim.）Mattf. ex Rehd. et Koboski 三角叶蟹甲草

C. roborowskii（Maxim.）Ling 蛛毛蟹甲草

Cancrinia Kar. et Kir. 小甘菊属

C. maximowiczii C. Winkl. 灌木小甘菊

Carduus L. 飞廉属

Carduus acanthoides L. 节毛飞廉

C. crispus L. 飞廉（大马刺盖）

Carpesium L. 天名精属

C. humile C. Winkl. 矮生天名精

C. lipskyi C. Winkl. 高原天名精（高原金挖耳）

Chaetoseris Shih 毛鳞菊属

Ch. qiliangshanensis S. W. Liu et T. N. Ho 祁连毛鳞菊

Ch. roborowskii（Maxim.）Shih 川甘毛鳞菊

Cirsium Mill. emond. Scop. 蓟属

C. lanatum（Roxb. ex Willd.）Spreng. 藏蓟

C. setosum（Willd.）M. Bieb. 刺儿菜（马刺盖）

C. souliei（Franch.）Mattf. 葵花大蓟

Cremanthodium Benth. 垂头菊属

C. discoideum Maxim. 盘花垂头菊

C. ellisii（Hook. f.）Kitam. 车前状垂头菊

C. humile Maxim. 矮垂头菊

C. lineare Maxim. 条叶垂头菊（线叶垂头菊）

Crepis L. 还阳参属

C. crocea（Lam.）Babc. 还阳参

C. flexuosa（Ledeb.）C. B. Clarke 弯茎还阳参

C. pratensis Shih 草甸还阳参

Dendranthema（DC.）Des Moul. 菊属

D. chanetii（Lévl.）Shih. 小红菊

Doronicum L. 多榔菊属

D. stenoglossum Maxim. 多榔菊

Erigeron L. 飞蓬属

E. acer L. 飞蓬

Heteropappus Less. 狗哇花属（狗娃花属、狗洼花属）

H. altaicus（Willd.）Novopokr. 阿尔泰狗哇花（阿尔泰狗洼花、阿尔泰狗娃花）

H. bowerii（Hemsl.）Griers. 青藏狗哇花（青藏狗娃花、青藏狗洼花）

H. crenatifolius（Hand. -Mazz.）Griers. 圆齿狗哇花（圆齿狗娃花、圆齿狗洼花）

Inula L. 旋覆花属

I. japonica Thunb. 旋覆花（金佛草）

I. salsoloides（Turcz.）Ostenf. 寥子朴

Ixeridium（A. Gray）Tzvel. 小苦荬属

I. gramineum（Fisch.）Tzvel. 窄叶小苦荬

Leibinitzia Cass. 大丁草属

L. anandria（L.）Sch. -Bip. 大丁草

Leontopodium R. Brown apud. Cass. 火绒草属

L. calocephalum（Franch.）Beauv. 美头火绒草

L. dedekensii（Bur. et Franch.）Beauv. 戟叶火绒草

L. haplophylloides Hand. -Mazz. 香芸火绒草

L. leontopodioides (Willd.) Beauv. 火绒草

L. nanum (Hook. f. et Thoms.) Hand. -Mazz. 矮火绒草

L. ochroleucum Beauv. 黄白火绒草

L. pusillum (Beauv.) Hand. -Mazz. 弱小火绒草

L. souliei Beauv. 银叶火绒草

Ligularia Cass. 橐吾属

L. przewalskii (Maxim.) Diels 掌叶橐吾

L. sagitta (Maxim.) Mattf. 箭叶橐吾

L. tangotorum Pojark. 唐古特橐吾

L. virgaurea (Maxim.) Mattf. 黄帚橐吾

Mulgedium Cass. emend. C. Shih 乳苣属

M. tataricum (L.) DC. 乳苣

Neopallasia Poljak. 栉叶蒿属

N. pectinata (Pall.) Poljak. 栉叶蒿

Nannoglottis Maxim. 毛冠菊属

N. carpesioides Maxim. 毛冠菊

Olgaea Iljin 鳍菊属

O. tangutica Iljin 青海鳍蓟

Paraixeris Nakai 黄瓜菜属

P. denticulata (Houtt.) Nakai 黄瓜菜

Pertya Sch. -Bip. 帚菊属

P. discolor Rehd. 两色帚菊

Petasites Mill. 蜂斗菜属

P. tricholobus Franch. 毛裂蜂斗菜

Picris L. 毛连菜属

P. japonica Thunb. 毛连菜

Saussurea DC. 风毛菊属

S. amara (L.) DC. 草地风毛菊

S. arenaria Maxim. 沙生风毛菊

S. brunneo-pilosa Hand. -Mazz. 褐毛风毛菊

S. cana Ledeb. 灰白风毛菊

S. chingiana Hand. -Mazz. 仁昌风毛菊

S. eopygmaea Hand. -Mazz. 矮丛风毛菊

S. epilobioides Maxim. 柳兰叶风毛菊

S. globosa Chen 球苞雪莲

S. gnaphalodes (Royle) Sch. -Bip. 鼠麯雪兔子

S. hieracioides Hook. f. 长毛风毛菊

S. hypsipeta Diels 黑毛雪兔子
S. katochaete Maxim. 重齿风毛菊
S. medusa Maxim. 水母雪兔子（水母雪兔子）
S. minuta C. Winkl. 披针叶风毛菊
S. mongolica（Franch.）Franch. 华北风毛菊
S. nigrescens Maxim. 瑞苓草（黑紫风毛菊）
S. nigrescens var. acutisquama Ling 尖苞瑞苓草
S. parviflora（Poir.）DC. 小花风毛菊
S. phaeantha Maxim. 褐花雪莲
S. przewalskii Maxim. 弯齿风毛菊
S. pulvinata Maxim. 垫状风毛菊
S. salsa（Pall.）Spreng. 盐地风毛菊
S. stella Maxim. 星状雪兔子（星状雪兔子）
S. subulata C. B. Clarke 钻叶风毛菊
S. superba Anth. 美丽风毛菊
S. sylvatica Maxim. 林生风毛菊
S. tangutica Maxim. 唐古特雪莲
S. ussuriensis Maxim. 乌苏里风毛菊
Scorzonera L. 鸦葱属
S. austriaca Willd. 鸦葱
S. mongolica Maxim. 蒙古鸦葱
Senecio L. 千里光属
S. argunensis Turcz. 额河千里光
S. diversipinnus Ling 高原千里光
S. dubitabilis C. Jeffr et Y. L. Chen 北千里光
S. faberi Hemsl. 密伞千里光
S. flammeus Turcz. ex DC. 红轮千里光
S. thianschanicus Regel et Schmalh. 天山千里光
Serratula L. 麻花头属
S. strangulata Iljin 缢苞麻花头
Sinacalia H. Robins. et Bretell. 华蟹甲草属
S. tangutica（Maxim.）B. Nord. 华蟹甲草
Sonchus L. 苦苣菜属
S. arvensis L. 苣荬菜（苦苦菜）
S. oleraceus L. 苦苣菜
Soroseris Stebb. 绢毛菊属
S. erysimoides Hand. -Mazz. 糖芥绢毛菊

Stemmacantha Cass. 漏芦属
S. uniflora（L.）Dittrich. 祁州漏芦
Taraxacum F. H. Wiggers 蒲公英属
T. leucanthum（Ledeb.）Ledeb. 白花蒲公英（亚洲蒲公英）
T. lugubre Dahlst. 川甘蒲公英
T. mongolicum Hand. -Mazz. 蒲公英
Tephroseris（Reichenb.）Reichenb. 狗舌草属
T. kirilowii（Turcz. ex DC.）Holub 狗舌草
Tussilago L. 款冬属
T. farfara L. 款冬（九尽草）
Xanthium L. 苍耳属
X. sibiricum Patrin ex Widder. 苍耳
Xanthopappus C. Winkl. 黄缨菊属（黄冠菊属）
X. subacaulis C. Winkl. 黄缨菊（黄冠菊、九头妖）
Youngia Cass. 黄鹌菜属
Y. simulatrix（Babc.）Babc. et Stebb. 无茎黄鹌菜
Y. tenuifolia（Willd.）Babc. et Stebb. 细叶黄鹌菜

香蒲科 Typhaceae

Typha L. 香蒲属
T. angustifolia L. 狭叶香蒲
T. laxmanii lepech. 无苞香蒲

眼子菜科 Potamogetonaceae

Potamogeton L. 眼子菜属
P. crispus L. 菹草
P. distinctus A. Bennett 眼子菜
P. lucens L. 光叶眼子菜
P. natans L. 浮叶眼子菜
P. pectinatus L. 蓖齿眼子菜
P. pusillus L. 小眼子菜
Ruppia L. 川蔓藻属
R. maritima Linn. 川蔓藻

水麦冬科 Juncaginaceae

Triglochin L. 水麦冬属
T. maritimum L. 海韭菜

T. palustre L. 水麦冬

茨藻科 Najadaceae

Zannichellia L. 角果藻属
Z. palustris L. 角果藻
Z. qinghaiensis Y. D. Chen 青海角果藻

冰沼草科 Scheuchzeriaceae

Scheuchzeria L. 冰沼草属
S. palustris L. 冰沼草

泽泻科 Alismataceae

Alisma L. 泽泻属
A. orientale（Sam.）Juzepcz. 泽泻
Sagittaria L. 慈姑属
S. trifolia L. 野慈姑

禾本科 Gramineae

Achnatherum Beauv. 芨芨草属
A. chingii（Hitchs.）Keng ex P. C. Kuo 细叶芨芨草
A. extremiorientale（Hara）Keng ex P. C. Kuo 远东芨芨草
A. inebrians（Hance）Keng ex Tzvel. 醉马草（药草）
A. psilantherum Keng ex Tzvel. 光药芨芨草
A. pubicalyx（Ohwi）Keng ex P. C. Kuo 毛颖芨芨草
A. splendens（Trin.）Nevski 芨芨草
A. sibiricum（L.）Keng ex Tzvel. 羽茅
Agropyron Gaertn. 冰草属
A. cristatum（L.）J. Gaertn. 扁穗冰草（冰草）
A. cristatum var. pectinatum（M. Bieb.）Roshev. ex B. Fedtsch 光穗冰草
Agrostis L. 剪股颖属
A. gigantea Roth. 巨序剪股颖
A. hugoniana Rendle 甘青剪股颖
A. hugoniana var. aristata Keng ex Y. C. Yang 川西剪股颖
A. micrantha Steud. 小花剪股颖
A. hookeriana C. B. Clarke ex Hook. f. 疏花剪股颖
Alopecurus L. 看麦娘属
A. arundinaceus Poiret 苇状看麦娘

Anthoxanthum L. 黄花茅属
A. glabrum（Trin.）Veldk. 光稃香草
A. nitens（Weber）Y. Schout. et Veldk. 茅香
Aristida L. 三芒草属
A. triseta Keng 三刺草
Beckmannia Host. 菵草属
B. syzigachne（Steud.）Fern. 菵草
Bromus L. 雀麦属
B. catharticus Vahl 扁穗雀麦
B. inermis Leyss. 无芒雀麦
B. japonicus Thunb. 雀麦
B. magnus Keng 大雀麦
B. plurinodis Keng ex L. Liou 多节雀麦
B. tectorum L. 旱雀麦
Brachypodium Beauv. 短柄草属
B. sylvaticum（Huds.）Beauv. 短柄草
B. sylvaticum var. gracile（Weigel）Keng 细株短柄草
Calamagrostis Adans. 拂子茅属
C. epigeios（L.）Roth 拂子茅
C. hedinii Pilger 短芒拂子茅
C. pseudophragmites（Hall. f.）Koel. 假苇拂子茅
Catabrosa Beauv. 沿沟草属
C. aquatica（L.）Beauv. 沿沟草
Chloris Swartz 虎尾草属
C. virgata Swartz 虎尾草
Cleistogenes Keng 隐子草属
C. songorica（Roshev.）Ohwi 无芒隐子草
C. squarrosa（Trin.）Keng 糙隐子草
Deschampsia Beauv. 发草属
D. caespitosa（L.）Beauv. 发草
D. caespitosa subsp. orientalis Hultén 小穗发草
D. koelerioides Regel 穗发草
D. littoralis（Gaud.）Reuter. 滨发草
Deyeuxia Clarion 野青茅属
D. arundinacea（L.）Beauv. 野青茅
D. flavens Keng 黄花野青茅
D. kokonorica（Keng ex Tzvel.）S. L. Lu 青海野青茅

D. nivicola J. D. Hooker 微药野青茅
D. scabrescens（Griseb.）Munro ex Duthie 糙野青茅
Digitaria Hall. 马唐属
D. violascens Link 紫马唐
Duthiea Hack. 毛蕊草属
D. brachypodia（P. Candargy）Keng et Keng f. 毛蕊草
Echinochloa Beauv. 稗属
E. crusgalli（L.）Beauv. 稗
E. crusgalli var. mitis（Pursh）Peterm. 无芒稗
Elymus L. 披碱草属
E. breviaristatus Keng ex P. C. Keng 短芒披碱草
E. cylindricus（Franch.）Honda 圆柱披碱草
E. dahuricus Turcz. ex Griseb. 披碱草
E. nutans Griseb. 垂穗披碱草
E. sibiricus L. 老芒麦
E. xiningensis L. B. Cai 西宁披碱草
Elytrigia Desv. 偃麦草属
E. repens（L.）Nevski 偃麦草
Enneapogon Desv. ex P. Beauv. 九顶草属
E. brachystachyus（Jaub. et Spach）Stapf 冠芒草
Eragrostis Wolf 画眉草属
E. cilianensis（All.）Link ex Vignolo-lutati 大画眉草
E. minor Host 小画眉草
E. nigra Nees ex Steud. 黑穗画眉草
Festuca Griseb. 羊茅属
F. brachyphylla Schult. et J. H. Schult. 短叶羊茅
F. coelestis（St. -Yves）V. Krecz. et Bobr. 矮羊茅
F. forrestii（St. -Yves）Rev. 玉龙羊茅
F. modesta Steud. 素羊茅
F. kirilovii Steud. 毛稃羊茅
F. nitidula Stapf 微药羊茅
F. ovina Linn. 羊茅
F. rubra L. 紫羊茅
F. sinensis Keng ex E. B. Alexeev 中华羊茅
Kengyilia Yen et J. L. Yang 以礼草属
K. geminata（Keng & S. L. Chen）S. L. Chen 孪生以礼草
K. grandiglumis（Keng et S. L. Chen）J. L. Yang, Yen et Baum 大颖草

K. hirsuta (Keng et S. L. Chen) J. L. Yang, Yen et Baum var. variabilis (Keng et S. L. Chen) L. B. Cai 善变以礼草

K. kokonorica (Keng et S. L. Chen) J. L. Yang, Yen et Baum 青海以礼草

K. melanthera (Keng) J. L. Yang, Yen et Baum var. tahopaica (Keng et S. L. Chen) S. L. Chen, Yen et Baum 大河坝黑药草

K. thoroldiana (Oliv.) J. L. Yang, Yen et Baum 梭罗草

Koeleria Pers. 䅟草属

K. cristata (L.) Pers. 䅟草

K. litvinowii Dom. 芒䅟草

Helictotrichon Bess. 异燕麦属

H. altius (Hitchc.) Ohwi 高异燕麦

H. hookeri (Scribner) Henrard subsp. schellianum (Hackel) Tzvelev 奢异燕麦

H. junghuhnii (Buse) Henrard 变绿异燕麦

H. leianthum (Keng) Ohwi 光花异燕麦

H. tibeticum (Roshev.) Holub 藏异燕麦

Hordeum L. 大麦属

H. roshevitzii Bowden 小药大麦

Leymus Hochst. 赖草属

L. angustus (Trin.) Pilger 窄颖赖草

L. flexus L. B. Cai 弯曲赖草（冰草）

L. secalinus (Georgi) Tzvel. 赖草

Lolium L. 黑麦草属

L. perenne L. 黑麦草

L. temulentum L. 毒麦

Melica L. 臭草属

M. kozlovii Tzvel. 柴达木臭草

M. przewalskyi Roshev. 甘肃臭草

M. scabrosa Trin. 臭草

M. tangutorum Tzvel. 青甘臭草

M. virgata Turcz. 抱草

Orinus Hitchc. 固沙草属

O. kokonorica (Hao) Keng ex Tzvel. 青海固沙草

Pennisetum Rich. 白草属

P. flaccidum Griseb. 白草

P. shaanxiense S. L. Chen & Y. X. Jin 陕西狼尾草

Phragmites Trin. 芦苇属

P. australis (Cav.) Trin. ex Steud. 芦苇

Piptatherum P. Beauvois 落芒草属

P. munroi（Stapf）Mez 落芒草

P. tibeticum Roshevitz 藏落芒草

Poa L. 早熟禾属

P. albertii Regel subsp. kunlunensis（N. R. Cui）Olonova et G. Zhu 高寒早熟禾

P. araratica Trautv. subsp. ianthina（Keng ex Shan Chen）Olonova et G. Zhu 堇色早熟禾

P. alpigena（Blytt）Lindm. 高原早熟禾

P. angustifolia L. 细叶早熟禾

P. annua L. 早熟禾

P. attenuata Trin. 渐尖早熟禾

P. attenuata var. vivipara Rendle 胎生早熟禾

P. calliopsis Litv. ex Ovcz. 小早熟禾（华丽早熟禾）

P. bomiensis C. Ling 波密早熟禾

P. declinata Keng ex L. Liu 垂枝早熟禾

P. malaca Keng ex P. C. Kuo 纤弱早熟禾

P. micrandra Keng ex P. C. Kuo 小药早熟禾

P. orinosa Keng ex P. C. Kuo 山地早熟禾

P. paucifolia Keng ex L. Liou 少叶早熟禾

P. perennis Keng ex L. Liou 宿生早熟禾

P. polycolea Stapf 多鞘早熟禾

P. poophagorum Bor 波伐早熟禾

P. pratensis L. 草地早熟禾

P. pseudopalustris Keng 假泽早熟禾

P. rossbergiana Hao 青海早熟禾

P. szechuensis Rendle 四川早熟禾

P. tibetica Munro ex Stapf 西藏早熟禾

P. tunicata Keng ex C. Ling 套鞘早熟禾

Polypogon Desf. 棒头草属

P. monspeliensis（L.）Desf. 长芒棒头草

Psathyrostachys Nevski 新麦草属

P. kronenburgii（Hack.）Nevski 单花新麦草

Ptilagrostis Griseb. 细柄茅属

P. concinna（Hook. f.）Roshev. 太白细柄茅

P. dichotoma Keng ex Tzvel. 双叉细柄茅

Puccinellia Parl. 碱茅属

P. diffusa Krecz. 展穗碱茅

P. distans（L.）Parl. 碱茅

P. micrandra（Keng）Keng ex S. L. Chen 微药碱茅
P. tenuiflora（Griseb.）Scribn. et Merr. 星星草
Roegneria C. Koch 鹅观草属
R. barbicalla Ohwi 毛盘鹅观草
R. barbicalla var. pubifolia Keng et S. L. Chen 毛盘鹅观草
R. breviglumis Keng et S. L. Chen 短颖鹅观草
R. brevipes Keng et S. L. Chen 短柄鹅观草
R. dura（Keng）Keng ex S. L. Chen 岷山鹅观草
R. glaberrima Keng et S. L. Chen 光穗鹅观草
R. humilis Keng et S. L. Chen 矮鹅观草
R. leiantha Keng ex S. L. Chen 光花鹅观草
R. nutans（Keng）Keng ex S. L. Chen 垂穗鹅观草
R. schrenkiana（Fisch. et C. A. Mey.）Nevski 扭轴鹅观草
R. sinica Keng et S. L. Chen 中华鹅观草
R. stricta Keng et S. L. Chen 肃草
R. turczaninovii（Drob.）Nevski 直穗鹅观草
R. varia Keng et S. L. Chen 多变鹅观草
Setaria Beauv. 狗尾草属
S. pumila（Poir.）Roem. et Schult. 金色狗尾草
S. viridis（L.）Beauv. 狗尾草
S. viridis subsp. pycnocoma（Steud.）Tzvel. 巨大狗尾草
Sinochasea Keng 三蕊草属
S. trigyna Keng 三蕊草
Stephanachne Keng 冠毛草属
S. pappophorea（Hack.）Keng 冠毛草
Stipa L. 针茅属
S. aliena Keng 异针茅
S. baicalensis Roshev. 狼针草
S. breviflora Griseb. 短花针茅
S. bungeana Trin. 长芒草
S. capillacea Keng 丝颖针草
S. grandis P. Smirn. 大针茅
S. sareptana Becker var. krylovii（Roshevitz）P. C. Kuo et Y. H. Sun 西北针茅
S. penicillata Hand. -Mazz. 疏花针茅
S. przewalskyi Roshev. 甘青针茅
S. purpurea Griseb 紫花针茅
S. purpurea var. gobica（Roshev.）P. C. Kuo et Y. H. Sun 戈壁针茅

Timouria Roshev. 钝基草属
T. saposhnikowii Roshev. 钝基草
Trisetum Pers. 三芒草属
T. clarkei（Hook. f.）R. R. Stewart 长穗三芒草
T. sibiricum Rupr. 西伯利亚三芒草
T. spicatum（L.）Richt. 穗三芒
T. spicatum subsp. mongolicum Hult. ex Veldk. 蒙古穗三芒
Tragus Hall. 锋芒草属
T. berteronianus Schult. 虱子草

莎草科 Cyperaceae

Blysmus Panz. 扁穗草属
B. sinocompresus Tang et Wang 华扁穗草
Carex L. 薹草属
C. agglomerata C. B. Clarke 圆序薹草
C. allivescens V. Krecz. 祁连薹草
C. arcatica Meinsh. 北疆薹草
C. aridula V. Krecz. 干生薹草
C. atrofusca Schkuhr. subsp. minor（Boott）T. Koyama 黑褐薹草
C. breviculmis R. Br. 青绿薹草
C. cardiolepis Nees 藏东薹草
C. chlorostachys Steven 绿穗薹草
C. crebra V. Krecz. 密生薹草
C. crebra subsp. regescens（Franch.）S. Y. Liang et Y. C. Tang 白颖薹草
C. duriuscula C. A. Mey. subsp. stenophylloides（V. Krecz.）S. Y. Liang et Y. C. Tang 针叶薹草
C. enervis C. A. Mey. 无脉薹草
C. ensifolia Turcz. ex Bess. 箭叶薹草
C. hancockiana Maxim. 华北薹草
C. ivanoviae Egorora 伊凡薹草
C. kansuensis Nelmes. 甘肃薹草
C. lanceolata Boott 披针薹草
C. lehmanii Drejer 膨囊薹草
C. microglochin Wahlenb. 小钩毛薹草
C. moorcroftii Falc. ex Boott 青藏薹草
C. orbicularis Boott 圆囊薹草
C. przewalskii Egorova 红棕薹草
C. pseudofoetida Kükenth. 无味薹草

C. scabrirostris Kükenth. 粗嘴薹草

C. serreana Hand. -Mazz. 紫喙薹草

C. zekogensis Y. C. Yang 泽库薹草

Eleocharis R. Br. 荸荠属

E. intersita Zinserl. 中间荸荠

E. valleculosa Ohwi var. setosa Ohwi 具刚毛荸荠

Kobresia Willd. 嵩草属

K. capillifolia（Decne.）C. B. Clarke 线叶嵩草

K. filifolia（Turcz.）C. B. Clarke 细叶嵩草

K. graminifolia C. B. Clarke 禾叶嵩草

K. macrantha Boeck. 大花嵩草

K. myosuroides（Vill.）Fiori et Paol. 嵩草

K. pusilla N. A. Ivan. 高原嵩草（矮嵩草、矮生嵩草）

K. pygmaea C. B. Clarke 高山嵩草（小嵩草）

K. royleana（Nees.）Boeck. 喜马拉雅嵩草

K. robusta Maxim. 粗壮嵩草

K. stenocarpa（Kar. et Kir.）Steud. 窄果嵩草

K. tibetica Maxim. 西藏嵩草（藏嵩草）

K. vidua（Boott ex C. B. Clarke）Kükenth. 短轴嵩草

Schoenoplectus（Reichenbach）Palla 水葱属

S. validus Vahl. 水葱

Scirpus L. 藨草属

S. distigmaticus（Kuk.）Tang et Wang 双柱头藨草

S. planiculmis F. Schmidt. 扁杆藨草

S. setaceus L. 细杆藨草

S. strobilinus Roxb. 球穗藨草

天南星科 Araceae

Acorus L. 菖蒲属

A. calamus L. 菖蒲

Arisaema Mart. 天南星属（南星属）

A. erubescens（Wall.）Schott. 一把伞南星

A. wardii Marq. et Shaw 穗序南星

浮萍科 Lemnaceae

Lemna L. 浮萍属

L. minor L. 浮萍

L. trisulca L. 品萍
Spirodela Schleid. 紫萍属
S. polyrhiza（L.）Schleid. 紫萍

灯心草科 Juncaceae

Luzula DC. 地杨梅属
L. multiflora（Retz.）Lej. 多花地杨梅
Juncus L. 灯心草属
J. allioides Franch. 葱状灯心草
J. amplifolius A. Camus 走茎灯心草
J. articulatus L. 节状灯心草
J. bufonius L. 小灯心草
J. castaneus Smith 栗花灯心草
J. effusus L. 灯心草
J. gracillimus（Buch.）V. I. Krecz. et Gontsch. 扁茎灯心草
J. leucanthus Royle ex D. Don 甘川灯心草
J. potaninii Buchen. 单枝灯心草
J. przewalskii Buchen. 长柱灯心草
J. tanguticus G. Sam 唐古特灯心草
J. thomsonii Buchen. 展苞灯心草
J. tibeticus T. V. Egorova 西藏灯心草
J. triglumis L. 贴苞灯心草

百合科 Liliaceae

Allium L. 葱属
A. carolinianum DC. 镰叶韭
A. chrysanthum Regel 野葱
A. chrysocephalum Regel 折被韭
A. cyaneum Regel 天蓝韭
A. herderianum Regel 金头韭
A. ovalifolium Hand. -Mazz. 卵叶韭
A. polyrhizum Turcz. ex Regel 碱韭
A. przewalskianum Regel 青甘韭
A. sikkimense Baker 高山韭
A. tanguticum Regel 唐古韭
A. tenuissimum L. 细叶韭
Asparagus L. 天门冬属

A. brachyphyllus Turcz. 攀援天门冬

A. filicinus Ham. ex D. Don 羊齿天门冬

A. gobicus Ivan. ex Grubov 戈壁天门冬

A. longiflorus Franch. 长花天门冬（鸡马桩）

A. przewalskyi N. A. Ivon ex Grubov et T. V. Egorova 长花天门冬（鸡马桩）

Fritillaria L. 贝母属

F. przewalskii Maxim. 甘肃贝母

Gagea Salisb. 顶冰花属

G. pauciflora Turcz. 少花顶冰花

Lilium L. 百合属

L. Pumilum DC. 山丹（细叶百合）

Lloydia Reichenb. 洼瓣花属

L. serotina（L.）Reichb. 洼瓣花

Maianthemum Web. 舞鹤草属

M. bifolium（L.）F. W. Schmidt 舞鹤草

Polygonatum Mill. 黄精属

P. cirrhifolium（Wall.）Royle 卷叶黄精

P. megaphyllum P. Y. Li 大苞黄精

P. odoratum（Mill.）Druce 玉竹

P. verticillatum（L.）All. 轮叶黄精

Streptopus Michx. 扭柄花属

S. obtusatus Fassett 扭柄花

Smilacina Desf. 鹿药属

S. henryi（Baker）Wang et Tang 管花鹿药

S. tubifera Batalin 合瓣鹿药

薯蓣科 Dioscoreaceae

Dioscorea L. 薯蓣属

D. nipponica Makino 穿龙薯蓣

鸢尾科 Iridaceae

Belamcanda Adans. 射干属

B. chinensis（L.）Redouté 射干

Iris L. 鸢尾属

I. goniocarpa Baker 锐果鸢尾

I. goniocarpa var. grossa Y. T. Zhao 大锐果鸢尾

I. goniocarpa var. tenella Y. T. Zhao 细锐果鸢尾

I. lactea Pall. var. chinensis（Fisch.）Koidz. 马蔺（马兰）

I. loczyi Kanitz. 天山鸢尾

I. potaninii Maxim. 卷鞘鸢尾

I. potaninii var. ionantha Y. T. Zhao 蓝花卷鞘鸢尾

I. qinghainica Y. T. Zhao 青海鸢尾

I. songarica Schrenk 天山鸢尾

Perdanthopsis W. Lenz. 野鸢尾属

P. dichotoma（Pall.）W. Lenz. 野鸢尾

兰科 Orchidaceae

Coeloglossum Hartm. 凹舌兰属

C. viride（L.）Hartm. 凹舌兰

Corallorrhiza Gagnep. 珊瑚兰属

C. trifida Chatelain 珊瑚兰

Cypripedium L. 杓兰属

C. flavum P. F. Hunt et Summerh. 黄花杓兰

C. franchetii Wilson 毛杓兰

C. shanxiense S. C. Chen 山西杓兰

Epipactis Zinn. 火烧兰属

E. helloborine（L.）Crantz. 小花火烧兰

Goodyera R. Br. 斑叶兰属

G. repens（L.）R. Br. 小斑叶兰

Habenaria Willd. 玉凤花属

H. tibetica Schltr. ex Limpricht 西藏玉凤花

Herminium Guett. 角盘兰属

H. alaschanicum Maxim. 裂瓣角盘兰

H. monorchis（L.）R. Br. 角盘兰

Listera R. Br. 对叶兰属

L. puberula Maxim. 对叶兰

Malaxis Soland. ex Sw. 沼兰属

M. monophyllos（L.）Sw. 沼兰

Neottianthe Schltr. 兜被兰属

N. cucullata（L.）Schltr. 二叶兜被兰

N. monophylla（Ames et Schltr.）Schltr. 一叶兜被兰

Neottia Guett. 鸟巢兰属

N. acuminata Schltr. 尖唇鸟巢兰

N. camtschatea（L.）Reihb. f. 堪察加鸟巢兰

Orchis L. 红门兰属

O. chusua D. Don 广布红门兰

O. cyclochila（Franch. et Sav.）Maxim. 圆唇红门兰

O. latifolia L. 宽叶红门兰

O. roborovskii Maxim. 北方红门兰

O. tschiliensis（Schltr.）Soó 河北红门兰

Platanthera L. C. Rich. 舌唇兰属

P. chlorantha Cust. ex Rchb. 二叶舌唇兰

P. metabifolia F. Maekawa 细距舌唇兰

Spiranthes L. C. Rich. 绶草属

S. sinensis（Pers.）Ames 绶草

Tulotis Rafin. 蜻蜓兰属

T. fuscescens（L.）Czer. addit. et Collig. 蜻蜓兰

附件七

青海祁连山地区野生动物名录

鱼类

鲤形目 CYPRINIFORMES

（一）鲤科 Cyprinidae

1. 黄河雅罗鱼 Leuciscus chuanchicus
2. 刺鮈 Acanthogobio guentheri
3. 黄河鮈 Gobio huanghensis
4. 厚唇裸重唇鱼 Gymnodiptychus pachycheilus
5. 花斑裸鲤 Gymnocypris scolistomus
6. 青海湖裸鲤 Gymnocypris przewalskii
7. 甘子河裸鲤 Gymnocypris przewalskii ganzihonensis
8. 斜口裸鲤 Gymnocypris ecklonis coliostomus
9. 黄河裸裂尻鱼 Schizopygopsis pylzovi

（二）鳅科 Coditidae

10. 拟硬刺高原鳅 Triplophysa pseudoscleroptera
11. 硬刺高原鳅 Triplophysa scleroptera
12. 黄河高原鳅 Triplophysa pappenhemi
13. 斯氏高原鳅 Triplophysa stoliczkae
14. 拟鲶高原鳅 Triplophysa siluroides
15. 粗壮高原鳅 Triplophysa robusta
16. 棱形高原鳅 Triplophysa leptosome
17. 东方高原鳅 Triplophysa orientalis
18. 隆头高原鳅 Triplophysa alticeps
19. 背斑高原鳅 Triplophysa dorsonotata
20. 北方花鳅 Cobitis granvei

两栖类

无尾目 SALIENTIA

（一）蟾蜍科 Bufonidae

1. 花背蟾蜍 Bufo raddei
2. 大蟾蜍岷山亚种 Bufo bufo minshanicus

(二) 蛙科 Ranidae

3. 中国林蛙 Rana chensinensis

爬行类

一、蜥蜴目 LACERTIFROMES

(一) 鬣蜥科 Agamidae

1. 青海沙蜥 Phrynocephalus vlangalii

(二) 蜥蜴科 Lacertidae

2. 丽斑麻蜥 Eremias argus
3. 密点麻蜥 Eremias multiocellata

二、蛇目 SERPENTIFORMES

(三) 游蛇科 Colubrdae

4. 枕纹锦蛇 Elaphe dione

鸟类

一、䴙䴘目 PODICIPEDIFORMES

(一) 䴙䴘科 Podicipadidae

1. 黑颈䴙䴘 Podiceps caspicus
2. 凤头䴙䴘 Podiceps cristatus

二、鹈形目 PELECANIFORMES

(二) 鸬鹚科 Phalacrocoracidae

3. 鸬鹚 Phalacrocorax carbo

三、鹳形目 CICONIIFORMES

(三) 鹭科 Ardeidae

4. 苍鹭 Ardea cinerea
5. 大白鹭 Egretta alba

(四) 鹳科 Ciconiidae

6. 黑鹳 Ciconia nigra

四、雁形目 ANSERIFORMES

(五) 鸭科 Anatidae

7. 灰雁 Anser anser
8. 斑头雁 Anser indicus
9. 大天鹅 Cygnus Cygnus
10. 疣鼻天鹅 Cygnus olor

11. 赤麻鸭 Tadorna ferruginea
12. 翘鼻麻鸭 Tadorna tadorna
13. 针尾鸭 Anas acuta
14. 绿翅鸭 Anas crecca
15. 绿头鸭 Anas platyrhynchos
16. 赤膀鸭 Anas strepera
17. 琵嘴鸭 Anas clypeata
18. 赤嘴潜鸭 Netta rufina
19. 白眼潜鸭 Aythya nyroca
20. 凤头潜鸭 Aythya fuligula
21. 鹊鸭 Bucephala clangula
22. 斑头秋沙鸭 Mergellus albellus
23. 普通秋沙鸭 Mergus merganser

五、隼形目 FALCONIFORMES

(六) 鹰科 Accipitridae
24. 鸢 Milvus korschun
25. 雀鹰 Accipiter nisus melaschistos
26. 大鵟 Buteo hemilasius
27. 金雕 Aquila chrysaetos
28. 白肩雕 Aquila heliaca
29. 草原雕 Aquila rapax
30. 玉带海雕 Haliaeetus leucoryphus
31. 秃鹫 Aegypius monachus
32. 兀鹫 Gyps fulvus
33. 胡兀鹫 Gypaetus barbatus
34. 白尾鹞 Circus cyaneus cyaneus
35. 鹗 Pandion haliaetus
(七) 隼科 Falconidae
36. 猎隼 Falco cherrug
37. 燕隼 Falco subbuteo
38. 红隼 Falco tinnunculus interstinctus

六、鸡形目 GALLIFORMES

(八) 松鸡科 Tetraonidae
39. 斑尾榛鸡 Tetrastes sewerzowi
(九) 雉科 Phasianibdae
40. 淡腹雪鸡 Tetraogallus tibetanus przewalskii
41. 雉鹑 Tetraophasis obscurus obscurus

42. 石鸡 Alectoris graeca
43. 斑翅山鹑 Perdix dauurica
44. 高原山鹑 Perdix hodgsoniae
45. 血雉 Ithaginis cruentus
46. 蓝马鸡 Crossoptilon auritum
47. 环颈雉 Phasianus colchicus vlangalii

七、鹤形目 GRUIFORMES

（十）鹤科 Gruidae
48. 黑颈鹤 Grus nigricollis
49. 蓑羽鹤 Anthropoides virgo
（十一）秧鸡科 Rallidae
50. 白骨顶 Fulica atra atra

八、鸻形目 CHARADRIIFORMES

（十二）鸻科 Charadriidae
51. 金眶鸻 Charadrius dubius curonicus
52. 金斑鸻 Pluvialis dominica
53. 环颈鸻 Charadrius alexandrinus alexandrinus
54. 蒙古沙鸻 Charadrius mogolus schaferi
（十三）鹬科 Scolopacidae
55. 红脚鹬 Tringa totanus totanus
56. 白腰草鹬 Tringa ochropus
57. 林鹬 Tringa glareola
58. 矶鹬 Tringa hypoloucos
59. 孤沙锥 Capella solitaria solitaria
60. 乌脚滨鹬 Calidris temminckii
61. 弯嘴滨鹬 Calidris ferruginea
62. 长趾滨鹬 Calidris subminuta
（十四）反嘴鹬科 Recurvirostridae
63. 环嘴鹬 Ibidorhyncha struthersii
64. 黑翅长脚鹬 Himantopus himantopus
65. 反嘴鹬 Recurvirostra avosetta

九、鸥形目 LARIFORMES

（十五）鸥科 Laridae
66. 普通燕鸥 Sterna hirundo tibetana
67. 渔鸥 Larus ichthyaetus
68. 棕头鸥 Larus brunnicephalus

十、鸽形目 COLUMBIFORMES

（十六）沙鸡科 Pteroclidae

69. 西藏毛腿沙鸡 Syrrhaptes tibetanus

（十七）鸠鸽科 Columbidae

70. 雪鸽 Columba leuconota
71. 岩鸽 Columba rupestris
72. 原鸽 Columba livia
73. 灰斑鸠 Streptopelia decaocto
74. 山斑鸠 Streptopelia orientalis

十一、鹃形目 CUCULIFORMES

（十八）杜鹃科 Cuculidae

75. 大杜鹃 Cuculus canorus

十二、鸮形目 STRIGIFORMES

（十九）鸱鸮科 Strigidae

76. 雕鸮 Bubo bubo
77. 纵纹腹小鸮 Athene noctua
78. 长耳鸮 Asio otus otus
79. 短耳鸮 Asio flammeus flammeus

十三、雨燕目 APODIFORMES

（二十）雨燕科 Apodidiae

80. 楼燕 Apus apus pekinensis
81. 白腰雨燕 Apus pacificus

十四、佛法僧目 CORACIIFORMES

（二十一）戴胜科 Upupidae

82. 戴胜 Upupa epops saturata

十五、䴕形目 PICIFORMES

（二十二）啄木鸟科 Picidae

83. 蚁䴕 Jynx torquilla
84. 黑枕绿啄木鸟 Picus canus kogo
85. 黑啄木鸟 Dryocopus martius khamensis
86. 斑啄木鸟 Dendrocopos major beicki
87. 三趾啄木鸟 Picoides tridactylus funebris

十六、雀形目 PASSERIFORMES

（二十三）百灵科 Alaudidae

88. 长嘴百灵 Melanocorypha maxima holdereri
89. 蒙古百灵 Melanocorypha mongolica

90. 短趾沙百灵 Calandrella cinerea dukhunensis
91. 细嘴沙百灵 Calandrella acutirostris
92. 小沙百灵 Calandrella rufescens beicki
93. 凤头百灵 Galerida cristata leautungensis
94. 小云雀 Alauda gulgula
95. 角百灵 Eremophila alpestris
（二十四）燕科 Hirundinidae
96. 崖沙燕 Riparia riparia
97. 岩燕 Ptyonoprogne rupestris rupestris
98. 家燕 Hirundo rustica
99. 金腰燕 Hirundo daurica gephyra
100. 毛脚燕 Delichon urbica
（二十五）鹡鸰科 Motacillidae
101. 黄头鹡鸰 Motacilla citreola calcarata
102. 灰鹡鸰 Motacilla cinerea
103. 白鹡鸰 Motacilla alba
104. 田鹨 Anthus novaeseekandiae richardi
105. 平原鹨 Anthus campestris
106. 树鹨 Anthus hodgsoni hodgsoni
107. 粉红胸鹨 Anthus roseatus
108. 水鹨 Anthus spinoletta coutellii
（二十六）伯劳科 Laniidae
109. 灰背伯劳 Lanius tephronotus tephronotus
110. 红尾伯劳 Lanius cristatus tsaidamensis
111. 楔尾伯劳 Lanius sphenocercus
（二十七）椋鸟科 Sturnidae
112. 紫翅椋鸟 Sturnus vulgaris poltaratskyi
113. 灰椋鸟 Sturnus cineraceus
（二十八）鸦科 Ccrvidae
114. 灰喜鹊 Cyanoipca cyana kansuensis
115. 喜鹊 Pica Pica
116. 褐背拟地鸦 Pseudopodoces humilis
117. 红嘴山鸦 Pyrrhocorax pyrrhocorax himalayanus
118. 寒鸦 Corvus monedula
119. 大嘴乌鸦 Corvus macrorhynchos tibetosinensis
120. 小嘴乌鸦 Corvus corone orientalis
121. 渡鸦 Corvus corax tibetanus

（二十九）鹪鹩科 Troglodytidae
122. 鹪鹩 Troglodytes troglodytes
（三十）岩鹨科 Prunellidae
123. 鸲岩鹨 Prunella rubeculcides rubeculcides
124. 棕胸岩鹨 Prunella strophiata
125. 褐岩鹨 Prunella fulvescens nanschanica
（三十一）鹟科 Muscicapidae
鸫亚科 Turdidae
126. 红点颏 Luscinia calliope
127. 蓝点颏 Luscinia svecica przevalskii
128. 黑胸歌鸲 Luscinia pectoralis tschebaiewi
129. 赭红尾鸲 Phoenicurus ochruros rufiventris、
130. 北红尾鸲 Phoenicurus auroreus
131. 黑喉红尾鸲 Phoenicurus hodgsoni
132. 蓝额红尾鸲 Phoenicurus frontalis
133. 白喉红尾鸲 Phoenicurus schisticeps
134. 红腹红尾鸲 Phoenicurus erythrogaster grandis
135. 白顶溪鸲 Chaimarrornis leucocephalus
136. 黑喉石鸲 Saxicila torquata przewalskii
137. 沙鸲 Oenanthe isabellina
138. 白顶鸲 Oenanthe hispanica pleschanka
139. 白顶溪鸲 Chaimarrornis leucocephalus
140. 虎斑地鸫 Zoothera dauma
141. 棕背鸫 Turdus kessleri
142. 赤颈鸫 Turdus ruficillis ruficillis
143. 白背矶鸫 Monticola saxatilis
144. 斑鸫 Turdus naumanni
画眉亚科 Timaliinae
145. 山噪鹛 Garrulax davidi davidi
146. 橙翅噪鹛 Garrulax ellioti prjevalskii
147. 白眶鸦雀 Paradoxornis conspicillatus conspicillatus
莺亚科 Sylviidae
148. 小蝗莺 Locustella certhiola
149. 黄腹柳莺 Phylloscopus affinis
150. 棕腹柳莺 Phylloscopus subaffinis
151. 褐柳莺 Phylloscopus fuscatus fuscatus
152. 黄眉柳莺 Phylloscopus inornatus mandellii

153. 黄腰柳莺 Phylloscopus proregulus
154. 暗绿柳莺 Phylloscopus trochiloides
155. 戴菊 Regulus regulus sikkimensis
156. 花彩雀莺 Leptopoecile sophiae
157. 凤头雀莺 Leptopoecile elegans
（三十二）山雀科 Paridae
158. 大山雀 Parus major artatus
159. 灰蓝山雀 Parus cyanus berezowskii
160. 黑冠山雀 Parus rubidiventris beavani
161. 褐冠山雀 Parus dichrous
162. 褐头山雀 Parus montanus
163. 白眉山雀 Parus superciliosus
164. 银喉长尾山雀 Aegithalos caudatus vinaceus
（三十三）鳾科 Sittidae
165. 白脸鳾 Sitta leucopsis przewalskii
166. 黑头鳾 Sitta villosa
167. 红翅旋壁雀 Tichodroma muraria nepalensis
（三十四）旋木雀科 Certhiidae
168. 旋木雀 Certhia familiaris bianchii
（三十五）文鸟科 Ploceidae
169. 家麻雀 Passer domesticus parkini
170. 树麻雀 Passer montanus
171. 石雀 Petronia petronia
172. 白斑翅雪雀 Montifringilla nivalis henrici
173. 褐翅雪雀 Montifringilla adamsi
174. 白腰雪雀 Montifringilla taczanowskii
175. 棕颈雪雀 Montifringilla ruficollis
176. 棕背雪雀 Montifringilla blanfordi barbata
177. 黑喉雪雀 Montifringilla dabidiana dabidiana
（三十六）雀科 Fringillidae
178. 金翅雀 Carduelis sinica
179. 黄嘴朱顶雀 Carduelis flavirostris
180. 林岭雀 Leucosticte nemoricola nemoricola
181. 高山岭雀 Leucosticte brandti
182. 大朱雀 Carpodacus rubicilla
183. 拟大朱雀 Carpodacus rubicilloides rubicilloides
184. 红胸朱雀 Carpodacus puniceus longirostris

185. 红眉朱雀 Carpodacus pul cherrimus argyrophrys
186. 沙色朱雀 Carpodacus synoicus beicki
187. 白眉朱雀 Carpodacus thura dubius
188. 普通朱雀 Carpodacus erythrinus roseatus
189. 红交嘴雀 Loxia curvirostra
190. 白翅拟蜡嘴雀 Mycerobas carnipes carnipes
191. 朱鹀 Urocynchramus pyizowi
192. 白头鹀 Emberiza leucocephala frcnto
193. 灰眉岩鹀 Emberiza cia godiewskii

哺乳类

一、食虫目 INSECTIVORA

（一）鼩鼱科 Soricidae
1. 中鼩鼱 Sorex caecutiens caecutiens
2. 西藏鼩鼱 Sorex thibetanus thibetanus

二、翼手目 CHIROPTERA

（二）蝙蝠科 Vespertilionidae
3. 北棕蝠 Eptesicus nilssoni

三、食肉目 CARNIVORA

（三）犬科 Canidae
4. 狼 Canis lupus chanco
5. 藏狐 Vulpes ferrilata
6. 赤狐 Vulpes vulpes montana
7. 熊科 Ursidae
8. 棕熊 Urisidae arctos
（四）鼬科 Mustelidae
9. 石貂 Martes foina toufoeus
10. 狗獾 Meles meles leucurus
11. 香鼬 Mustela altaica longstaffi
12. 艾虎 Mustela eversmanni larvatus
（五）猫科 Felidae
13. 荒漠猫 Felis bieti bieti
14. 豹猫 Felis bengalensis
15. 兔狲 Felis manul manul
16. 猞猁 Lynx lynx isabellinus
17. 雪豹 Panthera uncial

四、奇蹄目 PERISSODACTYLA

（六）马科 Equidae

18. 藏野驴 Equidae kiang holdereri

五、偶蹄目 ARTIODACTYLA

（七）鹿科 Cervidae

19. 狍 Capreolus capreolus

20. 马鹿 Cervus elaphus macneilli

21. 白唇鹿 Cervus albirostris

22. 马麝 Moschus sifanicus

（八）牛科 Bovidae

23. 盘羊 Ovis ammon hodgsoni

24. 野牦牛 Bos grunniens

25. 藏原羚 Procapra picticaudata

26. 普氏原羚 Procapra przewalskii

27. 岩羊 Pseudois nayaur

六、兔形目 LAGOMORPHA

（九）鼠兔科 Ochotonidae

28. 甘肃鼠兔 Ochotona cansus cansus

29. 高原鼠兔 Ochotona curzoniae

30. 达乌尔鼠兔 Ochotona dauurica

31. 间颅鼠兔 Ochotona cansus

32. 红耳鼠兔 Ochotona Erythrotis

33. 大耳鼠兔 Ochotona macrotis

34. 托氏鼠兔 Ochotona thomasi

35. 藏鼠兔 Ochotona thibetana

（十）兔科 Leporidae

36. 高原兔 Lepus oiostolus qinghaiensis

37. 草兔 Lepus capensis huangshuiensis

七、啮齿目 RODENTIA

（十一）松鼠科 Sciuridae

38. 喜马拉雅旱獭 Marmota himalayana robusta

39. 黄耳斑鼯鼠 Petaurista xanthotis

40. 阿拉善黄鼠 Spermophilus alaschanicus

（十二）仓鼠科 Cricetidae

41. 藏仓鼠 Cricetulus kamensis kozlovi

42. 长尾仓鼠 Cricetulus longicaudatus longicaudatus

43. 小毛足鼠 Phodopus roborovskii
44. 高原鼢鼠 Myospalax baileyi
45. 甘肃鼢鼠 Myospalax cansus cansus
（十三）田鼠科 Arvicolidae
46. 库蒙高山䶄 Alticola stracheyinus
47. 根田鼠 Microtus oeconomus flaviventris
48. 松田鼠 Pitymys Irene
（十四）鼠科 Muridae
49. 大林姬鼠 Apodemus peninsulae qinghaiensis
50. 小家鼠 Mus musculus gansuensis
51. 褐家鼠 Rattus norvegicus
（十五）林跳鼠科 Zapodidae
52. 四川林跳鼠 Eozapus setchuanus vicinus
（十六）跳鼠科 Dipodidae
53. 五趾跳鼠 Allactaga sibirica

图1-1 青海省祁连山地区范围示意图

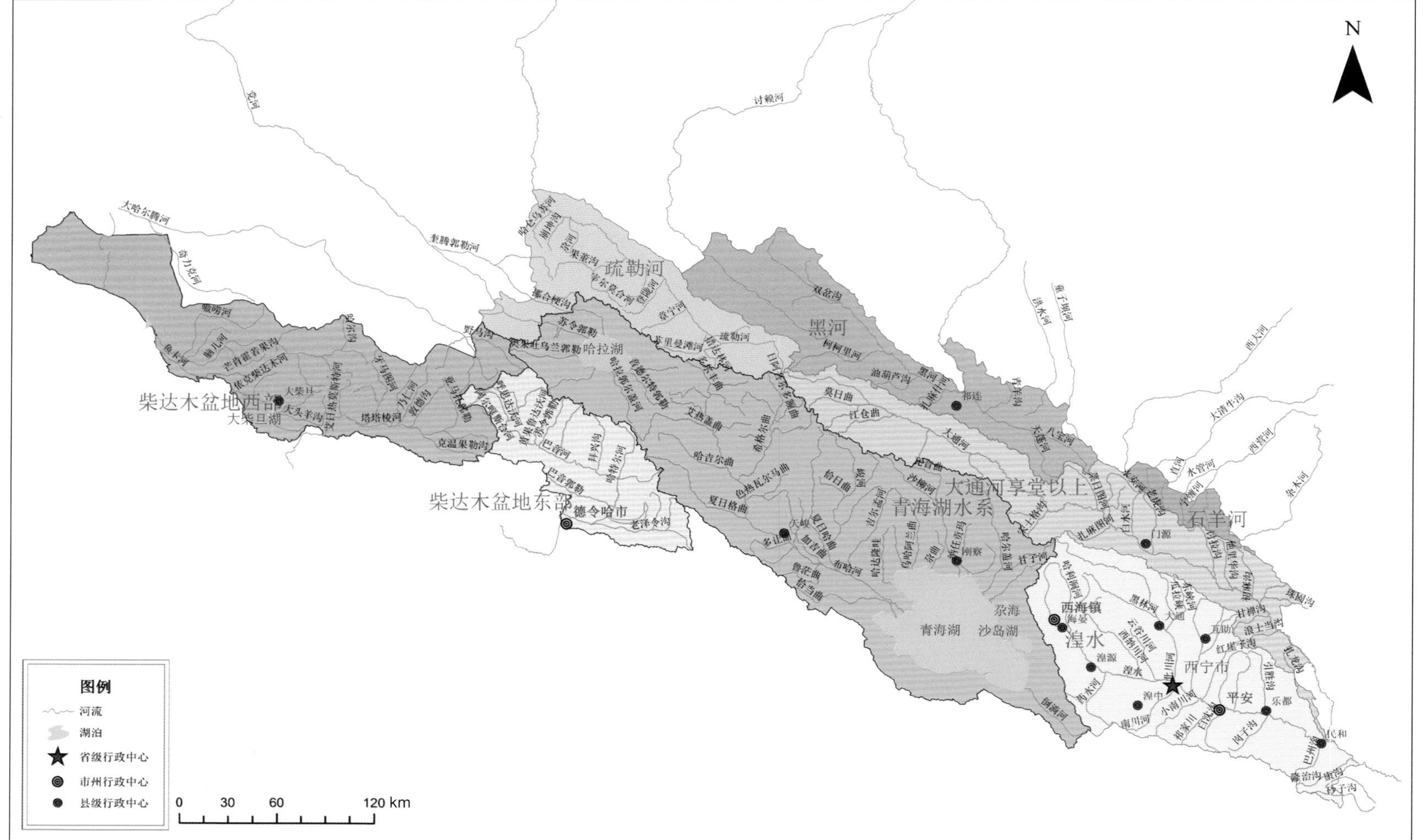

图3-1　祁连山水源涵养区水资源分区及水系示意图

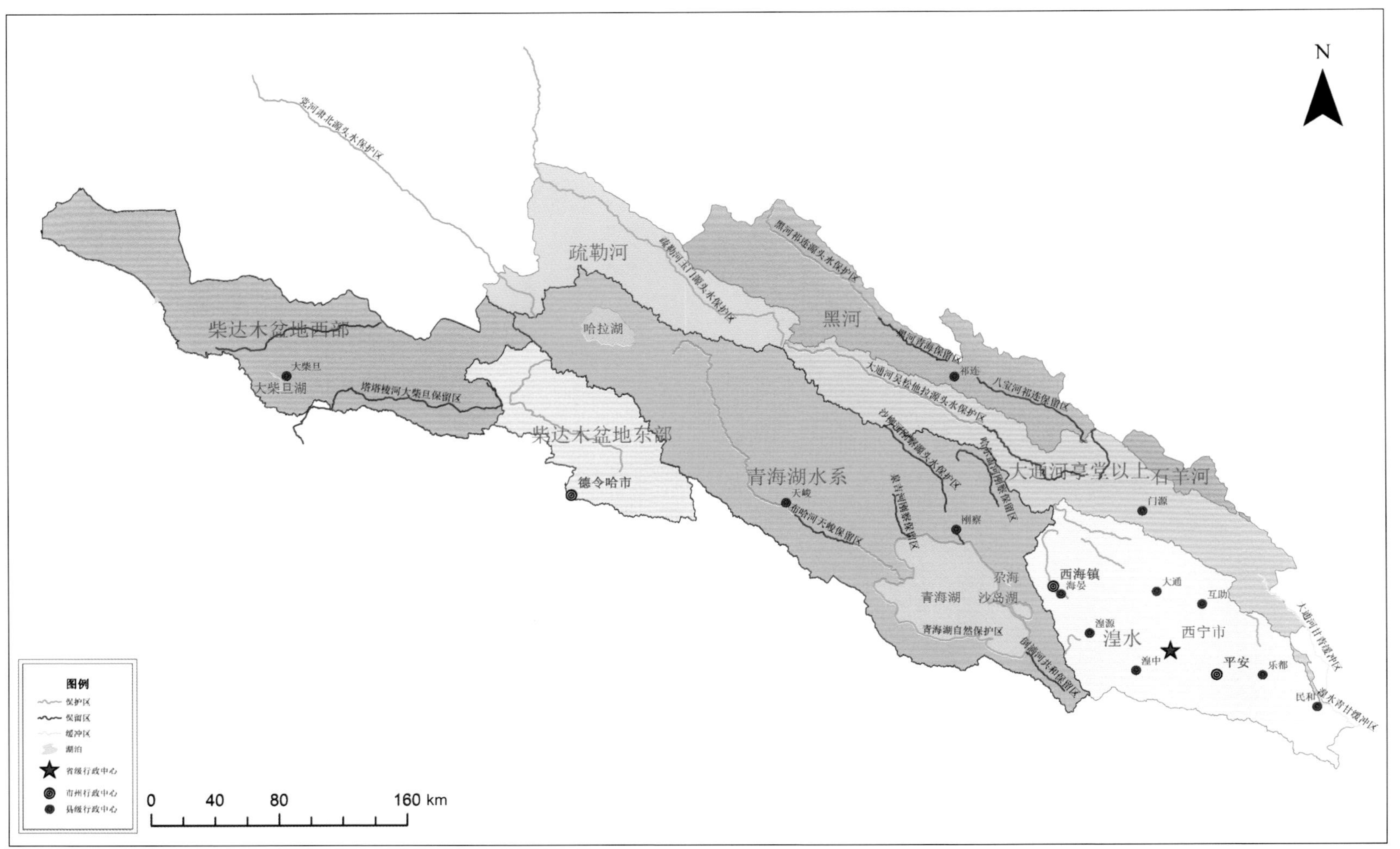

图3-2 祁连山水源涵养区一级水功能区示意图（不含开发利用区）

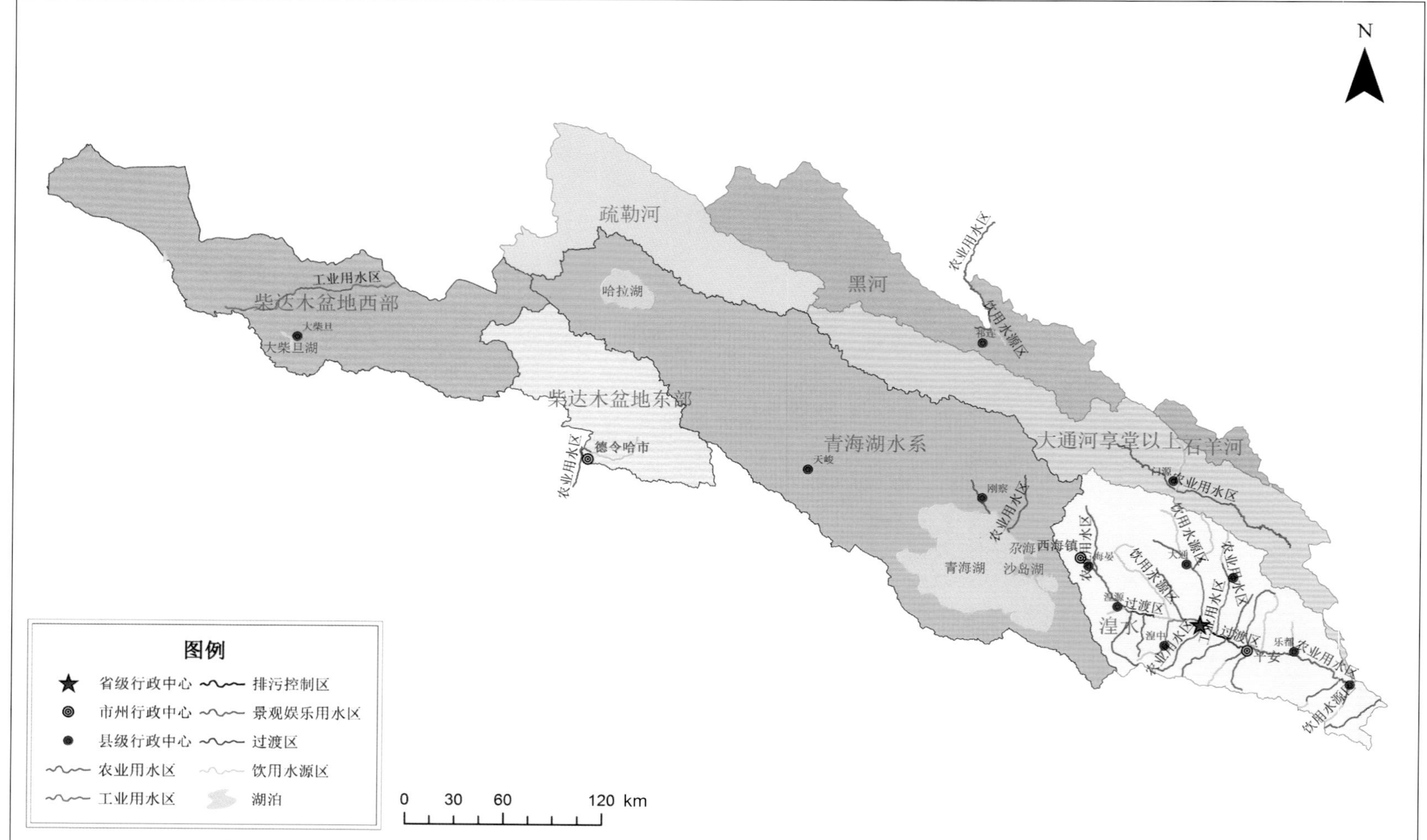

图3-3 祁连山水源涵养区二级水功能区示意图

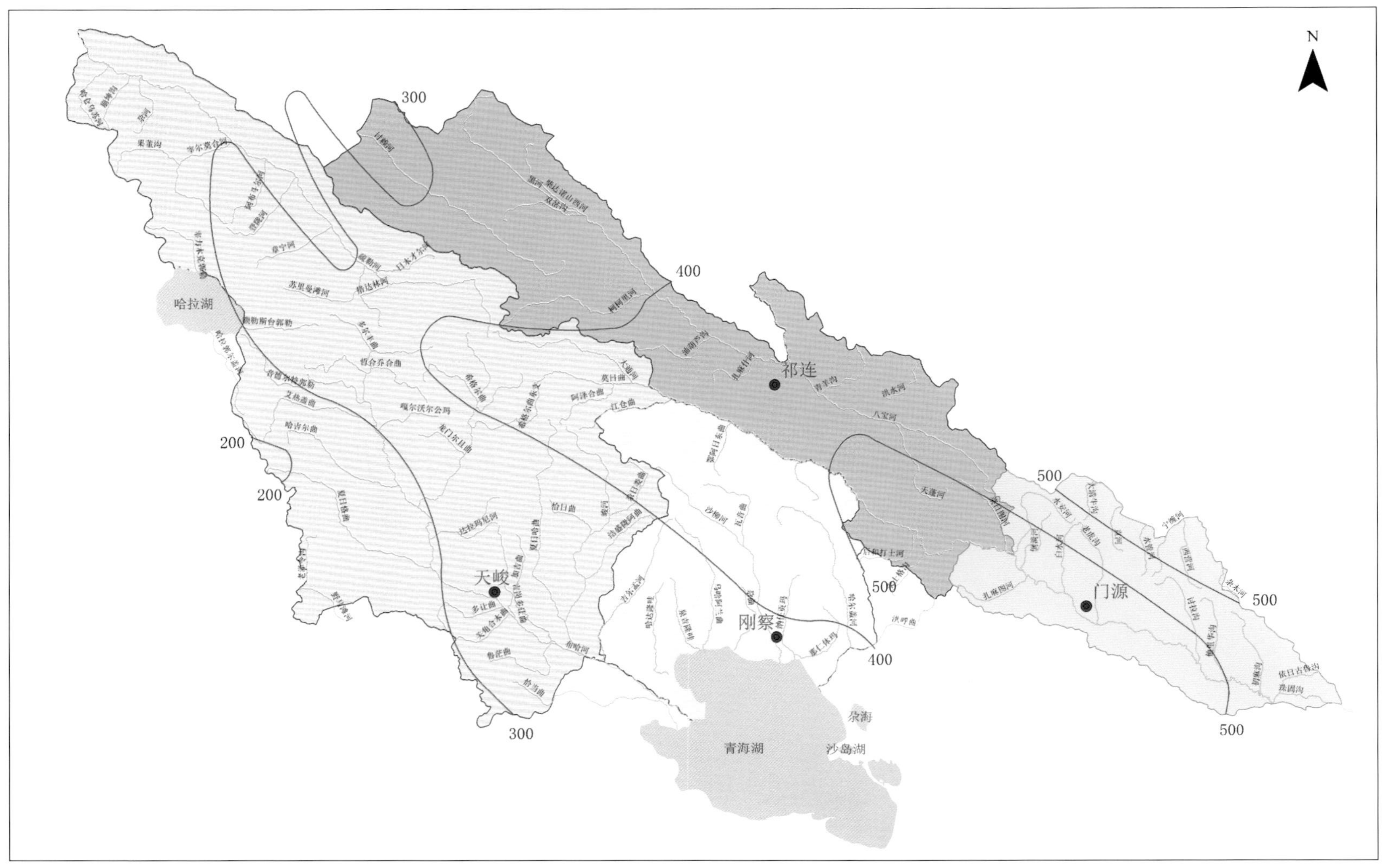

图3-4 东北部山区降水等值线图（单位：mm）

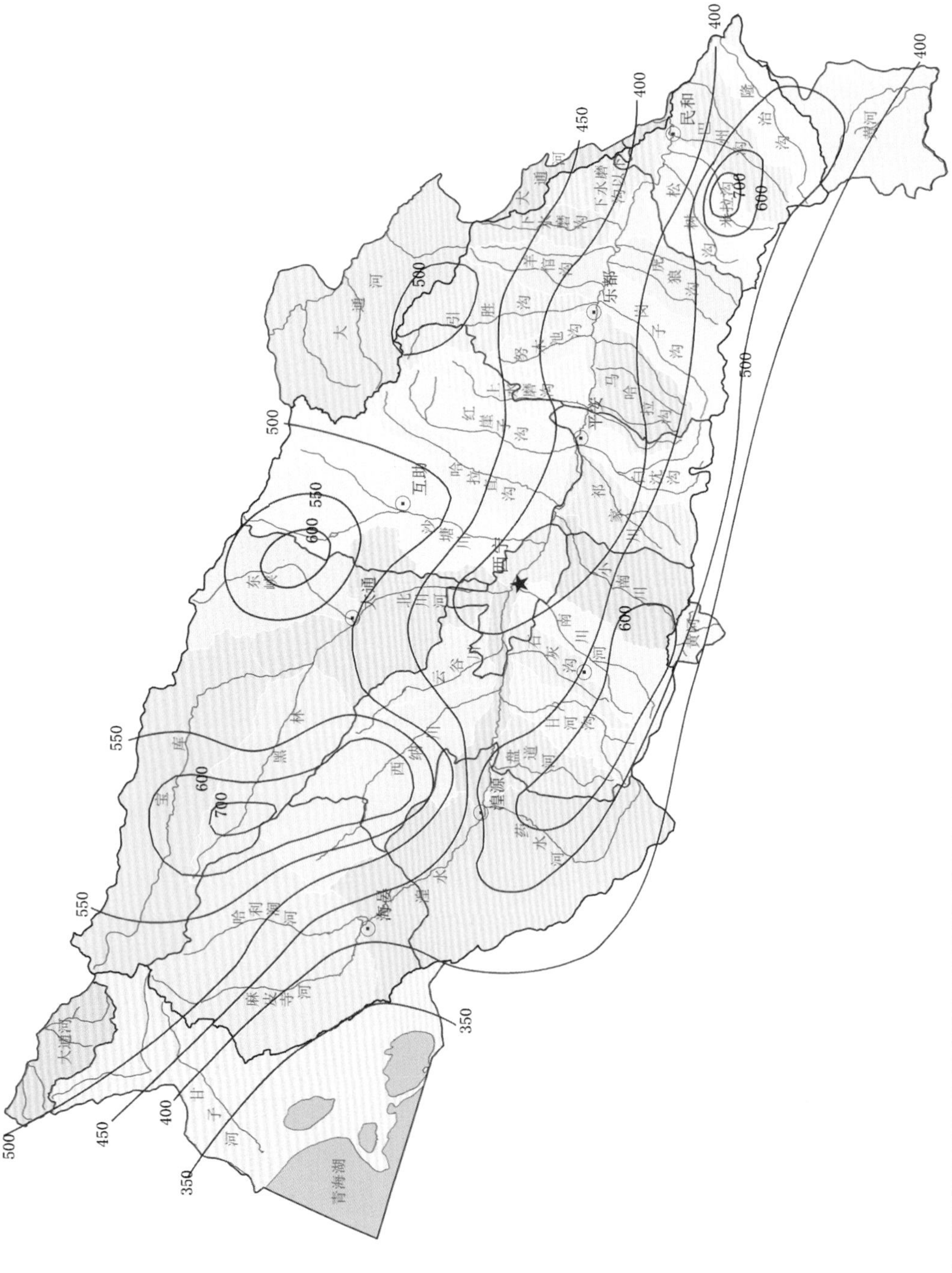

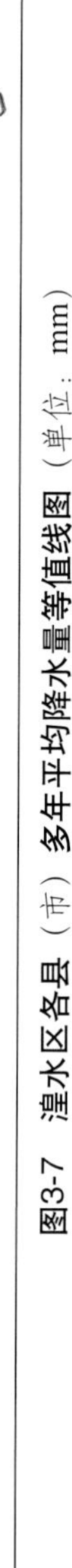

图3-7 湟水区各县（市）多年平均降水量等值线图（单位：mm）

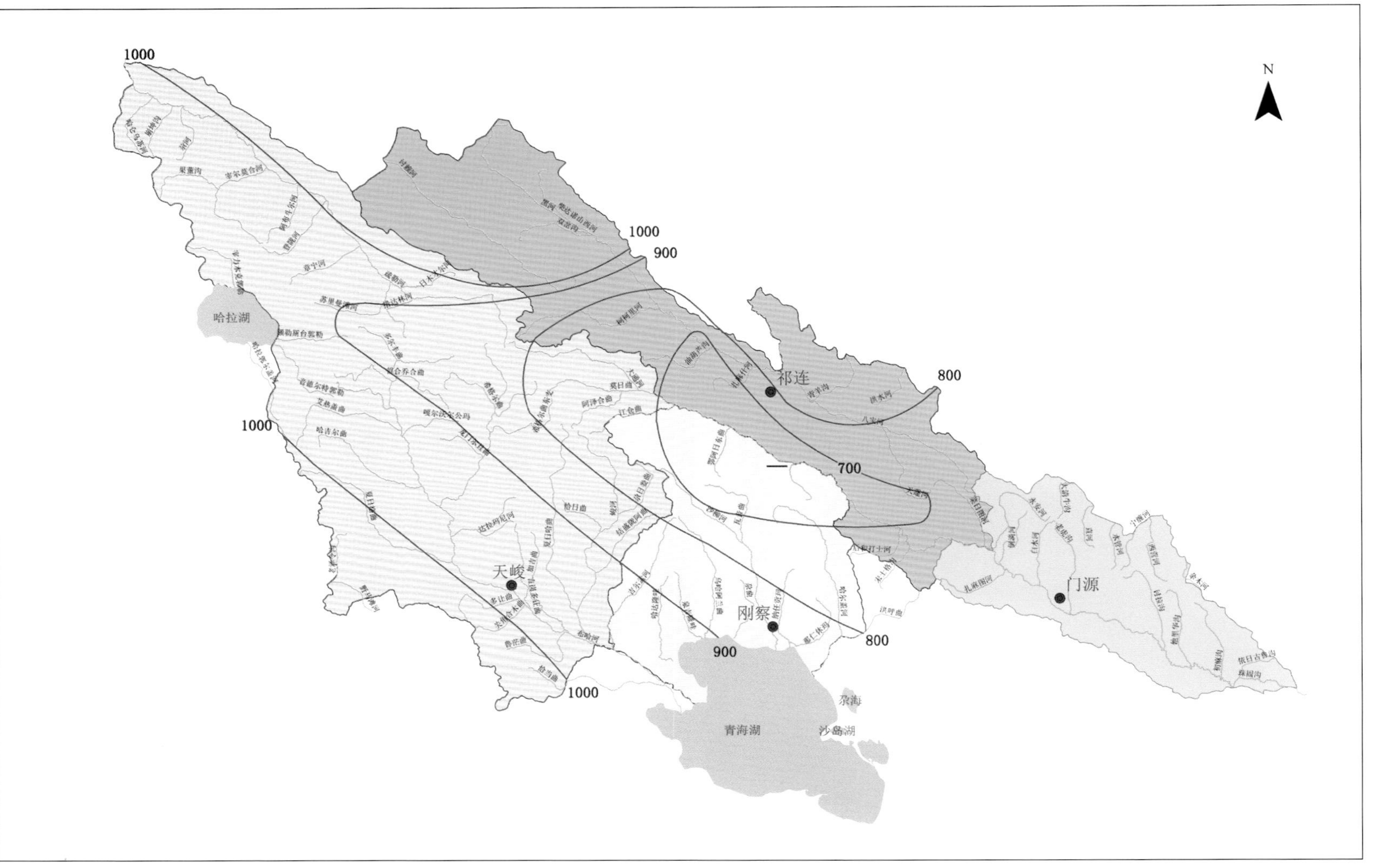

图3-17 东北部山区水面蒸发等值线图（单位：mm）

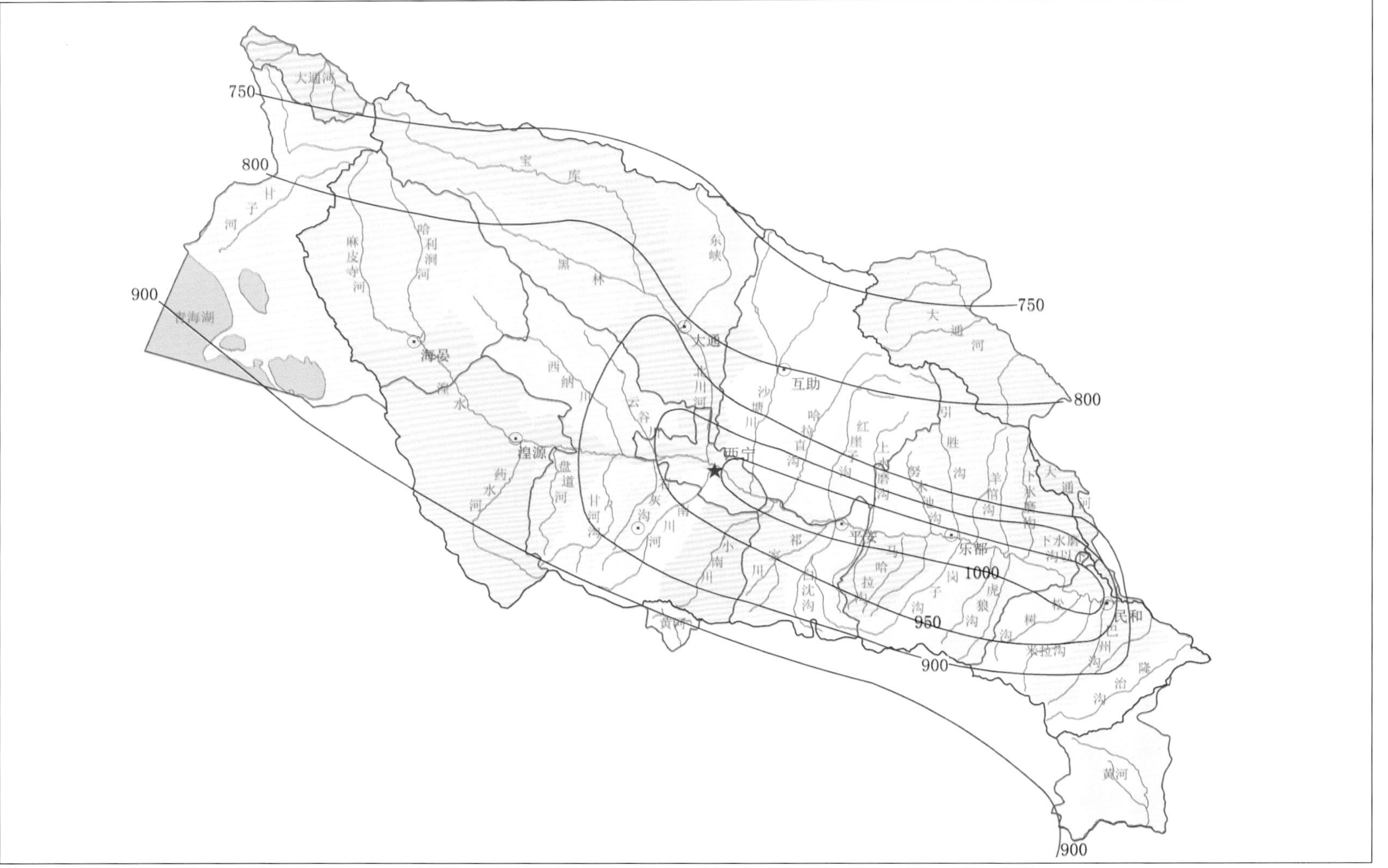

图3-20 湟水区各县（市）多年平均水面蒸发量等值线图（单位：mm）

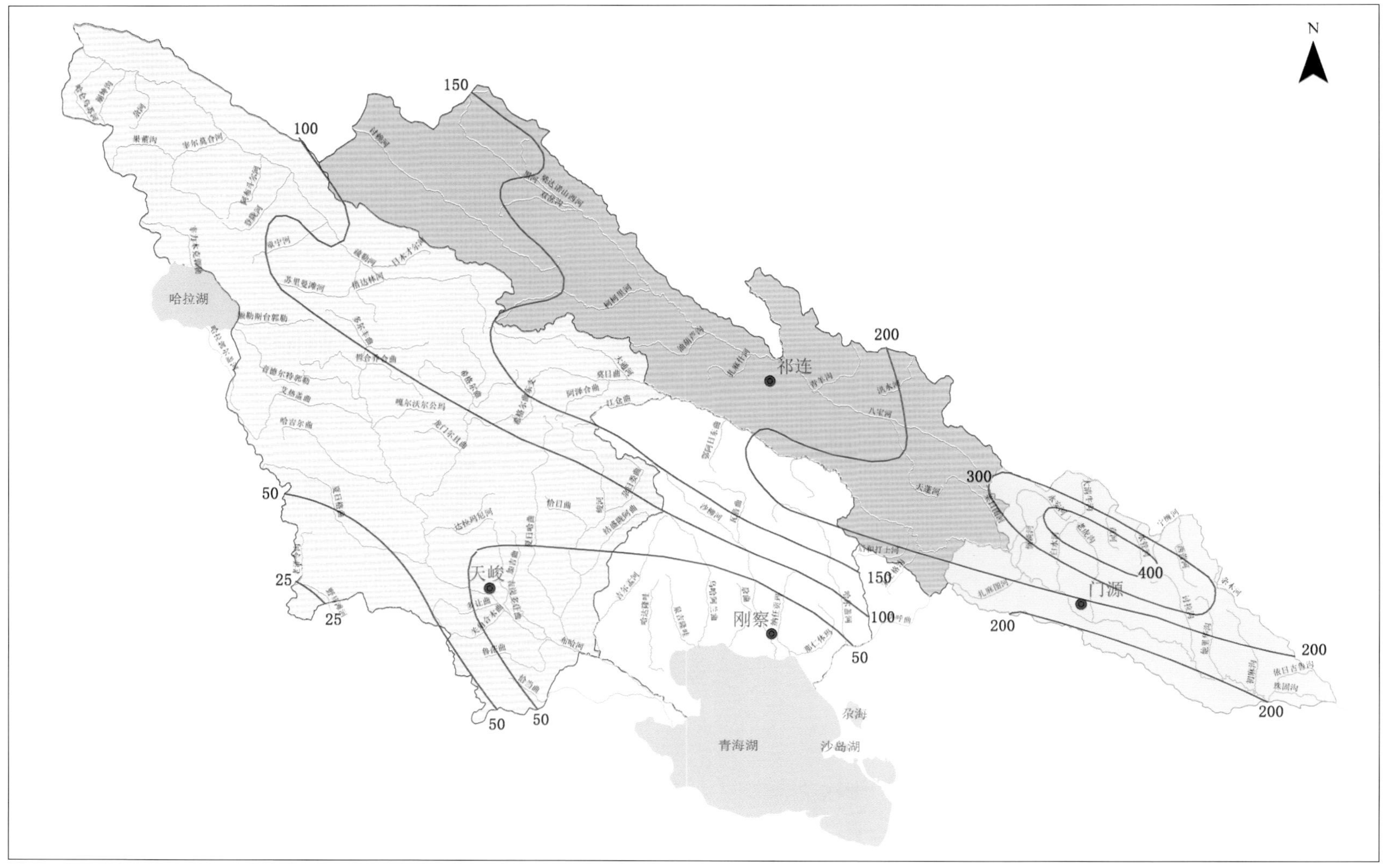

图3-32 东北部山区径流深等值线图（单位：mm）

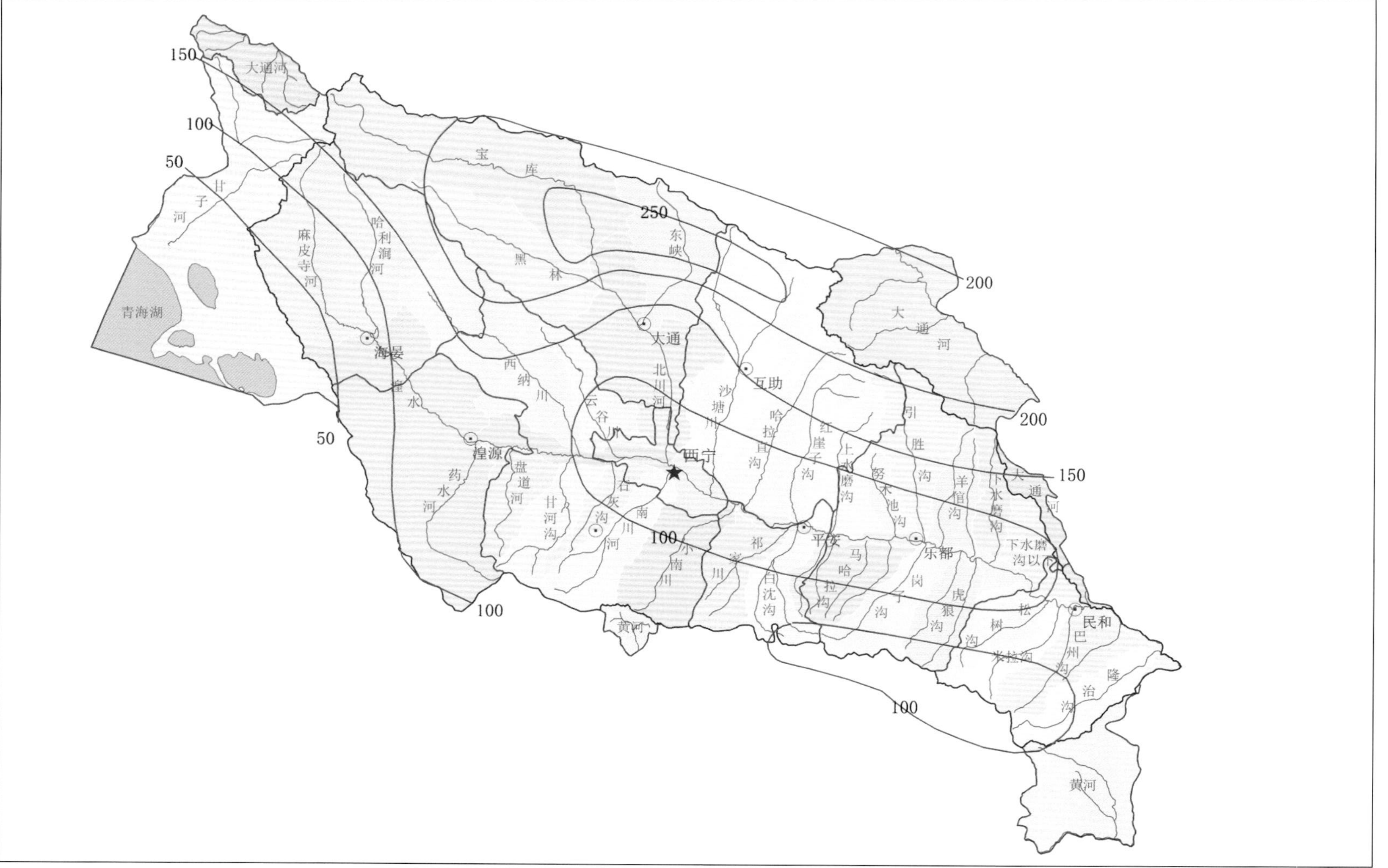

图3-38　湟水区各县（市）多年平均径流深等值线图（单位：mm）

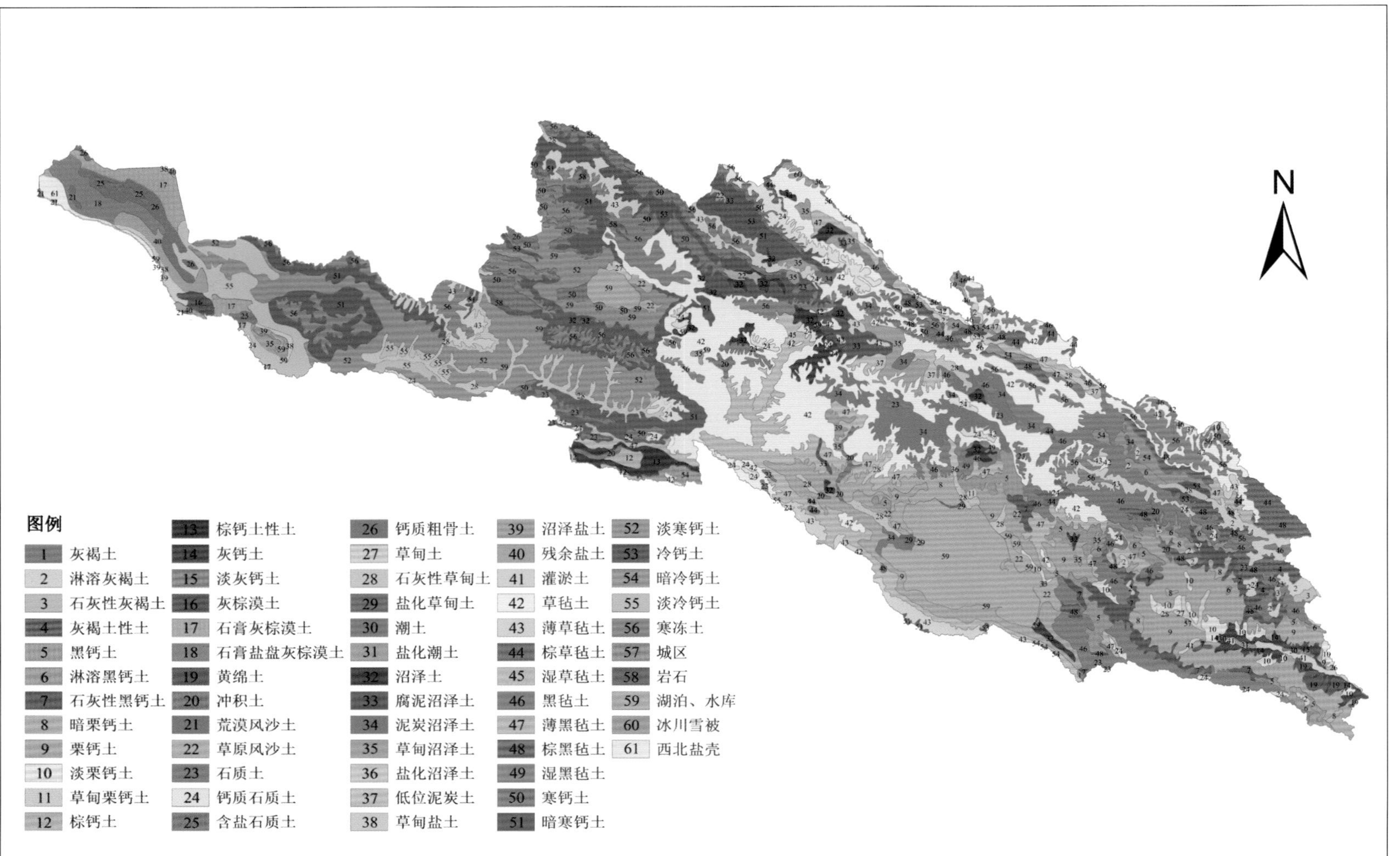

图4-1 青海祁连山地区土壤类型图

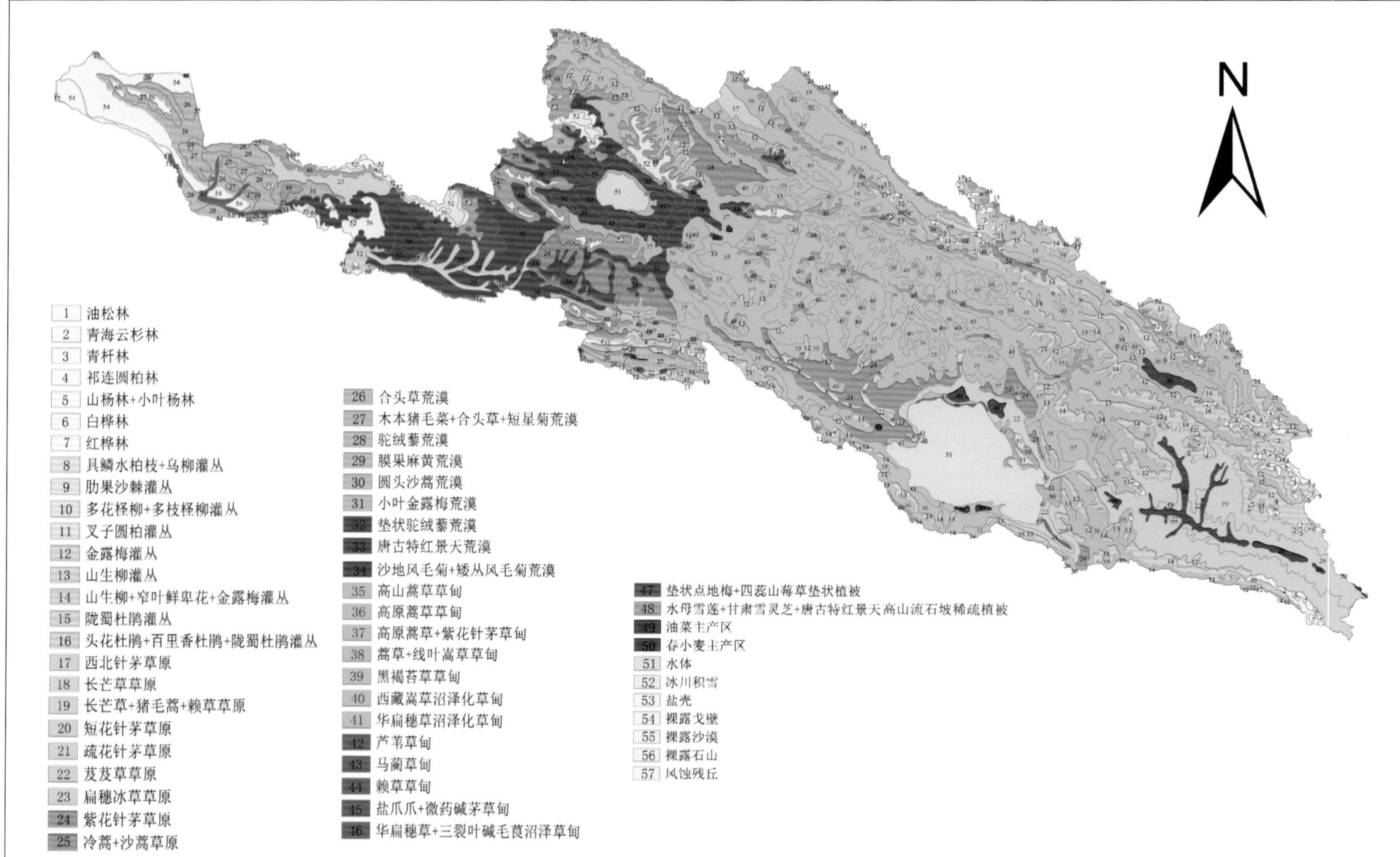

图6-1 青海祁连山地区植被类型图

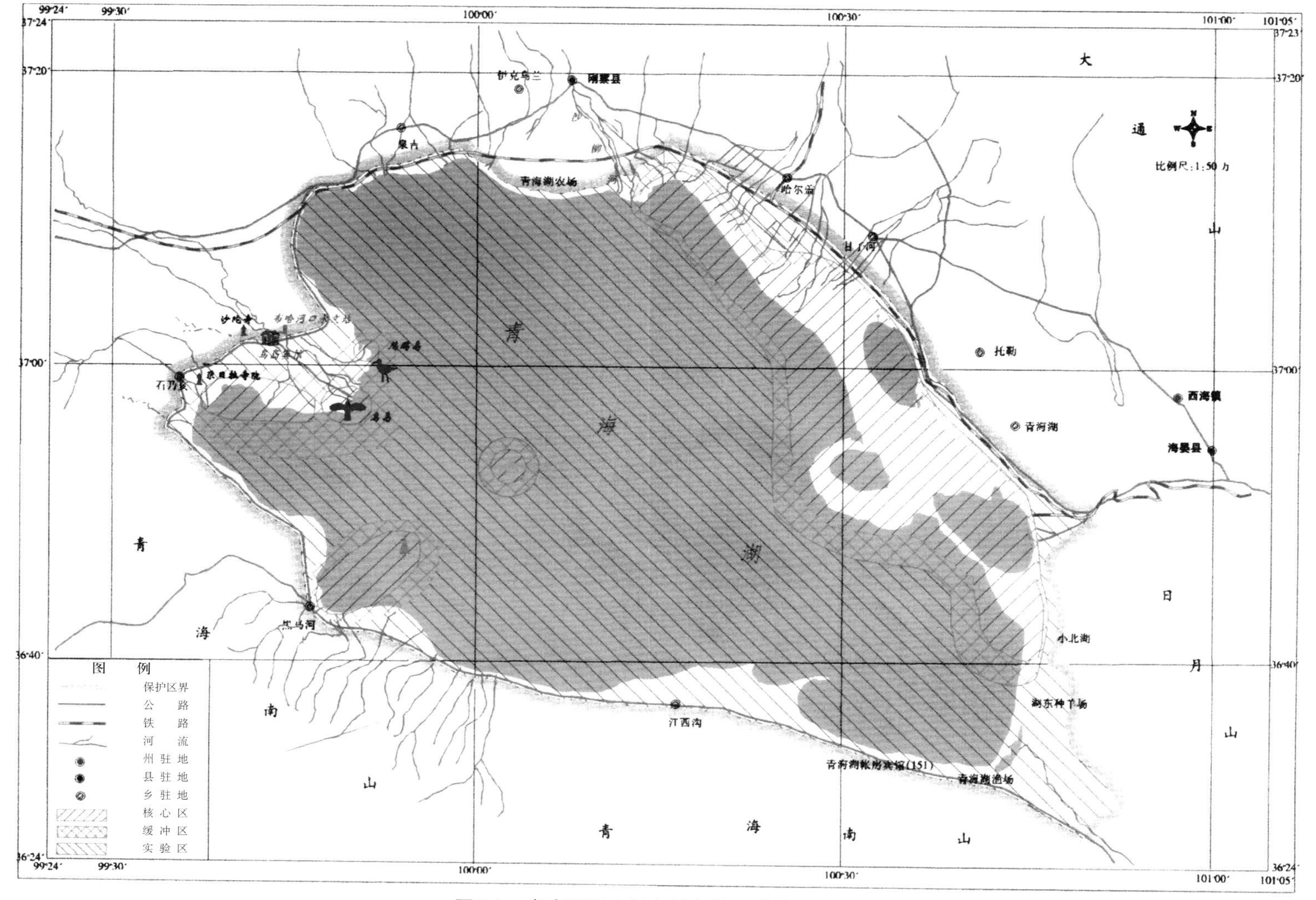

图7-1 青海湖国家级自然保护区功能区划图

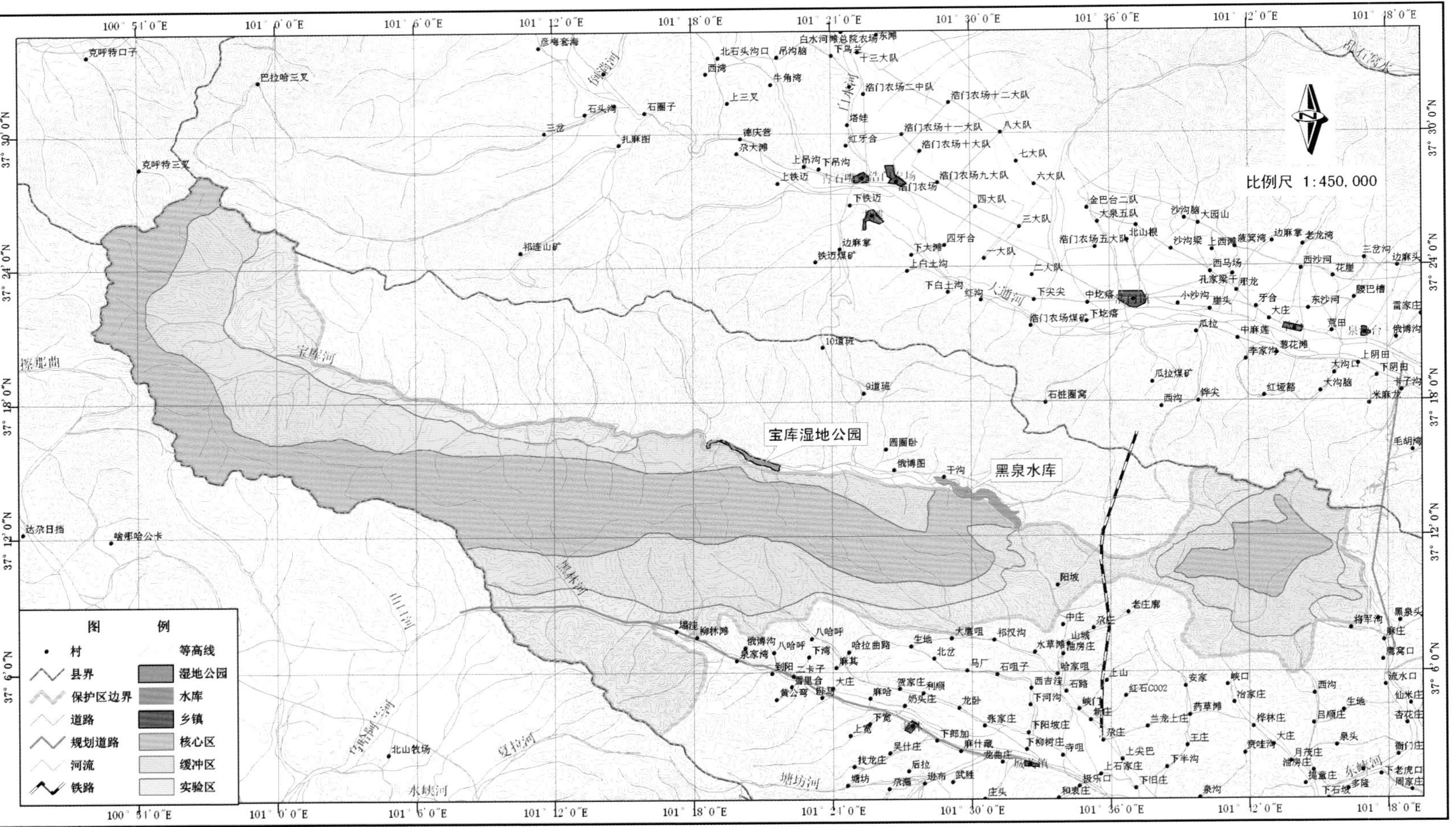

图7-2 青海大通北川河源区国家级自然保护区功能区划图

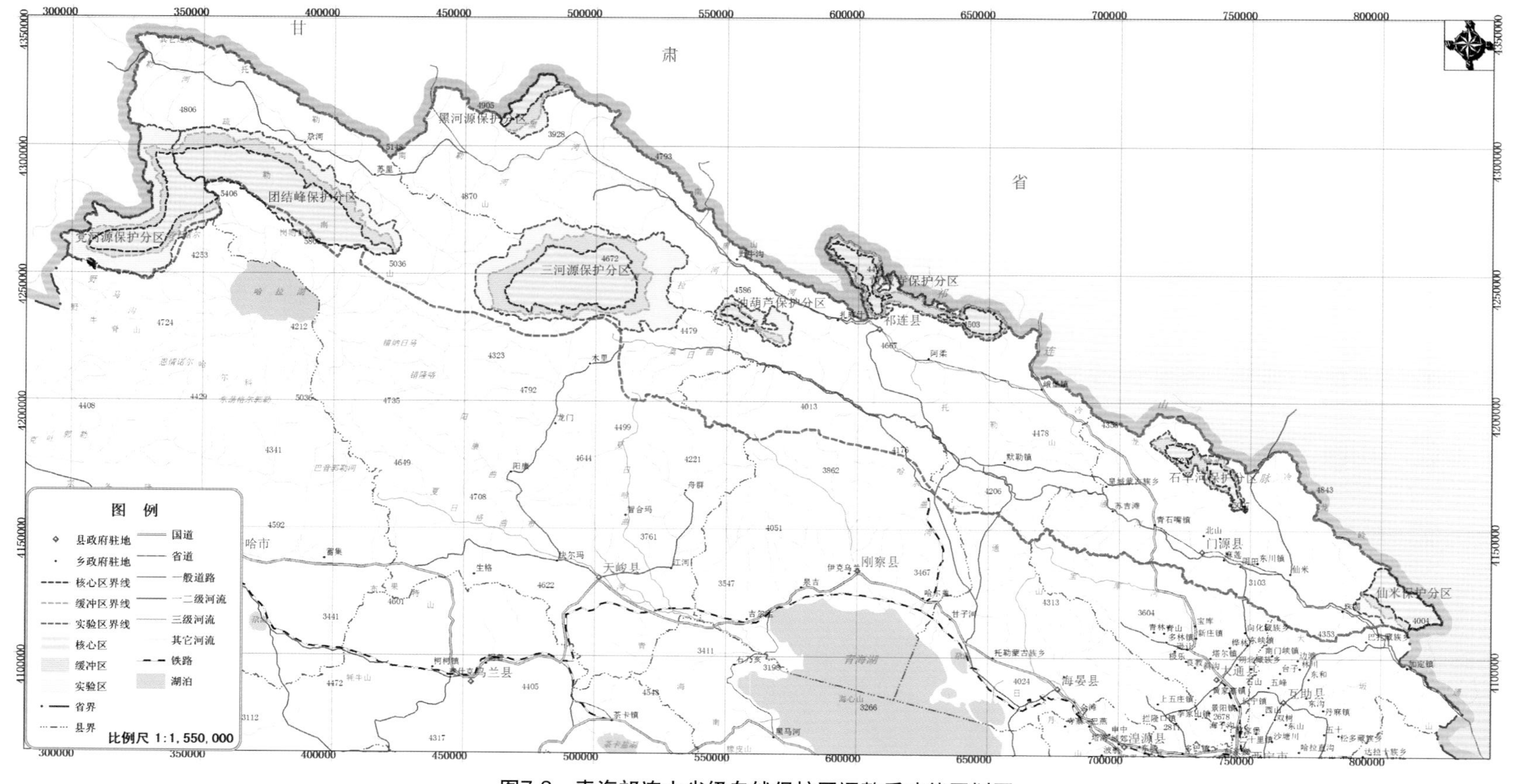

图7-3 青海祁连山省级自然保护区调整后功能区划图

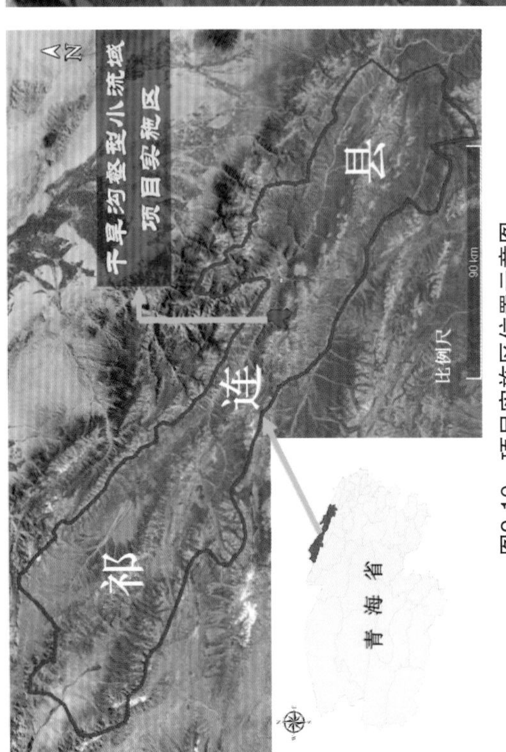

图9-10 项目实施区位置示意图

图9-11 项目实施小流域范围示意图

小流域整体格局实景照片

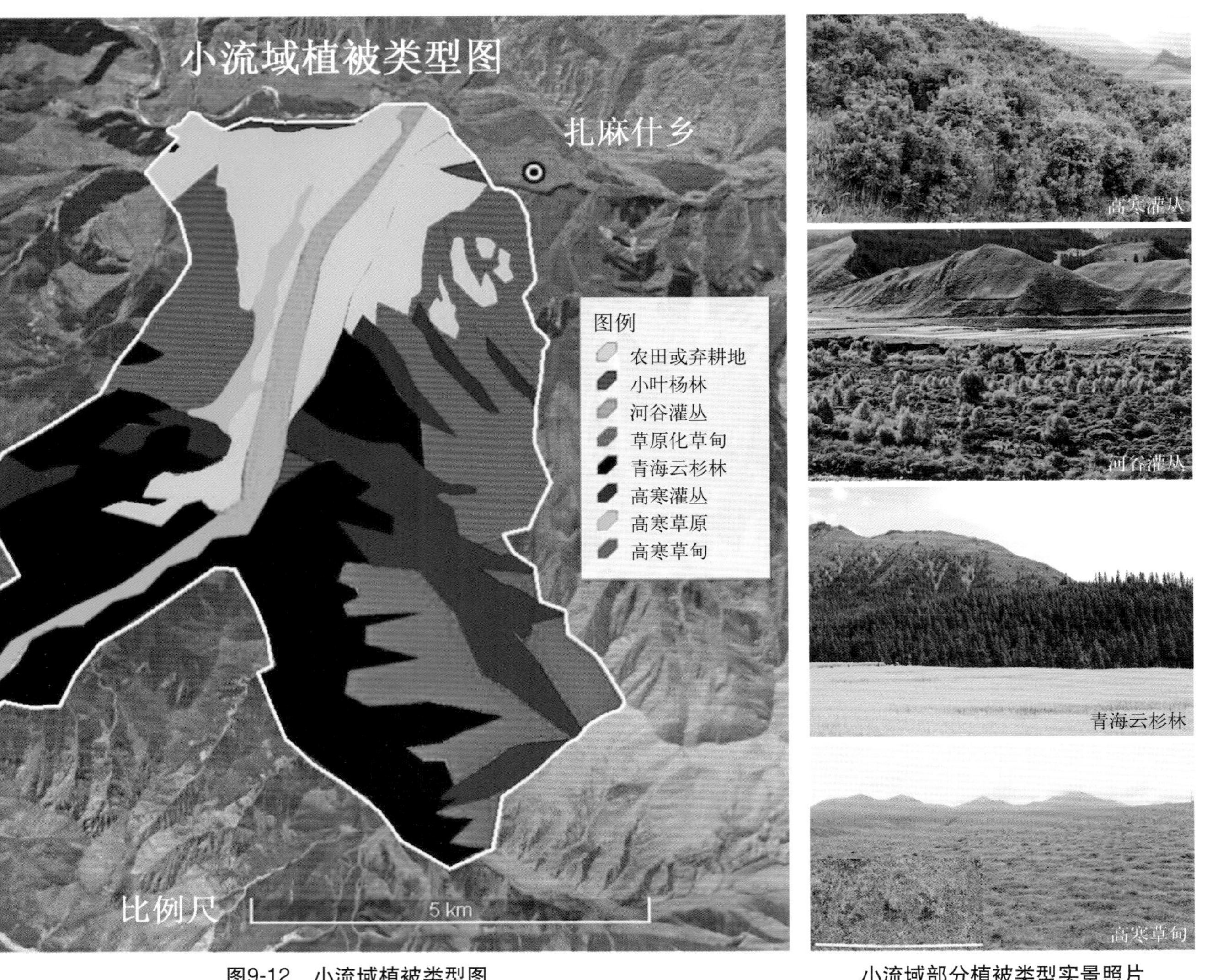

图9-12 小流域植被类型图

小流域部分植被类型实景照片

图10-3　核心试验示范区布局示意图（红线区域为小流域范围）

优化林地试验示范区照片（左：区域景观，右：育林）

饲草基地试验示范区照片（左：局部景观，右：成熟玉米）

植被保育试验示范区照片（左：植被调查，右：围栏内外）

图11-17　组合优化生态经济林示范推广范围示意图

局部造林现场照片

部分成功抚育幼苗（左：木香，右：唐古特大黄）

成功育成的生态经济林（青海云杉+沙棘）照片

图13-2 人工饲草地核心区的年度建设变化概况

玉米品种栽植试验示范（2012年）

高粱与箭舌豌豆混播试验示范（2013年）

玉米栽植密度试验示范（2013年）

燕麦推广示范区实景照片

甜高粱核心示范区照片

青储玉米示范推广照片

丰产的燕麦与箭舌豌豆推广示范区实景照片

图13-3 人工饲草核心推广示范效果

图14-1　旱坡样地位置示意图

旱坡样地整体景观实景照片

旱坡样地部分草原植被群落实景照片

图14-2 旱坡裸地植物补植位置示意图

左上图：造林地景观，左下图：工作照，右图：实景照片